CW00504722

ISBN 978-0-332-68694-3
PIBN 10990924

ZOOLOGISCHE
BEYTRÄGE

ZUR

XIII. AUSGABE

DES LINNEISCHEN

NATURSYSTEMS

VON

JOHANN AUGUST DONNDORFF.

ZWEYTER BAND
DIE VÖGEL.

ERSTER THEIL

RAUBVÖGEL, SPECHTARTIGE VÖGEL,
SCHWIMMVÖGEL UND SUMPFVÖGEL.

Leipzig,
in der Weidmannschen Buchhandlung.
1794.

ZUR

XIII. AUSGABE

DES LINNEISCHEN

NATURSYSTEMS

VON

JOHANN AUGUST DONNDORFF.

ERSTER BAND

RAUBVÖGEL, SPECHTARTIGE VÖGEL, SCHWIMMVÖGEL UND SUMPFVÖGEL.

Leipzig,
in der Weidmannschen Buchhandlung.
1794.

Vorrede.

Der erste Band meiner zoologischen Beyträge ist von dem Publico mit Beyfall aufgenommen worden. Die Erinnerungen, die man in verschiedenen gelehrten Blättern wegen einiger Mängel gemacht hat, waren nicht ungegründet; ich hatte dies auch bereits in der Vorrede gesagt. Ein Werk von dieser Art kann schlechterdings nicht ohne Mängel seyn, wenigstens nicht ohne solche, als man in dem meinigen entdeckt hat, die ich selbst nicht

 verkannt

verkannt habe. Billige Kunstrichter haben dies auch eingesehen, und mir Gerechtigkeit wiederfahren lassen. Die mir gegebenen Winke sollen von mir nicht unbenutzt bleiben, und ich werde das fehlende, so viel als möglich, in einem Supplementbande zu seiner Zeit nachzuholen und zu ergänzen suchen.

Da die Klasse der Vögel viel weitläuftiger, als die der Säugthiere ist, so war es nicht möglich, alles dahin gehörige in Einen Band zu fassen. Die Ornithologie erscheint daher in zwey Theilen, und unter einem gedoppelten Titel, zum Besten derer, die sich etwa diese *allein* anzuschaffen Willens sind. Das Verzeichniss ausländischer Synonymen und das Register über das Ganze werden beym zweyten Theile erfolgen.

In Ansehung der Einrichtung habe ich natürlich den vorigen Plan beybehalten. *Lathams* Index ornithologicus, f. Systema ornithologiae etc. London 1790. Vol. I. II. gr. 4. enthält noch viele neuere *Gattungen* und *Spielarten*, die seit der Herausgabe des Gmelin - Linneischen Systems bekannt geworden sind. *Erstere* habe ich, wie vorhin bey den Säugthieren geschehen, allemal am Schluss eines jeden Geschlechts mit bemerkt, *letztere* aber den Gattungen, wohin sie gehörten, beygefügt, und mit einem * bezeichnet. Ich hätte gewünscht, dass ich auch von *Bechsteins* Uebersetzung der *Lathamschen* Synops. mehr Gebrauch hätte machen können. Aber es ist bis hieher nur der erste und zweyte Theil davon heraus; ich muss also das Uebrige im Supplementbande

 nach-

nachholen. Von *Brisson* wird man die französischen Synonymen nach der Octavausgabe der Ornithologie, Lond. 1763. angeführt finden. Es ist kein Fehler, dass nicht eben dies bey den Säugthieren im ersten Bande beobachtet ist.

Uebrigens wünsche ich nichts mehr, als dass durch meine mühsame Arbeit, der einzige Zweck derselben — die Erleichterung des Studiums der Zoologie — erreicht werden möge. Quedlinburg vor der Ostermesse 1794.

Donndorff.

ZWEYTE

ZWEYTE KLASSE.

A V E S. (*V ö g e l.*)

ERSTE ORDNUNG.

A C C I P I T R E S. (*R a u b v ö g e l.*)

41. GESCHLECHT. Vultur. *Der Geyer.*

Müller, Naturſyſt. II. p. 48. Gen. XLI.
Leske, Naturgeſch. I. p. 229. Gen. X.
Borowsky, Thierreich, II. p. 66. Gen. I.
Blumenbach, Handbuch der Naturgeſch. p. 156. Gen. I.
Bechſtein, Naturgeſch. I. p. 305. Gen. I.
Bechſtein, Naturgeſch. Deutſchl. II. p. 196. Gen. I.
Halle, Vögel, p. 184. Gen. II.
Pennant, arct. Zool. II. p. 184.
Onomat. hiſt. natur. VII. p. 845.
Klein, hiſt. av. prodr. p. 42.
Briſſon, ornithol. I. p. 130. Gen. X.
Batſch, Thiere, I. p. 285. Gen. L.
Latham, allgem. Ueberſicht der Vögel, I. p. 3. Gen. I.
Latham, Index ornithol. ſ. Syſt. ornithol. I. p. 1. Gen. I.
Hermann, tab. affin. animal. p. 170.
Donndorf, Handb. der Thiergeſchichte, p. 195. Gen. I.

1. GRYPHUS. *Der Condor.* (1)

Müller, Naturfyft. I. p. 49. n. 1. *der Cuntur.*

Leske, Naturgefch. p. 229. n. 1. *der Kuntur.*

Borowsky, Thierreich, II. p. 62. n. 2. *Greifgeyer, Cuntur, Condor.*

Blumenbach, Handb. der Naturgefch. p. 156. n. 1. Vultur (Gryphus), caruncula verticali longitudine capitis; *der Condor, Cuntur, Greifgeyer.*

Bechftein, Naturgefch. I. p. 307. *der Cuntur, oder fo genannte Vogel Greif.*

Funke, Naturgefch. I. p. 312. *der Condor.*

Ebert, Naturlehre, II. p. 15. *der Cuntur.*

Halle, Vögel, p. 194. n. 131. *der Greif; mit einem Helmgewächfe.*

Gatterer, vom Nutzen und Schaden der Thiere, II. p. 2. n. 2. *der Cuntur.*

Neuer Schaupl. der Natur, III. p. 512. *Greifgeyer.*

Onomat. hift. nat. III. p. 259. *der grofse peruvianifche Raubvogel, Condor genannt.*

Handb. der Naturgefch. II. p. 137. *der Cuntur.*

Klein, Vorbereitung zur Vögelhift. p. 86. n. 8. *Greifgeyer.*

Klein, verbefferte Vögelhift. p. 45. n. 8. *Greifgeyer.*

Briffon, ornithol. I. p. 137. n. 10. *le Condor.*

Büffon, Vögel, I. p. 245. *der Greifgeyer.*

Batfch, Thiere, I. p. 286. n. 2. *der Cuntur.*

Latham, Vögel, I. p. 5. n. 1. *der Kondur, Greiffgeyer.*

Latham,

(1) Der gröfste von allen *fliegenden* Vögeln. Hauptfächlich im weftlichen Sudamerika. Grofse und Stärke werden aber von einigen ganz übertrieben angegeben. Lebt meift vom Raube unter den Viehheerden und von todten Fifchen, die die See auswirft.

Latham, Syſt. ornith. I. p. 1. n. 1. Vultur (Gryphus) maximus, caruncula verticali longitudine capitis, gula nuda.

Eberhard, Thiergeſchichte, p. 69. *der weiſs und ſchwarze Geyer; oder der Greif.*

Vidaure, Beſchr. von Chile. p. 69. *Condoro.*

Schlözer, Erdbeſchr. von Amerika, p. 846. *der Condor.*

Condamine, Reiſen, Erf. 1763. p. 261. *Condor.*

Tesdorpfs, Beſchreibung des Kolibrits u. ſ. w. p. 20. n. 22. *Condor.*

Berlin. Samml. IV. p. 292. *der Contor.*

Goeze, Allerley, I. p. 143. II. p. 137. n. 1. III. p. 123. n. 7. *Condor.*

Dresdner g. Anz. 1761. St. 27 *Contur.*

Krünitz, Encyklop. XIX. Art. *Greif.*

Jablonsky, allgem. Lex. p. 255. *Cuntur.*

Meidinger, Vorleſ. über das Thierreich, p. 111. n. 1. *der Kunthur.*

Linné, Syſt. Nat. Edit. X. I. p. 86. n. 1. Vultur (Gryphus) maximus, caruncula verticali longitudine capitis.

Ludolf, Aethiop. II. p. 165. Contur.

Acoſta, hiſt. des Indes p. 197.

Hermann, Tab. affin. anim. p. 172. *Gryphus.*

Jonſton, av. p. 179. *Cuntur.*

Donndorff, Handb. der Thiergeſch. p. 195. n. 1. *der Condor.*

2. BENGALENSIS. *Der bengaliſche Geyer.* (2)

Latham, Vögel, I. p. 17. n. 16. *der Geyer aus Bengalen.* Tab. I.

A 2 *Latham*,

(2) Soll, nach *Latham* a. a. O. das Weibchen von *Haſſelquiſts Vultur Percnopterus* ſeyn. In dem *Syſt. ornith.* iſt er als eine

Latham, Syſt. ornith. I. p. 3. n. 4. β. Vultur nigricans, capite colloque denudatis; corpore ſubtus ſcapis pennarum albis.

3. Papa. *Der Geyerkönig.*

Müller, Naturſyſt. II. p. 54. n. 3. *der Kahlhals*, Tab. 1. fig. 1.

Leske, Naturgeſchichte, p. 230. n. 2. *der Geyerkönig.*

Borowsky, Thierreich, II. p. 61. n. 1. *Geyerkönig; indian. Geyer; Kuttengeyer;* Tab. 1.

Blumenbach, Handb. der Naturgeſch. p. 157. n. 2. Vultur (Papa) naribus carunculatis, vertice colloque denudato; *der Geyerkönig, Kuttengeyer, Sonnengeyer.*

Bechſtein, Naturgeſch. I. p. 307. *der Geyerkönig.*

Funke, Naturgeſch. I. p. 312. *der Geyerkönig.*

Ebert, Naturl. II. p. 16. *Geyerkönig*, Tab. 23. fig. 1.

Halle, Vögel, p. 184. n. 123. *der Geyerkönig, mit dem Ritterbande.*

Gatterer, vom Nutzen u. Schaden der Thiere, II. p. 4. n. 3. *Mönchsgeier, Geierkönig, Kuttengeier, Sonnengeier.*

Neuer Schaupl. der Natur, III. p. 400. n. 3. *Geyerkönig.* Vultur monachus.

Onomat. hiſt. nat. VII. p. 855. *der Geyerkönig.*

Klein, av. p. 46. n. 9. *Vultur Monachus. Rex Warwouwarum.*

Klein, Vorbereit. p. 88. n. 9. *Kuttengeyer, Mönch, König der Geyer.*

Klein, verbeſſ. Vögelhiſt. p. 46. n. 9. *Kuttengeyer, Mönch, Geyerkönig.*

Briſſon,

eine Varietät von *Falco Leucocephalos* aufgeführt, und auch *Haſſelquiſts* Percnopterus dahin gerechnet.

Briſſon, ornitholog. I. p. 135. n. 1. le Roi des Vautours.

Büffon, Vögel, I. p. 226. *der Geyerkönig;* mit 1 Figur.

Seligmann, Vögel, I. Tab. 3. *der Geyerkönig.*

Batſch, Thiere, I. p. 287. *der Kuttengeyer.*

Latham, Vögel, I. p. 7. n. 3. *der Geyerkönig;* Titelkupf.

Latham, Syſt. ornithol. I. p. 4. n. 7. Vultur (Papa) rufeſcente-albus, naribus carunculatis, vertice colloque denudatis.

Berlin. Samml. IV. p. 173. *der Geyerkönig;* mit einer Figur.

Meidinger, Vorleſ. p. 111. n. 2. *der Geyerkönig.*

Krünitz, Encyklop. XVIII. p. 376. *der Geyerkönig.*

Linné, Syſt. Nat. Edit. X. I. p. 86. n. 3. Vultur (Papa) naribus carunculatis, vertice colloque denudato.

Laet, nov. orb. p. 232. *Coſquauthli.*

Nieremb. hiſt. nat. p. 224. Regina aurarum.

Donndorff, Handb. der Thiergeſch. p. 195. n. 2. *der Geyerkönig.*

4. MONACHUS. *Der arabiſche Geyer.*

Müller, Naturſyſtem, II. p. 56. n. 4. *der Kahlkopf.*

Onomat. hiſtor. natur. VII. p. 854. *der arabiſche Mönchsgeyer.*

Briſſon, Syſt. ornith. I. p. 138. n. 14. le Vautour d'Arabie.

Latham, Vögel, I. p. 8. n. 4. *der Mönch, der arabiſche Geyer.*

Latham, Syſt. ornithol. I. p. 5. n. 9. Vultur (Monachus) vertice gibboſo, corpore nigro.

Lapeirouse, neue schwed. Abhandl. III. p. 100. Vultur *monacus*, vertice gibboso, corpore nigro, pedibus et cera rubicundis.

5. AURA. *Der Urubu.* (3).

Müller, Natursyst. II. p. 56. n. 5. *der Menschenfresser.*

Borowsky, Thierreich, II. p. 63. n. 3. *der Menschenfresser, Urubu, brasilianische Geyer.*

Halle, Vögel, p. 192. n. 130. *der brasilianische Geyer.*

Gatterer, vom Nutzen u. Schaden der Thiere, II. p. 4. n. 5. *Menschenfresser, Kahlkopf, brasilianische Geyer.*

Pennant, arct. Zoolog. II. p. 183. n. 1. *der Aasgeyer.*

Neuer Schauplatz der Natur, III. p. 400. n. 4. *brasilianischer Geyer.*

Onomat. hist. nat. VII. p. 849. *der brasilianische Geyer, Dreckvogel, Luderrabe.*

Handbuch der Naturgesch. II. p. 246. *Urubu.*

Klein, av. p. 44. n. 7. Vultur brasiliensis Urubu dictus.

Klein, Vorbereit. p. 85. n. 7. *Kahlkopf.*

Klein, verbess. Vögelhist. p. 44. n. 7. *Kahlkopf.*

Brisson, ornithol. I. p. 135. n. 10. le Vautour du Bresil.

Büffon, Vögel, I. p. 234. *der brasilianische Geyer, Urubu;* m. 1 Fig.

Batsch, Thiere, I. p. 287. *der Urubu.*

Latham,

(3) Gewicht, nach *Catesby* und *Pennant*, vier und ein halbes Pfund. Hat einen sehr scharfen Geruch, und wittert das Aas in einer grofsen Entfernung aus. Ist auch im wilden Zustande nicht scheu, und läfst sich bey dem Fressen ganz nahe kommen.

Latham, Vögel, I. p. 8. n. 5. *Urubu, der brasilianische Geyer.*

Latham, Syst. ornith. I. p. 4. n. 8. Vultur (Aura) fusco-griseus, remigibus nigris, rostro albo.

Seligmann, Vögel, I. Tab. 12. *der indianische Bussaar, oder Busshart.*

Schöpf, Reise durch Nordamerika, II. p. 161. *der Buzard.*

Schlözer, Erdbeschr. von Amerika, p. 748. *Gallinazo.*

Murr, Reisen der Missionar. p. 223. *Gallinazo.*

Murr, Reis. d. Miss. p. 547. *Urubu.*

Bankroft, Naturgesch. von Guiana, p. 91. *der dunkelgraue Geyer mit schwarzen Flügeln, und einem weissen Schnabel?*

Krünitz, Encyklop. XVIII. p. 377. *der brasilianische Geyer, Urubu.*

Linné, Syst. N. Ed. X. I. p. 86. n. 4. Vultur (Aura) fusco-griseus, remigibus nigris, rostro albo.

Jonston, av. p. 202. *Urubu.*

Donndorff, Handb. der Thiergesch. p. 196. n. 3. *der brasilianische Geyer.*

β. Jota. *Der Jote.*

Latham, Vögel, I. p. 10. not. *.

Latham, Syst. ornith. I. p. 5. n. 8. β niger, remigibus fuscis, rostro cineraceo.

Donndorff, Handb. d. Thiergesch. p. 196. *der Jote.*

6. Cinereus. *Der gemeine Geyer.* (4)

Bechstein, Naturgesch. I. p. 306. n. 1. *der gemeine Geyer.*

(4) Nährt sich zwar hauptsächlich von Aas; stösst aber auch auf Rehe, Ziegen, Schafe, Hasen u. dgl. und ist so gefrässig und

Bechstein, Naturgesch. Deutschl. II. p. 197. n. 1. *der gemeine Geyer.* p. 199. *der Geyer, grosse Geyer, braune Geyer, graue Geyer*; Tab. 8.

Ebert, Naturl. II. p. 18. *der schlechtweg sogenannte Geyer.*

Handbuch der Naturgesch. II. p. 155. *der gemeine Geyer.*

Klein, av. p. 44. n. 4. Vultur cinereus.

Klein, Vorbereit. p. 84. n. 4. *grauer Geyer, graue Weihe.*

Klein, verbesserte Vögelhist. p. 44. n. 4. *grauer Geyer.*

Brisson, ornithol. I. p. 130. n. 1. le Vautour.

Büffon, Vögel, I. p. 202. *der grosse, gemeine Geyer*; m. 1 Fig.

Latham, Vögel, I. p. 13. n. 8. *der grosse Geyer.*

Latham, Syst. ornithol. I. p. 1. n. 2. Vultur (cinereus) fusco-nigricans, remigibus rectricibusque cinerascentibus, pedibus pennatis.

Bechstein, Musterung schädl. Thiere p. 55. n. 1. *der gemeine Geyer.*

Jonston, av. p. 17. Vultur cinereus.

8. Fuscus. *Der braune Geyer.* (5)

Neuer Schaupl. d. Nat. III. p. 400. n. 1. *der braune Malthesergeyer.*

Büffon,

und auf seinen Raub so sehr erpicht, dass er sich leicht dabey fangen und schiessen lässt.

(5) Bey *dieser* und den *beyden* folgenden Gattungen herrscht in Ansehung der Synonymen grosse Verwirrung, da es von ihnen, so wie von der *vorhergehenden*, noch nicht völlig ausgemacht ist, ob sie wirklich besondere Gattungen, oder nur Spielarten von *V. Percnopterus* sind. Ist diess nicht, so sind auch die Synonymen, die der Uebersetzer von *Cetti* in den Noten angeführt hat, unrichtig.

Büffon, Vögel, I. p. 214. *der braune oder Malthesergeyer;* m. 1 Fig.

Krünitz, Encyklop. XVIII. p. 376. *der braune oder Malthefer Geyer.*

Briffon, av. I. p. 130. n. 2. le Vautour brun.

Latham, Vögel, I. p. 14. n. 9. *der Maltheser-Geyer.*

Latham, Syft. ornith. I. p. 5. n. 10. Vultur (Fuscus) fuscus, remigibus nigricantibus, primoribus apice albis, fusco-maculatis, pedibus nudis.

Cetti, Naturgeschichte von Sardinien, II. p. 3. *der Greif.*

Jonfton, av. p. 15. Heteropos?

9. Niger. *Der schwarze Geyer.*

Büffon, Vögel, I. p. 197. *schwarzer Geyer.*

Briffon, ornith. I. p. 131. n. 4. le Vautour noir.

Latham, Vögel, I. p. 14. n. 10. *der schwarze Geyer.*

Latham, Syft. ornith. I. p. 6. n. 11. Vultur (Niger) niger, remigibus rectricibusque fuscis, pedibus pennatis.

Cetti, Naturgesch. von Sardin. II. p. 9. *der schwarze Geyer.*

Boswell, Beschr. von Corsica, p. 45. *der Geyer.*

10. Leucocephalus. *Der weisköpfige Geyer.* (6)

Klein, av. p. 44. n. 5. Vultur albicans?

Klein, Vorbereit. p. 84. n. 5. *weiſser Geyer, Hünerweihe, weiſser Hünerahr?*

(6) Hält sich haufenweise mit andern Gattungen seines Geschlechts bey Aesern auf, soll aber besonders sein Vergnügen an Menschenkothe finden.

Klein, verbesserte Vögelhist. p. 44. n. 5. *weißer Geyer?*

Büffon, Vögel, I. p. 210. *der kleine Geyer.*

Batsch, Thiere, I. p. 290. *der norwegische Bergadler.*

Brisson, ornith. I. p. 134. Vautour à tête blanche.

Latham, Vögel, I. p. 12. n 7. Var. A. *der aschgraue Aasgeyer; der Geyer aus Norwegen.*

Latham, Syst. ornithol. I. p. 2. n. 4. Falco (Leucocephalus) corpore fuliginoso maculis rufis; capite, collo basique caudae albis.

Lapeirouse, neue schwed. Abh. III. p. 100. *Vultur leucocephalus.* Rostrum elongatum, corneum, Irides caeruleae. Caput nudum, croceum, uti et cera et guttur, villis raris albis adspersum. Corpus albo-fuscum. Ventriculus nudus, prominens, croceus. Remiges nigrae. Pedes elongati, nudi, cinerascentes.

11. FULVUS. *Der braunrothe Geyer.* (7)

Ebert, Naturl. II. p. 18. *der braunrothe Geyer.*

Halle, Vögel, p. 190. n. 128. *der graurothe Geyer.* Fig. 10.

Neuer Schauplatz der Natur, III. p. 398. n. 3. *der braunrothe Geyer.*

Büffon, Vögel, I. p. 193. *der braunrothe Geyer;* m. 1 Fig.

Brisson, ornithol. I. p. 133. le Vautour fauve.

Latham, Vögel, I. p. 15. n. 11. *der rothgelbe Geyer, der Greif.*

Latham,

(7) Länge, nach *Brisson*, 3 Fuss, 6 Zoll; Flügelweite 8 Fuss. Nahrt sich auf den samamissischen Alpen von allerley Sorten Aas, und wird von den dasigen Einwohnern *Dal* genennet, welche sich seines Fetts statt einer Salbe bedienen, wenn sie mit Gliederreissen behaftet sind.

Latham, Syſt. ornith. I. p. 6. n. 12. Vultur (Fulvus) griſeo-fuſceſcens, capite, collo et torque albis, remigibus rectricibusque nigris.

7. PERCNOPTERUS. *Der Aasgeyer.* (8)

Müller, Naturſyſt. II. p. 59. n. 7. *der Erdgeyer.*

Leske, Naturgeſch. p. 230. n. 4. *der Erdgeyer.*

Borowsky, Thierreich, II. p. 65. *der egiptiſche Erdgeyer, heilige Geyer.*

Blumenbach, Handb. der Naturgeſch. p. 257. n. 4. Vultur (Percnopterus) remigibus nigris, margine exteriore, praeter extimas, canis; *der Aasgeyer.*

Bechſtein, Naturgeſch. I. p. 308. n. 5. *der Aasgeyer.*

Funke, Naturgeſch. I. p. 313. *der Aasgeyer.*

Ebert, Naturl. II. p. 20. *der Erdgeyer.*

Halle, Vögel, p. 192. n. 129. *der Geieradler.*

Gatterer, vom Nutzen u. Schaden der Thiere, II. p. 6. n. 7. *der Aasgeier, Erdgeier.*

Beckmann, Naturhiſt. p. 37. *der ägyptiſche Erdgeyer.*

Neuer Schaupl. der Nat. III. p. 400. n. 2. *der ägyptiſche Geyer.*

Onomat.

(8) Die Verwechſelung der Synonymen bey dieſer Gattung ſo wohl an ſich, als auch zwiſchen ihr und dem *Falco Barbatus* (Syſt. p. 252. n. 38.) iſt groſs, und die Beſchreibungen in Anſehung der Gröſse, des Anſehens, des Vaterlandes, u. ſ. f. ſehr verſchieden. *Lathams* Beſchreibung, den ich im Syſtem nicht angeführt finde, paſst offenbar zu dem *Percnopterus*, aber er zieht Briſſons *Vultur alpinus* mit hieher, der im Syſtem a. a. O. zu *Falco Barbatus* gerechnet wird, obgleich *Linné* ihn in der XII. Edition noch zu ſeinem *Percnopterus* rechnete; wohin er auch ſammt *Ray's* und *Willughby's* Percnopterus wohl zu gehören ſcheint. Nach *Lapeirouſe* iſt weder das Männchen ganz weiſs, noch das Weibchen ganz braun, die Jungen aber weiſslich u. ſ. w.

Onomat. hiſtor. nat. VII. p. 858. *der Geyeradler, der ägyptiſche Erdgeyer.*

Klein, av. p. 44. n. 6. Vulturina Aquila.

Klein, Vorbereit. p. 85. n. 6. *Geyeradler, Baſtardadler.*

Klein, verbeſſ. Vögelhiſt. p. 44. n. 6. *Adlergeyer, Baſtartadler.*

Büffon, Vögel, I. p. 190. *der Geyeradler.*

Batſch, Thiere, I. p. 287. *der Erdgeyer.*

Latham, Vögel, I. p. 11. n. 7. *der Aasgeyer, Geyeradler, Alpengeyer.*

Latham, Syſt. ornith. I. p. 2. n. 3. Vultur (Percnopterus) remigibus nigris, margine exteriore, praeter extimas, albis.

Eberhard, Thiergeſch. p. 68. *der egypt. Geyer.*

Schwed. Abhandl. XIV. p. 203. *ägyptiſche Bergfalke.*

Lapeirouſe, neue ſchwed. Abhandl. III. p. 99. Vultur (Percnopterus), auribus denudatis, claviculis prominentibus, remigibus nigris, ſecunda breviore?

Bruce, Reiſe nach d. Quellen des Nils, V. p. 167. Tab. 33. *Rachamah.*

Haſſelquiſt, Reiſe nach Paläſtina, *Edit. german.* p. 286. n. 14.

Goeze, All. II. p. 139. n. 3. *der Aasgeyer.*

Krünitz, Encyklop. XVIII. p. 372. *der Geyeradler, oder Baſtardadler.*

Linné, Syſt. Nat. Edit. VI, p. 17. n. 1. Falco capite nudo albicans.

Linné, Syſt. Nat. Edit. X. I. p. 87. n. 6. Vultur (Percnopterus) remigibus nigris, margine exteriore (praeter extimas) canis.

Hermann, tab. affin. animal. p. 172. V. Percnopterus.

Donn-

der Aasgeyer.

β. *Büffon*, Vögel, I. p. 216, *der egyptische Erdgeyer.*

Brisson, ornitholog. I. p. 131. n. 3. le Vautour d'Egypte.

Latham, Vögel, I. p. 13. n. 7. Var. B. *der egyptische Aasgeyer.*

Latham, Syst. ornith. I. p. 2. n. 2. β. V. rufo-cinereus, fusco maculatus, pedibus nudis.

Krünitz, Encyklop. XVIII. p. 376. *der heilige ägyptische Geyer, ägyptischer Erdgeyer.*

Halle, Vögel, p. 186. n. 125. *der egiptische Erdgeier.*

Merrem, verm. Abh. p. 92. n. 3. V. *ägyptischer Geyerfalke.*

Jonston, av. p. 24. *Sacer Aegyptius.* Tab. 9. Abbild. schlecht.

12. Cristatus. *Der Hasengeyer.* (9)

Bechstein, Naturgesch. Deutschl. II. p. 202. n. 3. *der Hasengeyer.* p. 204. *Aasgeyer, Kibgeyer, Roßgeyer, Gänsaar.*

Ebert, Naturl. II. p. 19. *der Hasengeyer.*

Halle, Vögel, p. 189. n. 126. *der Hasengeier.*

Gatterer, vom Nutzen u. Schaden der Thiere, II. p. 7. n. 8. *der Hasengeyer.*

Neuer

(9) In Deutschland giebt man Schlesien zu seinem Vaterlande an; eigentlich aber bewohnt er die südlichen bewachsenen Gebürge von Europa. Im Jahr 1513. fing man im Januar im Elsass zwey solcher Vögel, und im folgenden Jahre traf man wieder einige in einem Neste auf einem sehr hohen dicken Eichbaum nicht weit von der Stadt Misen an. Seiner Gefräſsigkeit ohnerachtet kann das Thier doch ohne Lebensgefahr an vierzehn Tage hungern

Neuer Schauplatz der Natur, III. p. 398. n. 4. *der Hasengeyer.*

Handb. der Naturgesch. II. p. 135. *der Hasengeier.*

Handb. der deutschen Thiergesch. p. 91. *Hasengeyer.*

Klein, av. p. 44. n. 2. Vultur Leporarius.

Klein, Vorbereit. p. 83. n. 2. *Hasengeyer, Gänseahr.*

Klein, verbess. Vögelhist. p. 44. n. 2. *Hasengeyer, Gänseahr.*

Brisson, ornith. I. p. 132. n. 6. *le Vautour hupé.*

Büffon, Vögel, I. p. 204. *der Hasengeyer.*

Latham, Vögel, I. p. 15. n. 12. *der Haasengeyer, Gänseadler.*

Latham, Syst. ornith. I. p. 6. n. 13. Vultur (Cristatus) rutilo-nigricans, cristatus, pectore rufescente, pedibus nudis.

Bock, Naturgesch. von Preussen, IV. p. 259. n. 2. *Hasengeyer, Vogelgeyer.*

Naturforsch. VIII. p. 42. n. 2. *Hasengeyer.*

Döbel, Jägerprakt. I. p. 76. c. 116. *der Hasen-Geyer.*

Martini, Naturlex. I. p. 51. *Aasgeyer, oder Hasengeyer.*

Bechstein, Musterung schädl. Thiere. p. 97. n. 3. *der Hasengeyer.*

Krünitz, Encyklop. XVIII. p. 373. *der Hasengeyer oder Hasenstößer.*

Kraft, Ausrott. grauf. Thiere, II. p. 527. n. 14. *Gans-Ahr.*

Jablonsky, allg. Lex. p. 395. *der Hasen-Geyer.*

Merklein, Thierreich, p. 270. *Hasengeyer.*

Jonston, av. p. 18. V. Leporarius.

Donndorff, Handb. der Thiergesch. p. 197. n. 5. *der Hasengeyer.*

13. Bar.

13. Barbarus. *Der Geyer aus der Barbarey.* (10)

Briſſon, ornith. I. p. 137. n. 13. le Vautour barbu?

Latham; Vögel, I. p. 10. n. 6. *der Bartgeyer, Goldgeyer?*

Latham, Syſt. ornith. I. p. 3. n. 5. Vultur (Barbarus) ex atro fuſcus, ſubtus albo-fuſceſcens, pedibus lanatis, digitis plumbeis, unguibus fuſcis.

Seligmann, Vögel, V. Tab. 1. *der Bartgeyer?*

Bechſtein, Naturgeſch. Deutſchl. II. p. 202.

A. *Veränderungen gegen die XIIte Edition, und Vermehrung der Gattungen dieſes Geſchlechts.*

Edit. XII.		Edit. XIII.	
p. 120. n. 2.	Vultur Harpya.	p. 251. n. 34.	Falco Harpya.
p. 123. n. 6.	Vultur Barbatus.	p. 252. n. 38.	Falco Barbatus.
p. 123. n. 8.	Vultur Albicilla.	p. 253. n. 39.	Falco Albicilla.

In der XIIten Edition enthielt dies Geſchlecht acht Gattungen; von welchen nunmehro nach dieſem Verzeichniſs 3 unter das folgende Geſchlecht gebracht ſind. Da aber die XIIIte Edition demohnerachtet 13 Gattungen hat, ſo ſind 8 neue, als n. 2. 6. 8. 9. 10. 11. 12. und 13. hinzugekommen; überdem aber bey der 5. und 7. zwey Varietäten aus einander geſetzt; wovon die bey erſterer ganz neu, bey der letztern aber nur die Synonymen getrennt ſind.

B. *Un-*

(10) Ich habe das franzöſiſche Synonym aus *Briſſon*, und die deutſchen aus *Lathams* Ueberſetzung hier angeführt, weil ich ſie im Syſtem ſelbſt bemerkt finde. Aber ſollten nicht beyde, und auch *Edward's bearded Vulture* zu *Falco Barbatus* p. 252. n. 38 gehören? da zumal bey der Var. β daſ. *Lathams Golden Vulture* n. 13. angeführt iſt, der ohnſtreitig mit ſeinem *Bearded Vulture* n. 6 einerley iſt. Was übrigens von *Edward* gilt, muſs auch von *Seligmann* gelten.

B. *Unbestimmtere Thiere.*

1. *Vultur (Arrian)* fuscus, collo dimidio pedibusque nudis caerulescentibus. *Auf den Pyrenäen.*
Lapeirouse, neue schwed. Abhandl. III. p. 100.

2. *Vultur (Stercorarius)* albidus, capite, cera et gibbo nudis croceis; remigibus nigris; pedibus nudis cinerascentibus. *Auf den Pyrenäen, wo er Alimoch heißt.*
Lapeirouse, a. a. O.

C. *Neuere Gattungen.*

1. *Der Geyer aus Pondischery.*
Latham, Vögel, I. p. 21. n. 21.
Latham, Syst. ornith. I. p. 7. n. 14. Vultur (Ponticerianus) niger, capite colloque subdenudatis, incarnatis; lateribus colli caruncula carnosa rubra.
Sonnerat, voy. Ind. II. p. 182. le Vautour royal de Pondicheri. Tab. 104.

2. *Der indianische Geyer.*
Latham, Vögel, p. 22. n. 22.
Latham, Syst. ornith. I. p. 7. n. 15. Vultur (Indicus) fuscus, corpore supra fasciis pallidis, capite colloque denudatis, rufis, remigibus rectricibusque nigris.
Sonnerat, l. c. p. 183. le grand Vautour des Indes, Tab. 105.

3. *Der Geyer aus Gingi.*
Latham, Vögel, I. p. 22. n. 23.
Latham, Syst. ornith. I. p. 7. n. 7. Vultur (Gingianus) albus, remigibus nigris; rostro pedibusque griseis.
Sonnerat, l. c. p. 184. le Vautour de Gingi.

42. GESCHLECHT. Falco. *Der Falk.*

Müller, Naturſyſt. II. p. 62. Gen. XLII.
Leske, Naturgeſch. p, 231. Gen. XI.
Borowsky, Thierreich, II. p. 66. Gen. II.
Blumenbach, Handbuch der Naturgeſch. p. 158. Gen. II.
Bechſtein, Naturgeſch. Deutſchl. II. p. 204. Gen. II.
Funke, Naturgeſch. I. p. 277. 281. und 312.
Ebert, Naturl. II. p. 22 ff.
Halle, Vögel, p. 174. Gen. I. p. 195. Gen. III.
Pennant, arct. Zool. II. p. 185.
Neuer Schaupl. der Natur, I. p. 96. II. p. 750.
Onomat. hiſt. nat. I. p. 42. u. 616.
Klein, av. Prodrom. p. 47. Gen. I. Trib. 3.
Briſſon, ornithol. I. p. 89. Gen. VIII. p. 121. Gen. IX.
Batſch, Thiere, I. p. 285. Gen. LI.
Latham, allg. Ueberſ. der Vögel, I. p. 23. Gen. II.
Latham, Syſt. Ornith. I. p. 9. Gen. II.
Merrem, verm. Abhandl. p. 76.
Hermann, tab. affin. anim. p. 172.
Donndorff, Handbuch der Thiergeſch. p. 198 Gen. II.

* *Mit ſehr langen Füßen.*

33. Serpentarius. *Der Sekretairvogel.*

Blumenbach, Handb. der Naturgeſch. p 158. n. 1. Falco (Serpentarius) cera alba, cruribus longiſſimis, criſta cervicali pendula, rectricibus intermediis elongatis; *der Secretair.*

Latham, Vögel, I. p. 17. n. 17. *der Secretair;* Tab. 2. (unter den Geyern.)

Latham, Syſt. ornitholog. I. p. 8. n. 21. Vultur (Serpentarius) plumbeus, occipite criſtato, pedibus elongatis, remigibus, criſſo, femoribusque nigris, rectricibus intermediis longiſſimis.

Sparrmann, Reiſe n. d. Vorgeb. der g. Hoffn. p. 148. *der Secretairvogel.* p. 149. *Schlangenfreſſer.*

Boddaert, dierkundig Mengelwerk. Utrecht 1740. 4. p. 17. *Sagittarius.*

Beckmann, phyſikal. ökonom. Bibl. III. p. 76. *Sagittarius.*

Donndorff, Handb. der Thiergeſch. p. 198. n. 1. *der Sekretairvogel.*

** Geyeradler; *mit einem nur an der Spitze gebogenen Schnabel, und langen Bartborſten an der Wurzel.*

34. Harpyja. *Der Heiduckenadler.*

Müller, Naturſyſt. II. p. 53. n. 2. *der Räuber.*

Borowsky, Thierreich, II. p. 68. n. 2. *der braſilianiſche Heiduckenadler.*

Ebert, Naturl. II. p. 27. *Haubenadler, gehäubte Adler.*

Halle, Vögel, p. 183. n. 121. *der braſilianiſche Heidukkenadler.*

Halle, Vögel, p. 183. n. 122. *der groſse amerikaniſche Stoſsadler.*

Merrem, verm. Abhandl. p. 83. n. 1. *Kronadler.*

Gatterer, vom Nutzen u. Schaden der Thiere, II. p. 3. n. 3. *der Heiduckenadler.*

Onomat. hiſt. nat. I. p. 641. *Buſchadler, Kammadler, Kronenadler.*

Klein, av. p. 42. n. 8. Urutaurana, Urutavi Cuquichu Carririri.

Klein, Vorbereit. p. 81. n. 8. *Gehaupteter Adler.*

Klein, verb. Vögelhiſt. p. 42. n. 8. *gehaubter Adler.*

Briſſon,

Brisson, ornithol. I. p. 128. n. 13. l'Aigle hupé de Bresil.

Büffon, Vögel, I. p. 173. *der brasilianische Heiduckenadler*; m. 1 Fig.

Batsch, Thiere, I. p. 291. *der Heyduckenadler.*

Latham, Vögel, I. p. 7. n. 2. *die Harpye, der Geyer mit dem Federbusch.* (unter d. Geyern.)

Latham, Syst. ornith. I. p. 9. n. 1. Falco (Harpyia) capite pennis elongatis cristato, corpore vario, subtus albo.

Martini, Naturlex. I. p. 303. *der gekrönte afrikanische Adler.*

Molina, Naturgesch. von Chili, p. 208. *der grosse Adler.*

Linné, Syst. Nat. Edit. X. I. p. 86. n. 2. Vultur (Harpyia) capite subcristato.

Jonston, av. p. 198. Urutaurana.

Donndorff, Handb. der Thiergesch. p. 198. n. 2. *der Heiduckenadler.*

35. Jacquini. *Der Kronenfalk.*

Latham, Vögel, I. p. 21. n. 20. *der Kronengeyer*, (unter den Geyern.)

Latham, Syst. ornith. I. p. 9. n. 1. β. Falco cristatus niger, ventre albo, femoribus albo maculatis, cauda elongata, albo nigroque varia. *(als Variet. des vorigen.)*

36. Ambustus. *Der lohgelbe Falk.*

Latham, Vögel, I. p. 16. n. 15. *der lohgelbe Geyer.* (unter den Geyern.)

Latham, Syst. ornith. I. p. 8. n. 1. Vultur (Ambustus) luteo-fuscus, orbitis antice nudis, gula pennis elongatis, cera ampla, pedibus caerulescentibus.

37. Angolensis. *Der Falk aus Angola.*
Latham, Vögel, I. p. 16. n. 14. *der Geyer aus Angola.* (unter den Geyern.)
Latham, Syst. ornith. I. p. 7. n. 17. Vultur (Angolensis) albus, orbitis nudis incarnatis, remigibus basique caudae nigris.

38. Barbatus. *Der Bartfalk.* (1)
Müller, Natursystem, I. p. 57. n. 6. *Bartgeyer;* Tab. 1. fig. 2.
Leske, Naturgeschichte, p. 230. n. 3. *der Bartgeier, Goldgeier, Lämmergeier.*
Borowsky, Thierreich, II. p. 64. n. 4. *Lämmergeyer, Goldgeyer, Bartgeyer.*
Blumenbach, Handb. der Naturgesch. p. 157. n. 3. Vultur (Barbatus) rostri dorso versus apicem gibboso, mento barbato. *Lämmergeyer, Bartgeyer, Goldgeyer.*
Bechstein, Naturgesch. I. p. 306. *der Bartgeyer.*
Bechstein, Naturgesch. Deutschl. II. p. 199. n. 2. *der Bartgeyer.* p. 202. *Goldgeyer, Lämmergeyer, weißköpf. Geyer, Weißkopf, Grimmer.*
Funke, Naturgesch. I. p. 313. *der Bartgeyer.*
Ebert, Naturl. II. p. 19. *der Bartgeyer.*
Halle, Vögel, p. 186. n. 124. *der goldbrüstige Geier.*
Gatterer, vom Nutzen u. Schaden der Thiere, II. p. 5. n. 6. *Goldgeyer, Lämmergeyer, Bartgeyer.*

Neuer

(1) Das Weibchen legt 3 bis 4 Eyer, größser als Gänseeyer, weiss, von rauher Schale, und auf beyden Seiten scharf zugerundet. Man muss diesen Vogel der deutschen Benennung halber nicht mit dem *Goldadler* verwechseln. *Büffon*, und andere haben ihn mit dem *Condor* vermengt. Ueber die Verwechselung der Synonymen bey dieser Gattung, sehe man bey dem vorigen Geschlecht die Noten 8. und 10.

Neuer Schauplatz der Natur, III. p. 400. *Bärtiger Geyer.*

Onomat. hist. nat. VII. p. 852. *der Bartgeyer.*

Handbuch der Naturgesch. II. p. 131. *der Lämmergeyer.*

Handbuch der deutschen Thiergesch. p. 91. n. 1. *Lämmergeyer, Bartgeyer, Goldgeyer, Greifgeyer.*

Klein, verb. Vögelhist. p. 46. n. 10. *bärtiger Geyer.*

Brisson, ornitholog. I. p. 133. n. 8. *le Vautour des Alpes?*

Büffon, Vögel, I. p. 196. *Goldgeyer.* p. 259. *der Lämmergeyer der Alpen.*

Latham, Syst. ornith. I. p. 3. n. 6. Vultur (Barbatus) albido-rutilus, dorso fusco, taenia nigra supra et infra oculos.

Batsch, Thiere, I. p. 288. *der Bartgeyer.*

Cetti, Naturgeschichte von Sardinien, II. p. 17. *der Bartgeyer;* Tab. 1.

Bruce, Reise nach d. Quellen des Nils, V. p. 159. *Nisserwerk, oder der Goldadler, Abou Douch'n.* Abbild. Tab. 31. schlecht. — Eine Abbild. des Kopfs aus dem Götting. Mus. ebendas. zu Seite 249.

Pallas, Reis. Ausz. III. p. 185. *Bartgeyer.*

Beckmann, physik. ökon. Bibl. VII. p. 353. *Lämmergeyer.*

Goeze, All. II. p. 138. *der schweitzerische Lämmergeyer.*

Krünitz, Encykl. I. p. 417. *der Lämmer-Geier.* XVIII. p. 378. *Bartgeyer.*

Bechstein, Musterung schädl. Thiere p. 56. n. 2. *der Bartgeyer.*

Lapeirouse, neue schwed. Abhandl. III. p. 99. Vultur (Barbatus), albo-rufescens, dorso plumbeo,

plumbeo, coſtis plumarum albis; pedibus lanatis; gula barbata; capite linea nigra cincto.

Linné, Syſt. Nat. Edit. X. I. p. 87. n. 5. Vultur (Barbatus) albidus, dorſo fuſco, iugulo barbato, roſtro incarnato, capite linea nigra cincto.

Hermann, tab. affin. animal. p. 172. n. 1. Vultur barbatus.

Donndorff, Handb. der Thiergeſch. p. 199. *der Lämmergeyer.*

β. *Müller*, Naturſyſt. II. p. 58. *Goldgeyer.*

Klein, av. p. 43. n. 1. Vultur aureus.

Klein, Vorbereit. p. 83. n. 1. *Goldgeyer.*

Klein, verbeſſ. Vögelhiſt. p. 44. n. 1. *Goldgeyer.*

Pallas, nord. Beyträge a. a. O. p. 64. *Goldgeyer.* p. 66. *Sach.*

Briſſon, ornith. I p. 132. n. 5. le Vautour doré.

Latham, Syſt. ornith. I. p. 3. n. 6. β. Vultur rufus, dorſo nigro, capite et collo ſupremo ruſo-albis, remigibus rectricibusque fuſcis.

Breſsl. Natur- und Kunſtgeſch. 35. Verſ. 85.

Krünitz, Encyklop. XVIII. p. 373. *der Goldgeyer.*

γ. Falco (Magnus). *Der große Bartfalk.*

Latham, Syſt. ornith. I. p. 4. n. 6. β.

Merrem, vermiſchte Abhandl. p. 89. n. 12. *Bart-Adler.*

89. Albicilla. *Der Fiſchadler.*(2)

Müller, Naturſyſtem, II. p. 61. n. 8. *der Fiſchgeyer.*

Bechſtein,

(2) Bewohnt Europa bis Island und die Lapmark hinaus, und iſt in Grönland ſehr gemein. Er ſitzt auf den Felſen mit hangenden Flugeln, und fliegt langſam. Sein Neſt macht er auf

Bechstein, Naturgesch. Deutschl. II. p. 222. n. 4. *der Fischadler.* p. 226. *der große Fischadler, Gemsenadler, weißgeschwänzte Adler, Steingeyer, Weißkopf, Gelbschnabel, aschgraue Adler, Fischgeyer, (Schwalbengeyer.)*

Ebert, Naturl. II. p. 26. *der Fischadler?*

Halle, Vögel, p. 177. n. 115. *der weißköpfige Adler;* Fig. 8.

Merrem, verm. Abh. p. 87. n. 8. *Fischadler.*

Gatterer, vom Nutzen u. Schaden der Thiere, II. p. 8. n. 9. *der Fischgeyer, Schwalbengeyer.*

Pennant, arct. Zool. II. p. 204. n. B. *der aschgraue Adler.*

Neuer Schaupl. d. Nat. I. p. 98. *der Fischadler.*

Onomat. hist. nat. I. p. 648. *der weißgeschwänzte Adler.*

Onomat. hist. nat. VII. p. 847. *der Fischgeyer.*

Klein, av. p. 40. n. 2. Aquila Pygangus; Albicilla, quibusdam Hinnularia?

Klein, Vorbereit. p. 77. n. 2. *Weißkopf, Gelbschnabel.*

Klein, verbess. Vögelhist. p. 41. n. 2. *Weißkopf, Gelbschnabel, Weißschwanz?*

Brisson, ornithol. I. p. 123. n. 5. l'Aigle à queue blanche.

Büffon, Vögel, I. p. 125. *der Fischadler.*

Latham, Vögel, I. p. 32. n. 8. *der aschgraue Adler.*

Latham, Syst. ornithol. I. p. 9. n. 2. Falco (Albicilla) cera pedibusque flavis, rectricibus albis, intermediis apice nigris.

auf hohen Klippen aus Zweigen, und futtert es in der Mitte mit Moos und Federn aus. Das Weibchen legt zwey Eyer, und brütet zu Ende des Mayes oder Anfang des Junius. Die

Fischer, Naturgesch. von Livland, p. 64. n. 32. *glattköpfiger Geyer.*

Pontoppidan, Naturhistorie von Norwegen, II. p. 170. *Fiske-Oernen.*

Pontoppidan, Naturhist. von Dännemark, p. 165. n. 2. *Fischadler, weißköpfigter Adler.*

Leem, Nachricht von den Lappen, p. 126. Falco Albicilla.

Pallas, Reise, Ausz. I. p. 96. *der weißliche Adler, oder Weißschwanz.*

Linné, auserles. Abhandl. II. p. 287. n. 52. *der Adlergeyer.*

Tengmalm, neue schwed. Abhandl. IV. p. 43. Falco Albicilla.

Bechstein, Musterung schädlicher Thiere. p. 62. *der Fischadler.*

Otto, neue Mannichfaltigk. IV. p. 443. *Gänseadler.*

Linné, Syst. Nat. Ed. VI. p. 17. n. 6. Pygangus.

Linné, Syst. Natur. Edit. X. I. p. 89. n. 8. Falco (Albicilla) cera flava, rectricibus albis, intermediis apice nigris.

Linné, Fn. Suec. II. p. 19. n. 55. Falco (Albicilla) cera flava, rectricibus albis, intermediis nigris.

Müller, zool. dan. prodr. p. 9. n. 58. Vultur (Albicilla) cera pedibusque flavis, rectricibus albis, intermediis apice nigris.

Kramer, Austr. p. 326. n. 3. Falco cera flava, rectricibus albis, versus apicem nigris. *Gamsen-Geyer.*

Fabric. Fn. Grönl. p. 53. n. 33. Vultur (Albicilla) cera pedibusque flavis, rectricibus albis, intermediis apice nigris.

Hermann, tab. affin. animal. p. 172. not. h. *Vultur Albicilla.*

Donn-

*** Adler; *von vorzüglicher Größe, meistens mit befiederten Füßen.*

1. CORONATUS: *Der Haubenadler.* (3)

Müller, Natursystem, II. p. 62. n. 1. *der Haubenadler.*

Klein, verbesserte Vögelhist. p. 164. n. IV. *gekrönter Adler.*

Brisson, ornithol. I. p. 128. n. 14. l'Aigle hupé d'Afrique.

Büffon, Vögel, I. p. 175. *der Vogel der westlichen Küste von Afrika, den Edwards unter dem Namen des gekrönten Adlers geliefert hat.*

Martini, Naturlex. I. p. 305. *gekrönter Adler.*

Handbuch der Naturgesch. II. p. 135. *der Haubengeier.*

Merrem, vermischte Abhandl. p. 84. n. 1. β. *Haubenadler.*

Seligmann, Vögel, VII. Tab. 1. *der gekrönte Adler.*

Latham, Vögel, I. p. 24. n. 1. *der Kronenadler.*

Bruce, Reise nach den Quellen des Nils, V. p. 163. Tab. 82. *Nisser-Tokoon? der schwarze Adler?*

Latham, Syst. ornithol. I. p. 11. n. 6. Falco (Coronatus), cera ferruginea, pedibus lanatis, albis, nigro-punctatis, pectore rufo, lateribus nigro-fasciatis.

(3) Wird von *Büffon* und *Merrem* mit *Falco Harpyia* für einerley gehalten.

40. Cheriway. *Der Cheriway.*(4)

Latham, Vögel, I. p. 21. n. 19. *der Cheriway.* (unter den Geyern.)

Latham, Syst. ornith. I. p. 8. n. 20. Vultur (Cheriway) cera rosea, pedibus flavis, corpore ferrugineo, capite albido, vertice cristato ferrugineo.

41. Tharus. *Der Tharu.*

Latham, Vögel, I. p. 24. not. *** *der Tharu.*

Latham, Syst. ornith. I. p. 16. n. 24. Falco (Tharus) cera pedibusque luteis, corpore albo, nigrescente, vertice cristato.

Donndorff, Handb. der Thiergesch. p. 199. n. 5. *der Tharu.*

2. Melanaetos. *Der schwarzbraune Adler.*(5)

Müller, Natursyst. II. p. 63. n. 2. *der schwarze Adler.*

Borowsky, Thierreich, II. p. 69. *Hasenadler, schwarzbrauner Adler.*

Blumenbach, Handb. der Naturgesch. p. 158. n. 2. Falco (Melanaëtos) cera lutea, pedibusque semila-

(4) Länge des Vogels, nach *Latham* anderthalb Fuss, auch wohl drüber.

(5) Es ist bey weitem noch nicht ausgemacht, ob diese Gattung von *Falco Fulvus* p. 256. n. 6. des Systems wirklich verschieden, oder mit derselben einerley sey? Viele Ornithologen trennen sie; Büffon aber und mehrere, auch von denen, die ich angeführt habe, nehmen beyde theils als Spielarten, theils nur als dem Geschlecht nach von einander verschieden, diese hier für das Männchen, jene für das Weibchen an. Wäre diess, so konnte man ihn mit Bechstein *Falco Aquila* nennen, um hinführo Verwirrungen, wegen der zwey verschiedenen lateinischen Benennungen zu vermeiden.

milanatis, corpore ferrugineo-nigricante, striis flavis; *der schwarzbraune Adler.*

Bechstein, Naturg. I. p. 310. n. 2. *der gemeine Adler.*

Bechstein, Naturgesch. Deutschl. II. p. 212. n. 2. *der gemeine Adler.* (mit Falco Fulvus verbunden.) p. 219. *Hasenadler, schwarzbrauner Adler; gemeiner brauner Adler; kurzschwänziger Steinadler; Kurzschwanz mit weißem Ringe, weißgeschwänzter Adler, Stock- od. Steinadler.*

Funke, Naturgesch. I. p. 279. *gemeiner Adler.*

Ebert, Naturl. II. p. 23. *der gemeine Adler.*

Halle, Vögel, p. 180. n. 118. *der schwarze Adler.*

Merrem, verm. Abh. p. 86. n. 6. *schwarzer Adler.*

Gatterer, vom Nutzen u. Schaden der Thiere, II. p. 10. n. 11. *der schwarze Adler, Hasenadler.*

Onomat. hist. nat. I. p. 644. *der schwarze Adler, Haasenadler.*

Handb. d. Naturgesch. II. p. 133. *der schwarze Adler.*

Handb. der deutschen Thiergesch. p. 92. *der gemeine Adler.*

Klein, av. p. 41. n. 4. Aquila Valeria s. Melanaetus.

Klein, Vorbereit. p. 78. n. 4. *Hasenadler, schwarzer Adler.*

Klein, verbess. Vögelhist. p. 41. n. 4. *schwarzer Adler, Hasenadler.*

Brisson, ornithol. I. p. 125. n. 3. l'Aigle noir.

Büffon, Vögel, I. p. 108. *der gemeine Adler.* Tab. 3. *der gemeine schwarze Adler.*

Batsch, Thiere, I. p. 289. *der gemeine Adler.*

Latham, Vögel, I. p. 25. n. 2. *der gemeine Adler, der schwarze Adler.*

Latham, Syst. ornith. I. p. 10. n. 3. Falco (Melanaetos) cera lutea, pedibus semilanatis, corpore ferrugineo-nigricante, striis flavis.

Beseke,

Beseke, Beyträge zur Naturgesch. der Vögel Kurlands, p. 2. n. 1. *der schwarze Adler.*

Fischer, Naturgesch. von Livl. p. 64. n. 33. *Hasenadler, schwarzer Adler.*

Bock, Naturgesch. von Preussen, IV. p. 260. n. 4. *schwarzer Adler.*

Naturforsch. VIII. p. 43. n. 4. *der schwarze Adler.*

Martini, Naturlex. I. p. 306 *schwarzer Adler.*

Lapeirouse, neue schwed. Abhandl. III. p. 101. Falco Melanaetos.

Bechstein, Musterung schädl. Th. p. 59. n. 5. *der gemeine Adler.*

Eberhard, Thiergesch. p. 68. *der schwarze Adler.*

Jablonsky, allgem. Lex. p. 21. *der Stockadler.*

Zorn, Petinotheol. II. p. 460. *Hasenadler.*

Kraft, Ausrott. grauf. Th. II. p. 520. *Melanectos oder Valeria.*

Linné, Syst. Natur. Edit. X. I. p. 88. n. 1. Falco (Melanaëtos) cera lutea, pedibus semilanatis, corpore ferrugineo-nigricante, striis flavis.

Plin. hist. nat. Lib. I. c. 3. Melanaetes.

42. Glaucopis. *Der blauschnäblichte Adler.* (6)

Bechstein, Naturgesch. Deutschl. II. p. 234. *der weißköpfige Adler.*

Latham, Syst. ornitholog. I. p. 16. n. 25. Falco (Glaucopis) cera et pedibus semilanatis citrinis, dorso et pectore fusco, capite et cervice ex flavicante albis, striis fuscis, remigibus nigris.

3. Leu-

(6) Die Beschreibung ist nur noch von einem einzigen und zwar von einem einjährigen Exemplare, das auf dem Dransberge bey Göttingen aus dem Neste genommen und aufgezogen wurde, gemacht worden. Da aber fast alle Raubvögel bis ins dritte Jahr ihre Farbe ändern, so ist noch nicht gewiss, ob es wirklich eine eigne Gattung, oder nur ein junger Vogel von einer andern, vielleicht vom Fischaar sey.

3. LEUCOCEPHALUS. *Der weißköpfige Adler.* (7)

Müller, Naturſyſt. II. p. 64. n. 3. *der Weißkopf.*

Halle, Vögel, p. 178. n. 116. *der weißköpfige Adler mit glattem Kopfe.*

Merrem, verm. Abh. p. 88. *β. der weißköpfige Fiſch-Adler.*

Pennant, arct. Zool. II. p. 187. n. 5. *der Adler mit dem weißen Kopfe.*

Onomat. hiſtor. nat. I. p. 632. *der weißköpfichte Adler, der kahle Adler.*

Gatterer, vom Nutzen u. Schaden der Thiere, II. p. 11. n. 12. *der weißköpfige Adler.*

Handbuch der Naturgeſch. II. p. 132. *der Weißkopf.*

Klein, av. p. 40. ad n. 2. Aquila capite albo virginienſis.

Klein, Vorbereit. p. 78. ad n. 3. *ein glattköpfiger Adler.*

Klein, verbeſſ. Vögelhiſt. p. 41. ad n. 2. *ein Adler aus Virginien und Carolina, deſſen Kopf, halber Hals und Schwanz weiß ſind.*

Briſſon,

(7) *Pennant* ſagt: Dieſer Vogel begleitet gewöhnlich den Jäger und raubt ihm das erlegte Wildpret, ehe er es erreichen kann. Sie niſten in den gröſsten verdorrten Cypreſſen oder in Fichten, welche über die See oder groſse Flüſſe herabhangen, in Geſellſchaft des Balbuſard, Reigers und anderer Vögel. Ihre Neſter ſind ſo zahlreich, daſs ſie einem Dohlengeniſte ähnlich ſehen, ſind ſehr groſs, und ſtinken von den Ueberbleibſeln der Beute dieſer Vogel. — Sie ſollen ſehr oft brüten, und unter ihre kahlen Jungen ſchon wieder Eyer legen, welche die Wärme der Jungen ausbringt. — An der Hudſonsbay kommt der Vogel im May an, und bauet auf die höchſten Bäume. Den weiſsen Kopf und Hals ſoll er nicht vor dem zweyten Jahre bekommen. *Bechſtein* nimmt ihn als eine Varietät von *Falco Albicilla* an.

Briſſon, ornithol. I. p. 122. n. 2. l'Aigle à tête blanche.

Büffon, Vögel, I. p. 126. *der weißköpfige Adler.*

Seligmann, Vögel, I. Tab. 2. *der Adler mit dem weißen Kopf.*

Latham, Vögel, I. p. 25. n. 3. *der weißköpfige Adler.*

Latham, Syſt. ornith. I. p. 11. Falco (Leucocephalus) cera lutea, pedibusque ſemilanatis, corpore fuſco, capite caudaque albis.

Bock, Naturgeſch. von Preuſſen. IV. p. 265. n. 8. *der Weißkopf, Gelbſchnabel, Fiſchadler.*

Fiſcher, Naturgeſch. von Livland, p. 65. n. 35. *Weißkopf.*

Cetti, Naturgeſch. von Sardin. II. p. 31. *der weißgeſchwänzte Adler.*

Boswell, Beſchr. von Corſica, p. 45. *Adler?*

Martini, Naturlexicon, I. p. 298. *der weißköpfige Adler.*

Linné, Syſt. Nat. Edit. X. I. p. 89. n. 8. β. Aquila capite albo.

Donndorff, Handb. der Thiergeſch. p. 200. n. 6. *der weißköpfige Adler.*

4. Ossifragus. *Der Seeadler.* (8)

Müller, Naturſyſtem, II. p. 64. n. 4. *der Beinbrecher.*

Borowsky,

(8) Länge 3 Fuſs, 6 bis 10 Zoll Flügelweite 8 Fuſs. Hält ſich am liebſten nahe an den Ufern des Meers auf, verachtet aber auch das platte Land nicht, wenn fiſchreiche Flüſſe, Seen und Teiche in der Nähe ſind. Nährt ſich beſonders von groſsen Fiſchen, auf die er mit Ungeſtum losſtürzt; nimmt aber auch Lämmer, Haſen, junge Ziegen und Gänſe mit ſich fort. Horſtet auf den höchſten Bäumen, beſonders auf Eichen, macht ein auſserordentlich breites Neſt, legt alle Jahr

Borowsky, Thierreich, II. p. 69. n. 4. *Beinbrecher, Meeradler.*

Blumenbach, Handb. der Naturgesch. p. 159. n. 4. Falco (Offifragus) cera lutea, pedibusque femilanatis, corpore ferrugineo, rectricibus latere interiore albis; *der Fischadler, Beinbrecher.*

Bechstein, Naturgesch. I. p. 311. n. 3. *der Seeadler.*

Bechstein, Naturgesch. Deutschl. II. p. 219. n. 3. *der Seeadler.* p. 222. *Meeradler, Beinbrecher, großer Meeradler, größer Hasenadler, oder Hasenaar, Gänseadler, bartiger Adler, Fischadler, Skaſt.* (in Thüringen *Steinadler.*)

Funke, Naturgesch. I. p. 278. *der Fischadler.*

Ebert, Naturl. II. p. 25. *der große Meeradler.*

Halle, Vögel, p. 181. n. 119. *der Meeradler.*

Merrem, vermischte Abhandl. p. 86. n. 7. *Beinbrecher.*

Gatterer, vom Nutzen und Schaden der Thiere, II. p. 11. n. 13. *der Beinbrecher, Fischadler.*

Pennant, arct. Zoolog. II. p. 185. n. 2. *der Seeadler.*

Neuer Schaupl. der Natur, I. p. 98. n. 3. *der große Meeradler oder Beinbrecher.*

Onomat. hist. nat. I. p. 645. *der Beinbrecheradler.*

Handbuch der Naturgesch. II. p. 133. *Beinbrecher.* Tab. IV. *Meeradler.*

Handb. der deutschen Thiergesch. p. 93. *Fischadler, Beinbrecher.*

Klein, av. p. 41. n. 5. Aquila offifraga.

Klein,

Jahr zwey große, abgerundete, schwere, schmutzigweiße und rothgefleckte Eyer, bringt aber oft nur Ein Junges aus, daher seine schwache Vermehrung. Das Fleisch der Jungen soll schmackhaft seyn.

Klein, Vorbereit. I. p. 79. n. 5. *Meeradler*, *Beinbrecher*.

Klein, verbesserte Vögelhist. p. 41. n. 5. *Beinbrecher*, *Meeradler*.

Brisson, ornithol. I. p. 125. n. 9. le grand Aigle de mer.

Büffon, Vögel, I. p. 143. *der Beinbrecher*.

Batsch, Thiere, I. p. 291. *der Beinbrecher*.

Latham, Vögel, I. p. 26. n. 4. *der Seeadler*.

Latham, Syst. ornith. I. p. 12. n. 7. Falco (Ossifragus) cera lutea, pedibusque semilanatis, corpore ferrugineo, rectricibus latere interiore albis.

Beseke, Naturgesch. der Vögel Kurl. p. 4. n. 2. *der Beinbrecher*.

Bock, Naturgesch. von Preussen, IV. p. 267. n. 5. *Beinbrecher*, *Gänseahr*.

Cetti; Naturgesch. von Sardinien, II. p. 34. *der Beinbrecher*.

Pallas, Reise, Ausz. I. p. 316. *der große schwarze Adler*.

Schlözer, Erdbeschreib. von Amerika, p. 357. *Meeradler*.

Pontoppidan, Naturgesch. von Dännem. p. 166. n. 16. *Gänseadler*.

Leem, von den Lappen in Finnmarken, p. 125. *der Landörn*, *Gaaseörn*.

Pallas, nord. Beytr. IV. p. 10. *der weisssschwänzige Adler*.

Martini, Naturlex. I. p. 292. *der Beinbrecher*.

Bechstein, Musterung schädl. Thiere. p. 60. n. 6. *der Seeadler*.

Jablonsky, allg. Lex. p. 21. *der Beinbrecher*.

Kraft, Ausrott. grausf. Thiere, II. p. 521. *Stein- oder Beinbrecher*.

Her-

Hermann, Tab. affin. anim. p. 172. not. i. *Falco ossifragus.*

Müller, zool. dan. prodr. p. 9. n. 58. Falco (Ossifragus) cera lutea, pedibus semilanatis, corpore ferrugineo, rectricibus latere inferiore albis.

Jonston, av. p. 14. Ossifraga.

Plin. hist. nat. Lib. II. c. 3. Ossifraga.

Donndorff, Handb. der Thiergesch. p. 200. n. 7. *der Fischadler.*

5. CHRYSAETOS. *Der Goldadler.* (9)

Müller, Natursyst. II. p. 65. n. 5. *der Goldadler;* Tab. 28. fig. 2.

Leske, Naturgesch. p. 232 n. 1. *der Goldadler; grosse Adler; Steinadler.*

Borowsky, Thierreich, II. p. 66. n. 1. *der Goldadler, Steinadler, grosse Adler.*

Blumenbach, Handb. der Naturgesch. p. 158. n. 3. Falco (Chrysaëtos) cera lutea, pedibusque lanatis,

(9) Dieser Adler fliegt unter allen Vögeln am höchsten, daher ihn auch die Alten *Vogel des Himmels*, und bey ihren Wahrsagungen *Gesandten des Jupiters* nannten. Er nährt sich vom Raube kleiner Säugthiere, Hasen, Lämmer, junger Ziegen, Fuchse, Gemsen und Vögel, als Gänse, wilder Hüner, Trappen, Kraniche, Störche. Liebt hohe gebirgigte Waldungen; und wird selten in Thälern angetroffen. Horstet auf den höchsten Felsen, auf hohen Tannen- und Fichtenbäumen, an unzugänglichen Orten. Macht ein flaches, 5 bis 6 Fuss breites Nest, von trocknen Stäben, Reisern und Ruthen, mit vielem Schilf, Heidekraut und Rasen bedeckt. Das Weibchen legt im März zwey grosse längliche, doch an beyden Enden stumpf zugerundete weisse, ungefleckte Eyer, und brütet 30 Tage. — Man hat Beyspiele, dass ein solcher Adler 21 Tage gehungert hat. — Soll über 100 Jahre alt werden können.

natis, luteo-ferrugineis, corpore fusco, ferrugineo-vario, cauda nigra, basi cinereo-undulata; *der Goldadler, Steinadler.*

Bechstein, Naturgesch. I. p. 309. n. 1. *der Goldadler.*

Bechstein, Naturgesch. Deutschl. II. p. 205. n. 1. *der Goldadler.* p. 212. *Steinadler.* *grosser Adler, Landadler, Sternadler.*

Funke, Naturgesch. I. p. 279. *der Goldadler.*

Ebert, Naturl. II. p. 23. *der Goldadler.*

Halle, Vögel, p. 174. n. 114. *der Steinadler.*

Merrem, zool. Abh. p. 84. n. 2. *Goldadler.*

Gatterer, vom Nutzen u. Schaden der Thiere, II. p. 12. *der Goldadler, Steinadler.*

Pennant, arct. Zool. II. p. 204. n. A. *der goldfarbige Adler.*

Neuer Schaupl. d. Nat. I. p. 98. *der große Adler.*

Onomat. hist. nat. I. p. 635. *der Goldadler.*

Handb. d. Naturgesch. II. p. 133. *der Goldadler.*

Handb. der deutschen Thiergeschichte. p. 92. *der Goldadler.*

Klein, av. p. 40. n. 1. Aquila Chrysaëtos.

Klein, Vorbereit. p. 76. n. 1. *Gold-Steinadler.*

Klein, verbess. Vögelhist. p. 40. n. 1. *Goldadler, Steinadler.*

Brisson, ornithol. I. p. 124. n. 7. l'Aigle doré.

Büffon, Vögel, I. p. 94. *der grosse Adler, der Steinadler.*

Batsch, Thiere, I. p. 289. *der Stein- oder Goldadler.*

Latham, Vögel, I. p. 27. n. 5. *der Goldadler.*

Latham, Syst. ornith. I. p. 12. n. 8. Falco (Chrysaëtos) cera lutea, pedibusque lanatis, luteo-ferrugineis, corpore fusco, ferrugineo-vario, cauda nigra, basi cinereo-undulata.

Bock,

Bock, Naturgeſch. von Preuſſen, IV. p. 267. n. 7. a. *der Goldadler.*

Fiſcher, Naturgeſch. von Livland, p. 65. n. 36. *Goldadler.*

Lepechin, Tageb. der ruſſiſchen Reiſe, I. p. 308. *Goldadler.*

Taube, Slavon. und Syrm. I. p. 24. *Goldadler.*

Olaffen, Isl. I. p. 32. *der Adler.*

Pontoppidan, Naturhiſt. von Dännemark, p. 165. n. 1. *Landadler, Steinadler.*

Pallas, Reiſe, I. p. 235. — Ausz. I. p. 168. *Goldadler?*

Naturforſch. VIII. p. 44. n. 7. *Goldadler.*

Eberhard, Thiergeſch. p. 68. *der Steinadler.*

Scopoli, Bemerk. a. d. Naturgeſch. I. p. 2. n. 1. *Gold- Steinadler.*

Martini, Naturlex. I. p. 369. *Goldadler.*

Bechſtein, Muſterung ſchädlicher Thiere. p. 57. n. 4. *der Goldadler.*

Goeze, Allerley, II. p. 140. n. 4. *der Goldadler, Steinadler.*

Geoffroy, mat. med. VII. p. 321. *Adler, Steinadler, oder Gold- Königsadler.*

Beckmann, phyſ. ökon. Bibl. I. p. 187. III. p. 182. *Goldadler.*

Jablonsky, allgem. Lexicon, p. 20. *der Goldadler.*

Mellin, von Anleg. der Wildbahn. p. 345. *Adler, Steinadler.*

Meidinger, Vorleſ. I. p. 112. n. 1. *der Gold- Stein- oder groſse Adler.*

Döbel, Jägerprakt. I. p. 76. n. 114. *Steinadler.*

Merklein, Thierreich, p. 270. *der Steingeyer.*

Linné, Syſt. Natur. Edit. VI. p. 17. n. 4. Falco Chryſaëtos.

Linné, Syst. Natur. Edit. XII. p. 88. n. 2. Falco (Chrysaëtos) cera lutea; pedibus lanatis, corpore fusco ferrugineo vario, cauda nigra, basi cinereo-undulata.

Müller, zoolog. dan. prodr. p. 9. n. 60. Falco (Chrysaëtos) cera lutea, pedibus lanatis, luteo-ferrugineis, corpore fusco ferrugineo vario, cauda nigra, basi cinereo-undulata.

Kramer, Austr. p. 325. n. 1. Falco cera lutea, pedibus lanatis, corpore rufo.

Hermann, tab. affin. anim. p. 172. *F. Chrysaëtos.*

Jonston, av. p. 11. Chrysaëtos.

Donndorff, Handb. der Thiergesch. p. 201. n. 8. *der Goldadler.*

β. *Der weiße Goldadler?*

Taube, Slavon. und Syrm. p. 25?

Bechstein, Naturgesch. Deutschl. II. p. 212?

6. FULVUS. *Der gemeine Adler.* (10)

Müller, Natursystem, II. p. 66. n. 6. *der gemeine Adler.*

Funke,

(10) Ich habe schon vorher, not. 5 bemerkt, dafs diese Gattung von sehr vielen Ornithologen mit *Falco Melanaëtos* für einerley gehalten wird. Die lateinische Benennung *Chrysaëtos*, und die deutschen *Goldadler* und *Steinadler*, die dieser zuweilen beygelegt werden, haben so wie die Anführung des *weißen Schwanzes*, bey Bestimmung des Charakters, auch zu manchen Verwechselungen Anlass gegeben. Doch ist die Verbreitung des gemeinen Adlers beträchtlicher, als die des Goldadlers, seine Gröfse aber merklich geringer. *Bifske* rechnet auch *Frischens braunfahlen Adler* Tab. 70 mit hieher, der im System p. 253. zu *F. Albicilla* n. 39. gezählt wird. *Pallas Goldadler* scheint freylich zur vorhergehenden Gattung zu gehören, da das Linneische *Chrysaëtos* dabey steht. Aber *Pallas*

Funke, Naturgesch. I. p. 279. *der braune Adler.*

Halle, Vögel, p. 179. n. 117. *der kurzschwänzige Adler.*

Merrem, vermischte Abhandl. p. 85. n. 3. *brauner Adler.*

Gatterer, vom Nutzen und Schaden der Thiere, II. p. 13. n. 15. *der gemeine braune Adler.*

Pennant, arct. Zool. II. p. 186. n. 3. *der schwarze Adler.*

Neuer Schaupl. der Natur, I. p. 98. n. 2. *der braune Adler.*

Handbuch der Naturgesch. II. p. 132. *der gemeine Adler.*

Klein, av. p. 41. n. 3. Aquila simpliciter.

Klein, Vorbereit. p. 78. n. 3. *Kurzschwanz mit weißem Ringe.*

Pallas hat auch die tatarische Benennung *Bjurkut* hinzugefügt, und wenn man nach dieser die Synonymen aus *Rytschkow*, *Strahlenberg* und *Lepechin* vergleicht, scheinen sie doch auf den *gemeinen Adler* zu gehen. Die Ornithologen mögen hier entscheiden. Der gemeine Adler bewohnt die gebirgigten Waldungen, und liebt, wie der Goldadler, die Einsamkeit. Hasen sind seine liebste Speise Fängt aber auch andere vierfüssige Thiere, Vögel und Amphibien. In der Gefangenschaft kann er sehr lange hungern, und man hat Beyspiele, dass sie fünf Wochen ohne Nahrung zugebracht haben. Nistet auf Felsen und Bäumen. Das Nest hat zwey Ellen ins Gevierte, und ist flach, aus Stöcken, Heidekraut, Binsen und Reisern zusammen gesetzt. Das Weibchen legt zwey Eyer. Die Jungen sind anfänglich wollig und weissgrau, werden hernach braun, und am Unterleibe weiss und braunbunt. Erst bey der dritten Federung erscheint der röthlich weisse Kopf, und der weisse Schwanz, mit der schwarzen oder dunkelbraunen Schwanzspitze. Die unabhängigen Tataren gewöhnen diesen Adler zur Jagd auf Hasen, Füchse, Antilopen, ja selbst auf Wölfe, wie schon der grosse Reisende *Marco Polo* 1269. bemerkt hat.

Klein, verbesserte Vögelhist. p. 41. n. 3. *Weiß-schwänzel.*

Brisson, ornith. I. p. 121. n. 1. Aigle.

Büffon, Vögel, I. p. 108. Tab. II. *der gemeine braune Adler.* (Edw. Fig.)

Latham, Vögel, I. p. 28. n. 6. *der Ringelschwanz-Adler.*

Latham, Syst. ornith. I. p. 10. n. 4. Falco (Fulvus) cera flava, pedibus lanatis, fusco-ferrugineis, dorso fusco, cauda fascia alba.

Beseke, Vögel Kurl. p. 5. n. 4. *der gemeine Adler.*

Bock, Naturgesch. von Preussen, IV. p. 261. n. 6. *gemeiner Adler, Weifsschwänzel.*

Fischer, Zusatze zur Naturgesch. von Livl. p. 43. n. 487. *Weifsschwanz.*

Cetti, Naturgeschichte von Sardinien, II. p. 30. *der gemeine Adler.* *

Lepechin, Tagebuch der russ. Reise, I. p. 308. *braungelbe Falken.*

Lepechin, Tageb. der russ. R. II. p. 25. *Goldadler.*

Pallas, Reise, Ausz. I. p. 168. *Goldadler.*

Rytschkow, orenb. Topogr. I. p. 242. *Berkuty.*

Rytschkow, orenb. Topogr. in *Büschings* Magaz. VII. p. 49.

Strahlenberg, Asien, p. 309. *Burkut.*

Carver, Reise durch Nordamerika, p. 384. *der Adler.*

Lapeirouse, neue schwed. Abhandl. III. p. 101. Falco (Fulvus) cera flava, pedibusque lanatis, fusco-ferrugineis; dorso fusco, cauda fascia alba.

Perrault, *Charras* u. *Dodart*, Abh. zur Naturgesch. II. p. 29. anatomische Beschreib. dreyer Adler, Tab. 50. *der Adler;* Tab. 51. die Zergliederung.

Martini,

Martini, Naturlex. I. p. 306. *der braune Adler.*
Otto, neue Mannichfalt. IV. p. 442. n. 2. *brauner, mit ganz rauhen Füſsen.*
Oekonom. Zoologie, p. 62. n. 1. *der gemeine Adler.*
Eberhard, Thiergeſch. p. 68. *der gemeine Adler.*
Linné, Syſt. Natur. Edit. X. I. p. 41. n. 3. Falco (Fulvus) cera flava, pedibus lanatis, dorſo fuſco, cauda faſcia alba.
Muſ. Worm. p. 292. Aquila.
Donndorff, Handb. der Thiergeſch. p. 201. n. 6. *der gemeine Adler.*

β. CANADENSIS. *Der canadiſche Adler.*

Müller, Naturſyſt. II. p. 77. *eine Nebenart des gemeinen Adlers.*
Merrem, vermiſchte Abhandl. p. 85. γ. *der canadenſiſche Adler.*
Latham, Vögel, I. p. 29. n. 6. A. *der weiſsgeſchwänzte Adler.*
Latham, Syſt. ornith. I. p. 11. n. 4. β. Falco cera flava pedibusque lanatis, corpore fuſco, cauda alba, apice fuſco.
Seligmann, Vögel, I. Tab. *der weiſsgeſchwänzte Adler.*
Ellis, Reiſe nach Hudſons Meerbuſen, p. 38. *der Adler mit dem weiſsen Schwanze.*
Gerin, ornith. I. p. 40. Tab. 7.

43. LEUCOGASTER. *Der weiſsbäuchige Adler.* (1)

Latham, Vögel, I. p. 30. n. 7. a. *der Weiſsbauch-Adler.*

 Latham,

(1) Dieſe und die folgende Gattung, ingleichen die 67. u. 68. p. 264 werden von *Latham* als Spielarten von *Falco ferox*, p. 260. n. 59. angeſehen.

Latham, Syst. ornith. I. p. 13. n. 9. Falco (Leucogaster), albus, dorso, alis caudaque obscure fuscis, caudae apice albo, rostro pedibusque flavis.

44. Japonensis. *Der japanische Adler.*

Latham, Vögel, I. p. 30. n. 7 b. *der japanische Habicht.*

Latham, Syst. ornith. I. p. 13. n. 10. Falco (Japonicus) cera obscura, corpore fusco, ferrugineo vario, remigibus caudaque obscuris, ferrugineo maculatis.

45. Plancus. *Der schwarzgraue Adler.*

Latham, Vögel, I. p. 30. n. 18. *der schwarzgraue Geyer.* (unter den Geyern.)

46. Americanus. *Der amerikanische Adler.*

Pennant, arct. Zool. II. p. 187. n. 4. *der Adler mit schwarzen Wangen.*

Latham, Vögel, I. p. 33. n. 10. *der amerikanische Adler.*

Latham, Syst. ornitholog. I. p. 13. n. 12. Falco (Americanus) cera pedibusque lanatis, luteis, corpore nigro, capite, collo pectoreque cinereis, fascia genarum transversa nigra.

47. Albus. *Der weiße Adler.* (2)

Handbuch der Naturgesch. II. p. 132. *der weiße Adler.*

Onomat. hist. nat. I. p. 631. *der weiße Adler.*

Bechstein, Naturgesch. Deutschl. II. p. 212. *der weiße Adler.*

Klein,

(2) Nach *Bechstein* u. a. eine Varietät von *Falco Chrysaëtos.*

Klein, Vorbereit. p. 80. n. 7. *weißer polnischer Adler.*

Klein, verbess. Vögelhist. p. 42. n. 7. *weißer Adler*, *polnischer Adler.*

Brisson, ornithol. I. p. 122. n. 3. Aigle blanc.

Latham, Vögel, I. p. 34. n. 12. *der weiße Adler.*

Latham, Syst. ornitholog. I. p. 14. n. 16. Falco (Cygneus) totus albus.

Jonston, av. p. 15. Aquila alba seu Cygnea.

48. CANDIDUS. *Der louisianische Adler.* (3)

Pennant, arct. Zool. II. p. 188. n. 6. *der weiße Adler.*

Latham, Vögel, I. p. 34. n. 13. *der louisianische Adler.*

Latham, Syst. ornitholog. I. p. 14. n. 17. Falco (Candidus) albus, remigibus apice nigris.

(3) Das *Friedenszeichen* (Calumet of Peace), welches die Einwohner von Louisiana aus den Schwungfedern dieses Vogels machen, besteht aus einer anderthalb Fuss langen oder etwas längern Röhre oder Pfeife; die mit der Haut vom Halse einer prächtig gefärbten Ente bedeckt wird: an dem einen Ende ist eine Art von Fächer angebracht, der aus den Schwungfedern dieses weissen Adlers besteht, und beynahe die Form des vierten Theils eines Zirkels hat; an der Spitze jeder Feder ist ein kleiner Busch von rothgefärbten Haaren befindlich. Das andere Ende ist unbedeckt, dass man daraus rauchen kann. Der Kopf dieser Pfeife ist insgemein von weichem rothen Marmor gemacht. Ohne diess *Calumet* wird kein wichtiges Geschäft vollbracht. Man sieht es beständig beym Handel oder Tausch, bey Zusammenkünften, um Frieden oder Krieg zu beschliessen, und selbst in dem hitzigsten Gefechte. Wenn das Calumet angenommen wird, so ist es ein Zeichen, dass man in die vorgelegten Artikel einwilligt, schlägt man es aus, so ist es wieder ein sicheres Merkmal, dass man sie verwirft, u. s. w.

Donndorf, Handb. der Thiergesch. p. 202. n. 10. *der weiße Adler.*

49. NAEVIUS. *Der kleine Adler.* (4)

Bechstein, Naturgesch. Deutschl. II. p. 226. n. 5. *der Schreyer.* (Planga und Clanga.) p. 228. *kleiner Adler, Steinadler, Entenadler, klingender Schellentenadler, Gänseadler, gefleckter oder geschäckter Adler, röthlicher Mäuseaar.*

Ebert, Naturl. II. p. 24. *der kleine Adler.*

Halle, Vögel, p. 182. n. 120. *der Entenadler.*

Merrem, verm. Abh. p. 86. n. 4. *Steinadler.*

Pennant, arct. Zool. II. p. 205. n. C. *der Schreyer.*

Onomat. histor. nat. I. p. 639. *der Entenadler, Fischadler.*

Handbuch der Naturgesch. II. p. 133. *Schell- oder Entenadler.*

Klein, av. p. 41. n. 6. Aquila Clanga.

Klein, Vorbereit. p. 79. n. 6. *klingender Schell-enten-Adler.*

Klein, verbesserte Vögelhist. p. 42. n. 6. *Schelladler, klingender Adler, Entenadler.*

Brisson, ornithol. I. p. 122. n. 4. Aigle tacheté.

Büffon, Vögel, I. p. 115. Tab. 4. *der kleine Adler.*

Latham, Vögel, I. p. 35. n. 14. *der Steinadler, der Rauchfußadler.*

Latham,

(4) Man muss die, zu dieser und der folgenden Gattung (wenn beyde wirklich von einander verschieden sind), gehörige Synonymen, sorgfältig prüfen, um sie nicht zu verwechseln; es ist aber sehr schwer, sie vollkommen richtig aus einander zu setzen. *Brisson, Büffon* u m der ältern und neuern Ornithologen, vereinigen sie mit einander. Andere vermengen sie sogar mit *Falco Haliaetos,* p. 263. n. 26 Ueberhaupt ist die Hierakologie, oder die Naturgeschichte der Falkenarten, noch mit sehr vielen Schwierigkeiten verbunden.

Latham, Syst. ornith. I. p. 14. n. 18. Falco (Naevius) cera, iridibus pedibusque lanatis, luteis, corpore ferrugineo, rectricibus basi apiceque albis.

Batsch, Thiere, I. p. 289. *der kleine Adler.*

Bock, Naturgesch. von Preussen, IV. p. 262. n. 7. *kleiner Adler, Steinadler, Entenadler.*

Cetti, Naturgesch. von Sardinien, II. p. 28. *der kleine Adler.*

Kolbe, Vorgeb. d. g. Hoffn. Edit. in 4. p. 385. *der Enten-Adler.*

Steller, Kamtschatka, p. 193. Naevia?

Martini, Naturlex. I. p. 313. *der kleine Steinadler.*

Bechstein, Musterung schädl. Th. p. 62. n. 8. *der Schreyer, Entenstößer.*

Plin. hist. nat. L. X. c. 3. *Morphnos?*

50. MACULATUS. *Der gefleckte Adler.* (5)

Handb. d. Naturgesch. II. p. 133. *der fleckigte Adler.*

Latham, Vögel, I. p. 35. n. 15. *der gefleckte Adler.*

Latham, Syst. ornith. I. p. 15. n. 19. Falco (Maculatus) cera pedibusque lanatis, luteis, corpore ferrugineo, subtus fusco, pennis axillaribus tectricibusque alarum apice macula ovata albida.

Jonston, av. p. 14. Morphno congener.

51. ALBICAUDUS. *Der weißschwänzige Adler.* (6)

Borowsky, Thierreich, II. p. 70. n. 5. *der grosse Fischadler, Steingeyer?* (mit Falco Pygargus verwechselt.)

Ebert,

(5) S. die vorhergehende Anmerkung. *Latham* rechnet *Kleins* Aquila Clanga, *Pennants* Crying Eagle, und *Rajs* Morphno congener hieher.

(6) Auch diese Gattung wird häufig mit andern verwechselt und dadurch die genaue Berichtigung der Synonymen unendlich

Ebert, Naturl. II. p. 26. *der Fischadler.*

Klein, av. p. 40. n. 2. Aquila Pygargus, Albicilla quibusdam Hinnularia?

Klein, Vorbereit. p. 77. n. 2. *Weißkopf, Gelbschnabel?*

Klein, verbeſſ. Vögelhiſt. p. 41. n. 2. *Weißkopf, Gelbſchnabel, Weißſchwanz?*

Briſſon, ornithol. I. p. 124. n. 6. le petit Aigle à queue blanche.

Büffon, Vögel, I. p. 125. *der kleine Fiſchadler.*

Naturforſch. VIII. p. 46. n. 9. *der Weißkopf, Gelbſchnabel, Weißſchwanz, Fiſchadler?*

Latham, Vögel, I. p. 36. n. 16. *der braunfahle Adler.*

Latham, Syſt. ornith. I. p. 15. n. 20. Falco (Hinnularius) cera pedibusque nudis luteis, corpore ferrugineo, ſubtus nebuloſo, capite et collo caſtaneo-cineraſcentibus, cauda alba.

Jonſton, av. p. 13. Pygargus?

52. GALLICUS. *Der franzöſiſche Adler* (7)

Müller, Naturſyſtem, II. p. 70. *Mooſweiher; Jean le blanc*; Tab. 27. fig. 12.

Borowsky,

lich erſchwert. Beſonders wird ſie mit *Falco Albicilla* und *Leucocephalus* vermengt, welche, auch Büffon ſämmtlich als Spielarten von einer Gattung annimmt. Die Farbe des Schnabels, die nach dem Alter ſo ſehr veränderlich iſt, der weiſse Schwanz, der mehrern Gattungen gemein iſt, u. dgl haben wohl oft Gelegenheit zu Verwechſelungen — auch wohl zu Beſtimmung neuer Gattungen gegeben, und auf die kahlen oder befiederten Füſse hat man vielleicht nicht immer Rückſicht genommen. Nach *Latham* ſoll ſogar *Friſch braunfahler Adler* hieher gehören. S. vorher Note 10

(7) Soll auch, nach *Latham*, ſich häufig in den ſüdlichen Gegenden Rußlands, beſonders am Düna - und Wolgaſtrom, nicht aber

Borowsky, Thierreich, II. p. 71. *St. Martin der Große, der weiße Hans.*

Handbuch d. Naturgesch. II. p. 137. *der Lerchengeier.*

Brisson, ornith. I. p. 127. n. 11. Jean-le-blanc.

Büffon, Vögel, I. p. 157. *der Lerchengeyer.* II. p. 13. *Lerchengeyer.*

Latham, Vögel, I. p. 36. n. 17. *der französische Adler.*

Latham, Syst. ornith. I. p. 15. n. 21. Falco (Gallicus) rostro cinereo, pedibus nudis flavicantibus, corpore griseo-fusco, subtus (Mari) albido, maculis rufescente-fuscis.

Martini, Naturlex. I. p. 318. *der Lerchengeyer, der weißschwänzige Ritter.*

Beckmann, physik. ökon. Bibl. VI. p. 45. Jean-le-blanc.

Donndorff, Handb. der Thiergesch. p. 22. n. 11. *der Lerchengeyer.*

53. Australis. *Der Statenländische Adler.*

Latham, Vögel, I. p. 37. n. 19. *der Statenländische Adler.*

Latham, Syst. ornith. I. p. 16. n. 23. Falco (Australis) fuscus, cera flava, cauda nigra, apice lutescente.

54. Niger. *Der Adler mit schwarzem Rücken.*

Latham, Vögel, I. p. 39. n. 22. *der Adler mit schwarzem Rücken.*

Latham, Syst. ornith. I. p. 16. n. 26. Falco (Melanonotus), cera pedibusque lanatis, luteis, capite, cervice, ventre et tectricibus alarum ferrugineis,

aber in Sibirien, finden, und die Kalmükken sich seiner zur Falkenjagd bedienen.

rugineis, gula, pectore, dorso remigibusque nigris.

55. LEUCORYPHOS. *Der russische Adler.* (8)

Müller, Natursyst. Suppl. p. 65. n. 33. *der russische Adler.*

Latham, Vögel, I. p. 39. n. 23. *der Adler mit dem weissen Wirbel.*

Latham, Syst. ornith. I. p. 17. n. 27. Falco (Leucoryphos) cera cinerea, pedibus semilanatis, albidis, corpore nebuloso-fusco, macula verticis trigona, gulaque tota alba.

Merrem, vermischte Abhandl. p. 89. n. 11. *Weissfuss-Adler.*

Pallas, Reise, Ausz. I. p. 316. *eine noch unbeschriebene kleine Art, mit weissgeflecktem Kopf.*

Pallas, Reise, Ausz. I. Anh. p. 2. n. 5. Aquila leucorypha.

Beseke, Naturgesch. der Vögel Kurl. p. 13. n. 19.

56. MOGILNIK. *Der Mogilnik.*

Merrem, verm. Abhandl. p. 86. n. 5. *hochbeinigter Adler.*

Latham, Vögel, I. p. 40. n. 24. *der Mogilnick.*

Latham, Syst. ornith. I. p. 17. n. 18. Falco (Mogilnik) cera lutea, pedibus lanatis, et reliquo corpore obscure ferrugineis, dorso albo admisto.

57. CRISTATUS. *Der Karakka.*

Latham, Vögel, I. p. 74. n. 64. *der Karakka.*

Latham, Syst. ornitholog. I. p. 17. n. 29. Falco (Cristatus) capite cristato, dorso, alis gulaque

(8) Gewicht, nach *Pallas*, etwa sechs Pfund. Ist nach *Beseke* mit *Falco Haliaetos* einerley.

que nigris, abdomine albo, rectricibus fasciis quatuor cinereis.

58. LAGOPUS. *Der rauhbeinige Adler.* (9)

Bechstein, Naturgesch. Deutschl. II. p. 228. n. 6. *der rauhbeinige Falk.* p. 229. *Scheerengeyer, Rauchfuß, Moosgeyer.*

Pennant, arct. Zool. II. p. 191. n. 8. *der Falk mit rauchen Beinen.*

Latham, Vögel, I. p. 67. n. 54. *der europäische Rauchfußfalke.*

Latham, Syst. ornith. I. p. 19. n. 33. Falco (Lagopus) cera pedibusque pennatis luteis, corpore fusco et albido vario, rectricibus fuscis, basi dimidia apiceque albis.

Bechstein, Musterung schädl. Thiere, p. 64. n. 10. *der rauhbeinige Falke.*

59. FEROX. *Der astrakanische Adler.* (10)

Latham, Vögel, I. p. 29. n. 7. *der Adler aus Astrakan.*

Latham, Syst. ornith. I. p. 13. n. 11. Falco (Ferox) cera viridi, corpore supra fusco, dorso, abdomine et uropygio niveo, maculis castaneis vario, rectricibus aequalibus, fuscis, fasciis 4. obsoletis.

60. MA-

(9) So lange er in den Waldungen sich aufhält, nährt er sich von Mäusen und kleinen Vögeln; im Herbst aber begiebt er sich oft in grosser Menge in die Ebenen, und stellt den Hasen, Rebhühnern, Tauben, Lerchen u. s. w. nach.

(10) Im System heisst es: *nec ipsa cadavera, respuens.* In der Lathamschen Uebersetzung aber, die ich vor mir habe, steht: *er soll kein todtes Thier berühren.*

60. MARITIMUS. *Der Hühnergeyer von Java.*

Lichtenberg, Magaz. a. a. O. *Hühnergeyer, oder Hühnerdieb von Java.* Bey den Inländern: *Oelong-Oelong*, oder *Alap.*

Latham, Syst. ornith. I. p. 20. n. 35. Falco (Maritimus) cera pedibusque flavis, corpore caudaeque apice albo, cruribus colore ex rubicundo et albido misto.

61. AEGYPTIUS. *Der ägyptische Adler.*(1)

Latham, Vögel, I. p. 105. n. 108. *der arabische Hühnergeyer.*

Forskål, fn. arab. p. VI. n. 1. — Descript. anim. p. 1. n. 1. Falco cinereo-ferrugineus; arabisch *Haddâj.*

Latham, Syst. ornith. I. p. 20. n. 36. Falco (Forskalii) cera pedibusque semilanatis flavis, supra cinereus, subtus ferrugineus, alis supra fuscis, cauda forficata, fusco fasciata, longitudine corporis.

12. MILVUS. *Der Weihe.*(2)

Müller, Natursyst. II. p. 71. n. 12. *der Weihe.*

Müller,

(1) Wahrscheinlich ist diese Gattung wohl mit *F. Forskålii.* p. 263. n. 121. einerley, und dieser Vogel aus Versehen zweymal, mit den nämlichen Worten beschrieben.

(2) Gewicht nach Pennant, u. s. w. 44 Unzen. Verläßt Deutschland im Septbr. und October. Ueberwintert in Astrakan, besonders aber in Aegypten, und kömmt im April zurück. Nährt sich von jungem Geflügel, außerdem aber von Feldmäusen, Fröschen, Schlangen, Eidexen, Regenwürmern, Schnecken und Aas. Nistet in gebirgigen Wäldern, und großen Feldhölzern auf den höchsten alten Eichen, Buchen, Fichten und Tannen, und nie in die Klüfte unzugänglicher Klippen.

Müller, Naturſyſt. II. p. 72. *der Königs-Weihe.*

Leske, Naturgeſch. p. 232. n. 2. *der Weihe.*

Borowsky, Thierreich, II. p. 72. n. 8. *der Hünergeyer, Stoßvogel.*

Blumenbach, Handb. der Naturgeſch. p. 159. n. 6. Falco (Milvus) cera flava, cauda forficata, corpore ferrugineo, capite albidiore; *die Weihe, der Gabelgeyer, Milan, Scheerſchwänzel, Schwalbenſchwanz, Taubenfalke.*

Bechſtein, Naturgeſch. I. p. 319. n. 11. *die Gabelweihe.*

Bechſtein, Naturgeſch. Deutſchl. II. p. 243. n. 2. *die Gabelweyhe.* p. 250. *der Weyhe, Weyhfalk, Milan, Scheerſchwänzel, Hüner-Dieb, Stößer, Stoßvogel, röthliche Weyhe, rother Milan, Gabelgeyer, Schwalbenſchwanz, Hünergeyer, Steingeyer, Stoßgeyer, Hüneraar, Hauahr, Weichmilane, Grimmer, Schwimmer.*

Funke, Naturgeſch. I. p. 281. *der Weihe.*

Ebert, Naturl. II. p. 31. *der Weihe.*

Halle, Vögel, p. 211. n. 146 *der Weihe, mit gabligem Schwanz und Fiſcherhoſen.*

Gatterer,

Klippen. Das Neſt hat eine Unterlage von großen Holzreiſern, und iſt inwendig mit Gras, Moos und Wolle nachläſsig ausgefuttert. Das Weibchen legt zu Anfang des Maies, und brütet drey Wochen. Von den Jungen kommen gewohnlich nur zwey auf. In Frankreich heiſst dieſer Vogel *Königsweihe*, weil er ſonſt zum Vergnügen der Prinzen diente, welche abgerichtete Falken und Sperber auf ihn losſchickten. Seine Rückkunft ſieht man im Frühjahr als ein ſicheres Zeichen des geendigten Winters und der ſtarken Fröſte an. — Der allgemeine Name *Weihe* wird von den Jägern auch der 11. 29. u. a. Gattungen beygelegt.

Gatterer, vom Nutzen u. Schaden der Thiere, II. p. 15. n. 18. *die Weyhe, der Milan, Scheerschwänzel, Gabelgeyer, Hühnerdieb.*

Pennant, arct. Zoolog. II. p. 212. H. *der Weyhe, der Hühnergeyer.*

Beckmann, Naturhist. p. 37. n. b. *der Weihe.*

Neuer Schaupl. der Natur, IX. p. 644. *Weihe.*

Onomat. hist. nat. V. p. 201. *der Weihe.*

Handb. der Naturgesch. II. p. 123. *der Hühnergeier.*

Handb. der deutschen Thiergesch. p. 94. *Milane.*

Klein, av. p. 51. n. 13 Falco cauda forcipata.

Klein, Vorbereit. p. 96. n. 13. *Scheerschwänzel.*

Klein, verbesserte Vögelhist. p. 50. n. 13. *Scheerschwänzel.*

Klein, Vögeleyer. p. 19. Tab. 1. fig. 6.

Merrem, verm. Abhandl. p. 93. n. 5α. *der gemeine Weihe.*

Brisson, ornithol. I. p. 118. n. 35. Milan royal.

Büffon, Vögel, I. p. 267. *der Hünergeyer*; Tab. 21.

Batsch, Thiere, I. p. 295. *der Hühnergeyer.*

Latham, Vögel, I. p. 57. n. 43. *der Milan, Gabelgeyer, Scheerschwänzel, Hühnergeyer.*

Latham, Syst. ornith. I. p. 20. n. 37. Falco (Milvus) cera flava, cauda forficata, corpore ferrugineo, capite albidiore.

Beseke, Vögel Kurl. p. 9. n. 8. *der Königsweihe.*

Beseke, Vögel Kurl. p. 10. n. 9. *der Weyhe.*

Bock, Naturgesch. von Preussen, IV. p. 266. n. 10. *der Weihe.*

Bock, Naturgesch. v. Preussen, IV. p. 267. n. 11. *Königsweihe, röthliche Weihe.*

Fischer, Naturgesch. von Livland, p. 64. n. 34. *Hühnerweihe.*

Pontop-

Pontoppidan, Naturg. von Dännemark, p. 165. n. 4. *Stößer, Weyhe.*

Pontoppidan, Naturhist. von Norwegen, p. 142. *Glente.*

Cetti, Naturgesch. von Sardin. II. p. 54. *der Hünergeier.*

Naturforsch. VIII. p. 47. n. 10. *der Weyhe.*

Naturforsch. VIII. p. 47. n. 11. *Königsweyhe.*

Schriften der berlin. Gesellsch. naturf. Freunde, VII. p. 447. n. 2. *der Weihe.*

Eberhard, Thiergesch. p. 67. *der Weiher.*

Pallas, nord. Beyträge, III. p. 15. *der gemeine und der bunte Weihe.*

Adanson, Senegall, p. 97. *der Hünergeyer.*

Mellin, von Anleg. der Wildbahnen, p. 347. n. 6. *der Milan, Schwalbenschwanz.*

Frisch, Vögel, Tab. 72.

Linné, auserles. Abhandl. II. p. 286. n. 53. *der Weihe.*

Zorn, Petinotheol. II. p. 243. *der Milan, Gabler, oder Hünerdieb.*

Bechstein, Musterung schädl. Thiere, p. 65. n. 12. *die Gabelweyhe.*

Goeze, Allerley, II. p. 142. n. 5. *die Gabelweihe, oder Milane.*

Merklein, Thierreich, p. 297. *Hünerdieb, Wey, Weye, Wy, Weihe, Weiher, Wuwe, Ruttel-Weyh, Rötel-Weyh, Hüner-Arh.*

Kraft, Ausrott. grauf. Th. II. p. 74. *Weyhen.*

Müller, Vorles. über d. Thierr. p. 112. n. 2. *der Weyhe.*

Krünitz, Encyklop. XVIII. p. 374. *der Hühnergeyer, Hühnerdieb.*

Jablonsky, allg. Lex. p. 395. *Hüner-geyer.*

Naumann, Vogelsteller, p. 169. *Gabelgeyer.*

Loniceri Kräuterbuch, p. 655. *Weyhe.*

Döbel, Jägerpraktik, I. p. 78. *Milane, Curwy, Schwalbenschwanz.*

Beckmann, Bibl. VI. p. 48. VII. p. 222.

Linné, Syst. Nat. Edit. II. p. 52. Milvus.

Linné, Syst. Nat. Edit. VI. p. 17. n. 7. Milvus vulgaris.

Linné, Syst. Nat. Edit. X. I. p. 89. n. 10. Falco (Milvus) cera flava, cauda forficata, corpore ferrugineo, capite albidiore.

Müller, zool. dan. prodr. p. 9. n. 61. Falco (Milvus) cera flava, cauda forficata, corpore ferrugineo, capite albidiore.

Kramer, Austr. p. 326. n. 4. Falco cera flava, cauda forcipata, corpore ferrugineo, capite albidiore. *Rother Milan.*

Brünich, ornith. bor. p. 1. n. 2. Milvus.

Jonston, av. p. 25. Milvus.

Hermann, tab. affin. animal. p. 172. Milvus.

Plin. hist. nat. L. X. c. 10. Milvi.

Aristot. hist. animal. L. 6. c. 6. n. 72. Ικτινος.

Donndorff, Handb. der Thiergesch. p. 302. n. 12. *der Weihe.*

β. *Eine Abart mit kastanienbraunem Scheitel und Kehle.*

Latham, Syst. ornith. I. p. 21. β.

γ. *Der Korschun.*

Latham, Vögel, I. p. 57. n. 46. *der Korschun, der russische Milan.*

Latham, Syst. ornith. I. p. 21. γ.

Merrem, vermischte Abhandl. p. 93. n. 4. β. *der russische Weihe.*

δ. Der

δ. *Der jaikische Weihe.* Lepech. l. c.
Latham, Syst. ornith. I. p. 21. δ.

ε. *Der weiße Weihe.*
Bechstein, Naturgesch. Deutschl. II. p. 250.

62. Ater. *Der schwarze Weihe.* (3)
Bechstein, Naturgesch. Deutschl. II. p. 259. n. 6. *die schwarze Hünerweyhe.*
Brisson, ornith. I. p. 117. n. 34. Milan noir.
Büffon, Vögel, I. p. 273. 274. *der schwarze Hünergeyer.*
Latham, Vögel, I. p. 57. n. 44. *der schwarze Milan.*
Latham, Syst. ornith. I. p. 21. n. 38. Falco (Ater) cera pedibusque flavis, corpore supra fusco-nigro, capite subtus albido, cauda forficata.
Bechstein, Musterung schädlicher Thiere, p. 68. n. 15. *die schwarze Hühnerweihe, Mäusfaar.*
Merrem, verm. Abh. p. 93. n. 6. *Mäuse-Falke.*
Kramer, Austr. p. 326. n. 5. Falco cera flava, cauda subfurcata, fasciata, corpore castaneo-ferrugineo, capite albidiore; *Brauner Wald-Geyer.*

63. Austriacus. *Der braune Weihe.* (4)
Bechstein, Naturgesch. Deutschl. II. p. 260. n. 7. *die braune Hühnerweihe.*

 Latham,

(3) *Der ätolische schwarze Hünergeyer; der Mäusfeadler oder Aar.* Soll sich, besonders im Winter, in grossen gebirgigen Waldungen aufhalten, auf Heuschrecken, Feldmäuse, und junge Vögel stossen; und die Grösse einer Henne haben. *Buffon* halt ihn für verwandt mit dem gemeinen *Weihe;* und *Bechstein* ist geneigt, ihn für einen jungen *Buffard* zu halten.

(4) *Bechstein* will ihn für ein junges Männchen von der gemeinen *Weihe* halten, auf welches er die systematische Beschreibung sehr passend gefunden hat.

Latham, Vögel, I. p. 57. n. 45. *der österreichische Milan.*

Latham, Syst. ornitholog. I. p. 21. n. 39. Falco (Austriacus) cera pedibusque semilanatis flavis, capite corporeque supra castaneo, pennarum scapis nigris, rectricibus fuscis, fasciis nigris, apicibus albis.

Kramer, Austr. p. 327. n. 6. Falco cera flava, corporeque castaneo, pennarum rachi nigra, rectricibus fuscis, fasciis nigris, apice albis. *Brauner Milan; brauner Geyer.*

64. Brasiliensis. *Der Karakara.*

Brisson, ornitholog. I. p. 116. n. 31. Busard du Brésil.

Büffon, Vögel, II. p. 30. *der brasilian. Sperber, Karakara.*

Latham, Vögel, I. p. 58. n. 47. *der brasilianische Milan.*

Latham, Syst. ornitholog. I. p. 21. n. 40. Falco (Brasiliensis) pedibus flavis, corpore rufo, albo flavoque punctato, rectricibus fusco alboque variegatis.

Marcgr. Brasil. p. 211. *Caracara.*

Jonston, av. p. 205. *Caracara.*

25. Furcatus. *Die Sperberschwalbe.* (5)

Müller, Natursystem, II. p. 86. n. 25. *der Langschwanz.*

Halle, Vögel, p. 212. n. 147. *die purpurfarbne Sperberschwalbe.*

Merrem, verm. Abhandl. p. 94. n. 9. *Schwalbenschwanz.*

Gatt-

(5) *Buffon* hält ihn für eine mit dem *Weihe* verwandte Gattung.

Gatterer, vom Nutzen und Schaden der Thiere, II. p. 21. n. 26. *der Sperberfalk, Schlangenhabicht.*

Pennant, arct. Zoöl. II. p. 200. n. 24. *der Falk mit dem Schwalbenschwanze.* Tab. X.

Neuer Schauplatz der Natur, II. p. 754. n. 9. *Scheerschwänzel.*

Klein, Vorbereit. p. 97. n. 14. *Schwalbenfalke.*

Klein, verbesserte Vögelhist. p. 50. *Schwalbenfalk.*

Brisson, ornitholog. I. p. 118. n. 36. Milan de la Caroline.

Büffon, Vögel, I. p. 272. *der Habicht mit dem Schwalbenschwanz.* p. 273. *der carolinische Geyer.*

Büffon, Vögel, II. p. 26. *die Sperberschwalbe.*

Batsch, Thiere, I. p. 295. *die Sperberschwalbe, Schwalbenfalk.*

Seligmann, Vögel, I. Tab. 8. *der Habicht mit dem Schwalbenschwanze.*

Latham, Vögel, I. p. 55. n. 42. *der Schwalbenschwanz.*

Latham, Syst. ornitholog. I. p. 22. n. 41. Falco Furcatus.

Linné, auserlesene Abhandl. II. p. 278. n. 1. *der Scheeren-Falk.*

Linné, Syst. Nat. Edit. X. I. p. 89. n. 11. Falco (Forficatus) cera flava, cauda forficata longissima, corpore supra fusco, subtus albido.

Hermann, tab. affin. animal. p. 173. *F. Furcatus.*

Donndorff, Handb. der Thiergesch. p. 203. n. 13. *die Sperberschwalbe.*

121. Forskahlii. Siehe vorher die Anmerk. 1. bey *F. Aegyptius.*

26. Haliaetos. *Der Balbusard.* (6)

Müller, Natursystem, II. p. 86. n. 26. *der Fisch-aller.* Tab. II. fig. 4.

Leske, Naturgeschichte, p. 233. n. 5. *der Fisch-habicht.*

Borowsky, Thierreich, II. p. 71. n. 6. *der Fluß-adler, Balbusard.*

Blumenbach, Handb. der Naturgesch. p. 159. n. 5.

Falco (Haliaëtus) cera pedibusque caeruleis, corpore

(6) Ein Zugvogel, der uns im November, so bald die Teiche und Flüsse gefrieren, verläßt, und zu Anfang des Märzes, wenn sie sich wieder öffnen, zurückkömmt. Besucht die Gegenden des festen Landes, wo Flüsse, Teiche und Seen sind, und wird seltener an den Meeresufern gefunden. Er schwebt ohne Geräusch, wie angeheftet, über dem Wasser, und wartet so, bey hellem Wetter, wenn die Fische an der Oberfläche des Wassers spielen, da er denn mit einem Male wie ein Pfeil aufs Wasser, und selbst bis in die Tiefe hinabfährt und den Fisch hervorholet, auf welchen er gezielt hatte. Bey trübem Wetter, wo ihm sein Schweben nichts hilft, lasst er seinen Unrath ins Wasser fallen, nach welchem die Fische wie nach einem Köder kommen, und ihm so zur Beute werden. Nistet auf den höchsten Gipfeln alter Eichen und Tannen. An dem Bau des Nestes nehmen Männchen und Weibchen Antheil. Das Nest hat drey Fuss im Durchmesser, besteht aus lauter starken Reisern, ist ganz flach, und inwendig mit Moos und Rasen ausgefuttert. Es dauert auch mehrere Jahre, bloss mit einem kleinen Zusatz von neuem Moos. Das Weibchen legt drey, seltener 4 weisse rothgestreifte und gewölkte abgerundete Eyer, und brütet etwa dreyssig Tage, binnen welcher Zeit ihm das Männchen Nahrung zuträgt. Nach *Buffon* u. a. nährt sich der Vogel blofs von Fischen, da man nie etwas anders in seinem Magen gefunden haben will. Seine Beute verzehrt er niemals auf der Stelle, sondern trägt sie zuweilen Stunden weit auf einen Baum, und losst das Fleisch sehr sorgfaltig von den Gräten ab. — Ist oft mit *Falco ossifragus* verwechselt.

corpore supra fusco, subtus albo, capite albido; *der Entenstößer, Moosweih.*

Bechstein, Naturgesch. I. p. 312. n. 5. *der Fischaar.*

Bechstein, Naturgesch. Deutschl. II. p. 229. n. 7. *der Fischaar.* p. 234. *der Balbusard, Fischadler, Meeradler, kleiner Meeradler, Flußadler, Rohrfalke, Fischähr, weißköpf. Blaufuß.*

Halle, Vögel, p. 208. n. 143. *der Rohrfalk.*

Merrem, verm. Abhandl. p. 88. n. 10. *der europäische Meer-Adler.*

Gatterer, vom Nutzen u. Schaden der Thiere, II. p. 21. n. 27. *der Balbusard, Entenstößer, Fischadler, Meeradler, Flußadler, Rohrfalk, Moosweyhe, Fischahr.*

Pennant, arct. Zoolog. II. p. 190. n. 7. *der Balbusard.*

Neuer Schaupl. der Nat. I. p. 98. n. 2. *der kleine Meeradler.*

Onomat. histor. nat. I. p. 641. *der Meeradler, Fischadler.*

Handbuch der deutschen Thiergeschichte, p. 92. *Entenadler, kleiner Adler, scheckiger Adler, Schelladler, Moosweihe, Entenstößer.*

Brisson, ornith. I. p. 126. n. 10. Aigle de Mer.

Büffon, Vögel, I. p. 131. *der kleine Fluß- oder Meeradler, Balbusard.* Tab. 8.

Batsch, Thiere, I. p. 290. *der kleinere Balbusard.*

Latham, Vögel, I. p. 41. n. 26. *der Entenstößer, Moosweyh, Fischaar.*

Latham, Syst. ornith. I. p. 17. n. 30. Falco (Haliaëtus) cera pedibusque caeruleis, corpore supra fusco, subtus albo, capite albido.

Beseke, Vögel Kurl. p. 13. n. 19. *der Fischadler.*

Fischer, Naturgesch. von Livland, p. 65. n. 37. *Fischadler.*

Leem, von den Lappen in Finnmarken, p. 126. n. 1. *Fiske-Gjoe.*

Pontoppidan, Naturg. von Dännemark, p. 165. n. 8. *Meeradler.*

Carver, Reise durch Nordamerika, p. 384. *der Fischhabicht?*

Steller, Beschreibung von Kamtschatka, p. 193. Haliaëtus.

Bock, Naturgesch. von Preussen, IV. p. 274. n. 19. *der Fischadler, Seeadler.*

Pallas, Reise, Auszug, I. p. 316. *der gemeine Fischaar?*

Naturforsch. VII. p. 40. *Fischadler.*

Naturforsch. VIII. p. 53. n. 19. *der Fischadler, Seeadler.*

Bechstein, Musterung schädlicher Thiere, p. 63. n. 9. *der Fischaar.*

Naumann, Vogelsteller, p. 168. *Fischaar.*

Martini, Naturlexicon, I. p. 289. *der Balbuzard.*

Meidinger, Vorlesf. I. p. 112. n. 4. *der Fischhabicht.*

Oedmann, neue schwed. Abhandl. V. *Geschichte des Fischhabichts.*

Tengmalm, neue schwed. Abh. IV. p. 43. Falco Haliaëtus.

Lichtenberg u. *Voigt*, Magazin für das Neueste u. s. w. IV. 1. p. 104. *Fischhabicht.*

Jablonsky, allgem. Lexicon, p. 20. *Meeradler, Fischaar.*

Kraft, Ausrott. grausf. Thiere, II. p. 590. *Meer-Adler oder Fisch-Ar.*

Döbel, Jägerprakt. I. p. 78. *Fisch-Geyer.*

Nau, Entdeck. a. d. Naturgesch. I. p. 247. Falco Haliaëtus.

Beckmann,

Beckmann, phyſ. ökon. Bibl. I. p. 187. *Fiſchaar*. VI. p. 44. *Balbuzard*.

Linné, auserl. Abh. II. p. 286. n. 53. F. Haliaëtus.

Linné, Syſt. Natur. Edit. VI. p. 17. n. 5. Falco Haliaëtus.

Linné, Syſt. Nat. Edit. X. I. p. 91. n. 21. Falco (Haliaetus) cera pedibusque caeruleis, corpore ſupra fuſco, ſubtus albo, capite albido.

Müller, zoolog. dan. prodr. p. 10. n. 66. Falco (Haliaetus) cera pedibusque caeruleis, corpore ſupra fuſco, ſubtus albo, capite albido.

Kramer, Auſtr. p. 325. n. 2. Falco pedibus ceraque caeruleis, corpore ſupra fuſco, capite albo, *Blaufuß*.

Brünich, ornith. bor. p. 5. Haliaëtus.

Hermann, tab. affin. anim. p. 170. F. Haliaëtus.

Jonſton, av. p. 12. *Haliaetus; Meeradler*.

Plin. hiſt. nat. L. X. c. 3. Haliaëtus.

Donndorf, Handb. der Thiergeſch. p. 203. n. 14. *der Balbuſard*.

β. Arundinaceus. *Der Rohrfalk*.

Latham, Syſt. ornith. I. p. 18. β. Falco cera cinerea, pedibus pallidis, corpore ſupra griſeo, infra albido, cauda aequali.

γ. Carolinensis. *Der caroliniſche Fiſcherfalk*.

Halle, Vögel, p. 215. n. 151. *der Seefalk mit Fiſcherhoſen*.

Handb. d. Naturgeſch. II. p. 127. *der Geier aus Carolina*.

Merrem, vermiſchte Abhandl. p. 89. β. *der amerikaniſche Meeradler*.

Klein, av. p. 52. n. 19. Falco piſcator cyanopus.

Klein,

Klein, Vorbereit. p. 99. n. 19. *Weißkopf, weißköpfiger Blaufuß.*

Klein, verbeff. Vögelhift. p. 51. n. 19. *weißköpfiger Blaufuß.*

Briffon, ornitholog. I. p. 105. n. 14. Faucon pecheur des Antilles.

Briffon, ornitholog. I. p. 105. n. 15. Faucon pecheur de la Caroline.

Büffon, Vögel, I. p. 182. *der Fischweihe.* Tab. 14.

Seligmann, Vögel, I. Tab. 4. *der Fischaar.*

Latham, Vögel, I. p. 42. n. 26. A. *der Fischaar aus Carolina.*

Latham, Syft. ornithol. I. p. 16. γ. Falco cauda fufca, concolore, vertice nigro, aut fufco, albo variegato, ventre albo.

Du Tertre, hift. gen. des Antilles, II. p. 253.

δ. Cayennensis. *Der cayennische Fischerfalk.*

Latham, Vögel, I. p. 43. n. 26. B. *der Fischaar aus Cayenne.*

Latham, Syft. ornithol. I. p. 18. δ. Falco corpore ferrugineo-fufco, linea alba a mandibula fuperiore per utrumque oculum ad occiput fimiliter album ducta.

65. Antillarum. *Der Mansfeni.*

Briffon, ornithol. I. p. 114. n. 13. Faucon des Antilles.

Büffon, Vögel, I. p. 183. *der Mansfeni des du Tertre.*

Latham, Vögel, I. p. 43. n. 27. *der Mansfeny.*

Latham, Syft. ornith. I. p. 19. n. 32. Falco (Antillarum) toto corpore fufco.

Martini, Naturlex. I. p. 326. *der Mansfeni des du Tertre.*

66. Si-

66. Sinensis. *Der chinesische Adler.*

Latham, Vögel, I. p. 33. n. 11. *der chinesische Adler;* Tab. 3.

Latham, Syst. ornithol. I. p. 13. n. 13. Falco (Sinensis) cera pedibusque luteis, corpore supra rubro-fusco, subtus flavescente, tectricibus alarum, rectricibusque fascia obscura.

**** Falken; *von minderer Größe, mit unbefiederten Füßen.*

67. Orientalis. *Der orientalische Falk.* (7)

Latham, Vögel, I. p. 31. n. 7. c. *der orientalische Habicht.*

Latham, Syst. ornithol. I. p. 22. n. 44. Falco (Orientalis) pedibus plumbeis, corpore fusco, superciliis ferrugineis, remigibus rectricibusque albo maculatis.

68. Indicus. *Der javanische Falk.*

Latham, Vögel, I. p. 31. n. 7. d. *der javanische Habicht.*

Latham, Syst. ornith. I. p. 23. n. 45. Falco (Indicus) cera pedibusque luteis, corpore fusco rubro, remigibus rectricibusque nigro fasciatis, fronte, uropygio, crisso fasciisque abdominis albis.

69. Novae Hollandiae. *Der neuholländische Falk.*

Latham, Vögel, I. p. 37. n. 18. *der neuholländische Adler.*

Latham,

(7) Nach *Latham*, nebst der folgenden Gattung, eine Varietät von *Falco Ferox*.

Latham, Syſt. ornith. I. p. 16. n. 22. Falco (Novae Hollandiae) albus, cera, orbitis, pedibusque luteis, ungue poſtico anterioribus duplo longiore.

70. URUBITINGA. *Der braſilianiſche Falk.*

Ebert, Naturl. II. p. 28. *Urubitinga.*

Halle, Vögel, p. 179. n. 117. *der kurzſchwänzige Steinadler?*

Briſſon, ornith. I. p. 128. n. 12. Aigle du Bréſil.

Büffon, Vögel, I. p. 180. *der braſilian. Adler.*

Latham, Vögel, I. p. 38. n. 20. *der braſilianiſche Adler.*

Latham, Syſt. ornith. I. p. 22. n. 43. Falco (Urubitinga) cera pedibusque flavis, corpore fuſco nigricante vario, alis cinereo admiſto, rectricibus albis, apice nigricantibus, albo terminatis.

Martini, Naturlex. I. p. 297. *der braſilianiſche Adler, Urubitinga.*

Jonſton, av. p. 208. Urubitinga.

71. PONDICERIANUS. *Der Adler von Pondichery.*

Ebert, Naturl. II. p. 27. *der Adler von Pondichery.*

Handb. d. Naturgeſch. II. p. 133. *der Adler aus Pondichery.*

Merrem, verm. Abh. p. 89. n. 13. *heiliger Adler.*

Briſſon, ornithol. I. p. 129. n. 15. *Aigle de Pondichery.*

Büffon, Vögel, I. p. 170. *der Adler von Pondichery.*

Latham, Vögel, I. p. 38. n. 21. *der Adler aus Pondiſchery.*

Latham,

Latham, Syst. ornithol. I. p. 23. n. 46. Falco (Ponticerianus) cera caerulescente, corpore castaneo, capite, collo pectoreque albis lineolis fuscis variis, remigibus sex primoribus ultima medietate nigris.

Batsch, Thiere, I. p. 291. *der Adler von Pondichery.*

Martini, Naturlex. I. p. 327. *der Adler von Pondichery, der malabarische Adler.*

Ess. philosoph. p. 35. Aigle Malabare.

72. Aequinoctialis. *Der cayennische Falk.*

Latham, Vögel, I. p. 40. n. 25. *der cayennische Adler.*

Latham, Syst. ornithol. I. p. 22. n. 42. Falco (Aequinoctialis) pedibus luteis, corpore nigricante ferrugineo vario, remigibus medio ferrugineis, rectricibus V. albo notatis.

15. Buteo. *Der Bussard.*(8)

Müller, Natursyst. II. p. 78. n. 15. *Bußhard.* Tab. 27. fig. 1.

Leske,

(8) In Deutschland fast überall unter dem Namen des *Mäusefalken* bekannt. Variirt vor allen andern vorzüglich in der Farbe. Ein träger ungeschickter Vogel, der Stundenlang auf einem Baume zusammengedruckt sitzt, und nicht eher auf den Raub ausfliegt, bis ihn der gröſste Hunger treibt. Fliegt langsam und hoch. Ist sehr scheu und furchtsam. Ist in Deutschland Strichvogel; wandert bey strengem Winter südlicher, und kommt beym Eintritt gelinderer Witterung bald wieder. Liebt die Vorholzer in groſsen Waldungen. Nährt sich besonders von Amphibien, und lauert den Maulwurfen und kleinen Feldmäusen auf; geht aber auch auf junge Hasen, Kaninchen, Rebhühner und Wachteln. Nistet auf den hochsten Bäumen, besonders auf alten hohen Fichten. Das Weibchen legt drey bis vier weiſsliche, ins Grüne spielende, mit

Leske, Naturgesch. p. 233. n. 4. *der Bussard*

Bechstein, Naturgesch. I. p. 313. n. 6. *der Bussard.*

Bechstein, Naturgesch. Deutschl. II. p. 238. n. 1. *der Bussard.* p. 242. *Bushart, Busharfalk, Weyhe, Waldgeyer, Rüttelweyhe, Sumpfweyhe, Wasservogel; (Mäusefalke, Unkenfresser*, in Thüringen.)

Halle, Vögel, p. 207. n. 142. *der Bushart.*

Gatterer, vom Nutzen u. Schaden der Thiere, II. p. 17. *der Bushart, Mausefalk, Waldgeyer, die Rüttelweyhe, Sumpfweyhe.*

Pennant, arct. Zoolog. II. p. 197. n. 19. *der Bussard.*

Neuer Schaupl. d. Nat. II. p. 753. n. 9. *Busshart.*

Onomat. hist. nat. II. p. 359. *Büzard, Busart.*

Handbuch der Naturgesch. II. p. 122. *der Busshart, Mausefalk.*

Klein, av. p. 50. n. 12. Falco Buteo, vulgaris, autorum.

Klein, Vorbereit. p. 96. n. 12. *Busshart, Mausefalke.*

Klein, verbess. Vögelhist. p. 90 n. 12. *Busshart.*

Klein, Stemm. av. p. 8. Tab. 8. fig. 2. a. b.

Klein, Vögeleyer, p. 19. Tab. 6. fig. 2.

Brisson, ornith. I. p. 116. n. 32. la Buse.

Büffon, Vögel, II. p. 3. *der Weyhe.* Tab. 21.

Batsch, Thiere, I. p. 292. *der Weyhe.*

Latham, Vögel, I. p. 44. n. 28. *der gemeine Busart, die Weyhe.*

Latham, Syst. ornitholog. I. p. 23. n. 47. Falco (Buteo) cera pedibusque luteis, corpore fusco, abdo-

mit gelbbraunen Flecken unordentlich bestreuete Eyer. Im nordlichen Amerika bewohnt er die Hudsonsbay bis Neuland. Um Lyon soll er den Winter sehr häufig und ausnehmend fett seyn, auch daselbst gegessen werden.

abdomine pallido, maculis fuſcis, cauda fuſco faſciata.

Beſeke, Naturgeſch. der Vögel Kurl. p. 13. n. 17. *der Büſſard.*

Bock, Naturgeſch. von Preuſſen, IV. p. 272. n. 17. *Buſſard, Mauſefalk.*

Fiſcher, Naturgeſch. von Livland, p. 65. n. 38. *Mauſefalk, Steinadler.*

Cetti, Naturgeſch. von Sardinien, II. p. 56. *der Weihe.*

Pennant, britt. Thiergeſchichte, (von Murr.) II. Tab. 5. *Buſthart.*

Linné, auserleſene Abhandl. II. p. 287. *der Buſthart.*

Pontoppidan, Naturgeſch. von Dännem. p. 165. n. 6. *Weyhe.*

Naturforſch. VIII. p. 52. n. 17. *Buſthart.*

Schriften der berlin. Geſellſchaft naturf. Fr. VII. p. 448. n. 5. *der Buſſard.*

Scopoli, Bemerk. a. d. Naturgeſch. p. 4. n. 4. *der Mauſefalk, Waldgeyer.*

Bechſtein, Muſterung ſchädl. Th. p. 65. n. 11. *der Buſſard.*

Döbel, Jägerprakt. I. p. 78. *Mauſegeyer.*

Beckmann, phyſikal. ökonom. Bibl. VI. p. 48. *der Bushard.*

Krünitz, Encyklop. I. p. 134. n. 13. *Mäuſefalk, Mäuſeaar, Mäuſegeyer, Mäuſehabicht, Mäuſewächter, Mauſer, Buſſaar, Büſshard.*

Linné, Syſt. Nat. Edit. II. p. 52. Buteo.

Linné, Syſt. Nat. Edit. VI. p. 17. n. 12. Buteo triorchis.

Linné, Syſt. Nat. Edit. X. I. p. 90. n. 14. Falco (Buteo), cera pedibusque luteis, corpore fuſco, abdomine pallido, maculis fuſcis.

Müller, zoolog. dan. prodr. p. 9. n. 64. Falco (Buteo), cera pedibusque luteis, corpore fusco, abdomine pallido, maculis fuscis.

Kramer, Austr. p. 329. n. 11. Falco cera pedibusque luteis, dorso fusco, pectore pallido, maculis longitudinalibus fuscis; *Wald-Geyer*.

Brünich, ornith. bor. p. 5. Buteo.

Hermann, tab. affin. anim. p. 172. 174. F. Buteo.

Jonston, av. p. 23. Buteo.

Donndorff, Handb. der Thiergesch. p. 204. *der Bussard.*

73. GALLINARIUS. *Der Hühnerfalk.*

Bechstein, Naturgesch. Deutschl. II. p. 263. n. 9. *der Hühnerfalke. — Hühnerhabicht, Hühnergeyer.*

Brisson, ornithol. I. p. 114. n. 28. le gros Busard.

Latham, Vögel, I. p. 45. n. 29. *die Hühner-Weihe.*

Latham, Syst. ornithol. I. p. 24. γ. (als Spielart vom vorigen betrachtet.)

Bechstein, Musterung schädl. Thiere, p. 70. n. 17. *der Hühnerfalke.*

β. NAEVIUS. *Der gefleckte Hühnerfalk.*

Bechstein, Naturgesch. Deutschl. II. p. 263. *der gefleckte Hühnerfalke.*

Brisson, ornith. I. p. 114. n. 28. A. le Busard varié.

Latham, Vögel, I. p. 45. n. 29. A. *die gefleckte Hühner-Weihe.*

Latham, Syst. ornithol. I. p. 24. δ. (als Varietät von *Falco Buteo* aufgeführt.)

74. JAMAICENSIS. *Der Bussard aus Jamaika.*

Latham, Vögel, I. p. 48. n. 30. *der Busard aus Jamaika.*

Latham,

Latham, Syst. ornitholog. I. p. 24. n. 49. Falco (Jamaicensis) cera pedibusque luteis, corpore supra luteo fuscescente, fusco vario, rectricibus fasciis fuscis obsoletis.

75. BOREALIS. *Der amerikanische Bussard.*

Pennant, arct. Zool. II. p. 196. n. 16. *der Falk mit dem rothen Schwänze.*

Latham, Vögel, I. p. 40. n. 31. *der amerikanische Busard.*

Latham, Syst. ornith. I. p. 25. n. 50. Falco (Borealis) cera pedibusque luteis, corpore fusco, abdomine albo, maculis hastato-nigris, cauda ferruginea, fascia ad apicem nigra.

76. LEVERIANUS. *Der leverianische Falk.* (9)

Pennant, arct. Zool. II. p. 196. n. 17. *Levers Falk.*

Latham, Vögel, I. p. 103. n. 103. *der leverianische Falke.*

Latham, Syst. ornith. I. p. 18. n. 31. Falco (Leverianus) fuscus, pedibus flavis, capite, collo corporeque subtus albis, pone aures taenia fusca, rectricibus lateralibus fusco alboque, intermediis fusco nigroque fasciatis, omnibus apice albis.

77. RUFUS. *Der Brandfalk.*

Bechstein, Naturgesch. Deutschl. II. p. 261. n. 8. *der Brandfalke.* p. 262. *Brandgeyer*, *Fischgeyer.*

Brisson, ornithol. I. p. 115. n. 30. Busard roux.

Büffon, Vögel, II. p. 20. *der Fischgeyer.* Tab. 26.

 Latham,

(9) Von *Ashton Lever* also genannt, dem dieser Vogel aus Carolina geschickt wurde.

Latham, Vögel, I. p. 46. n. 32. *der Fischgeyer, Brandgeyer.*

Latham, Syst. ornitholog. I. p. 25. n. 51 Falco (Rufus) pedibus flavis, corpore rufo maculis longitudinalibus vario, dorso fusco, rectricibus cinereis.

Bechstein, Musterung schädl. Th. p. 96. n. 16. *der Brandfalke.*

78. Variegatus. *Der bunte Bussard.*

Latham, Vögel, I. p. 88. n. 33. *der bunte Bussard.*

Latham, Syst. ornitholog. I. p. 24. n. 48. Falco (Variegatus) pedibus flavis, corpore fusco, subtus albo, fusco maculato, capite colloque albidis, striis ferrugineo fuscis, tectricibus alarum albo maculatis, rectricibus albo fasciatis.

79. Albidus. *Der Bastardbussard.*

Pennant, arct. Zool. II. p. 201. n. 25. *der Bastardbussard.*

28. Apivorus. *Der Wespenfalk.* (10)

Müller, Natursyst. II. p. 87. n. 28. *der Bienenfresser.*

Bechstein,

(10) Länge 2 Fuss. Flügelweite 4 Fuss 8 Zoll. Gewicht etwa 2 Pfund. Flug langsam und niedrig. Gang hurtig. Stimme zischend. Gehört unter die Zugvögel, die spat wegziehen und früh wieder kommen. Zieht die ebenen Gegenden den gebirgigen vor, und liebt besonders die Feldhölzer, auch die Vorhölzer an grossen Waldungen, wo er auf hohen Bäumen nistet. Das Nest besteht aus Spänen und Reisern, mit Wolle und Federn ausgefüttert. Das Weibchen legt 3 bis 4, — nach *Latham* dunkelrothbraune, rostigroth oder kastanienbraun gefleckte, nach *White*, an jedem Ende mit

Bechstein, Naturgesch. I. p. 314. *der Wespenfalke.*
Bechstein, Naturgesch. Deutschl. II. p. 264. n. 10. *der Wespenfalke.* p. 268. *Mäusehabicht, Mäusewächter, Läuferfalk, Honigbusshard, Froschgeyer, Mäusefalk, Bienenfalk, Vögelgeyerla.*
Halle, Vögel, p. 209. n. 144. *der Läuferfalk, Wespenfalk.*
Merrem, verm. Abh. p. 94. n. 8. *Wespenfalke.*
Gatterer, vom Nutzen und Schaden der Thiere, II. p. 22. n. 29. *Wespenfalk, Läuferfalk.*
Pennant, arct. Zoolog. II. p. 214. I. *der Bienenfresser.*
Onomat. hist. nat. II. p. 361. Buteo apivorus.
Handb. d. Naturgesch. II. p. 123. Buteo apivorus.
Klein, av. p. 50. ad n. 12. Buteo api — vel vespivorus.
Klein, Vorbereit. p. 96. ad n. 12. *der Bienen- oder Wespenfresser.*
Klein, verbess. Vögelhist. p. 50. ad n. 12. Honney Buzzard (zu F. Buteo gerechnet).
Brisson, ornith. I. p. 117. n. 38. la Bondrée.
Büffon, Vögel, II. p. 7. *der Wespenfalk.*
Batsch, Thiere, I. p. 292. *der Wespenfalk.*
Latham, Vögel, I. p. 47. n. 33. *der Wespenfalke, Honigfalke.*
Latham, Syst. ornith. I. p. 25. n. 52. Falco (Apivorus) cera nigra, pedibus seminudis, flavis, capite cinereo, caudae fascia cinerea, apice albo.

mit schmalen rothen Flecken gezeichnete, in der Mitte mit einem rund herumgehenden blutrothen Querstreifen umgebene — nach *Bechstein* aschgraue mit kleinen braunen Flecken bezeichnete — Eyer; und brütet etwa 3 Wochen. *White* sagt: das Ey sey kleiner und nicht so rund als das vom Bussard.

Bock, Naturgesch. von Preussen, IV. p. 276. n. 21. *der Bienenfresser.*

White, Naturg. v. England, p. 57. *Honigadler.*

Pennant, britt. Thiergesch. (v. Murr.) Tab. 6. 7. *der Froschgeyer.*

Pontöppidan, Naturgesch. von Dännemark, p. 165. n. 9 *Mäusehabicht*, *Mäusewächter.*

Naturforsch. VIII. p. 54. n. 21. *der Bienenfresser.*

Nau, Entdeck. a. d. Naturgesch. I. p. 247. *Falco apivorus.*

Krünitz, Encyklop. XII. p. 135. *Bienenfresser, Honigbusshard.*

Bechstein, Musterung schädl. Thiere, p. 70. n. 18. *der Wespenfalke.*

Beckmann, physik. ökonom. Bibl. VI. p. 48. *der Bienenfalk.*

Frisch, Vögel, I. Tab. 88.

Linné, Syst. Nat. Edit. VI. p. 17. n. 13. *Buteo apivorus.*

Linné, Syst. Nat. Edit. X. I. p. 91. n. 23. Falco (Apivorus), cera nigra, pedibus seminudis, flavis, capite cinereo, caudae fascia cinerea, apice albo.

Müller, zool. dan. prodr. p. 10. n. 68. Falco (Apivorus) cera nigra, pedibus seminudis flavis, capite cinereo, caudae fascia cinerea, apice albo.

Kramer, Austr. p. 331. n. 14. Falco pedibus seminudis, cera nigra, capite cinereo, cauda fascia cinerea, apice albo; *Frosch-Geyerl*, *Mausz-Geyerl*, *Vögel-Geyerl*.

Brünich, ornith. bor. p. 5. Apivorus.

Hermann, tab. affin. anim. p. 173. F. Apivorus.

Jonston, av. p. 23. Goyran, s. Bondrée.

Donndorff, Handb. der Thiergesch. p. 204. n. 16. *der Bienenfresser.*

29. Aeruginosus. *Der Rostweyhe.* (1)

Müller, Natursyst. II. p. 88. *die Hühnerweyhe.*

Bechstein, Naturgesch. I. p. 320. n. 12. *die Rostweyhe.*

Bechstein, Naturgesch. Deutschl. II. p. 250. n. 3. *die Rostweyhe.* p. 253. *Sumpfbussard, Brandgeyer, Entengeyer, Hühnerweihe, Hühnergeyer, brauner Geyer, Wasserfalke, brauner Rohrgeyer, rostige Weihe, buntrostiger Falke* (die Jungen), *rostiger Falke;* bey den Jägern: *Moosweyhe.*

Halle, Vögel, p. 213. n. 148. *der rostige Weihe.*

Gatterer, vom Nutzen u. Schaden der Thiere, II. p. 22. n. 30. *Brandgeier, Entengeier.*

Pennant, arct. Zool. II. p. 215. L. *der Sumpfbussard.*

Neuer Schauplatz der Natur, II. p. 754. *buntrostiger Falk.*

Onomat. hist. nat. III. p. 203. Milvus aeruginosus, *der rostige Weihe.*

Handbuch der Naturgesch. II. p. 122. Circus, *der buntrostige Falk.*

Handb. der deutschen Thiergesch. p. 94. *Rohrvogel, Rohrfalke, rostige Weihe, Rohrgeyer, Brandgeyer, Entengeyer.*

(1) Länge 23 Zoll. Flügelweite 4 Fuss. Gewicht etwa 20 Unzen. Fliegt schön, sanft schwimmend, und fast immer in horizontaler Lage. Hält sich in Vorhölzern, Gebuschen, Hecken, nahe bey Teichen, Flüssen und Sümpfen, auf Wandert nicht. Nistet in sumpfigen Gegenden, in niedrigen Gesträuche, oder gar nur auf kleinen mit hohem Gras bewachsenen Hügeln. Das Nest besteht aus dürren Reisern, trocknem Riedgras und welkem Laub Legt 3 bis 4 bläulich weisse Eyer. Brütet 3 Wochen In seinem Kropfe hat man mehrere Spitzmause gefunden In Frischens Zeichnung sind die Endspitzen der Federn zu helle.

Klein, av. p. 51. n. 15. Falco s. Milvus aeruginosus.
Klein, Vorbereit. p. 97. n. 15. *buntrostiger Falke.*
Klein, verbess. Vögelhist. p. 50. n. 15. *buntrostiger Falk.*
Brisson, ornitholog. I. p. 115. n. 29. Busard de marais.
Büffon, Vögel, II. p. 22. *der rostige Weyhe.*
Batsch, Thiere, I p. 293. *der rostige Weyhe.*
Latham, Vögel, I. p. 48. n. 34. *die rostige Weyhe.*
Latham, Syst. ornithol. I. p. 25. n. 53. Falco (Aeruginosus) cera virescente, corpore griseo, vertice, gula, axillis pedibusque luteis.
Beseke, Vögel Kurl. p. 16. n. 23. *der Hühnerweihe.*
Bock, Naturgesch. von Preussen, IV. p. 278. n. 23. *Hünerweihe, brauner Geyer, Fischahr, Fischgeyer.*
Cetti, Naturgeschichte von Sardinien, II. p. 45. *der Sumpfweihe.*
Fischer, Naturgesch. von Livland, p. 66. n. 40. *brauner Fischgeyer.*
Pallas, Reise, Ausz. I. p. 370. Falco aeruginosus.
Pontoppidan, Dännemark, p. 165. n. 10. *Hühnergeyer.*
Pennant, britt. Thiergesch. (von Murr.) Tab. 8. *brauner Rohrgeyer.*
Frisch, Vögel, Tab. 77.
Bechstein, Musterung schädlicher Thiere, p. 66. n. 13. *die Rostweihe.*
Linné, auserles. Abh. II. p. 286. *der rostige Falk.*
Beckmann, Bibl. VI. p. 49. *der Busard.*
Naumann, Vogelsteller, p. 169. *die Moosweyhe.*
Linné, Syst. Nat. Edit. VI. p. 17. n. 8. Milvus aeruginosus.

Linné,

Linné, Syst. Nat. Edit. X. I. p. 91. n. 24. Falco (Aeruginosus) cera fusca, corpore griseo, vertice, gula, axillis pedibusque luteis.

Muller, zoolog. dan. prodr. p. 10. n. 69. Falco (Aeruginosus) cera virescente, corpore griseo, vertice, gula, axillis pedibusque luteis.

Kramer, Austriac. p. 328. n. 7. Falco cera flava, corpore subtus ferrugineo, superne fusco, capite concolore, rectricibus testaceis; *brauner Rohr-Geyer.*

Brünich, ornith. bor. p. 5. Aeruginosus.

Jonston, av. p. 22. Circus.

Donndorff, Handb. der Thiergesch. p. 204. n. 17. *der Sumpfbussard.*

80. Javanicus. *Der Habicht von der Insel Java; der Lang.* (²)

Latham, Syst. ornith. I. p. 27. n. 58. Falco (Javanicus) cera nigra, medio luteo; pedibus luteis, capite, collo et pectore castaneis, dorso fusco.

81. Cinereus. *Der aschfarbige Falk.*

Klein, av. p. 50. ad n. 12. *the ashcoloured Buzzard*, pedibus e caeruleo cinereis, unguibus nigris.

Klein, Vorbereit. p. 96. ad n. 12. the ashcoloured Buzzard.

Klein, verbess. Vögelhist. p. 50. ad n. 12. (zu Falco Buteo gerechnet.)

Mirrem, verm. Abhandl. p. 98. n. 14. *Blaufuß.*

Brisson, ornithol. I. p. 103. n. 10. Faucon de la Baye de Hudson.

Büffon, Vögel, II. p. 32. *der aschfarbige Weyhe.*

(²) Länge 19 Zoll. Flügelweite 48 Zoll; engl. M.

Seligmann, Vögel, III. Tab. 1. *der aschfarbne Bussaar.*

Latham, Syst. ornithol. I. p. 24. β. Falco cera pedibusque caerulescentibus, supra cinereo fuscus, albo fuscoque varius, superciliis albis, fusco maculatis. *(zu Falco Buteo gerechnet.)*

82. LINEATUS. *Der gestreifte Falk.*

Pennant, arct. Zool. II. p. 197. n. 18. *der Falk mit rothen Schultern.*

Latham, Vögel, I. p. 51. n. 36. *der gestreifte Busard.*

Latham, Syst. ornithol. I. p. 27. n. 59. Falco (Lineatus) cera pedibusque flavis, corpore fusco ferrugineo alboque vario, pectore rufo albo fasciato, rectricibus fasciis duabus albis.

83. OBSOLETUS. *Der einfarbige Falk.*

Pennant, arct. Zoolog. II. p. 198. n. 20. *der einfarbige Falk.*

Latham, Vögel, I. p. 101. n. 99. *der einfärbige Falke.*

Latham, Syn. Suppl. p. 30. Plain Falcon.

Latham, Syst. ornithol. I. p. 28. n. 61. Falco (Obsoletus) pedibus flavis, corpore fusco, subtus remigibus, rectricibusque, latere interiore albo maculatis.

7. RUSTICOLUS. *Der Falk mit dem Halsbande.* (3)

Müller, Natursystem, II. p. 67. n. 7. *der Weißkragen.*

Bechstein,

(3) Wenn *Fabricii Falco Rusticolus* wirklich hieher gehört, wie mir sehr wahrscheinlich ist, auch von *Pennant* und *Latham* angenommen wird, so ist doch in Ansehung der dahin gezo-

Bechstein, Naturgesch. Deutschl. II. p. 839. *der Falke mit dem Halsbande.*

Pennant, arct. Zool. II. p. 212. G. *der Falk mit dem Halsbande.*

Latham, Vögel, I. p. 52. n. 37. *der Falke mit dem Halsbande.*

Latham, Syn. Suppl. p. 15. Collared Falcon.

Latham, Syst. ornitholog. I. p. 28. n. 60. Falco (Rusticolus) cera, palpebris pedibusque luteis, corpore cinereo, alboque undulato, collari albo.

Pallas, Reise, Ausz. I. p. 87. Falco rusticolus.

Neue Mannichfalt. IV. p. 422. n. 3. *Weißkragen.*

Linné, Syst. Nat. Edit. X. I. p. 88. n. 5. Falco (Rusticolus) cera, palpebris pedibusque luteis, corpore cinereo alboque undulato, collari albo.

Fabric. fn. groenl. p. 55. n. 34. Falco (Rusticolus) cera, palpebris pedibusque luteis, corpore cinereo, alboque undulato, collari albo?

84. Novae Seelandiae. *Der neuseeländische Falk.*

Latham, Vögel, I. p. 52. n. 38. *der Neu-Seeländische Falke*, Tab. 4.

Latham, Syst. ornith. I. p. 28. n. 62. Falco (novae Zelandiae) cera pedibusque flavis, corpore ferrugineo-

gezogenen Synonymen manche Schwierigkeit. *Fabricius* rechnet nämlich *Brünichs Falco Islandus* (ornith. bor. p. 2. n. 9.) und *Müllers Falco Islandus* (zool. dan. prodr. p. 10. n. 73.) hieher, welcher im System p. 271. n. 87. als eine eigne Gattung aufgeführt ist. *Latham* folgt (Syst. ornithol. I. p. 32. n. 69.) in Ansehung *Brünichs* n. 7. und 8. der *Gmelinschen* Eintheilung, rechnet aber n. 9. und *Mülleri* n. 73. zu *Falco Gyrfalco* (l. c. p. 32. n. 68.) *Müller* a. a. O. nimmt *Brünichs* 7. 8. 9. als Spielarten an, und *Brünich* selbst läßt nur 7. u. 9. als Varietäten gelten.

rugineo-fusco, subtus rufo striato, cauda lutescente fasciata, femoribus ferrugineis.

30. PALUMBARIUS. *Der Stockfalk.* (Habicht.) (4)

Müller, Natursystem, II. p. 88. n. 10. *der Taubenhabicht.*

Blumenbach, Handb. der Naturgesch. p. 460. n. 8. Falco (Palumbarius) cera nigra, margine, pedibusque flavis, corpore fusco, rectricibus fasciis pallidis, superciliis albis; *der Habicht, Taubenfalke.*

Bechstein, Naturgesch. I. p. 318. n. 10. *der Stockfalke.*

Bechstein, Naturgesch. Deutschl. II. p. 268. n. 11. *der Stockfalke.* p. 273. *Tauben-Hühner-oder Gänsehabicht, Habicht, großer Habicht, Taubenfalk, Taubengeyer, brauner Taubengeyer, Sternfalk, Stockaar, schwärzlicher Falke mit pfeilförmigen Flecken, größter gepfeilter Falke.*

Funke, Naturgesch. I. p. 281. *der Habicht.*

Ebert,

(4) Einer der schönsten Falken. Das Männchen ist um ein Drittheil kleiner als das Weibchen, beyde aber haben einerley Farbe. Beyde lassen sich nicht leicht zähmen, zanken mit einander, und tödten sich sogar, wenn man sie einsperrt. — Dieser Vogel gehört zu den gefährlichsten Feinden des Wald-Feld- und Hausgeflügels; stößt aber auch auf allerhand Feldmäuse und auf Spitzmäuse, und geht im Winter auch aufs Aas. Vögel rupft er, und zerreißt sie erst in Stücken, ehe er sie frißt. Mäuse aber verschluckt er ganz, und speyet die zusammengerollten Häute derselben mit den Knochen wieder von sich. Gekochtes Fleisch frißt er nur bey großem Hunger. Nistet auf hohen Waldbäumen, besonders Tannen und Fichten. Legt 3 bis 4 rothgelbe Eyer mit schwarzen Flecken und Strichen, unter welchen hie und da die weisse Farbe hervorschimmert. Die Jungen sehen bis zur sechsten Woche weißgrau aus, und alsdenn erst wird der Oberleib allmählich braun.

Ebert, Naturl. II. p. 33. *der Habicht.*

Halle, Vögel, p. 216. n. 153. *der schwärzliche Falk, mit Flecken wie Pfeile.*

Gatterer, vom Nutzen u. Schaden der Thiere, II. p. 44. n. 31. *der Habicht, Habich, Taubenfalk, Taubengeier, Sternfalk, Stockahr.*

Pennant, arct. Zool. II. p. 194. n. 15. *der Stockfalk.*

Neuer Schaupl. der Natur, II. p. 753. *Taubenfalk.* VIII. p. 810. *Tauberfalk.*

Onomat. hist. nat. II. p. 39. *Astur.*

Handbuch der Naturgesch. II. p. 107. *der große Habicht.*

Handbuch der deutschen Thiergesch. p. 94. *der Habicht, Hacht, Tauberfalke, Ahr, Eichvogel, Taubengeyer, Gänsegeyer, Hünerfalke.*

Klein, av. p. 50. n. 11. Falco Palumbarius.

Klein, Vorbereitung, p. 95. n. 11. *Taubenfalke, Stockahr.*

Klein, verbesserte Vögelhist. p. 49. n. 11. *Taubenfalk.*

Brisson, ornitholog. I. p. 91. n. 3. Autour.

Büffon, Vögel, II. p. 46. *der Taubengeyer.* Tab. 22.

Batsch, Thiere, I. p. 293 *der Taubengeyer.*

Latham, Vögel, I. p. 53. n. 39. *der Habicht, Taubenfalke.*

Latham, Syn. Suppl. p. 16. Goshawk.

Latham, Syst. ornithol. I. p. 29. n. 65. Falco (Palumbarius) cera nigra, margine pedibusque flavis, corpore fusco, rectricibus fasciis pallidis, superciliis albis.

Gerini ornith. I. p. 54. Tab. 21. 22.

Beseke, Vögel Kurl. p. 12. n. 15. *der große gepfeilte Falk.*

Fischer,

Fischer, Naturgesch. von Livl. p. 67. n. 45. *Taubenhabicht*, *Taubengeyer*.

Bock, Naturgesch. von Preussen, IV. p. 277. n. 22. *Taubenhabicht*, *Tauberfalke*, *Stockahr*.

Cetti, Naturgesch. von Sardinien, II. p. 48. *der Habicht*.

Pontoppidan, Naturgesch. v. Dännemark, p. 165. n. 11. *Taubenfalk*.

Steller, Beschreibung von Kamtschatka, p. 194. *weiße Habichte?* (vergl. mit Latham a. a. O. p. 53. u. Bechstein a. a. O. p. 273.)

Eberhard, Thiergesch. p. 67. *der eigentlich sogenannte Habicht*.

Döbel, Jägerpraktik, I. p. 77. n. 118. *Habicht*, *Eich-Vogel*.

Mellin, Anleg. der Wildbahn. p. 346. n. 2. *der Habicht*.

Tengmalm, neue schwed. Abhandl. IV. p. 44. *der Taubenhabicht*.

Bechstein, Musterung schädl. Th. p. 72. n. 19. *der Stockfalke*.

Anweis. Vögel zu fangen u. s. w. Nürnb. 1768. p. 269. *der Habicht*.

Neues Hamb. Magaz. St. 37. *Taubengeyer*.

Zorn, Petinotheol. II. p. 238. *der eigentlich sogenannte Habicht*.

Beckmann, Bibl. VI. p. 49. *der Habicht*.

Merklein, Thierreich, p. 278. *Habicht*.

Kraft, Ausrottung grausamer Thiere, I. p. 529. *Habicht*.

Jablonsky, allg. Lex. p. 422. *Habicht*.

Linné, Syst. Nat. Edit. X. I. p. 91. n. 25. Falco (Palumbarius) cera nigra, margine pedibusque flavis, corpore fusco, rectricibus fasciis pallidis, superciliis albis.

Müller,

Müller, zool. dan. prodr. p. 10. n. 70. Falco (Palumbarius) cera nigra, margine, pedibusque flavis, corpore fusco, rectricibus fasciis pallidis, superciliis albis.

Hermann, tab. affin. anim. p. 173. F. Palumbarius.

Jonston, av. p. 21. Accipiter Palumbarius. Tab. XI. Accipiter maior.

Donndorff, Handb. der Thiergesch. p. 204. n. 18. *der Habicht.*

85. Cayennensis. *Der cayennische Falk.*

Latham, Vögel, I. p. 54. n. 40. *der Falk aus Cayenne.*

Latham, Syst. ornitholog. I. p. 28. n. 69. Falco (Cayanensis) pedibus caeruleis, corpore cinereo-nigricante, subtus albo, capite et collo caerulescente-albis, rectricibus albo nigroque quater fasciatis.

86. Macrourus. *Der Lun.*

Latham, Vögel, I. p. 54. n. 41. *der langgeschwänzte Falke.*

Latham, Syst. ornith. I. p. 29. n. 64. Falco (Macrourus) cera pedibusque luteis, rostro nigricante, corpore supra cinereo, subtus albo, remigibus interioribus cinereis, apice albis.

Lepechin, l. c. n. 6. Falco superne fuscus, inferne rufus, lituris longitudinalibus fuscis, circulo ex pennis decompositis albo, fusco rufoque permixtis, oculorum orbitas ambiente.

13. Gentilis. *Der Edelfalk.* (5)

Müller, Natursyst. II. p. 73. n. 13. *der Edle Falke.*

Müller,

(5) Bey keiner Gattung in der Hierakologie sind die Synonymen mehr verwechselt, und die Eintheilungen und Unterabthei-

Müller, Naturſyſtem, II. p. 77. g. *der edle Falke.*
Leske, Naturgeſch. p. 232. n. 3. *der edle Falke.*
Borow-

theilungen der Naturhiſtoriker verſchiedener, als bey dieſer, und den folgenden, und den dazu im Syſtem gerechneten Spielarten. Einige ſondern den *Edelfalken* vom *gemeinen* als eine eigene Gattung ab; andere halten beyde für einerley, und nennen den *gemeinen* Falken *edel*, wenn er abgerichtet iſt; andere nehmen viele der im Syſtem bey n. 86. angeführten Spielarten, als beſondere Gattungen an; andere rechnen ſie wieder zum Theil zu n. 12. u. dgl. m. So viel iſt wohl gewiſs, daſs eine ungewöhnliche Veränderung der Farbe, nach dem Unterſchiede des Alters und des Geſchlechts, unbeſtändige Merkmale des Schnabels, die veränderliche Farbe der Füſse u. ſ. w. ſehr leicht Gelegenheit geben können aus einer Art zwey zu machen, und die Anzahl der Gattungen wider die Natur zu vermehren. Ueberhaupt muſs man ſagen, daſs die Spielarten bey dem Falkengeſchlecht ins Unendliche gehen, ſo wie die Meynungen der verſchiedenen Schriftſteller über dieſen Gegenſtand. Ich will bey jeder Gattung und Spielart, wo es nöthig iſt, die Abweichungen anderer Naturhiſtoriker bemerken, und die Entſcheidung den Ornithologen überlaſſen. — Das Weibchen der Edelfalken iſt 1 Fuſs 10 Zoll lang; die Flugelweite beträgt faſt 4 Fuſs. Das Männchen iſt gemeiniglich um ein Drittheil kleiner. — Hält ſich auf den ſteilen Klippen der höchſten Berge auf. Findet ſich auch in der Schweitz, in Polen, Italien, Spanien, an der Wolga, und auf den Inſeln des mittelländiſchen Meeres. Stöſst auf lauter köſtliche Biſſen, junge Haſen, Kaninchen, Birkhühner, Haſelhühner, Faſanengehege u. dgl. m. und hat ein ausnehmend ſcharfes Geſicht. Niſtet in den höchſten Felſenklüften. Das Neſt iſt groſs, beſteht aus groſſen und kleinen Reiſern, und iſt allemal gegen Mittag im dem Felſen angebracht, damit es vor dem kalten Nordwinde ſicher ſeyn, und von der Sonne erwärmt werden möge. Schon im März findet man 3 bis 4 Eyer in demſelben, und die Jungen ſind ſchon im May zum Ausfliegen tüchtig. Nur die jung aus dem Neſte genommenen Falken ſchicken ſich zum Abrichten. Haben ſie erſt ein Alter von 9 bis 10 Monathen erreicht, ſo hält es weit ſchwerer ſie zahm und folgſam zu machen.

Borowsky, Thierreich, II. p. 73. n. 9. *der edle Falke.*

Blumenbach, Handb. der Naturgesch. p. 160. n. 7. Falco (Gentilis) cera pedibusque flavis, corpore cinereo, maculis fuscis; cauda fasciis quatuor nigricantibus.

Bechstein, Naturgesch. I. p. 315. n. 1. *der edle Falke.*

Bechstein, Naturgesch. Deutschl. II. p. 273. n. 12. *der edle Falke.*

Funke, Naturgesch. I. p. 283. *der Edelfalke.*

Ebert, Naturl. II. p. 29. *der edle Falke.*

Halle, Vögel, p. 197. n. 134. *der deutsche Falke.*

Merrem, verm. Abhandl. p. 95. n. 10. *edler Falke.*

Gatterer, vom Nutzen und Schaden der Thiere, II. p. 29. n. 36. *der Falk, Edelfalk, Jagdfalk.*

Pennant, arct. Zool. II. p. 194. n. 14. *der edle Falk.*

Beckmann, Naturhist. p. 37. n. a. *der edle Falk.*

Neuer Schaupl. der Natur, II. p. 753. n. 3. *edler Falk, deutscher Falk.*

Handb. der Naturgesch. II. p. 116. *der edle Falk.*

Handb. der deutschen Thiergesch. p. 93. *der edle oder deutsche Falke.*

Klein, av. p. 48. n. 3. Falco gentilis, i. e. nobilis. Falco migrator et commeator.

Klein, Vorbereit. p. 92. n. 3. *edler, deutscher Falke, Wanderfalke, Fremdlingsfalke.*

Klein, verbess. Vögelhist. p. 48. n. 3. *edler Falk, teutscher Falk, Wanderfalk, Fremdling.*

Brisson, ornithol. I. p. 98. n. 5. Faucon gentil.

Buffon, Vögel, II. p. 76. Tab. 39. *der Falke.*

Batsch, Thiere, I. p. 293. *der eigentliche Falke.*

Latham, Vögel, I. p. 58. n. 48. *der Edelfalke.*

Latham, Syn. Suppl. p. 17. Gentil Falcon.

Latham, Syst. ornith. I. p. 29. n. 6. Falco (Gentilis) cera pedibusque flavis, corpore cinereo, maculis fuscis, cauda fasciis quatuor nigricantibus.

Beseke, Vögel Kurl. p. 10. n. 10 *der Edelfalk.*

Bock, Naturgesch. von Preussen, IV. p. 278. n. 13. *edler teutscher Wanderfalk.*

Cetti, Naturgesch. von Sardinien, II. p. 36. *der Falke.*

Fischer, Zus. z. Naturgesch. von Livland, p. 43. n. 489. *Jagdfalk, edler Falk.*

Pontoppidan, Naturg. von Dännemark, p. 166. n. 15. *gemeiner Falk.*

Scopoli, Bemerk. a. d. Naturgesch. p. 4. n. 3. *der Falk, edler deutscher Falk.*

Naturforsch. VIII. p. 50. n. 13. *edler Falke.*

Bechstein, Musterung schädl. Thiere, p. 73. n. 20. *der edle Falke.*

Goeze, Allerley, II. p. 143. n. 6. *der Edelfalk.*

Krünitz, Encyklop. XII. p. 130. *der gemeine deutsche Falk.*

Eberhard, Thiergesch. p. 67. *der Falk.*

Oekonom. Zoologie, p. 63. n. 2. *der edle Falke.*

Ludovici, Kaufmannslex. II. p. 1462.

Neueste Mannichfalt. I. p. 169.

Jablonsky, allg. Lex. p. 317. *Falke.*

Kraft, Ausrott. grausl. Th. I. p. 528. *der Falke.*

Hamburg. Magazin, V. p. 144. *der Falke.*

Meidinger, Vorles. über d. Thierr. I. p. 112. n. 3. *der edle Falk.*

Linné, Syst. Nat. Ed. II. p. 52. Falco.

Linné, Syst. Nat. Edit. VI. p. 17. n. 3. Falco gentilis.

Linné, Syst. Nat. Edit. X. I. p. 89. n. 12. Falco (Gentilis), cera pedibusque flavis, corpore

cinereo,

cinereo, maculis fuſcis, cauda faſciis quatuor nigricantibus.

Müller, zool. dan. prodr. p. 9. n. 62. Falco (Gentilis), cera pedibusque flavis, corpore cinereo, maculis fuſcis, cauda faſciis quatuor nigricantibus.

Kramer, Auſtr. p. 328. n. 8. Falco pedibus flavis, corpore cinereo, maculis fuſcis, cauda faſciis quatuor; *Falk.*

Brünnich, ornith. bor. p. 1. n. 6. Falco Gentilis.

Hermann, tab. affin. anim. p. 172. Falco Gentilis.

Jonſton, av. p. 31. Gentilis.

Böhmer, Handb. der Naturgeſch. u. ſ. w. Leipz. 1786. II. 1. p. 544. 550. (eine Sammlung höchſt unregelmäſsig geordneter, zum Theil die Falkonierkunſt betreffender Schriften.)

Donndorff, Handb. der Thiergeſch. p. 209. n. 19. *der Edelfalke.*

86. COMMUNIS. *Der gemeine Falk.*(6)

Müller, Naturſyſtem, II. p. 73. a. *der gemeine Falke.*

Handb. d. Naturgeſch. II. p. 114. *der gemeine Falk.*

Briſſon, ornith. I. p. 92 n. 4. Faucon.

Büffon, Vögel, II. p. 96. *der gemeine Falke.*

Latham, Vögel, I. p. 59. n. 49. *der gemeine Falke.*

Latham, Syſt. ornithol. I. p. 30. n. 67. Falco (Communis) roſtro caeruleſcente, cera, iridibus, pedibusque luteis, corpore fuſco, pennarum margine rufo, rectricibus faſciis ſaturatoribus.

 Bock,

(6) Nach *Büffon* und den allermehreſten Naturhiſtorikern mit dem vorhergehenden einerley; (ſ. *die vorige Anmerkung*), daher auch viele der vorſtehenden Synonymen auf beyde ohne Unterſchied gehen.

Bock, Naturgesch. v. Preussen, IV. p. 269. n. 12. *der gemeine Falke.*
Naturforsch. VIII. p. 49. n. 12. *der gemeine Falke.*
Loniceri, Kräuterb p. 657. *Falk.*
Krünitz, Encykl. XII. p. 130. n. 3. *der gemeine deutsche Falk.*

β. Hornotinus. *Der jährige Falk.*
Bechstein, Naturgesch. Deutschl. II. p. 294. n. 1. *der junge Falk.*
Brisson, ornithol. I. p. 93. A. Faucon Sors.
Büffon, Vögel, II. p. 99. *Faucon Sors.* p. 91. *frische Falken.*
Latham, Vögel, I. p. 60. n. 49. A. *der jährige Falke.*
Latham, Syst. ornithol. I. p. 30. β. Falco Hornotinus.
Jonston, av. p. 228. Hornotini.

γ. Gibbosus. *Der bucklichte (alte) Falk.*
Bechstein, Naturgesch. Deutschl. II. p. 294. n. 2. *der bucklichte oder alte Falke.*
Brisson, ornitholog. I. p. 93. B. Faucon hagard, ou bossu.
Büffon, Vögel, II. p. 77. n. 2. *Hagerfalk.* p. 91. *die Alten.* p. 99. *Faucon hagard.*
Latham, Vögel, I. p. 60. B. *der wilde Falke.*
Latham, Syst. ornithol. I. p. 30. γ. Falco gibbosus.
Jonston, av. p. 32. Falco gibbosus.

δ. Leucocephalus. *Der weißköpfige Falk.*
Brisson, ornitholog. I. p. 93. C. Faucon à tête blanche.
Büffon, Vögel, II. p. 78. n. 3. *der Rauchfußgeyer.* p. 99. *der weißköpf. Falk, mit langen Hosen.*

Latham,

Latham, Vögel, I. p. 60. C. *der weißköpfige Falke.*

Latham, Syst. ornitholog. I. p. 30. δ. Falco leucocephalus; capite, collo pectoreque albis, maculis minutis fuscis.

Merrem, verm. Abhandl. p. 91. n. 2. β. *der deutsche Geyerfalke.*

ε. Albus. *Der weiße Falk.* (7)

Müller, Natursyst. II. p. 74. b. *der weiße Falke?*

Borowsky, Thierreich, II. p. 73. *der weiße Falk.*

Bechstein, Naturgesch. Deutschl. II. p. 294. n. 3. *der weiße Falke.*

Halle, Vögel, p. 199. n. 137. *der weiße russische Falke.*

Klein, av. p. 49. n. 6. Falco albus, lactei coloris.

Klein, Vorbereit. p. 93. n. 6. *weißer Falke.*

Klein, verbess. Vögelhist. p. 48. n. 6. *weißer Falk.*

Klein, Vögeleyer, p. 18. Tab. 5. fig. 3.

Brisson, ornitholog. I. p. 94. D. Fauçon blanc.

Büffon, Vögel, II. p. 95. *der weiße Falke.*

Batsch, Thiere, I. p. 293. *der weiße Falke.*

Latham, Vögel, I. p. 60. D. *der weiße Falke.*

Latham, Syst. ornitholog. I. p. 31. n. 2. Falco albus, corpore toto albo, maculis flavis vix conspicuis.

Jonston, av. p. 32. Falco albus.

ζ. Ater. *Der schwarze Falk.* (8) (*Schwarzbraune Habicht: Kohlfalk.*)

Bechstein, Naturgesch. Deutschl. II. p. 305. n. 1. *der schwarze Falk.*

 Halle,

(7) Soll nicht mit dem isländischen Falken verwechselt werden. (Syst. p. 271. n. 87.)

(8) Nach *Büffon* mit dem *gefleckten* Falken einerley. Nach *Bechstein* eine Varietät von *Falco Peregrinus.*

Hälle, Vögel, p. 210. n. 145. *der schwarze amerikanische Falk.*

Handb. d. Naturgesch. II. p. 115. *der schwarze Falk.*

Brisson, ornith. I. p. 94. E. Faucon noir.

Buffon, Vögel. II. p. 126. *der schwarze Falke.*

Seligmann, Vögel, I. Tab. 7. *der schwarze Falk oder Habicht.*

Latham, Vögel, I. p. 61. C. *der schwarze Falke.*

Latham, Syst. ornithol. I. p. 31. ζ. Falco niger.

Jonston, av. p. 22. Aesalo?

η. Naevius. *Der gefleckte Falk.* (9)

Müller, Natursyst. II. p. 74. c. *der gefleckte Falke.*

Bechstein, Naturgesch. Deutschl. II. p. 306. n. 2. *der gefleckte Falke oder Habicht.*

Klein, av. p. 50. ad n. 11. *Edwardi* spotted Falcon.

Klein, Vorbereit. p. 96. ad n. 11. Edwards spotted Falcon.

Klein, verbesserte Vögelhist. p. 50. ad n. 11. *der gefleckte Falk.*

Brisson, ornith. I. p. 95. F. Faucon tacheté.

Buffon, Vogel, II. p. 129. *Edwards' gefleckter Falk oder Habicht.*

Seligmann, Vögel, I. Tab. 5. *der gefleckte Habicht oder Falk.*

Latham, Vögel, I. p. 61. F. *der Falke mit gefleckten Flügeln.*

Latham, Syst. ornithol. I. p. 31. η. Falco maculatus. (p. 33. n. 72. γ. zu *Falco peregrinus* gezogen.)

9. Fuscus.

(9) Nach *Klein* zu Falco *Palumbarius* gehörig. Nach *Buffon* mit dem *vorhergehenden* einerley. Nach *Bechstein* eine Spielart von *Falco Peregrinus.*

ϑ. FUSCUS. *Der braune Falke.* (10) (Braunfahle Geyer.)

Briſſon, ornithol. I. p. 95. G. Faucon brun.
Handb. d. Naturgeſch II. p. 115. *der braune Falk.*
Büffon, Vögel, II. p. 100. *der braune Falke.*
Latham, Vögel, I. p. 62. G. *der braune Falke.*
Latham, Syſt. ornith. I. p. 31. 9. Falco fuſcus.

ι. RUBER. *Der rothfleckige Falk.*

Handbuch der Naturgeſch. II. p. 115. *der rothe Falk.*
Briſſon, ornith. I. p. 36. H. Faucon rouge.
Büffon, Vögel, p. 100. *der rothe Falk.*
Merrem, verm. Abh. p. 96. n. 10. β. *der rothe Falke.*
Latham, Vögel, I. p. 62. H. *der rothe Falke.*
Latham, Syſt. ornith. I. p. 31. i. Falco rubeus.
Krünitz, Encyklop. XII. p. 134. n. 12. *der rothe Falk.*

κ. INDICUS. *Der rothe indianiſche Falk.* (1)

Halle, Vögel, p. 218. n. 155. *der rothbäuchige indianiſche Falk.*
Briſſon, ornithol. I. p. 96. I. Faucon rouge des Indes.
Handb. der Naturgeſch. II. p. 116. *der rothe indianiſche Falk.*
Büffon, Vögel, II. p. 101. n. 9. *der rothe indianiſche Falk.* p. 132. *der oſtind. rothe Falk.*
Latham, Vögel, I. p. 62. I. *der rothe indianiſche Falk.*

(10) Nach *Büffon* eine Abänderung der Weyhen. Nach *Latham* vielleicht zu Falco *Borealis* gehörig.

(1) Nach *Buffon* eine eigne Gattung.

Latham, Syst. ornithol. I. p. 31. κ. Falco ruber indicus.

Jonston, av. p. 33. Falco rubeus

λ. ITALICUS. *Der italienische Falk.*

Bechstein, Naturgesch. Deutschl. II. p. 294. n. 4. *der italiänische Falke.*

Brisson, ornithol. I. p. 97 K. Faucon d'Italie.

Buffon, Vögel, I. p. 101. n. 10. *der italienische Falke.*

Latham, Vögel, I. p. 63 K. *der ital. Falke.*

Latham, Syst. ornith. I. p. 32. λ. Falco italicus.

Merrem, verm. Abh. p. 96. n. 10. γ. *der italiänische Falke.*

μ. ARCTICUS. *Der arctische Falk.*

Brisson, ornith. I. p. 97. L. Faucon d'Islande.

Latham, Vögel, I. p. 63. L. *der nordische Falke.*

87. ISLANDUS. *Der isländische Falk.* (2)

Müller, Natursystem, II. p. 75. d. *der isländische Falke.*

Pennant,

(2) Hier findet sich abermals eine grosse Verwechselung und Vermischung der Synonymen. *Bechstein* u. a. nehmen zwar mit unserm System den *isländischen Falken* als eine eigene Gattung an; aber die mehresten betrachten ihn als Spielart vom gemeinen. *Brünich* selbst ist noch bey weitem nicht überzeugt, ob er eine eigne Gattung sey. *Latham* ordnete in der *Synops.* die Synonymen so, wie wir sie im System finden. In dem *Syst. ornithol.* aber zieht er *Raj. Gyrfalco*, *Pennants Gyrfalcon*, *Brissons und Buffons Gerfault*, ingleichen seinen eignen *White* und *Iceland Jerfalcon*, u. a. m. die im System p. 275. n. 101. zu *Falco candicans* gerechnet werden, hieher; und lässt nicht nur diesen *Falco candicans* eingehen, sondern rechnet auch wieder zu seinem *Gyrfalco* p. 32. n. 68. den er übrigens wie *Linné* und *Gmelin* charakterisirt, *Brissons*

Pennant, arct. Zoolog. II. p. 206. d. *der isländische Falk.*

Handb. d. Naturgesch. II. p. 115. *der isländ. Falk.*

Bechstein, Naturgesch. Deutschl. II. p. 295. *der isländ. Falk.*

Büffon, Vögel, II. p. 101. n. 11. p. 125. *der isländ. Falk.*

Latham, Vögel, I. p. 62. n. 50. *der isländ. Falk.*

Latham, Syst. ornith. I. p. 32. n. 69. Falco (Islandicus) albis maculis fuscis varius, rectricibus albis, lateralibus extus fusco-maculatis?

Olaffen, Reise d. Island, I. p. 32. *der Falk.*

De Kerguelen Tremarec, Reis. n. der Nordsee, p. 76. *graue Falken.*

Berlin. Samml. VII. p. 156. *graue Falken.*

Uno von Troil, Reise nach Island, p. 118. *graue Falken.*

Cranz, Hist. von Grönl. p. 112. *graue Falken?*

Egede, Beschr. von Grönl. p. 88. *graue Falken?*

Muller, zool. dan. prodr. p. 10. n. 73. Falco Islandus.

β. ALBUS. *Der weiße isländische Falk.*

Müller, Natursyst. II. p. 74. b. *der weiße Falke.*

 Bechstein,

sens Gyrfalco Islandicus, *Brünichs Falco Islandus*, n. 9. *Kleins Falco Rapax* u. a. m. so, dass man gar nicht weiss, wie man aus dieser Verwickelung herauskommen soll. *Fabricii Falco Islandus* ist nach der Beschreibung kein anderer als *Brünichs* n. 8 oder Var γ. des Systems. Er macht aber aus dieser und n. 7. wieder zwey Spielarten, die bloss auf der Verschiedenheit des Alters beruhen sollen, und rechnet *Cranzens* und *Egedens sprenklichte* und *fleckige Falken* mit hieher. *Brünichs* isländischen Falken n. 9. aber zieht er zu seinem *Falco Rusticolus*; s. auch vorher Anmerk. 5. bey *Falco Gentilis*; imgleichen die *folgende* Anmerk. 6. bey *Falco Gyrfalco*.

Bechstein, Naturgesch. Deutschl. II. p. 296. n. 2. *die weißen isländischen Falken.*

Latham, Vögel, I. p. 64. A. *der weiße isländische Falke.*

Bock, Naturgesch. von Preussen, IV. p. 271. n. 14. *der weiße isländ. Falke.*

Naturforsch. VIII. p. 50. n. 14. *der isländische Falke.*

Tremarec, Reise nach der Nordsee, p. 76. *weiße Falken.*

Egede, Beschreib. von Grönland, p. 88. *weißliche Falken?*

Uno von Troil, Reise durch Island, p. 118. *weiße Falken.*

Berlin. Samml. VII. p. 156. *weiße Falken.*

Leem, von den Lappen in Finnmarken, p. 127. *weiße Falken?*

Krünitz, Encyklop. XII. p. 134. n. 11. *der weiße, weiße isländische, oder russische Falk.*

γ. Maculatus. *Der gefleckte isländische Falk.*

Latham, Vögel, I. p. 64. B. *der gefleckte isländische Falke.*

Tremarec, Reise n. d. Nordsee, p. 76. *weißgraue Falken.*

Uno von Troil, Reise d. Island, p. 118. *dunklere Falken.*

Cranz, Hist. von Grönland, p. 112. *sprenklichte Falken?*

Egede, Beschr. von Grönl. p. 88 *fleckige Falken.*

Berlin. Samml. VII. p. 156. *weißgraue Falken.*

Fabric. fn. groenl. p. 58. n. 35. Falco (Islandus) albus, maculis cordatis nigricantibus, rectricibus albis, nigro-fasciatis.

8. Bar-

8. BARBARUS. *Der Falk aus der Barbarey.* (3)

Müller, Naturſyſt. II. p. 68. n. 8. *der Barbarfalke.*

Halle, Vögel, p. 198. n. 135. *der graublaue Falke von den barbariſchen Küſten.*

Neuer Schaupl. der Natur, II. p. 253. n. 4. *der Barbarfalke.*

Handbuch der Naturgeſch. II. p. 116. n. 1. *der Tuneſer aus der Barbarey.*

Klein, av. p. 48. n. 4. Falco Tunetanus. Falco punicus.

Klein, Vorbereitung, p. 92. n. 4. *Alphanet, Barbarfalke.*

Klein, verbeſſerte Vögelhiſt. p. 48. n. 4. *Barbarfalk, Alphanet.*

Briſſon, ornitholog. I. p. 99. A. Faucon de la Barbarie.

Büffon, Vögel, II. p. 102. n. 15. *der barbariſche Falk.*

Latham, Vögel, I. p. 65. n. 51. *der Falke aus der Barbarey.*

Latham, Syſt. ornitholog. I. p. 33. n. 71. Falco (Barbarus) cera pedibusque luteis, corpore caerulescente, fuſco-maculato, pectore immaculato, cauda faſciata.

Krünitz, Encyklop. XII. p. 130. n. 4. *der barbar- oder tuneſiſche Falk.*

Linné, Syſt. Nat. Edit. X. I. p. 88. n. 6. Falco (Barbarus) cera pedibusque luteis, corpore caeruleſcente fuſcoque maculato, pectore immaculato, cauda faſciata.

Jonſton, av. p. 31. Falco Tunetanus.

88. PERE-

(3) Nach *Briſſon* eine Varietät von *Falco Peregrinus*. Nach *Buffon* iſt *Briſſons Pelerin* kein anderer als der *gemeine Falke*, und der *barbariſche Falk* eine bloſſe Abänderung des *Wanderfalken*.

88. PEREGRINUS. *Der Wanderfalk.* (4)

Müller, Naturfyft. II. p. 76. f. *der Pilgrimfalk.*

Borowfky, Thierreich. II. p 74. *der Wanderfalk.*

Bechftein, Naturgefch. I. p. 317. n. 9. *der Wanderfalke.*

Bechftein, Naturgefch. Deutfchl. II. p. 300. n. 15. *der Wanderfalke.* Tab. 11.

Ebert, Naturl. II. p. 36. *der Wanderfalk.*

Pennant, arct. Zool. II. p. 193. n. 13. *der Wanderfalk.*

Briffon, ornithol. I. p. 98. n. 6. Faucon pelerin.

Buffon, Vögel, II. p. 97. 101. Tab. 40. *der Wanderfalke.*

Latham, Vögel, I. p. 65. n. 52. *der ausländifche Falke.*

Latham, Syn. Suppl. p. 18. Peregrine Falcon.

Latham, Syft. ornitholog. I. p. 33. n. 72. Falco (Peregrinus) cera pedibusque luteis, corpore nigricante, transverfim ftriato, fupra caerulefcente, fubtus albido, rectricibus fafciatis, apicibus albidis.

White, Naturgefchichte von England, p. 14. *ein Falke?*

Pallas, Reife, Ausz. II. p. 8. *Wanderfalk?*

Pennant, britt. Thiergefch. (von Murr.) Tab. 3. *der Wanderfalke.*

Bechftein, Mufterung fchädlicher Thiere, p. 74. n. 22. *der Wanderfalke.*

Jonfton, av. p. 29. Falco peregrinus.

β. TATA-

(4) Länge 1 Fufs, 10 Zoll, Flügelweite 4 Fufs. — Nach *Klein* u. a. zu *Falco Gentilis* oder *communis* gehörig. *Latham* ift geneigt, den *Falco communis naevius* Syftem Linn. p. 271. n. γ als eine Varietät hieher zu rechnen. S. Syftem. ornith. l. c. p. 33. γ.

β. TATARICUS. *Der tatarische Falk.*

Müller, Naturſyſtem, II. p. 76. *der große tartariſche Falk mit röthlichen Flügeln.*

Handb. der Naturgeſchichte, II. p. 116. n. 2. *der Tartar.*

Briſſon, ornith. I. p. 100. B. Faucon de Tartarie.

Büffon, Vögel. II. p. 98. 102. *der tartar. Falk.*

Latham, Vögel, I. p. 66. A. *der Falke aus der Tartarey.*

Latham, Syſt. ornitholog. I. p. 33. β. Falco tartaricus.

89. VERSICOLOR. *Der gefleckte Falk.*

Latham, Vögel, I. p. 66. n. 53. *der gefleckte Falke.*

Latham Syſt. ornithol. I. p. 33. n. 73. Falco (Verſicolor) cera flava, corpore ſupra albo et rufeſcente-fuſco vario, uropygio ſubtus albicante, pectore ferrugineo maculato, remigibus rectricibusque fuſcis, ſaturatiore faſciatis.

90. PENNATUS. *Der geſtiefelte Falk.*

Briſſon, ornithol. I. p. 120. n. 39. Faucon Patu.

Latham, Vögel, I. p. 68. n. 55. *der geſtiefelte Falke.*

Latham, Syſt. ornith. I. p. 19. n. 34. Falco (Pennatus) cera pedibusque pennatis, luteis; corpore nigricante, griſeo vario, ſubtus luteo-fuſco, capite pallido, ſuperciliis nigris.

91. SPADICEUS. *Der chocolatfarbige Falk.*

Pennant, arct. Zool. II. p. 192. n. 10. *der chocolatfarbige Falk.* Tab. 9. unt. Fig.

Latham, Vögel, I. p. 49. A. *der Hudſons-Bayfalke.*

Latham,

Latham, Syn. Suppl. p. 19. Placentia Falcon.

Latham, Syst. ornith. I. p. 27. n. 57. Falco (Spadiceus) cera pedibusque pennatis flavis, corpore spadiceo, abdomine lateribus albo, femoribus luteo mixtis, speculo alarum albo, rectricibus 5. exterioribus basi albis.

β. F. Uropygio albo. *Der weißbürzliche Falk.*

Latham, Vögel, I. p. 50. B. *der Hudsons Bay-Falk mit weißem Bürzel.* (Im *Syst. ornith.* hat *Latham* diese beyden Varietäten nicht getrennet; vielmehr seinen *white-rumped-Bay-Falcon*, als eine Spielart von *Falco cyaneus* angenommen. S. Syst. ornith. I. p. 40. n. β.)

92. S. Johannis. *Der St. Johns Falk.*

Pennant, arct. Zoolog. II. p. 191. n. 9. *St. Johns Falk.* Tab 9. obere Fig.

Latham, Vögel, I. p. 69. n. 58. *der St. Johannis Falke.*

Latham, Syst. ornith. I. p. 34. n. 74. Falco (S. Johannis) cera, pedibusque pennatis flavis, corpore fusco, capite colloque ferrugineis, cauda flavescente, fasciis nigris.

93. Sacer. *Der Sakerfalk.* (5)

Müller, Natursyst. II. p. 76. e. *der britannische Falke.*

Bechstein, Naturgesch. Deutschl. II. p. 298. *der Sakerfalke.* p. 299. *Britiischer Falke, Sokerfalk, heiliger Falk, Sacker; Köppel, Stockerfalk,*

(5) Nach *Brisson* eine Variet. von *F. Communis.* Nach *Merrem* eine Varietät von *F. Gyrfalco.*

ckerfalk, heiliger Sakerfalke, Stock-oder Stoßfalk, Großfalk.

Halle, Vögel, p. 197. n. 133. *der brittische Falke, mit bohnenförmigen Fl. k n.*

Neuer Schaupl. der Natur, II. p. 753. n. 2. *der Sackerfalk.*

Handb. der Naturgesch. II. p. 119. *der Sacrefalk.*

Klein, av. p. 48. n. 2. Falco Sacer.

Klein, Vorbereit. p. 92. n. 2 *Sacker-, Sockerfalke, Stockerfalke, heiliger Falke.*

Klein, verbess. Vögelhistorie, p. 48. n. 2. *Sacrefalk.*

Brisson, ornith. I. p. 98. M. *Le Sacre.*

Buffon, Vögel, II. p. 71. *der brittische Falke.* Tab. 38.

Batsch, Thiere, I. p. 293. *der brittische Falke.*

Latham, Vögel, I. p. 69. n. 59. *der Saker-Falke.*

Latham, Syn. Suppl. p. 20. Sacre.

Latham, Syst. ornithol. I. p. 34. n. 75. Falco (Sacer) cera pedibusque caeruleis, dorso, pectore, et tectricibus alarum fusco-maculatis, rectricibus maculis reniformibus.

Merrem, vermischte Abhandl. p. 92. n. 3. β. *der heilige Geyerfalke.*

Krünitz, Encykl. XII. p. 130. n. 2. *der Sakerfalk, Großfalk.*

Bechstein, Musterung schädl. Th. p. 74. n. 21. *der Sakerfalke.*

Beckmann, Bibl. VI. p. 50. *der Sakre-Falk.*

Jonston, av. p. 29. Sacer.

Donndorf, Handb. der Thiergesch. p. 205. n. 20. *der heilige Falke.*

β. *Pennant*, arct. Zool. II. p. 192. n. 12. *der heilige Falk.*

Latham,

Latham, Vögel, I. p. 70. A. *der amerikanische Saker-Falke.*

Latham, Syn. Suppl. p. 20. American Sacre.

Latham, Syst. ornithol. I p. 34. n. 75. β. Falco cera pedibusque caeruleis, corpore, remigibus rectricibusque fuscis, fasciis pallidis, capite, pectore et abdomine albis maculis longitudinalibus fuscis.

94. Novae terrae. *Der neuländische Falk.*

Pennant, arct. Zool. II. p. 192. n. 11. *der Falk von Neuland.*

Latham, Vögel, I. p. 70. n. 60. *der Neu-Foundländische Falk.*

Latham, Syst. ornith. I. p. 34. n. 76. Falco (novae Terrae) cera pedibusque semipennatis, flavis, corpore supra fusco, occipite subtusque ferrugineo, abdomine nebuloso, cauda fusca, fasciis quatuor saturatioribus.

95. Stellaris. *Der Sternfalk.*

Bechstein, Naturgesch. Deutschl. II. p. 307. n. 16. *der Blaufuß.*

Handb. d. Naturgesch. II. p. 117. n. 6. *der Sternfalk.*

Halle, Vögel, p. 214. n. 150. *der aschfarbne Bergfalk.*

Klein, av. p. 52. n. 18. Falco Cyanopus.

Klein, Vorbereit. p. 98. n. 18. *Blaufuß, Sprinz, aschfarbener Bergfalke.*

Klein, verbess. Vögelhist. p. 51. n. 18. *Blaufuß.*

Buffon, ornitholog. I. p. 103. n. 11. Faucon etoilé.

Buffon, Vögel, II. p. 103. *der Sternfalke.*

Latham, Vögel, I. p. 70. n. 61. *der Stern-Falke.*

Latham,

Latham, Syst. ornith. I. p. 35. n. 77. Falco (Stellaris) pedibus caeruleis, corpore nigricante, maculis stellas referentibus, subtus albo nigroque vario.

Bechstein, Musterung schädl. Th. p. 75. n. 23. *der Blaufuß.*

Jonston, av. p. 33. Falco Cyanopus.

96. Hiemalis. *Der Winterfalk.*

Pennant, arct. Zool. II. p. 119. *der Winterfalk.*

β. *Der nördliche Falk.*

Pennant, arct. Zool. II. p. 120. *Lathams nördlicher Falke.*

Latham, Vögel, I. p. 71. n. 62. *der Winterfalke.*

Latham, Syst. ornitholog. I. p. 35. n. 78. Falco (Hyemalis) cera pedibusque flavis, capite corporeque supra atro-fuscis, subtus ferrugineo-fuscis, fasciis albis interruptis, cauda fasciis 4 fuscis, apice albo.

97. Cirrhatus. *Der indianische geschoppte Falk.*

Halle, Vögel, p. 219. n. 156. *der rauchbeinige indianische Falk, mit dem Federbusche.*

Merrem, verm. Abhandl. p. 90. n. 1. *Haubenfalke.*

Brisson, ornithol. I. p. 104. n. 12. Faucon hupé des Indes.

Büffon, Vögel, II. p. 103. *der indianische geschoppte Falk.*

Handb. d. Naturgesch. II. p. 117. n. 7. *der Haubenfalk aus Ostindien.*

Latham, Vögel, I. p. 71. n. 63. *der indianische Falke mit dem Federbusche.*

Latham, Syn. Suppl. p. 20. Crested indian Falcon.

Latham, Syst. ornith. I. p. 36. n. 83. Falco (Cirrhatus) cera pedibusque pennatis luteis, crista occipitis bifida pendula, corpore supra nigro, subtus albo nigroque striato.

98. MELANOLEUCOS. *Der schwarz und weiße Falk.*

Latham, Vögel, I. p. 72. n. 65. *der schwarz und weiße Falke, der indianische Ringelfalke.*
Latham, Syn. Suppl. p. 20.
Latham, Syst. ornith. I. p. 36 n. 85. Falco (Melanoleucos) pedibus luteis, corpore albo, capite, collo, dorso, axillis remigibusque nigris.
Naturforsch. I. p. 265. n. 2. *der schwarz und weiße Falke.*
Berlin. Samml. IX. p. 190. n. 2. *der schwarz und weiße Falk.*
Neueste Mannichfalt. I. p. 187. n. 2. *der schwarz und weiße Falk.*
Wolf, Reise n. Zeilan, p. 136. *der Falke?*

99. CEYLANENSIS. *der zeylonische Falk.*

Latham, Vögel, I. p. 73. n. 66. *der ceylonische Falke mit dem Federbusche.*
Latham, Syst. ornitholog. I. p. 36. n. 84. Falco (Ceylanensis) cera flava, corpore lacteo, capite pennis duabus elongatis dependentibus.

100. GRISEUS. *Der graue Falk.*

Latham, Vögel, I. p. 73. n. 67. *der graue Falke.*
Latham, Syst. ornitholog. I. p. 37. n. 86. Falco (Griseus) cera, palpebris pedibusque luteis, corpore supra griseo, abdomine albo, maculis oblongis nigris, cauda cuneiformi, longa, remigibus rectricibusque lateralibus albo maculatis.

27. GYR-

27. GYRFALCO. *Der braune Geyerfalk.* (6)

Müller, Naturfyftem, II. p. 87. n. 27. *Geyerfalke.*

Gatterer, vom Nutzen u. Schaden der Thiere, II. p. 22. *der Geierfalk, Gyrfalk, Mittelfalk, Raubfalk.*

Borowsky, Thierreich, II. p. 72. n. 7. *der Geyerfalke.*

Bechstein, Naturgefch. Deutfchl. II. p. 308. n. 17. *der Geyerfalke.* p 311. *großer Falken, Mittelfalken, Girfalken, Geyer, Raubfalken, Gyr- oder Geyerfalken, Reigerfalken.*

Ebert, Naturl. II. p. 30. *der Geyerfalke, oder Gyrfalke.*

Halle, Vögel, p. 196. n. 132. *der Geierfalke.*

 Neuer

(6) Die Auseinanderfetzung der zu diefer und der folgenden Gattung (wenn beyde wirklich von einander verfchieden find) gehörigen Synonymen, ift mit grofsen und faft unüberwindlichen Schwierigkeiten verbunden. Die Farbe der Wachshaut, der Füfse, und des ganzen Gefieders variirt, fo fehr, und die Befchreibungen der Naturhiftoriker find in Anfehung des Vaterlandes, der Lebensart und der verfchiedenen einzelnen Theile des Körpers, zum Theil fo fchwankend und in einander laufend, dafs es oft gar nicht möglich ift, mit Gewifsheit zu beftimmen, welche Gattung gemeynt fey. *Befeke*, deffen Beobachtungen vielen Glauben verdienen, legt fogar feinem Geyerfalken ein *gelbes Nafenwachs*, und dem Schwanze *vier weiße Binden* bey; welche Umftände auf keine von beyden Gattungen unfers Syftems paffen. Ich habe daher die Synonymen, wo mir das Syftem nicht felbft Anleitung gab, fo gut, als es mir hier möglich war, zu ordnen gefucht. Es ift aber unterdeffen kein einziges, welches fich nicht gewiffermafsen auf beyde deuten liefse. Ich beziehe mich übrigens auf dasjenige, was ich hierüber fchon vorher *in der Anmerk 2.* angeführt habe, und bemerke nur noch, dafs auch *Pennant Brünnichs und Fabrizens isländifchen Falken* mit hieher ziehe.

Neuer Schaupl. der Natur, II. p. 752. n. 1. *der Geierfalk, Gyrfalk.*

Onomat. hist. nat. IV. p. 114. *Geyer-Falke.*

Handb. der Naturgesch. II. p. 112. *der Gyrfalk.*

Klein, av. p. 48. n. 1. Falco rapax, Gyrfalco, Falco vulturinus, Herodias.

Klein, Vorbereit. p. 91. n. 1. *Gyr-, Gerfalke.*

Klein, verbess. Vögelhist. p. 47. n. 1. *Gyrfalk, Gerfalk.*

Batsch, Thiere, I. p. 293. *der Geyerfalke.*

Latham, Vögel, I. p. 74. n. 68. *der braune Geyer-Falke.*

Latham, Syst. ornitholog. I. p. 32. n. 68. Falco (Gyrfalco) cera caerulea, pedibus luteis, corpore fusco, subtus fasciis cinereis, caudae lateribus albis.

Beseke, Vögel Kurl. p. 15. n. 22. *der Geyerfalk.*

Bock, Naturgesch. von Preussen, IV. p. 276. *Geyerfalke, Gyrfalk, Gerfalk.*

Fischer, Naturgesch. von Livland, p. 67. n. 44. *Geyerfalk.*

Schriften der berlin. Gesellsch. naturf. Freunde, VII. p. 449. n. 7. *der Geyerfalke.*

Bechstein, Musterung schädl. Thiere, p. 76. n. 24. *der Geyerfalke.*

Krünitz, Encyklop. XII. p. 129. n. 1. *der Ger-, Gier- oder Geyerfalk.*

Merrem, verm. Abh. p. 91. n. 3. *Geyer-Falke.*

Linné, Syst. Natur. Edit. VI. p. 17. n. 10. Gyrfalco.

Linné, Syst. Nat. Edit. X. I. p. 91. n. 22. Falco (Gyrfalco) cera caerulea, pedibus luteis, corpore fusco, subtus fasciis cinereis, caudae lateribus albis.

101. CANDICANS. *Der weiße Geyerfalk.* (7)

Brisson, ornithol. I. p. 108. n. 19. Gerfault.

Buffon, Vögel, II. p. 60. Tab. 36. *der Geyerfalke.*

Pennant, arct. Zool. II p. 211. F. *der Geyerfalk.*

Merrem, vermischte Abhandl. p. 91. n. 2. α. *der nordische Rauchfaßfalke.*

Latham, Vögel, I. p. 74. n. 69. *der weiße Geyer-Falke.*

Beckmann, Bibl. VI. p. 50. *der Geyerfalk.*

Jonston, av. p. 29. Gyrfalco?

β. ISLANDICUS. *Der isländische Geyerfalk.*

Brisson, ornith. I. p. 108. A. Gerfault d'Islande.

Büffon, Vögel, II. p. 63. *der isländ. Geyerfalk.*

Latham, Vögel, I. p. 75. A. *der isländische Geyer-Falke.*

17. SUFFLATOR. *Der surinamische Falk.*

Müller, Natursyst. II. p. 80. n. 17. *der Blaser.*

Latham, Syn. I. p. 85. n. 7. Surinam Falcon.

Latham, Vögel, I. p. 75. n. 70. *der surinamische Falke.*

Latham, Syst. ornithol. p. 37. n. 87. Falco (Sufflator) cera pedibusque luteis, corpore fusco albido, oculorum operculis osseis.

Bankroft, Naturgesch. von Guiana, p. 91. *der surinamische Falke.*

Beckmann, Bibl. VI. p. 52. Falco sufflator.

Hermann, tab. affin. anim. p. 173. Falco sufflator.

Linné, Syst. Nat. Edit. X. I. p. 90. n. 16. Falco (Sufflator) cera pedibusque luteis, corpore fusco albido, oculorum operculis osseis.

(7) S. die vorhergehende Anmerkung. Länge des Körpers nach *Pennant* fast 2 Fuss; Flugelweite 4 Fuss 2 Zoll. Gewicht 45 Unzen Troy.

18. CACHINNANS. *Der Lachfalk.*

Müller, Naturfyft. II. p. 81. n. 18. *der Spötter.*

Latham, Vögel, I. p. 76. n. 71. *der Lach-Falke.*

Latham, Syft. ornith. I. p. 37. n. 88. Falco (Cachinnans) cera pedibusque luteis, palpebris albis, corpore fufco albidoque vario, annulo nigro verticem album cingente.

Linné, Syft. Nat. Edit. X. I. p. 90. n. 17. Falco (Cachinnans) cera pedibusque luteis, palpebris albis, corpore fufco albidoque vario, annulo nigro verticem album cingente.

24. LANARIUS. *Die braune Lanette.*

Müller, Naturfyft. II. p. 85. n. 24 *der Mausadler.*

Bechftein, Naturgefch. Deutfchl. II. p. 296. n. 14. *die Lanette.* p. 297. *Mausadler, Schwimmer (Swimerri, Schweymer,) große Schlachter, Würger mit dem langen Schwanze; wollige Falken.*

Halle, Vögel, p. 199. n. 136. *der franzöfifche Würger, mit rundlichen Münzflecken, an der inwendigen Seite der Flügel.*

Gatterer, vom Nutzen u. Schaden der Thiere, II. p. 20. n. 24. *der Mausadler, franzöfifche Würger.*

Pennant, arct. Zool. II. p. 214. K. *die Lanette.*

Handbuch der Naturgefch. II. p. 117. *der große Schlachter.*

Klein, av. p. 48. n. 5. Falco lanarius, crudelis.

Klein, Vorbereit. p. 93. n. 5. *großer Schlachter.*

Klein, verbefferte Vögelhift. p. 48. n. 5. *großer Schlachter.*

Briffon, ornitholog. I. p. 105. n. 16. Lanier.

Büffon, Vögel, II. p. 67. Tab. 37. *der franzöfifche Würger.*

Batfch,

Batsch, Thiere, I. p. 293. *der franz. Würger.*

Latham, Vögel, I. p. 77. n. 72. *die braune Lanette, der Schweimer, Wachtelgeyer.*

Latham, Syn. Suppl. p. 21. Lanner.

Latham, Syst. ornith. I. p. 38. n. 92. Falco (Lanarius) cera lutea, pedibus rostroque caeruleis, corpore subtus maculis nigris longitudinalibus.

Lepechin, Tageb. der russischen Reise, I. p. 308. *Neuntödter.* Russ. *Balaban.*

Pallas, Reise d. Russl. Ausz. I. p. 255. *Schwemmerfalken oder Balabon.*

Pallas, Reise, Ausz. I. p. 370. Falco lanarius.

Pallas, Reise, Ausz. III. p. 373. *Steppenfalken.*

Linné, auserles. Abhandl. II. p. 286. n. 53. *der Würger-Falk.*

Eberhard, Thiergesch. p. 67. *der Würger mit langem Schwanz.*

Beckmann, physik. ökonom. Bibl. VI. p. 50. *der Schweymer.*

Linné, Syst. Nat. Edit. II. p. 52. Lanio?

Linné, Syst. Natur. Edit. VI. p. 17. n. 9. Falco Lanarius.

Linné, Syst. Nat. Edit. X. I. p. 91. n. 20. Falco (Lanarius) cera lutea, pedibus rostroque caeruleis, corpore subtus maculis nigris longitudinalibus.

Müller, zool. dan. prodr. p. 10. n. 67. Falco (Lanarius) cera lutea, pedibus rostroque caeruleis, corpore subtus maculis nigris longitudinalibus. *Smirle.*

Brünich, ornith. bor. p. 1. n. 1. 2. Lanarius.

Jonston, av. p. 32. Lanarius?

Donndorff, Handb. der Thiergesch. p. 206. n. 21. *die Lanette.*

102. Albicans. *Die weiße Lanette.* (8)

Brisson, ornith. I. p. 107. n. 18. Lanier blanc.
Latham, Vögel, I. p. 78. n. 73. *die weiße Lanette.*
Latham, Syst. ornitholog. I. p. 38. n. 93. Falco (Albicans) cera pedibusque luteis, corpore fuscescente, subtus albicante, remigibus rectricibusque nigricantibus.

β. *Latham*, Vögel, I. p. 78. ad n. 73.

10. Cyaneus. *Der blaue Habicht.* (9)

Müller, Natursystem, II. p. 69. n. 10. *der blaue Habicht.*
Bechstein, Naturgesch. Deutschl. II. p. 256. n. 5. *der blaue Habicht.* p. 259. *St. Martin, grauweißer Geyer, weiße Weyhe, blauer Falke, Schwarzflügel, kleiner Spitzgeyer, blaues Gleyerle; in* Thüringen: *der Bleyfalke.*
Klein, verbess. Vögelhist. p. 165. *blauer Falk.*
Brisson, ornith. I. p. 106. n. 17. Lanier cendré.
Büffon,

(8) Nach *Latham* vielleicht eine Spielart von der vorigen. Seine Länge giebt er auf ein Fuss, achthalb Zoll, und die der Var. β auf 2 Fuss, 1 Zoll an.

(9) Hier findet sich wieder eine grosse Verwechselung der Synonymen, da diese und die folgende Gattung von mehrern für einerley gehalten werden. *Latham* ordnete vorher die Synonymen so wie sie in unserm System aufgeführt sind. In seinem *Syst. ornithol.* hat er eine merkliche Abänderung gemacht. Er nimmt *Brünichs* und *Brissons Falco Torquatus*, *Raj* und *Willougby-Pygargus*, *Kleins Falco plumbeus*, und *Albins Pygargus* als das Männchen, — *Linné's* und *Scopoli's Pygargus*, *Büffons Soubouse*, *Pennants Ring-tail* in der brittischen Zoologie, und *Kramers kleinen Rohrgeyer* als das Weibchen, — *Brissons Accipiter freti Hudsonis*, *Edwards Ringtail-Hawk*, als eine, — und seine eigene *Cayenne Ringtail* (Falco Buffoni) als die andere Varietät an.

Büffon, Vögel, II. p. 28. Tab. 24. *der St. Martin, oder der grauweiße Geyer.*

Seligmann, Vögel, VII. Tab. 2. *der blaue Falk.*

Batsch, Thiere, I. p. 292. *der grauweiße Geyer.*

Latham, Vögel, I. p. 78. n. 74. *der Hühnerhabicht.*

Latham, Syst. ornitholog. I. p. 39. n. 94. Falco (Cyaneus) cera alba, pedibus fulvis, corpore caeruleo-canescente, arcu superciliari albo, gulam cingente. (Mas.)

Beseke, Vögel Kurl. p. 9. n. 6. *der blaue Habicht.*

Kramer, Austr. p. 329. n. 12. Falco cera luteo-viridi, cinereus, maculis abdominalibus longitudinalibus ferrugineis; *kleiner Spitz-Geyer, blaues Geyerl?*

Hermann, tab. affin. anim. p. 174. F. Cyaneus.

Jonston, av. p. 13. Pygargus, genus alterum?

11. Pygargus. *Der Ringelfalk.* (10)

Müller, Natursyst. II. p. 70. n. 11. *der Bleyfalke.*

Halle, Vögel, p. 217. n. 154. *der aschfarbne Falk, mit weißem schwarzgewürfelten Schwanze.*

Gatterer, vom Nutzen und Schaden der Thiere, II. p. 15. n. 17. *der Bleyfalk, Lerchengeier.*

Pennant, arct. Zool. II. p. 199. n. 22. *der Falk mit einem Ringe um den Schwanz.*

Klein, av. p. 52. n. 22. Falco plumbeus, cauda tessellata.

Klein, Vorbereit. p. 100. n. 22. *Bleyfalke mit gewürfeltem Schwanz.*

(10) Nach *Latham* u. a. das Weibchen vom vorhergehenden. S. *die vorige Anmerk.* Gewicht des Mannchens, nach *Latham* 12 Unzen, Länge 17 Zoll, Breite 3 Fuss, 2 Zoll. — Gewicht des Weibchens 18 Unzen, Länge 20 Zoll, Breite über 3 Fuss.

Klein, verbeſſ. Vögelhiſt. p. 51. n. 22. *Bleyfalk.*

Briſſon, ornith. I. p. 100. n. 7. Faucon à collier.

Büffon, Vögel, II. p. 17. Tab. 25. *der Ringelfalke*, *oder Halbweyhe.*

Batſch, Thiere, I p. 292. *der Ringelfalk.*

Latham, Vögel, I. p. 79. n. 75. *der Ringel-Falke.*

Latham, Syſt. ornith. I. p. 39. n. 94. Falco cera pedibusque flavis, corpore cinereo, abdomine pallido, maculis oblongis rufis, oculorum orbita alba. *(Femina.)*

Beſeke, Vögel Kurl. p. 9. n. 7. *der Bleyfalke.*

Bock, Naturgeſch. v. Preuſſen, IV. p. 266. n. 9. *der Bleyfalke*, *Ringelfalke.*

Pennant, britt. Thiergeſch. Tab. 9. 10.

Pontoppidan, Naturgeſch. von Dännem. p. 165. n. 3 F. Pygargus.

Scopoli, Bemerk a. d. Naturgeſch. I. p. 3. n. 2. *der weiſsgeſchwänzte Adler*, *Steingeyer*, *Weiſskopf*, *Gelbſchnabel.*

Pallas, Reiſe, Ausz. I. p. 375. Falco Pygargus.

Schriften der berlin. Geſellſchaft naturf. Freunde, VII. p. 447. n. 1. *der Bleyfalke.*

Naturforſch. VII. p. 40. *Bleyfalke*, *Tauberfalke.*

Naturforſch. VIII. p. 46. n. 8. *der Bleyfalke.*

Bechſtein, Muſterung ſchädlicher Thiere, p. 67. n. 14. *die Halbweyhe.*

Beckmann, phyſikal. ökonom. Bibl. VII. p. 221. Falco Pygargus.

Linné, Syſt. Nat. Edit. X. I. p. 89. n. 9. Falco (Pygargus) cera flava, corpore cinereo, abdomine pallido, maculis oblongis rufis, oculorum orbita alba.

Müller, zool. dan. prodrom. p. 10. n. 72. Falco (Pygargus) cera pedibusque flavis, corpore cinereo,

nereo, abdomine pallido, maculis oblongis rufis, oculorum orbita alba.

Kramer, Auftr. p. 330. n. 13. Falco flavo-viridi, teftaceo-, ferrugineo-et fufco-varius; abdomine pallido, maculis longitudinalibus, ferrugineis, *kleiner Spitzgeyer, kleiner Rohrgeyer?*

Brünich, ornithol. bor. p. 4. n. 14. Falco Torquatus?

Donndorff, Handb. der Thiergefch. p. 206. n. 22. *der Bleyfalk.*

19. Hudsonius. *Der Falk von der Hudfons-bay.* (1)

Müller, Naturfyft. II. p. 81. n. 19. *der hudfonifche Falk.*

Briffon, ornithol. I. p. 119. n. 37. Epervier de la Baye de Hudfon.

Latham, Vögel, I. p. 83. n. 76. *der Ringelfalk aus Hudfons-Bay.*

Latham, Syft. ornithol. I. p. 40. β. Falco cera pedibusque flavis, dorfo fufco, fuperciliis albis; fpeculo alarum caerulefcente.

Seligmann, Vögel, V. Tab. 2. *der Ringelfalk.*

103. Buffoni. *Der cayennifche Ringelfalk.* (2)

Latham, Vögel, I. p. 85. A. *der cayennifche Ringelfalke.*

Latham,

(1) Nach *Latham* Synopf. eine eigne Gattung, nach *Latham* Syft. ornith. eine Spielart von *Falco Cyaneus*, wohin auch dafelbft *Pennants Ring-tail Hawk* in der arctifchen Zoologie, gerechnet wird.

(2) Nach *Latham* Synopf eine Varietät von *Falco Hudfonius.* — Nach *Latham* Syft. ornithol. eine Spielart von *Falco Cyaneus.* Die Länge giebt *Latham* in der Synopf. auf zwey, die Flügelweite auf vier Fufs an.

Latham, Syst. ornithol. I. p. 40. γ. Falco cera caerulea, pedibus luteis, corpore nigricante spadiceo, subtus rufescente, arcu gulari albicante, remigibus rectricibusque fusco-fasciatis.

104. Uliginosus. *Der Sumpffalk.* (3)

Pennant, arct. Zool. II. p. 198. n. 21. *der Sumpffalk.*

Latham, Vögel, I. p. 84. A. *der Sumpf-Hacht.*

Latham, Syst. ornitholog. I. p. 40. n. 95. Falco (Uliginosus) cera pedibusque aurantiis, corpore supra fusco, subtus splendide ferrugineo, caudae taeniis quatuor nigris.

Donndorff, Handb. der Thiergesch. p. 206. n. 23. *der Sumpffalk.*

105. Lithofalco. *Der Steinfalk.* (4)

Müller, Natursystem, II. p. 77. h. *der Bergfalke.*

Bechstein, Naturgesch. Deutschl. II. p. 328. *Steinfalke.*

Brisson, ornithol. I. p. 101. n. 8. Faucon de Roche, ou Rochier.

Büffon, Vögel, II. p. 102. *der Steinfalke.*

Büffon, Vögel, II. p. 157. *der Steinfalke.* Tab. 44.

Latham, Vögel, I. p. 84. n. 77. *der Stein-Falke.*

Latham, Syst. ornithol. I. p. 47. n. 115. Falco (Lithofalco) cera lutea, corpore fusco-cinereo, supra rufescente, striis fuscis, rectricibus apice

(3) Nach *Latham* Synopf. eine Varietät von *Falco Pygargus*; — nach *Latham* Syst ornithol. eine Varietät von *Falco Cyaneus*, weil er, wie ich schon vorher Anmerk. 9 angeführt habe, beyde in der Folge für einerley angenommen hat.

(4) Nach *Bechstein* u. a. eine Varietät von *Falco Nisus*.

apice nigricantibus, albo terminatis, laterali-bus nigro fasciatis.

Frisch, Vögel, Tab. 87. *der Steinfalk.*

Eberhard, Thiergesch. p. 67. *der Steinfalke.*

Krünitz, Encyklop. XII. p. 133. n. 8. *der Stein-falk.*

Jonston, av. p. 33. Falco Lapidarius.

106. MONTANUS. *Der Bergfalk.* (5)

Halle, Vögel, p. 216. n. 152. *der graue Berg-falke.*

Neuer Schauplatz der Natur, II. p. 754. n. 11. *Bergfalk.*

Handb. d. Naturgesch. II. p. 117. n. 5. *der Berg-falk.*

Brisson, ornitholog. I. p. 101. n. 9. Faucon de Montagne, ou Montagner.

Büffon, Vögel, II. p. 102. n. 19. *der Bergfalke.*

Klein, av. p. 52. n. 20. Falco montanus, monta-rius. Cybindus. Accipiter nocturnus.

Klein, Vorbereit. p. 99. n. 20. *Birk-Bergfalke.*

Klein, verbess. Vögelhist. p. 51. n. 20. *Birkfalk, Bergfalk.*

Latham, Vögel, I. p. 84. n. 78. *der Bergfalke.*

Latham, Syst. ornitholog. I. p. 48. n. 116. Falco (Montanus) pedibus luteis, corpore fusco-ci-nereo, subtus albido, capite nigro, iugulo ma-culato, caudae basi cinerea, medio nigricante, apice albo.

Bock, Naturgesch. von Preussen, IV. p. 271. n. 15. *Steinfalke, Bergfalke.*

Naturforsch. VIII. p. 51. n. 15. *Bergfalk.*

Lapeirouse, neue schwed. Abhandl. III. p. 101. Falco *montanus*, cera, digitis palpebrisque ci-trinis;

(5) Nach *Büffon* eine Spielart vom vorigen.

trinis; corpore atro, pectore macula alba notato, pedibus lanatis.

Eberhard, Thiergesch. p. 67. *der Birkfalke.*

Krünitz, Encykl. XII. p. 133. n. 7. *der Berg- oder Birkfalk.*

Jonston, av. p. 30. Falco Montanus.

β. *Der aschgraue Bergfalk.* (Zwitterfalk.)

Brisson, ornithol. I. p. 102. A. Faucon de montagne cendré.

Latham, Vögel, I. p. 85. A. *der aschgraue Berg-Falke.*

Latham, Syst. ornith. I. p. 48. β. Falco pedibus luteis, corpore cinereo, subtus niveo, rectricibus duabus utrinque lateralibus albis.

Jonston, av. p. 31. alterum Montani genus.

16. Tinnunculus. *Der Thurmfalk.* (6)

Müller, Natursyst. II. p. 80. n. 16. *der Thurmfalk.*

Borowsky, Thierreich, II. p. 74. n. 10. *der Kirchenfalke, Thurmfalke.*

Bechstein, Naturgesch. I. p. 322. *der Thurmfalke.*

Bechstein, Naturgesch. Deutschl. II. p. 311. n. 18. *der Thurmfalke.* p. 314. *Kirchenfalke, Wannenweher,*

(6) Länge 16 Zoll; Flügelweite 2 Fuss 8 Zoll Gewicht des Männchens etwa siebentehalb Unzen. Nistet in den Steinritzen hoher Thürme, Bergschlösser, Felsen, auf alten Baumstämmen, in hohlen Bäumen Legt im May 4 bis 6 rundliche, gelbröthliche, mit rothen und braunen Flecken besetzte Eyer. Die Jungen lassen sich sehr leicht zähmen, und verlassen das Haus nicht, wenn man ihnen die Flügel beschneidet. Die Benennung: *Rittel-* oder *Röthelgeyer.* kömmt daher, weil der Vogel oft in der Luft lange auf einem Flecke hängt, und die Flügel schnell bewegt, welches die Jäger *ritteln* oder *rötteln* heissen.

nenweher, *Steinſchmätzer*, *Röthelweyhe*, *Rötelweib*, *Rittlweyer*, *Windwahl*, *Graukopf*, *Wandwehe*, *Wandwäher*, *Lachweyhe*, *Wiegwehen*, *Steinſchmack*, *Steengall*, *Sperber*, *rother Sperber*; in Thüringen: *Rothelgeyer*, oder *Rittelgeyer*.

Halle, Vögel, p. 200. n. 138. *der Thurmfalke.*

Gatterer, vom Nutzen und Schaden der Thiere, II. p. 18. n. 21. *der Thurmfalk*, *Kirchenfalk*, *Wannenweher*, *Steinſchmätzer*, *Röthelweyhe.*

Pennant, arct. Zool. II. p. 215. M. *der Thurmfalk*, *Wannenweher.*

Onomat. hiſtor. natur. II. p. 784. Cenchris; *der Thurmfalke*, *Wannenweher.*

Handb. der Naturgeſchichte, II. p. 121. *der Wannenweher.*

Handb. der deutſchen Thiergeſch. p. 95: *Rittelgeyer*, *Wandwäher*, *Thurmfalk*, *Sperlingshabicht.*

Klein, av. p. 49. n. 7. Falco Cenchris.

Klein, Vorbereitung, p. 94. n. 7. *Wannenweher.*

Klein, verbeſſerte Vögelhiſt. p. 48. n. 7. *Wannenweher*, *Graukopf*, *Steinſchmatz.*

Klein, Vögeleyer, p. 19. Tab. 6. fig. 4.

Gesner, Vögelbuch, p. 309. *Wannenweher.*

Buffon, ornith. I. p. 113 n. 27. Creſſerelle.

Büffon, Vögel, II. p. 148. Tab. 43. *der Kirchenfalke.*

Batſch, Thiere, I. p. 294. *der Kirchfalke.*

Latham, Vögel, I. p. 85. n. 79. *der Röthelgeyer*, *Wannenweher*, *Kirch-Falke.*

Latham, Syn. Suppl. p. 25. Keſtrel.

Latham, Syſt. ornith. I. p. 41. n. 98. Falco (Tinnunculus) cera pedibusque flavis, dorſo rufo, punctis

punctis nigris, pectore striis fuscis, cauda rotundata.

Beseke, Naturgesch. der Vögel Kurl. p. 13. n. 18. *der Thurmfalk.*

Bock, Naturgesch. von Preussen, IV. p. 273. n. 18. *Thurm-, Kirchen-, Mauerfalke, Rothelgeyer.*

Cetti, Naturgeschichte von Sardinien, II. p. 47. *Kirchenfalk.*

Fischer, Naturgesch. von Livland, p. 65. n. 39. *Thurmfalk, Mauerfalk.*

Pontoppidan, Naturgesch. v. Dännemark, p. 165. n. 7. *Kirchenfalk, Sperlingshabicht.*

Pennant, britt. Thiergesch. (v. Murr) Tab. 11.

Pallas, nord. Beyträge, III. p. 16. Falco Tinnunculus.

Döbel, Jägerprakt. I. p. 79. *Rittelgeyer.*

Mellin, von Anleg. der Wildbahnen, p. 347. *der Rittelgeyer.*

Linné, auserlesene Abhandl. II. p. 287. n. 53. *der Kirchenfalk.*

Naturforsch. VIII. p. 52. n. 18. *Thurmfalke.*

Nau, neue Entdeck. a. d. Naturgesch. I. p. 246. Falco tinnunculus.

Schriften der berlin. Gesellsch. naturf. Fr. VII. p. 448. n. 6. *der Thurmfalke.*

Bechstein, Musterung schädl. Thiere, p. 77. n. 25. *der Thurmfalke.*

Beckmann, phys. ök. Bibl. VI. p. 11. *der Thurmfalk.* (Weibchen zuweilen fälschlich: *Lerchensperber.*)

Zorn, Petinotheol. II. p. 242. *das Röthel-Geyerlein.*

Krünitz, Encykl. XII. p. 131. n. 5. *der Kirchen- oder Thurmfalk.*

Jablonsky, allgem. Lexicon, p. 395. *der Rittel-Geyer, oder Rötel-Geyer.*

Merklein,

Merklein, Thierreich, p. 279. *Wannenweher.*

Scopoli, Bemerk. a. d. Naturgesch. p. 5. *der Wannenweher, Windwahl.*

Linné, Syst. Nat. Ed. II. p. 52. Falco Tinnunculus.

Linné, Syst. Nat. Edit. VI. p. 17. n. 14. Falco Tinnunculus.

Linné, Syst. Nat. Edit. X. I. p. 90. n. 15. Falco (Tinnunculus) cera pedibusque flavis, dorso rufo, punctis nigris, pectore maculis longitudinalibus fuscis, cauda rotundata.

Müller, zoolog. dan. prodr. p. 9. n. 65. Falco (Tinnunculus) cera pedibusque flavis, dorso rufo, punctis nigris, pectore striis fuscis, cauda rotundata.

Kramer, Austr. p. 331. n. 15. Falco pedibus ceraque flavis, dorso rufescente, pectore maculis longitudinalibus fuscis, cauda rotundata; *Windwachl, Rittlweyer, Wannenweher.*

Brünich, ornith. bor. p. 1. n. 45. Falco Tinnunculus.

Jonston, av. p. 22. Tinnunculus.

Columella, de re rust. L. 8. c. 8. n. 7. Tinnunculus.

Aristot. hist. anim. L. VI. c. 8. Κεγχϱις.

Donndorff, Handb. der Thiergesch. p. 207. n. 24. *der Thurmfalk.*

β. Griseus. *Der graue Thurmfalk.*

Latham, Vögel, I. p. 86. B. *der graue Röthelgeyer.*

Latham, Syst. ornithol. I. p. 42. β. Tinnunculus pennis griseis.

γ. Accipiter alaudarius. *Der Lerchenhabicht.*

Klein, av. p. 49. n. 8. Falco Murorum, Ruderum, Turrium?

Klein, Vorbereit. p. 94. n. 8. *Mauerfalke?*
Klein, verbeff. Vögelhift. p. 49. n. 8. *Mauerfalk?*
Klein, av. p. 49. n. 9. Falco varius, pictus, alaudarum.
Klein, Vorbereitung, p. 94. n. 9. *Lerchenfalke.*
Klein, verbefferte Vögelhift. p. 49. n. 9. *Lerchenfalk, Schwimmer.*
Klein, Vögeleyer, p. 19. Tab. 6. fig. 6.
Briffon, ornithol. I. p. 110. n. 22. Epervier des alouettes.
Latham, Vögel, I. p. 86. A. *der Lerchenhabicht.*
Latham, Syft. ornithol. I. p. 42. γ. Falco rufus, fufco-ftriatus, fubtus rufefcens maculis longitudinalibus fufcis, rectricibus grifeo-rufefcentibus, fufco transverfim ftriatis, apice nigricantibus, albo terminatis.

δ. *Der Thurmfalk mit hellblauem Kopfe.* *
Bechftein, Naturgefch. Deutfchl. II. p. 315. n. 2.

ε. *Der weiße Thurmfalk.* *
Bechftein, Naturgefch. Deutfchl. II. p. 315. n. 3.

107. BOHEMICUS. *Der böhmifche Falk.* (7).
Bechftein, Naturgefch. Deutfchl. II. p. 259. *der böhmifche Mäufehabicht.*
Latham, Syft. ornith. I. p. 43. n. 100. Falco (Bohemicus) pedibus flavefcentibus, corpore fupra cinereo, fubtus candido, remigibus 5. exterioribus extus nigris, orbitis albis.
Donndorff, Handb. der Thiergefch. p. 207. n. 25. *der böhmifche Falk.*

108. PISCATOR. *Der Fifcherfalk.*
Büffon, Vögel, II. p. 141. Tab. 41. *der Fifcherfalke.* (*Tanas* bey den Negern am Senegall.)

Latham,

(7) Nach *Bechftein* eine Varietät von *Falco Cyaneus.*

Latham, Vögel, I. p. 86. n. 80. *der Fischer-Falke.*

Latham, Syst. ornith. I. p. 43. n. 101. Falco (Piscator) subcristatus, capite ferrugineo, corpore cinereo pennis margine fuscis, subtus lutescente, maculis longitudinalibus fuscis.

109. Badius. *Der ceylonische braune Habicht.*

Latham, Vögel, I. p. 87. n. 81. *der ceylonische braune Habicht.*

Latham, Syst. ornithol. I. p. 43. n. 102. Falco (Badius) pedibus flavicantibus, corpore fusco, subtus albo, lunulis flavis; tectricibus alarum albo marginatis, rectricibus lineis 4. nigricantibus.

110. Aquilinus. *Der Falk mit rother Kehle.*

Büffon, Vögel, I. p. 181. Tab. 13. *der kleine amerikanische Adler.*

Latham, Vögel, I. p. 87. n. 82. *der Falke mit rother Kehle.*

Latham, Syn. Suppl. p. 26. Red-throated Falcon.

Latham, Syst. ornith. I. p. 38. n. 91. Falco (Formosus) cera, orbitis pedibusque luteis, iugulo purpureo, corpore supra caerulescente - rubro, abdomine incarnato.

Merrem, vermischte Abhandl. p. 90. n. 14. *rothhalsigter Adler.*

111. Fuscus. *Der braune amerikanische Falk.*

Latham, Vögel, I. p. 88. n. 84. *der braune amerikanische Habicht.*

Latham, Syst. ornith. I. p. 43. n. 103. Falco (Fuscus) cera cinerea, pedibus flavis, corpore nigro striato, supra cinereo-fusco, subtus albicante, rectricibus fasciis 4. obscurioribus.

31. Nisus. *Der Sperber.* (8)

Müller, Naturfyst. II. p. 88. n. 31. *der Sperber.*

Leske, Naturgesch. p. 233. n. 6. *der Sperber.*

Borowsky, Thierreich, II. p. 75. n. 11. *der Sperber, Lerchenfalke.*

Blumenbach, Handb. der Naturgesch. p. 161. n. 9. Falco (Nisus) cera viridi, pedibus flavis, abdomine albo griseo-undulato, cauda fasciis nigricantibus; *der Sperber, Vogelfalke.*

Bechstein, Naturgesch. I. p. 324. n. 16. *der Sperber.*

Bechstein, Naturgesch. Deutschl. II. p. 320. n. 21. *der Sperber.* p. 327. *Sperber* (bey den Jägern) das Weibchen; *Sprinz, Sprenzchen, Blaubäckchen*, das kleinere Männchen. — *Weißgesperberter Habicht, Islander, Wachtelhabicht, Sperberfalke, Lerchenfalke, Lerchenstößer, Taubenstößer, Schwalbenfalke, Schwalbengeyer, Finkenfalke, Finkensperber, Finkenhabicht, Stößer, kleiner Stockfalke, Goldfuß mit schwarzem Schnabel, Schwimmer, Luftschiffer.*

Funke,

(8) Hält sich vorzüglich gern in gebirgigen und waldigen Gegenden auf, und sucht in Vorholzern grosser Kettenwälder, wo er sich in den tiefen Zweigen der Bäume verbirgt, immer dem freyen Felde nahe zu seyn, und geht besonders vor Sonnen Auf- und Untergang seiner Nahrung nach. Brütet im May und Junius. Nistet auf den höchsten Fichten. Das Nest besteht aus Reisern, mit Moos, dürren Blättern und Haaren ausgefuttert. Legt 13 bis 14 schmutzig weisse, mit rostfarbigen grossen und kleinen, eckigen und zackigen Flecken, besonders am stumpfen Ende in Gestalt eines Kranzes bezeichnete Eyer. Brütet fast drey Wochen. Die Jungen sehn im ersten und zweyten Jahre sehr bunt aus, und erhalten erst nach dem zweyten Mausern die regulaire Farbenzeichnung. — Gewicht des Männchen, nach *Pennant* funf, des Weibchen neun Unzen.

Funke, Naturgefch. I. p. 282. *der Sperber.*
Ebert, Naturl. II. p. 33. *der Sperber.*
Halle, Vögel, p. 201. n. 139. *der Lerchenfalke.*
Gatterer, vom Nutzen u. Schaden der Thiere, II. p. 25. n. 32. *der Sperber, Finkenfalk, Finkenfperber, Sprinz.*
Pennant, arct. Zool. II. p. 216. N. *der Sperber.*
Beckmann, Naturhift. p. 37. c. *der Sperber.*
Neuer Schaupl. der Natur, VIII. p. 332. *Sperber.*
Onomat. hiftor. nat. I. p. 47. *der grüne Sperber, der kleine Habicht.*
Onomat. hiftor. nat. V. p. 620. *Sperber, Finkenfperber, Lerchenfalke, kleiner Stoßfalke, Finken-Habicht.*
Handbuch der Naturgefch. II. p. 109. *der kleine Habicht.*
Handbuch der deutfchen Thiergefchichte, p. 95. *Sperber, Finkenhabicht, Vogelfalke.*
Klein, av. p. 53. n. 23. Falco Fringillarius.
Klein, Vorbereit. p. 100. n. 23. *Finkenfalke.*
Klein, verbeff. Vögelhift. p. 52. n. 23. *Finkenfalk, Sprinzel.*
Gesner, Vögelb. p. 307. *Sperber.*
Briffon, ornith. I. p. 89. n. 1. Epervier.
Büffon, Vögel, II. p. 35. Tab. 31. *der Sperber, Finkenfperber.*
Batfch, Thiere, I. p. 293. *der Sperber.*
Latham, Vögel, I. p. 89. n. 85. *der Sperber, Vogelfalke.*
Latham, Syn. Suppl. p. 26. Sparrow-Hawk.
Latham, Syft. ornith. I. p. 44. n. 107. Falco (Nifus) cera viridi, pedibus flavis, abdomine grifeo undulato, cauda fafciis nigricantibus.
Befeke, Vögel Kurl. p. 16. n. 25. *der Sperber.*

Scopoli, Bemerk. a. d. Naturgesch. p. 6. n. 6. *der Sperber, Finkenfalke, Sprinz.*

Bock, Naturgesch. von Preussen, IV. p. 278. n. 24. *der Sperber.*

Fischer, Naturgesch. von Livland, p. 66. n. 42. *Sperber.*

Cetti, Naturgesch. von Sardinien, II. p. 51. *der Sperber.*

White, Naturgesch. von England, p. 58. *Sperber.*

Taube, Slavon. und Syrm. p. 23. *Sperber.*

Pontoppidan, Naturg. von Dännemark, p. 166. n. 12. *Sperber.*

Pallas Reise, I. p. 370. Falco Nisus.

Zorn, Petinotheol. II. p. 240. *der Sperber.*

Pennant, britt. Thiergesch. Tab. 13. 14.

Döbel, Jägerprakt. I. p. 78. *Sperber.*

Meidinger, Vorles. über d. Thierr. I. p. 112. n. 5. *der Sperber.*

Naumann, Vogelsteller, p. 125. *der Sperber.*

Bechstein, Musterung schädl. Thiere, p. 79. n. 28. *der Sperber.*

Tengmalm, neue schwed. Abhandl. IV. p. 44. Nisus.

Geoffroy, mat. med. VII. p. 274. *Habicht oder Sperber.*

Loniceri, Kräuterb. p. 658. *Sperber.*

Kraft, Ausrott. grausl. Th. I. p. 291. *Sperber.*

Eberhard, Thiergesch. p. 67. *Sperber.*

Jablonsky, allg. Lex. p. 1102. *Sperber.*

Kolbe, Vorgeb. d. g. Hoffnung, Edit. in 4. p. 389. *Sperber?*

Beckmann, Bibl. VI. p. 49. *der Sperber.*

Linné, Syst. Nat. Ed. II. p. 52. Nisus.

Linné, Syst. Nat. Edit. VI. p. 17. n. 15. Falco Moschetus.

Linné,

Linné, Syst. Nat. Edit. X. I. p. 92. n. 26. Falco (Nisus) cera viridi, pedibus flavis, pectore albo, fusco undulato, cauda fasciis nigricantibus.

Müller, zool. dan. prodr. p. 10. n. 71. Falco (Nisus) cera viridi, pedibus flavis, abdomine albo, griseo undulato, cauda fasciis nigricantibus.

Kramer, Austr. p. 332. n. 16. Falco cera viridi, pedibus flavis, pectore albo, undulis transversis fuscis, cauda fusca fasciis nigricantibus; *Sprinzl* mas, *Sperber* foemina.

Brünich, ornith. bor. p. 5. Nisus.

Schwenkfeld, aviar. Siles. p. 189. Accipiter fringillarius; *ein Sperber*, *Sperwer*.

Knorr, delic. nat. II. p. 83. Tab. I. 3.

Jonston, av. p. 21. Accipiter Fringillarius.

Hermann, tab. affin. anim. p. 173. F. Nisus.

Donndorf, Handb. der Thiergesch. p. 207. n. 26. *der Sperber*.

β. Maculatus. *Der gefleckte Sperber.*

Klein, av. p. 53. n. 25. Falco manibus aureis, rostro nigricante.

Klein, Vorbereitung, p. 101. n. 25. *Goldfuß mit schwarzem Schnabel.*

Klein, verbess. Vögelhist. p. 52. n. 24. *Goldfuß mit schwarzem Schnabel.*

Brisson, ornithol. I. p. 90. A. Epervier tacheté.

Büffon, Vögel, II. p. 36. *der gefleckte Sperber.*

Latham, Vögel, I. p. 90. A. *der gefleckte Sperber.*

Latham, Syst. ornithol. I. p. 45. β. Accipiter maculatus.

γ. Lacteus. *Der weiße Sperber.*

Gesner, Vögelb. p. 307. *ganz weiße Sperber.*

Latham, Vögel, I. p. 91. B. *der weiße Sperber.*

Latham, Syst. ornith. I. p. 45. γ. Falco lacteus.

112. Dubius. *Der unbestimmte Falk.* (9)

Pennant, arct. Zool. II. p. 203. n. 28. *der unbestimmte Falk.*

Latham, Vögel, I. p. 107. n. 115. *der unbestimmte? Falke.*

Latham, Syn. Suppl. p. 37. dubious Falcon.

Latham, Syst. ornithol. I. p. 44. n. 104. Falco (Dubius) cera, iridibus pedibusque flavis, corpore fusco, subtus albo, striis fuscis, rectricibus cinereis, fasciis 4 nigris.

113. Obscurus. *Der dunkelbraune Falk.*

Pennant, arct. Zool. II. p. 203. n. 29. *der dunkelbraune Falk.*

Latham, Vögel, I. p. 107. n. 116. *der americanische Falke.*

Latham, Syn. Suppl. p. 38. Dusky Falcon.

Latham, Syst. ornitholog. I. p. 44. n. 105. Falco (obscurus) cera pedibusque flavis, corpore fusco, subtus striis albis, cervice albo maculato, rectricibus fusco alboque fasciatis.

21. Columbarius. *Der carolinische Taubenfalk.* (10)

Müller, Natursyst. II. p. 82. n. 21. *der Taubensperber.*

Halle,

(9) Gewicht, nach *Pennant*, 6 Unzen. Soll eine Spielart vom folgenden seyn.

(10) Länge 10 bis 12 Zoll Gewicht 6 Unzen. Bewohnt Amerika von der Hudsonsbay bis Südcarolina. In der Hudsonsbay erscheint er im May an den Ufern des Severnflusses, brütet daselbst, und geht im Herbst nach Süden zurück. Frisst kleine Vögel. Fliegt, wenn sich ihm jemand nähert, mit grossem Geschrey im Kreise herum. Nistet in Felsen oder

Halle, Vögel, p. 206. n. 141. *der Tauberfalke mit langen schmalen Fischerhosen.*

Merrem, verm. Abh. p. 93. n. 7. *Taubenfalke.*

Gatterer, vom Nutzen u. Schaden der Thiere, II. p. 20. n. 23. *der Buntschwänzel, Taubensperber.*

Pennant, arct. Zoolog. II. p. 202. n. 27. *der Taubenfalk.*

Neuer Schaupl. der Natur, VIII. p. 810. *Taubenhabicht.*

Brisson, ornithol. I. p. 110. n. 21. Epervier de la Caroline.

Büffon, Vögel, II. p. 58. *der Taubenhabicht.*

Klein, av. p. 51. n. 17. Falco Carolinensis Palumbarius.

Klein, Vorbereitung, p. 98. n. 17. *Buntschwänzel, karolinischer Taubenfalk.*

Klein, verbesserte Vögelhist. p. 51. n. 17. *Buntschwänzel.*

Seligmann, Vögel, I. Tab. 6. *der Taubenhabicht.*

Latham, Vögel, I. p. 91. n. 86. *der Taubenhacht aus Carolina.*

Latham, Syn. Suppl. p. 27. Pigeon Hawk.

Latham, Syst. ornith. I. p. 44 n. 106. Falco (Columbarius) cera, iridibus pedibusque luteis, corpore fusco, subtus albido, striis fuscis, cauda fasciis linearibus 4 nigris.

Linné, Syst. Nat. Edit. X. I. p. 90. n. 19. Falco (Columbarius), cera lutea, corpore fusco, subtus albido, cauda fusca, fasciis linearibus quatuor albis.

Hermann, tab. affin. anim. p. 173. F. Columbarius.

oder hohlen Bäumen. Legt 2 bis 4 weisse, rothgefleckte Eyer. Raubt in Carolina Tauben, und junge welsche Hühner. *Pennant.*

Donndorff, Handb. der Thiergesch. p. 208. n. 27. *der Taubenfalk.*

22. Superciliosus. *Der guianische Falk.*

Müller, Natursyst. II. p. 83. n. 22. *der surinamische Falk.*

Latham, Vögel, I. p. 92. n. 87. *der guianische Falk.*

Latham, Syst. ornitholog. I. p. 45. n. 108. Falco (Superciliosus) cera, pedibus palpebrisque luteis, corpore fusco, albido undulato, remigibus ferrugineis, nigro fasciatis.

23. Vespertinus. *Der Abendfalk.*

Müller, Natursyst. II. p. 83. n. 23. *der Kobetz.*

Latham, Vögel, I. p. 92. n. 28. *der Falk aus Ingrien.*

Latham, Syn. Suppl. p. 27. Ingrian Falcon.

Latham, Syst. ornithol. I. p. 46. Falco (Vespertinus) cera, pedibus palpebrisque luteis, crisso femoribusque ferrugineis.

Fischer, Naturgesch. von Livland, p. 66. n. 43. *Nachtfalk.*

Decouv. Russ. II. p. 142. Kobez.

Hermann, tab. affin. animal. p. 274. F. Vespertinus.

Donndorff, Handb. der Thiergesch. p. 208. n. 28. *der Kobez.*

114. Vespertinoides. *Der Falk aus Permien.*

Latham, Syst. ornithol. I. p. 46. n. 110. Falco (Vespertinoides) cera, pedibus palpebrisque luteis, femoribus nigris, collo, pectore et ventre fuscescentibus, albo maculatis.

115. Magni-

115. Magnirostris. *Der großschnäblichte Falk.*

Latham, Vögel, I. p. 93. n. 89. *der Großschnäbler-Falke.*

Latham, Syn. Suppl. p. 27. Greatbilled Falcon.

Latham, Syst. ornithol. I. p. 46. n. 111. Falco (Magnirostris) cera pedibusque flavis, corpore fusco, abdomine albo, striis ferrugineis, rectricibus albo nigroque fasciatis.

14. Subbuteo. *Der Baumfalk.*(1)

Müller, Natursystem, II. p. 78. n. 14. *der Baumfalke.*

Bechstein, Naturgesch. I. p. 323. n. 15. *der gemeine Baumfalke.*

Bechstein, Naturgesch. Deutschl. II. p. 317. *der gemeine Baumfalke.* p. 320. *der kleine Bußhart, Lerchenfalke, Stößfalke.* Bey den thüring. Jägern: *das Weißbäckchen.*

Halle, Vögel, p. 219. n. 157. *der kleine Bushart mit rothen schwarzfleckigen Schenkeln, und rothweißem Halse.*

Gatterer, vom Nutzen und Schaden der Thiere, II. p. 16. n. 19. *der Baumfalk, kleine Bushart.*

Pennant, arct. Zool. II. p. 216. O. *der Baumfalk.*

Onomat. histor. natur. III. p. 591. Dendrofalco; *der Baumfalk.*

Hand-

(1) Länge 1 Fuss 4 Zoll. Flügelweite 3 Fuss 4 Zoll. Gewicht des Männchen, nach *Pennant* 7 Unzen. Hält sich beständig in den Wäldern auf, und nistet auf den höchsten Bäumen. Zuweilen baut er kein eignes Nest, sondern bedient sich eines alten der Rabenkrähe. Legt 3 bis 4 weisse, röthlich gefleckte Eyer. Die Jungen sehn im ersten Jahre schwärzer aus, und sind gewöhnlich am Unterleibe aschfarbig und ungefleckt.

Handbuch der Naturgesch. II. p. 120. *der Baumfalk.*

Handb. der deutschen Thiergesch. p. 93. *Baumfalke, Stoßfalke, Lerchenfalke, kleiner Weißback.*

Gesner, Vögelbuch, p. 331. *Baumfalk.*

Brisson, ornithol. I. p. 109. n. 20. Habereau.

Büffon, Vögel, II. p. 143. Tab. 42. *der Baumfalke.*

Batsch, Thiere, I. p. 294. *der Baumfalk.*

Latham, Vögel, I. p. 93. n. 90. *der Baum-Falke.*

Latham, Syn. Suppl. p. 28. Hobby.

Latham, Syst. ornith. I. p. 47. n. 114. Falco (Subbuteo) cera pedibusque flavis, dorso fusco, nucha alba, abdomine pallido, maculis oblongis fuscis, crisso femoribusque rufis.

Beseke, Vögel Kurl. p. 12. n. 16. *der Baumfalk.*

Bock, Naturgesch. v. Preussen, IV. p. 271. n. 16. *Baumfalke, Lerchenfalke.*

Fischer, Naturgesch. von Livland, p. 66. n. 41. *Lerchenfalk.*

Döbel, Jägerpraktik, I. p. 79. *Baum-Falke.*

Pontoppidan, Naturgesch. von Dännem. p. 165. n. 5. *Lerchenfalke, Baumfalke.*

Mellin, von Anleg. der Wildb. p. 347. n. 8. *der Baumfalke, Steinfalke.*

Pennant, britt. Thiergesch. (v. Murr) Tab. 12. *der Lerchenfalk.*

Naturforsch. VIII. p. 51. n. 16. *Baumfalke.*

Schriften der berlin. Gesellschaft naturf. Freunde, VII. p. 448. n. 4. *der Baumfalke.*

Nau, Entdeck. a. d. Naturgesch. I. p. 246. Falco Subbuteo.

Bechstein, Musterung schädl. Th. p. 77. n. 26. *der gemeine Baumfalke.*

Tänzer,

Tänzer, notabil. venat. p. 132. *der Baum-falk.*

Zorn, Petinotheol. II. p. 241. *der Weißback oder Schmerl.*

Linné, Syst. Nat. Edit. VI. p. 17. n. 11. Dendro. Falco.

Linné, Syst. Nat. Edit. X. I. p. 89. n. 13. Falco (Subbuteo) cera pedibusque flavis, dorso fusco, nucha alba, abdomine pallido, maculis oblongis fuscis.

Müller, zoolog. dan. prodrom. p. 9. n. 63. Falco (Subbuteo) cera pedibusque flavis, dorso fusco, nucha alba, abdomine pallido, maculis oblongis fuscis.

Brünich, ornithol. bor. p. 3. n. 10. 11. Falco Subbuteo.

Jonston, av. p. 33. Falco arborarius.

Donndorff, Handb. der Thiergesch. p. 209. n. 29. *der Baumfalk.*

116. Aurantius. *Der Falk mit orangefarbner Brust.*

Latham, Vögel, I. p. 95. n. 91. *der Baum-Falke mit orangefarbner Brust.*

Latham, Syst. ornitholog. I. p. 48. n. 117. Falco (Aurantius) rostro pedibusque plumbeis, corpore nigricante, dorso basique caudae fasciis albicantibus interruptis, pectore fulvo, femoribus ferrugineis.

β. *Orange-breasted Hobby.*

Latham, Syn. Suppl. p. 28.

Latham, Syst. ornith. I. p. 48. n. 117. β.

Latham, Vögel, I. p. 95.

γ. Falco

γ. Falco pedibus fulvis, corpore supra nigro-caerulescente, fasciis caerulescentibus, subtus fasciolis albis, abdomine imo, femoribus crissoque rufis. *

Latham, Syn. Suppl. p. 29. descr. 2.
Latham, Syst. ornith. I. p. 48. n. 117. γ.
Latham, Vögel, I. p. 95.

117. Plumbeus. *Der Falk mit geflecktem Schwanze.*

Latham, Vögel, I. p. 95. n. 92. *der Baum-Falk mit geflecktem Schwanze.*
Latham, Syst. ornithol. I. p. 49. n. 118. Falco (Plumbeus) cera obscura, pedibus flavis, capite, dorso infimo, abdomineque cinereis, remigibus intus ferrugineis, rectricibus lateralibus intus maculis tribus albis.

118. Aesalon. *Das Schmierlein.* (2)

Bechstein, Naturgesch. Deutschl. II. p. 328. n. 22. *der Merlin.* p. 330. *kleiner Rothfalke, Zwergfalke, Schmierlein, Schmerl, kleiner Sperber.*
Halle, Vögel, p. 205. *der Sperber mit weißgelbem Nackenring.*
Onomat. histor. nat. I. p. 117. Aesalo, Smerillus, Merillus.

Handb.

(2) Die zu dieser und der nächstfolgenden Gattung gehörigen Synonymen werden häufig verwechselt; auch die Varietäten der erstern sehr unter einander geworfen; die ganze Gattung von einigen mit *Falco Minutus* für einerley gehalten; manche Spielarten wieder zu andern Gattungen gerechnet, u. dgl. m. Das *Schmierlein* legt sein Nest in ebenen und gebirgigen Waldungen auf hohen Bäumen an, und legt 5 bis 6 weissliche, mit braunen Punkten besetzte Eyer. Nährt sich von allerhand kleinen Vögeln; ist aber auch wohl im Stande sich eines Rebhuhns zu bemächtigen. — Flügelweite 26 und einen halben Zoll.

Handb. der Naturgesch. II. p. 113. *der Sperber.*

Klein, av. p. 50. n. 10. Falco Aesalon.

Klein, Vorbereit. p. 95. n. 10. *Schmierlein.*

Klein, verbesserte Vögelhist. p. 49. n. 10. *Sperber, Schmierlein.*

Gesner, Vögelb. p. 303. *Mirlein oder Smirlein.*

Brisson, ornitholog. I. p. 111. n. 23. Emèrillon.

Buffon, Vögel, II. p. 164. *der europäische Smerl.*

Latham, Vögel, I. p. 96. n. 93. *das Schmierlein.*

Latham, Syn. Suppl. p. 29. *Merlin.*

Latham, Syst. ornitholog. I. p. 49. n. 119. Falco (Aesalon) cera pedibusque flavis, capite ferrugineo, corpore supra caerulescente-cinereo, maculis striisque ferrugineis, subtus flavicante-albo, maculis oblongis.

Bock, Naturgesch. von Preussen, IV. p. 274. n. 18. *der Hühnerdieb, Schmierlein, Merle?*

Bock, Preussen, IV. p. 279. n. 25. *Zwergfalke*; (mit *Falco Minutus* verwechselt.)

Döbel, Jägerpraktik, I. p. 79. *Sprentzgen oder Schmerl.*

Tänzer, notab. venator. p. 133. *der Schmerl.*

Naturforsch. VIII. p. 55. n. 25 *Zwergfalk*; (mit *Falco Minutus* verwechselt.)

Bechstein, Musterung schädlicher Thiere, p. 80. n. 29. *der Merlin.*

Pennant, britt. Thiergesch. (v. Murr) Tab. 15. *Schmerling.*

Schwenkfeld, aviar. Siles. p. 348. Smerillus. p. 349. Falco parvus, Merlinus; *ein Smyrle, Smyrlin, Myrle.*

Rzaczynsk. auct. histor. nat. Polon. p. 354. Falconellus.

Hermann, tab. affin. anim. p. 172. F. Aesalon.

Plin. hist. nat. Lib. X. c. 8. Aesalon?

β. Noβ. Noveboracensis. *Der Merlin von Neuyork.* (3)

Pennant, arct. Zoolog. II. p. 202. *der Merlin von Neuyork.*

Latham, Vögel, I. p. 97. A. *das Schmierlein aus Neuyork.*

γ. Caribaeorum. *Das caribäische Schmierlein.*

Handb. d. Naturgesch. II. p. 113. n. 1. *der Grigri.*

Brisson, ornithol. I. p. 111. n. 24. Emerillon des Antilles.

Büffon, Vögel, II. p. 165. *Gry Gry.*

Latham, Vögel, I. p. 98. B. *das karibäische Schmierlein.*

Latham, Syst. ornithol. I. p. 49. β. Accipiter supra rufus, maculis nigris variis, inferne albus, maculis longitudinalibus nigris notatus.

δ. Falconariorum. *Das Falkonirer-Schmierlein.*

Gatterer, vom Nutzen u. Schaden der Thiere, II. p. 19. n. 22. *das Schmierlein, der Schmerl, Myrle.*

Büffon, Vögel, II. p. 159. Tab. 45. *das Schmierlein.*

Latham, Vögel, I. p. 98. C. *das Falkonirer-Schmierlein.*

Latham, Syst. ornith. I. p. 49. γ. Aesalon habitu *Subbuteonis*, ceterum *Lithofalconi* similior.

Beckmann, Bibl. VI. p. 51. *der Emerillon, das Schmierlein.*

20. Spar-

(3) Ist nach *Pennant* dem *Falco Dominicensis* so ähnlich, dass er kaum von demselben zu trennen seyn möchte. Im Syst. ornith. hat *Latham* ihn auch selbst als das Weibchen von der folgenden Gattung angenommen, p. 42.

20. Sparverius. *Der Kalotchenfalk.* (4)

Müller, Naturſyſtem, II. p. 81. n. 20. *der Hühnerdieb.*

Pennant, arct. Zool. II. p. 201. n. 26. *der kleine Falk.*

Klein, av. p. 51. n. 16. Falco vertice vel rubro vel luteo.

Klein, Vorbereit. p. 97. n. 16. *Kalotchenfalke.*

Klein, verb. Vögelhiſt. p. 50. n. 16. *Kalotchenfalk.*

Handb. d. Naturgeſch. II. p. 113. n. 2. *der Sperber aus Carolina.*

Briſſon, ornithol. I. p. 112. n. 25. Emerillon de la Caroline.

Büffon, Vögel, II. p. 167. *der kleine Habicht.*

Latham, Vögel, I. p. 99. n. 94. *das amerikaniſche Schmierlein.*

Latham, Syſt. ornitholog. I. p. 42. n. 99. Falco (Sparverius) cera pedibusque luteis, capite fuſco, vertice abdomineque rubro, alis caeruleſcentibus. *(Mas.)*

Seligmann, Vögel, I. Tab. 10. *der kleine Falk.*

Linné, Syſt. Nat. Edit. X. I. p. 90. n. 18. Falco (Sparverius) cera lutea, capite fuſco, vertice abdomineqne rubro, alis caeruleſcentibus.

Hermann, tab. affin. anim. p. 173. F. Sparverius.

Donndorff, Handb. der Thiergeſch. p. 209. n. 30. *der kleine Falk.*

119. Dominicensis. *Der Falk von Domingo.* (5)

Pennant, arct. Zool. II. p. 202. *oben.*

Briſſon,

(4) Nach *Latham* Syſt. ornithol. gehören die Synonymen der folgenden Gattung mit hieher.

(5) Nach *Pennant* und *Latham* das Weibchen von *Falco Sparverius.*

Briſſon, ornith. I. p. 112. n. 26. Emerillon de S. Domingue.

Latham, Vögel, I. p. 99. n. 95. *der St. Dominik-Falke.*

Latham, Syſt. ornitholog. I. p. 42. n. 99. Falco cera, pedibusque luteis, capite cinereo, corpore rufo-vinaceo, nigro faſciato, ſubtus albido, maculis ferrugineis, rectricibus faſciis undecim nigris. (femina.)

32. Minutus. *Der Zwergfalk.*

Müller, Naturſyſt. II. p. 90. n. 32. *der Zwergfalke.*

Briſſon, ornithol. I. p. 91. n. 2. Petit epervier.

Latham, Vögel, I. p. 100. n. 96. *der Zwerg-Falke.*

Latham, Syſt. ornitholog. I. p. 50. n. 121. Falco (Minutus) cera fuſca, pedibus luteis, corpore ſubtus albo, rectricibus fuſcis, nigro-faſciatis.

Fiſcher, Zuſ. z. Naturgeſch. von Livland, p. 43. n. 488. *Zwergfalk?*

Pallas, Reiſe, Ausz. I. p. 87. *der allerkleinſte Habicht?*

9. Caerulescens. *Der bengaliſche Falk.*

Müller, Naturſyſtem, II. p. 69. n. 9. *der kleine bengaliſche Habicht.*

Klein, verbeſſ. Vögelhiſt. p. 52. n. 25. *indianiſcher Sperber.*

Briſſon, ornithol. I. p. 119. n. 38. Falco Bengalenſis; *Faucon de Bengale.*

Merrem, vermiſchte Abhandl. p. 90. n. 15. *kleiner Adler.*

Latham, Vögel, I. p. 100. n. 97. *der bengaliſche Falke.*

Latham,

Latham, Syst. ornitholog. I. p. 50. n. 120. Falco (Caerulescens) cera, palpebris, pedibus subtusque luteus, dorso nigro-caerulescente, temporibus linea alba inclusis.

Seligmann, Vögel, V. Tab. 3. *der kleine schwarz und oranienfarbne indianische Falk.*

Linné, Syst. Nat. Edit. X. I. p. 88. n. 7. Falco (Caerulescens) cera, palpebris, pedibus subtusque luteus, dorso nigro-caerulescente, temporibus linea alba inclusis.

Gerin. ornith. I. p. 66. Tab. 44. fig. 1. Falco parvus indicus.

120. Regulus. *Der sibirische Falk.*

Müller, Natursyst. Suppl. p. 67. n. 34. *der kleine König.*

Latham, Vögel, I. p. 101. n. 98. *der sibirische Falke.*

Latham, Syst. ornithol. I. p. 50. n. 122. Falco (Regulus) cera virescente, pedibus obscure flavis, torque ferrugineo, corpore supra plumbeo, subtus albido, maculis ferrugineo-fuscis.

Pallas, Reise, Ausz. II. Anh. p. 7. n. 13. Falco Regulus.

Hermann, tab. affin. animal. p. 172. F. Regulus.

A. *Veränderungen gegen die XIIte Edition, und Vermehrung der Gattungen dieses Geschlechts.*

Die XIIte Edition hatte 32 Gattungen; die XIIIte 120, worunter 3, als die 34te, 38te und 39te aus dem vorigen Geschlecht hieher versetzt worden. Da nun die 61te und 121te Gattung, p. 261 und 263. ohnstreitig einerley, so beläuft sich die Anzahl der neu hinzugekommenen auf 84. Ausserdem sind bey der 12ten Gattung 4, bey der 13ten 14, bey der 16ten 4, bey der 26ten 4, bey der 31ten 3 Varietäten aus einander gesetzt, und bey der 27ten die Synonymen dergestalt getrennt, daſs daraus die 101ste als eine neue Gattung entstanden ist.

B. *Unbestimmtere Thiere.*

1. *Ein Adler, der das Mittel hält zwischen Adler und Falken.*
   Beseke, Vögel Kurl. p. 7. Tab. 1.

2. *Der getiegerte Falk.*
   Beseke, Vögel Kurl. p. 10. n. 11. Falco tigrinus. Tab. 2.

3. *Der Falk mit gelbem Nasenwachs, Augenringen und Füßen; ist röthlich schmutzig weiß; Flügel, Rücken und Schwanz dunkelbraun; Endspitzen der Flügel heller; Schwanz mit vier hellern gezackten Binden; Füße bis über die Knie mit einfarbigen, röthlich braunen Flecken besetzt.*
   Beseke, Vögel Kurl. p. 11. n. 12. a. b.

4. *Ein dem vorigen ähnlicher Falk.*
   Beseke, Vögel Kurl. p. 12. n. 14.

5. *Ein dem Falco Fulvus ähnlicher Falk.*
   Beseke, Vögel Kurl. p. 15. n. 21.

6. *Ein dem Falco Aeruginosus ähnlicher Falk.*
   Beseke, Vögel Kurl. p. 16. n. 24.

7. *Ein dem Falco Nisus ähnlicher Falk.*
   Beseke, Vögel Kurl. p. 16. n. 26.

8. *Ein unbekannter Falk, von der Größe der Bleyfalken.*
   Beseke, Vögel Kurl. p. 17. n. 27.

9. *Ein*

9. *Ein ganz schwarzer Falk, mit fahlschwarzen Schwingfedern und Unterleibe; Lenden, After, Deckfedern des Schwanzes schön braunroth; Augen schwarz; Augenlieder kahl und nebst dem Nasenwachs und Füßen ziegelroth; Schnabel gezähnt.*
   Beseke, Vögel Kurl. p. 19. n. 28.

10. *Der weiße Falk*, (Falco Leucaëtos) *aus Neuholland; mit schwarzem Schnabel, gelber Schnabelhaut und gelben Füßen.*
   White, Reise nach Neusüdwallis; — in dem Magazin merkw. Reisebeschr. V. p. 127.
   Vielleicht Falco Cyaneus?

11. *Der große Baumfalke.*
   Bechstein, Naturgesch. Deutschl. II. p. 315. n. 19.

12. *Ntann, eine Adlerart am Senegall.*
   Adanson, Reise nach Senegall, p. 154.

13. *Kleke*, in Norwegen.
   Leem, Nachr. von den Lappen in Finnmarken, p. 126. n. 3.

14. *Der gestreifte Falk aus Madagaskar.*
   Latham, Vögel, I. p. 103. n. 105.
   Sonner. Voy. Ind. II. p. 181. l'Autour à ventre rayé de Madagascar. pl. 103.

15. *Der amerikanische Rauchfußfalk.*
   Latham, Vögel, I. p. 68. n. 56.
   Forster, Cat. N. A. p. 9. Rough-footed Falcon.

16. *Der grönländische Falk.*
   Latham, Vögel, I. p. 106. n. 103.
   Fabric. fn. groenl. p. 56. n. 34. *b.* Falco (Fuscus) cera pedibusque plumbeis, supra subfuscus,

subtus albidus maculis fuscis longitudinalibus.

Pennant, arct. Zoolog. II. p. 210. E. *der dunkelbraune Falk.*

Cranz, Hist. von Grönland, p. 112. —

Egede, Beschr. von Grönl. p. 88. *graue Falken?*

C. *Neuere Gattungen.*

1. *Der Falk mit schwarzem Halse;* (aus Cayenne.)

Latham, Syn. Suppl. p. 30. n. 100. Black-necked Falcon.

Latham, Vögel, I. p. 102. n. 100.

Latham, Syst. ornitholog. I. p. 35. n. 80. Falco (Nigricollis) pedibus flavis, corpore rufo, nigro fasciato, vertice colloque nigro striatis, iugulo nigro, rectricibus ad apicem nigricantibus.

2. *Der Falk mit dem weißen Halse;* (aus Cayenne.)

Latham, Syn. Suppl. p. 30. n. 101. White-necked Falcon.

Latham, Vögel, I. p. 102. n. 101.

Latham, Syst. ornitholog. I. p. 36. n. 81. Falco (Albicollis), pedibus flavis, capite, collo, dorso antice corporeque subtus albis, pennis interscapularibus maculis quadratis nigris, alis nigris albo maculatis.

3. *Der asiatische Falk;* (in China.)

Latham, Syn. Suppl. p. 31. Asiatic Falcon.

Latham, Vögel, I. p. 102. n. 102.

Latham, Syst. ornith. I. p. 14. n. 15. Falco (Asiaticus) pedibus semilanatis flavis, corpore fusco, subtus albo, pectore striato, rectricibus griseoargenteis, exteriore fasciis quinque obsoletis,

4. *Der*

4. *Der Falk von der Johanna-Insel.*

Latham, Syn. Suppl. p. 32. Johanna Falcon.
Latham, Vögel, I. p. 103. n. 104.
Latham, Syst. ornith. I. p. 47. n. 113. Falco (Iohannensis) pedibus luteis, corpore ferrugineo punctis linearibus nigris, gula lutescente, remigibus fusco nigricantibus, cauda cuneiformi, tectricibus albis.

5. *Der Cheela*, in Indien.

Latham, Syn. Suppl. p. 33. Cheela Falcon.
Latham, Vögel, I. p. 104. n. 106.
Latham, Syst. ornitholog. I. p. 14. n. 14. Falco (Cheela) subcristatus fuscus, capistro albo, tectricibus alarum albo maculatis, cauda fascia lata alba.

6. *Der Falk mit rothbraunem Kopfe;* (in Cayenne.)

Latham, Syn. Supplem. p. 33. n. 107. Rufous-headed Falcon.
Latham, Vögel, I. p. 104. n. 107.
Latham, Syst. ornith. I. p. 36. n. 82. Falco (Meridionalis) cera gulaque luteis, capite colloque rufis, fusco nigrove striatis, abdomine albido, fasciolis cinereis, rectricibus 4. intermediis fascia unica, lateralibus 6 pallidis.

7. *Der gestreifte Falk aus Cayenne.*

Latham, Syn. Supplem. p. 34. n. 109. Streaked Falcon.
Latham, Vögel, I. p. 105. n. 109.
Latham, Syst. ornith. I. p. 37. n. 89. Falco (Melanops), cera pedibusque luteis, corpore nigro, albo maculato, subtus albo, capite colloque albis, nigro striatis, orbitis nigris, rectricibus nigris, medio fascia alba.

8. *Der Falk mit gekerbtem Schnabel;* (in Cayenne.)
Latham, Syn. Suppl. p. 34. n. 110. Notched Falcon.
Latham, Vögel, I. p. 105. n. 110.
Latham, Syst. ornith.. I. p. 38. n. 90. Falco (Bidentatus) rostro bidentato fusco, corpore plumbeo, pectore abdomineque rufis, crisso albo, remigibus fasciis plurimis, rectricibus tribus albis.

9. *Der Falk mit rautenförmigen Flecken;* (in Indien, am Ganges.)
Latham, Syn. Suppl. p. 35. Rhomboidal Falcon.
Latham, Vögel, I. p. 106. n. 111.
Latham, Syst. ornitholog. I. p. 35. n. 79. Falco (Rhombeus) pedibus flavicantibus, supra griseus, subtus fuscus, maculis rhombeis, rectricibus fasciis undecim obliquis nigris.

10. *Der Behree*, in Indien.
Latham, Syn. Suppl. p. 35. Behree Falcon.
Latham, Vögel, I. p. 106. n. 112.
Latham, Syst. ornith. I. p. 41. n. 96. Falco (Calidus) pedibus flavis, corpore fusco-nigro, subtus albo, lunulis nigris, rectricibus fasciis obsoletis.

11. *Der Bleyfalk;* (in Cayenne.)
Latham, Syn. Suppl. p. 37. Plumbeous Falcon.
Latham, Vögel, I. p. 107. n. 114.
Latham, Syst. ornithol. I. p. 41. n. 97. Falco (Nitidus) plumbeus, subtus albus, fasciis cinereis, rectricibus nigricantibus, lineis duabus transversis albis.

12. *Der Schreyfalk;* (in Indien.)
Sonner. Voy. Ind. II. p. 184. Petite Buse criarde.
Latham, Syn. Suppl. p. 38. Criard Falcon.
Latham, Vögel, I. p. 108. n. 117.

Latham,

Latham, Syſt. ornitholog. I. p. 46. n. 112. Falco (Vociferus) pedibus flavis, corpore cinereo-griſeo, ſubtus albo, tectricibus alarum minoribus maioribusque nigris.

13. *Der kleinſte Falk;* (in Cayenne.)

Latham, Syn. Suppl. p. 39. Tini Falcon.

Latham, Vögel, I. p. 108. n. 118.

Latham, Syſt. ornith. I. p. 50. n. 125. Falco (Tinus) pedibus flavis, corpore cinereo-fuſco, ſubtus albido faſciis nigricantibus, vertice albido.

14. *Der Schneegeyer.*

Kramer, Auſtr. p. 329. n. 10. Falco cera lutea, pedibus, exceptis digitis, lanatis; corpore teſtaceo, maculis nigris, capite et collo albidioribus; *Schneegeyer, Rauchfuß, Moosgeyer.*

Latham, Syſt. ornith. I. p. 26. n. 54. Falco (Sclavonicus) cera lutea, pedibus, exceptis digitis, lanatis, corpore teſtaceo, maculis nigris, capite et collo albidioribus.

Vielleicht eine Spielart von Falco Aeruginoſus?

15. *Der Falk mit ſchwarzbandirten, zu beyden Seiten weißgerändelten Schwanzfedern;* (in Slavon.)

Latham, Syſt. ornitholog. I. p. 26. n. 55. Falco (Marginatus) cera caeruleſcente, corpore ſupra fuſco ferrugineoque vario, ſubtus ferrugineo, maculis ſubovatis fuſcis, rectricibus faſciis nigricantibus, albo utrinque marginatis.

16. *Der Falk mit röthlichem Fleck auf der Bruſt;* (in Slavonien.)

Latham, Syſt. ornith. I. p. 27. n. 56. Falco (Rubiginoſus) fuſcus, ſubtus albeſcenti-luteus, macula pectorali lutea, rectricibus fasciis 4. testaceis.

17. *Ein unbestimmter Falke.*

Sparrmann, mus. Carls. Fasc. II. Tab. 26.

Latham, Syst. ornith. I. p. 32. n. 70. Falco (Incertus) cera flava, corpore cinereo-fusco, subtus ferrugineo, rectricibus fasciis tribus fuscis.

* * *

Ein Verzeichniss von Schriften über die Falconirkunst findet man in *Böhmers* syst. lit. Handb. der Naturgesch. II. 1. p. 544 ff.

43. GESCHLECHT. STRIX. *Die Eule.*

Müller, Natursyst. II. p. 92. Gen XLIII.
Leske, Naturgesch. p. 233. Gen. XII.
Borowsky, Thierreich, II. p. 75. Gen. III.
Blumenbach, Handbuch der Naturgesch. p. 161. Gen. III.
Bechstein, Naturgesch. I. p. 325. Gen. III.
Bechstein, Naturgeschichte Deutschl. II. p. 330. Gen. III.
Funke, Naturgesch. I. p. 285.
Ebert, Naturl. II. p. 34.
Halle, Vögel, p. 229.
Pennant, arct. Zool. II. p. 217.
Neuer Schaupl. der Natur, II. p. 713.
Onomat. hist. nat. II. p. 306. VII. p. 312.
Klein, av. p. 54. Gen. I. Trib. IV.
Brisson, ornithol. I. p. 139. Gen. XI. p. 146. Gen. XII.
Büffon, Vögel, III. p. 1.
Batsch, Thiere, I. p. 285. 295. Gen. LII.
Latham, allg. Uebers. d. Vögel, I. p. 109. Gen. III.

Latham,

Latham, Syſt. Ornith. I. p. 51. Gen. III.

Hermann, tab. affin. anim. p. 175.

Donndorff, Handbuch der Thiergeſch. p. 209. Gen. III.

* *Ohreulen. Horneulen.*

1. Bubo. *Der Uhu.* (6)

Müller, Naturſyſt. II. p. 33. n. 1. *der Schuhu.*

Leſke, Naturgeſch. p. 234. n. 1. *der Uhu, Schuhu.* Tab. VI. fig. 2.

Borowſky, Thierreich, II. p. 76. n. 1. *der Uhu, Schuhu, groſse Ohreule.*

Blumenbach, Handb. der Naturgeſch. p. 161. n. 1. Strix (Bubo) auribus pennatis, iridibus croceis, corpore rufo; *der Uhu, Schubut, die Ohreule.*

Bechſtein, Naturgeſch. I. p. 327. n. 1. *der Uhu.*

Bechſtein, Naturgeſch. Deutſchl. II. p. 333. n. 1. *der Uhu.* p. 339. *Schubut, Buhu, Bhu, Uhueule, Schaffut, Hub, Huo, Puhi, Berghu, Huhuy, Puhuy, Adlereule, Groſsherzog, Schubuteule,*

(6) Länge 2 Fuſs 4 Zoll. Flügelweite 6 Fuſs. Gewicht viertehalb Pfund. Niſtet in Felſenhöhlen, in Klüften hoher und alter Mauern, ſeltener auf hohen Bäumen. Das Neſt hat drey Fuſs im Durchmeſſer, beſteht aus kleinen biegſamen Reiſern, und iſt mit Blättern ausgefuttert. Legt 2 bis 3 runde weiſse Eyer, etwas gröſser als Hühnereyer. Brütet im April, etwa drey Wochen, und zwar nur einmal des Jahrs. Die Jungen werden von den Jägern zum Jagdgebrauche aufgezogen. Dieſe Eule kann das Tageslicht mehr als die meiſten andern Eulen vertragen, und fliegt oft am hellen Mittag auf. Am Tage fliegt ſie niedrig, des Nachts aber kann ſie ſich ſehr hoch ſchwingen. Ihre Stärke iſt ſo groſs, daſs ſelbſt Adler ihr zuweilen unterliegen müſſen. Mit Weyhen und Krähen unterhält ſie einen ewigen Krieg. Soll über dreyſsig Jahre alt werden.

buteule, *große gelbbraune Ohreneule*, *große Horneule*.

Funke, Naturgesch. I. p. 286. *Uhu od. Schubut.*

Ebert, Naturl. II. p. 35. *Uhu oder Schuhu.*

Halle, Vögel, p. 231. *die große gelbbraune Ohreule.* Fig. 12.

Meyer, Thiere, I. Tab. 84.

Gatterer, vom Nutzen und Schaden der Thiere, II. p. 43. n. 38. *der Schuhut* u. s. w.

Neuer Schauplatz der Natur, II. p. 716. *die große Ohreule.*

Onomat. histor. nat. II. p. 308. *Uhu*, *röthlicher Uhu*, *gemeine Ohreneule.*

Onomat. histor. nat. VI. p. 317. *der Uhu oder Schuhu.*

Handb. der Naturgesch. II. p. 142. *die Schubuteule*, *der Uhu.*

Handb. der deutschen Thiergesch. p. 95. *Uhu*, *Buhu.*

Klein, av. p. 55. n. 1. Ulula, Chalcis *Goropii.*

Klein, Vorbereit. p. 105. n. 1. *Schubuteule*, *Puhuy*, *Uhu*, *Berghu*, *Huhay*, *Eule mit großen Ohren und feuerrothem Körper.*

Klein, verb. Vögelhist. p. 54. n. 1. *Schubuteule.*

Klein, Vögeleyer, p. 20. Tab. 7. fig. 1.

Gesner, Vögelb. p. 338. *Huw oder Hüru.*

Brisson, ornithol. I. p. 139. n. 1. le grand Duc.

Büffon, Vögel, III. p. 27. *die große Ohreule der Uhu.* Tab. 61.

Batsch, Thiere, I. p. 297. *der Uhu.*

Latham, Vögel, I. p. 109. n. 1. *die Horn-Eule*, *der Schubut*, *Uhu.*

Latham, Syn. Suppl. p. 40. Great-eared Owl.

Latham, Syst. ornithol. I. p. 51. n. 1. Strix (Bubo) capite auriculato, corpore rufo.

Beseke,

Beseke, Vögel Kurl. p. 21. n. 29 *der Schubu.*
Bock, Naturgesch. von Preussen, IV. p. 280. n. 27. *der Schubut.*
Fischer, Naturgesch. von Livland, p. 68. n. 47. *Uhu, Berguhu, Schubuteule.*
Strahlenberg, Asien, p. 352. *Eulen.*
White, Naturgesch. von England, p. 43. *der Schubut.*
Pontoppidan, Naturgesch. v. Dännemark, p. 166. n. 1. *Steineule, große weiße Ohreule.*
Pontoppidan, Naturhist. v. Norwegen, II. p. 193. *Berg-oder Steineule.*
Zorn, Petinotheol. II. p. 255. *der Schuhu oder Uhu.*
Eberhard, Thiergesch. p. 70. *Uhu.*
Oekonom. Zoologie; p. 64. n. 3. *der Uhu.*
Meidinger, Vorles. I. p. 113. *der Uhu.*
Naturforsch. VIII. p. 56. n. 27. *der Schuhu.*
Döbel, Jägerprakt. I. p. 76. *Schuhu oder Uhu.*
Naumann, Vogelsteller, p. 165. *der Uhu.*
Scopoli, Bemerk. a. d. Naturgesch. p. 9. n. 7. *Uhu, Buhu, Berghu.*
Bechstein, Musterung schädl. Thiere, p. 80. n. 30. *Uhu.*
Lichtenberg u. *Voigt*, Magazin für das Neueste u. s. w. VII. 2. p. 147. *Schuffut.*
Linné, auserles. Abhandl. II. p. 287. n. 53. *die Schubuteule.*
Goeze, nützl. All. II. p. 158. n. 8. *der Uhu, Schubut.*
Anweis. Vögel zu fangen, p. 187. *der Schuhu.*
Loniceri, Kräuterb. p. 671. *Uhu.*
Krünitz, Encyklop. XI. p. 682. *große Ohreule, Uhu.*
Jablonsky, allg. Lex. p. 311. *Schuhu.*

Kraft

Kraft, Ausrott. grauſ. Th. I. p. 290. *Schuhu.*

Mellin, von Anleg. der Wildbahn. p. 353. *Schuhu, Buhu, Schuffut, Uhu.* Fig. p. 356.

Heppe, wohlredender Jäger, p. 41.

Götting. g. Anz. 1769. p. 1111 - 1773. p. 508.

Lemmery, Materiallex. p. 187.

Linné, Syſt. Nat. Ed. II. p. 52. Bubo.

Linné, Syſt. Natur. Edit. VI. p. 17. n. 1. Bubo primus.

Linné, Syſt. Natur. Edit. X. I. p. 92. n. 1. Strix (Bubo) capite auriculato, corpore ruffo.

Müller, zool. dan. prodr. p. 10. n. 75. Strix (Bubo) capite auriculato, corpore rufo.

Kramer, Auſtr. p. 323. n. 1. Strix capite aurito, corpore rufo.

Brünich, ornith. bor. p. 7. Bubo.

Gerin. ornith. I. p. 84. Tab. 81.

Muſ. Worm. p. 296. Noctua.

Hermann, tab. affinit. animal. p. 175. Strix Bubo.

Jonſton, av. p. 46. Bubo.

Plin. hiſt. nat. L. X. c. 12. 16. Bubo.

Donndorf, Handb. der Thiergeſch. p. 210. n. 1. *der Schubut.*

β. Bubo athenienſis. *Die groſse athenienſiſche Horneule.*

Müller, Naturſyſt. II. p. 34. B. *der athenienſiſche* C. *der italieniſche.* Tab. 28. fig. 3.

Borowſky, Thierreich, II. p. 77. n. 1. *die groſse athenienſiſche Horneule.*

Handb. d. Naturgeſch. II. p. 142. n. 1. *der wälſche Uhu.*

Klein, verb. Vögelhiſt. p. 165. n. 1. *groſse Horneule von Athen.*

Briſſon,

Brisson, ornith. I. p. 140. A. Grand Duc d'Italie.
Büffon, Vögel, III. p. 35. n. 1. *der schwarz geflügelte Uhu.*
Seligmann, Vögel, VII. Tab. 6. *große Horneule von Athen.*
Latham, Vögel, I. p. 111. A. *die atheniensische Ohr-Eule.*
Latham, Syst. ornithol. I. p. 51. β. Bubo Atheniensis.

γ. BUBO PEDIBUS NUDIS. *Der kahlfüßige Uhu.*

Müller, Natursyst. II. p. 35. D. *Kahlfuß.*
Handb. d. Naturgesch. II. p. 142. n. 2. *der barfüßige Uhu.*
Brisson, ornitholog. I. p. 141. B. Grand Duc dechaussé.
Büffon, Vögel, III. p. 36. n. 2. *der kahlfüßige Uhu.*
Latham, Vögel, I. p. 111. B. *die Ohr-Eule mit glatten Füßen.*
Latham, Syst. ornitholog. I. p. 52. γ. Bubo pedibus nudis.

δ. BUBO MAGELLANICUS. *Der Jacurutu.*

Büffon, Vögel, III. p. 37. *der brasilische Jacurutu des Markgrav.* Tab. 62.
Latham, Vögel, I. p. 111. C. *die magellanische Ohr-Eule.*
Latham, Syst. ornitholog. I. p. 52. δ. Strix capite auriculato, corpore luteo nigricante albo vario.
Linné, Syst. Nat. Edit. VI. p. 17. n. 4. Feliceps flavescens, maculis nigris.

13. VIRGINIANA. *Die virginische Ohreule.* (7)

Pennant, arct. Zool. II. p. 217. n. 30. *die große Horneule, Adlereule, Uhu.*

Neuer Schaupl. der Natur, II. p. 717. *der virginische Uhu.*

Handbuch der Naturgesch. II. p. 143. oben.

Brisson, ornithol. I. p. 141. n. 2. grand Duc de Virginie.

Büffon, Vögel, III. p. 38. *der virginische Uhu.*

Seligmann, Vögel, III. Tab. 15. *der Uhu.*

Klein, av. p. 55. ad n. 1. Edwardi great-horned owl.

Klein, Vorbereit. p. 105. ad n. 1. *Edwardi* great-horned owl.

Klein, verb. Vögelhist. p. 54. ad n. 1. *Edwards Horneule.*

Latham, Vögel, I. p. 112. n. 2. *die virginische Ohreule.*

Latham, Syst. ornitholog. I. p. 52. n. 2. Strix (Virginiana) corpore fusco-rufo cinereoque lineato, subtus cinerascente, striis transversis fuscis, remigibus rectricibusque fusco fasciatis.

Ellis, Reise nach Hudsons Meerbusen, p. 38. *die große gehörnte Eule.*

Schlözer, Erdbeschr. von Amerika, p. 112. *die große gehörnte Eule.*

2. SCAN-

(7) Nach *Büffon* eine bloſse Spielart von der vorigen, die nur durch die Stellung der ohrähnlichen Federbüſchel von ihr abgeht. Sie iſt in Nord- und Südamerika ſehr gemein, auch nicht ſelten auf der Hudſonsbay, wo ſie, nach *Latham*, ſich in Wäldern aufhält, und im März ein Neſt baut, das aus einigen wenigen, kreutzweis über einander gelegten Reiſern beſteht, und mehrentheils auf Fichten angebracht iſt. Die Jungen werden im Junius flügge. Der Eyer ſind 2 an der Zahl, und von mattweiſser Farbe.

2. SCANDIACA. *Die lappländische Ohreule.* (8)

Müller, Natursyst. II. p. 97. n. 2. *die lappländische Eule.*

Halle, Vögel, p. 233. n. 170. *die große weiße Ohreule mit schwarzen Flecken.*

Pennant, arct. Zool. II. p. 226. A. *die lappländische Ohreule.*

Onomat. histor. nat. VII. p. 323. *der lappländische Schuhu.*

Handbuch der Naturgesch. II. p. 142. n. 3. *der lappländische Uhu.*

Brisson, ornithol. I. p. 242. n. 3. grand Duc de Laponie.

Büffon, Vögel, III. p. 36. *der weiße lappländische Uhu mit schwarzen Flecken.*

Latham, Vögel, I. p. 113. n. 3. *die lappländische Ohreule.*

Latham, Syst. ornith. I. p. 53. n. 6. Strix (Scandiaca) capite aurito, corpore toto albo, nigris maculis adsperso.

Linné, Syst. Nat. Edit. VI. p. 17. n. 2. Bubo Scandiacus.

Linné, Syst. Nat. Edit. X. I. p. 92. n. 2. Strix (Scandiaca) capite auriculato, corpore albido.

Linné, amoenit. acad. VII. p. 479. §. 16. 2.

14. ZEYLONENSIS. *Die zeylonische Ohreule.*

Latham, Vögel, I. p. 113. n. 4. *die zeylonische Ohr-Eule.*

Latham, Syn. Supplem. p. 41. Ceylonese eared Owl.

Latham,

(8) Nach *Büffon* eine blosse von der Kälte der nördlichen Länder hervorgebrachte Abänderung vom *Uhu*.

Latham, Syst. ornith. I. p. 52. n. 3. Strix (Ceylonensis) corpore rufo-fusco, nigro striato, subtus lutescente, remigibus rectricibusque nigro, albo rufescenteque striatis.

Marsden, Sumatr. p. 98?

3. Asio. *Die rothe Ohreule.*

Müller, Natursystem, II. p. 97. n. 3. *die virginische Ohreule.*

Halle, Vögel, p. 234. n. 173. *das kleinste gehörnte dunkelbraune Käutzchen.*

Gatterer, vom Nutzen u. Schaden der Thiere, II. p. 44. n. 39. *die südamerikan. Horneule.*

Pennant, arct. Zoolog. II. p. 220. n. 33. *die röthe Eule.* Tab. 11.

Onomat. histor. nat. VII. p. 316. *der kleine Schuhu, die carolinische Ohreule.*

Handb. d. Naturg. II. p. 143. *der kleine Schubut.*

Brisson, ornitholog. I. p. 144. n. 6. petit Duc de la Caroline.

Büffon, Vögel, III. p. 48 *die vom Katesby beschriebene karolinische Ohreule.* Tab. 64.

Seligmann, Vögel, I. Tab. 14. *die kleine Eule.*

Latham, Vögel, I. p. 116. n. 8. *die rothe Ohr-Eule.*

Latham, Syst. ornitholog. I. p. 54. n. 10. Strix (Asio) capite aurito, corpore supra ferrugineo, subtus cinereo, alis punctis quinque albidis.

Linné, Syst. Nat. Ed. X. I. p. 92. n. 3. Strix (Asio) capite aurito, corpore supra ferrugineo, subtus cinereo, alis punctis quinque albis.

Fabric. fn. groenl. p. 61. n. 37. Strix (Asio) capite aurito, corpore supra ferrugineo, subtus cinereo, alis punctis quinque albis?

Naturforsch. VII. p. 40. Strix Asio.

Beck-

Beckmann, Bibl. VI. p. 55. *die carolinische Ohr-Eule.*

Hermann, tab. affin. anim. p. 177. Strix Asio.

15. Mexicana. *Die mexicanische Ohreule.*

Brisson, ornith. I. p. 146. n. 9. Hibou du Mexique.

Büffon, Vögel, III. p. 50. n. 12. *der mexicanische oder neuspanische Tocolotl.*

Latham, Vögel, I. p. 116. n. 7. *die mexicanische Ohreule.*

Latham, Syst. ornith. I. p. 54. n. 9. Strix (Mexicana) capite aurito, corpore nigro, fuscoque fasciato.

16. Americana. *Die amerikanische Ohreule.*

Brisson, ornithol. I. p. 145. n. 7. Hibou d'Amerique.

Büffon, Vögel, III. p. 49. *die Ohreule des mittägigen Amerika.*

Latham, Vögel, I. p. 115. n. 6. *die amerikanische Ohr-Eule.*

Latham, Syst. ornith. I. p. 54. n. 8. Strix (Americana) capite aurito, corpore cinereo, subtus ferrugineo, uropygio crissoque albis, nigro maculatis, remigibus rectricibusque cinereo griseoque fasciatis.

4. Otus. *Die mittlere Ohreule.*(9)

Müller, Natursystem, II. p. 98. n. 4. *die kleine Horneule.*

(9) Länge 16 Zoll. Flügelweite 3 Fuss 3 Zoll. Gewicht 10 Unzen. Bewohnt gewöhnlich alte verfallene Gebäude, Felsenhöhlen, gebirgige Wälder, auch ebene Eichwälder, wenn sie

Leske, Naturgesch. p. 234. n. 2. *die mittlere Ohreule.*

Borowsky, Thierreich, II. p. 78. n. 2. *die mittlere Ohreule.*

Bechstein, Naturgesch. I. p. 328. n. 2. *die mittlere Ohreule.*

Bechstein, Naturgesch. Deutschl. II. p. 340. n. 2. *die mittlere Ohreule.* p. 344. *kleiner Schuhu, gemeine Ohreneule, Katzeneule, Horneule, Fuchseule, Ohrkautz, Ranzeule, rothgelber Schubut, kleine rothgelbe Ohreule, Käutzlein, Hörnereule.*

Funke, Naturgesch. I. p. 287. *die mittlere Ohreule.*

Ebert, Naturl. II. p. 36. *kleiner Uhu, kleine Horneule.*

Halle, Vögel, p. 232. n. 169. *die kleinere rothgelbe Ohreule.*

Gatterer, vom Nutzen u. Schaden der Thiere, II. p. 45. n. 40. *die Ohreule; Katzeule* u. s. w.

Pennant, arct. Zool. II. p. 218. n 31. *die Eule mit langen Ohren, die mittlere Ohreule.*

Neuer Schaupl. der Natur, II. p. 717. *die mittlere Ohreule.*

Onomat. hist. natur. VII. p. 322. *der gemeine kleinere Schuhu, die gemeine Ohreule.*

Hand-

ße viele alte hohle Eichen enthalten. Nährt sich vorzüglich von Wasserratten, Maulwürfen, kleinen Feldmäusen, auch Mist- und Maykäfern. Nistet in alten verlassenen Rabenkrähen- wilden Tauben- und Eichhörnchensnestern, die in dichten Bäumen, besonders Fichtenbäumen stehen; seltener in hohlen Eichen und Steinklüften. Das Weibchen legt 4 bis 5 rundliche weisse Eyer, und brütet sie allein aus; unterdessen trägt ihm das Männchen Speise zu. Die Jungen sehn anfänglich ganz weiss aus, fangen aber nach 14 Tagen an, sich zu verfärben, und lassen sich leicht zähmen.

Handbuch der deutſchen Thiergeſchichte, p. 96. *kleiner Schuhu, Fuchseule.*

Klein, av. p. 55. n. 2. Ulula-Aſio, Otus, Noctua aurita.

Klein, Vorbereit. p. 105. n. 2. *rothgelber Schubut, kleiner Schubut.*

Klein, verbeſſerte Vögelhiſt. p. 54. n. 2. *kleiner Schubut.*

Briſſon, ornithol. I. p. 142. n. 4. Moyen Duc, ou Hibou.

Büffon, Vögel, III. p. 42. *die mittlere Ohreule, der kleine Schubut.*

Batſch, Thiere, I. p. 298. *die mittlere Ohreule.*

Latham, Vögel, I. p. 114. n. 5. *die langöhrigte Eule, kleine Horn-Eule.*

Latham, Syn. Supplem. p. 42. Long-eared Owl.

Latham, Syſt. ornith. I. p. 53. n. 7. Strix (Otus) capite aurito, pennis ſenis.

Beſeke, Vögel Kurl. p. 22. *die kleine Horneule.*

Bock, Naturgeſch. v. Preuſſen, IV. p. 282. n. 28. *kleine Horneule, Ohrkauz.*

Fiſcher, Naturgeſch. von Livland, p. 68. n. 48. *Hornohreule, kleine Horneule.*

Pontoppidan, Naturg. von Dännemark, p. 166. n. 2. *Horneule.*

Haſſelquiſt, Reiſe nach Paläſtina, p. 290. n. 15. Strix (Otus) capite aurito, pennis 6.

Pennant, britt. Thiergeſch. Tab. 16. fig. 1.

Scopoli, Bemerk. a. d. Naturgeſch. I. p. 10. n. 8. *die Ohreule, Horneule.*

Lichtenberg u. *Voigt*, Magaz. f. d. Neueſte u. ſ. w. V. 2. p. 21. *die kleine Horneule.*

Naturforſch. VIII. p. 57. n. 20. *kleine Horneule, Knappeule.*

Schriften der berlin. Gesellsch. naturf. Fr. VII. p. 449. *kleine Horn-Eule.*

Döbel, Jägerpraktik, I. p. 80. *Horneule.*

Naumann, Vogelsteller, p. 165. *Ohreule.*

Zorn, Petinotheol. II. p. 258. *die Ohr-od. Fuchs-Eule.*

Günther, Nester und Eyer, Tab. 40. *Horn-oder Ohreule??*

Eberhard, Thiergesch. p. 70. *die gemeine Ohreule.*

Bechstein, Musterung schädlicher Thiere, p. 82. n. 31. *die mittlere Ohreule.*

Merklein, Thierreich, p. 314 *Or-Kautz.*

Krünitz, Encyklop. XI. p. 648. *die mittlere Ohreule, der kleine Schuffut, Kautzeule, Käutzlein.*

Linné, Syst. Nat. Edit. II. p. 52. Otus.

Linné, Syst. Nat. Edit. VI. p. 17. n. 3. Bubo capite aurito, pennis sex.

Linné, Syst. Nat. Edit. X. I. p. 92. n. 4. Strix (Otus) capite auriculato, pennis senis.

Müller, zoolog. dan. prodr. p. 10. n. 76. Strix (Otus) capite auriculato, pennis senis.

Kramer, Austr. p. 323. n. 2. Strix capite aurito, pennis sex; *Horn-Eule.*

Brünich, ornithol. bor. p. 6. n. 17. Otus.

Schäfer, Elem. ornith. Tab. 22.

Gerin. ornith. I. p. 86. Tab. 85.

Schwenkfeld, aviar. Siles. p. 308. Noctua aurita; *ein Ohr-Kutz, Uhr-Eule, Ranz-Eule.*

Jonston, av. p. 48. Asio seu Otus.

Donndorff, Handb. der Thiergesch. p. 211. n. 2. *der kleine Schubut.*

17. BRA-

17. BRACHYOTOS. *Die kurzöhrige Eule.* (10)

Pennant, arct. Zool. II. p. 218. n. 32. *die Eule mit kurzen Ohren.*

Latham, Vögel, I. p. 117. n. 9. *die kurzöhrigte Eule.*

Latham, Syn. Suppl. p. 43. Short-eared Owl.

Latham, Syst. ornith. I. p. 55. n. 11. Strix (Brachyotos) capite aurito, penna solitaria; corpore fusco, subtus flavescente, longitudinaliter striato, rectricibus fuscis, intermediis 4 macula lutea, pupilla fusca.

Büffon, Vögel, III. p. 60. Anm. *die kürzohrichte Eule.*

Pennant, Reise durch Schottl. I. p. 19. *die kurzöhrigte Eule.*

Hermann, tab. affin. animal. p. 175. Strix brachyotos.

Donndorff, Handb. der Thiergesch. p. 211. n. 3. *die kurzöhrige Eule.*

18. BRASILIANA. *Die brasilianische Ohreule.*

Müller, Natursyst. II. p. 99. *Cabure.*

Halle, Vögel, p. 241. n. 141. *die brasilische Eule.*

Klein, av. p. 57. n. 8. Ulula brasiliensis.

Klein, Vorbereitung, p. 108. n. 8. *die brasilianische Eule.*

(10) Flügelweite 3 Fuss. Gewicht 14 Unzen. Fliegt nie, wie andere Eulen, um Beute zu suchen, sondern sitzt ruhig auf einem Stamme, oder in langem alten Grase, wie eine Katze, und lauert auf die Mäuse. Sie besucht im May die Hudsonsbay, baut ein Nest auf dem Boden, aus trocknem Gras, und legt weisse Eyer. Im Herbst zieht sie nach Süden. In den nördlichen und waldigen Gegenden Sibiriens kommt dieser Vogel zu den nächtlichen Feuern, und fällt die Leute an, dass man ihn mit Prügeln todtschlagen kann.

Klein, verbesserte Vögelhist. p. 56. n. 8. *brasilianische Eule.*

Brisson, ornith. I. p. 145. n. 8. Hibou du Bresil.

Büffon, Vögel, III. p. 97. *die brasilische Ohreule.* *(Kabure.)*

Bankroft, Naturgesch. von Guiana, p. 92. *der guianische Uhu; Caburo.*

Jonston, av. p. 207. Cabure.

19. NAEVIA. *Die gesprengte Ohreule.*

Pennant, arct. Zool. II. p. 220. *die gesprenkelte Eule.* Tab. 11.

Latham, Vögel, I. p. 119. n. 11. *die gesprengte Ohr-Eule.*

Latham, Syst. ornith. I. p. 55. n. 13. Strix (Naevia) capite aurito, corpore griseo ferrugineoque vario, regione periophthalmica pectorisque pennis apice nigris.

20. INDICA. *Die indianische Ohreule.*

Latham, Vögel, I. p. 119. n. 12. *die indian. Ohreule.*

Latham, Syst. ornith. I. p. 56. n. 14. Strix (Bakkamuna), capite aurito, dorso fusco, pectore luteo, maculis sagittatis nigris, remigibus nigro alboque fasciatis.

Naturforsch. I. p. 266. n. 2. *die kleine Horneule aus Ceylon.*

Neueste Mannichfalt. I. p. 188. n. 3. *die kleine indianische Horneule.*

21. ZORCA. *Die Zonca.* (1)

Latham, Syst. ornithol. I. p. 56. n. 15. Strix (Zorca) auricularum pennis 8-9.

22. CAR-

(1) Im *Cetti* selbst steht wiederholentlich nicht *Zorca* sondern *Zonca.*

22. CARNIOLICA. *Die krainische Horneule.* (2)

Bechstein, Naturgesch. Deutschl. II. p. 349. * *die krainische Eule.*

Scopoli, Bemerk. a. d. Naturgesch. I. p. 10 n. 9. *die Wald-Eule.*

Latham, Vögel, I. p. 120. n. 13. *die kraynische Ohr-Eule.*

Latham, Syst. ornitholog. I. p. 56. n. 16. Strix (Giu) capite aurito, corpore cinereo-albicante, maculis striisque transversis nigricantibus variegato.

23. DEMINUTA. *Die Jaik-Ohreule.*

Müller, Natursyst. Suppl. p. 67. *der kleine Schuhu.*

Latham, Vögel, I. p. 120. n. 14. *die Tayk-Ohr-Eule.*

Latham, Syst. ornitholog. I. p. 56. n. 17. Strix (Deminuta) capite aurito, corpore rufo variegato.

Pallas, Reise, Ausz. II. Anh. p. 18. n. 14. Stryx *deminuta.*

Hermann, tab. affin. anim. p. 176. Str. deminuta.

24. PULCHELLA. *Die sibirische Ohreule.*

Müller, Natursystem Suppl. p. 69. n. 15. *die Mignatureule.*

Latham, Vögel, I. p. 122. n. 16. *die sibirische Ohr-Eule.* Tab. 5. fig. 1.

Latham, Syst. ornitholog. I. p. 57. n. 19. Strix (Pulchella) minima, capite aurito, corpore pulveratim cinereo-undulato, subtus albido, alis fasciato-pulveratis, litura ad nares alba.

(2) Soll nach *Bechstein* u. a. mit Str. *Scops* einerley seyn, wovon jedoch *Latham*, *Scopoli* und *Kramer* das Gegentheil versichern.

Lepechin, Tagebuch der ruſſ. Reiſe, p. 182. *die kleine Horneule;* (ruſſ. *maloroſsloi Filin.)*

Pallas, Reiſe, Ausz. I. p. 370. *eine Art ganz kleiner Ohreulen.*

Pallas, Reiſe, Ausz. I. Anh. p. 3. n. 8. Strix *pulchella.*

5. Scops. *Die Stockeule.* (³)

Müller, Naturſyſt. II. p. 99. n. 5. *die Baumeule.* Tab. 4. fig. 2.

Bechſtein, Naturgeſch. I. p. 329. n. 329. *die kleinſte Ohreule.*

Bechſtein, Naturgeſch. Deutſchl. II. p. 346. n. 4. *die kleinſte Ohreule.* p. 349. *Stockeulen, Waldeulen, aſchfarbige Käutzchen, gehörnte Käutzchen, Poſſeneulen.*

Funke, Naturgeſch. I. p. 287. *die kleine Ohreule.*

Ebert, Naturl. II. p. 37. *die Baumeule, Stockeule, Waldeule.*

Halle, Vögel, p. 233. n. 171. *das gehörnte aſchfarbene Käutzchen.*

Gatterer, vom Nutzen u. Schaden der Thiere, II. p. 46. n. 41. *die kleinſte Ohreule* u. ſ. w.

Neuer Schaupl. der Natur, II. p. 717. *die kleinſte Ohreule.*

Onomat. hiſtor. nat. VII. p. 324. *die Baumeule.*

Handb. der Naturgeſch. II. p. 143. *der Kauz.*

Handbuch der deutſchen Thiergeſch. p. 97. *die Stockeule, Baumeule, Waldeule.*

Klein, av. p. 57. n. 7. Ulula.

Klein, Vorber. p. 108. n. 7. *gehörntes Käutzlein.*

Klein,

(³) Länge 8 Zoll. Flügelweite 17 Zoll. Nährt ſich auſser den Feldmäuſen auch von May- und Roſskäfern, Abend- und Nachtſchmetterlingen. Legt gemeiniglich 4 weiſse, abgeſtumpfte rundliche Eyer in hohle Bäume.

Klein, verbeff. Vögelhift. p. 55. n. 7. *gehörntes Käutzlein.*

Briffon, ornithol. I. p. 144. n. 5. petit Duc.

Büffon, Vögel, III. p. 58. *die kleinfte Ohreule, die Stockeule, das afchfarbige Käutzchen.*

Latham, Vögel, I. p. 120. n. 15. *die Baum-Eule, der Kauz mit Ohren.*

Latham, Synopf. Supplem. p. 43. Scops eared Owl.

Latham, Syft. ornitholog. I. p 56. n. 18. Strix (Scops) auricularum penna folitaria.

Bock, Naturgefch. von Preuffen, IV. p. 283. n. 29. *Baumeule, gehörntes Käutzlein.*

Naturforfch. VIII. p. 57. n. 29. *Baumeule.*

Batfch, Thiere, I. p. 298. *die Baumeule.*

Bechftein, Mufterung fchädl. Th. p. 83. n. 23. *die kleine Ohreule.*

Krünitz, Encyklop. XI. p. 684. *die kleinfte Ohreule.*

Beckmann, phyf. ök. Bibl. VI. p. 56. *die kleinfte Ohr-Eule.*

Linné, Syftem. Natur. Edit. X. I. p. 92. n. 5. Strix (Scops) capite auriculato; penna folitaria.

Schwenkfeld, aviar. Silef. p. 348. Scops; *ein klein Keutzlein, Stockeule, kleine Waldeule.*

Charlet. onomatol. hiftor. natur. p. 70. n. 3. Scops.

Hermann, tab. affin. anim. p. 175. Str. Scops.

Jonfton, av. p. 49. Scops.

Donndorff, Handb. der Thiergefch. p. 212. n. 4. *die Stockeule.*

** *Eulen mit glatten Köpfen. Ungeöhrte, ungehörnte Eulen. Eulen, ohne Federbüsche. Käutze.*

6. Nyctea. *Die Schneeeule.* (4)

Müller, Natursyst. II. p. 100. n. 6. *die Tageule.*

Leske, Naturgesch. p. 235. n. 3. *die weiße Eule.*

Borowsky, Thierreich, II. p. 78. n. 3. *die Tageule.*

Bechstein, Naturgesch. I. p. 329. n. 4. *die Schneeeule.*

Bechstein, Naturgesch. Deutschl. II. p. 350. n. 1. *die Schneeeule.* p. 353. *große weiße Eule, weisse Eule, Tageule, isländische weiße Eule, grosse weiße nordische Eule, weißbunte Eule, weißbunte schlichte Eule, große weiße und einzeln schwarz gedüpfelte Eule.*

Funke, Naturgesch. I. p. 288. *die Tageule.*

Ebert, Naturl. II. p. 39. *Tageulen.*

Halle, Vögel, p. 239. n. 179. *die große weiße nordische Eule.*

Gatterer, vom Nutzen und Schaden der Thiere, II. p. 47. n. 43. *große weiße Eule.*

Pennant, arct. Zool. II. p. 222. n. 37. *die Schneeeule, Tageule.* Titelkupf.

Onomat. hist. nat. VII. p. 321. *die weißbunte Eule.*

Klein, av. p. 57. n. 5. Ulula alba, maculis terrei coloris.

Klein,

(4) Länge 2 Fuß 3 Zoll. Flügelweite 5 Fuß. Gewicht über 3 Pfund. Die Einwohner an der Hudsonsbay kochen diese Eule, essen zuerst das Fleisch, und trinken dann die Brühe, die sie für etwas gesünder halten. Ihr grässliches Heulen ist dem Klaggeschrey eines Menschen im größten Unglück ähnlich; in Lappland wird sie deshalb für ein Gespenst gehalten.

Klein, Vorbereit. p. 107. n. 5. *weißbunte schlichte Eule.*

Klein, verbeff. Vögelhift. p. 55. n. 5. *weißbunte schlichte Eule.*

Briffon, ornithol. I. p. 152. n. 8. Chat-huant blanc de la Baye de Hudfon.

Buffon, Vögel, III. p. 103. *die große weiße Eule.* Tab. 73.

Batfch, Thiere, I. p. 298. *die Tageule oder große weiße Eule.*

Seligmann, Vögel, III. Tab. 17. *große weiße Eule.*

Befeke, Vögel Kurl. p. 22. n. 31 *die Tageule.*

Ellis, Reife nach Hudfons Meerbufen, p. 39. *die große weiße Eule.*

Fifcher, Zuf. z. Naturgefch. von Livland, p. 43. n. 490. *weißbunte Eule, Tageule.*

Bock, Naturgefch. von Preuffen, IV. p. 283. n. 30. *die Tageule.*

Leem, Nachr. von den Lappen in Finnmarken, p. 127. *weiße Eulen.*

Latham, Vögel, I. p. 124. n. 17. *die große weiße Eule, die Tag-Eule.*

Latham, Syn. Suppl. p. 45. Snowy Owl.

Latham, Syft. ornith. I. p. 57. n. 20. Strix (Nyctea) capite laevi, corpore albido, maculis lunatis diftantibus fufcis.

Scopoli, Bemerk. a. d. Naturgefch. I. p. 11. n. 10. *die weißbunte Eule.*

Naturforfch. VIII. p. 58. n. 30. *die Tageule.*

Schriften der berlin. Gefellfch. naturf. Freunde, VII. p. 449. *die Tageule.*

Bechftein, Mufterung fchädl. Thiere, p. 384. n. 35. *die Schneeeule.*

Dresdn. Magaz. II. p. 394-401. m. e. Fig.

Cranz,

Cranz, Grönl. p. 112. *Eulen welche weiſs ſind.*

Egede, Beſchr. von Grönl. p. 88. *fleckige Nachteulen.*

Horrebow, Nachr. von Isl. p. 181.

Anderſon, Beſchr. von Isl. p. 46. m. 1 Fig.

Linné, Syſt. Natur. Edit. VI. p. 17. n. 9. Noctua Scandiaca.

Linné, Syſt. Nat. Edit. X. I. p. 93. n. 8. Strix (Nyctea) capite laevi, corpore albido, maculis lunatis diſtantibus fuſcis.

Müller, zoolog. dan. prodr. p. 11. n. 77. Strix (Nyctea) capite laevi, corpore albido, maculis lunatis diſtantibus fuſcis.

Brünich, ornith. bor. p. 7. Nyctea.

Fabric. fn. groenl. p. 60. n. 36. Strix (Nyctea) capite laevi, corpore albido, maculis lunatis diſtantibus fuſcis.

Donndorff, Handb. der Thiergeſch. p. 212. n. 5. *die Schnee-Eule.*

44. Tengmalmi. *Die Eule mit erbſförmigen Flecken.* (5)

Beſeke, Vögel Kurl. p. 27. ad n. 37.

Latham, Syſt. ornitholog. I. p. 64. n. 42. Strix (Tengmalmi) capite laevi, corpore griſeo, maculis piſiformibus albis, iridibus flavis.

25. Nebulosa. *Die geſtreifte Eule.* (6)

Pennant, arct. Zoolog. II. p. 223. n. 38. *die geſtreifte Eule.* Tab. 11.

Latham, Vögel, I. p. 125. n. 18. *die geſtreifte Eule.*

Latham,

(5) Nach *Beſeke* vielleicht das Weibchen von *Strix Paſſerina.*

(6) Flügelweite 4 Fuſs. Gewicht 3 Pfund, nach *Latham.*

Latham, Syst. ornithol. I. p. 58. n. 23. Strix (Nebulosa) capite laevi, corpore fusco, albido undulatim striato, remige sexto longiore, apice nigricante.

26. Cinerea. *Die aschgraue Eule.*(7)

Pennant, arct. Zool. II. p. 221. n. 36. *die rußschwarze Eule.*

Latham, Vögel, I. p. 125. n. 19. *die aschgraue Eule.*

Latham, Syn. Suppl. p. 45. Cinereous Owl.

Latham, Syst. ornithol. I. p. 58. n. 22. Strix (Cinerea) cinereo-fuliginosa, nigro transversim lineata, subtus albido cinereoque nebulosa, regione periophthalmica circulis concentricis nigris.

Donndorff, Handb. der Thiergesch. p. 212. n. 6. *die rußschwarze Eule.*

27. Wapacuthu. *Der Wapacuthu.*(8)

Pennant, arct. Zool. II. p. 220. n. 35. *der Wapacuthu.*

Latham, Vögel, I. p. 140. n. 41. *der Wapakuthu.*

Latham, Syn. Suppl. p. 49. *Wapacuthu Owl.*

Latham, Syst. ornith. I. p. 58. n. 21. Strix (Wapacuthu) capite laevi, corpore albo, pallide rubro nigroque maculato, subtus albido, lineis numerosis rufescentibus.

Donndorff, Handb. der Thiergesch. p. 213. n. 7. *der Wapacuthu.*

28. Cu-

(7) Flügelweite und Gewicht wie bey der vorigen.

(8) Flugelweite 4 Fuss. Gewicht 5 Pfund. Brütet im May und soll, nach *Hutchins*, 5 bis 10 weisse Eyer legen, worin sie, wenn die Bemerkung richtig ist, sehr von andern Gattungen abweicht.

28. CUNICULARIA. *Die Kanincheneule.* (9)

Müller, Naturſyſt. II. p. 107. c. *die Kanincheneule.*

Halle, Vögel, p. 241. n. 182. *die Kanincheneule.*

Pennant, arct. Zoolog. II. p. 219. Ulula cunicularia.

Klein, av. p. 57. n. 9. Ulula cunicularia.

Klein, Vorbereitung, p. 108. n. 9. *Erdeule.*

Klein, verb. Vögelhiſt. p. 56. n. 9. *Erdeule.*

Briſſon, ornith. I. p. 153. n. 11. Chouette de Coquimbo.

Büffon, Vögel, III. p. 84. *Kanincheneule.*

Latham, Vögel, I. p. 134. n. 33. *die Minirer-Eule, der Pequen.*

Latham, Syſt. ornitholog. I. p. 63. n. 38. Strix (Cunicularia) capite laevi, corpore fuſco, ſubtus albo, pedibus tuberculatis, piloſis.

Donndorff, Handb. der Thiergeſch. p. 213. n. 8. *der Pequen.*

7. ALUCO. *Die Nachteule.* (10)

Müller, Naturſyſt. II. p. 102. n. 7. *die Nachteule.*

Borowſky, Thierr. II. p. 79. n. 4. *die Nachteule.*

Bechſtein,

(9) Nach *Büffon* eine bloſse Abänderung der europäiſchen *Steineule.*

(10) Flügelweite 3 Fuſs 4 Zoll. Dieſe Eulen ſind ſo wild daſs ſie eher verhungern als ſich gefangen füttern laſſen; und kaum laſſen ſich die noch ganz kleinen Jungen einigermaſsen zähmen. Es ſind grimmige und gefährliche Thiere, beſonders wenn ſie Junge haben, da man ſich ihren Neſtern mit Vorſicht nähern muſs. Nach *Beſeke* l. c. p. 27. n. 38 gehört *Friſch Schläfereule* Tab. 97. mit hieher, die *Gmelin* zur *Flammea* rechnet. Nach *Latham* iſt noch nicht ausgemacht, ob ſie von der *Brandeule* wirklich verſchieden ſey.

Bechstein, Naturgesch. I. p. 330. n. 5. *die Nachteule.*

Bechstein, Naturgesch. Deutschl. II. p. 353. n. 2. *die Nachteule.* p. 356. *große Baumeule, gemeine Eule, Mauseule, graue Buscheule, Knappeule, Grabeule, braune Eule, rothe Eule, Huhu, Waldäuffl.*

Funke, Naturgesch. I. p. 287. *die Nachteule.*

Ebert, Naturl. II. p. 27. *die Nachteule.*

Halle, Vögel, p. 234. n. 174. *die gemeine graue Buscheule, mit weiß und braunem Schley.*

Gatterer, vom Nutzen und Schaden der Thiere, II. p. 46. n. 42. *die gemeine Eule.*

Onomat. hist. nat. VII. p. 315. *die gemeine Eule, Buscheule, Nachteule.*

Handbuch der deutschen Thiergesch. p. 97. *die Nachteule* u. s. w.

Klein, av. p. 57. n. 10. Ulula vulturina?

Klein, Vorbereit. p. 108. n. 10. *Geyereule?*

Klein, verb. Vögelhist. p. 56. n. 10. *Geyereule?*

Gesner, Vögelb. p. 535. *Ul oder Nachteul*, Fig. p. 536. gut.

Brisson, ornitholog. I. p. 148. n. 3. Hulote.

Büffon, Vögel, III. p. 64. *die Nachteule, grosse Baumeule.* Tab. 66.

Batsch, Thiere, I. p. 298. *die Nachteule.*

Latham, Vögel, I. p. 126. n. 20. *die Nacht-Eule.*

Latham, Syst. ornitholog. I. p. 59. n. 26. Strix (Aluco) capite laevi, corpore ferrugineo, iridibus atris.

Beseke, Vögel Kurl. p. 25. n. 33. *die Nachteule.*

Bock, Naturgesch. von Preussen, IV. p. 284. n. 31. *die Nachteule.*

Fischer, Naturgesch. von Livland, p. 68. n. 49. *gemeine Eule, Nachteule, Schleyereule.*

Pontoppidan, Naturgesch. von Dännem. p. 166. n. 3. *Nachteule.*

Krünitz, Encyklop. XI. p. 684. *die Nachteule.*

Naumann, Vogelsteller, p. 165. *Knappeule.*

Naturforsch. VIII. p. 58. n. 31. *Nachteule.*

Beckmann, Bibl. VI. p. 56. 57. *die große Baumeule.*

Scopoli, Bemerk. a. d. Naturgesch. I. p. 12. n. 11. *die Maus-Eule.*

Eberhard, Thiergeschichte, p. 70. *die gemeine Buscheule.*

Bechstein, Musterung schädl. Thiere, p. 84. n. 35. *die Nachteule.*

Loniceri, Kräuterbuch, p. 671. *Eul, Nachtrapp, Nacht-Eul.* Fig. p. 672.

Kraft, Ausrott. grauf. Thiere, I. p. 141. *Ul oder Nacht-Eul.*

Linné, Syst. Nat. Ed. II. p. 52. Ulula.

Linné, Syst. Nat. Edit. VI p. 17 n. 5. Ulula.

Linné, Syst. Natur. Edit. X. I. p. 93. n. 6. Strix (Aluco) capite laevi, corpore ferrugineo, iridibus atris, remigibus primoribus serratis.

Schwenkfeld, aviar. Siles. p. 367. Ulula; *eine Eule, Ule, Punsch-Eule, Graw-Eule.*

Hermann, tab. affin. animal. p. 176. Strix Aluco.

Jonston, av. p. 50. Ulula.

Donndorff, Handb. der Thiergesch. p. 213. n. 9. *die Nachteule.*

29. SYLVESTRIS. *Die Holzeule.*(1)

Bechstein, Naturgesch. Deutschl. II. p. 374. n. 8. *die Holzeule.*

Scopoli,

(1) Nach *Bechstein* ist es noch nicht ausgemacht, ob diese und die folgende Eule, wirklich verschiedene Gattungen, oder blofs Varietaten sind.

Scopoli, Bemerk. a. d. Naturgesch. I. p. 13. n. 13. *die Holz-Eule, oder wilde Eule.*

Latham, Vögel, I. p. 127. n. 21. *die österreichische Eule.*

Latham, Syst. ornith. I. p. 61. n. 29. Strix (Sylvestris) capite laevi, corpore albo fuscoque variegato, regione periophthalmica albida.

Kramer, Austr. p. 324. n. 7. Strix capite laevi, corpore griseo? *Wald-Auffe.*

30. ALBA. *Die weißbauchige Eule.*

Bechstein, Naturgesch. Deutschl. II. p. 374. n. 9. *die weißbauchige Eule.*

Scopoli, Bemerk. a. d. Naturgesch. I. p. 13. n. 14. *die weiße Eule.*

Latham, Vögel, I. p. 127. n. 22. *die weiße österreichische Eule.*

Latham, Syst. ornitholog. I. p. 61. n. 30. Strix (Alba) capite laevi, corpore rufo, griseoque vario, subtus albo, regione periophthalmica margine rufo, rectricibus apice albis.

31. NOCTUA. *Die braunrothe Eule.*

Scopoli, Bemerk. a. d. Naturgesch. I. p. 15. n. 15. *die Nacht-Eule.*

Latham, Vögel, I. p. 128. n. 23 *die braunrothe österreichische Eule.*

Latham, Syst. ornitholog. I. p. 61. n. 31. Strix (Noctua) capite laevi, iridibus flavis, corpore pallide rufo, maculis longitudinalibus fuscis.

32. RUFA. *Die fuchsrothe Eule.* (2)

Bechstein, Naturgesch. Deutschl. II. p. 356. *die fuchsrothe Eule.*

 Scopoli,

(2) Nach *Bechstein* das Weibchen von *Strix Aluco*.

Scopoli, Bemerk. a. d. Naturgefch. I. p. 14. n. 16. *die fuchsrothe Eule.*

Latham, Vögel, I. p. 128. n. 24. *die roftigrothe öfterreichifche Eule.*

Latham, Syft. ornithol. I. p. 62. n. 32. Strix (Rufa) capite laevi, iridibus caerulefcentibus, corpore ferrugineo, fufco maculato.

33. Soloniensis. *Die Sologneser Eule.*

Latham, Vögel, I. p. 128. n. 25. *die fologneſer Eule.*

Latham, Syft. ornitholog. I. p. 62. n. 33. Strix (Solognienfis) capite laevi, corpore fupra atrofufco, fulvo admifto, fubtus albo, cauda alba, verfus apicem lineis nigricantibus decuffantibus.

8. Flammea. *Die Schleyereule.* (3)

Müller, Naturfyft. II. p. 102. n. 8. *die feurige Nachteule.*

Borowfky, Thierreich, II. p. 79. n. 5. *die Perleule, Kircheule, Schleuereule.*

Bechftein, Naturgefch. I. p. 331. n. 6. *die Schleyereule.*

Bechftein,

(3) Länge 16 Zoll. Flügelweite 3 Fufs 3 Zoll. Gewicht 11 Unzen. Hält fich am Tage auf Kirchen, Thürmen, alten Schlöffern u. f. w. auf, und kommt erft in der Dämmerung hervor. Nährt fich von Ratten, Mäufen, Fledermäufen, jungen Vögeln, grofsen Kafern u. f. w. ift aber auch den Taubenfchlägen nachtheilig. Im Herbft befucht fie auch den Schnepfen- und Droffelnfang. Macht kein Neft, fondern legt ihre 3 bis 5 weifsen Eyer, die länglicher als bey andern Eulen find, zu Ende des Marzes oder Anfang des Aprils, in die Klufte der Mauern, und die Kirchen- und Thurmdächer, ins Genift, Kehrig, oder verwitterten Mörtel. Das Fleifch der Jungen foll nach den erften drey Wochen, wenn fie gut gefuttert find, efsbar feyn.

Bechstein, Naturgesch. Deutschl. II. p. 359. n. 4. *die Schleyereule.* p. 364. *weiße Eule, Kircheule, Thurmeule, Buscheule, Kautzeule, Todteneule, geflammte Eule, Waldkautz; Kohleule, Schleyer-Auffe.*

Funke, Naturgesch. I. p. 288. *die Steineule.*

Ebert, Naturl. II. p. 38. *die Kircheule, Thurmeule.*

Halle, Vögel, p. 238. n. 178. *die Kircheule.*

Gatterer, vom Nutzen und Schaden der Thiere, II. p. 48. n. 44. *die Kircheule, Perleule, Todtenvogel*, u. s. w.

Pennant, arct. Zool. II. p. 224. n. 40. *die weiße Eule, Kircheule.*

Neuer Schauplatz der Natur, II. p. 718. *die Schleyer-Eule.*

Onomat. histor. nat. VII. p. 319. *Kircheule, Todteneule.*

Handbuch der Naturgesch. II. p. 145. *die Schleiereule, Kircheule.*

Handb. der deutschen Thiergesch. p. 98. *die Perleule, Thurmeule*, u. s. w.

Klein, av. p. 56. n. 4: Ulula Aluco.

Klein, Vorbereit. p. 107. n. 4. *Schleyereule, Kircheule, Kautzeule.*

Klein, verb. Vögelh. p. 55. n. 4. *Schleyereule.*

Klein, Stemm. av. p. 9. Tab. 10. fig. 1. a. b. 2. a. b. 3. a. b.

Gesner, Vögelbuch, p. 537. *Schleyereul od. Kircheul.* Abbild. ziemlich gut.

Brisson, ornithol. I. p. 147. n. 2. petit Chathuant.

Büffon, Vögel, III. p. 74. *die Kircheule.* Tab. 68.

Batsch, Thiere, I. p. 299. *die Perleule.*

Latham, Vögel, I. p. 129 n. 26. *die Schleyer-Eule, Perl-Eule.*

Latham, Syn. Suppl. p. 46. White-Owl.

Latham, Syst. ornith. I. p. 60. n. 28. Strix (Flammea) capite laevi, corpore luteo, punctis albis, subtus albido, punctis nigricantibus.

Beseke, Vögel Kurlands, p. 27. n. 38. *die rothe Schleyer-oder Perleule.*

Bock, Naturgesch. von Preussen, IV. p. 285. n. 32. *die feurige Nachteule, Kircheule, gelbe Schleyereule.*

White, Naturgeschichte von England, p. 50. *Perleulen.*

Cetti, Naturgeschichte von Sardinien, II. p. 62. *die Schleyereule.*

Carver, Reise durch Nordamerika, p. 386. *die Eule?*

Pontoppidan, Naturgesch. von Dännemark, p. 166. n. 8. *Krakugle.* Tab. 12.

Zorn, Petinotheol. II. p. 256. *die Schleyer-Eule.*

Eberhard, Thiergesch. p. 70. *die Kircheule.*

Meidinger, Vorlesf. I. p. 113. *die Kirch-oder Todteneule.*

Schneider, zool. Abhandl. p. 144. *die Nachteule.*

Geoffroy, mat. med. VII. p. 556. *die Kircheule.*

Valentin, Amph. zootom. II. p. 76.

Naturforsch. VIII. p. 59. n. 33. *das Käutzlein.* -(Mit *Strix Ulula* verwechselt.)

Schriften der berlin. Gesellsch. naturf. Freunde, VII. p. 449. n. 11. *die rothe Schleyer-oder Perleule.*

Pennant, britt. Thiergesch. Tab. 18.

Mellin, von Anleg. der Wildbahn. p. 349. d. *die Perleule.*

Anweis. Vögel zu fangen, p. 187. *Schleyereule.*

Bechstein, Musterung schädl. Th. p. 85. n. 37. *die Schleyereule.*

Beck-

Beckmann, ph. ökon. Bibl. IV. p. 57. VI. p. 56. *die Schleyereule.*

Merklein, Thierreich, p. 314. *Kircheule.*

Krünitz, Encyklop. XI. p. 685. *Schleyereule, Waldkautz.*

Linné, Syst. Natur. Edit. VI. p. 17. n. 7. Strix Flammea.

Schwenkfeld, aviar. Siles. p. 368. Ulula flammeata, *eine Schleier-Eule, Kircheule, Ranz-Eule.*

Müller, zoolog. dan. prodr. p. 11. n. 79. Strix (Flammea) capite laevi, corpore luteo, punctis albis, subtus albido, punctis nigricantibus.

Kramer, Austr. p. 324. n. 5. Strix capite laevi, facie alba, pone aures circuli segmento ochreo e pennis singularis structurae, dorso caerulescente; *Schleuer-Eule, Schleuer-Auffe.*

Schäfer, Elem. ornith. Tab. 64.

Gerin. ornith. I. p. 88. Tab. 91.

Donndorff, Handb. der Thiergesch. p. 214. n. 10. *die Kircheneule.*

9. STRIDULA. *Die Brandeule.* (4)

Müller, Natursyst. II. p. 103. n. 9. *die Brandeule.*

Bechstein, Naturgesch. I. p. 338. n. 6. *die Brandeule.*

Bechstein, Naturgesch. Deutschl. II. p. 356. n. 3. *die Brandeule.* p. 359. *die hellbraune Eule, gelbe*

(4) Länge über 16 Zoll. Flügelweite 3 Fuss. Halt sich besonders gern in Schwarzwäldern auf, und kommt höchst selten zu den Wohnungen der Menschen. Nahrt sich von Feldmäusen, Maulwürfen, Heuschrecken und Käfern. Legt 3 bis 5 weisse rundliche Eyer in ein Saat- oder Rabenkrähen-Eichhörnchens- oder verlassenes Vogelnest. Lässt sich jung und alt leicht zähmen.

gelbe Eule, Knarreule, Zischeule, braunschwarze Nachteule, Kirreule, Kieder, Milchsauger, Melker, Stockeule.

Ebert, Naturl. II. p. 38. *die Brandeule, Knarreule.*

Halle, Vögel, p. 236. n. 175. *die braunschwarze Eule.*

Gatterer, vom Nutzen u. Schaden der Thiere, II. p. 49. n. 45. *die graue Eule* u. s. w.

Pennant, arct. Zool. II. p. 226. B. *die hellbraune Eule, der Milchsauger.*

Neuer Schaupl. der Natur, II. p. 718. *die graue Eule.*

Onomat. hist. natur. VII. p. 325. *die Brandeule.*

Handbuch der deutschen Thiergeschichte, p. 97. *die graue Eule, Brandeule.*

Klein, av. p. 56. n. 3. Ulula Strix.

Klein, Vorbereit. p. 106. n. 3. *braune, graue, gemeine Eule.*

Klein, verbesserte Vögelhist. p. 55. n. 3. *gemeine Eule.*

Brisson, ornithol. I. p. 146. n. 1. Chathuant.

Büffon, Vögel, III. p. 69. *die graue Eule.* Tab. 67.

Batsch, Thiere, I. p. 298. *die graue Eule.*

Latham, Vögel, I. p. 129. n. 27. *die lohgelbe Eule, Brandeule.*

Latham, Syst. ornith. I. p. 58. n. 25. Strix (Stridula) capite laevi, corpore ferrugineo, remige tertio longiore.

Beseke, Vögel Kurl. p. 26. n. 34. *die Brandeule.*

Bock, Naturgesch. v. Preussen, IV. p. 285. n. 33. *die graue Nachteule, Brandeule.*

Fischer, Naturgesch. von Livland, p. 68. n. 50. *Brandeule, Knarreule.*

Hassel-

Haſſelquiſt, Reiſe nach Paläſtina, p. 290. n. 16. Strix (Orientalis) facie piloſa, ſutura criſpato-plumoſa in dorſo roſtri?

Pennant, britt. Thiergeſch. Tab. 19.

Scopoli, Bemerk. a. d. Naturgeſch. I. p. 12. n. 12. *die Knarr - oder ziſchende Eule.*

Naturforſch. VIII. p. 59. n. 32. *die Brandeule.*

Bechſtein, Muſterung ſchädl. Thiere, p. 85. n. 36. *die Brandeule.*

Tengmalm, neue ſchwed. Abhandl. IV. p. 45. Strix Stridula.

Krünitz, Encyklop. XI. p. 685. *die graue Eule.*

Linné, Syſt. Nat. Edit. VI. p. 17. n. 6. Strix minor.

Linné, Syſt. Nat. Edit. X. I. p. 93. n. 9. Strix (Stridula) capite laevi, corpore ferrugineo, remige tertio longiore.

Müller, zool. dan. prodr. p. 11. n. 82. Strix (Stridula) capite laevi, corpore ferrugineo, remige tertio longiore.

Brünich, ornith. bor. p. 7. n. 18. Strix Stridula.

Kramer, Auſtr. p. 323. n. 4. Strix capite laevi, pone aures circuli ſegmento nigro e pennis ſingularis ſtructurae, dorſo ferrugineo? *Nachteule, gemeine oder kleine Eule?*

Jonſton, av. p. 52. Strix.

Donndorf, Handb. der Thiergeſch. p. 214. n. 11. *die graue Eule.*

10. Ulula. *Die Steineule.* (5)

Müller, Naturſyſt. II. p. 104. n. 10. *das Käutzlein.*

 Bo-

(5) Flügelweite 2 Fuſs 9 Zoll, Gewicht 19 Unzen. Liebt vorzüglich bergige Gegenden, und wohnt in Steinbrüchen, Felſenritzen, verfallenen Gebäuden, auch in Kirch - und Thurm-

Borowsky, Thierreich, II. p. 80 n. 6. *der Steinkauz.*

Blumenbach, Handb. der Naturgesch. p. 161. n. 2. Strix (Ulula) capite laevi, iridibus croceis, corpore ferrugineo, remige tertio longiore; *Steinkautz, Steineule.* (6)

Bechstein, Naturg. I. p. 332. n. 8. *der große Kauz.*

Bechstein, Naturgesch. Deutschl. II. p. 364. n. 5. *der große Kautz.* p. 367. *Steineule, Buscheule, Steinauffe, heulende Eule, große braune Eule, Kircheule, Tschiavitle, Steinkautz, Kautz.*

Ebert, Naturl. II. p. 93. *die Steineule.*

Halle, Vögel, p. 237. n. 176. *die große braune Eule.*

Gatterer, vom Nutzen u. Schaden der Thiere, II. p. 49. n. 46. *die Steineule* u. s. w.

Pennant, arct. Zool. II. p. 225. n. 41. *die braune Eule, der Kautz.*

Handbuch der deutschen Thiergesch. p. 99. *die Steineule, Buscheule.*

Gesner, Vögelb. p. 356. *Kautz oder Steinkautz.* Fig. p. 357.

Brisson, ornith. I. p. 149. n. 4. grande Chouette.

Buffon,

Thurmmauern. In Wäldern findet man sie gar nicht. Fängt sehr geschwind Mäuse und Wasserratten, frisst aber auch Grillen, Käfer und Nachtschmetterlinge. Legt, ohne Nest in den Klüften und Ritzen 2 bis 4 rundliche weisse Eyer zu Anfang des Märzes, und wenn das Weibchen über der Brut getödtet wird, so brütet das Männchen die Eyer aus, und futtert die Jungen auf. — Oft wird diese Gattung in den Synonymen mit *Strix passerina* verwechselt. —

(6) Der ganze hier angegebene Charakter weicht von dem bey andern Systematikern ab, und doch kann nach den franz. und engl. Synonymen keine andere als diese Gattung gemeynt seyn; auch ist *Frisch* Tab. 98. angeführt.

Büffon, Vögel, III. p. 81. *die Steineule, Busch-eule.*

Batsch, Thiere, I. p. 297. *die Steineule.*

Latham, Vögel, I. p. 130. n. 28. *das Käutzgen, die Stein-Eule.*

Latham, Syst. ornitholog. I. p. 60. n. 27. Strix (Ulula) capite laevi, supra rufescens, maculis longitudinalibus fuscis, subtus albida, lineolis fuscis, cauda fasciis fuscis.

Beseke, Vögel Kurl. p. 26. n. 36. *die Steineule.*

Fischer, Naturgesch. von Livland, p. 69. n. 51. *Käutzlein?*

Pontoppidan, Naturg. von Dännemark, p. 166. n. 6. *gemeine Eule.*

Bock, Naturgesch. von Preussen, IV. p. 286. n. 34. *Käutzlein, Steinkautz, Steineule.*

White, Naturgesch. von England, p. 16. *Steineule.*

Döbel, Jägerprakt. I. p. 80. *Steinkautz.*

Schriften der berlin. Gesellschaft naturf. Freunde, VII. p. 450. *die Steineule.*

Naturforsch. VIII. p. 59. n. 33. *das Käuzlein.* (Mit *Str. Aluco* verwechselt.)

Naturf. XVII. p. 224. *Steineule.*

Bechstein, Musterung schädl. Th. p. 86. n. 38. *der große Kautz.*

Eberhard, Thiergeschichte, p. 70. *der Steinkautz.*

Krünitz, Encyklop. XI. p. 685. *die Steineule.*

Merklein, Thierreich, p. 314. *Steineule.*

Jablonsky, allgem. Lexicon, p. 522. *Kautz, Steinkautz.*

Linné, Syst. Nat. Edit. X. I. p. 93. n. 10. Strix (Ulula) capite laevi, corpore supra fusco, albo maculato, rectricibus fasciis albis.

Schwenk-

Schwenkfeld, aviar. Siles. p. 308. Noctua; *eine Nacht-Eule, Stein-Eule, Mittel Eule, Kautz.*

Charleton, onomat. hist. nat. p. 70. n. 6. Noctua.

Müller, zoolog. dan. prodr. p. 11. n. 80. Strix (Ulula) capite laevi, corpore supra fusco, albo maculato, rectricibus fasciis linearibus albis.

Hermann, tab. affin. animal. p. 175. Ulula.

Donndorff, Handb. der Thiergesch. p. 215. n. 12. *die Steineule.*

β. Noctua minor aucuparia.

γ. Strix capite inaurito, corpore ferrugineo, supra nigro maculato, subtus lineolis fuscis striato, orbitis, rostro fasciaque subalari nigris. *Latham*, Syst. ornitholog. I. p. 60. n. 27. β. *

Mus. Carls. Fasc. III. Tab. 51. *Strix arctica.*

11. FUNEREA. *Die kanadische Eule.*

Müller, Natursyst. II. p. 105. n. 11. *die Steineule.*

Pennant, arct. Zool. II. p. 223. n. 39. *die Habichtseule.*

Onomat. hist. nat. VII. p. 320. *die Trauereule.*

Brisson, ornithol. I. p. 151. n. 6. Chathuant de Canada.

Büffon, Vögel, III. p. 113. *der große kanadensische Kautz.*

Latham, Vögel, I. p. 132. n. 29. *die kanadische Eule.*

Latham, Syst. ornithol. I. p. 62. n. 35. Strix (Funerea) capite laevi, corpore fusco, albo maculato, subtus albo fuscoque fasciato, remigibus maculis albis variegatis, rectricibus albo fasciatis.

Bock,

Bock, Naturgesch. von Preussen, IV. p. 286. n. 35. *die Steineule.*

Fischer, Naturgesch. von Livland, p. 69. n. 52. *Kircheule, Steineule.*

Pontoppidan, Naturgesch. v. Dännemark. p. 166. n. 4. *Krakugle, Klagefrau, Klage.* Tab. 12.

Naturforsch. VIII. p. 60. n. 34. *Steineule.*

Eberhard, Thiergesch. p. 70. *die kanadische Eule.*

Linné, Syst. Nat. Ed. X. I. p. 93. n. 7. Strix (Funerea) capite laevi, corpore fusco, iridibus flavis.

Müller, zool. dan. prodr. p. 11. n. 81. Strix (Funerea) capite laevi, corpore fusco, iridibus flavis.

Gerin. ornith. I. p. 88. Tab. 90.

Donndorff, Handb. der Thiergesch. p. 215. n. 13. *die Habichtseule.*

34. HUDSONIA. *Die kleine Falkeneule.* (7)

Müller, Natursyst. II. p. 101. *die Sperbereule.*

Müller, Natursyst. Suppl. p. 69. n. 16. Strix Caparoch; *der Weißbacken.*

Halle, Vögel, p. 242. n. 183. *die Geiereule?*

Brisson, ornithol. I. p. 151. n. 7. Chathuant de la Baye de Hudson.

Büffon, Vögel, III. p. 100. *die kleine Falkeneule.* Tab. 72.

Seligmann, Vögel, III. Tab. 19. *die kleine Falkeneule.*

Latham, Vögel, I. p. 133. n. 30. *die Habicht-Eule.*

Latham, Syst. ornithol. I. p. 65. n. 35. β. Strix, corporis pennis supra fuscis, margine albis, subtus

(7) Nach *Pennant* und *Latham* eine Varietät von *Strix Funerea.*

ſubtus albis, lineis transverſis nigris, roſtro iridibusque aurantiis.

Beſeke, Vögel Kurl. p. 23. n. 32. Caparoch.

Gerin. ornith. I. p 91. Tab. 98.

35. Uralensis. *Die Ural eule.* (8)

Müller, Naturſyſt. Suppl. p. 68. n. 14. *die uraliſche Eule.*

Latham, Vögel, I. p. 136. n. 37. *die Ural-Eule.*

Latham, Syſt. ornitholog. I. p. 63. γ. Strix corpore albido, maculis in ſingularum pennarum medio longitudinalibus fuſcis.

Lepechin, Tageb. der ruſſiſchen Reiſe, II. p. 181. *uraliſche Eule.*

Pallas, Reiſe, Ausz. I. Anh. p. 3. n. 7. Strix *uralenſis.*

Hermann, tab. affin. anim. p. 174. Str. uralenſis.

36. Accipitrina. *Die Habichtseule.* (9)

Müller, Naturſyſt. Suppl. p. 67. n. 13. *die Habichteule.*

Bechſtein, Naturgeſch. Deutſchl. II. p. 372. n. 7. *die Habichtseule.* p. 373. *kleine Falkeneule, Geyereule, Sperbereule.* Tab. 12.

Latham, Vögel, I. p. 136. n. 36. *die kaſpiſche Eule.*

Latham, Syſt. ornithol. I. p. 60. n. 27. γ. Strix capite laevi, corpore ſupra luteſcente, ſubtus luteo-

(8) Länge, nach *Lepechin*, 1 Fuſs 9 Zoll 10 Linien; Flügelweite 2 Fuſs 5 Zoll. — Nach *Pennant* und *Latham* eine Varietät von *Strix Funerea.*

(9) Länge, nach *Bechſtein*, 19 Zoll; Flügelweite 2 Fuſs 4 Z. Gewicht 12 Unzen. Aus den beygefügten Synonymen erhellet, daſs *Bechſtein* dieſe Gattung mit n 34. und 35. für einerley hält. *Latham* führt ſie als eine Varietät von *Strix Ulula* auf. Nach *Beſeke* niſtet ſie auch in Kurland.

luteo - albo, maculis longitudinalibus nigricantibus.

Beseke, Vögel Kurl. p. 26. n. 35. *die Habichteule.*

Pallas, Reise, Ausz. I. p. 376. *eine besondere Eule.*

Pallas, Reise, Ausz. I. Anh. p. 3. n. 6. Strix *accipitrina.*

Bechstein, Musterung schädl. Th. p. 88. n. 44. *die Habichtseule.*

Hermann, tab. affin. anim. p. 175. Str. accipitrina.

37. JAVANICA. *Der Kukepluck.* (10)

Latham, Syst. ornitholog. I. p. 64. n. 39. Strix (Javanica) corpore cinereo, hinc inde rufescente, maculis albis et nigris, subtus sordide albo, hinc inde rufescente, maculis nigris.

38. NOVAE SEELANDIAE. *Die neuseeländische Eule.* (1)

Latham, Syst. orni th. I. p. 65. n. 45. Strix (Fulva) capite laevi, corpore fusco, marginibus pennarum fulvis, regione periophthalmica fulva, rectricibus fasciis pallidis.

Latham, Syn. Supplem. p. 48. 39. New-Zealand Owl.

β. Strix iridibus flavis, corpore supra fusco-albo maculato, subtus fulvo. *Latham*, Syst. ornithol. I. p. 65. n. 45. β.

Latham, Syn. p. 149. n. 39. New-Zealand Owl.

Gmelin, Syst. Linn. p. 297. n. 38.

39. CA-

(10) Länge 17 Zoll. Flügelweite 40 Zoll; engl. M.

(1) Auf diese Art hat *Latham* die Synonymen in dem Syst. ornithol. geordnet.

39. Cayennensis. *Die cayennische Eule.*

Müller, Natursystem Suppl. p. 70. n. 17. *die cajennische Eule.*

Büffon, Vögel, III. p. 112. *die kayennische Eule.* Tab. 74.

Latham, Vögel, I. p. 135. n. 35. *die kayennische Eule.*

Latham, Syst. ornitholog. I. p. 64. n. 41. Strix (Cayanensis) capite laevi, iridibus fulvis, corpore rufo, lineis undulatis transversis fuscis.

40. Dominicensis. *Die Eule von St. Domingo.*

Müller, Natursyst. Suppl. p. 70. n. 18. *die domingische Eule.*

Büffon, Vögel, III. p. 115. *der große Kautz, von St. Domingo.*

Latham, Vögel, I. p. 125. n. 34. *die St. Dominik-Eule.*

Latham, Syst. ornitholog. I. p. 64. n. 40. Strix (Dominicensis) capite laevi, abdomine rufo, pectore maculis sparsis longitudinalibus.

41. Tolchiquatli. *Die schwarzbunte mexikanische Eule.*

Müller, Natursyst. I. p. 106. *b. Tolchiquatli.*

Brisson, ornithol. I. p. 153. n. 10. Noctua Mexicana; *Chouette du Mexique.*

Büffon, Vögel, III. p. 116. n. 2. *die schwarzbunte mexikanische Eule.*

Latham, Vögel, I. p. 134. n. 32. *die Eule aus Neu-Spanien.*

Latham, Syst. ornithol. I. p. 63. n. 37. Strix (Tolchiquatli) capite laevi, iridibus flavescentibus, corpore nigro-flavescente, albo fulvoque vario, subtus albo.

42. Chi-

42. CHICHICTLI. *Die rothbunte mexikaniſche Eule.*

Müller, Naturſyſtem, II. p. 106. *a. Chichictli.*

Briſſon, ornith. I. p. 152. Strix Mexicana; *Chat-huant du Mexique.*

Büffon, Vögel, III. p. 116. n. 1. *die mexikaniſche rothbunte Eule.*

Latham, Vögel, I. p. 134. n. 1. *die mexikaniſche Eule.*

Latham, Syſt. ornith. I. p. 63. n. 36. Strix (Chichictli) capite laevi, oculis nigris, corpore fulvo, albo, fuſco nigroque vario, palpebris caeruleis.

43. ACADICA. *Die acadiſche Eule.*

Latham, Vögel, I. p. 137. n. 38. *die akadiſche Eule.* Tab. 5. fig. 2.

Latham, Syſt. ornith. I. p. 65. n. 44. Strix (Acadienſis) capite laevi, regione periophthalmica cinerea, corpore ſupra rubro-fuſco maculis albis, ſubtus ſordide albo maculis longitudinalibus ferrugineis.

12. PASSERINA. *Der kleine Kautz.* (2)

Müller, Naturſyſt. II. p. 106. n. 12. *die Zwergeule.*

Borowſky,

(2) Flügelweite 1 Fuſs 11 Zoll; Gewicht 7 Unzen. Lebt in alten verfallenen Gebäuden, oft mitten in Städten, in Kirchen, Steinbrüchen, Gewölben u. ſ. w. Niſtet in Mauerlöchern, auf dem Gebälke und unter den Dächern alter Gebäude, in Felſen und Steinklüften. Legt 2 weiſse rundliche Eyer, die das Weibchen abwechſelnd mit dem Männchen in 15 Tagen ausbrütet. Läſst ſich ſowohl jung als alt zähmen, und zum Vogelfange gebrauchen. Von dem Aberglauben, daſs

Borowsky, Thierreich, II. p. 81. n. 7. *das Käutzchen, der Todtenvogel.*

Blumenbach, Handb. der Naturgesch. p. 161. n. 3. Strix (Passerina) capite laevi, remigibus maculis albis, quinque ordinum.

Bechstein, Naturgesch. I. p. 333. n. 9. *der kleine Kauz.*

Bechstein, Naturgesch. Deutschl. II. p. 367. n. 6. *der kleine Kautz.* p. 371. *Todtenvogel, Leicheneule, Leichvogel, Leichenhühnchen; Todteneule, Zwergeule, kleine Eule, kleine Haus-Wald- und Scheuneule, Steinauffe, Lerchenkäutzchen, Spatzeneule, Käutzchen.*

Funke, Naturgesch. I. p. 288. *das Käutzchen.*

Ebert, Naturl. II. p. 39. *das Käutzlein.*

Halle, Vögel, p. 240. n. 180. *die kleine Hauseule.*

Gatterer, vom Nutzen u. Schaden der Thiere, II. p. 50. n. 47. *das kleine Käutzchen.*

Pennant, arct. Zoolog. II. p. 225. n. 42. *die kleine Eule, Zwergeule.*

Neuer Schauplatz der Natur, II. p. 719. *das Käutzchen.*

Onomat. histor. nat. VII. p. 323. *das Käutzlein, die Stockeule.*

Handbuch d. deutschen Thiergesch. p. 99. *das Käutzchen.*

(*Klein*, av. p. 56. n. 6. Noctua parva aucuparia.

Klein, Vorbereit. p. 107. n. 6. *Käutzlein, schlechthin also genannt, klein Kautzlein, Stockeule, kleine Wald-, Scheuer-, Hauseule.*

Klein,

dass diese Eule denjenigen Häusern, auf welchen sie sich hören lässt, einen nahen Todesfall verkündige, hat sie den Namen des *Leichvogels* erhalten. Sie hat einen hellen zischenden Laut, und wird auf eine Viertelmeile gelocket, wenn man denselben nachmacht.

Klein, verbeff. Vögelhift. p. 55. n. 6. *Käuzlein.*) Mit *Strix Ulula*, und *Stridula* verwechfelt.

Klein, verb. Vögelhift. p. 165. n. 2. *kleine Eule.*

Briffon, ornithol. I. p. 150. n. 5. petite Chouette, ou la Cheveche.

Büffon, Vögel, III. p. 88. *das Käutzchen, der Todtenvogel.* Tab. 71.

Batfch, Thiere, I. p. 299. *der Kautz.*

Seligmann, Vögel, VII. Tab. 9. *die kleine Eule.*

Latham, Vögel, I. p. 138. n. 40. *das Käutzgen.*

Latham, Syft. ornithol. I. p. 65. n. 46. Strix (Paf-ferina) capite laevi, remigibus maculis quin-que ordinum.

Befeke, Naturgefch. der Vögel Kurl. p. 27. n. 37. *die Zwergeule.*

Bock, Naturgefch. von Preuffen, IV. p. 287. n. 36. *Zwergeule, Käutzlein, Stockeule.*

Cetti, Naturgefch. von Sardinien, II. p. 64. *die Steineule.*

Pontoppidan, Naturg. von Dännemark, p. 166. n. 7. *Käutzlein.*

Pennant, britt. Thiergefch. Tab. 21.

Zorn, Petinotheol. II. p. 258. *das Käutzlein.*

Scopoli, Bemerk. a. d. Naturgefch. I. p. 14. n. 17. *das Käutzlein, Haus-Eule, Stock-Eule.*

Krünitz, Encyklop. XI. p. 686. *die kleine Haus-eule.*

Tengmalm, neue fchwed. Abhandl. IV. p. 45. Strix pafferina.

Goeze, nützl. All. II. p. 158. n. 9. *das Käutzlein.*

Schriften der berlin. Gefellfch. naturf.-Fr. VII. p. 449. *Zwergeule.*

Naturforfch. VIII. p. 60. n. 35. *Zwergeule.*

Bechftein, Mufterung fchädl. Th. p. 87. n. 39. *der kleine Kautz.*

Eberhard, Thiergeſch. p. 70. *die kleine Hauseule.*

Mellin, von Anleg. der Wildbahn. p. 349. e. *das Käutzchen.*

Beckmann, phyſ. ök. Bibl. VI. p. 57. *der kleinſte Kauz.*

Linné, Syſt. Nat. Ed. X. I. p. 93. n. 11. Strix (Paſſerina) capite laevi, remigibus albis, maculis quinque ordinum.

Müller, zool. dan. prodr. p. 11. n. 83. Strix (Paſſerina) capite laevi, remigibus maculis albis quinque ordinum.

Kramer, Auſtr. p. 324. n. 6. Strix capite laevi, corpore fuſco, remigibus albis maculis quinque ordinum; *Tſchiavitl, Käutzlein.*

Brünich, ornitholog. bor. p. 7. n. 20. Strix Paſſerina.

Hermann, tab. affin. anim. p. 175. Strix Paſſerina.

Jonſton, av. p. 51. Noctua minor.

Donndorff, Handb. der Thiergeſch. p. 215. n. 14. *das Käuzlein.*

β. *Noctua minor.*

Latham, Syſt. ornitholog. I. p. 66. β.

A. *Veränderungen gegen die XIIte Edition, und Vermehrung der Gattungen dieſes Geſchlechts.*

Die Anzahl der Ohreulen iſt um 12, der ungehörnten um 20, alſo das ganze Geſchlecht mit 32 Gattungen vermehrt; überdem ſind bey der erſten Gattung 33, bey der zehnten 2, und bey der zwölften gleichfalls 2 Varietäten aus einander geſetzt.

B. *Un-*

B. *Unbestimmtere Thiere.*

1. *Der rauhfüßige kleine Kautz.*
Bechstein, Naturgesch. Deutschl. II. p. 371. Strix Passerina dasypus.

C. *Neuere Gattungen.*

1. *Die Sumpfeule:* Strix palustris; (in Hessen und Pommern.)
Bechstein, Naturgesch. Deutschl. II. p. 344. n. 3.

2. *Die chinesische Ohreule.*
Latham, Syn. Suppl. p. 44. Chinese eared Owl.
Latham, Vögel, I. p. 121. n. 15.,
Latham, Syst. ornitholog. I. p. 53. n. 4. Strix (Sinensis) fronte albo, corpore fusco-rufo lineis nigris undulatis, subtus rufo-nigricante striato, fasciis albis, remigibus secundariis fasciis 4 nigricantibus.

3. *Die Ohreule von Koromandel.*
Latham, Syn. Supplem. p. 44. Coromandel eared Owl.
Latham, Vögel, I. p. 122. n. 15. β.
Latham, Syst. ornithol. I. p. 53. n. 5. Strix (Coromanda) corpore rufo-griseo rufescente-albo maculato, subtus pallide rubro, lunulis nigris, remigibus rectricibusque fasciis rufo-albis.
Sonnerat, voy. Ind. II. p. 186. Hibou de Coromandel.

4. *Die Brilleneule;* (in Cayenne.)
Latham, Syn. Suppl. p. 50. Tab. 107. Spectacle Owl.
Latham, Vögel, I. p. 141. n. 42. Tab. 6.
Latham, Syst. ornith. I. p. 58. n. 24. Strix (Perspicillata) capite laevi, tomentoso albo, re-

gione periophthalmica, gula, corpore supra, fasciaque pectoris rubro-fuscis, abdomine rufo-albo.

5. *Die Bergeule;* (in Sibirien.).
Latham, Syn. Suppl. p. 50. Mountain Owl.
Latham, Vögel, I. p. 141. n. 43.
Latham, Syst. ornitholog. I. p. 62. n. 34. Strix (Barbata) capite laevi, rostro iridibusque flavis, corpore cinereo, gula regioneque periophthalmica atris, remige sesquialtera serrata.

44. GESCHLECHT. Lanius. *Der Würger.*

Müller, Natursyst. II. p. 108. Gen. XLIV.
Leske, Naturgesch. p. 135. Gen. XIII.
Borowsky, Thierreich, II. p. 81. Gen. IV.
Blumenbach, Handbuch der Naturgesch. p. 162. Gen. IV.
Bechstein, Naturgesch. I. p. 334. Gen. IV.
Bechstein, Naturgeschichte Deutschl. II. p. 375. Gen. IV.
Funke, Naturgesch. II. p. 289.
Ebert, Naturl. II. p. 40.
Pennant, arct. Zool. II. p. 227.
Neuer Schaupl. der Natur, VI. p. 132.
Onomat. hist. nat. IV, p. 652.
Halle, Vögel, p. 220.
Klein, av. p. 53. n. 26.
Brisson, ornithol. I. p. 197. Gen. XXI.
Büffon, Vögel, II. p. 169.
Batsch, Thiere, I. p. 317. Gen. LXXI.
Latham, allg. Uebers. d. Vögel, I. p. 142. Gen. IV.
Latham, Syst. ornith. I. p. 66. Gen. IV.
Hermann, tab. affin. anim. p. 177.

Donn-

Donndorff, Handbuch der Thiergesch. p. 216. Gen. IV.

1. Forficatus. *Der Drongo.*

Müller, Natursystem, II. p. 109. n. 1. *der afrikanische Scheerschwanz.*

Müller, Natursyst. II. p. 578. ad n. 24. *Drongo.* Tab. 20. fig. 5.

Onomat. histor. natur IV. p. 658. *der schwarze Würger aus Madagaskar, mit dem getheilten Schwanze.*

Brisson, ornith. I. p. 266. n. 16. grand gobe-mouche noir hupé de Madagascar.

Büffon, Vögel, II. p. 239. *der schwalbenschwänzige Würger von Madagaskar.*

Büffon, Vögel, XIV. p. 146. *der Drongo;* m. 1 Fig.

Latham, Vögel, I. p. 144. n. 1. *der afrikanische Scheerschwanz, der Drongo.*

Latham, Syst. ornith. I. p. 66. n. 1. Lanius (Forficatus) cauda forficata, crista frontali erecta, corpore nigro viridante.

Samml. zur Phys. und Naturgesch. III. p. 119. *der Drongo.*

2. Caerulescens. *Der Fingah.*

Müller, Natursyst. Suppl. p. 72. n. 33. *der blaue Neuntödter.*

Müller, Natursyst. II. p. 109. n. 2. *der bengalische Scheerschwanz.*

Halle, Vögel, p. 224. n. 164. *der bengalische blaue Würger.*

Onomat. histor. nat. IV. p. 654. *der bengalische blaue Würger.*

Klein, av. p. 54. n. 9. Lanius Bengalensis, Fingah dictus.

Klein, Vorber. p. 103. n. 9. *Fingah aus Bengala.*

Klein, verbeff. Vögelhiftorie, p. 53. n. 34. *blauer Wrangengel.*

Briffon, ornithol. I. p. 210. n. 22. Pie-grieche à queue fourchue de Bengale.

Büffon, Vögel, II. p. 204. *der blaue bengalifche Würger.* Tab. 50.

Batfch, Thiere, I. p. 236. *der bengalifche blaue Würger.*

Seligmann, Vögel, III. Tab. 7. *der indianifche Neuntödter, mit dem gabelförmigen Schwanz.*

Latham, Vögel, I. p. 145. n. 2. *der bengalifche Scheerfchwanz, Fingah.*

Latham, Syft. ornith. I. p. 67. n. 2. Lanius (Caerulefcens) cauda forficata, corpore nigro-caerulefcente, abdomine albo.

Linné, Syft. Nat. Edit. X. I. p. 95. n. 8. Lanius (Caerulefcens) cauda forficata, corpore nigro caerulefcente, abdomine albo.

Hermann, tab. affinit. animal. p. 178. Lanius caerulefcens.

5. CASTANEUS. *Der kaftanienbraune Würger.*

Latham, Vögel, I. p. 145. n. 3. *der kaftanienbraune Würger.*

Latham, Syft. ornitholog. I. p. 67. n. 4. Lanius (Caftaneus) cauda cuneiformi, corpore fupra caftaneo fubtus albo, vertice, nucha cervice que cinereis.

3. CRISTATUS. *Der Charah.*

Müller, Naturfyft. II. p. 110. n. 3. *der gehaubte Neuntödter.*

Onomat. hift nat. IV. p. 655. *der bengalifche rothe Würger, Charah.*

Briffon,

Brisson, ornithol. I. p. 205. n. 13. Pie-grieche rousse de Bengale.

Büffon, Vögel, II. p. 195. *der philippinische Würger.*

Halle, Vögel, p. 224. n. 163. *der bengalische rothe Würger.*

Klein, av. p. 54. n. 8. Lanius Bengalensis, Charah dictus.

Klein, Vorber. p. 103. n. 8. *Charah aus Bengala.*

Klein, verbess. Vögelhist. p. 53. n. 33. *gekrönter Wrangengel.*

Seligmann, Vögel, III. Tab. 3. *der gehaubte röthlich braune Neuntödter.*

Latham, Vögel, I. p. 154. n. 18. *der Chârah.*

Latham, Syst. ornitholog. I. p. 72. n. 17. Lanius (Cristatus) cauda cuneiformi, capite cristato, corpore rufescente, subtus fulvo fuscoque undulato.

Linné, Syst. Nat. Edit. X. I. p. 93. n. 1. Lanius (Cristatus) cauda cuneiformi, capite cristato, corpore rufescente, subtus fulvo fuscoque undulato.

Gerin. ornith. I. p. 74. Tab. 57. fig. 2.

4. CANADENSIS. *Der canadische gehäubte Würger.*

Müller, Natursyst. II. p. 110. n. 4. *der Canadische.*

Onomat. hist. nat. IV. p. 652. *der canadensische Neuntödter.*

Brisson, ornithol. I. p. 205. n. 12. Pie-grieche de Canada.

Büffon, Vögel, II. p. 236. *der kanadensische gehäubte Würger.*

Pennant, arct. Zool. II. p. 228. n. 45. *der Würger mit dem Federbusche, der canadische Würger.*

Latham, Vögel, I. p. 163. n. 35. *der kanadische Würger mit dem Federbusche.*

Latham, Syst. ornithol. I. p. 72. n. 18. Lanius (Canadensis) cauda cuneiformi, capite cristato, corpore rufescente, subtus albido.

Gerin, ornith. I. p. 75. Tab. 62. fig. 2.

6. Ludovicianus. *Der louisianische Würger.*

Müller, Natursyst. II. p. 111. n. 6. *der Louisianische.*

Pennant, arct. Zoolog. II. p. 228. n. 44. *der Schwarzkopf?*

Onomat hist. nat. IV. p. 659. *der Würger aus Ludovicien.*

Brisson, ornithol. I. p. 202. n. 8. Pie-grieche de la Louisiane.

Büffon, Vögel, II. p. 178. *der graue Würger von Louisiana.*

Latham, Vögel, I. p. 147. n. 5. *der Würger aus Louisiana.*

Latham, Syst. ornithol. I. p. 67. n. 8. Lanius (Ludovicianus) cauda cuneiformi, cinereus, remigibus nigris, basi rectricibusque apice albis.

7. Nengeta. *Der Nengeta.* (3)

Müller, Natursyst. II. p. 111. n. 7. *Brasilianische.*

Pennant,

(3) Halten sich, besonders im Innern von Guiana, häufig auf den untersten Aesten von gewissen Bäumen auf, wo sie Körner und Insekten suchen. Von Zeit zu Zeit schreyen sie alle auf einmal nach gewissen Zwischenzeiten. Ihr übrigens unangenehmes Geschrey dient verirrten Reisenden zu einem Zeichen, dass sie, wenn sie der Stimme dieser Vögel nachgehen, zu einem Flusse kommen. In Sibirien fängt und zähmt man diese Vögel. Sie fressen auch andere kleine Vögel.

Pennant, arct. Zoolog. II. p. 230. A. *der graue Würger.*
Onomat. hist. nat. IV. p. 662. *der graue brasilianische Würger.*
Brisson, ornith. I. p. 256. n. 8. Cotinga gris.
Buffon, Vögel, II. p. 242. *der brasilianische Würger.*
Büffon, Vögel, XIII. p. 158. *der Guiarou;* mit 1 Figur.
Latham, Vögel, I. p. 163. n. 36. *der Nengeta.*
Latham, Syst. ornitholog. I. p. 68. n. 7. Lanius (Nengeta) cauda cuneiformi, apice alba, corpore cinereo, subtus albido.
Samml. zur Physſ. u. Naturgesch. II. p. 752. *der Guiarou.*
Jonston, av. p. 203. *Guiaru Nheenceta.*
Donndorff, Handb. der Thiergesch. p. 216. n. 1. *der graue Würger.*

β. *Büffon*, Vögel, XIII. p. 161. *eine Abart des Guiarou.*
Latham, Vögel, I. p. 164. n. 36. Var. A.

8. Curvirostris. *Der Vanga.*
Müller, Natursyst. II. p. 112. n. 8. *Krummschnabel.*
Onomat. hist. nat. IV. p. 656. *der Würger von Madagaskar mit dem krummen Schnabel.*
Brisson, ornithol. I. p. 211. n. 23. Ecorcheur de Madagascar.
Büffon, Vögel, II. p. 220. *der weißbäuchige Würger von Madagaskar.* Tab. 55.
Latham, Vögel, I. p. 154. n. 19. *der krummschnäbligte Würger.*
Latham, Syst. ornith. I. p. 72. n. 15. Lanius (Curvirostris) cauda cuneiformi, corpore albo, dorso nigro, remigibus primoribus 5. macula alba.

Her-

b. Hermann, tab. affin. animal. p. 179. Lanius curvirostris.

9. COLLARIS. *Der Würger mit dem Halsbande.*

Müller, Natursyst. II. p. 112. n. 9. *der caapsche Neuntödter.*

Onomat. hist. nat. IV. p. 654. *der Würger vom Vorgebürge der guten Hoffnung.*

Brisson, ornithol. I. p. 208. n. 18. Pie-grieche du Cap de bonne esperance.

Büffon, Vögel, II. p. 179. *der Würger des Vorgebirges der guten Hoffnung.*

Latham, Vögel, I. p. 148. n. 7. *der Würger mit dem Halsbande.*

Latham, Syst. ornitholog. I. p. 69. n. 10. Lanius (Collaris) cauda cuneiformi, corpore nigro, subtus albo, remigibus primoribus basi albis.

10. LUCIONENSIS. *Der Würger aus Luçon.*

Müller, Natursyst. II. p. 112. n. 10. *der lucionische Neuntödter.*

Onomat. hist. natur. IV. p. 659. *der Neuntödter von der Insel Luçon.*

Brisson, ornitholog. I. p. 204. n. 11. Pie-grieche de Luçon.

Büffon, Vögel, II. p. 244. *der lucionische Würger.*

Latham, Vögel, I. p. 155. n. 21. *der Würger aus Luçon.*

Latham, Syst. ornitholog. I. p. 67. n. 5. Lanius (Lucionensis) cauda cuneiformi, corpore griseo-rufescente, rectricibus apice fusco fasciatis, macula aurium nigra.

β. Latham, Vögel, I. p. 156. Var. A. *

11. Ex-

11. EXCUBITOR. *Der große graue Würger.* (4)

Müller, Naturſyſt. II. p. 113. n. 11. *der Wächter.*

Leſke, Naturgeſch. p. 236. n. 1. *der graue Würger, die Bergelſter.*

Borowſky, Thierreich, II. p. 83. n. 2. *der große europäiſche Neuntödter.*

Blumenbach, Handb. der Naturgeſch. p. 162. n. 1. Lanius (Excubitor) cauda cuneiformi, lateribus alba, dorſo cano, alis nigris, macula alba; *der Würger, Bergälſter.*

Bechſtein, Naturgeſch. I. p. 335. n. 1. *der große graue Würger.*

Bechſtein, Naturgeſch. Deutſchl. II. p. 376. n. 1. *der große graue Würger.* p. 382. *aſchfarbiger Würger, großer blauer Würger, gemeiner Neuntödter, großer europäiſcher Neuntödter, Würgengel, Gebüſchfalke, wilder Elſter, Speralſter, Griegelelſter, wachender Würgvogel, grauer großer Afterfalke, Buſchelſter, Thornkrätzer, Thornkraſer, Walathee, Neunmörder, Wildwald, Krück-, Kruck- oder Krauſelſter, blauer Neuntödter, Krickelſter.* Tab. 13.

Funke, Naturgeſch. I. p. 290. *der graue Würger.*

Ebert,

(4) Länge 10 u. 3/4 Zoll Flügelweite 1 Fuſs 3 Zoll. Gewicht 4 Loth. Nährt ſich von Feldmauſen, Goldammern, Stieglitzen, Feldſperlingen, Finken, Zeiſigen, Lerchen, Inſekten, beſonders Hirſchkäfern, Roſskäfern, Heuſchrecken, Maulwurfsgrillen u. dgl. Geht auch im Sommer auf Eidechſen, Blindſchleichen u. ſ. w. Niſtet in Waldern und gebirgigen Gegenden auf hohen Bäumen, auf einzelnen Obſtbaumen, die im Felde dieſen Gegenden nahe liegen, und zwar auf den unterſten Zweigen derſelben, auch in Feldgeſträuche. Brütet jahrlich zweymal. Die Jungen kommen nach 15 Tagen aus.

Ebert, Naturl. II. p. 40. *der aschfarbige Neuntödter.*

Halle, Vögel, p. 220. n. 158. *der aschfarbne Würger von der ersten Größe.*

Gatterer, vom Nutzen u. Schaden der Thiere, II. p. 51. n. 49. *die Bergelster* u. s. w.

Pennant, arct. Zool. II. p. 227. n. 43. *der grosse Würger, die Bergelster.*

Neuer Schaupl. der Natur, VI. p. 132. *der große aschfarbige Neuntödter.*

Onomat. hist. nat. I. p. 382. Ampelis caerulescens; *der blaulichte Ottervogel, der Warvogel.*

Handb. d. Naturgesch. II. p. 198. n. 2. *der große graue Neuntödter.*

Handbuch der deutschen Thiergesch. p. 100. *der Würger.*

Klein, av. p. 53. n. 1. Lanius cinereus maior.

Klein, Vorbereitung, p. 101. n. 1. *der größeste Aschgraue.*

Klein, verbess. Vögelhist. p. 52. n. 26. *größester Neuntödter.*

Klein, Stemm. av. p. 9. Tab. 9. fig. 1. a. b. c.

Klein, Vögeleyer, p. 20. Tab. 5. fig. 9.

Gesner, Vögelb. p. 501. *der aschenfarbne Thornträer.*

Brisson, ornith. I. p. 197. n. 1. Pie-grieche grise.

Buffon, Vögel, II. p. 173. *der aschfarbige Würger.* Tab. 46.

Büffon, Vögel, XIII. p. 162.

Batsch, Thiere, I. p. 334 *der aschfarbige Würger.*

Beseke, Vögel Kurl. p. 27. n. 39. *der Wächter.*

Bock, Naturgesch. von Preussen, IV. p. 287. n. 37. *der Wächter, größeste Neuntödter, Würgengel.*

Fischer, Naturgesch. von Livland, p. 69. n. 53. *großer Neuntödter.*

Cetti,

Cetti, Naturgeschichte von Sardinien, II. p. 52. *Neuntödter.*

Pontoppidan, Naturgesch. von Dännemark, p. 166. n. 1. *Hapax.*

Pallas, nord. Beyträge, III. p. 15. *der graue Neuntödter.* IV. p. 25. Lanius Excubitor.

Lapeirouse, neue schwed. Abhandl. III. p. 102. Lanius *excubitor.*

Naturforsch. VIII. p. 60. n. 36. *der Wächter.*

Naturforsch. XVIII. p. 232. Lanius Excubitor.

Naturf. XXV. p. 16. *Neuntödter.*

Meidinger, Vorles. I. p. 114. n. 1. *der graue Würger, oder die Bergelster.*

Eberhard, Thiergesch. p. 75. *der Neuntödter?*

Scopoli, Bemerk. a. d. Naturgesch. I. p. 16. n. 18. *der große Neuntödter, großer Dorndräher.*

Linné, auserles. Abhandl. II. p. 287. n. 54. *der Wächter.*

Naumann, Vogelsteller, p. 126. *Krückelster.*

Zorn, Petinotheol. II. p. 248. *der große Neuntödter.*

Bechstein, Musterung schädl. Th. p. 90. n. 41. *der große graue Würger.*

Beckmann, Biblioth. VI. p. 52. *der graue Neuntödter.*

Kraft, Ausrott. grauf. Thiere, I. p. 294. *Neuntödter, Wild- oder Krück-Elster.*

Jablonsky, allg. Lex. p. 731. *Neuntödter.*

Anweis. Vögel zu fangen, u. s. w. p. 417. *der Neuntödter.*

Döbel, Jägerprakt. I. p. 81. *Krik-Elster.*

Tänzer, notabil. venator. p. 137.

Linné, Syst. Nat. Ed. II. p. 52. Lanio.

Linné, Syst. Natur. Edit. VI. p. 30. n. 3. Collurio.

Linné,

Linné, Syst. Nat. Edit. X. I. p. 94. n. 2. Lanius (Excubitor) cauda cuneiformi, lateribus alba, dorso cano, alis nigris, macula alba.

Kramer, Austr. p. 364. n. 4. Ampelis caerulescens, alis caudaque nigricantibus; *Speralster*, *Griegelalster*, *Neuntödter*.

Müller, zoolog. dan. prodr. p. 11. n. 84. Lanius (Excubitor) cauda cuneiformi, lateribus alba, dorso cano, alis nigris, macula alba.

Schwenkfeld, aviar. Siles. p. 291. Lanius maior; *ein Wan-Krengel*, *War-Krengel*, *Wurg-Engel*, *Neun-Mörder*, *Waldt-Herr*, *Waldt-Höher*.

Jonston, av. p. 24. Collurio maior.

Donndorff, Handb. der Thiergesch. p. 216. n. 2. *der große Würger*.

β. ALBUS. *Eine weiße Spielart.*

Brisson, ornitholog. I. p. 198. A. Lanius albus. *Pie-grieche blanche.*

Büffon, Vögel, II. p. 177. *ganz weiße Würger.*

Latham, Vögel, I. p. 147. n. 4. Var. B.

Latham, Syst. ornitholog. I. p. 68. γ. L. corpore toto albo.

Aldrov. av. I. p. 387. Lanius albus.

Jonston, av. p. 24. Collurio totus albus.

γ. MAIOR. *Eine größere Spielart.*

Brisson, ornithol. I. p. 198. n. 2. grande Pie-grieche grise.

Büffon, Vögel, II. p. 177. n. 61.

Latham, Vögel, I. p. 147. n. 4. Var. A.

Latham, Syst. ornithol. I. p. 68. β. Lanius cinereus maior.

12. COLLURIO. *Der Dorndreher.* (5)

Müller, Naturfyst. II. p. 113. n. 12. *der Finkenbeißer.*

Leske, Naturgesch. p. 236. n. 2. *der rothköpfige Würger, Finkenbeißer.*

Borowsky, Thierreich, II. p. 84. *der Dorndreher.*

Blumen-

(5) Unter den zu dieser Gattung gehörigen Synonymen, und den dabey angenommenen Varietäten herrscht grosse Verwechselung, wie ich in den folgenden Noten anführen werde. *Beseke* bemerkt sehr richtig, dass die *Lanii* überhaupt noch viel zu wenig beobachtet sind, und dass die Ursachen dieses Mangels darin liegen, dass sie nur einzeln leben, sich daher selten zeigen, und als kleine unbedeutende Vögel den Jäger nicht aufmerksam machen, wozu noch kommt, dass sie sich sehr still verhalten, und selten einmal ein Geschrey machen, daher man sie um so weniger gewahr wird. Die Grösse des Dorndrehers ist 8 Zoll, die Flügelweite 13 Zoll. Er gehört zu den angenehmsten Singvögeln, und ahmt andrer Vögel Stimme sehr geschickt nach. Zänkisch ist er wie alle seine Geschlechtsverwandten, und beisst sich immer mit Grasmücken, Goldammern u. dgl. Vögeln, die sich seinem Revier nähern, herum, ist aber zu ohnmächtig sie zu tödten. Im May richtet er unter den Maykäfern, und im Sommer unter den Mistkäfern, Feldgrillen, und Heuschrecken grosse Niederlagen an, spiesst sie häufig an die Dornen der Schwarz- und Weissdornstaude, und hält davon ordentliche Mahlzeiten. Brütet jährlich zweymal, und baut sich zu jeder Brut ein neues Nest. Das Nest ist ziemlich gross, besteht auswendig aus Wurzeln und groben Grasstengeln, worauf eine Lage von Moos und Wolle, und dann die innere Ausfütterung aus lauter kleinen Wurzelfasern folgt. Legt 5, seltener 6 weisse, mit schmutzig gelben und aschgrauen Pünktgen bestreuete stumpfe Eyer, die in 14 Tagen von dem Weibchen ausgebrütet werden. Das Weibchen hat fast gar nichts von der Farbe des Männchens gemein, und dies ist die Hauptursache der Verwirrung, die unter den Schriftstellern bey dieser Gattung angetroffen wird. *Bechstein.*

Blumenbach, Handb. der Naturgesch. p. 162. n. 2. Lanius (Collurio) cauda subcuneiformi, dorso griseo, rectricibus quatuor intermediis unicoloribus, rostro plumbeo; *der Neuntödter.*

Bechstein, Naturgesch. I. p. 338. n. 4. *der Dorndreher.*

Bechstein, Naturgesch. Deutschl. II. p. 392. n. 4. Lanius Spinitorquus; *der Dorndreher.* p. 399. *Dorntreter, kleiner bunter Würger, mandelbrauner Millwürger, blauköpfiger Würger, kleiner bunter Warkengel oder Würgengel, Dorndrechsler, rothgrauer kleinster Würger, schäckiger Würger, singender Rohrwrangel, singender Rohrwürger, großer Dornreich, Dornheher, Dorngreuel, kleiner Neuntödter.* Tab. 16. fig 1. 2.

Funke, Naturgesch. I. p. 291. *der Neuntödter, Dorndreher.*

Ebert, Naturl. II. p. 42. *der Dorntreter, Dorndrechsler.*

Halle, Vögel, p. 224. n. 166. *der rothgraue kleinste Würger.*

Gatterer, vom Nutzen und Schaden der Thiere, II. p. 53. n. 51. Lanius Spinitorquus; *der Dorntreter, Dorntraber;* u. s. w.

Pennant, arct. Zool. II. p. 229. n. 47. *der Würger mit dem rothen Rücken, der Finkenbeißer.*

Neuer Schaupl. der Natur, II. p. 372. *Dorntreter.*

Onomat. hist. nat. II. p. 136. *Warkengel, aschfarbner Neuntödter.*

Handb. der Naturgesch. II. p. 198. *der Wankrengel.*

Handbuch der deutschen Thiergesch. p. 100. L. Collurio; *der Dorndreher.*

Klein,

Klein, av. p. 53. n. 2. Lanius minor primo capite et collo cinereis, gutture et pectore incarnatis; alis et dorso ex aerugine et nigredine variegatis, rostro et pedibus nigris.

Klein, Vorbereitung, p. 102. n. 2. *kleiner bunter Wankrengel, Dorntraher.*

Klein, verb. Vögelhist. p. 52. n. 27. *kleiner bunter Wankrengel.*

Klein, Vögeleyer, p. 20. Tab. 5. fig. 8.

Klein, stemm. av. p. 9. Tab. 9. fig. 2. a. b.

Brisson, ornithol. I. p. 200. n. 4. Ecorcheur.

Büffon, Vögel, II. p. 192. *der kleinste bunte Würger.* Tab. 49.

Batsch, Thiere, I. p. 535. *der kleine bunte Würger oder Dorntreter.*

Latham, Vögel, I. p. 151. n. 15. *der Finkenbeißer.*

Latham, Syn. Suppl. p. 52. Red-backed Shrike.

Latham, Syst. ornitholog. I. p. 69. n. 11. Lanius (Collurio) cauda subcuneiformi, dorso griseo, rectricibus 4. intermediis unicoloribus, rostro plumbeo.

Beseke, Vögel Kurl. p. 29. n. 41. *der Finkenbeißer.*

Fischer, Zus. z. Naturgesch. von Livland, p. 44. n. 491. *kleiner Neuntödter.*

White, Naturgeschichte von England, p. 37. *Neuntödter.*

Bock, Naturgesch. von Preussen, IV. p. 289 n. 39. *der Finkenbeißer, größter rother Neuntödter, Rothkopf.*

Pallas, nord. Beytr. IV. p. 25. Lanius Collurio.

Scopoli, Bemerk. a. d. Naturgesch. I. p. 17. n. 19. *der kleine Neuntödter, Dorndreher.*

Zorn, Petinotheol. II. p. 252. *der kleine Neuntödter, Dorntretter.*

Nau, Entdeck. a. d. Naturgesch. I. p. 248. Lanius Collurio.

Bechstein, Musterung schädl. Thiere, p. 93. n. 44. *der Dorndreher.*

Naturforsch. VIII. p. 61. n. 38. *der Finkenbeißer.*

Schriften der berlin. Gesellsch. naturf. Freunde, VII. p. 450. n. 13. *der Finkenbeißer.*

Goeze, nützl. All. II. p. 159. n. 10. *der Neuntödter.*

Lapeirouse, neue schwed. Abhandl. III. p. 102. Lanius Collurio.

Tengmalm, neue schwed. Abh. II. p. 100.

Linné, Syst. Natur. Edit. VI. p. 30. n. 2. Lanius.

Linné, Syst. Nat. Edit. X. I. p. 94. n. 3. Lanius (Collurio) cauda subcuneiformi, dorso griseo, rectricibus quatuor intermediis unicoloribus, rostro plumbeo.

Müller, zool. dan. prodr. p. 11. n. 85. Lanius (Collurio) cauda subcuneiformi, dorso griseo, rectricibus quatuor intermediis unicoloribus, rostro plumbeo.

Kramer, Austr. p. 363. n. 2? *Dorngreul, Dornheher.*

Brünich, ornith. bor. p. 8. n. 23. 24. Collurio.

Schwenkfeld, aviar. Siles. p. 292. Lanius minor varius. Spinitorquus minor; *kleiner bunter Wankrengel, klein. Wahnkrengel, Dornträher.*

Hermann, tab. affin. animal. p. 180. Lanius Collurio.

Jonston, av. p. 107. Merulae congener?

Moehring, av. gen. p. 28. n. 1. Collyrio.

Gerin. ornith. I. p. 73. Tab. 55. fig. 8.

β. VA-

β. Varius. *Der bunte Dorndreher.* (6)

Halle, Vögel, p. 224. n. 165. *der ſingende Rohrwürger.*

Klein, av. p. 54. n. 10. Lanius arundinum.

Klein, av. p. 186. *Paſſer arundinum.* Lanius arundinum.

Klein, Vorbereit. p. 103. n. 10. *ſingender Rohrwrangel.*

Klein, Vorbereit. p. 340. *Rohrſperling.*

Klein, verbeſſerte Vögelhiſt. p. 53. n. 35. *ſingender Rohrwrangel.*

Briſſon, ornith. I. p. 201. n. 5. Ecorcheur varié.

Büffon, Vögel, II. p. 194. *der ſchäckige Würger.*

Latham, Vögel, I. p. 152. n. 16. *der bunte Würger.*

Latham, Syſt. ornithol. I. p. 70. β. Lanius griſeus, ſubtus ruſeſcens, ſtriis fuſcis, ſcapularibus albo nigroque dimidiatis, rectricibus exterioribus 3 baſi apiceque, extima extus ruſo-albis.

Lapeirouſe, neue ſchwed. Abhandl. III. p. 103.

γ. Rufus. *Der rothköpfige Würger.* (7)

Müller, Naturſyſt. Supplem. p. 71. n. 30. *der Schwarzohrige.*

N 3 *Borowsky*,

(6) Nach *Klein*, *Halle*, *Briſſon* u. a. eine eigne Gattung, wofür ihn auch *Latham* in der Synopſ. anfänglich annahm, der aber im Syſt. ornith. ſeine Meynung geändert hat, und mit *Büffon* eine Spielart daraus macht.

(7) In Anſehung dieſer Varietät ſind die Meynungen der Ornithologen ſehr getheilt. Einige nehmen den *Dorndreher* und *dieſen rothköpfigen Würger* nur als dem *Geſchlecht* (Sexus) nach von einander verſchieden an; einige ſtellen beyde als bloſse Spielarten auf; andere als *Büffon*, *Briſſon*, *Zorn*, *Klein*, *Latham*,

Borowsky, Thierreich, II. p. 83. n. 3. *der rothköpfige Würger.*

Bechstein, Naturgesch. I. p. 337. n. 3. *der rothköpfige Würger.*

Bechstein, Naturgesch. Deutschl. II. p. 387. *der rothköpfige Würger.* p. 392. *der mittlere Neuntödter, Krückelster, Rothkopf, große rothe Neuntödter, Finkenwürgvogel.* p. 390. *Finkenbeißer.* Tab. 15.

Funke, Naturgesch. I. p. 290. *der rothköpfige Würger, Finkenbeißer.*

Ebert, Naturl. II. p. 41. *der Finkenbeißer.*

Halle, Vögel, p. 223. n. 162. *der rothköpfige Würger der zwoten Größe.*

Gatterer, vom Nutzen und Schaden der Thiere, II. p. 52. Lanius Collurio; *der Finkenbeißer.*

Neuer

Latham, *Halle*, *Bechstein* u. a. m. betrachten beyde als wesentlich von einander verschiedene Gattungen. Ist dies letztere, so halt es bey denenjenigen, die nur einer Gattung erwähnt, und die andere übergangen haben, sehr schwer zu entscheiden, welche gemeynt sey, weil man mehrentheils Synonymen, Charaktere und Beschreibung verwechselt, oder gar vermengt hat. Unter den Neuern hat *Bechstein* die Beschreibung von beyden umständlich geliefert. *Ihm nach* beträgt die Länge des *rothköpfigen Würgers* 8 Zoll, und die Flugelweite 1 Fuss 3 Zoll. Er beisst sich mit allen Vögeln, die in seiner Nachbarschaft wohnen, besonders aber mit Elstern, und im Herbst und Frühjahr mit Finken herum, lernt auch, wie der Dorndreher, den Gesang der meisten Vögel nachsingen, und hat auch die Nahrung mit demselben gemein. Er nistet in Wäldern, Feldern und Garten auf hohen Bäumen in dichte Zweige, (*häufig auch in Dornhecken*) baut ein grosses Nest von Pflanzenstengeln, Moos, Gras, Schweinsborsten, Wolle und Haaren, und legt gewöhnlich 6 weissliche, ins Grüne schillernde, besonders am stumpfen Ende mit bräunlichen, bläulichen, und blassröthlichen Flecken besetzte Eyer, die in 15 Tagen ausgebrütet werden.

Neuer, Schaupl. der Natur; VI. p. 133. *der rothköpfichte Neuntödter.*

Onomat. histor. nat. I. p. 382. *der graue Ottervogel.*

Handb. der deutschen Thiergesch. p. 100. Lanius leucopis; *Finkenbeißer.*

Klein, av. p. 53. n. 3. Lanius minor rutilus.

Klein, Vorbereit. p. 102. n. 3. *kleiner rostiger Neuntödter.*

Klein, verb. Vögelhist. p. 52. n. 28. *kleiner rostiger Neuntödter.*

Klein, Vögeleyer, p. 20. Tab. 5. fig. 7.

Brisson, ornitholog. I. p. 199. n. 3. Pie-grieche rousse.

Büffon, Vögel, II. p. 186 *der rothköpfige Würger.* Tab. 48. M. u. W.

Batsch, Thiere, I. p. 335. *der rothköpfige Würger.*

Latham, Vögel, I. p. 153. n. 17. *die Waldkatze, der Rothkopf.*

Latham, Synops. Suppl. p. 169. 17 Woodchat.

Latham, Syst. ornitholog. I. p. 70. n. 12. Lanius (Rutilus) supra tricolor, subtus rufescente-albus, scapularibus totis, rectricibus a basi ad medium, lateralibus apice albis, fascia oculari nigra.

White, Naturgesch. von England, p. 41. *eine seltene Varietät des Neuntödters.*

Pontoppidan, Naturgesch. von Dännem. p. 166. n. 2. *Tornskade.*

Naturforsch. VIII. p. 61. n. 39. *kleiner rother Neuntödter.*

Meidinger, Vorles. I. p. 114. n. 2. *der rothköpfige Würger oder Finkenbeißer.*

Zorn, Petinoth. II. p. 251. *der mittlere Neuntödter.*

Bechstein, Musterung schädl. Thiere, p. 92. n. 43. *der rothköpfige Würger.*

Tänzer, notabil. venator. p. 137.

Schwenkfeld, aviar. Siles. p. 292. Lanius minor rutilus; *ein kleiner rother Wankrengel, rother Warkrengel.*

Germ. ornith. I. p. 74. Tab. 56.

δ. SENEGALENSIS. *Der rothe senegalische Würger.* (8)

Buffon, Vögel, II. p. 195. Tab. 49. *der rothe senegalische Würger.*

Latham, Vögel, I. p. 153. n. 17. Var. A.

Latham, Syst. ornithol. I. p. 71. β.

ε. MELANOCEPHALUS. *Der schwarzköpfige senegalische Würger.*

Buffon, Vögel, II. p. 195. *der schwarzköpfige senegalische Würger.*

Latham, Vögel, I. p. 154. n. 7. Var. B.

Latham, System. ornithol. I. p. 71. γ.

29. ANTIGUANUS. *Der Würger aus Antigua.*

Latham, Vögel, I. p. 155. n. 20. *der Würger aus Antigua.*

Latham, Syst. ornitholog. I. p. 72. n. 16. Lanius (Antiguanus) cauda cuneiformi, corpore flavo-rufo, iugulo pectoreque albo, capite, remigibus caudaque nigris, rectricibus laterali-bus apice rufis.

30. NIGER. *Der schwarze Würger aus Jamaika.*

Latham, Vögel, I. p. 166. n. 38. *der schwarze Würger aus Jamaika.*

Latham,

8) Nach *Latham*, nebst dem folgenden, Spielarten von seinem *Lanius Rutilus*, oder *Lan. Collur. Rufus* unsers Systems.

Latham, Syſt. ornitholog. I. p. 73. n. 21. Lanius (Niger) cauda ſubcuneiformi, corpore nigricante, remigibus ſecundariis extus margine fuſcis.

31. Leverianus. *Der leverianiſche Würger.*

Latham, Vögel. I. p. 170. n. 49. *der leverianiſche Würger.*

Latham, Syn. Suppl. p. 54. Magpie-Shrike.

Latham, Syſt. ornith. I. p. 73. n. 10. Lanius (Picatus) cauda cuneiformi, corpore albo nigroque vario, rectricibus omnibus apice albis.

32. Atricapillus. *Der ſurinamiſche Würger mit ſchwarzem Scheitel.*

Latham, Syſt. ornitholog. I. p. 73. n. 19. Lanius (Atricapillus) cauda cuneiformi, et vertice, cervice, humeris aliſque nigris, corpore ſupra murino, ſubtus caeruleſcente-cinereo.

33. Pomeranus. *Der pommerſche Würger.*

Latham, Syſt. ornithol. I. p. 70. ad n. 12. (als Spielart von *Lanius rutilus*, oder *Lan. Collurio Rufus* unſers Syſtems.)

13. Tyrannus. *Der Titiri oder Pipiri.* (9)

Müller, Naturſyſt. II. p. 114. n. 13. *der Würger.*

(9) Ich habe das Citatum aus *Pennant* arct. zool. zur folgenden Varietät γ. gezogen, wohin es, mir wenigſtens, nach allen Umſtänden, und ſelbſt nach den, vom *Pennant*, aus *Latham*, *Catesby* und *Büffon* angeführten Synonymen zu gehören ſcheint, ob gleich *Pennant* auch das Synonym aus *Briſſon* mit dazu rechnet. Aber der *rothe Strich*, der den Scheitel des Vogels der Länge nach theilt, ſcheint mir das entſcheidende Merkmal zu ſeyn, und die von *Pennant* aus

Borowsky, Thierreich, II. p. 82. n. 1. *der tyrannische Würger.*

Bechstein, Naturgesch. I. p. 340. n. 5. *der tyrannische Würger.*

Onomat. histor. nat. IV. p. 665. *der kleine amerikanische Neuntödter, die rothköpfigte Drossel.*

Brisson, ornithol. I. p. 267. n. 18. Tyran.

Büffon, Vögel, II. p. 245. *der tyrannische Würger.*

Büffon, Vögel, XIV. p. 124. *Titiri oder Pipiri* m. 1 Fig. *der schwarzköpfige Pipiri.*

Batsch, Thiere, I. p. 335. *der tyrann. Würger.*

Latham, Vögel, I. p. 164. n. 37. *der Tyrann.*

Latham, Syst. ornithol. I. p. 84. n. 53. Lanius (Tyrannus) cinereus, subtus albus, vertice nigro; stria longitudinali fulva.

Linné, auserlesene Abhandl. II. p. 281. n. 19. *der Wütrich Neuntödter.*

Samml. zur Phys. und Naturgesch. III. p. 116. *der Titiri oder Pipiri.*

Meidinger, Vorlesf. I. p. 114. n. 2. *der tyrannische Würger.*

Linné, Syst. Nat. Edit. X. I. p. 94. n. 4. Lanius (Tyrannus) vertice nigro, stria longitudinali fulva.

Hermann, tab. affin. anim. p. 180. L. Tyrannus.

Donn-

Catesby umständlich mitgetheilte Beschreibung bestätigt solches noch mehr. Auch *Latham* führt den *Pennant* bey dieser Varietät γ an; ich kann daher nicht begreifen, warum er *Kleins Turdus coronat. rubra* zum *Titiri* rechnet, da doch *Klein* selbst *Catesby Tyran of Carolina* angeführt hat. *Latham* gedenkt auch der *rothen Kopfplatte* nicht, und in der *Seligmannschen* Zeichnung vermisse ich die weissen Schwanzfederspitzen. Die Stellen aus *Catesby* und *Klein* führt *Brisson* beym *Titiri* an, und gedenkt also der Spielart aus Carolina gar nicht.

Donndorff, Handb. der Thiergesch. p. 218. n. 4. *der Tyrann.*

β. Dominicensis. *Der Tyrann von Domingo.* (9)

Brisson, ornith. I. p. 267. n. 19. *Tyran de St. Domingue.*

Büffon, Vögel, XIV. p. 126. *der Tyran von St. Domingo.*

Latham, Vögel, I. p. 165. A. *der Tyrann von St. Dominick.*

Latham, Syst. ornith. I. p. 84. n. 53. β. Lanius griseo-fuscus, subtus albus, pectore cinerascente, rectricibus extus et apice rufescentibus.

Samml. zur Phys. u. Naturgesch. III. p. 117.

γ. Carolinensis. *Der Tyrann aus Carolina.* (10)

Pennant, arct. Zool. II. p. 358. n. 180. *der Tyran.*

Klein, av. p. 69. n. 25. Turdus corona rubra.

Klein, Vorbereit. p. 131. n. 25. *rothköpfige Drossel.*

Klein, verbess. Vögelhist. p. 69. n. 25. *rothköpfige Drossel.*

Büffon, Vögel, XIV. p. 131. *der carolinische Tyrann;* m. 1 Fig.

Seligmann, Vögel, III. Tab. 10. *der Fliegenstecher mit rother Platte.*

Latham, Vögel, I. p. 165. B. *der Tyrann aus Carolina.*

Latham,

(9) Nach *Brisson* eine eigne Gattung.

(10) Kommt in Neuyork im April an, legt 5 weisse rostfarbig gefleckte Eyer, baut in niedrigen Büschen, (*der Titiri in Baumlöcher und dickbelaubte Zweige*) macht ein Nest aus Wolle und etwas Moos, mit Federn ausgefüttert, verläfst das Land wieder im August, und beobachtet die nämliche Wanderzeit in den südlichen Provinzen. (*Pennant.*)

Latham, Syst. ornitholog. I. p. 82. γ. Lanius cinereus, subtus albus, capite caudaque nigris, rectricibus apice albis.

Samml. zur Phys. u. Naturgesch. III. p. 117. *der carolinische Tyrann.*

δ. LUDOVICIANUS. *Der Tyrann aus Louisiana.*

Pennant, arct. Zool. II. p. 359. n. 181. *der louisianische Tyrann.*

Büffon, Vögel, XIV. p. 133. 141. *der louisianische Tyrann.*

Latham, Vögel, I. p. 166. C. *der Tyrann aus Louisiana.*

Latham, Syst. ornith. I. p. 82. δ. Lanius plumbeus, subtus albus, remigibus albo marginatis, rectrice extima latere exteriore, omnibus apice albis.

Samml. zur Physik u. Naturgesch. III. p. 118. *der louisianische Tyrann.*

14. SCHACH. *Der Schach.*

Müller, Natursyst. II. p. 115. n. 14. *der Schach.*

Onomat. histor. natur. IV. p. 664. *der gelblichte Würger von China.*

Büffon, Vögel, II. p. 248. *der Schach.*

Latham, Vögel, I. p. 156. n. 22. *der Schach.*

Latham, Syst. ornithol. I. p. 75. n. 25. Lanius (Schach) lutescens, fronte alisque nigris.

Linné, Syst. Nat. Ed. X. I. p. 94. n. 6. Lanius (Schach) corpore lutescente, fronte alisque nigris.

15. PITANGUA. *Der Pitangua.*

Müller, Natursyst. II. p. 15. n. 15. *Pitangua.*

Onomat. hist. nat. IV. p. 662. *der Pitanga Guacu aus Brasilien.*

Brisson,

Briſſon, ornith. I. p. 269. n. 23. Tyran du Bréſil.

Büffon, Vögel, II. p. 249. *der braſiliſche Tyrann, Pitangua*.

Büffon, Vögel, XIV. p. 134. *der Pitangua Tyrann*; m. 1 Fig.

Latham, Vögel, I. p. 167. n. 39. *der Pitangua*.

Latham, Syſt. ornith. I. p. 78. n. 42. Lanius (Pitangua) niger, ſubtus flavus, vertice ſtria fulva, faſcia oculari alba.

Samml. zur Phyſ. u. Naturgeſch. III. p. 118. *der Bentaveo oder Cuiriri*.

Jonſton, av. p. 210. *Pitangua Guacu Braſilienſibus*.

17. Rufus. *Der braunrothe madagaskariſche Würger*.

Müller, Naturſyſtem, II. p. 116. n. 17. *der rothe Neuntödter*.

Onomat. hiſt. nat. IV. p. 663. *der rothe Würger aus Madagaſcar*.

Briſſon, ornithol. I. p. 207. Pie-grieche rouſſe de Madagaſcar.

Büffon, Vögel, II. p. 224. *der braunrothe Würger von Madagaskar*. Tab. 56.

Latham, Vögel, I. p. 161. n. 31. *der braunrothe Würger*.

Latham, Syſt. ornitholog. I. p. 77. n. 35. Lanius (Rufus) rufus, ſubtus albidus, capite nigrovireſcente.

Gerin, ornith. I. p. 75. Tab. 59. fig. 1.

18. Barbarus. *Der Gonolak*.

Müller, Naturſyſt. II. p. 116. n. 18. *der Schwarze*.

Briſſon, ornith. I. p. 209. n. 20. Pie-grieche rouge de Senegal.

Büffon,

Büffon, Vögel, II. p. 230. *der rothe senegalische Würger.* Tab. 58.

Latham, Vögel, I. p. 156. n. 23. *der Würger aus der Barbarey.*

Latham, Syst. ornithol. I. p. 79. n. 45. Lanius (Barbarus) niger, subtus ruber, vertice femoribusque fulvis.

Hermann, tab. affin. animi p. 179. *Gonolak.*

Gerin. ornith. I. p. 75. Tab. 61. fig. 1.

19. SULPHURATUS. *Der schwefelgelbe Würger.*

Müller, Natursyst. II. p. 116. n. 19. *der Gelbe.*

Onomat. histor. nat.

ger aus Cayenne.

Brisson, ornitholog. I. p. 206. n. 15. Pie-grieche jaune de Cayenne.

Büffon, Vögel, II. p. 216. *der großschnäblichte Würger von Kayenne, mit gelbem Bauche.* Tab. 54.

Latham, Vögel, I. p. 167. n. 40. *der schwefelgelbe Würger.*

Latham, Syst. ornithol. I. p. 79. n. 43. Lanius (Sulphuratus) fuscus, subtus flavus, capite nigricante, fascia ambiente albida.

Gerin, ornith. I. p. 74. Tab. 58. fig. 1.

20. CAYANUS. *Der graue cayennische Würger.*

Müller, Natursyst. II. p. 117. n. 20. *der Cayennische.*

Müller, Natursyst. Supplem. p. 72. n. 31. *der Schwarzkopf.*

Onomat. hist. nat IV. p. 653. *der graue cayennische Würger.*

Brisson, ornithol. I. p. 201. n. 6. Pie-grieche grise de Cayenne.

Büffon,

Büffon, Vögel, II. p. 214. *der graue großschnäblichte Würger von Kayenne.* Tab. 53.

Latham, Vögel. I. p. 168. n. 41. *der graue cayennische Würger.*

Latham, Syst. ornithol. I. p. 80. n. 47. Lanius (Cayanus) cinereus, capite, remigibus rectricibusque primoribus nigris.

β. Naevius. *Der geschäckte cayennische Würger.* (1)

Brisson, ornithol. I. p. 202. n. 7. Pie-grieche tachetée de Cayenne.

Büffon, Vögel, II. p. 214. *der gefleckte oder schäckige cayennische Würger.*

Latham, Vögel, I. p. 168. A. *der gefleckte cayennische Würger.*

Latham, Syst. ornithol. I. p. 80. n. 47. β. Lanius cayanensis naevius.

γ. *Spotted Cayenne Shrike.* *Latham*, Syn. Suppl. p. 54. *

Latham, Syst. ornithol. I. p. 80. n. 47. γ. Variat corpore minore, *fronte* flavescente, *abdomine* griseo unicolore, macula aurium rufa.

21. Senegalus. *Der graue senegalische Würger.* (2)

Müller, Natursyst. II. p. 117. n. 21. *der Aschgraue.*

Onomat. hist. nat. IV. p. 664. *der graue Würger aus Senegal.*

Brisson, ornitholog. I. p. 203. n. 10. Pie-grieche grise du Sénégal.

Büffon,

(1) Nach *Brisson* eine eigne Gattung.

(2) Nach *Büffon* eine Spielart von *Lanius Excubitor.*

Büffon, Vögel, I. p. 179. *der graue Würger von Senegal.*

Latham, Vögel, I. p. 148. n. 6. *der senegalsche Würger.*

Latham, Syst. ornithol. I. p. 75. n. 24. Lanius (Senegalus) griseus, subtus albidus, vertice fasciaque oculari nigris, rectricibus nigris, apice albis.

Gerin. ornith. I. p. 75. Tab. 61. fig. 1.

22. Madagascariensis. *Der Calic-Calic.*

Müller, Natursyst. II. p. 117. n. 22. *der kleine Madagaskarische.*

Onomat. hist. nat. IV. p. 661. *der kleine Würger aus Madagaskar.*

Brisson, ornithol. I. p. 203. n. 9. petite Pie-grieche de Madagascar.

Büffon, Vögel, II. p. 232. *der kleine grüne madagaskarische Würger;* m. 1 Fig.

Latham, Vögel, I. p. 157. n. 24. *der Würger aus Madagaskar.*

Latham, Syst. ornith. I. p. 79. n. 46. Lanius (Madagascariensis) cinereus, subtus albidus, superciliis albis, loris nigris, rectricibus rufescentibus.

3. Emeria. *Der rothgeschwänzte bengalische Würger.*

Müller, Natursystem, II. p. 118. n. 3. *der Bengalische.*

Onomat. histor. natur. V. p. 370. *der bengalische Fliegenfänger.*

Brisson, ornitholog. I. p. 206. n. 14. Pie-grieche brune de Bengale.

Büffon, Vögel, II. p. 207. *der rothgeschwänzte bengalische Würger.* Tab. 51.

Selig-

Seligmann, Vögel, VI. Tab. 85. *indianisches Rothschwänzlein, indianischer Brustwenzel.*

Latham, Vögel, I. p. 157. n. 25. *der bengalische Würger.*

Latham, Syst. ornitholog. I. p. 74. n. 23. Lanius (Emeria) subcristatus griseus, subtus albus, temporibus, abdomine uropygioque albis.

27. Bicolor. *Der blaue madagascarische Würger.*

Müller, Natursystem, II. p. 558. n. 42. *der madagaskarische Kernbeißer.*

Müller, Natursyst. Supplem. p. 71. n. 28. *der Zweyfarbige.*

Brisson, ornitholog. I. p. 212. n. 26. Pie-grieche bleue de Madagascar.

Büffon, Vögel, II. p. 181. *der blaue Würger von Madagaskar.* Tab. 47. fig. 2.

Latham, Vögel, I. p. 160. n. 29. *der blaue Würger.*

Latham, Syst. ornitholog. I. p. 75. n. 26. Lanius (Bicolor) cauda subaequali, supra caerulescens, subtus albus, capistro nigro.

Gerin. ornith. I. p. 75. Tab. 60. fig. 1.

28. Leucorhynchos. *Der weißschnäblige Würger.*

Müller, Natursyst. Suppl. p. 71. n. 27. *der Weißbürzel.* Lanius Leucorinus.

Müller, Natursyst. Suppl. p. 74. n. 34. *der schwarze Neuntödter.* Lanius Angrajen.

Brisson, ornithol. I. p. 207. n. 17. Pie-grieche de Manille.

Büffon, Vögel, II. p. 211. *der Würger von den manillischen Inseln.* Tab. 52. fig. 1.

Latham, Vögel, I. p. 162. n. 33. *der Würger mit weißem Schnabel.*

Latham, Syst. ornith. I. p. 77. n. 38. Lanius (Leucorhynchos) niger, rostro, pectore, abdomine uropygioque albis.

Gerin. ornith. I. p. 75. Tab. 62.

34. Ferrugineus. *Der Würger mit rostigrothem Bauche.*

Latham, Vögel, I. p. 149. n. 8. *der Würger mit rostigrothem Bauche.*

Latham, Syn. Supplem. p. 51. Ferrugineous-bellied Shrike.

Latham, Syst. ornitholog. I. p. 76. n. 33. Lanius (Ferrugineus) nigricans, iugulo pectoreque albis, uropygio fusco, abdomine crissoque ferrugineis.

35. Tabuensis. *Der tabuanische Würger.*

Latham, Vögel, I. p. 149. n. 9. *der tabuanische Würger.*

Latham, Syst. ornitholog. I. p. 76. n. 34. Lanius (Tabuanus) olivaceo-fuscus, iugulo pectoreque cinereis, abdomine flavescente-fusco, remigibus nigris, cauda fusca.

36. Pacificus. *Der Würger vom stillen Ocean.*

Latham, Vögel, I. p. 149. n. 10. *der Würger vom stillen Ocean.*

Latham, Syst. ornith. I. p. 75. n. 28. Lanius (Pacificus) niger, capite colloque virescentibus, abdomine remigibus caudaque nigricantibus.

37. Septentrionalis. *Der nordamerikanische Würger.*

Latham, Vögel, I. p. 150. n. 11. *der Nord-Amerikanische Würger.*

Latham,

Latham, Syst. ornitholog. I. p. 76. n. 30. Lanius (Septentrionalis) fuscus, gula et pectore cinereis, rectricibus 3 exterioribus extus apice albis.

38. Viridis. *Der Tcha-chert.*

Müller, Naturfyst. Suppl. p. 72. n. 32. *der grüne Neuntödter.*

Brisson, ornitholog. I. p. 212. n. 25. Pie-grieche verte de Madagascar.

Büffon, Vögel, II. p. 211. *der Würger von Madagaskar.* Tab. 52. fig. 2.

Latham, Vögel, I. p. 160. n. 30. *der grüne Würger.*

Latham, Syst. ornithol. I. p. 75. n. 27. Lanius (Viridis) obscure viridis, subtus albus, rectricibus lateralibus nigricantibus, latere exteriore viridi.

39. Leucocephalos. *Der weißköpfige Würger.* (Tcha-chert-Be.)

Brisson, ornithol. I. p. 211. n. 24. grande Pie-griesche verte de Madagascar.

Büffon, Vögel, II. p. 227. *der große grünliche Würger von Madagaskar.*

Latham, Vögel, I. p. 161. n. 32. *der weißköpfige Würger.*

Latham, Syst. ornitholog. I. p. 77. n. 36. Lanius (Leucocephalus) nigro-virescens, capite, collo corporeque subtus albis.

Gerin. ornith. I. p. 75. Tab. 59. fig. 2.

40. Dominicanus. *Der schwarze Würger von St. Domingo.* (3)

Latham, Vögel, I. p. 162. n. 33. A. *der Dominikaner-Würger.*

Latham, Syst. ornitholog. I. p. 78. β. Lanius niger, abdomine uropygioque albis.

(3) Nach *Latham* eine Varietät von *L. Leucorhynchos.*

41. Panayensis. *Der rothe Würger von Panaya.*

Latham, Vögel, I. p. 163. n. 34. *der rothe Würger von Panaya.*

Latham, Syst. ornith. I. p. 78. n. 40. Lanius (Panayensis) fuscus, capite, gula, iugulo, pectore abdomineque rubris.

42. Albus. *Der weiße Würger aus Panaya.*

Latham, Vögel, I. p. 168. n. 42. *der weiße Würger aus Panaya.*

Latham, Syst. ornith. I. p. 77. n. 37. Lanius (Albus) albus, tectricibus alarum maioribus rectricibusque nigris, fascia alarum alba.

43. Varius. *Der Würger mit weißen Schultern.*

Latham, Vögel, I. p. 168. n. 43. *der Würger mit weißen Schultern.*

Latham, Syst. ornith. I. p. 73. n. 39. Lanius (Varius) cinereo-fuscus, iugulo pectoreque flavescentibus, abdomine fusco-albo, macula humerali alba.

44. Naevius. *Der gefleckte Würger.*(4)

Latham, Vögel, I. p. 169. n. 45. *der gefleckte Würger.*

Latham, Syst. ornitholog. I. p. 81. n. 51. Lanius (Naevius) niger, subtus cinereus, dorso, alis caudaque albo maculatis.

45. Obscurus. *Der dunkelfarbige Würger.*

Latham, Vögel, I. p. 170. n. 46. *der dunkelfarbige Würger.*

Latham,

(4) Ist nicht mit der gefleckten Spielart von *Lanius Cayanus*, n. 20. zu verwechseln.

Latham, Syſt. ornitholog. I. p. 81. n. 52. Lanius (Obſcurus) nigricans, abdomine ſuperciliisque albis.

46. Fuscus. *Der braune Würger.*

Latham, Vögel, I. p. 170. n. 47. *der braune Würger.*

47. Ruber. *Der rothe ſurinamiſche Würger.*

Latham, Vögel, I. p. 170. n. 48. *der rothe ſurinamiſche Würger.*

Latham, Syſt. ornithol. I. p. 78. n. 41. Lanius (Ruber) ruber, alis caudaque ocellatis, apice nigris.

48. Americanus. *Der ſchwarzköpfige amerikaniſche Würger?* (5)

Pennant, arct. Zoolog. II. p. 228. n. 44. *der Schwarzkopf.*

49. Minor. *Der kleine graue Würger.* (6)

Bechſtein, Naturgeſch. I. p. 336. n. 2. *der kleine graue Würger.*

O 3 *Bech-*

(5) *Pennant* und *Latham* rechnen ihn zu *Lanius Ludovicianus*.

(6) Nach *Büffon* eine Spielart von *Lanius Excubitor*, welches jedoch *Bechſtein* aus eignen Erfahrungen beſtreitet. Länge 9 Zoll. Flügelweite 14 Zoll. Fliegt ſanft und ſchön, und ſchwimmt leicht wie ein Falk in der Luft. Iſt ein Zugvogel. Nährt ſich vermuthlich mehrentheils von allerley Käfern; wenigſtens hat man ihn nicht ſo häufig nach den Vögeln ſtoſsen geſehen, als den groſsen grauen Würger. Niſtet in Gärten auf Obſtbäumen. Bauet ein groſses unregelmäſsiges Neſt, das äuſserlich eine Anlage von Wolle und grünen Kräutern hat, die nach der Mitte zu mit Wolle durchwirkt ſind; inwendig iſt es mit Wolle und groſsen und kleinen Federn dicht ausgefuttert. Legt gewöhnlich ſechs rundliche, grünlich

Bechstein, Naturgesch. Deutschl. II. p. 382. n. 2. *der kleine graue Würger.* p. 387. *der kleine aschgraue Neuntödter, die kleine Bergelster.* Tab. 14.

Pennant, arct. Zool. II. p. 231. B. *der kleinere graue Würger.*

Büffon, Vögel, II. p. 179. *der italienische Würger.*

Latham, Vögel, I. p. 171. n. 50. *der kleine graue Würger.*

Latham, Syst. ornith. I. p. 71. n. 13. Lanius (Italicus) cauda cuneiformi, apice alba, corpore cinereo, subtus albido, fronte fasciaque oculari nigris, remigibus nigris, macula alba.

Latham, Syn. Suppl. p. 54. Lesser grey Shrike.

Bechstein, Musterung schädl. Th. p. 91. n. 42. *der kleine graue Würger.*

Gerin. ornith. I. p. 72. Tab. 54.

50. NATKA. *Der Würger aus Natkasund.*

Pennant, arct. Zool. II. p. 229. n. 46. *der Würger aus Natkasund.*

Latham, Vögel, I. p. 172. n. 52. *der Nootka.*

Latham, Syst. ornitholog. I. p. 80. n. 48. Lanius (Nootka) niger, superciliis, gula, collari tectricibusque alarum maioribus albis, remigibus secundariis rectricibusque quatuor extimis apice albis.

51. MELANOCEPHALOS. *Der schwarzköpfige Würger.*

Latham, Vögel, I. p. 150. n. 12. *der schwarzköpfige Würger.* Tab. 7.

Latham,

grünlich weisse violet und braun gefleckte Eyer, die Männchen und Weibchen in 15 bis 16 Tagen wechselsweise ausbrüten.

Latham, Syst. ornithol. I. p. 76. n. 29. Lanius (Melanocephalos) olivaceus, capite nigro, cauda fascia lata nigra, apice alba.

52. BRACHYURUS. *Der kurzschwänzige Würger.*

Latham, Vögel, I. p. 150. n. 13. *der kurzgeschwänzte Würger.*

Latham, Syst. ornitholog. I. p. 76. n. 32. Lanius (Brachyurus) supra cinereo-griseus, subtus flavescens, fascia oculari nigra, superciliis rectricibusque lateralibus apice albis.

Pallas, Reise, Ausz. III. Anh. p. 3. n. 5. Lanius *brachyurus.*

53. PHOENICURUS. *Der Würger mit rothbraunem Schwanze.*

Latham, Vögel, I. p. 51. n. 14. *der Würger mit rothbraunem Schwanze.*

Latham, Syst. ornitholog. I. p. 71. n. 14. Lanius (Phoenicurus) rufo-griseus, subtus albo-flavescens, cauda elongata uropygioque rufis, fascia per oculos nigricante.

Pallas, Reise, Ausz. III. p. 185. *der kleine rothschwänzige Neuntödter.*

Pallas, Reise, Ausz. III. Anh. p. 4. n. 6. Lanius *phoenicurus.*

16. DOLIATUS. *Der schwarz und weiße Würger.*

Müller, Natursyst. II. p. 116. n. 16. *der gereifte Neuntödter.*

Klein, verbess. Vögelhist. p. 165. n. 2. *schwarz und weißer Neuntödter.*

Onomat. histor. nat. IV. p. 657. *der schwarz und weiße Würger.*

Brisson, ornitholog. I. p. 210. n. 21. Pie-grieche rayée de Cayenne.

 Büffon,

Büffon, Vögel, II. p. 198. *der surinamische schwarz und weiße Neuntödter.*

Seligmann, Vögel, VII. Tab. 5. *der schwarz u. weiße Neuntödter.*

Latham, Vögel, I. p. 169. n. 64. *der bunte cayennische Würger.*

Latham, Syst. ornith. I. p. 80 n. 50. Lanius (Doliatus) cauda rotundata, corpore albo nigroque, confertim subfasciato.

Bankroft, Naturgesch. von Guiana, p. 92. *der schwarz und weiße Fleischervogel.*

24. Iocosus. *Der Spaßvogel.* (7)

Müller, Natursyst. II. p. 118. n 24. *der Spottvogel.*

Onomat. hist. nat. V, p. 180. Merula Sinensis cristata minor.

Brisson, ornith. I. p. 229. n. 22. Petit merle hupé de la Chine.

Büffon, Vögel, II. p. 250. *der chinesische gehäubte Würger.*

Büffon, Vögel, VIII. p. 317. *die kleine gehaubte Amsel von China*; m. 1 Fig.

Latham, Syst. ornith. I. p. 73. n. 22. Lanius (Iocosus) cauda cuneiformi, capite cristato, corpore griseo, palpebra inferiore purpurea; ano sanguineo.

25. Infaustus. *Der Unglücksvogel.* (8)

Müller, Natursyst. II. p. 119. *der Unglücksvogel.*

Borowsky,

(7) *Latham* rechnet hieher auch die *Sitta Chinensis*, Linn S. N. p. 442. n. 8.

(8) Im Syst. ornithol. hat *Latham* diesen Vogel unter das Rabengeschlecht aufgenommen, und den *Corvus Sibiricus*, Linn. S. N. p. 373. n. 36. mit dazu gerechnet. Ueberhaupt muss ich

Borowsky, Thierreich, II. p. 84. n. 4.

Gatterer, vom Nutzen u. Schaden der Thiere, II. p. 53. n. 52. *der Unglücksvogel*, *Steinrötel*, *Gertraudsvogel*, *Bergamſel.*

Pennant, arct. Zoolog. II. p. 241. F. *der Unglücksvogel*, *Steinrötel.*

Onomat. hiſt. nat. V. p. 179. *die Bergamſel.*

Klein, av. p. 70. n. 32. Turdus ſ. Merula ſaxatilis.

Klein, Vorbereit. p. 132. n. 32. *Bergamſel.*

Klein, verbeſſerte Vögelhiſt. p. 69. n. 32. *Bergamſel.*

Gesner, Vögelb. p. 448. *Steinrötelein.*

Briſſon, ornith. I. p. 224. n. 13. Merle de Roche.

Büffon, Vögel, II. p. 252. *der Unglücksvogel.*

Latham, Vögel, I. p. 158. n. 27. *der Unglücksvogel*, *die Stein-Amſel.*

Latham, Syſt. ornith. I. p. 159. n. 22. Corvus (Infauſtus) dorſo cinereo, rectricibus rufis, intermediis duabus cinereis faſcia nigricante, cauda rotundata.

Lepechin, Tageb. d. ruſſ. Reiſe, II. p. 5. *Steinmerlen?*

ich bemerken, daſs unter den Synonymen *dieſer* Gattung, der dahin gerechneten Varietät, und des *Turdus Saxatilis* p. 833. n. 114. groſse Verwechſelung herrſcht; ſo, daſs die Ornithologen darüber mit ſich ſelbſt oft nicht einig ſind. *Latham* ſetzte in der Synopſ. den *Lanius infauſtus* unter die *Würger*, und nahm, wie in unſerm Syſtem, die Steinamſel als eine Spielart davon an. In dem Syſt. ornithol ſetzt er, wie ſchon geſagt, den *L. Infauſtus* unter die *Raben*, macht aus der *Steinamſel* eine eigne Gattung unter den *Droſſeln*; zieht *Gmelins Lanius Infauſtus* und *Turdus Saxatilis*, unter ſeinen *Turdus Infauſtus* p. 335. n 32. und rechnet dazu die Synonymen aus *Brünich*, *Olin.* *Raj.* *Albin.* und *Büffon.* Einige ſehen auch den *Lanius infauſtus* Linn. als das Weibchen von *Turdus Saxatilis* Linn. XII. p. 294. n. 14. an, u. ſ. w.

Pontoppidan, Naturg. von Dännemark, p. 166. n. 9. *Unglückvogel, Gertraudsvogel.*

Pontoppidan, Naturhist. v. Norwegen, II. p. 142. *Giertruds-fugl.*

Linné, auserl. Abhandl. II. p. 288. n. 58. *die Unglücksrabe.*

Lapeirouse, neue schwed. Abhandl. III. p. 103. Lanius infaustus.

Tengmalm, neue schwed. Abh. III. p. 112. Lanius infaustus.

Linné, Syst. Nat. Edit. X. I. p. 107. n. 12. Corvus (Infaustus) dorso cinereo, rectricibus rufis, intermediis duabus cinereis, fascia nigricante.

Linné, Fn. Suec. I. p. 187. Turdus rectricibus rufis, duabus intermediis cinereis, fascia nigricante, proximis apice cinereis.

Müller, zool. dan. prodr. p. 12. n. 93. Corvus infaustus.

Hermann, tab. affin. animal. p. 179. 200. Lanius infaustus.

Donndorff, Handb. der Thiergesch. p. 218. n. 5. *der Unglücksvogel.*

β. Minor. *Der kleinere Unglücksvogel.* (9)

Müller, Natursyst. II. p. 534. n. 14. *die Steinmerle.*

Borowsky, Thierreich, III. p. 168. n. 7.

Gatterer, vom Nutzen u. Schaden der Thiere, II. p. 396. n. 325. *die Steinamsel, Steinröthel.*

Onomat. histor. natur. VII. p. 634. *die Steindrossel, oder blauköpfige rothe Amsel.*

Klein, av. p. 67. n. 8. Turdus ruber, cyaneo capite.

Klein, Vorber. p. 126. n. 8. *blaue Drossel, blauköpfige rothe Drossel.*

Klein,

(9) S. die vorhergehende Anmerkung.

Klein, verbeſſ. Vögelhiſt. p. 67. n. 15. *blauköpfige rothe Droſſel.*
Briſſon, ornithol. I. p. 225. n. 14. petit Merle de roche.
Büffon; Vögel, IX. p. 75. *die Steinamſel.*
Batſch, Thiere, I. p. 342. *die Steinamſel.*
Latham, Vögel, I. p. 159. A. *der kleinere Unglücksvogel, die kleinere Steinamſel.*
Latham, Syſt. ornitholog. I. p. 336. n. 33. Turdus (Saxatilis) capite caeruleo, cauda ferruginea.
Bock, Naturgeſch. v. Preuſſen, IV. p. 414. n. 69. *Steinmerle.*
Fiſcher, Naturgeſch. von Livland, p. 94. n. 137. *Steinmerle.*
Naturforſch. XVII. p. 83. n. 169. *Steinmerle.*
Lapeirouſe, neue ſchwed. Abhandl. III. p. 108. Turdus Saxatilis.
Scopoli, Bemerk. a. d. Naturgeſch. I. p. 163. n. 199. *die Steindroſſel.*
Döbel, Jägerprakt. I. p. 55. *Stein-Amſel.*
Forſt-Fiſch- u. Jagdlexicon, I. p. 88. *Steinamſel.*
Linné, Syſt. Natur. Edit. XII. I. p. 294. n. 14. Turdus (Saxatilis) capite caeruleo, cauda ferruginea.
Kramer, Auſtr. p. 360. n. 2. Turdus capite caeruleo, cauda ferruginea. *Steinröthl.*

36. FAUSTUS. *Der Glücksvogel.*

Müller, Naturſ. II. p. 119. n. 26. *der Glücksvogel.*
Onomat. hiſtor. nat. IV. p. 658. *der chineſiſche Würger.*
Büffon, Vögel, II. p. 254. *der Glücksvogel.*
Latham, Vögel, I. p. 160. n. 28. *der Glücksvogel.*

A. *Ver-*

A. *Veränderungen gegen die XIIte Edition, und Vermehrung der Gattungen dieses Geschlechts.*

Edit. XII.	*Edit. XIII.*
p. 134. n. 5. Lanius Macrourus.	p. 842. n. 2. Colius Senegalensis.

In der XII. Edition hat dies Geschlecht 26 Gattungen; in der XIII. 53; es ist also hier um 27 Gattungen stärker. Da aber die fünfte Gattung aus der XII. Edit. in ein anderes Geschlecht versetzt, und an deren Stelle ein anderer Vogel gesetzt worden, so beläuft sich die Anzahl der neu hinzugekommenen Vögel auf 28. Ueberdem sind bey der 11ten Gattung *drey*, bey der 12ten *fünf*, bey der 13ten *vier*, bey der 20ten *zwey*, und bey der 25ten gleichfalls *zwey* Varietäten aus einander gesetzt.

B. *Unbestimmtere Thiere.*

1. *Ein dem Lanius Excubitor ähnlicher Vogel.*

Beseke, Vögel Kurl. p. 28. n. 40.

C. *Neuere Gattungen.*

1. *Der Würger mit schwarzer Mütze;* (in Cayenne.)

Latham, Vögel, I. p. 171. n. 51.
Latham, Syn. Suppl. p. 54. Black-capped Shrike.
Latham, Syst. ornitholog I. p. 76. n. 31. Lanius (Pileatus) cristatus cinerescens, capite, iugulo pectoreque nigris, tectricibus alarum albo fasciatis, cauda apice nigra.

2. *Der malabarische Würger.*

Latham, Vögel, I. p. 172. n. 53. Tab. 8.
Latham, Syn. Supplem. p. 56. Malabar Shrike. Tab. 108.

Latham,

Latham, Syst. ornithol. I. p. 66. n. 2. Lanius (Malabaricus) caeruleo niger, remigibus caudaque nigris; rectricibus extimis utrinque longissimis denudatis, apice latere exteriore pennatis.

Sonnerat, voy. Ind. II. Tab. 111. Gobe-mouche de Malabar.

3. *Der Boulboul;* (in Indien.)

Latham, Vögel, I. p. 173. n. 54.

Latham, Syn. Suppl. p. 57. Boulboul Shrike.

Latham, Syst. ornithol. I. p. 80. n. 49. Lanius (Boulboul) niger, pectore abdomineque cinerascentibus, alis fuscis, fasciis duabus albidis.

4. *Der orangefarbne Würger aus Cayenne.*

Latham, Vögel, I. p. 173. n. 54.

Latham, Syn. Suppl. p. 57. Orange Shrike.

Latham, Syst. ornith. I. p. 79. n. 44. Lanius (Aurantius) fulvo flavus, gula pectoreque rufescentibus, capite supra oculos nuchaque nigris, tectricibus alarum, remigibus caudaque fuscis.

5. *Der rothbraune amerikanische Würger mit weißer Kehle.* (10)

Latham, Syst. ornitholog. I. p. 69. n. 9. Lanius (Americanus) rufo-fuscus, subtus flavescens, pileo griseo, remigibus caudaque nigris, gula rectricumque apicibus albis.

Büffon, pl. enl. 397. Pie-grieche de la Louisiane.

⁂

Latham rechnet das Geschlecht *Lanius* unter die Ordnung *Picae*.

ZWEYTE

(10) Das angeführte Synonym von *Büffon* rechnet *Gmelin* im System p. 296. zu *Lanius Ludovicianus*, n. 6. *Latham* trennt es

ZWEYTE ORDNUNG.

PICAE. (*Spechtartige Vögel.*)

45. GESCHLECHT. PSITTACUS. *Der Papagey, Sittig.*

Müller, Natursyst. II. p. 121. Gen. XLV.
Leske, Naturgesch. p. 238. Gen. XIV.
Borowsky, Thierreich, II. p. 86. Gen. V.
Blumenbach, Handbuch der Naturgesch. p. 163. Gen. V.
Bechstein, Naturgesch. I. p. 341. Gen. V.
Halle, Vögel, p. 110.
Neuer Schaupl. der Natur, VI. p. 319.
Onomat. hist. nat. VI. p. 650.
Klein, av. p. 24. Gen. I.
Brisson, ornithol. II. p. 93. Gen. LIII.
Büffon, Vögel, XIX. p. tot.
Batsch, Thiere, I. p. 300. Gen. LIII.
Latham, allg. Uebers. d. Vögel, I. p. 174. Gen. V.
Latham, Syst. ornith. I. p. 82. Gen. V.
Donndorff, Handb. d. Thiergesch. p. 218. Gen. V.
Hermann, tab. affin. anim. p. 181.

* *Langschwänzige, mit keilförmigem Schwanze.*

1. MACAO. *Der Aras.*

Müller, Natursystem, II. p. 126. n. 1. *westindischer Rabe.* Tab. 28. fig. 1.
Leske, Naturgesch. p. 239. n. 1. *der westindische Papagey.*

Borowsky,

es davon, macht eine eigne Gattung daraus, lässt *Gmelins L. Americanus* p. 308. n. 48. eingehen, und nimmt *Pennants Black-crowned Shrike* zu seinem *Ludovicianus*.

Borowsky, Thierreich, II. p. 89. n. 2. *der westindische Rabe, rothe Papagey.*

Blumenbach, Handb. der Naturgesch. p. 164. n. 1. Psittacus (Macao) macrourus ruber, remigibus supra caeruleis, subtus rufis, genis nudis rugosis; *der Aras, indianische Rabe.*

Bechstein, Naturgesch. Deutschl. II. p. 167. *der westindische Papagey.*

Bechstein, Naturg. I. p. 342. n. 1. *der westindische Papagey.*

Funke, Naturgesch. I. p. 334. *der indianische Rabe.*

Ebert, Naturl. II. p. 47. *indianische Raben.* Tab. 23. fig. 2.

Halle, Vögel, p. 113. n. 20. *der flachköpfige Papagey, roth mit blauen Flügelschuppen.*

Onomat. hist. nat. VI. p. 683. *der rothblaue grosse Papagay.*

Klein, av. p. 24. n. 1. Psittacus alter Aldr. Macaow s. Macao.

Klein, Vorbereit. p. 46. n. 1. *der andre Papagey.*

Klein, verbess. Vögelhist. p. 25. n. 1. *rother Papagey vom ersten Range mit blauen Flügeln und Schwanz.*

Gesner, Vögelb. p. 466. *Erythrocyanus;* mit 1 Figur.

Brisson, ornith. II. p. 94. n. 1. Ara du Brésil.

Büffon, Vögel, XIX. p. 218. *der große rothe Ara;* mit 1 Fig.

Seligmann, Vögel, VI. Tab. 53. *rother Papagey vom ersten Range mit blauen Flügeln und Schwanz.*

Latham, Vögel, I. p. 175. n. 1. *der Aras, der indianische Rabe.*

Latham, Syst. ornitholog. I. p. 82. n. 1. Psittacus (Macao) macrourus ruber, remigibus supra caeruleis, subtus rufis, genis nudis rugosis.

Bock, Naturgesch. von Preussen, IV. p. 192. n. 42. *westindischer; indianischer Rabe.*

Bankroft, Naturgesch. v. Guiana, p. 93. *der roth und blaue Mackaw.*

Fermin, Beschr. von Surinam, II. p. 153. *die erstere Art.*

Schlözer, Erdbeschreib. von Amer. p. 684. *der Macaw.*

Scopoli, Bemerk. a. d. Naturgesch. I. p. 19. n. 21. *der rothe Papagey von der ersten Größe mit himmelblauen Flügeln und Schwanze.*

Bock: Naturforsch. IX. p. 40. n. 41. *westindischer Rabe.*

Goeze: Naturf. XIX. p. 80 *westindischer Rabe.*

Linné, Syst. Natur. Edit. VI. p. 18. n. 1. Psittacus cauda cuneiformi, temporibus nudis rugosis.

Linné, Syst. Nat. Ed. X. I. p. 96. n. 1. Psittacus (Macao) macrourus ruber, remigibus supra caeruleis, subtus rufis, genis nudis rugosis.

Schwenkfeld, aviar. Siles. p. 343. Psittacus Erythrocianus; *ein rothblauer Papagey, oder Sittich, Papagey von mancherley Farben.*

Barrere, Franc. equinox. p. 145. Psittacus puniceus.

Du Tertre, hist. des Antill. II. p. 247. *Arras.*

Lery, Voy. au Bresil. p. 170. *Arras.*

Rochefort, hist. des Antill. p. 154. *Aras.*

Jonston, av. p. 38. Psittacus Erythrocyanus Gesneri.

Germ. ornith. I. p 93. Tab. 102.

Donndorff, Handb. der Thiergesch. p. 219. n. 1. *der Aras.*

52. Ara-

52. ARACANGA. *Der Aracanga.* (1)

Halle, Vögel, p. 113. n. 27. *der rothe Papagey mit der Schnabelmaske.*

Klein, av. p. 24 n. 3. Psittacus capite caeruleo.

Klein, Vorbereitung, p. 46. n. 3. *der bunte mit dem himmelblauen Kopfe.*

Klein, verb. Vögelhist. p. 25. n. 3. *Blaukopf vom ersten Range.*

Gesner, Vögelbuch, p. 465. *rothgelber Sittich.*

Brisson, ornitholog. I. p. 95. n. 2. Ara de la Jamaïque.

Büffon, Vögel, XIX. p. 219. 236. *der kleine rothe Ara;* m. 1 Fig.

Latham, Vögel, I. p. 176. n. 2. *der roth und gelbe Makao.*

Latham, Syst. ornitholog. I. p. 83. n. 2. Psittacus (Aracanga) macr. dilute coccineus, scapularibus luteis, viridi terminatis, remigibus supra caeruleis, subtus rufis, genis nudis coccineis.

Bankroft, Naturgesch. von Guiana, p. 94. *der roth und gelbe Mackaw.*

Schwenkfeld, aviar. Siles. p. 343. Psittacus Erythroxanthus; *ein geelber Sittich, Sickust der viel geeles auff den Flügeln hat.*

Charleton, exercit p. 74. n. 15. Psittacus erythroxantus.

Jonston, av. p. 38. Erythroxantus Gesneri.

2. Mi-

(1) Nach *Büffon* u. a. eine Varietät; — nach *Latham* vielleicht ein Junger vom vorigen. Die Synonymien zwischen beyden werden häufig verwechselt.

2. Militaris. *Der große grüne Aras.* (2)

Müller, Natursyst. II. p. 127. n. 2. *der grüne Husar.*

Buffon, Vögel, XIX. p. 256. *der große grüne Ara des Edwards;* m. 1 Fig.

Latham, Vögel, I. p. 177. n. 3. *der militärische Makao.*

Latham, Syst. ornitholog. I. p. 83 n. 3. Psittacus (Militaris) macr. viridis, alis caeruleis, fronte caudaque rubris, genis nudis, lineis plumosis.

Bankroft, Naturg. v. Guiana, p. 95. *der größte Papagey von Guiana, Akushe.*

3. Ararauna. *Der blau und gelbe Aras.*

Müller, Natursyst. II. p. 127. n. 3. *der blaugelbe Rabe.*

Bechstein, Naturgesch. I. p. 342. n. 2. *der Regenbogenpapagay.*

Borowsky, Thierreich, II. p. 88. n. 1. *der Regenbogenpapagei.*

Halle, Vögel, p. 111. n. 22. *der blau und gelb mondirte Papagey mit langem Schwanze und Knebelbarte.*

Onomat. hist. nat. VI. p. 664. *der große blaue und gelbe Papagay.*

Klein, av. p. 24. n. 4. Psittacus vertice viridi, cauda cyanea.

Klein, Vorbereit p. 46 n. 4. *Papagey mit dem grünen Scheitel, und lasurblauen Schwanze.*

Klein, verb. Vögelhist. p. 25 n. 4. *Grünmütze mit blauem Schwanze vom ersten Range.*

Brisson, ornithol. II. p. 96. n. 4. Ara bleu et jaune du Brésil.

Buffon,

(2) Im System ist das Vaterland dieses Vogels nicht angegeben. *Latham vermuthet* Guiana. Sollte *Bankrofts Akushe* wirklich hieher gehören?

Buffon, Vögel, XIX. p. 298. *der blaue Ara*; m. 1 Fig.

Seligmann, Vögel, VI. Tab. 54. *der blaue und gelbe Papagey vom ersten Range.*

Latham, Vögel, I. p. 178. n. 4. *der blau und gelbe Makao.*

Latham, Syst. ornithol. I. p. 83. n. 4. Psittacus (Ararauna) macr. supra caeruleus, subtus luteus, genis nudis, lineis plumosis.

Fermin, Surinam, II. p. 153. *der blaue Aras.*

Bankroft, Guiana, p. 93. *der blau- und gelbe Makow.*

Scopoli, Bemerk. a d. Naturgesch. I. p. 20. n. 22. *der Papagey mit dem grünen Scheitel und lasurblauem Schwanze.*

Linné, Syst. Natur. Edit. VI. p. 18. n. 2. Psittacus cauda cuneiformi, temporibus nudis, lineis plumosis.

Linné, Syst. Nat. Edit. X. I. p. 96. n. 2. Psittacus (Ararauna) macrourus, subtus caeruleus, genis nudis, lineis plumosis.

Schwenkfeld, aviar. Siles. p. 343. Psittacus cyanocroceus; *ein rothgelber Papagey.*

Charleton, exercit. p. 74. n. 1. Psittacus maximus cyanocroceus.

Barrere, fr. equinox. p. 145. Psittacus maximus alter Jonstonii.

Jonston, avi. p. 36. Psittacus maximus cyanocroceus.

Gerin. ornith. I. p. 94. Tab. 103.

β. CAERULEUS. *Der blaue Aras.* (3).

Klein, av. p. 24. n. 2. Psittacus caeruleo-luteus.

 Klein,

(3) Nach *Klein*, *Brisson* u. a. eine eigne Gattung

Klein, Vorbereit. p. 46. n. 2. *der Himmelblaue gelblichte.*

Klein, verb. Vögelhift. p. 25. n. 2. *Blau und gelber vom erften Range.*

Briffon, ornithol. II. p. 96. n. 3. Ara bleu et jaune de la Jamaïque.

Büffon, Vögel, XIX. p. 238. *der blau und gelbe Ara von Jamaika.*

Latham, Vögel, I. p. 179. A. *der blaue Makao.*

Latham, Syft. ornitholog. I. p. 84. β. Pfittacus macr. fupra cyaneus, fubtus croceus, genis nudis candidis, rectricibus fupra cyaneis, fubtus croceis.

53. Makawuanna. *Der Makawuanna.*

Latham, Vögel, I. p. 179. n. 5. *der Papagay-Makao.*

Latham, Syft. ornitholog. I. p. 84. n. 6. Pfittacus (Makavouanna) macr. viridis, genis nudis, fubtus rufefcens, abdomine virefcente, remigibus caeruleis, apicibus extus fufcis.

Büffon, Vögel, XX. p. 78. *der Araparkit*; m. 1 Figur.

54. Ater. *Der fchwarze Aras.*

Latham, Vögel, I. p. 180. n. 6. *der fchwarze Makao.*

Latham, Syft. ornithol. I. p. 84. n. 7. Pfittacus (Ater) macr. nigricans, viridi-fplendidiffimus, roftro oculisque rubentibus, pedibus flavis.

4. Obscurus. *Der dunkelbraune Papagey.*

Müller, Naturfyft. II. p. 128. n. 4. *der braune Papagey.*

Onomat.

Onomat. histor. nat. VI. p. 688. *der braune Papagey.*

Büffon, Vögel, XIX. p. 89. *brauner Papagey.*

Latham, Vögel, I. p. 280. n. 7. *der dunkelbraune Papagey.*

Latham, Syst. ornitholog. I. p. 84. n. 8. Psittacus (Obscurus) macr. fuscus, genis nudis rubris, vertice cinereo - nigricante vario, cauda cinerea.

Linné, Syst. Nat. Edit. X. I. p. 97. n. 3. Psittacus (Obscurus) macrourus viridis, genis nudis, vertice cinereo-nigrescente vario, cauda cinerea.

5. NOBILIS. *Der edle Papagey.*

Müller, Natursyst. II. p. 129. n. 5. *der Amazon.*

Onomat. histor. natur. VI. p. 687. *der edle Papagey.*

Büffon, Vögel, XIX. p. 267. *Linnés grüner Papagey, mit nackten Backen und rothen Schultern.*

Latham, Vögel, I. p. 180. n. 8. *der edle Papagoy.*

Latham, Syst. ornitholog. I. p. 85. n. 9. Psittacus (Nobilis) macr. viridis, genis nudis, humeris coccineis.

Linné, Syst. Nat. Edit. X. I. p. 97. n. 4. Psittacus (Nobilis) macrourus viridis, genis nudis, humeris coccineis.

6. SEVERUS, *Der Maracana.*

Müller, Natursyst. II. p. 130. n. 6. *der grüne Brasilianische.*

Borowsky, Thierreich, II. p. 89. n. 3. *der grüne brasilianische Ara.*

Onomat. histor. nat. VI. p. 694. *der große grüne Brasilianische Papagey.*

Klein, verb. Vögelhist. p. 162. n. 1. *grüner Papagey mit blauem Scheitel und rothem Schwanze.*

Brisson, ornitholog. II. p. 98. n. 6. Ara verd du Brésil.

Buffon, Vögel, XIX. p. 245. *der grüne Ara;* m. 1 Fig.

Seligmann, Vögel, VII. Tab. 10. *der Brasilianische grüne Papagey mit blauer Scheitel und rothem Schwanze.*

Latham, Vögel, I. p. 181. n. 9. *der Brasilianische grüne Makao.*

Latham, Synopf. Suppl. p. 58. Brasilian green Maccaw.

Latham, Syst. ornithol. I. p. 85. n. 10. Psittacus (Severus) macr. viridis, genis nudis, remigibus rectricibusque caeruleis, subtus purpurascentibus.

Scopoli, Bemerk. a. d. Naturgesch. I. p. 21. n. 23. *der grüne Papagey mit unten rothen Flügeln und Schwanze.*

Linné, Syst. Nat. Edit. X. I. p. 97. n. 5. Psittacus (Severus) macrourus viridis, genis nudis, remigibus rectricibusque caeruleis, subtus purpurascentibus.

β. *Brisson*, ornitholog. II. p. 99. n. 7. Ara verd et rouge du Bresil. *(eigne Gattung.)*

7. Eupatria. *Der Papagey aus Gingi.*

Muller, Natursystem, II. p. 130. n. 7. *die Edeldame.*

Onomat. hist. nat. VI. p. 676. *die Edeldame.*

Brisson, ornitholog. II. p. 136. n. 64. Perruche de Gingi.

Buffon,

Büffon, Vögel, XIX. p. 174. *der große Sittich mit röthlichen Flügeln*; m. 1 Fig.

Latham, Vögel, I. p. 182. n. 10. *der Papagoy aus Gingi.*

Latham, Syst. ornith. I. p. 85. n. 11. Psittacus (Eupatria) macr. viridis, subtus flavicans, collo inferiore cinerascente - viridi, tectricibus alarum minoribus macula rubra.

8. Japonicus. *Der japanische Papagey.*

Müller, Natursyst. II. p. 131. n. 8. *Japanische.*

Onomat. histor. nat. VI. p. 680. *der japanische Papagay.*

Brisson, ornitholog. II. p. 141. n. 71. Perruche du Japon.

Büffon, Vögel, XIX. p. 181. *der grün und rothe Sittich.*

Latham, Vögel, I. p. 182. n. 11. *der japanische Papagoy.*

Latham, Syst. ornithol. I. p. 86. n. 12. Psittacus (Japonicus) macr. viridis, subtus rectricibusque lateralibus ruber, remigibus caeruleis.

Charleton, exercit. p. 74. n. 11. Psittacus erythrochlorus macrourus.

Jonston, av. p. 38. Psittacus erythrochlorus macrourus.

9. Amboinensis. *Der Papagey aus Amboina.*

Müller, Natursyst. II. p. 131 n. 9. *der Amboinische.*

Onomat. hist. nat. VI. p. 664. *der Amboinische Papagay.*

Brisson, ornithol. I. p. 146. n. 79. Perruche rouge d'Amboine.

Büffon, Vögel, XIX. p. 128. *der dreyfarbige Sittich-Lori*; m. 1 Fig.

Latham, Vögel, I. p. 185. n. 12. *der Papagoy aus Amboina.*

Latham, Syst. ornithol. I. p. 86. n. 13. Psittacus (Amboinensis) macr. coccineus, dorso caeruleo, alis macula viridi, rectricibus violaceis.

10. Cyanocephalus. *Der blauköpfige Papagey.*

Müller, Natursyst. II. p. 131. n. 10. *der Blaukopf.*

Onomat. hist. nat. VI. p. 673. *der Blaukopf.*

Brisson, ornithol. II. p. 140. n. 70. Perruche à tête bleue.

Büffon, Vögel, XIX. p. 143. *der Sittich mit dem blauen Kopfe;* m. 1 Fig.

Latham, Vögel, I. p. 183. n. 13. *der blauköpfige Papagoy.*

Latham, Syst. ornitholog. I. p. 86. n. 14. Psittacus (Cyanocephalus) macr. viridis, capite gulaque caeruleis.

Germ. ornith. II. p. 20. Tab. 129.

50. Haematotus. *Der rothbrüstige Papagey.*

Müller, Natursyst. Supplem. p. 73. n. 6. b. *der Blutpapagey.*

Brisson, ornithol. II. p. 141. n. 72. Perruche variée d'Amboine.

Büffon, Vögel, XIX. p. 158. *der Sittich mit dem blauen Gesichte;* m. 1 Fig.

Klein, verbesserte Vögelhist. p. 163. n. 4. *rothbrüstiger Papagey.*

Seligmann, Vögel, VII. Tab. 17. *der rothbrüstige Papagey.*

Latham, Vögel, I. p. 184. n. 14. *der Papagoy mit rother Brust.*

Latham, Syst. ornithol. I. p. 87. n. 17. Psittacus (Haematotus) macr. viridis, pectore rubro, facie caerulea, lunula cervicis flava.

β. *Der*

β. *Der Papagey mit orangefarbner Brust.*
Latham, Vögel, I. p. 185. n. 14. Var. A. *der Papagey mit orangefarbner Brust.*
Latham, Syst. ornithol. I. p. 87. n. 17. β. Psittacus macr. viridis, pectore rubro, flavo vario, capite, gula abdomineque medio caeruleis.

γ. *Der blaubäuchige Papagey.*
Büffon, Vögel, XIX. p. 161. *der blaubäuchige Papagey.*
Latham, Vögel, I. p. 185. n. 14. Var. B. *der Papagoy mit blauem Bauche.*
Latham, Syst. ornitholog. I. p. 87. n. 17. γ. Ps. macr. viridis, pectore rubro, flavo vario, capite, gula abdomineque toto caeruleis.

δ. *Blue-bellied Parrot, Latham*, Syn. Supplem. p. 59. C. *
Latham, Syst. ornithol. I p. 87. n. 17. δ. Ps. praecedenti similis, pennis scapularibus rubro flavoque maculatis, nuchae margine rubentibus.

55. Atricapillus. *Der schwarzköpfige Papagey.*
Halle, Vögel, p. 121. n. 45. *der blaubunte orientalische Papagai, mit grün- und rothem Halsringe.*
Brisson, ornitholog. II. p. 97. n. 5. Ara varié des Moluques.
Büffon, Vögel, XIX. p. 178. *der große Sittich mit der schwarzen Kopfbinde;* m. 1 Fig.
Klein, Vorber. p. 47. n. 16. *mit dem schwarzen Kopfe und grünen Kragen, Loeri genannt.*
Klein, verbess. Vögelhist. p. 26. n. 20. *Schwarzkopf mit grünem Halsbande.*

Latham, Vögel, I. p. 185. n. 15. *der schwarzköpfige Papagey.*

Latham, Syst. ornithol. I. p. 88. n. 18. Psittacus (Atricapillus) macr. caeruleus, subtus viridis, rubro variegatus, pileo nigro, iugulo pectoreque rubris.

56. TABUENSIS. *Der Papagey aus Taboa.*

Latham, Vögel, I. p. 186. n. 16. *der Papagoy aus Taboa;* Tab. 16.

Latham, Syst. ornithol. I. p. 88. n. 19. Psittacus (Tabuensis) macr. viridis, capite, collo pectoreque subtus purpureo-coccineis, cervice basi lunula caerulea, remigibus rectricibusque caeruleis.

β. Ps. macr. viridis, capite, collo corporeque subtus coccineis, lunula cervicis, uropygioque caeruleis, alis viridibus, cauda fusca. *

Latham, Syst. ornith. I. p. 88. n. 19. β.

57. PAPUENSIS. *Der Papagey aus Papua.*

Latham, Vögel, I. p. 186. n. 17. *der Lory aus Papua.*

Latham, Syst ornitholog. I. p. 88. n. 20. Psittacus (Papuensis) macr. ruber, alis caudaque viridibus, nucha caerulea, cervice lunulis 2. nigris, tectricibus femorum, maculaque ad basin alarum flavis.

β. *Latham*, Vögel, I. p. 187. n. 17. Var. A.

Latham, Syst. ornith. I. p. 88. n. 20. β. Psittacus taenia abdominis transversa nigra margine viridi.

γ. Laγ. *Latham*, Vögel, I. p. 187. n. 17. Var. B.

Latham, Syftem. ornithol. I. p. 89. γ. Pfittacus coccineus, dorfi parte pofteriore caeruleo-atra, macula inter alas viridi.

δ. *Latham*, Vögel, I. p. 187. n. 17. Var. C.

Latham, Syft. ornithol. I. p. 89. δ. Pf. abdominis medio viridi.

11. Borneus. *Der Papagey aus Borneo.*

Müller, Naturfyftem, II. p. 132. n. 11. *der rothe Parkit.*

Onomat. hift. nat. VII. p. 666. *der rothe Parkit.*

Briffon, ornith. II. p. 144. n. 77. Perruche rouge de Borneo.

Büffon, Vögel, XIX. p. 124. *der rothe Sittich-Lori;* m. 1 Fig.

Seligmann, Vögel, VI. Tab. 68. *der langgefchwänzte Scharlach-Lory.*

Latham, Vögel, I. p. 188. n. 18. *der Lory aus Borneo.*

Latham, Syft. ornithol. I. p. 89. n. 21. Pfittacus (Borneus) macr. ruber, remigibus rectricibusque apice viridibus, alis macula caerulea, orbitis fufcis.

Linné, Syft. Nat. Ed. X. I. p. 97. n. 6. Pfittacus (Borneus) macrourus, ruber, remigibus rectricibusque apice viridibus, alis macula caerulea.

58. Indicus. *Der indianifche Papagey.*

Briffon, ornith. II. p. 145. n. 78. Perruche rouge des Indes.

Büffon, Vögel, XIX. p. 126. *der violet und rothe Sittich-Lori;* m. 1 Fig.

Latham,

Latham, Vögel, I. p. 188. n. 19. *der indianische Lory.*

Latham, Syst. ornithol. I. p. 89. n. 22. Psittacus (Coccineus) macr. coccineus, subtus fusco violaceoque varius, capite, et collo superioribus, pectore et taenia pone oculos caeruleo-violaceis, remigibus rectricibusque violaceo-fuscis.

59. Elegans. *Der prächtige Papagey.*

Latham, Vögel, I. p. 189. n. 20. *der prächtige Papagey.*

Latham, Syst. ornitholog. p. 89. n. 23. Psittacus (Elegans) macr. fuscus, pennis rubro viridique marginatis, capite, collo pectoreque subtus coccineis, humeris, remigum rectricumque marginibus caeruleis.

β. *Latham*, Vögel, I. p. 189. n. 20. Var. A.

Latham, Syst ornithol. I. p. 90. n. 23. β. Psitt. viridis, capite, collo pectoreque coccineis.

60. Guebiensis. *Der Papagey von der Insel Gueby.* (4)

Büffon, Vögel, XIX. p. 118. *der rothe und violette Lori;* m. 1 Fig.

Latham, Vögel, I. p. 189. n. 21. *der Lory aus Gueby.*

Latham, Syst. ornithol. I. p. 90. n. 24. Psittacus (Guebiensis) macr. coccineus, pectore, interscapuliis abdomineque purpureis, hoc saturatiore, remigibus nigris fascia rubra.

61. Jan-

(4) Nach *Latham* gehört auch die folgende Gattung als eine Spielart mit hierher.

61. JANTHINUS. *Der violette Papagey.* (s)

Latham, Vögel, I. p. 190. n. 21. Var. A. *der violette Lory.*

Latham, Syst. ornithol. I. p. 90. n. 24. β. Psitt. macr. coccineus, pectore abdomineque violaceis, scapularibus caeruleis, alis caudaque viridibus, rubro mixtis.

Fermin, Surinam, II. p. 155. *der violenblaue Papagey.*

62. VARIEGATUS. *Der bunte Papagey.*

Latham, Vögel, I. p. 190. n. 22. *der bunte Lory.*

Latham, Syst. ornitholog. I. p. 90. n. 25 Psittacus (Variegatus) macr. coccineus, dorso anteriore corporeque subtus purpureo-caeruleis, remigibus intus flavis, cauda viridi.

63. NOVAE GUINEAE. *Der Papagey von Neu-Guinea.*

Latham, Vögel, I. p. 191. *der schwarze Lori.*

Latham, Syst. ornithol. I. p. 91. n. 27. Psittacus (Novae Guineae) macr. caeruleo nigricans nitidus, orbitis nudis fuscis, cauda subtus rubra.

64. JAVANICUS. *Der Papagey aus Java.*

Brisson, ornitholog. II. p. 146. n. 80. Perruche rouge hupée de Java.

Büffon, Vögel, XIX. p. 163. *der gehaubte Sittich.*

Latham, Vögel, I. p. 192. n. 25. *der javanische Parkit.*

Latham, Syst. ornitholog. I. p. 92. n. 29. Psitt. (Bontii) macr. coccineus, gula grisea, alis et scapu-

(s) S. die vorhergehende Anmerkung.

scapularibus viridi variis, rectricibus lateralibus roseis, apice caeruleis.

Bont. ind. orient. p 63 Psittacus parvus.

65. Jandaya. *Der Jandaya.*

Halle, Vögel, p. 126. n. 59. *das bläulich-gelbe Papageychen.*

Büffon, Vögel, XX. p. 51 *der Jendaya.*

Brisson, ornithol. II. p 152. n. 91. petite Perruche jaune du Bresil.

Latham, Vögel, I. p. 193. n. 26. *der Jandaya.*

Latham, Syst. ornithol. I. p. 92. n. 30. Psittacus (Jendaya) macr. viridis, capite, collo abdomineque flavis.

Jonston, av. p. 201. *Jendaya.*

12. Solstitialis. *Der gelbe Papagey aus Angola.*

Müller, Natursystem, II. p. 132. n. 12. *der gelbe Angolische.*

Onomat. hist. nat. VI. p. 696. *der langschwänzige gelbe Papagay.*

Halle, Vögel, p. 120. n. 43. *der gelbe langschwänzige Papagai.*

Klein, av. p. 25. n. 15. Psittacus croceus, cauda longa, oculis in circulo rubro, extremis remigibus et penna infima caudae caeruleis.

Klein, Vorbereit. p. 47. n. 15. *der Saffrangelbe, mit einem langen Schwanze, rothem Zirkel um die Augen, bey dem die äußersten Ruderfedern, und die unterste Feder am Schwanze himmelblau sind.*

Klein, verb. Vögelhist. p. 26. n. 18. *Gelber langgeschwänzter, um die Augen roth, die äußersten Schwungfedern, und die untersten des Schwanzes blau.*

Brisson,

Brisson, ornithol II. p. 144. n. 76. Perruche jaune d'Angola.

Büffon, Vögel, XIX. p. 148. *der gelbe Sittich;* m. 1 Fig.

Latham, Vögel, I. p. 193. n. 27. *der gelbe Papagoy aus Angola.*

Latham, Syst. ornithol. I. p. 92. n. 31. Psittacus (Solstitialis) macr. luteus, alarum tectricibus viridibus, orbitis rubris, rectricibus lateralibus extus caeruleis.

Linné, Syst. Nat. Edit. X. I. p. 97. n. 7. Psittacus (Solstitialis) macrourus luteus, alarum tectricibus viridibus, cauda forficata.

66. Guarouba. *Der Guiaruba. (Quijubatui.)*

Halle, Vögel, p. 127. n. 63. *das ganz gelbe Papagaichen, mit dunkelgrünen Schwungfedern.*

Büffon, Vögel, XX. p. 71. *der Guaruba, oder der gelbe Parkit;* m. 1 Fig.

Brisson, ornithol. II. p. 14. n. 74. Perruche jaune du Brésil.

Latham, Vögel, I. p. 194. n. 28 *der Guarouba.*

Latham, Syst. ornitholog. I. p. 92. n. 32. Psittacus (Luteus) macr. luteus, remigibus maioribus viridibus.

Gerin. ornith. II. p. 18 Tab. 122.

Jonston, av. p. 202. Quiiubatui.

β. Mexicanus. *Der mexicanische Guiaruba.*

Halle, Vögel, p. 132. n. 71. *der langschwänzige rothköpfige Mexikanerpapagai.*

Brisson, ornithol. II. p. 143. n. 75. Perruche jaune du Mexique.

Büffon, Vögel, XX. p. 73. *der gelbe Parkit von Mexiko.*

Latham,

Latham, Vögel, I. p. 194. n. 28. Var. A. *der mexikanische Guarouba.*

Latham, Syst. ornithol. I. p. 93. n. 32. β. Psittacus macr. luteus, capite rubescente, collo aurantio-rubro, tectricibus alarum viridi rubro et aurantio variegatis, remigibus viridibus.

13. CAROLINENSIS. *Der carolinische Papagey.* (6)

Müller, Natursyst. II. p. 132. n. 13. *der grüne Carolinische.*

Pennant, arct. Zoolog. II. p. 231. n. 48. *der carolinische Papagey.*

Onomat. histor. nat. VI. p. 669. *der grüne Papagey aus Carolina.*

Klein, av. p. 25. n. 19. Ps. Carolinensis.

Klein, Vorbereit. p. 48. n. 19. *der Karoliner.*

Klein, verbess. Vögelhist. p. 26. n. 23. *Grüner, mit rothem Kopfe und gelbem Halse.*

Brisson, ornithol. II. p. 138. n. 67. Perruche de la Caroline ou des Amazones.

Büffon, Vögel, XX. p. 74. *der Parkit mit gelbem Kopfe*; m. 1 Fig.

Seligmann, Vögel, I. Tab. 22. *der Papagey aus Carolina.*

Latham, Vögel, I. p. 195. n. 29. *der Papagey aus Carolina.*

Latham, Syn. Supplem. p. 59. Carolina Parrot.

Latham, Syst. ornithol. I. p. 93. n. 33. Psittacus (Carolinensis) macr. viridis, capite, collo genibusque luteis.

Scopoli, Bemerk. a. d. Naturgesch. I. p. 22. n. 25. *der grüne Papagey mit gelbem Kopfe, Halse und Schenkeln.*

Fermin,

(6) Nach *Latham* gehört der *Psittacus Ludovicianus* p. 347. n. 126. unsers Systems mit hieher.

Fermin, Surinam, II. p. 156. *die siebente Art.*

Schöpf, Reise durch Nordamerika, II. p. 386. *die kleinen.*

Linné, auserles. Abh. II. p. 279. n. 2. *der Carolinische Papagey.*

Linné, Syst. Nat. Edit. X. I. p. 97. n. 8. Psittacus (Carolinensis) macrourus viridis, capite, collo genisque luteis.

Donndorff, Handb. der Thiergesch. p. 220. n. 2. *der carolinische Papagey.*

14. Alexandri. *Der Alexanderspapagey.*

Müller, Natursyst. II. p. 133. n. 14. *der Kragenpapagey.*

Borowsky, Thierreich, II. p. 94. n. 14. *der grüngelbe Parkit.*

Blumenbach, Handb. der Naturgesch. p. 164. n. 2. Psittacus (Alexandri) macrourus viridis, collari pectoreque rubro, gula nigra.

Halle, Vögel, p. 124. n. 51. *das grüne Papagaichen der Alten.*

Onomat. hist. nat. VI. p. 661. *der grüngelbe Papagay mit rothem Halskragen.*

Brisson, ornitholog. II. p. 130. n. 55. Perruche à collier. (7)

Büffon, Vögel, XIX. p. 131. *der große Sittich mit dem lebhaft rothen Halsbande;* m. 1 Fig.

Seligmann, Vögel, VIII. Tab. 82. obere Fig. *der Papagey mit einem Halsstreif.*

Latham, Vögel, I. p. 200. n. 37. *Alexanders Papagoy.*

Latham,

(7) *Latham* rechnet dies Synonym zur folgenden Varietät β, und die im System angeführten Synonymen aus dem *Mus. Ad. Frid.* und *Amoen. acad.* zur Varietät γ.

Latham, Syst. ornitholog. I. p. 97. n. 46. Psittacus (Alexandri) macr. viridis, collari rubro, gula nigra, macula alarum purpurea.

Hasselquist, Reise nach Palästina, p. 292. n. 17. Psittacus (Cubicularis) cauda cuneiformi, digito interiore postice truncato.

Scopoli, Bemerk. a. d. Naturgesch. I. p. 23. n. 26. *der grüne Papagey mit rothem Halse und Brust.*

Linné, Syst. Nat. Edit. X. I. p. 97. n. 9 Psittacus (Alexandri) macrourus viridis, collari pectoreque rubro, gula nigra.

Schwenkfeld, aviar. Siles. p. 343. Psittacus viridis, torque miniaceo; *ein grüngeeler Papagey, mit eim pomerantzenfarben Zirkel umb den Hals.*

Charleton, exercit. p. 74. n. 10. Psittacus torquatus macrourus antiquorum.

Jonston, av. p. 38. Psittacus torquatus macrourus.

Plin. hist. nat. L. X. c. 41. 42. Psittacus.

Donndorff, Handb. der Thiergesch. p. 220. n. 3. *der Alexanderspapagey.*

β. *Müller*, Natursyst. II. p. 135. *b. ostindianischer grüner Papagey.* (8)

Büffon, Vögel, XIX. p. 165. *der Sittich mit der rosenrothen Halsbinde;* m. 1 Fig.

Latham, Vögel, I. p. 201. n. 37. Var. A. *Alexanders Papagoy mit rosenrothem Halsbande.*

Latham, Syst. ornitholog. I. p. 98. β. Psittacus macr. viridis, gula nigra, collari roseo, cervice caerulescente.

Gerin. ornith. II. p. 18. Tab. 123.

γ. *Bris-*

(8) Nach *Büffon* eine eigne Gattung.

γ. *Brisson*, ornitholog. II. p. 131. n. 56. Perruche à collier des Indes. (9)

Latham, Vögel, I. p. 202. n. 37. Var. B. *Alexanders Papagoy mit purpurfarbnem Halsbande.*

Latham, Syst. ornitholog. I. p. 98. γ. Psittacus macr. viridis, gula nigra, vertice caeruleo-viridi, collari purpureo, iugulo pectoreque roseis.

Gerin. ornith. II. p. 19. Tab. 124.

δ. *Müller*, Natursyst. II. p. 135. c. *Kragenpapagey von der Insel Bourbon.* (10)

Brisson, ornith. II. p. 132. n. 57. Perruche à collier de l'Isle de Bourbon.

Büffon, Vögel, XIX. p. 138. *der Sittich mit dem doppelten Halsbande.*

Latham, Vögel, I. p. 202. n. 37. Var. C. *Alexanders Papagoy mit doppeltem Halsbande.*

Latham, Syst. ornithol. I. p. 98. δ. Ps. macr. viridis, collari roseo, antice dilatato, gula striga flava, lateribus colli sub mandibula inferiore altera nigra.

ε. *Müller*, Natursyst. II. p. 135. d. *der kleine Blaukopf aus Indien* (1)

Brisson, ornith. II. p. 155. n. 96. Perruche à tête bleue des Indes.

Büffon, Vögel, XIX. p. 150. *der Sittich mit dem lasurblauen Kopfe*; m. 1 Fig.

Seligmann, Vögel, VIII. Tab. 82. unt. Fig. *der blauköpfige Papagey.*

Q 2 *Latham*,

(9) Nach *Brisson* eine eigne Gattung.

(10) Nach *Brisson* und *Büffon* eine eigne Gattung.

(1) Nach *Brisson*, *Buffon*, und *Latham* eine eigne Gattung. Letzterer nahm ihn aber in der Synops. noch als Spielart an.

Latham, Vögel, I. p. 202. n. 37. Var. D. *Alexanders Papagoy mit azurblauem Kopfe.*

Latham, Syst. ornithol. I. p. 86. n. 15. Psittacus (Indicus) macr. viridis, capite gulaque cyaneis, macula in alis lutea, cauda caerulea, subtus lutea.

ζ. *Latham*, Vögel, I. p. 203 n. 37. Var. E. *Alexanders Papagoy aus Java.* (2)

Latham, Syst. ornitholog. I. p. 87. n. 16. Psittacus (Osbeckii) macr. viridis, capite caeruleo flavoque vario, temporibus nigris, gutture pectoreque rubris, macula tectricum flava.

15. Pertinax. *Der illinesische Papagey.*

Müller, Natursystem, II. p. 135. n. 15. *der Gelbschnabel.*

Borowsky, Thierreich, II. p. 94. n. 15. *der gelbbäckige Parkit.*

Halle, Vögel, p. 125. n. 56. *das blaßgrüne Papagaichen.*

Pennant, arct. Zool. II. p. 232. n. 49. *der illinesische Papagey.*

Onomat. histor. natur. VI. p. 691. *der ilinoisische Parkit.*

Klein, av. p. 25. n. 20. Psittacus viridis, cauda longa, malis croceis.

Klein, Vorber. p. 48. n. 20. *der grüne mit dem langen Schwanze und saffrangelben Backen.*

Klein, verbess. Vögelhist. p. 26. n. 24. *grüner langgeschwänzter, mit gelbrothen Backen vom dritten Range.*

Klein, verbess. Vögelhist. p. 163. n. 6. *grüner Papegey mit gelben Backen.*

Brisson,

(2) Nach *Latham* eine eigne Gattung, die er aber in der Synopf. noch als Spielart annahm.

Briſſon, ornitholog. II. p. 138. n. 68. Perruche illinoiſe.

Seligmann, Vögel, VII. Tab. 21. *grüner Papagey mit gelben Backen.*

Büffon, Vögel, XX. p. 64. *der Apute-Juba.*

Latham, Vögel, I. p. 196. n. 30. *der illinoiſiſche Papagoy.*

Latham, Syſt. ornitholog. I. p. 94. n. 34. Pſittacus (Pertinax) macr. viridis, ſubtus flavicans, genis fulvis, remigibus rectricibusque caneſcentibus.

Linné, Syſt. Nat. Edit. X. I. p. 98. n. 10. Pſittacus (Pertinax) macrourus viridis, genis fulvis, remigibus rectricibusque caneſcentibus.

Jonſton, av. p. 200. Tui apute iuba.

67. Leverianus. *Der Papagey mit carmoiſinrothem Steiß.*

Latham, Vögel, I. p. 197. n. 31. *der leverianiſche Papagoy.*

Latham, Syſt. ornitholog. I. p. 94. n. 35. Pſittacus (Erythropygius) macr. viridis, capite colloque flavis, criſſo coccineo, remigibus rectricumque apice caeruleis.

68. Smaragdinus. *Der Smaragdpapagey.*

Müller, Naturſyſt. Suppl. p. 75. *der Roſtbauch.*

Büffon, Vögel, XX. p. 53. *der Smaragd-Parkit;* m. 1 Fig.

Latham, Vögel, I. p. 197. n. 32. *der Smaragd-Papagoy.*

Latham, Syn. Suppl. p. 60. Emerald Parrot.

Latham, Syſt. ornithol. I. p. 94. n. 36. Pſittacus (Smaragdinus) macr. viridis nitens, abdomine poſtico caudaque ferrugineo-caſtaneis.

16. CANICULARIS. *Der roth- und blauköpfige Papagey.*

Müller, Naturf. II. p. 136. n. 16. *der Rothkopf.*
Onomat. hist. nat. VI. p. 669. *der Rothkopf.*
Klein, verbess. Vögelhist. p. 27. n. 39. *Roth und Blaukopf mit langem Schwanze.*
Brisson, ornith. II. p. 134. n. 61. Perruche du Brésil.
Seligmann, Vögel, VI. Tab. 71. *der roth- und blauköpfigte Parakeet.*
Büffon, Vögel, XX. p. 61. *der Parkit mit der rothen Stirne;* m. 1 Fig.
Latham, Vögel, I. p. 206. n. 40. *der roth- und blauköpfige Parkit.*
Latham, Syst. ornithol. I. p. 94. n. 37. Psittacus (Canicularis) macr. viridis, fronte rubra; occipite remigibusque extimis caeruleis, orbitis fulvis.
Linné, System. Natur. Edit. X. I. p. 98. n. 11. Psittacus (Canicularis) macrourus viridis, fronte rubra, occipite remigibusque extimis caeruleis.

β. Ps. macr. viridis subtus lutescens, fronte fusco-flavescente, vertice remigibusque caeruleis. *

Latham, Vögel, I. p. 217. n. 135. *der Parkit mit röthlicher Stirn.*
Latham, Syn. Suppl. p. 61. n. 135. Buff-fronted Parrakeet.
Latham, Syst. ornith. I. p. 95. n. 37. β.
Büffon, pl. enl. 838. Perruche à front jaune.

17. AERUGINOSUS. *Der braunkehlige Papagey.* (3)

Müller, Natursyst. I. p. 137. n. 17. *Braunkehle.*

Onomat.

(3) Nach *Latham* gehört *Psittacus Plumbeus* p. 326. n. 75. mit hieher.

Onomat. hist. nat. VI. p. 659. *der kleine Papagay mit brauner Kehle.*

Klein, verb. Vögelhist. p. 27. n. 40. *Braunkehl.*

Brisson, ornithol. II. p. 239. n. 69. Perruche de la Martinique.

Seligmann, Vögel, VI. Tab. 72. *der Parakeet mit der braunen Kehle.*

Büffon, Vögel, XX. p. 42. *der Parkit mit der braunen Kehle*; m. 1 Fig.

Latham, Vögel, I. p. 207. n. 41. *der Parkit mit brauner Kehle.*

Latham, Syst. ornitholog. I. p. 95. n. 38. Psittacus (Aeruginosus) macr. viridis, vertice remigibusque primoribus caeruleis, genis colloque inferiore cinerascentibus.

Bankroft, Naturg. v. Guiana, p. 97. *der braunkehlichte Papagoy.*

Linné, Syst. Nat. Edit. X. I. p. 98. n. 12. Psittacus (Aeruginosus) macr. viridis, vertice remigibusque primoribus caeruleis.

18. Rufirostris. *Der rothschnäblige Papagey.* (Sincialo.)

Müller, Natursyst. II. p. 137. n. 18. *Rothschnabel.*

Halle, Vögel, p. 124. n. 52. *das grüne langschwänzige Papagaichen mit rothem Schnabel und Füßen.*

Klein, verbess. Vögelhist. p. 27. n. 38. *grüner Langschwanz.*

Seligmann, Vögel, VI. Tab. 70. *der langgeschwänzte grüne Parakeet.*

Büffon, Vögel, XX. p. 58. *der Sincialo*; m. 1 Fig.

Onomat. histor. natur. VI. p. 693. *der Rothschnabel.*

Brisson, ornithol. II. p. 129. n. 54. Perruche.

Latham, Vögel, I. p. 198. n. 33. *der grüne lang-geschwänzte Parkit.*

Latham, Syst. ornitholog. I. p. 95. n. 39. Psittacus (Rufirostris) viridis, rostro pedibusque rubris, rectricibus apice caerulescentibus, orbitis incarnatis.

Bankroft, Naturgesch. v. Guiana, p. 97. *der lang-geschwänzte grüne Papagoy.*

Linné, Syst. Nat. Edit. X. I. p. 98. n. 13. Psittacus (Rufirostris) macr. viridis, rostro pedibusque rubris, rectricibus apice caerulescentibus.

Schwenkfeld, aviar. Siles. p. 343. Psittacus viridis minor; *ein grüner Papagey.*

Jonston, av. p. 38. Psittacus minor macrourus totus viridis.

Gerin. ornith. II. p. 19. Tab. 125.

Aldrov. ornithol. I. p. 678. Psittacus minor macrourus totus viridis, Hispanis Sincialo, Italis Parochino.

β. Gujanensis. *Der weißschnäblige Papagay.* (Ajuru-catinga.) (4)

Müller, Natursyst. II. p. 137. ad n. 18. *Parkite mit weißen Schnäbeln.*

Halle, Vögel, p. 122. n. 26. *der grüne lang-geschwänzte Papagai, mit rothem Augenkreise.*

Brisson, ornithol. II. p. 132. n. 58. Perruche de la Guadaloupe.

Latham, Vögel, I. p. 138. n. 33. Var. A. *der gujanische Parkit.*

Latham, Syst. ornith. I. p. 96. n. 39. β. Ps. macr. viridis, rostro pedibusque candidis.

Bankroft,

(4) Nach *Brisson* u. a. eine eigne Gattung. Nach *Büffon* eine Spielart von *Psittacus Agilis*, p. 330. n. 20.

Bankroft, Naturgesch. von Guiana, p. 96. *der grüne Papagay von Guiana.*
Jonston, av. p. 202. Aiurucatinga.
Jonston, av. p. 202. Aiuruapara.

19\. Ornatus. *Der Paradiespapagey.*

Müller, Natursystem, II. p. 137. n. 19. *Paradiesparkit.*
Leske, Naturgesch. p. 239. n. 2. *der Paradiesparkit.*
Borowsky, Thierreich, II. p. 94. n. 16. *der Paradiesparkit.*
Bechstein, Naturgesch. I. p. 343. n. 3. *der Paradiesparkit.*
Onomat. hist. nat. VI. p. 688. *der langschwänzige Paradies Parkit.*
Klein, verb. Vögelhist. p. 27. n. 37. *Papagey mit rother Kehle und blauer Scheitel, sonst grün und gelbbunt.*
Brisson, ornithol. II. p. 142. n. 73. Perruche variée des Indes.
Büffon, Vögel, XIX. p. 145. *der Lori Sittich.*
Seligmann, Vögel, VI. Tab. 69. *der Lory-Parakeet.*
Latham, Vögel, I. p. 191. n. 24. *der Papagoy-Lory.*
Latham, Syst. ornithol. I. p. 91. n. 28. Psittacus (Ornatus) macr. luteo-viridis, occipite, gula pectoreque rubris, vertice cruribusque caeruleis, orbitis cinereis.
Bankroft, Guiana, p. 97. *der Lory-Papagoy.*
Linné, Syst. Nat. Ed. X. I. p. 98. n. 14. Psittacus (Ornatus) macr. luteo-viridis, occipite, gula pectoreque rubris, vertice auribusque caeruleis.

Hermann, tab. affin. animal. p. 182. Psittacus ornatus.

69. JAGUILMA. *Der Jaguilma.*

Latham, Syst. ornithol. I. p. 96. n. 40. Psittacus (Jaguilma) macr. viridis, remigibus apice fuscis, orbitis fulvis.

70. GUJANENSIS. *Der Pavouane.*

Brisson, ornithol. II. p. 133. n. 59. Perruche de la Guiane.

Büffon, Vögel, XX. p. 39. *der Pavuane*; m. 1 Fig.

Latham, Vögel, I. p 199. n. 34. *der Pavouane.*

Latham, Syst. ornithol. I. p. 96. n. 41. Psittacus (Guianensis) macr. viridis, genis rubro-maculatis, tectricibus alarum minoribus inferioribus coccineis, maioribus luteis, armillis rubris.

71. MARGINATUS. *Der Papagey mit blauem Wirbel von der Insel Luçon.*

Latham, Vögel, I. p. 199. n. 35. *der Papagoy von der Insel Luçon.*

Latham, Syst. ornithol. I. p. 96. n. 42. Psittacus (Marginatus) macr. viridis, vertice caeruleo, tectricibus alarum nigro, fusco-flavo, caeruleoque variegatis.

72. SONNERATI. *Der Papagey mit blauem Halsbande.*

Latham, Vögel, I. p, 200. n. 36. *der Papagoy mit dem blauen Halsbande.*

Latham, Syst. ornithol. I. p. 98. n. 47. Psittacus (Sonneratii) macr. viridis, capite, collo abdomineque griseo-viridibus, torque caeruleo, basi alarum macula rubra.

73. PON-

73. Pondicerianus. *Der Papagey von Pondichery.*

Müller, Naturſyſt. Supplem. p. 74. n. 6. *f. der Weiſskopf.*

Büffon, Vögel, XIX. p. 155. *der Sittich mit Knebelbärten;* m. 1 Fig.

Latham, Vögel, I. p. 203. n. 38. *der Parkit aus Pondiſchery.*

Latham, Syſt. ornitholog. I. p. 99. n. 48. Pſittacus (Pondicerianus) macr. viridis, capite antrorſum caeruleo alboque vario, myſtacibus nigris, pectore purpuraſcente, tectricibus alarum flavo notatis.

β. *Büffon*, Vögel, XIX. p. 157. *eine Abänderung des bartigen Sittichs.*

Latham, Vögel, I. p. 203. n. 38. Var. A. *der Bart-Parkit.*

Latham, Syſt. ornithol. I. p. 99. n. 48. β. Pſittacus macr. viridis, roſtrum inter et oculos caſtaneus, medio linea nigra, myſtacibus nigris, nucha purpuraſcente, remigibus extus caeruleis.

74. Erythrocephalus. *Der rothköpfige Papagey aus Gingi.*

Müller, Naturſyſt. Suppl. p. 74. n. 6. *d. der Purpurkopf.*

Briſſon, ornith. II. p. 136. n. 65. Perruche à tête rouge de Gingi.

Büffon, Vögel, XIX. p. 141. *der Sittich mit dem rothen Kopf;* m. 1 Fig.

Latham, Vögel, I. p. 204. n. 39. *der rothköpfige Parkit aus Gingi.*

Latham, Syſt. ornithol. I. p. 99. n. 50. Pſittacus (Ginginianus) macr. viridi-flavicans, capite caeru-

caeruleo-purpurascente, gula nigra, torque nigro et pallide viridi, macula alarum obscure rubra.

Gerin. ornith. II. p. 21. Tab. 132.

β. *Halle,* Vögel, p. 130 n. 68. *das kleine Bengalerpapogaichen, mit schwarzem Halsbande und langem zertheilten Schwanze.* (5)

Klein, av. p. 25. n. 25. Psittacus sub mento niger, capite rubro, cervice purpurea, inferiore mandibula nigra, superiore crocea, pedibus caeruleis.

Klein, Vorbereit. p. 48. n. 25. *der Papagey von Bengala.*

Klein, verbess. Vögelhist. p. 26. n. 29. *Schwarzbart mit rothem Kopfe.*

Klein, verb. Vögelhist. p. 163. n. 5. *rosenköpfiger Ringpapegey.*

Brisson, ornitholog. I. p. 187. n. 66. Perruche de Bengale.

Büffon, Vögel, XIX. p. 169. *der kleine Sittig mit dem rosenrothen Kopfe und den langen Schwanzfedern;* m. 1 Fig.

Seligmann, Vögel, VII. Tab. 18. *der rosenköpfige Ringpapagey. (Fridytutah.)*

Latham, Vögel, I. p. 204. n. 39. Var. A. *der rothköpfige Parkit aus Bengalen.*

Latham, Syst. ornitholog. I. p. 100. β. Psittacus macr. viridi-flavicans, capite genisque roseis, occipite caeruleo, linea faucium gulaque nigris, macula alarum obscure rubra.

γ. *Latham,* Vögel, I. p. 205. n. 39. Var. B. *der rothköpfige Parkit aus Borneo.*

Latham,

(5) Nach *Brisson, Büffon* u. a. eine eigene Gattung.

Latham, Syst. ornitholog. I. p. 100. γ. Psittacus macr. viridis, capite caeruleo purpurascente, sincipite viridi, linea frontali fasciaque maxillari oblique nigris, collo subtus pectoreque castaneo-nigris.

δ. *Büffon*, Vögel, XIX. p. 172. *der grösse Sittich mit den langen Schwanzspitzen*; m. 1 Fig. (6)
Latham, Vögel, I. p. 205. n. 39. Var. C. *der rothköpfige Parkit aus Malakka.*
Latham, Syn. Suppl. p. 60. Malacca Parakeet.
Latham, Syst. ornithol. I. p. 100. δ. Ps. macr. viridi-flavicans, orbitis nuchaque roseis, tectricibus alarum medio caeruleo-viridibus.

75. Plumbeus. *Der Papagey mit bleyfarbenem Schnabel und Füßen.* (7)
Latham, Vögel, I. p. 207. n. 41. Var. A. *der Parkit mit brauner Stirn.*
Latham, Syst. ornithol. I. p. 95. n. 38. β. Psittacus macr. viridis, vertice caerulescente, fronte, genis gulaque fuscescentibus.

76. Olivaceus. *Der olivenfarbene Papagey.*
Büffon, Vögel, XIX. p. 163. *der Sittich mit den verbrämten Flügeln*; m. 1 Fig.
Latham, Vögel, I. p. 208. n. 42. *der olivenbraune Parkit.*
Latham, Syst. ornitholog. I. p. 97. n. 43. Psittacus (Olivaceus) macr. fusco-olivaceus, occipitis macula caerulescente, alis caeruleo-viridi et aurantio variegatis.
Gerin. ornith. II. p. 21. Tab. 130.

77. Vi-

(6) Nach *Büffon* eine eigne Gattung.

(7) Nach *Latham* eine Varietät von *Psitt. Aeruginosus*, p. 223. n. 17.

77. VIRESCENS. *Der gelbflüglichte Papagey.*

Brisson, ornithol. II. p. 133. n. 60. Perruche de Cayenne.

Büffon, Vögel, XX. p. 46. *der Parkit mit den bunten Flügeln;* m. 1 Fig.

Latham, Vögel, I. p. 208. n. 43. *der Parkit mit gelben Flügeln.*

Latham, Syst. ornithol. I. p. 100. n. 51. Psittacus (Virescens) macr. virescens, remigibus intermediis candidis, oris flavescentibus, rectricibus intus flavicante marginatis.

78. VERSICOLOR. *Der vielfärbige Papagey.*

Büffon, Vögel, XX. p. 44. *der Parkit mit der bunten Kehle;* m. 1 Fig.

Latham, Vögel, I. p. 209. n. 44. *der vielfarbige Parkit.*

Latham, Syst. ornithol. I. p. 101. n. 52. Psittacus (Versicolor) macr. viridis, capite corporeque subtus fuscis, pennis iuguli auroreo-, abdominis caeruleo-rubro undatis.

Fermin, Beschreib. von Surinam, II. p. 158. *die zwote Art der Zwergpapageyen.*

79. INCARNATUS. *Der rothflüglichte Papagey.*

Klein, verb. Vögelhist. p. 163. n. 9. *kleiner rothflüglichter Papagey.*

Brisson, ornithol. II. p. 135. n. 63. Perruche des Indes.

Büffon, Vögel, XIX. p. 176. *der Sittig mit der rothen Kehle;* m. 1 Fig.

Seligmann, Vögel, VII. Tab. 24. *der kleine Papagey mit rothen Flügeln.*

Latham, Vögel, I. p. 210. n. 46. *der Parkit mit rothen Flügeln.*

Latham,

Latham, Syst. ornithol. I. p. 101. n. 54. Psittacus (Incarnatus) macr. viridis, gula coccinea, tectricibus alarum rubris, rostro pedibusque incarnatis.

80. Murinus. *Der graubrüstige Papagey.*

Büffon, Vögel, XIX. p. 153. *der Maus-Sittich*; m. 1 Fig.

Latham, Vögel, I. p. 210. n. 47. *der Parkit mit grauer Brust.*

Latham, Syst. ornithol. I. p. 101. n. 55. Psittacus (Murinus) olivaceus, facie, gula et pectore argenteo-griseis, remigibus viridibus.

81. Cornutus. *Der gehörnte Papagey.*

Latham, Vögel, I. p. 210. n. 48. *der gehörnte Papagey.* Tab. 10.

Latham, Syst. ornitholog. p. 102. n. 56. Psittacus (Bisetis) macr. viridi-flavescens, capite coccineo, pennis duabus elongatis, torque et uropygio flavescentibus, rectricibus remigibusque exterioribus extus caeruleis.

82. Caledonicus. *Der neucaledonische Papagey.*

Latham, Vögel, I. p. 211. n. 49. *der Neu-Kaledonische Papagoy.*

Latham, Syst. ornithol. I. p. 102. n. 57. Psittacus (Caledonicus) macr. viridi-flavescens, capite laevi, capistro supra coccineo, subtus caeruleo, rectricibus remigibusque exterioribus extus caeruleis.

83. Novae Seelandiae. *Der neuseeländische Papagey.*

Latham, Vögel, I. p. 211. n. 50. *der Neu-Seeländische Papagoy.*

Latham,

Latham, Syst. ornithol. I p. 102. n. 58. Psitt. (Zealandicus) macr. fusco viridis, capistro purpureo-nigro, vertice viridi-castaneo, striga per oculos, uropygioque coccineis.

84. NOVAE HOLLANDIAE. *Der neuholländische Papagey.*

Latham, Vögel, I. p. 212. n. 51. *der Neu-Holländische Parkit.*

Latham, Syst. ornithol. I. p. 102. n. 59. Psittacus (Novae Hollandiae) macr. fusco-olivaceus, capite e pennis senis cristato luteo, pone oculos macula coccinea, fascia alarum alba.

85. ULIETANUS. *Der Papagey aus Ulietea.*

Latham, Vögel, I. p. 212. n. 52. *der Papagoy aus Ulietea.*

Latham, Syst. ornithol. I. p. 103. n. 61. Psittacus (Ulietanus) macr. capite fusco, uropygio obscure coccineo, corpore viridi-olivaceo, marginibus pennarum, remigibus rectricibusque nigricantibus.

86. MULTICOLOR. *Der Papagey mit weißem Halsbande.*

Latham, Vögel, I. p. 213. n. 53. *der Papagey mit weißem Halsbande.*

Latham, Syst. ornithol. I. p. 103. n. 62. Psittacus (Semicollaris) macr. viridis, capite, gula abdomineque caeruleis, cervice lunula alba, pectore supra rubro, subtus luteo, femoribus luteo caeruleoque variis.

87. AUREUS. *Der Goldpapagey.*

Klein, verbesserte Vögelhist. p. 163. n. 7. *goldgekrönter Papagey.*

Brisson,

Brisson, ornitholog. II. p. 134. n. 62. Perruche à front rouge du Brésil.

Seligmann, Vögel, VII. Tab. 22. *goldgekrönter Papagey.*

Büffon, Vögel, XX. p. 68. *der mit Gold gekrönte Parkit;* m. 1 Fig.

Latham, Vögel, I. p. 213. n. 54. *der Gold-Parkit.*

Latham, Syst. ornithol. I. p. 103. n. 68. Psittacus (Brasiliensis) macr. viridis, vertice aurantio, iugulo flavo-rubescente, fascia alarum remigibusque extus caeruleis.

Gerin. ornith. I. p. 19. Tab. 126.

48. Lineatus. *Der gestreifte Papagey.*

Müller, Natursyst. Suppl. p. 73. n. 6. a. *der liniirte Papagey.*

Latham, Vögel, I. p. 214. n. 55. *der gestreifte Papagay.*

Latham, Syst. ornithol. I. p. 104. n. 64. Psittacus (Lineatus) macr. viridis, remigibus supra fuscis, margine interiore pallidis.

88. Pacificus. *Der Papagey vom stillen Ocean.*

Latham, Vögel, I. p. 214. n. 56. *der Parkit vom stillen Ocean.*

Latham, Syst. ornithol. I. p. 104. n. 65. Psittacus (Pacificus) macr. viridis, fronte, temporibus uropygioque lateribus rubris.

β. *Latham*, Vögel, I. p. 214. n. 56 Var. A.

Latham, Syst. ornithol. I. p. 104. n. 65. β. Psitt. macr. viridis, fronte coccineo, remigibus caeruleis.

γ. *Latham*, Vögel, I. p. 215. n. 56. Var. B.
Latham, Syst. ornithol. I. p. 104. n. 65. γ. Psittacus macr. viridis, fronte, temporibus uropygioque toto rubris.

δ. *Latham*, Vögel, I. p. 215. n. 56. Var. C.
Latham, Syst. ornithol. I. p. 104. n. 65. δ. Psittacus macr. viridis, fronte rubro, vertice flavo.

ε. Psittacus macr. viridis, sincipite macula suboculari et hypochondriis coccineis. *
Latham, Syst. ornithol. I. p. 105. n. 65. ε.
Mus. Carls. fascic. II. Tab. 28. Psitt. novae Zeelandiae.

89. Palmarum. *Der Palmenpapagey.*
Latham, Vögel, I. p. 215. n. 57. *der Palm-Papagoy.*
Latham, Syst. ornitholog. I. p. 105. n. 68. Psittacus (Palmarum) submacr. viridis, rostro pedibusque rubentibus, rectricibus 3. exterioribus utrinque margine apiceque flavis.

90. Australis. *Der Papagey mit blauem Federbusche.*
Latham, Vögel, I. p. 215. n. 58. *der Parkit mit blauem Federbusche.*
Latham, Syst. ornitholog. I. p. 105. n. 69. Psittacus (Pipilans) submacr. viridis subcristatus, vertice pallide caeruleo, collo subtus et abdomine medio coccineis, abdomine imo femoribusque extus sapphirinis.

91. Taitianus. *Der Arimanon.*
Büffon, Vögel, XIX. p. 213. *der Arimanon*; m. 1 Fig.

Latham,

Latham, Vögel, I. p. 216. n. 59. *der blaue otaheitische Parkit.*

Latham, Syst. ornithol. I. p. 105. n. 70. Psittacus (Taitianus) submacr. sapphirinus, capite pennis elongatis, gula iuguloque albis, rostro pedibusque rubris.

Hermann, tab. affinit. animal. p. 182. Psittacus Arimanon.

β. Ps. submacr. cyaneus, corpore toto saturate et splendide caeruleo. *Latham*, Syst. ornithol. I. p. 105. n. 170. *β*.

Mus. Carls. fasc. II. Tab. 27. Psittacus Cyaneus.

92. Pygmaeus. *Der Zwergpapagey.*

Latham, Vögel, I. p. 217. n. 60. *der Zwerg-Parkit.*

Latham, Syst. ornithol. I. p. 106. n. 72. Psittacus (Pygmaeus) submacr. viridis, pennarum apice ex virescente-flavo, remigibus intus obscuris.

20. Agilis. *Der Krik.*

Müller, Natursyst. II. p. 138. n. 20. *cayennischer Parkit.*

Borowsky, Thierreich, II. p. 92. n. 10. *der kleine grüne Papagay.*

Onomat. histor. nat. VI. p. 661. *der Cajennische Parkit.*

Klein, verbess. Vögelhist. p. 26. n. 31. *Grüner mit blau, roth und gelbbunt.*

Brisson, ornitholog. II. p. 109. n. 23. Perroquet de Cayenne.

Büffon, Vögel, XIX. p. 305. *der Krik;* m. 1 Fig.

Seligmann, Vögel, VI. Tab. 63. *der kleine grüne Papagey.*

Latham, Vögel, I. p. 249. n. 101. *der grüne Papagoy von Cayenne.*

Latham, Syſt. ornithol. I. p. 106. n. 73. Pſittacus (Agilis) ſubmacr. viridis, tectricibus remigum primorum caeruleſcenti-fulvis, cauda ſubtus rubra, orbitis cinereis.

Linné, Syſt. Nat. Edit. X. I. p. 99. n. 15. Pſittacus (Agilis) ſubmacrourus viridis, tectricibus remigum primorum caeruleſcentium fulvis, cauda ſubtus rubra.

Barrere, Fr. equinox. p. 144. Pſittacus maior vulgaris praſinus?

** *Kurzſchwänzige mit gleichen Schwänzen.*

92. CORONATUS. *Der guianiſche Kakadu.*

Müller, Naturſyſt. II. p. 139. n. 21. *der Haubenpapagey.*

Onomat. hiſtor. natur. VI. p. 671. *der Hauben-Papagay.*

Latham, Vögel, I. p. 221. n. 65. *der Kronen-Kakatoo.*

Latham, Syſt. ornith. I. p. 106. n. 74. Pſittacus (Coronatus) brach. viridis, criſta plicatili rubra apice caerulea.

Bankroft, Naturgeſch. von Guiana, p. 96. *der guianiſche Cackatu.*

93. ATERRIMUS. *Der ganz ſchwarze Kakadu.*

Büffon, Vögel, XIX. p. 54. n. 5. *der ſchwarze Kakatu.*

Seligmann, Vögel, IX. Tab. 6. *der groſse ſchwarze Kakatua.*

Latham, Vögel, I. p. 221. n. 66. *der ſchwarze Kakatoo.*

Latham,

Latham, Syst. ornithol. I. p. 107. n. 75. Psittacus (Gigas) brach. niger, crista occipitis dilutiore elongata, genis nudis rubris.

Linné, Syst. Nat. Edit. XII. p. 144. n. 22. posit. ult.

94. Sulphureus. *Der weiße Kakadu mit schwefelgelbem Federbusch.*

Klein, av. p. 25. n. 5. Kakatoeha alba, Cakatoon, plumis croceis in capite.

Klein, Vorbereitung, p. 46. n. 5. *der weiße Kakatöha.*

Klein, verbess. Vögelhist. p. 25. n. 6. *weißer Kakatoeha mit gelbem Busche.*

Brisson, ornitholog. II. p. 100. n. 9. Kakatoes à hupe jaune.

Büffon, Vögel, XIX. p. 41. *der Kakatu mit der gelben Haube*; m. 1 Fig.

Seligmann, Vögel, IX. Tab. 7. *der kleine weiße Kakatua mit einem gelben Federbusche.*

Latham, Vögel, I. p. 220. n. 64. *der kleine weiße Kakatoo.*

Latham, Syst. ornithol. I. p. 109. n. 81. Psittacus (Sulphureus) albus crista plicatili acuminata et macula infra oculos sulphureis.

Frisch, Vögel, IV. Tab. 50. *großer weißer Papagey oder Cacadou?*

Seb. thes. I. p. 94. Tab. 59. fig. 1. Avis Kakatoeha orientalis, ex insulis Moluccis, cristata, candidissima et sulphurea?

Gerin. ornith. I. p. 96. Tab. 117.

*95. Philippinarum. *Der weiße Kakadu mit rothem Steiß.*

Müller, Natursyst. Suppl. p. 77. n. 51. Psittacus haematuropygius; *rother Kakadu.*

Brisson, ornitholog. II. p. 102. n. 11. petit Katoes.

Buffon, Vögel, XIX. p. 50. *der kleine Kakatu mit dem fleischfarbenen Schnabel;* mit 1 Figur.

Latham, Vögel, I. p. 220. n. 63. *der Kakatoo mit rothem Steiß.*

Latham, Syst. ornitholog. I. p. 108. n. 79. Psittacus (Philippinarum) albus, crista sulphurea plicatili, apice alba, orbitis flavicante-rubris, tectricibus caudae inferioribus rubris, albo punctatis.

Gerin. ornith. I. p. 96. Tab. 119.

96. Moluccensis. *Der Kakadu mit rothem Federbusche.*

Borowsky, Thierreich, II. p. 90. n. 4. *der große weiße Kakatu.* Tab. 4. B.

Halle, Vögel, p. 112. n. 23. *der weiße gehaubte Papagey mit rothem Federbusche.*

Klein, verb. Vögelhist. p. 25. n. 5. *weißer Kakatoeha mit ponzofarbenem Busche vom ersten Range.*

Brisson, ornitholog. II. p. 101. n. 10. Kakatoes à hupe rouge.

Buffon, Vögel, XIX. p. 45. *der Kakatu mit der rothen Haube;* m 1 Fig.

Seligmann, Vögel, VI. Tab. 55. *der größere Kakatoeha.*

Latham, Vögel, I. p. 219. n. 62. *der Kakatoo mit rothem Federbusche.*

Latham, Syst. ornitholog. I. p. 108. n. 78. Psittacus (Rosaceus) rosaceo-albus, crista plicatili subtus rubra, rectricibus lateralibus intus a basi ad medium usque sulphureis.

Barche-

Barchewitz, oſtind. Reiſebeſchreib. p. 147. und p. 604.
Gerin. ornith. I. p. 96. Tab. 118.

22. Cristatus. *Der gemeine Kakadu.* (8)

Müller, Naturſyſt. II. p. 139. n. 22. *Kakadu.*
Leſke, Naturgeſch. p. 239. n. 3. *der Kakatu.*
Blumenbach, Handb. der Naturgeſch. p. 164. n. 3. Pſittacus (Criſtatus) brachyurus, criſta plicatili flava.
Bechſtein, Naturgeſch. I. p. 343. n. 1. *der weiße Kakatu.*
Funke, Naturgeſch. I. p. 334. *der Kakadu.*
Halle, Vögel, p. 115. n. 31. *der weiße mit rothgelbem Federbuſche.*
Onomat. hiſt. nat. VI. p. 672. *der Kakatu.*
Klein, av. p. 24. n. 6. Kakatocha tota alba.
Klein, Vorbereit. p. 46. n. 6. *der ganz weiße Kakatoeha.*
Klein, verb. Vögelhiſt. p. 25. n. 7. *ganz weißer Kakatoeha.*
Briſſon, ornithol. II. p. 99. n. 8. Kakatoes.
Büffon, Vögel, XIX. p. 39. *der Kakatu mit der weißen Haube*; m. 1 Fig.
Batſch, Thiere, I. p. 302. *der große Kakatu.*
Latham, Vögel, I. p. 219. n. 61. *der große weiße Kakatoo, der gemeine Kakatoo.*
Latham, Syſt. ornithol. I. p. 108. n. 77. Pſittacus (Criſtatus) albus, criſta plicatili flava.
Friſch, Vögel, IV. Tab. 50. *großer weißer Papagey oder Cacadou.*
Mannichfalt. IV. p. 411. *der große Kakatu oder Kakatoeha*; m. 1 Fig.

 Linné,

(8) Unter den Synonymen dieſer und der 94. Gattung, p. 330. herrſcht groſse Verwechſelung.

Linné, Syst. Nat. Ed. X, I. p. 99. n. 16. Psittacus (Cristatus) brachyurus albus, crista dependente flava. (*Mit Psittacus Sulphureus verwechselt.*)

Kramer, Austr. p. 333. n. 6. Psittacus albus, rostro nigro, capite cristato, crista plicatili lutea; *indianischer Wiedhopf.*

Charleton, exercit. p. 74. n. 3. Psittacus albus cristatus.

Hermann, tab. affin. anim. p. 183. Ps. Cristatus.

Jonston, av. p. 36. Psittacus albus cristatus.

Donndorff, Handb. der Thiergesch. p. 220. n. 4. *der Kakadu.*

23. ERYTHROLEUCUS. *Der roth und weiße Papagoy.*

Müller, Natursystem, II. p. 140. n. 23. *der Rothschwanz.*

Borowsky, Thierreich, II. p. 90. n. 5. *der rothschwänzige Kakatu.*

Halle, Vögel, p. 112. n. 24. *der weiße ungehaubte Papagai.*

Brisson, ornithol. II. p. 102. n. 12. Kakatoes à ailes et queue rouges.

Büffon, Vögel, XIX. p. 51. *der Kakatu mit rothen Flügeln und rothem Schwanze.*

Latham, Vögel, I. p. 222. n. 67. *der roth und weiße Papagoy.*

Latham, Syst. ornitholog. I. p. 109. n. 82. Psittacus (Erythroleucus) cinereus, uropygio, remigibus rectricibusque coccineis.

Linné, Syst. Nat. Edit. X. I. p. 99. n. 19. Psittacus (Erythroleucus) brachyurus cinereus, uropygio, rectricibus remigibusque coccineis.

Jonston, av. p. 38. Psittacus erythroleucos.

24. ERI-

24. Erithacus. *Der Jacò.*

Müller, Naturſyſt. II. p. 140. n. 24. *Guineiſcher.*

Blumenbach, Handb. der Naturgeſch. p. 164. n. 4. Pſittacus (Erithacus) brachyurus canus, temporibus nudis albis, cauda coccinea.

Bechſtein, Naturgeſch. I. p. 344. n. 2. *der guineiſche Papagey.*

Halle, Vögel, p. 116. n. 32. *der aſchfarbne Papagai, mit rothem Schwanze.*

Onomat. hiſtor. natur. VI. p. 675. *der guineiſche aſchgraue Papagay.*

Klein, av. p. 25. n. 13. Pſittacus cinereus cauda rubra.

Klein, Vorbereit. p. 47. n. 13. *der Aſchgraue mit dem rothen Schwanze.*

Klein, verbeſſerte Vögelhiſt. p. 26. n. 19. *graues mit rothem Schwanze.*

Briſſon, ornitholog. II. p. 126. n. 49. Perroquet cendré de Guinée.

Büffon, Vögel, XIX. p. 58. *der Jaco oder aſchfarbne Papagey;* mit 1 Fig.

Latham, Vögel, I. p. 323. n. 68. *der gemeine aſchgraue Papagey.*

Latham, Syſt. ornitholog. I. p. 109. n. 83. Pſittacus (Erithacus) canus, temporibus nudis albis, cauda coccinea.

Scopoli, Bemerk. a. d. Naturgeſch. I. p. 25. n. 30. *der aſchgraue Papagey mit rothem Schwanze.*

Linné, Syſt. Nat. Edit. X. I. p. 99. n. 20. Pſittacus (Erithacus) brachyurus canus, temporibus albis, cauda coccinea.

Kramer, Auſtr. p. 332. n. 2. Pſittacus cinereus, cauda cuneiformi phoenicea; *grauer Paperl.*

Charleton, exercit. p. 74. n. 8. Pſittacus cinereus.

Jonſton, av. p. 32. Pſittacus cinereus.

Gerin. ornith. I. p. 95. Tab. 112.
Donndorf, Handb. der Thiergesch. p. 227. n. 5. *der Jaco.*

β. *Der aschgraue Papagey mit rothen Flügeln.*

Brisson, ornithol. II. p. 127. A. Perroquet de Guinée à ailes rouges. 97
Büffon, Vögel, XIX. p. 75. *der guineische Papagey mit rothen Flügeln.*
Latham, Syn. I. p. 262. n. 68. A. Red-winged ashcoloured Parrot.
Latham, Vögel, I. p. 223. n. 68. Var. A. *der aschgraue Papagoy mit rothen Flügeln.*
Latham, Syst. ornith. I. p. 110. β. Ps. guineensis alis rubris.

γ. *Der rothbunte Papagey.*

Brisson, ornitholog. II. p. 127. B. Perroquet de Guinée varié de rouge. 98
Büffon, Vögel, XIX. p. 75. *der guineische rothgeschäckte Papagay.*
Seligmann, Vögel, VI. Tab. 58. *der aschfarbne und rothe Papagey.*
Latham, Vögel, I. p. 223. n. 68. Var. B. *der roth- und aschgraue Papagoy.*
Latham, Syst. ornitholog. I. p. 110. γ. Psittacus guineensis, rubro varius.
Gerin. ornith. I. p. 95. Tab. 113.

δ. *Der roth und weiße Papagey, mit rothem Schwanze und aschfarbenem Kopfe.*

Klein, verbess. Vögelhist. p. 26. n. 32. *Aschfarbner und rothbunt mit weißen Backen.*
Büffon, Vögel, XIX. p. 75. not. *.
Latham, Vögel, I. p. 224. n. 68. Var. C.

Latham,

Latham, Syst. ornithol. I. p. 110. δ. Psittacus capite cinereo, genis nudis, remigibus primariis ex cinereo fuscis.

Scopoli, Bemerk. a. d. Naturgesch. I. p. 26. n. 31. *der rothe Papagey mit aschfarbenem Kopfe.*

97. Cinereus. *Der Marakana.*

Brisson, ornitholog. II. p. 127. n. 50. Perroquet cendré du Brésil.

Büffon, Vögel, XX. p. 29. *grauer Papagai.*

Latham, Vögel, I. p. 224. n. 69. *der brasilianische aschgraue Papagoy.*

Latham, Syst. ornithol. I. p. 110. n. 84. Psittacus (Cinereus) corpore toto ex caerulescente cinereo.

Jonston, av. p. 202. Maracana Brasiliensibus *(prima).*

98. Meridionalis. *Der mittägliche Papagey.*

Latham, Vögel, I. p. 225. n. 70. *der mittägliche Papagoy.*

Latham, Syst. ornithol. I p. 110. n. 85. Psitt. (Nestor) fuscus, capite incano, collo inferiore castaneo, uropygio crissoque castaneo-rubris.

99. Mascarinus. *Der Maskarin.* (9)

Müller, Natursyst. Supplem. p. 76. n. 49. *der Maskarin.*

Brisson, ornitholog. II. p. 128. n. 52. Perroquet Mascarin.

Büffon, Vögel, XIX. p. 87. *der Maskarin;* mit 1 Figur.

Latham, Vögel, I. p. 225. n. 72. *der Maskarin.*

Latham,

(9) Soll, nach *Brisson*, der *P. Obscurus* Linn. seyn.

Latham, Syst. ornithol. I. p. 111. n. 87. Psittacus (Mascarinus) fuscus, facie nigra, cauda albente.

99. Fuscus. *Der braune Papagey.*(10)

Brisson, ornith. II. p. 128. n. 51. Perroquet brun.

Büffon, Vögel, XIX. p. 88. *Brissons brauner Papagey.*

Latham, Vögel, I. p. 226. n. 73. *der braune Papagoy.*

Latham, Syst. ornithol. I. p. 111. n. 88. Psittacus (Fuscus) totus cinereo-fuscus.

25. Garrulus. *Der Lory von Ceram.*(1)

Müller, Natursystem, II. p. 141. n. 25. *der Plauderer.*

Borowsky, Thierreich, II. p. 91. n. 6. *der Aurorapapagei.*

Bechstein, Naturgesch. I. p. 344. n. 3. *der Plauderer.*

Onomat. histor. nat. VI. p. 678. *der Plauderer, Auror-Parkit.*

Klein, av. p. 25. n. 8. Psittacus Rufus femoribus alisque viridibus.

Klein, Vorbereit. p. 47. n 8. *der Feuerrothe mit grünen Schenkeln und Flügeln.*

Klein, verb. Vögelhist. p. 26. n. 12. *ganz rother Papagey mit grünen Flügeln und Schenkeln.*

Brisson, ornitholog. II. p. 103. n. 13. Lory de Ceram.

Halle,

(10) Nach *Büffon* eine Spielart von *Psittacus Mascarinus.*

(1) Unter den zu dieser Gattung und denen Varietaten gehörigen Synonymen herrscht grosse Verwechselung. *Büffon* betrachtet auch den *Lory von Ceram* nicht als die Hauptgattung, sondern als Spielart von *Lory Noira.*

Halle, Vögel, p. 118. n. 37. *der rothe Papagai mit grünen Flügeln und Dickbein.*

Büffon, Vögel, XIX. p. 104. *Lori von Ceram.*

Latham, Vögel, I. p. 228. n. 76. *der Lory von Ceram.*

Latham, Syst. ornitholog. I. p. 113. n. 96. Psittacus (Garrulus) coccineus, orbitis cinereis, genis alisque viridibus, rectricibus medietate postica caeruleis.

Linné, Westgoth. Reis. p. 159. Psittacus Garrulus.

Linné, Syst. Nat. Edit. VI. p. 18. n. 3. Psitt. ruber, alis viridibus, remigibus rectricibusque introrsum purpureis.

Linné, Syst. Nat. Edit. X. I. p. 100. n. 21. Psitt. (Garrulus) brachyurus ruber, genis alisque viridibus, rectricibus medietate postica caeruleis.

β. Aurorae. *Der Aurora-Parkit.* (2)

Müller, Natursyst. II. p. 141. n. 25. *Aurorparkit.*

Borowsky, Thierreich, II. p. 91. n. 7. *der Plauderer.*

Büffon, Vögel, XIX. p. 104. *Spielart des Noira;* mit 1 Fig.

Latham, Vögel, I. p. 229. n. 76. Var. A. *der Noira-Lory.*

Latham, Syst. ornitholog. I. p. 113. β. Psittacus coccineus, alis viridibus nigrisque, rectricibus flavis, medietate postica virescentibus.

γ. Moluccensis. *Der Lory-Noira.* (3)

Müller, Natursyst. II. p. 141. n. 25. *der Moluccische Laurey, Lory oder Lorry.*

Klein,

(2) Nach der Büffonschen Uebersetzung soll *Frischens ganz rother Papagay* Tab. 45. hieher gehören. Nach *Gmelin* und *Latham* ist es der *Lory von Ceram.*

(3) Nach *Brisson* u. *Klein* eine eigne Gattung.

Klein, verb. Vögelhist. p. 27. n. 36 *Scharlatvogel.*
Brisson, ornithol. II. p. 103. n. 14. Lory des Moluques.
Büffon, Vögel, XIX. p. 101. *der Lori - Noira;* mit 1 Fig.
Seligmann, Vögel, VI. Tab. 67. *der Scharlach-Lory.*
Latham, Vögel, I. p. 229. n. 76. Var. B. *der scharlachrothe Lory.*
Latham, Syst. ornitholog. I. p. 114. γ. Psittacus coccin. macula interscapulari tectricibusque alarum minoribus luteis, rectricibus lateralibus basi caeruleis.
Clus. exot. p. 364. Noyra.
Gerin. ornith. I. p. 94. Tab. 106.

δ. *Latham*, Vögel, I. p. 230. *eine Spielart, bey der viele von den Deckfedern der Flügel blaue Spitzen haben.*
Latham, Syst. ornitholog. I. p. 124. δ. Psittacus tectricibus alarum plurimis caeruleo-punctatis.

26. Domicella. *Der Lory mit purpurfarbener Kappe.*
Müller, Natursyst. II. p. 142. n. 26. *die Jungfer.*
Borowsky, Thierreich, II. p. 92. n. 8. *der Lory mit der schwarzen Kappe.*
Onomat. hist. nat. VI. p. 674. *der Lory mit der schwarzen Kappe.*
Klein, av. p. 24. n. 7. Ps. rufus, vertice nigro, alis viridibus, femoribus caeruleis.
Klein, Vorbereit. p. 47. n. 7. *der Feuerrothe, mit einem schwarzen Wirbel, grünen Flügeln und himmelblauen Schenkeln.*
Klein, verbess. Vögelhist. p. 25. n. 8. *Rother Papagey mit schwarzer Platte, grünen Flügeln*

geln und blauen Schenkeln vom ersten Range.

Klein, verbess. Vögelhist. p. 25. n. 10. *Roth mit blauer Brust, Bauch, Schwanz und Nacken, schwarzer Platte und grünen Flügeln.*

Brisson, ornithol. II. p. 104. n. 15. Lory des Indes orientales.

Büffon, Vögel, XIX. p. 107. *der Lory mit dem Halsbande;* m. 2 Figg.

Seligmann, Vögel, VI. Tab. 66. *der zweyte Lory mit schwarzer Kappe.*

Latham, Vögel, I. p. 230. n. 77. *der Lory mit purpurfarbner Mütze.*

Latham, Syst. ornitholog. I. p. 84. n. 97. Psittacus (Domicella) ruber, pileo violaceo, alis viridibus, humeris genisque caeruleis, orbitis fuscis.

Linné, Syst. Nat. Edit. X. I. p. 100. n. 23. Psittacus (Domicella) brachyurus ruber, pileo fusco, alis viridibus, humeris genisque caeruleis.

Gerin. ornith. II. p. 94. Tab. 104.

β. *Der Lory mit blauer Kappe.* (4)

Halle, Vögel, p. 112. n. 25. *der Brasilische Papagai, rosenfarben mit gelbem Halsringe.* Fig. 5.

Klein, av. p. 25. n. 17. Ps. capite cyaneo, collari luteo.

Klein, Vorber. p. 47. n. 17. *mit dem lasurblauen Kopfe und bleichgelben Kragen.*

Klein, verbess. Vögelhist. p. 26. n. 21. *Blaukopf mit gelbem Halsbande.*

Brisson, ornithol. II. p. 106. n. 18. Lory à collier des Indes.

Büffon,

(4) Nach *Brisson,* u. a. eine eigene Gattung.

Büffon, Vögel, XIX. p. 109. *oftindischer Lori mit dem Halsbande.*

Latham, Vögel, I. p. 230. n. 77. Var. A. *der Lory mit blauer Mütze.*

Latham, Syst. ornithol. I. p. 114. n. 97. β. Psittacus coccineus, vertice remigibusque primoribus cyaneis, torque colli luteo, rectricibus purpureis fusco - rubescente adumbratis.

27. LORY. *Der Lory mit schwarzer Kappe.*

Müller, Natursyst. II. p. 142. n. 27. *der Lory.*

Borowsky, Thierreich, II. p. 92. n. 9. *der Lory.*

Onomat. histor. nat. VI. p. 680. *der Lory.*

Klein, verbess. Vögelhist. p. 25. n. 11. *Roth mit schwarzer Kappe, gelbem Schnabel, gelb, blau und grün bunten Flügeln.*

Brisson, ornitholog. II. p. 165. n. 16. Lory des Philippines.

Büffon, Vögel, XIX. p. 110. *der dreyfarbige Lori;* m. 1 Fig.

Seligmann, Vögel, VI. Tab. 65. *der erste Lory mit schwarzer Kappe.*

Latham, Vögel, I. p. 231. n. 78. *der Lory mit schwarzer Mütze.*

Latham, Syst. ornithol. I. p. 115. n. 98. Psittacus (Lory) coccineus, pileo violaceo, alis viridibus, pectore, genibus caudaque caeruleis, orbitis incarnatis.

Linné, Systema. Natur. Edit. X. I. p. 100. n. 24. Psittacus (Lory) brachyurus purpureus, pileo nigro, alis viridibus, pectore, genibus caudaque caeruleis.

Gerin. ornith. I. p. 94. Tab. 105.

100. PUNICEUS. *Der karmoisinrothe Papagey.*

Brisson, ornithol. I. p. 107. n. 20. Lory d'Amboine.

Büffon, Vögel, XIX. p. 113. *der karmoisinfarbne Lori;* m. 1 Fig.

Latham, Vögel, I. p 232. n. 79. *der karmoisinrothe Lory.*

Latham, Syst. ornithol. I. p. 115. n. 99. Psittacus (Puniceus) coccineus, subtus violaceus, rectricibus saturate coccineis, apice rubescentibus.

101. RUBER. *Der rothe Papagey.* (*Lory von Gilolo.*)

Büffon, Vögel, XIX. p. 116. *der rothe Lori;* mit 1 Figur.

Latham, Vögel, I. p. 232. n. 80. *der rothe Lory.*

Latham, Syst. ornithol. I. p. 115. n. 100. Psittacus (Ruber) coccineus, remigibus primoribus orbitisque nigris, macula alarum, tectricibusque caudae inferioribus caeruleis.

β. *Der dunkelrothe Papagey mit lichtblauen Schultern.* (5)

Latham, Vögel, I. p. 233. n. 80. Var. A.

Latham, Syst. ornitholog. I. p. 116. n. 101 Psittacus (Moluccensis) coccineus, scapularibus imoque ventre pallide caeruleis, tectricibus alarum maioribus remigibusque secundariis apice cyaneis.

102. GRANDIS. *Der große Lory.*

Büffon, Vögel, XIX. p. 219. *der große Lory;* mit 1 Fig.

Latham, Vögel, I. p. 233. n. 81. *der große Lory.*

Latham,

(5) Nach *Latham* eine eigne Gattung.

Latham, Syst. ornithol. I. p. 116. n. 102. Psittacus (Grandis) ruber, corpore subtus rubro, caeruleo, violaceo viridique variegato, remigibus cyaneis, cauda apice flavo.

β. *Latham*, Vögel, I. p. 234. n. 81. Var. A.
Latham, Syst. ornith. I. p. 116. n. 102. β. Psitt. coccineus, cauda supra fusco, viridi caeruleoque varia, pectore, imo abdomine, margine alarum remigibusque extus caeruleis, femoribus castaneis.

103. Guineensis. *Der gelbbrüstige Papagey.*
Latham, Vögel, I. p. 234. n. 82. *der Lory mit gelber Brust.*
Latham, Syst. ornithol. I. p. 116. n. 104. Psittacus (Guineensis) capite colloque coccineis, superciliis et pectore flavescentibus, gula, genis corporeque subtus albis, tectricibus alarum viridibus, remigibus caeruleis, flavo marginatis.

104. Paraguanus. *Der Papagay von Paraguay.*
Halle, Vögel, p. 117. n. 34. *der schwarze Papagai mit rother Brust und Rücken.*
Büffon, Vögel, XX. p. 28. *der Paragua.*
Brisson, ornitholog. II. p. 106. n. 17. Lory du Bresil.
Latham, Vögel, I. p. 234. n. 83. *der Lory von Paraguay.*
Latham, Syst. ornithol. I. p. 117. n. 105. Psittacus (Paraguanus) coccineus, capite, cervice, crisso, cauda, humeris alisque nigris.
Jonston, av. p. 202. Paragua.

29. Nige

29. NIGER. *Der Vaza.*

Müller, Naturfyst. II. p. 143. n. 29. *der schwarze Papagey.*

Onomat. histor. nat. VI. p. 686. *der schwarze Papagey aus Madagascar.*

Klein, av. p. 28. n. 23 Psittacus ex nigro caeruleus, rostro brevissimo.

Klein, Vorbereitung, p. 48. n. 23. *der schwärzlich himmelblaue Papagey mit dem kürzesten Schnabel.*

Klein, verbess. Vögelhist. p. 26. n. 27. *schwarzer Papagey.*

Brisson, ornith II. p. 129. n. 53. Perroquet noir de Madagascar.

Buffon, Vögel, XIX. p. 84. *der Vaza, oder der schwarze Papagey;* m. 1 Fig.

Seligmann, Vögel, I. Tab. 9. *der schwarze Papagey von Madagaskar.*

Latham, Vögel, I. p. 225. n. 71. *der schwarze Papagoy von Madagaskar.*

Latham, Syst. ornithol. I. p. 111. n. 86. Psittacus (Niger) corpore caerulescente-nigro, rostro orbitisque albidis.

Linné, Syst. Nat. Edit. X. I. p. 99. Psittacus (Niger) brachyurus niger.

Gerin. ornith. II. p. 20. Tab. 128.

28. CAERULEOCEPHALUS. *Der roth-und blaue Papagey.*

Müller, Naturf. II. p. 143. n. 28. *der guajanische Blaukopf.*

Halle, Vögel, p. 122. n. 48. *der blauköpfige Papagai.*

Onomat. histor. nat. VI. p. 668. *der Gujanische Blaukopf.*

Brisson, ornitholog. II. p. 124. n. 46. Perroquet bleu de la Guiane.

Büffon, Vögel, XIX. p. 300. *der roth und blaue Krik.*

Latham, Vögel, I. p. 235. n. 84. *der roth-und blaue Papagoy.*

Latham, Syst. ornithol. I. p. 117. n. 106. Psittacus (Caeruleocephalus) caeruleus, ventre, uropygio caudaque viridibus, vertice flavo, remigibus rectricibusque rubris.

Linné, Syst. Nat. Edit. X. I. p. 100. n. 25. Psittacus (Caeruleocephalus) brachyurus, capite, pectore dorsoque caeruleis, ventre, uropygio caudaque viridibus, vertice flavo.

Jonston, av. p. 37. Psittacus erythrocyanus.

105. VARIUS. *Der braun-und blaubunte Papagey.*

Latham, Syst. ornithol. I. p. 112. n. 90. Psittacus (Varius) ex fusco et cyaneo varius, genis, gula iuguloque albicantibus, remigibus rectricibusque obscure fuscis, latere exteriore cyaneis.

106. VIOLACEUS. *Der violetköpfige Papagey.*

Brisson, ornithol. II. p. 124. n. 44. Perroquet de la Guadaloupe.

Büffon, Vögel, XIX. p. 316. *der Krik mit dem violetten Kopfe; der tapizirte Papagey;* mit 1 Figur.

Latham, Vögel, I. p. 228. *der violette Papagey.*

Latham, Syst. ornithol. I. p. 112. n. 91. Psittacus (Violaceus) corpore supra viridi, subtus caerulescente, capite colloque violaceis, viridi nigroque variegatis, macula tectricum rosea bifida.

Labat,

Labat, voy. aux iles de l'Amer. II. p. 214. Perroquet de la Guadeloupe.

107. Fringillaceus. *Der Finkenpapagey.*

Latham, Syst. ornithol. I. p. 112. n. 92. Psittacus (Fringillaceus) viridis, capite cyaneo, genis, gula, iugulo maculaque abdominis ex lacteo sanguineis, abdomine violaceo.

108. Choraeus. *Der Choroi.*

Latham, Syst. ornithol. I. p. 112. n. 93. Psittacus (Choraeus) viridis, subtus cinereus, orbitis incarnatus.

109. Sinensis. *Der chinesische Papagey.*

Klein, verb. Vögelhist. p. 163. n. 3. *grün und rother Papagey aus China.*

Brisson, ornithol. II. p. 120. n. 39. Perroquet de la Chine.

Büffon, Vögel, XIX. p. 78. *der grüne Papagey;* mit 1 Fig.

Seligmann, Vögel, VI. Tab. 13. *grün und rother Papagey aus China.*

Latham, Vögel, I. p. 235. n. 85. *der chinesische Papagoy.*

Latham, Syst. ornitholog. I. p. 117. n. 107. Psittacus (Sinensis) viridis, lateribus tectricibusque alarum inferioribus rubris, alis margine caeruleis, rectricibus apice fusco-flavicantibus.

110. Macrorhynchos. *Der dickschnäblige Papagey.*

Büffon, Vögel, XIX. p. 93. *der Papagey mit dem blutfarbigen Schnabel;* m. 1 Fig.

Latham, Vögel, I. p. 236. n. 86. *der Grossschnäbler-Papagey.*

Latham, Syst. ornithol. I. p. 117. n. 108. Ps. (Macrorynchos) viridis, corpore antice flavo-virescente, dorso caeruleo viridi, tectricibus alarum nigris, flavo-aureo marginatis.

111. Gramineus. *Der grasgrüne Papagey.*

Büffon, Vögel, XIX. p. 95. *der große grüne Papagey mit dem blauen Kopfe;* m. 1 Fig.

Latham, Vögel, I. p. 236. n. 87. *der grasgrüne Papagoy aus Amboina.*

Latham, Syst. ornithol. I. p. 118. n. 110. Psittacus (Gramineus) viridis, subtus olivaceus, pileo caeruleo, cauda subtus obscure flava.

30. Leucocephalus. *Der weißköpfige Papagey.*

Müller, Natursyst. II p. 143. n. 30. *der Weißkopf.*

Borowsky, Thierreich, II. p. 93. n. 11. *der weißköpfige Papagey.*

Onomat. histor. nat. VI. p. 681. *der weißköpfige Papagay.*

Klein, verbess. Vögelhist. p. 27. n. 34. *Weißkopf mit blauem Wirbel.*

Brisson, ornith. II. p. 110. n. 26. Perroquet de la Martinique.

Büffon, Vögel, XIX. p. 273. *die Amazoninpapagey mit dem weißen Kopfe;* m. 1 Fig.

Seligmann, Vögel, VI. Tab. 61. *der weißköpfigte Papagey.*

Latham, Vögel, I. p. 236. n. 88. *der Papagoy mit weißer Stirn.*

Latham, Syst. ornitholog I. p. 118. n. 111. Psittacus (Leucocephalus) viridis, vertice remigibusque caeruleis, gula rubra, fronte orbitisque albis.

Linné,

Linné, Syst. Nat. Edit. X. I. p. 100. n. 26. Psittacus (Leucocephalus) brachyurus viridis, remigibus caeruleis, fronte alba.

Charleton, exercit. p. 74. n. 7. Psittacus leucocephalus.

β. *Halle*, Vögel, p. 120. n. 41. *der grünblaue Papagey mit weißer Stirn.*

Klein, av. p. 25. n. 9. Psittacus viridis, fronte alba, collo rubro.

Klein, Vorbereit. p. 47. n. 9. *der Grüne mit weißer Stirn und rothem Halse.*

Klein, verbesserte Vögelhist. p. 26. n. 13. *Grüner mit weißer Stirn und rothem Halse.*

Brisson, ornitholog. II. p. 111. n. 27. Perroquet à gorge rouge de la Martinique. (6)

Latham, Vögel, I. p. 237. n. 88. Var. A. *der weißköpfige Papagoy.*

Latham, Syst. ornitholog. I. p. 118. β. Psittacus viridis, fronte alba, collo subtus rubescente, marginibus pennarum albis, abdomine purpureo, remigibus extus caeruleis.

Frisch, Vögel, IV. Tab. 46. (Abbild. nicht ganz richtig.

Barrere, ornith. Cl. 3. Gen. 2. Sp. 9. Psittacus viridis albo capite.

Jonston, av. p. 37. Psittacus Leucocephalus.

γ. *Latham*, Vögel, I. p. 237. n. 88. Var. B. *der Papagey mit weißem Wirbel.* (7)

Latham, Syst. ornith. I. p. 119. n. 113. Psittacus (Albifrons) viridis, rostro flavo, fronte alba, vertice et remigibus caeruleis, oculorum regionibus, alulaque rubris, pedibus cinereis.

(6) Nach *Brisson* eine eigne Gattung.

(7) Nach *Latham* eine eigne Gattung.

Mus. Carls. fasc. III. Tab. 52. Psittacus albifrons.

δ. *Brisson*, ornith. II. p. 112. n. 26. Perroquet à tête bleue de la Martinique. (8)

Latham, Vögel, I. p. 238. n. 88. Var. C. *der Papagoy mit aschgrauem Wirbel.*

Latham, Syst. ornithol. I. p. 119. γ. Psittacus viridis, vertice cinereo-caeruleo, fronte alba, abdomine rubro maculato.

Büffon, Vögel, XX. p. 14. *der Papagai, mit purpurfarbenem Bauch*; m. 1 Fig.

112. Ochrocephalus. *Der gelbköpfige Papagey.*

Brisson, ornith. II. p. 117. n. 35. Perroquet Amazone du Bresil.

Büffon, Vögel, XIX. p. 265. *die Amazoninpapagey mit gelbem Kopfe*; mit 1 Fig.

Latham, Vögel, I. p. 238. n. 89. *der gelbköpfige Amazonen-Papagoy.*

Latham, Syst. ornithol. I. p. 119. n. 114. Psittacus (Amazonicus) viridis, vertice flavo, remigibus ex viridi, flavo, violaceo et rubro variis, margine alarum rectricibusque 4. exterioribus basi rubris.

β. *Büffon*, Vögel, XIX. p. 269. *der grün und rothe Papagey von Cayenne.*

Latham, Vögel, I. p. 239. n. 89 Var. A. *der Papagoy mit hellgelbem Wirbel.*

Latham, Syst. ornithol. I. p. 120. β. Psittacus viridis fronte flava.

γ. *Halle*, Vögel, p. 116. n. 33. *der Harlekin; Schnabel grünblau.*

Brisson,

(8) Nach *Brisson* eine eigne Gattung.

Brisson, ornitholog. II. p. 116. n. 34. Perroquet Amazone à bec varié. (9)

Büffon, Vögel, XIX. p. 270. *die zweyte Spielart.*

Latham, Vögel, I. p. 239. n. 89. Var. B. *der buntschnäblichte Papagoy.*

Latham, Syst. ornithol. I. p. 120. γ. Psittacus maior poikilorynchos.

Charleton, exercit. p. 74. n. 5. Ps. poikilorinchos.

Jonston, av. p. 37. Psittacus poikilorinchos.

Aldrov. av. I. p. 170. Ps. poikilorinchos.

113. Barbadensis. *Der Papagey aus Barbados.*

Klein, av. p. 25. n. 24. Ps. viridis et luteus, capite cinereo, Barbadensis.

Klein, Vorbereitung, p. 48. n. 24. *der grün und bleichgelbe mit aschgrauem Kopfe von Barbados.*

Klein, verbess. Vögelhist. p. 26. n. 28. *grün und gelber Graukopf.*

Brisson, ornitholog. II. p. 108. n. 22. Perroquet de Barbades.

Latham, Vögel, I. p. 240. n. 90. *der Papagoy aus Barbados.*

Latham, Syst. ornithol. I. p. 120. n. 115. Psittacus (Barbadensis) viridis, fronte cinerascente, vertice, genis, collo inferiore, tectricibus alarum cruribusque luteis, remigibus intermediis extus prima medietate rubris.

Albin. av. III. Tab. 2. Green and yellow Parrot from Barbadoes.

31. Luconiensis. *Der grüne Papagey von der Insel Luçon.*

Müller, Natursyst. II. p. 144. n. 31. *Philippinische* Onomat.

(9) Nach *Brisson*, u. s. eine eigene Gattung.

Onomat. hiſtor. natur. VI. p. 682. *der luçoniſche Papagay.*

Briſſon, ornitholog. II. p. 121. n. 41. Perroquet de l'isle de Luçon.

Latham, Vögel, I. p. 248. n. 98. *der grüne Papagoy von der Inſel Luçon.*

Latham, Syſt. ornithol. I. p. 120. n. 116. Pſittacus (Luconienſis) viridis, occipite uropygioque caeruleis, alis nigro-caeruleo-rubroque notatis.

32. Aestivus. *Der Ajurucurau.*

Müller, Naturſyſtem, II. p. 144. n. 32. *bunter Amazon.*

Bechſtein, Naturg. I. p. 344. n. 4. *der Amazon.*

Halle, Vögel, p. 118. n. 38. *der grüne Papagai mit buntem Schwanze und Flügeln.*

Onomat. hiſt. nat. VI. p. 606. *der bunte amazoniſche Papagey.*

Klein, av. p. 25. n. 10. Pſittacus viridis, capite croceo, fronte cyanea.

Klein, Vorbereit. p. 47. n. 10. *der Grüne, mit ſaffrangelbem Kopfe, und laſurblauer Stirne.*

Klein, verb. Vögelhiſt. p. 26. n. 14. *Grüner mit gelbem Kopfe und blauer Stirn.*

Briſſon, ornitholog. II. p. 114. n. 31. Perroquet Amazone.

Büffon, Vögel, XIX. p. 280. *der Ajurucurau;* mit 1 Fig.

Latham, Vögel, I. p. 240. n. 91. *der gemeine Amazonen-Papagey.*

Latham, Syſt. ornithol. I. p. 121. n. 117. Pſittacus (Aeſtivus) viridis, facie flava, fronte caerulea, humeris rectricibusque 4. extimis baſi rubro notatis.

Friſch

Frisch, Vögel, Tab. 47?

Linné, Syst. Nat. Edit. X. I. p. 101. n. 27. Psittacus (Aestivus) brachyurus viridis, fronte caerulea, humeris sanguineis.

Jonston, av. p. 200. Aiurucurau.

β. *Brisson*, ornithol. I. p. 107. n. 20. Perroquet à tête jaune de Jamaique. (10)

Büffon, Vögel, XIX. p. 282. *der grüne schwarzschnablichte Papagey*.

Latham, Vögel, I. p. 240. n. 91. Var. A. *der Papagoy aus Jamaika*.

Latham, Syst. ornithol. I. p. 121. β. Pf. viridis, capite pectoreque flavis, fronte gulaque caerulescentibus, margine alarum crissoque rubris.

Charleton, exercit. p. 74. n. 6. Psittacus melanorinchos.

Jonston, av. p. 37. Psittacus viridis melanorinchius.

γ. *Borowsky*, Thierreich, II. p. 93. n. 12. Psittacus Nobilis; *der Amazon*.

Brisson, ornitholog. II. p. 117. n. 36. Perroquet Amazone de la Jamaique. (1)

Büffon, Vögel, XIX. p. 284. *ein Papagey der eine Stirn von aquamarinblau hat, mit einer Binde von eben dieser Farbe über den Augen.*

Latham, Vögel, I. p. 241. n. 91. Var. B. *der See-Papagoy.*

Latham, Syst. ornitholog. I. p. 121. γ. Psittacus viridis, vertice flavo, genis gulaque luteis, fronte caerulea, tectricibus alarum minoribus remi-

(10) Nach *Brisson* eine eigne Gattung.

(1) Soll, nach *Brisson*, der *P. Nobilis* Linn. n. 5. seyn, daher auch die häufige Verwechselung der Synonymen zwischen beyden.

remigibus 5. intermediis prima medietate, rectricibusque 4. extimis basi intus rubris.

Charleton, exercit. p. 74. n. 4. Psittacus viridis cum alarum costa superne rubente.

Barrere, ornith. Cl. III. Gen. 2. Sp. 5. Psittacus viridis alarum costa superne rubente.

Sloane, Jamaic. p. 297. n. 7. Psittacus viridis alarum costa superne rubente.

Jonston, av. p. 36. Psittacus viridis alarum costa superne rubente.

Gerin. ornith. I. p. 95. Tab. 108.

δ. *Halle*, Vögel, p. 119. n. 40. *der grüne Papagai mit blauer Kehle und Platte.*

Brisson, ornitholog. II. p. 108. n. 21. Perroquet à tête bleue du Brésil. (2)

Büffon, Vögel, XX. p 287. *Ajurucuruca.*

Latham, Vögel, I. p. 241. n. 91. Var. C. *der Papagoy mit blauem Wirbel.*

Latham, Syst. ornithol. I. p. 121. δ. Psittacus viridis, pileo caeruleo, nigro vario, macula verticis suboculariquc flava, gula caerulea.

Jonston, av. p. 200. Aiurucuruca.

ε. *Klein*, av. p. 25. n. 12. Ps. viridis maior, maculis rubris luteisque, fronte caerulea.

Klein, Vorbereit. p. 47. n. 12. *der große Grüne, mit rothen und bleichgelben Flecken und himmelblauer Stirne.*

Klein, verb. Vögelhist. p. 26. n. 16. *Grüner mit gelb und rothen Flecken und blauer Stirn.*

Brisson, ornithol. II. p. 118. n. 37. Perroquet Amazone varié. (3)

Büffon,

(2) Nach *Brisson* eine eigne Gattung.

(3) Nach *Brisson* eine eigne Gattung. Ueberhaupt muss ich bemerken, dass die zu dieser ganzen Gattung und deren Varietäten

Büffon, Vögel, XIX. p. 289. *eine vierte Abart.*
Seligmann, Vögel, VI. Tab. 57. *der große grüne Papagey aus Westindien.*
Latham, Vögel, I. p. 241. n. 91. Var. D. *der grüne West-Indianische Papagoy.*
Latham, Syst. ornithol. I. p. 122. ε. Psittacus viridis, vertice, genis gulaque flavis, fronte caerulea, remigibus 5. intermediis extus rectricibusque 4. extimis intus prima medietate rubris.
Frisch, Vögel, Tab. 49.
Gerin. ornith. I. p. 96. Tab. 115.

ζ. Psittacus viridis, fronte caerulea, vertice, genis gula, abdomine medio genibusque flavis, axillis totis, macula remigum rectricibusque lateralibus basi rubris. *
Latham, Syst. ornithol. I. p. 122. η.

η. Psittacus viridis, capite colloque flavis, humeris, macula remigum rectricibusque lateralibus, basi rubris. *
Latham, Syst. ornithol. I. p. 123. ϑ.
Gerin. ornith. I. p. 95. Tab. 110. Psittacus viridis, colloque flavo.

ϑ. Psittacus viridi flavoque varius, fronte caerulea, humeris, macula remigum, rectricibusque lateralibus basi rubris. *
Latham, Syst. ornithol. I. p. 123. ι.
Büffon, pl. enl. 120. Perroquet Amazone varié du Bresil.

33. AMAZONICUS. *Der Amazonen-Papagey.* (4)
Müller, Naturs. II. p. 145. n. 33. *Surinamischer. Blumen-*

rietäten gehörige Synonymen, sowohl unter sich, als auch mit der folgenden Gattung häufig verwechselt werden.

(4) Nach *Buffon* und *Latham* eine Spielart vom vorigen.

Blumenbach, Handb. der Naturgesch. p. 164. n. 5. Psittacus (Amazonicus) brachyurus viridis. fronte caerulea, temporibus fulvis; *Amazonen-Papagey.*

Onomat histor. nat. VI p. 663. *der grüne amazonische Papagay mit gelber Stirn.*

Brisson, ornitholog. II. p. 114. n. 32. Perroquet Amazone à front jaune.

Buffon, Vögel, XIX. p. 291. *Amazonen-Papagey mit gelber Stirne.*

Latham, Vögel, I p. 242. n 91. Var. E. *der brasilionische Papagoy mit hellgelber Stirn.*

Latham, Syst. ornithol. I. p. 122. ζ. Psittacus viridis, pileo, genis gulaque flavis, superciliis caeruleis, remigibus 4. intermediis extus, rectricibusque lateralibus basi rubris.

Donndorff, Handb. der Thiergesch. p. 221. n. 6. *der Amazonen-Papagay.*

114. Luteus. *Der Papagey mit gelben Schultern.*

Latham, Vögel, I. p. 243. n 92. *der Papagoy mit gelben Schultern.*

Latham, Syst. ornithol. I. p. 123. n. 118. Psittacus (Luteolus) viridis, pileo cyaneo, capistro subtus, gula humerisque flavis, tectricibus alarum maioribus macula magna fulva.

115. Ochropterus. *Der Papagey mit hellgelben Flügeln.*

Halle, Vögel, p. 148. n. 28. *der grünbunte Papagai mit gelben Schildern.*

Klein, av. p. 25. n. 11. Ps. viridis, capite, humeris et femoribus luteis.

Klein, Vorbereit. p. 47. n. 11 *der Grüne, mit bleichgelben Kopfe, Schultern und Schenkeln.*

Klein,

Klein, verbeſſ. Vögelhiſt. p. 26. n. 15. *Grüner, mit gelbem Kopfe, Flügelſchilden und Schenkeln.*

Briſſon, ornitholog. II. p. 119. n. 38. Perroquet Amazone à gorge jaune.

Büffon, Vögel, XIX. p. 294. *der Krik mit dem gelben Kopfe und der gelben Kehle;* mit 1 Figur.

Latham, Vögel, I. p. 243. n. 93. *der Papagoy mit hellgelben Flügeln.*

Latham, Syſt. ornitholog. I. p. 123. n. 119. Pſittacus (Ochropterus) viridis, fronte orbitisque albidis, vertice, genis, collo ſubtus femoribusque flavis, tectricibus alarum minimis extrioribus flavis, interioribus rubris, flavo marginatis.

Bankroft, Naturgeſch. von Guiana, p. 95. *der gelbkuppichte Papagoy.*

Friſch, Vögel, Tab. 48.

116. Pulverulentus. *Der gepuderte Papagey.*

Büffon, Vögel, XIX. p. 298. *der Müller, oder der gepuderte Krik;* m. 1 Fig.

Latham, Vögel, I. p. 245. n. 94. *der beſtäubte grüne Papagoy.*

Latham, Syſt. ornithol. I. p. 123. n. 120. Pſittacus (Pulverulentus) viridis, ſupra albo pulveratus, vertice macula flava, remigibus caeruleo-nigris, alarum macula magna rubra.

Barrere, Fr. equ. p. 144. Pſittacus maior albicans, capite luteo?

117. Havanensis. *Der Papagey aus Havanna.*

Briſſon, ornitholog. II. p. 115. n. 33. Perroquet Amazone à gorge bleue.

Büffon,

Büffon, Vögel. XIX. p. 303. *der Krik mit dem blauen Gesichte.*

Latham, Vögel, I. p. 245. n. 95. *der Papagoy aus Havanna.*

Latham, Syst. ornithol. I p. 124. n. 121. Psittacus (Havanensis) viridis, facie, gula iuguloque cinereo-caeruleis, pectoris remigumque intermediarum macula rubra, crisso flavo, rectricibus lateralibus basi rubris.

Gerin. ornith. II. p. 95. Tab. 114.

34. Paradisi *Der Paradiespapagey aus Cuba.*

Müller, Natursystem, II. p. 145. n. 34. *gelber Papagey.*

Halle, Vögel, p. 123. n. 49. *der gelbe Paradiespapagey.*

Onomat. hist. nat. VI. p. 689. *der kurzschwänzige Paradiespapagey.*

Klein, av. p. 25. n. 18. Psf. Paradisi ex Cuba.

Klein, Vorbereit. p. 48. n. 18. *der Paradiespapagey aus Cuba.*

Klein, verbess. Vögelhist. p. 26. n. 22. *gelb mit rothem Halsbande und Unterleibe.*

Brisson, ornithol. II. p. 125. n. 48. Perroquet jaune de Cuba.

Büffon, Vögel, XX. p. 5. *der Paradies-Papagai;* m. 1 Fig.

Seligmann, Vögel, I. Tab. 20. *der Paradiespapagey aus Cuba.*

Latham, Vögel, I. p. 252. n. 105. *der Paradies-Papagoy.*

Latham, Syst. ornithol. I. p. 127. n. 132. Psittacus (Paradisi) luteus, gula, ventre rectricumque basi rubris.

50. Au-

50. Aurora. *Der gelbe Amazonenpapagey.*

Müller, Natursyst. Supplem. p. 76. n. 48. *Glutpapagey.*

Brisson, ornitholog. II. p. 125. n. 47. Perroquet jaune.

Büffon, Vögel, XIX. p. 277. *die gelbe Amazonin*; m. 1 Fig.

Latham, Vögel, I. p. 252. n. 106. *der Aurora-Papagoy.*

Latham, Syst. ornitholog. I. p. 127. n. 133. Psittacus (Aurora) flavus, axillis lateribusque extimis alarum caudaeque rubris.

47. Passerinus. *Der Sperlingspapagey.*

Müller, Natursyst. II. p. 150. n. 47. *der Sperlingspapagey.*

Leske, Naturgesch. p. 240. n. 6. *der Sperlingspapagei.*

Borowsky, Thierreich, II. p. 95. n. 17. *der Sperlingsparkit.*

Halle, Vögel, p. 126. n. 60. *das grüne blaugefleckte Papagaichen.* (Tuiete.)

Büffon, Vögel, XX. p. 88. *der Ete oder Tui-Ete*; m. 1 Fig.

Onomat. histor. natur. VI. p. 690. *der kleinste Parkit.*

Klein, verbess. Vögelhist. p. 163. n. 8. *kleinster, grün und blauer Papegey.*

Brisson, ornithol. II. p. 147. n. 83. Petite Perruche à cul bleu du Bresil.

Latham, Vögel, I. p. 265. n. 127. *der blau- und grüne Parkit.*

Latham, Syst. ornitholog. I. p. 133. n. 156. Psittacus (Passerinus) luteo-virens, macula alarum, uropygio alisque subtus caeruleis.

Bankroft, Naturgeſch. v. Guiana, p. 97. *der kurzſchwänzigte gelblich grüne Papagoy.*

Seligmann, Vögel, VII. Tab. 22. *der kleinſte grün und blaue Papagey.*

Linné, Syſt. Nat. Edit. X. I. p. 103. n. 37. Pſittacus (Paſſerinus) brachyurus luteo-virens, macula alarum alisque ſubtus caeruleis.

Hermann, tab. affinit. animal. p. 183. Pſittacus Paſſerinus.

Jonſton, av. p. 201. Tuiete.

Donndorf, Handb. der Thiergeſch. p. 221. n. 7. *der Sperlingspapagoy.*

118. Cyanolyseos. *Der Thecau.*

Latham, Syſt. ornitholog. I. p. 127. n. 134. Pſittacus (Cyanolyſeos) luteo-virens, collari caeruleo, uropygio rubro.

Vidaure, Chil. p. 75. *der Papagey.*

Donndorff, Handb. der Thiergeſch. p. 221. n. 8. *der Thecau.*

40. Sordidus. *Der graue Papagey mit blauer Kehle, grünen Flügeln und Schwanz.*

Müller, Naturſyſt. II. p. 148. n. 40. *grauer Papagey.*

Onomat. hiſtor. nat. VI. p. 696. *der graue Papagey.*

Klein, verbeſſ. Vögelhiſt. p. 27. n. 35. *Blaukehl mit brauner Bruſt, Bauch und Schenkeln, blauer Kehle, rothem Schnabel, grünem Kopfe und Flügeln.*

Briſſon, ornitholog. II. p. 124. n. 45. Perroquet de la nouvelle Eſpagne.

Seligmann, Vögel, VI. Tab. 62. *der dunkle Papagey.*

Büffon,

Büffon, Vögel, XX. p. 24. *der braune Papagai;* m. 1 Fig.

Latham, Vögel, I. p. 254. n. 110. *der Schmutzige? Papagoy.*

Latham, Syst. ornitholog. I. p. 127. n. 135. Psittacus (Sordidus) subfuscus, gula caerulea, alis caudaque viridibus, rostro crissoque rubris.

119. Dominicensis. *Der Papagey von St. Domingo.*

Latham, Vögel, I. p. 251. n. 104. *der Papagoy von St. Dominik.*

Latham, Syst. ornithol. I. p. 126. n. 131. Psittacus (Dominicensis) viridis, remigibus caeruleis, frontis fascia rubra.

Büffon, Vögel, XX. p. 12. *der Papagai mit der rothen Stirnbinde;* mit 1 Fig.

120. Erythropterus. *Der karmoisinrothflüglichte Papagey.*

Latham, Vögel, I. p. 251. n. 103. *der Papagoy mit karmoisinrothen Flügeln.*

Latham, Syn. Suppl. p. 60. Crimson-winged Parrot.

Latham, Syst. ornithol. I. p. 126. n. 130. Psittacus (Erythropterus) viridis, dorso antice nigro, postice caeruleo, rectricibus alarum coccineis.

35. Festivus. *Der Tavoua.*

Müller, Natursyst. II. p. 145. n. 35. *der Festvogel.*

Onomat. hist. nat. VI. p. 677. *der Festvogel.*

Büffon, Vögel, XX. p. 10. *der Tavua;* mit 1 Figur.

Latham, Vögel, I. p. 250. n. 102. *der Tavoua.*

Latham, Syst. ornithol. I. p. 126. n. 139. Psittacus (Festivus) viridis, fronte purpurascente, superciliis gulaque caeruleis, dorso sanguineo.

Linné, Syst. Nat. Edit. X. I. p. 101. n. 29. Psittacus (Festivus) brachyurus viridis, fronte purpurascente, superciliis gulaque caeruleis, dorso sanguineo.

121. Robustus. *Der robuste Papagey.*

Latham, Vögel, I. p. 249. n. 100. *der robuste Papagoy.*

Latham, Syst. ornithol. I. p. 112. n. 94. Psittacus (Robustus) viridis, capite cinerascente, capistro nigro, tectricibus alarum nigricantibus, macula coccinea.

122. Magnus. *Der grüne Papagey von Neu-guinea.*

Latham, Vögel, I. p. 249. n. 99. *der grüne Papagoy von Neu-Guinea.*

Latham, Syst. ornithol. I. p. 125. n. 125. Psittacus (Viridis) viridis, remigibus primoribus caeruleis, minoribus subtus rubris.

123. Taraba. *Der Taraba.*

Brisson, ornith. II. p. 109. n. 24. Perroquet à tête rouge du Brésil.

Latham, Vögel, I. p. 248. n. 97. *der Taraba.*

Latham, Syst. ornitholog. I. p. 125. n. 124. Psittacus (Tarabe) viridis, capite, collo subtus, pectore, tectricibusque alarum minoribus rubris.

Jonston, av. p. 202. Tarabe.

36. Brasiliensis. *Der brasilianische grüne Papagey.* (5)

Müller, Naturs. II. p. 146. n. 36. *Brasilianischer.*

Onomat.

(5) Nach *Latham* eine Spielart von *Psittacus Autumnalis.*

Onomat. hist. nat. VI. p. 667. *der brasilianische Papagay.*

Klein, verbess. Vögelhist. p. 26. n. 30. *grüner Papagay mit blauen Backen.*

Brisson, ornith. II. p. 113. n. 30. Perroquet à front rouge du Brésil.

Büffon, Vögel, XIX. p. 313. *grüne brasilianische Papagey*; m. 1 Fig.

Seligmann, Vögel, VI. Tab. 56. *der brasilianische grüne Papagey.*

Latham, Vögel, I. p. 247. n. 96. Var. C. *der brasilianische grüne Papagoy.*

Latham, Syst. ornithol. I. p. 125. δ. Psittacus viridis, facie rubra, temporibus caeruleis, orbitis cinereis.

Bankroft, Naturgesch. von Guiana, p. 96. *der brasilische grüne Papagey.*

Linné, System. Natur. Edit. X. I. p. 102. n. 30. Psittacus (Brasiliensis) brachyurus viridis, facie rubra, temporibus caeruleis.

Gerin. ornith. I. p. 96. Tab. 116.

37. Autumnalis. *Der Herbstpapagey.*

Müller, Natursystem, II. p. 146. n. 37. *Herbstpapagey.*

Onomat. histor. nat. VI. p. 666. *der amerikanische Papagay.*

Brisson, ornitholog. II. p. 121. n. 40. Perroquet d' Amerique.

Büffon, Vögel, XIX. p. 311. *der kleine grüne Papagey*; m. 1 Fig.

Seligmann, Vögel, VI. Tab. 59. *der kleinere grüne Papagey.*

Latham, Vögel, I. p. 247. n. 96. Var. B. *der Herbst-Papagoy.*

Latham, Syst. ornithol. I. p. 124. n. 122. Psittacus (Autumnalis) viridis, fronte remigumque macula coccinea, vertice remigibusque primoribus caeruleis.

Bankroft, Naturgesch. v. Guiana, p. 96. *der kleinere grüne Papagoy.*

Linné, Syst. Nat. Edit. X. I. p. 102. n. 31. Psittacus (Autumnalis) brachyurus viridis, fronte remigumque macula coccinea, vertice remigibusque primoribus caeruleis.

Gerin. ornith. II. p. 22. Tab. 135.

β. *Der Papagey mit blauer Stirn und Kehle.*

Klein, verb. Vögelhist. p. 162. n. 2. *grüner Papagey mit blauer Stirn und rother Kehle.*

Büffon, Vögel, XIX. p. 308. *der Krik mit dem blauen Kopfe;* mit 1 Fig.

Seligmann, Vögel, VII. Tab. 13. *der grüne Papagey mit blauen Backen.*

Latham, Vögel, I. p. 246. n. 96. *der Papagoy mit dem blauen Gesichte.*

Latham, Syst. ornitholog. I. p. 124. *b.* Psittacus viridis, capite gulaque caeruleis, jugulo pectoreque rubris, remigibus caeruleis, intermediis basi rubris.

Bankroft, Guiana, p. 95. *der blauköpfige Papagoy.*

γ. *Der Papagey mit roth- und weißbuntem Kopfe.*

Büffon, Vögel, XIX. p. 310. *der Cocho, Catharina.*

Latham, Vögel, I. p. 247. n. 96. Var. A. *der Papagoy mit roth und weißem Gesichte.*

Latham, Syst. ornithol. I. p. 124. γ. Psittacus capite ex rubro et albido vario.

38. Accipitrinus. Der *Papagey mit dem Geyerkopfe.*

Müller, Naturſyſt. II. p. 147. *Braunkopf.*

Borowſky, Thierreich, II. p. 93. n. 13. *der geſcheckte Papagei.*

Onomat. hiſtor. nat. VI. p. 658. *der braunköpfige Papagay.*

Klein, verb. Vögelhiſt. p. 26. n. 33. *Geyerpapagey mit braunem Geyerkopfe, ſonſt bunt.*

Briſſon, ornith. II. p. 123. n. 43. Perroquet varié des Indes.

Büffon, Vögel, XIX. p. 81. *der bunte Papagey;* mit 1 Fig.

Seligmann, Vögel, VI. Tab. 60. *der Papagey mit dem Geyerkopfe.*

Latham, Vögel, I. p. 226. n. 74. *der Papagoy mit dem Habichtskopfe.*

Latham, Syſt. ornithol. I. p. 111. n. 89. Pſittacus (Accipitrinus) viridis, capite griſeo, collo pectoreque ſubviolaceo vario, remigibus rectricibusque apice caeruleis.

Linné, Syſt. Nat. Edit. X. I. p. 102. Pſittacus (Accipitrinus) brachyurus viridis, capite griſeo, collo pectoreque ſubviolaceo vario, remigibus rectricibusque apice caeruleis.

Hermann, tab. affin. anim. p. 181. Pſitt. Accipitrinus.

Gerin. ornith. I. p. 96. Tab. 120.

β. *Der geſprenkelte Geyerpapagey.*

Büffon, Vögel, XIX. p. 82. 83. Perroquet maillé.

Büffon, Vögel, XX. p. 8. *der gefleckte Papagai.*

Latham, Vögel, I. p. 227. n. 74. Var. A. *der geſprenkelte Papagey.*

Latham, Syſt. ornithol. I. p. 112. n. 89. β.

 39. Men-

39. Menstruus. Der Blauhals.
Müller, Naturſyſt. II. p. 147. n. 39. *Blauhals.*
Onomat. hiſt. nat. VI. p. 685. *der Blauhals.*
Briſſon, ornitholog. II. p. 112. n. 28. Perroquet à tête bleue de la Guiane.
Büffon, Vögel, XX. p. 16. *der Papagai mit blauem Kopfe und blauer Kehle.*
Latham, Vögel, I. p. 252. n. 107. *der Blauhals.*
Latham, Syſt. ornithol. II. p. 113. n. 95. Pſittacus (Menſtruus) viridis capite caeruleſcente, criſſo rubro.
Scopoli, Bemerk. a. d. Naturgeſch. I. p. 28. n. 33. *der grüne Papagey mit dunkelblauem Kopfe.*

124. Purpureus. *Der purpurfarbne Papagey.*
Latham, Vögel, I. p. 253. n. 108. *der purpurfarbne Papagoy.*
Latham, Syſt. ornithol. I. p. 129. n. 140. Pſittacus (Purpureus) atro-fuſcus, ſubtus purpureus, vertice genisque nigris, torque ferrugineo maculis nigricantibus.
Büffon, Vögel, XX. p. 19. *der violette Papagai;* mit 1 Fig.
Seligmann, Vögel, IX. Tab. 4. *der kleine ſchwärzliche Papagei.*

41. Melanocephalus. *Der ſchwarzplattige Papagey mit weißer Bruſt.*
Müller, Naturſyſt. II. p. 148. n. 41. *Schwarzkopf.*
Onomat. hiſtor. nat. VI. p. 685. *der ſchwarzköpfige Papagey mit weißer Bruſt.*
Klein, verbeſſ. Vögelhiſt. p. 25. n. 9. *roth mit weißer Bruſt und ſchwarzer Platte.*
Briſſon, ornith. II. p. 122. n. 42. Perroquet à poitrine blanche du Mexique.

Büffon,

Büffon, Vögel, XX. p. 32. *der Maipuri*; mit 1 Figur.

Seligmann, Vögel, VI. Tab. 64. *der weißgebrüstete Papagey.*

Latham, Vögel, I. p. 255. n. 112. *der Papagoy mit weißer Brust.*

Latham, Syst. ornithol. I. p. 128. n. 136. Psittacus (Melanocephalus) viridis, subtus luteus, pileo nigro, pectore albo, orbitis incarnatis.

Linné, Syst. Nat. Edit. X. I. p. 102. n. 33. Psittacus (Melanocephalus) brachyurus viridis, subtus luteus, pileo nigro, pectore albo.

Hermann, tab. affin. animal. p. 182. Psittacus melanocephalus.

125. Pileatus. *Der Caïca.*

Latham, Vögel, I. p. 256. n. 113. *der Caica.*

Latham, Syst. ornithol. I. p. 128. n. 117. Psittacus (Caïca) viridis, capite nigro, orbitis albis, collo flavo, humerorum macula et rectricum apicibus caeruleis.

Büffon, Vögel, XX. p. 36. *der Caica*; m. 1 Fig.

126. Ludovicianus. *Der orangeköpfige Papagey.* (6)

Klein, av. p. 25. n. 14. Psittacus capite luteo, fronte rubra, cauda longa.

Klein, Vorbereit. p. 47. n. 14. *mit dem bleichgelbem Kopfe, rother Stirn, und langem Schwanze.*

Klein, verbess. Vögelhist. p. 26. n. 17. *Grüner, langgeschwänzter, mit gelbem Kopfe, und pomeranzfarbener Stirn.*

Büffon, Vögel, XIX. p. 26. *der Papagai mit dem aurorenfarbenen Kopfe.*

T 5 *Latham*,

(6) Nach *Latham* eine Spielart von *Psittacus Carolinensis.*

Latham, Vögel, I. p. 254. n. 111. *der orangeköpfige Papagoy.*

Latham, Syst. ornithol. I. p. 93. n. 33. β. Psittacus viridis capite luteo, versus rostrum rubro.

Gerin. ornith. II. p. 17. Tab. 121.

Frisch, Vögel, Tab. 52.

42. Collarius. *Der Xaxabes.*

Müller, Natursystem, II. p. 148. *Rothkragen.*

Onomat. hist. nat. VI. p. 671. *der gemeine Papagay von Jamaika, mit dem rothen Kragen.*

Brisson, ornitholog. II. p. 110. n. 25. Perroquet à gorge rouge de la Jamaique.

Büffon, Vögel, XX. p. 22. *der Saffebe.*

Latham, Vögel, I. p. 254. n. 109. *der Papagoy mit rother Kehle.*

Latham, Syst. ornithol. I. p. 128. n. 139. Psittacus (Collarius) viridis, gula rubente.

Linné, Syst. Nat. Edit. X. I. p. 102. n. 34. Psittacus (Collarius) viridis, gula rubente.

43. Senegalus. *Der senegalische Papagey.*

Müller, Naturs. II. p. 149. n. 43. *Senegalischer.*

Onomat. histor. nat. VI. p. 693. *der kleine Papagey aus Senegal.*

Brisson, ornitholog. II. p. 153. n. 92. petite Perruche du Senegal.

Büffon, Vögel, XIX. p. 96. *der Papagey mit dem grauen Kopfe;* m. 1 Fig.

Latham, Vögel, I. p. 257. n. 114. *der senegalsche Papagoy.*

Latham, Syst. ornitholog. I. p. 128. n. 138. Psittacus (Senegalus) viridis, subtus luteus, capite cinereo, orbitis nigris nudis.

127. Tui-

127. TUIPARA. *Der Tuipara.*

Brisson, ornithol. II. p. 147. n. 82. petite Perruche à tête rouge du Brésil.

Latham, Vögel, I. p. 257. n. 115. *der Tuipara.*

Latham, Syst. ornithol. I. p. 129. n. 141. Psittacus (Tuipara) viridis, lunula frontis rubra, macula alarum lutea, rostro incarnato.

Jonston, av. p. 201. Tuipara.

44. CHRYSOPTERUS. *Der goldflüglichte Papagey.*

Müller, Naturs. II. p. 149. n. 44. *der Goldflügel.*

Onomat. histor. natur. VI. p. 670. *der Goldflügel.*

Brisson, ornithol. II. p. 155. n. 97. petite Perruche aux ailes d'or.

Büffon, Vögel, XIX. p. 202. *der Sittich mit vergoldeten Flügeln;* m. 1 Fig.

Seligmann, Vögel, VIII. Tab. 83. fig. 2. *der Papagey mit Goldflügeln.*

Latham, Vögel, I. p. 257. n. 116. *der Parkit mit goldnen Flügeln.*

Latham, Syst. ornithol. I. p. 129. n. 142. Psittacus (Chrysopterus) viridis, alis macula caerulea fulvaque, orbitis nudis albis.

45. PULLARIUS. *Der Zwergpapagey.*

Müller, Natursyst. II. p. 149. n. 45. *der Zwergpapagey.*

Borowsky, Thierreich, II. p. 95. n. 18. *der Zwergpapagey.*

Blumenbach, Handb. der Naturgesch. p. 164. n. 6. Psittacus (Pullarius) brachyurus viridis, fronte rubra, cauda fulva, fascia nigra, orbitis cinereis. *(l'inseparable.)*

Onomat.

Onomat. histor. nat. VI. p. 692. *der guineeische Parkit.*

Klein, av. p. 25. n. 21. Ps. viridis minimus, fronte et gula rubris.

Klein, Vorbereit. p. 48. n. 21. *der allerkleinste Grüne, mit rother Stirn und Kehle.*

Klein, verb. Vögelhist. p. 26. n. 15. *kleiner Grüner mit rother Stirn und Kehle.*

Klein, verbess. Vögelhist. p. 164. n. 10. *kleiner rothköpfiger Papagey.*

Brisson, ornithol. II. p. 148. n. 85. petite Perruche de Guinée.

Büffon, Vögel, XIX. p. 191. *der Sittich mit dem rothen Kopfe, oder der guineische Sperling;* mit 1 Fig.

Seligmann, Vögel, I. Tab. XI. fig. 2. *der kleine grüne Papagey aus Ostindien.*

Latham, Vögel, I. p. 258. n. 117. *der rothköpfige guineeische Parkit.*

Latham, Syst. ornithol. I. p. 129. n. 143. Psittacus (Pullarius) viridis, fronte gulaque rubris, uropygio caeruleo, cauda fulva fascia nigra, orbitis cinereis.

Scopoli, Bemerk. a. d. Naturgesch. I. p. 28. n. 34. *der kleinste grüne Papagey mit rother Stirn und Kehle.*

Wirsing, Vögel, Tab. 12. *indianische Spatz.*

Boßmann, Reise nach Guinea, p. 320. fig. 23. und 24.

Linné, Syst. Nat. Edit. X. I. p. 102. n. 35. Psittacus (Pullarius) brachyurus viridis, fronte rubra, cauda fulva, fascia nigra.

Gerin, ornith. II. p. 21. Tab. 133.

128. In-

128. INDICUS. *Der roth und grüne indianische Papagey.* (7)

Brisson, ornitholog. II. p. 149. n. 86. petite Perruche des Indes.

Büffon, Vögel, XIX. p. 197. *der sehr kleine grün und rothe Papagey.*

Seligmann, Vögel, I. Tab. XI. fig. 1. *der kleinste grüne und rothe indianische Papagey.*

Latham, Vögel, I. p. 259. n. 118. *der roth und grüne indianische Papagoy.*

Latham, Syst. ornithol. I. p. 130. n. 146. Psittacus (Asiaticus) viridis, rostro, pileo dorsoque postico fulvis, remigibus rectricibusque subtus caeruleo-viridibus, orbitis pedibusque incarnatis.

Gerin. ornith. II. p. 21. Tab. 134.

46. GALGULUS. *Der Hangvogel.*

Müller, Natursyst. II. p. 149. n. 46. *der Hangvogel.*

Borowsky, Thierreich, II. p. 95. n. 19. *der Hangvogel.*

Onomat. hist. nat. VI. p. 677. *der Hangvogel.*

Brisson, ornitholog. II. p. 148. n. 84. petite Perruche de Malaca?

Büffon, Vögel, XIX. p. 187. *der Sittich mit dem blauen Kopfe;* m. 1 Fig.

Seligmann, Vögel, VIII. Tab. 83. fig. 1. *der mit Saphir gekrönte Papagey.*

Latham, Vögel, I. p. 260. n. 119. Var. A. *der Parkit mit sapphir-blauem Wirbel.* p. 261. *Parckicki.*

Latham, Syst. ornithol. I. p. 131. n. 148. Psittacus (Galgulus) viridis, uropygio pectoreque coccineis,

(7) Nach *Büffon* eine Spielart vom vorigen; nach *Brisson* der *Psittacus Galgulus.*

neis, vertice caeruleo, lunula cervicis lutea, tectricibus caudae rubris.

Beckmann, Naturhist. p. 39. *Galgulus.*

Linné, Syst. Natur. Edit. X. I. p. 103. n. 36. Psittacus (Galgulus) brachyurus viridis, uropygio pectoreque coccineis, vertice caeruleo.

β. *Der Coulacissi.* (8)

Brisson, ornithol. II. p. 150. n. 87. petite Perruche des Philippines.

Büffon, Vögel, XIX. p. 199. *der Coulacissi;* mit 1 Figur.

Latham, Vögel, I. p 259. n. 119. *der Philippinen-Parkit.*

Latham, Syst. ornithol. I. p. 131. n. 148. β. Psitt. viridis, capite viridi-lutescente, fronte, collo subtus tectricibusque caudae rubris, nucha lunula flava.

129. Anaca. *Der Anaca.*

Halle, Vögel, p. 127. n. 62. *das braunköpfige bunte Papagaichen.*

Brisson, ornitholog. II. p. 153. n. 93. petite Perruche brune du Brésil.

Büffon, Vögel, XX. p. 49. *der Anaka.*

Latham, Vögel, I. p 261. n. 120. *der Anaka.*

Latham, Syst. ornitholog. I. p. 131. n. 149. Psittacus (Anaca) viridis, subtus rufo-fuscus, pileo castaneo, gula cinerea, macula dorsali caudaque pallide fuscis, margine alarum rubro.

Jonston, av. p. 201. Anaca.

130. Pur-

(8) Nach *Brisson* eine eigne Gattung.

130. Purpuratus. *Der Papagey mit purpurfarbenem Schwanze.*

Latham, Vögel, I. p. 262. n. 121. *der Parkit mit purpurfarbnem Schwanze.*

Latham, Syst. ornithol. I. p. 132. n. 150. Psittacus (Purpuratus) viridis, vertice ceviceque cinereis, dorso postico margineque alarum caeruleis, rectricibus lateralibus purpureis, apice nigris.

131. Canus. *Der grauköpfige Papagey.*

Brisson, ornithol. II. p. 151. n. 88. petite Perruche de Madagascar.

Büffon, Vögel, XIX. p. 204. *der Sittich mit dem grauen Kopfe*; mit 1 Fig.

Latham, Vögel, I. p. 262. n. 122. *der grauköpfige Parkit.*

Latham, Syst. ornitholog. I. p. 132. n. 151. Psittacus (Canus) viridis, capite colloque subtus viridi-griseis, cauda rotundata, fascia lata nigra.

132. Melanopterus. *Der schwarzflüglichte Papagey.*

Büffon, Vögel, XIX. p. 206. *der Sittich mit den bunten Flügeln*; mit 1 Fig.

Latham, Vögel, I. p. 263. n. 123. *der Parkit mit schwarzen Flügeln.*

Latham, Syst. ornithol. I. p. 132. n. 152. Psittacus (Melanopterus) pallide viridis, dorso alisque nigris remigibus secundariis luteis apice caeruleis, rectricibus purpureis, fascia nigra.

*133. Capensis. *Der capsche Papagey.*

Müller, Natursyst. Suppl. p. 80. n. 66. *der Blaurandparkit.*

Büffon,

Büffon, Vögel, XIX. p. 208. *der Sittich mit den blauen Flügeln;* m. 1 Fig.

Latham, Vögel, I. p. 263. n. 124. *der kapische Parkit.*

Latham, Syst. ornithol. I. p. 132. n. 153. Psittacus (Capensis) viridis, alis supra caeruleo-variis, subtus caeruleis, rostro pedibusque rubescentibus.

134. Torquatus. *Der Papagey mit dem Halsbande.*

Büffon, Vögel, XIX. p. 209. *der Sittich mit der Halsbinde;* m. 1 Fig.

Latham, Vögel, I. p. 264. n. 125. *der Parkit mit dem Halsbande.*

Latham, Syst. ornithol. I. p. 133. n. 154. Psittacus (Torquatus) viridis, fascia nuchae lutescente nigro-undulata.

135. Minor. *Der kleine grüne Papagey mit karmoisinrothem Scheitel und blauer Brust von der Insel Luçon.*

Büffon, Vögel, XIX. p. 211. *der Sittich mit schwarzen Flügeln.*

Latham, Vögel, I. p. 264. n. 126. *der Parkit von der Insel Luçon.*

Latham, Syst. ornithol. I. p. 133. n. 155. Psittacus (Minor) viridis, pileo tectricibusque caudae coccineis, pectore caeruleo.

136. Tovi. *Der Tovi.*

Brisson, ornitholog. II. p. 151. n. 89. petite Perruche à gorge jaune.

Büffon, Vögel, XX. p. 81. *der Tui mit der gelben Kehle.*

Latham, Vögel, I. p. 265. n. 128. *der Tovi.*

Latham,

Latham, Syst. ornith. I. p. 134. n. 157. Psittacus (Tovi) viridis, gula macula parva pallide fulva, tectricibus alarum macula castanea viridi-aureo varia.

137. Tirica. *Der Tirica.*

Halle, Vögel, p. 126. n. 57. *das grüne blaufüßige Papagaichen.*

Büffon, Vögel, XX. p. 85. *der Tirica;* m. 1 Fig.

Brisson, ornithol. II. p. 147. n. 81. petite Perruche du Bresil.

Latham, Vögel, I. p. 265. n. 129. *der Tirica.*

Latham, Syst. ornitholog. I. p. 134. n. 158. Psittacus (Tirica) viridis, rostro incarnato, pedibus caerulescentibus.

Jonston, av. p. 202. Tui-Tirica.

138. Sosove. *Der Sosové.*

Latham, Vögel, I. p. 266. n. 130. *der Sosové.*

Latham, Syst. ornithol. I. p. 134. n. 159. Psittacus (Sosové) viridis, macula alarum tectricumque flava, rostro pedibusque griseis.

Buffon, Vögel, XX. p. 83. *der Sosové;* m. 1 Fig.

139. Tui. *Der Tui.*

Halle, Vögel, p. 125. n. 55. *das grüne langschwänzige Papagaichen.*

Halle, Vögel, p. 126. n. 58. *das blaßgrüne Papagaichen.*

Brisson, ornithol. II. p. 152. n. 90. petite Perruche à tête jaune du Brésil.

Büffon, Vögel, XX. p. 91. *der goldköpf. Tui;* m. 1 F.

Latham, Vögel, I. p. 266. n. 131. *der Tui.*

Latham, Syst. ornith. I. p. 134. n. 160. Ps. (Tui) viridis, fronte aurantia, orbitis flavis, rostro nigro.

Jonston, av. p. 201. Tui, quarta species.

140. ERYTHROCHLORUS. *Der roth und grüne Papagey mit dem Federbusche.*

Büffon, Vögel, XX. p. 93. n. 7.

Brisson, ornith. II. p. 154. n. 94. petite Perruche hupée.

Latham, Vögel, I. p. 267. n. 132. *der roth und grüne Parkit mit dem Federbusche.*

Latham, Syst. ornithol. I. p. 134. n. 161. Psittacus (Erythrochlorus) viridis cristatus, occipite, alis caudaque rubris.

Jonston, av. p. 38. Psittacus erythrochlorus cristatus.

141. MEXICANUS. *Der mexicanische Papagey mit dem Federbusche.*

Klein, av. p. 25. n. 22. Psittacus collo rubro, plumis in capite purpureis.

Klein, Vorbereit. p. 48. n. 22. *der Vogel von Cocho mit rothem Halse und Purpurfedern auf dem Kopfe.*

Klein, verbesserte Vögelhist. p. 26. n. 26. *Rothhals mit purpurfarbenem Busche.*

Halle, Vögel, p. 131. n. 70. *das scharlachrothe Mexikanerpapagaichen mit kurzem Kalotchen.*

Brisson, ornithol. II. p. 154. n. 95. petite Perruche hupée du Mexique.

Büffon, Vögel, XX. p. 93. n. 8.

Latham, Vögel, I. p. 267. n. 133. *der mexikanische Parkit mit dem Federbusche.*

Latham, Syst. ornithol. I. p. 135. n. 162. Psittacus (Mexicanus) ruber, fronte cristata, tectricibus alarum purpurascentibus, gula flava, remigibus viridibus albo marginatis.

Gerin. ornith. II. p. 21. Tab. 131.

A. *Ver-*

A. *Veränderungen gegen die XIIte Edition, und Vermehrung der Gattungen dieses Geschlechts.*

Die Anzahl der langschwänzigen Papageyen ist um 57, der kurzschwänzigen 37, also das ganze Geschlecht mit 94 Gattungen vermehrt. Bey der *ersten* Gattung ist der *Aras* vom *Aracanga*, so auch bey der 22sten *der weiße Kakadu mit schwefelgelbem Federbusch* vom *gemeinen Kakadu* getrennt, und daraus n. 52. und 93. zwey besondere Gattungen gemacht; und eben so ist bey der *vierten* Gattung *Hasselquists Psittacus obscurus*, von *Brissons Psitt. Mascarinus* getrennt, und letzterer n. 49. als eine eigne Gattung aufgeführt. Ueberdem sind bey der 3ten Gattung *zwey*, bey der 6ten *zwey*, bey der 14ten *drey*, bey der 18ten *zwey*, bey der 24ten *vier*, bey der 25ten *zwey*, bey der 26ten *zwey*, bey der 30ten *vier*, bey der 32ten *drey*, bey der 37ten *drey*, bey der 38ten *zwey*, und bey der 46ten *zwey* Varietäten aus einander gesetzt.

B. *Unbestimmtere Thiere.*

1. *Der grüne Papagey mit einem rothen Huth u. Stirn.*
   Scopoli, an. I. n. 32. Psittacus pileatus.
   Scopoli, Bemerk. a. d. Naturgesch. I. p. 27. n. 32.
   Latham, Syst. ornithol. I. p. 125. n. 123. Psittacus (Pileatus) viridis, vertice et fronte coccineis, uropygio luteo - virescente, remigibus et rectricibus latere exteriore cyaneis.
   Büffon, Vögel, XIX. p. 314.
   Vielleicht eine Spielart von *Psittacus Brasiliensis*?

2. Psittacus cauda corpore sesquilongiore. *Indianischer Rabe.*
   Kramer, Austr. p. 332. n. 1.
   Wahrscheinlich *Psitt. Macao.*

3. Psittacus viridis, remigibus rectricibusque introrsum caeruleis, phoeniceis et flavis. *Grüner Paperl.*

Kramer, Austr. p. 332. n. 3.

4. Psittacus viridis cauda longitudine corporis. *Großes Peruquetl.*

Kramer, Austr. p. 332. n. 4.

5. Psittacus viridis rostro carneo, anteriore capitis parte miniacea. *Kleines Peruquetl.*

Kramer, Austr. p. 333. n. 5.

C. *Neuere Gattungen.*

a. *Langschwänzige.*

1. Psittacus (Hyacinthinus) macr. violaceo - caeruleus, capite colloque dilutioribus, orbitis gulaque nudis flavis.

Latham, Syst. ornith. I. p. 84. n. 5.

2. *Der Parkit mit schüppiger Brust;* (aus Cayenne.)

Latham, Syn. I. p. 246. n. 45. Scaly - breasted Parrakeet.

Latham, Vögel, I. p. 209. n. 45.

Latham, Syst. ornitholog. I. p. 101. n. 53. Psittacus (Squamosus) macr. viridis, capite, collo pectoreque marginibus pennarum aurantiis, humeris coccineis, uropygio abdomineque medio sanguineis.

3. *Der Pennantische Papagey;* (in Neusüdwallis.)

Latham, Vögel, I. p. 217. n. 134.

Latham, Syn. Suppl. p. 61. Pennantian Parrot.

Latham, Syst. ornithol. I. p. 90. n. 26. Ps. (Pennantii) macr. coccineus, dorso antice nigro cocci-

coccineo undulato, lateribus corporis gulaque caeruleis; remigibus intus macula alba.

β. Ps. macrourus coccineus, dorso nigro rubro undulato, gula, alis caudaque caeruleis, medio alarum fascia pallidiore.

Latham, Syst. ornithol. I. p. 91. n. 26. β.

4. *Der unbestimmte Papagey.*

Latham, Vögel, I. p. 218. n. 136.

Latham, Syn. Suppl. p. 62. Dubious Parrot.

Latham, Syst. ornithol. I. p. 97. n. 44. Psittacus (Dubius) macr. viridis, collo rufescente, remigibus toto, rectricibusque 4. intermediis apice caeruleis, orbitis nudis flavescentibus.

5. *Der Papagey mit orangefarbenem Bauche.*

Latham, Vögel, I. p. 218. n. 137.

Latham, Syn. Supplem. p. 62. Orange-bellied Parrot.

Latham, Syst. ornithol. I. p. 97. n. 45. Psittacus (Chrysogaster) macr. viridis, tectricibus alarum maioribus extus caeruleis, intus macula alba, abdomine postico aurantio, rectricibus 4. extimis apice luteis.

6. *Der grüne Papagey mit zwey schwarzen Flecken am Halse*

Latham, Syst. ornithol. I. p. 99. n. 49. Psittacus (Bimaculatus) macr. viridis, maculis colli duabus elongatis nigris, utriusque alae macula magna et sulphurea.

Mus. Carls. fasc. II. Tab. 30. Psitt. bimaculatus.

7. *Der schöne Papagey aus Neusüdwallis.*

Latham, Syst. ornitholog. I. p. 103. n. 60. Psittacus (Formosus) macr. viridis, rectricibus 4.

 inter-

intermediis nigro viridique, reliquis nigro flavoque fasciatis, remigibus medio fascia interrupta flava.

8. *Der südliche Papagey.*

Latham, Syst. ornithol. I. p. 104. n. 66. Psittacus (Australis) macr. viridis, vertice caeruleo, nucha maculis, axillisque toto flavis.

Vielleicht eine Spielart von *Psitt. Pacificus.*

9. *Der ausländische Papagey.*

Latham, Vögel, I. p. 218. n. 138.

Latham, Syn. Suppl. p. 62. Peregrine Parrakeet.

Latham, Syst. ornithol. I. p. 105. n. 67. Psittacus (Peregrinus) macr. viridis, macula alarum longitudinali fusca.

10. Psittacus (Pusillus) macr. fusco-olivaceus, capistro basique rectricum intus coccineis.

Latham, Syst. ornithol. I. p. 106. n. 71.

b. *Kurzschwänzige.*

11. *Des Ritters Banks Kakatoo;* (aus Neuholland.)

Latham, Vögel, I. p. 222. n. 139. Tab. XI.

Latham, Syn. Suppl. p. 63. Tab. 109. Bankian Cockatoo.

Latham, Syst. ornithol. I. p. 107. n. 76. Psittacus (Banksii) brach. atro-nitens subcristatus, capite tectricibusque alarum flavescente punctatis, rectricibus lateralibus medio coccineis, nigro fasciatis.

β. Ps. brach. atro-nitens subcristatus, collo, lateribus, gula iuguloque flavis, rectricibus lateralibus medio coccineis, nigro fasciatis.

Latham, Syst. ornithol. I. p. 107. *β*.

γ. Psit-

γ. Psittacus brach. atro-nitens subcristatus, capite colloque fusco-olivaceis, rectricibus lateralibus medio coccineis.
Latham, Syst. ornithol. I. p. 107. γ.

12. *Der Haubenpapagey aus Neusüdwallis.*
Latham, Syst. ornitholog. I. p. 109. n. 80. Psittacus (Galeritus) brach. albus, crista plicatili acuminata, elongata, basique caudae sulphureis.

13. *Der Papagey aus Cochinchina.*
Latham, Vögel, I. p. 268. n. 143.
Latham, Syn. Suppl. p. 65. Cochinchina Parrot.
Latham, Syst. ornitholog. I. p. 116. n. 103. Psittacus (Cochinchinensis) caeruleus, fronte, nucha collo inferiore, pectore abdomineque medio coccineis, tectricibus alarum fascia, remigibus caudaque nigris.

14. *Der rothschnäblichte chinesische Papagey.*
Latham, Vögel, I. p. 268. n. 141. *der sprenglichte? chinesische Papagey.*
Latham, Syn. Supplem. p. 64. Grisled Parrot.
Latham, Syst. ornithol. I. p. 118. n. 109. Psittacus (Nasutus) viridis, capite pectoreque virescentegriseis, tectricibus alarum flavis.

15. *Gerins-Papagey;* (aus Brasilien.)
Latham, Syst. ornithol. I. p. 119. n. 112. Psittacus (Gerini) viridis, capite albo, humeris remigibus intermediis, rectricibusque basi intus rubris.
Gerin. ornithol. I. p. 95. Tab. 109. Psitt. brasil. viridis capite albo.

16. *Der östliche Papagey.*
Latham, Vögel, I. p. 267. n. 140.

Latham, Syn. Suppl. p. 64. Eastern-Parrot.

Latham, Syst. ornithol. I. p. 125. n. 126. Psittacus (Orientalis) viridis, margine alarum exteriore remigibusque primoribus caerulescentibus, cauda apice flava.

17. *Der Papagey mit blauen Wangen.*

Latham, Vögel, I. p. 268. n. 142.

Latham, Syn. Suppl. p. 64. Blue-cheeked Parrot.

Latham, Syst. ornithol. I. p. 126. n. 127. Psittacus (Adscitus) viridis, genis alisque caeruleis, dorso antice nigro-luteo striato, postice lutescente, crisso rubro.

18. *Der Papagey von Batavia.*

Latham, Vögel, I. p. 268. n. 144.

Latham, Syn. Suppl. p. 65. Amber-Parrot.

Latham, Syst. ornithol. I. p. 126. n. 128. Psittacus (Batavensis) viridis striis flavis, occipite nuchaque nigricantibus, facie femoribusque coccineis.

19. *Der Papagey mit blauem Steiß;* (aus Malacca.)

Latham, Vögel, I. p. 269. n. 146.

Latham, Syn. Suppl. p. 66. Blue-rumped Parrakeet.

Latham, Syst. ornithol. I. p. 130. n. 144. Psittacus (Malaccensis) viridis, fronte uropygioque caeruleis, tectricibus alarum inferioribus rubris.

Sonner. voy. Ind. II. p. 212. petite Perruche de Malacca.

20. *Der Papagey mit rothem Nacken.*

Latham, Vögel, I. p. 269. n. 147.

Latham, Syn. Supplem. p. 66. Red-naped Parrakeet.

Latham,

Latham, Syft. ornithol. I p. 130. n. 145. Pfitt. (Cervicalis) viridis, fronte, lunula cervicis, collo fubtus pectoreque coccineis.

21. *Der Frühlingspapagey.*
Latham, Syft. ornitholog. I. p. 130. n. 147. Pfittacus (Vernalis) laete viridis, alis prafinis, uropygio caudaeque pagina fuperiore fanguineis, roftro pedibusqne pallidis.
Muf. Carlf. fafc. II. 29. Pfittacus vernalis.

46. GESCHLEHT, RAMPHASTOS. *Der Pfefferfraß.*

Müller, Naturfyft. II. p. 153. Gen. XLVI.
Leske, Naturgefch. p. 240. Gen. XV.
Borowsky, Thierreich, II. p. 96. Gen. VI.
Blumenbach, Handbuch der Naturgefch. p. 165. Gen.. VI.
Bechftein, Naturgefch. I. p. 344. Gen. VI.
Neuer Schaupl. d. Natur, VI. p. 462. IX. p. 93.
Onomat. hift. nat. VI. p. 774.
Klein, av. p. 36. Gen. VI.
Briffon, ornithol. II. p. 156. Gen. LIV.
Batfch, Thiere, I. p. 300. Gen. LIV.
Latham, allg. Ueberf. d. Vögel, I. p. 270. Gen. VI.
Latham, Syft. ornith. I. p. 135. Gen. VI.
Hermann, tab. affin. anim. p. 184.
Donndorff, Handbuch der Thiergefch. p. 221. Gen. VI.

1. VIRIDIS. *Der grüne Pfefferfraß aus Cayenne.* (9)
Müller, Naturfyftem, II. p. 154. n. 1. *der grüne Toukan.* Tab. 22. fig. 4.

(9) In *Latham* Syft. ornith. l. c. ift aus Verfehen das Synonym aus *Edw glean.* Tab. 329. nochmals angeführt, welches zu n. 5. gehört.

Leske, Naturgesch. p. 241. n. 1. *der grüne Pfeffer-fraß.* Tab. 6. fig. 3.

Neuer Schaupl. der Natur, IX. p. 94. n. 1. *grüner Toucan.*

Onomat. histor. natur. VI. p. 783. *der grüne Toukan.*

Brisson, ornith. II. p. 162. n. 8. Toucan verd de Cayenne.

Latham, Vögel, I. p. 276. n. 9. *der grüne Pfefferfraß.*

Latham, Syst. ornithol. I. p. 138. n. 9. Ramphastos (Viridis) abdomine flavo, uropygio luteo.

9. Pavonius. *Der Pfauen-Pfefferfraß.*

Müller, Natursyst. Supplem. p. 84. n. 15. Ramphastos pulcher; *der Scheck.*

Neuer Schaupl. der Natur, IX. p. 95. n. 13. *schöner Toucan.*

Brisson, ornitholog. II. p. 161. n. 7. Toucan du Mexique.

Latham, Vögel, I. p. 275. n. 8. *der Pfauen-Pfefferfraß.*

Latham, Syst. ornithol. I. p. 137. n. 8. Ramphastos (Pavonius) toto corpore viridi rubro pavonioque colore variegatus, rostro luteo nigroque vario.

7. Piperivorus. *Der Koulik.* (10)

Müller, Natursyst. II. p. 155. n. 2. *der Pfefferfresser.* Tab. 5. fig. 1.

Borowsky, Thierreich, II. p. 97. n. 2. *der Pfeffervogel.*

Bechstein, Naturgesch. I. p. 344. *der Pfeffervogel.*

Bech-

(10) Wird oft mit *R. Tucanus* verwechselt, wie ich auch beym *Brisson* finde.

Bechstein, Naturgesch. Deutschl. II. p. 165. *der eigentliche Pfeffervogel.*

Onomat. hist. nat. VI. p. 780. *der Pfefferfresser.*

Brisson, ornitholog. II. p. 163. n. 10. Toucan à collier de Cayenne, ou queue de rat.

Batsch, Thiere, I. p. 303. *der Pfeffervogel.*

Latham, Vögel, I. p. 277. n. 11. *der Koulik.*

Latham, Syst. ornithol. I. p. 138. n. 12. Ramphastos (Piperivorus) viridis, antice niger, macula aurium aureá, lunula cervicis aurantia, crisso femoribusque rubris.

Linné, Syst. Nat. Edit. X. I. p. 103. n. 1. Ramphastos (Piperivorus) rostro nigro, carina crassissima.

Hermann, tab. affinit. animal. p. 184. Ramphastos piperivorus.

Donndorff, Handb. der Thiergesch. p. 222. n. 1. *der grüne Pfefferfraß.*

3. Aracari. *Der Aracari.*

Müller, Natursystem, II. p. 156. n. 3. *der Brasilianische.*

Borowsky, Thierreich, II. p. 98. n. 3. *der brasilianische Fischer.*

Halle, Vögel, p. 158. n. 96. *der brasilianische Fischer mit gebogenem zakkigen Schnabel.*

Gatterer, vom Nutzen und Schaden der Thiere, II. p. 58. n. 64. *der brasilische Fischer.*

Neuer Schauplatz d. Natur, IX. p. 94. n. 3. *Aracari.*

Onomat. hist. nat. VI. p. 775. *der brasilianische Toucan.*

Klein, av. p. 30. n. 4. Cuculus brasiliensis.

Klein, Vorbereit. p. 58. n. 4. *der Kuckuck von Brasilien.*

Klein,

Klein, verbeſſ. Vögelhiſt. p. 33. n. 4. *braſilianiſcher Kuckuck.*

Briſſon, ornithol. II. p. 162. n. 9. Toucan verd du Breſil.

Batſch, Thiere, I. p. 303. *der braſilian. Fiſcher.*

Latham, Vögel, I. p. 276. n. 10. *der Arakari.*

Latham, Syſt. ornithol. I. p. 138. n. 11. Ramphaſtos (Aracari) viridis, macula aurium caſtanea, faſcia abdominali, criſſo uropygioque rubris, abdomine flavo.

Warſing, Vögel, Tab. 41. *der kleine Toucan.*

Gerin. ornith. II. p. 61. Tab. 204.

Jonſton, av. p. 211. Aracari Bråſilienſibus.

10. TORQUATUS. *Der Cochicat.*

Briſſon, ornithol. II. p. 161. n. 6. Toucan à collier du Mexique.

Latham, Vögel, I. p. 275. n. 7. *der Pfefferfraß mit dem Halsbande.*

Latham, Syſt. ornithol. I. p. 137. n. 7. Ramphaſtos (Torquatus) ſupra niger, collo ſubtus albido, abdomine viridi, poſtice rubro, torque rubro.

Neuer Schauplatz der Natur, IX. p. 95. n. 12. *Rothbauch.*

4. PISCIVORUS. *Der braſilianiſche Pfefferfraß.*

Müller, Naturſyſt. II. p. 156. n. 4. *der Fiſchfreſſer.* Tab. 5. fig. 2.

Ebert, Naturl. II. p. 49. *der Toukan oder Pfefferfreſſer, Hohlſchnabler.* Tab. 24. fig. 2.

Neuer Schaupl. der Natur, IX. p. 94. n. 4. *Fiſcheſſer.*

Onomat. hiſt. nat. VI. p. 781. *der Fiſchfreſſer.*

Briſſon, ornithol. II. p. 158. n. 3. Toucan à gorge blanche du Bréſil.

Selig-

Seligmann, Vögel, III. Tab. 23. *die braſilianiſche Elſter, Toucan genannt.*

Latham, Vögel, I. p. 272. n. 4. *der braſilianiſche Pfefferfraß.*

Latham, Syſt. ornithol. I. p. 136. n. 4. Ramphaſtos (Piſcivorus) nigricans, faſcia abdominali criſſoque rubris, genis, iugulo, pectore uropygioque albidis.

Bankroft, Naturgeſch. von Guiana, p. 98. *der Toucan von Guiana.*

11. Erythrorhynchos. *Der rothſchnäblige Pfefferfraß.*

Klein, verbeſſ. Vögelhiſt. p. 164. *rothſchnäbliger Toucan.*

Briſſon, ornitholog. II. p. 159. n. 4. Toucan à gorge blanche de Cayenne.

Latham, Vögel, I. p. 273. n. 5. *der roth-ſchnäblichte Pfefferfraß.*

Latham, Syſt. ornithol. I. p. 136. n. 3. Ramphaſtos (Erythrorhynchus) nigricans, genis colloque ſubtus albis, faſcia pectoris criſſoque coccineis, uropygio ſulphureo.

Seligmann, Vögel, VII. Tab. 28. *der Toucan mit rothem Schnabel.*

Wirſing, Vögel, Tab. 42. *größer Toucan.*

5. Tucanus. *Der Tucan.*

Müller, Naturſyſt. II. p. 156. n. 5. *der Rothſchnabel.*

Borowſky, Thierreich, II. p. 97. n. 1. *der rothſchnäblige Tukan.* Tab. 6.

Blumenbach, Handb. der Naturgeſch. p. 165. n. 1. Ramphaſtos (Tucanus) nigricans, roſtro flaveſcente, verſus baſin faſcia nigra, faſcia abdominali flava.

Galli-

Gatterer, vom Nutzen u. Schaden der Thiere, II. p. 58. n. 63. *der Tukan.*

Neuer Schaupl. der Natur, IX. p. 94. n. 5. *eigentlicher Toucan.*

Onomat. histor. natur. VI. p. 782. *der Rothschnabel.*

Brisson, ornithol. II. p. 160. n. 5. Toucan à gorge jaune du Brésil.

Batsch, Thiere, I. p. 303. *der eigentliche rothschnäblige Tukan.*

Latham, Vögel, I. p. 272. n. 3. *der Tucan.*

Latham, Syst. ornithol. I. p. 136. n. 3. Ramphastos (Tucanus) nigricans, fascia abdominali, crisso uropygioque flavis.

Nau, Entdeck. a. d. Naturgesch. I. p. 248. Ramphastos Tucanus. Tab. 5.

Murr, Reis. der Missionar. p. 547. *Toukan.*

Eberhard, Thiergesch. p. 107. *der Pfeffervogel.*

Linné, Syst. Nat. Edit. VI. p. 19. n. 2. Piperivora nigra uropygio luteo.

Linné, Syst. Nat. Edit. X. I. p. 103. n. 2. Ramphastos (Tucanus) rostro rubro carina obtusa alba..

Gerin. ornith. II. p. 61. Tab. 203.

Jonston, av. p. 180. Tucana.

Donndorff, Handb. der Thiergesch. p. 222. n. 2. *der Tukan.*

6. PICATUS. *Der Prediger.*

Müller, Natursyst. II. p. 157. n. 6. *Elstertoukan.*

Halle, Vögel, p. 159. n. 98. *der brasilische Polyphem, großschnablige Pfeffervogel.*

Funke, Naturgesch. I. p. 335. *der Prediger.*

Gatterer, vom Nutzen und Schaden der Thiere, II. p. 57. n. 62. *der Pfefferfresser.*

Neuer

Neuer Schaupl. der Natur, IX. p. 94. n. 6. *schwarzer Toucan.*

Onomat. hist. nat. VI. p. 779. *die brasilianische Elster.*

Klein, av. p. 38. n. 1. Nasutus simpliciter.

Klein, Vorbereit. p. 73. n. 1. *der eigentliche Hohlschnäbler.*

Klein, verb. Vögelhist. p. 39. n. 1. *Hohlschnäbler, Pfefferfraß.*

Brisson, ornithol. II. p. 156. n. 1. Toucan.

Latham, Vögel, I. p. 274. n. 6. *der Prediger.*

Latham, Syst. ornitholog. I. p. 137. n. 6. Ramphastos (Picatus) nigricans, pectore luteo, crisso rectricumque apicibus rubris, uropygio nigro.

Linné, Syst. Natur. Edit. VI. p. 19. n. 1. Pica brasiliensis, uropygio coccineo.

Linné, Syst. Nat. Edit. X. I. p. 103. n. 3. Ramphastos (Picatus) rostro rubro, apice nigro, carina compressa.

Jonston, av. p. 46. Pica brasilica, aliis Ramphastos, Hipporynchos et Burynchos, aliis Barbara et Piperivora.

7. Discolorus. *Der gelbkehlige Pfefferfraß.*

Müller, Natursystem, II. p. 157. n. 7. *die Gelbkehle.*

Neuer Schaupl. der Natur, IX. p. 94. n. 7. *Gelbbrust.*

Onomat. histor. nat. VI. p. 777. *der cayennische Toukan mit gelber Kehle.*

Brisson, ornith. II. p. 157. n. 2. Toucan à gorge jaune de Cayenne.

Latham, Vögel, I. p. 271. n. 2. *der Pfefferfraß mit gelber Kehle.*

Latham, Syst. ornithol. I. p. 135. n. 2. Ramphastos (Discolorus) nigricans, pectore, abdomine, crisso uropygioque rubris, gula lutea.

12. Toco. *Der Toco.*

Müller, Natursyst. Suppl. p. 82. n. 9. *der Toco.*

Neuer Schaupl. d. Nat. IX. p. 94. n. 8. *Toco.*

Latham, Vögel, I. p. 271. n. 1. *der Toco.*

Latham, Syst. ornitholog. I. p. 135. n. 1. Ramphastos (Toco) nigricans, collo subtus, uropygioque albis, orbitis, lunula pectoris crissoque rubris.

13. Luteus. *Der schwarzschnäblige Pfefferfraß.*

Müller, Natursyst. Suppl. p. 84. n. 16. *der gelbe Toucan.*

Neuer Schaupl. d. Natur, IX. p. 95. n. 14. *gelber Toucan.*

Brisson, ornitholog. II. p. 164. n. 11. Toucan jaune.

Latham, Vögel, I. p. 278. n. 12. *der schwarzschnäblichte Pfefferfraß.*

Latham, Syst. ornithol. I. p. 139. n. 13. Ramphastos (Luteus) flavescens, lateribus colli utrinque striga longitudinali nigra, cauda et alis albo nigroque variis; tectricibus alarum minoribus flavis.

Jonston, av. p. 171. Xochite nacatl.

14. Caeruleus. *Der blaue Pfefferfraß.*

Müller, Natursyst. Suppl. p. 84. n. 17. *der blaue Toucan.*

Neuer Schaupl. der Natur, IX. p. 95. n. 15. *blauer Toucan.*

Brisson, ornitholog. II. p. 165. n. 12. Toucan bleu.

Latham,

Latham, Vögel, I. p. 279. n. 13. *der blaue Pfefferfraß.*

Latham, Syst. ornithol. I. p. 139. n. 14. Ramphastos (Caeruleus) caeruleus, cinereo-variegatus, rostro corpore longiore, iridibus fulvis.

15. Dubius. *Der unbestimmte Pfefferfraß.*

Latham, Vögel, I. p. 279. n. 14. *der Pfefferfraß mit blauer Kehle.*

Latham, Syst. ornitholog. I. p. 139. n. 15. Ramphastos (Dubius) gutture caeruleo.

16. Albus. *Der weiße Pfefferfraß.*

Latham, Vögel, I. p. 279. n. 15. *der weiße Pfefferfraß.*

8. Momota. *Der Momot.* (1)

Müller, Natursyst. II. p. 158. n. 8. *der Großkopf.*

Borowsky, Thierreich, II. p. 98. n. 4. *der Momot.*

Neuer Schaupl. d. Nat. IX. p. 95 n. 16. *Momot.*

Onomat. hist. nat. VI. p. 777. *der Momot.*

Brisson, ornitholog. II. p. 175. n. 1. *Momot.*

Batsch, Thiere, I. p. 303. *der Momot.*

Latham, Vögel, I. p. 281. *der brasilianische Großkopf.* Tab. 13.

Latham, Syst. ornithol. I. p. 140. Gen. VII. Sp. 1. Momotus (Brasiliensis) viridis, fronte caeruleo-viridi, occipite violaceo, vertice et striga per oculos nigris, rectricibus duabus intermediis longioribus.

Jonston, av. p. 189. Guira Guainumbi.

Donn-

(1) *Latham* hat mit *Brisson*, wegen Stellung der Zehen, aus diesem Vogel ein eignes Geschlecht gemacht. *Momotus: Rostrum* validum, incurvatum, lateribus dentatum. *Nares tectae*, *Lingua* pennacea. *Cauda* cuneiformis. *Pedes* gressorii.

Donndorf, Handb. der Thiergesch. p. 222. n. 3. *der großköpfige Pfefferfraß.*

β. Der bunte Momot.(2)
Brisson, ornithol. II. p. 173. n. 2. Momot varié.
Latham, Vögel, I. p. 282. n. 1. Var. A. *der bunte Großkopf.*
Latham, Syst. ornithol. I. p. 140. *β.* Momotus varius.
Jonston, av. p. 172. Jacauquitototl.

A. *Veränderungen gegen die XII. Edition, und Vermehrung der Gattungen dieses Geschlechts.*

Das Geschlecht ist mit 8 Gattungen von n. 9. bis 16. vermehrt; und bey der achten Gattung sind 2 Varietäten aus einander gesetzt.

B. *Neuere Gattungen.*

1. *Der glattschnäblige Pfefferfraß.*
Latham, Syn. Supplem. p. 67. Smooth-billed Toucan.
Latham, Vögel, I. p. 280. n. 16.
Latham, Syst. ornithol. I. p. 138. n. 10. Ramphastos (Glaber) corpore viridi, subtus virescente-flavo, capite colloque castaneis, uropygio rubro, rostro lateribus glabro.

NEUES GESCHLECHT. SCYTHROPS.
Der Trauervogel;(3) *Fratzenvogel.*

Rostrum magnum, convexum, cultratum, apice adunco.

Nares

(2) Nach *Brisson* eine eigne Gattung.
(3) In unserm System ist dieses Geschlecht noch nicht befindlich. *Latham* hat es im Syst. ornith. zwischen seinem *Momot* und

Nares rotundatae, nudae, ad basin rostri.
Lingua cartilaginea, apice bifida.
Pedes scansorii.

1. Novae hollandiae. *Der Trauervogel.*
Latham, Syst. ornithol. I. p. 141. Gen. VIII. n. 1. Scythrops Novae-Hollandiae. Habitat in *nova Hollandia*, magnitudine *Corvi.* — 2 ped. 3 poll. longus.
Latham, Vögel, I. 2. p. 647. n. 1. *der neuholländische Fratzenvogel.*

47. GESCHLECHT. Buceros. *Der Hornvogel.*
Müller, Natursyst. II. p. 160. Gen. XLVII.
Leske, Naturgesch. p. 241. Gen. XVI.
Borowsky, Thierreich, II. p. 98. Gen. VII.
Blumenbach, Handbuch der Naturgesch. p. 165. Gen. VII.
Bechstein, Naturgesch. I. p. 345. Gen. VII.
Ebert, Naturl. II. p. 53.
Onomat. hist. natur. II. p. 328. IV. p. 433.
Brisson, ornith. II. p. 202. Gen. 61. Hydrocorax.
Batsch, Thiere, I. p. 301. Gen. LV.
Latham, allg. Uebersicht der Vögel, I. p. 282. Gen. VIII.
Latham, Syst. ornithol. I. p. 141. Gen. IX.
Donndorff, Handbuch der Thiergesch. p. 223. Gen. VII.

1. Bicornis. *Der philippinische Hornvogel.*
Müller, Natursyst. II. p. 160. n. 1. *Zweyhörnige.*
Borowsky, Thierreich, II. p. 99. n. 2. *der philippinische Nashornvogel.*

und *Buceros* aufgeführt, daher ich es hier mit eingerückt habe.

Ebert, Naturl. II. p. 54. *der Hornvogel von den philippinischen Inseln.*

Gatterer, vom Nutzen u. Schaden der Thiere, II. p. 59. n. 66. *der zweyhörnige Nashornvogel.*

Onomat. hist. nat. IV. p. 436. *der Wasserrabe von den philippinischen Inseln.*

Handb. d. Naturgesch. II. p. 177. *der philippinische Calao.*

Brisson, ornithol. II. p. 203. n. 2. Calao des Philippines.

Batsch, Thiere, I. p. 304. *der philippinische Nashornvogel.*

Latham, Vögel, I. p. 285. n. 3. *der Philippinen-Hornvogel.*

Latham, Syst. ornitholog. I. p. 142. n. 3. Buceros (Bicornis) fronte ossea plana, antrorsum bicorni, corpore nigro, subtus maculaque remigum alba, rectricibus 10. intermediis nigris.

Linné, Syst. Natur. Edit. X. I, p. 104. n. 1. Buceros (Bicornis) fronte ossea plana, antrorsum bicorni.

β. *Der Calao oder Cayao.*

Latham, Vögel, I. p. 285. n. 3. Var. A.

Latham, Syst. ornith. I. p. 143. Calao vel Cayao.

8. Abyssinicus. *Der abyssinische Hornvogel.*

Latham, Vögel, I. p. 286. n. 4. *der abyssinische Hornvogel.*

Latham, Syst. ornithol. I. p. 143. n. 4. Buceros (Abyssinicus) rostro nigro compresso, fronte gibbosa, orbiculata, caerulea, corpore nigro, remigibus primoribus albis, secundariis fulvo-fuscis.

Bruce, Reis. n. d. Quellen des Nils, V. p. 172. Tab. 34. *Erkoom oder Abba Gumba?*

6. AFRICANUS. *Der afrikanische Hornvogel.*
Onomat. histor. nat. IV. p. 434. *der afrikanische Wasserrabe.*
Handbuch der Naturgesch. II. p. 177. *der africanische Calao.*
Brisson, ornith. II. p. 204. n. 3. Calao d'Afrique.
Latham, Vögel, I. p. 287. n. 5. *der afrikanische Hornvogel; Trompetervogel.*
Latham, Syst. ornithol. I. p. 143. n. 5. Buceros (Africanus) niger, subcristatus, fronte ossea, plane antrorsum subulata, corpore nigro, abdomine rectricibusque apice albis.

7. MALABARICUS. *Der malabarische Hornvogel.*
Latham, Vögel, I. p. 288. n. 6. *der malabarische Hornvogel.* Tab. 14.
Latham, Syst. ornithol. I. p. 143. n. 6. Buceros (Malabaricus) niger subcristatus; rostro incurvato, fronte ossea antrorsum cultrata, abdomine, femoribus, crisso, remigibus rectricibusque lateralibus apice albis.
Sonnerat, Reis. n. Ostind. und China, III. p. 168. *der Nashornvogel von der Küste Malabar.* Tab. 121.

β. B. niger, rostro incurvato, fronte ossea, antrorsum cultrata, dimidiato nigra, abdomine, crisso, femoribus, macula suboculari, rectricibusque lateralibus 4. toto albis. *
Latham, Syn. I. p. 350.
Latham, Syst. ornithol. I. p. 143. β.
Buffon, pl. enl. n. 873.

γ. B. niger, rostro incurvato, fronte ossea ovata, gula, abdomine, remigibus rectricibusque albis. *
Latham, Syst. ornithol. I. p. 144. γ.

2. Hydrocorax. *Der indianische Rabe.*

Müller, Natursyst. II. p. 162. n. 2. *der Wasserrabe.*

Borowsky, Thierreich, II. p. 100. n. 3. *der Wasserrabe.*

Ebert, Naturl. II. p. 53. *indianischer Rabe.*

Halle, Vögel, p. 247. n. 185. *der große schwarze Rabe, mit grauem Halsringe?*

Neuer Schauplatz der Natur, VII. p. 2. n. 2. *Ringelrabe.*

Onomat. hist. nat. III. p. 435. *der indianische Rab.*

Handbuch der Naturgesch. p. 177. *der moluckische Calao.*

Klein, av. p. 58. n. 2. Corvus torquatus, pedibus cinereis, rostro arcuato?

Klein, Vorbereitung, p. 110. n. 2. *Ringelrabe?*

Klein, verb. Vögelhist. p. 57. n. 2. *Ringelrabe?*

Brisson, ornith. II. p. 203. n. 1. Calao.

Büffon, Vögel, VII. p. 69. *der indianische Rabe des Bontius.*

Batsch, Thiere, I. p. 304. *der Wasserrabe.*

Latham, Vögel, I. p. 290. n. 7. *der indianische Hornvogel; Wasser-Rabe.*

Latham, Syst. ornitholog. I. p. 144. n. 7. Buceros (Hydrocorax) fronte ossea plana, antice mutica, postice tegens verticem, rotundata, corpore fusco, abdomine infimo flavescente, genis gulaque nigris, albido marginatis.

Feuill. III. p. 14. Corvus torquatus, rostro arcuato, pedibus cinereis?

Moehring, av. gen. p. 31. n. 7. Caryocatactes?

Hermann, tab. affinit. animal. p. 199. Hydrocorax.

Donndorff, Handb. der Thiergesch. p. 223. n. 1. *der indianische Rabe.*

3. Rhi-

3. RHINOCEROS. *Der Nashornvogel.*

Müller, Naturf. II. p. 162. n. 3. *der Naßhornvogel.* Tab. 25. fig. 6.

Leske, Naturgesch. p. 241. n. 1. *der Nashornvogel.*

Borowsky, Thierreich, II. p. 99. n. 1. *der Nashornvogel.* Tab. 7.

Blumenbach, Handb. der Naturgesch. p. 165. n. 1. Buceros (Rhinoceros) processu rostri frontali recurvato.

Bechstein, Naturgesch. I. p. 346. *der Nashornvogel.*

Bechstein, Naturgesch. Deutschl. II. p. 171. *der Nashornvogel.*

Ebert, Naturl. II. p. 54. *der Naßhornvogel, Topau.*

Halle, Vögel, p. 160. n. 99. *Nasenhornvogel.*

Gatterer, vom Nutzen u. Schaden der Thiere, II. p. 59. n. 65. *Nashornvogel, Jägervogel.*

Onomat. histor. nat. IV. p. 435. *der indianische Wasserrabe.*

Klein, av. p. 38. n. 2. *Nasutus Rhinoceros.*

Klein, Vorbereit. p. 74. n. 2. *das geflügelte Nasehorn.*

Klein, verbess. Vögelhist. p. 39. n. 2. *geflügeltes Nasehorn, Topau.*

Brisson, ornith. II. p. 205. n. 4. Calao des Indes.

Batsch, Thiere, I. p. 304. *der eigentliche Nashornvogel.*

Latham, Vögel, I. p. 283. n. 1. *der Nashornvogel.*

Latham, Syn. Suppl. p. 69. Rhinoceros Hornbill.

Latham, Syst. ornitholog. I. p. 141. n. 1. Buceros (Rhinoceros) cornu mandibulari frontis recurvato, corpore nigro, abdomine infimo, uropygio crissoque albis, cauda alba fascia nigra.

Berlin. Samml. IV. p. 289. *der Trompeter.*

Moehring, av. gen. p. 30. n. 4. Tragopan.

Jonston, av. p. 46. Rhinoceros.

Donndorff, Handb. der Thiergeſch. p. 223. n. 2. *der Naſehornvogel.*

8. GALEATUS. *Der Helmvogel.*

Latham, Vögel, I. p. 284. n. 8. *der gehelmte Hornvogel.*

Latham, Syſt. ornithol. I. p. 142. n. 2. Buceros (Galeatus) roſtro conico, baſi mandibulae ſuperioris ſupra maxime gibboſa, ſubquadrata.

9. PANAYENSIS. *Der Hornvogel aus Panaya.*

Latham, Vögel, I. p. 291. n. 8. *der Hornvogel aus Panaya.*

Latham, Syſt. ornitholog. I. p. 144. n. 8. Buceros (Panayenſis) roſtro compreſſo, fronte oſſea, parum elevata, cultrata, corpore nigro, ſubtus fuſco-rubro, rectricibus flavo-fuſcis, apice late nigris.

10. MANILLENSIS. *Der Hornvogel aus Manilla.*

Latham, Vögel, I. p. 292. n. 9. *der Hornvogel aus Manilla.*

Latham, Syſt. ornitholog. I. p. 145. n. 9. Buceros (Manillenſis) roſtro plano, ſupra carinato, cultrato, corpore fuſco-nigricante, capite, collo, et ſubtus albeſcente, macula aurium nigra, rectricibus faſcia rubra.

4. NASUTUS. *Der ſenegaliſche Hornvogel; (der Tock)*

Müller, Naturſyſt. II. p. 163. n. 4. *Ungehörnte.*

Borowſky, Thierreich, II. p. 100. n. 4. *der ſenegalſche Hornvogel.*

Onomat. hiſtor. nat. IV. p. 438. *der ſenegaliſche Waſſerrabe mit ſchwarzem Schnabel.*

Briſſon, ornitholog. II. p. 206. n. 5. Calao à bec noir, du Sénegal.

Batſch,

Batsch, Thiere, I. p. 304. *senegalische Nashornvogel.*

Latham, Vögel, I. p. 292. n. 10. *der schwarzschnäblichte Hornvogel.*

Latham, Syst. ornitholog. I. p. 145. n. 10. Buceros (Nasutus) fronte laevi, rectricibus basi apiceque albis.

Forskål, fn. orient. p. IV. n. 4. *Crotophaga* griseo maculata; *Tullaek*, vel *Dymludj*.

β. *Der senegalische Hornvogel mit rothem Schnabel.* (4)

Onomat. histor. nat. IV. p. 437. *der Wasserrabe mit dem rothen Schnabel von Senegal.*

Brisson, ornithol. II. p. 206. n. 6. Calao à bec rouge du Senegal.

Latham, Vögel, I. p. 293. n. 10. Var. A. *der rothschnäblichte Hornvogel.*

Latham, Syst. ornitholog. I. p. 145. n. 10. β. Buceros rostro rubro, corpore grisescente nigroque vario, subtus colloque albido, capite gulaque nigro lineatis, rectricibus lateralibus nigris, apice albis.

11. Albus. *Der weiße Hornvogel.*

Latham, Vögel, I. p. 294. n. 11. *der weiße Hornvogel.*

Latham, Syst. ornithol. I. p. 146. n. 11. Buceros (Albus) rostro maxime incurvato nigro, corpore niveo, pedibus nigris.

12. Obscurus. *Der unbestimmte Hornvogel.*

Latham, Vögel, I. p. 294. n. 12. *der Hornvogel mit gewundenem? Schnabel.*

Latham, Syn. Suppl. p. 70. Wreathed Hornbill.

(4) Nach *Brisson* eine eigne Gattung.

Latham, Syst. ornithol. I. p. 146. n. 12. Buceros (Plicatus) rostro incurvo, fronte elevata septemplicata, corpore nigro, rectricibus albis.

β. B. vertice nigro, corpore griseo nigroque nebuloso, remigibus primoribus nigris apice albis, cauda nigra, rectrice extima utrinque dimidiato alba. *

Latham, Syn. Suppl. p. 71. 2.

Latham, Syst. ornithol. I. p. 146. n. 12. β.

A. *Veränderungen gegen die XIIte Edition, und Vermehrung der Gattungen dieses Geschlechts.*

Das Geschlecht ist mit 8 Gattungen vermehrt, und bey der *ersten* und *vierten* Gattung sind 2 Varietäten aus einander gesetzt.

B. *Unbestimmtere Thiere.*

1. *Der unregelmäßige Rhinocerosvogel.* Schnabel wie ein Hornvogel; Beine wie ein Toucan; Zunge wie eine Krähe; Gröſse einer Krähe.

White Reis. nach Neu-Süd-Wallis; in dem Magazin merkw. Reisebeschr. V. p. 127.

C. *Neuere Gattungen.*

1. *Der Hornvogel aus Gingi.*

Latham, Syn. Supplem. p. 71. Gingi Hornbill.

Latham, Vögel, I. p. 295. n. 13.

Latham, Syst. ornitholog. I. p. 146. n. 13. Buceros (Ginginianus) rostro compresso incurvato, fronte ossea antrorsum subulata, corpore griseo, subtus albo, remigibus fasciaque rectricum intermediarum apice nigris.

Sonnerat, voy. Ind. II. p. 214. Tab. 121. Calao de Gingi.

2. *Der*

2. *Der neuholländische Hornvogel.*

Latham, Syn. Supplem. p. 72. New-Holland Hornbill.

Latham, Vögel, I. p. 296. n. 14.

Latham, Syst. ornithol. I. p. 147. n. 14. Buceros (Orientalis) rostro convexo, carinato, basi gibbosiore, orbitis nudis rugosis, cinereis, corpore, alis caudaque nigricantibus.

3. *Der graue Hornvogel.*

Latham, Syn. Supplem. p. 72. Grey Hornbill.

Latham, Vögel, I. p. 296. n. 15.

Latham, Syst. ornithol. I. p. 147. n. 15. Buceros (Griseus) fronte ossea, antice declinata, postice truncata, corpore griseo, vertice nigro, tectricibus alarum nigro variegatis, remigibus apice albis.

4. *Der Hornvogel mit grünen Flügeln.*

Latham, Syn. Supplem. p. 73. Green-winged Hornbill.

Latham, Vögel, I. p. 296. n. 16.

Latham, Syst. ornithol. I. p. 147. n. 16. Buceros (Viridis) fronte ossea truncata, corpore nigro, alis virescentibus, rectricibus exterioribus, basi remigum abdomineque albis.

48. GESCHLEHT. BUPHAGA. *Der Ochsenhacker.*

Müller, Natursyst. II. p. 164. Gen. XLVIII.

Leske, Naturgesch. p. 242. Gen. XVII.

Borowsky, Thierreich, II. p. 100. Gen. . .

Blumenbach, Handbuch der Naturgesch. p. 172. Gen. VII.

Bechstein, Naturgesch. I. p. 346. Gen. VIII.

Bechstein,

Bechstein, Naturgeschichte Deutschl. II. p. 168. Gen. XIII.

Brisson, ornithol. I. p. 279. Gen. XXV.

Latham, allg. Uebers. d. Vögel, I. p. 297. Gen. IX.

Latham, Syst. ornith. I. p. 147. Gen. X.

Donndorff, Handbuch der Thiergesch. p. 223. Gen. VIII.

1. Africana. *Der afrikanische Ochsenhacker.*

Müller, Naturs. II. p. 164. n. 1. *der Afrikanische.*

Leske, Naturgesch. p. 242. Buphaga Africana.

Borowsky, Thierreich, II. p. 100. *der Ochsenhacker, Ochsenfeind.*

Blumenbach, Handb. der Naturgesch. p. 172. n. 1. *Buphaga africana.*

Bechstein, Naturgesch. Deutschl. II. p. 168. *der Ochsenhacker.*

Brisson, ornithol. I. p. 279. n. 1. Pique-boeuf.

Buffon, Vögel, VII. p. 360. *der Ochsenhacker;* mit 1 Fig.

Batsch, Thiere, I. p. 305. *der Ochsenhacker.*

Latham, Vögel, I. p. 297. n. 1. *der afrikanische Ochsenhacker*, Tab. 15.

Latham, Syst. ornitholog. I. p. 147. n. 1. Buphaga Africana.

Donndorff, Handb. der Thiergesch. p. 223. *der afrikanische Ochsenhacker.*

49. GESCHLECHT. Crotophaga. *Der Madenfresser.*

Müller, Natursystem, II. p. 165. Gen. XLIX.

Leske, Naturgesch. p. 242. Gen. XVIII.

Borowsky, Thierreich. II. p. 101. Gen. VIII.

Blumenbach, Handbuch der Naturgesch. p. 172. Gen. XVIII.

Bechstein,

Bechstein, Naturgesch. I. p. 347. Gen. IX.
Bechstein, Naturgeschichte Deutschl. II. p. 167. Gen. VIII.
Brisson, ornithol. II. p. 91. Gen. LII.
Batsch, Thiere, I. p. 300. Gen. LVI.
Latham, Vögel, I. p. 298. Gen. X.
Latham, Syst. ornithol. I. p. 148. Gen. XI.
Hermann, tab. affin. anim. p. 190.
Donndorff, Handbuch der Thiergesch. p. 224. Gen. IX.

1. Ani. *Der kleine Madenfresser.*

Müller, Natursystem, II. p. 165. n. 1. *der Afrikanische.* Tab. V. fig. 4.
Leske, Naturgesch. p. 242. n. 1. *der afrikanische Madenfresser.*
Borowsky, Thierreich, II. p. 101. n. 1. *der afrikanische Madenfresser.* Tab. 8.
Blumenbach, Handb. der Naturgesch. p. 172. n. 1. Crotophaga (Ani) pedibus scansoriis.
Bechstein, Naturgesch. Deutschl. II. p. 167. *der afrikanische Madenfresser.*
Halle, Vögel, p. 253. n. 194. *die große schwarze Dohle.*
Neuer Schaupl. der Natur, II. p. 351. n. 3. *Dohle mit gewölbtem Schnabel.*
Onomat. histor. nat. V. p. 219. *die große schwarze Dohle.*
Handbuch der Naturgesch. II. p. 193. *der kleine Crotophage.*
Klein, av. p. 64. n. 12. Pica nigra Jamaicensis plumis interspersis purpureis, e viridi resplendentibus, rostro novaculaeformi.
Klein, Vorbereit. p. 112. n. 7. *Dohle mit gewölbtem Schnabel.*

Klein,

Klein, verbeſſ. Vögelhiſt. p. 59. n. 12. *Dohle mit gewölbtem Schnabel.*

Klein, verbeſſ. Vögelhiſt. p. 62. n. 11. *ſchwarzer Heher.*

Briſſon, ornithol. II. p. 92. n. 1. Bout-de-Petun.

Seligmann, Vögel, IV. Tab. 105. *die ganz ſchwarze Dohle.*

Batſch, Thiere, I. p. 305. *der afrikaniſche Madenfreſſer.*

Latham, Vögel, I. p. 298. n. 1. *der kleine Madenfreſſer.* Tab. 16.

Latham, Syſt. ornithol. I. p. 148. n. 1. Crotophaga (Ani) nigro-violacea, marginibus pennarum cupreo-viridi micantibus, remigibus rectricibusque concoloribus.

Samml. zur Phyſik und Naturgeſch. I. p. 227. *Madenfreſſer.*

Neueſte Mannichfalt. I. p. 566. *Maritjemaat.*

Gerin. ornith. II. p. 53. Tab. 190.

Jonſton, av. p. 189. Ani Braſilienſibus.

Hermann, tab affinit. animal. p. 191. Crotophaga pedibus ſcanſoriis.

Donndorff, Handb. der Thiergeſch. p. 224. *der afrikaniſche Madenfreſſer.*

3. MAIOR. *Der groſſe Madenfreſſer.*

Briſſon, ornithol. II. p. 93. n. 2. Grand Bout-de-Petun.

Latham, Vögel, I. p. 299. n. 2. *der groſſe Madenfreſſer.*

Latham, Syſt. ornithol. I. p. 148. n. 2. Crotophaga (Maior) nigro violacea, marginibus pennarum viridibus, remigibus obſcure viridibus, cauda concolore.

Gerin. ornith. II. p. 54. Tab. 191.

2. AM-

2. AMBULATORIA. *Der ſurinamiſche Madenfreſſer.*
Müller, Naturſyſt. II. p. 166. n. 2. *Surinamiſcher.*
Borowſky, Thierreich, II. p. 162. n. 2. *der ſurinamiſche Madenfreſſer.*
Batſch, Thiere, I. p. 305. *der ſurinamſche Madenfreſſer.*
Latham, Vögel, I. p. 300. n. 3. *der ſurinamſche Madenfreſſer.*
Latham, Syſt. ornith. I. p. 149. n. 4. Crotophaga (Ambulatoria) pedibus ambulatoriis.
Hermann, tab. affinit. anim. p. 191. Crotophaga pedibus ambulatoriis.

A. *Veränderungen gegen die XII. Edition, und Vermehrung der Gattungen dieſes Geſchlechts.*

Das Geſchlecht iſt mit einer Gattung vermehrt, denn die dritte iſt neu hinzugekommen.

B. *Neuere Gattungen.*

1. *Der roth- und ſchwarzbunte Madenfreſſer.*
Latham, Syſt. ornithol. I. p. 149. n. 3. Crotophaga (Varia) rufo nigroque varia.
Gerin. ornith. II. p. 54. Tab. 192. Crotophagus varius indicus.

* EINGESCHOBENES GESCHLECHT.
GLAUCOPIS. *Der Bartvögel.*
Bechſtein, Naturgeſchichte Deutſchl. II. p. 168. Gen. XIV.
Latham, Vögel, I. p. 300. Gen. XI.
Latham, Syſt. ornitholog. I. p. 149. Gen. XII. Callaeas.
Donndorff, Handb. der Thiergeſchichte, p. 224. Gen. X.

1. Cinerea. *Das Blauauge.*

Bechſtein, Naturgeſch. Deutſchl. II. p. 168. *das aſchgraue Blauauge.*

Latham, Vögel, I. p. 300. n. 1. *der aſchgraue Bartvogel.* Tab. 17.

Latham, Syſt. ornithol. I. p. 149. n. 1. Callaeas Cinerea.

Forſter, Reiſ. Ed. in 8. I. p. 155. *der Bartvogel.*

Donndorff, Handb. der Thiergeſch. p. 224. *das Blauauge.*

50. GESCHLECHT. Corvus. *Der Rabe.*

Müller, Naturſyſt. II. p. 167. Gen. L.

Leske, Naturgeſch. p. 243. Gen. XIX.

Borowsky, Thierreich, II. p. 102. Gen. IX.

Blumenbach, Handbuch der Naturgeſch. p. 172. Gen. XIX.

Bechſtein, Naturgeſch. I. p. 360. Gen. XV.

Bechſtein, Naturgeſch. Deutſchl. II. p. 401. Gen. V.

Funke, Naturgeſch. I. p. 291 ſqq.

Ebert, Naturl. II. p. 55.

Halle, Vögel, II. p. 242.

Pennant, arct. Zool. II. p. 233.

Neuer Schaupl. d. Natur, VII. p. 1. IV. p. 716.

Onomat. hiſt. nat. III. p. 424.

Klein, av. p. 57. Gen. II.

Briſſon, ornithol. I. p. 154. Gen. XIII. p. 156. Gen. XIV.

Büffon, Vögel, VII. p. 27 ſqq.

Batſch, Thiere, I. p. 316. Gen. LXIX.

Latham, Vögel, I. p. 301. Gen. XII.

Latham, Syſt. ornithol. I. p. 150. Gen. XIII.

Hermann, tab. affin. animal. p. 198.

Donndorff, Handb. d. Thierg. p. 225. Gen. XI.

1. Hot-

1. HOTTENTOTTUS. *Der Hottentotten Rabe.*

Müller, Naturfystem, II. p. 167. n. 1. *hottentottifcher Rabe.* Tab. 6. fig. 1.

Borowfky, Thierreich, II. p. 103. n. 2. *der hottentottifche Rabe.*

Neuer Schauplatz d. Natur, VII. p. 3. n. 4. *kapfcher Rabe.*

Briffon, ornitholog. I. p. 163. n. 10. Choucas au Cap de bonne Efperance.

Büffon, Vögel, VII. p. 258. *die Bartdohle;* mit 1 Fig.

Batfch, Thiere, I. p. 328. *die Bartdohle.*

Latham, Vögel, I. p. 314. n. 10. *die Hottentotten-Krähe.*

Latham, Syft. ornithol. I. p. 156. n. 12. Corvus (Hottentottus) virefcenti-ater, cauda aequali, myftacibus longiffimis.

Gerin. ornith. II. p. 36. Tab. 148.

2. CORAX. *Der Kolkrabe.*

Müller, Naturfyft. II. p. 168. n. 2. *der Kolkrabe.*

Lefke, Naturgefch. p. 243. n. 1. *der Rabe.*

Borowfky, Thierreich, II. p. 103. n. 3. *der gemeine Rabe.*

Blumenbach, Handb. d. Naturgefch. p. 172. n. 1. Corvus (Corax) ater, dorfo atro caerulefcente, cauda fubrotunda; *der Kolk-Rabe.*

Bechftein, Naturgefch. I. p. 360. n. 1. *der gemeine Rabe.*

Bechftein, Naturgefch. Deutfchl. II. p. 402. n. 1. *der gemeine Rabe.* p. 412. *der Rabe, Rab, Raab, Raue, fchwarze Rabe, Ausrabe, Steinrabe, Kielrabe, größte Rabe, große Galgenvogel, Kolkraue, Colgrave, Golk- Kulk- Kolk- oder Goldrabe.*

Funke, Naturgesch. I. p. 291. *der Kolkrabe.*
Ebert, Naturl. II. p. 55. *die eigentlichen Raben.*
Halle, Vögel, p. 242. n. 184. *der gemeine schwarze Rabe.*
Gatterer, vom Nutzen u. Schaden der Thiere, II. p. 334. n. 280. *der Rab* u. s. w.
Pennant, arct. Zool. II. p. 233. n. 50. *der Rabe.*
Beckmann, Naturhist. p. 40. a. *die gemeine Krähe.*
Neuer Schauplatz der Natur, VII. p. 2. n. 1. *gemeiner großer Rabe.*
Onomat. histor. nat. III. p. 410. *der Rab*, *der Rapp.*
Handb. d. Naturgesch. II. p. 158. *der Rabe.*
Handb. der deutsch. Thiergesch. p. 118. *Kolkrabe.*
Klein, av. p. 58. n. 1. Corvus simpliciter.
Klein, Vorbereit. p. 109. n. 1. *der Rabe.*
Klein, verb. Vögelhist. p. 57. n. 1. *gemeiner Rabe*, *großer Galgenvogel.*
Brisson, ornithol. I. p. 156. n. 1. Corbeau.
Büffon, Vögel, VII. p. 27. *der Rabe*; m. 1 Fig.
Batsch, Thiere, I. p. 328. *der gemeine Rabe.*
Gesner, Vögelb. p. 417. *Rapp.* Fig. p. 418 gut.
Latham, Vögel, I. p. 302. n. 1. *der gemeine Rabe.*
Latham, Syn. Suppl. p. 74. Raven.
Latham, Syst. ornitholog. I. p. 150. n. 1. Corvus (Corax) ater, dorso caerulescente, cauda subrotunda.
Beseke, Naturgesch. der Vögel Kurl. p. 30. n. 42. *der Kolkrabe.*
Bock, Naturgesch. von Preussen, IV. p. 292. n. 43. *Colkrabe*, *gemeiner Rabe.*
Cetti, Naturgeschichte von Sardinien, II. p. 68. *der Rabe.*
Fischer, Naturgesch. von Livland, p. 70. n. 54. *schwarzer Rabe.*

Lepechin,

Lepechin, Tagebuch der ruff. Reif. III. p. 13. *die Raben.*

Leem, Nachr. von den Lappen in Finnmarken, p. 128. *die Raben.*

Steller, Kamtfchatka, p. 194. *Raben.*

Krafchenninnikow, Kamtfchatka, p. 200. *Raben.*

Cranz, Hift. von Grönl. p. 112. *Raben.*

Pontoppidan, Naturh. v. Norw. II. p. 172. *Raue.*

Olaffen, Reife durch Island, I. p. 32. *der Rabe.* p. 118. *Raben.*

White, Naturgefch. v. England, p. 66. n. 1. *Rabe.*

Pontoppidan, Naturg. von Dännemark, p. 166. n. 1. *der Rabe.*

Kolbe, Vorgeb. d. g. Hoffnung, Edit. in 4. p. 401. *die Raben?*

Fabricius, Reif. n. Norwegen, p. 312. *Raben.*

Scopoli, Bemerk. a. d. Naturgefch. I. p. 29. n. 35. *der größte Rabe.*

Linné, auserl. Abh. II. p. 288. n. 56. *Kolkrabe.*

Carver, Reife d. Nordamerika, p. 383. *Raben.*

Zorn, Petinotheol. II. p. 261. *Aas-Rabe.*

Döbel, Jägerprakt. I. p. 82. *Kolk-Rabe.*

Naumann, Vogelfteller, p. 162. n. 1. *die Raben.*

Naturf. IX. p. 40. n. 42. *Kolkrabe.*

Anweif. Vögel zu fangen, u. f. w. p. 442. *der Rab.*

Jablonfky, allgem. Lex. p. 864. *Rabe, Kolkrabe.*

Geoffroy, mat. med. VII. p. 402. *der Rabe.*

Mellin, von Anleg. der Wildbahnen, p. 347. *der große Golkrabe.*

Bechftein, Mufterung fchädl. Th. p. 96. n. 1. *der gemeine Rabe.*

Günther, Nefter und Eyer, Tab. 71. *Rabe.*

Bloch: Befchr. der berlin. Gefellfch. IV. p. 605. *der Kolkrabe.*

Eberhard, Thiergeſch. p. 71. *der gemeine Rabe.*
Oekonom. Zool. p. 67. n. 5. *der gemeine Rabe.*
Meidinger, Vorleſ. I. p. 116. n. 1. *der Rabe.*
Goeze, nützl. All. II. p. 227. n. 30. *der Kolkrabe.*
Merklein, Thierreich, p. 341. *Raab.*
Loniceri, Kräuterbuch, p. 672. *Rapp*, *Raabe.*
Kraft, Ausrott. grauſ. Th. I. p. 254. *der Rabe.*
Linné, Syſt. Nat. Edit. II. p. 52. Corvus.
Linné, Syſt. Nat. Edit. VI. p. 19. n. 1. Corvus.
Linné, Syſt. Nat. Edit. X. I. p. 105. n. 1. Corvus (Corax) ater, dorſo caeruleſcente, cauda ſubrotunda.
Müller, zoolog. dan. prodr. p. 11. n. 86. Corvus (Corax) ater, dorſo atro-caeruleſcente, cauda ſubrotunda.
Kramer, Auſtr. p. 333. n. 1. Corvus ater dorſo caeruleſcente.
Brünich, ornith. bor. p. 8. n. 27. Corvus Corax.
Schwenkfeld, aviar. Sileſ. p. 244. Corvus; *ein Kol Rabe*, *Rabe*, *Rappe.*
Moehring, av. gen. p. 31. n. 6. Corvus.
Hermann, tab. affinit. animal. p. 199. Corvus Corax.
Jonſton, av. p. 38. Corvus.
Plin. hiſt. nat. L. X. c. 12. Corvi.
Ariſtot. hiſt. anim. L. VI. c. 6. n. 74. Κοραξ.
Gerin. ornith. II. p. 32. Tab. 14.
Rangon. diſſ. de Corvo. Stettin 1670. 8.
Baer. Korakophonia etc. Brem. 1700. 4.
Neſſel, diſſ. de avibus Apollinis, Cygno et Corvo. Upſ. 1725. 8.
Tourner, diſſ. de av. Apoll. Cygno et Corvo. Upſ. 1725. 8.
Donndorff, Handb. d. Thiergeſch. p. 225. n. 1. *der Kolkrabe.*

β. Corβ. Corvus varius. *Der bunte Rabe.*

Müller, Naturſyſt. II. p. 171. *Cacalotl.*

Briſſon, ornithol. I. p. 157. Corbeau varié.

Büffon, Vögel, VII. p. 55. *der Rabe aus Mexico.*

Latham, Vögel, I. p. 303. n. 1. Var. A. *der bunte Rabe.*

Latham, Syſt. ornitholog. I. p. 150. β. Corvus varius.

Berlin. Samml. VIII. p. 361.

γ. Corvus albus. *Der weiße Rabe.*

Müller, Naturſyſtem, II. p. 171. *weiße Raben.*

Bechſtein, Naturgeſch. Deutſchl. II. p. 412. *ganz weiße Raben.*

Briſſon, ornith. I. p. 157. B. Corbeau blanc.

Büffon, Vögel, VII. p. 55. *weiße Raben.*

Latham, Vögel, I. p. 304. n. 1. Var. B. *der weiße Rabe.*

Latham, Syſt. ornithol. I. p. 151. γ. Corvus candidus.

Zorn, Petinoth. II. p. 53. *ein weißer Rabe.*

Klein, verbeſſ. Vögelhiſt. p. 57. ad n. 1. *ein weiſſer Rabe.*

Götz: Naturforſch. XVI. p. 46. n. 2. *ein ſchneeweißer Rabe.* n. 3. *ein weißer Rabe.* p. 48. n. 4. *ein weißer Rabe.*

Götz, Naturgeſch. einiger Vögel, p. 112. n. 2. *ein ſchneeweißer Rabe.* p. 115. n. 3. *ein weißer Rabe.*

Geoffroy, mat. med. VII. p. 409. *die weißen Raben.*

Berlin. Samml. VIII. p. 359.

Witzel: Eph. nat. curioſ. Dec. I. an. 3. obſ. 57. p. 81.

Francheville: nouv. mem. de l'acad. roy. à Berl. 1773. p. 23.

δ. *Der nördliche schwarz und weißbunte Rabe.* (5)

Müller, Natursyst. II. p. 171.

Brisson, ornitholog. I. p. 163. Corvus borealis albus; *Corbeau blanc du Nord.*

Büffon, Vögel, VII. p. 56. *der weiße nordische Rabe.*

Latham, Syst. ornithol. I. p. 151. δ. Corvus borealis albus.

Pennant, arct. Zoolog. II. p. 233. ad n. 1. *eine Race von schwarz und weißer Farbe.*

Pontoppidan, Naturgesch von Norwegen, p. 172. *halb weiße und halb schwarze Raben.*

Berlin. Samml. VIII. p 359. *der weiß und schwarzbunte Rabe.* Titelkupf.

Eberhard, Thiergesch. p. 72. *der nordische weiße Rabe.*

Mus. Worm. p. 292. Corvus versicolor Feroensis.

20. Clericus. *Der Pfaffe.* (6)

Latham, Syst. ornithol. I. p. 152. n. 4. β. Corvus totus niger, mento albo, rostri basi cinerea.

21. Australis. *Der Süd-See-Rabe.*

Latham, Vögel, I. p. 304. n. 2. *der Süd-See-Rabe.*

Latham, Syst. ornithol. I. p. 151. n. 2. Corvus (Australis) nigricans, gulae pennis laxioribus, remigibus fuscescentibus.

3. Corone. *Die Rabenkrähe.* (7)

Müller, Natursyst. II. p. 172. n. 2. *die schwarze Krähe.*

Leske,

(5) Nach *Brisson* eine eigne Gattung.

(6) Nach *Latham* eine Spielart von *Corvus Corone.*

(7) Flügelweite über 3 Fuss. Gewicht 20 bis 22 Unzen. Liebt vorzüglich die Feldhölzer und Waldungen, die ans Feld gränzen.

Leske, Naturgesch. p. 243. n. 2. *die schwarze Krähe.*

Borowsky, Thierreich, II. p. 110. n. 11. *die schwarze Krähe, Rabenkrähe.*

lumenbach, Handb. d. Naturgesch. p. 173. n. 2. Corvus (Corone) atro-caerulescens totus, cauda rotundata, rectricibus acutis; *die Raben-Krähe.*

Bechstein, Naturg. I. p. 362. n. 2. *die Rabenkrähe.*

gränzen. Sie sind Strich- und Standvögel, nachdem ihr Sommeraufenthalt beschaffen ist Diejenigen, die in kleinen Feldhölzern wohnen, schlagen sich im Herbst in grosen Schaaren zusammen, ziehen am Ende des Octobers bey eintretender stürmischen Witterung von ihrer Heimath weg, von einer grosen Wiese zur andern, suchen im Winter am Tage bergigte Gegenden, Wiesengründe, offene Felder, wo Mist hingefahren ist, und ziehen des Nachts mit grosem Geschrey in die Wälder, wo sie Schutz vor Sturm und Wetter haben. Im März gehen sie wieder in ihre Heimath zurück. Diejenigen hingegen, die am Fuss eines waldigen, vorzüglich mit Schwarzholz besetzten Kettengebirgs wohnen, ziehen niemals weg, und begeben sich im October in einige Familien zusammen. Die Standvögel bauen einzeln, die Strichvögel aber zusammen in Feldhölzern, und es giebt Gegenden, wo sich, wie bey den Saatkrähen, 20 bis 30 Nester auf einem Baume befinden, die oft mit ihren Unterlagen, die gewöhnlich aus Dornen bestehen, unter einander, und mit denen auf den nahe stehenden Baumen verbunden sind. Das Weibchen legt 5 bis 6 Eyer, welche blaugrün, und mit grosen und kleinen aschgrauen, und olivenbraunen Flecken besetzt sind, die am stumpfen Ende zusammenfliesen. Männchen und Weibchen brüten sie in 18 bis 20 Tagen gemeinschaftlich aus. Die Landleute essen in manchen Gegenden das Fleisch, und vergleichen es mit dem Taubenfleische Besser sind die Eyer. Sie können auch gezähmt werden, und Worte nachsprechen lernen. — *Brisson* rechnet den *Corvus versicolor Feroensis,* aus dem *Mus. Worm.* und *Latham* den vorher angeführten *Corvus Australis,* als Spielart mit hieher.

Bechstein, Naturgesch. Deutschl. II. p. 412. n. 2. *die Rabenkrähe.* p. 424. *die Krähe, Krahe, schwarze Krähe, der schwarze Rabe, der schwarze Krährabe, der kleine Rabe, die Hauskrähe;* in Thüringen: *der Rabe.*

Funke, Naturgesch. I. p. 293. *die schwarze Krähe.*

Ebert, Naturl. II. p. 56. *die gemeine Krahe.*

Halle, Vögel, p. 247. n. 187. *die schwarze Rabenkrähe.*

Gatterer, vom Nutzen u. Schaden der Thiere, II. p. 340. n. 281. *die Rabenkrähe.*

Pennant, arct. Zool. II. p. 234. n. 51. *die Aaskrähe.*

Neuer Schaupl. der Natur, IV. p. 716. n. 1. *Rabenkrähe.*

Onomat. histor. nat. III. p. 427. *die Hauskrähe, schwarze Krähe.*

Handbuch der Naturgesch. II. p. 162. *die Rabenkrähe.*

Handbuch der deutschen Thiergesch. p. 118. *Rabenkrähe.*

Klein, av. p. 58. n. 1. Cornix nigra.

Klein, Vorbereit. p. 111. n. 1. *schwarze Krähe, Raben-Krähe.*

Klein, verbesserte Vögelhist. p. 58. n. 3. *Rabenkrähe.*

Gesner, Vögelb. p. 344. *Kräe* mit 1 zieml. Fig.

Brisson, ornithol. I. p. 157. n. 2. Corneille.

Büffon, Vögel, VII. p. 77. *die Raben-Krähe;* mit 1 Fig.

Batsch, Thiere, I. p. 329. *die Rabenkrähe.*

Latham, Vögel, I. p. 304. n. 3. *die Rabenkrähe.*

Latham, Syst. ornitholog. I. p. 151. n. 4. Corvus (Corone) atro-caerulescens totus, cauda rotundata, rectricibus acutis.

Beseke,

Beseke, Vögel Kurlands, p. 31. n. 43. *die schwarze Krähe.*

Bock, Naturgesch. von Preussen, IV. p. 293. n. 44. *schwarze Krähe, Rabenkrähe.*

Fischer, Naturgesch. von Livland, p. 70. n. 55. *schwarze Krähe.*

Lepechin, Tagebuch d. russ. Reis. III. p. 13. *die Krähen.*

Steller, Kamtschatka, p. 194. *Kräen.*

Carver, Reis. d. Nordamer. p. 383. *Krähen.*

Pontoppidan, Naturgesch. von Dännem. p. 166. n. 2. *Blaa-Raage.*

Krascheninnikow, Kamtschatka, p. 200. *Krähen.*

Forster, Reis. Ed. in 8. I. p. 28. *Krähen.*

S. G. Gmelin, Reis. durch Russl. I. p. 50.

Georgi, Reis. I. p. 165. *Turlak.*

Meyer, Thiere, I. Tab. 99.

Schneider, zoolog. Abhandl. p. 157. *der gemeine Rabe.*

Bloch: Beschäfft. d. berlin. Gesellsch. IV. p. 605. *die schwarze Krähe.*

Krünitz, Encyklop. XLVI. p. 456. *die Rabenkrähe, schwarze Raubkrähe, Hauskrähe, Feld- oder Mittelrabe.*

Scopoli, Bemerk. a. d. Naturgesch. I. p. 30. n. 36. *der gemeine Rabe, schwarze Krähe.*

Zorn, Petinotheol. II. p. 261. *der etwas kleinere ganz schwarze Rabe.*

Dobel, Jägerpraktik, I. p. 82. *kleiner Rabe, oder schwarze Krähe.*

Naumann, Vogelsteller, p. 162. n. 2. *die schwarzen Krähen.*

Naturforsch. IX. p. 41. n. 43. *schwarze Krähe.*

Anweisung Vögel zu fangen u. s. w. p. 145. *die Krähe.*

Mellin, von Anleg. der Wildbahn. p. 348. n. 11. *die schwarze Raubkrähe.*

Bechstein, Musterung schädl. Th. p. 97. n. 2. *die Rabenkrähe.*

Oekonom. Zool. p. 67. n. 6. *die Krähe.*

Schles. patriot. ökon. Nachr. 1776. St. 12. p. 94. St. 27. p. 212. — 1772. St. 15. p. 114.

Neue Mannichfalt. IV. p. 447.

Linné, Syst. Nat. Edit. X. I. p. 105. n. 2. Corvus (Corone) atro-caerulescens, cauda rotundata, rectricibus acutis.

Müller, zoolog. dan. prodr. p. 11. n. 87. Corvus (Corone) atro-caerulescens totus, cauda rotundata, rectricibus acutis.

Brünich, ornith. bor. p. 9. n. 29. Corvus Corone.

Hermann, tab. affin. animal. p. 199. 201. Corvus Corone.

Jonston, av. p. 40. Cornix.

Plin. hist. nat. Lib. X. c. 12. Cornix.

Lucret. de rer. nat. L. 5. v. 1083. Cornices.

Aristot. hist. anim. L. 6. c. 6. n. 89. Κορωνη.

Donndorff, Handb. der Thiergesch. p. 226. n. 2. *die Rabenkrähe.*

β. *Die bunte Rabenkrähe.*

Müller Natursyst. II. p. 173. *Krähen mit weißen und schwarzen Federn.*

Borowsky, Thierreich, II. p. 110. a. *die bunte Krähe.*

Bechstein, Naturgesch. Deutschl. II. p. 424. n. 1. *weiß- und schwarz gescháckte Rabenkrähe.*

Brisson, ornitholog. I. p. 158. A. Corneille variée.

Büffon, Vögel, VII. p... *schwarz- und weißbunte Rabenkrähen.*

Latham,

Latham, Vögel, I. p. 306. n. 3. Var. A. *die bunte Krähe.*

Latham, Syſt. ornitholog. I. p. 152. γ. Cornix varia.

γ. *Die weiße Rabenkrähe.*

Müller, Naturſyſtem, II. p. 173. *weiße Krähen.*

Borowſky, Thierreich, II. p. 110. b. *die weiße Krähe.*

Bechſtein, Naturgeſch. Deutſchl. II. p. 424. n. 2. *eine weiße Rabenkrähe.*

Briſſon, ornithol. I. p. 158. B. Corneille blanche.

Krähen.

Latham, Vögel, I. p. 306. n. 3. Var. B. *die weiße Krähe.*

Latham, Syn. I. p. 372. White Crow.

Latham, Syſt. ornitholog. I. p. 152. δ. Cornix candida.

Schwenkfeld, aviar. Sileſ. p. 243. Cornix candida; *eine weiße Krähe.*

Salerne, ornithol. p. 91. n. 9.

δ. *Eine Rabenkrähe mit grauem Halsbande.* *

Bechſtein, Naturgeſch. Deutſchl. II. p. 424. n. 3.

4. Frugilegus. *Die Saatkrähe.* (8)

Müller, Naturſyſt. II. p. 173. *die Saatkrähe.*

Leske,

(8) Länge 1 Fuſs 7 Zoll. Flügelweite 3 Fuſs 7 Zoll. Vermehrt ſich zweymal im Jahre, und legt ſchon zu Ende des Märzes zum erſten Male Eyer. Die Eyer ſind grünlich, mit vielen blauen Flecken, beſonders am ſtumpfen Ende bezeichnet, der Anzahl nach 3 bis 5. Dieſe Thiere halten ſich meiſtens in groſsen Geſellſchaften beyſammen, lieben beſonders Feldhölzer, und ziehen im Herbſt in Schaaren weg. In Frankreich verkündigen ſie als Zugvögel die Ankunft des Winters, und im nördlichen Deutſchland die Ankunft des Frühlings

Leske, Naturgesch. p. 243. n. 3. *die Saatkrähe.*

Borowsky, Thierreich, II. p. 105. n. 4. *die schwarze Saatkrähe, Karechel.*

Blumenbach, Handb. der Naturgesch. p. 173. n. 3. Corvus (Frugilegus) ater, fronte cinerascente, cauda subrotunda; *die Saatkrähe, der Karechel.*

Bechstein, Naturgesch. I. p. 362. n. 3. *die Saatkrähe.*

Bechstein, Naturgesch. Deutschl. II. p. 432. n. 4. *die Saatkrähe.* p. 438. *die schwarze Saatkrähe, schwarze Feldkrähe, Saatrabe, Kranveitl (?) Karechel; Ackerkrähe, Rooke, Rooche, Rouch, Rauch, Rück, Karok, Roek, Rouck, der pommersche Rabe;* in Thüringen: *Nachtschnabel.*

Funke, Naturgesch. I. p. 293. *die Saatkrähe.*

Ebert, Naturl. II. p. 56. *die Saatkrähe.*

Halle, Vögel, p. 250. n. 189. *die schwarze Saatkrähe, um den Schnabel weiß, krätzig.*

Gatterer, vom Nutzen und Schaden der Thiere, II. p. 343 n. 282. *die Saatkrähe.*

Pennant, arct. Zool. II. p. 238. A. *die Saatkrähe.*

Handb. der deutschen Thiergesch. p. 119. *Saatkrähe.*

Neuer Schaupl. der Natur, VII. p. 3. n. 5. *der Getraidefresser.*

Onomat. histor. nat. III. p. 425. *Karechel.*

Klein, av. p. 59. n. 3. Cornix nigra, frugilega.

Klein, Vorbereit. p. 111. n. 3. *Karechel, Rooke, Rooche, Rouch*

Klein, verbess. Vögelhist. p. 58. n. 6. *Karechel.*

Klein, stemmat. av. p. 10. Tab. 10. fig. 3. a. b.

Klein,

Frühlings. In manchen Provinzen Deutschlands wird nicht nur das Fleisch der jungen, sondern auch der alten als schmackhaft gegessen. Auch die Eyer werden zu diesem Gebrauch ausgenommen.

Klein, Vögeleyer, p. 21. Tab. 8. fig. 10.
Briſſon, ornithol. I. p. 158. n. 3. Corneille moiſſonneuſe.
Büffon, Vögel, VII. p. 98. *die Saat-Krähe;* mit 1 Fig.
Batſch, Thiere, I. p. 330. *die Saatkrähe.*
Latham, Vögel, I. p. 307. n. 4. *die Saat-Krähe.*
Latham, Syn. Supplem. p. 76. Rook.
Latham, Syſt. ornitholog. I. p. 152. n. 5. Corvus (Frugilegus) ater, fronte cineraſcente, cauda ſubrotundata.
Bock, Naturgeſch. von Preuſſen, IV. p. 293. n. 45. *Saatkrähe.*
Fiſcher, Zuſ. z. Naturgeſch. von Livland, p. 44. n. 492. *ſchwarze Saatkrähe, Ackerkrähe.*
White, Naturgeſch. von Engl. p. 66. n. 4. *ſchwarze Krähe.*
Pontoppidan, Naturgeſch. v. Dännemark, p. 166. n. 3. *Raage.*
Pallas, Reiſe, I. p. 98. II. p. 290. *Kornkrähen.*
Pallas, nord. Beyträge, III. p. 11. *die Kornkrähen.*
Linné, auserleſ. Abhandl. II. p. 288. n. 61. *die Saatkrähe.*
Naturforſch. VIII. p. 41. n. 44. *Saatkrähe.*
Döbel, Jägerprakt. p. 83. *Rücke.*
Naumann, Vogelſteller, p. 163. *die ſchwarzen Feldkrähen.*
Bechſtein, Muſterung ſchädl. Thiere, p. 100. n. 4. *die Saatkrähe.*
Eberhard, Thiergeſch. p. 72. *die Saatkrähe.*
Meidinger, Vorleſ. I. p. 116. n. 3. *die Saatkrähe.*
Goeze, nützl. All. II. p. 306. n. 1. *die Saatkrähe.*
Krünitz, Encykl. XLVI. p. 488. *die Saat-Krähe.*
Linné, Syſt. Natur. Edit. VI. p. 19. n. 2. Cornix frugivora.

Linné,

Linné, Syſt. Nat. Ed. X. I. p. 105. n. 3. Corvus (Frugilegus) ater fronte cineraſcente.

Kramer, Auſtr. p. 333. n. 2. Corvus ater; *ſchwarze Kran, ſchwarze Krähe.*

Schwenkfeld, aviar. Sileſ. p. 242. Cornix nigra frugilega; *ein Rooke*, ſil. *Rooche, Rouch; ſchwarze Kraye.*

Jonſton, av. p. 41. Cornix frugivora.

Donndorff, Handb. der Thiergeſch. p. 226. n. 3. *die Saatkrähe.*

5. Cornix. *Die Nebelkrähe.* (9)

Müller, Naturſ. II. p. 174. n. 5. *die Nebelkrähe.*

Leſke, Naturgeſch. p. 244. n. 4. *die Nebelkrähe.*

Borowſky, Thierreich, II. p. 105. n. 5. *die Nebelkrähe, der Mehlrabe.*

Blumenbach, Handb. der Naturgeſch. p. 173. n. 4. Corvus (Cornix) cineraſcens, capite, iugulo, alis caudaque nigris; *die Krähe, Nebelkrähe.*

Bechſtein, Naturgeſch. I. p. 664. n. 4. *die Nebelkrähe.*

Bechſtein, Naturgeſch. Deutſchl. II. p. 425. n. 3. *die Nebelkrähe.* p. 432. *Krähe, Krage, Holzkrähe,*

(9) Länge 1 Fuſs 10 Zoll. Flügelweite 3 Fuſs 3 Zoll Gewicht 23 bis 24 Unzen. Hat in ihrer Lebensart faſt alles mit der Rabenkrähe gemein, mit welcher ſie ſich auch im Nothfall zuweilen paart. Niſtet gern in lebendigen Holzern, auch in Gärten, des Jahrs zweymal. Das Neſt ſteht einzeln, iſt nicht allezeit hoch angelegt, beſteht aus kleinen, feſt zuſammen gebauten Reiſern, mit Wolle und Haaren ausgefuttert. Legt 4 bis 6 längliche, hellgrüne mit feinen braunen Strichen und Flecken verſehene Eyer, die 18 Tage bebrütet werden. Stellt beſonders den Enten- Huhner- Faſanen- u. a. Eyern nach. Kommt bey groſser Kälte häufig in Stadte und Dorfer, und friſst alles was ihr vorkommt. Das Fleiſch iſt vollig ungenieſsbar.

krähe, Aſtkrähe, Aaskrähe, Winterkrähe, Schildkrähe, Sattelkrähe, bunte und graue Krähe, grauer Rabe, grauer Krähraben, Mehlrabe, graubunte Krähe, Kranveitl, Urana.

Funke, Naturgeſch. I. p. 294. *die graue Krähe, Mantelkrähe.*

Ebert, Naturl. II. p. 57. *die Nebelkrähe.*

Halle, Vögel, p. 249. n. 122. *die graue Krähe.*

Gatterer, vom Nutzen u. Schaden der Thiere, II. p. 346. n. 283. *die Nebelkrähe.*

Pennant, arct. Zoolog. II. p. 239. B. *die Nebelkrähe.*

Neuer Schaupl. der Natur, IV. p. 716. n. 2. *graubunte Krähe.*

Onomat. hiſt. nat. III. p. 424. *die Schildkrähe.*

Handbuch der Naturgeſch. II. p. 162. *die Nebelkrähe.*

Handbuch der deutſchen Thiergeſchichte, p. 119. *die Nebelkrähe.*

Klein, av. p. 59. n. 2. Cornix cinerea.

Klein, Vorbereitung, p. 111. n. 2. *graue bunte Krähe.*

Klein, verbeſſ. Vögelhiſt. p. 58. n. 5. *graubunte Krähe.*

Klein, ſtemm. av. p. 9. Tab. 11. fig. 1. a. b.

Klein, Vögeleyer, p. 21. Tab. 8. fig. 9.

Gesner, Vögelb. p. 347. *Nebelkräe;* mit 1 Fig.

Briſſon, ornithol. I. p. 150. n. 4. Corneille mantelée.

Büffon, Vögel, VII. p. 114. *die graue Krähe;* mit 1 Fig.

Batſch, Thiere, I. p. 330 *die Nebelkrähe.*

Latham, Vögel, I. p. 308. n. 5. *die Nebelkrähe, Holzkrähe.*

Latham, Syn. Suppl. p. 77. Hooded Crow.

Latham,

Latham, Syst. ornitholog. I. p. 153. n. 9. Corvus (Cornix) cinerascens, capite, iugulo, alis caudaque nigris.

Beseke, Vögel Kurl. p. 31. n. 44. *die Nebelkrähe.*

Bock, Naturgesch. v. Preussen, IV. p. 294. n. 46. *Nebelkrähe, gemeine Krähe.*

Cetti, Naturgeschichte von Sardinien, II. p. 70. *die Nebelkrähe.*

Fischer, Livland, p. 70. n. 56. *gemeine Krähe.*

Leem, Lappland, p. 128. *Krähen.*

Pontoppidan, Natúrg. von Dännemark, p. 166. n. 4 *Krähe.*

Pontoppidan, Norwegen, p. 156. *Krage, Kraako, die Krähe.*

White, Engl. p. 61. n. 4. *graue Krähe.*

Scopoli, Bemerk. a. d. Naturgesch. I. p. 31. n. 37. *graubunte Krähe.*

Linné, auserles. Abh. II. p. 288. n. 62. *die Nebelkrähe.*

Zorn, Petinotheol. II. p. 263. *die Krahe, Nebelkrähe.*

Döbel, Jägerprakt. I. p. 82. *Krähe.*

Naumann, Vogelsteller, p. 162. *Schildkrähen.*

Naturforsch. IX. p. 41. n. 45. *Nebelkrähe.*

Anweis. Vögel zu fangen, p. 347. *Nebelkrähe.*

Mellin, Wildbahn. p. 348. n. 12. *die Nebelkrähe, Schild- oder Sattelkrähe.*

Bechstein, Musterung schädl. Thiere, p. 99. n. 3. *die Nebelkrähe.*

Schwed. Abhandl. XXXVIII. p. 247. *Nebelkrähe.*

Loniceri, Kräuterb. p. 672. *Kräe*

Meidinger, Vorles. I. p. 116. n. 4. *die Nebelkrähe.*

Goeze, nützl. All. II. p. 362. n. 2. *die Nebelkrähe.*

Krünitz, Encyklop. XLVII. p. 509. *die graue oder graubunte Krahe.*

Linné,

Linné, Syſt. Nat. Edit. II. p. 52. Cornix.

Linné, Syſt. Nat. Edit. VI. p. 18. n. 3. Cornix cinerea.

Linné, Syſt. Nat. Edit. X. I. p. 105. n. 4. Corvus (Cornix) cineraſcens, capite, gula, alis caudaque nigris.

Müller, zoolog. dan. prodr. p. 11. n. 88. Corvus (Cornix) cineraſcens, capite, iugulo, alis caudaque nigris.

Kramer, Auſtr. p. 333. n. 3. Corvus, capite, gula, alis caudaque nigris, trunco cineraſcente.

Brünich, ornith. bor. p. 9. n. 3. Corvus Cornix.

Schwenkfeld, aviar. Sileſ. p. 241. Cornix cinerea; *eine Schilt-Krahe*, ſil. *Nabelkraye, Winter-Krahe.*

Hermann, tab. affin. anim. p. 199. C. Cornix.

Jonſton, av. p. 41. Cornix cinerea.

Gerin, ornith. II. p. 35. Tab. 146. 147.

Donndorff, Handb. der Thiergeſch. p. 277. n. 4. *die Nebelkrähe.*

β. *Die weiſse Nebelkrähe.* *

Bechſtein, Naturgeſch. Deutſchl. II. p. 432. n. 1.

Bock, Preuſſen, IV. p. 295.

Büffon, Vögel, VII. p. 131.

Maſch: Naturforſch. XIII. p. 17.

Müller, zoolog. dan. prodr. p. 11. ad n. 88.

γ. *Die ſchwarz-und weiſsbunte Nebelkrähe.* *

Bechſtein, Naturgeſch. Deutſchl. II. p. 432. n. 2.

δ. *Die ſchwarze Nebelkrähe.* *

Bechſtein, Naturgeſch. Deutſchl. II. p. 432. n. 3.

Büffon, Vögel, VII. p. 131.

22. Dauricus. *Der dauriſche Rabe.*

Büffon, Vögel, VII. p. 153. *der dauriſche Rabe.*

Latham, Vögel, I. p. 310. n. 6. *die daurische Krähe.* Tab. 18.

Latham, Syst. ornitholog. I. p. 154. n. 8. Corvus (Dauricus) ater, nucha canescente, cervice pectoreque albis.

Pallas, Reise, Ausz. III. Anh. p. 4. n. 8. Corvus *dauricus;* Mongalo-Buraetis *Alactu.*

β. *Büffon*, Vögel, VII. p. 153. *eine beynahe ganz schwarze Abart.*

Latham, Vögel, I. p. 311. *eine fast ganz schwarze Spielart.*

Latham, Syst. ornithol. I. p. 154. β. Corvus totus niger, cervice iuguloque fuscis.

Pallas, Reise, Ausz. III. Anh. p. 4. Varietas fere tota nigra.

23. Calcedonicus. *Die neucaledonische Krähe.*

Latham, Vögel, I. p. 311. n. 7. *die Neu-Kaledonische Krähe.*

Latham, Syst. ornithol. I. p. 154. n. 9. Corvus (Calcedonicus) cinereus, rostro, pedibus, palpebris caudaque nigris.

24. Jamaicensis. *Die Krähe aus Jamaica.*

Brisson, ornithol. I. p. 160. n. 5. Corneille de la Jamaique.

Büffon, Vögel, VII. p. 134. *die jamaikaische Krähe.*

Neuer Schauplatz der Natur, II. p. 351. n. 4. *Dohle mit weißen Nasenlöchern.*

Klein, av. p. 59. n. 5. Cornix nigra, garrula.

Klein, Vorbereitung, p. 112. n. 5. *Dohle mit weiten Nasenlöchern.*

Klein, verbess. Vögelhist. p. 59. n. 13. *Dohle mit weiten Naselöchern.*

Latham,

Latham, Vögel, I. p. 311. n. 8. *die Krähe aus Jamaika.*

Latham, Syst. ornitholog. I. p. 154. n. 10. Corvus (Jamaicensis) toto corpore artubusque nigris.

6. MONEDULA. *Die Dohle.* (10)

Müller, Natursyst. II. p. 174. n. 6. *die Dohle.*

Leske, Naturgesch. p. 244. n. 5 *die Dohle.*

Borowsky, Thierreich, II. p. 106. n. 6. *die Dohle.*

Blumenbach, Handb. der Naturgesch. p. 173. n. 5. Corvus (Monedula) fuscus, occipite incano, fronte, alis caudaque nigris; *die Dohle.*

Bechstein, Naturgesch. I. p. 364. n. 4. *die Dohle.*

Bechstein, Naturgesch. Deutschl. II. p. 439. *die Dohle.* p. 446. *Tul, Dhul, Thale, Dachicke, Tole, graue Dohle, Zschokerll, Tahe, Doel, Aelke, Kayke, Gacke, Schneegacke, Thalk, Klaas, Wachtel, Schneedohle.*

Funke, Naturgesch. I. p. 295. *die Dohle.*

Ebert, Naturl. II. p. 57. *die Dohle.*

Halle, Vögel, p. 251. n. 190. *die Dohle.*

Meyer, Thiere, p. 6. Tab. 20.

Gatterer, vom Nutzen und Schaden der Thiere, II. p. 354. n. 284. *die Dohle.*

Pennant, arct. Zool. II. p. 239. C. *die Dohle.*

Beckmann, Naturhist. p. 41. *b. die Dohle.*

(10) Ein scheuer, furchtsamer Vogel, der schwer zu schiessen ist. Lebt gern in Gesellschaft der Rabenkrähen und Saatkrahen. Brutet jährlich zweymal. Frisst Regenwürmer, Erdmaden, Getraide, Hülsenfrüchte, grune Saat, Kirschen u. d. seltener Fleisch. Sucht auch die Rebhühner- und Lerchen-eyer auf. Lernt sprechen. Die gezähmten stehlen wie die Raben, alles was glänzt; ja die in der Freyheit rauben sich sogar unter einander die Materialien zum Bau des Nestes. Ist in den nördlichen Gegenden Zugvögel. Das Fleisch wird in verschiedenen Ländern gegessen.

Neuer Schaupl. d. Natur, II. p. 350. *Dohle.*
Onomat. hist. nat. V. p. 217. *die Dohle, Thole.*
Handbuch der Naturgesch. II. p. 163. *die Dohle.*
Handbuch d. deutschen Thiergesch. p. 119. *die Dohle.*
Klein, av. p. 59. n. 4. Cornix gracula, Monedula, Graculus, Garrulus.
Klein, Vorbereit. p. 112. n. 4. *Dohle, Thale, Thole, Aelke.*
Klein, verbess. Vögelhist. p. 59. n. 10. *Dohle.*
Klein, stemmat. av. p. 10. Tab. 11. fig. 2. a. b.
Klein, Vögeleyer, p. 21. Tab. 8. fig. 4.
Gesner, Vögelb. p. 532. *Tul.* Fig. p. 534.
Brisson, ornithol. I. p. 160. n. 6. Choucas.
Büffon, Vögel, VII. p. 137. *die Dohle.* p. 145. *die graue Dohle;* m. 1 Fig.
Batsch, Thiere, I. p. 328. *die Dohle.*
Latham, Vögel, I. p. 312. n. 9. *die gemeine Dohle.*
Latham, Syn. Suppl. p. 78. *Jackdaw.*
Latham, Syst. ornithol. I. p. 154. n. 11. Corvus (Monedula) fusco-nigricans, occipite incano, fronte, alis caudaque nigris.
Beseke, Vögel Kurl. p. 32. n. 45. *die Dohle.*
Bock, Preussen, IV. p. 296. n. 47. *die Dohle.*
Cetti, Naturgesch. von Sardinien, II. p. 71. *die schwarze Dohle?*
Fischer, Livl. p. 71. n. 57. *Dohle.*
Pontoppidan, Naturg. v. Dännemark, p. 166. n. 5. *Dohle.*
Pontoppidan, Norwegen, II. p. 124. *Allike, Kaa, Kaye, Raage.*
Georgi, Reise d. Rußl. I. p. 165.
Pallas, Reise, II. p. 290. *Dohlen.*
Pallas, nord. Beytr. III. p. 11. *Dohlen.*

Scopoli,

Scopoli, Bemerk. a. d. Naturgesch. I. p. 32. n. 38. *die Dohle oder Thole.*

Linné, auserles. Abh. II. p. 289. n. 63. *die Dohle.*

Zorn, Petinotheol. II. p. 141. 263. *die Dohle.*

Döbel, Jägerprakt. I. p. 83. *die Dohle.*

Naumann, Vogelsteller, p. 163. n. 5. *die Dohlen oder Schneekrähen.*

Naturforsch. IX. p. 42. n. 46. *Dohle.*

Anweis. Vögel zu fangen, p. 145. *die Dohle.*

Jablonsky, allg. Lex. p. 273. *Dohle.*

Krünitz, Encyklop. IX. p. 358. *Dohle.*

Bechstein, Musterung schädl. Th. p. 101. n. 5. *die Dohle.*

Günth. Nest. u. Eyer, p. 51. Tab. 11. *Dohle.*

Eberhard, Thiergesch. p. 72. *Dohlen.*

Oekonom. Zool. p. 67. n. 7. *die Dohle.*

Meidinger, Vorles. I. p. 116. n. 5. *die Dohle.*

Merklein, Thierreich, p. 333. *Doolen oder Tulen.*

Kraft, Ausrott. grausl. Th. I. p. 239. *Dohlen.*

Loniceri, Kräuterbuch, p. 672. *Dohle*; m. 1 mittelmäss. Fig.

Linné, Syst. Nat. Edit. II. p. 52. Monedula.

Linné, Syst. Nat. Edit. VI. p. 19. n. 5. Monedula.

Linné, Syst. Nat. Edit. X. I. p. 106. n. 5. Corvus (Monedula) fusca, occipite incano, fronte, alis caudaque nigris.

Müller, zoolog. dan. prodr. p. 12. n. 89. Corvus (Monedula) fuscus, occipite incano, fronte, alis caudaque nigris.

Kramer, Austr. p. 334. n. 4. Corvus fronte nigra, occipite incano, corpore fusco, alis caudaque nigris; *Tagerl, Dohle, Tschockerl.*

Brünich, ornith. bor. p. 9. n. 31. Corvus Monedula.

Schwenkfeld, aviar. Siles. p. 305. Monedula; *ein Thale, Tole, Tule, Aelcke.*

Hermann, tab. affinit. animal. p. 199. Monedula.
Jonston, av. p. 42. Monedula.
Plin. hist. nat. L. 10. c. 29. L. 17. c. 14. Monedula.
Aristot. hist. anim. L. IX. c. 31. n. 199: Λυκος.
Donndorff, Handb. d. Thiergesch. p. 228. n. 5. *die Dohle.*

β. *Die Dohle mit dem Halsbande.*
Müller, Natursyst. II. p. 175. a. *die Schweitzerdohle mit weißem Kragen.*
Borowsky, Thierreich, II. p. 106. a. *die Schweitzerdohle mit weißem Kragen.*
Bechstein, Naturgesch. Deutschl. II. p. 446. n. 1. *die Dohle mit dem Halsbande.*
Brisson, ornithol. I. p. 161. A. Choucas à collier.
Büffon, Vögel, VII. p. 146. *die Dohle aus der Schweitz.*
Latham, Vögel, I. p. 313. n. 9. Var. A. *die Dohle mit dem Halsbande.*
Latham, Syst. ornithol. I. p. 155. β. Monedula torquata.
Jonston, av. p. 43. aliud Monedulae genus.

γ. *Die weiße Dohle.*
Müller, Natursystem, II. p. 175. *b. der schlesische kleine weiße Rabe.*
Borowsky, Thierreich, II. p. 106. *b. die weiße Dohle.*
Bechstein, Naturgesch. Deutschl. II. p. 446. n. 2. *die weiße Dohle.*
Brisson, ornith. I. p. 161. B. Choucas blanc.
Büffon, Vögel, VII. p. 146. *die weißen Dohlen.*
Latham, Vögel, I. p. 313. n. 9. Var. B. *die weiße Dohle.*
Latham, Syst. ornithol. I. p. 155. γ. Monedula candida.

δ. Die

δ. *Die schwarze Dohle.* (1)

Müller, Natursystem, II. p. 175 c. *die schwarze Dohle.*

Borowsky, Thierreich, II. p. 107. c. *die schwarze Dohle.*

Bechstein, Naturgesch. Deutschl. II. p. 447. n. 3. *die schwarze Dohle.*

Brisson, ornithol. I. p. 162. n. 7. Choucas noir.

Büffon, Vögel, VII. p. 145. *die schwarze Dohle*, *Chough*, *Chouc*; m. 1 Fig.

Latham, Vögel, I. p. 313. n. 9. Var. C. *die schwarze Dohle.*

Latham, Syst. ornitholog. I. p. 155. δ. Corvus splendide niger, punctulis albis, oculos ambientibus.

ε. *Die ganz schwarze Dohle mit rothen Schnabel und Füßen.*

Latham, Syst. ornithol. I. p. 155. ε. Monedula nigerrima, rostro pedibusque miniatis.

ζ. *Die krummschnäblige Dohle.*

Büffon, Vögel, VII. p. 147. *Dohle mit weißen Flügeln, und krummem Schnabel.*

Schwenkfeld, aviar. Siles. p. 306. Monedula rostro adunco; *krumbschnablichte Tale.*

η. *Die Kreutzdohle.*

Bechstein, Naturgesch. Deutschl. II. p. 447. n. 4. *die Kreutzdohle.*

Büffon, Vögel, VII. p. 147. *Dohle, mit kreutzweise gelegtem Schnabel.*

Schwenkfeld, aviar. Siles. p. 306. Monedula crucigera; *eine Creutz-Tale.*

ϑ. *Die bräunliche Dohle mit weißen Schultern.*

(1) Nach *Brisson* eine eigne Gattung.

ι. *Die bunte Dohle.* *

Bechstein, Naturgesch. Deutschl. II. p. 447. n. 5. *Bunte Dohle, vorzüglich mit weißen Schwanz und Flügeln.*

κ. *Die ganz schwarze Dohle, mit grauem Hinterkopfe:* *

Latham, Syst. ornitholog. I. p. 156. ζ. Corvus totus niger; occipite incano.

Philos. Transact. lvii. p. 347. Monedula tota nigra.

7. Glandarius. *Der Holzheher.* (2)

Müller, Natursyst. II. p. 175. *der Holzhäher.*

Leske, Naturgesch. p. 244. n. 6. *der Nußheher.*

Borowsky, Thierreich, II. p. 108. n. 8. *der Holzhäer; Nußbeißer, Waldhäher.*

Blumenbach, Handb. d. Naturgesch. p. 174. n. 6. Corvus (Glandarius) tectricibus alarum caeruleis, lineis transversis albis nigrisque, corpore ferrugineo-variegato; *der Holzheher, Marcolph, Hetzle, Herrenvogel.*

Bechstein, Naturgesch. I. p. 366. n. 7. *der Holzheher.*

Bechstein, Naturgeschichte Deutschl. II. p. 149. n. 7. *der Holzheher.* p. 457. *Nußheher, Waldheher, Nußbeißer, Heher, Heyer, Eichelheher,*

(2) Einer der schönsten europäischen Vögel. Wird nicht so leicht gezähmt, als Raben und Krahen, lernt aber doch leichter als jene Worte nachsprechen. Hält sich vorzüglich in Schwarz- und Laubholzern auf. Wandert vom Ende des Octobers bis im Marz in Gesellschaft von zweyen bis sechsen, wo immer einer *hinter* dem andern herfliegt. Nistet auf Eichen, Buchen und Fichten, hoch und niedrig. Legt 5 bis 7 grünlich graue, mit kleinen schwarzen Flecken bezeichnete Eyer. Brütet 16 Tage. Wird 8 bis 10 Jahr alt. Das Fleisch ist, vorher gekocht, und dann gebraten, essbar.

her, *Eichelrabe*, *Hätzler*, *Hatzler*, *Baumhazel*, *Jäk*, *Marcolph*, *Holzschreyer*, *Horrevogel*, *Häger*, *Markwart*, *Markolfus*, *Heerholz*, *Herold*, *Nußhacker*, *Bröfexter*, *Eichelköhr*, *Schoja*.

Funke, Naturgesch. I. p. 297. *der Nußheher.*

Halle, Vögel, p. 258. n. 293. *der rothgraue Holzschreier*, *Eichelheher.*

Meyer, Thiere, II. p. 13. Tab. 45.

Gatterer, vom Nutzen und Schaden der Thiere, II. p. 356. n. 285. *der Heher.*

Pennant, arct. Zoolog. II. p. 240. E. *der Nußheher.*

Neuer Schaupl. der Natur, III. p. 741. n. 1. *Holzheher.*

Onomat. histor. nat. III. p. 434. *der Holzheher.*

Handbuch der Naturgesch. II. p. 167. *der Holzheher*, *Hatzler.*

Handb. der deutschen Thiergesch. p. 120. *Holzheher*, *Jäk.*

Klein, av. p. 61. n. 2. Pica glandaria.

Klein, Vorbereit. p. 115. n. 2. *Holzheher*, *Heerholz*, *Holzschreyer*, *Hatzler.*

Klein, verbesserte Vögelhist. p. 60. n. 2. *Holzheher.*

Klein, stemmat. av. p. 10. Tab. 12. fig. 4. a. b.

Klein, Vögeleyer, p. 22. Tab. 8. fig. 2.

Gesner, Vögelb. p. 26. *Häher oder Hatzler.* Fig. p. 27. gut.

Brisson, ornithol. I. p. 168. Geay.

Büffon, Vögel, VII. p. 219. *der Heher*; m. 1 Fig.

Batsch, Thiere, I. p. 326. *der Holzhäher.*

Latham, Vögel, I. p. 318. n. 19. *der Nußheher*, *Holzheher.*

Latham, Syn. Supplem. p. 79. Jay.

Latham, Syst. ornitholog. I. p. 157. n. 18. Corvus (Glandarius) tectricibus alarum caeruleis, lineis transversis albis nigrisque, corpore ferrugineo variegato.

Beseke, Vögel Kurlands, p. 32. n. 46. *der Holzheher.*

Bock, Naturgesch. v. Preussen, IV. p. 297. n. 48. *der Holzheher.*

Cetti, Naturgeschichte von Sardinien, II. p. 75. *der Nußheher.*

Fischer, Naturgesch. von Livland, p. 71. n. 58. *Heher, Marquard.*

Lepechin, Tagebuch d. russ. Reis. II. p. 5. *Nußheher.*

Georgi, Reis. d. Rußl. I. p. 165.

S. G. Gmelin, Reis. durch Sibirien, I. p. 50.

Pontoppidan, Naturg. von Dännemark, p. 166. n. 6. *Schwarzspecht.*

Scopoli, Bemerk. a. d. Naturgesch. I. p. 33. n. 39. *der Waldhäher.*

Linné, auserles. Abh. II. p. 288. n. 59. *Holzheher.*

Zorn, Petinotheol. II. p. 265. *der Wald-Heher.*

Dobel, Jägerpraktik, I. p. 50. *Heyer, Nuß-Heyer.*

Naumann, Vogelsteller, p. 129. *Häger, Nußheher.*

Naturforsch. IX. p. 43. n. 47. *der Holzhäher.*

Pallas, nord. Beyträge, III. p. 15. *der Häher.*

Schriften der berlin. Gesellschaft naturf. Freunde, VII. p. 451. n. 14. *der Holzheher.*

Anweisung Vögel zu fangen u. s. w. p. 274. *der Häher.*

Loniceri, Kräuterb. p. 673. *Heher, Jäckel.*

Bechstein, Musterung schädl. Thiere, p. 103. n. 7. *der Holzhäher.*

Goeze, nützl. All. II. p. 362. n. 3. *der Holzheher.*

Jablonsky,

Jablonsky, allgem. Lex. p. 441. *Heher.*
Krünitz, Encyklop. XX. p. 637. *Holzhäher.*
Meidinger, Vorlef. I. p. 116. n. 6. *der Nußheher.*
Merklein, Thierreich, p. 251. *Hähr.*
Kraft, Ausrött. grauf. Th. I. p. 242. *Hetzel oder Häher.*
Linné, Syft. Nat. Edit. II. p. 52. Glandaria.
Linné, Syftem. Natur. Edit. VI. p. 19. n. 7. Pica glandaria.
Linné, Syft. Nat. Edit. X. I. p. 106. n. 7. Corvus (Glandarius) tectricibus alarum caeruleis, lineis transverfis albis nigrisque, corpore ferrugineo variegato.
Müller, zoolog. dan. prodr. p. 12. n. 90. Corvus (Glandarius) tectricibus alarum caeruleis, lineis transverfis albis nigrisque, corpore ferrugineo variegato.
Kramer, Auftr. p. 334. n. 7. Corvus variegatus, tectricibus alarum caeruleis, lineis transverfis albis nigrisque; *Nußheher.*
Brünich, ornithol. bor. p. 9. n. 33. Corvus Glandarius.
Schwenkfeld, aviar. Silef. p. 336. Pica glandaria; *ein Nus-Här, Nuß-Hecker, Hätzler, Holzschreier, Herrenvogel, Marcolfus.*
Hermann, tab. affin. anim. p. 198. C. Glandarius.
Jonfton, av. p. 44. Pica glandaria.
Germ. ornith. II. p. 43. Tab. 161.
Schaefer, elem. ornith. Tab. 39.
Donndorff, Handb. der Thiergefch. p. 228. n. 6. *der Holzheher.*

β. *Der weiße Holzheher.*

Bechftein, Naturgefchichte Deutfchl. II. p. 456. *der weiße Holzheher.*

Briffon,

Brisson, ornithol. I. p. 169. A. Geay blanc.

Büffon, Vögel, VII. p. 229. *der weiße Heher.*

Latham, Vögel, I. p. 319. n. 19. Var. A. *der weiße Heher.*

Latham, Syst. ornitholog. I. p. 158. Garrulus albus *Briss.*

Gerin: ornith. II. p. 44. Tab. 162.

γ. *Der geschäckte Holzheher.* *

Bechstein, Naturgesch. Deutschl. II. p. 457. n. 2.

25. Argyrophthalmus. *Die Krähe von Karthagena.*(3) (Vogel von Plata.)

Latham, Vögel, I. p. 329. Corvus Argyrophthalmus.

Latham, Syst. ornithol. I. p. 164. n. 38. Corvus (Argyrophthalmus) viridi-nitens, nucha cyanea, remigibus primoribus apice caeruleis, rectricibus apice albis.

26. Dubius. *Der unbestimmte Rabe.*

8. Cristatus. *Der Haubenheher.*

Müller, Natursystem, II. p. 176. n. 8. *der Haubenhäher.*

Borowsky, Thierreich, II. p. 102. n. 1. *der Haubenhäher, der blaue Häher mit dem Federbusch.* Tab. 9. A.

Halle, Vögel, p. 260. n. 204. *der blaue Heher mit dem Federbusche.*

Pennant, arct. Zoolog. II. p. 237. n. 54. *die blaue Krähe, der blaue Nußheher.*

Neuer Schauplatz d Natur. III. p. 741. n. 2. *blauer Holzheher, Schopfheher, gehaubter Heher.*

Onomat.

(3) Nach *Latham* mit *Corvus Surinamensis* p. 375. n. 43. einerley.

Onomat. hiſtor. nat. III. p. 433. *der blaue Holzheher, der Herold.*
Handb. d. Naturgeſch. II. p. 168. *blaue Hazler.*
Klein, av. p. 61. n. 3. Pica glandaria criſtata, purpureo caerulea.
Klein, Vorbereit. p. 116. n. 3. *blauer Holzheher, Heerold.*
Klein, verb. Vögelhiſt. p. 60. n. 3. *blauer Holzheher.*
Klein, verb. Vögelhiſt. p. 166. n. 1. *blauer Heher.*
Briſſon, ornithol. I. p. 170. n. 4. Geay bleu de Canada.
Büffon, Vögel, VII. p. 246. *der blaue nordamerikaniſche Heher*; mit 1 Fig.
Seligmann, Vögel, I. Tab. 30. *der blaue Heher.*
Seligmann, Vögel, VII. Tab. 29. *der blaue Häher.*
Batſch, Thière, I. p. 326. *der blaue nordamerikaniſche Häher.*
Latham, Vögel, I. p. 320. n. 20. *der blaue Heher., Haubenheher.*
Latham, Syſt. ornithol. I. p. 158. n. 19. Corvus (Criſtatus) tectricibus alarum lineis transverſis nigris, corpore caeruleo, collari nigro.
Carver, Reiſ. durch Nordamer. p. 390. *der blaue Häher.*
Linné, Syſt. Natur. Edit. X. I. p. 106. n. 8. Corvus (Criſtatus) tectricibus alarum lineis transverſis nigris, corpore caeruleo, collari nigro.
Donndorf, Handb. der Thiergeſch. p. 229. n. 7. *die blaue Krähe.*

27. Stelleri. *Stellers Krähe.*

Pennant, arct. Zoolog. II. p. 237. n. 55. *Stellers Krähe.*

Latham,

Latham, Vögel, I. p. 320. n. 21. *Stellers Krähe.*

Latham, Syst. ornitholog. I. p. 158. n. 20. Corvus (Stelleri) subcristatus, corpore atro, alis caeruleis, transversim striatis, caudaque caerulea.

9. CAYANUS. *Der cayennische Häher.*

Müller, Natursyst. II. p. 177. n. 9. *cajennischer Häher.*

Neuer Schauplatz der Natur, VII. p. 3. n. 6. *Schwarzkehle.*

Brisson, ornitholog. I. p. 169. n. 2. Geay de Cayenne.

Büffon, Vögel, VII. p. 242. *der cayennische Heher.*

Latham, Vögel, I. p. 321. n. 22. *der kayennische Heher.*

Latham, Syst. ornitholog. I. p. 160. n. 24. Corvus (Cayanus) subviolaceus, subtus candidus, iugulo fronteque nigris, cauda apice alba.

10. CARYOCATACTES. *Der Nußheher.* (4)

Müller, Natursyst. II. p. 177. n. 10. *der Nußhäher.* Tab. 6. fig. 4.

Leske, Naturg. p. 244. n. 7. *der Tannenheher.*

Borowsky, Thierreich, II. p. 108. n. 9. *der Nußhäher.*

Blumenbach, Handb. der Naturgesch. p. 174. n. 7. Corvus (Caryocatactes) fuscus, alboque punctatus, alis caudaque nigris, rectricibus apice albis, intermediis apice detritis; *der Nußheher.*

Bechstein, Naturgesch. I. p. 366. n. 8. *der Tannenheher.*

Bechstein,

(4) *Bechstein* will das Durchbohren der Bäume nach Art der Spechte bey diesem Vogel nicht zugeben. *Pennant* und *Buffon* behaupten es, und mir ist es von glaubwürdigen Jagdverständigen versichert worden.

Bechstein, Naturgesch. Deutschl. II. p. 457. n. 8. *der Tannenheher.* p. 462. *Nußheher, Nußbrecher, Nußpicker, Nußkretscher, Nußknacker, Nußhacker, Waldstael, türkischer Holzschreyer, schwarzer Markward, Marcolph, Nußkrähe, Steinheher, Tannenelster, (türkischer, italienischer, afrikanischer Vogel) Nußbeißer.*

Funke, Naturgesch. I. p. 298. *der Tannenheher.*

Ebert, Naturl. II. p. 58. *der Nußheher.*

Halle, Vögel, p. 261. n. 205. *der rothbraune Nußheher, mit herzförmigen Flecken und kurzer Zunge.*

Halle, Vögel, p. 261. n. 206. *der schwarzbraune Tannenheher, mit dichten weißen herzförmigen Schuppen.*

Meyer, Thiere, II. p. 13. Tab. 46.

Gatterer, vom Nutzen u. Schaden der Thiere, II. p. 359. n. 286. *der Nußheher.*

Pennant, arct. Zool. II. p. 240. D. *der Nußknacker, Tannenheher.*

Neuer Schauplatz der Natur, III. p. 741. n. 3. *Nußheher.*

Onomat. histor. nat. II. p. 659. *der Nußbrecher.*

Handb. d. Naturgesch. II. p. 168. *der Nußheher.*

Handb. der deutsch. Thiergesch. p. 120. *Nußhehr.*

Klein, av. p. 61. n. 4. Pica nucifraga. Nucifragus.

Klein, Vorbereit. p. 116. n. 4. *Nußbrecher, Nußbreischer, Nußheher.*

Klein, verb. Vögelhist. p. 60. n. 4. *Nußheher.*

Klein, verb. Vögehist. p. 166. n. 2. *Nußbrecher.*

Klein, stemm. av. p. 10. Tab. 12. fig. 2. a. b.

Gesner, Vögelb. p. 385. *Nußbreeher.* Fig. p. 386. zieml. gut.

Brisson, ornithol. I. p. 171. n. 1. Casse-noix.

Buffon,

Büffon, Vögel, VII. p. 251. *der Nußheher.*
Seligmann, Vögel, VII. Tab. 30. *der Nußbeißer.*
Batſch, Thiere, I. p. 326. *der Nußhäher.*
Latham, Syn. I: p. 400. n. 38. *Nutcracker.*
Latham, Syn. Suppl. p. 82. Nutcracker.
Latham, Vögel, I. p. 332. n. 38. *der Tannenheher*, *die Nußkrähe.*
Latham, Syſt. ornitholog. I. p. 164. n. 39. Corvus (Caryocatactes) fuſcus albo punctatus, alis caudaque nigris, rectricibus apice albis, intermediis apice detritis.
Beſeke, Naturgeſch. der Vögel Kurl. p. 32. n. 47. *der Nußheher.*
Bock, Naturgeſch. von Preuſſen, IV. p. 298. n. 49. *Nußhäher*, *Nußkrähe*, *Tannenheher.*
Fiſcher, Naturgeſch. von Livland, p. 71. n. 59. *Nußheher*, *Nußpicker.*
Lepechin, Tagebuch der ruſſ. Reiſ. II. p. 5. *Nußbrecher.*
Pontoppidan, Naturgeſch. von Dännem. p. 166. n. 7. *Nußbeißer.*
Pontoppidan, Naturh. v. Norw. II. p. 168. *Nödde-Skriger.*
Scopoli, Bemerk. a. d. Naturgeſch. I. p. 34. n. 40. *der Nußbrecher.*
Linné, auserl. Abh. II. p. 288. n. 60. *der Nußheher.*
Günther, Neſter und Eyer, Tab. 38. *Nußhäher.*
Georgi, Reiſ. d. Ruſsl. I. p. 165.
Zorn, Petinotheol. II. p. 268. *der Nuß-Heher.*
Döbel, Jägerprakt. I. p. 81. *Tannen-Heyer*, *oder ſchwarzer Holz-Schreyer.*
Naumann, Vogelſteller, p. 129. *Tannenheher.*
Naturf. IX. p. 44. n. 48. *der Nußhäher.*
Schriften der berlin. Geſellſch. naturf. Fr. VII. p. 451. n. 15. *der Nußheher.*

Bechſtein,

Bechstein, Musterung schädl. Th. p. 104. n. 8. 10) *der Tannenheher.*

Wittenberg. Wochenbl. XV. p. 9. *Nußheher.*

Eberhard, Thiergesch. p. 73. *Nußkrähe.*

Meidinger, Vorles. I. p. 116. n. 7. *der Tannenheher.*

Krünitz, Encyklop. XLVI. p. 519. *die Nußkrähe.*

Linné, Syst. Nat. Ed. II. p. 52. Caryocatactes.

Linné, Syst. Nat. Edit. VI. p. 19. n. 6. Caryocatactes.

Linné, Syst. Nat. Ed. X. I. p. 106. n. 9. Corvus (Caryocatactes) fuscus alboque punctatus, alis, caudaque nigris, rectricibus apice albis, intermediis apice detritis.

Müller, zoolog. dan. prodr. p. 12. n. 91. Corvus (Caryocatactes) fuscus alboque punctatus, alis caudaque nigris, rectricibus apice albis, intermediis apice detritis.

Kramer, Austr. p. 334. n. 5. Corvus alis cauda, pedibus rostroque nigris: trunco fusco, excepto vertice, maculis albis guttato.

Schwenkfeld, aviar. Siles. p. 310. Nucifraga; *ein Nußbicker, Nußhacker.*

Brünich, ornith. bor. p. 9. n. 34. Corvus Caryocatactes.

Hermann, tab. affinit. animal. p. 200. C. Caryocatactes.

Schäffer, elem. ornith. Tab. 49.

Gerin. ornith. II. p. 44. Tab. 163.

Jonston, av. p. 107. Merula Saxatilis. Tab. 40. Caryocatactes.

Donndorff, Handb. der Thiergesch. p. 229. n. 8. *der Nußheher.*

α. *Der braunrothe Nußheher.* *
Müller, zool. dan. prodr. p. 12. ad n. 91. Corvus Rufus.

β. *Der schwärz und weiß gefleckte Nußheher.* *
Müller, zoolog. dan. prodr. p. 12. ad n. 91. C. albo nigroque maculatus.

γ. *Der weiße Nußheher.* *
Bechstein, Naturgesch. Deutschl. II. p. 462.

11. BALICASSIUS. *Der Balicassio.*
Müller, Natursyst. II. p. 178. n. 11. *die philippinische Dohle.*
Brisson, ornitholog. I. p. 163. n. 9. Choucas des Philippines.
Büffon, Vögel, VII. p. 170. *der philippinische Balicassio;* mit 1 Fig.
Latham, Vögel, I. p. 315. n. 12. *der Balicassio.*
Latham, Syst. ornithol. I. p. 156. n. 13. Corvus (Balicassius) virescenti-ater, cauda forficata.
Gerin. ornith. II. p. 40. Tab. 154.
Hermann, tab. affinit. anim. p. 200. Corvus Balicassius.

28. NOVAE GUINEAE. *Die Dohle von Neu-Guinea.*
Büffon, Vögel, VII. p. 162. *die Dohle von Neu-Guinea;* mit 1 Fig.
Latham, Vögel, I. p. 315. n. 3. *die Neu-Guineische Krähe.*
Latham, Syst. ornitholog. I. p. 156. n. 14. Corvus (Novae Guineae) cinereus, capistro, fascia per oculos caudaque nigris, dorso postico, uropygio, abdomine, femoribus crissoque albo nigroque fasciatis.

β. Cor-

β. Corvus cinereus, capite colloque caeruleſcentibus, capiſtro faſciaque per oculos nigris, pectore abdomineque pallide ferrugineis. *
Latham, Syn. Supplem. p. 78.
Latham, Vögel, I. p. 215.
Latham, Syſt. ornithol. I. p. 156. n. 14. β.

29. Papuensis. *Der Choucari.*
Büffon, Vögel, VII. p. 164. *der Choucari;* m. 1 F.
Latham, Vögel, I. p. 316. n. 14. *die papuaniſche Krähe.*
Latham, Syſt. ornithol. I. p. 157. n. 15. Corvus (Papuenſis) cinereo-griſeus, abdomine albo, remigibus fuſco-nigricantibus, macula per oculos nigra.

30. Nudus. *Der Colnud.*
Batſch, Thiere, I. p. 327. *der Colnud.*
Büffon, Vögel, VII. p. 166. *der Colnud von Cayenne;* m. 1 Fig.
Latham, Vögel, I. p. 316. *der kayenniſche Kahlhals.*
Latham, Syſt. ornithol. I. p. 190. n. 4. Gracula (Nuda) nigra, capite tomentoſo, ſericeo, poſtice et lateribus ſubcalvo, remigibus extus oblique griſeſcentibus.

31. Calvus. *Die glatzige Dohle.*
Batſch, Thiere, I. p. 327. *die glatzige Dohle.*
Büffon, Vögel, VII. p. 160. *die glatzige Dohle;* mit 1 Fig.
Latham, Vögel, I. p. 317. n. 16. *der kayenniſche Kahlkopf.*
Latham, Syſt. ornitholog. I. p. 153. n. 6. Corvus (Calvus) ferrugineo fuſcus, ſubtus rufeſcens, facie ultra oculos nuda.

32. PACIFICUS. *Die Krähe vom ſtillen Ocean.*
Latham, Vögel, I. p. 317. n. 17. *die Krähe vom ſtillen Ocean.*
Latham, Syſt. ornithol. I. p. 157. n. 16. Corvus (Pacificus) cinereus, ſubtus rufeſcens, capiſtro pallido, occipite, nucha, alis caudaque nigricantibus, apicibus remigum rectricumque lateralium albidis.

33. TROPICUS. *Die Krähe von der Inſel O-why-hee.*
Latham, Vögel, I. p. 318. n. 18. *die Wendezirkel-Krähe.*
Latham, Syſt. ornithol. I. p. 157. n. 17. Corvus (Tropicus) niger nitidus, ſubtus niger, criſſo, hypochondriisque albo variegatis, alis caudaque viridi-nigris.

34. ERYTHRORHYNCHOS. *Der rothſchnäblige Heher.*
Büffon, Vögel, VII. p. 233. *der chineſiſche Heher mit rothem Schnabel;* m. 1 Fig.
Latham, Vögel, I. p. 322. n. 24. *der rothſchnäblichte Heher.*
Latham, Syſt. ornithol. I. p. 161. n. 29. Corvus (Erythrorhynchos) violaceo-fuſcus, ſubtus albicans, fronte, collo ſubtus pectoreque nigris, cauda baſi violacea, medio nigra, apice alba.

35. SINENSIS. *Der chineſiſche Heher.*
Latham, Vögel, I. p. 323. n. 25. *der chineſiſche Heher.*

36. SIBIRICUS. *Der ſibiriſche Heher.* (5)
Büffon, Vögel, VII. p. 240. *der ſibiriſche Heher;* mit 1 Fig.
Latham,

(5) Nach *Latham* eine Spielart von *Lanius infauſtus.*

Latham, Vögel, I. p. 323. n. 26. *der sibirische Heher.*

Latham, Syst. ornithol. I. p. 159. n. 22. β. Corvus cinerascens, subcristatus, facie colloque subtus caerulescenti-albis, uropygio, corpore subtus rectricibusque lateralibus ferrugineo-fulvis.

37. Peruvianus. *Der peruanische Heher.*

Büffon, Vögel, VII. p. 235. *der peruanische Heher;* mit 1 Fig.

Latham, Vögel, I. p. 324. n. 27. *der peruanische Heher.*

Latham, Syst. ornithol. I. p. 161. n. 30. Corvus (Peruvianus) dilute viridis, fronte caerulea, vertice colloque supra albidis, gula iuguloque atris, abdomine rectricibusque lateralibus flavis.

38. Flavus. *Der gelbbäuchige Heher.*

Büffon, Vögel, VII. p. 244. *der gelbbäuchige Heher;* mit 1 Fig.

Latham, Vögel, I. p. 324. n. 28. *der Heher mit gelbem Bauche.*

Latham, Syst. ornithol. I. p. 162. n. 31. Corvus (Flavigaster) virescente fuscus, subtus flavus, vertice striga aurea, superciliis gulaque albis.

12. Afer. *Die afrikanische Dohle.* (6)

Müller, Natursyst. II. p. 178. n. 12. *die afrikanische Dohle.*

39. Cyaneus. *Die Chadara.*

Büffon, Vögel, VII. p. 218. *die blaue Elster.*

Latham, Vögel, I. p. 326. n. 30. *die blaue Krähe.*

 Latham,

(6) Ist nach *Latham* mit *Corvus Senegalensis* p. 374. n. 14. einerley.

Latham, Syst. ornithol. I. p. 159. n. 21. Corvus (Cyanus) cinereus, vertice atro-nitido, alis caudaque cuneiformi cyaneis, rectricibus intermediis apice albis.

Pallas, Reise, Ausz. III. p. 211. Corvus Cyanus.

Pallas, Reis. Ausz. III. Anh. p. 4. n. 7. Corvus *Cyanus*. Mongola-Dauris *Chadara*.

13. Pica. *Die Aelster.* (7)

Müller, Natursyst. II. p. 179. n. 13. *die europäische Elster.*

Leske, Naturgesch. p. 244. n. 8. *die Elster.*

Borowsky, Thierreich, II. p. 109. n. 10. *die Elster.*

Blumenbach, Handb. der Naturgesch. p. 174. n. 8. Corvus (Pica) albo nigroque varius, cauda cuneiformi; *die Aelster, Atzel, Aegerste, Heister.*

Bechstein, Naturgesch. I. p. 365. n. 6. *die Elster.*

Bechstein, Naturgesch. Deutschl. II. p. 462. n. 9. *die Elster.* p. 469. *Aelster, Atzel, Hutsche, Schalaster, Alaster, Aegerst, Agelaster, Agerluster, Algarte, Häster, Heister, Egester, Aster, Heste, gemeiner Heher, Alelster, Egerste, Elsterrabe, Praka.*

Funke, Naturgesch. I. p. 296. *die Elster.*

Ebert,

(7) Gewicht 9 Unzen. Legt 7 bis 8 Eyer. Brütet 16 Tage. Fliegt schwer. Kann über 20 Jahr alt werden. Fleisch essbarer als das von den Krähen. Dass eine Elster, wenn man ihr das Nest zerstört, oder in Unordnung bringt, zum zweyten und dritten male ein neues macht, auch zum zweyten und dritten male, wiewohl immer weniger, Eyer legt, hat seine Richtigkeit; ob sie aber überhaupt, der Regel nach, zweymal brütet, und ob Männchen und Weibchen bey diesem Geschäfte abwechseln oder nicht, ist nicht so ganz ausgemacht. Das Nest ähnelt dem russischen Fahrwerke *Kibitka*, ohngefähr wie eine Postkalesche mit halbem Verdeck.

Ebert, Naturl. II. p. 57. *die gemeine Aelſter.*
Halle, Vögel, p. 256. n. 202. *die gemeine Elſter.*
Meyer, Thiere, II. p. 22. Tab. 100.
Gatterer, vom Nutzen u. Schaden der Thiere, II. p. 360. n. 287. *die Elſter.*
Pennant, arct. Zoolog. II. p. 235. n. 52. *die Elſter.*
Beckmann, Naturhiſt. p. 41. c. *die Elſter.*
Neuer Schaupl. der Natur, I. p. 111. *die gemeine Aelſter.*
Onomat. hiſt. nat. VI. p. 488. *die gemeine Elſter.*
Handbuch der Naturgeſch. II. p. 165. *die Aelſter.*
Handbuch der deutſchen Thiergeſchichte, p. 120. *Elſter.*
Klein, av. p. 60. n. 1. Pica ruſticorum; vulgaris.
Klein, Vorbereitung, p. 114. n. 1. *gemeiner Heher, Alelſter, Aleſter.*
Klein, verbeſſ. Vögelhiſt. p. 60. n. 1. *gemeine Elſter.*
Klein, ſtemm. av. p. 10. Tab. 12. fig. 1. a. b. c.
Klein, Vögeleyer, p. 22. Tab. 8. fig. 3.
Gesner, Vögelb. p. 24. *Aegerſt oder Atzel;* Fig. p. 25. mittelm.
Briſſon, ornithol. I. p. 164. n. 1. Pie.
Büffon, Vögel, VII. p. 173. *die Elſter;* m. 1 Fig.
Batſch, Thiere, I. p. 327. *die Elſter.*
Latham, Syn. I. p. 392. n. 29. Magpie.
Latham, Syn. Supplem. p. 80. Magpie.
Latham, Vögel, I. p. 324. n. 29. *die gemeine Aelſter, Azel.*
Latham, Syſt. ornithol. I. p. 162. n. 32. Corvus (Pica) albo nigroque varius, cauda cuneiformi.
Beſeke, Vögel Kurl. p. 32. n. 48. *die Elſter.*
Bock, Naturgeſch. von Preuſſen, IV. p. 298. n. 50. *Elſter, Heiſter.*

Fischer, Naturgesch. von Livland, p. 71. n. 60. *Elster.*

Schlözer, Erdbeschreib. von Amerika, p. 281. *Elstern.*

Leem, Nachr. von den Lappen in Finnmarken, p. 129. *die Elster.*

Forster, Reis. Ed. in 8. I. p. 28. *Elstern.*

Steller, Kamtschatka, p. 194. *Aelstern.*

Kraschenianikow, Kamtschatka, p. 290. *Elstern.*

Pontoppidan, Naturgesch. v. Dännemark, p. 166. n. 8. *Elster, Hauselster.*

Pontoppidan, Naturhist. von Norwegen, p. 178. *Skade, Skiare, Skiör.*

Scopoli, Bemerk. a. d. Naturgesch. I. p. 35. n. 41. *die Elster.*

Linné, auserl. Abh. II. p. 288. n. 57. *die Aelster.*

Pallas, nord. Beytr. I. p. 315. IV. p. 24. *die Elster.*

Zorn, Petinotheol. II. p. 141. 264. 553. *die Aelster.*

Döbel, Jägerprakt. I. p. 83. *Alaster oder Elster.*

Georgi, Reis. d. Russl. I. p. 165.

Günther, Nester und Eyer, Tab. 53. *Aelster.*

Naumann, Vogelsteller, p. 164. *die Elster.*

Naturf. IX. p. 44. n. 49. *Elster.*

Anweisung Vögel zu fangen, p. 85. *Alster oder Hetze.*

Jablonsky, allgem. Lex. p. 27. *Aglaster, Atzel, Elster.*

Geoffroy, mat. med. p. 646. *Elster.*

Eberhard, Thiergesch. p. 72. *die gemeine Elster.*

Oekonom. Zool. p. 68. n. 8. *die Elster.*

Meidinger, Vorles. I. p. 116. n. 8. *die Elster.*

Mellin, von Anleg. der Wildbahnen, p. 348. n. 13. *die Elster.*

Loniceri, Kräuterb. p. 673. *Atzel, Hetz, Alster.*

Bechstein,

Bechstein, Musterung schädl. Thiere, p. 104. n. 9. *die Elster.*

Merklein, Thierreich, p. 247. *Atzel.*

Kraft, Ausrott. grauf. Th. I. p. 241. *Aglaster.*
Mannichfalt. I. p. 249. *die Elster.*

Krünitz, Encyklop. X. p. 768. *Elster.*

Bonnet, Betracht. über die Natur, II. p. 431. *die Aelster.*

Linné, Syst. Nat. Ed. VI. p. 19. n. 8. Pica caudata.

Linné, Syst. Nat. Edit. X. I. p. 106. n. 10. Corvus (Pica) albo nigroque varius, cauda cuneiformi.

Müller, zoolog. dan. prodr. p. 12. n. 92. Corvus (Pica) albo nigroque varius, cauda cuneiformi.

Kramer, Austr. p. 335. n. 8. Corvus cauda cuneiformi; *Alster.*

Brünich, ornith. bor. p. 9. n. 32. Corvus Pica.

Heerkens, av. Fris. p. 27. Pica.

Schwenkfeld, aviar. Siles. p. 333. Pica; *ein Aglaster, Algaster, Algarte, Atzle, Egerste.*

Hermann, tab. affin. anim. p. 178. Corvus Pica.

Gerin. ornith. II. p. 40. Tab. 155.

Schaefer, elem. ornith. Tab. 56.

Philos. Transact. lxii. p. 387.

Jonston, av. p. 44. Pica varia seu caudata.

Martial. epigr. XIV. 76. Pica.

Plin. hist. nat. Lib. X. c. 29. c. 39. Picae?

Aristot. hist. anim. L. 9. c. 20. n. 169. Κιττα?

Donndorff, Handb. der Thiergesch. p. 229. *die Aelster.*

β. Pica candida. *Die weiße Aelster.*

Müller, Naturs. II. p. 179. *ganz weiße Elstern.*

Bechstein, Naturgesch. Deutschl. II. p. 469. n. 1. *die weiße Elster.*

Klein, verb. Vögelhift. p. 60. *eine weiße Elfter.*
Briffon, ornithol. I. p. 165. A. Pie blanche.
Büffon, Vögel, VII. p. 186. *weiße Elftern.*
Latham, Vögel, I. p. 326. n. 29. Var. A. *die weiße Elfter.*
Latham, Syft. ornitholog. I. p. 162. β. Pica candida.
Bock, Naturgefch. von Preuffen, IV. p. 299. *zwo weiße Elftern.*
Scopoli, Bemerk. a. d. Naturgefch. I. p. 35. t. *eine ganz weiße Elfter.*
Pontoppidan, Naturg. v. Dännemark, p. 166. n. 8.
Naturforfcher, I. p. 61. n. 2. *eine ganz weiße Elfter.*
Muf. Wormian. p. 293. Pica alba.

γ. Pica corpore longitudinaliter albo nigroque ftriato. *Muf. Lev.* *
Latham, Syft. ornitholog. I. p. 163. γ.

δ. C. corpore fuliginofo alboque vario, oculis rubicundis, roftro pedibusque nigris. *
Latham, Syft. ornitholog. I. p. 163. δ.
Muf. Carlf. fafc. III. Tab. 53. Corvus Pica, var.

ε. *Die bunte Elfter.* *
Bechftein, Naturgefch. Deutfchl. II. p. 470. n. 2.
Günther: Naturforfch. I. p. 62. n. 3.

ζ. *Die afchgrau und weiß gefleckte Elfter.* *
Bechftein, Naturgefch. Deutfchl. II. p. 470. n. 3.

14. Senegalensis. *Die fenegalifche Elfter.*
Müller Naturfyft. II. p. 179. n. 14. *die fenegallifche Elfter.*
Briffon, ornitholog. I. p. 166. n. 2. Pie du Sénegal.

Büffon,

Büffon, Vögel, VII. p. 192. *die ſenegaliſche Elſter;* m. 1 Fig.

Latham, Vögel, I. p. 326. n. 31. *die ſenegalſche Krähe.*

Latham, Syſt. ornithol. I. p. 163. n. 33. Corvus (Senegalenſis) nigro-violaceus, cauda cuneiformi, remigibus rectricibusque fuſcis.

40. Caribaeus. *Die caribäiſche Krähe.*

Halle, Vögel, p. 262. n. 208. *der blaubraune indianiſche Heher.*

Briſſon, ornitholog. I. p. 176. n. 6. Rollier des Antilles.

Büffon, Vögel, VII. p. 201. *die Elſter der Antillen.*

Latham, Vögel, I. p. 327. n. 32. *die karibäiſche Krähe.*

Latham, Syſt. ornitholog. I. p. 163. n. 35. Corvus (Caribaeus) ferrugineus, ſubtus albus, collo caeruleo, torque albo, uropygio luteo, rectricibus caeruleis, albo variis.

Du Tertre, hiſt. des Antilles, II. p. 258. Pie des Antilles.

Willughb. ornitholog. p. 90. n. 1. Pica caudata indica.

Aldrov. ornith. I. p. 788. Pica caudata indica.

Jonſton, av. p. 44. Pica caudata indica.

41. Africanus. *Die afrikaniſche Krähe.*

Latham, Vögel, I. p. 327. n. 33. *die afrikaniſche Krähe.*

Latham, Syſt. ornithol. I. p. 163. n. 34. Corvus (Africanus) ſubcriſtatus fuſcus, abdomine cineraſcente, capite colloque purpureis, cauda cuneiformi, rectricibus apice albis.

42. Me-

42. MEXICANUS. *Der Hozitzanatl.*[8]
Brisson, ornithol. I. p. 167. n. 4. grande Pie du Mexique.
Büffon, Vögel, VII. p. 209. *der Hozitzanatl.*
Latham, Vögel, I. p. 328. n. 34. *die große mexikanische Krähe.*
Latham, Syst. ornithol. I. p. 164. n. 36. Corvus (Mexicanus) totus caeruleo-niger.

43. SURINAMENSIS. *Die surinamische Krähe.*[9]
Latham, Syn. Suppl. p. 81. Surinam Crow.
Latham, Vögel, I. p. 328. n. 35. *die surinamische Krähe.*

44. ZANOE. *Der Tsanahoei.*
Brisson, ornitholog. I. p. 167. n. 5. petite Pie du Mexique.
Büffon, Vögel, VII. p. 217. *der Tsanahoei.*
Latham, Vögel, I. p. 329. n. 36. *die kleine mexicanische Krähe.*
Latham, Syst. ornithol. I. p. 164. n. 37. Corvus (Zanoe) nigricans, cauda longissima, capite colloque subfulvis.

45. BRACHYURUS. *Die kurzschwänzige Krähe.*
Müller, Natursystem, II. p. 180. n. 15. *der kurzgeschwänzte Rabe.*
Brisson, ornith. I. p. 246. n. 56. Merle verd des Moluques.
Büffon, Vögel, IX. p. 190. *bengalische Breve;* mit 1 Fig.
Latham, Vögel, I. p. 329. n. 37. *die kurzgeschwänzte Krähe.*

Latham,

(8) Das Fleisch ist schwarz, aber von gutem Geschmack.

(9) Ist, nach *Latham,* mit *Corvus Argyrophthalmus* p. 369. n. 25. a. einerley.

Latham, Syst. ornitholog. I. p. 166. n. 43. Corvus (Brachyurus) viridis, subtus lineisque capitis fulvescentibus, alis macula alba.

Hermann, tab. affin. anim. p. 200. Corvus brachyurus.

β. Corvus philippensis. *Die philippinische kurzschwänzige Krähe.* (10)

Brisson, ornithol. I. p. 246. n. 57. Merle verd à tête noire des Moluques.

Büffon, Vögel, IX. p. 187. *der philippinische Breve oder Kurzschwanz;* mit 1 Fig.

Latham, Vögel, I. p. 330. n. 37. Var. A.

Latham, Syst. ornithol. I. p. 166. β. C. viridis, capite colloque nigris, uropygio tectricibusque alarum caeruleo-viridibus, caudae inferioris roseis, rectricibus nigris.

γ. Corvus bengalensis. *Die bengalische kurzgeschwänzte Krähe.*

Klein, av. p. 115. n. 2. Coturnix capensis.

Klein, Vorbereit. p. 213. n. 2. *Kaapwachtel.*

Klein, verbesserte Vögelhist. p. 119. n. 2. *Caapwachtel.*

Büffon, Vögel, IX. p. 188. *kurzgeschwänzte ostindische Aelster;* mit 1 Fig.

Seligmann, Vögel, IX. Tab. XIV. *die Aelster mit kurzem Schwanze.*

Latham, Vögel, I. p. 330. n. 37. Var. B.

Latham, Syst. ornithol. I. p. 167. γ. C. viridis, subtus lutescens, capite colloque nigris, aurantio alboque lineatis, remigibus rectricibusque nigris.

δ. Cor-

(10) Nach *Brisson* eine eigne Gattung.

δ. Corvus madagascariensis. *Die kurzgeschwänzte madagascarische Krähe.*

Büffon, Vögel, IX. p. 191. *madagascarische Breve;* m. 1 Fig.

Latham, Vögel, I. p. 331. n. 37. Var. C.

Latham, Syst. ornitholog. I. p. 167. δ. Corvus viridis, subtus lutescens, capite nigricante-fusco, nucha flavescente, lunula cervicis fasciaque sub oculis bifida nigris.

ε. *Die malakkische kurzgeschwänzte Krähe.* *

Latham, Syn. Supplem. p 81. 37.

Latham, Vögel, I. p. 331. n. 37. Var. D.

Latham, Syst. ornithol. I. p. 167. ε. Corvus capite cerviceque nigris, superciliis virescentibus caeruleo marginatis, gula alba, iugulo dorsoque viridibus, abdomine rufo, crisso rubro.

Sonner. voy. Ind. II. p. 190. Tab. 110. Breve de Malacca.

ζ. *Die malabarische kurzgeschwänzte Krähe.* *

Latham, Syn. Supplem. p. 82. E.

Latham, Vögel, I. p. 331. n. 37. Var. E.

Latham, Syst. ornitholog. I. p. 167. ζ. Corvus capite colloque nigris, vertice fasciaque longitudinali rufa, gula alba, pectore rufescente, abdomine, femoribus crissoque rubris.

Sonner. voy. Ind. II. p. 191. Breve de la cote de Malabar.

η. *Die chinesische kurzgeschwänzte Krähe.* *

Latham, Syn. Suppl. p 82. F.

Latham, Vögel, I. p. 332. n. 37. Var. F.

Latham, Syst. ornitholog. I. p. 167. η. Corvus viridis, vertice fusco, collo torque albo, nucha

vittaque

vittaque per oculos ducta nigra, abdomine albo, medio macula, crissoque coccineis.

16. CANADENSIS. *Der canadische Heher.* (1)

Müller, Natursyst. II. p. 180. n. 16. *der canadische Rabe.* Tab. 6. fig. 3.

Pennant, arct. Zoolog. II. p. 236. n. 53. *die aschgraue Krähe.*

Onomat. histor. nat. IV. p. 10. *die dunkelbraune Dohle aus Canada.*

Brisson, ornithol. I. p. 170. n. 4. Geay bleu de Canada.

Büffon, Vögel, VII. p. 237. *der braune kanadische Heher;* mit 1 Fig.

Latham, Vögel, I. p. 322. n. 23. *die kanadische Krähe.*

Latham, Syst. ornitholog. I. p. 160. n. 23. Corvus (Canadensis) fuscus, fronte flavicante, subtus rectricumque apicibus albidis.

Philos. transact. lxii p. 386.

Donndorff, Handb. d. Thiergesch. p. 230. n. 10. *der canadische Heher.*

17. PYRRHOCORAX. *Die Bergdohle.* (2)

Müller, Natursystem, II. p. 180. n. 17. *die Bergdohle.*

Gatte-

(1) Flügelweite 15 Zoll. Gewicht dritthalb Unzen. Hat 2, selten 3 Junge auf einmal. Die Jungen sind ganz schwarz, und bleiben es auf einige Zeit. Stirbt in der Gefangenschaft. Diese Vögel sind so dreist, dass sie in die Zelte kommen, und die Speisen aus den Schüsseln fressen.

(2) Nach *Lapeirouse* ist die schwarze Farbe der Füsse kein sicheres Merkmal, weil sie sich nach Alter und Geschlecht ändert, und bald schwarz, bald pomeranzenfarben, bey den Alten aber allemal zinnoberfarben seyn soll.

Gatterer, vom Nutzen u. Schaden der Thiere, II. p 363. n. 288. *die Bergdohle, Bergdol, Bergtul, Wildetul, Steinhez, Alpkachel, Alprapp, Feuerrabe.*

Neuer Schauplatz der Natur, II. p. 351. n. 7. *wilde Duhle, Alpkachel.*

Onomat. hist. nat. III. p. 435. VI. p. 724. Pyrrhocorax.

Gesner, Vögelb. p. 33. *Alprappe;* m. 1 Fig.

Brisson, ornitholog. I. p. 162. n. 8. Choucas des Alpes.

Büffon, Vögel, VII. p. 154. *die Bergdohle;* mit 1 Figur.

Latham, Vögel, I. p. 314. n. 11. *die Alpenkrähe.*

Latham, Syst. ornithol. I. p. 168. n. 40. Corvus (Pyrrhocorax) nigricans, rostro luteo, pedibus nigris.

Linné, auserles. Abhandl. II. p. 285. n. 52. *die Krähendohle?*

Lapeirouse: neue schwed. Abhandl. III. p. 104. Corvus (Pyrrhocorax) nigricans, rostro luteo.

Hermann, tab. affinit. animal. p. 199. Pyrrhocoraces.

Jonston, av. p. 42. Pyrrhocorax.

Plin. hist. nat. L. 10. c. 48. Pyrrhocorax.

Donndorff, Handb. d. Thiergesch. p. 230. *die Bergdohle.*

18. GRACULUS. *Der Waldrabe.*

Müller, Natursyst. II. p. 181. n. 18. *die Schweitzerkrähe.*

Leske, Naturg. p. 244. n. 9. *die Schweizerkrähe.*

Blumenbach, Handb. d. Naturgesch. p. 174. n. 9. Corvus (Graculus) violaceo-nigricans, rostro pedibusque luteis; *der Waldrabe, Alprabe.*

Bechstein,

Bechstein, Naturgesch. Deutschl. II. p. 447. n. 6. *die Steindohle.* p. 449. *Steintule, Steintahle, Steinkrähe, Krähendohle, Schweitzerkrähe, Schweitzerrabe, Feuerrabe, schwarzer Geist mit feurigen Augen.*

Gatterer, vom Nutzen und Schaden der Thiere, II. p. 363. n. 289. *die Steindohle.*

Halle, Vögel, p. 253. n. 195. *die schwarze Krähedohle.*

Neuer Schaupl. d. Natur, III. p. 741. n. 7. *Bergheher.*

Onomat. hist. nat. III. p. 284. *die Bergdohle;* (mit der vorhergehenden verwechselt.)

Handb. der Naturgesch. II. p. 161. *die Bergkrähe.*

Klein, av. p. 60. n. 11. Cornix rostro pedibusque rubris. Coracias.

Klein, Vorbereit. p. 113. n. 11. *schwarze Geist mit feurigen Augen, rothen Schnabel und Füßen.*

Klein, verbess. Vögelhist. p. 58. n. 7. *schwarzer Geist mit feurigen Augen.*

Gesner, Vögelb. p. 532. *Taha, mit roten Schnabel vnd Füßen; Steintahen.*

Brisson, ornithol. I. p. 155. n. 1. Coracias.

Büffon, Vögel, VII. p. 5. *die Steindohle;* (mit 1 Figur.

Latham, Vögel, I. p. 333. n. 39. *die Schweitzerkrähe, Steinkrähe.*

Latham, Syst. ornitholog. I. p. 165. n. 41. Corvus (Graculus) violaceo-nigricans, rostro pedibusque luteis.

Pallas, Reise, III. p. 185. *die sogenannten Steinrappen, mit rothen Füßen und Schnabel.*

Hasselquist, Reise nach Palästina, p. 294. Monedula Pyrrhocorax.

Shaw, Reise, p. 161. *Graab el Sahara.*

Scopoli, Bemerk. a. d. Naturgesch. I. p. 41. n. 46. *der Feuer-Rabe.*

Pennant, britt. Thiergesch. Tab. 33.

Lapeirouse: neue schwed. Abhandl. III. p. 104. Corvus (Coracias) violaceo-nigricans, rostro pedibusque miniatis.

Bechstein, Musterung schädl. Th. p. 102. n. 6. *die Steindohle.*

Eberhard, Thiergesch. p. 71. *Krähendohle.*

Meidinger, Vorles. I. p. 116. n. 9. *die Schweitzerkrähe.*

Krünitz, Encyklop. XLVI. p. 522. *Alpen-Krähe, Schweitzer-Krähe.*

Hermann, tab. affin. anim. p. 196. Corv. Gracula.

Jonston, av. p. 42. Coracia.

Gerin. ornith. II. p. 37. Tab. 149.

Donndorf, Handb. der Thiergesch. p. 231. n. 12. *der Waldrabe.*

β. *Der weiße Waldrabe.* *

Lapeirouse: neue schwed. Abhandl. III. p. 104.

45. AUSTRALIS. *Die cayennische Krähe.* (3)

Latham, Vögel, I. p. 334. n. 14. *die kayennische Krähe.*

19. EREMITA. *Der Alpenrabe.* (4)

Müller, Natursyst. II. p. 181. n. 19. *der Eremit.*

Leske, Naturgesch. p. 244. n. 10. *der Eremit.*

Borowsky,

(3) Der Trivialname *Corvus Australis* kommt im System schon p. 375 n. 21. vor. Vielleicht konnte man den letztern *Corvus Maculatus* nennen, wenn er anders nicht, wie *Latham* im Syst ornith. I. p. 206. n. 18. annimmt, mit *Bucco cinereus* einerley ist.

(4) *Blumenbach* bezweifelt die Wirklichkeit dieses Vogels, und hält ihn mit *Corvus Graculus* für einerley. S. Handb der Naturgesch. a. a. O.

Borowsky, Thierreich, II. p. 107. n. 7. *der Alpenrabe, Berg-Eremit.* Tab. 9. b.

Bechstein, Naturgesch. Deutschl. II. p. 470. n. 10. *der Alpenrabe.* p. 472 *Waldrabe, Waldrapp, Steinrapp, Steinrabe, Nachtrabe, Thurmwiedehopf, Klausrapp, Eremit, Eremitrabe, Bergeremit, Schweitzereremit, Scheller.*

Halle, Vögel, p. 516. n. 598. *der Thurmwiedehopf, Schweitzereremit.*

Gatterer, vom Nutzen u. Schaden der Thiere, II. p. 364. n. 290. *der Waldrabe.*

Neuer Schauplatz der Natur, VII. p. 3. n. 12. *Einsiedler.*

Onomat. histor. nat. III. p. 283. *der Alpenrapp, der Einsiedler.*

Klein, av. p. 111. n. 16. Upupa montana. Eremità montanus helveticus.

Klein, Vorbereitung, p. 205. n. 16. *Waldrappe, Steinrappe.*

Klein, verbess. Vögelhist. p. 116. n. 3. *Waldhoff, Schweitzereinsiedler, Bergeinsiedler.*

Gesner, Vögelb. p. 424. *Waldrapp;* m. 1 Fig.

Brisson, ornith. I. p. 155. n. 2. Coracias hupé.

Büffon, Vögel, VII. p. 22 *der Waldrabe oder Scheller;* m. 1 Fig.

Latham, Vögel, I. p. 334. n. 41. *der Eremit, Waldrabe, Alprabe.*

Latham, Syst. ornitholog. I. p. 166. n. 42. Corvus (Eremita) virescens, capite flavescente, occipite subcristato, rostro pedibusque rubris.

Bechstein, Musterung schädl. Thiere, p. 105. n. 10. *der Alpenrabe.*

Meidinger, Vorles. I. p. 116. n. 10. *der Eremit.*

Schwenkfeld, av. Siles. p. 245. Corvus alpinus; *ein Alprappe, Waldrappe, Nachtrabe, Steinrabe.*

Hermann, tab. affin. anim. p. 199. Eremita.
Jonston, av. p. 131. Corvus Sylvaticus.

A. *Veränderungen gegen die XIIte Edition, und Vermehrung der Gattungen dieses Geschlechts.*

Das Geschlecht ist mit 26 Gattungen vermehrt. Bey der 2ten Gattung sind *vier*, bey der 3ten *drey*, bey der 6ten *acht*, bey der 7ten *zwey*, bey der 13ten *zwey*, und bey der 15ten gleichfalls *zwey* Varietäten aus einander gesetzt.

B. *Unbestimmtere Thiere.*

1. *Der weißhälsige Rabe.*

Latham, Syn. Suppl. p. 75. 2. South-Sea Raven.
Latham, Vögel, I. p. 304. ad n. 2.
Latham, Syst. ornitholog. I. p. 151. n. 3. Corvus (Albicollis) nigricans, rostro carinato valido, tectricibus alarum fuscescentibus, lunula cervicis lata alba.
Vielleicht eine Spielart von *Corvus Australis* p. 365. n. 21?

2. CORVUS LEUCOPYX. *Die weißbäuchige Elster.*

White, Reis. nach Neusüdwallis; in dem Magazin merkw. Reisebeschreib. V. p. 128.

C. *Neuere Gattungen.*

1. *Der weißöhrige Heher.*

Latham, Syn. Suppl. p. 83. White-eared Jay.
Latham, Vögel, I. p. 335. n 42.
Latham, Syst. ornithol. I. p. 160. n. 25. Corvus (Auritus) subcristatus fusco-cinereus, capistro gulaque nigris, macula frontis auriumque alba, remigibus nigris griseo maculatis.

Sonner. voy. Ind. II. p. 188. Tab. 107. Petit Geay de la Chine.

2. *Die purpurköpfige Krähe;* (in China.)

Latham, Syn. Supplement. p. 83. Purple-headed Crow.

Latham, Vögel, I. p. 336. n. 43.

Latham, Syst. ornitholog. I. p. 161. n. 26. Corvus (Purpurascens) rufescens, subtus luteus, capite purpurascente, remigibus caudaque longiore nigris.

3. *Die Macao-Krähe;* (in China.)

Latham, Syn. Suppl. p. 84. Macao Crow.

Latham, Vögel, I. p. 336. n. 44.

Latham, Syst. ornitholog. I. p. 161. n. 27. Corvus (Sinensis) cinereo-griseus, dorso, tectricibus alarum crissoque rufis, sincipite nigro, remigibus caudaque nigris, secundariis albo bimaculatis.

Sonner. voy. Ind. II. p. 187. Pie de Macao.

4. *Die braunrothe Krähe;* (in China.)

Latham, Syn. Suppl. p. 84. Rufous Crow.

Latham, Vögel, I. p. 336. n. 45.

Latham, Syst. ornitholog. I. p. 161. n. 28. Corvus (Rufus) rufus, subtus rufo-albus, capite colloque fuscis, tectricibus alarum maioribus remigibusque secundariis griseis, rectricibus lateralibus fusco griseoque dimidiatis apice albis.

Sonner. voy. Ind. II. p. 186. Tab. 106. Pie rousse de la Chine.

51. GESCHLECHT. CORACIAS. *Der Birkheher.* (*Blaukrähe*, *Racke.*)

Müller, Naturſyſt. II. p. 182. Gen. LI.

Leske, Naturgeſch. p. 245. Gen. XX.

Borowsky, Thierreich, II. p. 110. Gen. X.

Blumenbach, Handbuch der Naturgeſch. p. 175. Gen. XX.

Bechſtein, Naturgeſch. I. p. 367. Gen. XVI.

Bechſtein, Naturgeſchichte Deutſchl. II. p. 472. Gen. VI.

Onomat. hiſt. nat. III. p. 286.

Briſſon, ornithol. I. p. 172. Gen. XVIII. *Galgulus.*

Büffon, Vögel, VII. p. 275 ff.

Batſch, Thiere, I. p. 316. Gen. LXVIII.

Latham, allgem. Ueberſ. der Vögel, I. p. 337. Gen. XIII.

Latham, Syſt. ornithol. I. p. 168. Gen. XIV.

Hermann, tab. affin. anim. p. 197.

Donndorff, Handb. d. Thierg. p. 231. Gen. XII.

1. GARRULA. *Die Mandelkrähe.* (5)

Müller, Naturſyſt. II. p. 182. n. 1. *die Mandelkrähe.* Tab. 6. fig. 5.

Leske,

(5) Länge 13 Zoll. Flügelweite 2 Fuſs 3 Zoll. Zieht aus Deutſchland im September weg, und kehrt erſt im May zurück. Ueberwintert vermuthlich in der Barbarey und am Senegal, weil man ſie im Herbſt ſchaarenweiſe daſelbſt bemerkt hat. Niſtet auf Bäumen, auch in Höhlungen alter Bäume. Legt 4 bis 7 Eyer, welche von beyden Geſchlechtern in 20 Tagen ausgebrütet werden. Die Jungen laſſen ſich durchaus nicht zähmen, und ſterben ſchon in den erſten 14 Tagen, ob gleich der Vogel im Stande der Freyheit ein zähes Leben hat. Seine vollkommene Schönheit erhält er erſt im dritten Jahre. Merkwürdig iſts, daſs die jungen Weibchen mehr Eyer legen als die ältern.

Leſke, Naturgeſch. p. 245. n. 1. *die Mandelkrähe.*

Borowſky, Thierreich, II. p. 111. n. 1. *die Mandelkrähe.* Tab. 10.

Blumenbach, Handb. d. Naturgeſch. p. 175. Coracias (Garrula) caerulea dorſo rubro, remigibus nigris; *die Mandelkrähe, Racke, Blauracke.*

Bechſtein, Naturgeſch. I. p. 367. n. 1. *der gemeine Birkheher.*

Bechſtein, Naturgeſchichte Deutſchl. II. p. 472. n. 1. *die Mandelkrähe.* p. 477. *der blaue Rabe, Heidenelſter, Kugelelſter, Kriechelelſter, blaue Krähe, Garbenkrähe, wilde Goldkrähe, Straßburger Krähe, Grünkrähe, blaue Holzkrähe, Galgenregel, Helkregel, Gelsregel, Halsregel, Racker, Racher, Rake, Raake, Rackervogel, Plauderrackervogel, deutſche Papagey, Birkheher, Meerheher, Roller, Blaurack, Blabrach, Blaurock, leberfarbiger Birkheher, europäiſcher Racker.*

Funke, Naturgeſch. I. p. 299. *der Birkheher.*

Ebert, Naturl. II. p. 18. *der Birkheher.*

Halle, Vögel, p. 264. n. 212. *der leberfarbige Birkheher.*

Meyer, Thiere, II. p. 14. Tab. 47.

Gatterer, vom Nutzen und Schaden der Thiere, II. p. 365. n. 291. *die Mandelkrähe.*

Pennant, arct. Zoolog. II. p. 241. G. *die Mandelkrähe.*

Beckmann, Naturhiſt. p. 41. *die blaue Krähe.*

Neuer Schaupl. der Natur, I. p. 758. *Birkheher.*

Neuer Schaupl. d. Natur, V. p. 350. *Mandelkrähe.*

Onomat. hiſt. nat. III. p. 292. *die Mandelkrähe.*

Handbuch der Naturgeſch. II. p. 169. *der Birkheher.*

Handbuch der deutſchen Thiergeſch. p. 121. *die Mandelkrähe.*

Klein, av. p. 62. n. 7. Pica ſeu garrulus argentoratenſis.

Klein, Vorbereit. p. 117. n. 7. *Mandelkrähe, Racker, Galgenrekel, Galſkregl, wilde Goldkrähe.*

Klein, verbeſſerte Vögelhiſt. p. 61. n. 6. *Mandelkrähe.*

Klein, verbeſſ. Vögelhiſt. p. 62. n. 9. *vielfarbige Aelſter.*

Klein, ſtemmat. av. p. 10. Tab. 12. fig. 3. a. b.

Klein, Vögeleyer, p. 21. Tab. 8. fig. 1.

Gesner, Vögelb. p. 348. *wilde Holzkrähe;* mit einer ſchl. Fig.

Briſſon, ornithol. I. p. 173. n. 1. *Rollier.*

Büffon, Vögel. VII. p. 275. *der europäiſche Racker;* m. 1 Fig.

Seligmann, Vögel, V. Tab. 4. *die Mandelkrähe.*

Latham, Vögel, I. p. 337. n. 1. *die Mandelkrähe.*

Latham, Syn. Supplem. p. 85. Roller.

Latham, Syſt. ornitholog. I. p. 168. n. 1. Coracias (Garrula) caerulea, dorſo rubro, remigibus nigris.

Batſch, Thiere, I. p. 324. *die Mandelkrähe.*

Beſeke, Vögel Kurl. p. 33. n. 49. *die Mandelkrähe, kurländiſche Papagey.*

Bock, Preuſſen, IV. p. 300. n. 51. *Mandelkrähe.*

Fiſcher, Livl. p. 72. n. 61. *Mandelkrähe*

Lepechin, Tagebuch der ruſſ. Reiſ. I. p. 262. *blaue Krähen.*

Adanſon, Reiſe nach Senegal, p. 24. *die blaue Raake.* p. 86. *die blaue Krähe.*

Pontoppidan, Naturgeſch. von Dännem. p. 167. n. 1. *Ellekrage.*

Scopoli,

Scopoli, Bemerk. a. d. Naturgeſch. I. p. 38. n. 44. *die Mandelkrähe.*

Shaw, Reiſe, p. 162. *Shagarag?*

Linné, auserleſ. Abh. II. p. 289. n. 64. *die Mandelkrähe.*

Zorn, Petinotheol. II. p. 141. 267. *der Birkheher.*

Döbel, Jägerprakt. I. p. 53. *Mandelkrähe, Blabrack.*

Naumann, Vogelſteller, p. 163. *die blauen oder Mandelkrähen.*

Naturforſch. IX. p. 45. n. 50. *Mandelkrähe.*

Schriften der berlin. Geſellſch. naturf. Fr. VII. p. 451. n. 16. *die Mandelkrähe.*

Hellenius: neue ſchwed. Abhandl. VIII. 2. p. 15. *Mandelkrähe.*

Lange, Briefe über die Naturgeſch. p. 37. *Blaukrähe.*

Bechſtein, Muſterung ſchädl. Thiere, p. 106. n. 11. *die Mandelkrähe.*

Wirſing, Vögel, Tab. 5. *Nußheher.*

Lichtenberg u. *Voigt*, Magaz. f. d. Neueſte u. ſ. w. VI. 1. p. 145. *Mandelkrähen.*

Goeze, nützl. All. II. p. 363. n. 4. *Mandelkrähe.*

Anweiſung Vögel zu fangen u. ſ. w. p. 348. *Blau-Krähe.*

Meidinger, Vorleſ. I. p. 117. *die Mandelkrähe.*

Jablonsky, allgem. Lex. p. 635. *Mandel-Krähe, Blarack, Grün-Krähe.*

Krünitz, Encyklop. XLVI. p. 516. *die Blau-Krähe.*

Neue geſellſch. Erzähl. I. p. 168. *Mandelkrähe.*

Neu-Hamburg. Magazin, St. 116. p. 105.

Linné, Syſt. Nat. Edit. II. p. 52. Garrulus argent.

Linné, Syſt. Natur. Edit. VI. p. 19. n. 4. Cornix caerulea.

Linné, Syst. Nat. Edit. X. I. p. 107. n. 1. Coracias (Garrulus) caerulea, dorso rubro, remigibus nigris.

Linné, fn. Suec. I. 73. Corvus dorso sanguineo, remigibus nigris, rectricibus viridibus.

Müller, zool. dan. prodr. p. 12. n. 94. Coracias (Garrula) caerulea, dorso rubro, remigibus nigris.

Kramer, Austr. p. 334. n. 6. Corvus caeruleo viridis, dorso ex rufo lutescente; *Mandlkran, Meerheher.*

Brünich, ornithol. bor. p. 10. n. 35. Coracias Garrulus.

Schwenkfeld, aviar. Siles. p. 243. Cornix caerulea; *ein Mandel-Krahe, Rache, Heiden-Elster, Kugel-Elster, Holz-Krae, Gals-Kregel.*

Moehring, av. gen. p. 30. n. 5. Coracias.

Mus. Worm. p. 296. Cornix caerulea.

Schaefer, elem. ornith. Tab. 35.

Gerin. ornith. II. p. 45 Tab. 164.

Hermann, tab. affinit. animal. p. 197. Coracias Garrula.

Jonston, av. p. 41. Cornix caerulea.

Donndorff, Handb. der Thiergesch. p. 231. n. 1. *die Mandelkrähe.*

2. Indica. *Der indianische Birkheher.*

Müller, Natursystem, II. p. 183. n. 2. *der ostindische Häher.*

Latham, Vögel, I. p. 341. n. 7. *die indianische Racke.*

Latham, Syst. ornitholog. I. p. 170. n. 7. Coracias (Indica) caerulea, antice testacea, pileo viridi.

3. Caffra.

6. Caffra. *Der äthiopische Birkheher.*

Müller, Natursyst. II. p. 183. n. 3. *die äthiopische Dohle.*

Büffon, Vögel, VII. p. 310. *der äthiopische Raker.*

Latham, Vögel, I. p. 342. n. 8. *die Kap-Racke.*

Latham, Syst. ornithol. I. p. 170. n. 8. Coracias (Caffra) caerulea, remigibus margine exteriore luteis.

7. Abyssinica. *Der abyssinische Birkheher.*

Büffon, Vögel, VII. p. 292. *der abyssinische Raker*; mit 1 Figur.

Latham, Vögel, I. p. 339. n. 2. *die abyssinische Racke.*

Latham, Syst. ornithol. I. p. 169. n. 5. Coracias (Abyssinica) rufo-fusca, capite, collo, corpore subtus tectricibusque alarum viridibus, humeris, remigibus primoribus uropygioque cyaneis, rectricibus extimis longissimis.

Bruce, Reis. n. d. Quellen des Nils, V. p. 185. Tab. 37. *Sheregrig?*

Hermann, tab. affinit. animal. p. 197. Coracias abyssinica.

8. Senegalensis. *Der senegalische Birkheher.* (6)

Büffon, Vögel, VII. p. 294. *der senegalische Raker*; mit 1 Fig.

Latham, Vögel, I. p. 339. n. 3. *die senegalsche Racke.*

Latham, Syst. ornithol. I. p. 169. n. 4. Coracias (Senegala) rubro-fusca, subtus, capite, cauda alarumque parte superiore caerulescente-thalassinis, facie alba, humeris remigibusque caeruleis, rectricibus extimis longissimis.

Shaw,

(6) Nach *Büffon* eine Spielart von der vorhergehenden.

Shaw, Reise, p. 162 *Shagarag?*
Büffon, Vögel, VII. p. 286. *der Shagarag?*

9. Madagascariensis. *Der madagaskarische Birkheher.*
Büffon, Vögel, VII. p 306. *der madagaskarische Raker*; m. 1 Fig.
Latham, Vögel, I. p. 342. n. 11. *die madagaskarische Racke.*
Latham, Syst. ornitholog. I. p. 170. n. 10. Coracias (Madagascariensis) purpureo-fusca, uropygio, crisso rectricibusque caeruleo-viridibus, remigibus primoribus nigris, extus caeruleis, rectricibus ad apicem caeruleo-nigricantibus.
Hermann, tab. affinit. animal. p. 197. Coracias madagascariensis.

4. Orientalis. *Der orientalische Birkheher.*
Müller, Natursystem, II. p. 183. n. 4. *Morgenländer.*
Brisson, ornitholog. I. p. 175. n. 4. Rollier des Indes.
Büffon, Vögel, VII. p. 304. *der indianische Raker*; mit 1 Fig.
Latham, Vögel, I. p. 341. n. 6. *die orientalische Racke.*
Latham, Syst. ornithol. I. p. 170. n. 6. Coracias (Orientalis) viridis, iugulo caeruleo striato, rectricibus apice nigris.
Hermann, tab. affinit. animal. p. 197. Coracias orientalis.

5. Bengalensis. *Der Cuit.*
Müller, Natursf. II. p. 183. n. 5. *bengalischer Rabe.*
Borowsky, Thierreich, II. p. 112. n. 2. *der bengalische Rabe.*

Brisson,

Brisson, ornitholog. I. p. 174. n. 2. Rollier de Mindanao.

Büffon, Vögel, VII. p. 297. 302. *der mindanoische Raker;* mit 1 Fig.

Latham, Vögel, I. p. 340. n. 5. *die bengalische Rake.*

Latham, Syst. ornithol. I. p. 168. n. 2. Coracias (Bengalensis) subfulva, subtus caerulescens, collo subtus violaceo pallido striato, cauda integra.

β. *Der Birkheher aus Goa.* *

Büffon, Vögel, VI. p. 301. *ein neuer Raker von Goa.*

Latham, Vögel, I. p. 341. *eine Spielart aus Goa.*

6. CAUDATA. *Der angolische Birkheher.* (7)

Müller, Natursystem, II. p. 184. n. 6. *Langschwanz.*

Borowsky, Thierreich, II. p. 112. n. 3. *der angolische Rabe.*

Brisson, ornitholog. I. p. 174. n. 3. Rollier d'Angola.

Büffon, Vögel, VII. p. 297. *der angolische Raker;* mit 1 Fig.

Latham, Vögel, I. p. 339. n. 4. *die angolische Racke.*

Latham, Syst. ornithol. I. p. 169. n. 3. Coracias (Caudata) subfulva, subtus caerulescens, collo violaceo, pallido striato, rectricibus extimis longissimis.

Hermann, tab. affinit. animal. p. 197. Coracias angolensis.

10. CAE-

(7) Nach *Büffon* eine Spielart vom vorhergehenden.

10. CAERULEA. *Der blaugrüne Birkheher.*
Latham, Vögel, I. p. 342. n. 9. *die blaue Racke.*

11. CYANEA. *Der ultramarinblaue Birkheher.*
Latham, Vögel, I. p. 342. n. 10. *die Ultramarin-Racke.*
Latham, Syst. ornithol. I. p. 170. n. 9. Coracias (Vivida) caerulea tota vividissime.

12. CAYENNENSIS. *Der cayennische Birkheher.*
Büffon, Vögel, VII. p. 273. *der cayennische Roller*; mit 1 Fig.
Latham, Vögel, I. p. 344. n. 15. *die cayennische Racke.*
Latham, Syst. ornithol. I. p. 170. n. 16. Coracias (Cayana) fusco-viridis, superciliis albis, lateribus gulae vitta nigra, collo subtus pectoreque cinerascentibus, cauda cuneiformi.

13. MEXICANA. *Der mexicanische Birkheher.*
Halle, Vögel, p. 263. n. 209. *der graurothe mexikanische Heher.*
Klein, av. p. 62. n. 5. Pica, merula mexicana
Klein, Vorber. p. 117. n. 5. *mexikanischer Nußheher, Nußkrähe.*
Klein, verbesserte Vögelhist. p. 61. n. 5. *mexicanischer Nußheher.*
Brisson, ornitholog. I. p. 177. n. 8. Rollier du Mexique.
Büffon, Vögel, VII. p. 308. *der mexicanische Raker.*
Latham, Vögel, I. p. 343. n. 12. *die mexikanische Racke.*
Latham, Syst. ornithol. I. p. 171. n. 11. Coracias (Mexicana) griseo-rufescens, subtus alisque pallide griseis, flammeo colore variegatis.

14. STRIATA. *Der blaugestreifte Birkheher.*

Latham, Vögel, I. p. 343. n. 13. *die blaugestreifte Racke.* Tab. 19.

Latham, Syst. ornithol. I. p. 171. n. 13. Coracias (Striata) caeruleo-atra, striis virescente-caeruleis, rostro, cauda pedibusque nigris.

15. VARIA. *Der bunte Birkheher.*

Latham, Vögel, I. p. 344. n. 16. *die bunte Rake.*

Latham, Syst. ornithol. I. p. 173. n. 22. Coracias (Varia) nigra, alis albo-variegatis, dorso postico, uropygio corporeque subtus albis, rectricibus lateralibus albo terminatis.

16. SINENSIS. *Der chinesische Birkheher.*

Brisson, ornitholog. I. p. 175. n. 5. Rollier de la Chine.

Büffon, Vögel, VII. p. 170. *der schinesische Roller;* mit 1 Fig.

Latham, Vögel, I. p. 343. n. 14. *die chinesische Racke.*

Latham, Syst. ornitholog. I. p. 171. n. 14. Coracias (Sinensis) viridis, subtus viridi-flavicans, fascia per oculos alisque nigricantibus, remigibus secundariis caudaque cuneiformi, apicibus albis.

Murr, Naturgesch. von Jap. u. Chin. *im Naturf.* VII. p. 39. Galgulus Sinensis Brissonii.

17. DOCILIS. *Der gelehrige Birkheher.*

Büffon, Vögel, VII. p. 311. *der gelehrige Raker.*

Latham, Syst. ornithol. I. p. 172. n. 17. Coracias (Docilis) alba cum rubicundo interspersо, subtus badia, pedibus luteis, rectricibus nigris apice albo.

A. *Ver-*

A. *Veränderungen gegen die XII. Edition, und Vermehrung der Gattungen dieses Geschlechts.*

Das Geschlecht ist mit 11 Gattungen vermehrt, und also n. 7 bis 17 neu hinzugekommen.

B. *Neuere Gattungen.*

1. *Der blaue Birkheher mit schwarzen, blau gefleckten Flügeln;* (in Indien.)
Latham, Syn. Suppl. p. 87. n. 21. Fairy Roller.
Latham, Vögel, I. p. 346. n. 21. *die Feen-Racke.*
Latham, Syst. ornithol. I. p. 171. n. 12. Coracias (Puella) caerulea, collo antice et lateribus, pectore, abdomine, tectricibus alarum maioribus remigibusque nigris.

2. *Der graugeschwänzte Birkheher;* (in Indien.)
Latham, Syn. Suppl. p. 86. Grey-tailed Roller.
Latham, Vögel, I. p. 346. n. 20.
Latham, Syst. ornithol. I. p. 171. n. 15. Coracias (Vagabunda) capite colloque nigris, corpore supra ferrugineo-fusco, subtus cinereo, alis medio albis, cauda longissima cuneiformi, grisea, apice nigra.

3. *Der schwarze Birkheher.*
Latham, Syn. Supplem. p 85. Black Roller.
Latham, Vögel, I. p. 245. n. 17.
Latham, Syst. ornithol. I. p. 172. n. 18. Coracias (Nigra) corpore toto artubusque nigris, cauda longiore.

4. *Der afrikanische Birkheher.*
Latham, Syn., Supplem. p. 86. n. 18. African Roller.
Latham, Vögel, I. p. 345. n. 18.

Latham, Syst. ornitholog. I. p. 172. n. 19. Coracias (Afra) testaceo-rubra, subtus purpureo-rubescens, crisso caeruleo-viridi, remigibus rectricibusque caeruleis, apice nigricantibus.

5. *Der schwarzköpfige Birkheher;* (in China.)

Latham, Syn. Suppl. p 86. n. 19. Black-headed Roller.

Latham, Vögel, I. p. 346. n. 19.

Latham, Syst. ornithol. I. p. 172. n. 20. Coracias (Melanocephala) caeruleo-purpurea, capite colloque nigris, corpore subtus albo, remigibus fuscis, cauda cuneiformi, apice alba.

6. *Der Birkheher von Norfolk.*

Latham, Syst. ornitholog. I. p. 173. n. 21. Coracias (Strepera) nigra, macula alarum, crisso caudaque basi et apice nigris.

52. GESCHLECHT. ORIOLUS. *Der Pirol.* *(Gelbvogel, Troupial.)*

Müller, Natursystem, II. p. 185. Gen. LII.

Leske, Naturgesch. p. 245. Gen. XXI.

Borowsky, Thierreich, II. p. 115. Gen. XI.

Blumenbach, Handbuch der Naturgesch. p. 178. Gen. XXVI.

Bechstein, Naturgesch. I. p. 368. Gen. XVII.

Bechstein, Naturgeschichte Deutschl. II. p. 477. Gen. VII.

Pennant, arct. Zool. II. p. 243.

Onomat. hist. nat. IV. p. 509. V. p. 717. VII. p. 863.

Brisson, ornithol. I. p. 178. Gen. XIX. Icterus.

Büffon, Vögel, VIII. p. 54 ff.

Batsch, Thiere, I. p. 316. Gen. LXVII.

Latham, Vögel, I. 2. p. 347. Gen. XIV.
Latham, Syst. ornithol. I. p. 173. Gen. XV.
Hermann, tab. affinit. anim. p. 202.
Donndorff, Handbuch der Thiergesch. p. 232. Gen. XIII.

1. GALBULA. *Der Pfingstvogel.* (8)

Müller, Natursyst. II. p. 185. n. 1. *die Golddrossel.* Tab. 6. fig. 6.
Leske, Naturg. p. 245. n. 1. *der gemeine Pirol.*
Borowsky, Thierreich, II. p. 116. n. 2. *die Golddrossel.*
Blumenbach, Handb. der Naturgesch. p. 178. n. 1. Oriolus (Galbula) luteus, pedibus nigris, rectricibus exterioribus postice flavis; *die Golddrossel.*
Bechstein, Naturgesch. I. p. 368. n. 1. *der gemeine Pirol.*
Bechstein, Naturgesch. Deutschl. II. p. 478. *der gemeine Pirol.* p. 483. *Kirschvogel, Kirschdieb, Kirschhold, Kersenriefe, Weidwall, Wiedewall, Wittewald, Wittewalch, Viduel, Wittwell,*

(8) Ein muthiger, schwerfliegender, zänkischer und scheuer Vogel. Verläfst Deutschland schon im August, und kömmt erst im May wieder, wenn die Bäume schon ausgeschlagen sind. Nach seiner Ankunft weiss man zuverlässig, dafs keine Nachtfröste mehr kommen. Verbirgt sich, wenn er singt, und hält oft den ganzen Tag an, besonders wenn es schwüle und gewitterhaft ist. Ist schwer zu zähmen und stirbt bald in der Gefangenschaft. Die Insekten, womit er, in Ermanglung andrer Nahrung, seine Jungen füttert, sind vorzüglich Nachtfalter und ihre Raupen. Auch hat man seinen Magen oft voll eyrunder grofser brauner Insekteneyer gefunden. *Sparrmanns* (schwed. Abh. a. a. O.) mitgetheilte Nachricht, dafs dieser Vogel in der Brandrie lebe, verdiente eine nähere Untersuchung.

well, Pyrol, Byrolt, gemeine Pyrole, Pirold, Bierhold, Bierholf, Bruder Berolft, Tyrolt, Bierole, Gerolft, Bierefel, Gelbvogel, Gelbling, Bülau, Bülow, der Vogel Büloh, Schulz von Milo, Golddroffel, Goldamfel, Goldmerle, Gutmerle, Olimerle, Sommerdroffel, Regenkatze, Kirfchdroffel, Weihrauchsvogel, Gugelfahraus, Pfingftvogel, Weihrauch.

Funke, Naturgefch. I. p. 304. *der Kirfchvogel.*

Halle, Vögel, p. 288. n. 239. *die gelbe Kirfchdroffel.*

Meyer, Thiere, II. p. 2. Tab. 7. *Kirfchvogel.*

Gatterer, vom Nutzen u. Schaden der Thiere, II. p. 370. n. 298. *der Kirfchvogel.*

Pennant, arct. Zoolog. II. p. 319. F. *die Golddroffel.*

Neuer Schaupl. der Natur, IV. p. 507. *Kirfchvogel.*

Onomat. hift. nat. IV. p. 289. *der Galbulavogel, Kirfchendieb, gelbe Vogel von Benghalen.*

Handbuch der Naturgefch. II. p. 205. *die Golddroffel, der Kirfchvogel.*

Handbuch der deutfchen Thiergefchichte, p. 121. *Goldamfel.*

Klein, av. p. 66. n. 7. Turdus aureus, Merula aurea. Oriolus.

Klein, Vorbereitung, p. 126. n. 7. *Golddroffel, Witthewale, Beerhold, Goldmeerle.*

Klein, verbefferte Vögelhift. p. 66. n. 7. *Golddroffel.*

Klein, verbeff. Vögelhift. p. 67. n. 11. *bengalifche Golddroffel.*

Klein, ftemm. av. p. 11. Tab. 14. fig. 8. a. b. c.

Klein, Vögeleyer, p. 23. Tab. 9. fig. 2.

Gesner, Vögelb. p. 144. *Chlorion.*

Gesner, Vögelb. p. 483. *Wittewal;* m. 1 zieml. guten Figur.

Brisson, ornithol. I. p. 247. n. 58. Loriot.

Büffon, Vögel, VIII. p. 170. *der Pirol;* mit Abbild. des M. des W. und des Nests.

Seligmann, Vögel, VI. Tab. 80. *Golddrossel.*

Batsch, Thiere, I. p. 322. *der Pfingstvogel.*

Latham, Vögel, I. 2. p. 369. n. 43. *der gemeine Pyrol.*

Latham, Syn. Supplem. p. 89. Golden Oriole.

Latham, Syst. ornithol. I. p. 186. n. 45. Oriolus (Galbula) luteus, loris artubusque nigris, rectricibus exterioribus postice flavis.

Beseke, Vögel Kurlands, p. 33. n. 50. *die Golddrossel.*

Bock, Naturgesch. von Preussen, IV. p. 302. n. 52. *Golddrossel.*

Cetti, Naturgeschichte von Sardinien, II. p. 78. *die Golddrossel.*

Fischer, Naturgesch. von Livland, p. 72. n. 62. *Pfingstvogel, Wittewahl.*

Lepechin, Tagebuch d. russ. Reis. I. p. 197. *der Kirschvogel.*

Georgi, Reis. d. Russl. I. p. 165.

Oekonom. Zool. p. 206. *der Pfingstvogel.*

Scopoli, Bemerk. a. d. Naturgesch. I. p. 39. n. 44. *die Golddrossel, Bierhold.*

Lange, Briefe über d. Naturgesch. p. 39. *Pfingstvogel.*

Zorn, Petinotheol. II. p. 144. et 320. *die Gold-Amsel.*

Döbel, Jägerpraktik, I. p. 55. *Weyrauch-, Kirsch-, oder Pfingstvogel.*

Naumann, Vogelsteller, p. 144. *Pfingstvogel.*

Naturforsch. IX. p. 46. n. 51. *Golddrossel.*

Anweis.

Anweisung Vögel zu fangen, u. s. w. p. 342. *Kirschvogel.*

Beckmann, physikal. ökonom. Bibl. V. p. 610. *der Schulz von Bülau.*

Schriften der berlin. Gesellschaft naturf. Freunde, VII. p. 451. n. 17. *Golddrossel.*

Bechstein, Musterung schädl. Th. p. 116. n. 22. *der Pirol.*

Linné: schwed. Abh. XII. p. 130. *ein Vogel.*

Sparrmann: neue schwed. Abhandl. VII. p. 68. *Golddrossel.*

Lichtenberg u. *Voigt*, Magaz. f. d. Neueste u. s. w. IV. 4. p. 105. *Golddrossel.*

Jablonsky, allgem. Lex. p. 533. *Kirsch-Vögel, Gugel- oder Kugel-fihaus.*

Meidinger, Vorles. I. p. 117. *Golddrossel.*

Stutg. sch. phys. oecon. I. p. 324. *Pyroht oder Goldamsel.*

Comment. Lips. III. p. 204.

Zückert, Speisen a. d. Thierreich, p. 98.

Linné, Syst. Nat. Edit. VI. p. 29. n. 1. Oriolus (flavus, alis extremaque cauda nigris, pupillis rubris) Gesn.

Linné, Syst. Nat. Ed. X. I. p. 107. n. 3. Coracias (Oriolus) flava, alis caudaque nigris.

Kramer, Austr. p. 360. n. 1. Turdus flavus, alis extremaque cauda nigris; *Gugelfahraus.*

Schwenkfeld, aviar. Siles. p. 312. Oriolus; *ein Bierholt, Beerold, Kirschholt.*

Moehring, av. gen. p. 33. n. 10. Turdus.

Hermann, tab. affinit. animal. p. 203. Oriolus Galbula.

Jonston, av. p. 112. Picus nidum suspendens.

Philos. Transact. XXIII. n. 285. p. 1397. 41.

Hist. de la Prov. I. p. 491. l'Auriol.

Plin. hist. nat. Lib. X. c. 25. 33. Galgulus. c. 29. Chlorion. L. 30. c. 11. Icterus avis. L. 37. c. 10. ales luridus.

Donndorff, Handb. der Thiergesch. p. 232. n. 1. *die Golddrossel.*

β. *Der bengalische Pirol.* (9)

Klein, verb. Vögelhist. p. 64. n. 5. *gelber Staar.*

Brisson, ornitholog. I. p. 180. n. 6. Troupiale fauve de Madrast.

Büffon, Vögel, VIII. p. 187. 192. *Edwards gelber indianischer Staar.*

Seligmann, Vögel, VI. Tab. 81. *der gelbe indianische Staar.*

Latham, Syn. II. p. 451. n. 43 B.

Latham, Vögel, I. 2. p. 372. n. 43. Var. B.

Latham, Syst. ornitholog. I. p. 187. γ. O. flavus, maculis nigricantibus variis, capite, collo, remigibus rectricibusque nigricantibus.

γ. *Der indische Pirol.* (10)

Brisson, ornitholog. I. p. 248. n. 60. Loriot des Indes.

Büffon, Vögel, VIII. p. 189. *der indische Pirol.*

Latham, Vögel, I. 2. p. 373. n. 43. Var. D.

Latham, Syn. II. p. 452. n. 43. D.

Latham, Syst. ornithol. I. p. 188. ε. Oriol. luteus, fascia capitis transversali caerulea, rectricibus luteis fascia caerulea.

2. CHI-

(9) Nach *Brisson* eine eigne Gattung eines ganz andern Geschlechts. Nach *Büffon* das Weibchen von *Oriolus Melanocephalus*; und diesen Oriolus Melanocephalus nimmt *Latham* wieder als Spielart von *Oriolus Galbula* an. Welche Verwechselung!

(10) Nach *Brisson* eine eigene Gattung.

2. Chinensis. *Der Coulavan.* (1) (*Cochinchinensis?*)

Müller, Naturſyſt. II. p. 186. n. 2. *die chineſiſche Droſſel.*

Onomat. hiſt. nat. V. p. 718. *die chineſiſche Droſſel.*

Briſſon, ornitholog. I. p. 248. n. 59. Loriot de la Cochinchine.

Büffon, Vögel, VIII. p. 184. *der Coulavan;* mit 1 Figur.

Latham, Vögel, I. 2. p. 373. n. 43. Var. C.

Latham, Syn. II. p. 452. n. 43. C.

Latham, Syſt. ornitholog. I. p. 188. δ. O. luteus, artubus nigris apice luteis, faſcia capitis nigra.

3. Melanocephalus. *Der ſchwarzköpfige Pirol.* (2)

Müller, Naturſyſt. II. p. 187. n. 3. *Braunkopf.*

Klein, verbeſſ. Vögelhiſt. p. 67. n. 10. *ſchwarzköpfige Golddroſſel.*

Briſſon, ornitholog. I. p. 249. n. 61. Loriot de Bengale.

Büffon, Vögel, VIII. p. 186. *der chineſiſche Pirol;* mit 1 Fig.

Latham, Vögel, I. 2. p. 372. n. 43. A.

Latham, Syn. II. p. 451. n. 23. A.

Latham, Syſt. ornitholog. I. p. 287. β. O. luteus, capite apicibusque rectricum intermediarum nigris.

Seligmann, Vögel, III. Tab. 49. *ſchwarzköpfigter Ammer.*

Scopoli, ann. hiſtor. nat. I. p. 130. n. 196. Sturnus luteolus.

(1) Nach *Latham* eine Spielart von *Oriolus Galbula.*

(2) Nach *Latham* eine Spielart von *Oriolus Galbula.*

Scopoli, Bemerk. a. d. Naturgesch. I. p. 155. n. 190. *der gelbe Staar.*

Linné, Syst. Natur. Edit. X. I. p. 167. n. 2. Sturnus (Luteus) capite fusco, pectore maculato, alis fusco-luteis.

Germ., ornith. II. p. 41. Tab. 158. Pica americana luteo-nigra varia.

21. RADIATUS. *Der gestreifte Pirol.*

Brisson, ornitholog. I. p. 249. n. 62. Loriot à tête rayée.

Buffon, Vögel, VIII. p. 194. *der gestreifte Pirol.*

Latham, Vögel, I. 2. p. 373. n. 44. *der gestreifte Pirol.*

Latham, Syst. ornithol. I. p. 188. n. 46. Oriolus (Radiatus) luteo-rubescens; capite colloque subtus nigricantibus albo-punctatis, tectricibus alarum remigibusque nigris, margine albis.

Jonston, av. p. 107. Merula bicolor.

22. PICUS. *Der Spechtpirol.*

Latham, Vögel, I. 2. p. 374. n. 45. *der Spechtpirol.*

Latham, Syst. ornithol. I. p. 188. n. 47. Oriolus (Picus) rufus, capite, collo pectoreque albo variegatis, cauda elongata, rectricibus apice subulatis.

4. ICTERUS. *Der Troupial.*

Müller, Natursyst. II. p. 187. n. 4. *der Schwarzkopf.*

Onomat. histor. nat. III. p. 294. *der schwarzköpfige Ammer.*

Halle, Vögel, p. 296. n. 254. *die gelbbäuchige Drossel?*

Klein, av. p. 63. n. 10. Pica ex luteo et nigro varia.

Klein,

Klein, Vorber. p. 119. n. 10. *tarnaischer Heher.*

Klein, av. p. 69. n. 20. Turdus oculis caeruleis.

Klein, Vorber. p. 130. n. 20. *blauäugige Drossel.*

Klein, verbeff. Vögelhist. p. 68. n. 21. *blauäugige Drossel.*

Klein, av. p. 70. n. 33. Turdus luteo-niger, gutture piloso, capite, gula, rostro, dorso caudaque nigris, cervice, uropygio et toto ventre luteis, alis nigris, tectricibus albo fimbriatis, rostro unciali.

Klein, Vorbereit. p. 133. n. 33. *die gelbschwarze Drossel.*

Brisson, ornithol. I. p. 178. n. 1. *Icterus;* Troupiale.

Büffon, Vögel, VIII. p. 67. *der Troupial;* m. 1 F.

Batsch, Thiere, I. p. 323. *der Trupial.*

Seligmann, Vögel, IV. Tab. 106. *der schwarze und gelbe Heher.*

Latham, Vögel, I. 2. p. 351. n. 6. *der gemeine Trupial.*

Latham, Syst. ornithol. I. p. 176. n. 7. Oriolus (Icterus) fulvus, capite, iugulo, dorso remigibusque nigris, macula alarum alba.

Scopoli, Bemerk. a. d. Naturgesch. I. p. 36. n. 42. Coracias Xanthornus.

Linné, Syst. Natur. Edit. VI. p. 19. n. 9. Cissa nigra cirrhata, cauda lutea.

Linné, Syst. Nat. Edit. X. I. p. 106. n. 6. Coracias (Xanthornus) flava, capite remigibusque primoribus nigris.

Jonston, av. p. 189. Guira-Tangeima.

Hermann, tab. affinit. animal. p. 204. Troupialis.

Donndorff, Handb. d. Thiergesch. p. 233. n. 2. *der Troupial.*

23. NOVAE HISPANIAE. *Der Acalchichi.*

Halle, Vögel, p. 276. n. 230. *der schwarzgelbe Staar mit gelbem Schnabel.*

Brisson, ornitholog. I. p. 179. n. 2. Troupiale du Mexique.

Büffon, Vögel, VIII. p. 73. *der Acalchichi des Seba.*

Latham, Vögel, I. 2. p. 352. n. 7. *der mexikanische Pirol.*

Latham, Syst. ornithol. I. p. 176. n. 8. Oriolus (Novae Hispaniae) luteus, capite, gula, alis rectricibusque nigris, tectricibus alarum maioribus apice luteis.

24. ANNULATUS. *Der Ocotzinitzcan.*

Halle, Vögel, p. 256. n. 201. *die gelbe Krähe mit dem Mohrenkopfe.*

Onomat. hist. nat. IV. p. 511. *die gelbe Krähe.*

Onomat. histor. nat. V. p. 658. *Ocotzinitzan.*

Klein, av. p. 59. n. 8. Cornix flava.

Klein, Vorbereit. p. 112. n. 8. *gelbe Krähe.*

Klein, verbesserte Vögelhist. p. 58. n. 9. *gelbe Krähe.*

Brisson, ornitholog. I. p. 179. n. 3. Troupiale à queue annelée.

Büffon, Vögel, VIII. p. 75. *der Troupial mit dem Bogen auf dem Schwanze.*

Latham, Vögel, I. 2. p. 352. n. 8. *der ringschwänzige Pirol.*

Latham, Syst. ornithol. I. p. 177. n. 9. Oriolus (Annulatus) flavus, capite colloque nigris, remigibus nigris luteo marginatis, cauda nigricante annulata.

25. BRA-

25. BRASILIENSIS. *Der brasilianische Pirol.* (3)
Onomat. histor. nat. IV. p. 511. *die gelbbraune Grasmücke.*
Brisson, ornitholog. I. p. 181. n. 8. Troupial du Bresil.
Büffon, Vögel, VIII. p. 77. *Sloanens gelb und brauner Fliegenschnäpper.* p. 78. *der kleine Vogel des Sloane.*
Latham, Vögel, I. 2. p. 352. n. 9. *der brasilianische Pirol.*
Latham, Syst. ornitholog. I. p. 177. n. 10. Oriolus (Brasiliensis) flavus, pectore maculato, capite dorsoque fasciis nigro-maculatis, abdomine albo, cauda alisque fuscis, apice albis.

26. JAPACANI. *Der Japacani.*
Klein, av. p. 75. n. 12. Luscinia pullo-lutea.
Klein, Vorb. p. 141. n. 13. *gelbbraune Grasmücke.*
Klein, verbess. Vögelhist. p. 76. n. 13. *gelbbraune Grasmücke.*
Büffon, Vögel, VIII. p. 77. *der Japacani.*
Latham, Vögel, I. 2. p. 353. n. 10. *der Japakani.*
Latham, Syst. ornithol. I. p. 177. n. 11. Oriolus (Japacani) fusco-nigroque, subtus albo-flavoque varius, lineis transversis nigricantibus, capite caudaque nigricantibus.
Marcgr. Brasil. p. 212. Japacani.
Jonston, av. p. 207. Japacani brasiliensis.

27. COSTOTOTL. *Der Xochitototl oder Coztototl.*
Brisson, ornithol. I. p. 182. n. 10. Troupiale de la nouvelle Espagne.

Büffon,

(3) Wird von *Brisson*, *Klein* u. a. m. mit der folgenden Gattung verwechselt, und beyder Synonymen zusammen gezogen.

Büffon, Vögel, VIII. p. 80. *der Xochitototl und der Coztototl.*

Latham, Vögel, I. 2. p. 353. n. 11. *der neuſpaniſche Trupial.*

Latham, Syſt. ornithol. I. p. 177. n. 12. Oriolus (Coſtototl) niger, pectore, abdomine, criſſo caudaque fulvis, nigro variegatis, tectricibus alarum ſubtus albo nigroque variis.

Jonſton, av. p. 174. Xochitototl.

28. Griseus. *Der graue Pirol.*

Onomat. hiſtor. nat. V. p. 656. *der ſpechtartige Ococolin.*

Briſſon, ornithol. I. p. 182. n. 11. Troupiale gris de la nouvelle Eſpagne.

Büffon, Vögel, VIII. p. 84. *der graue Troupial.*

Raj. Syn. p. 163 Ococolin.

Latham, Vögel, I. 2. p. 354. n. 12. *der graue Trupial.*

Latham, Syſt. ornitholog. I. p. 178. n. 13. Oriolus (Cinereus) flavo nigroque varius, dorſo-femoribus abdomineque cinereis.

5. Phoeniceus. *Der Commendeur.*

Müller, Naturſyſtem, II. p. 187. n. 5. *die Purpurdroſſel.*

Gatterer, vom Nutzen u. Schaden der Thiere, II. p. 372. n. 300. *der Commandeur.*

Pennant, arct. Zool. II. p. 243. n. 56. *der Pirol mit rothen Flügeln, der Commendeur.*

Onomat. hiſt. nat. IV. p. 518. *der ſchwarze Caroliner-Staar, Waſſerſtaar.*

Klein, av. p. 64. n. 2. Sturnus niger, alis ſuperne rubentibus.

Klein, Vorber. p. 121. n. 2. *Karoliner Staar mit rothen Schultern.*

Klein,

Klein, verbeſſ. Vögelhiſt. p. 63. n. 2. *Staar mit rothen Schultern.*

Briſſon, ornithol. I. p. 182. n. 12. Troupiale aux ailes rouges.

Büffon, Vögel, VIII. p. 87. *der Commandeur*; mit 1 Figur.

Batſch, Thiere, I. p. 324. *der Kommandeur-troupial.*

Seligmann, Vögel, I. Tab. 26. *der ſchwarze Staar mit den rothen Flügeln.*

Latham, Vögel, I. 2. p. 354. n. 13. *der rothflügelige Pirol.*

Latham, Syſt. ornithol. I. p. 178. n. 14. Oriolus (Phoeniceus) niger, alarum tectricibus fulvis.

Jonſton, av. p. 222. Pterophoenicus Indiarum.

Du Pratz, hiſt. de la Louiſ. II. p. 91.

Donndorff, Handb. der Thiergeſch. p. 233. n. 3. *der Commandeur.*

29. Americanus. *Der americaniſche Pirol.*

Halle, Vögel, p. 293. n. 245. *die indianiſche Amſel?*

Onomat. hiſt. nat. IV. p. 512. *die zinnoberbrüſtige Droſſel.*

Klein, av. p. 69. n. 24. Turdus ſive merula Indica, pectore cinnabrino.

Klein, Vorbereit. p. 131. n. 24. *zinnoberbrüſtige Droſſel.*

Klein, verbeſſ. Vögelhiſt. p. 69. n. 25. *zinnoberbrüſtige Droſſel.*

Büffon, Vögel, VIII. p. 92. *der ſchwarze, unten von der Kehle bis zum Bauche rothe Troupial.*

Latham, Vögel, I. 2. p. 355. n. 14. *der cayenniſche Trupial.*

Latham,

Latham, Syst. ornitholog. I. p. 178. n. 15. Oriolus (Americanus) niger, gula, iugulo pectoreque ruberrimis, margine alarum rubro.

β. Oriolus niger, vertice, gula, iugulo, pectore margineque alarum rubris. *

Latham, Syst. ornithol. I. p. 179. β.

Bankroft, Naturgeschichte von Guiana, p. 107. *Spottvogel.*

Schlötzer, Erdbeschreib. von Amerika, p. 238. *der Mockvogel.*

30. Oryzivorus. *Der Reispirol.*

Latham, Vögel, I. 2. p. 350. n. 5. *der Reißpirol.*

Latham, Syst. ornitholog. I. p. 176. n. 5. Oriolus (Oryzivorus) niger, capite, collo pectoreque purpureo-nitentibus.

31. Ludovicianus. *Der louisianische Pirol.*

Pennant, arct. Zool. II. p. 248. n. 63. *der Pirol mit dem weißen Kopfe.*

Büffon, Vögel, VIII. p. 147. *der louisianische Cassike;* mit 1 Fig.

Latham, Vögel, I. 2. p. 350. n. 4. *der weißköpfige Pirol.*

Latham, Syst. ornitholog I. p 175. n. 4. Oriolus (Leucocephalus) nigro alboque varius, capite, collo, abdomine uropygioque albis, cauda cuneiformi.

β. Or. fusco-nigricans, collo, pectore alisque nigro-maculatis, capite albo, macula verticis nigra. *

Latham, Vögel, I. 2. p. 350. ad n. 4. *Woupawchou chuckithow.*

Latham, Syst. ornitholog. I. p. 175. β.

Latham, Syn. Suppl. p. 88. White-headed Oriole.

32. Hud-

32. Hudsonius. *Der Pirol von der Hudsons-bay.* (4)

Pennant, arct. Zoolog. II. p. 248. n. 64. *der Pirol mit dem weißen Kopfe von der Hudsonsbay.*

Latham, Vögel, I. 2. p. 350. ad n. 4.

Latham, Syst. ornitholog. I. p. 175. n. 4. γ. Or. viridi-nigricans, capite, gula, remige exteriore, femoribus strigisque pectoris albis.

33. Cristatus. *Der gehäubte Pirol.*

Büffon, Vögel, VIII. p. 142. *der Cassike mit dem Zopf von Cayenne;* mit 1 Fig.

Latham, Vögel, I. 2. p. 349. n. 3. *der gehaubte Pirol.*

Latham, Syst. ornithol. I. p. 174. n. 3. Oriolus (Cristatus) ater cristatus, dorso infimo, uropygio crissoque castaneis, rectricibus lateralibus flavis.

Pallas, Naturgesch. merkw. Th. VI. p. 3. *der allergrößte Gelbvogel, oder so genannte Citronvogel.*

β. Or. fulvo-olivaceus cristatus, dorso infimo, uropygio, abdomine, crisso rectricibusque 2. intermediis castaneis, lateralibus flavis.

Latham, Syst. ornitholog. I. p. 175. n. 3. β.

Latham, Vögel, I. 2. p. 349. n. 3. Var. A.

γ. *Büffon*, Vögel, VIII. p. 141. *der grüne Cassike von Cayenne;* m. 1 Fig.

Latham, Syst. ornithol. I. p. 175. n. 3. γ. Or. capite cristato, corpore antice viridi, postice casta-

(4) Flügelweite 13 1/2 Zoll. Gewicht 13/4 Unzen. Nach *Pennant* und *Latham* eine Varietät vom vorhergehenden.

castaneo, remigibus rectricibusque 2. intermediis nigris, lateralibus flavis.

Latham, Vögel, I. 2. p. 349. n. 3. Var. B.

6. Haemorrhous. *Der rothschwänzige Pirol.*

Müller, Natursystem, II. p. 187. n. 6. *der Blutschwanz.*

Brisson, ornith. I. p. 183. n. 13. Cassique rouge.

Büffon, Vögel, VIII. p. 138. *der Jupujuba;* mit 1 Figur.

Batsch, Thiere, I. p. 323. *der Jupujuba.*

Latham, Vögel, I. 2. p. 348. n. 2. *der Pirol mit rothem Steiße.*

Latham, Syst. ornithol. I. p. 174. n. 2. Oriolus (Haemorrhous) niger, uropygio crissoque coccineis.

β. *Latham*, Syst. ornitholog. I. p. 174. n. 2. β. Or. fusco nigricans, uropygio tectricibusque caudae vinaceis, crisso flavo.

Latham, Vögel, I. 2. p. 348. n. 2. Var. A.

7. Persicus. *Der Jupujuba.*

Müller, Natursystem, II. p. 188. n. 7. *die amerikanische Drossel.*

Borowsky, Thierreich, II. p. 117. n. 3. *der Jupujaba.*

Blumenbach, Handb. der Naturgesch. p. 179. n. 2. Oriolus (Persicus) niger, dorso postico maculaque tectricum alarum, basique rectricum luteis; *der Jupujaba.*

Halle, Vögel, p. 293. n. 246. *die brasilische Drossel.*

Onomat. hist. nat. IV. p. 516. *die brasil. Drossel.*

Brisson, ornitholog. I. p. 183. n. 14. Cassique jaune.

Büffon,

Büffon, Vögel, VIII. p. 134. *der brasilianische Japu*; mit 1 Fig.

Batsch, Thiere, I. p. 323. *der brasilianische Japu.*

Latham, Vögel, I. 2. p. 347. n. 1. *der brasilianische Japu.*

Latham, Syst. ornithol. I. p. 173. n. 1. Oriolus (Persicus) niger, dorso postico, macula tectricum alarum basique rectricum luteis.

Linné, Syst. Natur. Edit. VI. p. 19. n. 2. Cissa nigra alis caudaque luteis.

Jonston, av. p. 189. Jupujuba seu Jabu Brasiliensibus.

Hermann, tab. affin. animal. p. 204. Oriolus persicus.

Donndorf, Handb. der Thiergesch. p. 234. n. 4. *der Jupujuba.*

β. *Büffon*, Vögel, VIII. p. 137. *Japu oder Jupujuba des Marcgrav.*

Latham, Vögel, I. 2. p. 347. n. 1. Var. A.

Latham, Syn. II. p. 419. A.

Latham, Syst. ornithol. I. p. 174. n. 1. β. Or. niger, dorso postico, macula tectricum rectricisque extima supra basi flavis, omnibus subtus luteo nigroque dimidiatis.

γ. *Büffon*, Vögel, VIII. p. 137. *Edwards schwarz und gelbe Elster.*

Seligmann, Vögel, IX. Tab. 9.

Latham, Vögel, I. 2. p. 347. n. 1. Var. B.

Latham, Syn. II. p. 419. B.

Latham, Syst. ornitholog. I. p. 174. n. 1. γ. Oriolus purpureo-niger, dorso postico, uropygio, abdomine, crisso maculaque alarum luteis.

8. MEXICANUS. *Der mexicanische Pirol.*

Müller, Natursyst. II. p. 188. n. 8. *mexicanische Drossel.*

Onomat. histor. nat. IV. p. 512. *die dunkelbraune Drossel aus Neuspanien.*

Brisson, ornith. I. p. 183. n. 17. Troupiale brun de la Nouvelle Espagne.

Büffon, Vögel, VIII. p. 109. *der Troupial mit der schwarzen Kopfplatte;* mit 1 Fig.

Latham, Vögel, I. 2. p. 357. n. 17. *der Trupial mit schwarzer Mütze.*

Latham, Syst. ornithol. I. p. 179. n. 18. Oriolus (Mexicanus) nigricans, subtus capiteque luteus.

34. RUBER. *Der rothe Pirol.*

Büffon, Vögel, VIII. p. 196. *der rothe Troupial von Antigua.*

Latham, Vögel, I. 2. p. 356. n. 16. *der rothe Pirol.*

Latham, Syst. ornithol. I. p. 179. n. 17. Oriolus (Ruber) cinnabrinus, abdomine, remigibus rectricibusque nigro-sericeis.

Sonnerat, Reis. nach Neuguinea, p. 41. *die rothe Golddrossel.*

9. GUIANENSIS. *Der guianische Pirol.* (5)

Müller, Natursystem, II. p. 188. n. 9. *gujanische Drossel.*

Brisson, ornitholog. I. p. 185. n. 18. Troupiale de la Guiane.

Büffon,

(5) Nach *Büffon* eine Spielart von *Oriolus Americanus*, n. 29. womit ihn auch *Brisson* für einerley hält, wie ich aus den von ihm angeführten Synonymen ersehe. *Pennant* rechnet hieher auch den *Xochitototl* des *Fernandez.*

Büffon, Vögel, VIII. p. 93. Troupiale de la Guiane.

Latham, Vögel, I. 2. p. 356. n. 15. *der gujanische Pirol.*

Latham, Syst. ornithol. I. p. 179. n. 16. Oriolus (Guianensis) nigricans, pennis margine griseis, pectore colloque subtus rubris.

35. Flavus. *Der goldgelbe Pirol.*

Büffon, Vögel, VIII. p. 197. *der gelbe Troupial von Antigua.*

Latham, Vögel, I. 2. p. 357. n. 8. *der Troupial von Antigua.*

Latham, Syst. ornitholog. I. p. 179. n. 19. Oriolus (Flavus) flavus, cervice, dorso, alis caudaque sericeo-nigris.

Sonnerat, Reis. n. Neuguin. p. 41. *die gelbe Golddrossel von Antigua.* Tab. 41. fig. a.

10. Baltimore. *Der Baltimore.*

Müller, Natursyst. II. p. 188. n. 10. *Baltimore.*

Borowsky, Thierreich, II. p. 115. n. 1. *die Baltimoredrossel.* Tab. 11.

Halle, Vögel, p. 294. n. 248. *die Tulpendrossel.*

Pennant, arct. Zoolog. II. p. 245. n. 58 *der Baltimore.* Tab. 12. Männchen, Weibchen und Nest abgebildet.

Onomat. histor. nat. III. p. 287. *der Baltimorevogel.*

Onomat. hist. nat. IV. p. 514. *die gelbbunte Drossel, Wittewall.*

Handbuch der Naturgesch. II. p. 170. *die gelbbunte Drossel.*

Klein, av. p. 68. n. 15. Turdus Icterus ex auro nigroque varius.

Klein, Vorbereit. p. 129. n. 15. *gelbbunte Droſſel.*

Klein, verbeſſ. Vögelhiſt. p. 67. n. 8. *gelbbunte Droſſel.*

Briſſon, ornitholog. I. p. 186. n. 19. Baltimore.

Büffon, Vögel, VIII. p. 125. *der Baltimore;* mit 1 Figur.

Seligmann, Vögel, II. Tab. 96. *der Baltimorevogel.*

Batſch, Thiere, I. p. 322. *der Baltimorevogel.*

Latham, Vögel, I. 2. p. 357. n. 19. *der Baltimore.*

Latham, Syſt. ornitholog. I. p. 180. n. 20. Oriolus (Baltimore) nigricans, ſubtus faſciaque alarum fulvus.

Hermann, tab. affinit. animal. p. 204. Oriolus Baltimore.

Linné, Syſt. Nat. Edit. X. I. p. 192. n. 4. Coracias (Galbula) fulva, capite, dorſo remigibusque nigris.

Donndorff, Handb. der Thiergeſch. p. 234. n. 3. *der Baltimore.*

11. Spurius. *Der unächte Baltimore.*

Müller, Naturſyſtem, II. p. 189. n. 11. *Baſtarddroſſel.*

Halle, Vögel, p. 294. n. 247. *die ſchwarzköpfige Droſſel.*

Pennant, arct. Zoolog. II. p. 246. n. 59. *der Baſtard Baltimore.*

Onomat. hiſt. nat. IV. p. 515. *der ſchwarzbärtige Wittewall.*

Klein, av. p. 68. n. 14. Turdus minor, gutture nigro.

Klein, Vorbereit. p. 128. n. 14. *ſchwarzbärtiger Wittewall.*

Klein,

Klein, verbeſſ. Vögelhiſt. p. 67. n. 14. *ſchwarzbärtiger Wittewall.*

Briſſon, ornithol. I. p. 186. n. 20. Baltimore Baſtard.

Büffon, Vögel, VIII. p. 129. *der unächte Baltimore.*

Seligmann, Vögel, II. Tab. 98. *der Baltimore-Baſtard.*

Latham, Vögel, I. 2. p. 358. n. 2. *der Baſtard-Baltimore.*

Latham, Syſt. ornithol. I. p. 180. n. 21. Oriolus (Spurius) niger, ſubtus fulvus, faſcia alarum alba.

36. TEXTOR. *Der Mohrenkopf.*

Büffon, Vögel, VIII. p. 119. *der Mohrenkopf*; mit 2 Figg.

Latham, Vögel, I. 2. p. 359. n. 21. *der Weberpirol.*

Latham, Syſt. ornithol. I. p. 180. n. 22. Oriolus (Textor) fulvo-luteus, capite fuſco-aureo, remigibus rectricibusque nigris, margine fulvis.

12. BONANA. *Der Piſangvogel.* (6)

Müller, Naturſyſt. II. p. 189. n. 12. *Piſangdroſſel.*

Borowsky, Thierreich, II. p. 117. n. 4. *die Piſangdroſſel.*

Gatterer, vom Nutzen und Schaden der Thiere, II. p. 372. n. 299. *der Xochitototl; Piſangvogel.*

(6) *Latham* hat *Sloane's* Tab. 258. fig. 3. bey *dieſer* und der *folgenden* Gattung angeführt. Das *erſte* iſt wohl ein Schreibfehler. Beym *Klein* a. a. O. ſind die Synonymen dergeſtalt unter einander geworfen, daſs ſich nicht mit Gewiſsheit beſtimmen läſst: ob Oriolus *Bonana* oder *Nidipendulus* gemeynt ſey.

Onomat. hist. nat. IV. p. 519. *die bunte Drossel.*

Klein, av. p. 68. n. 13. Turdus minor varius?

Klein, Vorbereit. p. 128. n. 13. *die kleine bunte Drossel?*

Klein, verbess. Vögelhist. p. 67. n. 13. *spanischer bunter Wittewal?*

Brisson, ornithol. I. p. 187. n. 22. Carouge.

Büffon, Vögel, VIII. p. 148. *der Pisangvogel*; mit 2 Figg.

Batsch, Thiere, I. p. 323. *der Pisangvogel.*

Latham, Vögel, I. 2. p. 360. n. 22. *der Pisangpirol.*

Latham, Syst. ornitholog. I. p. 181. n. 23. Oriolus (Bonana) fulvus, capite pectoreque castaneis, dorso, remigibus rectricibusque nigris.

Hermann, tab. affinit. animal. p. 204. Oriolus Bonana.

Donndorff, Handb. der Thiergesch. p. 235. n. 7. *die Pisangdrossel.*

37. Nidipendulus. *Der jamaicaische Pirol.*

Latham, Vögel, I. 2. p. 360. n. 23. *der Hangnestpirol.*

Latham, Syst. ornithol. I. p. 181. n. 24. Oriolus (Nidipendulus) rubro-fuscus, alis albo variis, pectore, abdomine colloque lateribus testaceo-ferrugineis, medio linea nigra.

38. Varius. *Der bunte Pirol.*

Latham, Vögel, I. 2. p. 361. n. 24. *der bunte Pirol.*

Latham, Syst. ornitholog. I. p. 181. n. 25. Oriolus (Castaneus) niger, dorso infimo, uropygio corporeque subtus castaneo-ferrugineis, remigibus secundariis albo-marginatis.

13. Xan-

13. Xanthornus. *Der kleine Gelbsteiß von Cayenne.*

Müller, Naturs. II. p. 189. n. 13. *gelbe Drossel.*

Halle, Vögel, p. 223. n. 162. *der goldfarbene singende Würger.*

Onomat. histor. nat. IV. p. 513. *der goldfarbene singende Würger.*

Klein, av. p. 54. n. 7. Lanius *Ayoquantotl* dictus.

Klein, Vorbereit. p. 102. n. 7. *Golden-Wrangengel.*

Klein, verbesserte Vögelhist. p. 53. n. 32. *Golden Wrangengel.*

Brisson, ornitholog. I. p. 188. n. 23. Carouge du Mexique.

Büffon, Vögel, VIII. p. 153. 159. *der kleine Gelbsteiß von Cayenne*; mit 1 Fig.

Seligmann, Vögel, VII. Tab. 33. *der kleine Vogel Bonana.*

Batsch, Thiere, I. p. 323. *der kleine Gelbsteiß von Cayenne.*

Latham, Vögel, I. 2. p. 361. n. 25. *der kleine Pisangpirol.*

Latham, Syst. ornitholog. I. p. 181. n. 26. Oriolus (Xanthornus) luteus, gula, remigibus rectricibusque nigris.

14. Dominicensis. *Der Pirol von St. Domingo.* (7)

Müller, Natursyst. II. p. 190. n. 14. *Domingodrossel.*

Onomat. histor. nat. IV. p. 517. *die Amsel von St. Domingo.*

Brisson, ornitholog. I. p. 189. n. 25. Carouge de S. Domingue, ou Demoiselle.

 Büffon,

(7) Nach *Büffon* das Weibchen vom vorhergehenden.

Büffon, Vögel, VIII. p. 158. 162. n. 2. *das Weibchen vom vorigen.*

Latham, Vögel, I. 2. p. 362. n. 26. *der Pirol von St. Domingo.*

Latham, Syst. ornithol. I. p. 182. n. 27. Oriolus (Dominicensis) niger, corpore postico tectricibus alarum maculaque luteis.

39. JAMACAII. *Der Jamac.* (8)

Onomat. histor. nat. IV. p. 514. Icterus luteus.

Brisson, ornitholog. I. p. 189. n. 24. Carouge du Brésil.

Büffon, Vögel, VIII. p. 157. 163. n. 5. *der Jamac des Marcgrav.*

Latham, Vögel, I. 2. p. 362. n. 27. *der brasilianische Pirol.*

Latham, Syst. ornithol. I. p. 182. n. 28. Oriolus (Jamacaii) flavus, capite, collo subtus, remigibus rectricibusque nigris, dorso fascia nigra, tectricum macula alba.

15. CAYENNENSIS. *Der Pirol von St. Thomas* (9)

Müller, Natursyst. II. p. 190. n. 15. *Gelbflügel.*

Onomat. histor. nat. IV. p. 517. *die Amsel von St. Thomas.*

Brisson, ornitholog. I. p. 190. n. 26. Carouge de Cayenne.

Büffon, Vögel, VIII. p. 156. 162. n. 4. *Xanthorn von St. Thomas.*

Latham, Vögel, I. 2. p. 362. n. 28. *der cayennische Pirol.*

Latham, Syst. ornithol. I. p. 182. n. 29. Oriolus (Cayennensis) niger, macula alarum lutea.

Her-

(8) Nach *Büffon* eine Spielart von *Oriolus Xanthornus.*

(9) Nach *Büffon* eine Spielart von *Oriolus Xanthornus.*

Hermann, tab. affinit. animal. p. 204. Oriolus Cayennensis.

40. LEUCOPTERUS. *Der schwarze Pirol mit weißgefleckten Flügeln.* (10)

Latham, Vögel, I. 2. p. 363. n. 29. *der weißflügelige Pirol.* Fig. 32.

Latham, Syst. ornithol. I. p. 183. n. 31. Oriolus (Leucopterus) niger, macula alarum alba.

Mus. Carls. fasc. II. Tab. 31. Oriolus melaleucus.

β. *Der Pirol mit weißem Rücken.*

Pennant, arct. Zoolog. II. p. 245. n. 57.

Kalm, it. II. p. 274.

16. ICTEROCEPHALUS. *Der gelbköpfige Pirol.*

Müller, Natursyst. II. p. 190. n. 16. *Gelbkopf.*

Onomat. histor. nat. VII. p. 864. *die gelbköpfige Drossel aus Cayenne.*

Brisson, ornitholog. I. p. 190. n. 27. Carouge à tête jaune de Cayenne.

Büffon, Vögel, VIII. p. 164. *der gelbköpfige Xanthorn*; m. 1 Fig.

Seligmann, Vögel, IX. Tab. 13. *der gelbköpfige Staar.*

Latham, Vögel, I. 2. p. 363. n. 30. *der gelbköpfige Pirol.*

Latham, Syst. ornithol. I. p. 183. n. 32. Oriolus (Icterocephalus) niger, capite colloque luteis.

(10) *Latham* rechnet hieher auch die *Tanagra nigerrima* (Linn. Syst. Nat. p. 899. n. 45.) nimmt *Büffons Tanagra noir* IV. p. 257. Pl. enl. n. 179. fig. 2. und seinen eignen *Guiana Tanager*, Syn. III. p. 225. n. 15. für das Männchen, und *Büffons Tanagra roux*, pl. enl. n. 711. für das Weibchen an.

17. MELANCHOLICUS. *Der Trauerpirol.*

Müller, Naturſyſt. II. p. 190. n. 17. *misfärbige Droſſel.*

Onomat. hiſtor. nat. III. p. 977. *der braune amerikaniſche Ammer.*

Klein, av. p. 98. n. 17 Fringilla ex fuſco et nigro varia, americana; cauda ſuperbiens.

Klein, Vorbereit. p. 183. n. 17. *bunter braun und ſchwarzer Diſtelfinke aus Amerika.*

Klein, verbeſſ. Vögelhiſt. p. 98. n. 17. *braun und ſchwarzbunter Fink.*

Briſſon, ornitholog. I. p. 191. n. 29. Carouge tacheté.

Seligmann, Vögel, IV. Tab 65. *der braune amerikaniſche Ammer.*

Latham, Vögel, I. 2. p. 363 n. 31. *der gefleckte Pirol.*

Latham, Syſt. ornithol. I. p. 184. n. 3. Oriolus (Melancholicus) griſeus nigro-punctatus faſcia oculorum *alba*; (ein Druckfehler für *nigra*.)

Linné, Syſt. Nat. Edit. X. I. p. 180. n. 7. Fringilla (Melancholica) griſea nigro-punctata, area a roſtro per latera colli atra.

Hermann tab. affinit. animal. p. 203. Oriolus melancholicus.

β. *Büffon*, Vögel, VIII. p. 111. *der gefleckte Troupial von Cayenne*; mit 1 Fig.

Latham, Vögel, I. 2. p. 364 n. 31. Var. A.

Latham, Syn. II. p. 442. n. 31. A.

Latham, Syſt. ornitholog. I. p. 184. n. 33. β. Or. fuſco-nigricans, corporis ſuperioris pennis margine flavis; inferioris, alarum caudaeque fulvis, faſcia oculorum gulaque albis.

18. CA-

40. Capensis. *Der capsche Pirol.*

Müller, Natursystem, II. p. 190. n. 10. *capsche Drossel.*

Pennant, arct. Zool. II. p. 248. n. 65. *der olivenfarbige Pirol.*

Brisson, ornitholog. I. p. 191. n. 30. Carouge du Cap de bonne Esperance.

Büffon, Vögel, VIII. p. 166. *der olivenfarbige Xanthorn;* mit 1 Fig.

Latham, Vögel, I. 2. p. 365. n. 35. *der capsche Pirol.*

Latham, Syst. ornitholog. I. p. 184. n. 36. Oriolus (Capensis) fusco-olivaceus, subtus luteus.

41. Caeruleus. *Der blaue Pirol.*

Brisson, ornitholog. I. p. 190. n. 28. Carouge bleu.

Büffon, Vögel, VIII. p. 198. *der kleine blaue Xanthorn.*

Latham, Syst. ornitholog. I. p. 185. n. 38. Oriolus (Caeruleus) cinereo-nigricans, capite, alis caudaque caeruleis.

Latham, Vögel, I. 2. p. 366. n. 36. *der blaue Pirol.*

Pallas, Naturgesch. merkw. Th. VI. p. 5. * *die kleine acht u. zwanzigste Gattung des Brisson.*

42. Viridis. *Der grünliche Pirol.*(1)

Pennant, arct. Zoolog. II. p. 249. n. 66. *der Pirol mit gelber Kehle.*

Latham, Syn. Suppl. p. 89.

Latham,

(1) Die Benennung *Or. Viridis* kommt im Syst. p. 395. n. 51. nochmals vor. Zum Unterschiede könnte man die erstere nämlich die 42ste Gattung mit *Latham Virescens* nennen, wenn sie nicht, wie dieser vermuthet, eine Spielart von *Oriolus Capensis* ist.

Latham, Vögel, I. 2. p. 374. n. 46. *der gelbkehlige Pirol.*

Latham, Syst. ornithol. I. p. 185. n. 37. Oriolus (Virescens) virescens, genis, gula superciliisque luteis, tectricibus alarum albo-maculatis.

43. FERRUGINEUS. *Der rostfärbige Pirol.*

Pennant, arct. Zool. II. p. 247. n. 62. *der rostfarbige Pirol.*

Latham, Vögel, I. 2. p. 374. n. 47. *der rostfarbige Pirol.*

Latham, Syn. Suppl. p. 89.

Latham, Syst. ornitholog. I. p. 176. n. 6. Oriolus (Ferrugineus) niger, pennis ferrugineo-marginatis, capite cerviceque purpurascentibus, abdomine obscuro, macula per oculos ad nucham nigra.

44. FUSCUS. *Der braunköpfige Pirol.*

Pennant, arct. Zool. II. p. 247. n. 61. *der Pirol mit braunem Kopfe.*

45. NIGER. *Der schwarze Pirol.* (2)

Pennant, arct. Zoolog. II. p. 247. n. 60. *der schwarze Pirol.*

Brisson,

(2) Hier herrscht unter den Synonymen grosse Verwechselung. In der XIIten Edition hatte *Linné* den *Icterus niger Briss.* so wie *Sloane's* und *Raj Monedula tota nigra*, zu *Gracula Barita* gerechnet. *Gmelin* und *Latham* ziehen mit *Pennant* den *Icterus niger*, zum *Oriolus niger*. *Latham* rechnet hieher auch *Klein: Cornix parva profunde nigra*, und die Synonymen aus *Sloane* und *Rajus* zu *Gracula Barita*. *Klein* aber führt ausdrücklich den *Sloane*- und *Rajus* an; und selbst *Brisson* zieht die Synonymen von *Sloane*, *Rajus* und *Klein* zu seinem *Icterus niger*. *Pennant* giebt die Länge des Vogels an 9 Zoll; die Flügelweite 1 Fuss, und das Gewicht zu 2 1/2 Unzen an.

Briſſon, ornitholog. I. p. 164. n. 15. Troupiale noir.

Büffon, Vögel, VIII. p. 104. *der große ſchwarze Troupial;* mit 1 Figur.

Latham, Vögel, I. 2. p. 366. n. 37. *der große ſchwarze Pirol.*

Latham, Syſt. ornithol. I. p. 185. n. 39. Oriolus (Niger) nigro-vireſcens, remigibus rectricibusque lateralibus intus ſubtusque nigris.

Donndorff, Handbuch der Thiergeſch. p. 234. n. 6. *der ſchwarze Pirol.*

46. Minor. *Der kleine ſchwarze Pirol.* (3)

Pennant, arct. Zool. II. p. 247. n. 60. in fin.

Büffon, Vögel, VIII. p. 107. *der kleine ſchwarze Troupial;* mit 1 Fig.

Latham, Vögel, I. 2. p. 367. n. 38. *der kleine ſchwarze Pirol.*

Latham, Syſt. ornitholog. I. p. 185. n. 40. Oriolus (Minor) niger nitidus, capite caeruleſcente.

47. Olivaceus. *Der olivenfarbige Pirol.*

Büffon, Vögel, VIII. p. 117. *der olivenfarbige Troupial von Cayenne;* mit 1 Figur.

Latham, Vögel, I. 2. p. 368. n. 39. *der olivenfarbige Pirol.*

Latham, Syſt. ornithol. I. p. 186. n. 41. Oriolus (Olivaceus) olivaceus, capite, gula iuguloque fuſcis nitidis, pectore flaveſcente.

48. Aunalaschkensis. *Der Pirol von Unalaſchka.*

Pennant, arct. Zool. II. p. 449. n. 67. *der Pirol von Unalaſchka.*

Latham,

(3) Nach *Pennant* eine Varietät vom vorigen.

Latham, Vögel, I. 2. p. 368. n. 40. *der Pirol von Unalaschka.*

Latham, Syst. ornithol. I. p. 186. n. 42. Oriolus (Aoonalaschkensis) fuscus; collo subtus ferrugineo-fusco, loris macula alba, gula albida, striga fusca bifida.

49. CAUDACUTUS. *Der spitzschwänzige Pirol.*

Pennant, arct. Zool. II. p. 249. n. 68. *der Pirol mit zugespitztem Schwanze.*

Latham, Vögel, I. 2. p. 368. n. 41. *der spitzschwänzige Pirol.* Tab. 20.

Latham, Syst. ornithol. I. p. 186. n. 43. Or. (Caudacutus) varius, rectricibus apice acuminatis.

50. SINENSIS. *Der Kink.*

Büffon, Vögel, VIII. p. 168. *der Kink;* m. 1 F.

Latham, Vögel, I. 2. p. 369. n. 42. *der Kink.*

Latham, Syst. ornithol. I. p. 186. n. 44. Oriolus (Sinensis) albus, capite, collo, dorso anteriore pectoreque griseo-cinereis, remigibus chalybeis, rectricibus albo chalybeoque dimidiatis.

19. AUREUS. *Der goldfarbige Pirol.*

Müller, Natursystem, II. p. 191. n. 19. *ostindianische Golddrossel.*

Onomat. hist. nat. III. p. 287. *der goldene Paradiesvogel.*

Klein, verbess. Vögelhist. p. 67. n. 9. *Merle mit schwarzem Bart.*

Borowsky, Thierreich, II. p. 122. n. 3. *der goldfarbne Paradiesvogel.*

Brisson, ornithol. I. p. 192. n. 31. Troupiale des Indes.

Büffon, Vögel, VII. p. 312. *der Paradies-Raker;* mit 1 Fig.

Batsch,

Batsch, Thiere, I. p. 332. *Paradiesracker.*

Seligmann, Vögel, VII. p. 312. *Paradiesracker.*

Latham, Vögel, I. 2. p. 396. n. 8. *der goldfarbige Paradiesvogel.*

Latham, Syst. ornithol. I. p. 197. n. 11. *Paradisea* (Aurea) flavo-fulva, capistro, gula, remigibus rectricibusque nigris.

Linné, Syst. Nat. Ed. X. I. p. 108. n. 5. *Coracias* (Aurea) flavo-fulva, gula, tectricibus primariis extremitateque rectricum nigris.

51. Viridis. *Der Pfeifer.*

Onomat. hist. nat. IV. p. 515. *der grüne Wittewall.*

Brisson, ornith. I. p. 187. n. 21. Baltimore verd, ou Siffleur.

Büffon, Vögel, VIII. p. 123. *der Pfeifer;* m. 1 F.

Latham, Vögel, I. 2. p. 365. n. 34. *der Pfeiferpirol.*

Latham, Syst. ornitholog. I. p. 184. n. 35. Or. (Viridis) fusco-olivaceus, subtus uropygioque viridi-olivaceus, remigibus fuscis, extus olivaceis, intus albicantibus.

Hermann, tab. affinit. animal. p. 203. Sibilator.

52. Furcatus. *Der Pirol mit getheiltem Schwanze.*

Onomat. histor. nat. IV. p. 512. *der Staar mit getheiltem Schwanze.*

Klein, av. p. 64. n. 4. Sturnus cauda divisa.

Klein, Vorber. p. 122. n. 4. *Staar mit getheiltem Schwanze.*

Klein, verbess. Vögelhist. p. 64. n. 4. *Staar mit getheiltem Schwanze.*

Brisson, ornitholog. I. p. 185. n. 16. Troupiale à queue fourchue.

Latham,

Latham, Vögel, I. 2. p. 365. n. 33. *der Pirol mit dem Gabelschwanze.*

Latham, Syst. ornitholog. I. p. 184. n. 34. Oriolus (Furcatus) niger, supra ad caeruleum inclinans, tectricibus caudae inferioribus albis, cauda bifida.

Seba, th. I. p. 107. Tab. 65. fig. 4. Turdus niger mexicanus. *Abbild. schlecht.*

20. Chrysocephalus. *Der goldköpfige Pirol.* (4)

Müller, Natursystem, II. p. 191. n. 20. *amerikanische Golddrossel.*

Onomat. histor. nat. VII. p. 863. *die gelbköpfige Drossel aus Amerika.*

Brisson, ornitholog. I. p. 192. n. 32. Carouge à tête jaune d'Amerique.

Büffon, Vögel, VIII. p. 155. 162. *Brissons schwarzköpfigter Xanthorn.*

Latham, Vögel, I. 2. p. 364. n. 32. *der goldköpfige Pirol.*

Latham, Syst. ornitholog. I. p. 183. n. 30. Oriolus (Chrysocephalus) niger, pileo tectricibus alarum caudaeque luteis.

A. *Veränderungen gegen die XIIte Edition, und Vermehrung der Gattungen dieses Geschlechts.*

Das Geschlecht ist mit 32 Gattungen vermehrt. Bey der 1sten Gattung sind *drey*, bey der 7ten *drey*, und bey der 19ten zwey Varietäten aus einander gesetzt.

53. GE-

(4) Nach *Büffon* eine Varietät von *Oriolus Xanthornus.*

53. GESCHLECHT. GRACULA. *Die Azel-dohle.*

Müller, Naturſyſt. II. p. 192. Gen. LIII.
Leske, Naturgeſch. p. 246. Gen. XXII.
Borowsky, Thierreich, II. p. 118. Gen. XII.
Blumenbach, Handbuch der Naturgeſch. p. 175. Gen. XXI.
Bechſtein, Naturgeſch. I. p. 369. Gen. XVIII.
Bechſtein, Naturgeſchichte Deutſchl. II. p. 169. Gen. XVII.
Pennant, arct. Zoolog. II. p. 250.
Onomat. hiſt. nat. IV. p. 32.
Büffon, Vögel, IX. p. 193 ſqq.
Batſch, Thiere, I. p. 316. Gen. LXVI.
Latham, allgem. Ueberſ. der Vögel, I. 2. p. 376. Gen. XV.
Latham, Syſt. ornithol. I. p. 189. Gen. XVI.
Hermann, tab. affin. anim. p. 195.
Donndorff, Handb. d. Thierg. p. 235. Gen. XIV.

1. RELIGIOSA. *Der Mino.*

Müller, Naturſyſt. II. p. 193. n. 1. *der Plapperer.* Tab. 6. fig. 8.
Leſke, Naturgeſch. p. 246. n. 1. *der Mino.*
Borowſky, Thierreich, II. p. 118. n. 1. *der Mino.*
Blumenbach, Handb. der Naturgeſch. p. 175. n. 1. Gracula (Religioſa) nigro-violacea, macula alarum alba, faſcia occipitis nuda, flava.
Bechſtein, Naturgeſch. I. p. 369. *der Plauderer.*
Bechſtein, Naturgeſch. Deutſchl. II. p. 169. *der Mino.*
Gatterer, vom Nutzen und Schaden der Thiere, II. p. 374. n. 303. *der indianiſche Staar.*
Halle, Vögel, p. 254. n. 197. *die kleine Dohle mit dem gelben Nackenſchleiſe.*

Onomat. hist. nat. IV. p. 36. *die Dohle mit gelbem Nacken-Schleiff.*

Handb. d. Naturgesch. II. p. 203. *der Mainate.*

Klein, av. p. 60. n. 12. Cornicula seu Monedula Indiae Orient.

Klein, Vorbereit. p. 113. n. 12. *Dohle mit gelbem Nackenschleif;* (die kleinere.)

Klein, verbess. Vögelhist. p. 59. n. 14. *Dohle mit gelbem Nackenschleif;* (die kleinere.)

Brisson, ornith. I. p. 242. n. 49. Mainate.

Büffon, Vögel, IX. p. 193. *der Mino;* m. 1 Fig.

Büffon, Vögel, IX. p. 196. n. 1. *der Mino des Herrn Brisson.* n. 2. *der Mino des Bontius.* p. 197. n. 3. *der kleine Mino des Edwards.*

Seligmann, Vögel, I. Tab. 33. *der Minor oder Mino;* obere Fig.

Batsch, Thiere, I. p. 321. *der Mino oder Plapperer.*

Latham, Vögel, I. 2. p. 376. n. 1. *der Mino.*

Latham, Syn. Suppl. p 90. Minor Grakle.

Latham, Syst. ornithol. I. p. 189. n. 1. Gracula (Religiosa) nigro-violacea, macula alarum alba, fascia occipitis nuda, flava.

Linné, Syst. Natur. Edit. X. I. p. 108. n. 1. Gracula (Religiosa) nigro-violacea, macula alarum alba, fascia occipitis nuda, flava.

Donndorff, Handb. der Thiergesch. p. 235. n. 1. *der Mino.*

β. *Der grössere Mino.* (5)

Halle, Vögel, p. 254. n. 196. *die schwarzschielende Dohle mit gelbem Nackenschleife.*

Klein, Vorbereit. p. 113. n. 12. *der grössere.*

Klein, verb. Vögelhist. p. 59. n. 14. *der grössere.*

Brisson,

(5) Nach *Brisson* eine eigne Gattung.

Brisson, ornith. I. p. 243. n. 50. Grand Mainate.
Büffon, Vögel, IX. p. 197. n. 4. *der große Mino des Herrn Edwards.*
Seligmann, Vögel, I. Tab. 33. untere Figur.
Latham, Vögel, I. 2. p. 377. n. 1. Var. A. *der große Mino.*
Latham, Syst. ornitholog. I. p. 189. n. 1. β. Mainatus maior.

2. CALVA. *Der Kahlbacken.*
Müller, Naturs. II. p. 194. n. 2. *der Kahlbacken.*
Onomat. hist. nat. IV. p. 34. *die grünlicht - silberfarbene Amsel.*
Brisson, ornithol. I. p. 236. n. 36. Merle chauve des Philippines.
Büffon, Vögel, IX. p. 200. *der Kahlbacken.*
Latham, Vögel, I. 2. p. 377. n. 2. *die kahle Atzel.*
Latham, Syst. ornitholog. I. p. 189. n. 2. Gracula (Calva) subcinerea, subtus fusco-grisea, capite utrinque nudo, pectore, remigibus rectricibusque fusco-nigricantibus.
Donndorff, Handb. d. Thiergesch. p. 235. *der Kahlbacken.*

3. FOETIDA. *Der Stinkvogel.*
Müller, Natursyst. II. p. 194. n. 3. *der Stinkvogel.*
Onomat. hist. nat. IV. p. 35. *die stinkende Drossel.*
Büffon, Vögel, VII. p. 168. *der Stinkvogel.*
Latham, Syst. ornithol. I. p. 190. n. 5. Gracula (Foetida) nigra, remigibus extus caerulescentibus, fascia collari nuda.
Linné, Syst. Nat. Edit. X. I. p. 108. n. 2. Gracula (Foetida) nigra, remigibus extus caerulescentibus, fascia collari nuda.

4. Barita. *Der Schiffschwanz.* (6)

Müller, Naturſyſt. II. p. 194. n. 4. *Piſangdohle.*

Onomat. hiſt. nat. IV. p. 33. *die pechſchwarze kleine Krähe.*

Pennant, arct. Zool. II. p. 251. n. 70. *der Schiffſchwanz, die Piſangazeldohle.*

Borowſky, Thierreich, II. p. 119. n. 2. *die Piſangdohle.*

Klein, av. p. 59. n. 6. Cornix parva, profunde nigra?

Klein, Vorbereit. p. 112. n. 6. *pechſchwarze kleine Krähe?*

Klein, verb. Vögelhiſt. p. 59. n. 11. *ganz ſchwarze Dohle?*

Latham, Syſt. ornithol. I. p. 191. n. 6. Gracula (Barita) ſubgriſea, humeris caeruleis, remigibus extus viridibus.

Latham, Vögel, I. 2. p. 379. n. 5. *die bootſchwänzige Atzel* Tab. 21.

Linné, Syſt. Nat. Ed. X. I. p. 109. n. 3. Gracula (Barita) ſubgriſea, humeris caeruleis, remigibus extus viridibus.

Donndorff, Handb. der Thiergeſch. p. 236. n. 3. *der Schiffſchwanz.*

5. Cristatella. *Die gehäubte chineſiſche Azeldohle.*

Müller, Naturſyſt. II. p. 195. n. 5. *Haubenmerle.*

Onomatol. hiſt. nat. IV. p. 35. *der Staar mit weiſſem Touppé.*

Klein, av. p. 64. n. 3. Sturnus crinibus cinereis, et delibutis calamiſtro in vallum ad frontem compoſitis.

Klein,

(6) Länge nach *Pennant* 13 Zoll. S. *die vorhergehende zweyte Anmerkung.*

Klein, Vorbereit. p. 122. n. 3. *Staar mit weißem Touppé.*

Klein, verbess. Vögelhist. p. 64. n. 3. *Staar mit weißem Touppee.*

Brisson, ornithol. I. p. 228. n. 21. Merle hupé de la Chine.

Büffon, Vögel, IX. p. 103. *gehaubte chinesische Amsel.*

Seligmann, Vögel, I. Tab. 37. *der chinesische schwarze Staar.*

Latham, Vögel, I. 2. p. 382. *die gehaubte Atzel.*

Latham, Syn. Suppl. p. 90. Crested Grakle.

Latham, Syst. ornithol. I. p. 192. n. 8. Gracula (Cristatella) nigra, remigibus primoribus basi rectricibusque apice albis, rostro flavo.

Linné, Syst. Natur. Edit. X. I. p. 109. n. 4. Gracula (Cristatella) nigra, remigibus primoribus basi rectricibusque apice albis, rostro flavo.

Hermann, tab. affinit. animal. p. 151. 196. Gracula Cristatella.

6. Saularis. *Die bengalische Azeldohle.*

Müller, Natursyst. II. p. 195. n. 6. *bengalische Dohle.*

Onomat. hist. nat. IV. p. 37. *der schwarze bengalische Finke.*

Klein, av. p. 98. n. 14. Fringilla nigra.

Klein, Vorbereit. p. 182. n. 14. *schwarzer bengalischer Finke.*

Klein, verbess. Vögelhist. p. 98. n. 14. *schwarzer Fink.*

Klein, verbesserte Vögelhist. p. 70. n. 36. *Purpurdrossel mit bunten Flügeln.*

Brisson, ornith. I. p. 209. n. 19. Pie-grieche noire de Bengale.

Büffon, Vögel, IX. p. 206. *die bengalische Dohle.*

Seligmann, Vögel, VI. Tab. 76. *die kleine indianische Aelster.*

Latham, Vögel, I. 2. p. 382. n. 8. *die bengalische Atzel.*

Latham, Syn. Supplem. p. 91. Dial Grakle.

Latham, Syst. ornitholog. I. p. 192. n. 9. Gracula (Saularis) nigro-caerulescens, abdomine, macula alarum rectricibusque lateralibus albis.

Linné, Syst. Nat. Edit. X. I. p. 109. n. 5. Gracula (Saularis) nigro-caerulescens, abdomine, macula alarum rectricibusque lateralibus albis.

Gerin. ornith. II. p. 41. Tab. 157. Pica minor bengalensis.

7. Quiscula. *Der Maysdieb.*

Müller, Natursyst. II. p. 196. n. 7. *der Raupentödter.*

Borowsky, Thierreich, II. p. 119. n. 3. *der Raupentödter, die Purpurdohle.*

Blumenbach, Handb. d. Naturgesch. p. 175. n. 2. Gracula (Quiscula) nigro-violacea, cauda rotundata; *der Maisdieb.*

Halle, Vögel, p. 255. n. 198. *die purpurblaue Dohle.*

Gatterer, vom Nutzen u. Schaden der Thiere, II. p. 375. n. 305. *die Purpurdohle.*

Pennant, arct. Zool. II. p. 250. n. 69. *die Purpurazeldohle, Azeldohle von Jamaica.*

Onomat. hist. nat. IV. p. 38. *die Purpurdohle.*

Klein, av. p. 60. n. 13. Monedula purpurea, Cornix purpurea.

Klein, Vorbereit. p. 114. n. 13 *Purpurdohle.*

Klein, verbess. Vögelhist. p. 59. n. 15. *Purpurdohle.*

Brisson, ornitholog. I. p. 166. n. 3. Pie de la Jamaique.

Büffon, Vögel, VII. p. 194. *die Elster von Jamaika;* mit 1 Fig.

Seligmann, Vögel, I. Tab. 24. *die purpurfarbene Dohle.*

Batsch, Thiere, I. p. 322. *die Elster von Jamaika.*

Latham, Vögel, I. 2. p. 380. n. 6. *die Purpuratzel.*

Latham, Syn. Suppl. p. 90. Purple Grakle.

Latham, Syst. ornithol. I. p. 191. n. 7. Gracula (Quiscula) nigro-violacea, cauda rotundata.

Linné, Syst. Natur. Edit. X. I. p. 109. n. 6. Gracula (Quiscula) nigro-violacea, cauda subcuneiformi.

Raj. Syn. p. 168. n. 21. Izanatl?

Hermann, tab. affinit. animal. p. 196. Gracula Quiscula.

Donndorf, Handb. der Thiergesch. p. 236. n. 4. *der Maysdieb.*

β. Gr. corpore albo nigroque, capite albo, remigibus caudaque nigris. *

Latham, Syn. Suppl. p. 90.

Latham, Syst. ornithol. I. p. 191. n. 7. β.

Latham, Vögel, I. 2. p. 381.

8. Atthis. *Die ägyptische Azeldohle.*

Müller, Natursystem, II. p. 196. n. 8. *egyptische Dohle.*

Onomat. histor. nat. IV. p. 32. *die grünlicht-blaue Drossel.*

Büffon, Vögel, IX. p. 208. *die egyptische Gracula.*

Latham, Vögel, I. 2. p. 383. *die ägyptische Atzel.*

Latham, Syſt. ornitholog. I. p 192. n. 10. Gracula (Atthis) viridi-caerulea, abdomine ferrugineo, pedibus ſanguineis.

Haſſelquiſt, Reiſe nach Paläſtina, (Ed. germ.) p. 296. n. 20. Corvus aegyptius.

Linné, Syſt. Nat. Edit. X. I. p. 109. n. 7. Gracula (Atthis) viridi-caerulea, abdomine ferrugineo, pedibus ſanguineis.

Philoſ. transact. lvii. p. 347. 2. Gr. corpore viridi, dorſo caeruleſcente, abdomine ferrugineo, pedibus rubris.

9. Longirostra. *Die langſchnäblige Azeldohle.*

Büffon, Vögel, IX. p. 212. *die langſchnäblichte Gracula.*

Borowsky, Thierreich, II. p. 119. n. 4. *die langſchnäblichte Atzel.*

Latham, Vögel, I. 2. p. 384. n. 10. *die langſchnäblige Atzel.*

Latham, Syſt. ornithol. I. p. 193. n. 11. Gracula (Longiroſtra) cinereo-fuſca, ſubtus flaveſcens, capite, collo caudaque nigris, rectricibus apice maculaque alarum albis.

Pallas, Naturgeſch. merkw. Th. VII. p. 7. *die langſchnäblichte Azel.* Tab. 2. fig. 2.

Hermann, tab. affinit. animal. p. 151. 194. Gracula longiroſtris.

10. Sturnina. *Die dauriſche Azeldohle.*

Büffon, Vögel, IX. p. 211. *die dauriſche Gracula.*

Latham, Syſt. ornithol. I. p. 193. n. 12. Gracula (Sturnina) cana, macula verticis, dorſoque inter alas violaceo-atro, alis caudaque violaceo-viridibus, harum ſtriga gemina alba.

Pallas,

Pallas, Reiſ. Ausz. Anh. III. p. 5. n. 11. Gracula *Sturnina.*

11. Cayennensis. *Die geſtreifte cayenniſche Azeldohle.*

Latham, Syſt. ornithol. I. p. 193. n. 14. Gracula (Scandens) corpore transverſim ſtriato, ſupra rufo, ſubtus luteſcente, capite rufo alboque vario, rectricibus apice denudatis aculeatis.

Latham, Vögel, I. 2. p. 384. n. 11. *die cayenniſche Atzel.*

12. Caruncculata. *Die Azeldohle vom Cap?*

Latham, Syſt. ornitholog. I. p. 324. n. 7. Sturnus (Gallinaceus) cinereus, regione oculorum nuda, ad baſin mandibulae inferioris palea duplici criſtaque verticis membranacea, bifida, erecta, fulva.

A. *Veränderungen gegen die XII. Edition, und Vermehrung der Gattungen dieſes Geſchlechts.*

Das Geſchlecht iſt mit 4 Gattungen vermehrt, und bey der *erſten* Gattung ſind *zwey* Varietäten aus einander geſetzt.

B. *Neuere Gattungen.*

1. *Die Azeldohle von Neuholland.*

Latham, Syn. Suppl. p 91. Yellow-faced Grakle.

Latham, Syſt. ornitholog. I. p. 193. n. 13. Gracula (Icterops) nigra, faſcia alarum corporeque ſubtus albis, regione oculorum nuda rugoſa.

Latham, Vögel, I. 2. p. 385. n. 12. *die neuholländiſche Atzel.*

54. GESCHLECHT. PARADISEA. *Der Paradiesvogel.*

Müller, Natursystem, II. p. 197. Gen. LIV.
Leske, Naturgesch. p. 246. Gen. XXIII.
Borowsky, Thierreich, II. p. 120. Gen. XIII.
Blumenbach, Handbuch der Naturgesch. p. 176. Gen. XXII.
Bechstein, Naturgesch. I. p. 373. Gen. XXII.
Bechstein, Naturgeschichte Deutschl. II. p. 169. Gen. XVIII.
Halle, Vögel, p. 267. 2.
Neuer Schauplatz der Natur, VI. p. 342.
Onomat. hist. nat. V. p. 79. VI. p. 164.
Klein, av. p. 63. Gen. XI.
Brisson, ornith. I. p. 193. Gen. XX. *Manucodiata.*
Büffon, Vögel, VII. p. 316 ff.
Batsch, Thiere, I. p. 316. 331. Gen. LXX.
Latham, allg. Uebersicht der Vögel, I. 2. p. 386. Gen. XVI.
Latham, Syst. ornith. I. p. 194. Gen. XVII.
Hermann, tab. affin. anim. p. 201.
Donndorff, Handbuch der Thiergesch. p. 237. Gen. XV.

1. APODA. *Der große Paradiesvogel.*

Müller, Natursystem, II. p. 197. n. 1. *Luftvogel.* Tab. 26. fig. 5.
Leske, Naturgesch. p. 246. n. 1. *der große Paradiesvogel.*
Borowsky, Thierreich, II. p. 121. n. 2. *der Luftvogel.*
Blumenbach, Handb. der Naturgesch. p. 176. n. 1. Paradisea (Apoda) brunnea, pennis hypochondriis luteis corpore longioribus, rectricibus duabus intermediis longis setaceis.

Bechstein,

Bechstein, Naturgesch. I. p. 374. n. 1. *der große Paradiesvogel.*

Bechstein, Naturgeschichte Deutschl. II. p. 171. *der große Paradiesvogel.*

Funke, Naturgesch. I. p. 335. *der eigentliche Paradiesvogel.*

Ebert, Naturl. II. p. 59. *Paradiesvogel.* Tab. 24. fig. 1.

Halle, Vögel, p. 267. n. 216. *der gelbrothe Paradiesvogel, mit goldgelbem Kopfe und zwey Ruderfedern.*

Halle, Vögel, p. 268. n. 217. *der röthlich braune Paradiesvogel.*

Halle, Vögel, p. 268. n. 218. *der weißbraune langleibige Paradiesvogel.*

Halle, Vögel, p. 269. n. 220. *der gemeine Paradiesvogel.*

Halle, Vögel, p. 271. n. 224. *der größte röthliche Paradiesvogel.*

Gatterer, vom Nutzen u. Schaden der Thiere, II. p. 366. n. 292. *der Paradiesvogel, Gottesvogel.*

Beckmann, Naturhist. p. 42. n. 7. *der Paradiesvogel.*

Onomat. hist. nat. VI. p. 166. Paradisea apoda.

Handb. d. Naturgesch. II. p. 194. *der Paradiesvogel.* Tab. 3.

Klein, av. p. 63. n. 1. Manucodiata, Avis Paradisi.

Klein, Vorbereit. p. 119. n. 1. *Paradiesvogel mit goldgelbem Kopfe.*

Klein, verbess. Vögelhist. p. 63. n. 1. *Paradiesvogel mit goldgelbem Kopfe.*

Klein, av. p. 63. n. 3. Manucodiata III. *Aldrov.*

Klein, Vorb. p. 121. n. 3. Manucodiata III. *Aldr.*

Klein,

Klein, verbess. Vögelhist. p. 63. n. 3. *Reutervogel.*
Klein, av. p. 63. n. 5. Manucodiata V. seu vulgaris.
Klein, Vorber. p. 120. n. 5. *der gemeine.*
Klein, verbess. Vögelhist. p. 63. n. 5. *gemeiner Paradiesvogel.*
Klein, av. p. 63. n. 6. Manucodiata Rex.
Klein, Vorbereit. p. 120. n. 6. *Königsheher.*
Klein, verb. Vögelhist. p. 63. n. 6. *Königsheher.*
Klein, av. p. 64. n. 8. Sebae avis parad. Aroesica.
Klein, Vorbereit. p. 120. n. 8. *der aroesische des Seba.*
Klein, verbess. Vögelhist. p. 63. n. 9. *röthlicher Paradiesvogel.*
Gesner, Vögelb. p. 392. *Paradißvogel oder Lufftvogel.* Fig. p. 393. schl.
Brisson, ornitholog. I. p. 193. n. 1. Oiseau de Paradis.
Buffon, Vögel, VII. p. 316. *der große Paradiesvogel;* mit 1 Fig.
Seligmann, Vögel, V. Tab. 5. *der große Paradiesvogel.*
Latham, Vögel, I. 2. p. 387. n. 1. *der große Paradiesvogel.*
Latham, Syst. ornitholog. I. p. 194. n. 1. Paradisea (Apoda) castanea, collo subtus viridi-aureo, pennis hypochondriis corpore longioribus, rectricibus duabus intermediis longis setaceis.
Batsch, Thiere, I. p. 333. *der große Paradiesvogel.*
Scopoli, an. hist. nat. I. p. 43. Paradisea apoda.
Scopoli, Bemerk. a. d. Naturgesch. I. p. 42. n. 47. *der ohnbeinigte Paradiesvogel.*
Neue Mannichfalt. III. p. 292. *Himmelsvögel.*

Aller-

Allerneueste Mannichfalt. III. p. 98. *der große Paradiesvogel.*

Sonnerat, Reise n. Neuguinea, p. 56. n. 1.

Sander, über die Grösse und Schönheit der Natur, IV. p. 131. *der große Paradiesvogel.*

Goeze, nützl. All. II. p. 364. n. 5. *der Paradiesvogel.*

Jablonsky, allgem. Lex. p. 776. *der größere Paradiesvogel.*

Valentin. mus. museor. I. p. 462. *Paradißvögel.*

Loniceri, Kräuterb. p. 662. *Luftvogel, Paradiß-Vogel.* Fig. p. 663. mittelm.

Linné, Syst. Natur. Edit. II. p. 52. Avis Paradisaea.

Linné, Syst. Nat. Edit. VI. p. 21. n. 1. Paradisea lutea, cauda, pectore abdomineque brunneis, gula azurea.

Linné, Syst. Nat. Edit. X. I. p. 110. p. 51. n. 1. Paradisea (Apoda) pennis hypochondriis corpore longioribus, rectricibus intermediis longis setaceis.

Moehring, av. gen. p. 28. n. 2. Paradisea.

Jonston, av. p. 170. Tab. 55. Manucodiata Aldr. p. 71. Hippomanucodiata.

Hermann, tab. affinit. animal. p. 167. Paradisea apoda.

Gerin. ornith. I. p. 76. Tab. 63.

Pennant, ind. Zool. p. 31. n. 1.

Kirchmaier, de ave Paradisi Manucodiata. Witt. 1662. 8.

Scaliger, Apodes ab India, et Manucodiata: De subtil. ex 228. p. 718. 722.

Helwig, de ave manucodiata seu paradisiaca: *Eph. nat. cur.* Dec. I. an. 9. et 10. obs. 194. p. 453.

Bartholin.

Bartholin. de ave paradisiaca Hist. anat. Cent. 6. hist. 56. p. 292.

Donndorff, Handbuch der Thiergesch. p. 237. n. 1. *der große Paradiesvogel.*

β. *Latham*, Vögel, I. 2. p. 389. n. 1. Var. A. *der kleine Paradiesvogel.*

Latham, Syn. II. p. 474. n. 1. A. Smaller bird of Paradise.

Latham, Syst. ornitholog. I. p. 194. n. 1. β. Paradisea minor papuana.

Pennant, ind. Zool. p. 33. n. 2.

2. REGIA. *Der Königsparadiesvogel.*

Müller, Natursyst. II. p. 199. n. 2. *der Königsvogel.* Tab. 6. fig. 9.

Leske, Naturg. p. 246. n. 2. *der kleine Paradiesvogel.*

Borowsky, Thierreich, II. p. 120. n. 1. *der Königsvogel.* Tab. 13.

Bechstein, Naturgesch. I. p. 374. n. 2. *der kleine Paradiesvogel.*

Halle, Vögel, p. 269. n. 221. *der König der Paradiesvögel.*

Halle, Vögel, p. 270. n. 222. *der König der großen Paradiesvögel.*

Gatterer, vom Nutzen und Schaden der Thiere, II. p. 367. n. 293. *der Königsparadiesvogel.*

Onomat. hist. nat. VI. p. 168. *der Königsvogel.*

Handbuch der Naturgesch. II. p. 195. *der kleine Paradiesvogel.*

Klein, av. p. 64. n. 7. Rex avium paradisiacarum maioris moduli.

Klein, Vorbereit. p. 120. n. 7. *der große Paradiesvogelkönig.*

Klein,

Klein, verbess. Vögelhist. p. 63. n. 7. *größerer Königsheher.*

Brisson, ornitholog. I. p. 195. n. 2. Petit oiseau-de-Paradis.

Büffon, Vögel, VII. p. 332. *der Königs-Paradiesvogel;* mit 1 Figur.

Batsch, Thiere, I. p. 333. *der Königsparadiesvogel.*

Latham, Vögel, I. 2. p. 390. n. 2. *der Königs-Paradiesvogel.*

Latham, Syst. ornithol. I. p. 194. n. 2. Paradisea (Regia) castaneo-purpurea, subtus albida, fascia pectorali viridi-aurea, rectricibus 2. intermediis filiformibus, apice lunato-pennaceis.

Seligmann, Vögel, V. Tab. 6. *der sogenannte König der größern Paradiesvögel.*

Sander, über die Grösse u. Schönheit in der Nat. IV. p. 131. *der kleinere Paradiesvogel.*

Valentin, mus. museor. I. p. 463. Manucodiata regia; *Königsvogel.*

Sonnerat, Reis. n. Neuguin. p. 56. n. 2. *Königsvogel.*

Jablonsky, allgem. Lex. p. 776. *der kleinere Paradiesvogel.*

Linné, Syst. Nat. Edit. II. p. 52. Manucodiata.

Linné, Syst. Nat. Edit. VI. p. 21. n. 2. Manucodiata.

Linné, Syst. Nat. Ed. X. I. p. 110. n. 2. Paradisea (Regia) cirrhis caudalibus filiformibus, apice lunato pennaceis.

Jonston, av. p. 196. Tab. 55. Rex avium paradisiacarum.

Grützmann, diss. de avibus paradisiacis, earumque rege. Ien. 1667.

Gerin. ornith. I. p. 79. Tab. 66.

Pennant,

Pennant, ind. Zool. p. 36. n. 7.
Petiver, gazophyl. Dec. I. Tab. 53. fig. 2.

3. Tristis. *Der philippinische Paradiesvogel.*

Müller, Natursyst. II. p. 201. n. 3. *Bastard.*
Onomat. histor. nat. VI. p. 170. Paradisea tristis.
Gatterer, vom Nutzen u. Schaden der Thiere, II. p. 368. n. 294. *der philippin. Paradiesvogel*
Brisson, ornitholog. I. p. 235. n. 35. Merle des Philippines.
Büffon, Vögel, VII. p. 356. *der philippinische Paradiesvogel.*
Büffon, Vögel, IX. p. 214. *der Martin;* m. 1 F.
Latham, Vögel, I. 2. p. 378. n. 3. *der Martin.*
Latham, Syst. ornitholog. I. p. 190. n. 3. *Gracula* (Tristis) castaneo-fusca, capite colloque fuscis, area pone oculos triangulari nuda, macula remigum tectricibusque lateralibus apice albis.
Hermann, tab. affinit. animal. p. 202. Paradisea tristis.
Donndorff, Handb. der Thiergesch. p. 238. n. 2. *der philippinische Paradiesvogel.*

4. Magnifica. *Der prächtige Paradiesvogel.*

Büffon, Vögel, VII. p. 339. *der prächtige Paradiesvogel;* mit 1 Figur.
Batsch, Thiere, I. p. 333. *der prächtige Paradiesvogel.*
Latham, Vögel, I. 2. p. 391. n. 3. *der prächtige Paradiesvogel.* Tab. 22.
Latham, Syst. ornitholog. I. p. 195. n. 3. Paradisea (Magnifica) castaneo-fusca, capistro nigro, cervice cirrhata flava, collo subtus pectoreque viridi-nigris, medio nitentibus.

Sonne-

Sonnerat, Reis. n. Neuguin. p. 158. *der fünfte od. prächtige Paradiesvogel.*

Pennant, ind. Zool. p. 38. n. 3.

5. NIGRA. *Der schwarze Paradiesvogel.*

Latham, Vögel, I. 2. p. 392. n. 4. *der Paradiesvogel mit dem Halsbande.*

Latham, Syst. ornithol. I. p. 196. n. 5. Paradisea (Gularis) purpureo-nigricans, capistro genisque tomentosis, cervice fasciaque pectorali viridi-nitentibus, sub gula lunula cuprea-aurea, fulgidissima.

6. SUPERBA. *Der violetkehlige Paradiesvogel.*

Büffon, Vögel, VII. p. 344. *der violetkehligte Paradiesvogel*; mit 1 Fig.

Batsch, Thiere, I. p. 332. *der violetkehlige Paradiesvogel.*

Latham, Vögel, I. 2. p. 392. n. 5. *der violetkehlige Paradiesvogel.*

Latham, Syst. ornitholog. I. p. 196. n. 7. Paradisea (Superba) fronte cristata, capite, cervice abdomineque viridibus, gula violacea sericea, cauda mediocri caerulescenti-atra.

Sonnerat, Reis. nach Neuguinea, p. 57. *der dritte, violetkehligte Paradiesvogel.*

Hermann, tab. affinit. animal. p. 166. Paradisea superba.

Pennant, ind. Zool. p. 38. n. 4.

7. AUREA. *Der goldkehlige Paradiesvogel.*

Büffon, Vögel, VII. p. 347. *der sechsfädigte Paradiesvogel*; mit 1 Fig.

Batsch, Thiere, I. p. 332. *der sechsfadige Paradiesvogel.*

Latham, Vögel, I. 2. p. 395. *der sechsfädige Paradiesvogel.*

Latham, Syst. ornitholog. I. p. 196. n. 9. Paradisea (Sexsetacea) cristata atra, vertice, genis gulaque violaceo-nigris, iugulo, macula cervicis pectoreque viridi-nitentibus, regione aurium utrinque pennis setaceis tribus longissimis.

Neue Mannichfalt. VI. p. 587. *der guineische Paradiesvogel, die Goldkehle genannt.*

Hermann, tab. affinit. animal. p. 166. 202. Paradisea sexfilis.

Pennant, ind. Zoolog. p. 38. n. 4.

8. Viridis. *Der stahlfarbige Paradiesvogel.*

Büffon, Vögel, VII. p. 353. *der stahlfarbige Paradiesvogel*; mit 1 Fig.

Batsch, Thiere, I. p. 332. *der stahlfarbige Paradiesvogel.*

Latham, Vögel, I. 2. p. 396. n. 7. *der stahlblaue Paradiesvogel.*

Latham, Syst. ornitholog. I. p. 197. n. 10. Paradisea (Chalybea) caeruleo-viridis, capite sericeo nigro tomentoso, dorso, uropygio, abdomine caudaque chalybeo-nitentibus.

Sonnerat, Reis. n. Neuguinea, p. 59. n. 6. *der grüne Paradiesvogel.*

Pennant, ind. Zoolog. p. 38. n. 6.

9. Alba. *Der weiße Paradiesvogel.*

Latham, Syst. ornithol. I. p. 197. n. 12. Paradisea (Alba) tota alba.

Allerneueste Mannichfalt. III. p. 103. *der weiße Paradiesvogel.*

β. *Der*

β. *Der ſchwarz- und weiße Paradiesvogel.*

Latham, Syſt. ornithol. I. p. 197. n. 12. β. Paradiſea anterius nigra, poſterius alba, pennis 12. ſetaceis pene nudis incurvis.

Allerneueſte Mannichfalt. III. p. 103. *der ſchwarz und weiße Paradiesvogel.*

Gerin. ornith. I. Tab. 65. fig. 1?

A. *Veränderungen gegen die XIIte Edition, und Vermehrung der Gattungen dieſes Geſchlechts.*

Das Geſchlecht iſt mit 6 Gattungen vermehrt, und bey der *erſten* ſind 2 Varietäten aus einander geſetzt.

B. *Unbeſtimmtere Thiere.*

1. *Der ſchwarze Paradiesvogel mit ſtehendem Buſche.*

Halle, Vögel, p. 268. n. 219.

Klein, av. p. 63. n. 4. Manucodiata IV. Aldr.

Klein, Vorber. p. 120. n. 4. *mit krauſen Haaren.*

Klein, verb. Vögelhiſt. p. 63. n. 4. *Straußvogel.*

Briſſon, ornithol. I. p. 195. Species quarta *Aldr.*

Latham, Syſt. ornithol. I. p. 195. n. 4. Paradiſea (Cirrhata) capite, collo aliſque nigris, cirrho prope cervicem capiſtroque flavis.

Aldr. av. I. p. 811. Tab. 814. Manucodiata 4ta, ſeu cirrhata.

Raj, Synopſ. p. 21. n. 4.

Will. ornith. p. 92. Creſted Bird of Paradiſe.

Vielleicht eine Spielart von *Paradiſea magnifica?*

2. Paradiſea (Furcata) nigra, faſciculo ſub alis tomentoſo, medio abdominis pennis caudae furcatae inſtar viridi-ſplendentibus.

Latham, Syſt. ornithol. I. p. 196. n. 8.

Ein unvollſtändiger Vogel.

C. *Neuere Gattungen.*

1. *Der weißflügelichte Paradiesvogel.*

Latham, Vögel, I. 2. p. 397. n. 9. *der weißflügelige Paradiesvogel.*

Latham, Syn. Suppl. p. 92. White-winged Paradise-Bird.

Latham, Syst. ornithol. I. p. 196. n. 6. Paradisea (Leucoptera) nigra, cervice cupreo-splendente, remigibus albis extus nigro-marginatis, cauda longissima cuneiformi.

55. GESCHLECHT. TROGON. *Der Baumhacker.* (Kuruku.)

Müller, Natursyst. II. p. 202. Gen. LV.

Leske, Naturgesch. p. 247. Gen. XXIV.

Borowsky, Thierreich, II. p. 122. Gen. XIV.

Blumenbach, Handbuch der Naturgesch. p. 176. Gen. XXIII.

Bechstein, Naturgeschichte Deutschl. II. p. 165. Gen. VI.

Onomat. hist. nat. VII. p. 590 sqq.

Brisson, ornith. II. p. 87. Gen. LI.

Batsch, Thiere, I. p. 321.

Latham, Vögel, I. 2. p. 398. Gen. XVII.

Latham, Syst. ornithol. I. p. 198. Gen. XVIII.

Hermann, tab. affinit. animal. p. 184. 186.

Donndorff, Handbuch der Thiergesch. p. 238. Gen. XVI.

1. STRIGILATUS. *Der gestreifte Baumhacker.*

Müller, Natursyst. II. p. 202. 1. *gestreifte Baumhacker.*

Onomat. histor. nat. VII. p. 592. *der graue oder gestreifte Baumhacker aus Cayenne.*

Brisson,

Brisson, ornithol. II. p. 88. n. 1. Couroucou cendré de Cayenne.

Latham, Vögel, I. 2. p. 401. n. 3. *der aschgraue Kuruku.*

Latham, Syst. ornithol. I. p. 20. n. 4. Trogon (Strigilatus) cinereus, abdomine fulvo, alis strigis albis, rectricibus nigris, 3 lateralibus extus albo fasciatis, apice albis.

2. Curucui. *Der Curucui.*

Müller, Natursystem, II. p. 203. n. 2. *Schwarzkehle.*

Borowsky, Thierreich, II. p. 123. n. 1. *der schwarzkehlige Baumhacker.* Tab. 14.

Bechstein, Naturgesch. Deutschl. II. p. 165. *der schwarzkehlige Baumhacker.*

Halle, Vögel, p. 179. n. 87. *der rauhfüßige amerikanische Baumhacker.*

Onomat. hist. nat. III. p. 535. VII. p. 592. *Curucui.*

Klein, av. p. 28. n. 16. Picis congener Curucui.

Klein, Vorbereit. p. 54. n. 16. *der spechtartige Curucui.*

Brisson, ornithol. II. p. 90. n. 4. Couroucou verd du Brésil.

Latham, Vögel, I. 2. p. 398. n. 1. *der rothbäuchige Kuruku.*

Latham, Syst. ornitholog. I. p. 198. n. 1. Trogon (Curucui) viridi-aureus, subtus fulvo-miniaceus, gula nigra, tectricibus alarum rectricibusque 3. extimis albo nigroque fasciatis.

Eberhard, Thiergesch. p. 106. *Couroucou.*

Moehring, av. gen. p. 85. n. 114. Trogon.

Jonston, av. p. 205. Curucui.

Gerin. ornith. II. p. 53. Tab. 187.

Donndorff, Handb. der Thiergesch. p. 238. n. 1. *der Curucui.*

β. Latham, Vögel, I. 2. p. 399. n. 1. Var. A. *Latham*, Syst. ornitholog. I. p. 198. *β.* Tr. tectricibus alarum fuscis, macula nuda infra oculos nulla.

γ. Latham, Vögel, I. 2. p. 399. n. 1. Var. B. *Latham*, Syst. ornitholog. I. p. 199. *δ.* Tr. viridi-aureus, subtus fulvus, gula nigra, tectricibus alarum rectricibusque 3. extimis, albo nigroque fasciatis.

δ. Latham, Syn. II. p. 486. n. 1. B. *Latham*, Syst. ornithol. I. p. 198. *γ.* Tr. griseo-cinereus, viridi-nitens, abdomine postico rubro, cauda longiore.

3. Viridis. *Der grüne Baumhacker.*

Müller, Natursystem, II. p. 203. n. 3. *der grüne Baumhacker.*

Borowsky, Thierreich, II. p. 123. n. 2. *der grüne Baumhacker.*

Blumenbach, Handb. d. Naturgesch. p. 176. n. 1. Trogon (Viridis) viridi-aureus, subtus luteus, gula nigra.

Onomat. hist. nat. VII. p. 593. *der grüne Baumhacker aus Cayenne.*

Handb. d. Naturgesch. II. p. 192. *der grüne Curucui.*

Brisson, ornithol. II. p. 88. n. 2. Couroucou verd de Cayenne.

Latham, Vögel, I. 2. p. 400. n. 2. *der gelbbäuchige Kurukn.*

Latham, Syst. ornitholog. I. p. 199. n. 2. Trogon (Viridis) viridi-aureus, subtus luteus, gula

gula nigra, rectricibus utrinque tribus extimis oblique et dentatim albis.

Gerin. ornith. II. p. 53. Tab. 189.

β. *Brisson*, ornitholog. II. p. 89. n. 3. Couroucou verd à ventre blanc de Cayenne.

Latham, Vögel, I. 2. p. 401. n. 2. Var. A. *der weißbäuchige Kuruku.*

Latham, Syn. I. p. 489. n. 2. A. White-bellied Curucui.

Latham, Syst. ornitholog. I. p. 199. n. 2. β.

4. Rufus. *Der braunrothe Baumhacker.*

Latham, Vögel, I. 2. p. 402. n. 4. *der gelbrothe Kuruku.* Tab. 24.

Latham, Syst. ornithol. I. p. 200. n. 5. Trogon (Rufus) rufus, corpore subtus flavo, alis griseo nigroque striatis, rectricibus 3. utrinque lateralibus albo nigroque fasciatis, apice albis.

5. Violaceus. *Der violetfarbige Baumhacker.*

Latham, Vögel, I. 2. p. 402. n. 5. *der violette Kuruku.*

Latham, Syst. ornitholog. I. p. 199. n. 3. Trogon (Violaceus) violaceus, dorso viridi, tectricibus alarum remigibusque secundariis albo maculatis, rectricibus 3. lateralibus albo nigroque fasciatis, apice albis.

6. Maculatus. *Der braune, weißgefleckte Baumhacker.*

Latham, Vögel, I. 2. p. 403. n. 6. *der gefleckte Kuruku.*

Latham, Syst. ornithol. I. p. 201. n. 7. Trogon (Maculatus) fusco et nigricante fasciatus, vertice viridi, tectricibus alarum remigibusque secun-

secundariis viridibus apice albis, cauda nigricante fasciis albis.

7. Fasciatus. *Der bandirte Baumhacker.*

Latham, Vögel, I. 2. p. 403. n. 7. *der Band-Kuruku.*

Latham, Syst. ornithol. I. p. 200. n. 6. Trogon (Fasciatus) dorso ferrugineo, corpore subtus fulvo-rubro, capite colloque nigricantibus, fascia pectorali alba, alis albo nigroque fasciatis, cauda apice nigra.

Murr: Naturforsch. I. p. 267. *der Curucu mit der Binde.*

Berlin. Samml. IX. p. 191. n. 5. *der bandirte Kuruku.*

Neueste Mannichfalt. I. p. 188. n. 5. *der bandirte Kuruku.*

β. Trogon fusco-flavescens, subtus rubro-flavicans, capite nigricante, collo et pectore cinereis, tectricibus alarum albo-striatis, cauda nigra. *

Latham, Syst. ornithol. I. p. 200. n. 6. β.

Latham, Syn. Suppl. p. 93.

Onomat. histor. nat. VII. p. 591. *der ceylonische Baumhacker.*

Brisson, ornithol. II. p. 91. n. 7. Couroucou de Ceylon.

A. *Veränderungen gegen die XII. Edition, und Vermehrung der Gattungen dieses Geschlechts.*

Das Geschlecht ist mit vier Gattungen vermehrt, und bey der zweyten sind 4 Varietäten aus einander gesetzt.

B. *Neue-*

B. *Neuere Gattungen.*

1. *Der grüne asiatische Baumhacker, mit blauer Kehle.*

Latham, Vögel, I. 2. p. 405. n. 8. *der blauwangige Kuruku.*

Latham, Syn. Suppl. p. 93. Blue-cheeked Curucui.

Latham, Syst. ornithol. I. p. 201. n. 8. Trogon (Asiaticus) viridis, fronte, vertice cerviceque rubris, gula caerulea macula rubra, remigibus rectricibusque nigris.

2. *Der schwärzliche indianische Baumhacker, mit blauem Schnabel.*

Latham, Syn. Suppl. p. 94. Indian Curucui.

Latham, Vögel, I. 2. p. 405. n. 9. *der indische Kuruku.*

Latham, Syst. ornitholog. I. p. 201. Trogon (Indicus) nigricans, supra ferrugineo maculatus, subtus flavescens nigricante fasciatus, capite nigro albo striato, cauda longissima fasciata.

56. GESCHLECHT. Bucco. *Das Großmaul.*

Müller, Natursyst. II. p. 204. Gen. LVI.

Leske, Naturgesch. p. 247. Gen. XXV.

Borowsky, Thierreich, II. p. 124. Gen. *

Blumenbach, Handbuch der Naturgesch. p. 177. Gen. XXIV.

Bechstein, Naturgeschichte Deutschl. II. p. 168. Gen. XII.

Brisson, ornitholog. II. p. 67. Gen. XLIX.

Latham, allgem. Uebers. der Vögel, I. 2. p. 406. Gen. XVIII.

Latham, Syst. ornithol. I. p. 201. Gen. XIX.

Hermann, tab. affin. anim. p. 184.

Donndorff, Handb. d. Thierg. p. 238. Gen. XVII.

2. Tamatia. *Die Tamatia.*

Latham, Vögel, I. 2. p. 406. n. 1. *der brasilianische Bartvogel.*

Latham, Syn. Supplem. p. 95. Spotted-bellied Barbet.

Latham, Syst. ornitholog. I. p. 201. n. 1. Bucco (Tamatia) rufo-fuscus, subtus rufo-albus, nigro maculatus, gula fulva, collo lunula rufo nigroque varia, pone oculos macula nigra.

Donndorff, Handb. der Thiergesch. p. 239. n. 1. *die Tamatia.*

3. Cayennensis. *Das cayennische Großmaul.*

Brisson, ornitholog. II. p. 68. n. 2. Barbu de Cayenne.

Latham, Vögel, I. 2. p. 407. n. 2. *der cayennische Bartvogel.*

Latham, Syst. ornitholog. I. p. 202. n. 2. Bucco (Cayennensis), niger, pennis margine griseo-aureis, subtus albo-flavicans, fronte gulaque rubris, superciliis albis.

Gerin. ornith. II. p. 51. Tab. 183.

β. *Latham*, Vögel, I. 2. p. 408. n. 2. Var. A. *der schwarzgefleckte Bartvogel.*

Latham, Syn. II. p. 496. n. 2. A. Black-spotted Barbet.

Latham, Syst. ornithol. I. p. 202. n. 2. β. B. nigricans, subtus albo-flavescens, fronte gulaque rubris, collo subtus, pectore et lateribus maculis nigris.

Brisson, ornitholog. II. p. 68. n. 3. Barbu tacheté de Cayenne. (7)

1. Capen-

(7) Nach *Brisson* eine eigne Gattung.

3. Capensis. *Die Tamatia mit dem Halsbande.* (8)

Müller, Naturſyſt. II. p. 204. n. 1. *Capſche.*

Borowſky, Thierreich, II. p. 124. *das capiſche Groſsmaul.*

Blumenbach, Handb. der Naturgeſch. p. 177. n. 1. Bucco (Capenſis) rufus, faſcia humerali fulva, pectorali nigra.

Bechſtein, Naturgeſch. Deutſchl. II. p. 168. *das capiſche Groſsmaul.*

Briſſon, ornithol. II. p. 67. n. 1. Barbu.

Batſch, Thiere, I. p. 326. *das kapiſche Groſsmaul.*

Latham, Vögel, I. 2. p. 408. n. 3. *der Bartvogel mit dem Halsbande.*

Latham, Syſt. ornitholog. I. p. 202. n. 3. Bucco (Collaris) rufus, faſcia humerali-fulva, pectorali nigra.

Gerin. ornithol. II. p. 51, Tab. 182.

4. Elegans. *Das bunte Groſsmaul.*

Müller, Naturſyſt, Suppl. p. 88. n. 2. Bucco Verſicolor; *der Scheck.*

Briſſon, ornitholog. II. p. 69. n. 5. Barbu des Maynas.

Latham, Vögel, I. 2. p. 409. n. 4. *der ſchöne Bartvogel.*

Latham, Syſt. ornitholog. I. p. 203. n. 4. Bucco (Maynanenſis) viridis, capite gulaque rubris caeruleo-marginatis, iugulo et pectore flavo, abdominis macula rubra.

5. Ma-

(8) Da das Vaterland dieſes Vogels nicht das Vorgebirge der guten Hoffnung ſondern Guiana iſt, ſo iſt der Linneiſche Trivialname nicht richtig, der Lathamſche hingegen weit anpaſſender.

5. MACRORHYNCHOS. *Das großschnäblichte Großmaul.*

Latham, Vögel, I. 2. p. 409. n. 5. *der große bunte Bartvogel.*

Latham, Syſt. ornithol. I. p. 203. n. 5. Bucco (Macrorhynchos) niger, fronte, gula, iugulo, abdomine rectricibusque apice albis, faſcia pectorali nigra.

6. MELANOLEUCOS. *Das ſchwarz- und weiße Großmaul.*

Latham, Vögel, I. 2. p. 410. n. 6. *der kleine bunte Bartvogel.*

Latham, Syſt. ornitholog. I. p. 203. n. 6. Bucco (Melanoleucos) niger, corpore ſubtus, fronte, gula, macula ſcapulari ſtrigaque pone oculos albis, faſcia pectorali lata nigra.

7. PHILIPPINENSIS. *Das philippiniſche Großmaul.*

Müller, Naturſyſt. Suppl. p. 88. n. 3. Bucco Haemacephalus; *der Blutkopf.*

Briſſon, ornithol. II. p. 69. n. 4. Barbu des Philippines.

Latham, Syſt. ornitholog. I. p. 203. n. 7. Bucco (Philippenſis) viridis, ſubtus flavicans maculis olivaceis, genis colloque ſubtus flavis, fronte faſciaque pectorali rubris.

Latham, Vögel, I. 2. p. 411. n. 7. *der philippiniſche Bartvogel.*

8. NIGER. *Das ſchwarze Großmaul.*

Latham, Vögel, I. 2. p. 411. n. 8. *der ſchwarzkehlige Bartvogel.*

Latham, Syſt. ornithol. I. p. 204. n. 8. Bucco (Niger) niger, ſupra flavo-varius, ſincipite rubro,

rubro, lateribus colli ſtriga bifida, pectore abdomineque albis.

β. *Latham*, Syſt. ornitholog. I. p. 204. n. 8. β. (Vielleicht ein junger Vogel?)
Latham, Vögel, I. 2. p. 412. n. 8. Var. A.

9. Parvus. *Das kleine ſenegaliſche Groſsmaul.*
Latham, Vögel, I. 2. p. 412. n. 9. *der kleine Bartvogel.*
Latham, Syſt. ornitholog. I. p. 204. n. 9. Bucco (Parvus) fulvo-nigricans, ſubtus albus fuſco-ſtriatus, gula lutea, ſtriga ſuboculari alba.

10. Grandis. *Das groſse chineſiſche Groſsmaul.*
Latham, Vögel, I. 2. p. 113. n. 10. *der groſse Bartvogel.*
Latham, Syſt. ornithol. I. p. 204. n. 10. Bucco (Grandis) viridis verſicolor, remigibus nigro-variegatis, criſſo rubro.

β. B. ſordide viridis, ſubtus vireſcens, remigibus nigris, orbitis nudis rubicundis. *
Latham, Syſt. ornithol. I. p. 204. n. 10. β.
Latham, Syn. Supplem. p. 95. Grand Barbet.

11. Viridis. *Das grüne Groſsmaul.*
Latham, Vögel, I. 2. p. 413. n. 11. *der grüne Bartvogel.*
Latham, Syſt. ornitholog. I. p. 205. n. 11. Bucco (Viridis) viridis, capite colloque griſeo-fuſcis, ſupra poneque oculum utrinque macula alba.

12. Lathami. *Das olivenfarbige Groſsmaul.*
Latham, Vögel, I. 2. p. 413. n. 12. *der Bartvogel mit gelblichem Geſichte.* Tab. 25.
Latham, Syſt. ornitholog. I. p. 205. n. 12. Bucco (Lathami) olivaceus, remigibus caudaque obſcuris,

scuris, facie mentoque ex subfusco rufescente.

13. Fuscus. *Das braune Großmaul.*

Latham, Vögel, I. 2. p. 414. n. 13. *der weißbrüstige Bartvogel.*

Latham, Syst. ornitholog. I. p. 206. n. 17. Bucco (Fuscus) fuscus, scapis pennarum flavescentibus, capite tumido, pectoris macula triquetra alba.

14. Rubricapillus. *Das rothköpfige Großmaul.*

Latham, Vögel, I. 2. p. 414. n. 14. *der rothköpfige Bartvogel.*

Latham, Syst. ornithol. I. p. 205. n. 13. Bucco (Rubricapillus) viridis, vertice gulaque coccineis, humeris macula albida, pectore flavo, fascia rubra, nigro marginata, abdomine albo.

15. Zeylanicus. *Das zeilanische Großmaul.*

Latham, Vögel, I. 2. p. 415. n. 15. *der gelbwangige Bartvogel.*

Latham, Syst. ornitholog. I. p. 205. n. 15. Bucco (Zeylanicus) viridis, capite colloque pallide fuscis, genis nudis flavis, tectricibus alarum albo maculatis.

16. Dubius. *Das Großmaul aus der Barbarey.*

Latham, Vögel, I. 2. p. 415. n. 16. *der Barbikan.*

Latham, Syst. ornitholog. II. p. 206. n. 16. Bucco (Dubius) niger, subtus ruber, fascia pectoris, femoribus, crissoque nigris.

β. Buc-

β. Bucco caeruleo-nigricans, dorso macula alba, corpore subtus, lunula pone oculos fasciaque alarum rubris. *
Latham, Syst. ornithol. II. p. 206. n. 16. β.
Latham, Syn. Suppl. p. 96. Doubtful Barbet.
Latham, Vögel, I. 2. p. 416.

17. CINEREUS. *Das aschgraue cayennische Großmaul.* (9)
Latham, Vögel, I. 2. p. 416. n. 17. *der rothschnäblige Bartvogel.*
Latham, Vögel, I. 2. p. 446. n. 42. *der schwarze cayennische Kuckuck.*
Latham, Syst. ornithol. I. p. 206. n. 18. Bucco (Calcaratus) niger, subtus cinereus, tectricibus alarum albo marginatis, flexura spinula alba.

A. *Veränderungen gegen die XII. Edition, und Vermehrung der Gattungen dieses Geschlechts.*

Das Geschlecht ist mit *sechszehen* Gattungen vermehrt, denn die XII. Edition hat nur *eine* Gattung.

B. *Neuere Gattungen.*

1. *Das indianische Großmaul.*
Latham, Vögel, I. 2. p. 417. *der indische Bartvogel.*
Latham, Syn. Supplem. p. 97. Indian Barbet.
Latham, Syst. ornithol. I. p. 205. n. 14. Bucco (Indicus) viridis, supra albus striis viridibus, capite

(9) Nach *Latham* gehört hieher auch der *Cuculus Tranquillus* p. 417. n. 38. und der *Corvus Australis* p. 377. n. 45. des Linneischen Systems, und die daselbst angeführten Synonymen.

capite nigro, fronte iuguloque rubris, genis, gula maculaque pectoris flavis.

2. *Das braunrothe indianische Großmaul mit blauen Flügeln und Schwanz.*

Latham, Syst. ornithol. I. p. 207. n. 19. Bucco (Gerini) rufus, pectore albido, capite superiore, dorso, alis caudaque caeruleis, macula verticis, gula iuguloque nigris.

Gerin. ornith. II. p. 51. Tab. 181. Picus indicus magna ex parte caeruleus.

57. GESCHLECHT. CUCULUS. *Der Kuckuck.*

Müller, Natursystem, II. p. 205. Gen. LVII.
Leske, Naturgesch. p. 247. Gen. XXVII.
Borowsky, Thierreich, II. p. 124. Gen. XV.
Blumenbach, Handbuch der Naturgesch. p. 177. Gen. XXV.
Bechstein, Naturgesch. I. p. 354. Gen XIV.
Bechstein, Naturgeschichte Deutschl. II. p. 484. Gen. VIII.
Halle, Vögel, p. 148 ff.
Pennant, arct. Zoolog. II. p. 252.
Neuer Schauplatz der Natur, IV. p. 852 ff.
Onomat. hist. nat. III. p. 480 sqq.
Klein, av. p. 29. Gen. III.
Brisson, ornith. II. p. 70. Gen. L.
Batsch, Thiere, I. p. 316. 319. Gen. LXV.
Latham, allg. Uebersicht der Vögel, I. 2. p. 418. Gen. XIX.
Latham, Syst. ornith. I. p. 207. Gen. XX.
Hermann, tab. affin. anim. p. 185.
Donndorff, Handbuch der Thiergesch. p. 239. Gen. XVIII.

1. Canorus. *Der gemeine europäische Kuckuck.* (10)

Müller, Natursyst. II. p. 305. n. 1. *gemeine europäische.*

Leske, Naturgesch. p. 247. n. 1. *der europäische Kukuk.*

Borowsky,

(10) Ein unruhiger und scheuer Vogel, dessen Naturgeschichte von den ältesten Zeiten her mit vielen Fabeln durchwebt gewesen ist. Er hat einen schwimmenden kurzen, unterbrochenen und niedrigen Flug, liebt vorzüglich waldige Gegenden, wo in der Nähe Wiesen liegen, und leidet ausser seinem Weibchen, in einem Bezirke von ohngefähr einer Stunde im Umfange, den beyde täglich gesellschaftlich durchstreichen, keinen seines Gleichen. Dass das Weibchen des Kuckucks, (wenigstens in *Deutschland*) nicht selbst brütet, ist aussei Zweifel, und es ist, *Barringtons* u. a. Behauptung ohnerachtet, nicht wahrscheinlich, dass es sich in England u. s. w. anders verhalte. Die Ursache hievon scheint weder im äussern noch innern Bau des Vogels, sondern in seinem kurzen Aufenthalt in unsern Zonen, und im Ruf der Natur, eine zahlreiche Nachkommenschaft hervorzubringen, zu liegen. Eben so wird auch von den allermehresten Ornithologen einstimmig die Behauptung anderer verworfen, dass der *Kuckuck* kleine Vögel verzehre, und also gewisser Massen als Raubvogel zu betrachten sey. In seinem Magen hat man Fliegen und Käfer von verschiedener Art, kleine Schnecken mit unzerbrochenen Häuschen, Grashüpfer, Raupen, Stückchen von Pferdebohnen, Weitzen, kleine Wicken, und andere Pflanzentheile gefunden. So viel ist aber gewiss, dass der ganz junge Kuckuck die mit ihm zugleich ausgekommenen Grasmücken sowohl, als die neben ihm liegenden Eyer aus dem Neste schiebt, welches er jedoch zu thun nachlässt, so wie er mehrere Tage älter wird. Das Kuckucksey wird in vierzehn Tagen ausgebrütet. In drey Wochen ist der junge Kuckuck flügge, und dann vergehen gewöhnlich noch fünf Wochen, ehe er allein fressen kann. Er wächst ungewöhnlich schnell. Seine Stimme gleicht, so lange er an seinem Geburtsorte verweilt, nie dem Gesang des erwachsenen Kuckucks. *Alte* sterben gleich in der Gefangenschaft.

Borowsky, Thierreich, II. p. 125. n. 2. *der gemeine Kukkuk.*

Blumenbach, Handb. der Naturgesch. p. 177. n. 1. Cuculus (Canorus) cauda rotundata, nigricante albo-punctata; *der Kuckuck.*

Bechstein, Naturgesch. I. p. 355. n. 1. *der gemeine Kuckuck.*

Bechstein, Naturgesch. Deutschl. II. p. 484. *der gemeine Kuckuck.* p. 595. *der europäische Kuckuck, aschgraue Kuckuck, singende Kuckuck, Guckguck, Guckgu, Gugug, Guckaug, Gugauck, Gukker, Guckufer*, krain. *Kukauza.*

Funke, Naturgesch. I. p. 328. *der Kukuk.*

Ebert, Naturl. II. p. 51. *der Guckguck.*

Halle, Vögel, p. 148. n. 89. *der gemeine Kukkuk.*

Gatterer, vom Nutzen und Schaden der Thiere, II. p. 368. n. 295. *der Kuckuck.*

Pennant, arct. Zool. II. p. 252. A. *der europäische Kukuk.*

Beckmann, Naturhist. p. 39. n. 2. *der gemeine Guckuck.*

Neuer Schauplatz d. Natur, IV. p. 852. *Kukuk.*

Onomat. hist. nat. III. p. 483. *der Kuckug, Guckauch, Gucker, Guckufer.*

Handb. d. Naturgesch. II. p. 188. *der Kukuck.*

Handbuch d. deutschen Thiergesch. p. 121. *der Kuckuck.*

Klein, av. p. 30. n. 1. Cuculus vulgaris, nostras.

Klein, Vorbereit. p. 57. n. 1. *Guckauch, Gucker, Guckufer.*

Klein, verbess. Vögelhist. p. 33. n. 1. *gemeiner Kuckuck.*

Klein, stemmat. av. p. 5. Tab. 4. fig. 5. a. b. c.

Gesner, Vögelb. p. 147. *Gucker;* mit 1 mittelm. Figur.

Brisson,

Brisson, ornitholog. II. p. 70. n. 1. Coucou.

Batsch, Thiere, I. p. 320. *der gemeine Kukkuk.*

Latham, Vögel, I. 2. p. 419. n. 1. *der gemeine Kuckuck.*

Latham, Syn. Suppl. p. 98. Common Cuckow.

Latham, Syst. ornitholog. I. p. 207. n. 1. Cuculus (Canorus) cinereus subtus albidus fusco transversim striatus, cauda rotundata nigricante, albo punctata.

Beseke, Vögel Kurlands, p. 34. n. 52. *der gemeine europäische Kukkuk.*

Bock, Naturgesch. von Preussen, IV. p. 304. n. 53. *gemeiner Guckguck.*

Cetti, Naturgesch. von Sardinien, II. p. 86. *der Kukuk.*

Fischer, Naturgesch. von Livland, p. 73. n. 63. *gemeiner Kuckuk.*

White, Naturgesch. von England, p. 33. n. 6. p. 59. n. 8. p. 69. p. 133. *der Kukuk.*

Pontoppidan, Naturgesch. v. Dännemark, p. 167. *Giögen.*

Pontoppidan, Naturhistorie von Norwegen, II. p. 142. *Gög.*

Fabricius, Reis. n. Norwegen, p. 173. *der Kukuk.*

Pallas, Reise d. Russl. III. p. 188. *der Kukuk.*

Pallas, nord. Beyträge, III. p. 15. *der Kukuk.*

Scopoli, Bemerk. a. d. Naturgesch. I. p. 43. n. 48. *der gemeine Kukuk.*

Linné, auserles. Abhandl. II. p. 289. n. 65. *der gemeine Kukkuk.*

Zorn, Petinotheol. I. p. 360. II. p. 89. 126. 245. 553. 716. *der Guguck.*

Döbel, Jägerpraktik, I. p. 61. *Kuckuck.*

Naumann, Vogelsteller, p. 133. *Guckguk oder Kuckuk.*

Naturforſcher, IX. p. 48. n. 52. *gemeiner europäiſcher Guckguck.*

Anweiſung Vögel zu fangen, u. ſ. w. p. 267. *Guckgu.*

Jablonsky, allgem. Lex. p. 562. *Kuckuck.*

Geoffroy, mat. med. VII. p. 423. *der Kukkuk.*

Lichtenberg u. *Voigt*, Magaz. f. d. Neueſte u. ſ. w. I. 2. p. 15. — 3. p. 69. *der Kukuk.*

Bechſtein, in *Lichtenbergs* u. *Voigts* Magaz. u. ſ. w. VI. 1. p. 60. *der gemeine aſchgraue Kuckuck.*

Jenner, in *Lichtenbergs* u. *Voigts* Magaz. u. ſ. w. VI. 4. p. 45. *Kukkuk.*

Schwed. Abh. XXXVIII. p. 294. 296. *Gukkuck.*

Tengmalm: neue ſchwed. Abhandl. IV. p. 46. *Guguck.*

Schriften der berlin. Geſellſchaft naturf. Freunde, VII. p. 451. n. 18. *der gemeine europäiſche Guckguck.*

Bechſtein, Muſterung ſchädl. Th. p. 107. n. 12. *der Kuckuk.*

Goeze, nützl. Allerley, I. p. 27. II. p. 312. *der Kukuk.*

Beckmann, phyſ. ökon. Bibl. VII. p. 584. *der Kukuk.*

Oekonom. Zool. p. 207. *der Kuckuck.*

Eberhard, Thiergeſch. p. 105. *der Kukuk.*

Meidinger, Vorleſ. I. p. 118. *der europäiſche Kukuk.*

Loniceri, Kräuterbuch, p. 673. *Guckguck, Gutzgauch, Gauch.*

Merklein, Thierreich, p. 274. *Guckug.*

Hamburg. Magazin, IV. p. 414. *Kukuk.*

Wirſing, Vögel, Tab. 38. 39. 40. *Kuckuck.*

Neues bremiſches Magazin, II. p. 102. (warum das Weibchen des Kukkuks nicht brütet?)

Heinſii,

Heinsii, diss. de impio alite Cuculo. Witt. 1638. 4. pl. 3.

Vinhold, progr. de Cuculo. Cygn. 1711. fol. pl. 1.

Le Coucou. Discours apologetique sur le Coucou; par *Lottinger*. Nancy 1775. 8.

Der Kukuk, von H. A. I. *Lottinger*; a. d. Franz. übersetzt. Strasb. 1776. 5½ B. kl. 8.

Clauder; Ephem. nat. cur. Dec. II. an. 7. obs. 172. p. 330.

Comment. Lips. Dec. III. Suppl. p. 545.

Barchewitz, ostind. Reisebeschreib. L. 2. c. 11. p. 227.

Wiegand, de Cuculo, umbra nocturna, capella coelesti, Bubone et Margarita. Regiomont. 1588. 4. 4½ Bogen.

Linné, Syst. Natur. Edit. II. p. 53. Cuculus.

Linné, Syst. Nat. Edit. VI. p. 20. n. 1. Cuculus.

Linné, Syst. Nat. Edit. X. I. p. 110. n. 1. Cuculus (Canorus) cauda aequali nigricante, albo punctata.

Müller, zool. dan. prodr. p. 12. n. 95. Cuculus (Canorus) cauda rotundata nigricante, albo-punctata.

Kramer, Austr. p. 337. n. 1. Cuculus rectricibus nigricantibus, punctis albis.

Brünich, ornithol. bor. p. 10. n. 36. *Cuculus Canorus*.

Schwenkfeld, aviar. Siles. p. 249. Cuculus; *ein Kuckuck, Guckauch, Gucker*. p. 251. Cuculus iunior; *ein junger Kuckuck*.

Moehring, av. gen. p. 34. n. 12 Cuculus.

Schaefer, elem. ornith. Tab. 31.

Gerin. ornith. I. p. 80. Tab. 67. 69.

Jonston, av. p. 26. Cuculus.

Plin. hist. nat. L. X. c. 9. Coccyx.
Aristot. hist. anim. L. VI. c. 4. n. 14. Κοκκυξ.
Donndorf, Handb. der Thiergesch. p. 239. n. 1. *der gemeine europäische Kuckuck.*

β. *Der rothbraune Kuckuck.*

Bechstein, Naturgesch. p. 359. n. 2. *der braunrothe Kuckuck?*
Bechstein, Naturgesch. Deutschl. II. p. 495. n. 2. *der rothbraune Kuckuck.* Tab. 18?
Bechstein, Musterung schädl. Th. p. 108. n. 13. *der rothbraune Kuckuk?*
Bechstein, in *Lichtenbergs* u. *Voigts* Magaz. u. s. f. VI. 1. p. 69. n. 2. *der braune Kuckuck?*
Brisson, ornitholog. II. p. 72. A. Coucou roux.
Frisch, Vögel, Tab. 42.
Latham, Vögel, I. 2. p. 423. n. 1. Var. *der braunrothe Kuckuck.*
Latham, Vögel, I. 2. p. 449. n. 49. *der rothbraune Kuckuck?*
Latham, Vögel, I. 2. p. 449. n. 49. *der rothbraune Kuckuk?*
Latham, Syn. II. p. 512. n. 1. A. Rufous Cuckow.
Latham, Syst. ornithol. I. p. 208. n. 1. β. Cuculus rufus.
Gerin. ornith. I. p. 80. Tab. 68. Cuculus ex rufo et albo varius.

γ. *Der aschgraue Kuckuck.* (1)

Beseke, Naturgesch. d. Vögel Kurl. p. 34. n. 53-54. p. 36. Cuculus cinereus.
Latham, Syst. ornitholog. I. p. 208. n. 1. γ. C. griseo-undulatus, rectricibus intermediis ordine

(1) *Beseke* hält ihn für eine ganz eigene Gattung.

ne punctorum alborum duplici notatus, rostro, orbitis pedibusque sulphureis.

23. CAPENSIS. *Der Kuckuck vom Cap.*

Müller, Natursyst. Suppl. p. 90. n. 23. *der caapsche Guguck.*

Neuer Schaupl. der Natur, IV. p. 856. n. 15. *kapscher Kuckuck.*

Kolbe, Vorgeb. d. g. Hoffnung, Edit. in 4. p. 40. n. 25. *der Edolio?*

Latham, Vögel, I. 2. p. 424. n. 2. *der capsche Kuckuck.*

Latham, Syst. ornitholog. I. p. 208. n. 2. Cuculus (Capensis) viridi-fuscus, collo subtus tectricibusque alarum rufis, corpore subtus albo, nigro transversim lineato, cauda rufa, apice alba.

2. ORIENTALIS. *Der orientalische Kuckuck.*

Müller, Natursystem, II. p. 208. n. 2. *der asiatische Guckguck.*

Neuer Schaupl. der Natur, IV. p. 855. n. 2. *der ostindische Kuckuck.*

Onomat. hist. nat. III. p. 491. *der schwarze indianische Kuckug.*

Brisson, ornitholog. II. p. 81. n. 18. Coucou noir des Indes.

Latham, Vögel, I. 2. p. 427. n. 10. *der orientalische schwarze Kuckuk.*

Latham, Syst. ornitholog. I. p. 210. n. 10. Cuculus (Orientalis) cauda rotundata, corpore nigro-virente nitente, rostro fusco.

β. *Latham*, Vögel, I. 2. p. 427. n. 10. Var. A.
Latham, Syn. II. p. 518. n. 10. A.

Latham, Syst. ornitholog. I. p. 210. n. 10. β. Cuculus caeruleo-nigricante nitens, remige extima breviore.

3. MINDANENSIS. *Der Kuckuck von Mindanao.*

Müller, Natursystem, II. p. 209. n. 3. *Philippinische.*

Neuer Schaupl. der Natur, IV. p. 855. n. 3. *der Gefleckte aus Mindanao.*

Onomat. histor. nat. III. p. 495. *der gefleckte Kuckug von Mindanao.*

Brisson, ornithol. II. p. 77. n. 12. Coucou tacheté de Mindanao.

Latham, Vögel, I. 2. p. 425. n. 5. *der mindanaische Kuckuck.*

Latham, Syst. ornitholog. I. p. 209. n. 5. Cuculus (Mindanensis) cauda rotundata, corpore viridi-aureo, fusco-albo maculato, subtus albo-nigricante undulato.

Gerin. ornith. I. p. 82. Tab. 76.

4. VETULA. *Der langschnäblichte jamaicaische Kuckuck.* (Tacco.)

Müller, Natursyst. II. p. 209. n. 4. *Langschnabel.*

Neuer Schaupl. d. Natur, IV. p. 856. n. 4. *Langschnabel.*

Onomat. hist. nat. III. p. 490. *der langschnäblichte Kuckug von Jamaica.*

Onomat. histor. nat. VII. p. 747. *das alte Weib.*

Gatterer, vom Nutzen und Schaden der Thiere, II. p. 369. *der Langschnabel.*

Borowsky, Thierreich, II. p. 129. n. 3. *der langschnäblichte Kukkuk.*

Klein, av. p. 31. n. 8. *Sloan*. Fig. 2.

Klein, Vorbereit. p. 59. n. 8. *Sloan*. Fig. 2.

Klein,

Klein, verbeff. Vögelhift. p. 33. n. 8. *noch eine andere Art.*

Briffon, ornithol. II. p. 74. n. 5. Coucou à long bec de la Jamaique.

Latham, Vögel, I. 2. p. 440. n. 32. *der Takko.*

Latham, Syft. ornithol. I. p. 218. n. 36. Cuculus (Vetula) cauda cuneiformi, corpore fubfufco, fubtus teftaceo, ciliis rubris.

Linné, Syft. Nat. Edit. X. I. p. 111. n. 3. Cuculus (Vetula) cauda cuneiformi, corpore fubfufco, fubtus teftaceo, ciliis rubris.

Gerin. ornith. I. p. 83. Tab. 79.

Hermann, tab. affinit. animal. p. 186. Cuculus longiroftris. — Cuculus Vetula.

Donndorff, Handbuch der Thiergefch. p. 240. n. 2. *der langfchnäblichte Kuckuck.*

24. Pluvialis. *Der große jamaicaifche Kuckuck.*

Halle, Vögel, p. 157. n. 95. *der große Kukuk aus Jamaika.*

Klein, av. p. 31. n. 8. Cuculus jamaicenfis maior.

Klein, Vorbereit. p. 59. n. 8. *der Große von Jamaika.*

Klein, verb. Vögelhift. p. 33. n. 8. *jamaicaifcher Kuckuck.*

Briffon, ornith. II. p. 73. n. 4. Coucou de la Jamaique.

Latham, Vögel, I. 2. p. 441. n. 33. *der Regenkuckuk.*

Latham, Syft. ornitholog. I. p. 218. n. 37. Cuculus (Pluvialis) cauda cuneiformi, corpore cinereo-olivaceo, fubtus rufo, collo inferiore albo, rectricibus lateralibus nigris, extimis latere interiore, omnibus apice albis.

25. MINOR. *Der kleine cayennische Kuckuck.*

Latham, Vögel, I. 2. p. 442. n. 34. *der kleine Kuckuk.*

Latham, Syst. ornitholog. I. p. 219. n. 38. Cuculus (Seniculus) cauda cuneiformi breviore, corpore cinereo, subtus rufescente, gula alba.

5. GLANDARIUS. *Der Kuckuck von Andalusien.*

Müller, Natursyst. II. p. 210. n. 5. *der Afrikanische.*

Borowsky, Thierreich, II. p. 125. n. 1. *der africanische, andalusische Kuckuck.* Tab. 15.

Halle, Vögel, p. 157. n. 92. *der gelbbäuchige Kuckuk mit liegendem Federbusche.*

Neuer Schaupl. d. Natur, IV. p. 856. n. 7. *spanischer Kuckuck.*

Onomat. hist. nat. III. p. 489. *der gefleckte Kuckug von Andalusien.*

Klein, av. p. 3. n. 5. Cuculus Andalusiae.

Klein, Vorbereit. p. 58. n. 5. *der Kuckuck von Andalusien.*

Klein, verbess. Vögelhist. p. 33. n. 5. *andalusischer Kuckuck.*

Klein, verbesserte Vögelhist. p. 33. n. 9. *pyrenäischer Kuckuck.*

Brisson, ornith. II. p. 76. n. 10. Coucou d'Andalousie.

Seligmann, Vögel, III. Tab. 9. *der große gefleckte Kukuk.*

Latham, Vögel, I. 2. p. 424. *der große gefleckte Kuckuk.*

Latham, Syst. ornithol. I. p. 208. n. 3. Cuculus (Glandarius) cauda cuneiformi, capite subcristato, alis albo et cinerascente maculatis, fascia oculari nigra.

Linné,

Linné, Syst. Nat. Ed. X. I. p. 111. n. 4. Cuculus (Glandarius) cauda cuneiformi, capite subcristato, fascia oculari nigra.

Gerin. ornith. I. p. 81. Tab. 70.

26. Serratus. *Der schwarze gehäubte Kuckuck.* (2)

Latham, Vögel, I. 2. p. 428. n. 11. *der schwarze gehaubte Kuckuk.*

Latham, Syn. II. p. 519. n. 11. Crested black Cuckow.

Latham, Syn. Supplem. p. 100. Crested black Cuckow.

Latham, Syst. ornithol. I. p. 211. n. 12. Cuculus (Serratus) cauda cuneiformi, capite cristato, corpore nigro nitido, macula alarum serratiformi alba.

27. Tahitius. *Der Kuckuck vom stillen Ocean.*

Latham, Vögel, I. 2. p. 424. n. 4. *der otaheitische Kuckuk.*

Latham, Syst. ornitholog. I. p. 209. n. 4. Cuculus (Taitensis) fuscus ferrugineo maculatus, subtus candidus longitudinaliter fusco striatus, cauda cuneiformi, fasciis sublunatis ferrugineis.

Mus. Carls. fasc. II. Tab. 32. Cuculus taitensis.

6. Senegalensis. *Der senegalische Kuckuck.*

Müller, Natursyst. II. p. 210. n. 6. *der Senegallische.*

Borowsky, Thierreich, II. p. 129. n. 4. *der segalische Kukkuk.*

Neuer Schaupl. der Natur, IV. p. 856. n. 6. *senegalscher Kuckuck.*

Onomat. histor. nat. III. p. 496. *der Kuckug von Senegal.*

Brisson,

(2) Ist nach *Latham* mit *Cuculus Ater* p. 415. n. 35. einerley.

Briſſon, ornitholog. II. p. 75. n. 7. Coucou du Sénégal.

Latham, Vögel, I. 2. p. 433. n. 18. *der ſenegaliſche Kuckuk.*

Latham, Syſt. ornithol. I. p. 213. n. 19. Cuculus (Senegalenſis) cauda cuneiformi, corpore griſeo ſubtus albo, pileo rectricibusque nigricantibus.

Hermann, tab. affinit. animal. p. 186. Cuculus Senegalenſis.

28. Bengalensis. *Der bengaliſche Kuckuck.*

Latham, Vögel, I. 2. p. 433. n. 19. *der bengaliſche Kuckuck.*

Latham, Syſt. ornithol. I. p. 214. n. 20. Cuculus (Bengalenſis) cauda cuneiformi, corpore ferrugineo, albo nigroque longitudinaliter ſtriato, abdomine fuſco - flaveſcente, remigibus rectricibusque lateralibus rufis nigro - faſciatis.

7. Honoratus. *Der malabariſche Kuckuck. Cuil.*

Müller, Naturſyſt. II. p. 210. n. 7. *der Malabariſche.* Tab. 7. fig. 4.

Neuer Schaupl. der Natur, IV. p. 856. n. 7. *bunter Kuckuck.*

Briſſon, ornitholog. II. p. 79. n. 15. Coucou tacheté de Malabar.

Latham, Syſt. ornithol. I. p. 214. n. 21. Cuculus (Honoratus) cauda cuneiformi, corpore nigricante albo - maculato, ſubtus albo cinereoque faſciato.

Eſſ. philoſoph. p. 68. Cuil.

8. Punctatus. *Der ſchwärzliche, braunroth punctirte Kuckuck.*

Müller, Naturſ. II. p. 211. n. 8. *der Geſprenkelte.*

Neuer

Neuer Schaupl. der Natur, IV. p. 856. n. 8. *gesprenkelter Kuckuck.*

Onomat. hist. nat. III. p. 491. *der gefleckte indianische Kuckug.*

Brisson, ornitholog. II. p. 79. n. 14. Coucou tacheté des Indes.

Latham, Syst. ornitholog. I. p. 210. n. 8. Cuculus (Punctatus) cauda cuneiformi, corpore nigricante rufo-punctato, subtus rufo striis nigris, rectricibus fusco-fasciatis.

29. PANAYANUS. *Der schwarzbraune gefleckte Kuckuck von der Insel Panay.*

Latham, Vögel, I. 2. p. 426. n. 9. *der panayische Kuckuck.*

Latham, Syst. ornithol. I. p. 210. n. 9. Cuculus (Panayus) cauda integra, corpore fusco, rufo-flavo maculato, subtus caudaque rufo-nigro fasciata, gula nigra maculis flavis.

9. NAEVIUS. *Der gefleckte Kuckuck von Cayenne.*

Müller, Natursystem, II. p. 211. n. 9. *der Gefleckte.*

Neuer Schaupl. d. Nat. IV. p. 856. n. 9. *gestreifter Kuckuck.*

Onomat. histor. nat. III. p. 187. *der gefleckte Kuckug von Cayenne.*

Brisson, ornitholog. II. p. 77. n. 11. Coucou tacheté de Cayenne.

Latham, Vögel, I. 2. p. 443. n. 38. *der gesprenkelte Kuckuck.*

Latham, Syst. ornithol. I. p. 220. n. 42. Cuculus (Naevius) cauda cuneiformi, corpore fusco-ferrugineo, iugulo striis fuscis, rectricibus apice rufescentibus.

β. *La-*

β. *Latham*, Syst. ornitholog. I. p. 220. n. 42. β. C. gula grisea, rectricibus lateralibus apice abdomineque albis.

Latham, Vögel, I. 2. p. 444. ad n. 38.

30. Punctulatus. *Der braune, röthlich punctirte Kuckuck.*

Latham, Vögel, I. 2. p. 426. n. 8. *der rothgefleckte Kuckuck.*

Latham, Syst. ornithol. I. p. 220. n. 43. Cuculus (Punctulatus) cauda cuneiformi, corpore fusco nitente, maculis rufescentibus, abdomine crissoque albidis.

31. Ridibundus. *Der Lachkuckuck.*

Onomatol. hist. nat. VI. p. 737. *der mexicanische Gukuk.*

Brisson, ornithol. II. p. 74. n. 6. Coucou du Mexique.

Latham, Vögel, I. 2. p. 443. n. 37. *der Lachkuckuck.*

Latham, Syst. ornitholog. I. p. 220. n. 41. Cuculus (Ridibundus) fulvus, subtus niger, collo subtus pectoreque cinereis, rectricibus fulvonigricantibus.

Jonston, av. p. 172. Quapachtototl.

32. Guira. *Der brasilianische gehäubte Kuckuck.*

Onomat. histor. nat. III. p. 483. *der brasilianische roth gehaubte Kuckug.*

Brisson, ornithol. II. p. 81. n. 19. Coucou hupé du Brésil.

Latham, Vögel, I. 2. p. 442. n. 36. *der gehaubte brasilianische Kuckuk.*

Latham, Syst. ornithol. I. p. 219. Cuculus (Guira) albo-flavescens cristatus, capite, collo, tectricictricibusque alarum fuſco flaveſcenteque variis, rectricibus fuſcis, apice albis.

Halle, Vögel, p. 159. n. 97. *der americaniſche Halbſpecht.*

Jonſton, av. p. 210. Guira Acangatara.

Moehring, av. gen. p. 85. n. 14. Trogon.

10. Americanus. *Der karoliniſche Kuckuck.*

Müller, Naturſyſt. II. p. 211. n. 10. *der Americaniſche.*

Halle, Vögel, p. 156. n. 9. *der graue Kukuk aus Carolina.*

Neuer Schauplatz der Natur, IV. p. 856. n. 10. *weſtindiſcher Kuckuck.*

Onomat. hiſt. nat. III. p. 479. *der americaniſche Kuckuck.*

Pennant, arct. Zool. II. p. 251. n. 71. *der caroliniſche Kukuk.*

Klein, av. p. 30. n. 2. Cuculus Carolinenſis.

Klein, Vorbereit. p. 57. n. 2 *der Caroliner.*

Klein, verbeſſ. Vögelhiſt. p. 33. n. 2. *Caroliner.*

Briſſon, ornitholog. II. p. 73. n. 3. Coucou de la Caroline.

Seligmann, Vögel, I. Tab. 18. *der Guckguck aus Carolina.*

Latham, Vögel, I. 2. p. 442. n. 35. *der caroliniſche Kuckuk.*

Latham, Syſt. ornitholog. I. p. 219. n. 39. Cuculus (Americanus) cauda cuneiformi, corpore ſupra cinereo ſubtus albo, maxilla inferiore lutea.

Linné, auserl. Abh. II. p. 279. n. 3. *der americaniſche Kokkuk.*

Schlözer, Erdbeſchreib. von Amerika, p. 281. *Kuckucke.*

Linné,

Linné, Syſt. Nat. Edit. X. I. p. 111. n. 7. Cuculus (Americanus) cauda cuneiformi, corpore ſupra cinereo, ſubtus albo, maxilla inferiore lutea.

Donndorff, Handb. der Thiergeſch. p. 240. n. 2. *der caroliniſche Kuckuck.*

11. Scolopaceus. *Der Schnepfenkuckuck.*

Müller, Naturſyſt. II. p. 211. n. 11. *der Stachelſchnabel.*

Neuer Schaupl. der Nat. IV. p. 856. n. 11. *Schnepfkuckuck.*

Onomat. hiſtor. nat. III. p. 496. *der ſchwarze Kuckug von Benghala.*

Klein, av. p. 31. n. 7. Cuculus bengalenſis, ex fuſco, rufo et cinereo, a capite ad caudam varius.

Klein, Vorbereit. p. 59. n. 7. *der braune von Bengala.*

Klein, verbeſſ. Vögelhiſt. p. 33. n. 7. *größerer bengaliſcher Kuckuck.*

Briſſon, ornithol. II. p. 78. n. 13. Coucou tacheté de Bengale.

Seligmann, Vögel, III. Tab. 13. *der braune, gefleckte indianiſche Guckguck.*

Latham, Vögel, I. 2. p. 425. n. 6. *der indianiſche gefleckte Kuckuk.*

Latham, Syſt. ornithol. I. p. 209. n. 6 Cuculus (Scolopaceus) cauda cuneiformi, corpore undique griſeo fuſcoque nebuloſo.

Linné, Syſt. Natur. Edit. X. I. p. 111. n. 5. Cuculus (Scolopaceus) cauda cuneiformi, corpore undique griſeo fuſcoque nebuloſo.

33. Maculatus. *Der gefleckte chineſiſche Kuckuck.*

Latham, Vögel, I. 2. p. 425. n. 7. *der chineſiſche gefleckte Kuckuck.*

Latham,

Latham, Syst. ornitholog. I. p. 209. n. 7. Cuculus (Maculatus) cauda elongata, corpore viridi-griseo, fusco nitente albo variegato, subtus fasciato, capite nigro.

12. NIGER. *Der schwarze bengalische Kuckuck.* (3)

Müller, Natursyst. II. p. 212. n. 12. *der Schwarze.*

Halle, Vögel, p. 157. n. 93. *der schwarzblaue Kukuk.*

Neuer Schauplatz der Natur, IV. p. 856. n. 12. *schwarzer Kuckuck.*

Onomat. histor. nat. III. p. 495. *der schwarze Kuckug von Benghala.*

Klein, av. p. 31. n. 6. Cuculus ex caerulescente niger, rostro flavo, pedibus brevibus sordide luteis; Bengalensis.

Klein, Vorbereit. p. 59. n. 6. *der blauschwarze Kuckuck.*

Klein, verbess. Vögelhist. p. 33. n. 6. *bengalischer Kuckuck.*

Brisson, ornithol. II. p. 80. n. 17. Coucou noir de Bengale.

Seligmann, Vögel, III. Tab. 11. *der schwarze indianische Guckguck.*

Latham, Syn. II. p. 519. B. Black Indian Cuckow.

Latham, Vögel, I. 2. p. 427. n. 10. Var. B. *der schwarze Kuckuck.*

Latham, Syst. ornithol. I. p. 211. n. 10. γ. Cuculus cauda cuneiformi, corpore nigro, rostro flavo.

Ess. philosoph. p. 68. Coukeel.

Germ. ornith. I. p. 82. Tab. 72.

Linné,

(3) Nach *Latham* eine Varietät von *Cuculus Orientalis* p. 410. n. 2.

Linné, Syst. Nat. Edit. X. I. p. 111. n. 6. Cuculus (Niger) cauda cuneiformi, corpore nigro nitido, rostro flavo.

34. Ater. *Der schwarze Kuckuck vom Vorgeb. der guten Hoffnung.*

Ist nach Latham mit *Cuculus Serratus* p. 212. n. 26. einerley.

35. Melanoleucos. *Der schwarz- und weiße Kuckuck von Coromandel.*

Latham, Vögel, I. 2. p. 429. n. 12. *der gehäubte coromandelsche Kuckuk.*

Latham, Syst. ornithol. I. p. 211. n. 13. Cuculus (Melanoleucos) cauda cuneiformi, capite cristato, corpore supra nigro, subtus, macula alarum rectricibusque apice albis.

36. Pisanus. *Der Kuckuck von Pisa.* (4)

Latham, Vögel, I. 2. p. 429. n. 13. *der pisaische Kuckuk.*

Latham, Syst. ornithol. I. p. 211. n. 14. Cuculus (Pisanus) cauda cuneiformi, capite cristato, corpore nigro alboque vario, subtus albo, gula, pectore, crisso remigibusque rufis.

Gerin. ornithol. I. p. 81. Tab. 71. Cuculus ex nigro et albo mixtus.

37. Madagascariensis. *Der olivenfarbige Kuckuck von Madagascar.*

Latham, Vögel, I. 2. p. 429. n. 37. *der große madagascarische Kuckuk.*

Latham,

(4) Dieser Kuckuck hat ein einziges Mal im Jahr 1739. in den Hecken um Pisa genistet, und vier Junge ausgebracht. Seit der Zeit hat man ihn nicht weiter beobachtet.

Latham, Syst. ornithol. I. p. 212. n. 15. Cuculus (Madagascariensis) olivaceus fusco undulatus, gula lutescente, pectore abdomineque antice fulvis, cauda cuneiformi, rectricibus lateralibus apice albis.

β. *Latham*, Syn. II. p. 521. n. 15. A.
Latham, Vögel, I. 2. p. 430. n. 14. Var. A.
Latham, Syst. ornitholog. I. p. 212. n. 15. β. C. olivaceus fusco undulatus, subtus fulvus, pileo nigro, vertice nudo caeruleo rugoso.

13. Dominicus. *Der Kuckuck von St. Domingo.*
Müller, Natursystem, II. p. 212. n. 13. *der Antillische.*
Neuer Schaupl. d. Nat. IV. p. 856. n. 13. *domingoscher Kuckuck.*
Onomat. histor. nat. III. p. 488. *der Kuckug von St. Dominique.*
Brisson, ornitholog. II. p. 72. n. 2. Coucou de S. Domingue.
Latham, Vögel, I. 2. p. 445. n. 40. *der Kuckuck von St. Domingo.*
Latham, Syst. ornitholog. I. p. 221. n. 44. Cuculus (Dominicanus) cauda cuneiformi, corpore griseo-fusco, subtus albido, rectricibus lateralibus tribus apice albis.

14. Cayanus. *Der dunkelpurpurfarbene cayennische Kuckuck.*
Müller, Natursyst. II. p. 212. n. 14. *der Cajennische.*
Neuer Schaupl. der Natur, IV. p. 856. n. 14. *cayennischer Kuckuck.*
Onomat. hist. nat. IV. p. 487. *der Kuckug von Cayenna.*

Brisson, ornitholog. II. p. 75. n. 8. Coucou de Cayenne.

Latham, Vögel, I. 2. p. 445. n. 41. *der cayennische braune Kuckuck.*

Latham, Syst. ornithol. I. p. 221. n. 45. Cuculus (Cayanus) cauda cuneiformi, corpore castaneo-purpurascente, subtus cinereo, rectricibus omnibus apice albis.

Hermann, tab. affinit. animal. p. 185. Cuculus cayanus.

β. *Der kleinere cayennische Kuckuck.* (5)

Onomat. hist. nat. III. p. 487. Cuculus cayennensis minor.

Brisson, ornitholog. II. p. 76. n. 9. Petit Coucou de Cayenne.

Latham, Syn. II. p. 542. n. 41. A.

Latham, Syst. ornitholog. I. p. 221. n. 45. β.

Latham, Vögel, I. 2. p. 445. n. 41. Var. A.

γ. *Der rothschnäblichte cayennische Kuckuck.*

Latham, Syn. II. p. 543. n. 41. B.

Latham, Syst. ornitholog. I. p. 221. n. 45. γ. Cuculus subtus cinereo niger, capite cinereo, gula pectoreque rufis, rostro rufo.

Latham, Vögel, I. 2. p. 446. n. 41. Var. B.

38. TRANQUILLUS. *Der schwarze cayennische Kuckuck.*

Soll, nach *Latham*, Syst. ornitholog. I. p. 206. n. 18. mit *Bucco calcaratus*, oder *Bucco cinereus Linn.* p. 409. n. 7. einerley seyn.

39. TENE-

(5) Nach *Brisson* eine eigne Gattung.

39. Tenebrosus. *Der kleine schwarze surinamische Kuckuck.*

Lichtenberg, Magaz. f. d. Neueste u. s. w. II. 1. p. 116. *der kleine schwarze Kukuk aus Surinam.*

Latham, Vögel, I. 2. p. 446. n. 43. *der geschäckte cayennische Kuckuck.*

Latham, Syst. ornithol. I. p. 221. n. 46. Cuculus (Tenebrosus) cauda cuneiformi, *(das ist er aber nach Pallas Abbildung nicht)* corpore nigro, dorso infimo, uropygio, abdomine, crisso femoribusque albis, fascia pectorali fulva. *(Auch dies finde ich an Pallas Abbild. nicht.)*

40. Pyrrhocephalus. *Der rothköpfige zeilanische Kuckuck.*

Latham, Vögel, I. 2. p. 447. n. 44. *der rothköpfige Kuckuk.*

Latham, Syst. ornithol. I. p. 222. n. 47. Cuculus (Pyrrhocephalus) cauda cuneiformi longissima, corpore nigro, pectore abdomineque albis, pileo genisque coccineis.

Naturforsch. I. p. 269. n. 6. *der Kuckuck mit rothem Kopfe.*

Berlin. Samml. IX. p. 192. n. 6. *der rothköpfige Kukuk von Zeylon.*

Neueste Mannichfalt. I. p. 188. n. 6. *der rothköpfige Kukuk von Zeylon.*

15. Caeruleus. *Der blaue Kuckuck von Madagascar.*

Müller, Natursyst. II. p. 213. n. 15. *der Blaue.*

Neuer Schauplatz der Natur, IV. p. 856. n. 18. *der blaue Kuckuck.*

Onomat. histor. nat. III. p. 493. *der blaue Kuckug von Madagascar.*

Briſſon, ornithol. II. p. 85. n. 26 Coucou bleu de Madagaſcar.

Latham, Vögel, I. 2. p. 437. n. 29. *der blaue madagaſcariſche Kuckuk.*

Latham, Syſt. ornitholog. I. p. 217. n. 33. Cuculus (Caerúleus) cauda rotundata, corpore caeruleo.

Gerin, ornith. I. p. 82. Tab. 78.

16. Sinensis. *Der blaue chineſiſche Kuckuck.*

Müller, Naturſyſt. II. p. 213. n. 16. *der Chineſiſche.*

Neuer Schaupl. d. Natur, IV. p. 856. n. 19. *chineſiſcher Kuckuck.*

Onomat. hiſt. nat. III. p. 497. *der blaue Kuckug aus China.*

Briſſon, ornithol. II. p. 85. n. 27. Coucou bleu de la Chine.

Latham, Vögel, I. 2. p. 437. n. 28. *der blaue chineſiſche Kuckuk.*

Latham, Syſt. ornitholog. I. p. 217. n. 32. Cuculus (Sinenſis) cauda cuneiformi longa, corpore caeruleo, ſubtus albo, rectricum apicibus macula alba.

Hermann, tab. affinit. animal. p. 186. Cuculus Sinenſis.

Gerin. ornith. I. p. 83. Tab. 80.

41. Afer. *Der afrikaniſche Kuckuck.*

Onomat. hiſt. nat. IV. p. 494. *der groſſe Kuckug von Madagaſcar.*

Briſſon, ornitholog. II. p. 96. n. 28. grand Coucou de Madagaſcar.

Latham, Vögel, I. 2. p. 438. n. 30. *der afrikaniſche Kuckuk.*

Latham, Syſt. ornithol. I. p. 217. n. 34. Cuculus (Afer) viridi-aeneus, ſubtus griſeus, capite

pite colloque cinereis, vertice ſplendide nigro, cauda ſubtus nigra.

Hermann, tab. affinit. animal. p. 186. Cuculus discolor. *Vourou-driou.*

β. *Briſſon*, ornitholog. II. p. 86. n. 28. Femina.

Büffon, pl. enl. 588. Femelle du grand Coucou de Madagaſcar.

Latham, Vögel, I. 2. p. 438. n. 30. Var. A.

Latham, Syn. II. p. 532. n. 30. A.

Latham, Syſt. ornitholog. I. p. 217. n. 34. β. Cuculus corpore ſupra cum capite fuſco rufoque ſtriato, ſubtus rufeſcente, maculis nigricantibus, rectricibus fuſcis, apice rufis.

42. INDICATOR. *Der Honigkuckuck.*

Borowſky, Thierreich, II. p. 130. n. 6. *der Honigkukkuk, Honigzeiger.*

Blumenbach, Handb. der Naturgeſch. p. 178. n. 2. Cuculus (Indicator) cauda cuneiformi, fuſco- et albido-maculata, alis fuſcis maculis flavis, pedibus nigris; *der Honigkuckuck, Sengo, Mook.*

Bechſtein, Naturgeſch. I. p. 359. n. 3. *der Honigkuckuck.*

Batſch, Thiere, I. p. 320. *der Honigkuckuk vom Cap.*

Funke, Naturgeſch. I. p. 329. *der Honigkukuk.*

Gatterer, vom Nutzen und Schaden der Thiere, II. p. 369. n. 297. *der Honigkuckuk.*

Latham, Vögel, I. 2. p. 439. n. 31. *der Honigkuckuk.*

Latham, Syn. Suppl. p. 103. Honey-Cuckow.

Latham, Syſt. ornithol. I. p. 218. n. 35. Cuculus (Indicator) cauda cuneiformi, corpore ferrugineo-griſeo, ſubtus albido, humeris macula

 flava,

flava, rectricibus tribus exterioribus basi macula nigra.

Sparrmann, Reise n. d. Vorgeb. der g. Hoffn. p. 482-487. *der Bienen-verräther-kukuk.*

Le Vaillant, Reis. n. Afrika, I. p. 296. *Honigweiser.*

Allamand u. *Klockner*, Vorgeb. d. g. Hoffn. III. p. 123.

Sander, über die Gröfse u. Schönheit in der Nat. II. p. 73. *Honigweiser.*

Goeze, nützl. Allerley, II. p. 365. n. 6. *der Honigkukuk.*

Hannöv. Magaz. 1779. p 1039. *Honigkukuk.*

Gent. Magaz. xlvii. p. 468. Honney-Guide.

Hermann, tab. affin. anim. p. 186. C. Indicator.

Donndorff, Handb. d. Thiergesch. p. 240. n. 4. *der Honigkuckuck.*

17. Persa. *Der Touraco.*

Müller, Natursystem, II. p. 213. n. 17. *der Persianer.*

Borowsky, Thierreich, II. p. 130. n. 5. *der persische oder mexikanische gehäubte Kukkuk.* Tab. 15.

Neuer Schaupl. d. Natur, IV. p. 856. n. 19. *Touraco.*

Onomat. histor. nat. VII. p. 543. *der grüne Guggkuk aus Guinea mit dem Federbusch.*

Halle, Vögel, p. 172. n. 113. *der guineeische Kronvogel.*

Klein, av. p. 36. *Touraco.*

Klein, Vorbereit. p. 69. *Kronvogel.*

Klein, verbess. Vögelhist. p. 37. *Kronvogel.*

Brisson, ornithol. II. p. 84. n. 24. Couçou verd hupé de Guinée.

Batsch,

Batſch, Thiere, I. p. 320. *der guineiſche Kronenvogel.*

Seligmann, Vögel, I. Tab. 13. *der Touraco.*

Latham, Vögel, I. 2. p. 447. n. 46. *der Turako.*

Latham, Syſt. ornithol. I. p. 222. n. 49. Cuculus (Perſa) cauda aequali, capite criſtato, corpore viridi-caeruleſcente, remigibus ſanguineis.

Scopoli, an. hiſt. I. n. 49. Cuculus Perſa.

Scopoli, Bemerk. a. d. Naturgeſch. I. p. 44. n. 49. *der Kronvogel.*

Lichtenbergs u. *Voigts* Mag. f. d. Neueſte u. ſ. w. VII. 2. 120. *Tourako.*

Le Vaillant, Reiſe nach Afrika, II. p. 112. *Tourako.*

Pallas, nord. Beytr. III. p. 3. n. c. *Tourako.*

Boſsmann, Guin. p. 271. fig. 12.

Linné, Syſt. Nat. Edit. X. I. p. 111. n. 2. Cuculus (Perſa) cauda aequali, capite criſta erecta, remigibus primoribus rubris.

Moehring, av. gen. p. 81. n. 106. Cuculo adfinis.

Gerin. ornith. I. p. 82. Tab. 73.

Hermann, tab. affin. anim. p. 186. Cuculus Perſa.

18. Brasiliensis. *Der rothe braſilianiſche Kuckuck.*

Müller, Naturſyſt. II. p. 214. n. 18. *der Braſilianiſche.*

Neuer Schaupl. d. Natur, IV. p. 857. n. 21. *braſilianiſcher Kuckuck.*

Onomat. hiſtor. nat. III. p. 483. *der braſilianiſche rothgehaubte Kuckug.*

Briſſon, ornith. II. p. 84. n. 25. Coucou rouge hupé du Bréſil.

Latham, Vögel, I. 2. p. 447. n. 45. *der rothe braſilianiſche Kuckuk.*

Latham, Syst. ornitholog. I. p. 222. n. 48. Cuculus (Brasiliensis) cauda subaequali, capite cristato, corpore rubro, remigibus flavescentibus.

Moehring, av. gen. p. 80. n. 103. Columbae adfinis.

Hermann, tab. affin. anim. p. 185. Cuculus brasiliensis.

19. Cristatus. *Der gehäubte madagascarische Kuckuck.*

Müller, Natursystem, II. p. 214. n. 19. *der Haubenguckguck.*

Neuer Schaupl. der Natur, IV. p. 857. n. 22. *gehaubter Kuckuck.*

Onomat. hist. nat. III. p. 490. *der gehaubte Kuckug von Madagascar.*

Brisson, ornitholog. II. p. 85. n. 22. *Coucou hupé de Madagascar.*

Latham, Vögel, I. 2. p. 430. n. 15. *der gehäubte madagascarische Kuckuk.*

Latham, Syst. ornitholog. I. p. 212. n. 16. Cuculus (Cristatus) cauda rotundata, capite cristato, corpore cinereo-virescente, abdomine rufo-albo, rectricibus lateralibus apice albis.

Gerin. ornithol. I. p. 83. Tab. 77.

Hermann, tab. affinit. animal. p. 186. Cuculus Cristatus.

43. Aegyptius. *Der ägyptische Kuckuck.*

Latham, Vögel, I. 2. p. 430. *der ägyptische Kuckuck.*

Latham, Syst. ornithol. I. p. 212. n. 17. Cuculus (Aegyptius) cauda cuneiformi, corpore viridifusco, subtus rufo-albo, capite, cervice caudaque viridi-chalybeis, alis rufis.

β. Der

β. *Der glänzend schwarze Kuckuck mit fuchsrothen Flügeln.*

Latham, Vögel, I. 2. p. 431. n. 16. Var. A.
Latham, Syn. II. p. 523. n. 16. A.
Latham, Syst. ornitholog. I. p. 213. n. 17. β. C. splendide niger, alis rufis.

γ. *Der Kuckuck mit kastanienbraunen Flügeln.*

Latham, Vögel, I. 2. p. 431. n. 16. Var. B.
Latham, Syn. II. p. 523. n. 16. B.
Latham, Syn. Supplem. p. 100.
Latham, Syst. ornithol. I. p. 213. n. 17. γ. C. viridi-nigricans, alis rubro-fuscis, cauda nigra, ungue postico interiore recto subulato.

44. Radiatus. *Der schwarzbraune Kuckuck, mit gelbem schwarz gestreiften Bauche.*

Latham, Vögel, I. 2. p. 434. n. 21. *der panayische gestreifte Kuckuck.*
Latham, Syst. ornitholog. I. p. 214. n. 22. Cuculus (Radiatus) fusco-nigricans, genis gulaque vinaceis, pectore abdomineque flavescentibus nigro fasciatis, rectricibus nigris albo fasciatis.

45. Flavus. *Der gelbbäuchige Kuckuck von Panay.*

Latham, Vögel, I. 2. p. 434. n. 22. *der gelbbäuchige Kuckuck.*
Latham, Syst. ornitholog. I. p. 215. n. 26. Cuculus (Flavus) cauda cuneiformi, corpore pallide fusco, subtus rufo-flavescente, pileo gulaque cinereis, rectricibus nigris albo-fasciatis.

46. Auratus. *Der goldgrüne Kuckuck vom Cap.*

Latham, Vögel, I. 2. p. 435. n. 23. *der Goldkukuk.*

Latham,

Latham, Syst. ornitholog. I. p. 215. n. 27. Cuculus (Auratus) cauda cuneiformi, corpore supra viridi-aureo, subtus albo, capite striis quinque albis; rectricibus 2. extimis latere exteriore, omnibus apice albis.

47. Lucidus. *Der neuseeländische Kuckuck.*

Latham, Vögel, I. 2. p. 435. n. 24. *der glänzende Kuckuk.* Tab. 26.

Latham, Syst. ornithol. I. p. 215. n. 28. Cuculus (Lucidus) fulgidus, cauda subaequali, corpore supra viridi-aureo, subtus albicante viridi-aureo fuscoque undulato.

30. Coromandus. *Der schwarze Kuckuck mit weißem Halsbande von Coromandel.*

Müller, Natursyst. II. p. 214. n. 20. *der Coromandelische.* Tab. 7. fig. 2.

Neuer Schauplatz der Natur, IV. p. 857. n. 23. *Koromandelscher.*

Onomat. hist. nat. III. p. 488. *der gehaubte Kuckug von Coromandel.*

Brisson, ornithol. II. p. 82. n. 21. Coucou hupé de Coromandel.

Latham, Vögel, I. 2. p. 436. n. 26. *der Kuckuck mit dem Halsbande.*

Latham, Syst. ornithol. I. p. 216. n. 30. Cuculus (Coromandus) cauda cuneiformi, capite cristato, corpore nigro, subtus torqueque collari albo.

Gerin. ornith. I. p. 82. Tab. 74.

Hermann, tab. affinit. animal. p. 186. Cuculus Coromandus.

31. Cornutus. *Der gehörnte Kuckuck.*

Müller, Naturs. II. p. 214. n. 21. *der Gehörnte.*

Neuer

Neuer Schaupl. der Nat. IV. p. 857. n. 24. *gehörnter Kuckuck.*

Onomat. histor. nat. III. p. 482. *der gehörnte Kuckug.*

Brisson, ornithol. II. p. 82. n. 20. Coucou cornu du Brésil.

Latham, Vögel, I. 2. p. 436. n. 27. *der gehörnte Kuckuk.*

Latham, Syst. ornithol. I. p. 216. n. 31. Cuculus (Cornutus) cauda cuneiformi, capite crista bifida, corpore fuliginoso, cauda apice alba.

Hermann, tab. affinit. animal. p. 186. Cuculus cornutus.

Jonston, av. p. 210. Atinguacu camacu.

22. Paradiseus. *Der siamische Kuckuck.*

Müller, Natursyst. II. p. 215. n. 22. *der Siamische.*

Neuer Schaupl. der Natur, IV. p. 857. n. 25. *der siamsche Kuckuck.*

Onomat. hist. nat. III. p. 496. *der grüne gehaubte Kuckug von Siam.*

Brisson, ornithol. II. p. 83. n. 23. Coucou verd hupé de Siam.

Latham, Syst. ornithol. I. p. 216. n. 29. Cuculus (Paradiseus) caudae rectricibus binis longissimis, apice dilatatis, capite cristato, corpore viridi.

Hermann, tab. affinit. anim. p. 186. Cuculus paradisaeus.

Gerin. ornith. I. p. 82. Tab. 75.

48. Tolu. *Der Tolu.*

Müller, Natursyst. Suppl. p. 90. n. 25. *Toulou.*

Neuer Schaupl. d. Nat. IV. p. 856. n. 17. *Toulou.*

Onomat. histor. nat. III. p. 492. *der Kuckug von Madagascar.*

Brisson,

Brisson, ornitholog. II. p. 80. n. 16. *Coucou de Madagascar.*

Latham, Vögel, I. 2. p. 432. n. 17. *der Tolu.*

Latham, Syst. ornitholog. I. p. 213. n. 18. Cuculus (Tolu) cauda cuneiformi, corpore virescenti-atro, alis castaneis, capite, collo dorsoque anticè nigricantibus, rufo-striatis.

A. *Veränderungen gegen die XIIte Edition, und Vermehrung der Gattungen dieses Geschlechts.*

Das Geschlecht ist mit 26 Gattungen vermehrt. Und wenn, nach Latham, die 34ste p. 415. mit der 26ten p. 412 einerley ist, so bleiben der neu hinzu gekommenen Gattungen noch 25. — Bey der ersten Gattung sind *drey*, bey der 2ten *zwey*, bey der 9ten *zwey*, bey der 13ten *zwey* Varietäten aus einander gesetzt, und bey der 14ten ist noch eine Varietät hinzugekommen.

B. *Unbestimmtere Thiere.*

1. *Der Maroc.*

Bruce, Reis. n. d. Quellen des Nils, V. p. 181. Tab. 36. *der Maroc*, *Bienenkukuk.*

Lobo, Abyssin. p. 52. *Moroc.*

An Cuculus Indicator?

C. *Neuere Gattungen.*

1. *Der indianische Kuckuck.*

Latham, Syn. Suppl. p. 99. Eastern black Cuckow.

Latham, Syst. ornithol. I. p. 211. n. 11. Cuculus (Indicus) cauda rotundata, corpore nigro, alis rectricibusque ad apicem lineis transversis tribus nigris.

2. *Der*

2. *Der grauköpfige indianische Kuckuck.*

Latham, Vögel, I. 2. p. 448. n. 47. *der braunköpfige Kuckuk.*

Latham, Syn. Supplem. p. 102. Grey-headed Cuckow.

Latham, Syst. ornitholog. I. p. 214. n. 23. Cuculus (Poliocephalus) cauda subcuneiformi, corpore supra fusco-cinereo, subtus albo griseo fasciato, capite colloque pallide griseis, rectricibus albis, fasciis obscuris.

3. *Der kleine rothbraune schwarzbandirte indianische Kuckuck.*

Latham, Vögel, I. 2. p. 449. n. 48. *der Sonneratskuckuk.*

Latham, Syn. Suppl. p. 102. n. 48. Sonnerat's Cuckow.

Latham, Syst. ornithol. I. p. 215. n. 24. Cuculus (Sonneratii) nigro fasciatus, supra rufo-fuscus, subtus albus, rectricibus nigro maculatis.

Sonnerat, voy. Ind. II. p. 211. le petit Coucou des Indes.

4. *Der leberfarbene Kuckuck.*

Latham, Syst. ornithol. I. p. 215. n. 25. Cuculus (Hepaticus) cauda cuneiformi, corpore brunneo nigroque undulato, uropygio ferrugineo, rostro, alarum apicibus caudaque fasciis nigris, subtus albicans nigro undulatus, pedibus flavis.

Mus. Carls. fascic. III. Tab. 55. Cuculus hepaticus.

58. GESCHLECHT. Yunx. *Der Wendehals.*

Müller, Natursystem, II. p. 216. Gen. LVIII.
Leske, Naturgesch. p. 247. Gen. XXVII.
Borowsky, Thierreich, II. p. 131. Gen. XVI.
Blumenbach, Handbuch der Naturgesch. p. 167. Gen. IX.
Bechstein, Naturgesch. I. p. 354. Gen. XIII.
Bechstein, Naturgeschichte Deutschl. II. p. 527. Gen. XI.
Brisson, ornith. II. p. 42. Gen. XLVI.
Batsch, Thiere, I. p. 315. 318. Gen. LXIII.
Latham, allg. Uebersicht der Vögel, I. 2. p. 451. Gen. XX.
Latham, Syst. ornith. I. p. 223. Gen. XXI.
Donndorff, Handbuch der Thiergesch. p. 241. Gen. XIX.

1. Torquilla. *Der gemeine Wendehals.* (6)
Müller, Natursystem, II. p. 216. n. 1. *Drehhals.*
Leske, Naturgesch. p. 247. *der Wendehals.*
Borowsky, Thierreich, II. p. 132. n. 1. *der Wendehals.*
Blumenbach, Handb. der Naturgesch. p. 167. n. 1. Jynx (Torquilla) cauda explanata, fasciis fuscis quatuor; *der Drehhals, Wendehals, Natterwindel.*

Bechstein,

(6) Nistet zu Anfang des Julius. Das Nest besteht aus einer blossen Unterlage von klarem Moos, Grashalmen, Haaren, und Wolle. Beyde Gatten brüten vierzehn Tage, aber jährlich nur einmal. Die Baumhohle, worin sie einmal genistet haben, suchen sie alle Jahr wieder auf. Das Fleisch ist wohlschmeckend und im August und September sehr fett. Im Herbst fressen sie, in Ermanglung der Insekten, auch Hollunderbeeren. Zahm kann man sie mit Mehlwürmern und Nachtigallenfutter unterhalten.

Bechstein, Naturgesch. I. p. 354. n. 1. *Wendehals.*

Bechstein, Naturgesch. Deutschl. II. p. 527. n. 1. *der Wendehals.* p. 533. *Drehhals, Drehvogel, Otterwindel, Natterwindel, Halsdreher, Halswinder, Natterhals, Grauspecht.*

Funke, Naturgesch. I. p. 328. *der Wendehals.*

Ebert, Naturl. I. p. 60. *der Wendehals.*

Halle, Vögel, p. 144. n. 85. *der Halsdreher.*

Meyer, Thiere, II. Tab. 39.

Gatterer, vom Nutzen und Schaden der Thiere, II. p. 63. n. 77. *der Drehhals.*

Pennant, arct. Zool. II. p. 253. *der Drehhals.*

Neuer Schauplatz d. Natur, II. p. 398. *Drehhals.*

Onomat. hist. nat. IV. p. 574. *der Halsdreher.*

Handb. d. Naturgesch. II. p. 170. *der Drehhals.*

Handbuch d. deutsch. Thiergesch. p. 102. *Wendehals, Natterzwang* u. s. w.

Klein, av. p. 28. n. 14. Picus Torquilla; Jynx.

Klein, Vorber. p. 54. n. 14. *Drehhals oder Wendehals.*

Klein, verbess. Vögelhist. p. 30. n. 14. *Drehhals.*

Klein, stemmat. av. p. 5. Tab. 4. fig. 4. a. c. d.

Klein, Vögeleyer, p. 17. Tab. 4. fig. 5.

Brisson, ornithol. II. p. 43. n. 1. Torcol.

Gesner, Vögelb. p. 553. *Windhals*; mit 1 Fig.

Batsch, Thiere, I. p. 318. *der Wendehals.*

Latham, Vögel, I. 2. p. 451. *der gemeine Wendehals.*

Latham, Syn. Suppl. p. 103. Wryneck.

Latham, Syst. ornitholog. I. p. 223. n. 1. Yunx (Torquilla) grisea, fusco nigricanteque varia, abdomine rufescente-albo maculis nigricantibus, rectricibus maculis, striis fasciisque nigris undulatis.

Beseke, Vögel Kurl. p. 36. n. 55. *der Drehhals.*

Bock, Naturgesch. von Preussen, IV. p. 308. n. 54. *Drehhals.*

Cetti, Naturgesch. von Sardinien, II. p. 84. *der Wendehals.*

Fischer, Naturgesch. von Livland, p. 75. n. 64. *Wendehals, Natterhals.*

Lepechin, Tagebuch der russ. Reis. II. p. 5. *Wendehälse.*

White, Naturgesch. von England, p. 33. n. 2. p. 56. *der Wendehals.*

Pontoppidan, Naturgesch. v. Dännemark, p. 167. n. 1. *Wendehals, Dreyhals.*

Kolbe, Vorgeb. d. g. Hoffnung, Edit. in 4. p. 395. n. 7. *die Lang-Zungen?*

Scopoli, Bemerk. a. d. Naturgesch. I. p. 45. n. 50. *der gemeine Wendehals.*

Linné, auserl. Abhandl. II. p. 290. n. 66. *Drehhals, Natternhals.*

Zorn, Petinotheol. II. p. 147. 276. *der Otter- oder Natterwindel.*

Döbel, Jägerpraktik, I. p. 60. *Wendehals.*

Naumann, Vogelsteller, p. 138. n. 6. *der Grauspecht oder Wendehals.*

Naturforsch. IX. p. 53. n. 53. *Drehehals.*

Schriften der berlin. Gesellsch. naturf. Fr. VII. p. 453. n. 30. *der Drehhals.*

Anweisung Vögel zu fangen, u. s. w. p. 415. *Natterwindel.*

Bechstein, Musterung schädl. Th. p. 117. *Wendehals.*

Jablonsky, allgem. Lex. p. 1380. *Wendehals.*

Eberhard, Thiergesch. p. 104. *der Wendehals.*

Meidinger, Vorles. I. p. 118. *der Wendehals.*

Lemmery. Materiallex. p. 589.

Linné, Syst. Nat. Ed. II. p. 53. Torquilla s. Jynx.

Linné,

Linné, Syst. Nat. Edit. VI. p. 20. n. 1. Torquilla.

Linné, Syst. Natur. Edit. X. I. p. 112. n. 1. Jynx (Torquilla.)

Müller, zoolog. dan. prodr. p. 12. n. 96. Jynx Torquilla.

Kramer, Austr. p. 336. n. 1. Jynx; *Natterwindl, Wendlhals.*

Brünich, ornithol. bor. p. 10. n. 37. Jynx Torquilla.

Schwenkfeld, aviar. Siles. p. 356. Torquilla; *ein Windhals, Wendehals, Trayhals, Naterwendel.*

Moehring, av. gen. p. 34. n. 13. Jynx.

Schaefer, elem. ornith. Tab. 66.

Gerin, ornith. II. p. 52. Tab. 186.

Hermann, tab. affin. anim. p. 188. Jynx.

Lange, de ave Ιυγξ. Epist. medicinal. L. 2. ep. 59. p. 762.

Plin. hist. nat. L. XI. c. 47. Jynx.

Aristot. hist. anim. L. II. c. 15. n. 95. Ιυγξ.

Donndorf, Handb. der Thiergesch. p. 241. n. 1. *der Wendehals.*

β. *Der gestreifte Wendehals.*

Brisson, ornitholog. II. p. 44. A. Torcol rayé.

Latham, Vögel, I. 2. p. 454. Var. A.

Latham, Syn. II. p. 549.

Latham, Syst. ornitholog. I. p. 223. β. Yynx supra ferruginea maculis transversis, subtus albida, striis longitudinalibus flavis.

Jonston, av. p. 113. Jyngi congener.

γ. *Der weiße Wendehals.* *

Bechstein, Naturgeschichte Deutschl. II. p. 532. *weiße Wendehälse.*

Latham, Vögel, I. 2. p. 454. Var. B. *der weiſſe Wendehals.*

2. Minutissima. *Der cayenniſche Wendehals.*

Latham, Vögel, I. 2. p. 491. n. 48. *der kleinſte Specht.*

Latham, Syſt. ornitholog. I. p. 243. n. 55. Picus (Minutus) griſeo-rufus, ſubtus albidus fuſco-undulatus, vertice rubro, occipite nigro, lateribus capitis albo-maculatis.

Briſſon, ornitholog. II. p. 64. n. 32. petit Pic de Cayenne.

Lichtenberg, Magazin f. d. Neueſte u. ſ. w. II. 1. p. 118. n. 2. *der allerkleinſte Specht oder Wendehals aus Südamerika.*

Fermin, Beſchreib. von Surinam, II. p. 150. *ein kleiner Specht?*

A. *Veränderungen gegen die XII. Edition, und Vermehrung der Gattungen dieſes Geſchlechts.*

Das Geſchlecht iſt mit einer Gattung vermehrt, und bey der erſten ſind zwey Varietäten aus einander geſetzt.

59. GESCHLECHT. Picus. *Der Specht.*

Müller, Naturſyſt. II. p. 218. Gen. LIX.

Leske, Naturgeſch. p. 248. Gen. XXVIII.

Borowsky, Thierreich, II. p. 133. Gen. XVII.

Blumenbach, Handbuch der Naturgeſch. p. 166. Gen. VIII.

Bechſtein, Naturgeſch. I. p. 347. Gen. X.

Bechſtein, Naturgeſchichte Deutſchl. II. p. 498. Gen. IX.

Funke, Naturgeſch. I. p. 300 ff.

Ebert,

Ebert, Naturl. II. p. 44 ff.
Halle, Vögel, p. 132 ff.
Pennant, arct. Zoolog. II. p. 254 ff.
Neuer Schaupl. der Natur, VIII. p. 326 ff.
Onomat. hist. nat. VI. p. 491 sqq.
Klein, av. p. 26. Gen. II.
Brisson, ornith. II. p. 44. Gen. XLVII.
Batsch, Thiere, I. p. 306. Gen. LVII.
Latham, allgem. Uebers. der Vögel, I. 2. p. 454. Gen. XXI.
Latham, Syst. ornithol. I. p. 224. Gen. XXII.
Hermann, tab. affinit. animal. p. 187.
Donndorff, Handbuch der Thiergesch. p. 242. Gen. XX.

1. MARTIUS. *Der Schwarzspecht.* (7)
Müller, Natursyst. II. p. 219. n. 1. *der Fouselier.*
Leske, Naturgesch. p. 248. n. 1. *der Schwarzspecht, die Luderkrähe.*
Borowsky, Thierreich, III. p. 134. n. 2. *der große Schwarzspecht.*
Blumenbach, Handb. d. Naturgesch. p. 166. n. 1. Picus (Martius) niger, vertice coccineo; *der Schwarzspecht, gemeine Specht, Hohlkrähe.*
Bechstein, Naturgesch. I. p. 348. n. 1. *der Schwarzspecht.*

(7) Flügelweite 29 Zoll. Gewicht 11 Unzen. Der allerschlaueste unter dem ganzen Geschlechte, der sehr schwer zu schiessen ist. Liebt grosse, besonders gebirgige Waldungen, und zieht die Schwarzwälder den Laubwäldern vor. Nistet in Baumhöhlen, die er sich entweder selbst macht oder vorfindet, und legt seine Eyer auf das blosse Holzmehl, ohne alle Unterlage. Lässt sich zähmen, und frisst alsdann Wallnüsse, lebt aber nicht lange in der Gefangenschaft. Das Fleisch ist wohlschmeckend. Einige dieser Vögel haben eine rothe Platte.

Bechstein, Naturgesch. Deutschl. II. p. 499. n. 1. *der Schwarzspecht.* p. 505. *der große Schwarzspecht, gemeiner Specht, tapfere Specht, Krähenspecht, Spechtkrähe, Holzkrähe, Holzkrahe, Hohlkrähe, Holzhuhn, Füselier.*

Funke, Naturgesch. I. p. 300. *der Schwarzspecht.*

Ebert, Naturl. II. p. 45. *der große schwarze Specht.*

Halle, Vögel, p. 133. n. 72. *der größte europäische schwarze Baumhacker.*

Meyer, Thiere, II. Tab. 34.

Gatterer, vom Nutzen u. Schaden der Thiere, II. p. 60. n. 68. *der Schwarzspecht.*

Pennant, arct. Zool. II. p. 261. A. *der Schwarzspecht.*

Beckmann, Naturhist. p. 40. *der Specht, oder Baumhacker.*

Neuer Schauplatz der Natur, VIII. p. 327. n. 1. *der Schwarzspecht.*

Onomat. hist. nat. VI. p. 499. *der große Schwarzspecht, Spechtkrähe.*

Handbuch der Naturgesch. II. p. 171. *der Specht.*

Handb. der deutschen Thiergesch. p. 101. *großer schwarzer gemeiner und Krähenspecht.*

Klein, av. p. 26. n. 1. Picus niger, maximus nostras.

Klein, Vorbereit. p. 50. n. 1. *Schwarzspecht.*

Klein, verbess. Vögelhist. p. 28. n. 1. *schwarzer großer Specht.*

Gesner, Vögelb. p. 477. *Kräspecht*; Fig. p. 479. zieml. gut.

Brisson, ornith. II. p. 47. n. 6. Pic-noir.

Batsch, Thiere, I. p. 307. *Schwarzspecht.*

Latham, Vögel, I. 2. p. 554. n. 1. *der Schwarzspecht.*

Latham, Syn. Suppl. p. 104. Great black Woodpecker.

Latham, Syst. ornitholog. I. p. 324. n. 1. Picus (Martius) niger, pileo coccineo.

Beseke, Naturgesch. der Vögel Kurl. p. 37. n. 56. *der Schwarzspecht.*

Bock, Naturgesch. von Preussen, IV. p. 309. n. 55. *der schwarze Specht.*

Cetti, Naturgeschichte von Sardinien, II. p. 81. *der Specht.*

Molina, Chili, p. 209. *der Schwarzspecht.*

Fischer, Naturgesch. von Livland, p. 76. n. 65. *Schwarzspecht.*

Pontoppidan, Naturg. von Dännemark, p. 167. n. 1. *Hakkespett.*

Pontoppidan, Naturhist. v. Norwegen, II. p. 184. *Schwarzspechte.*

Pallas, Reise, II. p. 20. 30. *Schwarzspecht.*

Pallas, Reis. Ausz. II. p. 14. *der Schwarzspecht.*

Pallas, nord. Beytr. IV. p. 14. *der Schwarzspecht.*

Fermin, Surinam, II. p. 149. *der Schwarzspecht.*

Scopoli, Bemerk. a. d. Naturgesch. I. p. 46. n. 51. *der Schwarzspecht, Hohlkrähe.*

Zorn, Petinotheol. II. p. 269. *Schwarz-Specht, Hohl-Krähe.*

Döbel, Jägerprakt. I. p. 59. *Schwarz-Specht.*

Naumann, Vogelsteller, p. 137. *der Schwarzspecht.*

Naturf. IX. p. 54. n. 54. *der Fouselier.*

Anweisung Vögel zu fangen u. s. w. p. 113. *Hohlkrähe.*

Jablonsky, allgem. Lex. p. 1098. *Schwarzspecht.*

Bechstein, Musterung schädl. Th. p. 110. n. 14. *der Schwarzspecht.*

Eberhard, Thiergesch. p. 104. *der schwarze Specht.*

Meidinger, Vorles. I. p. 119. n. 1. *der Schwarzspecht.*

Loniceri, Kräuterbuch, p. 678. *Specht.*

Kraft, Ausrott. grauf. Thiere, I. p. 443. *Kräh-Specht.*

Neue gesellsch. Erzähl. I. p. 268. *Holz-Krähe.*

Hamburg. Magazin, IV. p. 414.

Linné, Syst. Nat. Edit. II. p. 53. Picus niger.

Linné, Syst. Nat. Edit. VI. p. 20. n. 1. Picus niger.

Linné, Syst. Nat. Edit. X. I. p. 112. n. 1. Picus (Martius) niger, pileo coccineo.

Müller, zoolog. dan. prodr. p. 12. n. 97. Picus (Martius) niger, pileo coccineo.

Kramer, Austr. p. 335. n. 1. Picus pedum digitis duobus anticis, posticis duobus, corpore nigro, vertice coccineo; *Hohlkran*, *Schwarzspecht.*

Brünich, ornith. bor. p. 11. n. 38. Picus Martius.

Schwenkfeld, aviar. Siles. p. 338. Picus niger, seu formicarius; *ein Holkrahe*, *Holz-Krahe*, *Krah-Specht*, *Holtz-Hun.*

Valent. Ephem. Nat. Cur. Cent. VIII. obs. 53. p. 335. *(anatome.)*

Philos. Transact. XXIX. n 350. p. 509. Tab. 1. *(anat.)*

Gerin. ornith. II. p. 47. Tab. 172.

Jonston, av. p. 110. Picus maximus.

Plin. hist. nat. Lib. 10. c. 18. 28. 33. L. 11. c. 37. L. 31. c. 16. Picus martius?

Aristot. histor. anim. L. IX. c. 13. n. 147. δρυοκολαπτης, το τριτον γενος.

Donndorff, Handbuch der Thiergesch. p. 242. n. 1. *der Schwarzspecht.*

22. LIGNA-

22. LIGNARIUS. *Der chilesische Specht.*
Molina, Naturgesch. von Chili, a. a. O. *der Zimmermann.*
Latham, Vögel, I. 2. p. 494. n. 52. *der Holzhackerspecht.*
Latham, Syst. ornitholog. I. p. 224. n. 2. Picus (Lignarius) pileo coccineo, corpore albo caeruleoque vittato.

2. PRINCIPALIS. *Der Weißschnabel.* (8)
Müller, Natursyst. II. p. 220. n. 2. *der Grenadier.*
Borowsky, Thierreich, II. p. 135. n. 3. *der Haubenspecht.*
Halle, Vögel, p. 135. n. 73. *der größte schwarze amerikanische Baumhakker.*
Gatterer, vom Nutzen u. Schaden der Thiere, II. p. 61. n. 69. *der amerikanische Specht.*
Pennant, arct. Zool. II. p. 254. n. 72. *der Weißschnabel.*
Neuer Schaupl. der Nat. VIII. p. 227. n. 2. *schwarzer Specht mit weißem Schnabel.* p. 329. n. 2. *Weißschnabel.*
Onomat. histor. nat. VI. p. 506. Picus principalis. (Mit n. 4. verwechselt.)
Klein, av. p. 26. n. 2. Picus niger, rostro albo, priori maior.

(8) Gewicht 20 Unzen. Brütet in Mexico um die Regenzeit, daher die Benennung *Picus imbrifoetus* beym *Nieremb.* Bey den Spaniern heissen diese Vögel *Carpenteros* oder *Zimmerleute*, weil sie so viele Späne aus den Bäumen hacken, denn ein einziger hackt in einer Stunde wohl ein Maas Späne aus. Canada hat diese Vögel nicht. Aber die Indianer aus Canada achten die Schnäbel sehr hoch, und kaufen sie von den Wilden der südlichen Gegenden das Stück um 2 oder 3 Bockhäute, um die Kränze ihrer Sachems und Krieger daraus zu machen.

Klein, Vorbereit. p. 50. n. 2. *Schwarzspecht mit weißem Schnabel.*

Klein, verbeff. Vögelhift. p. 28. n. 2. *fchwarzer Specht mit weißem Schnabel.*

Briffon, ornitholog. II. p. 49. n. 9. Pic noir hupé de la Caroline.

Seligmann, Vögel, I. Tab. 32. *der größte Specht mit dem weißen Schnabel.*

Batfch, Thiere, I. p. 307. *der Haubenfpecht.*

Latham, Vögel, I. 2. p. 456. n. 2. *der weißfchnäblichte Specht.*

Latham, Syft. ornitholog. I. p. 225. n. 3. Picus (Principalis) niger, crifta coccinea, linea utrinque collari remigibusque fecundariis albis. *(Mas.)*

Schöpf, Reife durch Nordamerika, II. p. 13. Picus Principalis.

Linné, Syft. Natur. Edit. X. I. p. 113. n. 2. Picus (Principalis) niger, crifta coccinea, linea utrinque collari remigibusque fecundariis albis.

Jonfton, av. p. 222. *Picus imbrifoetus. Quatotomomi.*

Lafiteau, moeurs des Sauvages, II. p. 60.

Donndorff, Handb. d. Thiergefch. p. 243. n. 2. *der Weißfchnabel.*

β. Picus niger, occipite criftato, linea utrinque collari, remigibusque fecundariis albis. (Foemina.) *

Latham, Vögel, I. 2. p. 457. *das Weibchen.*

Latham, Syn. Suppl. p. 105. n. 2.

Latham, Syft. ornitholog. I. p. 225. n. 3. β.

Discrepat pileo corpore concolore, minime rubro.

3. PILEATUS. *Der Haubenſpecht.* (9)

Müller, Naturſyſtem, II. p. 221. n. 3. *der Haubenſpecht.*

Gatterer, vom Nutzen u. Schaden der Thiere, II. p. 62. n. 72. *der virginiſche Haubenſpecht.*

Pennant, arct. Zool. II. p. 255. n. 73. *der Haubenſpecht.*

Neuer Schauplatz der Natur, VIII. p. 327. n. 3. *ſchwarzer Specht mit bleyfarbenem Schnabel und feuerrothem Kopfe.* p. 329. n. 3. *gehaubter Specht.*

Onomat. hiſt. nat. VI. p. 305. *der ſchwarze amerikaniſche Haubenſpecht.*

Klein, av. p. 26. n. 3. Picus niger, toto capite rubro, roſtro plumbeo.

Klein, Vorbereit. p. 50. n. 3. *Schwarzſpecht mit feurigem Kopf.*

Klein, verbeſſ. Vögelhiſt. p. 28. n. 3. *ſchwarzer Specht mit bleyfarbigem Schnabel und feuerrothem Kopf.*

Briſſon, ornithol. II. p. 50. n. 10. Pic noir hupé de Virginie.

Seligmann, Vögel, I. Tab. 34. *der große Specht mit dem rothen Kopfe.*

Latham, Vögel, I. 2. p. 458. n. 3. *der virginiſche Haubenſpecht.*

Latham, Syn. Suppl. p. 105.

Latham, Syſt. ornitholog. I. p. 225. n. 4. Picus (Pileatus) niger, criſta rubra, temporibus aliisque maculis albis.

Linné, Syſt. Nat. Edit. VI. p. 41. n. 11. Picus niger, criſta coccinea.

Linné,

(9) Gewicht 9 Unzen. Die Indianer ſchmücken ihre Calumets mit den Kopfbüſchen dieſer Vögel.

Linné, Syst. Nat. Edit. X. I. p. 113. n. 3. Picus (Pileatus) niger, capite cristato rubro, temporibus alisque albis maculis.

Donndorff, Handb. der Thiergesch. p. 243. n. 3. *der Haubenspecht.*

β. Picus niger, crista rubra, fronte lorisque flavicantibus, abdomine fasciis obscuris albis. *

Latham, Syn. Suppl. p. 105.

Latham, Syst. ornithol. I. p. 206. n. 4. β.

4. Lineatus. *Der Ipecu.* (10)

Müller, Natursyst. II. p. 221. n. 4. *der gestreifte Specht.* Tab. 7. fig. 6.

Neuer Schauplatz der Natur, VIII. p. 329. n. 4. *bandirter Specht.*

Onomat. hist. nat. IV. p. 564. *Ipecu; der große schwarze amerikanische Baumhacker.*

Onomat. hist. nat. VI. p. 305. *der schwarze amerikanische Haubenspecht.*

Halle, Vögel, p. 135. n. 74. *der große schwarze amerikanische Baumhakker.*

Brisson, ornithol. II. p. 51. n. 11. Pic noir hupé de Cayenne.

Latham, Vögel, I. 2. p. 459. n. 4. *der große gestreifte cayennische Specht.*

Latham, Syst. ornithol. I. p. 226. n. 5. Picus (Lineatus) niger, crista coccinea, linea a rostro utrinque collari ad medium dorsum alba, corpore subtus rufo-albido, fasciis nigris.

Fermin, Surin. II. p. 150. *ein anderer Buntspecht.*

Raj, Syn. p. 162. Tlauhquechultototl?

23. Rubri-

(10) Wird oft mit *Picus Principalis* verwechselt, weil *Linné* in der XIIten Edition den *Ipecu* des *Marcgr.* mit dazu rechnete.

23. RUBRICOLLIS. *Der rothhälsige Specht.*

Latham, Vögel, I. 2. p. 460. n. 5. *der rothhälsige Specht.*

Latham, Syst. ornitholog. I. p. 226. n. 6. Picus (Rubricollis) fuscus, occipite cristato, corpore subtus testaceo-albo, capite colloque coccineis.

24. MELANOLEUCOS. *Der schwarz- und weiße Specht.*

Latham, Vögel, I. 2. p. 461. n. 6.

Latham, Syst. ornitholog. I. p. 226. n. 7. Picus (Melanoleucos) nigricans, pileo cristato flavescente, fronte superciliis nuchaque nigris, linea collari utrinque ad dorsum alba, corpore subtus albido, fasciis nigris.

5. HIRUNDINACEUS. *Der Schwalbenspecht.*[1]

Müller, Natursyst. II. p. 222. n. 5. *der Schwalbenspecht.*

Halle, Vögel, p. 136. n. 75. *der kleinste schwarze amerikanische Baumhakker.*

Neuer Schaupl. d. Nat. VIII. p. 328. n. 8. *kleinster Schwarzspecht.* p. 329. n. 5. *Schwalbenspecht.*

Onomat. histor. natur. VI. p. 497. *der kleinste Schwarzspecht aus Amerika.*

Klein, av. p. 27. n. 4. Picus niger minimus.

Klein, Vorbereit. p. 51. n. 4. *kleinster Schwarzspecht.*

Klein, verbesserte Vögelhist. p. 29. n. 8. *kleinster Schwarzspecht.*

Brisson, ornitholog. II. p. 48. n. 7. Pic noir de la nouvelle Anglettere.

Latham,

(1) Nach *Latham* gehört *Pennants yellow - legged Woodpecker*, woraus in unserm System p. 438. n. 49. eine eigne Gattung gemacht worden, mit hieher.

Latham, Vögel, I. 2. p. 461. n. 7. *der Schwalbenspecht.*

Latham, Syst. ornithol. I. p. 227. n. 8. Picus (Hirundinaceus) niger, occipite cristato rubro, humeris albido - punctatis, abdomine inferiore albo.

Linné, Syst. Natur. Edit. X. I. p. 113. n. 4. Picus (Hirundinaceus) niger, occipite coccineo, humeris albido punctatis.

β. *Latham*, Syn. II. p. 559. n. 7. A.

Latham, Syst. ornitholog. I. p. 227. n. 8. β. Picus niger, macula verticis medioque pectore rubris, occipite flavo vario, superciliis uropygioque variis.

Latham, Vögel, I. 2. p. 461. n. 7. Var. A.

γ. *Latham*, Syn. II. p. 560. n. 7. B.

Latham, Syst. ornitholog. I. p. 227. n. 8. γ. Picus niger, macula verticis rubra, lateribus ad nucham albis, nucha ipsa aurea, pectore medio lateribusque coccineis, uropygio albo.

Latham, Vögel, I. 2. p. 462. n. 7. Var. B.

6. PASSERINUS. *Der Sperlingsspecht.*

Müller, Natursyst. II. p. 222. n. 6. *der Sperlingsspecht.*

Neuer Schauplatz der Natur, VIII. p. 329. n. 6. *Sperlingsspecht.*

Onomat. histor. nat. VI. p. 505. *der kleine Specht von St. Domingo.*

Brisson, ornithol. II. p. 62. n. 29. petit Pic de S. Domingue.

Latham, Syn. Suppl. p. 110. Passerine Woodpecker.

Latham,

Latham, Syſt. ornitholog. I. p. 238. n. 40. Picus (Paſſerinus) olivaceo - flavicans, ſubtus fuſco candicanteque faſciatus, capite ſupra rubro.

25. Striatus. *Der geſtreifte Specht von St. Domingo.*

Müller, Naturſyſt. Suppl. p. 91. n. 24. *der geſtreifte Specht.*

Neuer Schauplatz der Natur, VIII. p. 329. n. 24. *geſtreifter Specht.*

Briſſon, ornithol. II. p. 59. n. 25. Pic rayé de S. Domingue.

Latham, Vögel, I. 2. p. 485. n. 36. *der geſtreifte Specht von S. Domingo.*

Latham, Syſt. ornitholog. I. p. 238. n. 39. Picus (Striatus) niger olivaceo - ſtriatus, ſubtus olivaceus, vertice, occipite uropygioque rubris, collo ſubtus pectoreque griſeo - fuſcis.

β. *Der Specht mit ſchwarzem Scheitel.*

Briſſon, ornith. II. p. 60. n. 26. petit Pic rayé de Cayenne.

Latham, Vögel, I. 2. p. 486. n. 36. Var. A.

Latham, Syſt. ornitholog. I. p. 238. n. 39. β. Picus corpore ut in priore, vertice nigro, occipite rubro.

Latham, Syn. II. p. 588. n. 36. A.

26. Melanochloros. *Der gelb- und ſchwarze Specht.*

Neuer Schaupl. der Nat. VIII. p. 329. n. 25. *gelber Specht.*

Briſſon, ornithol. II. p. 51. n. 12. Pic varié hupé d'Amerique.

Latham, Vögel, I. 2. p. 486. n. 38. *der cayenniſche Haubenſpecht.*

Latham,

Latham, Syst. ornithol. I. p. 239. n. 41. Picus (Melanochloros) fulvo nigroque undato-maculatus, genis rubicundis, crista fulvo-aurea, rectricibus nigris.

Gerin. ornithol. II. p. 41. Tab. 174. Picus niger cayennensis cristatus.

β. P. fulvo nigroque undato-maculatus, vertice nigro, occipite cristato rubro, maxillae inferioris mystace purpurascente. *.

Latham, Syst. ornitholog. I. p. 239. n. 41. β.

Büffon, hist. nat. des oif. VII. p. 30. — Pl. enl. 719. le grand Pic rayé de Cayenne.

27. FLAVESCENS. *Der gelbgehaubte Specht.*

Latham, Vögel, I. 2. p. 487. n. 39. *der brasilianische Haubenspecht.*

Latham, Syst. ornithol. I. p. 239. n. 42. Picus (Flavescens) niger, flavo-fasciatus, capite crista dependente, gula, genis cerviceque flavis.

28. CAYENNENSIS. *Der olivenfarbige schwarz gestreifte cayennische Specht.*

Brisson, ornitholog. II. p. 61. n. 27. Pic rayé de Cayenne.

Latham, Vögel, I. 2. p. 487. n. 40. *der kleine gestreifte cayennische Specht.*

Latham, Syn. Supplem. p. 111.

Latham, Syst. ornitholog. I. p. 239. n. 43. Picus (Cayanensis) olivaceus nigro striatus, subtus flavicans, occipite rubro, vertice nigro, genis albidis.

29. EXALBIDUS. *Der gelbliche Specht von Cayenne.*

Müller, Natursystem, II. p. 228. c. *der weiße cajennische Specht.*

Brisson,

Brisson, ornithol. II. p. 63. n. 31. Pic blanc de Cayenne.

Latham, Vögel, I. 2. p. 488. n. 41. *der Gelbspecht.*

Latham, Syst. ornitholog. I. p. 240. n. 44. Picus (Flavicans) occipite cristato, remigibus fuscis, rectricibus nigris.

Fermin, Surin. II. p. 150. *der gelbe Specht.*

30. Cinnamomeus. *Der zimmtfarbige Specht.*

Pennant, arct. Zool. II. p. 257. n. 75. *der rostfarbige Specht.* Tab. 13. unt. Fig.

Latham, Vögel, I. 2. p. 489. n. 42. *der rostfarbene Specht.*

Latham, Syst. ornitholog. I. p. 240. n. 45. Picus (Cinnamomeus) ferrugineo-cinnamomeus, maculis sparsis flavicantibus, capitis crista dorsoque infimo flavis, cauda nigra.

31. Multicolor. *Der vielfärbige Specht.*

Latham, Vögel, I. 2. p. 489. n. 43. *der vielfarbige Specht.*

Latham, Syst. ornitholog. I. p. 240. n. 46. Picus (Multicolor) cristatus rufus, capite, gula cerviceque supremo fulvis, infimo iugulo, pectore alarumque maculis albis.

7. Erythrocephalus. *Der rothköpfige Specht.* (²)

Müller, Natursyst. II. p. 222. n. 7. *der Rothkopf.* Tab. 7. fig. 7.

Borowsky,

(a) Gewicht 2 Unzen. Wandert bey Herannäherung des Winters gegen Süden; und wenn sie zu der Zeit noch häufig in den Wäldern verweilen, so halten es die Einwohner von Pensylvanien u. a. für ein Zeichen einer milden Witterung.

Borowſky, Thierreich, II. p. 136. n. 4. *der roth-köpfige Specht.*

Neuer Schauplatz der Natur, VIII. p. 328. n. 12. *rothköpfichter Virginianer.* p. 329. n. 7. *Rothkopf.*

Onomat. hiſt. nat. VI. p. 496. *der Rothkopf.*

Halle, Vögel, p. 143. n. 83. *der karoliniſche Haus-ſpecht.*

Gatterer, vom Nutzen und Schaden der Thiere, II. p. 61. n. 70. *der Rothkopf.*

Pennant, arct. Zool. II. p. 257. n. 76. *der Roth-kopf.*

Klein, av. p. 28. n. 12. Picus capite colloque rubris.

Klein, Vorbereit. p. 53. n. 12. *Rothkopf.*

Klein, verbeſſ. Vögelhiſt. p. 30. n. 12. *rothköpfi-ger Virginianer.*

Briſſon, ornitholog. II. p. 56. n. 19. Pic à tête rouge de Virginie.

Batſch, Thiere, I. p. 307. *der rothköpfige Specht.*

Seligmann, Vögel, I. Tab. 40. *der Specht mit dem rothen Kopfe.*

Latham, Vögel, I. 2. p. 462. n. 8. *der rothköpfi-ge Specht.*

Latham, Syſt. ornitholog. I. p. 227. n. 9. Picus (Erythrocephalus) capite toto rubro, alis cau-daque rubris, abdomine remigibusque ſecun-dariis albis.

Carver, Reiſe d. Nordamerika, p. 389. **** Picus erythrocephalus.

Linné, Syſt. Nat. Edit. X. I. p. 113. n. 5. Picus (Erythrocephalus) capite toto rubro, alis cau-daque nigris, abdomine albo.

Gerin. ornith. II. p. 50. Tab. 176.

Donndorff, Handb. der Thiergeſch. p. 243. n. 4. *der Rothkopf.*

31. RUBER.

31. Ruber. *Der rothe Specht von Cayenne.*

Latham, Vögel, I. 2. p. 464. n. 8. *der rothe cayennische Specht.*

Latham, Syn. Suppl. p. 106.

Latham, Syst. ornitholog. I. p. 228. n. 10. Picus (Ruber) niger, capite, collo et pectore coccineis, macula alarum longitudinali alba, abdomine medio flavescente-albo.

32. Obscurus. *Der dunkelfarbige nordamerikanische Specht.*

Latham, Vögel, I. 2. p. 464. n. 10. *der Specht mit weißem Steiße.*

Latham, Syst. ornithol. I. p. 228. n. 11. Picus (Obscurus) nigricans, subtus uropygioque albus, supra tectricibusque alarum minoribus albo variegatis, remigibus primoribus apice nigris.

33. Fasciatus. *Der bandirte Specht.*

Latham, Vögel, I. 2. p. 465. n. 11. *der bandirte Specht.*

Latham, Syst. ornitholog. I. p. 229. n. 12. Picus (Fasciatus) fusco-nigricans, vertice, loris strigaque submaxillari coccineis, abdomine albo nigroque striato, rectricibus apice albis.

8. Aurantius. *Der pomeranzenfarbige Specht.*

Müller, Natursystem, II. p. 223. n. 8. *der pomeranzenfarbige Specht.*

Neuer Schaupl. d. Natur, VIII. p. 329. n. 8. *Orangenspecht.*

Onomat. histor. nat. VI. p. 493. *der pomeranzenfarbige Specht.*

Brisson, ornitholog. II. p. 63. n. 30. Pic du Cap de bonne esperance.

Latham, Vögel, I. 2. p. 483. n. 32. *der orange-farbige Specht.*

Latham, Syst. ornitholog. I. p. 237. n. 35. Picus (Aurantius) supra aurantius, nucha, uropygio tectricibusque nigris.

Gerin. ornith. II. p. 50. Tab. 175.

34. SENEGALENSIS. *Der senegalische Specht.*

Müller, Natursyst. Suppl. p. 91. n. 22. *der Gelbrücken.*

Neuer Schaupl. der Natur, VIII. p. 329. n. 22. *der Gelbrücken.*

Latham, Vögel, I. 2. p. 484. n. 33. *der senegalische Specht.*

Latham, Syst. ornitholog. I. p. 237. n. 36 Picus (Senegalensis) fronte genisque fuscis, pileo rubro, dorso remigibusque fulvo-aureis, corpore subtus griseo fusco alboque undulato.

35. CAPENSIS. *Der grauköpfige Specht vom Cap.*

Latham, Vögel, I. 2. p. 484. n. 34. *der capsche Specht.*

Latham, Syst. ornitholog. I. p. 237. n. 37. Picus (Capensis) griseus, collo, pectore dorsoque fusco-olivaceis, cauda nigra, tectricibus uropygioque rubris.

β. P. pallide griseus, dorso et alis olivaceo-fuscis, pileo, uropygio abdomineque rubris. *

Latham, Syst. ornitholog. I. p. 238. n. 37. β.

9. AURATUS. *Der Goldspecht.* (5)

Müller, Natursyst. II. p. 223. n. 9. *der Goldflügel.*

Borowsky, Thierreich, II. p. 134. n. 1. *der Goldspecht.* Tab. 17.

Gatte-

(5) Gewicht 5 Unzen.

Gatterer, vom Nutzen u. Schaden der Thiere, II. p. 61. n. 71. *der Goldſpecht.*

Pennant, arct. Zoolog. II. p. 256. n. 74. *der Goldflügel.*

Neuer Schaupl. d. Natur, VIII. p. 329. n. 9. *Goldſpecht.*

Onomat. hiſtor. nat. III. p. 481. *der Ringel-Kuckug mit vergoldeten Flügeln.*

Halle, Vögel, p. 156. n. 91. *der bunte Kukuk mit vergoldeten Flügelkielen und ſchwarzem Bruſtringe.*

Klein, av. p. 30. n. 3. Cuculus alis deauratis.

Klein, Vorbereit. p. 58. n. 3. *Ringelkuckuck mit vergoldeten Flügeln.*

Klein, verbeſſ. Vögelhiſt. p. 33. n. 3. *Ringelkuckuck mit vergoldeten Flügeln.*

Briſſon, ornitholog. II. p. 61. n. 28. Pic rayé de Canada.

Seligmann, Vögel, I. Tab. 36. *der Specht mit vergüldeten Flügeln.*

Batſch, Thiere, I. p. 307. *der Goldſpecht.*

Latham, Vögel, I. 2. p. 492. *der Goldſpecht.*

Latham, Syn. Supplem. p. 111. Gold-winged Woodpecker.

Latham, Syſt. ornithol. I. p. 242. n. 52. Picus (Auratus) griſeo-nigroque transverſim ſtriatus, lateribus gulae pectoreque nigris, nucha rubra, uropygio albo.

Carver, Reiſ. durch Nordamer. p. 389. *** Picus auratus.

Linné, Syſt. Nat. Edit. X. I. p. 112. n. 8. Cuculus (Auratus) cauda forcipata, gula pectoreque nigris, nucha rubra.

Philoſ. Transact. lxii. p. 387. Picus auratus.

Hermann, tab. affinit. anim. p. 187. P. auratus.

Donndorff, Handb. der Thiergesch. p. 344. n. 5. *der Goldflügel.*

36. Cafer. *Der Aftergoldflügel.*

Latham, Syn. II. p. 599. n. 49. A.

Latham, Vögel, I. 2. p. 493. n. 49. Var. A.

Latham, Syst. ornitholog. I. p. 242. n. 53. Picus (Cafer) supra fuscus, subtus vinaceus, maculis rotundis nigris, alis subtus scapisque remigum et rectricum miniatis.

37. Olivaceus. *Der olivenfarbige Specht vom Cap.*

Latham, Vögel, I. 2. p. 493. n. 50. *der rothbrüstige Specht.*

Latham, Syst. ornithol. I. p. 242. n. 54. Picus (Olivaceus) olivaceo-fuscus, uropygio saturate, pectore pallide coccineo, corpore toto maculis pallidis, crisso fascia fusca.

10. Carolinus. *Der carolinische Specht.*

Müller, Natursyst. II. p. 224. n. 10. *der carolinische Specht.*

Halle, Vögel, p. 143. n. 82. *der rothbäuchige Baumhakker.*

Pennant, arct. Zoolog. II. p. 258. n. 77. *der carolinische Specht.*

Neuer Schaupl. der Natur, VIII. p. 328. n. 11. *rothbrüstiger Specht.* p. 329. n. 10. *carolinischer Specht.*

Onomat. histor. nat. VI. p. 495. *der rothbäuchige Baumhacker oder bunter Specht aus Jamaica.*

Klein, av. p. 28. n. 11. Picus capite colloque rubris.

Klein, Vorber. p. 53. n. 11. *Rothbauch.*

Klein, verbess. Vögelhist. p. 29. n. 11. *rothbrüstiger Specht.*

Brisson,

Briſſon, ornitholog. II. p. 58. n. 23. Pic varié de la Jamaique.

Seligmann, Vögel, I. Tab. 38. *der Specht mit dem rothen Leib.*

Seligmann, Vögel, VII. Tab. 34. *der jamaicaiſche Specht.*

Latham, Vögel, I. 2. p. 472. n. 17. *der caroliniſche Specht.*

Latham, Syſt. ornitholog. I. p. 231. n. 18. Picus (Carolinus) pileo nuchaque rubris, dorſo faſciis nigris, rectricibus mediis nigro-punctatis.

Linné, Syſt. Nat. Edit. X. I. p. 113. n. 6. Picus (Carolinus) pileo nuchaque rubris, dorſo faſciis nigris, rectricibus mediis albis, nigro-punctatis.

Mem. de l' Acad. d. Sciences de Paris 1709. p. 85. Tab. 3.

β. *Latham*, Syn. II. p. 571 n. 17. A.

Latham, Vögel, I. 2. p. 472. n. 17. Var. A.

Latham, Syſt. ornithol. I. p. 231. n. 18. β. Picus fronte geniſque pallide fuſceſcentibus, abdomine fuſco-flaveſcente, rectricibus 2. intermediis albo nigroque faſciatis.

γ. *Latham*, Syn. II. p. 571. n. 17. B.

Latham, Vögel, I. 2. p. 473. n. 17. Var. B.

Latham, Syſt. ornithol. I. p. 231. n. 18. γ. P. pileo rubeſcente, gula geniſque rubro variis, rectricibus duabus intermediis et extimis albo nigroque variis, reliquis nigris.

δ. Picus albo nigroque varius, pileo, nucha abdomineque rubris, fronte colloque ſubtus flavo-griſeis, lateribus colli a rictu oris linea nigra. *

Latham, Syſt. ornithol. I. p. 231. n. 18. δ.

Gerin. ornith. II. p. 48. Tab. 171. P. varius indicus.

37. UNDATUS. *Der rothbackige Specht.*
Müller, Naturſyſt. II. p. 224. n. 11. *der Rothbacken.*
Neuer Schauplatz der Natur, VIII. p. 329. n. 11. *gelbrother Specht mit ſchwarzen Wellen.*
Onomat. hiſtor. nat. VI. p. 508. *der rothbackigte Specht.*
Latham, Vögel, I. 2. p. 490. n. 44. *der gujaniſche Specht.*
Latham, Syſt. ornithol. I. p. 241. n. 47. Picus (Undatus) teſtaceus nigro undulatus, temporibus ſanguineis.

38. RUFUS. *Der braunrothe Specht.*
Latham, Vögel, I. 2. p. 490. n. 45. *der gelbrothe Specht.*
Latham, Syſt. ornitholog. I. p. 241. n. 48. Picus (Rufus) rufus nigro-undulatus, alis, cauda, corporeque ſubtus ſaturatioribus.

β. Picus rufus nigro undulatus, pectore nigro, ſub oculis macula magna coccinea. *
Latham, Syn. Suppl. p. 111.
Latham, Syſt. ornithol. I. p. 241. n. 48. β.

39. CHLOROCEPHALUS. *Der gelbköpfige Specht.*
Latham, Vögel, I. 2. p. 491. n. 46. *der gelbköpfige Specht.*
Latham, Syſt. ornithol. I. p. 241. n. 49. Picus (Icterocephalus) ſubcriſtatus olivaceo-fuſcus, ſubtus albo-maculatus, capite colloque flavis, pileo rubro.

40. MINIATUS. *Der rothe javaniſche gehäubte Specht, mit blauem Schnabel und Schwanz.*
Latham, Vögel, I. 2. p. 491. n. 47. *der rothflügelige Specht.*

Latham,

Latham, Syst. ornitholog. I. p. 241. n. 50. Picus (Miniatus) obscure ruber, capite cristato, iugulo roseo, abdomine albo, remigibus nigris albo maculatis, rectricibus cyaneis.
Naturforsch. I. p. 266. n. 4. *der rothe Specht.*
Berlin. Samml. IX. p. 191. n. 4. *der rothe Specht.*
Neueste Mannichfalt. I. p. 188. n. 3. *der rothe Specht.*

41. Pitiu. *Der Pitiu.*
Latham, Syst. ornitholog. I. p. 234. n. 26. Picus (Pitius) fuscus, albo guttatus, cauda brevi.
Latham, Vögel, I. 2. p. 495. n. 53. *der Pitiuh.*

12. Viridis. *Der Grünspecht.*(4)
Müller, Natursystem, II. p. 224. n. 12. *der Grünspecht.* Tab. 38 fig. 4.
Leske, Naturgesch. p. 248. n. 2. *der Grünspecht.*
Borowsky, Thierreich, II. p. 136. n. 5. *der Grünspecht.*
Blumenbach, Handb. d. Naturgesch. p. 167. n. 2. Picus (Viridis) viridis, vertice coccineo; *der Grünspecht, Grasspecht.*
Bechstein, Naturgesch. p. 349. n. 2. *der Grünspecht.*

(4) Flügelweite 20 Zoll. — Ein scheuer aber munterer Vogel, der im Winter bleibt, und sich den Sommer hindurch vorzüglich in großen Eich- und Buchwäldern aufhält. Fliegt in Absätzen, und hat einen hüpfenden Gang. Nährt sich besonders von Ameisen, Raupen, und Puppen des Goldkäfers. Brütet jährlich nur einmal, und das Weibchen legt die Eyer auf das bloſse faule Holz hin. Zur Paarungszeit schreyet das Männchen so stark, daſs man es eine halbe Stunde weit hören kann. — Hat ein schmackhaftes Fleisch. Das Weibchen hat keine schwarze Backen und keine Platte; auch spielt die grünliche Farbe desselben mehr ins Graue.

Bechstein, Naturgesch. Deutschl. II. p. 505. n. 2. *der Grünspecht.* p. 510. *der Zimmermann, Grasspecht.*

Funke, Naturgesch. I. p. 300. *der Grünspecht.*

Ebert, Naturl. II. p. 45. *der Grünspecht.*

Halle, Vögel, p. 136. n. 76. *der grüne Baumhakker mit rother Platte.* Fig. 6.

Meyer, Thiere, II. Tab. 35.

Gatterer, vom Nutzen u. Schaden der Thiere, II. p. 62. n. 73. *der Grünspecht.*

Pennant, arct. Zoolog. II. p. 262. B. *der Grünspecht.*

Neuer Schaupl. d. Nat. III. p. 532. *Grünspecht.*

Onomat. hist. nat. VI. p. 510. *der gemeine Grünspecht.*

Handbuch der Naturgesch. II. p. 172. *der gemeine Grünspecht.*

Handbuch der deutschen Thiergesch. p. 101. *der große Grünspecht.*

Klein, av. p. 27. n. 5. Picus viridis.

Klein, Vorbereit. p. 51. n. 5. *Grünspecht oder Grasespecht.*

Klein, verb. Vögelhist. p. 29. n. 4. *Grünspecht.*

Klein, stemmat. av. p. 5. Tab. 4. fig. 1. a. b.

Klein, Vögeleyer, p. 17. Tab. 4. fig. 1.

Gesner, Vögelb. p. 481. *Grünspecht;* Abbild. schl.

Brisson, ornith. II. p. 44. n. 1. Pic-verd.

Batsch, Thiere, I. p. 307. *der Grünspecht.*

Latham, Vögel, I. 2. p. 478. n. 25. *der Grünspecht.*

Latham, Syn. Suppl. p. 110. Green Woodpecker.

Latham, Syst. ornitholog. I. p. 234. n. 27. Picus (Viridis) viridis, vertice coccineo.

Beseke, Naturgesch. d. Vögel Kurl. p. 37. n. 57. 58. *der Grünspecht.*

Bock,

Bock, Naturgesch. von Preussen, IV. p. 311. n. 56. *der große Grünspecht.*

Cetti, Naturgeschichte von Sardinien, II. p. 81. *der Grünspecht.* *

Fischer, Naturgesch. von Livland, p. 76. n. 66. *Grünspecht.*

Pontoppidan, Naturg. von Dännemark, p. 167. n. 2. *Grönspett.*

Pontoppidan, Naturhist. v. Norwegen, II. p. 184. *Grünspechte.*

Hasselquist, Reise nach Palästina, p. 342. n. 11. Picus viridis.

Scopoli, Bemerk. a. d. Naturgesch. I. p. 47. n. 52. *der Grünspecht, Grasespecht.*

Zorn, Petinotheol. II. p. 270. *der Grün-Specht.*

Döbel, Jägerprakt. I. p. 59. n. 2. *Grün-Specht.*

Naumann, Vogelsteller, p. 137. n. 1. *der Grünspecht.*

Naturf. IX. p. 55. n. 55. *der Grünspecht.*

Anweisung Vögel zu fangen u. s. w. p. 113. *Grünspecht.*

Jablonsky, allgem. Lex. p. 1098. *Grünspecht.*

Geoffroy, mat. méd. VII. p. 655. *der Grünspecht.*

Bechstein, Musterung schädl. Th. p. 3. n. 15. *der Grünspecht.*

Loniceri, Kräuterbuch, p. 678. *Grünspecht.*

Kraft, Ausrott. grauf. Thiere, I. p. 444. *Grün-Specht.*

Wirsing, Vögel, Tab. 57.

Linné, Syst. Nat. Edit. II. p. 53. Picus viridis.

Linné, Syst. Nat. Ed. VI. p. 20. n. 2. Picus viridis.

Linné, Syst. Nat. Edit. X. I. p. 113. n. 7. Picus (Viridis) viridis, vertice coccineo.

Müller, zoolog. dan. prodr. p. 12. n. 98. Picus (Viridis) viridis, vertice coccineo.

Kramer,

Kramer, Auftr. p. 335. n. 2. Picus pedum digitis duobus anticis; posticis duobus; viridis, vertice coccineo; *Grünspecht.*

Brünich, ornitholog. bor. p. 11. n. 39. Picus viridis.

Schwenkfeld, aviar. Silef. p. 338. Picus viridis; *ein Grün-Specht, Grase-Specht.*

Moehring, av. gen. p. 35. n. 14. Picus.

Schäffer, elem. ornith. Tab. 56.

Gerin. ornith. II. p. 45. Tab. 165.

Philos. Transact. XXIX. n. 350. Tab. 1.

Jonston, av. p. 111. Picus viridis.

Hoffmann: Eph. Nat. Cur. Cent. IX. et X. app. p. 452. Picus viridis.

Donndorff, Handb. der Thiergesch. p. 344. n. 6. *der Grünspecht.*

β. *Klein*, av. p. 127. n. 3. Iaculator mitella rubra?

Klein, Vorbereit. p. 236. n. 3. *rothgekappter Harpunirer?*

Klein, verbesserte Vögelhist. p. 134. n. 3. *rothgekappter Harpunierer?*

Onomat. histor. natur. VI. p. 511. *der mexikanische Grünspecht.*

Brisson, ornitholog. II. p. 46. n. 3. Picus viridis Mexicanus. *Pic verd du Mexique.*

Latham, Vögel, I. 2. p. 479. n. 25. Var. A.

Latham, Syst. ornithol. I. p. 234. n. 27. β. Picus viridis, capite superius et maculis infra aures saturate rubris, uropygio dilute flavo.

Seba, mus. I. p. 100. Tab. 64. fig. 3. Ardea mexicana altera?

Fermin, Beschreib. von Surinam, II. p. 148. *der Grünspecht.*

Moehring, av. gen. p. 79. n. 100. Cornix?

13. Benga-

13. Bengalensis. *Der bengalische Specht.*

Müller, Natursystem, II. p. 225. n. 13. *der bengalische Specht.*

Halle, Vögel, p. 144. n. 84. *der farbige bengalische Baumhakker mit scharlachrothem liegendem Federbusche.*

Neuer Schaupl. der Nat. VIII. p. 328. n. 13. *bunter bengal. Specht.* p. 329. n. 13. *bengal. Specht.*

Onomat. histor. nat. VI. p. 494. *der bengalische Baumhacker.*

Klein, av. p. 28. n. 13. Picus varius benghalensis.

Klein, Vorbereit. p. 53. n. 13. *gelbgrüner und schwarzbunter Specht.*

Klein, verbess. Vögelhist. p. 30. n. 13. *bunter Bengalenser.*

Brisson, ornitholog. II. p. 45. n. 2. Pic verd de Bengale.

Latham, Vögel, I. 2. p. 480. n. 26. *der bengalische Specht.*

Latham, Syst. ornitholog. I. p. 235. n. 29. Picus (Bengalensis) viridis, crista rubra, nucha nigra, fronte et iugulo albo nigroque vario; corpore subtus albo.

Linné, Syst. Nat. Edit. X. I. p. 113. n. 8. Picus (Benghalensis) viridis, occipite rubro, nucha nigra; subtus anticeque albus, nigro maculatus.

Germ. ornithol. II. p. 50. Tab. 179.

β. *Der Kerella.*

Latham, Syn. II. p. 581. n. 26. B.

Latham, Vögel, I. 2. p. 480. n. 26. Var. A.

Latham, Syst. ornitholog. I. p. 235. n. 29. β. Picus viridis, capite maculis albis numerosis, dorso nigro medio coccineo.

Naturf. XVII. p. 16. *ein zeylanischer Specht.*

γ. *Der*

γ. *Der philippinische Specht.* (5)
Latham, Syn. II. p. 581.
Latham, Vögel, I. 2. p. 481. n. 26. Var. B.
Latham, Syst. ornitholog. I. p. 236. n. 30. Picus (Philippinarum) fusco-viridis, cristatus, subtus albo nigroque maculatus, uropygio rubro, rectricibus maculis albis.

42. Goensis. *Der grüne Specht von Goa.*
Latham, Vögel, I. 2. p. 481. n. 27. *der Specht von Goa.*
Latham, Syst. ornitholog. I. p. 235. n. 28. Picus (Goensis) viridis subcristatus, pileo coccineo, corpore subtus albido nigro undulato, temporibus vitta alba, lateribus colli striga nigra.

43. Manillensis. *Der grüne Specht von Luçon.*
Latham, Vögel, I. 2. p. 482. n. 28. *der manillische Specht.*
Latham, Syst. ornitholog. I. p. 236. n. 31. Picus (Manillensis) sordide viridis, vertice griseomaculato, tectricibus caudae superioribus rubris, remigibus rectricibusque nigricantibus.

44. Goertan. *Der Goertan.*
Müller, Natursyst. Supplem. p. 91. n. 23. *der Goertan.*
Latham, Vögel, I. 2. p. 482. n. 29. *der Goertan.*
Latham, Syst. ornitholog. I. p. 236. n. 32. Picus (Goertan) supra griseo-fuscus, subtus griseoflavicans, vertice uropygioque coccineis.

45. Canus.

(5) Nach *Latham* eine eigne Gattung.

45. Canus. *Der norwegische Specht.*

Halle, Vögel, p. 147. n. 88. *der grüne norwegische Baumhakker mit schwarzem Halsbändchen.*

Pennant, arct. Zool. II. p. 262. C. *der Graukopf.*

Neuer Schaupl. d. Natur, VIII. p. 329. n. 15. *graukopfigter Grünspecht.*

Klein, av. p. 28. n. 17. Picus viridis, supra uropygium lutescens, ad radicem rostri et ab inferiori mandibula ad latera capitis nigra linea curva, remigibus alarum nigro fuscis, albis punctis transversalibus, tectricibus flavicantibus.

Klein, Vorber. p. 54. n. 17. *Grünspecht mit einem gelben Steiß.*

Klein, verbesserte Vögelhist. p. 30. n. 15. *graukopfiger Grünspecht.*

Brisson, ornitholog. II. p. 46. n. 4. Pic verd de Norwege.

Seligmann, Vögel, III. Tab. 25. *graukopfiger Grünspecht.*

Latham, Vögel, I. 2. p. 482. n. 30. *der graukopfige Grünspecht.*

Latham, Syst. ornitholog. I. p. 236. n. 33. Picus (Norwegicus) caeruleo-viridis, capite, collo corporeque subtus cinereis, uropygio luteo, loris mystacibusque nigris.

Gerin. ornithol. II. p. 50. Tab. 177.

46. Persicus. *Der persische Specht.*

Müller, Natursyst. II. p. 228. b. *der gelbe persianische Specht mit blauen Füßen.*

Brisson, ornitholog. II. p. 47. n. 5. Pic jaune de Perse.

Latham, Vögel, I. 2. p. 483. n. 31. *der persische Specht.*

Latham, Syst. ornitholog. I. p. 236. n. 34. Picus (Persicus) luteus, corpore supra subferrugineo, rectricibus luteo-ferrugineis, pedibus cyaneis.

Jonston, av. p. 111. Picus luteus cyanopus.

14. Semirostris. *Der halbschnäblichte Specht.* (6)

Müller, Natursyst. II. p. 225. n. 14. *der Halbschnabel.*

Neuer Schauplatz der Natur, VIII. p 329. n. 14. *Halbschnabel.*

Latham, Vögel, I. 2. p. 485. n. 35. *der halbschnäblige Specht.*

Latham, Syst. ornitholog. I. p. 238. n. 38. Picus (Semirostris) fusco-cinereus, subtus albus, capite fusco flavescente maculato, maxilla superiore breviore.

Pallas, Naturgesch. merkw. Th. VI. p. 15. *der halbschnäblichte Specht.*

Hermann, tab. affinit. animal. p. 190. Picus semirostris.

Linné, Syst. Natur. Edit. X. I. p. 114. n. 9. Picus (Semirostris) maxilla superiore breviore.

15. Pubescens. *Der Daunenspecht.*

Müller, Natursyst. II. p. 226. n. 15. *der virginische Specht.*

Halle, Vögel, p. 142. n. 80. *der haarige Baumhakker mit weißem haarigen Rukkenstreife.*

Pennant, arct. Zool. p. 259. n. 81. *der Daunenspecht.*

Neuer Schaupl. der Natur, VIII. p. 329 n. 15. *rauher Specht.*

Onomat. hist. nat. VI. p. 507. *der kleinste Specht aus Virginien.*

Klein,

(6) *Pallas* hält ihn für einen veranstalteten Vogel einer ausländischen Art.

Klein, av. p. 27. n. 8. Picus varius minimus.

Klein, Vorbereit. p. 52. n. 8. *der kleinste Specht.*

Klein, verbess. Vögelhist. p. 29. n. 7. *kleinster Specht.*

Brisson, ornitholog. II. p. 55. n. 18. petit Pic varié de Virginie.

Seligmann, Vögel, I. Tab. 42. *der kleine scheckige Specht.*

Latham, Vögel, I. 2. p. 474. n. 19. *der Daunenspecht.*

Latham, Syn. Supplem. p. 106. Little Woodpecker.

Latham, Syst. ornitholog. I. p. 332. n. 26. Picus (Pubescens) albo nigroque varius, subtus griseo-albus, rectrice extima alba, maculis quatuor nigris.

Donndorff, Handb. d. Thiergesch. p. 244. n. 7. *der Daunenspecht.*

16. Villosus. *Der haarige Specht.* (7)

Müller, Natursystem, II. p. 226. n. 16. *der zottige Specht.*

Pennant, arct. Zool. II. p. 259. n. 86. *der haarige Specht.*

Neuer Schauplatz der Natur, VIII. p. 328. n. 9. *rauher Specht.*

Onomat. hist. nat. VI. p. 509. *der haarige Baumhacker.*

Klein, av. p. 27. n. 9. Picus villosus medius.

Klein, Vorbereit. p. 52. n. 9. *rauche Specht.*

Klein, verb. Vögelh. p. 29. n. 9. *raucher Specht.*

Brisson, ornithol. II. p. 54. n. 17. Pic varié de Virginie.

Selig-

(7) Gewicht 2 Unzen.

Seligmann, Vögel, I. Tab. 38. *der harige Specht.*

Latham, Vögel, I. 2. p. 473. n. 18. *der haarige Specht.*

Latham, Syn. Suppl. p. 108. Hairy Woodpecker.

Latham, Syst. ornitholog. I. p. 232. n. 19. Picus (Villosus) albo nigroque varius, subtus albus, dorso longitudinaliter subvilloso, rectricibus extimis toto albis.

Molina, Naturgesch. von Chili, p. 209. *der virginianische Specht.*

Schöpf, Reise durch Nordamerika, II. p. 12. Picus villosus.

Philos. Transact. lxii. p. 388.

17. Maior. *Der große Buntspecht.* (8)

Müller, Natursystem, II. p. 227. n. 17. *der bunte Specht.*

Leske, Naturgesch. p. 248. n. 3. *der Buntspecht.*

Borowsky, Thierreich, II. p. 137. n. 6. *der Buntspecht.*

Blumenbach, Handb. der Naturgesch. p. 167. n. 3. Picus (Maior) albo nigroque varius, vertice rubro; *der große Bunt- oder Rothspecht.*

Bechstein,

(8) Flügelweite 1 Fuss 6 1/2 Z. Gewicht 2 3/4 Unzen. Kommt dem Grünspecht in Sitten und Betragen sehr gleich, hält sich aber mehr auf der Erde auf als dieser. Bewohnt die Wälder, besonders Laubhölzer. Liebt aber mehr Feldhölzer und Gärten, als tiefe Gebirge und Waldungen. Zieht in Deutschland nicht weg, und hält sich im Winter vorzüglich gern zu den Gärten. Frisst allerhand Insekten, auch Fichten- und Kiefersaamen, Bucheckern, Eicheln, und Haselnüsse. Nistet in hohle Baume, und legt auf eine unordentliche Unterlage von allerhand Geniste oder dem zermalmten faulen Holze 5 bis 6 schmutzig weisse, mit einigen hellrothen Flecken bezeichnete Eyer. Das Fleisch ist wohlschmeckend, besonders in der Haselnusszeit.

Bechstein, Naturgesch. I. p. 349. n. 3. *der große Buntspecht.*

Bechstein, Naturgesch. Deutschl. II. p. 511. n. 3. *der große Buntspecht.* p. 515. *Buntspecht, gesprenkelter Specht, Elsterspecht, Baumhäckel, größerer Specht.*

Funke, Naturgesch. I. p. 301. *der Buntspecht.*

Ebert, Naturl. I. p. 46. *der bunte Specht.*

Halle, Vögel, p. 139. n. 77. *der größte schwarz- und weißbunte Baumhakker.*

Gatterer, vom Nutzen und Schaden der Thiere, II. p. 63. n. 74. *der große Buntspecht.*

Pennant, arct. Zool. II. p. 258. n. 78. *der große Buntspecht.*

Neuer Schauplatz d. Nat. VIII. p. 328. n. 5. *großer Buntspecht.* p. 329. n. 17. *großer Specht.*

Onomat. histor. nat. VI. p. 498. *der große Buntspecht.*

Handbuch der deutsch. Thiergesch. p. 101. *der Buntspecht, Rothspecht.*

Klein, av. p. 27. n. 6. Picus discolor.

Klein, Vorbereit. p. 51. n. 6. *großer Buntspecht.*

Klein, verbess. Vögelhistorie, p. 29. n. 5. *großer Buntspecht.*

Klein, stemmat. av. p. 5. Tab. 4. fig. 3. a. c. d. e.

Klein, Vögeleyer, p. 17. Tab. 4. fig. 3.

Brisson, ornithol. II. p. 51. n. 13. grand Pic varié.

Batsch, Thiere, I. p. 307. *der große Buntspecht.*

Latham, Vögel, I. 2. p. 465. n. 12. *der große Buntspecht.*

Latham, Syn. Supplem. p. 107. Greater spotted Woodpecker.

Latham, Syst. ornitholog. I. p. 228. n. 13. Picus (Maior) albo nigroque varius, crisso occipiteque rubro.

Beseke, Vögel Kurl. p. 38. n. 59. 60. *der Buntspecht.*

Bock, Naturgesch. von Preussen, IV. p. 311. n. 57. *bunter Specht.*

Cetti, Naturgesch. von Sardinien, II. p. 81. *der schwarz und weiß gefleckte Specht.*

Fischer, Naturgesch. von Livland, p. 76. n. 68. *großer Buntspecht.*

Fabricius, Reis. n. Norweg. p. 183. *der Schwarzspecht.*

Pontoppidan, Naturgesch. v. Dännemark, p. 167. n. 3. *Buntspecht.*

Scopoli, Bemerk. a. d. Naturgesch. I. p. 47. n. 53. *der große Buntspecht.*

Zorn, Petinotheol. II. p. 271. *der größere schwarz- und weißbunte Specht*, *Baumhäckel.*

Döbel, Jägerpraktik, I. p. 60. *der größere Roth- oder Buntspecht.*

Naumann, Vogelsteller, p. 137. n. 3. *der große Buntspecht.*

Naturforsch. IX. p. 55. n. 56. *bunter Specht.*

Jablonsky, allgemein. Lex. p. 1098. *der Bunt-Specht.*

Bechstein, Musterung schädl. Th. p. 112. n. 16. *der große Buntspecht.*

Schriften der berlin. Gesellsch. naturf. Fr. VII. p. 454. n. 21. *bunter Specht.*

Eberhard, Thiergesch. p. 104. *der Elster-Specht.*

Meidinger, Vorlesung. I. p. 119. n. 4. *der bunte Specht.*

Kraft, Ausrott. grauf. Th. I. p. 444. n. 12. *Aegester-Specht.*

Günth. Nest. u. Eyer, Tab. 61. *große Rothspecht.*

Wirsing, Vögel, Tab. 58.

Linné, Syst. Nat. Ed. II. p. 53. Picus varius.

Linné,

Linné, Syst. Nat. Edit. VI. p. 20. n. 3. Picus varius maior.

Linné, Syst. Nat. Edit. X. I. p. 114. n. 10. Picus (Maior) albo nigroque varius, ano occipiteque rubro.

Müller, zoolog. dan. prodr. p. 12. n. 99. Picus (Maior) albo nigroque varius, crisso occipiteque rubris.

Kramer, Austr. p. 335. n. 3. Picus pedum digitis duobus anticis: posticis duobus; albo nigroque varius, vertice nigro; *großes Baumhackl.*

Brünich, ornith. bor. p. 11. n. 40. Picus maior.

Gerin. ornith. II. p. 47. Tab. 167. 168.

Donndorf, Handb. der Thiergesch. p. 245. n. 8. *der Buntspecht.*

18. MEDIUS. *Der mittlere Buntspecht.* (9)

Müller, Natursystem, II. p. 227. n. 18. *der Weißspecht.*

Bechstein, Naturgesch. I. p. 350. n. 4. *der mittlere Buntspecht.*

Bechstein, Naturgeschichte Deutschl. II. p. 516. n. 4. *der mittlere Buntspecht.* p. 518. *Elsterspecht, Weißspecht, kleinerer Specht.*

Ebert, Naturl. II. p. 46. *der Weißspecht, Aelsterspecht.*

Halle, Vögel, p. 140. n. 78. *der kleine schwarz- und weißbunte Baumhacker.*

Pennant, arct. Zoolog. p. 263. D. *der mittlere Buntspecht.*

(9) Die Ornithologen sind noch nicht einig, ob diese Gattung von der vorhergehenden wirklich verschieden sey. *Lapeirouse*, und mit ihm *Beseke*, *Bechstein* u. a. m. halten den *mittlern Buntspecht* für eine Varietat vom *großen* Buntspecht; und *Latham* ist geneigt, ihn für einen jungen Vogel dieser Gattung anzusehen.

Neuer Schauplatz der Natur, VIII. p. 328. n. 6. *kleiner Buntſpecht.* p. 329. n. 18. *Mittelſpecht.*

Onomat. hiſt. nat. VI. p. 501. *der mittlere Buntſpecht, Elſterſpecht.*

Handbuch der deutſchen Thiergeſchichte, p. 102. *kleiner Buntſpecht.*

Gesner, Vögelb. p. 485. *Aegerſtſpecht.*

Briſſon, ornithol. II. p. 52. n. 14. Pic varié.

Latham, Vögel, I. 2. p. 467. n. 13. *der mittlere Buntſpecht.*

Latham, Syn. Supplem. p. 107. Middle ſpotted Woodpecker.

Latham, Syſt. ornitholog. I. p. 229. n. 14. Picus (Medius) albo nigroque varius, criſſo pileoque rubris.

Beſeke, Vögel Kurlands, p. 38. n. 61. *der Weiſsſpecht.*

Bock, Naturg. v. Preuſſen, IV. p. 312. *Weiſsſpecht.*

Fiſcher, Naturgeſch. von Livland, p. 76. n. 67. *Weiſsſpecht.*

Pontoppidan, Naturgeſch. von Dännem. p. 167. n. 4. *Flagſpette, haarigte Baumhacker.*

Scopoli, Bemerk. a. d. Naturgeſch. I. p. 49. n. 54. *der mittlere Buntſpecht.*

Pallas, nord. Beytr. IV. p. 10. *der Elſterſpecht.*

Zorn, Petinotheol. p. 273. *eine merklich kleinere Gattung von dem ſchwarz- und weiſsbunten Specht.*

Naturf. IX. p. 55. n. 57. *Weiſsſpecht.*

Lapeirouſe: neue ſchwed. Abhandl. III. p. 104. Picus medius.

Bechſtein, Muſterung ſchädl. Thiere, p. 112. n. 16. *der mittlere Buntſpecht.*

Eberhard, Thiergeſch. p. 104. *der bunte kleine Specht.*

Wirſing,

Wirsing, Vögel, Tab. 37. *der mittlere Buntspecht.*

Linné, Syst. Nat. Edit. VI. p. 20. n. 4. Picus varius minor.

Linné, Syst. Natur. Edit. X. I. p. 114. n. 11. Picus (Medius) albo nigroque varius, ano verticeque rubris.

Müller, zoolog. dan. prodr. p. 12. n. 100. Picus (Medius) albo nigroque varius, crisso pileoque rubris.

Kramer, Austr. p. 336. n. 4. Picus pedum digitis duobus anticis: posticis duobus; albo nigroque varius, vertice coccineo, pube rubra; *kleines Baumhackl.*

Brünich, ornith. bor. p. 11. n. 41. Picus medius.

Schwenkfeld, av. Siles. p. 339. Picus varius maior; *ein bundter Specht, gesprengleter Specht, Elster-Specht, Weis-Specht.*

Jonston, av. p. 111. Picus maior.

19. Minor. *Der kleine Buntspecht.* (10)

Müller, Natursyst. II. p. 227. n. 19. *Grasspecht.*

Borowsky, Thierreich, II. p. 138. n. 7. *der kleine Buntspecht.*

Blumenbach, Handb. d. Naturgesch. p. 167. n. 4. Picus (Minor) albo nigroque varius, vertice rubro; *der kleine Bunt- oder Rothspecht.*

Bechstein, Naturgesch. p. 350. n. 5. *der kleine Buntspecht.*

Bechstein, Naturgesch. Deutschl. II. p. 518. *der kleine Buntspecht.*

(10) Flügelweite 11 1/2 Zoll. Gewicht noch keine Unze. Nistet in Garten und Wäldern in hohlen Bäumen. Legt vier grünlich weisse Eyer auf ein Nest von Moos und Grashalmen gebaut. Mannchen und Weibchen brüten gemeinschaftlich vierzehn Tage.

Ebert, Naturl. II. p. 46. *der Grasſpecht.*

Halle, Vögel, p. 141. n. 79. *der kleinſte ſchwarz- und weißgeſcheckte Baumhacker.*

Gatterer, vom Nutzen u. Schaden der Thiere, II. p. 63. n. 75. *der kleine Buntſpecht, Grasſpecht.*

Pennant, arct. Zool. II. p. 263. E. *der kleine Buntſpecht.*

Neuer Schauplatz der Natur, VIII. p. 328. n. 7. p. 329. n. 19. *kleinſter Specht.*

Onomat. hiſtor. nat. VI. p. 502. *der kleine Buntſpecht, Grasſpecht.*

Handbuch der deutſchen Thiergeſchichte, p. 102. *kleinſter Specht, Harlekinſpecht.*

Klein, av. p. 27. n. 7. Picus discolor minor.

Klein, Vorber. p. 51. n. 7. *kleiner Buntſpecht.*

Klein, verbeſſ. Vögelhiſt. p. 29. n. 6. *kleiner Buntſpecht.*

Klein, ſtemm. av. p. 5. Tab. 4. fig. 2. a. b.

Klein, Vögeleyer, p. 17. Tab. 4. fig. 4.

Briſſon, ornithol. II. p. 53. n. 15. petit Pic varié.

Batſch, Thiere, I. p. 307. *der kleine Buntſpecht.*

Latham, Vögel, I. 2. p. 468. n. 14. *der kleine Buntſpecht.*

Latham, Syn. Supplem. p. 107. *Leſſer ſpotted Woodpecker.*

Latham, Syſt. ornithol. I. p. 229. n. 15. Picus (Minor) albo nigroque varius, vertice rubro, criſſo teſtaceo.

Beſeke, Vögel Kurl. p. 38. n. 62. 63. *der Grasſpecht.*

Bock, Naturgeſch. von Preuſſen, IV. p. 312. n. 59. *Grasſpecht, kleinſter Specht, Harlekinſpecht.*

Fiſcher, Livl. p. 77. n. 69. *Grasſpecht, kleiner Baumſpecht.*

Pontop-

Pontoppidan, Naturg. v. Dännemark, p. 167. n. 5. *Harlekinſpecht.*

Scopoli, Bemerk. a. d. Naturgeſch. I. p. 49. n. 55. *der kleine Buntſpecht.*

Zorn, Petinotheol. II. p. 273. *die kleinſte Art von dem ſchwarz- und weiſsbunten Specht.*

Naumann, Vogelſteller, p. 137. n. 4. *der kleine Buntſpecht.*

Naturf. IX. p. 55. n. 58. *Grasſpecht.*

Bechſtein, Muſterung ſchädl. Thiere, p. 113. n. 18. *der kleine Buntſpecht.*

Eberhard, Thiergeſch. p. 105. *der Grasſpecht.*

Linné, Syſt. Nat. Edit. X. I. p. 114. n. 12. Picus (Minor) albo nigroque varius, vertice rubro, ano albido.

Müller, zoolog. dan. prodr. p. 13. n. 101. Picus (Minor) albo nigroque varius, vertice rubro, criſſo teſtaceo.

Krämer, Auſtr. p. 336. n. 5. Picus pedum digitis duobus anticis, poſticis duobus; albo nigroque varius, vertice coccineo, pube teſtacea; *Baumhackerl.*

Brünich, ornitholog. bor. p. 11. Picus minor.

Schwenkfeld, aviar. Sileſ. p. 340. Picus varius minor; *ein kleiner bunter Specht.*

Jonſton, av. p. 111. Picus varius minor.

Gerin. ornith. II. p. 48. Tab. 170. fig. 1.

Donndorff, Handb. der Thiergeſch. p. 245. n. 9. *der kleine Bunt- oder Rothſpecht.*

β. Picus albo nigroque varius, vertice, nucha cerviceque nigro-griſeis, corpore ſubtus flaveſcente, nigro maculato. *

Latham, Vögel, I. 2. p. 470. n. 14. Var. A.

Latham, Syſt. ornitholog. I. p. 230. n. 15. β.

Sonnerat, voy. p. 118. Tab. 77. Petit pic d'Antigue.

Habitat in Insula *Panay*. An *foeminae* varietas?

γ. Picus albo-nigroque varius, occipite subcristato, macula verticis coccinea, fronte, genis corporeque subtus albis. *

Latham, Syn. Suppl. p. 108. n. 14. A.

Latham, Syst. ornitholog. I. p. 230. n. 15. β.

Habitat in *Zeylona;* magnitudine *minori* cedens.

47. TRICOLOR. *Der dreyfarbige Specht.*

Müller, Natursystem, II. p. 228. e. *der mexicanische bunte Specht?*

Klein, av. p. 62. n. 6. Pica mexicana alia?

Klein, Vorber. p. 117 n. 6. *mexicanische Aelster?*

Klein, av. p. 127. n. 2. Iaculator cinereus?

Klein, Vorber. p. 236. n. 2. *dunkelgrauer Harpunirer?*

Klein, verbess. Vögelhist. p. 134. n. 2. *dunkelgrauer Harpunirer?*

Brisson, ornitholog. II. p. 57. n. 21. grand Pic varié du Mexique.

Brisson, ornitholog. II. p. 58. n. 22. petit Pic varié du Mexique.

Latham, Vögel, I. 2. p. 470. n. 15. *der mexicanische Buntspecht.*

Latham, Syst. ornitholog. I. p. 230 n. 16. Picus (Tricolor) niger, striis transversis albis, pectore abdomineque rubris.

Seba, thes. I. p. 101. Tab. 64. fig. 6. P. mexicana.

Moehring, av. gen. p. 79. n. 100 Cornix?

Gerin, ornith. II. p. 50. Tab. 178.

48. CANADENSIS. *Der canadiſche Specht.*

Pennant, arct. Zool. II. p. 258. n. 79. *der canadiſche Buntſpecht.*

Briſſon, ornithol. II. p. 54. n. 16. Pic varié de Canada.

Latham, Vögel, I. 2. p. 471. n. 17. *der canadiſche Buntſpecht.*

Latham, Syſt. ornitholog. I. p. 230. n. 17. Picus (Canadenſis) albo nigroque varius, corpore ſubtus dorſoque medio albo, nucha fulva, rectricibus 2. intermediis nigris immaculatis, duabus extimis albis, baſi nigris.

20. VARIUS. *Der gelbbäuchige Specht.*

Müller, Naturſ. II. p. 227. n. 20. *ſcheckigter Specht.*

Halle, Vögel, p. 142. n. 81. *der kleine gelbbäuchige Baumhacker.*

Neuer Schaupl. der Natur. VIII. p. 328. n. 10. *gelbbrüſtiger kleiner Buntſpecht.*

Onomat. hiſtor. nat. VI. p. 509. *der kleine gelbbäuchige Buntſpecht.*

Klein, av. p. 27. n. 10. Picus varius minor, ventre luteo.

Klein, Vorber. p. 52. n. 10. *gelbbrüſtiger kleiner Buntſpecht.*

Klein, verbeſſerte Vögelhiſt. p. 29. n. 10. *gelbbrüſtiger kleiner Buntſpecht.*

Briſſon, ornitholog. II. p. 59. n. 24. Pic varié de la Caroline.

Seligmann, Vögel, I. Tab. 42. *der Specht mit dem gelben Leib.*

Latham, Vögel, I. 2. p. 475. n. 20. *der ſchäckige Specht.*

Latham, Syn. Supplem. p. 109. Yellow bellied Woodpecker.

Latham,

Latham, Syſt. ornitholog. I. p. 232. n. 21. Picus (Varius) albo nigroque varius, vertice rubro, criſſo albo, fuſco faſciato.

49. Flavipes. *Der gelbfüßige Specht.*(1)
Pennant, arct. Zool. II. p. 260. n. 83. *der Specht mit gelben Füßen.*

50. Bicolor. *Der zweyfarbige Specht.*
Latham, Vögel, I. 2. p. 476. n. 21. *der zweyfarbige Specht.*
Latham, Syſt. ornithol. I. p. 233. n. 22. Picus (Variegatus) capite ſubcriſtato, lateribus rubro notato, corpore ſupra transverſim, ſubtus longitudinaliter fuſco alboque vario, genis albis.

51. Cardinalis. *Der Cardinalſpecht.*
Latham, Vögel, I. 2. p. 476. n. 22. *der Cardinalſpecht.*
Latham, Syſt. ornitholog. I. p. 233. n. 23. Picus (Cardinalis) albo nigroque varius, ſubtus albus, maculis oblongis nigris, lateribus colli vitta utrinque alba, vertice nuchaque rubris.

52. Nubicus. *Der Specht aus Nubien.*
Latham, Vögel, I. 2. p. 477. n. 23. *der nubiſche Specht.*
Latham, Syſt. ornithol. I. p. 233. n. 24. Picus (Nubicus) fuſco albo rufoque undato-maculatus, vertice nigro albo punctato, occipite criſtato rubro, collo pectoreque albidis nigro-guttatis.

53. Moluccensis. *Der molukkiſche Specht.*
Latham, Vögel, I. 2. p. 477. n. 24. *der Braunſpecht.*

Latham,

(1) Iſt, nach *Latham*, mit *P. Hirundinaceus* p. 426. n. 5. einerley.

Latham, Syst. ornitholog. I. p. 223. n. 25. Picus (Moluccensis) fusco nigricans albo undatus, subtus albidus fusco sagittatus, crisso albo, remigibus rectricibusque albo maculatis.

β. Picus fusco nigricans albo maculatus, subtus albus, capite albo, vertice maculaque infra oculos fuscis. *

Latham, Syst. ornithol. I. p. 224. n. 25. β.
Latham, Syn. Suppl. p. 103. Little brown Woodpecker.

Habitat in India; 5 pollices longus.

21. Tridactylus. *Der dreyzehige Specht.* (2)

Müller, Natursystem, II. p. 229. n. 21. *Dreyfingerige.*
Leske, Naturgesch. p. 249. n. 4. *der dreyzehige Specht.*
Borowsky, Thierreich, II. p. 138. n. 8. *der dreizehige Specht.*
Bechstein, Naturgesch. I. p. 351. n. 6. *der dreyzehige Specht.*
Bechstein, Naturgesch. Deutschl. II. p. 521. n. 6. *der dreyzehige Specht.*
Halle, Vögel, p. 148. * *der dreizeehige Baumhakker.*

Gatte-

(2) Flügelweite 15 3/4 Zoll. Gewicht 2 Unzen — Es wird aber die Grösse dieser Gattung von den Ornithologen ganz verschieden angegeben. In unserm System wird sie auf 11 Zoll bestimmt. *Pennant* setzt sie auf 8 Zoll. *Beseke* beschreibt diesen Specht um ein Drittheil kleiner als den *Picus medius.* *Tengmalm* sagt: seine Grösse falle zwischen die Grösse des *Medius* und *Minor* u. s. w. In Russland gehört er unter die seltenen Vögel. Das Weibchen hat eine glänzend weisse, silberhafte, das Männchen aber eine goldgelbe Platte.

Gatterer, vom Nutzen u. Schaden der Thiere, II. p. 63. n. 76. *der dreyzehige Specht.*

Pennant, arct. Zool. II. p. 261. n. 84. *der Specht mit drey Zehen.*

Neuer Schaupl. d. Nat. VIII. p. 329. n. 17. *dreyzähichter Specht.*

Onomat. hiftor. nat. VI. p. 507. *der dreyzeeigte Specht.*

Klein, verbeff. Vögelhift. p. 30. n. 17. *Specht mit außerordentlichen Füßen; Dreyzee.*

Batfch, Thiere, I. p. 308. *der dreyzehige Specht.*

Seligmann, Vögel, V. Tab. 9. *der Specht mit drey Zehen.*

Latham, Vögel, I. 2. p. 495. *der dreyzehige Specht.*

Latham, Syn. Suppl. p. 112. Three-toed Woodpecker.

Latham, Syft. ornitholog. I. p. 243. n. 56. Picus (Tridactylus) albo nigroque varius, pedibus tridactylis.

Befeke, Naturgefch. der Vögel Kurl. p. 39. n. 64. *der dreyfingerige Specht.*

Pallas, Reif. Ausz. I. p. 87. *der dreyzehige Specht.*

Pallas, Naturgefch. merkw. Thiere, VI. p. 13. ** *der dreyzehige Specht.*

Schwed. Abh. I. p. 263. Picus pedibus tridactylis.

Tengmalm, neue fchwed. Abh. IV. p. 46. Picus tridactylus.

Georgi, Reife d. Rufsl. I. p. 165.

Scopoli, Bemerk. a. d. Naturgefch. I. p. 50. n. 56. *der dreyzähigte Specht.*

Schriften der berlin. Gefellfchaft naturf. Freunde, VII. p. 454. n. 22. *der dreyfingerige Specht.*

Bechftein, Mufterung fchädl. Thiere, p. 114. n. 19. *der dreyzehige Specht.*

Linné

Linné, Syst. Nat. Ed. VI. p. 20. n. 5. Picus pedibus tridactylis.

Linné, Syst. Nat. Edit. X. I. p. 114. n. 13. Picus (Tridactylus) albo nigroque varius, pedibus tridactylis.

Gerin. ornith. II. p. 50. Tab. 180.

Hermann, tab. affinit. animal. p. 190. Picus tridactylus.

Donndorff, Handb. der Thiergesch. p. 245. n. 10. *der dreyzehige Specht.*

β. *Brisson*, ornith. II. p. 56. n. 20. Pic varié de Cayenne.

Latham, Vögel, I. 2. p. 496. n. 54. Var. A. *der (südliche) dreyzehige Specht.*

Latham, Syn. II. p. 601. n. 51. A. Southern 3-toed Woodpecker.

Latham, Syst. ornithol. I. p. 243. n. 56. β. Picus albo nigroque varius, subtus albus.

Bankroft, Naturgeschichte von Guiana, p. 98. *der gujanische Specht.*

A. *Veränderungen gegen die XII. Edition, und Vermehrung der Gattungen dieses Geschlechts.*

Das Geschlecht ist mit 32 Gattungen vermehrt. Bey der 5ten Gattung sind *drey*, bey der 10ten *drey*, bey der 12ten *zwey*, bey der 13ten *drey*, und bey der 21sten *zwey* Varietäten aus einander gesetzt.

B. *Neuere Gattungen.*

1. *Der Specht von Malacca.*

Latham, Syn. Suppl. p. 111. Malacca Woodpecker.

Latham, Vögel, I. 2. p. 494. n. 51. *der Specht aus Malakka.*

Latham,

Latham, Syst. ornitholog. I. p. 241. n. 51. Picus (Malaccensis) cristatus, pileo humerisque coccineis, gula iuguloque rufo-flavis, corpore subtus albo nigroque fasciato, cauda nigra.

60. GESCHLECHT. SITTA. *Die Spechtmeise.* (*Blauspecht, Grauspecht.*)

Müller, Natursyst. II. p. 261. Gen. LX.
Leske, Naturgesch. p. 249. Gen. XXIX.
Borowsky, Thierreich, II. p. 139. Gen. XVIII.
Blumenbach, Handbuch der Naturgesch. p. 167. Gen. X.
Bechstein, Naturgesch. I. p. 351. Gen. XI.
Bechstein, Naturgeschichte Deutschl. II. p. 522. Gen. X.
Pennant, arct. Zoolog. II. p. 265.
Onomat. hist. nat. VII. p. 188.
Brisson, ornith. I. p. 474. Gen. XLII.
Batsch, Thiere, I. p. 315. Gen. LXIV.
Latham, allgem. Uebers. der Vögel, I. 2. p. 530. Gen. XXIV.
Latham, Syst. ornithol. I. p. 261. Gen. XXV.
Büffon, Vögel, XVII. p. 192 ff.
Hermann, tab. affinit. animal. p. 188. 204.
Donndorff, Handbuch der Thiergesch. p. 245. Gen. XXI.

1. EUROPAEA. *Die gemeine Spechtmeise.* (3)

Müller, Natursyst. II. p. 232. n. 1. *europäische Blauspecht*. Tab. 7. fig. 10.

Leske,

(3) Gewicht des Männchens eine Unze; des Weibchens etwa sechs Quentchen. Letzteres ist auch am Ober- und Unterleibe etwas blasser, hat auch keine blaue Stirne wie das Männchen. — Bemerkenswerth ist es, dass dieser Vogel, wenn er auffitzt

Leſke, Naturgeſch. p. 249. n. 1. *der gemeine Grauſpecht.*

Borowſky, Thierreich, II. p. 139. n. 1. *der Grauſpecht, die blaue Spechtmaiſe, Kleiber.* Tabula XVII.

Blumenbach, Handb. d. Naturgeſch. p. 167. n. 1. *der Blauſpecht.*

Bechſtein, Naturgeſch. I. p. 352. *die gemeine Spechtmeiſe.*

Bechſtein, Naturgeſch. Deutſchl. II. p. 523. n. 1. *die gemeine Spechtmeiſe.* p. 526. *Blauſpecht, Grauſpecht, Mayſpecht, Holzhacker, Nußhacker, Baumpicker, Kleiber, blaue Spechtmeiſe, größte Meiſe, europäiſcher Sittvogel, Klener, Klaber, Tottler, Kottler, ſpechtartige Meiſe, Kleberblauſpecht, Barleß.*

Funke, Naturgeſch. I. p. 301. *der Blauſpecht.*

Halle, Vögel, p. 364. n. 357. *die blaue Spechtmeiſe, Nußhakker.*

Meyer, Thiere, II. Tab. 37. (mit dem Gerippe.)

Gatterer, vom Nutzen und Schaden der Thiere, II. p. 64. n. 78 *der Blauſpecht* u. ſ. w.

Neuer Schaupl. der Natur, I. p. 834. *Blauſpecht.*

Onomat. hiſtor. nat. VII. p. 189. *der europäiſche Blauſpecht oder Grauſpecht.*

Handbuch der Naturgeſch. II. p. 174. *die ſpechtartige Meiſe.*

Handbuch der deutſchen Thiergeſch. p. 102. *der Blauſpecht.*

Klein, av. p. 87. n. 15. Parus facie pici.

Klein,

anſitzt oder ſonſt ruhet, den Kopf größtentheils abwärts geſenkt, oder wenigſtens in gleicher Linie mit dem Körper, und nicht erhoben wie andere Vögel trägt. Man findet ihn oft in Geſellſchaft der Kohl- und Blaumeiſe.

Klein, Vorbereit. p. 162. n. 15. *spechtartige Meise, Blauspecht.*

Klein, verbess. Vögelhist. p. 89. n. 15. *spechtartige Meise.*

Klein, stemmat. av. p. 16. Tab. 17. fig. 6. a. b.

Klein, Vögeleyer, p. 28. Tab. 4. fig. 6.

Gesner, Vögelb. p. 482. *Chlän.*

Brisson, ornith. I. p. 474. n. 1. Torchepot.

Büffon, Vögel, XVII. p. 192. *der Blauspecht oder die Spechtmeise;* mit 1 Fig.

Batsch, Thiere, I. p. 319. *der gemeine europäische Grauspecht.*

Latham, Vögel, I. 2. p. 530. *die gemeine Spechtmeise.*

Latham, Syn. Suppl. p. 117. Nuthatch.

Latham, Syst. ornitholog. I. p. 261. n. 1. Sitta (Europaea) cinerea, subtus rufescens, rectricibus nigris, lateralibus quatuor infra apicem albis.

Beseke, Vögel Kurl. p. 39. n. 65. *der europäische Blauspecht.*

Bock, Naturgesch. von Preussen, IV. p. 313. n. 61. *Blauspecht, spechtfarbige Meise.*

Fischer, Naturgesch. von Livland, p. 77. n. 70. *Blauspecht.*

Lepechin, Tagebuch der russ. Reis. II. p. 5. *Blauspechte.*

Pontoppidan, Naturg. von Dännemark, p. 167. n. 1. *Spettmeyse.*

Pontoppidan, Naturhist. v. Norwegen, II. p. 136. *Egde?*

Pontoppidan, Norwegen, II. p. 168. *Natvake?*

Fabric.-Reis. n. Norweg. p. 335. Sitta europaea.

Döbel, Jägerprakt. I. p. 60. *der Blauspecht.*

Naumann, Vogelsteller, p. 137. *der Blauspecht.*

Scopoli,

Scopoli, Bemerk. a. d. Naturgesch. I. p. 51. n. 57. *der Kleber-Blauspecht.*

Zorn, Petinotheol. II. p. 43. 273. *Blauspecht, Kleiber.*

Schriften der berlin. Gesellsch. naturf. Freunde, VII. p. 455. n. 23. *der europäische Blauspecht.*

Naturf. IX. p. 56. n. 60. *europäischer Blauspecht.*

Naturforsch. XXV. p. 18. *Blauspecht.*

Linné, auserlef. Abhandl. II. p. 290. n. 67. *der Blau-Specht.*

Anweisung Vögel zu fangen u. s. w. p. 114. *Blauspecht.*

Angenehme Landlust, p. 104. *Blauspecht.*

Börner, schles. ökon. Nachr. 1781. p. 82. n. 28. *Blauspecht.*

Günther, Nester u. Eyer, Tab. 64. *Blau-Specht.*

Wirsing, Vögel, Tab. 7. *Klauber.*

Bechstein, Musterung schädl. Thiere, p. 114. n. 20. *die gemeine Spechtmeise.*

Meidinger, Vorlesf. I. p. 119. *der gemeine Grauspecht.*

Eberhard, Thiergesch. p. 86. *Nußhacker, Spechtmaise.*

Linné, Syst. Nat. Edit. II. p. 53. Picus cinereus.

Linné, Syst. Nat. Ed. VI. p. 30. n. 1. Sitta, Picus cinereus.

Linné, Syst. Nat. Edit. X. I. p. 115. Sitta (Europaea) rectricibus nigris, lateralibus quatuor infra apicem albis.

Müller, zoolog. dan. prodr. p. 13. n. 102. Sitta (Europaea) rectricibus nigris, lateralibus quatuor infra apicem albis.

Kramer, Austr. p. 362, n. 1. Sitta rectricibus fuscis; quatuor margine apiceque albis, quinta apice cana; *Klener.*

Brünich, ornitholog. bor. p. 11. n. 42. Sitta Europaea.

Schwenkfeld, aviar. Silef. p. 340. Picus fubcaeruleus; *ein Blaufpecht, Meyfpecht, Baumhecker, große Baumkletter.*

Moehring, av. gen. p. 35. n. 15. Sitta.

Rzaczynsk. auct. hift. nat. Polon. p. 413.

Barrere, fpec. nov. Cl. III. Gen. 13. fp. 4. Picus Pyrenaicus, cinereus pufillus.

Belon, oif. p 304. Torche-pot, Gimpereau.

Jonfton, av. p. 111. Picus cinereus feu Sitta.

Philof. Transact. XXVIII. p. 170.

Schaefer, elem. ornith. Tab. 62.

Gerin. ornith. II. p. 54. Tab. 193.

Ariftotel. hiftor. animal. Lib. IX. c. 22. n. 173. Σιττη.

Donndorff, Handb. der Thiergefch. p. 246. n. 1. *der gemeine Graufpecht.*

β. Sitta minor. *Die kleine Spechtmeife.*

Briffon, ornitholog. I. p. 475. A. petit Torchepot.

Büffon, Vögel, XVII. p. 211. *die kleine Spechtmeife.*

Latham, Vögel, I. 2. p. 532. *die kleine gemeine Spechtmeife.*

Latham, Syft. ornitholog. I. p. 262. n. 1. β. Sitta minor.

Hermann, tab. affinit. animal. p. 204. Sitta parva.

γ. Sitta

(4) Ift, nach *Bechftein*, nichts anders als die obige Spechtmeife nur aus einem kleinen Ey entfprungen, oder durch einen andern Zufall im Wuchs gehindert. *Briffon* fagt: er kenne den Vogel gar nicht.

γ. Sitta carolinensis. *Die schwarzköpfige karolinische Spechtmeise* (5)

Müller, Natursyst. II. p. 232. ad n. 1. *der kleine Schwarzkopf.*

Halle, Vögel, p. 365. n. 358. *die Spechtmaise aus Karolina mit schwarzem Kopfe.*

Brisson, ornitholog. I. p. 476. n. 4. Torchepot de la Caroline.

Büffon, Vögel, XVII. p. 220. *die schwarzköpfige Spechtmeise*; mit 1 Fig.

Pennant, arct. Zoolog. II. p. 266. n. 87. *der Schwarzkopf.*

Seligmann, Vögel, I. Tab. 44. *der Baumhäcker mit dem schwarzen Kopfe.*

Latham, Vögel, I. 2. p. 532. n. 2. *die schwarzköpfige Spechtmeise.*

Latham, Syn. Suppl. p. 117. Black-headed Nuthatch.

Latham, Syst. ornitholog. I. p. 262. n. 3. Sitta (Carolinensis) cinerea, subtus candicans, abdomine imo rufescente, capite et collo superiore nigris, rectricibus lateralibus albo nigroque variis.

Linné, Syst. Nat. Edit. X. I. p. 115. n. 1. β. Sitta capite nigro.

δ. Sitta carolinensis minor. *Die kleine braunköpfige carolinische Spechtmeise.* (6)

Müller, Naturs. II. p. 232. ad n. 1. *der Braunkopf.*

Mm 3 *Halle,*

(5) Nach *Brisson*, *Pennant* und *Latham* eine eigene Gattung. *Catesby* giebt das Gewicht dieses Vogels auf 13 Pfenniggewichte und 5 Grane, seine Länge aber auf 5 1/4 Zoll an. Männchen und Weibchen sehen sich sehr gleich. Findet sich auch in Jamaica.

(6) Nach *Brisson*, *Pennant* und *Latham* eine eigne Gattung. Die Länge wird von letzterm in der *Synops.* auf 4 1/3 Zoll; im

Halle, Vögel, p. 365. n. 359. *die Spechtmaise mit braunem Kopfe.*

Pennant, arct. Zoolog. II. p. 266. n. 88. *der kleine Grauspecht.*

Brisson, ornitholog. I. p. 477. n. 5. petit Torchepot de la Caroline.

Büffon, Vögel, XVII. p. 223. *die kleine braunköpfige Specht-Meise;* m. 1 Fig.

Seligmann, Vögel, I. Tab. 44. *der Baumhäcker mit dem braunen Kopfe.*

Latham, Vögel, I. 2. p. 533. n. 3. *die kleine Spechtmeise.*

Latham, Syn. Suppl. p. 118. Least Nuthatch.

Latham, Syst. ornitholog. I. p. 263. n. 5. Sitta (Pusilla) cinerea, subtus sordide alba, capite fusco, macula occipitis sordide alba, rectricibus lateralibus nigris

Linné, Syst. Nat. Edit. X. I. p. 115. n. 1. β. Sitta capite fusco.

ε. *Sitta subtus alba, capite colloque fuliginoso, dorso nigro.* (7)

Beseke, Vögel Kurl. p. 272. n. 156.

Büffon, Vögel, XVII. p. 235.

2. CANADENSIS. *Die canadische Spechtmeise.* (8)

Müller, Naturf. II. p. 233. n. 2. *canad. Blauspecht.*

Pennant,

im *Suppl.* auf 3 1/2 Zoll; und im *Syst. ornith.* auf 4 1/2 Zoll angegeben. S. die 9. Note.

(7) Diese Spielart ist im System ganz wegzustreichen. Sie ist durch einen Irrthum und Verwechselung mit dem Wasserstaar (Sturnus Cinclus) entstanden, welchen *Beseke* für eine Sitta zu halten verleitet worden. Er hat seine vorige Behauptung in der angeführten Schrift widerrufen.

(8) Länge nach *Büffon* und *Latham* 4 Zoll 10 Linien. *Bechstein* vermuthet, in der Note zur Uebersetzung des Latham-schen

Pennant, arct. Zoolog. II. p. 265. n. 86. *der canadische Grauspecht.*

Onomat. histor. nat. VII. p. 188. *der Blauspecht aus Canada.*

Brisson, ornitholog. I. p. 475. n. 2. Torchepot de Canada.

Büffon, Vögel, XVII. p. 213. *die canadische Spechtmeise.*

Latham, Vögel, I. 2. p. 534. n. 4. *die canadische Spechtmeise.*

Latham, Syst. ornitholog. I. p. 262. n. 2. Sitta (Canadensis) cinerea, subtus dilute rufa, fascia superciliari candida, pone oculos nigricante, rectricibus lateralibus quatuor extimis, apice intus albis.

Gerin. ornithol. II. p. 54. Tab. 193.

3. Jamaicensis. *Die Spechtmeise von Jamaica.* (9)

Müller, Natursyst. II. p. 233. n. 3. *jamaicaische Blauspecht.*

Borowsky, Thierreich, II. p. 140. n. 2. *der jamaicaische Grauspecht.*

schen Werks p. 534. dass diese *canadische Spechtmeise*, wohl von *Latham* und *Pennant* mit der *schwarzköpfigen carolinischen Spechtmeise* (p. 540. n. 1. γ des Systems) verwechselt seyn möge, und dass einer die canadische Spechtmeise unter dem Namen *schwarzköpfige*, der andere aber die schwarzköpfige unter dem Namen der *canadischen* beschreiben möge. Im *Syst. ornithol.* l. c. zweifelt *Latham*, ob die canadische wohl wirklich eine besondere Gattung sey.

(9) Die Bemerkung, dass der Vogel sich in Gebüschen und Heiden aufhalte, und den Namen *Loggerhead* (Dummkopf) daher erhalten habe, weil er sich so nahe kommen lasse, dass man ihn mit dem Stocke todtschlagen könne, macht Latham bey *dieser*, und der *kleinen braunköpfigen carolinischen Spechtmeise.*

Onomat. hist. nat. VII. p. 190. *der Blauspecht aus Jamaika.*

Brisson, ornithol. I. p. 476. n. 3. Torchepot de la Jamaïque.

Büffon, Vögel, XVII. p. 216. *die Spechtmeise mit schwarzer Haube;* mit 1 Fig.

Latham, Vögel, I. 2. p. 535. n. 5. *die Spechtmeise aus Jamaika.*

Latham, Syst. ornitholog. I. p. 262. n. 4. Sitta (Jamaicensis) cinerea, subtus alba, vertice nigro, rectricibus lateralibus nigricantibus, apice lineis transversis albis notatis.

Barrere, sp. nov. Cl. III. Gen. 21. p. 47. C. Merops americanus, cinereus, capite nigro.

Barrere, Fr. equinox. p. 136. Merops maior, capite nigro.

Donndorf, Handb. der Thiergesch. p. 246. n. 2. *der jamaikaische Grauspecht.*

β. *Die kleinere Spechtmeise von Jamaica.* (10)

Brisson, ornitholog. I. p. 476. n. 3. A. petit Torchepot de la Jamaïque.

Büffon, Vögel, XVII. p. 219. *die kleine Spechtmeise mit schwarzer Haube.*

Latham, Vögel, I. 2. p. 335. n. 5. Var. A.

Latham, Syst. ornitholog. I. p. 263. n. 4. A.

4. MAIOR. *Die große Spechtmeise.*

Büffon, Vögel, XVII. p. 225. *die große krummschnabligte Spechtmeise.*

Latham, Vögel, I. 2. p. 535. n. 6. *die große Spechtmeise.*

Latham, Syst. ornitholog. I. p. 263. n. 6. Sitta (Maior) grisea, subtus albescens, gula alba, remigibus rectricibusque fuscis, margine fulvis.

Hermann,

(10) Nach *Büffon* ein junger Vogel.

Hermann, tab. affinit. animal. p. 204. Sitta curviroſtris.

5. Naevia. *Die gefleckte Spechtmeiſe.*

Büffon, Vögel, XVII. p. 227. *die geſprenkelte Spechtmeiſe*; mit 1 Fig.

Seligmann, Vögel, IX. Tab. 36.

Latham, Vögel, I. 2. p. 536. n. 7. *die gefleckte Spechtmeiſe.*

Latham, Syſt. ornitholog. I. p. 263. n. 7. Sitta (Naevia) plumbea, albo-maculata, ſubtus caeruléo-cinerea, lineis longitudinalibus albis, gula alba.

6. Surinamensis. *Die ſurinamiſche Spechtmeiſe.*

Büffon, Vögel, XVII. p. 227. *die ſurinamiſche Spechtmeiſe.*

Latham, Vögel, I. 2. p. 536. n. 8. *die ſurinamiſche Spechtmeiſe.*

Latham, Syſt. ornitholog. I. p. 263. n. 8. Sitta (Surinamenſis) caſtaneo-rufa, ſubtus rufeſcente-alba, alis nigris, tectricibus albo-maculatis, cauda nigra, apice alba.

7. Caffra. *Die capſche Spechtmeiſe.*

Büffon, Vögel, XVII. p. 231. *die Spechtmeiſe vom Vorgebirge der guten Hoffnung.*

Latham, Vögel, I. 2. p. 537. n. 10. *die capſche Spechtmeiſe.*

Latham, Syn. Suppl. p. 118. Cape-Nuthatch.

Latham, Syſt. ornitholog. I. p. 264. n. 9. Sitta (Caffra) ſupra flavo nigroque varia, ſubtus flava, pedibus nigris.

8. SINENSIS. *Die chinesische Spechtmeise.* (1)
Büffon, Vögel, XVII. p. 230. *die chinesische Spechtmeise.*
Latham, Vögel, I. 2. p. 536. n. 9. *die chinesische Spechtmeise.*
Latham, Syst. ornitholog. I. p. 74. n. 22. β. *Lanius* capite cristato nigro, corpore fusco-ferrugineo, subtus albo, prope oculos macula rubra, gula nigra, uropygio flavo, rectricibus apice albis.

A. *Veränderungen gegen die XII. Edition, und Vermehrung der Gattungen dieses Geschlechts.*

Das Geschlecht ist mit 5 Gattungen vermehrt; die 4te bis 8te sind neu; bey der 1sten ist die Var. β. hinzugekommen, und bey der 3ten sind gleichfalls 2 Spielarten aus einander gesetzt.

B. *Neuere Gattungen.*

1. *Die langschnäblige Spechtmeise in Batavia.*
Latham, Syn. Supplem. p. 118. Long-billed Nuthatch.
Latham, Vögel, I. 2. p. 537. n. 11. *die langschnäblige Spechtmeise.*
Latham, Syst. ornitholog. I. p. 264. n. 10. Sitta (Longirostris) caerulescens, subtus pallide rufescens, remigibus primoribus apice fuscis, loris nigris.

2. *Die Grünlings-Spechtmeise vom Cap.*
Büffon, Vögel, XVII. p. 233. *der Grünlings-Blauspecht.*

Sparr-

(1) Im Syst. ornith. hat *Latham* diesen Vogel als eine Spielart von *Lanius iocosus* aufgeführt.

Sparrmann, muſ. Carlſ. faſc. II. Tab. 33. Sitta Chloris.

Latham, Syſt. ornitholog. I. p. 264. n. 11. Sitta (Chloris) corpore ſupra viridi, ſubtus candido, cauda atra, ultimo apice flavicante.

61. GESCHLECHT. TODUS. *Der Plattſchnabel. (Baſtardeisvogel.)*

Müller, Naturſyſt. II. p. 234. Gen. LXI.
Leske, Naturgeſch. p. 249. Gen. XXX.
Borowsky, Thierreich, II. p. 140. Gen. XIX.
Blumenbach, Handbuch der Naturgeſch. p. 168. Gen. XI.
Onomat. hiſt. nat. VII. p. 539.
Briſſon, ornith. II. p. 192. Gen. LIX.
Batſch, Thiere, I. p. 308. n. 4.
Latham, allgem. Ueberſ. der Vögel, I. 2. p. 538. Gen. XXV.
Latham, Syſt. ornithol. I. p. 265. Gen. XXVI.
Pallas, Naturgeſch. merkw. Th. VI. p. 18.
Hermann, tab. affinit. animal. p. 193.
Donndorff, Handbuch der Thiergeſch. p. 247. Gen. XXII.

1. VIRIDIS. *Der grüne Plattſchnabel.*

Müller, Naturſyſtem, II. p. 234. n. 1. *der Grüne.* Tab. 8. fig. 1.
Borowſky, Thierreich, II. p. 141. n. 1. *der grüne Baſtard-Eisvogel, der Grünſperling.* Tab. 14.
Blumenbach, Handb. der Naturgeſch. p. 168. n. 1.

Bechſtein, Naturgeſchichte Deutſchl. II. p. 172. *der grüne Baſtardeisvogel.*
Onomat. hiſt. nat. VII. p. 541. *der grüne Baſtardeisvogel.*

Handb.

Handb. d. Naturgesch. II. p. 297. *der Todier.*

Klein, av. p. 79. n. 6. Sylvia gula phoenicea.

Klein, Vorbereit. p. 148. n. 16. *Scharlatkehlein.*

Klein, verbesserte Vögelhist. p. 80. n. 20. *Scharlatkehlein.*

Klein, verbess. Vögelhist. p. 109. n. 7. *grüner Honigsauger.*

Brisson, ornithol. II. p. 192. n. 1. Todier.

Seligmann, Vögel, VII. Tab. 16. *der grüne Sperling, oder das grüne Colibritchen.*

Pallas, Naturgesch. merkw. Thiere, VI. p. 19. *der grünliche Plattschnabel.*

Eberhard, Thiergesch. p. 92. *der Todus.*

Latham, Syn. II. p. 657. n. 1. Green Tody.

Latham, Vögel, I. 2. p. 538. n. 1. *der grüne Plattschnabel.*

Latham, Syst. ornitholog. I. p. 264 n. 1. Todus (Viridis) viridis, subtus roseo-flavescens, pectore rubro.

Linné, Syst. Nat. Edit. X. I. p. 116. n. 4. Alcedo (Todus) brachyura viridis, gula sanguinea, abdomine albo.

Hermann, tab. affinit. animal. p. 193. Todus viridis.

Donndorff, Handb. der Thiergesch. p. 247. n. 1. *der grüne Bastardeisvogel.*

2. Cinereus. *Der Tic-tic.*

Müller, Natursyst. II. p. 235. n. 2. *der Aschgraue.*

Borowsky, Thierreich, II. p. 141. n. 2. *der aschgraue Bastard-Eisvogel.*

Onomat. histor. nat. VII. p. 540. *der graue Bastardeisvogel.*

Brisson, ornitholog. II. p. 193. n. 3. Todier cendré.

Pallas,

Pallas, Naturgesch. merkw. Th. VI. p. 19. *der oben graue und unten hellgelbe Plattschnabel.*

Latham, Vögel, I. 2. p. 539. n. 3. *der aschgraue Plattschnabel.*

Latham, Syst. ornithol. I. p. 265. n. 2. Todus (Cinereus) cinereus, subtus luteus, rectricibus binis intermediis nigricantibus, lateralibus fuscis, apice albis.

Hermann, tab. affinit. animal. p. 193. Todus cinereus.

3. Fuscus. *Der braune Plattschnabel.*

Latham, Vögel, I. 2. p. 539. n. 3. *der braune Plattschnabel.*

Latham, Syst. ornitholog. I. p. 266. n. 3. Todus (Fuscus) ferrugineo-fuscus, subtus olivaceus albo-maculatus, alis fascia nigricante, cauda ferruginea.

4. Caeruleus. *Der blaue Plattschnabel.*

Latham, Vögel, I. 2. p. 540. n. 4. *der blaue Plattschnabel.*

Latham, Syst. ornithol. I. p. 266. n. 4. Todus (Caeruleus) cyaneus, subtus fulvus, gula alba, sub oculis macula purpurea.

5. Varius. *Der bunte Plattschnabel.*

Brisson, ornithol. II. p. 193. n. 2. Todier varié.

Latham, Vögel, I. 2. p. 540. n. 5. *der bunte Plattschnabel.*

Latham, Syst. ornitholog. I. p. 266. n. 5. Todus (Varius) caeruleo, nigro viridique varius, capite colloque caeruleo-nigris, tectricibus alarum viridibus.

Jonston, av. p. 157. Aliud *Ispidae* genus, quod ex India adfertur.

6. Leu-

6. LEUCOCEPHALUS. *Der weißköpfige Plattschnabel.*

Borowsky, Thierreich, II. p. 145. n. 3. *der weißköpfige Plattschnabel.*

Pallas, Naturgesch. merkw. Th. VI. p. 18. *der weißköpfige Plattschnabel.* Tab. 3. fig. 2.

Latham, Vögel, I. 2. p. 540. n. 6. *der weißköpfige Plattschnabel.* Tab. 31. fig. 2.

Latham, Syst. ornitholog. I. p. 266. n. 6. Todus (Leucocephalus) nigricans, capite, gula colloque superiore albis.

7. BRACHYURUS. *Der kurzschwänzige Plattschnabel.*

Pallas, Naturgesch. merkw. Thiere, VI. p. 22. *die siebente Art.*

Latham, Vögel, I. 2. p. 541. n. 7. *der kurzgeschwänzte Plattschnabel.*

Latham, Syst. ornitholog. I. p. 266. n. 7. Todus (Brachyurus) niger, sincipite, genis corporeque subtus albis, cauda abbreviata.

8. PLUMBEUS. *Der bleyfarbene Plattschnabel.*

Pallas, Naturgesch. merkw. Th. VI. p. 19. *eine dritte Art.*

Latham, Vögel, I. 2. p. 541. n. 8. *der bleyfarbene Plattschnabel.*

Latham, Syst. ornithol. I. p. 267. n. 8. Todus (Plumbeus) plumbeo-nigricans, subtus niveus, vertice, remigibus rectricibusque nigricantibus.

9. OBSCURUS. *Der dunkelbraune Plattschnabel.* (2)

Pennant, arct. Zool. II. p. 266. n. 89. *der dunkelbraune Bastardeisvogel.*

Latham,

(2) Größe, nach *Pallas,* einer Nachtigall; nach *Pennant* eines Feldsperlings; nach *Latham,* einer *Winternachtigall.* (Motacilla modularis)

Latham, Vögel, I. 2. p. 541. n. 9. *der dunkelfarbige Plattschnabel.*

Latham, Syst. ornitholog. I. p. 267. n. 9. Todus (Obscurus) olivaceo-fuscus, subtus albo flavescens, gula pallida.

Pallas, spicil. zool. VI. p. 17. Species quarta.

Pallas, Naturgesch. merkw. Th. VI. p. 20. *eine vierte größere Gattung.*

Donndorff, Handb. der Thiergesch. p. 247. n. 2. *der dunkelbraune Bastardeisvogel.*

10. Regius. *Der Königsplattschnabel.* (3)

Latham, Vögel, I. 2. p. 542. n. 10. *der schöne Plattschnabel.*

Latham, Syst. ornithol. I. p. 267. n. 10. Todus (Regius) fusco-nigricans cristatus, pectore albido nigricante transversim striato, gula superciliisque albis, abdomine, uropygio caudaque rufis.

11. Paradiseus. *Der paradiesartige Plattschnabel.* (4)

Müller, Natursystem, II. p. 595. n. 1. *der Katondieb.*

Borowsky, Thierreich, III. p. 175. n. 1. *der Katondieb.* Tab. 70.

Halle,

(3) *Latham* rechnet hieher auch als Spielart den *Todus Cristatus* p. 446. n. 16.

(4) Bey dieser Gattung, und den dazu gerechneten Varietäten, ist bey den Systematikern ein gewaltiger Mischmasch. Man kann darüber *Pallas* Naturgesch. merkwürd. Thiere a. a. O. p. 20. not. **; und *Buffon* am angef. O. p. 101. nachlesen. Sonst bemerke ich noch, dass in unserm System diese Gattung, mit allen ihren Varietäten, aus Versehen nochmals p. 929. unter dem Geschlecht *Muscicapa* n. 1. aufgeführet worden.

Halle, Vögel, p. 266. n. 215. *der weiß- und schwarzbunte Paradiesheher.*

Onomat. histor. natur. V. p. 79. *der weiß- und schwarzbunte Paradiesheher.*

Klein, av. p. 62. n. 9. Pica ex albo et nigro varia, duabus caudae pennis simplicibus praelongis.

Klein, Vorber. p. 121. *der orientalische des Sebä.*

Brisson, ornitholog. I. p. 167. n. 6. Pic de l'Isle Papoe.

Brisson, ornithol. I. p. 181. n. 7. Troupiale hupé de Madras.

Brisson, ornithol. I. p. 272. n. 29. Gobe-mouche blanc hupé du Cap de bonne Esperance.

Büffon, Vögel, VII. p. 212. *der Weygehoe*; mit 1 Figur.

Büffon, Vögel, XIV. p. 96. *der stahlköpfigte kappigte Fliegerfänger.*

Büffon, Vögel, XIV. p. 97. *der weiße capsche Fliegenfänger.*

Seligmann, Vögel, V. Tab. 8. *der elsterähnliche Paradiesvogel.*

Pallas, Naturgesch. merkw. Thiere, VI. p 20. 21. *die sechste Gattung von Plattschnäbeln.*

Samml. zur Physik u. Naturgesch. III. p. 114. *der gehäubte Fliegenschnäpper mit stahlfärbigem Kopfe.*

Latham, Syn. Supplem. p. 172. Paradise Flycatcher.

Latham, Syst. ornitholog. II. p. 480. n. 54. Muscicapa (Paradisi) capite cristato nigro, corpore albo, cauda cuneata, rectricibus intermediis longissimis.

Linné, Syst. Natur. Edit. X. I. p. 107. n. 11. Corvus (Paradisi) albo nigroque varius, cauda cuneiformi, remigibus (*wohl ein Schreibfehler* *für*

β. *Brisson*, ornithol. I. p. 273. n. 31. Gobe-mouche hupé du Cap de bonne Esperance.

Büffon, Vögel, XIV. p. 97. *der gekappte capsche Fliegenfänger.*

Latham, Syn. III. p. 346. n. 44. A.

Latham, Syst. ornitholog. II. p. 480. n. 54. β. Muscicapa castanea, subtus alba, collo inferiore pectoreque griseis, capite nigro-virescente.

γ. *Latham*, Syn. III. p. 347. n. 44. B.

Latham, Syst. ornithol. II. p. 480. n. 54. γ. Muscicapa castanea, subtus alba, corpore subtus albo, pectore caerulescente.

Büffon, pl. enl. 234. fig. 1. Gobe-mouche hupé du Cap de B. E.?

δ. *Brisson*, ornithol. I. p. 273. n. 30. Gobe-mouche hupé du Brésil.

Büffon, Vögel, XIV. p. 97. *der gekappte brasilianische Fliegenfänger.* p. 99. *Acamacu.*

Klein, av. p. 70. n. 31. Turdus cristatus.

Klein, Vorbereit. p. 132. n. 31. *Blümenschwänzel.*

Klein, verbess. Vögelhist. p. 69. n. 31. *Blümenschwanz.*

Halle, Vögel, p. 300. n. 263. *die Seidenschwanzdrossel mit vergoldeten Flügeln und dem Federbusche.*

Moehring, av. gen. p. 33. n. 11. Monedula.

Latham, Syn. III. p. 347. n. 44. C.

Latham, Syst. ornitholog. II. p. 481. n. 44. δ. Muscicapa brasiliensis cristata.

12. FERRUGINEUS. *Der rostbraune Plattschnabel.*

Latham, Vögel, I. 2. p. 542. n. 12. *der rostrothe Plattschnabel.*

Latham, Syst. ornitholog. I. p. 267. n. 11. Todus (Ferrugineus) ferrugineo-nigricans, subtus ferrugineus, genis albo nigroque maculatis, remigibus semifascia ferruginea.

13. PLATYRHYNCHOS. *Der breitschnäblige Plattschnabel.*

Pallas, Naturgesch. merkw. Th. VI. p. 22. *die achte Gattung.* Tab. 3. C (der Schnabel.)

Latham, Vögel, I. 2. p. 543. n. 13. *der breitschnäblige-Plattschnabel.*

Latham, Syst. ornithol. I. p. 268. n. 13. Todus (Rostratus) rostro latissimo, corpore luteo-fusco, subtus luteo, gula maculaque verticis albis.

14. NOVUS. *Der Plattschnabel mit weißem Kinn.*

Latham, Vögel, I. 2. p. 543. n. 12. *der Plattschnabel mit weißem Kinn.*

Latham, Syst. ornitholog. I. p. 268. n. 12. Todus (Gularis) fuscus, subtus albidus, pectore fusco variegato, gula alba.

15. MACRORHYNCHOS. *Der großschnäblige Plattschnabel.*

Latham, Vögel, I. 2. p. 544. n. 14. *der großschnäblige Plattschnabel.* Tab. 32. fig. 1.

Latham, Syst. ornitholog. I. p. 268. n. 14. Todus (Nasutus) rostro latissimo, corpore nigro, gula, uropygio, abdomine crissoque coccineis.

16. CRI-

16. CRISTATUS. *Der gehaubte Plattschnabel.* (5)
Naturforsch. a. a. O. *der Todvogel mit dem Federbusche.*
Latham, Vögel, I. 2. p. 544. n. 15. *der gehäubte Plattschnabel.*
Latham, Syst. ornitholog. I. p. 267. n. 10. β. Todus crista coccinea, corpore fusco, albo maculato.

A. *Veränderungen gegen die XIIte Edition, und Vermehrung der Gattungen dieses Geschlechts.*

Das Geschlecht ist mit 14 Gattungen vermehrt, unter welchen die 11te aus dem 113ten Geschlecht hier aufgenommen worden.

B. *Neuere Gattungen.*

1. *Der gelbbäuchige Plattschnabel aus Neuholland.*
Latham, Syst. ornitholog. I. p. 268. n. 15. Todus (Flavigaster) fusco-cinereus, subtus luteus, rostro pallido, pedibus obscuris.

62. GESCHLECHT. ALCEDO. *Der Eisvogel.*
Müller, Natursystem, II. p. 236. Gen. LXII.
Leske, Naturgesch. p. 249. Gen. XXXI.
Borowsky, Thierreich, II. p. 142. Gen. XX.
Blumenbach, Handbuch der Naturgesch. p. 168. Gen. XII.
Bechstein, Naturgesch. I. p. 352. Gen. XII.
Bechstein, Naturgeschichte Deutschl. II. p. 533. Gen. XII.
Halle, Vögel, p. 163. Gen. V.
Pennant, arct. Zool. II. p. 264.
Neuer Schauplatz der Natur, II. p. 544.

(5) Nach *Latham* eine Spielart von *Todus Regius*.

Onomat. hist. nat. IV. p. 125.
Klein, av. p. 31. Gen. IV.
Brisson, ornitholog. II. p. 176. Gen. LVIII. *Ispida.*
Batsch, Thiere, I. p. 306. Gen. LVIII.
Latham, allg. Uebersicht der Vögel, I. 2. p. 500. Gen. XXIII.
Latham, Syst. ornith. I. p. 244. Gen. XXIII. *Galbula.* p. 245. Gen. XXIV. *Alcedo.*
Hermann, tab. affin. anim. p. 190. 191.
Donndorff, Handbuch der Thiergesch. p. 247. Gen. XXIII.

1. Cristata. *Der Vintsi.*
Müller, Natursyst. II. p. 237. *der ostindische Eisvogel.*
Borowsky, Thierreich, II. p. 145. n. 4. *der philippinische Eisvogel.*
Bechstein, Naturgesch. I. p. 353. n. 2. *der Eisvogel mit dem Federbusch.*
Bechstein, Naturgesch. Deutschl. II. p. 539. n. 2. *der Eisvogel mit dem Federbusch.*
Halle, Vögel, p. 168. n. 105. *der gelbschnäblige amboinische Eisvogel mit dem Federbusche.*
Neuer Schaupl. der Natur. II. p. 547. n. 2. *gehaubter Eisvogel.*
Neuer Schaupl. d. Natur, II. p. 548. n. 5. *Gelbschnabel.*
Onomat. histor. nat. IV. p. 131. *der Gelbschnabel.*
Klein, av. p. 35. n. 5. Ispida rostro luteo.
Klein, Vorber. p. 67. n. 5. *Gelbschnabel.*
Klein, verbesserte Vögelhist. p. 37. n. 5. *Gelbschnabel.*
Brisson, ornith. I. p. 180. n. 6. Martin-pêcheur hupé des Philippines.

Latham,

Latham, Vögel, I. 2. p. 518. n. 22. *der Eisvogel mit dem Federbusche.*

Latham, Syst. ornitholog. I. p. 255. n. 26. Alcedo (Cristata) brach. subcristata, caerulea, subtus rufa nigro-undulata, tectricibus alarum violaceis, caeruleo-maculatis.

Naturf. XIII. p. 182. Alcedo cristata.

Naturf. XIV. p. 157.

β. *Halle*, Vögel, p. 168. n. 103. *der schöne orientalische Eisvogel mit blauem Federbusche.* (6)

Klein, av. p. 34. n. 3. Ispida cristata.

Klein, Vorber. p. 66. n. 3. *der Königfischer mit dem Kamm.*

Klein, verbess. Vögelhist. p. 36. n. 3. *gehaubter Eisvogel.*

Brisson, ornithol. I. p. 186. n. 17. Martin-pêcheur hupé des Indes.

Latham, Vögel, I. 2. p. 519. n. 22. Var. A.

Latham, Syst. ornitholog. I. p. 255. n. 26. β.

Philos. Transact. XXIII. p 1394. 14. Avis auguralis (*Salaczac*)?

16. Orientalis. *Der orientalische Eisvogel.*

Brisson, ornithol. I. p. 178. n. 4. Martin-pêcheur des Indes.

Latham, Vögel, I. 2. p. 520. n. 23. *der orientalische Eisvogel.*

Latham, Syst. ornitholog. I. p. 255. n. 27. Alcedo (Orientalis) viridis, subtus rufa, superciliis albis, vertice, gula, fascia per oculos remigibusque caeruleis, sub oculis macula rufa.

(6) Nach *Brisson* u. a. eine eigne Gattung. Länge, nach *Latham*, 5 1/2 Zoll.

2. Inda. *Der guianische Eisvogel.*
Müller, Natursyst. II. p. 237. n. 2. *der westindische Eisvogel.*
Neuer Schauplatz der Natur, II. p. 548. n. 4. *indianischer kleiner Eisvogel.*
Onomat. histor. nat. IV. p. 135. *der indianische Eisvogel.*
Latham, Vögel, I. 2. p. 526. n. 32. *der guianische Eisvogel.*
Latham, Syst. ornitholog. I. p. 259. n. 37. Alcedo (Inda) brach. virens, subtus fulva, fascia pectorali nebulosa.

17. Surinamensis. *Der surinamische Eisvogel.*
Latham, Vögel, I. 2. p. 526. n. 33. *der surinamsche Eisvogel.*
Latham, Syst. ornithol. I. p. 559. n. 38. Alcedo (Surinamensis) brach. caerulea, subtus rufo-alba, pectore rufo caeruleo undato, vertice caeruleo-nigro, maculis transversis viridibus.
Fermin, Beschreib. von Surinam, II. p. 161. *der Eisvogel.*

3. Ispida. *Der gemeine Eisvogel.* (7)
Müller, Natursystem, II. p. 237. n. 3. *der europäische Eisvogel.*

Leske,

(7) Ein einsamer ungeselliger Vogel, der schlechterdings keinen seines Gleichen in der Nahe seines Aufenthalts leidet. Sitzt immer auf niedrigen Zweigen, und hat die bewegliche Vorderzehe bald vorn, bald zurückgeschlagen. Nährt sich, wenn Flüsse und Teiche offen sind, besonders von Fischen, und liebt vorzüglich Schmerlen, denen er auf einem Pfahl oder Stock u. dgl auflauert, eine zeitlang flatternd über dem Wasser im Gleichgewicht schwebt, sich dann plötzlich auf sie herabstürzt, und sich mit seiner erhaschten Beute wieder auf seinen alten Platz setzt. Im Winter muss er oft mit

Leske, Naturgesch. p. 250. n. 1. *der gemeine Eisvogel.*

Borowsky, Thierreich, II. p. 143. *der gemeine Eisvogel.*

Blumenbach, Handb. d. Naturgesch. p. 168. n. 1. Alcedo (Ispida) supra cyanea, fascia temporali flava, cauda brevi; *der Eisvogel.*

Bechstein, Naturgesch. I. p. 353. n. 1. *der gemeine Eisvogel.*

Bechstein, Naturgesch. Deutschl. II. p. 535. n. 1. *der gemeine Eisvogel.* p. 539. *der europäische Eisvogel, Königsfischer.*

Funke, Naturgesch. I. p. 247. *der Eisvogel.*

Ebert, Naturl. II. p. 50. *der gemeine Eisvogel.*

Halle, Vögel, p. 163. n. 101. *der gemeine Eisvogel. (Fischer Martin.)*

Meyer, Thiere, I. Tab. 6. (mit dem Gerippe.)

Gatterer, vom Nutzen u. Schaden der Thiere, II. p. 64. *der Eisvogel.*

Pennant, arct. Zool. II. p. 264. A. *der europäische Eisvogel.*

mit blofsen Puppen von Wasserinsekten vorlieb nehmen, die er unter dem Eise hervorholt, wenn sich die Fische im Schlamm verborgen haben. Nistet an hervorspringenden Winkeln der Ufer, in Löchern, unter den Wurzeln der Bäume und Sträucher, auch in Felsenritzen. Das Weibchen legt 6 bis 8 weifse Eyer, brütet 14 Tage, und wird unterdessen von dem Männchen mit Fischen versorgt. Man hat Beyspiele, dafs Eisvögel in den Zimmern sich aufser den Fischen mit der Zeit auch an andere Kost, als Brodt, Semmeln und Milch, Regenwürmer u. dergl. gewöhnt haben. Wenn man im Winter welche findet, die umgekommen sind, so ist dieses nicht vor Kälte, sondern ovr Hunger geschehen, wenn Schneegestöber und starker Frost auch die Oeffnungen an unbeeisten Stellen der Gewässer, wodurch sie bis dahin noch zum Theil ihre Nahrung fanden, verstopft haben. Das Fleisch ist efsbar.

Neuer Schauplatz der Natur, II. p. 546. n. 1. *europäischer Eisvogel.*

Onomat. histor. nat. IV. p. 135. *der gemeine Eis-Vogel.*

Handb. der Naturgesch. II. p. 294. *der Eisvogel.*

Handbuch der deutschen Thiergeschichte, p. 103. *der Eisvogel.*

Klein, av. p. 33. n. 1. Ispida nostras.

Klein, Vorber. p. 64. n. 1. *Königsfischer, gemeiniglich Eisvogel genannt.*

Klein, verbess. Vögelhist. p. 35. n. 1. *europäischer Eisvogel.*

Klein, stemm. av. p. 6. Tab. 5. fig. 1. a. b.

Klein, Vögeleyer, p. 17. Tab. 4. C.

Gesner, Vögelb. p. 57. *Eisvogel, Eysengart;* mit 1 guten Figur.

Brisson, ornith. II. p. 176. n. 1. Martin-pêcheur.

Batsch, Thiere, I. p. 300. *der gemeine Eisvogel.*

Latham, Vögel, I. 2. p. 513. n. 16. *der gemeine Eisvogel.*

Latham, Syn. Suppl. p. 115. Common Kingfisher.

Latham, Syst. ornithol. I. p. 252. n. 20. Alcedo (Ispida) brach. subcristata caerulea, subtus rufa, loris fulvis, vertice nigro undulato, macula aurium gulaque albis.

Beseke, Vögel Kurl. p. 40. n. 66. *der europäische Eisvogel.*

Götz, Naturgesch. einiger Vögel, p. 58. *der Eisvogel.*

Bock, Naturgesch. von Preussen, IV. p. 313. n. 62. *Eisvogel.*

Cetti, Naturg. v. Sardin. II. p. 98. *der Eisvogel.*

Fischer, Naturgesch. von Livland, p. 77. n. 71. *europäischer Eisvogel.*

Lepechin,

Lepechin, Tagebuch d. russisch. Reis. I. p. 262. *Eisvögel.*

Scopoli, Bemerk. a. d. Naturgesch. I. p. 58. n. 64. *der Königsfischer.*

Pallas, nord. Beytr. IV. p. 10. *der Eisvogel.*

Pallas, Naturgesch. merkw. Th. VI. p. 15. *der Eisvogel.*

Naturf. IX. p. 56. n. 61. *europäischer Eisvogel.*

Neue schwed. Abh. III. p. 104. Alcedo hispida.

Schriften der berlin. Gesellsch. naturf. Fr. VII. p. 455. n. 25. *der europäische Eisvogel.*

Günth. Nest. u. Eyer, Tab. 56. *Eisvogel.*

Wirsing, Vögel, Tab. 3.

Frisch, Vögel, Tab. 223.

Döbel, Jägerprakt. I. p. 74. *Eis-Vogel.*

Naumann, Vogelsteller, p. 192. *Eisvogel.*

Geoffroy, mat. med. VI. p. 295. *der gemeine Eisvogel, Fischer-Martin.*

Goeze, nützl. Allerley, II. p. 162. n. 13. *der Eisvogel.*

Anweisung Vögel zu fangen, u. s. w. p. 167. *der Eisvogel.*

Bechstein, Musterung schädl. Th. p. 115. n. 21. *der gemeine Eisvogel.*

Loniceri, Kräuterb. p. 685. *Eisvogel;* mit einer zieml. Fig.

Zorn, Petinotheol. II. p. 439. *der Eiß-Vogel.*

Merklein, Thierreich, p. 252. *Eiß-Vogel.*

Kraft, Ausrott. grauf. Th. I. p. 210. *Eiß-Vogel.*

Ziegra, diss. de Halcyone. Witt. 1677. 4. pl. 3.

Wanochius, dissert. de Halcyone. Aboae 1682. 4. cum fig. rariss.

Chevalier, lettres sur les maladies de St. Domingue, sur le Remora, et les Halcyons. Paris 1752. 12.

Scaliger, de Halcyone; de subtilitat. ex. 133. p. 457.

Frisch, observationes, quae descriptioni Ispidae s. Halcyonis, in diversorum auctorum libris, addi possunt. Miscell. Berolinens. Cont. III. p. 40.

Brückmann, de Halcyone. Epist. itiner. Cent. II. Epist. 4.

Wittenb. Wochenbl. XIII. p. 174. *Eisvogel.*

Geyer, de nido halcyonis. Ephem. Nat. Cur. Dec. II. an. 8 obs. 136. p. 296 c. fig.

André und *Bechstein*, Spatzierg. I. p. 149. *der gemeine Eisvogel.*

Eberhard, Thiergesch. p. 91. *der Eisvogel.*

Jablonsky, allgemein. Lex. p. 293. *Eisvogel.*

Allgem. Haushaltungslex. I. p. 409. *Eisvogel.*

Krünitz, ök. Encykl. Art. *Eisvogel.*

Meidinger, Vorles. I. p. 120. *der gemeine Eisvogel.*

Linné, Syst. Nat. Edit. X. I. p. 115. n. 1. Alcedo (Ispida) brachyura, supra caerulea, subtus fulva.

Müller, zoolog. dan. prodr. p. 13. n. 105. Alcedo (Ispida) brachyura, supra cyanea, subtus fulva, loris rufis.

Schwenkfeld, aviar. Siles. p. 193. Alcedo fluviatilis; *Eyßvogel, Eysengartt, Wasser-Hünlein, See-schwalme.*

Schäffer, elem. ornith. Tab. 141.

Salerne, ornithol. p. 123.

Jonston, av. p. 157. Ispida.

Aristot. histor. animal. L. IX. c. 20. n. 172. Ἀλκυων.

Donndorff, Handb. der Thiergesch. p. 248. *der europäische Eisvogel.*

β. Ispida

β. Ispida senegalensis. *Der Baboucard* (8)

Brisson, ornith. II. p. 180. n. 7. Martin-pêcheur du Senegal.

Latham, Syn. II. p. 618. n. 16. Var. A.

Latham, Vögel, I. 2. p. 515. n. 16. Var. A.

Latham, Syst. ornitholog. I. p. 253. n. 20. β. Alcedo caeruleo-viridis, fusco varia, subtus maculaque pone et ante oculos fulva, gula flavescente.

Adanson, Reis. n. Senegall, p. 212. *Eisvögel.*

4. Erithaca. *Der rothköpfige Eisvogel.*

Müller, Natursyst. II. p. 239. n. 4. *der bengalische Eisvogel.*

Halle, Vögel, p. 170. n. 109. *der kleine bengalische Eisvogel mit der Lievrey.*

Neuer Schaupl. der Natur, II. p. 549. n. 8. *Purpurkopf.*

Onomat. histor. nat. IV. p. 133. *der kleine bengalische Eisvogel.*

Brisson, ornitholog. II. p. 185. n. 15. Martin-pêcheur à collier de Bengale.

Latham, Vögel, I. 2. p. 516. *der rothköpfige Eisvogel.*

Latham, Syst. ornitholog. I. p. 253. n. 21. Alcedo (Erithaca) brachyura, dorso caeruleo, abdomine luteo, capite uropygioque purpureis, gula nuchaque albis.

Linné, Syst. Nat. Edit. X. I. p. 115. n. 2. Alcedo (Erithaca) brachyura, dorso caeruleo, abdomine luteo, capite uropygioque purpureo, gula nuchaque albis.

β. *Latham*,

(8) Nach *Brisson* eine eigne Gattung.

β. *Latham*, Syn. II. p. 629. n. 17. Var. A.
Latham, Vögel, I. 2. p. 516. n. 17. Var. A.
Latham, Syſt. ornithol. I. p. 253. n. 21. β. Alcedo caerulea, ſubtus flaveſcens, gula alba, capite cerviceque rubris, pone oculos linea purpurea, albo terminata.

18. PURPUREA. *Der purpurfarbene Eisvogel.*

Latham, Vögel, I. 2. p. 517. n. 18. *der purpurfarbene Eisvogel.*
Latham, Syſt. ornitholog. I. p. 253. n. 22. Alcedo (Purpurea) purpureo-caerulea, ſubtus rufo-alba, capite, uropygio caudaque rufo-aureis, pone oculos ſtriga purpuraſcente.

5. MADAGASCARIENSIS. *Der madagaſcariſche Eisvogel.*

Müller, Naturſyſt. II. p. 299. n. 5. *der madagaſcariſche Eisvogel.*
Neuer Schaupl. der Natur, II. p. 548. n. 9. *Eisvogel von Madagaſcar.*
Onomat. hiſt. nat. IV. p. 141. *der Eis-Vogel von Madagaskar.*
Briſſon, ornitholog. II. p. 187. n. 18. Martin-pêcheur de Madagaſcar.
Latham, Vögel, I. 2. p. 517. n. 19. *der madagaskariſche Eisvogel.*
Latham, Syſt. ornitholog. I. p. 254. n. 23. Alcedo (Madagaſcarienſis) ſubbrachyura, rufa, gula alba, remigibus nigricantibus.

19. CAERULEOCEPHALA. *Der blauköpfige Eisvogel.*

Latham, Vögel, I. 2. p. 517. n. 20. *der blauköpfige Eisvogel.*

Latham,

Latham, Syst. ornitholog. I. p. 254. n. 24. Alcedo (Caeruleocephala) caerulea, subtus rufa, vertice caeruleo-viridi undato, gula alba, remigibus nigricantibus.

β. A. caerulea, subtus rufa, vertice viridi-caeruleo, fasciis nigris, gula lateribusque pectoris, macula albis. *

Latham, Syst. ornitholog. I. p. 254. n. 24. β.

γ. A. caerulea, capite colloque rufo-flavis, vertice caeruleo nigroque fasciato, abdomine albo. *

Latham, Syst. ornitholog. I. p. 254. n. 24. β.
Latham, Syn. Supplem. p. 115. 20. Blue-headed Kingsfisher.

20. Bengalensis. *Der indische Eisvogel.*

Halle, Vögel, p. 167. n. 102. *der kleinste bengalische Eisvogel.*
Klein, av. p. 34. n. 2. Ispida Bengalensis.
Klein, Vorbereit. p. 65. n. 2. *der kleinste Königsfischer.*
Klein, verb. Vögelh. p. 36. n. 2. *indianische kleine Eisvögel.*
Seligmann, Vögel, I. Tab. 21. *indianischer kleiner Eisvogel;* obere Figur.
Brisson, ornitholog. II. p. 177. n. 2. Martin-pêcheur de Bengale.
Latham, Vögel, I. 2. p. 518. n. 21. *der indische Eisvogel.*
Latham, Syst. ornitholog. I. p. 254. n. 25. Alcedo (Bengalensis) caeruleo-viridis, subtus rufa, capite caeruleo-striato, gula alba, per oculos vitta rufa.

β. Der

β. *Der kleinere indische Eisvogel.* (9)

Seligmann, Vögel, I. Tab. 21. untere Figur.

Klein, an den angeführten Orten.

Brisson, ornithol. II. p. 178. n. 3. Petit Martin-pêcheur de Bengale.

Latham, Vögel, I. 2. p. 518. n. 21. Var. A.

Latham, Syst. ornitholog. I. p. 255. n. 25. β.

6. Superciliosa. *Der amerikan. Eisvogel.* (10)

Müller, Natursystem, II. p. 239. n. 6. *der grüne americanische Eisvogel.*

Neuer Schaupl. der Natur, II. p. 549. n. 3. *kleiner grüner oranienfarbener Eisvogel.*

Onomat. histor. nat. IV. p. 144. *der grüne amerikanische Eis-Vogel.*

Klein, verbess. Vögelhist. p. 164. *kleiner grün- und oranienfarbener Eisvogel.*

Brisson, ornith. II. p. 181. n. 9. Martin-pêcheur verd d' Amerique.

Seligmann, Vögel, VII. Tab. 35. *der kleine grüne und orangefarbe Eisvogel.*

Latham, Vögel, I. 2. p. 527. n. 34. *der amerikanische Eisvogel.*

Latham, Syst. ornitholog. I. p. 259. n. 39. Alcedo (Superciliosa) submacr. viridis, subtus alba, fascia viridi, superciliis fulvis.

β. A. submacr. viridis, subtus fulva, fascia pectorali viridi, superciliis fulvis. *

Latham, Syst. ornithol. I. p. 259. n. 39. β.

Büffon, oif. VII. p. 218. Martin-pêcheur verd et orange.

Büffon, pl. enl. 756. Martin-pêcheur petit verd. Fig. 2. *das Männchen.* Fig. 3. *das Weibchen.*

21. Leu-

(9) Nach *Brisson* eine eigne Gattung.

(10) Länge, nach *Latham*, 5 Zoll; das Vaterland Cayenne.

21. Leucorhyncha. *Der weißſchnäblige Eisvogel.*

Halle, Vögel, p. 168. n. 103. *der weißſchnäblige amerikaniſche Eisvogel.*

Neuer Schauplatz der Natur, II. p. 548. n. 3. *Weißſchnabel.*

Klein, av. p. 35. n. 4. Iſpida roſtro albo.

Klein, Vorber. p. 66. n. 14 *Weißſchnabel.*

Klein, verb. Vögelhiſt. p. 36. n. 4. *Weißſchnabel.*

Briſſon, ornithol. II. p. 186. n. 16. Martin-pêcheur bleu d'Amerique.

Latham, Vögel, I. 2. p. 528. n. 35. *der weißſchnäblige Eisvogel.*

Latham, Syſt. ornitholog. I. p. 260. n. 40. Alcedo (Leucorhyncha) caeruleo-viridis ſubtus flaveſcens, capite et cervice caſtaneo-purpureis, roſtro albo.

22. Brasiliensis. *Der Gip-gip.*

Briſſon, ornithol. II. p. 187. n. 19. Martin-pêcheur du Bréſil.

Latham, Vögel, I. 2. p. 526. n. 31. *der braſilianiſche Eisvogel.*

Latham, Syſt. ornitholog. I. p. 259. n. 36. Alcedo (Braſilienſis) rufeſcens, caſtaneo, fuſco alboque varia, ſubtus alba, faſcia oculari fulva.

23. Americana. *Der weiß und grüne Eisvogel.*

Latham, Vögel, I. 2. p. 525. n. 30. *der geſchäckte Eisvogel.*

Latham, Syſt. ornitholog. I. p. 258. n. 35. Alcedo (Americana) obſcure viridis, ſubtus alba viridi maculata, ſtriga ſub oculis alba, faſcia pectorali rufa.

24. Bicolor. *Der zweyfarbige Eisvogel.*

Latham, Vögel, I. 2. p. 525. n. 29. *der zweyfarbige Eisvogel.*

Latham, Syst. ornithol. I. p. 258. n. 34. Alcedo (Bicolor) viridis, fascia pectorali albo nigroque variegata, corpore subtus torque colli strigaque nares inter et oculum rufis.

25. Maculata. *Der gefleckte Eisvogel.*

Brisson, ornitholog. II. p. 191. n. 25. Martin-pêcheur tacheté du Brésil.

Latham, Vögel, I. 2. p. 525. n. 28. *der gefleckte Eisvogel.*

Latham, Syst. ornitholog. I. p. 258. n. 33. Alcedo (Maculata) fusca, flavescenti-maculata, subtus alba, fusco-punctata, gula flava.

Jonston, av. p. 211. Matuitui.

7. Alcyon. *Der gehaubte Eisvogel.* (1)

Müller, Natursystem, II. p. 240. n. 7. *Haubeneisvogel.*

Borowsky, Thierreich, II. p. 142. n. 1. *der Hauben-Eisvogel.*

Halle, Vögel, p. 169. n. 106. *der krausköpfige Eisvogel.*

Gatterer, vom Nutzen u. Schaden der Thiere, II. p. 65. n. 81. *der Haubeneisvogel.*

Pennant, arct. Zool. II. p. 264. n. 85. *der Eisvogel mit dem Halsbande.*

Neuer Schauplatz der Natur, II. p. 548. n. 6. *Rauchkopf.*

Onomat. histor. nat. IV. p. 131. *der Rauchkopf.*

Klein, av. p. 35. n. 6. Ispida capite amplo plumoso.

Klein,

(1) Länge, nach *Latham*, 10 1/2 Zoll; nach *Pennant* 13 Zoll. Gewicht 3 1/2 Unze.

Klein, Vorbereit. p. 67. n. 6. *Rauchkopf.*
Klein, verbeff. Vögelhift. p. 37. n. 6. *Rauchkopf.*
Briffon, ornitholog. II. p. 188. n. 21. Martin-pêcheur hupé de la Caroline.
Seligmann, Vögel, III. Tab. 38. *der Eisvogel.*
Latham, Vögel, I. 2. p. 522. n. 27. *der gehaubte Eisvogel.*
Latham, Syn. Suppl. p. 116. Belted Kingsfisher.
Latham, Syft. ornitholog. I. p. 257. n. 32. Alcedo (Alcyon) macr. criftata, caerulefcens, abdomine albo, pectore fafcia ferruginea, macula alba ante et pone oculos.
Linné, Syft. Nat. Edit. X. I. p. 115. n. 3. Alcedo (Alcyon) brachyura nigra, abdomine albo, pectore ferrugineo.
Donndorff, Handb. der Thiergefch. p. 248. n. 2. *der Hauben-Eisvogel.*

β. *Der louifianifche Eisvogel.*

Latham, Vögel, I. 2. p. 523. n. 27. Var. A.
Latham, Syn. II. p. 637. n. 27. A.
Latham, Syft. ornitholog. I. p. 257. n. 32. β.

γ. *Der gehaubte Eisvogel von St. Domingo.* (2)

Borowfky, Thierreich, I. c. Tab. 20.
Klein, verbeff. Vögelhift. p. 37. ad n. 6.
Briffon, ornithol. II. p. 188. n. 22. Martin-pêcheur hupé de St. Domingue.
Seligmann, Vögel, V. Tab. 10. *der americanifche Eisvogel.*
Latham, Syn. II. p. 639. n. 27. B.
Latham, Vögel, I. 2. p. 524. n. 27. Var. B.
Latham, Syft. ornitholog. I. p. 257. n. 32. γ.

δ. Der

(2) Nach *Briffon* eine eigne Gattung.

δ. *Der gehaubte brasilianische Eisvogel.* (3)
Brisson, ornitholog. II. p. 187. n. 20. Martin-pêcheur hupé du Brésil.
Latham, Syn. II. p. 639. n. 27. C.
Latham, Vögel, I. 2. p. 524. n. 27. Var. C.
Latham, Syst. ornithol. I. p. 258. n. 32. γ.
Jonston, av. p. 190. Jaguacati Guacu.
Moehring, av. gen. p. 85. n. 113. Jaguacati Guacu.

Diesem könnte noch beygefügt werden:

ε. Alcedo cristata caerulescens, vertice, genis, temporibus sordide caerulescentibus, abdomine albo ferrugineo-tincto, lateribus cinereis albo undulatis, remigibus primoribus nigris, dorso, humeris, uropygio et tectricibus alarum sordide caeruleis, primoribus apice albo-punctatis, pedibus incarnatis, rostro corneo subtus sordide albo, macula ante et sub oculis alba, iridibus castaneis. (4)

8. TORQUATA. *Der aschgraue Eisvogel.*
Müller, Natursyst. II. p. 241. n. 8. *der Krageneisvogel.*
Neuer Schaupl. der Nat. II. p. 549. n. 18. *Eisvogel mit der Krause.*
Onomat. histor. natur. IV. p. 146. *der mexikanische Eisvogel.*
Brisson, ornithol. II. p. 189. n. 23. Martin-pêcheur hupé du Mexique.
Latham, Vögel, I. 2. p. 521. n. 26. *der aschgraue Eisvogel.*

Latham,

(3) Nach *Brisson* eine eigene Gattung.

(4) Ich habe diese Kennzeichen nach der Beschreibung entworfen, die *Bechstein* in der Uebersetzung des Lathamschen Werks p. 523. not **, von einem aus Amerika erhaltenen Exemplar dieses Vogels gemacht hat.

Latham, Syſt. ornithol. I. p. 256. n. 30. Alcedo (Torquata) macr. ſubcriſtata, cano-caeruleſcens, torque albo, alis caudaque albo-maculatis.

Eberhard, Thiergeſch. p. 92. *der Eisvogel mit dem Halsbande.*

Jonſton, av. p. 184. Achalalactli.

26. Cayennensis. *Der cayenniſche Eisvogel.*

Briſſon, ornith. II. p. 182. n. 10. Martin-pêcheur de Cayenne.

Latham, Vögel, I. 2. p. 521. n. 25. *der cayenniſche Eisvogel.*

Latham, Syſt. ornithol. I. p. 256. n. 29. Alcedo (Cayanenſis) caerulea ſubtus alba, faſcia infra occiput nigra, uropygio viridi-caeruleo.

27. Atricapilla. *Der ſchwarzköpfige chineſiſche Eisvogel.*

Latham, Vögel, I. 2. p. 512. n. 15. *der chineſiſche Eisvogel.*

Latham, Syſt. ornitholog. I. p. 251. n. 18. Alcedo (Atricapilla) violaceo-caerulea, capite, cervice, humeris remigibusque apice nigris, collo inferiore et torque albo, abdomine rufo.

β. *Der ſchwarzköpfige Eisvogel, von der Inſel Luçon.*

Sonnerat, Reiſ. n. Neuguin. p. 26. *die erſte Art.*

Latham, Vögel, I. 2. p. 512. n. 15. Var. A.

Latham, Syn. II. p. 625. n. 15. A.

Latham, Syſt. ornitholog. I. p. 251. n. 18. β. Alcedo capite, cervice, tectricibus alarum dorſoque ſupremo fuſcis, ſubtus loris et torque albis, ſcapis pennarum fuſcis, dorſo imo, remigibus caudaque caeruleis.

γ. A. ſubcriſtata nigra ferrugineo varia, collo ſubtus et pectore albis, abdomine ferrugineo, remigibus rectricibusque caeruleo-viridibus. *
Latham, Syn. II. p. 626. n. 15. Var. B.
Latham, Vögel, I. 2. p. 513. n. 15. Var. B.
Latham, Syſt. ornitholog. I. p. 252. n. 18. γ.

δ. A. ſaturate caerulea, ſubtus alba, tectricibus alarum remigibusque nigricantibus, collari albo. *
Latham, Syn. Supplem. p. 115. Var. C.
Latham, Vögel, I. 2. p. 513. n. 15. Var. C.
Latham, Syſt. ornitholog. I. p. 252. n. 18. δ.

28. TUTA. *Der ſichere Eisvogel.*
Latham, Vögel, I. 2. p. 511. n. 14. *der ſichere Eisvogel.*
Latham, Syſt. ornitholog. I. p. 251. n. 17. Alcedo (Tuta) macr. viridi-violacea, ſubtus alba, collari viridi-nigro, ſuperciliis albis.

29. VENERATA. *Der verehrte Eisvogel.*
Latham, Vögel, I. 2. p. 511. n. 13. *der verehrte Eisvogel.*
Latham, Syſt. ornitholog. I. p. 251. n. 16. Alcedo (Venerata) fuſca viridi varia, ſubtus pallida, faſcia ſuperciliari viridi-albida.

30. SACRA. *Der heilige Eisvogel.*
Latham, Vögel, I. 2. p. 509. n. 12. *der heilige Eisvogel.*
Latham, Syſt. ornitholog. I. p. 250. n. 15. Alcedo (Sacra) caeruleo-viridis ſubtus alba, ſuperciliis ſtrigaque ſub oculis ferrugineis, remigibus caudaque nigricantibus.

β. *Latham*, Syn. II. p. 621. n. 12. Var. A.
Latham, Vögel, I. 2. p. 509. n. 12. Var. A.
Latham.

Latham, Syst. ornitholog. I. p. 250. n. 15. β. Alc. caeruleo-viridis, superciliis albis, nucha nigra, pennis colli et pectoris margine cinereis, genibus extus nigris.

γ. *Latham*, Vögel, I. 2. p. 509. n. 12. Var. B. Tab. 30.
Latham, Syst. ornitholog. I. p. 250. n. 15. γ. Alc. caeruleo-viridis, uropygio caeruleo, corpore subtus et torque colli pallide ferrugineis, superciliis strigaque sub oculis ferrugineis, gula alba.

δ. *Latham*, Syn. II. p. 622. n. 12. Var. C.
Latham, Vögel, I. 2. p. 509. n. 12. Var. C.
Latham, Syst. ornithol. I. p. 251. n. 15. δ. Alcedo caeruleo-viridis, capite nigro, vertice caeruleo, superciliis, cervice abdomineque testaceis, gula et torque albis.

ε. *Latham*, Vögel, I. 2. p. 510. n. 12. Var. D.
Latham, Syn. II. p. 623. n. 12. Var. D.
Latham, Syst. ornithol. I. p. 250. n. 14. Alcedo (Collaris) viridi-caerulea, corpore subtus collarique albis. *(eigne Gattung.)*
Sonnerat, Reis. nach Neuguinea, p. 26. *die dritte Art;* mit 1 Fig.

ζ. A. Caeruleo-viridis, vertice dorsoque nigricantibus, remigibus rectricibusque nigris caeruleo marginatis. *
Latham. Syn. Suppl. p. 114.
Latham, Vögel, I. 2. p. 510. n. 12. Var. E. *(Poopoo, Whouroo roa* in Neuseeland, *Koato-o-oo* auf Otaheite, und den freundschaftl. Inseln.)
Latham, Syst. ornitholog. I. p. 551. n. 15. ε.

31. CHLOROCEPHALA. *Der grünköpfige Eisvogel.*

Latham, Vögel, I. 2. p. 508. n. 11. *der grünköpfige Eisvogel.*

Latham, Syst. ornithol. I. p. 250. n. 13. Alcedo (Chlorocephala) caeruleo-viridis, subtus colloque albo, capite viridi, torque nigro.

32. CAERULEA. *Der Eisvogel mit weißem Halsbande.*

Latham, Vögel, I. 2. p. 508. n. 10. *der Eisvogel mit dem Halsbande.*

Latham, Syst. ornithol. I. p. 249. n. 12. Alcedo (Caerulea) caerulea, subtus maculaque sub oculis rufa, tectricibus alarum uropygioque viridibus, superciliis et torque collari albis.

Brisson, ornith. II. p. 179. n. 5. Martin-pêcheur à collier des Indes.

33. FUSCA. *Der braune Eisvogel.*

Latham, Vögel, I. 2. p. 501. n. 1. *der braune Eisvogel.*

Latham, Syst. ornitholog. I. p. 245. n. 1. Alcedo (Gigantea) macroura subcristata, corpore olivaceo-fusco, subtus albido nigricante fasciato, cauda ferrugineo nigroque fasciata, apice alba.

9. CAPENSIS. *Der capsche Eisvogel.*

Müller, Natursyst. II. p. 241. n. 9. *der capsche Eisvogel.*

Neuer Schaupl. der Natur, II. p. 550. n. 19. *Eisvogel vom Cap.*

Onomat. histor. nat. IV. p. 131. *der Königsfischer vom Vorgeb. der guten Hoffnung.*

Brisson,

Brisson, ornitholog. II. p. 181. n. 8. Martin-pêcheur du Cap de b. E.

Latham, Vögel, I. 2. p. 502. n. 2. *der capsche Eisvogel.*

Latham, Syn. Supplem. p. 114. Cape Kingsfisher.

Latham, Syst. ornitholog. I. p. 246. n. 2. Alcedo (Capensis) macroura cinereo-caerulea, subtus fulva, pectore testaceo, rostro rubro.

Hermann, tab. affinit. animal. p. 192. Alcedo capensis.

34. Maxima. *Der große afrikanische Eisvogel.*

Borowsky, Thierreich, II. p. 144. n. 3. *der größte Königsfischer.*

Pallas, Naturgesch. merkw. Th. VI. p. 17. *der allergrößte Königsfischer.*

Latham, Vögel, I. 2. p. 502. n. 3. *der große afrikanische Eisvogel.*

Latham, Syst. ornitholog. I. p. 246. n. 3. Alcedo (Maxima) macr. cristata alba-maculosa, corpore supra plumbeo, subtus ferrugineo, iugulo nigro, striga collari gulaque albis.

β. *Latham*, Syn. II. p 612. n. 3. Var. A.

Latham, Vögel, I. 2. p. 503. n. 3. Var. A.

Latham, Syst. ornithol. I. p. 246. n. 3. β. Alcedo griseo-nigricans, alba transversim undulata, corpore subtus albo, pectore crissoque rufis.

10. Senegalensis. *Der senegalische Eisvogel.* (5)

Müller, Naturs. II. p. 242. n. 10. *der senegalische.*

(5) *Latham* rechnet hieher auch *Forsk. Alcedo Semicaerulea* (Fn. orient. p. 6. n. 5. der in unserm System gleichfalls mit bemerkt, aber p. 457. n. 41. nochmals als eine eigne Gattung aufgeführt ist.

Neuer Schauplatz der Natur, II. p. 550. n. 20. *senegalischer.*

Onomat. histor. nat. IV. p. 143. *der Eisvogel aus Senegal.*

Brisson, ornithol. II. p. 182. n. 11. grand Martin-pêcheur du Senegal.

Latham, Vögel, I. 2. p. 507. n. 9. Var. A.

Latham, Syst. ornithol. I. p. 249. n. 10. Alcedo (Senegalensis) macr. cyanea, subtus alba, capite cano, tectricibus alarum nigris.

β. *Latham,* Vögel, I. 2. p. 506. n. 9. *der Krabben-Eisvögel.* (6)

Latham, Syst. ornitholog. I. p. 249. n. 11. Alcedo (Cancrophaga) macroura caeruleo-viridis, subtus flavescenti-fulva, fascia per oculos, tectricibus alarum remigibusque apice nigris.

γ. *Latham,* Vögel, I. 2. p. 507. n. 9. Var. B.

Latham, Syn. II. p. 619. n. 9. Var. B.

Latham, Syst. ornitholog. I. p. 249 n. 10. β. Alcedo submacroura, capite colloque albis, corpore subtus ferrugineo, alis nigris, fascia caerulea, cauda caerulea.

δ. *Latham,* Vögel, I. 2. p. 508. n. 9. Var. C.

Latham, Syn. II. p. 619. n. 9. Var. C.

Latham, Syst. ornithol. I. p. 249. n. 10. γ. Alcedo capite colloque caerulescenti-albis, corpore supra caeruleo, subtus rufo, alis nigris medio caeruleis.

35. Leucocephala. *Der weißköpfige Eisvogel.*

Müller, Naturf. Suppl. p. 94. n. 19. *der Weißkopf.*

Latham, Vögel, I. 2. p. 506. n. 8. *der weißköpfige Eisvogel.*

Latham,

(6) Nach *Latham* eine eigne Gattung.

Latham, Syſt. ornitholog. I. p. 248. n. 8. Alcedo (Leucocephala) viridi-caerulea, capite, collo corporeque ſubtus albo-flaveſcentibus, gula alba, vertice nigro ſtriato.

36. Flavicans. *Der gelbliche Eisvogel.*

Latham, Vögel, I. 2. p. 528. *** *der gelbliche Eisvogel.*

Latham, Syſt. ornithol. I. p. 248. n. 9. Alcedo (Flavicans) ſubtus flavicans, capite dorſoque viridibus, roſtro rubro, cauda caerulea.

Allgem. Reiſ. XI. p. 480. *Ten-rù-julon.*

11. Smyrnensis. *Der Eisvogel von Smyrna.*

Müller, Naturſyſtem, II. p. 242. n. 11. *Smyrnaiſche.*

Borowſky, Thierreich, II. p. 145. n. 5. *der Fiſcher Martin von Smyrne.*

Halle, Vögel, p. 169. n. 108. *der Fiſcher Martin von Smirne.* Fig. 7.

Onomat. hiſtor. nat. IV. p. 143. *der Fiſcher Martin von Smirne.*

Briſſon, ornithol. II. p. 184. n. 13. Martin-pêcheur de Smyrne.

Scopoli, Bemerk. a. d. Naturgeſch. I. p. 58. n. 65. *der Eisvogel aus Smyrne.*

Latham, Vögel, I. 2. p. 505. n. 7. *der Eisvogel von Smyrna.*

Latham, Syſt. ornitholog. I. p. 247. n. 7. Alcedo (Smyrnenſis) macr. ferruginea, alis, cauda dorſoque viridibus, gula faſciaque pectorali alba.

Linné, Syſt. Natur. Edit. X. I. p. 116. n. 5. Alcedo (Smyrnenſis) macroura ferruginea, alis, cauda dorſoque viridibus.

β. *Der große Eisvogel von Gambia.* (7)
Halle, Vögel, p. 169. n. 107. *der große afrikanische Eisvogel.*
Klein, av. p. 35. n. 7. Ispida, cauda longa.
Klein, Vorbereit. p. 68. n. 7. *der große Königsfischer.*
Klein, verb. Vögelh. p. 37. n. 7. *langgeschwänzter Eisvogel.*
Brisson, ornitholog. II. p. 183. n. 12. Martin-pêcheur bleu de Madagascar.
Latham, Syn. II. p. 616. n. 7. A.
Latham, Vögel, I. 2. p. 505. n. 7. Var. A. *der große Eisvogel von Gambia.*
Latham, Syst. ornitholog. I. p. 248. n. 7. β. Alcedo macr. castanea, gula flavescente albida, alis caudaque caeruleo nigroque variegatis.
Seligmann, Vögel, I. Tab. 15. *der große Eisvogel vom Fluß Gambia.*

γ. *Der große bengalische Eisvogel.* (8)
Halle, Vögel, p. 170. n. 110. *der große bengalische Eisvogel.*
Brisson, ornitholog. II. p. 184. n. 14. grand Martin-pêcheur de Bengale.
Latham, Syn. II. p. 616. n. 7. Var. B.
Latham, Vögel, I. 2. p. 506. n. 7. Var. B. *der große bengalische Eisvogel.*
Latham, Syst. ornitholog. I. p. 248. n. 7. γ. Alc. macr. supra caeruleo-viridis, subtus alba, capite, cervice abdomineque infimo castaneis.

37. Novae guineae. *Der Eisvogel von Neuguinea.*
Sonnerat, Reis. nach Neuguin. p. 61. *der zweyte Eisvogel.*

Latham,

(7) Nach *Brisson* eine eigne Gattung.
(8) Nach *Brisson* eine eigne Gattung.

Latham, Vögel, I. 2. p. 504. n. 6. *der neuguineische Eisvogel.*

Latham, Syst. ornitholog. I. p. 247. n. 6. Alcedo (Novae Guineae) nigra, supra maculis rotundatis, subtus longitudinalibus albis lateribus duobus maioribus, superiori pyriformi.

Hermann, tab. affinit. animal. p. 192. Alcedo novae Guineae.

38. Aegyptia. *Der ägyptische Eisvogel.*

Hasselquist, Reise nach Palästina, p. 300. n. 23. Alcedo Aegyptia.

Latham, Vögel, I. 2. p. 504. n. 5. *der ägyptische Eisvogel.*

Latham, Syst. ornithol. I. p. 247. n. 5. Alcedo (Aegyptia) macr. fusca, maculis ferrugineis, gula subferruginea, abdomine femoribusque albidis, maculis cinereis, cauda cinerascente.

41. Semicaerulea. *Der hellblaue Eisvogel.* (9)

Latham, Vögel, I. 2, p. 507. not. * *der hellblaue Eisvogel.*

12. Rudis. *Der bunte Eisvogel.*

Müller, Natursyst. II. p. 243. n. 12. *bunter Eisvogel.*

Halle, Vögel, p. 171. n. 111. *der persische schwarz und weißbunte Eisvogel.*

Neuer Schaupl. d. Nat. II. p. 549. n. 12. *Schwarzschnabel, Persianer.*

Onomat. histor. nat. IV. p. 143. *der persianische Königs-Fischer.*

Klein, av. p. 36. n. 8. Ispida ex albo et nigro varia.

Klein

(9) S. vorher die fünfte Anmerkung bey Alcedo Senegalensis n. 10. Nach *Forskåls* Beschreibung sollte man freylich wohl den Vogel für eine eigne Gattung halten.

Klein, Vorber. p. 68. n. 8. *Persianer mit einem langen Schwanze.*

Klein, verbess. Vögelhist. p. 37. n. 8. *Schwarzschnabel.*

Brisson, ornitholog. II. p. 190. n. 24. Martin-pêcheur blanc et noir.

Latham, Vögel, I. 2. p. 503. *der bunte Eisvogel.*

Latham, Syst. ornitholog. I. p. 247. n. 4. Alcedo (Rudis) macroura nigra albido varia, subtus alba.

Seligmann, Vögel, I. Tab. 17. *der schwarze Eisvogel.*

Pallas, Naturgesch. merkw. Thiere, VI. p. 14. *der orientalische weißbunte Königsfischer.*

Hasselquist, Palästina, p. 299. n. 22. Alcedo-rudis.

Linné, Syst. Nat. Edit. X. I. p. 116. n. 6. Alcedo (Rudis) macroura fusca albido varia.

13. Dea. *Der Eisvogel von Ternate.*

Müller, Natursyst. II. p. 243. n. 13. *die Göttin*,

Borowsky, Thierreich, II. p. 146. n. 6. *der ternatische Eisvogel.*

Halle, Vögel, p. 266. n. 214. *der Paradiesheher.* Fig. 14.

Neuer Schaupl. der Nat. II. p. 549. n. 14. *Schwalbenschwanz.* (Mit dem folgenden verwechselt.)

Onomat. hist. nat. IV. p. 133. *der Ternatan-Heher, der Paradis-Heher, die Ternatan-Göttin.*

Brisson, ornithol. I. p. 191. n. 26. Martin-pêcheur de Ternate.

Klein, av. p. 62. n. 8. Pica Ternatana.

Klein, Vorber. p. 118. n. 8 *Ternatanheher.*

Klein, verbess. Vögelhist. p. 61. n. 8. *Ternatanheher.*

Latham,

Latham, Vögel, I. 2. p. 520. n. 24. *der Eisvogel von Ternate.*

Latham, Syst. ornitholog. I. p. 256. n. 28. Alcedo (Dea) rectricibus duabus longissimis medio attenuatis, corpore nigro-caerulescente, alis virescentibus.

Linné, Syst. Nat. Edit. X. I. p. 116. n. 7. Alcedo (Dea) rectricibus duabus longissimis, corpore nigro-caerulescente, alis virescentibus.

Moehring, av. gen. p. 32. n. 8. Pyrrhocorax.

14. PARADISEA. *Der Paradies-Eisvogel.*

Müller, Natursyst. II. p. 244. n. 14. *der Paradieß-Eißvogel.* Tab. 27. fig. 5.

Halle, Vögel, p. 171. n. 112. *der schwalbenschwänzige Eisvogel.*

Neuer Schauplatz der Natur, II. p. 549. n. 15. *schöner Eisvogel.*

Onomat. histor. nat. IV. p. 142. *der Schwalbenschwanz.*

Klein, av. p. 36. n. 9. Ispida Surinamensis, cauda longissima, duabus pennis excurrentibus furcata.

Klein, Vorber. p. 68. n. 9. *Schwalbenschwanz.*

Klein, verbesserte Vögelhist. p. 37. *Schwalbenschwanz.*

Brisson, ornithol. II. p. 66. n. 2. Jacamar à longue queue.

Seligmann, Vögel, I. Tab. 19. *der Eisvogel mit dem Schwalbenschwanz.*

Latham, Vögel, I. 2. p. 499. n. 3. *der Paradies-Jakamar.*

Latham, Syn. Suppl. p. 113. Paradise Jacamar.

Latham, Syst. ornitholog. I. p. 245. n. 3. Galbula (Paradisea) rectricibus duabus intermediis longis-

longissimis, corpore viridi-aureo, iugulo alisque subtus albis.

Pallas, Naturgesch. merkw. Th. VI. p. 13. not.* *die dritte Art von Goldvögeln.*

Bankroft, Naturgesch. v. Guiana, p. 98. *der surinamische Eisvogel.*

Hermann, tab. affinit. animal. p. 191. 192. Alcedo Paradisea.

Gerin. ornith. II. p. 52. Tab. 185.

39. GRANDIS. *Der kupferigt-goldglänzende Eisvogel.* (10)

Latham, Vögel, I. 2. p. 498. n. 2. *der große Jakamar.*

Latham, Syst. ornitholog. I. p. 245. n. 3. Galbula (Grandis) cupreo-aurea, subtus tota ferruginea, capite artubusque viridi-aureis, cauda cuneiformi, corpore longiore.

Pallas, Naturgesch. merkw. Thiere, VI. p. 12. not * *Eine noch nicht beschriebene Art von Goldvögeln.*

15. GALBULA. *Der Keilschwanz.*

Müller, Natursystem, II. p. 244. n. 15. *Keilschwanz.*

Halle, Vögel, p. 146. n. 86. *der brasilische Baumhacker.*

Neuer Schauplatz der Natur, II. p. 549. n. 16. *eine Art mit keilförmigem Schwanze.*

Onomat. histor. nat. IV. p. 134. *der brasilische Baumhacker.*

Klein, av. p. 28. n. 15. Picus Brasiliensis.

Klein,

(10) *Pallas* ist der einzige, der dieses Vogels a. a. O. beyläufig gedenkt, und von dem die Systematiker die Beschreibungen entlehnt haben; von seinem Vaterlande und Naturgeschichte überhaupt sagt *Pallas* gar nichts.

Klein, Vorbereit. p. 54. n. 15. *der brasilianische Specht.*

Klein, verb. Vögelhist. p. 30. n. 16. *brasilianischer Specht.*

Brisson, ornithol. II. p. 65. n. 1. Jacamar.

Latham, Vögel, I. 2. p. 497. n. 1. *der grüne Jakamar.*

Latham, Syst. ornithol. I. p. 244. n. 1. Galbula (Viridis) cauda cuneiformi, corpore viridi-aureo, subtus rufo, gula alba.

Pallas, Naturgesch. merkw. Th. VI. p. 13. not. * *die zweyte Gattung von Goldvögeln.*

Hermann, tab. affinit. animal. p. 191. Alcedo Galbula.

Jonston, av. p. 197. Jacamaciri.

Moehring, av. gen. p. 82. n. 107. Galbula.

Gerin. ornith. II. p. 52. Tab. 184.

Donndorf, Handb. der Thiergesch. p. 249. n. 3. *der Keilschwanz.*

β. *Latham*, Vögel, I. 2. p. 498. n. 1. Var. A. *der langgeschwänzte grüne Jakamar.* Tab. 29.

Latham, Syst. ornithol. I. p. 244. n. 1. β. Galbula cauda longiore.

40. Tridactyla. *Der dreyzehige Eisvogel.*

Müller, Natursyst. Supplem. p. 93. n. 16. *der Dreyfingerige.*

Pallas, Naturgesch. merkw. Th. VI. p. 12. *der dreyzehige Königsfischer.*

Latham, Vögel, I. 2. p. 529. n. 37. *der dreyzehige Eisvogel.*

Latham, Syst. ornithol. I. p. 260. n. 41. Alcedo (Tridactyla) brachyura, supra caudaque rufa, subtus flava, pedibus tridactylis.

β. Al-

β. Alcedo brach. pallide violaceo-rubefcens, fubtus alba, alis caeruleo-atris, remigibus margine caeruleis. *

Latham, Syft. ornitholog. I. p. 260. n. 41. *β.*
Sonnerat, Reife n. Neuguinea, p. 26. *die zweyte Art.*

A. *Veränderungen gegen die XIIte Edition, und Vermehrung der Gattungen diefes Gefchlechts.*

Das Gefchlecht ift mit 26 Gattungen vermehrt, die 16te bis 41te find neu. Bey der 1ften ift noch *eine*, bey der 3ten *eine*, bey der 4ten *eine*, bey der 7ten *eine* (δ), bey der 10ten noch *drey*, bey der 11ten *eine* (γ), und bey der 15ten noch *eine* Varietät hinzugekommen.

B. *Unbeftimmtere Thiere.*

1. *Der finefifche Eisvogel.*
   Naturf. VII p. 39. oben.

2. *Ein Eisvogel auf Spitzbergen von der Gröſse einer Taube.*
   Allgem. Reif. XVII. p. 281.

3. *Alcedo collaris. Der heilige Eisvogel.*
   White Reif. nach Neu-Süd-Wallis; in dem Magazin merkw. Reifebefchreib. V. p. 127.
   Vielleicht eine Spielart von *Alcedo Sacra*, n. 30. — cf. *Latham*, Vögel, I. 2. p. 510. und 511.

C. *Neuere Gattungen.*

1. *Der weiſsfchnäblige Eisvogel aus Südamerika.*
   Latham, Syn. Supplem. p. 113. White-billed Jacamar.

Latham,

Latham, Vögel. I. 2. p. 500. n. 4. *der weißschnäblige Jacamar.*

Latham, Syst. ornitholog. I. p. 245. n. 4. Galbula (Albirostris) cauda integra, corpore viridi-aureo subtus ferrugineo, gula macula trigona alba, antice testacea, rostro albo.

2. *Der Eisvogel von der Küste Coromandel.*

Latham, Syst. ornitholog. I. p. 252. n. 19. Alcedo (Coromanda) pallide violaceo-rosea, subtus rufescens, uropygio taenia longitudinali caeruleo alba, gula alba.

Sonner. voy. Ind. II. p. 212. Tab. 118. Martin-pêcheur violet de la côte de Coromandel.

3. *Der Amazoneneisvogel, in Cayenne.*

Latham, Syn. Suppl. p. 116. Amazonian Kingsfisher.

Latham, Vögel, I. 2. p. 528. n. 36. *der Amazonen-Eisvogel.*

Latham, Syst. ornithol. I. p. 257. n. 31. Alcedo (Amazona) viridi-nitens, subtus lunulaque colli alba, lateribus viridi variegatis, remigibus rectricibusque albo-maculatis.

63. GESCHLECHT. Merops. *Der Bienenfresser.*

Müller, Natursystem, II. p. 442. Gen. LXIII.
Leske, Naturgesch. p. 250. Gen. XXXII.
Borowsky, Thierreich, II. p. 146. Gen. XXI.
Blumenbach, Handbuch der Naturgesch. p. 168. Gen. XIII.
Bechstein, Naturgesch. I. p. 370. Gen. XIX.
Bechstein, Naturgeschichte Deutschl. II. p. 541. Gen. XIII.

Halle, Vögel, p. 512. Gen. III. (verlarvte Eisvögel, Eremitvögel.)

Neuer Schauplatz der Natur, IV. p. 245.

Onomat. hist. nat. V. p. 174.

Klein, av. p. 110. Trib. II. B.

Brisson, ornitholog. II. p. 194. Gen. LX. Apiaster.

Batsch, Thiere, I. p. 310. Gen. LIX.

Latham, allg. Uebersicht der Vögel, I. 2. p. 545. Gen. XXVI.

Latham, Syst. ornith. I. p. 269. Gen. XXVII.

Hermann, tab. affin. anim. p. 193.

Donndorff, Handbuch der Thiergesch. p. 249. Gen. XXIV.

1. Apiaster. *Der gemeine Bienenfresser.* (1)

Müller, Natursyst. II. p. 244. n. 1. *der Immenwolf.*

Leske,

(1) Ist zwar eigentlich im südlichen Europa und Asien zu Hause, kommt aber doch zuweilen nach Deutschland. *Bechstein* hat den 9. Jun. 1791. zwey Alte mit zwey Jungen in seiner Gegend gesehen. Vielleicht streifen diese Vögel, wenn sie ihre Brut in südlichern Ländern gemacht haben, mit ihren Jungen umher, und verfliegen sich in andere Länder. *Latham* sagt: sie wären nirgends häufiger als in den südlichen Breiten Rufslands, besonders am Don, der Wolga, und dem Jaik; und *Lepechin* versichert: sie wären in den Gegenden am die Wolga so häufig, dass man ihrer in einem Tage zu Hunderten fangen könne. In der Gegend von Woronesch, sagt *Latham*, kommen sie etwa den 24 April in grofsen Flügen an, und bauen ihr Nest in die lehmigen Ufer, die sie schief, bis zur Tiefe eines halben *Zolles* (sollte dies nicht ein Druckfehler seyn?) durchbohren, und die Hügel sind an manchen Stellen so voll von Nestern, dass sie wie Honigwaben aussehen. Um den September ziehen sie in andere Gegenden, und man sieht sie alsdenn zu Tausenden nach Süden fliegen.

Leske, Naturgesch. p. 250. n. 1. *der gemeine Bienenfresser.*

Borowsky, Thierreich, II. p. 147. n. 2. *der gemeine Bienenfresser.*

Blumenbach, Handb. d. Naturgesch. p. 168. n. 1. Merops (Apiaster) dorso ferrugineo, abdomine caudaque viridi-caerulescente, gula lutea, fascia temporali nigra; *der Immenwolf, Bienenfresser.*

Bechstein, Naturgesch. I. p. 370. *der gemeine Bienenfresser.*

Bechstein, Naturgesch. Deutschl. II. p. 541. n. 1. *der gemeine Bienenfresser.* p. 544. *Immenwolf, Bienenfänger, Schwanzeisvogel, Bienenfraß, Heuvogel, Heumäher, einsamer Bracher, Immenfraß, Bienenwolf, gemeiner Bienenvogel.* Tab. 19.

Funke, Naturgesch. I. p. 302. *der Bienenfresser.*

Ebert, Naturl. II. p. 61. *der Bienenfresser.*

Halle, Vögel, p. 512. n. 591. *der Schwanzeisvogel.*

Gatterer, vom Nutzen u. Schaden der Thiere, II. p. 65. n. 82. *der Immenwolf.*

Onomat. histor. nat. V. p. 174. *der Bienenfänger, Schwanzeisvogel.*

fliegen. — *Willughby* erzählt aus *Belon*, dass die Knaben auf Candia diesen Vogel dergestalt fangen, dass sie eine Nadel in Form einer Angel biegen, solche mit dem Knopfe an das Ende eines Fadens binden, an der Spitze eine Cicade befestigen, und das andere Ende des Fadens in der Hand halten. Die so befestigte Cicade fliegt demohnerachtet in der Luft, und wenn sie der Vogel gewahr wird, fliegt er mit aller Gewalt auf sie herab, fängt sie, und verschlingt sie sammt der Nadel, wodurch er gefangen wird — In Astrachan macht, nach *Pallas*, der Bienenfresser gemeiniglich mit Ausgang des Aprils den Beschluss von allen Zugvögeln. — Das Fleisch soll sehr schmackhaft seyn.

Handb. der Naturgesch. II. p. 297. *der Immenwolf.*

Klein, av. p. 110. n. 10. Merops simpliciter.

Klein, Vorber. p. 203. n. 10. *Imbenwolf.*

Klein, verbess. Vögelhist. p. 113. n. 1. *Immenwolf, Heuvogel, Heumäher, einsamer, Bracher.*

Klein, stemmat. av. p. 24. Tab. 25. fig. 1. a. b.

Brisson, ornith. II. p. 194. n. 1. Guépier.

Batsch, Thiere, I. p. 311. *der gemeine Bienenfresser.*

Gesner, Vögelb. p. 341. *Imbenwolff oder Imbenfraß.* Fig. p. 342.

Latham, Vögel, I. 2. p. 546. n. 1. *der gemeine Bienenfresser.*

Latham, Syn. Suppl. p. 119. Common Bee-eater.

Latham, Syst. ornithol. I. p. 269. n. 1. Merops (Apiaster) dorso ferrugineo, abdomine caudaque viridi-caerulescente, rectricibus duabus longioribus, gula lutea.

Scopoli, Bemerk. a. d. Naturgesch. I. p. 56. n. 63. *der Bienenfraß.*

Bock, Naturgesch. von Preussen, IV. p. 316. n. 63. *der Immenwolf.*

Cetti, Naturg. von Sardin. II. p. 92. *der Bienenfresser.* Tab. 11.

Pallas, nord. Beytr. III. p. 15. *der Bienenvogel.*

Fermin, Beschreib. von Surinam, II. p. 164. *der Bienenspecht?*

Hasselquist, Reise n. Paläst. p. 302. Merops galilaeus.

Naturforsch. IX. p. 57. n. 62. *der Immenwolf.*

Eberhard, Thiergesch. p. 92. *der Bienenfänger.*

Meidinger, Vorles. I. p. 120. *der gemeine Bienenfresser.*

Wirsing, Vögel, Tab. 27. *Bienenfraas.*

Lemmery,

Lemmery, Materiallex. p. 727.

Dec. Ruſſ. I. p. 107. IV. p. 340.

Linné, Syſt. Natur. Edit. VI. p. 21. n. 1. Iſpida Merops.

Linné, Syſt. Nat. Edit. X. I. p. 117. n. 1. Merops (Apiaſter) dorſo ferrugineo, abdomine caudaque viridi-caeruleſcente, rectricibus duabus longioribus.

Kramer, Auſtr. p. 337. n. 1. *Meerſchwalbe.*

Hermann, tab. affinit. animal. p. 193.

Jonſton, av. p. 113. Merops.

Moehring, av. gen. p. 38. n. 21. Merops.

Ariſtot. hiſtor. animal. L. VI. c. 11. Μέροψ.

Donndorff, Handb. der Thiergeſch. p. 249. n. 1. *der Immenwolf.*

β. *Latham*, Syſt. ornithol. I. p. 269. n. 1. β. Merops Schaeghagha.

„Cum priore exacte quadrat, at roſtrum ca„rinatum non eſt, ſed convexum, nec digiti „infimo articulo coadunati." *Forsk.*

2. Viridis. *Der grüne Bienenfreſſer.*

Müller, Naturſyſt. II. p. 246. n. 2. *grüner Bienenfreſſer.* Tab. 8. fig. 4.

Borowſky, Thierreich, II. p. 146. n. 1. *der grüne Bienenfreſſer.* Tab. 21.

Onomat. hiſt. nat. V. p. 177. *der Bienenfraß aus Bengalen.*

Halle, Vögel, p. 514. n. 595. *die Bienenſchwalbe.*

Klein, verb. Vögelhiſt. p. 113. n. 5. *Bienenfraß mit feinem Schwalbenſchwanz.*

Briſſon, ornithol. II. p. 198. n. 8. Guêpier à collier de Madagaſcar.

Batſch, Thiere, I. p. 311. *der grüne Bienenfreſſer.*

Latham, Vögel, I. 2. p. 548. n. 2. *der grün Bienenfresser.*

Latham, Syst. ornithol. I. p. 269. n. 2. Merops (Viridis) virens, fascia pectorali nigra, gula caudaque caeruleis, rectricibus duabus intermediis elongatis.

Seligmann, Vögel, VI. Tab. 78. *der indianische Bienenfraß.*

Linné, Syst. Nat. Edit. X. I. p. 117. n. 2. Merops (Viridis) dorso ferrugineo, abdomine alisque viridibus, gula caudaque caeruleis.

β. *Der bengalische Bienenfresser.* (2)

Brisson, ornitholog. II. p. 199. n. 9. *Guépier à collier de Bengale.*

Latham, Syn. II. p. 671. n. 2. Var. A.

Latham, Vögel, I. 2. p. 549. n. 2. Var. A.

Latham, Syst. ornithol. I. p. 270. n. 2. β.

γ. *Der ägyptische Bienenfresser.*

Latham, Syn. II. p. 671. n. 2. Var. B.

Latham, Vögel, I. 2. p. 549. n. 2. Var. B.

Latham, Syst. ornitholog. I. p. 270. n. 2. γ. Merops totus viridis, gula flava, linea ad latera capitis nigra, remigibus apice fuscis. (3)

δ. *Der kleinere philippinische Bienenfresser.* (4)

Brisson, ornithol. II. p. 200. n. 10. petit Guépier des Philippines.

Latham, Syn. II. p. 672. n. 2. Var. C.

Latham, Vögel, I. 2. p. 549. n. 2. Var. C.

Latham, Syst. ornithol. I. p. 270. n. 2. β.

ε. *Der*

(2) Nach *Brisson* eine eigne Gattung.

(3) Eben so beschreibt *Forskål* a. a. O. den Vogel. — Die Jungen werden im Junius in Aegypten verkauft.

(4) Nach *Brisson* eine eigne Gattung.

2. *Der indianische Bienenfresser.* *

Latham, Syn. Suppl. p. 120. Indian Bee-eater.

Latham, Vögel, I. 2. p. 449. n. 2. Var. D.

Latham, Syst. ornitholog. I. p. 271. n. 3. β.

3. Congener. *Der gelbköpfige Bienenfresser.*

Müller, Natursystem, II. p. 247. n. 3. *Gelbkopf.*

Borowsky, Thierreich, II. p. 148. n. 3. *der gelbköpfige Immenwolf.*

Halle, Vögel, p. 513. n. 593. *die Seeschwalbe.*

Onomat. histor. natur. IV. p. 176. *die Seeschwalbe.*

Klein, av. p. 110. n. 12. Merops alter.

Klein, Vorbereit. p. 204. n. 12. *Seeschwalm.*

Klein, verbess. Vögelhist. p. 113. n. 3. *Seeschwalm.*

Gesner, Vögelbuch, p. 343. *Seeschwalb;* mit 1 Figur.

Brisson, ornithol. II. p. 195. n. 2. Guépier à tête jaune.

Batsch, Thiere, I. p. 311. *der gelbköpfige Immenwolf.*

Latham, Vögel, I. 2. p. 550. n. 3. *der gelbköpfige Bienenfresser.*

Latham, Syst. ornitholog. I. p. 270. n. 3. Merops (Congener) flavescens, uropygio virescente, remigibus apice rubris, rectricibus basi luteis.

Jonston, av. p. 134. Merops alius.

4. Superciliosus. *Der madagascarische Bienenfresser.*

Müller, Natursyst. II. p. 247. n. 4. *Madagascarische.*

Onomat. hiſtor. nat. V. p. 176. *der Bienenfraß aus Madagaſcar.*

Briſſon, ornith. II. p. 197. n. 7. Guépier de Madagaſcar.

Latham, Vögel, I. 2. p. 550. n. 4. *der madagaſcariſche Bienenfreſſer.*

Latham, Syſt. ornitholog. I. p. 271. n. 4. Merops (Superciliosus) viridis, linea frontis ſupra infraque oculos alba, gula flavicante, rectricibus duabus elongatis.

β. *Büffon*, oiſ. VI. p. 496. Autre guepier de Madagaſcar. *

Latham, Vögel, II. p. 551. *eine andere Art.*

Latham, Syſt. ornithol. I. p. 271. β. M. roſtro graciliore, cauda apice aequali, vittis capitis, uropygio caudaque caeruleo-viridibus.

γ. *Pallas*, Reiſ. Ausz. II. p. 8. *eine ſchöne Art von ganz grünen Immenvögeln.*

Latham, Vögel, I. 2. p. 551.

Latham, Syſt. ornithol. I. p. 271. n. 4. γ.

5. Philippinus. *Der philippiniſche Bienenfreſſer.*

Müller, Naturſyſtem, II. p. 247. n. 5. *Philippiniſche.*

Onomat. hiſtor. nat. V. p. 176. *der philippiniſche Bienenfänger.*

Briſſon, ornithol. II. p. 201. n. 12. grand Guepier des Philippines.

Latham, Vögel, I. 2. p. 551. n. 5. *der philippiniſche Bienenfreſſer.*

Latham, Syſt. ornitholog. I. p. 271. n. 5. Merops (Philippinus) viridis, ſubtus flaveſcens, uropygio caeruleo, cauda aequali.

6. Ci-

6. Cinereus. *Der aschgraue Bienenfresser.*

Müller, Natursyst. II. p. 248. n. 6. *Aschgraue.*

Halle, Vögel. p. 513. n. 592. *der graue geschwänzte Eisvogel mit zwey längern rothen Schwanzfedern.*

Onomat. histor. natur. V. p. 175. *der graue Bienenfraß.*

Klein, av. p. 110. n. 11. Merops cinereus, Avicula de *Quauhcilui* dicta.

Klein, Vorbereit. p. 204. n. 11. *grauer Bienenfraß.*

Klein, verbess. Vögelhist. p. 113. n. 2. *grauer Bienenfraß.*

Brisson, ornitholog. II. p. 196. n. 5. Guepier du Mexique.

Latham, Vögel, I. 2. p. 551. n. 6. *der aschgraue Bienenfresser.*

Latham, Syst. ornitholog. I. p. 272. n. 6. Merops (Cinereus) rubro flavoque variegatus, subtus flavo-rubescens, capite grisescente, rectricibus duabus longissimis rubris.

Linné, Syst. Nat. Edit. X. I. p. 117. n. 3. Merops (Cinereus) rubro flavoque variegatus, subtus flavo-rubescens, rectricibus duabus longissimis rubris.

Moehring, av. gen. p. 37. n. 18. Curruca.

7. Cafer. *Der äthiopische Bienenfresser.* (5)

Müller, Natursyst. II. p. 248. n. 7. *Mohrischer.* Tab. 8. fig. 5.

(5) *Latham* hat die Synonymen von *Merops Cafer* und *Upupa Promerops* zusammen gezogen, und läst den erstern eingehen. Nach *Pallas* gehört auch dahin die *Certhia Cafra*, wie ich unten weiter bemerken werde.

Onomat. histor. nat. V. p. 175. *der äthiopische Bienenfänger.*

Linné, Syst. Natur. Edit. X. I. p. 117. n. 4. Merops (Cafer) griseus, ani regione flava, cauda longissima.

Hermann, tab. affinit. animal. p. 151. 194. Merops Cafer.

8. Flavicans. *Der gelbe Bienenfresser.*

Klein, av. p. 63. n. 2. Manucodiata II. Aldrov.

Klein, Vorber. p. 120. n. 2. *weißköpfiger Paradiesheher mit goldgelben Flecken und grüngelbem Schnabel.*

Klein, verbess. Vögelhist. p. 63. n. 2.

Brisson, ornithol. II. p. 196. n. 3. Guepier jaune.

Latham, Vögel, I. 2. p. 552. n. 7. *der gelbe Bienenfresser.*

Latham, Syst. ornitholog. I. p. 272. n. 7. Merops (Flavicans) flavus, subtus albidus, capite albo flavo aureoque vario, pectore rubro, alis, uropygio caudaque rufis.

Jonston, av. p. 170. Manucodiata altera species.

9. Brasiliensis. *Der brasilianische Bienenfresser.*

Halle, Vögel, p. 513. n. 594. *der kurzschwänzige Bienenfänger.*

Klein, av. p. 110. n. 13. Merops Brasiliensis.

Klein, Vorber. p. 204. n. 13. *Rubinenglanz aus Brasilien.*

Klein, verbesserte Vögelhist. p. 113. n. 4. *brasilianischer Immenwolf.*

Brisson, ornithol. II. p. 196. n. 4. Guepier du Brésil.

Latham, Vögel, I. 2. p. 552. n. 8. *der brasilianische Bienenfresser.*

Latham,

Latham, Syst. ornitholog. I. p. 272. n. 9. Merops (Brasiliensis) fusco nigroque varius, capite, gula, tectricibus alarum minoribus corporeque subtus rubris, remigibus caudaque caeruleis.

Moehring, av. gen. p. 81. n. 105. Ardeae adfinis.

10. Badius. *Der kastanienbraune Bienenfresser.*

Brisson, ornitholog. II. p. 197. n. 6. Guepier de l'Isle de France.

Latham, Vögel, I. 2. p. 553. n. 9. *der kastanienbraune Bienenfresser.*

Latham, Syst. ornitholog. I. p. 273. n. 10. Merops (Castaneus) viridi-caerulescens, vertice, cervice pennisque scapularibus castaneis, taenia suboculari ad nucham fusca.

β. *Latham*, Syn. II. p. 678. n. 2. Var. A.
Latham, Vögel, I. 2. p. 553. n. 9. Var. A.
Latham, Syst. ornitholog. I. p. 273. n. 10. β.

11. Chrysocephalus. *Der goldköpfige Bienenfresser.*

Latham, Vögel, I. 2. p. 553. n. 10. *der goldköpfige Bienenfresser.*

Latham, Syst. ornithol. I. p. 273. n. 11. Merops (Chrysocephalus) viridi-aureus, gula lutea, sincipite, superciliis corporeque subtus viridicaeruleis, vertice cerviceque aureo-rubris.

12. Angolensis. *Der angolische Bienenfresser.*

Brisson, ornithol. II. p. 200. n. 11. Guepier d'Angola.

Latham, Vögel, I. 2. p. 554. n. 11. *der angolische Bienenfresser.*

Latham,

Latham, Syst. ornithol. I. p. 273. n. 12. Merops (Angolensis) viridi-nitens, subtus viridi caeruleus, gula lutea, iugulo castaneo, per oculos fascia cinerea nigro maculata.

13. Erythrocephalus. *Der rothköpfige Bienenfresser.*

Brisson, ornitholog. II. p. 201. n. 13. Guepier à tête rouge des Indes.

Latham, Vögel, I. 2. p. 554. n. 12. *der rothköpfige Bienenfresser.*

Latham, Syst. ornitholog. I. p. 274. n. 13. Merops (Erythrocephalus) viridis, subtus rubeolutescens, capite rubro, gula lutea, per oculos vitta nigra.

14. Nubicus. *Der blauköpfige Bienenfresser.*

Latham, Vögel, I. 2. p. 555. n. 13. *der blauköpfige Bienenfresser.*

Latham, Syst. ornitholog. I. p. 274. n. 14. Merops (Caeruleocephalus) ruber, capite, gula uropygioque caeruleo-viridibus, cauda subforcipata.

15. Erythropterus. *Der rothflügelige Bienenfresser.*

Latham, Vögel, I. 2. p. 555. n. 14. *der rothschwingige Bienenfresser.* Tab. 32. fig. 2.

Latham, Syst. ornitholog. I. p. 274. n. 15. Merops (Erythropterus) fusco-viridis, subtus albidus, remigibus rectricibusque rubris, apice nigris, gula lutea.

16. Cayennensis. *Der cayennische Bienenfresser.*

Latham, Vögel, I. 2. p. 556. n. 15. *der cayennische Bienenfresser.*

Latham,

Latham, Syſt. ornitholog. I. p. 274. n. 16. Merops (Cayanenſis) viridis, alis caudaque rufis, remigibus baſi albis.

17. Surinamensis. *Der ſurinamiſche Bienenfreſſer.*

Latham, Vögel, I. 2. p. 556. n. 16. *der ſurinamiſche Bienenfreſſer.*

Latham, Syſt. ornitholog. I. p. 275. n. 17. Merops (Surinamenſis) varius, nucha rubeſcente, collo viridi-luteo, remigibus vireſcentibus, nigro caeruleoque variegatis.

Fermin, Beſchr. v. Surinam, II. p. 164. *der Bienenſpecht.*

18. *Novae seelandiae. *Der neuſeeländiſche Bienenfreſſer.*

Latham, Vögel, I. 2. p. 556. n. 17. *der Neu-Seeländiſche Bienenfreſſer.*

Latham, Syſt. ornitholog. I. p. 275. n. 18. Merops (Cincinnatus) viridi-atro-nitens, lateribus iuguli utrinque cincinno faſciaque alarum albis.

19. Niger. *Der ſchwarze Bienenfreſſer.*

Latham, Vögel, I. 2. p. 557. n. 18. *der ſchwarze Bienenfreſſer.*

Latham, Syn. Supplem. p. 120. Yellow-tufted Bee-eater.

Latham, Syſt. ornitholog. I. p. 275. n. 19. Merops (Faſciculatus) nigro-nitens, criſſo faſciculoque axillari flavis, cauda maxime cuneiformi, rectrice extima tota, proxima latere exteriore, alba.

β. M. nigro-nitens, criſſo faſciculoque axillari flavis, cauda cuneiformi, rectricibus apice albis.*

Latham, Syſt. ornitholog. I. p. 275. n. 19. β.

γ. M.

γ. M. nigro-nitens, crisso flavo, cauda cuneiformi, hypochondriis rufis. *

Latham, Syst. ornitholog. I. p. 275. n. 19. γ.

20. Rufus. *Der gelbrothe Bienenfresser.*

Latham, Vögel, I. 2. p. 558. n. 19. *der gelbrothe Bienenfresser.*

Latham, Syst. ornitholog. I. p. 276. n. 22. Merops (Rufus) rufus, subtus rufo-flavicans, remigibus fuscis extus rufis.

21. Moluccensis. *Der moluckische Bienenfresser.*

Latham, Vögel, I. 2. p. 558. n. 20. *der moluckische Bienenfresser.*

Latham, Syst. ornithol. I. p. 276. n. 23. Merops (Moluccensis) griseus, genis nigris, orbitis nudis.

A. *Veränderungen gegen die XIIte Edition, und Vermehrung der Gattungen dieses Geschlechts.*

Das Geschlecht ist mit 14 Gattungen vermehrt. Bey der 1sten sind *zwey*, bey der 2ten *vier*, und bey der 4ten *zwey* Varietäten aus einander gesetzt.

B. *Neuere Gattungen.*

1. *Der Bienenfresser von Coromandel.*

Sonnerat, voy. Ind. II. p. 213. Guepier jaune de la Côte de Coromandel. Tab. 119.

Latham, Syn. Suppl. p. 120. Coromandel Bee-eater.

Latham, Vögel, I. 2. p. 558. n. 21. *der coromandelsche Bienenfresser.*

Latham, Syst. ornithol. I. p. 272. n. 8. Merops (Coromandus) flavescens, lateribus colli, remigibus rectricibusque flavis, tectricibus alarum, dorso

dorſo uropygioque caeruleſcenti-undulatis, per oculos ſtriga nigra.

2. *Der belappte Bienenfreſſer.*

White, voyage to new South-Wal. p. 144. 240. Wattled Bee-eater.

White, Reiſe n. Neu-Süd-Wales; in dem Magazin merkw. Reiſebeſchr. p. 129. *der belappte Bienenfreſſer.*

Phillips, Botany-Bay, p. 164. New-Holland Bee-eater.

Latham, Vögel, I. 2. p. 559. n. 22. *der belappte Bienenfreſſer.*

Latham, Syſt. ornithol. I. p. 276. n. 20. Merops (Caruneulatus) fuſcus, abdomine flavo, palearibus caruncalatis, cauda cuneiformi, apice alba.

3. *Der gehörnte Bienenfreſſer.*

White, voy. p. 190. Knob-fronted Bee-eater; mit 1 Fig.

White, Reiſe, a. a. O. p. 129. *der beulenſtirnige Bienenfreſſer.*

Latham, Vögel, I. 2. p. 560. n. 23. *der gehörnte Bienenfreſſer.*

Latham, Syſt. ornitholog. I. p. 276. n. 21. Merops (Corniculatus) fuſcus, capite nudiuſculo, corpore ſubtus rectricibusque apice albidis, corniculo frontali obtuſo.

64. GESCHLECHT. UPUPA. *Der Wiedehopf.*

Müller, Naturſyſt. II. p. 249. Gen. LXIV.

Leske, Naturgeſch. p. 250. Gen. XXXIII.

Borowsky, Thierreich, II. p. 151. Gen. XXV.

Blumenbach, Handbuch der Naturgeſch. p. 169. Gen. XIV.

Bech-

Bechstein, Naturgesch. I. p. 370. Gen. XX.
Bechstein, Naturgeschichte Deutschl. II. p. 544. Gen. XIV.
Halle, Vögel, p. 514. Gen. IV.
Neuer Schauplatz der Natur, IX. p. 766.
Onomat. hist. nat. VII. p. 645.
Klein, av. p. 110. C.
Brisson, ornith. I. p. 284. Gen. XXVII. p. 286. Gen. XXVIII. Promerops.
Batsch, Thiere, I. p. 310. Gen. LX.
Latham, allgem. Uebers. der Vögel, I. 2. p. 560. Gen. XXVII.
Latham, Syst. ornithol. I. p. 277. Gen. XXVIII.
Hermann, tab. affinit. animal. p. 193.
Donndorff, Handbuch der Thiergesch. p. 250. Gen. XXV.

1. Epops. *Der gemeine Wiedehopf.* (6)

Müller, Natursystem, II. p. 249. n. 1. *der gemeine Wiedehopf.* Tab. 8. fig. 6.

Leske,

(6) Flügelweite 19 Zoll. Gewicht 3 Unzen. Ein munterer aber scheuer Vogel, der sehr hurtig läuft, und sanft, ohne alles Geräusch fliegt. Kömmt spät im April, oder zu Anfang des Mayes, mit oder kurz vor dem Kuckuck an. Lebt des Sommers in Wäldern, die an Viehtriften und Wiesen grenzen, auch in waldigen Gegenden um die Dörfer herum, in den Weidenbäumen. Im August, wenn die Wiesen gemähet sind, zieht er einzeln, oder in Gesellschaft von 4 bis 8, auf die Ebenen, und verläfst uns alsdenn unvermerkt. Unter den Insekten und Gewürmen liebt er vorzüglich Regenwürmer und Maulwurfsgryllen. Das Weibchen brütet *allein*, 14 Tage. Gezähmt läfst er sich wohl 3 Jahre erhalten, und frifst in der Gefangenschaft auch rohes Fleisch, so gar Käse. Die Jungen werden mehrentheils mit Regenwürmern ernährt. Der Wiedehopf stinkt von Natur; der grofse Gestank aber, den das Nest von sich giebt, kömmt vorzüglich

Leſke, Naturgeſch. p. 251. n. 1. *der europäiſche Wiedehopf.*

Borowſky, Thierreich, II. p. 152. n. 1. *der Wiedehopf.* Tab. 21.

Blumenbach, Handb. d. Naturgeſch. p. 169. n. 1. Upupa (Epops) criſta variegata; *der Wiedehopf, Kothhahn, Dreckkrämer.*

Bechſtein, Naturgeſch. I. p. 370. *der gemeine Wiedehopf.*

Bechſtein, Naturgeſch. Deutſchl. II. p. 544. n. 1. *der gemeine Wiedehopf.* p. 549 *Wiedehoppe, Kuckuksköſter, Kothhahn, Dreckhahn, Stinkhahn, Baumſchnepfe, Heervogel, Gänſehirt.*

Funke, Naturgeſch. I. p. 331. *der Wiedehopf.*

Ebert, Naturl. II. p. 62. *der Wiedehopf.*

Halle, Vögel, p. 514. n. 596. *der gemeine Wiedehopf.* Fig. 42.

Meyer, Thiere, II. Tab. 9.

Gatterer, vom Nutzen und Schaden der Thiere, II. p. 66. n. 83. *der Wiedehopf.*

Pennant, arct. Zool. II. p. 267. A. *der gemeine Wiedehopf.*

Beckmann, Naturhiſt. p. 42. n. 8. *der Wiedehopf.*

Neuer Schaupl. der Natur, IX. p. 767. n. 1. *der gemeine Wiedehopf.*

Onomat. hiſt. nat. VII. p. 646. *der gemeine Wiedehopf.*

Handb. der Naturgeſch. II. p. 214. *der Widhopf.*

Handbuch der deutſchen Thiergeſch. p. 103. *der Wiedehopf.*

Klein,

vorzüglich von den Excrementen der Jungen her, die ſie, da ſie in einer Höhle ſitzen, nicht aus dem Neſte werfen können, und die alſo neben ihnen liegen bleiben. Das Fleiſch ſoll in Italien gegeſſen werden.

Klein, av. p. 110. n. 14. Upupa, ſimpliciter.

Klein, Vorber. p. 204. n. 14. *Wiedhoff oder Wiedehopf.*

Klein, verb. Vögelh. p. 113. n. 1. *gemeiner Widhopf.*

Klein, ſtemm. av. p. 24. Tab. 25. fig. 2. a. b. fig. 3. a. b.

Klein, Vögeleyer, p. 31. Tab. 11.

Gesner, Vögelb. p. 548. *Widhopff.* Fig. p. 549. gut.

Briſſon, ornitholog. I. p. 284. n. 1. Hupe ou Puput.

Batſch, Thiere, I. p. 312. *der gemeine Wiedehopf.*

Latham, Vögel, I. 2. p. 561. n. 1. *der gemeine Wiedehopf.*

Latham, Syn. II. p. 687. n. 1. Hoopoe.

Latham, Syn. Supplem. p. 122. Hoopoe.

Latham, Syſt. ornitholog. I. p. 277. n. 1. Upupa (Epops) nigricante et rufo-albo variegata, ſubtus rufeſcens, criſta rufeſcente apice nigra, cauda nigra, faſcia alba.

Beſeke, Vögel Kurl. p. 40. n. 67. *der gemeine Wiedehopf.*

Fiſcher, Naturgeſch. von Livland, p. 78. n. 72. *gemeiner Wiedehopf.*

Bock, Naturgeſch. von Preuſſen, IV. p. 316. n. 64. *der Wiedehopf.*

Cetti, Naturgeſch. von Sardinien, II. p. 100. *der Wiedehopf.*

Pallas, Reiſe, Ausz. I. p. 99. *die gemeinen Wiedehopfen.*

White, Naturgeſch. von England, p. 14. *der Wiedehopf.*

Lepechin, Tagebuch d. ruſſiſch. Reiſ. I. p. 245. *Wiedehöpfe.*

Pallas.

Pallas, nord. Beytr. IV. p. 24. *Wiedehopf.*
Pontoppidan, Naturg. v. Dännemark, p. 167. n. 1. *Herfugl.*
Scopoli, Bemerk. a. d. Naturgesch. I. p. 65. n. 52. *Wiedehopf.*
Linné, auserles. Abh. II. p. 290. n. 68. *der Wiedehopf.*
Naturf. IX. p. 58. n. 64. *der gemeine Wiedehopf.*
Naturforsch. XXV. p. 17. *Wiedehopf.*
Naumann, Vogelsteller, p. 136. *der Wiedehoppe.*
Kolbe, Vorgeb. d. g. Hoffnung, Edit. in 4. p. 395. *Wiedehopf.*
Eberhard, Thiergesch. p. 77. *der Wiedehopf.*
Zorn, Petinotheol. II. p. 147. 367. 492. *der Wiedehopf.*
Döbel, Jägerprakt. I. p. 61. *der Wiedehopf.*
Meidinger, Vorles. I. p. 121. *der europäische Wiedehopf.*
Jablonsky, allgemein. Lex. p. 1388. *Wiedehopf.*
Geoffroy, mat. med. VII. p. 758. *der Wiedehopf.*
Merklein, Thierreich, p. 412. *Widehopff.*
Lonicer, Kräuterbuch, p. 680. *Widhopf.*
Zückert, Speis. a. d. Thierr. p. 98. *Wiedehopf.*
Goeze, nützl. Allerley, II. p. 163. n. 14. *der Wiedehopf.*
Goeze, Natur, Menschenl. u. Vors. VI. p. 345. *Wiedehopf.*
Anweisung Vögel zu fangen, u. s. w. p. 572. *Wiedehopf.*
Wirsing, Vögel, Tab. 15. *Wiedehopf.*
Linné, Syst. Nat. Edit. II. p. 53. Upupa.
Linné, Syst. Nat. Edit. VI. p. 21. n. 1. Upupa Epops.
Linné, Syst. Nat. Edit. X. I. p. 117. n. 1. Upupa (Epops) cristata variegata.

Müller, zoolog. dan. prodr. p. 13. n. 103. Upupa (Epops) cristata variegata.

Brünich, ornith. bor. p. 11. n. 43. Upupa Epops.

Schäffer, elem. ornith. Tab. 70.

Schwenkfeld, aviar. Silef. p. 168. Upupa; *ein Wiede-Hopffe, Kot-Hahn.*

Jonston, av. p. 118. Upupa.

Moehring, av. gen. p. 39. n. 22. Upupa.

Aristotel. histor. animal. Lib. IX. c. 10. n. 46. c. 22. n. 174. Ἔποψ.

Plin. hist. nat. L. X. c. 29. L. XXX. c. 6. Upupa.

Donndorff, Handb. der Thiergesch. p. 250. n. 1. *der gemeine Wiedehopf.*

4. Capensis. *Der madagascarische Wiedehopf.*

Latham, Vögel, I. 2. p. 564. n. 2. *der madagaskarische Wiedehopf.*

Latham, Syst. ornithol. I. p. 277. n. 2. Upupa (Capensis) fusco-nebulosa, crista, corpore subtus maculaque alarum albis.

2. Promerops. *Der capsche Wiedehopf.* (7)

Müller, Natursystem, II. p. 251. n. 2. *Capscher.* Tab. 8. fig. 7.

Neuer Schauplatz der Natur, IX. p. 768. *der caapsche Wiedehopf.*

Onomat. histor. nat. VII. p. 649. *der Paradieswiedehopf vom Vorgeb. der guten Hoffnung.*

Handb. d. Naturgesch. II. p. 216. n. 1. *der Promerops vom Vorgeb. d. g. H.*

Brisson, ornith. I. p. 286. n. 1. Promerops.

Latham, Vögel, I. 2. p. 566. n. 5. *der capsche Wiedehopf.*

Latham,

(7) Nach *Latham* gehört der *Merops Cafer* Linn. und die im System p. 462. n. 7. dazu gerechneten Synonymen mit hieher.

Latham, Syſt. ornithol. I. p. 278. n. 5. Upupa (Promerops) fuſca, ſubtus alba, pectore rufeſcente, uropygio viridi-olivaceo, criſſo luteo, tectricibus ſex intermediis longiſſimis.

Eberhard, Thiergeſch. p. 77. *der Promerops.*

5. MEXICANA. *Der mexikaniſche Wiedehopf.*

Klein, av. p. 107. n. 4. Avis Ani, Mexiçana, cauda longiſſima.

Klein, Vorbereit. p. 198. n. 4. *Ani, mit einem ſehr langen Schwanze aus Mexico.*

Klein, verbeſſ. Vögelhiſt. p. 110. n. 6. *langgeſchwänzte Klette.*

Briſſon, ornithol. I. p. 286. n. 2. Promerops du Mexique.

Latham, Vögel, I. 2. p. 565. n. 4. *der mexicaniſche Wiedehopf.*

Latham, Syſt. ornithol. I. p. 278. n. 4. Upupa (Mexicana) griſea, viridi-caeruleo purpureoque variegata, abdomine flaveſcente, rectricibus quatuor intermediis longiſſimis.

Moehring, av. gen. p. 37. n. 18. Curruca.

3. PARADISEA. *Der Paradieswiedehopf.*

Müller, Naturſyſt. II. p. 251. n. 3. *Paradieſiſcher.*

Borowſky, Thierreich, II. p. 152. n. 2. *der paradieſiſche Wiedehopf.*

Halle, Vögel, p. 516. n. 597. *der braune Schwanzwiedehopf.*

Neuer Schauplatz der Natur, IX. p. 767. n. 2. *Schwarzkamm.*

Onomat. hiſtor. nat. VII. p. 648. *der Paradieſswiedehopf.*

Klein, av. p. 110. n. 15. Upupa Manucodiata.

Klein, Vorbereit. p. 204. n. 15. *Schwarzkamm.*

Klein, verbeff. Vögelhift. p. 114. n. 2. *Schwarzkamm.*

Briffon, ornitholog. I. p. 287. n. 3. Promerops hupé des Indes.

Latham, Vögel, I. 2. p. 565. n. 3. *der Paradies-Wiedehopf.*

Latham, Syft. ornitholog. I. p. 278. n. 3. Upupa (Paradifea) criftata fpadicea, fubtus cinerafcens, capite colloque nigris, rectricibus duabus intermediis longiffimis.

Linné, Syft. Nat. Edit. X. I. p. 118. n. 2. Upupa (Paradifea) rectricibus duabus longiffimis.

Moehring, av. gen. p. 37. n. 18. Curruca.

6. Fusca. *Der braune Wiedehopf.*

Sonnerat, Reif. n. Neuguin. p. 59. *der braune Promerops;* mit 1 Fig.

Latham, Vögel, I. 2. p. 567. n. 6. *der braune Wiedehopf.*

Latham, Syft. ornithol. I. p. 279. n. 6. Upupa (Papuenfis) fufca, fubtus albo nigroque fafciata, capite colloque atris, rectricibus duabus intermediis longiffimis.

7. Magna. *Der große Wiedehopf.*

Sonnerat, Reif. nach Neuguin. p. 59. *der große Promerops;* m. 1 Fig.

Latham, Vögel, I. 2. p. 568. n. 7. *der ftruppige Wiedehopf.* Tab. 33.

Latham, Syft. ornithol. I. p. 279. n. 7. Upupa (Superba) atro-violacea, vertice, cervice abdomineque fuperiore viridi-nitentibus, pennis fcapularibus lateralibusque caudae falciformibus, cauda longiffima.

Hermann, tab. affinit. animal. p. 194. Promerops faftuofus.

8. Au-

8. AURANTIA. *Der orangefarbene Wiedehopf.*

Brisson, ornithol. I. p. 287. n. 4. Promerops de Barbades.

Latham, Vögel, I. 2. p. 569. n. 6. *der orangefarbene Wiedehopf.*

Latham, Syst. ornithol. I. p. 279. n. 8. Upupa (Aurantia) flavo-aurantia, capite colloque aureis, remigibus primoribus aurantio-rubro contaminatis.

Moehring, av. gen. p. 37. n. 3. Rhyndace.

β. *Der gelbe Wiedehopf.*

Brisson, ornith. I. p. 288. n. 5. Promerops jaune du Mexique.

Latham, Syn. II. p. 697. n. 8. A.

Latham, Vögel, I. 2. p. 569. n. 8. Var. A. *der gelbe Wiedehopf.*

Latham, Syst. ornithol. I. p. 279. n. 8. A. Upupa lutea, capite, collo alisque cinereo nigroque variegatis.

A. *Veränderungen gegen die XII. Edition, und Vermehrung der Gattungen dieses Geschlechts.*

Das Geschlecht ist mit 5 Gattungen vermehrt.

B. *Neuere Gattungen.*

1. *Der rothschnäblige Wiedehopf.*

Latham, Syn. Supplem. p. 124. Tab. 20. Red-billed Promerops.

Latham, Vögel, I. 2. p. 570. n. 9. *der rothschnäblige Wiedehopf.* Tab. 34.

Latham, Syst. ornitholog. I. p. 280. n. 9. Upupa (Erythrorhynchos) viridi-atra, abdomine atro, cauda cuneiformi, remigibus 6. primoribus rectricibusque lateralibus albo-maculatis.

2. *Der blaue Wiedehopf.*

Latham, Syn. Supplem. p. 124. Blue Promerops.

Latham, Vögel, I. 2. p. 570. n. 10. *der blaue Wiedehopf.*

Latham, Syſt. ornithol. I. p. 280. n. 10. Upupa (Indica) indico-caerulea, cauda cuneiformi, roſtro nigro, pedibus plumbeis.

65. GESCHLECHT. CERTHIA. *Der Baumläufer.*

Müller, Naturſyſt. II. p. 253. Gen. LXIV.

Leske, Naturgeſch. p. 251. Gen. XXXIV.

Borowsky, Thierreich, II. p. 153. Gen. XXIII.

Blumenbach, Handbuch der Naturgeſch. p. 169. Gen. XV.

Bechſtein, Naturgeſch. I. p. 272. Gen. XXI.

Bechſtein, Naturgeſchichte Deutſchl. II. p. 550. Gen. XV.

Neuer Schauplatz der Natur, I. p. 619.

Pennant, arct. Zool. II. p. 268.

Briſſon, ornith. II. p. 2. Gen. XLIII.

Büffon, Vögel, XVIII. p. 5 ff.

Batſch, Thiere, I. p. 310. Gen. LXI.

Latham, allgem. Ueberſ. der Vögel, I. 2. p. 571. Gen. XXVIII.

Latham, Syſt. ornithol. I. p. 280. Gen. XXIX.

Hermann, tab. affinit. animal. p. 205.

Donndorff, Handbuch der Thiergeſch. p. 250. Gen. XXVI.

1. FAMILIARIS. *Der gemeine Baumläufer.* (8)

Müller, Naturſyſtem, II. p. 254. n. 1. *Baumklette.*

Leske,

(8) Niſtet, nach Art der Spechte, in hohlen Baumen, Baumritzen, Klüften an den Wurzeln, und in Tannenwäldern gern

Leske, Naturgesch. p. 251. n. 1. *der gemeine Baumläufer.*

Borowsky, Thierreich, II. p. 154. n. 2. *die Baumklette, krummschnablichte Baumkleber.*

Blumenbach, Handb. d. Naturgesch. p. 169. n. 1. Certhia (Familiaris) grisea, subtus alba, remigibus fuscis, rectricibus decem; *Baumklette, Grüper, Grauspecht.*

Bechstein, Naturgesch. I. p. 372. n. 1. *der gemeine Baumläufer.*

Bechstein, Naturgesch. Deutschl. II. p. 550. n. 1. *der gemeine Baumläufer.* p. 554. *Baumläufer, europäischer Baumläufer, Baumläuferlein, Baumreiter, gemeiner Klettervogel, krummschnäbliger Baumkleber, Grüper, Grünspecht, Rindenkleber, Kleinspecht, Schindelkriecher, (Baumhäckel,) kleiner Baumhacker, Baumklette, Brunnenläufer, Hierengryl, der gemeine graue Baumsteiger;* in Thüringen: *Baumrutscher.*

Ebert, Naturl. II. p. 63. *die gemeine europäische Baumklette.*

Halle, Vögel, p. 500. n. 555. *der gemeine graue Baumsteiger.*

gern zwischen den Ritzen, wo zwey Bäume zusammen gewachsen sind, und macht nur eine schlechte Unterlage von Moos, kleinen Reisern, Federn und Haaren. Die Eyer sind aschgrau, mit dunkeln Strichen und Punkten bezeichnet. Brütet 14 Tage, des Jahrs gewöhnlich zweymal, und zum ersten Mal schon im März. Wandert nicht, verläßt aber im October und November die Waldungen, begiebt sich in die ebenen Gegenden, und zieht bis in den März in den Gärten, und besonders an den Wassern herum, an welchen Weidenbäume stehen, deren Rinde und Moose eine Menge Nahrungsmittel für ihn enthalten. Das Fleisch ist wohlschmeckend.

Meyer Thiere, II. Tab. 38. *Grauspecht.*

Gatterer, vom Nutzen u. Schaden der Thiere, II. p. 67. n. 87. *der Grüper* u. s. w.

Pennant, arct. Zool. II. p. 268. n. 90. *der europäische Baumläufer.*

Neuer Schaupl. d. Nat. I. p. 619. *Baumklette.*

Onomat. histor. nat. II. p. 786. *der Brunnläufer.*

Handb. d. deutsch. Thierg. p. 103 *Baumläufer.*

Klein, av. p. 106. n. 1. Falcinellus arboreus nostras.

Klein, Vorber. p. 197. n. 1. *Hierengryll, Baumklette, Baumheekel, Baumhecker, Baumkletterlein.*

Klein, verbess. Vögelhist. p. 109. n. 1. *europäische Baumklette.*

Klein, Vögeleyer, p. 17. Tab. 4. fig. 1.

Gesner, Vögelb. p. 445. *Rinnenkleber od. Baumkletterlein;* mit 1 Fig.

Brisson, ornith. II. p. 2. n. 1. Grimpereau.

Büffon, Vögel, XVIII. p. 11. *der gemeine Baumläufer;* m. 1 Fig.

Martini, Naturlex. VI. p. 418. *Baumläufer;* mit 1 Figur.

Batsch, Thiere, I. p. 313. *die Baumklette.*

Latham, Vögel, I. 2. p. 752. n. 1. *der gemeine Baumläufer.*

Latham, Syn. Suppl. p. 126. Creeper.

Latham, Syst. ornithol. I. p. 280. n. 1. Certhia (Familiaris) grisea, subtus alba, remigibus fuscis decem, macula alba.

Beseke, Vögel Kurl. p. 40. n. 68. *die Baumklette.*

Scopoli, Bemerk. a. d. Naturgesch. I. p. 53. n. 59. *das Baumläuferlein.*

Bock, Naturgesch. von Preussen, IV. p. 317. n. 65. *Baumklette.*

Fischer,

Fischer, Naturgesch. von Livland, p. 78. n. 73. *gemeiner Baumlaufer.*

Pontoppidan, Naturgesch. von Dännem. p. 167. n. 1. *Träepikker.*

Zorn, Petinotheol. II. p. 30. 43. 147. 275. *das Baum-Läuferlein, oder Schindel-Kriecher.*

Döbel, Jägerprakt. I. p. 61. *Baumreuter.*

Naturf. IX. p. 59. n. 65. *Baumklette.*

Schriften der berlin. Gesellschaft naturf. Freunde, VII. p. 455. n. 26. *Baumklette.*

Linné, auserles. Abh. II. p. 283. n. 35. *der gesellige Baumläufer.*

Anweisung Vögel zu fangen u. s. w. p. 115. *Baumläuferlein.*

Forstlex. III. p. 424. *Grauspecht.*

Krünitz, ökon. Encyklop. Art. *Baumklette.*

Meidinger, Vorles. I. p. 121. n. 1. *der gemeine Baumläufer.*

Eberhard, Thiergesch. p. 87. *der Baumsteiger, oder Brunnläufer.*

Linné, Syst. Nat. Ed. II. p. 53. Reptatrix.

Linné, Syst. Nat. Edit. VI. p. 21. n. 2. Certhia.

Linné, Syst. Nat. Edit. X. I. p. 118. n. 1. Certhia (Familiaris) supra grisea, subtus alba, remigibus fuscis decem macula alba.

Müller, zoolog. dan. prodr. p. 13. n. 104. Certhia (Familiaris) grisea, subtus alba, remigibus fuscis decem, macula alba, rectricibus decem.

Kramer, Austr. p. 337. n. 2. Ispida cauda rigida.

Brünich, ornitholog. bor. p. 12. Certhia.

Schwenkfeld, aviar. Siles. p. 347. Scandalaca arborum; *ein Baumkletterlin, Baum-Heckel, Rindenkleber.*

Rzaczynsk. auct. hist. nat. Polon. p. 419.

Schaeffer, elem. ornith. Tab. 25.

Jonston,

Jonston, av. p. 112. Certhia.
Moehring, av. gen. p. 36. n. 17. Certhia.
Hermann, tab. affinit. animal. p. 205. Certhia familiaris.
Philos. Transact. XXVI. p. 124.
Gerin. ornith. II. p. 55. Tab. 195. fig. 1.
Aristot. histor. animal. L. IX. c. 19. n. 184. Κέρθιος.
Donndorff, Handb. der Thiergesch. p. 251. n. 1. *die Baumklette.*

β. *Der große Baumläufer.*
Bechstein, Naturgesch. Deutschl. II. p. 554. *der große Baumläufer.*
Brisson, ornith. II. p. 3. A. grand Grimpereau.
Büffon, Vögel, XVIII. Tab. 21. *der große Baumläufer.*
Latham, Vögel, I. 2. p. 753. n. 1. Var. A.
Latham, Syst. ornithol. I. p. 281. n. 1. β.
Gerin. ornithol. II. p. 56. Tab. 196. Cerzia vulgare maggiore.

26. Viridis. *Der grüne Baumläufer.* (9)
Büffon, Vögel, XVIII. p. 149. *der grüne Baumläufer.*
Scopoli, Bemerk. a. d. Naturgesch. I. p. 54. n. 60. *die grüne Baumklette.*
Latham, Vögel, I. 2. p. 754. n. 2. *der grüne Baumläufer.*
Latham, Syst. ornithol. I. p. 281. n. 2. Certhia (Viridis) virescens, subtus flavo-varia, lateribus colli vitta caerulea, gula macula rufa.

27. Paci-

(9) Nach *Scopoli* vielleicht nur dem Geschlecht nach von *Certhia Caerulea* p. 474. n. 8. verschieden.

27. PACIFICA. *Der Baumläufer von den Freundschaftsinseln.*

Büffon, Vögel, XVIII. *der Baumläufer von den Freundschaftsinseln.*

Latham, Vögel, I. 2. p. 754. n. 3. *der große krummschnäblige Baumläufer.*

Latham, Syn. Suppl. p. 126. Great hook-billed Creeper.

Latham, Syst. ornitholog. I. p. 281. n. 3. Certhia (Pacifica) rostro longissimo incurvato, corpore atro, humeris, uropygio, crisso femoribusque flavis.

Cook, last voy. III. p. 119. *Hoohoo.*

28. OBSCURA. *Der olivenfarbene Baumläufer von den Sandwich-Inseln.*

Büffon, Vögel, XVIII. p. 151. *der dunkelfarbige Baumläufer.*

Latham, Vögel, I. 2. p. 575. n. 4. *der grüne krummschnäblige Baumläufer.* Tab. 35. fig. 1.

Latham, Syn. Suppl. p. 126. Hook-billed green Creeper.

Latham, Syst. ornithol. I. p. 281. n. 4. Certhia (Obscura) fusco-virens, rostro longissimo incurvato, mandibula inferiore breviore, loris fuscis.

29. COCCINEA. *Der karmoisinrothe Baumläufer.*

Blumenbach, Handb. der Naturgesch. p. 170. n. 3. Certhia (Coccinea) rectricibus remigibusque nigris, reliquo corpore coccineo.

Büffon, Vögel, XVIII. p. 133. *der karmoisinrothe Baumläufer von der Insel O-Waihi;* mit 1 Fig.

Martini, Naturlex. VI. p. 459. *rother Baumläufer von der Insel O-Waihi.*

Latham,

Latham, Vögel, I. 2. p. 575. n. 5. *der rothe krummſchnäblige Baumläufer.*

Latham, Syn. Supplem. p. 127. Hook-billed red Creeper.

Latham, Syſt. ornitholog. I. p. 282. n. 5. Certhia (Veſtiaria) roſtro longiore incurvo, corpore coccineo, alis caudaque nigris, tectricibus alarum macula alba.

Donndorff, Handb. der Thiergeſch. p. 251. n. 2. *der karmoiſinrothe Baumläufer.*

30. FALCATA. *Der ſichelſchnäblige Baumläufer* (10)

Büffon, Vögel, XVIII. p. 152. *der ſichelſchnäblige Baumläufer.*

Latham, Vögel, I. 2. p. 576. n. 6. *der ſichelſchnäblige Baumläufer.*

Latham, Syſt. ornitholog. I. p. 282. n. 6. Certhia (Falcata) roſtro longiſſimo incurvato, corpore viridi, ſubtus caudaque violaceis, tectricibus alarum maioribus, remigibus abdomineque pallide fuſcis.

31. SOVIMANGA. *Der violette Baumläufer.*

Briſſon, ornithol. II. p. 11. n. 18. Grimpereau violet de Madagaſcar.

Büffon, Vögel, XVIII. p. 39. *der Souimanga;* mit 1 Fig.

Martini, Naturlex. VI. p. 467. *Soui-Manga.*

Latham, Vögel, I. 2. p. 577. n. 7. *der violette Baumläufer.*

Latham, Syſt. ornitholog. I. p. 282. n. 7. Certhia (Madagaſcarienſis) olivaceo-viridis nitens, pectore fuſco caeruleo caſtaneoque faſciato, abdomine flaveſcente, humeris macula fulva.

32. MA-

(10) Steht im brittiſchen Muſeum; woher er kommt, iſt unbekannt.

32. MANILLENSIS. *Der manillische Baumläufer.* (1)

Büffon, Vögel, XVIII. p. 153. *der manillische Baumläufer.*

Latham, Vögel, I. 2. p. 577. n. 7. Var. A. *der manillische Baumläufer.*

Latham, Syst. ornithol. I. p. 283. n. 7. β.

33. BURBONICA. *Der burbonsche Baumläufer.*

Büffon, Vögel, XVIII. p. 76. *der bourbonsche Souimanga*; mit 1 Fig.

Martini, Naturlex. VI. p. 436. *der bourbonsche Baumläufer.*

Latham, Vögel, I. 2. p. 601. n. 41. *der bourbonsche Baumläufer.*

Latham, Syst. ornitholog. I. p. 296. n. 52. Certhia (Borbonica) viridi-fusca, subtus grisea, lateribus rufis, uropygio flavo.

34. SANNIO. *Der neuseeländische Baumläufer.*

Büffon, Vögel, XVIII. p. 154. *der spottende Baumläufer.*

Latham, Vögel, I. 2. p. 600. n. 39. *der neuseeländische Baumläufer.*

Latham, Syn. Suppl. p. 129. Mocking Creeper.

Latham, Syst. ornitholog. I. p. 296. n. 48. Certhia (Sannio) viridi-olivacea, subtus flavescens, genis macula alba, cauda subforcipata.

35. AURANTIA. *Der orangenkehlige Baumläufer.*

Büffon, Vögel, XVIII. p. 155. *der Baumläufer mit der pomeranzenfarbigen Kehle.*

Latham, Vögel, I. 2. p. 599. n. 38. *der orangenkehlige Baumläufer.*

Latham,

(1) Nach *Latham* eine Varietät von *Certhia Sovimanga*, n. 31.

Latham, Syst. ornitholog. I. p. 295. n. 47. Certhia (Aurantia) viridis, collo inferiore fulvo, pectore abdomineque pallide flavis, remigibus rectricibusque nigricantibus.

36. FLAVIPES. *Der gelbfüßige Baumläufer.*
Büffon, Vögel, XVIII. p. 156. *der gelbbeinige Baumläufer.*
Latham, Vögel, I. 2. p. 599. n. 37. *der blaubrüstige Baumläufer.*
Latham, Syst. ornithol. I. p. 295. n. 46. Certhia (Cyanogastra) viridis, subtus caerulea, lateribus colli vitta longitudinali flavescente, remigibus rectricibusque nigris.

37. OCHROCHLORA. *Der gelbgrüne Baumläufer.*
Büffon, Vögel, XVIII. p. 157. *der gelbgrüne Baumläufer.*
Latham, Vögel, I. 2. p. 599. n. 36. *der gelbgrüne Baumläufer.*
Latham, Syst. ornithol. I. p. 295. n. 45. Certhia (Surinamensis) viridis, genis, gula abdomineque flavis, pectore lateribusque viridi-flavescentibus, caeruleo notatis.

38. CARDINALIS. *Der Cardinalsbaumläufer.*
Büffon, Vögel, XVIII. p. 158. *der Cardinalsbaumläufer.*
Latham, Vögel, I. 2. p. 598. n. 35. *der Cardinalbaumläufer.* Tab. 35. fig. 2.
Latham, Syst. ornitholog. I. p. 290. n. 29. Certhia (Cardinalis) nigra, capite, collo, pectore vittaque dorsi longitudinali rubris.
Donndorff, Handb. der Thiergesch. p. 251. n. 3. *der Cardinalsbaumläufer.*

39. CARUNCULATA. *Der belappte Baumläufer.*
Büffon, Vögel, XVIII. p. 159. *der Baumläufer mit Lappen an der Kehle.*
Latham, Vögel, I. 2. p. 598. n. 34. *der belappte Baumläufer.*
Latham, Syn. Suppl. p. 129. Wattled Creeper.
Latham, Syſt. ornitholog. I. p. 295. n. 44. Certhia (Carunculata) olivaceo-fuſca, ſubtus flaveſcente cinerea, gula fulva, ad baſin maxillae inferioris caruncula carnoſa flava.
Forſter: Götting. Magazin 1780. VI St. p. 349. *ein Baumläufer aus Tongatabu, mit fleiſchichten Bärten oder Lappen.*
Naturforſch. XVII. p. 15. Certhia caruncùlata.

β. Certhia olivacea-fuſca, ſubtus flaveſcens, remigibus rectricibusque margine flavis. *
Latham, Syſt. ornitholog. I. p. 294. n. 44. β.

40. FUSCA. *Der braune Baumläufer.*
Büffon, Vögel, XVIII. p. 160. *der braune Baumläufer.*
Latham, Vögel, I. 2. p. 597. n. 33. *der braune Baumläufer.*
Latham, Syſt. ornitholog. I. p. 294. n. 41. Certhia (Fuſca) collo lateribus albido vario, iugulo pectoreque albo faſciatis.

2. MURARIA. *Der Mauerſpecht.* (2)
Müller, Naturſyſt. II. p. 254. n. 2. *Mauerſpecht.*
Leſke, Naturgeſch. p. 251. n. 2. *der kleine Baumläufer, Mauerſpecht.*
Borowſky,

(2) *Suavem vocem edit*, ſagt *Schwenkfeld*; und *Scopoli* behauptet, er habe gar keine Stimme. *Büffon*, *Latham* u. a. übergehen dieſen Umſtand ganz.

Borowsky, Thierreich, II. p. 153. n. 1. *die Mauerklette, Mauerspecht, Todtenvogel.* Tab. 23.

Blumenbach, Handb. der Naturgesch. p. 170. n. 2. Certhia (Muraria) cinerea, macula alarum fulva; *der Mauerspecht.*

Bechstein, Naturgesch. I. p. 273. n. 2. *der Mauerspecht.*

Bechstein, Naturgesch. Deutschl. II. p. 555. n. 2. *der Mauerspecht.* p. 557. *Mauerläufer, Todtenvogel, kleiner Baumläufer, Mauerklette, Mauerklettervogel, Kletterspecht, Murspecht.* Tab. 20.

Funke, Naturgeschichte, I. p. 301. *der Mauerspecht.*

Ebert, Naturl. II. p. 64. *der Mauerspecht.*

Meyer, Thiere, II. Tab. 38. fig. 1.

Gatterer, vom Nutzen u. Schaden der Thiere, II. p. 68. n. 85. *der Mauerspecht.*

Handbuch der deutschen Thiergeschichte, p. 104. *Mauerspecht.*

Martini, Naturlex. VI. p. 421. *Mauerlaufer.*

Gesner, Vögelbuch, p. 483. *Murspecht;* m 1 F.

Brisson, ornithol. II. p. 3. n. 2. *Grimpereau de Muraille.*

Büffon, Vögel, XVIII. p. 23. *der Mauerläufer oder Mauerspecht.*

Latham, Vögel, I. 2. p. 596. n. 32. *der Mauerspecht.*

Latham, Syn. Suppl. p. 129. Wall Creeper.

Latham, Syst. ornithol. I. p. 294. n. 40. Certhia (Muraria) cinera, tectricibus alarum remigibusque exterius roseis.

Seligmann, Vögel, IX. Tab. 3. *der Mauerspecht.* (sehr unähnlich.)

Batsch, Thiere, I. p. 313. *die Mauerklette.*

Götz,

Götz, Naturg. einiger Vögel, p. 80. *der Mauerspecht.* Tab. 5.

Scopoli, Bemerk. a. d. Naturgesch. I. p. 52. n. 58. *der Mauerspecht.*

Bock, Naturgesch. von Preussen, IV. p. 318. n. 66. *Mauerspecht?*

Naturf. IX. p. 60. n. 66. *Mauerspecht?*

Gmelin, Reis. n. Russland, III. p. 100. *lang-schwänzige Bachstelze, oder persischer Langschnabel.* Tab. 19. fig. 2?

Meidinger, Vorles. I. p. 121. n. 2. *der kleine Baumläufer.*

Eberhard, Thiergesch. p. 87. *der Mauerspecht.*

Schles. ökon. Nachr. 1781. p. 83. n. 93.

Storr, Alpenreise, I. p. 73. *Mauerspecht.*

Kramer, Austr. p. 336. n. 6. Picus pedum digitis tribus anticis: postico uno, albo rubro nigroque varius; *Mauerspecht, Todten-Vogl.*

Schwenkfeld, av. Siles. p. 540. Picus muralis; *ein Mauer-Specht, Mur-Specht, Kletten-Specht.*

Charleton, av. 93. Picus murarius.

Rzaczynsk. auct. histor. nat. Polon. p. 414. Picus murarius.

Jonston, av. p. 111. Picus murarius.

Barrere, sp. nov. Class. III. Gen. 22. sp. 3. p. 47. Merops pyrenaicus cinereus, alarum costis coccineis, reptatrix.

Gerin. ornithol. II. p. 56. Tab. 197.

Salerne, ois. p. 113. Pic d'Auvergne.

Donndorff, Handb. der Thiergesch. p. 251. n. 4. *der Mauerspecht.*

3. PUSILLA. *Der kleine Baumläufer.* (3)

Müller, Naturf. II. p. 255. n. 3. *kleiner Indianischer.*

(3) Nach *Büffon* u. *Latham* eine Varietät von *C. Sperata* n. 13.

Klein, av. p. 108. n. 14. Falcinellus fuscus, ventre albicante.

Klein, Vorber. p. 200. n. 14. *braune Baumklette, mit weißem Unterleibe.*

Klein, verbesserte Vögelhist. p. 111. n. 17. *braune Klette.*

Brisson, ornithol. II. p. 7. n. 9. Grimpereau des Indes.

Büffon, Vögel, XVIII. p. 45. *der kleine braun und weiße Baumläufer des Edwards.*

Seligmann, Vögel, II. Tab. 51. *das kleine braun und weiße Baumläuferlein.*

Latham, Vögel, I. 2. p. 578. n. 8. Var. A. *der kleine Baumläufer.*

Latham, Syn. II. p. 707. A.

Latham, Syst. ornithol. I. p. 283. n. 8. β. Certhia grisea, subtus alba, superciliis candidis, rectricibus fuscis, extimis apice albis.

Martini, Naturlex. VI. p. 448. *kleiner indianischer Baumläufer.*

Linné, Syst. Nat. Edit. X. I. p. 118. n. 2. Certhia (Pusilla) supra grisea subtus alba, rectricibus fuscis, extimis apice albis.

4. Capensis. *Der capsche Baumläufer.* (4)

Müller, Naturf. II. p. 255. n. 4. *capscher grauer.*

Brisson, ornithol. II. p. 6. n. 7. Grimpereau du Cap de bonne esperance.

Büffon, Vögel, XVIII. p. 55. *Brissons kapscher Baumläufer;* th. 1 Fig.

Martini, Naturlex. VI. p. 446. *der capsche graue Baumläufer.*

Latham,

(4) Nach *Büffon* das Weibchen von *Certhia Chalybea*, n. 10. *Brisson* vermuthet selbst, dass dieser Vogel wohl das Weibchen von irgend einer andern Gattung seyn möge.

Latham, Syn. II. p. 711. n. 11. Cape Creeper.

Latham, Vögel, I. 2. p. 581. n. 11. *der capſche Baumläufer.*

Latham, Syſt. ornithol. I. p. 284. n. 12. Certhia (Capenſis) griſea, rectricibus nigricantibus, extima exterius albo fimbricata.

β. Melanura. *Der ſchwarzſchwänzige Baumläufer.* (5)

Büffon, Vögel, XVIII. *der ſchwarzſchwänzige Baumläufer.*

Latham, Vögel, I. 2. p. 608. n. 62. *der ſchwarzſchwänzige Baumläufer.*

Latham, Syn. Supplem. p. 134. Black-tailed Creeper.

Latham, Syſt. ornitholog. I. p. 300. n. 67. Certhia (Melanura) capite dorſoque violaceis, pectore abdomineque vireſcentibus, alis fuſcis, cauda nigra ſubbifida, tibiis digitisque atris.

5. Olivacea. *Der madagaſcariſche Baumläufer.* (6)

Müller, Naturſyſt. II. p. 255. n. 5. *Madagaſcariſche.*

Briſſon, ornitholog. II. p. 8. n. 11. Grimpereau olive de Madagaſcar.

Büffon, Vögel, XVIII. p. 60. *der madagaskariſche Baumläufer des Briſſon.*

Latham, Vögel, I. 2. p. 583. n. 14. *der madagaskariſche Baumläufer.*

Latham, Syſt. ornithol. I. p. 285. n. 14. Certhia (Olivacea) olivacea, ſubtus griſea, orbitis albicantibus, rectricibus extimis apice albis.

(5) Nach *Latham* eine eigne Gattung.

(6) Nach *Büffon* eine Abart von *Certhia Zeylonica*, p. 482. n. 23.

6. CURRUCARIA. *Der graue Baumläufer.* (7)
Müller, Naturſyſt. II. p. 256. n. 6. *Ceyloniſcher.*
Borowſky, Thierreich, II. p. 154. n. 3. *die zeyloniſche Baumklette.*
Briſſon, ornitholog. II. p. 5. n. 5. Grimpereau gris des Philippines.
Büffon, Vögel, XVIII. p. 61. *der graue philippiniſche Baumläufer des Briſſon;* mit 1 Fig.
Martini, Naturlex. VI. p. 472. *zeiloniſcher Baumläufer.*
Latham, Vögel, I. 2. p. 583. n. 15. *der graue Baumläufer.*
Latham, Syſt. ornithol. I. p. 285. n. 15. Certhia (Currucaria) olivacea ſubtus griſeſcens, rectricibus aequalibus, iugulo vitta longitudinali violaceo.

7. JUGULARIS. *Der kleine graue Baumläufer.* (8)
Müller, Naturſyſt. II. p. 256. n. 7. *Blaukehlchen.*
Briſſon, ornithol. II. p. 5. n. 6. petit Grimpereau des Philippines.
Büffon, Vögel, XVIII. p. 62. *der kleine philippiniſche Baumläufer des Briſſon;* mit 1 Fig.
Martini, Naturlex. VI. p. 432. *Blaukehlchen.*
Fiſcher, Naturgeſch. von Livland, p. 78. n. 74. *Blaukehlchen?*
Latham, Syn. II. p. 714 n. 15. A.
Latham, Vögel, I. 2. p. 584. n. 15. Var. A. *der kleine graue Baumläufer.*
Latham, Syſt. ornithol. I. p. 286. n. 15. β. Certhia ſubgriſea, ſubtus lutea, gula violacea, rectricibus duabus extimis apice flavis.
Gerin. ornithol. II. p. 58. n. 199. fig. 1.

8. CAE-

(7) Nach *Büffon* eine Abart von ebendemſelben.

(8) Nach *Büffon* eine Abart von obiger Abart. Nach *Latham* eine Varietät von *Certhia Currucaria.*

8. CAERULEA. *Der blaue Baumläufer.* (9)

Müller, Naturſyſt. II. p. 256. n. 8. *blauer Surinamiſcher.* Tab. 8. fig. 8.

Borowſky, Thierreich, II. p. 155. n. 4. *die blaue Baumklette.*

Halle, Vögel, p. 503. n. 563. *der Papilionvogel.*

Klein, av. p. 107. n. 6. Falcinellus papilio, avis Hoitzillin vocata.

Klein, Vorbereit. p. 199. n. 6. *Schmetterling.*

Klein, verbeſſ. Vögelhiſt. p. 110. n. 9. *Schmetterling.*

Klein, av. p. 108. n. 13. Falcinellus gula alisque nigris.

Klein, Vorbereit. p. 200. n. 13. *Schwarzkehlchen.*

Klein, verbeſſ. Vögelhiſt. p. 111. n. 16. *Schwarzkehlchen.*

Briſſon, ornithol. II. p. 8. n. 12. Grimpereau bleu de Cayenne.

Büffon, Vögel, XVIII. p. 104. *Abart des ſchwarz und blauen Guitguit;* mit 1 Fig.

Martini, Naturlex. VI. p. 427. *Schwarzkehlchen.*

Latham, Vögel, I. 2, p. 591. n. 27. *der blaue Baumläufer.*

Latham, Syn. Supplem. p. 128. Blue Creeper.

Latham, Syſt. ornithol. I. p. 292. n. 35. Certhia (Caerulea) caerulea, faſcia oculari, gula, remigibus rectricibusque nigris.

Seligmann, Vögel, I. Tab. 41. *das blaue Baumläuferlein.*

Scopoli, Bemerk. a. d. Naturgeſch. I. p. 55. n. 61. *die himmelblaue Baumklette.*

Bankroft, Naturgeſchichte von Guiana, p. 99. *der guianiſche Baumläufer.*

(9) Nach *Büffon* eine Varietät von *Certhia Cyanea* p. 483. n. 24. *Scopoli* rechnet auch die *Certhia viridis* p. 469. n. 26. hieher.

Linné, Syst. Nat. Edit. X. I. p. 118. n. 3. Certhia (Caerulea) caerulea, remigibus rectricibusque nigris.

Sparrmann, mus. Carlson. fasc. 4. Tab. 82.

Gerin. ornith. II. p. 56. Tab. 196. fig. 2.

41. Brasiliana. *Der schwarz und violette Baumläufer.*

Brisson, ornith. I. p. 18. n. 39. Grimpereau violet du Brésil.

Büffon, Vögel, XVIII. p. 124. *der schwarz und violette Guitguit*; mit 1 Fig.

Martini, Naturlex. VI. p. 435. *brasilianischer violetter Baumläufer.*

Latham, Vögel, I. 2. p. 595. n. 31. *der schwarz und violette Baumläufer.*

Latham, Syst. ornitholog. I. p. 293. n. 39. Certhia (Brasiliana) nigra, vertice viridi-aureo, iugulo, tectricibus alarum minoribus uropygioque violaceis, pectore castaneo.

42. Variegata. *Der bunte Baumläufer.*

Klein, av. p. 79. n. 17. Sylvia versicolor.

Klein, Vorbereit. p. 149. n. 17. *Buntwenzel.*

Klein, verbesserte Vögelhist. p. 80. n. 21. *Buntwenzel.*

Brisson, ornitholog. II. p. 19. n. 32. Grimpereau varié d'Amerique.

Büffon, Vögel, XVIII. p. 122. *der bunte Guitguit*; mit 1 Fig.

Martini, Naturlex. VI. p. 424. *amerikanischer bunter Baumläufer.*

Latham, Vögel, I. 2. p. 595. n. 30. *der bunte Baumläufer.*

Latham, Syst. ornithol. I. p. 293. n. 38. Certhia (Variegata) caeruleo-nigro, flavo-alboque varia,

varia, ſubtus fulvo-flaveſcens, vertice rubro-nitente, nucha caerulea.

Gerin. ornith. II. p. 60. n. 32.

9. CAYANA. *Der cayenniſche Baumläufer.*

Müller, Naturſyſtem, II. p. 257. n. 9. *Cajenniſcher.*

Briſſon, ornitholog. II. p. 11. n. 17. *Grimpereau verd de Cayenne.*

Büffon, Vögel, XVIII. p. 119. *der grüne gefleckte Guitguit.*

Martini, Naturlex. VI. p. 437. *cayenniſcher Baumläufer.*

Latham, Vögel, I. 2. p. 594. n. 29. *der cayenniſche Baumläufer.*

Latham, Syn. Suppl. p. 128. Cayenne Creeper.

Latham, Syſt. ornitholog. I. p. 293. n. 37. Certhia (Cayana) viridis, nitida, ſubtus albo ſtriata, rectricibus viridibus, lateralibus interius nigricantibus.

Gerin. ornith. II. p. 60. n. 27.

10. CHALYBEA. *Der Baumläufer mit dem Halsbande.*

Müller, Naturſyſtem, II. p. 257. n. 10. *ſtahlfärbig bandirter.*

Briſſon, ornitholog. II. p. 13. n. 20. Grimpereau à collier du Cap de B. E.

Büffon, Vögel, XVIII. p. 50. *der purpurfarbige indianiſche Souimanga;* mit 1 Fig.

Büffon, Vögel, XVIII. p. 52. *der Souimanga mit dem Halskragen;* mit 1 Fig.

Martini, Naturlex. VI. p. 457. *purpurfarbiger indianiſcher Baumläufer.*

Martini, Naturlex. VI. p. 468. *ſtahlfärbiger bandirter Baumläufer.*

Seligmann, Vögel, VIII. Tab. 55. *der purpurfarbene indianische Baumhäcker.*

Latham, Vögel, I. 2. p. 580. n. 10. *der Baumläufer mit dem Halsbande.*

Latham, Syst. ornithol. I. p. 284. n. 11. Certhia (Chalybea) viridi-nitens, pectore rubro, fascia antica chalybea.

11. Afra. *Der afrikanische Baumläufer.*

Müller, Natursystem, II. p. 257. n. 1. *bunter.*

Büffon, Vögel, XVIII. p. 72. *der grüne Soui-manga mit rother Kehle;* mit 1 Fig.

Martini, Naturlex. VI. p. 435. *der bunte Baumläufer.*

Seligmann, Vögel, IX. Tab. 37. fig. 1.

Latham, Vögel, I. 2. p. 586. n. 18. *der afrikanische Baumläufer.*

Latham, Syn. Suppl. p. 127. African Creeper.

Latham, Syst. ornithol. I. p. 286. n. 18. Certhia (Afra) viridis, abdomine albo, pectore rubro, uropygio caeruleo.

β. *Büffon*, Vögel, XVIII. p. 73. β.

Latham, Syn. II. p. 717. n. 18. Var. A.

Latham, Vögel, I. 2. p. 586. n. 18. Var. A. p. 580. not. ****.

Latham, Syst. ornithol. I. p. 287. n. 18. β.

Sparrmann, mus. Carlson. fasc. III. Tab. 38. Certhia Scarlatina?

Born, Physic. p. 76. Tab. 3.

γ. *Büffon*, Vögel, XVIII. p. 73. γ.

Latham, Syn. II. p. 718. n. 18. Var. B.

Latham, Vögel, I. 2. p. 586. n. 18. Var. B.

Latham, Syst. ornitholog. I. p. 287. n. 18. γ.

12. Spiza.

12. Spiza. *Der ſchwarzköpfige Baumläufer.*

Müller, Naturſyſt. II. p. 257. n. 12. *Blaukopf.*

Klein, av. p. 79. n. 18. Sylvia, avicula americana altera.

Klein, Vorber. p. 149. n. 18. *Weißſchnabel.*

Klein, verbeſſ. Vögelhiſt. p. 80. n. 22. *Weißſchnabel.*

Briſſon, ornithol. II. p. 10. n. 16. Grimpereau verd à tête noire d'Amerique.

Büffon, Vögel, XVIII. p. 108. *der grün und blaue Guitguit mit ſchwarzem Kopfe;* mit 1 Figur.

Martini, Naturlex. VI. p. 441. *Weißſchnabel.*

Latham, Vögel, I. 2. p. 592. n. 20. *der ſchwarzköpfige Baumläufer.*

Latham, Syſt. ornitholog. I. p. 292. n. 36. Certhia (Spiza) viridis, ſubtus caerulea, capite gulaque nigris.

Gerin. ornith. II. p. 60. n. 26.

Moehring, av. gen. p. 36. n. 16. Colius.

β. *Der Baumläufer mit ſchwarzer Mütze.* (10)

Klein, av. p. 80. n. 22. Sylvia viridis, capite nigro.

Klein, Vorber. p. 150. n. 22. *grüner Wenzel mit ſchwarzem Kopfe.*

Klein, verb. Vögelh. p. 81. n. 26. *grüner Wenzel mit ſchwarzem Kopfe.*

Briſſon, ornithol. II. p. 10. n. 15. Grimpereau verd à tête noire du Bréſil.

Büffon, Vögel, XVIII. p. 110. *der grüne Guitguit mit ſchwarzem Kopfe;* mit 1 Fig.

Seligmann, Vögel, I. Tab. 49. *der grüne Fliegenſchnäpper mit dem ſchwarzen Kopfe.*

Latham, Vögel, I. 2. p. 593. n. 28. Var. A. *der Baumläufer mit ſchwarzer Mütze.*

Latham,

(10) Nach *Briſſon* eine eigne Gattung.

Latham, Syn. II. p. 727. n. 28. A. Black-capped Creeper.

Latham, Syst. ornithol. I. p. 292. n. 36. β. Certhia viridis, capite supra nuchaque nigris.

Bankroft, Naturgesch. von Guiana, p. 110. *der grüne schwarzkuppichte Fliegenschnäpper des Edwards.*

Linné, Syst. Natur. Edit. X. I. p. 188. n. 27. Motacilla (Spiza) viridis, remigibus primoribus nigricantibus.

Gerin. ornithol. II. p. 60. n. 25.

γ. *Der blauköpfige Baumläufer.* (1)

Klein, av. p. 80. n. 23. Sylvia viridis, capite cyaneo.

Klein, Vorber. p. 150. n. 23. *grüner Wenzel mit blauem Kopfe.*

Klein, verbesserte Vögelhist. p. 81. n. 25. *grüner Wenzel mit blauem Kopfe.*

Brisson, ornitholog. II. p. 9. n. 14. Grimpereau verd du Brésil.

Büffon, Vögel, XVIII. p. 115. *der grün und blaue Guitguit mit weißer Kehle;* m. 1 Fig.

Seligmann, Vögel, I. Tab. 49. *der blauköpfige grüne Fliegenschnäpper.*

Latham, Syn. II. p. 727. n. 28. B. Blue-headed Creeper.

Latham, Vögel, I. 2. p. 593. n. 28. Var. B. *der blauköpfige Baumläufer.*

Latham, Syst. ornithol. I. p. 292. n. 36. γ. Certhia viridis, gula alba, vertice tectricibusque alarum caeruleis.

Linné, Syst. Natur. Edit. X. I. p. 188. n. 27. β. Motacilla viridis, capite caeruleo.

Gerin. ornith. II. p. 60. n. 24.

δ. *Der*

(1) Nach *Brisson* eine eigne Gattung.

δ. *Der ganz grüne Baumläufer.*

Büffon, Vögel, XVIII. p. 117. *der ganz grüne Guitguit;* mit 1 Fig.

Martini, Naturlex. VI. p. 439. *ganz grüner Baumläufer.*

Seligmann, Vögel, IX. Tab. 38. fig. 2. *der ganz grüne Baumläufer.*

Latham, Syn. II. p. 728. n. 28. C. All-green Creeper.

Latham, Vögel, I. 2. p. 495. n. 28. Var. C. *der ganz grüne Baumläufer.*

Latham, Syst. ornitholog. I. p. 293. n. 36. γ. Certhia corpore toto viridi, subtus dilutiore.

13. SPERATA. *Der purpurfarbige Baumläufer.*

Müller, Natursystem, II. p. 257. n. 13. *Purpurfärbige.*

Brisson, ornitholog. II. p. 16. n. 27. Grimpereau pourpré des Philippines.

Büffon, Vögel, XVIII. p. 42. *der purpurbraune Souimanga mit rother Brust;* m. 1 Fig.

Halle, Vögel, p. 501. n. 557. *der rothe Gesangkolibri?*

Klein, av. p. 107. n. 2. Falcinellus, colore passeris Hispanici?

Klein, Vorbereit. p. 198. n. 2. *Purpurköpfchen?*

Klein, verbess. Vögelhist. p. 110. n. 2. *Purpurköpfchen, Nochtototl?*

Martini, Naturlex. VI. p. 455. *purpurfarbiger Baumläufer.*

Latham, Vögel, I. 2. p. 578. n. 8. *der purpurfarbige Baumläufer.*

Latham, Syst. ornitholog. I. p. 283. n. 8. Certhia (Purpurea) subtus coccinea, capite, gula uropygioque violaceis.

Gerin,

Gerin. ornithol. II. p. 58. Tab. 200. fig. 2. das Männchen. fig. 1. das Weibchen.

Seba, thes. I. p. 69. Tab. 42. Avis Nochtototl?

Moehring, av. gen. p. 79. n. 102. Troglodytae adfinis?

β. *Der Baumläufer mit violetter Kehle.*

Büffon, Vögel, XVIII. p. 47. *der Baumläufer mit violetter Kehle und rother Brust.*

Martini, Naturlex. VI. p. 450.

Latham, Syn. II. p. 708. n. 8. B.

Latham, Vögel, I. 2. p. 579. n. 8. Var. B.

Latham, Syst. ornitholog. I. p. 283. n. 8 γ. Certhia castaneo-rubra, capite virescente, gula violacea, pectore rubro, uropygio caudaque chalybeis.

Sonnerat, Reise n. Neuguinea, p. 25. *die dritte Art Baumläufer;* mit 1 Fig.

14. SENEGALENSIS. *Der senegalische Baumläufer.*

Müller, Natursyst. II. p. 258. n. 14. *senegalischer.*

Brisson, ornith. II. p. 18. n. 29. Grimpereau violet du Sénegal.

Büffon, Vögel, XVIII. p. 48. *der violette Souimanga mit rother Brust;* mit 1 Fig.

Martini, Naturlexicon, VI. p. 466. *senegalischer Baumläufer.*

Latham, Vögel, I. 2. p. 579. n. 9. *der senegalische Baumläufer.*

Latham, Syst. ornithol. I. p. 284. n. 10. Certhia (Senegalensis) nigro-violacea, vertice gulaque viridi-aureis, pectore coccineo, alis caudaque fuscis.

Gerin. ornith. II. p. 58. Tab. 199. fig. 2.

purvogel aus Virginien.

Klein, verbeff. Vögelhift. p. 110. n. 12. *virginische Klette.*

Briſſon, ornitholog. II. p. 16. n. 26. Grimpereau pourpré de Virginie.

Büffon, Vögel, XVIII. p. 95. *der Purpurvogel mit dem Baumläuferſchnabel.*

Martini, Naturl. VI. p. 457. *Purpurklette, Atototl.*

Latham, Vögel, I. 2. p. 590. n. 25. *der virginiſche Baumläufer.*

Latham, Syſt. ornitholog. I. p. 291. n. 33. Certhia (Purpurea) corpore toto purpureo.

Gerin, ornith. II. p. 59. Tab. 202. fig. 1.

Moehring, av. gen. p. 79. n. 102. Troglodytae adfinis.

15. Gutturalis. *Der braſilianiſche Baumläufer.*

Müller, Naturf. II. p. 258. *Grünkehlchen.*

Briſſon, ornitholog. II. p. 17. n. 28. Grimpereau noirâtre du Bréſil.

Büffon, Vögel, XVIII. p. 93. *der braune Vogel mit dem Baumläuferſchnabel.*

Martini, Naturlexicon, VI. p. 442. *grünkehlichter Baumläufer.*

Latham, Vögel, I. 2. p. 590. n. 20. *der braſilianiſche Baumläufer.*

Latham, Syſt. ornitholog. I. p. 291. n. 32. Certhia (Gutturalis) nigricans, ſincipite et gutture viridi-nitente, pectore purpureo.

Gerin, ornith. II. p. 59. Tab. 202. fig. 1.

16. Pinus.

16. Pinus. *Der Tannenbaumläufer.*

Müller, Naturſyſt. II. p. 258. n. 16. *Blauflügel.*

Pennant, arct. Zoolog. II. p. 385. n. 235. *der Fichtenſänger.*

Briſſon, ornitholog. I. p. 471. n. 15. Méſange d'Amerique.

Büffon, Vögel, XVI. p. 114. *der Tannenkriecher;* mit 1 Fig.

Martini, Naturlex. VI. p. 428. *Blauflügel, Tannenbaumhäcker.*

Seligmann, Vögel, VIII. Tab. 67. *der Tannenbaumhäcker.*

Latham, Syſt. ornithol. II. p. 537. n. 111. Sylvia (Pinus) olivacea, ſubtus flava, loris nigris, alis caeruleis, faſciis duabus albis.

Hermann, tab. affinit. animal. p. 205. Certhia Pinus.

17. Cruentata. *Der bengaliſche Baumläufer.* (2)

Müller, Naturſyſt. II. p. 259. n. 17. *Rothkopf.*

Klein, av. p. 108. n. 19. Falcinellus Bengalenſis.

Klein, Vorbereit. p. 201. n. 19. *die bengaliſche Klette.*

Klein, verbeſſ. Vögelhiſt. p. 111. n. 22. *ſchwarz, weiſs und rothe Klette.*

Briſſon, ornithol. II. p. 18. n. 31. Grimpereau de Bengale.

Büffon, Vögel, XVIII. p. 74. *der roth, ſchwarz und weiſse Souimanga;* m. 1 Fig.

Martini, Naturlexicon, VI. p. 463. *rothköpfichter Baumläufer.*

Selig-

(2) *Pennant* rechnet dieſen Vogel zu den Motacillen; *Briſſon* zu den Meiſen; *Latham* unter ſeine Sylvien. Ueberhaupt herrſcht in der Beſchreibung deſſelben ſehr viel Verwirrung, worüber man *Martini* Naturlexicon a. a. O. umſtändlicher nachleſen kann.

Seligmann, Vögel, IV. Tab. 57. *die kleine schwarze, weiß und rothe indianische Baumklette.*

Latham, Vögel, I. 2. p. 600. n. 40. *der bengalische Baumläufer.*

Latham, Syst. ornitholog. I. p. 296. n. 51. Certhia (Cruentata) nigro-caerulescens, subtus alba, vertice, cervice, dorso uropygioque rubris.

Linné, Syst. Nat. Edit. X. I. p. 119. n. 4. Certhia (Cruentata) nigro-caerulescens, subtus alba, vertice, cervice, dorso uropygioque rubris.

Gerin, ornith. II. p. 57. Tab. 198. fig. 1.

18. FLAVEOLA. *Der Zuckervogel.*

Müller, Natursyst. II. p. 259. n. 18. *Zuckervogel.*

Pennant, arct. Zoolog. II. p. 268. n. 91. *der westindische Baumläufer.*

Klein, verbess. Vögelhist. p. 111. n. 23. *schwarz und gelbbunte Baumklette.*

Brisson, ornithol. II. p. 19. n. 33. Grimpereau ou Sucrier de la Jamaique.

Büffon, Vögel, XVIII. p. 126. *der Zuckerfresser*; mit 1 Fig.

Seligmann, Vögel, V. Tab. 17. *das schwarz und gelbe Baumläuferlein.*

Martini, Naturlex. VI. p. 474. *Zuckervogel.*

Latham, Vögel, I. 2. p. 601. n. 42. *der Zuckervogel.*

Latham, Syst. ornitholog. I. p. 297. n. 53. Certhia (Flaveola) nigra, subtus uropygioque lutea, superciliis exalbidis, rectricibus lateralibus apice albis.

Linné, Syst. Nat. Edit. X. I. p. 119. n. 5. Certhia (Flaveola) nigra, uropygio pectoreque luteo, superciliis, macula alarum rectricumque apicibus albis.

Gerin. ornithol. II. p. 57. Tab. 234. (*)
Donndorff, Handb. der Thiergesch. p. 252. n. 5. *der westindische Baumläufer.*

β. *Der martinikische Baumläufer.* (3)
Klein, av. p. 74. n. 10. Luscinia seu Philomela e fusco et luteo varia.
Klein, Vorber. p. 140. n. 10. *schwarz und gelbbunte Nachtigall.*
Klein, verbess. Vögelhist. p. 75. n. 10. *schwarzbunte Nachtigal.*
Brisson, ornitholog. II. p. 4. n. 3. Grimpereau de la Martinique, ou le Sucrier.
Büffon, Vögel, XVIII. p. 126. 129. *der martinikische Zuckerfresser;* m. 1 Fig.
Seligmann, Vögel, IX. Tab. 52. *Baumkletterer mit gelbem Bauche.*
Latham, Syn. II. p. 737. n. 42. A. Yellow-bellied Creeper.
Latham, Vögel, I. 2. p. 602. n. 42. Var. A. *der martinikische Baumläufer.*
Latham, Syst. ornithol. I. p. 297. n. 53. β. Certhia fusco-cinerea, subtus uropygioque lutea, crisso superciliisque albis, rectricibus apice albis.
Gerin. ornith. II. p. 61. n. 37.

γ. *Der bahamische Baumläufer.* (4)
Borowsky, Thierreich, II. p. 155. n. 5. *der Zuckervogel.*
Klein, av. p. 74. n. 9. Luscinia pectore flavo; Parus bahamensis.
Klein, Vorbereit. p. 140. n. 9. *Gelbbrüstel von Bahama.*

Klein,

(3) Nach *Brisson* eine eigene Gattung.
(4) Nach *Brisson* eine eigne Gattung.

Klein, verbeff. Vögelhift. p. 75. n. 9. *Gelbbrüftel.*
Briffon, ornithol. II. p. 6. n. 8. Grimpereau de Bahama.
Büffon, Vögel, XVIII. p. 130. *der bahamifche Baumläufer*; mit 1 Fig.
Martini, Naturlexicon, VI. p. 477. *bahamifcher Baumläufer.*
Seligmann, Vögel, III. Tab. 18. *die bahamifche Meife.*
Latham, Syn. II. p. 737. n. 42. B. Bahama-Creeper.
Latham, Vögel, I. 2. p. 603. n. 42. Var. B. *der bahamifche Baumläufer.*
Latham, Syft. ornithol. I. p. 297. n. 53. γ. Certhia fufca, fubtus lutea, gula pallida, abdomine infimo criffoque fufcefcentibus, fuperciliis albis.
Gerin. ornith. II. p. 59. n. 20.

δ. *Der Baumläufer von der Infel S. Bartholomaei.* *
Latham, Vögel, I. 2. p. 611. n. 72. *der fchwefelgelbe Baumläufer.*
Latham, Syft. ornithol. I. p. 297. n. 53. γ. Certhia fupra plumbeo-fufca, fubtus flava, fuperciliis flavefcenti-viridibus, uropygio fubvirefcenti, criffo albido, roftro, pedibus, alis, caudaque fufcis.
Muf. Carlf. Fafc. III. Tab. 57. Certhia bartholemica.

44. SANGUINEA. *Der blutrothe Baumläufer.*
Büffon, Vögel, XVIII. p. 161. *der blutrothe Baumläufer.*
Latham, Vögel, I. 2. p. 603. n. 43. *der karmoifinrothe Baumläufer.*

Latham, Syſt. ornitholog. I. p. 290. n. 30. Certhia (Sanguinea) ſaturate coccinea, abdomine obſcuro, criſſo albo, remigibus ſecundariis caſtaneo-marginatis, primoribus rectricibusque nigris.

45. Virens. *Der grünliche Baumläufer.*

Büffon, Vögel, XVIII. p. 162. *der grünliche Baumläufer.*

Latham, Vögel, I. 2. p. 603. n. 44. *der olivengrüne Baumläufer.*

Latham, Syſt. ornitholog. I. p. 290. n. 31. Certhia (Virens) olivaceo-viridis, loris nigricantibus, remigibus caudaque flavo marginatis.

46. Rubra. *Der ſcharlachrothe Baumläufer.* (5)

Büffon, Vögel, XVIII. p. 165. *der rothe Baumläufer.*

Latham, Vögel, I. 2. p. 604. n. 45. *der ſcharlachrothe Baumläufer.*

47. Cinnamomea. *Der zimmtfarbene Baumläufer.*

Büffon, Vögel, XVIII. p. 164. *der zimmtfarbige Baumläufer.*

Latham, Vögel, I. 2. p. 604. n. 46. *der zimmtfarbige Baumläufer.*

Latham, Syſt. ornitholog. I. p. 298. n. 56. Certhia (Cinnamomea) cinnamomea, ſubtus alba.

48. Macassariensis. *Der macaſſariſche Baumläufer.*

Klein, av. p. 107. n. 7. Falcinellus rex florum, Kakopit Tſioei.

Klein, Vorbereit. p. 199. n. 7. *Blumenkönig.*

Klein,

(5) *Latham* rechnet ihn mit zu *Certhia Cardinalis.* Syſt. ornith. p. 290. n. 29.

Klein, verbeſſ. Vögelhiſt. p. 110. n. 10. *Blumenkönig.*

Halle, Vögel, p. 503. n. 564. *der Blumenprinz.*

Briſſon, ornitholog. II. p. 23. n. 6. Colibri des Indes.

Büffon, Vögel, XVIII. p. 165. *der macaſſariſche Baumläufer;* m. 1 Fig.

Latham, Vögel, I. 2. p. 604. n. 47. *der macaſſariſche Baumläufer.*

Latham, Syſt. ornithol. I. p. 300. n. 72. Certhia (Macaſſarienſis) viridi-aurata, ſubtus nigricante-fuſca.

49. Indica. *Der indiſche Baumläufer.*

Klein, av. p. 108. n. 12. Falcinellus Cyaneus.

Klein, Vorbereit. p. 200. n. 12. *Weiſskehlchen.*

Klein, verbeſſerte Vögelhiſt. p. 111. n. 15. *Weiſskehlchen.*

Halle, Vögel, p. 504. n. 568. *der hellblaue Kolibriſpecht, mit weißer Kehle.*

Briſſon, ornitholog. II. p. 25. n. 10. Colibri bleu des Indes.

Büffon, Vögel, XVIII. p. 166. *der indiſche Baumläufer;* mit 1 Fig.

Latham, Vögel, I. 2. p. 605. n. 40. *der indiſche Baumläufer.*

Latham, Syſt. ornitholog. I. p. 301. n. 73. Certhia (Indica) caeruleo-nitens, collo inferiore albeſcente.

50. Amboinensis. *Der amboiniſche Baumläufer.* (6)

Briſſon, ornithol. II. p. 26. n. 12. Colibri d'Amboine.

(6) *Klein* rechnet ihn zu ſeinem Blumenkönig *Certhia Macaſſarienſ.*

Büffon, Vögel, XVIII. p. 167. *der amboinische Baumläufer*; m. 1 Fig.

Latham, Vögel, I. 2. p. 605. n. 49. *der amboinische Baumläufer.*

Latham, Syst. ornithol. I. p. 301. n. 74. Certhia (Amboinensis) cinereo-grisea, subtus viridis, capite colloque flavis, viridi-marginatis, pectore rubro, alis nigris.

51. MEXICANA. *Der rothe mexikanische Baumläufer.*

Klein, av. p. 107. n. 1. Avicula Hoitzillin.

Klein, Vorbereit. p. 198. n. 1. *das Vöglein Hoitzillin.*

Klein, verbess. Vögelhist. p. 110. n. 3. *mexikanische Baumklette.*

Halle, Vögel, p. 502. n. 558. *der rothe Gesangkolibri mit grüner Kehle.*

Brisson, ornitholog. II. p. 15. n. 24. Grimpereau rouge du Mexique.

Büffon, Vögel, XVIII. p. 88. *der rothe Vogel mit dem Baumläuferschnabel*; mit 1 Fig.

Latham, Vögel, I. 2. p. 589. n. 23. *der rothe Baumläufer.*

Latham, Syst. ornitholog. I. p. 289. n. 27. Certhia (Coccinea) rubra, pileo dilutiore, gula iuguloque viridibus, remigibus apice caerulescentibus.

Moehring, av. gen. p. 79. n. 102. Troglodytae adfinis.

β. *Der rothe, schwarz gehäubte mexikanische Baumläufer.*

Klein, av. p. 80. n. 20. Sylvia rubra, rostro longiori.

Klein, Vorbereit. p. 149. n. 20. *rother Wenzel mit schwarzer Haube.*

Klein,

Klein, verb. Vögelhist. p. 80. n. 23. *rother Wenzel mit schwarzer Haube.*

Brisson, ornitholog. II. p. 16. n. 25. Grimpereau rouge à tête noire du Mexique.

Büffon, Vögel, XVIII. p... *der rothe Vogel mit schwarzem Kopfe.*

Martini, Naturlex. VI. p. 462. *rother Baumläufer mit schwarzer Haube.*

Latham, Syn. II. p. 722. n. 23. A.

Latham, Vögel, I. 2. p. 589. n. 23. Var. A. *der rothe schwarzgehäubte Baumläufer.*

Latham, Syst. ornitholog. I. p. 289. n. 27. β. Certhia pallide rubra, remigibus rectricibusque saturatioribus, capite nigro, tectricibus alarum flavo-aureis.

52. Cinerea. *Der aschgraue Baumläufer.*

Büffon, Vögel, XVIII. p. 168. *der aschgraue Baumläufer.*

Latham, Vögel, I. 2. p. 589. n. 22. *der aschgraue Baumläufer.*

Latham, Syst. ornithol. I. p. 289. n. 25. Certhia (Cinerea) viridi-nitens, capite, collo, dorso supremo pectoreque fusco cinereis, striga lateribus gulae abdomineque flavescentibus.

19. Pulchella. *Der schöne Baumläufer.*

Müller, Natursyst. II. p. 259. n. 19. *Langschwanz.*

Klein, av. p. 80. n. 19. Sylvia versicolor.

Klein, Vorber. p. 149. n. 19. *Kurzschwanz.*

Klein, verbess. Vögelhist. p. 79. n. 15. *amboinischer Steinpatscher.*

Brisson, ornitholog. II. p. 14. n. 21. Grimpereau à longue queue du Sénegal.

Büffon, Vögel, XVIII. p. 83. *der langschwänzige goldgrüne schillernde Souimanga;* m. 1 F.

Martini, Naturlex. VI. p. 450. *Langschwanz.*

Latham, Vögel, I. 2. p. 587. n. 20. *der schöne Baumläufer.*

Latham, Syst. ornithol. I. p. 288. n. 23. Certhia (Pulchella) rectricibus duabus intermediis longissimis, corpore viridi nitente, pectore rubro.

Gerin. ornith. II. p. 59. Tab. 201 fig. 2.

20. Famosa. *Der langschwänzige Baumläufer.*

Müller, Natursystem, II. p. 259. n. 20. *capscher Colibri.*

Borowsky, Thierreich, II. p. 155. n. 6. *der capsche Colibri, Zuckervogel.*

Brisson, ornitholog. II. p. 14. n. 22. Grimpereau à longue queue du Cap de b. E.

Büffon, Vögel, XVIII. p. 85. *der große grüne Souimanga mit langem Schwanze;* mit 1 Fig.

Batsch, Thiere, I. p. 312. *der Zuckervogel.*

Martini, Naturlexicon, VI. p. 447. *capscher langgeschwänzter Baumläufer.*

Latham, Vögel, I. 2. p. 588. n. 21. *der langgeschwänzte Baumläufer.*

Latham, Syn. Suppl. p. 128. Famous Creeper.

Latham, Syst. ornitholog. I. p. 288. n. 24. Certhia (Famosa) rectricibus duabus intermediis longissimis, corpore viridi nitente, axillis luteis, loris nigris.

Gerin. ornith. II. p. 58. Tab. 201. fig. 1.

21. Philippina. *Der philippinische Baumläufer.* (7)

Müller, Naturs. II. p. 260. n. 21. *philippinischer.*

Brisson,

(7) Nach *Büffon* das Weibchen, oder eine Spielart von *Certhia chalybea*. Nach *Latham* vielleicht das Weibchen von *Certhia Sperata;* und *Sonnerat* ist geneigt ihn für das Weibchen von *Certhia Zeylenica* zu halten.

Brisson, ornithol. II. p. 4. n. 4. Grimpereau des Philippines.

Büffon, Vögel, XVIII. p. 55. *der philippinische Baumläufer.*

Martini, Naturlexicon, VI. p. 455. *philippinischer Baumläufer.*

Latham, Vögel, I. 2. p. 581. n. 12. *der philippinische Baumläufer.*

Latham, Syst. ornithol. I. p. 283. n. 9. Certhia (Philippina) rectricibus 2. intermediis longissimis, corpore subgriseo virescente, subtus albo-flavescente.

Sonnerat, Reis. nach Neuguin. p. 25. *die zweyte Art Baumläufer;* m. 1 Fig.

22. Violacea. *Der violetfarbige Baumläufer.*

Müller, Natursystem, II. p. 260. n. 22. *violetfärbiger.*

Müller, Natursystem, Suppl. p. 97. n. 27. *der violette Baumläufer.*

Brisson, ornithol. II. p. 15. n. 23. petit Grimpereau à longue queue du Cap de b. E.

Büffon, Vögel, XVIII. p. 79. *der langschwänzige Souimanga mit violetter Kehle;* mit 1 Fig.

Martini, Naturlex. VI. p. 471. *violetter Baumläufer.*

Latham, Vögel, I. 2. p. 587. n. 19. *der violetköpfige Baumläufer.*

Latham, Syst. ornithol. I. p. 288. n. 21. Certhia (Violacea) rectricibus duabus intermediis longissimis, corpore violaceo-nitente, pectore abdomineque luteis.

23. Zeylonica. *Der zeilanische Baumläufer.*

Müller, Natursystem, II. p. 260. n. 23. *Rostfärbiger.*

Müller, Naturſyſt. Suppl. p. 99. n. 31. *der Dreyfarbige.*

Briſſon, ornitholog. II. p. 7. n. 10. Grimpereau olive des Philippines.

Büffon, Vögel, XVIII. p. 58. *der olivenfarbige Souimanga mit purpurfarbiger Kehle;* mit 1 Figur.

Martini, Naturlex. VI. p. 458. *roſtfarbiger Baumläufer.*

Latham, Vögel, I. 2. p. 582. n. 13. *der zeylaniſche Baumläufer.*

Latham, Syſt. ornithol. I. p. 285. n. 15. Certhia (Zeylonica) pileo viridi, dorſo ferrugineo, abdomine flavo, gula uropygioque azureis.

Sonnerat, Reiſ. n. Neuguin. p. 25. *die erſte Art Baumläufer;* mit 1 Fig.

β. *Latham*, Syn. II. p. 713. n. 13. A.

Latham, Vögel, I. 2. p. 583. n. 13. Var. A.

Latham, Syſt. ornithol. I. p. 285. n. 13. β. Certhia fuſca, pileo tectricibusque alarum viridibus, uropygio purpureo, pectore infimo abdomineque albis.

24. CYANEA. *Der ſchwarz und blaue Baumläufer.*

Müller, Naturſyſt. II. p. 260. n. 24. *ſchwarzblauer.*

Klein, av. p. 108. n. 11. Falcinellus de Guitguit, ex inſula Cuba.

Klein, Vorbereit. p. 200. n. 11. *Kurzſchwanz, Langhals von der Inſel Cuba.*

Klein, verb. Vögelh. p. 110. n. 14. *Langhals und Kurzſchwanz.*

Halle, Vögel, p. 504. n. 567. *der ſchwarzblaue Kolibriſpecht mit verſilberter Stirn.*

Briſſon, ornith. II. p. 9. n. 13. Grimpereau bleu du Bréſil.

Büffon,

Büffon, Vögel, XVIII. p. 98. *der schwarz und blaue Guitguit;* mit 1 Fig.

Martini, Naturlexicon, VI. p. 464. *schwarzblauer Baumläufer.*

Seligmann, Vögel, VIII. Tab. 54. *der schwarze und blaue Baumhäcker.*

Latham, Vögel, I. 2. p. 591. n. 26. *der schwarz und blaue Baumläufer.*

Latham, Syn. Supplem. p. 128. black and blue Creeper.

Latham, Syst. ornithol. I. p. 291. n. 34. Certhia (Cyanea) caerulea, fascia oculari, humeris, alis caudaque nigris, pedibus rubris.

Jonston, av. p. 206. Guiracoereba.

Moehring, av. gen. p. 36. n. 16. Colius.

β. C. obscure viridis, lateribus remigum interioribus tectricibusque alarum inferioribus sulphureis. *

Latham, Syst. ornithol. I. p. 29. n. 34. β.

25. LOTTENIA. *Der Lootensvogel.*

Müller, Natursyst. II. p. 261. n. 25. *von Lootens Vogel.*

Müller, Natursystem, Suppl. p. 99. n. 32. *der Violetfleck.*

Brisson, ornitholog. II. p. 12. n. 19. Grimpereau verd de Madagascar.

Büffon, Vögel, XVIII. p. 65. *der Souimanga: Angala-Dian.*

Martini, Naturl. VI. p. 451. *Lotensvogel.*

Latham, Vögel, I. 2. p. 584. n. 16. *der Lotens-Baumläufer.*

Latham, Syst. ornitholog. I. p. 286. n. 16. Certhia (Lotenia) caerulea, fascia pectorali rubro-aurea, loris atris.

Gerin,

Gerin. ornithol. II. p. 160. n. 29.
Donndorff, Handb. der Thiergesch. p. 252. n. 6. *der Lootensvogel.*

53. Omnicolor. *Der goldgrüne Baumläufer.*(8)
Klein, Vorbereit. p. 199. n. 8. *ceylanische Baumklette.*
Klein, verbess. Vögelhist. p. 110. n. 11. *ceylanische Baumklette.*
Büffon, Vögel, XVIII. p. 70. *der Souimanga mit allen Farben;* mit 1 Fig.
Martini, Naturlexicon, VI. p. 473. *zeilonischer Baumläufer von allen Farben.*
Latham, Vögel, I. 2. p. 585. n. 17. *der goldgrüne Baumläufer.*
Latham, Syst. ornitholog. I. p. 286. n. 17. Certhia (Omnicolor) viridi-aurata, variis coloribus nitens.

54. Caffra. *Der caffersche Baumläufer.*(9)
Müller, Natursyst. Suppl. p. 97. n. 26. *der capsche braune Baumläufer.*
Büffon, Vögel, XVIII. p. 139. 169. *der kapsche braune Baumläufer.*
Martini, Naturlex. VI. p. 445. *kapscher brauner Baumläufer.*
Latham, Vögel, I. 2. p. 610. n. 67. *der braune capsche Baumläufer.*
Pallas, Naturgesch. merkw. Th. VI. p. 21. *der kaffrische Baumhäckel.*
Hermann, tab. affin. anim. p. 195. Certhia Cafra.

A. Ver-

(8) *Brisson* hat die hieher gehörigen Synonymen aus *Klein* und *Seba* zu der vorhergehenden Gattung gezogen.

(9) Ist nach *Pallas* mit *Merops Caffer* u. *Upupa Promerops Linn.* völlig einerley, und sind alle bey diesen beyden Gattungen aufgeführte Synonymen *hieher* zu rechnen.

A. *Veränderungen gegen die XII. Edition, und Vermehrung der Gattungen dieses Geschlechts.*

Das Geschlecht ist mit 29 Gattungen vermehrt. Bey der 1sten Gattung sind *zwey*, bey der 4ten *zwey*, bey der 11ten *drey*, bey der 12ten *vier*, bey der 13ten *zwey*, bey der 23ten *zwey* Varietäten aus einander gesetzt, und bey der 18ten ist die Varietät β hinzugekommen.

B. *Neuere Gattungen.*

1. *Der polirte Baumläufer.*

Muss. Carls. fasc. III. Tab. 59. Certhia polita.

Latham, Vögel, I. 2. p. 612. n. 73. *der polirte Baumläufer.*

Latham, Syst. ornitholog. I. p. 287. n. 19. Certhia (Polita) nigricans, pectore, capite corporeque supra virescenti parumque purpureo-metallino, macula subaxillari flava.

2. *Der asiatische Baumläufer.*

Latham, Vögel, I. 2. p. 609. n. 63. *der asiatische Baumläufer.*

Latham, Syst. ornithol. I. p. 288. n. 22. Certhia (Asiatica) saturate caerulea, alis fuscis, rostro pedibusque atris.

3. *Der schnupftabacksfarbige Baumläufer.*

Latham, Syn. Supplem. p. 129. Snuff-coloured Creeper.

Latham, Vögel, I. 2. p. 605. n. 50. *der schnupftabacksfarbige Baumläufer.*

Latham, Syst. ornitholog. I. p. 289. n. 26. Certhia (Tabacina) rectricibus duabus intermediis longissimis, corpore supra, capite colloque tabacino, subtus viridi, rectricibus viridi nigricantibus.

4. *Der rothrückige Baumläufer.*
Latham, Syn. Supplem. p. 132. *Red-backed Creeper.*
Latham, Vögel, I. 2. p. 607. n. 55. *der rothrückige Baumläufer.*
Latham, Syst. ornithol. I. p. 290. n. 28. Certhia (Erythronotos): coccinea, subtus rufo-alba, lateribus colli fascia nigra, tectricibus alarum atro-viridibus, remigibus caudaque nigris.
Sonnerat, voy. Ind. p. 209. Tab. 117. fig. 1. Grimpereau à dos rouge de la Chine.

5. *Der rußbraune Baumläufer.*
Mus. Carls. Fasc. III. Tab. 56. Certhia ignobilis.
Latham, Vögel, I. 2. p. 611. n. 71. *der rußbraune Baumläufer.*
Latham, Syst. ornithol. I. p. 294. n. 42. Certhia (Ignobilis) supra fuliginoso-nigra, subtus cinerea, lineolis ellipticis albidis.

6. *Der gewellte Baumläufer.*
Mus. Carls. Fasc. II. Tab. 34. Certhia undulata.
Büffon, Vögel, XVIII. p. 143. *der gewellte Baumläufer.*
Latham, Vögel, I. 2. p. 610. n. 68. *der gewellte Baumläufer.*
Latham, Syst. ornithol. I. p. 295. n. 43. Certhia (Undulata) supra cinereo-fuliginosa, subtus alba, nigro transversim undulata.

7. *Der neuholländische Baumläufer.*
White, voy. p. 186. 297. New Holland Creeper. (Männchen und Weibchen abgebildet.)
White, Reis. n. Neu-Süd-Wallis; in dem Magazin merkw. Reisebeschr. V. p. 129. *die neuholländische Baumklette.* (Certhia varia)
Latham,

Latham, Vögel, I. 2. p. 609. n. 64. *der neuholländische Baumläufer.*

Latham, Syst. ornitholog. I. p. 296. n. 49. Certhia (Novae Hollandiae) nigra, subtus albo striata, superciliis maculaque aurium albis, remigibus rectricibusque flavo marginatis.

8. *Der grauliche Baumläufer aus Neukaledonien.*

Latham, Vögel, I. 2. p. 609. n. 65. *der grauliche Baumläufer.*

Latham, Syst. ornithol. I. p. 296. n. 50. Certhia (Incana) subfusca, collo remigibusque canescentibus.

9. *Der fremde Baumläufer.*

Latham, Vögel, I. 2. p. 609. n. 66. *der fremde Baumläufer.*

Latham, Syst. ornitholog. I. p. 297. n. 54. Certhia (Peregrina) olivacea, subtus flava, fascia alarum bifida pallida, cauda subforficata, rectricibus 2 exterioribus apice intus albis.

10. *Der Baumläufer mit Kniebändern aus Surinam.*

Mus. Carls. Fasc. II. Tab. 36. Certhia armillata.

Büffon, Vögel, XVIII. p. 146. *der Baumläufer mit Kniebändern.*

Latham, Vögel, I. 2. p. 611. n. 70. *der Baumläufer mit Kniebändern.*

Latham, Syst. ornitholog. I. p. 298. n. 55. Certhia (Armillata) viridis, alis complicatis, supra nigris subtus luteis, humeris, femorum armillis maculisque aliquot uropygii sapphirinis.

11. *Der graubäuchige Baumläufer aus Afrika.*

Latham, Syn. Supplem. p. 298. Ash-bellied Creeper.

Latham,

Latham, Vögel, I. 2. p. 606. n. 51. *der grau-bäuchige Baumläufer.*

Latham, Syst. ornithol. I. p. 298. n. 57. Certhia (Verticalis) viridi-olivacea, subtus cinerascens, vertice viridi, remigibus caudaque fuscis.

12. *Der indigblaue Baumläufer, aus Indien.*

Latham, Syn. Suppl. p. 130. Indigo Creeper.

Latham, Vögel, I. 2. p. 606. n. 52. *der indigblaue Baumläufer.*

Latham, Syst. ornitholog. I. p. 298. n. 58. Certhia (Parietum) cyanea subtus rufa, superciliis gulaque albis, sub oculis ad nucham linea nigra.

Sonnerat, voy. Ind. II. p. 208. Rossignol de murailles des Indes.

13. *Der Baumläufer mit blauem Steiß, vom Vorgebirg der guten Hoffnung.*

Latham, Syn. Supplem. p. 131. Blue-rumped Creeper.

Latham, Vögel, I. 2. p. 606. *der Baumläufer mit blauem Steiß.*

Latham, Syst. ornithol. I. p. 298. n. 59. Certhia (Viridis) viridis, uropygio caeruleo, gula rubra, remigibus caudaque rufo-aureis.

Sonnerat, voy. Ind. II. p. 208. Tab. 116. fig. 2. Grimpereau verd du Cap de b. E.

14. *Der gelbbäuchige Baumläufer, aus Indien.*

Mus. Carls. Fasc. II. Tab. 35. Certhia lepida.

Büffon, Vögel, XVIII. p. 144. *der nette Baumläufer.*

Latham, Vögel, I. 2. p. 610. n. 69. *der nette Baumläufer.*

Latham,

Latham, Vögel, I. 2. p. 606. n. 54. *der gelbbäuchige Baumläufer.*

Latham, Syn. Supplem. p. 131. Yellow-bellied Creeper.

Latham, Syſt. ornitholog. I. p. 298. n. 60. Certhia (Lepida) violaceo-nitens ſubtus flava, ſincipite viridi, lateribus colli ſtriga longitudinali vireſcente alteraque violacea, gula rubrofuſca.

Sonnerat, voy. Ind. II. p. 209. Tab. 116. fig. 1. Grimpereau de Malacca.

β. C. violaceo-purpurea, ſubtus flava, genis fuſcovireſcentibus, gula iuguloque rubentibus.

Latham, Syſt. ornithol. I. p. 299. n. 60. β.

15. *Der gelbrückige Baumläufer aus China.*

Latham, Syn. Supplem. p. 132. n. 56. Orange-backed Creeper.

Latham, Vögel, I. 2. p. 607. n. 56. *der gelbrückige Baumläufer.*

Latham, Syſt. ornithol. I. p. 299. n. 61. Certhia (Cantillans) caeruleſcente-griſea, dorſo ſupremo macula corporeque ſubtus flavo.

Sonnerat, voy. Ind. II. p. 210. Tab. 117. fig. 2. Grimpereau ſiffleur de la Chine.

16. *Der gebüſchelte Baumläufer aus Bengalen.*

Latham, Syn. Supplem. p. 132. n. 57. Tufted Creeper.

Latham, Vögel, I. 2. p. 607. n. 57. *der gebüſchelte Baumläufer.*

Latham, Syſt. ornitholog. I. p. 299. n. 62. Certhia (Cirrhata) olivacea, abdomine caudaque nigris, lateribus pectoris cirrho flavo.

17. *Der rothschnäblige Baumläufer aus Indien.*
Latham, Syn. Supplem. p. 133. n. 58. Red-billed Creeper.
Latham, Vögel, I. 2. p. 607. n. 58. *der rothschnäblige Baumläufer.*
Latham, Syst. ornithol. I. p. 299. n. 63. Certhia (Erythrorynchos) olivacea, corpore subtus albo, alis caudaque nigricantibus, rostro rubro.

18. *Der gelbflügelige Baumläufer aus Bengalen.*
Latham, Syn. Suppl. p. 133. n. 59. Yellow-winged Creeper.
Latham, Vögel, I. 2. p. 608. n. 59. *der gelbflügelige Baumläufer.*
Latham, Syst. ornithol. I. p. 299. n. 64. Certhia (Chrysoptera) nigricante aureoque varia, tectricibus alarum flavis, remigibus caudaque nigris.

19. *Der langschnäblige Baumläufer in Bengalen.*
Latham, Syn. Suppl. p. 133. n. 60. Long-billed Creeper.
Latham, Vögel, I. 2. p. 608. n. 60. *der langschnäblige Baumläufer.*
Latham, Syst. ornithol. I. p. 299. n. 65. Certhia (Longirostris) olivaceo-nigricans, vertice nuchaque pallide viridibus, iugulo pectoreque albis, abdomine flavescente.

20. *Der streifschwänzige chinesische Baumläufer.*
Latham, Syn. Suppl. p. 133. n. 61. Barred-tail Creeper.
Latham, Vögel, I. 2. p. 608. n. 61. *der streifschwänzige Baumläufer.*
Latham, Syst. ornithol. I. p. 300. n. 66. Certhia (Grisea) cinereo-grisea, subtus rufescens, cauda

cauda cuneiformi, rectricibus duabus intermediis fuſcis, lateralibus griſeis, omnibus ad apicem faſcia nigra.

Sonnerat, voy. Ind. II. p. 210. Tab. 117. fig. 3. Grimpereau gris de la Chine.

21. *Der eherne Baumläufer in Weſtindien.*

Muſ. Carlſ. Faſc. IV. Tab. 78. Certhia aenea.

Latham, Vögel, I. 2. p. 612. n. 74. *der eherne Baumläufer.*

Latham, Syſt. ornitholog. I. p. 300. n. 68. Certhia (Aenea) ex viridi orichalcea, alis fuliginoſis, cauda atro-nitente, roſtro pedibusque nigris.

22. *Der blaukehlige Baumläufer auf Martinique.*

Muſ. Carlſ. Faſc. IV. Tab. 79. Certhia Gularis.

Latham, Vögel, I. 2. p. 612. n. 75. *der blaukehlige Baumläufer.*

Latham, Syſt. ornitholog. I. p. 300. n. 69. Certhia (Gularis) corpore cinereo-olivacea, ſubtus lutea, gula, iugulo pectorisque parte ſuperiore ſericeo-caeruleis.

23. *Der Baſtardbaumläufer in Amerika.*

Muſ. Carlſ. Faſc. IV. Tab. 80. Certhia trochilea.

Latham, Vögel, I. 2. p. 613. n. 77. *der Baſtardbaumläufer.*

Latham, Syſt. ornithol. I. p. 300. n. 70. Certhia (Trochilea) ſupra fuſco-olivacea, ſubtus ex flaveſcenti ſordide alba, cauda nigra, alis fuliginoſis.

24. *Der grünflügelige ſurinamiſche Baumläufer.*

Muſ. Carlſ. Faſc. IV. Tab. 81. Certhia praſinoptera.

Latham, Vögel, I. 2. p. 613. n. 76. *der grünflügelige Baumläufer.*

Latham, Syst. ornitholog. I. p. 300. n. 71. Certhia (Prasinoptera) nigra, collo anterius purpureo, alis et cauda chryso-prasinis.

66. GESCHLECHT. TROCHILUS. *Der Kolibri. (Honigsauger, Blumenspecht, Ananasvogel.)*

Müller, Natursyst. II. p. 262. Gen. LXVI.

Leske, Naturgesch. p. 252. Gen. XXXV.

Borowsky, Thierreich, II. p. 156. Gen. XXIV.

Blumenbach, Handbuch der Naturgesch. p. 170. Gen. XVI.

Bechstein, Naturgesch. I. p. 375. Gen. XXIII.

Bechstein, Naturgeschichte Deutschl. II. p. 170. Gen. XXIII.

Funke, Naturgesch. I. p. 336.

Ebert, Naturl. II. p. 64.

Halle, Vögel, p. 496. Gen. IV.

Pennant, arct. Zool. II. p. 269.

Neuer Schauplatz der Natur, II. p. 189.

Onomat. hist. nat. II. p. 54. III. p. 133. VII. p. 581.

Klein, av. p. 104. Gen. XIV. Mellisuga.

Brisson, ornith. II. p. 20. Gen. XLIV. Polytmus. p. 29. Gen. XLV. Mellisuga.

Büffon, Vögel, XVIII. p. 170 ff.

Batsch, Thiere, I. p. 310. Gen. LXII.

Latham, allgem. Uebers. der Vögel, I. 2. p. 614. Gen. XXIX.

Latham, Syst. ornithol. I. p. 301. Gen. XXX.

Hermann, tab. affinit. animal. p. 206.

Donndorff, Handbuch der Thiergesch. p. 252. Gen. XXVII.

* *Mit krummen Schnäbeln.*

1. Paradiseus. *Der Paradieskolibri.*

Müller, Naturſ. II. p. 263. n. 1. *Paradies-Colibri.*

Borowſky, Thierreich, II. p. 158. n. 2. *der Paradies-Kolibri.*

Klein, av. p. 107. n. 5. Falcinellus criſtatus.

Klein, Vorb. p. 198. n. 5. *gehaubte Baumklette.*

Klein, verbeſſ. Vögelhiſt. p. 110. n. 8. *gehaubte Baumklette.*

Briſſon, ornitholog. II. p. 28. n. 16. Colibri rouge hupé à longue queue du Mexique.

Büffon, Vögel, XVIII. p. 257. *der gehaubte Kolibri*; mit 1 Fig.

Latham, Vögel, I. 2. p. 615. n. 1. *der Paradies-Kolibri.*

Latham, Syſt. ornithol. I. p. 301. n. 1. Trochilus (Paradiſeus) curviroſtris ruber, alis caeruleis, capite criſtato, rectricibus intermediis longiſſimis.

Batſch, Thiere, I. p. 315. *der Paradieskolibri.*

Linné, Syſt. Nat. Edit. X. I. p. 119. n. 1. Trochilus (Paradiſeus) curviroſtris ruber, alis caeruleis, capite criſtato, rectricibus duabus longiſſimis.

Donndorff, Handb. der Thiergeſch. p. 253. n. 1. *der Paradieskolibri.*

23. Galeritus. *Der goldfleckige Haubenkolibri.*

Büffon, Vögel, XVIII. p. 283. *der gehaubte Kolibri.*

Latham, Vögel, I. 2. p. 628. n. 30. *der goldfleckige Haubenkolibri.*

Latham, Syſt. ornithol. I. p. 304. n. 10. Trochilus (Galeritus) curvir. viridi-aureus, remigibus rectricibusque fuſcis, criſta purpurea.

24. Exilis. *Der kleine Kolibri.*

Büffon, Vögel, XVIII. p. 284. *der schwarze Kolibri.*

Latham, Vögel, I. 2. p. 627. n. 29. *der kleine Kolibri.*

Latham, Syst. ornithol. I. p. 310. n. 32. Trochilus (Exilis) curvir. viridi-fuscus rubro nitens, capite crista viridi-nitente apice aurato, remigibus caudaque nigris.

Bankroft, Naturgesch. von Guiana, p. 100. *der schwarze Kolibri.*

2. Pella. *Der Topaskolibri.*

Müller, Natursyst. II. p. 264. n. 2. *Surinamischer.*

Onomat. hist. nat. II. p. 57. *das langgeschwänzte rothe Colibritchen.*

Klein. av. p. 108. n. 15. Falcinellus gutture viridi.

Klein, Vorbereit. p. 200. n. 15. *grünkehlige Klette.*

Klein, verbess. Vögelhist. p. 111. n 18 *grünkehlige Klette.*

Brisson, ornithol. II. p. 27. n. 15. Colibri rouge à longue queue de Surinam.

Büffon, Vögel, XVIII. p. 242. *der Topaskolibri*; mit 1 Figur.

Seligmann, Vögel, II. Tab. 63. *das langgeschwänzte rothe Colibritchen.*

Latham, Vögel, I. 2. p. 615. n. 2. *der Topaskolibri.*

Latham, Syst. ornithol. I. p. 302. n. 2. Trochilus (Pella) curvirostris, ruber, rectricibus intermediis longissimis, corpore rubro, capite fusco, gula aurata uropygioque viridi.

Fermin, Beschreib. von Surinam, II. p. 178. *der große Kolibri.*

Linné,

Linné, Syst. Nat. Edit. X. I. p. 119. n. 3. Trochilus (Pella) curvirostris, rectricibus intermediis longissimis, corpore rubro, gula aurata uropygioque viridi.

3. Superciliosus. *Der cayennische Kolibri.*

Müller, Natursyst. II. p. 364. n. 3. *Cajennischer.*

Brisson, ornithol. II. p. 26. n. 13. Colibri à longue queue de Cayenne.

Büffon, Vögel, XVIII. p. 247. *der weißfädigte Kolibri;* mit 1 Fig.

Latham, Vögel, I. 2. p. 616. n. 3. *der cayennische Kolibri.*

Latham, Syst. ornitholog. I. p. 302. n. 3. Trochilus (Superciliosus) curvirostris, fuscus, nitens, rectricibus intermediis longis, abdomine subincarnato superciliis albis.

25. Cyanurus. *Der blauschwänzige Kolibri.*

Halle, Vögel, p. 502. n. 561. *der grüne Kolibrispecht mit zwey langen Federn im Schwanze.* Fig. 39.

Klein, av. p. 107. n. 4. Falcinellus novae Hispaniae, cauda bipenni longa.

Klein, Vorbereit. p. 198. n. 4. *blaulichte Baumklette mit zwo langen Schwanzfedern aus Neuspanien.*

Klein, verbess. Vögelhist. p. 110. n. 7. *blauliche Baumklette.*

Brisson, ornithol. II. p. 27. n. 14. Colibri à longue queue du Mexique.

Büffon, Vögel, XVIII. p. 251. *der Blauschwanz;* mit 1 Fig.

Latham, Vögel, I. 2. p. 617. *der blauschwänzige Kolibri.*

Latham, Syst. ornithol. I. p. 303. n. 5. Trochilus (Cyanurus) curvir. viridis, subtus cinereo-griseus, capite anteriore, collo inferiore rectricibusque duabus intermediis longissimis caeruleis.

Moehring, av. gen. p. 37. n. 18. Curruca.

4. Polytmus. *Der schwarzköpfige Kolibri.*

Müller, Natursyst. II. p. 205. n. 4. *Langschwanz.*

Klein, av. p. 108. n. 17. Falcinellus cauda 7. unciarum.

Klein, Vorbereit. p. 201. n. 17. *schwarzplattige grüne Klette.*

Klein, verb. Vögelhist. p. 111. n. 20. *schwarzplattige grüne Klette.*

Halle, Vögel, p. 506. n. 573. *der grün' Kolibrispecht mit schwarzer Platte, und langer Schwanzschleppe.*

Onomat histor. nat. II. p. 54. *das langgeschwänzte Colibritchen, mit schwarzer Platte.*

Brisson, ornithol. II. p. 40. n. 19. Oiseau-mouche à tête noire et queue fourchue de la Jamaique.

Büffon, Vögel, XVIII. p. 234. *der Fliegenvogel mit langem schwarzen Schwanze;* m. 1 F.

Seligmann, Vögel, II. Tab. 67. *das langgeschwänzte Colibritchen mit schwarzer Platte.*

Latham, Vögel, I. 2. p. 616. n. 4. *der schwarzköpfige Kolibri.*

Latham, Syst. ornitholog. I. p. 302. n. 4. Trochilus (Polytmus) curvir. virescens, rectricibus lateralibus longissimis, pileo rectricibusque fuscis.

Bankroft, Naturgeschichte von Guiana, p. 101. *der langschwänzige schwarzkuppige Colibri.*

Linné,

Linné, Syst. Nat. Edit. X. I. p. 120. n. 4. Trochilus (Polytmus) curvirostris, rectricibus lateralibus longissimis, corpore virescente, pileo rectricibusque fuscis.

Gentl. Magazin, XX. Tab. p. 121.

β. Tr. virescens, subtus albus, vertice fusco, rectricibus aequalibus, apice late albis. (Femina?) *

Latham, Syst. ornithol. I. p. 303. n. 4. β.

5. Forficatus. *Der große gabelschwänzige Kolibri.*

Müller, Natursystem, II. p. 265. n. 5. *Gabelschwanz.*

Borowsky, Thierreich, II. p. 157. n. 1. *der gabelschwänzige Kolibri.* Tab. 24.

Klein, av. p. 108. n. 16. Falcinellus vertice caudaque cyaneis.

Klein, Vorbereit. p. 200. n. 16. *blaukappige grüne Klette.*

Klein, verbess. Vögelhist. p. 111. n. 19. *blaukappige grüne Klette.*

Onomat. histor. nat. II. p. 63. *das grüne Colibritchen mit langem Schwanz.*

Brisson, ornithol. II. p. 39. n. 18. Oiseau-mouche à queue fourchue de la Jamaique.

Büffon, Vögel, XVIII. p. 232. *der langschwänzige Fliegenvogel, oder das grün und blaue Gold;* mit 1 Fig.

Seligmann, Vögel, II. Tab. 65. *das grüne Colibritchen mit langem Shhwanz.*

Latham, Vögel, I. 2. p. 617. n. 6. *der große gabelschwänzige Kolibri.*

Latham, Syst. ornitholog. I. p. 303. n. 7. Trochilus (Forficatus) curvirostris viridis, rectricibus lateralibus longissimis, pileo rectricibusque caeruleis.

Linné, Syst. Nat. Edit. X. I. p. 120. n. 5. Trochilus (Forficatus) curvirostris, rectricibus lateralibus longissimis, corpore viridi, pileo rectricibusque caeruleis.

26. FURCATUS. *Der kleine gabelschwänzige Kolibri.*

Brisson, ornithol. II. p. 40. n. 20. Oiseau-mouche violet à queue fourchue de la Jamaique.

Büffon, Vögel, XVIII. p. 230. *der violette Fliegenvogel mit dem Gabelschwanze.*

Latham, Vögel, I. 2. p. 618. n. 7. *der kleine gabelschwänzige Kolibri.*

Latham, Syst. ornithol. I. p. 304. n. 8. Trochilus (Furcatus) curvir. caeruleo-violaceus, vertice, collo uropygioque viridi-aureis, remigibus rectricibusque nigris, cauda bifurca.

27. MACROURUS. *Der cayennische gabelschwänzige Kolibri.*

Brisson, ornitholog. II. p. 39. n. 17. Oiseau-mouche à queue fourchue de Cayenne.

Büffon, Vögel, XVIII. p. 227. *der Fliegenvogel mit dem langen Schwanze, von der Farbe eines angelaufenen Stahls.*

Latham, Vögel, I. 2. p. 618. n. 8. *der cayennische gabelschwänzige Kolibri.*

Latham, Syst. ornitholog. I. p. 304. n. 9. Trochilus (Forcipatus) curvir. viridi-aureus, capite colloque violaceis, abdomine macula alba, cauda chalybea bifurca.

28. PURPURATUS. *Der purpurköpfige Kolibri.*

Büffon, Vögel, XVIII. p. 286. *der purpurköpfige Kolibri.*

Latham,

Latham, Vögel, I. 2. p. 627. n. 27. *der purpurköpfige Kolibri.*

Latham, Syst. ornitholog. I. p. 309. n. 29. Trochilus (Torquatus) curvirostris viridis, vertice purpureo, collo inferiore annulo caeruleo, cauda bifurca purpurea.

29. Auratus. *Der granatkehlige Kolibri.*

Latham, Vögel, I. 2. p. 619. n. 9. *der granatkehlige Kolibri.* Tab. 36. fig. 1.

Latham, Syst. ornithol. I. p. 305. n. 11. Trochilus (Granatinus) curvir. viridis, subtus nigricans, gula iuguloque granatinis.

β. *Büffon*, Vögel, XVIII. p. 246. *der Granat.*

Latham, Syn. II. p. 753. n. 9. A.

Latham, Vögel, I. 2. p. 619. n. 9. Var. A.

Latham, Syst. ornithol. I. p. 305. n. 11. β.

6. Leucurus. *Der weißschwänzige Kolibri.*

Müller, Natursyst. II. p. 266. n. 6. *Weißschwanz.*

Klein, verbess. Vögelhist. p. 168. *weißschwänzige Baumklette.*

Brisson, ornithol. II. p. 22. n. 5. Colibri de Surinam.

Büffon, Vögel, XVIII. p. 269. *die rothe Halsbinde.*

Seligmann, Vögel, VII. Tab. 46. *das Colibritchen mit weißem Schwanze.*

Latham, Vögel, I. 2. p. 622. n. 17. *der weißschwänzige Kolibri.*

Latham, Syst. ornitholog. I. p. 307. n. 19. Trochilus (Leucurus) curvir. viridi-aureus, rectricibus aequalibus albis, collari rubro.

30. Gramineus. *Der schwarzbrüstige Kolibri.*

Büffon, Vögel, XVIII. p. 267. *der grüne Halskragen.*

Latham, Vögel, I. 2. p. 622. n. 16. *der schwarzbrüstige Kolibri.*

Latham, Syst. ornithol. I. p. 306. n. 18. Trochilus (Pectoralis) curvir. viridis nitens, collo inferiore viridi, pectore nigro, abdomine albo, cauda chalybeo-purpurascente.

31. Violaceus. *Der violette Kolibri.*

Brisson, ornithol. II. p. 25. n. 11. Colibri violet de Cayenne.

Büffon, Vögel, XVIII. p. 265. *der violette Kolibri.*

Latham, Vögel, I. 2. p. 622. n. 15. *der violette Kolibri.*

Latham, Syst. ornithol. I. p. 306. n. 17. Trochilus (Violaceus) curvir. atro-violaceus, gutture pectoreque violaceo-nitentibus, alis caudaque viridi-aureis, rectricibus atro contaminatis.

32. Maculatus. *Der grünkehlige Kolibri.*

Büffon, Vögel, XVIII. p. 261. *der Kolibri mit dem grünen Halskragen;* mit 1 Fig.

Latham, Vögel, I. 2. p. 621. n. 14. *der grünkehlige Kolibri.*

Latham, Syst. ornitholog. I. p. 306. n. 16. Trochilus (Gularis) curvir. viridi-aureus, collo subtus smaragdino, lateribus rufo, abdomine albo, pectoris macula nigra.

33. Punctulatus. *Der gefleckte Kolibri.*

Brisson, ornitholog. II. p. 21. n. 2. Colibri piqueté.

Büffon,

Büffon, Vögel, XVIII. p. 249. *der Zitzil, oder getupfte Kolibri.*

Latham, Vögel, I. 2. p. 621. n. 13. *der gefleckte Kolibri.*

Latham, Syst. ornithol. I. p. 306. n. 15. Trochilus (Punctulatus) curvir. viridi-aureus, tectricibus alarum colloque inferiore albo-maculatis, rectricibus fusco-virescentibus, apice albis.

34. Albus. *Der violetschwänzige Kolibri.*

Büffon, Vögel, XVIII. p. 259. *der Kolibri mit dem violetten Schwanze*; m. 1 Fig.

Latham, Vögel, I. 2. p. 620. n. 11. *der violetschwänzige Kolibri.*

Latham, Syst. ornitholog. I. p. 305. n. 13. Trochilus (Nitidus) curvir. viridi-auratus, subtus albus, gula media fusco-viridi, cauda violacea, rectricibus tribus exterioribus apice albis.

7. Jugularis. *Der rothbrüstige Kolibri.*

Müller, Natursystem, II. p. 266. n. 7. *Rothhals.* Tab. 8. fig. 10.

Büffon, Vögel, XVIII. p. 263. *der Kolibri mit der karminfarbenen Kehle*; m. 1 F.

Seligmann, Vögel, VIII. Tab. 56. fig. 1. *der Colibri mit rother Brust;*

Latham, Vögel, I. 2. p. 620. n. 10. *der rothbrüstige Kolibri.*

Latham, Syst. ornitholog. I. p. 305. n. 12. Trochilus (Iugularis) curvir. caerulescens, rectricibus aequalibus, genis colloque subtus sanguineis.

35. Aurantius. *Der orangenköpfige Kolibri.*

Büffon, Vögel, XVIII. p. 287. *der pomeranzenfarbige Honigsauger.*

Latham,

Latham, Vögel, I. 2. p. 627. n. 28. *der orangenköpfige Kolibri.*

Latham, Syst. ornithol. I. p. 310. n. 30. Trochilus (Aurantius) curvir. fuscus, capite aurantio, gutture pectoreque flavis, alis purpureis, cauda ferruginea.

16. Flavifrons. *Der gelbstirnige Kolibri.*

Büffon, Vögel, XVIII. p. 288. *der gelbstirnige Kolibri.*

Latham, Vögel, I. 2. p. 627. n. 26. *der gelbstirnige Kolibri.*

Latham, Syst. ornithol. I. p. 309. n. 28. Trochilus (Flavifrons) curvir. viridis, sincipite flavo, remigibus rectricibusque nigris.

8. Thaumantias. *Der Wunderkolibri.*

Müller, Natursyst. II. p. 266. n. 8. *Joli.*

Halle, Vögel, p. 508. n. 580. *der goldgrüne Kolibrispecht, Spitze des Schwanzes weiß.*

Klein, av. p. 106. n. 3. Mellisuga Ronkje dicta.

Klein, Vorbereit. p. 196. n. 3. *der Honigsauger Ronkje.*

Klein, verbess. Vögelhist. p. 108. n. 3. *Ronkje.*

Brisson, ornitholog. II. p. 20. n. 1. Colibri.

Büffon, Vögel, XVIII. p. 280. *der kleine Kolibri.*

Latham, Vögel, I. 2. p. 626. n. 25. *der Wunder-Kolibri.*

Latham, Syst. ornithol. I. p. 309. n. 27. Trochilus (Thaumantias) curvir. viridis nitens, rectricibus aequalibus albo fimbricatis, extima exterius alba.

Linné, Syst. Nat. Edit. VI. p. 29. n. 2. Trochilus viridescens.

Jonston, av. p. 193. Guainumbi sexta species.

Moehring, av. gen. p. 39. Troglodytes.

9. Do-

9. DOMINICUS. *Der Kolibri von St. Domingo.*
Müller, Naturſyſt. II. p. 267. n. 9. *Domingiſcher.*
Büffon, Vögel, XVIII. p. 276. *der perlfarbene und grüne Kolibri;* mit 1 Fig.
Briſſon, ornitholog. II. p. 22. n. 4. Colibri de S. Domingue.
Latham, Vögel, I. 2. p. 626. n. 24. *der Kolibri von St. Domingo.*
Latham, Syſt. ornithol. I. p. 309. n. 26. Trochilus (Dominicus) curvir. viridis nitens, ſubtus ſubcinereus, rectricibus medio ferrugineis, apice albis.

37. VENUSTISSIMUS. *Der blaue Kolibri.*
Halle, Vögel, p. 502. n. 599. *der blaue Kolibriſpecht.*
Klein, av. p. 107. n. 2. avicula cyaneo colore venuſtiſſima.
Klein, Vorbereit. p. 198. n. 2. *blaue Baumklette.*
Klein, verbeſſ. Vögelh. p. 110. n. 4. *blaue Baumklette.*
Briſſon, ornith. II. p. 24. n. 9. Colibri bleu du Mexique.
Büffon, Vögel, XVIII. p. 274. *der blaue Kolibri;* mit 1 Fig.
Latham, Vögel, I. 2. p. 626. n. 33. *der blaue Kolibri.*
Latham, Syſt. ornitholog. I. p. 309. n. 25. Trochilus (Cyaneus) curvir. coccineo-ſericeus, dorſo caeruleo, alis nigris.
Moehring, av. gen. p. 79. n. 102. Troglodytae adfinis.

38. MARGARITACEUS. *Der graukälſige Kolibri.*
Büffon, Vögel, XVIII. p. 273. *das weiſſe Bruſtſtück.*

Latham,

Latham, Vögel, I. 2. p. 625. n. 22. *der grauhälsige Kolibri.*

Latham, Syst. ornithol. I. p. 308 n. 24. Trochilus (Margaritaceus) curvir. viridis nitens, subtus margaritaceo-canus, cauda basi chalybea, medio purpureo-fusca, ad apicem fascia fusca apice alba.

39. HIRSUTUS. *Der rothbäuchige Kolibri.*

Halle, Vögel, p. 508. n. 597. *der schwarze Kolibrispecht.*

Brisson, ornitholog. II. p. 21. n. 3. Colibri du Brésil.

Büffon, Vögel, XVIII. p. 278. *der Kolibri mit gelbröthlichem Bauch.*

Latham, Vögel, I. 2. p. 625. n. 21. *der rothbäuchige Kolibri.*

Latham, Syst. ornithol. I. p. 308. n. 23. Trochilus (Brasiliensis) curvir. viridi aureus, subtus albo-rufescens, cauda nigricante-viridi apice albo, tibiis pennatis.

Jonston, av. p. 193. Guainumbi quarta species.

β. *Latham*, Syn. II. p. 761. n. 21. A.

Latham, Vögel, I. 2. p. 625. n. 21. Var. A.

Latham, Syst. ornithol. I. p. 308. n. 23. β. Tr. viridi-aureus, subtus rufus, sub oculis vitta flavescente-alba, postice dilatata, rectricibus nigricantibus apice albis, lateralibus dimidiato-rufis.

40. MULTICOLOR. *Der vielfarbige Kolibri.*

Büffon, Vögel, XVIII. p. 289. *der vielfarbige Kolibri.*

Latham, Vögel, I. 2. p. 624. n. 20. *der vielfarbige Kolibri.*

Latham,

Latham, Syſt. ornitholog. I. p. 308. n. 22. Trochilus (Multicolor) curvir. fuſcus, abdomine rubro, vertice, gula, pectore dorſoque medio viridibus, vitta per oculos ad nucham caerulea, poſtice nigro marginata.

41. Cinereus. *Der grauſchnäblige Kolibri.*

Büffon, Vögel, XVIII. p. 290. *der aſchgraue Kolibri.*

Latham, Vögel, I. 2. p. 624. n. 19. *der grauſchnäblige Kolibri.*

Latham, Syſt. ornitholog. I. p. 308. n. 21. Trochilus (Cinereus) curvir. viridis, nitens, ſubtus cinereus, rectricibus lateralibus nigris, tribus extimis chalybeis, apice albo.

10. Mango. *Der mexikaniſche Kolibri.*

Müller, Naturſyſtem, II. p. 267. n. 10. *der Rieſe.* Tab. 8. fig. 13.

Halle, Vögel, p. 507. n. 576. *der grüne Kolibriſpecht mit ſchwarzem Bauche und gelben Schultern.*

Briſſon, ornitholog. II. p. 24. n. 8. Colibri de la Jamaique.

Büffon, Vögel, XVIII. p. 271. *das ſchwarze Bruſtſtück;* mit 1 Fig.

Latham, Vögel, I. 2. p. 623. n. 18. *der mexikaniſche Kolibri.*

Latham, Syſt. ornithol. I. p. 307. n. 20. Trochilus (Mango) curvir. viridis nitens, ſubtus ater, rectricibus ſubaequalibus ferrugineis.

Linné, Syſt. Nat. Edit. X. I. p. 121. n. 16. Trochilus (Mango) rectricibus ſubaequalibus ferrugineis, corpore teſtaceo, abdomine atro.

Jonſton, av. p. 193. Guainumbi quinta ſpecies.

β. *Latham*, Syn. II. p. 759. n. 18. A.
Latham, Vögel, I. 2. p. 623. n. 18. Var. A.
Latham, Syst. ornithol. I. p. 307. n. 20. β. Tr. curvirostris, viridis nitens, collo inferiore purpureo-nitente, medio atro, abdomine nigricante, crisso lateribus atro, rectricibus lateralibus purpureis, apice nigro marginatis.

γ. Tr. curvirostris fusco-viridis, collo inferiore viridi, pectore abdomineque violaceis, crisso albo, rectricibus lateralibus purpureis, apice nigro marginatis. *
Latham, Syn. Suppl. p. 135. n. 18. B.
Latham, Vögel, I. 2. p. 624. n. 18. Var. B.
Latham, Syst. ornithol. I. p. 307. n. 20. γ.

11. HOLOSERICEUS. *Der schwarzbäuchige Kolibri.*
Müller, Natursyst. II. p. 267. n. 11. *Sammetvogel.* Tab. 8. fig. 11.
Borowsky, Thierreich, II. p. 158. n. 3. *der Sammetvogel.*
Halle, Vögel, p. 502. n. 560. *der Regenbogenspecht.*
Onomat. histor. nat. II. p. 62. *das grüne Colibritchen mit schwarzem Bauch.*
Klein, av. p. 107. n. 3. avis Auricoma, nec vel Apellea manu imitabilis.
Klein, Vorber. p. 198. n. 3. *unbeschreibliche Baumklette.*
Klein, verbess. Vögelhist. p. 110. n. 5. *unbeschreibliche Baumklette.*
Klein, av. p. 108. n. 18. Falcinellus ventre nigricante, cauda brevi aequabili.
Klein, Vorbereit. p. 201. n. 18. *Klette mit schwarzem Unterleibe;* u. s. w.

Klein,

Klein, verbeſſ. Vögelhiſt. p. 111. n. 21. *Schwarzbrüſtlein.*

Briſſon, ornitholog. II. p. 23. n. 7. Colibri du Mexique.

Büffon, Vögel, XVIII. p. 254. *der grün und ſchwarze Kolibri.*

Seligmann, Vögel, II. Tab. 71. *das grüne Colibritchen mit ſchwarzem Bauch.*

Latham, Vögel, I. 2. p. 620. n. 12. *der ſchwarzbäuchige Kolibri.*

Latham, Syſt. ornitholog. I. p. 305. n. 14. Trochilus (Holoſericeus) curvir. viridis, rectricibus aequalibus ſupra nigris, faſcia pectorali caerulea, abdomine nigro.

Bankroft, Naturgeſch. von Guiana, p. 102. *der ſchwarzbäuchichte amerikan. Colibri.*

Linné, Syſt. Nat. Edit. X. I. p. 120. n. 9. Trochilus (Holoſericeus) curviroſtris, rectricibus aequalibus ſupra nigris, corpore ſupra viridi, pectore caeruleo, abdomine nigro.

Moehring, av. gen. p. 79. n. 102. Troglodytae adfinis.

42. Gularis. *Der blaukehlige Kolibri.*

Büffon, Vögel, XVIII. p. 291. *der blaukehligte Kolibri.*

Latham, Vögel, I. 2. p. 628. n. 31. *der blaukehlige Kolibri.*

Latham, Syſt. ornithol. I. p. 310. n. 31. Trochilus (Gularis) curvir. flaveſcens, gula uropygioque caeruleis, abdomine albo, alis caudaque nigris.

43. Fulvus. *Der brandgelbe Kolibri.*

Büffon, Vögel, XVIII. p. 292. *der brandgelbe Kolibri.*

Latham, Vögel, I. 2. p. 628. *der brandgelbe Kolibri.*

Latham, Syst. ornithol. I. p. 287. n. 20. Certhia (Fulva) fulva, remigibus rectricibusque atris, subtus fuscescentibus.

44. Varius. *Der bunte Kolibri.* (10)

Büffon, Vögel, XVIII. p. 293. *der bunte Kolibri.*

Latham, Vögel, I. 2. p. 628. n. 33. *der bunte Kolibri.*

Latham, Syst. ornithol. I. p. 287. n. 18. δ. Certhia viridi-aurea, subtus fusco-albicans, fascia pectorali duplici ex viridi cyanea et sanguinea.

** *Mit geraden Schnäbeln.*

66. Capensis. *Der capsche Kolibri.*

Büffon, Vögel, XVIII. p. 294. *der Kolibri vom Vorgeb. der guten Hoffnung.*

Latham, Vögel, I. 2. p. 629. n. 34. *der capsche Kolibri.*

Latham, Syst. ornitholog. I. p. 303. n. 6. Trochilus (Capensis) curvirostris (?) viridis, rectricibus intermediis longis, tectricibus alarum caeruleis.

12. Colubris. *Der gemeine Kolibri.*

Müller, Natursyst. II. p. 268. n. 12. *Goldkehle.*

Leske, Naturgesch. p. 253. *der gemeine Kolibri.* Tab. 6. fig. 4.

Bechstein, Naturgesch. I. p. 376. n. 1. *der gemeine Kolibri.*

Ebert, Naturl. II. p. 65. Tab. 25.

Halle, Vögel, p. 500. n. 554. *der grüne Kolibri mit scharlachrother Kehle.* Fig. 38.

Pennant,

(10) Nach *Latham* eine Varietät von *Certhia Afra*, p. 476. n. 11.

Pennant, arct. Zool. II. p. 269. n. 92. *die Rothkehle.*

Onomat. hist. nat. II. p. 59. *das rothbrüstige Colibritchen.*

Klein, av. p. 106, n. 5. Mellisuga pectore rubro.

Klein, Vorbereit. p. 196. n. 5. *rothbrüstiger Honigsauger.*

Klein, verbesserte Vögelhist. p. 108. n. 5. *Rothbrüstlein.*

Klein, av. p. 105. n. 1. Mellisuga, Colibris.

Klein, Vorbereit. p. 195. n. 1. *Kolibritchen aus Carolina.*

Klein, verbess. Vögelhist. p. 107. n. 1. *carolinisches Colibritchen.*

Brisson, ornithol. II. p. 36. n. 13. Oiseau-mouche à gorge rouge de la Caroline.

Büffon, Vögel, XVIII. p. 185. *der Rubin;* m. 1 F.

Seligmann, Vögel, II. Tab. 75. *das rothbrüstige Kolibritchen.*

Seligmann, Vögel, III. Tab. 30. *das Colibritchen, Summvöglein.*

Gesner, Vögelb. p. 477. *Spatz, so Muscatus genannt wird.*

Latham, Vögel, I. 2. p. 632. n. 40. *der gemeine Colibri.*

Latham, Syst. ornith. I. p. 312. n. 38. Trochilus (Colubris) rectirostris, viridi-aureus, rectricibus nigris, lateralibus tribus ferrugineis, apice albis, gula flammea. (Mas.)

Linné, auserles. Abh. II. p. 279. n. 4. *Colibri.*

Berlin. Samml. IV. p. 274. *der Kolibri.*

Valentin. mus. museor. II. p. 154. *Colibri.*

Linné, Syst. Natur. Edit. X. I. p. 120. n. 6. Trochilus (Colubris) rectricibus nigris, lateralibus tribus apice albis, gula rubra.

Charlevoix, hiſt. de la nouv. France, III. p. 158.

Le Clercq, nouv. relat. de la Gaſpeſie, p. 486. Nirido.

Philoſ. Transact. XVII. p. 760. 815.

Gentl. Magaz. XX. Tab. p. 175.

Hiſt. de St. Domingue. Par. 1730. I. p. 31.

β. Tomineo. *Müller*, Naturſyſt. II. p. 268. ad n. 12.

Latham, Syſt. ornith. I. p. 312. n. 38. β. Tr. rectricibus ſubaequalibus, baſi ferrugineis, apice albis, corpore ſupra fuſco, ſubtus albido. (Femina.)

Linné, Syſt. Nat. Edit. X. I. p. 121. n. 11. Trochilus (Tomineo) rectricibus ſubaequalibus baſi ferrugineis, apice albis, corpore ſupra fuſco, ſubtus albo.

45. Fimbriatus. *Der bunthälſige Kolibri.*

Büffon, Vögel, XVIII. p. 219. n. 16. *der Fliegenvogel mit der gefleckten Kehle.*

Briſſon, ornitholog. II. p. 33. n. 7. Oiſeau-mouche à gorge tachetée de Cayenne.

Latham, Vögel, I. 2. p. 654. n. 41. *der bunthälſige Kolibri.*

Latham, Syſt. ornith. I. p. 312. n. 39. Trochilus (Fimbriatus) rectir. viridi-aureus, pennis gulae iugulique albo fimbriatis, ventre cinereo, rectricibus nigro-chalybeis, lateralibus apice griſeis.

β. *Latham*, Vögel, I. 2. p. 634. n. 41. Var. A.

Latham, Syſt. ornithol. I. p. 313. n. 41. β. Tr. rectiroſtris viridi-aureus, ſubtus albus, pennis pectoris griſeo-marginatis, rectricibus totis virescente nigris.

46. Rubineus. *Der Rubin-Kolibri.*

Brisson, ornithol. II. p. 37. n. 14. Oiseau-mouche à gorge rouge du Brésil.

Büffon, Vögel, XVIII. p. 220. *der Smaragd-rubin.*

Latham, Vögel, I. 2. p. 631. n. 39. *der Rubin-Kolibri.*

Latham, Syst. ornith. I. p. 312. n. 37. Trochilus (Rubineus) rectir. viridi-aureus gutture rubino nitente, rectricibus rufis, exterius apiceque fusco-viridi-aureo fimbriatis.

47. Auritus. *Der Ohrenkolibri.*

Brisson, ornithol. II. p. 38. n. 15. grand Oiseau-mouche de Cayenne.

Büffon, Vögel, XVIII. p. 221. *der Fliegenvogel mit Ohren;* m. 1 Fig.

Latham, Vögel, I. 2. p. 631. n. 38. *der Ohrenkolibri.*

Latham, Syst. ornitholog. I. p. 311. n. 36. Trochilus (Auritus) rectir. viridi-auratus, subtus albus, taenia infra oculos nigra, macula aurium fasciculari violacea, rectricibus quatuor intermediis nigro-caeruleis, lateralibus albis.

β. *Latham*, Syn. II. p. 768. n. 33. A.

Latham, Vögel, I. 2. p. 631. n. 38. Var. A.

Latham, Syst. ornithol. I. p. 311. n. 36. β. Tr. rectirostris viridis, subtus albus, infra oculos fascia purpurea, postice dilatata, alteraque ad latera colli viridi-caerulea.

13. Ourissia. *Der blaubrüstige Kolibri.*

Müller, Natursyst. II. p. 268. n. 13. *Blaubauch.*

Onomat. histor. nat. II. p. 62. *das grünblaue Colibritchen.*

Klein, av. p. 106. n. 6. Mellisuga alis fuscis.
Klein, Vorbereit. p. 196. n. 6. *Honigsauger mit braunen Flügeln.*
Klein, verb. Vögelhist. p. 109. n. 6. *Braunflügel.*
Brisson, ornithol. II. p. 34. n. 10. Oiseau-mouche à poitrine bleue de Surinam.
Büffon, Vögel, XVIII. p. 213. *der Amethist-smaragd;* m. 1 F.
Seligmann, Vögel, II. Tab. 69. *das grüne und blaue Colibritchen.*
Latham, Vögel, I. 2. p. 630. n. 37. *der blaubrüstige Kolibri.*
Latham, Syst. ornitholog. I. p. 311. n. 35. Trochilus (Ourissia) rectir. viridi auratus, rectricibus subaequalibus fusco-aureis, remigibus nigris, abdomine caeruleo.

β. *Latham*, Syn. II. p. 767. n. 32. A.
Latham, Vögel, I. 2. p. 630. n. 37. Var. A.
Latham, Syst. ornitholog. I. p. 311. n. 35. β. Tr. rectirostris viridis, subtus caeruleus, gula aurantia, remigibus rectricibusque fuscis.

14. Moschitus. *Der Juwelenkolibri.*
Müller, Natursystem, II. p. 269. n. 14. *Rothschwanz.*
Blumenbach, Handb. der Naturgesch. p. 171. n. 2. Trochilus (Mosquitus) viridescens, vertice purpureo-aurato, gutture auroreo-rutilo; *der Juwelen-Colibrit.*
Halle, Vögel, p. 500. n. 553. *der schwarze kleinste Kolibri.*
Halle, Vögel, p. 499. n. 551. *der Regenbogenvogel.*
[*Klein*, av. p. 105. n. 2. Mellisuga, Thaumantias americana.

Klein,

Klein, Vorbereit. p. 195. n. 2. *Kurassauer aus Amerika.*

Klein, verb. Vögelhist. p. 108. n. 2. *Curassauer.*] Mit mehrern andern verwechselt.

Brisson, ornithol. II. p. 30. n. 3. Oiseau-mouche, à gorge topaze du Brésil.

Büffon, Vögel, XVIII. p. 195. *der Topasrubin.*

Latham, Vögel, I. 2. p. 638. n. 51. *der rubinköpfige Kolibri.* Tab. 25. fig. 2.

Latham, Syst. ornitholog. I. p. 316. n. 49. Trochilus (Moschitus) rectir. viridi-aureus, rectricibus aequalibus ferrugineis, extimis apice fuscis, remigibus nigris.

Bankroft, Naturgeschichte von Guiana, p. 102. *der Colibri mit eisenfarbigem Schwanz.*

Fermin, Beschr. v. Surinam, II. p. 179. *die dritte Art Kolibri.*

Linné, Syst. Nat. Edit. X. I. p. 120. n. 8. Trochilus (Mosquitus) rectricibus aequalibus ferrugineis, extimis apice fuscis, corpore nigro-aureo, remigibus nigris.

Jonston, av. p. 193. Guainumbi octava species.

Donndorff, Handb. der Thiergesch. p. 253. n. 2. *der Juwelenkolibri.*

15. Mellisugus. *Der goldgrüne cayennische Kolibri.*

Müller, Natursyst. II. p. 269. n. 15. *Honigsauger.* Tab. 28. fig. 7.

Halle, Vögel, p. 499. n. 552. *der ganz grüne Kolibri mit braunen Flügeln.*

Gatterer, vom Nutzen u. Schaden der Thiere, II. p. 68. n. 87. *der Honigsauger.*

Brisson, ornitholog. II. p. 32. n. 6. Oiseau-mouche de Cayenne.

Büffon, Vögel, XVIII. p. 216. *das vergoldete Grün;* mit 1 Fig.

Latham, Vögel, I. 2. p. 634. n. 42. *der goldgrüne cayennische Kolibri.*

Latham, Syst. ornithol. I. p. 313. n. 40. Trochilus (Mellisugus) rectir. viridi-aureus, rectricibus aequalibus chalybeo-caeruleis, remigibus atro-caerulescentibus, tibiis pennatis.

Linné, Syst. Nat. Edit. X. I. p. 121. n. 10. Trochilus (Mellisugus) rectricibus aequalibus caeruleis, corpore viridi-aureo, remigibus atro-caerulescentibus.

Jonston, av. p. 193. Guainumbi nona species.

16. PEGASUS. *Der rauchfüßige Kolibri.*

Müller, Natursyst. II. p. 269. n. 16. *der Federfuß.*

Brisson, ornithol. II. p. 34. n. 9. Oiseau-mouche à ventre gris de Cayenne.

Büffon, Vögel, XVIII. p. 209. *(Als das Weibchen von Trochilus Leucogaster.)*

Latham, Vögel, I. 2. p. 638. n. 49. *der rauchfüßige Kolibri.*

Latham, Syst. ornithol. I. p. 315. n. 47. Trochilus (Pegasus) rectir. rectricibus basi virescentibus, corpore virescente aureo, subtus subgriseo, tibiis pennatis.

49. LEUCOGASTER. *Der goldkehlige Kolibri.*

Halle, Vögel, p. 498. n. 548. *der grüne Kolibri.*

Brisson, ornithol. II. p. 33. n. 8. Oiseau-mouche à ventre blanc de Cayenne.

Büffon, Vögel, XVIII. p. 208. *die vergoldete Halskrause.*

Latham, Vögel, I. 2. p. 637. n. 48. *der goldkehlige Kolibri.*

Latham,

Latham, Syst. ornithol. I. p. 315. n. 46. Trochilus (Leucogaster) rectir. viridi auratus, subtus albus, gula inaurata.

Jonston, av. p. 191. Guainumbi prima species.
Mus. Wormian. p. 298. avicula minima; mit *Marcgr.* Fig.

Sloane, Jam. p. 308. n. 39. *larger Humming-bird?* Tab. 264. fig. 2. schl.

49. STRIATUS. *Der gestreifte Kolibri.*

Büffon, Vögel, XVIII. p. 295. *der gestreifte Kolibri.*

Latham, Vögel, I. 2. p. 636. n. 47. *der gestreifte Kolibri.*

Latham, Syst. ornithol. I. p. 314. n. 45. Trochilus (Hypophaeus) rectir. fusco-aureus, subtus albidus, vertice fusco, medio gulae striga longitudinali viridi-aurea.

β. Tr. rectir. fusco-aureus, pileo fusco, medio gulae striga longitudinali fusca, rectricibus lateralibus apice albo marginatis. *

Latham, Syst. ornithol. I. p. 214. n. 45. β.

γ. Tr. rectir. fusco-aureus, pileo fusco-virescente, superciliis rufis, striga gulari obscura, uropygio crissoque rufescentibus. *

Latham, Syst. ornithol. I. p. 314. n. 45. β.

50. OBSCURUS. *Der dunkelköpfige Kolibri.*

Büffon, Vögel, XVIII. p. 296. *der dunkelfarbige Kolibri.*

Latham, Vögel, I. 2. p. 636. n. 46. *der dunkelköpfige Kolibri.*

Latham, Syst. ornithol. I. p. 314. n. 44. Trochilus (Obscurus) rectir. cyaneus, pileo nigricante, gula, iugulo dorsoque medio viridibus.

51. Bicolor. *Der Saphir- und Smaragd-Kolibri.*

Büffon, Vögel, XVIII. p. 211. *der Smaragd-saphir.*

Latham, Vögel, I. 2. p. 636. n. 45. *der Saphir- und Smaragd-Kolibri.*

Latham, Syst. ornitholog. I. p. 314. n. 43. Trochilus (Bicolor) rectir. saturate viridi-auratus, capite colloque inferiore sapphirinis.

52. Saphirinus. *Der Saphir-Kolibri.*

Büffon, Vögel, XVIII. p. 210. *der Saphir.*

Latham, Vögel, I. 2. p. 635. n. 44. *der Saphir-Kolibri.*

Latham, Syst. ornithol. I. p. 313. n. 42. Trochilus (Sapphirinus) rectir. viridi-auratus, subtus albus, collo inferiore violaceo-sapphirino, gula caudaque rufis.

β. *Latham*, Syn. II. p. 775. n. 39. A.

Latham, Vögel, I. 2. p. 636. n. 45. Var. A.

Latham, Syst. ornithol. I. p. 314. n. 42. β. Trochilus rectir. pectore sapphirino, abdomine albo, cauda caeruleo-atro nitente.

17. Niger. *Der schwarze Kolibri.* (1)

Müller, Natursyst. II. p. 269. n. 17. *der Schwarze.*

Brisson, ornitholog. II. p. 32. n. 5. Oiseau-mouche de S. Domingue.

Büffon, Vögel, XVIII. p. 217.

Latham, Vögel, I. 2. p. 635. n. 43. *der schwarze Kolibri.*

Latham, Syst. ornithol. I. p. 313. n. 41. Trochilus (Niger) rectir. rectricibus subaequalibus, corpore

(1) Nach *Büffon* das Weibchen von *Trochilus Mellisugus.* p. 294. n. 15.

corpore nigro subtus aurato, crisso albo, tibiis pennatis.

Linné, Syst. Nat. Edit. X. I. p. 121. n. 13. Trochilus (Niger) rectricibus subaequalibus, corpore nigro subtus aurato, ano albo.

53. CYANOCEPHALUS. *Der blauköpfige Kolibri.*

Büffon, Vögel, XVIII. p. 297. *der blauköpfige Kolibri.*

Latham, Vögel, I. 2. p. 646. n. 67. *der blauköpfige Kolibri.*

Latham, Syst. ornithol. I. p. 319. n. 63. Trochilus (Cyanocephalus) rectir. viridi aureus, capite, remigibus rectricibusque caeruleis, abdomine rubro.

54. AMETHYSTINUS. *Der Amethyst-Kolibri.*

Büffon, Vögel, XVIII. p. 189. *der Amethist.*

Latham, Vögel, I. 2. p. 645. n. 64. *der Amethyst-Kolibri.*

Latham, Syst. ornitholog. I. p. 319. n. 62. Trochilus (Amethystinus) rectir. viridi aureus, subtus griseo fuscoque varius, gula colloque inferiore amethystinis, cauda forcipata.

55. VIRIDISSIMUS. *Der goldgrüne Kolibri.*(2)

Büffon, Vögel, XVIII. p. 191. *der goldgrüne Fliegenvogel.*

Seligmann, Vögel, IX. Tab. 50. fig. 3. *der ganz grüne Colibri.*

Latham, Vögel, I. 2. p. 644. n. 63. *der goldgrüne Kolibri.*

Latham,

(2) In der XIIten Edition hat *Linné Edwards All-green Humming-bird* mit zu seinem *Trochilus Mellisugus* gerechnet *Latham* nimmt ihn als eine Spielart von *Troch. viridissimus* an. Syst. ornithol. loc. cit. *Trochilus rectir. viridi-aureus, subtus caerulescens.*

Latham, Syst. ornitholog. I. p. 619. n. 61. Trochilus (Viridissimus) rectir. viridis vividissimus inauratus, abdomine albo, cauda chalybea.

56. Glaucopis. *Der blaustirnige Kolibri.* (3)

Halle, Vögel, p. 498. n. 549. *der ganz grüne Kolibri mit kürzerm Schnabel.*

Brisson, ornithol. II. p. 38. n. 16. Oiseau-mouche à queue fourchue du Brésil.

Büffon, Vögel, XVIII. p. 132. n. 3.

Latham, Vögel, I. 2. p. 644. n. 62. *der blaustirnige Kolibri.*

Latham, Syst. ornitholog. I. p. 318. n. 60. Trochilus (Frontalis) rectir. viridi-auratus, fronte violaceo-caerulea, femoribus fuscis, crisso albo, rectricibus chalybeis.

Jonston, av. p. 191. Guainumbi secunda species.

57. Rufus. *Der Kragenkolibri.*

Pennant, arct. Zoolog. II. p. 272. n. 93. *der Kragenkolibri.*

Büffon, Vögel, XVIII. p. 298. *der Kragenkolibri.*

Latham, Vögel, I. 2. p. 643. n. 61. *der Kragen-Kolibri.* Tab. 37.

Latham, Syst. ornithol. I. p. 318. n. 59. Trochilus (Collaris) rectir. rufo-testaceus, subtus rufescente-albus, vertice viridi-aureo, gula flammeo-rubra, lateribus pennis elongatis.

58. Ornatus. *Der geputzte Kolibri.*

Büffon, Vögel, XVIII. p. 193. *das Halsbüschchen;* mit 1 Fig.

Latham, Vögel, I. 2. p. 643. n. 60. *der geputzte Kolibri.*

Latham,

(3) Nach *Büffon* eine Spielart von *Trochilus viridissimus*, n. 55.

Latham, Syst. ornitholog. I. p. 318. n. 58. Trochilus (Ornatus) rectir. viridi-aureus, subtus fusco-aureus, crista rufa, abdomine infimo vittaque transversa uropygii albis, infra aures utrinque pennis 6. s. 7. elongatis rufis, apice macula viridi.

59. PUNICEUS. *Der braune Haubenkolibri.*

Büffon, Vögel, XVIII. p. 300. *der braune Kolibri.*

Latham, Vögel, I. 2. p. 642. n. 49. *der braune Haubenkolibri.*

Latham, Syst. ornitholog. I. p. 318. n. 57. Trochilus (Pileatus) rectir. pallide-fuscus, remigibus rectricibusque saturatioribus, crista caerulea splendidissima.

18. CRISTATUS. *Der cayennische Haubenkolibri.*

Müller, Natursyst. II. p. 270. n. 18. *Haubenkolibri.*

Borowsky, Thierreich, II. p. 158. n. 4. *der Haubenkolibri.*

Onomat. histor. nat. II. p. 58. *das Haubencolibritchen, der blauhaubichte Honigsauger.*

Klein, av. p. 106. n. 4. Mellisuga cristata.

Klein, Vorbereit. p. 196. n. 4. *blauhaubiger Honigsauger.*

Klein, verbess. Vögelhist. p. 108. n. 4. *blauhaubiger Honigsauger.*

Brisson, ornithol. II. p. 35. n. 12. Oiseau-mouche hupé.

Büffon, Vögel, XVIII. p. 202. *der gehaubte Fliegenvogel.*

Seligmann, Vögel, II. Tab. 73. *das Hauben-Colibritchen.*

Latham,

Latham, Vögel, I. 2. p. 642. n. 58. *der cajennische Haubenkolibri.*

Latham, Syst. ornitholog. I. p. 317. n. 56. Trochilus (Cristatus) rectir. viridis, abdomine fusco-cinereo, crista caerulescente, tibiis pennatis.

Bankroft, Naturgesch. von Guiana, p. 102. *der grüne gradschnablichte Kolibri?*

Linné, Syst. Nat. Edit. X. I. p. 121. n. 17. Trochilus (Cristatus) rectirostris viridis, alis fuscis, abdomine cinereo, crista caerulescente.

Du Tertre, hist. des Antill. II. p. 262. petit Colibri.

Feuillé, journ. d'obs. p. 413. Colibri.

60. Longicaudus. *Der Raketten-Kolibri.*

Büffon, Vögel, XVIII. p. 204. *der Raketten-Fliegenvogel.*

Latham, Vögel, I. 2. p. 642. n. 57. *der Raketten-Kolibri.*

Latham, Syst. ornithol. I. p. 317. n. 55. Trochilus (Platurus) rectir. viridi-aureus, gula smaragdina, rectricibus rachi expansa rufo-alba, intermediis duabus setaceis elongatis apice expansis.

61. Carbunculus. *Der Carfunkel-Kolibri.*

Büffon, Vögel, XVIII. p. 215. *der Carfunkel.*

Latham, Vögel, I. 2. p. 641. n. 56. *der Carfunkel-Kolibri.*

Latham, Syst. ornitholog. I. p. 317. n. 54. Trochilus (Carbunculus) rectirostris sericeo-niger, vertice colloque superius obscure rubris, collo inferiore pectoreque flammeo-rubris, rectricibus rufo-aureis.

62. Cyano-

62. Cyanomelas. *Der schwarz- und blaue Kolibri.*

Büffon, Vögel, XVIII. p. 301. *der schwarz- und blaue Kolibri.*

Latham, Vögel, I. 2. p. 641. n. 55. *der schwarz- und blaue Kolibri.*

Latham, Syst. ornitholog. I. p. 317. n. 53. Trochilus (Bankrofti) rectir. nigro et caeruleo-varius, gutture pectoreque rubro-aureis.

Bankroft, Naturgesch. von Guiana, p. 100. *der schwarz und blaue Kolibri.*

63. Gujanensis. *Der guianische Kolibri.*

Büffon, Vögel, XVIII. p. 302. *der kleine grün- und karmosinfarbene Kolibri.*

Latham, Vögel, I. 2. p. 641. n. 54. *der gujanische Kolibri.*

Latham, Syst. ornitholog. I. p. 317. n. 52. Trochilus (Guianensis) rectir. pallide viridis cristatus, pileo pectoreque rubro-aureis, alis caudaque viridi rubro purpureoque variegatis.

Bankroft, Naturgeschichte von Guiana, p. 101. *der kleine grüne und karmosinfarbene Kolibri.*

64. Tobaci. *Der Kolibri von Tabago.*

Büffon, Vögel, XVIII. p. 303. *der Kolibri von Tabago.*

Latham, Vögel, I. 2. p. 640. *der Kolibri von Tabago.*

Latham, Syst. ornitholog. I. p. 316. n. 51. Trochilus (Tobagensis) rectir. viridi-auratus, abdominis inferioris fascia femoribusque albis, remigibus rectricibusque caeruleo-atris.

19. Elatus. *Der guianische Haubenkolibri.*

Müller, Natursyst. II. p. 270. n. 19. *Rothkappe.*

Briſſon, ornithol. II. p. 30. n. 2. Oiſeau-mouche à gorgè topaze d'Amerique.

Büffon, Vögel, XVIII. p. 200. *der amerikaniſche Honigſauger mit der Topaskehle.*

Latham, Vögel, I. 2. p. 640. n. 52. *der guianiſche Haubenkolibri.*

Latham, Syſt. ornitholog. I. p. 316. n. 50. Trochilus (Elatus) rectir. vireſcente-aureus, rectricibus aequalibus ferrugineis, apice nigris, pileo rubro criſtato.

Seba, theſ. I. p. 108. Tab. 78. fig. 7. 8. Floriſuga aut Mellifera.

20. Mellivorus. *Der weißbäuchige Kolibri.*

Müller, Naturſyſt. II. p. 270. n. 2. *der Kragenkolibri.*

Borowſky, Thierreich, II. p. 159. n. 5. *der Kragenkolibri.*

Halle, Vögel, p. 506. n. 574. *die Kolibridiane, grün, ein weißer Halbmond am Nacken.*

Onomat. hiſtor. nat. II. p. 61. *das weißbauchichte Kolibritchen.*

Briſſon, ornitholog. II. p. 35. n. 11. Oiſeau-mouche à collier de Surinam.

Büffon, Vögel, XVIII. p. 223. *der Fliegenvogel mit dem Halsbande, oder die Jacobinerin*; mit 1 Fig.

Seligmann, Vögel, II. Tab. 69. fig. 1. *das Colibritchen mit weißem Bauch.*

Latham, Vögel, I. 2. p. 629. n. 36. *der weißbäuchige Kolibri.*

Latham, Syſt. ornithol. I. p. 310. n. 34. Trochilus (Mellivorus) rectir. rectricibus 2. intermediis nigris, lateralibus albis, capite caeruleo, dorſo viridi, abdomine albo.

Linné,

Linné, Syst. Nat. Edit. X. I. p. 121. n. 14. Trochilus (Mellivorus) rectirostris, rectricibus nigris, lateralibus albis, capite caeruleo, dorso viridi, abdomine albo.

65. CAMPYLOPTERUS. *Der breitschäftige Kolibri.*

Büffon, Vögel, XVIII. p. 225. *der Fliegenvogel mit breiten Schäften;* mit 1 Fig.

Latham, Vögel, I. 2. p. 629. *der breitschäftige Kolibri.*

Latham, Syst. ornithol. I. p. 310. n. 33. Trochilus (Latipennis) rectir. viridis, subtus griseus, remigibus tribus seu quatuor primoribus scapo maxime dilatato incurvo, rectricibus lateralibus fusco-nitentibus, apice albis.

21. RUBER. *Der kleine braune Kolibri.*

Müller, Naturs. II. p. 271. n. 21. *rother Kolibri.*

Onomat. histor. nat. II. p. 60. *das kleine braune Kolibritchen.*

Brisson, ornitholog. II. p. 31. Oiseau-mouche de Surinam.

Büffon, Vögel, XVIII. p. 206. *der purpurfarbene Fliegenvogel.*

Seligmann, Vögel, II. Tab. 63. *das kleine braune Colibritchen.*

Latham, Vögel, I. 2. p. 638. n. 50. *der kleine braune Kolibri.*

Latham, Syst. ornitholog. I. p. 315. n. 48. Trochilus (Ruber) rectir. rectricibus lateralibus violaceis, corpore testaceo fusco maculato.

Bankroft, Naturgesch. von Guiana, p. 101. *der kleine braune Colibri.*

Linné, Syst. Nat. Edit. X. I. p. 121. n. 15. Trochilus (Ruber) rectir. lateribus violaceis, corpore testaceo fusco submaculato.

22. MINIMUS. *Der kleinste Kolibri.*

Müller, Natursystem, II. p. 271. n. 22. *Fliegenkolibri.*

Borowsky, Thierreich, II. p. 159. n. 6. *der Fliegenkolibri.*

Blumenbach, Handb. der Naturgesch. p. 171. n. 1. Trochilus (Minimus) rectir. corpore viridinitente, subtus albido, rectricibus lateralibus margine exteriore albis.

Bechstein, Naturgesch. I. p. 377. n. 2. *der kleinste Kolibri.*

Bechstein, Naturgesch. Deutschl. II. p. 171. *der kleinste Kolibri.*

Halle, Vögel, p. 508. n. 581. *der rothgraue Kolibrispecht.*

Gatterer, vom Nutzen u. Schaden der Thiere, II. p. 69. n. 88. *der Fliegenkolibri.*

Klein, av. p. 105. ad n. 2. } mit *Tr. Moschitus* verwechselt.
Klein, Vorbereit. p. 195. ad n. 2.
Klein, verb. Vögelhist. p. 108. ad n. 2.

Klein, stemmat. av. p. 23. Tab. 24. fig. 1. 2.

Brisson, ornitholog. II. p. 29. n. 1. Oiseau-mouche.

Büffon, Vögel, XVIII. p. 182. *der kleinste Fliegenvogel.*

Seligmann, Vögel, IV. Tab. 103. *der kleinste Colibri.*

Latham, Vögel, I. 2. p. 645. n. 65. *der kleinste Kolibri.*

Latham, Syst. ornitholog. I. p. 320. n. 65. Trochilus (Minimus) rectir. corpore viridi, subtus albido, rectricibus lateralibus margine exteriore albis.

Molina, Naturgesch. von Chili, p. 218. *der kleinste Kolibri.*

Schlözer,

Schlözer, Erdbeschreib. von Amerika, p. 239. *der Brummvogel.*

Hamburg. Magazin, IV. p. 406.

Linné, Syst. Natur. Edit. X. I. p. 121. n. 18. Trochilus (Minimus) rectricibus lateralibus margine exteriore albis, corpore fusco nitente, subtus albido.

Jonston, av. p. 194. Guainumbi septima species.

Donndorff, Handb. der Thiergesch. p. 254. n. 3. *der Fliegenkolibri.*

A. *Veränderungen gegen die XII. Edition, und Vermehrung der Gattungen dieses Geschlechts.*

Das Geschlecht ist mit 33 Gattungen vermehrt. Bey der 10ten und 13ten sind *zwey* Varietäten aus einander gesetzt.

B. *Neuere Gattungen.*

1. *Der Kolibri mit dem Halsfleck.*

Latham, Syn. Supplem. p. 136. Patch-necked Humming-bird.

Latham, Vögel, I. 2. p. 646. n. 66. *der Leversche Kolibri.*

Latham, Syst. ornitholog. I. p. 320. n. 64. Trochilus (Maculatus), rectir. fuscus, subtus albus, lateribus colli maculis obscuris, utrinque medio macula coccinea.

DRITTE ORDNUNG.

ANSERES. *(Wasservögel. Schwimmvögel.)*

67. GESCHLECHT. ANAS. *Die Ente.*

Müller, Natursyst. II. p. 275. Gen. LXVII.
Leske, Naturgesch. p. 286. Gen. LXXII.
Borowsky, Thierreich, III. p. 4. Gen. XXX.
Blumenbach, Handbuch der Naturgesch. p. 225. Gen. LXXVI.
Bechstein, Naturgesch. I. p. 379. Gen. XXIV.
Bechstein, Naturgeschichte Deutschl. II. p. 558. Gen. XVI.
Ebert, Naturl. II. p. 67.
Halle, Vögel, p. 541. Gen. I.
Pennant, arct. Zool. II. p. 502.
Neuer Schaupl. der Natur, II. p. 598. III. p. 268.
Onomat. hist. nat. I. p. 403.
Klein, av. p. 128. Gen. I. Anser. p. 131. Gen. II. Anas.
Brisson, ornitholog. II. p. 430. Gen. CVI. Anser. p. 413. Gen. CVII. Anas.
Batsch, Thiere, I. p. 367. Gen. LXXXXIX.
Latham, Syst. ornithol. II. p. 833. Gen. XCVII.
Hermann, tab. affinit. animal. p. 156 ff.
Donndorff, Handbuch der Thiergesch. p. 254. Gen. XXVIII.

* *Mit einem an der Wurzel höckerigen Schnabel.*

1. CYGNUS. *Der Singschwan.* (4)

Müller, Natursystem, II. p. 275. n. 1. *der Schwan.* p. 276. a. *der wilde Schwan.*

Leske,

(4) Flügelweite 7 Fuss. Gewicht 13 bis 16 Pfund. Nährt sich von Insekten, Wasserpflanzen, Fröschen u. s. w. Legt 4 bis 6 oliven-

Leske, Naturgeschichte, p. 286. n. 1. *der Schwan.*

Borowsky, Thierreich, III. p. 14. n. 10. *der Schwan.*

olivengrünweisse Eyer in ein grosses Schilf- und Reisigneſt, woran das Weibchen 14 Tage bauet, und Dunen darein rupft. *Pallas* bemerkt, dass der Schwan sowohl die Farbe seines Schnabels als seines Leibes verändere, nachdem er jung oder alt ist, denn anstatt dass ersterer bey den alten pomeranzengelb und letzterer schneeweiss ist, so ist jener bey den jungen bläulich schwarz, und dieser aschfarben. *Beseke* sagt, er sey nur im ersten Jahre auf dem Rücken und an den Flügeln grau, wenn er aber ein Jahr alt, sey er durchaus blendend weiss. Er nistet in Kurland in so grosser Menge, dass viele Hunderte auf einmal einen grossen See oder Sumpf einnehmen, besonders in der Gegend von Liebau auf dem Papensee, und um Durben, wo sie nach Johannis jung und alt wegen der Federn erschlagen werden. Sie werden auch gegessen, aber das Fleisch ist hart, und muss erst, nach abgezogener Haut, in Essig einige Wochen lang liegen. Die allermeisten Naturhistoriker vermischen in ihren Beschreibungen diese und die folgende Gattung miteinander, und sehen beyde nur als Spielarten an. Der wesentliche Unterschied aber zwischen beyden beruht in folgendem; 1) In der Grösse; denn *Cignus* ist weit kleiner als *Olor*. 2) In der Wachshaut, die bey *Cygnus* gelb, bey *Olor* schwarz ist. 3) In dem Tragen des Halses; *Cygnus* trägt den Hals ganz aufrecht, *Olor* schwimmt mit gebogenem Halse. 4) In der Anzahl der Rippen; *Cygnus* hat zwölf Rippen an jeder Seite, *Olor* hingegen nur eilf. 5) Im Bau der Luftröhre, welche bey *Cygnus* gerade herab in die Brusthöhlung fällt, wieder zurück geht wie eine Trompete, durch einen Knorpel verengert wird, und dann eine zweyte Beugung macht, um in die Lunge zu kommen; wodurch dieser Singschwan im Stande ist, einen lauten durchdringenden Ton von sich zu geben, welches der andere nicht kann, weil bey diesem die Luftröhre nur gerade in die Lungen, und nicht durch den Brustknochen geht. — Viele der vorher angeführten Stellen gehen auf beyde Gattungen.

Blumenbach, Handb. d. Naturgefch. p. 225. n. 1. Anas (Cygnus) roftro femicylindrico atro, cera flava, corpore albo; *der Schwan, Elbſch.*

Bechſtein, Naturgefch. I. p. 381. *der Singſchwan oder wilde Schwan.*

Bechſtein, Naturgefch. Deutfchl. II. p. 581. n. 1. *der Singſchwan.*

Funke, Naturgefch. I. p. 212. *der Schwan.*

Ebert, Naturl. II. p. 68. *der Schwan.* ibid. *der wilde Schwan.*

Halle, Vögel, p. 542. *der wilde Schwan.*

Meyer, Thiere, I. p. 31. Tab. 45.

Gatterer, vom Nutzen und Schaden der Thiere, II. p. 72. n. 90. *der Schwan.*

Neuer Schaupl. der Natur, VII. p. 817. *Schwan.* II. p. 269. *der wilde Schwan.*

Onomat. hift. nat. I. p. 420. *der Schwan.*

Handb. der Naturgefch. II. p. 84. *der Schwan.*

Handbuch der deutfchen Thiergefch. p. 104. *der wilde Schwan.*

Pennant, arct. Zool. II. p. 502. n. 387. *der Singſchwan, wilde Schwan.*

Beckmann, Naturhift. p. 43. a. *der Schwan.*

Klein, av. p. 128. n. 1. Anfer Cygnus.

Klein, Vorbereit. p. 237. n. 1. *Schwangans.*

Klein, verbeff. Vögelhift. p. 135. n. 1. *Schwangans.*

Klein, ftemm. av. p. 31. fig. 33.

Seligmann, Vögel, V. Tab. 44. *der wilde Schwan.*

Briſſon, ornithol. II. p. 439. n. 12. Cygne fauvage.

Latham, Syn. Suppl. p. 272. Whiftling Swan.

Latham, Syft. ornitholog. II. p. 833. n. 1. Anas (Cygnus) roftro femicylindrico atro, cera flava, corpore albo.

Gesner,

Elbs.

Batſch, Thiere, I. p. 378. *der Schwan.*

Beſeke, Vögel Kurl. p. 41. n. 69. *der Schwan.*

Bock, Naturgeſch. von Preuſſen, IV. p. 320. n. 67. *der Schwan.*

Cetti, Naturgeſch. von Sardinien, II. p. 328. *der Schwan.*

Fiſcher, Naturgeſch. v. Livland, p. 79. *Schwan.*

Olaffen, Reiſe durch Island, I. p. 34. 118. 292. *Schwäne.*

Lepechin, Tagebuch d. ruſſiſch. Reiſ. II. p. 5. *Schwanen.*

Rytſchkow, orenb. Topogr. p. 244. *Schwäne.*

White, Naturgeſch. von England, p. 61. n. 9. *wilder Schwan.*

Taube, Slavon. und Syrmien, I. p. 23. *wilde Schwäne.*

Leem, Nachr. von den Lappen in Finnmarken, p. 138. *** *Schwäne.*

Schlötzer, Erdbeſchr. von Amerika, p. 151. 282. *Schwäne.*

Uno v. Troil, Reiſe n. Island, p. 115. *Schwane.*

Pontoppidan, Naturg. v. Dännemark, p. 167. n. 1. *Schwan*, *Schnabelſchwan.*

Pontoppidan, Naturhiſt. v. Norwegen, II. p. 188. *Svane.*

Horrebow, Nachr. von Isl. §. 44. *die Schwäne.*

Steller, Kamtſchatka, p. 190. *Schwanen.*

Kraſcheninnikow, Kamtſchatka, p. 195. *Schwanen.*

Pallas, Reiſe, Ausz. II. p 7. *Schwane.*

Pallas, nord. Beytr. IV. p. 8. *der Schwan.* III. p. 10. *der wilde Schwan.*

Pallas, Naturgeſch. merkwürd. Th. VI. p. 34. *Schwäne.*

S. G. Gmelin, Reis. d. Rußl. III. p. 249.
Linné, Reis. d. Schweden, I. p. 304. 305.
Scopoli, Bemerk. a. d. Naturgesch. I. p. 60. n. 66. *der Schwan.*
Döbel, Jägerprakt. I. p. 69. *der Schwan.*
Naturf. XII. p. 131. n. 67. *der Schwan.*
Linné, auserles. Abhandl. II. p. 291. n. 70. *der Schwan.*
Naumann, Vogelsteller, p. 185. *der Schwan.*
Schwed. Abh. XLI. p. 23. *der Schwan.*
Schneider, zool. Abhandl. p. 141. *der Schwan.*
Lichtenberg, Magazin f. d. Neueste u. s. w. II. 3. p. 196. *wilde Schwäne.*
Stralsund Magaz. I. p. 158. *Schwan.*
Neueste Mannichfalt. I. p. 171. *Schwan.*
Geoffroy, mat. med. VII. p. 439. *der Schwan.*
Berlin. Samml. VIII. p. 583.
Beckmann, Landwirthschaft, p. 476.
Zorn, Petinotheol. I. p. 232. II. p. 12. 403. *der wilde Schwan.*
Merklein, Thierreich, p. 357. *Schwan.*
Jablonsky, allgemein. Lex. p. 1034. *Schwan.*
Oekonom. Zool. p. 69. n. 9. *der Schwan.*
Ludovici, Kaufmannslex. IV. p. 1688.
Meidinger, Vorles. I. p. 123. n. 1. *der Schwan.*
Eberhard, Thiergesch. p. 119. *der Schwan.*
André und *Bechstein*, Spatzierg. I. p. 363. IV. p. 269.
Goeze, nützl. Allerl. II. p. 188. n. 17. *der Schwan.* p. 190. *vom Schwanengesang.*
Schriften der berlin. Gesellschaft naturf. Freunde, I. p. 372. (vom Schwanengesang.)
Beckmann, physikal. ökon. Bibl. I. p. 319. 419. VI. p. 181. 260. XV. p. 510.
Loniceri, Kräuterbuch, p. 664. *der Schwan.*

Wedel, miscell. acad. nat. curios. Dec. I. An. II. obs. 12. p. 30.

Valentin, amph. zootom. II. p. 50.

Scaliger, de subtil. ex. 232. p. 728. Cygnus.

Glatthorn, diss. de Cygno. Witt. 1670. 4. pl. 2.

Tourner, differt. de avibus Apollinis; *Cygno* et *Corvo*. Ups. 1725. 8. pl. 1½.

Nessel, diss. de av. Apoll. *Cygno* et *Corvo*. Ups. 1728. 8.

Bartholinus, de Cygno nigro; in ei. orat. var. argum. Hafn. 1668. 8. orat. 52. p. 371.

Bartholin. diss. de Cygni anatom. eiusque cantu. Hafn. 1650. 4.

Bartholin. Cygni anatome. Hist. anat. Cent. II. hist. 79. p. 311.

Jo. Dan. Maior, progr. de Cygni anatome. Kil. 1666. 4.

Wedel, Cygni sterni anatome. Eph. Nat. Cur. Dec. I. an. 2. obs. 12. p. 30. c. fig.

Lachmund, de Cygni lingua ossea, ibid. Dec. I. an. 4. et 5. obs. 179. p. 225. c. f.

Lospichler, de notabili Cygni in ovo conservatione. ibid. Cent. I. et II. obs. 59. p. 132.

Titius: Wittenberg. Wochenbl. VI. p. 361. (vom Nutzen der Schwäne.)

Camerarius, an Cygnus cantet, inprimis tum, cum morti est vicinus? Syll. Memorab. Cent. VII. part. 62. p. 470.

Lelandi Cygnea cantatio, cum Commentario. Lond. 1658. 8.

Feller, diss. de Cygnorum cantu. Lips. 1660. et 1672. 4. pl. 2.

Winter, de cantu Cygneo. 1698. 4.

Edzardi diss. de Cygno ante mortem non canente. Witt. 1722. 4. pl. 2.

Neu Hamburg. Magaz. St. 106. p. 371. *vom Schwanengesang.*

Detharding, progr. in obitum Crausii, praemisso discursu de fabuloso Olorum Cantu. Rost. 1723. 4.

Linné, Syst. Nat. Ed. II. p. 54. Cygnus.

Linné, Syst. Nat. Edit. VI. p. 22. n. 2. Cygnus.

Linné, Syst. Natur. Edit. X. I. p. 122. n. 1. Anas (Cygnus) rostro semicylindrico atro, cera flava, corpore albo.

Müller, zoolog. dan. prodr. p. 13. n. 106. Anas (Cygnus) rostro semicylindrico atro, cera flava, corpore albo.

Müller, zool. dan. prodr addend. p. 277. Svane-Sang.

Kramer, Austr. p. 338. n. 2. Anas rostro semicylindrico, cera flava, corpore albo.

Brünich, ornitholog. bor. p. 12. n. 44. Anas Cygnus.

Charleton, onomast. zoic. p. 97. n. 10. Cygnus.

Mus. Worm. p. 299. Cygnus, Olor.

Schwenkfeld, av. Siles. p. 310. Olor; *ein Schwan, Oelb, Oelbs.*

Philos. Transact. lvi. Tab. 10. p. 215. fig. 1. 2.

Hermann, tab. affin. anim. p. 156. Cygnus.

Plin. hist. nat. L. 30. c. 8. Cygnus.

Senec. Hippol. I. 3. 302. Cygnus.

Martial. epigr. XIII. 77. Cygnus.

Ciceron. Tuscul. qu. I. 30. Cygni.

Virgil. Ecclog. IX. 36. Olores.

Aristotel. histor. animal. Lib. IX. c. 10. n. 162. Κυκνοι.

Donndorff, Handb. der Thiergesch. p. 254. n. 1. *der Schwan.*

47. Olor. *Der stumme Schwan.* (5)
Müller, Naturs. II. p. 276. b. *der zahme Schwan.*
Borowsky, Thierreich, III. p. 16. *der zahme Schwan.*
Bechstein, Naturgesch. I. p. 379. n. 1. *der stumme Schwan.*
Bechstein, Naturgesch. Deutschl. II. p. 595. n. 1. *der stumme Schwan.*
Funke, Naturg. I. p. 213. *die stummen Schwäne.*
Ebert, Naturl. II. p. 68. *der zahme Schwan.*
Halle, Vögel, p. 541. n. 644. *der Schwan.*
Pennant, arct. Zoolog. II. p. 505. n. 388. *der stumme Schwan.*
Gesner, Vögelb. p. 462. Fig. p. 463.

Schwed.

(5) Länge über 5 Fuss. Flügelweite über 8 Fuss. Gewicht 25 bis 30 Pfund. Soll 30 bis 100 Jahr alt werden. Liebt vorzüglich klares und helles Wasser. Die ungezähmten ziehen gewöhnlich im October weg und finden sich zu Ende des Märzes auf eben demselben Teiche oder Flusse wieder ein, wo sie sich das vorige Jahr aufhielten. Nährt sich von Wasserlinsen, allerhand Sämereyen der Wasserkräuter, besonders von grossen Wasserkäfern. Fische aber rührt er nicht an. Das Weibchen baut im April aus Holz, Binsen, Rohr, Stengeln, Schilf, u. dgl. m. ein schlechtes Nest, füttert es mit Brustfedern aus, und legt 6 bis 8 graugrünlich weisse grosse Eyer. Die ausgekrochenen Jungen sehen anfänglich grünlich dunkelgrau aus, bis ins zweyte Jahr sehen sie mehr aschgraubraun aus; haben im ersten Jahre schwarze, im zweyten bleyfarbene, im dritten gelbe, und in der Folge erst zinnoberrothe Schnäbel und Füsse. Die Federn sind weit kostbarer als Gänsefedern. Aus Lithauen, Polen und Preussen kommen jährlich viele Centner zur Messe nach Frankfurt an der Oder. Auf der Spree und Havel um Berlin, Spandau und Potsdam werden die gezähmten Schwäne im Sommer, vorzüglich im May zusammengetrieben und gerupft. Auch die Haut bereitet man mit den Pflaumfedern zu einem Pelzwerke, und braucht sie unter andern zu feinen Puderquasten.

Schwed. Abhandl. XLI. p. 23. *der so genannte Cygnus Mansuetus.*

Brisson, ornitholog. I. p. 438. n. 11. Cygne.

Pallas, nord. Beytr. III. p. 10. *der so genannte zahme Schwan.*

Seligmann, Vögel, V. Tab. XLV. (der Kopf.)

Latham, Syst. ornitholog. II. p. 834. n. 2. Anas (Olor) rostro rubro, basi tuberculo carnoso nigro, corpore albo.

Linné, Syst. Natur. Edit. X. I. p. 122. n. 1. β. Cygnus mansuetus.

Linné, Syst. Natur. Edit. XII. 1. p. 194. n. 1. β. Cygnus mansuetus.

Kramer, Austr. p. 338. n. 2. β. C. mansuetus.

Schwenkfeld, aviar. Siles. p. 310. *Olor.*

Jonston, av. p. 136. Cygnus.

Cheseld. Osteog. cap. 5. ad fin. (Scelet.)

Aelian. hist. anim. L. 10. c. 36. L. 17. c. 24. L. 15. c. 61.

Donndorff, Handb. der Thiergesch. p. 255. n. 2. *der stumme Schwan.*

48. Nigricollis. *Der schwarzhälsige Schwan.*

Latham, Syst. ornithol. II. p. 834. n. 3. Anas (Nigricollis) rostro rubro, corpore albo, capite colloque nigris.

49. Melanocephala. *Der chilesische Schwan.*

Molin. l. c. Anas Melancorypha.

Ist nach *Latham* a. a. O. mit dem vorhergehenden einerley.

50. Hybrida. *Der Cage.*

Latham, Syst. ornitholog. II. p. 835. n. 6. Anas (Hybrida) rostro semicylindrico, cera rubra, cauda acutiuscula.

2. Cy-

2. Cygnoides. *Die Schwanengans.*

Müller, Naturſyſtem, II. p. 278. n. 2. *Schwanengans.*

Blumenbach, Handbuch der Naturgeſch. p. 225. n. 2. Anas (Cygnoides) roſtro ſemicylindrico: cera gibboſa, palpebris tumidis; *die ſpaniſche oder ſchineſiſche Gans.*

Halle, Vögel, p. 546. n. 646. *die Schwanengans.*

Gatterer, vom Nutzen u. Schaden der Thiere, II. p. 76. n. 91. *Schwanengans, türkiſche Gans.*

Pennant, arct. Zool. II. p. 531. B. *die Schwanengans.*

Klein, av. p. 129. n. 4. Anſer hiſpanicus.

Klein, Vorbereit. p. 238. n. 4. *ſpaniſche oder vielmehr guineiſche Gans.*

Klein, verbeſſ. Vögelhiſt. p. 136. n. 4. *ſpaniſche Gans.*

Neuer Schauplatz der Natur, III. p. 269. n. 4. *ſpaniſche Gans.*

Onomat. hiſtor. nat. I. p. 420. *die türkiſche, ſibiriſche Gans.*

Briſſon, ornith. I. p. 435. n. 7. Oie de Guinée.

Bechſtein, Naturgeſch. Deutſchl. III. p. 686. *die Schwanengans.*

Latham, Syſt. ornithol. II. p. 837. n. 16. Anas (Cygnoides) roſtro ſemicylindrico, cera gibboſa, palpebris tumidis.

Scopoli, Bemerk. a. d. Naturgeſch. I. p. 61. n. 67. *die ſpaniſche Gans, türkiſche Gans.*

Bock, Naturgeſch. von Preuſſen, IV. p. 321. n. 68. *Schwanengans.*

Naturf. XII. p. 131. n. 68. *Schwanengans.*

Schwed. Abhandl. XLI. p. 24. Anas Cygnoides.

Linné, Syſt. Natur. Edit. VI. p. 22. n. 3. Anſer cygneus.

Linné,

Linné, Syst. Natur. Edit. X. I. p. 122. n. 2. Anas (Cygnoides) rostro semicylindrico, basi gibbo.

Hermann, tab. affinit. animal. p. 158. Anas cygnoides.

Donndorff, Handb. der Thiergesch. p. 255. n. 3. *die Schwanengans.*

β. Orientalis. *Die orientalische Schwanengans.*

Müller, Natursystem, II. p. 279. b. *die ostindische Schwanengans.*

Klein, av. p. 129. n. 5. Anser russicus.

Klein, Vorbereit. p. 239. n. 5. *russische Gans.*

Klein, verbess. Vögelhist. p. 136. n. 5. *russische Gans.*

Brisson, ornithol. II. p. 435. n. 6. Oie de Moscovie.

Latham, Syn. III. p. 447. n. 12. A.

Latham, Syst. ornitholog. II. p. 838. n. 16. γ. A. rostro luteo, cera magna nigra, occipite atro, sacco gulari.

Pallas, Reise, I. p. 169. *die Schwanengans.*

Pallas, Reis. Ausz. III. Anh. p. 11. n. 32. Anser Cygnoides, Spontaneus; Mongolis *Chongorgalu.*

Götz, Naturgesch. einiger Vögel, p. 89. *die Schwanengans.*

Naturf. XIII. p. 194. Anas cygnoides.

Naturf. XV. p. 160. *Schwanengänse.*

Beckmann, Bibl. III. p. 179. *die Schwanengans.*

Philos. Transact. lvii. p. 347. n. 17.

Decouv. Russ. I. p. 466.

Linné, Syst. Nat. Edit. X. I. p. 122. n. 2. β. Anser rostro semicylindrico atro, basi gibbo, minor.

Linné, it. Westgoth. p. 145. Anser Chinensis.

3. Gam-

3. Gambensis. *Der gambische Schwan.*

Müller, Natursystem, II. p. 279. n. 3. *gambischer Schwan.*

Neuer Schauplatz der Natur, III. p. 269. n. 7. *gambische Gans, gewaffnete Gans.*

Klein, av. p. 129. n. 7. Anser Chilensis.

Klein, Vorber. p. 239. n. 7. *die Gans von Chili.*

Klein, verbess. Vögelhist. p. 136. n. 7. *gambenser Gans.*

Brisson, ornitholog. II. p. 436. n. 8. Oie de Gambie.

Latham, Syst. ornithol. II. p. 839. n. 19. Anas (Gambensis) rostro basi gibbo, corpore nigro subtus albo, dorso purpurascente, rostro pedibusque rubris.

Halle, Vögel, p. 547. n. 649. *die Sporengans.*

Berlin. Samml. IV. p. 287. *der Cahüitahü oder Sporengans.*

51. Coscoroba. *Die Coscoroba.*

Latham, Syst. ornitholog. II. p. 835. n. 7. Anas (Coscoroba) rostro extremo dilatato rotundato, corpore albo.

52. Melanotos. *Die Gans mit schwarzem Rücken.*

Latham, Syst. ornithol. II. p. 839. n. 18. Anas (Melanotos) rostro basi gibbo compresso, corpore albo, capite colloque nigro maculatis, dorso, alis caudaque nigris.

Latham, Syn. III. 2. p. 449. n. 13. Black-backed Goose.

Latham, Syn. Supplem. p. 272.

Naturforsch. I. p. 275. n. 11. *die Gans mit schwarzem Rücken.*

Berlin. Samml. IX. p. 194. *der Schwarzrücken.*

Neueste Mannichfalt. I. p. 190. n. 11. *der Schwarzrücken.*

53. Grandis. *Die Riesengans.*
Pennant, arct. Zoolog. II. p. 530. A. *die Riesengans.*
Latham, Syn. III. 2. p. 446. n. 11. great Goose.
Latham, Syst. ornitholog. II. p. 837. n. 15. Anas (Grandis) corpore nigricante, subtus albo, rostro nigro, pedibus coccineis.
Donndorff, Handb. d. Thiergesch. p. 256. n. 4. *die Riesengans.*

54. Hyperborea. *Die Schneegans.* (6)
Müller, Natursystem, Suppl. p. 101. n. 39. b. *die nordische Gans.*
Borowsky, Thierreich, III. p. 14. n. 9. *die Schneegans.*
Pennant, arct. Zoolog. II. p. 510. n. 395. *die Schneegans.*
Bechstein, Naturgesch. Deutschl. II. p. 578. n. 7. *die Schneegans.* p. 581. *Hagelgans.*
Halle, Vögel, p. 550. n. 653. *die Schneegans.*
Gatterer, vom Nutzen u. Schaden der Thiere, II. p. 130. n. 115. *die Schneegans, Schleckergans.*
Klein, av. p. 130. n. 11. Anser grandinis, nivis, hybernus.
Klein, Vorbereit. p. 241. n. 11. *Schneegans, Hagelgans.*
Klein, verb. Vögelhist. p. 137. n. 12. *Schneegans.*
Brisson, ornithol. II. p. 438. n. 10. Oie de neige.

Batsch,

(6) Flügelweite 3 1/2 Fuss Gewicht zwischen 5 und 6 Pfunden. Die Jungen sind blau und erhalten ihre eigne Farbe erst nach einem Jahre In der Hudsonsbay werden jährlich Tausende von den Indianern für die Colonien geschossen.

Bätſch, Thiere, I. p. 376. *Schneegans.*

Latham, Syſt. ornitholog. II. p. 837. n. 14. Anas (Hyperborea) corpore niveo, fronte flaveſcente, remigibus decem primoribus nigris, roſtro pedibusque rubris.

Pallas, Naturgeſch. merkw. Thiere, VI. p. 30. *die Schneegans.*

Schwed. Abh. XLI. p. 24. Anas Hyperborea.

Krünitz, Encyklop. XVI. p. 103. *die Schneegans.*

Sander, über die Gröſse u. Schönheit in der Nat. I. p. 263.

Hermann, tab. aff. anim. p. 159. Anas hyperborea.

Donndorff, Handb. d. Thiergeſch. p. 256. n. 5. *die Schneegans.*

55. Picta. *Die gemahlte Gans.*

Latham, Syſt. ornithol. II. p. 836. n. 12. Anas (Picta) cinereo-nigricans, nigro transverſim lineata, capite, collo, abdomine medio, tectricibus faſciaque alarum albis.

56. Magellanica. *Die magellaniſche Gans.*

Latham, Syſt. ornith. II. p. 836. n. 11. Anas (Magellanica) ferrugineo-fuſca, corpore anteriore ſubtusque transverſim variegato, tectricibus faſciaque alarum albis.

57. Antarctica. *Die Gans von den Falklandsinſeln.*

Latham, Syſt. ornitholog. II. p. 835. n. 8. Anas (Antarctica) corpore toto albo, roſtro nigro, pedibus flavis. *(Mas.)*

β. A. *(magellanica)* corpore variegato, abdomine, criſſo, uropygio femoribusque albis, ſpeculo alarum viridi. *(femina.)* *

Muſ. Carlſon. faſc. II. Tab. 37.

Latham, Syſt. ornithol. II. p. 835. n. 8. β.

58. VARIEGATA. *Die bunte neuseeländische Gans.*

Latham, Syst. ornithol. II. p. 836. n. 10. Anas (Variegata) corpore variegato, capite, collo, rectricibusque alarum albis, speculo alarum viridi, rostro pedibusque nigris.

59. LEUCOPTERA. *Die gestreifte Gans.*

Latham, Syst. ornitholog. II. p. 835. n. 9. Anas (Leucoptera) corpore albo, supra nigro transversim lineato, speculo alarum viridi, rostro pedibusque nigris.

60. CINEREA. *Die kurzflügelige Gans.*

Bechstein, Naturgesch. Deutschl. II. p. 660. n. 15. *die aschgraue Ente?*

Latham, Syst. ornithol. II. p. 834. n. 5. Anas (Brachyptera) rostro fulvo, corpore cinereo, alis abbreviatis, crisso fasciaque alarum albis.

4. TADORNA. *Die Brandgans.* (7)

Müller, Natursyst. II. p. 279. n. 4. *Brandgans.*

Borowsky, Thierreich, III. p. 16. n. 11. *die Lochgans, Brandgans, Fuchsgans.*

Bechstein, Naturgesch. Deutschl. II. p. 570. n. 3. *die Brandente.*

Bechstein, Naturgeschichte Deutschl. III. p. 694. *die Krachtente.*

Halle, Vögel, p. 548. n. 651. *die Fuchsgans.*

Gatte-

(9) *Brandgans* — weil sich der Vogel da aufhält, wo das Wasser an die Klippen und hohen Ufer stösst, und schäumt, welches die Schiffer *Brandungen* nennen; *Fuchsgans* — wegen der Höhlen, die sie bewohnt; daher auch *Wühlgans.* Flügelweite 3 1/2 Fuss. Gewicht des Männchens 2 Pfund 10 Unzen. Bleibt in England das ganze Jahr. In Russland wird sie bisweilen gezähmt auf dem Hofe gehalten. An Gestalt und Farbe nähert sie sich mehr einer Ente als einer Gans.

Gatterer, vom Nutzen u. Schaden der Thiere, II. p. 77. n. 92. *die Brandgans.*

Neuer Schaupl. d. Natur, III. p. 220. *Fuchsgans.* p. 270. n. 8. *Brandgans.*

Onomat. histor. nat. VII. p. 407. *die Fuchsgans, Brandgans.*

Handb. der Naturgesch. II. p. 371. *die Fuchsgans.*

Klein, av. p. 130. n. 9. Vulpanser.

Klein, Vorbereit. p. 240. n. 9. *Fuchsgans.*

Klein, verb. Vögelhist. p. 137. n. 9. *Fuchsgans.*

Pennant, arct. Zoolog. II. p. 532. D. *die Wühlgans, Brandgans.*

Brisson, ornitholog. II. p. 453. n. 9. Tadorne.

Batsch, Thiere, II. p. 379. *die Lochgans.*

Gesner, Vögelb. p. 133. *Vulpanser.*

Latham, Syn. Supplem. p. 275. *Shieldrake.*

Latham, Syst. ornitholog. II. p. 854. n. 56. Anas (Tadorna) rostro simo, fronte compressa, capite nigro-virescente, corpore albo variegato.

Bock, Naturgesch. von Preussen, IV. p. 321. n. 69. *Brandgans, Fuchs-Erdgans.*

Lepechin, Tagebuch der russ. Reis. I. p. 189. *die gesprenkelten Enten.*

Pennant, Reis. d. Schottl. I. p. 41. *Brandgänse.*

Linné, Reis. d. Oel. und Gothl. p. 321. *Brandgans.*

Georgi, Reis. d. Russl. II. p. 482. *die Bergente.*

Pallas, Reis. Ausz. II. p. 271. *Bergenten.* III. p. 373. *Bergente.*

Pallas, nord. Beyträge, III. p. 12. *die Bergente.* IV. p. 22. Anas Tadorna.

Pallas, Naturgesch. merkw. Thiere, VI. p. 42. *die Bergente.* it. p. 27. *Bergente.*

Pontoppidan, Naturgesch. von Dännem. p. 167. n. 2. *Fagergaas.*

Pontoppidan, Naturhistorie von Norwegen., II. p. 141. *Fager-Giäs, Ring-Giäs, Ur-Giäs.*

Krünitz, Encykl. XVI. p. 96. *die Fuchsgans.*

Naturf. XII. p. 132. n. 69. *Brandgans, Ringelgans.*

Schwed. Abhandl. XL. p. 23. Anas Tadorna.

Lichtenberg, Magaz. f. d. Neueste u. s. w. II. 1. p. 107. *die Bergente.*

Sander, Grösse u. Schönheit in der Nat. I. p. 249. *die Brandgans, Erdgans.*

Allerneueste Mannichfalt. II. p. 175. *die Bergente.*

Wallbaum, Beschreib. der *Bergente* weiblichen Geschlechts.

Beckmann, Bibl. I. p. 339. *die Bergente.*

Linné, Syst. Nat. Edit. VI. p. 22. n. 7. Tadorna.

Linné, Syst. Natur. Edit. X. I. p. 122. n. 3. Anas (Tadorna) rostro simo, fronte compressa, corpore albo variegato.

Müller, zoolog. dan. prodr. p. 13. n. 107. Anas (Tadorna) rostro simo, fronte compressa, capite nigro virescente, corpore albo-variegato.

Brünich, ornitholog. bor. p. 12. n. 45. 46. 47. Anas Tadorna.

Schwenkfeld, av. Silef. p. 208. Anas longirostra quarta?

Charleton, onomast. zoic. p. 98. n. 2. Vulpanser, Chenalopex.

Jonston, av. p. 141. Vulpanser seu Chenalopex.

Jonston, av. p. 146. la Tadorne.

Hermann, tab. affin. anim. p. 158. 160. Anas Tadorna.

Plin. hist. nat. L. 10. c. 22. Chenalopeces.

Aristotel. histor. animal. Lib. VI. cap. 2. n. 28. Χηναλωπηξ.

Donn-

Donndorff, Handb. der Thiergesch. p. 256. n. 6. *die Brandgans.*

5. SPECTABILIS. *Die graaköpfige Ente.*

Müller, Natursystem, II. p. 280. n. 5. *bunte Ente.*

Pennant, arct. Zoolog. II. p. 515. n. 399. *die Königsgans.*

Klein, verbess. Vögelhist. p. 143. n. 35. *graaköpfige Ente aus der Hudsonsbay.*

Neuer Schaupl. der Natur, II. p. 604. n. 32. *graaköpfige Ente.*

Brisson, ornitholog. II. p. 458. n. 15. Canard de la Baye de Hudson.

Latham, Syst. ornitholog. II. p. 845. n. 36. Anas (Spectabilis) rostro basi gibbo compresso, carina pennacea nigra, capite canescente.

Pallas, Naturgesch. merkw. Th. VI. p. 34. *der Buntkopf.*

Seligmann, Vögel, V. Tab. 49. *die Ente mit dem grauen Kopfe.*

Leem, Nachr. von den Lappen in Finnmarken, p. 144. **.

Schwed. Abh. XLI. p. 24. Anas Spectabilis.

Stralsund. Magazin, I. p. 149. *die grünköpfigte Gans.*

Linné, Syst. Nat. Edit. X. I. p. 123. n. 4. Anas (Spectabilis) rostro basi gibbo compresso; carina pennacea nigra, capite canescente.

Linné, Syst. Nat. Edit. XII. I. p. 195. n. 4. Anas (Spectabilis) rostro basi gibbo compresso, carina pennacea nigra, capite canescente.

Müller, zoolog. dan. prodr. p. 13. n. 108. Anas (Spectabilis) rostro basi gibbo compresso, carina pennacea nigra, capite canescente.

Fabric. fn. groenl. p. 63. n. 39. Anas (Spectabilis) rostro basi gibbo compresso, carina pennacea nigra, capite canescente.

Mus. Carls. fascic. II. Tab. 39. das Männchen. Tab. 40. das Weibchen.

6. Fusca. *Die Sammetente.*

Müller, Natursyst. II. p. 281. n. 6. *wilde braune Ente.*

Borowsky, Thierreich, III. p. 17. n. 12. *die nordische braune oder schwarze Ente.*

Bechstein, Naturgesch. Deutschl. II. p. 568. n. 2. *die Sammetente.* p. 570. *wilde braune Ente, Moderente, braune Seeente, Turpane.*

Halle, Vögel, p. 557. n. 667. *die Moderente.*

Gatterer, vom Nutzen u. Schaden der Thiere, II. p. 77. n. 93. *die braune Ente.*

Neuer Schaupl. d. Natur, II. p. 601. n. 5. *braune Ente.*

Neuer Schaupl. der Nat. II. p. 602. n. 11. *schwarze Ente.*

Neuer Schaupl. d. Natur, II. p. 601. n. 9. *Moorente, Fliegenente.*

Onomat. hist. nat. I. p. 412. *die schwarze Ente.*

Klein, av. p. 133. n. 12. Anas nigra.

Klein, Vorbereit. p. 246. n. 12. *schwarze Ente.*

Klein, verbess. Vögelhist. p. 140. n. 12. *schwarze Ente, mit schwarzem, rothem und gelbem Schnabel.*

Brisson, ornithol. II. p. 472. n. 29. grande Macreuse.

Latham, Syn. Suppl. p. 274. Velvet Duck.

Latham, Syst. ornithol. II. p. 848. n. 44. Anas (Fusca) nigricans, palpebra inferiore speculoque alarum albis.

Pennant,

Pennant, arct. Zool. II. p. 516. n. 400. *die Sammetente.*

Bock, Naturgesch. von Preussen, IV. p. 322. n. 71. *wilde braune Ente.*

Lepechin, Tagebuch d. russisch. Reis. III. p. 14. *kohlschwarze große Makreuser-Enten.*

Fischer, Zus. zur Naturgesch. v. Livland, p. 45. n. 493. *schwärzliche Ente, Mohrente.*

Linné, auserles. Abhandl. II. p. 292. n. 77. *die braune Ente.*

Naturf. XII. p. 132. n. 71. *wilde braune Ente.*

Naturf. XXV. p. 10. n. 14. Anas fusca.

Scopoli, Bemerk. a. d. Naturgesch. I. p. 62. n. 68. *wilde braune Ente.*

Stralsund. Magazin, I. p. 165. *Turpane, oder braune See-Ente.*

Schwed. Abhandl. XLI. p. 23. Anas Carbo.

Neue schwed. Abhandl. VI. p. 189. *die braune Ente.*

Krünitz, Encykl. XI. p. 60. *die braune Seeänte.*

Pontoppidan, Naturhist. v. Norwegen, II. p. 143. *Hav-Aaare.*

Schriften der drontheim. Gesellschaft, I. p. 222. *See-Orre, schwarzbraune wilde Ente.*

Linné, Syst. Natur. Edit. VI. p. 22. n. 14. Anas nigra.

Linné, Syst. Nat. Edit. X. I. p. 123. n. 5. Anas (Fusca) nigricans, macula pone oculos lineaque alarum albis.

Müller, zoolog. dan. prodr. p. 13. n. 109. Anas (Fusca) nigricans, palpebra inferiore speculoque alarum albis.

Hermann, tab. affinit. animal. p. 158. Anas Fusca.

7. NIGRA. *Die schwarze Ente.* (8)

Müller, Naturf. II. p. 281. n. 7. *schwarze Ente.*

Bechstein, Naturgesch. Deutschl. II. p. 573. n. 4. *die Trauerente.*

Halle, Vögel, p. 559. n. 670. *die schwarze See-ente mit dem schwarzen Schnabelgeschwülste.*

Neuer Schaupl. der Nat. II. p. 602. n. 11. *schwarze Ente.*

Pennant, arct. Zoolog. II. p. 517. n. 402. *die Trauerente.*

Brisson, ornithol. II. p. 471. n. 28. Macreuse.

Latham, Syst. ornitholog. II. p. 848. n. 43. Anas (Nigra) rostro basi gibbo, corpore toto nigro.

Beseke, Vögel Kurl. p. 41. n. 70. *die schwarze Ente.*

Fischer, Naturgesch. von Livland, p. 81. n. 89. *schwarze Ente, Mohrente.*

Bock, Naturgesch. v. Preussen, IV. p. 323. n. 72. *schwarze Ente;* (mit *Anas fusca* verwechselt.)

Linné, Reis. d. Oel. und Gothl. p. 232 290.

Naturf. XII. p. 133. n. 72. *schwarze Ente;* (mit *Anas fusca* verwechselt.)

Schwed. Abhandl. XLI. p. 23. Anas nigra.

Stralsund. Magaz. I. p. 149. *die schwarze See-Ente.*

Beckmann, Bibl. I. p. 5. Anas nigra.

Voyage en Sibirie p. l' Abbé *Chappé de Auteroche.* I. Tab. 10. Macreuse.

Linné, Syst. Natur. Edit. X. I. p. 123. n. 6. Anas (Nigra) tota nigra, basi rostri gibba.

Philos. Transact. XV. n. 175. p. 1160. 4. Whilk.

61. RE-

(8) Länge, nach *Pennant* 22 Zoll; Flügelweite 34 Zoll; Gewicht 2 Pfund und 2 Unzen — Nach *Beseke* hingegen beträgt die Länge 2 Fuss 6 1/2 Zoll, die Flügelweite 3 Fuss 7 Zoll, und das Gewicht 5 3/4 Pfund. Welche Verschiedenheit! Sollte hier wohl einerley Gattung gemeynt seyn?

61. Regia. *Die Königsente.*
Latham, Syst. ornitholog. II. p. 847. n. 39. Anas (Regia) caruncula compressa frontali, corpore caeruleo, subtus fusco, collari albo.

62. Nilotica. *Die Nil-Ente.*
Latham, Syst. ornitholog. II. p. 846. n. 38. Anas (Nilotica) albida, maculis canis, pectoris lateribus et abdomine cano lineatis, callo rostri marginali et caruncula purpureo-sanguineis.
Hasselquist, Reise nach Paläst. p. 919. n. 36. Anas nilotica.

63. Beringii. *Die Beringsgans.*
Pennant, arct. Zoolog. II. p. 509. n. 393. *die Beringsgans.*
Steller, Beschr. von Kamtschatka, p. 188. *eine Art wunderseltsamer Gänse.*
Latham, Syst. ornithol. II. p. 843. n. 29. Anas (Beringii) rostro gibbo, corpore albo, alis nigris, regione aurium virescenti-alba.

64. Albifrons. *Die Blässengans.* (9)
Pennant, arct. Zool. II. p. 509. n. 394. *die Blässengans.*

Bechstein,

(9) Flügelweite, nach *Pennant*, 4 F. 6 Z.; Gewicht 5 1/2 Pfund. In der XII. Edit. p. 197. rechnete *Linné* *Brissons Anser Septentrionalis Sylvestris* zu seinem *Anas Erythropus* n. 11. Man muss sich überhaupt sorgfältig hüten, die zu *A. Albifrons*, *Erythropus*, *Casarca* und *Bernicla* gehörigen Synonymen nicht zu verwechseln. Vorzüglich schwer ist es die zu *A. Albifrons* und *Erythropus* gehörigen Synonymen richtig zu ordnen. Folgende Schwierigkeiten, und (mir wenigstens scheinbare) Verwechselungen bin ich nicht im Stande zu heben. 1) Linné hat in der XII. Edition offenbar *A. Albifrons* und *Erythropus* unsers Systems für einerley angenommen; denn er citirt bey seinem *Erythropus* Brissons *Anser Septentrionalis* *Sylve-*

Bechstein, Naturgesch. Deutschl. II. p. 576. n. 6. *die Blässengans.*

Borowsky, Thierreich, III. p. 10. b. *die canadische Gans.*

Klein, verbess. Vögelhist. p. 138. n. 16. *Lachgans.*

Halle, Vögel, p. 550. n. 655. *die Lachgans.*

Brisson, ornith. II. p. 433. n. 3. Oie sauvage du Nord.

Latham, Syst. ornithol. II. p. 842. n. 27. Anas (Albifrons) cinerea, fronte alba.

Brünich, ornithol. bor. p. 13. n. 53. Anas (Anser *ferus*) margine frontis albo, abdomine cinereo immaculato.

Philos.

Sylvestris, und führt auch *Fn. Suec.* n. 116 an. Eben diese *Fn. Suec.* finde ich nun im Syst. *zweymal*, nämlich bey *A. Albifrons*, n. 64, und bey *A. Erythropus*, n. 11. p. 512. angeführt. 2) *Linné* charakterisirt seine *Anas Erythropus: cinerea, fronte alba;* dies finde ich auch in der XIII. Ed. *Latham* hingegen nimmt eben diesen Charakter bey *Anas Albifrons* an, übrigens citirt er eben die Synonymen, die in der XIII. Edition unsers Syst. bey *Anas Albifrons* angeführt sind. 3) Linnés *Anas Erythropus*, fn. Suec. II. p. 41. n. 116. ist offenbar einerley mit *fn. suec.* I. n. 92. Letztere citirt *Kramer* (Austr. p. 339. n. 6.), welche Stelle in unserm System zu *Anas Albifrons* gezogen worden. Ist aber Linnés *Anas Erythropus* (Edit. XII p. 197. n. 11.) einerley mit *Anas Erythropus*, Ed. X. I. p. 123. n. 8. und Fn. Suec. II. n. 116. einerley mit Fn. Suec. I. n. 92. welches der Natur der Sache nach gar nicht anders seyn kann, und gehört *Clus. Anser Helsingicus*, exot. 368 mit dahin, so müssen auch die Synonymen: a) *Kramer* l. c. *Anas cinerea, fronte alba*; b) *Müller*, zool. dan. prodr. p. 14. n. 113. *Anas (Erythropus) cinerea, fronte alba*, verglichen mit den dänischen Synonymen in *Brunich.* ornithol. bor. p. 14. n. 56. nicht zu *Anas Albifrons* unsers Systems p. 509. n. 64. sondern zu *Anas Erythropus* p. 512. n. 11. daselbst gezogen werden, obgleich *Gmelin* und *Latham* sie zu der ersten rechnen. Ich überlasse dieß den Ornithologen zur Prüfung. Cf. *Blumenbach* Handbuch der Naturgesch. p. 226. not. *.

Phil. Transact. lxii. p. 414. n. 3. Laughing Goose. *Seligmann*, Vögel, V. Tab. 48. *die lachende Gans.*

β. A. fronte tota alba, abdomine nigro maculato. * *Brünich*, ornith. bor. p. 13. n. 54.

* * *Mit glattem Schnabel, an der Wurzel ohne Höcker.*

8. Marila. *Die Bergente.* (10)
Müller, Natursyst. II. p. 281. n. 8. *Bergente.*
Bechstein, Naturgesch. Deutschl. II. p. 640. n. 8. *die Bergente.* p. 642. *Moderente*, *Schaufelente*, *unterirrdische Ente*, *Morente*, *Schimmel*, *Aschenente*; (*Warten*, die Männchen bey den Jägern.) Tab. 23.
Pennant, arct. Zool. II. p. 526. n. 416. *die Schaufelente.*
Brisson, ornithol. II. p. 470. n. 26. A. petit Morillon rayé.
Latham, Syst. ornitholog. II. p. 853. n. 54. Anas (Marila) nigra, humeris cinereo undulatis, abdomine speculoque alari albis. (*Mas.*)
Scopoli, Bemerk. a. d. Naturgesch. I. p. 72. n. 83. *die unterirrdische Ente.*
Steinberg, Zirchn. p. 138. Tab. 22.
Schwed. Abhandl. XLI. p. 24. Anas Marila.
Pontoppidan, Naturg. v. Dännemark, p. 167. n. 3. Anas Marila. Tab. 13.
Müller, zoolog. dan. prodr. p. 14. n. 111. Anas (Marila) nigra, humeris cinereo-undulatis, abdomine speculoque alari albis.

A. fusco

(10) Flügelweite 20 Zoll. Gewicht des Männchen 1 1/2 Pfund, des Weibchen 2 Unzen mehr *Pennant.* — Nach *Brisson* eine Varietät von *Anas Fuligula.*

A. fusco-ferruginea, speculo alarum, abdomine capitisque annulo ad rostri basin albis. (*Femina.*) *

Latham, Syst. ornithol. II. p. 853.

Mus. Carls. fasc. II. Tab. 38. Anas fraenata.

Ray's Letters p. 61. Duck with a circle of white feathers about the bill.

β. A. capite colloque purpureo-viridibus, dorso humerisque cinereo-undulatis, abdomine speculoque alarum albis. *

Latham, Syst. ornitholog. II. p. 854. n. 54. *β*.

Büffon, pl. enl. n. 1002. Millouinan.

9. Anser. *Die gemeine Gans.* (1)

α. *Ferus.* *Die wilde Gans.*

Müller, Naturs. II. p. 282. n. 9. *β. die wilde Gans mit graubraunen Federn.*

Leske,

(1) Flügelweite 5 Fuss. Gewicht bisweilen 10 Pfund. *Pennant.* Ziehen als Zugvögel im Frühjahr in Europa nach den lappländischen Morasten, den östlichen und südlichen Theilen von Island, und bleiben den Sommer über daselbst. Auch in Asien und Amerika halten sie sich zu dieser Jahrszeit in den nördlichsten Gegenden auf. So bald in der nördlichen Erde der erste anhaltende Schnee einfällt ziehen sie sich nach einer gelindern Zone. Sie überwintern in Deutschland, Frankreich, Ungarn, Griechenland, Klein-Asien, dem östlichen Rusland, Javan, sogar im nördlichen Afrika, und ziehen sich im März, nachdem der Schnee früh oder spät schmilzt, und warme Witterung einfällt, in ihr eigentliches Vaterland zurück. Sie wandern heerdenweise, formiren dabey zwey Reihen, die sich vorn in der Spitze eines Dreyecks anfangen, und so als Schenkel desselben ausspreitzen. Diejenige Gans, welche die Spitze formirt, ist allezeit grösser als die übrigen, hat eine gröbere Stimme, und ist vielleicht jedesmal eine *alte* Gans. Die wilde Gans legt im Frühjahr in Sümpfen und grossen Brüchen 9 bis 12 weisse Eyer, die an beyden Seiten fast

Leske, Naturgeschichte, p. 287. n. 2. *die Gans.* *

Borowsky, Thierreich, III. p. 9. a. *die wilde Gans.*

Blumenbach, Handb. d. Naturgesch. p. 226 n. 3. Anas (Anser) rostro semicylindrico, corpore supra cinereo, subtus pallidiore, collo striato. *

Bechstein, Naturgesch. I. p. 382. *die wilde Gans.*

Bechstein, Naturgesch. Deutschl. II. p. 586. a. *die wilde Gans.*

Funke, Naturgesch. I. p. 206. *die Gans.* *

Ebert, Naturl. II. p. 68. *die eigentlichen Gänse.* *

Halle, Vögel, p. 543. *die wilde Gans.*

Gatterer, vom Nutzen und Schaden der Thiere, II. p. 79. n. 94. *die wilde Gans.*

Pennant, arct. Zool. II. p. 507. n. 391. *die wilde Gans.*

Beckmann, Naturhist. p. 43. b. *die Gans.* *

Neuer Schaupl. der Natur, III. p. 268. *Gans.* *

Onomat. hist. nat. I. p. 421. *die Gans.* *

Handbuch der deutschen Thiergesch. p. 105. *die Gans.* *

Klein. av. p. 129. n. 3. Anser ferus.

Klein, Vorbereit. p. 238. n. 3. *wilde Gans.*

Klein, verb. Vögelhist. p. 136. n. 3. *wilde Gans.*

Klein, stemm. av. p. 31. Tab. 34. fig. 1. a-c.

Klein, Vögeleyer, p. 34. Tab. 19. fig. 2.

Brisson, ornitholog. II. p. 432. n. 2. Oye sauvage.

Batsch,

gleich stumpf sind. Begattet sich mit der zahmen, ob gleich nicht so leicht als man gemeiniglich vorgiebt. Wird leicht zahm, und in einigen Gegenden Rußlands auf den Höfen gehalten. *Fischer* und *Beseke* gedenken einer *großen* und einer *kleinen* wilden Gans, worüber sich aber nichts bestimmen läßt. Die mit einem * bezeichneten Synonymen gehen auf die wilde und zahme Gans.

Batsch, Thiere, I. p. 367. *die gemeine Gans.* *
Gesner, Vögelb. p. 117. *heimische Gans;* * mit 1 guten Fig.
Latham, Syst. ornitholog. II. p. 841. n. 26. Anas (Anser) rostro semicylindrico, corpore supra cinereo, subtus pallidiore, collo striato.
Beseke, Vögel Kurl. p. 43. n. 71. *die gemeine wilde Gans.*
Bock, Naturgesch. von Preussen, IV. p. 329. n. 74. *die wilde Gans mit graubraunen Federn.*
Fischer, Naturgesch. von Livland, p. 80. n. 76. *wilde Gans.*
Cetti, Naturgesch. von Sardinien, II. p. 333. *die wilden Gänse.*
Taube, Slavon. und Syrmien, I. p. 22. *wilde Gänse.*
Olafsen, Reise durch Island, I. p. 119. *wilde Gänse.*
Lepechin, Tageb. d. russ. Reis. II. p. 5. *Gänse.*
S. G. Gmelin, Reis. durch Rufsl. I. p. 68. *wilde Gänse.*
Pallas, Reise, II. p. 325. 326. III. p. 91. 92. 93. 616. *wilde Gänse.*
Pallas, Reis. Ausz. II. p. 7. *Gänse.* III. p. 475. *wilde Gänse.*
Steller, Kamtschatka, p. 190. *Gänse.* p. 187. *große graue Gänse.*
Leem, Nachricht von den Lappl. p. 138. 139. *die wilden Gänse.*
Kraschelninnikow, Kamtschatka, p. 195. *große graue Gänse.*
Carver, Reis. durch Nordamer. p. 383. *Gänse.*
White, Naturgesch. von England, p. 62. n. 10. *wilde Gänse.*
Georgi, Rufsl. p. 482. *wilde Gänse.*

Rytschkow,

Rytschkow, orenb. Topogr. p. 243. *wilde Gänse.*
Pontoppidan, Naturgesch. v. Dännemark, p. 167. n. 4. a. *wilde Gans.*
Ponttoppidan, Norwegen, II. p. 139. *Gaas.* *
Naturf. XII. p. 134. n. 74. *die wilde Gans.*
Schwed. Abh. XXXVIII. p. 294. *wilde Gans.*
Döbel, Jägerprakt. I. p. 69. *wilde Gans.*
Naumann, Vogelsteller, p. 185. *die wilde Gans.*
Linné, auserl. Abh. II. p. 291. n. 71. *die Gans.*
Oekonom. Zool. p. 70 n. 10. *die Gans.* *
Zorn, Petinotheol. I. p. 404. *die wilde Gans.*
Sander, Gröſse und Schönheit in der Natur, I. p. 250. *wilde Gänse.*
Jablonsky, allgemein. Lex. p. 665. *Gans.*
Anweisung Vögel zu fangen, u. s. w. p. 220. *die wilde Gans.*
Bechstein, Musterung schädl. Thiere, p. 118. n. 1. *die wilde Gans.*
André und *Bechstein*, Spatzierg. II. p. 268. *die wilde Gans.*
Merklein, Thierreich, p. 260. *Ganß.* *
Krünitz, Encykl. XVI. p. 84. *die wilde Gans.*
Stralsund. Magazin, I. p. 148. *die grauen Gänse.*
Linné, Syst. Nat. Edit. II. p. 54. Anser. *
Linné, Syst. Natur. Edit. VI. p. 22. n. 4. Anser vulgaris. *
Linné, Syst. Natur. Edit. X. I. p. 123. n. 7. Anas (Anser) rostro semicylindrico, corpore supra cinereo, subtus pallidiore, collo striato. *
Müller, zoolog. dan. prodr. p. 14. n. 112. Anas (Anser) rostro semicylindrico, corpore supra cinereo, subtus pallidiore, collo striato. *
Kramer, Austr. p. 338. n. 4. Anas rostro semicylindrico, corpore supra cinereo, subtus albido, rectricibus margine albis. *

Heerkens, av. Frif. p. 87. Anfer. *

Schwenkfeld, aviar. Silef. p. 212. Anfer ferus; *eine wilde Gans, grawe Gans.*

Charleton, onomaft. zoic. p. 98. n. 11. Anfer ferus.

Jonston, av. p. 140. Anfer ferus.

Hermann, tab. affinit. animal. p. 159. Anas Anfer. *

Schäffer, elem. ornith. Tab. 20.

Forskål, fn. orient. p. 6. n. 6. Defcript. anim. p. 3. n. 6. Anas Anfer. Arabifch: *Uäs araki.*

Philof. Transact. xv. n. 175. p. 1660 5.

Plin. hiftor. nat. Lib. 10. c. 22. 59. L. 18. c. 35. Anfer.

Donndorff, Handb. der Thiergefch. p. 257. n. 7. *die gemeine Gans.* *

β. Domesticus. *Die zahme Gans* (2)

Müller, Naturfyftem, II. p. 282. a. *die zahme Hausgans mit weißen Federn.*

Borowsky,

(2) Länge 3 Fufs; Flügelweite 5 2/3 Fufs. Wird 20 bis 24 Jahr alt; man will fogar Gänfe von 80 Jahren gefehen haben. Eine Gans, die man nicht zum Brüten läfst, legt in drey Zeiträumen oft ein Schock Eyer. Gewöhnlich aber legt fie ihre gehörige Anzahl nicht eher, als bis fie zwey Jahre alt ift. Vier gefchlachtete Gänfe geben ein Pfund gemeine und fechszehn ein Pfund Pflaumfedern. Wenn man auf ein Bette 40 bis 50 Pfund rechnet, fo gehören 200 Gänfe dazu. Eine Stadt alfo, worin 200000 Menfchen wohnen, braucht 40 Millionen Gänfe zu ihren Schlafbetten. Das Fleifch von den Gänfen ift mehr nahrhaft und fchmackhaft als gefund. Den meiften Ueberflufs an rohen Säften haben die gemäfteten Gänfe, weil es ihnen an Bewegung gefehlt hat. — *Klein, Briffon* u. a. haben die wilde und zahme Gans als zwey befondere Gattungen angenommen. Beyläufig bemerke ich hier noch den Unterfchied der Gänfe überhaupt von den Enten.

Die

Borowsky, Thierreich, III. p. 10. *gemeine Hausgans.*

Bechstein, Naturgesch. I. p. 382. b. *die zahmen Gänse.*

Bechstein, Naturgesch. Deutschl. II. p. 596. b. *die zahme Gans.* p. 620. *Hausgans, gemeine Hausgans, Bauerngans, Martinsgans, Wullah.*

Halle, Vögel, p. 542. n. 645. *die Hausgans.*

Gatterer, vom Nutzen u. Schaden der Thiere, II. p. 87. n. 95. *die zahme Gans.*

Klein, av. p. 129. n. 2. Anser domesticus, rusticus.

Klein, Vorbereit. p. 238. n. 2. *Bauer-, Haus-, zahme Gans.*

Klein, verb. Vögelhist. p. 135. n. 2. *zahme Gans, Martinsgans.*

Klein, Vögeleyer, p. 34. Tab. 19. fig. 1.

Brisson, ornith. II. p. 431. n. 1. Oye domestique.

Latham, Syst. ornitholog. II. p. 842. n. 26. *β.* Anas Anser (domesticus).

Bock, Naturgesch. von Preussen, IV. p. 323. *die Hausgans.*

Cetti, Naturgeschichte von Sardinien, II. p. 330. *die zahme Gans.*

Die Gans unterscheidet sich von der Ente: 1) durch die Grösse des Körpers; 2) den erhabenern Rücken; 3) den längern Hals; 4) stärkern Schnabel; und vornämlich 5) durch die Füsse, welche höher, und nahe an der Mitte des Körpers gestellet sind, und dessen Gleichgewicht erhalten, daher auch die Brust der Gänse freyer und erhabener ist; dahingegen die Füse der Enten dem Hintern näher sind, und vorn das Uebergewicht zu verursachen scheinen, wie an ihrem wackelnden Gange wahrzunehmen ist. Auch in der Stimme ist ein merklicher Unterschied. *Klein* und *Brisson* haben daher aus Gänsen und Enten zwey besondere Geschlechter gemacht.

Taube, Slavon. und Syrm. I. p. 40. *Gänse.*
Schlözer, Erdbeschreib. von Amerika, p. 150. *Gänse.*
Georgi, Reise d. Rußl. p. 482. *die gemeine Hausgans.*
Knox, Reis. n. Ceylon, p. 57. *Gänse.*
Molina, Naturgesch. von Chili, p. 210. *Gänse.*
Fermin, Beschreib. von Surinam. II. p. 138. *die Gans.*
Kolbe, Vorgeb. d. g. Hoffnung, Edit. in 4. p. 387. *die Gänse.*
Pontoppidan, Naturg. von Dännemark, p. 167. n. 4. b. *zahme Gans.*
Naturf. XII. p. 133. n. 73. *die zahme Hausgans.*
Scopoli, Bemerk. a. d. Naturgesch. I. p. 62. n. 69. *die Gans.*
Sander, ökon. Naturgesch. II. p. 19. *die Gans.*
Walther, ökon. Naturgesch. p. 130. *die Gans.*
Geoffroy, mat. med. VII. p. 316. *die Haus- oder zahme Gans.*
Krünitz, Encykl. XVI. p. 21. *zahme Gans, Lichtgans.*
Zückert, Speis. a. d. Thierr. p. 99.
Berlin. Samml. VII. p. 497.
Loniceri, Kräuterbuch, p. 644. *Ganß.*
Ludovici, Kaufmannslex. II. p. 1503.
André u. *Bechstein*, Spatzierg. III. p. 350. *die zahme Gans.*
Linné, Syst. Nat. Edit. X. I. p. 123. n. 7. β. Anser domesticus.
Müller, zoolog. dan. prodr. p. 14. n. 112. β. Anser domesticus.
Linné, fn. Suec. II. p. 40. n. 114. β. Anser domesticus.
Linné, it. Oel. p. 83. Anser domesticus.

Schwenk-

Schwenkfeld, av. Siles. p. 209. Anser domesticus, *zahme Gans.*

Rzaczynsk. histor. nat. Polon. I. p. 301. Auct. p. 432.

Kramer, Austr. p. 338. n. 4. β. Anser domesticus; *einheimische Gansß.*

Moehring, av. gen. p. 60. n. 61. Anas.

Jonston, av. p. 138. Anser domesticus.

Plin. hist. nat. L. 10. c. 22. 59. Anser.

Varro, de re rust. L. 3. c. 10. Anser.

Columella, de re rust. L. 8. c. 13. Anser.

Palladius, de re rust. L. I. c. 30. Anser.

* * *

Tiling, obs. de periculos. symptom. ex morsu anseris etc. *in den* Eph. Nat. Cur. Dec. II. An. 2. obs. 75.

Schulze, de vivacitate anserum; *das.* Dec. I. an. 6. et 7. obs. 169. p. 233.

Gisler, de penna anserina monstrosa; *das.* an. 2. obs. 80. p. 155.

Lachmund, de ansere domestico cristato; *das.* an. 6. et 7. obs. 182. p. 241. c. f.

Id. de cranio anseris monstroso; *das.* dec. I. an. 4. et 5. obs. 181. p. 226.

Paulini anser cornutus; *das.* dec. II. an. 6. app. p. 19.

Böhm, von vierfüssigen Gänsen; Bresl. Natur- und Kunstgesch. 1726. p. 713.

Polisius, de anserculo quadrupede; Eph. nat. cur. dec. II. an. 4. obs. 41. p. 100.

Menzel, de tribus in uno ansere cordibus; *das.* dec. I. an. 9. et 10. obs. 108. p. 267. c. fig.

Bartholin. ex anserino sterno de hyeme praesagium; Hist. anat. Cent. 5. hist. 67. p. 137.

Peyer, de ventriculo et renibus anserinis; Eph. nat. cur. dec. II. an. 1. obs. 85. 86. p. 199.

Von Gänsen, in deren Magen Gold gefunden worden; s. Bresl. Nat. u. Kunstgesch. 31 Vers. p. 153.

Hanow, von einem mit Federn bewachsenen Gänsemagen; Merkwürdigk. d. Nat. I. p. 255.

Gedanken über die Haltung der Gänse auf den Gütern; Lpzg. Samml. IX. p. 392.

Hannöv. Samml. 1757. p. 670. et 941. — Hannöv. Beytr. 1762. p. 631. et 1255. — Wittenberg. Wochenbl. I. p. 337. — warum die jungen Gänse im Jun. und Jul. so häufig hinfallen, und von den Mitteln dagegen.

Mus. rust. et commun. III. p. 143. — *Hirsch*, gesammelte Nachr. der ökon. Gesellschaft in Franken, II. p. 319. — Wittenb. Wochenbl. 1768. p. 245. — Gaz. litt. de Berlin, 1770. p. 390. — Berlin. Samml. III. p. 398. — Neueste Mannichfalt. II. p. 40. — Fränkische Samml. II. p. 11. — Gel. Beytr. zu den Braunschw. Anz. 1767. St. 101. — Lpz. Intelligenzbl. 1767. p. 263. 1776. p. 347. — Oekonom. Nachr. IV. p. 305. *vom Mästen der Gänse.*

Hannöv. Magazin, 1767. St. 69. — Lpz. Intelligenzbl. 1772. p. 317. — Leipzig. Samml. III. p. 802. — Götting. gemeinnütz. Abhandl. 1772. p. 145. — Oekon. Nachr. der patriot. Gesellsch. in Schlesien, 1774. p. 179. 1778. p. 314. — *Rammelt*, gemeinnütz. Abh. II. p. 252. — *Paulet*, Beytr. zu einer Gesch. der Viehseuchen, II. p. 266. — *von den Krankheiten der Gänse.*

Allg. Haushalt. u. Landwissensch. I. p. 845 ff.

65. Mon-

65. MONTANA. *Die Berggans.*

Kolbe, Vorgeb. d. g. H. Edit. in 4. p. 388. n. 5. *die Gebürg-Gans.*

Latham, Syst. ornitholog. II. p. 841. n. 25. Anas (Montana) capite, collo alarumque pennis rubro-viridibus.

66. CANA. *Die grauköpfige Gans.*

Latham, Syst. ornithol. II. p. 840. n. 22. Anas (Cana) ferrugineo-rufa, capite colloque griseis, speculo alarum viridi, humeris albis.

67. RUFICOLLIS. *Die Rothhalsgans.* (3)

Pennant, arct. Zool. II. p. 532. C. *die Rothhalsgans.*

Bechstein, Naturgesch. Deutschl. III. p. 688. *die Rothhalsgans.*

Gatterer, vom Nutzen u. Schaden der Thiere, II. p. 129. n. 114. *die Rothhalsgans.*

Latham, Syst. ornitholog. II. p. 841. n. 23. Anas (Ruficollis) supra nigra, collo rufo, corpore subtus macula ante oculos strigaque longitudinali colli utrinque alba.

Pallas, Naturgesch. merkwürd. Th. VI. p. 24. *die Rothhalsgans.* Tab. 4.

Pallas, Reise, III. p. 476. *Rothhalsgänse.*

Pallas, Reis. III. Anh. p. 12. n. 3. Anser *ruficollis*, Ostiacis *Tschakwoi* (a voce); Samoiedis *Tschagu.*

Pallas, nord. Beytr. III. p. 11. *die bunte Nordgans.* (Anser pulchricollis.)

Catal. mus. Petropol. p. 419. n. 62. Anser ferus minor, niger, collo rufo.

(3) Länge 1 Fuss 10 Zoll. Flügelweite 3 Fuss 10 Zoll. Gewicht 3 Pfund Troy. *Pennant*

Catal. muf. Petropol. p. 406. n. 628. Anser *Chaf-farka* Rufforum, *Tfchakwoi Affjach* Lapponibus.

Schwed. Abhandl. XLI. p. 24. Anas ruficollis.

Sander, Gröfse und Schönheit in der Natur, I. p. 262. *eine Gans mit rothem Hals*.

Decouv. Ruff. II. p. 19.

Hermann, tab. affinit. animal. p. 159. not. y. et e.

46. CASARCA. *Die rothe Ente.* (4)

Müller, Naturfyft. Suppl. p. 101. n. 39. a. *die aftracanifche Ente.*

Latham, Syn. Supplem. p. 273. Ryddy Goofe.

Latham, Syft. ornitholog. II. p. 841. n. 24. Anas (Cafarca) rufa, remigibus rectricibusque nigris, fpeculo alari albo.

Pallas, nord. Beyträge, III. p. 12. *die fo genannte rothe Ente.*

Pallas, nord. Beytr. IV. p. 9. *die kleine wilde Gans, Kafarka genannt.*

Georgi, Reif. d. Rufsl. II. p. 482. *rothe Ente.*

Schwed. Abhandl. XLI. p. 24. Anas rutila.

Lichtenberg, Magaz. f. d. Neuefte u. f. w. II. 1. p. 107. *die fo genannte rothe Ente.*

Dec. Ruff. I. p. 417. 464.

Hermann, tab. affinit. animal. p. 149. Anas Cafarca.

Donndorff, Handb. der Thiergefch. p. 257. n. 8. *die rothe Ente.*

10. AEGYPTIACA. *Die ägyptifche Gans.*

Müller, Naturfyftem, II. p. 284. n. 10. *egyptifche Gans.*

Briffon, ornith. II. p. 437. n. 9. Oye d'Egypte.

Latham,

(4) Länge, nach *Lepechin*, 1 Fufs, 8 Zoll, 2 Linien; Flugelweite 2 Fufs 5 Zoll.

Latham, Syn. III. 2. p. 453. n. 16. Egyptian Goose.

Latham, Syst. ornithol. II. p. 840. n. 21. Anas (Aegyptiaca) rostro subcylindrico, corpore undulato, vertice albo, speculo alari candido, fascia nigra.

Schwedische Abhandlung, XLI. p. 24. Anas aegyptiaca.

Hermann, tab. affin. anim. p. 158. o. Anas aegyptiaca.

β. *Latham*, Syn. III. 2. p. 454. n. 16. A.

Latham, Syst. ornithol. II. p. 840. n. 21. β.

68. Segetum. *Die Bohnengans.* (5)

Pennant, arct. Zool. II. p. 507. n. 390. *die Bohnengans.*

Bechstein, Naturgesch. Deutschl. II. p. 620. n. 3. *die Bohnengans.*

Bechstein, Musterung schädl. Thiere, p. 120. n. 2. *die Bohnengans.*

Latham, Syst. ornithol. II. p. 843. n. 28. Anas (Segetum) cinereo-fusca, subtus albida, alis griseis, tectricibus maioribus remigibusque secundariis apice albis.

69. Borealis. *Die Gulaundente.*

Pennant, arct. Zoolog. II. p. 593. E. *die Gulaundente.*

Latham, Syst. ornitholog. II. p. 843. n. 30. Anas (Borealis) rostro angusto, capite viridi-nitente, pectore abdomineque albis.

(5) Länge 2 Fuss 7 Zoll; Gewicht 6 1/2 Pfund. Pennant.

11. Erythropus. *Die Bernakelgans.* (6)

Müller, Natursystem, II. p. 284. n. 11. *Rothfuß-gans.*

Blumenbach, Handb. d. Naturgesch. p. 226. n. *.

Bechstein, Naturgesch. Deutschl. II. p. 623. n. 5. *die Bernakelgans.* p. 624 *schottische Gans, Rothfußgans.*

Onomat. hist. nat. I. p. 411. *der wilde Rothfuß.*

Klein, av. p. 130. n. 8. Anser Brenta. (Mit *Anas Bernicla* verwechselt.)

Brisson, ornithol. II. p. 441. n. 14. Bernacle.

Gesner, Vögelb. p. 73. *Branta oder Bernicla.*

Latham, Syst. ornitholog. II. p. 843. n. 31. Anas (Erythropus) cinerea, supra nigro alboque undulata, collo nigro, facie abdomineque albis.

Beseke, Vögel Kurl. p. 43. n. 73. *die Rothfuß-gans.*

Pennant, arct. Zool. II. p. 513. n. 397. *die Bernaclegans.*

Pallas, Reise, Ausz. II. p. 6. *sogenannte Kasarken.* (Anser erythropus.)

Pallas,

(6) Länge, nach *Pennant*, 2 Fuss 1 Zoll; Flügelweite 4 Fuss 5 Zoll. Gewicht 5 Pfund. Ich muss hier dasjenige wiederholen, was ich bereits in der 9ten Anmerkung bey *Anas albifrons*, n. 64. gesagt habe: Ich habe die Synonymen so gut geordnet, als ich gekonnt habe. Aber die ungeheure Verwechselung der deutschen und ausländischen Synonymen bey der *Blässengans* der *Bernackelgans*, und der *Brentgans*, und die so wenig übereinstimmenden Beschreibungen und Bestimmungen der Naturforscher bey diesen Gattungen, machen es fast unmöglich hier überall etwas mit Gewissheit anzugeben. Die grösten und bewährtesten Ornithologen sind hier nicht einig. Auch die Lathamschen Synonymen weichen oft von den Linneischen und Gmelinschen ab, und wenn man beym Nachschlagen alle vergleicht, findet man wieder neue Schwierigkeiten.

Pallas, Reis. Ausz. III. p. 474. *Nordgänse.*
Pallas, nord. Beytr. III. p. 11. *die gemeine rothfüßige Nordgans oder Kasarka.*
Pallas, Naturgesch. merkw. Th. VI. p. 31. *die Bernakelgans.*
Lepechin, Tagebuch d. russisch. Reis. III. p. 13. *Nordgänse oder Kasarken.*
Fabric. Reis. nach Norwegen, p. 348. Anas Erythropus.
Georgi, Russl. II. p. 482. *die weißköpfige kleine Gans.*
Olafsen, Reise durch Island, I. p. 34. 292. *Helsing oder Bernicla.*
Schwed. Abhandl. XLI. p. 24. Anas Erythropus.
Stralsund. Magazin, I. p. 148. *die gelbfüßigen canadischen Gänse?*
Leem, Nachricht von den Lappl. p. 140. *eine Art kleiner wilder Gänse?*
Naturf. XXV. p. 9. n. 3. Anas Erythropus?
Linné, Syst. Nat. Ed. VI. p. 22. n. 5. Anser erythropus.
Linné, Syst. Nat. Edit. X. I. p. 123. n. 8. Anas (Erythropus) cinerea, fronte alba.
Müller, zoolog. dan. prodr. p. 14. n. 113. Anas (Erythropus) cinerea, fronte alba.
Charleton, onomast. zoic. p. 98. n. 4. Bernicla.
Philos. Transact. II. p. 853. XII. p. 923.

β. A. cinerea, marginibus pennarum albidis, subtus et uropygio alba, capite anteriore et gutture fulvis, vertice et cervice nigricantibus, collo subtus et pectore fuscis. *

Latham, Syst. ornithol. II. p. 844. n. 31. β.
Brisson, ornithol. II. p. 442. n. 15. Bernicla minor. *Petite Bernacle.*

Raj,

Raj. Syn. p. 137. A. 7. Brenthus.
Will. orn. p. 361. Rat Goose or Road Goose.

12. CAERULESCENS. *Die blaufittige Gans.*
Müller, Natursyst. II. p. 285. n. 12. *blaue Gans.*
Halle, Vögel, p. 550. n. 655. *die blaue Nordengans.*
Seligmann, Vögel, V. Tab. 47. *die blaugeflügelte Gans.*
Pennant, arct. Zool. II. p. 508. n. 392. *die blaufittige Gans.*
Klein, verb. Vögelhist. p. 138. n. 15. *blaue Gans.*
Brisson, ornitholog. II. p. 434. n. 5. Oye sauvage de la Baye de Hudson.
Latham, Syst. ornitholog. II. p. 838. n. 13. Anas (Caerulescens) grisea, subtus alba, tectricibus alarum dorsoque postico caerulescentibus.

β. A. alba, collo postice imo interscapulio scapularibusque plumbeis, tectricibus alarum caudaeque caerulescentibus. *
Latham, Syst. ornithol. II. p. 837. n. 13. β.

γ. A. grisea fusco-varia, capite colloque supremo albis, postice nigro variis, tectricibus alarum caudaeque caerulescentibus. *
Latham, Syst. ornithol. II. p. 837. n. 13. γ.

13. BERNICLA. *Die Brentgans.* (7)
Müller, Natursyst. II. p. 285. n. 13. *Ringelgans.*
Borowsky, Thierreich, III. p. 11. n. 3. *die schottische Gans.*

Blumen-

(7) Wegen der häufigen Verwechselungen, die sich in den *Synonymen* und *Beschreibungen* bey dieser und einiger der vorhergehenden Gattungen finden, beziehe ich mich auf die vorige Note und auf die Anmerkung bey *Anas albifrons*, n. 64. S. auch

Blumenbach, Handb. d. Naturgesch. p. 226. n. 4. Anas (Bernicla) fusca, capite, collo pectoreque nigris; collari albo; *Baumgans*, *Rothgans*.

Bechstein, Naturgesch. Deutschl. II. p. 621. n. 4. die *Brentgans*. p. 623. *Ringelgans*, *Bernakelgans*, *schottische Gans*, *Rotjes*, *Rotges*.

Halle, Vögel, p. 548. n. 650. *die Baumgans*, *Nonnengans*, *Rothgans*.

Gatterer, vom Nutzen u. Schaden der Thiere, II. p. 98. n. 96. *die Baumgans*.

Onomat. hist. nat. I. p. 409. *die schottische Gans*, *Rothgans*.

Handb. d. Naturgesch. II. p. 370. *die Klostergans*, *Bernakel*.

[*Klein*, av. p. 130. n. 8. Anas Brenta.

Klein, Vorbereit. p. 240. n. 8. *Brentgans*, *Baumgans*.

Klein, verb. Vögelhist. p. 136. n. 8. *Brentgans*.]

Mit *Anas Erythropus* verwechselt.

Brisson, ornitholog. II. p. 442. n. 16. Cravant.

Gesner, Vögelb. p. 74. *Baumganß*; mit 1 Fig.

Batsch, Thiere, II. p. 376. *die schottische oder Baumgans*.

Pennant, arct. Zoolog. II. p. 512. n. 16. 396. *die Brentgans*.

Latham, Syst. ornithol. II. p. 844. n. 32. Anas (Bernicla) fusca; capite colloque nigris, collari albo.

Bock,

S. auch *Fabric*. faun. groenl. p. 67. n. 41. Im Handb. der Naturgesch. a. a. O. wird die Benennung *Nonnen*- oder *Klostergans* (Oye nonnette) davon hergeleitet, weil ihr Fleisch an einigen Orten in der Fastenzeit zu essen erlaubt sey. — Richtiger möchte doch wohl *Jonstons* Ableitung seyn: *Monacharum ornatui, quae colorem album atro superimponunt, similis*.

Bock, Naturgesch. von Preussen, IV. p. 329. n. 75. *Ringelgans, Brentgans.*

Lepechin, Tagebuch der russ. Reis. III. p. 13. *Bernicleu.*

Pontoppidan, Naturgesch. von Dännem. p. 167. n. 5. *Radgaas, Bernikel, Reyhengaas.*

Olaffen, Island, I. p. 292. *Hrota?*

Leem, Nachr. von den Lappen in Finnmarken, p. 145. *eine besondere Art brauner Vögel in der Grösse einer Ente?*

Stralsund. Magaz. I. p. 153. *Neemka?*

Schwed. Abhandl. XLI. p. 24. Anas Bernicla.

Naturf. XII. p. 135. n. 75. *Ringelgans.*

Scopoli, Bemerk. a. d. Naturgesch. I. p. 73. n. 84. *die Brentganß, Baumganß.*

Linné, auserles. Abhandl. II. p. 291. n. 72. *die Bernikel-Gans.*

Valentin. mus. museor. I. p. 494. Anas Scoticus verus; Bernicla dictus; c. fig.

Linné, Syst. Nat. Edit. VI. p. 22. n. 6. Bernicla.

Linné, Syst. Natur. Edit. X. I. p. 124. n. 11. Anas (Bernicla) fusca, capite colloque nigris, collari albo.

Müller, zoolog. dan. prodr. p. 14. n. 114. Anas (Bernicla) fusca, capite, collo pectoreque nigris, collari albo. (dän. *Ray-Gaas, Rad-Gaas*, norweg. *Raat-Gaas, Gaul, Gogl;* isländisch: *Helsingen.*)

Müller, zoolog. dan. prodr. p. 14. n. 15. Anas (Hrota) grisea, capite colloque nigris; (norweg. *Gaul:* isländisch: *Hrota, Mar-Giaes, Gagl*)?

Schwenkfeld, av. Siles. p. 213. Anser arborum; *ein Baum-Gans, Baum-Endtle.*

Charleton, onomast. zoic. p. 8. n. 3. Branta.

Jonston,

Jonston, av. p. 141. Branta seu Bernicla. Gallis *Cravant* et *Oye Nonnette*, Isidoro *Barliata*, Alberto *Barbates*, Hollandis *Rotgansen* dicitur.

Donndorff, Handb. der Thiergesch. p. 258. *die Baumgans.*

70. TORQUATA. *Die Gans mit dem Halsbande.*(8)

Latham, Syst. ornith. II. p. 849. n. 45. β. Anas nigra, temporibus fascia oculari et suboculari et torque albis, lateribus colli castaneis.

Bechstein, Naturgeschichte Deutschl. III. p. 688.

14. CANADENSIS. *Die canadische Gans.*(9)

Müller, Natursyst. II. p. 286. n. 14. *canadische.*

Borowsky, Thierreich, III. p. 10. n. c. *die wilde canadische Gans.*

Halle, Vögel, p. 547. n. 648. *die kanadenser Gans.*

Gatterer, vom Nutzen u. Schaden der Thiere, II. p. 98. n. 97. *die canadische Gans.*

Pennant, arct. Zool. II. p. 505. n. 389. *die canadische Gans.*

Klein, av. p. 129. n. 6. Anser Canadensis.

Klein, Vorbereit. p. 239. n. 6. *kanadenser Gans.*

Klein,

(8) Nach *Latham* eine Varietät von *Anas Histrionica*; nach *Bechstein* eine Varietät von *Anas Ruficollis.*

(9) Unzählige Heerden erscheinen jährlich im Frühjahr, in der Hudsonsbay, ziehen um zu brüten weiter gegen Norden, und kehren im Herbst nach Süden zurück. Eine grosse Anzahl brütet auch in der Hudsonsbay. Die Engländer tödten daselbst in guten Jahren 3 bis 4000, die sie einsalzen und aufbewahren. Die man im Herbste fängt, wenn die Alten mit ihren Jungen zurückkommen, werden nicht gerupft, sondern man lässt sie mit den Federn gefrieren, um frisches Fleisch im Winter zu haben.

Klein, verbess. Vögelhist. p. 136. n. 6. *canadenser Gans.*

Brisson, ornithol. II. p. 433. n. 4. Oie sauvage de Canada.

Latham, Syst. ornithol. II. p. 838. n. 17. Anas (Canadensis) cinerea, capite colloque nigris, genis gulaque albis.

Seligmann, Vögel, IV. Tab. 84. *die canadenser Gans.* (Fig. Catesb.)

Seligmann, Vögel, V. Tab. 46. *die canadische Gans.* (Fig. Edw.)

Linné, auserl. Abhandl. II. p. 279. n. 5. *die canadische Ente.*

Linné, Syst. Nat. Edit. X. I. p. 123. n. 9. Anas (Canadensis) fusca, capite colloque nigro, gula alba.

Fabric. fn. groenl. p. 66. n. 2. Anas canadensis.

Donndorf, Handb. der Thiergesch p. 258. n. 10. *die canadische Gans.*

15. MOLLISSIMA. *Die Eidergans.* (10)

Müller, Natursyst. II. p. 287. n. 15. *Eyder-Gans*,

Leske, Naturgesch. p. 287. n. 3. *die Eidergans.*

Borowsky,

10) Flügelweite 3 Fuss. Gewicht des Weibchen 3 1/2 Pfund. Schwimmt, taucht und fliegt vortrefflich. Nährt sich von Fischen, Muscheln, Schnecken, Insekten, z. E. Krebsen, kleinen Wasserwürmern und Seegrasern; holt auch vom Boden die Eingeweide der Fische, welche von den Fischern in die See geworfen werden, herauf. Nistet in Felsenklippen, auch im Grase, unter Wachholderbuschen. Legt dreymal Eyer, das erste mal 5, das andere mal 3, das dritte mal mehrentheils nur *eins*, aber jedes mal in ein anderes Nest. Die erste Brut geschiehet zu Ende des Junius und Anfang des Julius. In Island werden dem Vogel die beyden ersten male die Eyer mit sammt den Federn, an andern Orten aber nur das erste mal weggenommen. Die ganze Legezeit dauert 6

bis

Borowsky, Thierreich, III. p. 5. n. 1. *der Eidervogel.* Tab. 97.

Blumenbach, Handb. d. Naturgesch. p. 226. n. 5. Anas (Mollissima) rostro cylindrico, cera postice bifida, rugosa; *der Eidervogel.*

Bechstein, Naturgesch. I. p. 384. n. 5. *die Eidergans.*

Bechstein, Naturgesch. Deutschl. II. p. 625. n. 6. *die Eidergans.* p. 636. *Eidervogel, Eider, St. Kuthbertsente.* Tab. 21. 22.

Funke, Naturgesch. I. p. 315. *der Eidervogel.*

Ebert, Naturl. II. p. 69. *der Eidervogel.*

Halle, Vögel, p. 549. n. 652. *die Eidergans.*

Gatterer, vom Nutzen und Schaden der Thiere, II. p. 99. n. 98. *der Eidervogel.*

Neuer Schauplatz der Natur, II. p. 506. *Eidergans.*

Onomat. histor. nat. I. p. 421. *die Eydergans.*

Klein, av. p. 130. n. 10. Anas, plumis mollissimis.

Klein, Vorber. p. 241. n. 10. *Eidergans.*

Klein, verbess. Vögelhist. p. 137. n. 10. *Eidergans.*

Pennant, arct. Zool. II. p. 514. n. 398. *die Eidergans.*

Beckmann, Naturhist. p. 43. n. c. *der Eider.*

Brisson,

bis 7 Wochen. Das Weibchen brütet 28 Tage. Das Alter dieses Vogels erstreckt sich auf 25 bis 30 Jahr. Die Dunen aus einem Neste wiegen etwa 3/4 Unzen. Sie sind so elastisch, dass man zur Ausstopfung eines ganzen Bettes nur etwa 5 Pfund nöthig hat. Die isländische Compagnie verkauft beynahe jährlich für 4000 Thaler Dunen nach Dänemark und Schleswig. In Island und Norwegen sind die Eidergänse in manchen Gegenden halb gezähmt, und nisten in Menge nahe an den Wohnungen.

Brisson, ornitholog. II. p. 440. n. 13. Oie à duvet ou Eider.

Batsch, Thiere, I. p. 377. *der Eydervogel.*

Latham, Syn. Suppl. p. 274. Eider or Cuthbert Duck.

Latham, Syst. ornithol. II. p. 845. n. 35. Anas (Mollissima) rostro cylindrico, cera postice basi rugosa.

Seligmann, Vögel, IV. Tab. 91. *die große weiße und schwarze Ente.*

Bock, Naturgesch. von Preussen, IV. p. 330. n. 76. *die Eydergans.*

Phipps Reis. n. d. Nordpol, p. 97. *der Eider.*

Uno von Troil, Reis. d. Isl. p. 116. *Eider.*

Olassen, Isl. I. p. 33. 119. 293 *Eidervogel.*

Cranz, Hist. von Grönl. p. 115. *der Eider Vogel.*

Egede, Beschr. v. Grönl. p. 117 *der Eidervogel.*

Pennant, Reis. n. Schottl. I. p. 42. *Eider-Enten, St. Cuthberts-Enten.*

Tremarec, Reis. n. d. Nordsee, p. 76.

Fabricius, Reisen n. Norwegen, p. 294. *Eidervogel.*

Leem, Lappl. p. 140. *Aederfugle.*

Pontoppidan, Naturg. v. Dännemark, p. 168. n. 6. *Eddergaas.*

Pontoppidan, Naturhistorie von Norwegen, II. p. 132. *Edder, Aedder-Aerfugl;* mit 1 Fig.

Linné, Reis. d. Oel. und Gothl. p. 230.

Debes, Hist. der Ins. Feroë, p. 122

Schwed. Abh. XLI. p. 24. Anas mollissima.

Goeze, nützl. Allerl. II. p. 193. n. 18. *die Eidergans.*

Oekon. Zool. p. 71 n. 11. *die Eydergans.*

Krünitz, ökon. Encyklop. X. p. 331. *Eidergans.*

Meidinger, Vorles. I. p. 123. *die Eidergans.*

Sander,

Sander, über die Gröſse u. Schönheit in der Nat. I. p. 251. *Eydergans*.

Berlin. Samml. I. p 96. VII. p. 156. *Eydervogel.*

Neueſte Mannichfalt. I. p. 177. II. p. 123.

Beckmann, phyſikal. ökonom. Bibl. III. p. 244. VI. p. 188.

Hübner, Handlungslex. p. 611.

Bohn, Waarenlager, p. 255.

Ludovici, Kaufmannslex. II. p. 1151.

Brünich, natürl. Hiſt. des Eider-Vogels; aus dem dän. überſ. m. K. Koppenh. 1763. 8.

Linné, Syſt. Nat. Ed. II p. 54. *Eider.*

Linné, Syſt. Natur. Edit. VI. p. 92. n. 8. Anas plumis molliſſimis.

Linné, Syſt. Nat. Edit. X. I. p. 124. n. 12. Anas (Molliſſima) roſtro cylindrico, cera poſtice bifida rugoſa.

Müller, zoolog. dan., prodr. p. 14. n. 116. Anas (Molliſſima) roſtro cylindrico, cera poſtice bifida rugoſa.

Bartholin. act. med. Hafn. I. p. 90. — Med. dan. dom. p. 65.

Thorlacii diſſ. chorograph. hiſt. Island. Witt. 1661. fol. 15.

Buchanani oper. Lugd. Bat. 1725. I. p. 44.

Muſ. Besler. p. 36 Avis inter Anſerem et Anatem feram media. Tab. 9. n. 6. *Abbild. des Weibchens ſchlecht.*

Sibbald. Scot. illuſtr. II. 3. p. 21. Tab. 18.

Donndorff, Handb. der Thiergeſch. p. 258. n. 11. *die Eidergans.*

16. Moschata. *Die Biſamente.*

Müller, Naturſyſtem, II. p. 288. n. 16. *Biſam-Ente.*

Leske, Naturgeschichte, p. 287. n. 4. *die Bisam-ente.*

Borowsky, Thierreich, III. p. 11. n. 4. *die Bisam-ente, lybische Ente.*

Bechstein, Naturgesch. I. p. 386. n. 6. *die Bisam-ente.*

Bechstein, Naturgesch. Deutschl. II. p. 636. n. 7. *die Bisamente.* p. 633. *indianische, kairische, lybische Ente.*

Halle, Vögel, p. 553. n. 658. *die türkische Ente.*

Gatterer, vom Nutzen u. Schaden der Thiere, II. p. 106. n. 99. *die Bisamente.*

Onomat. histor. nat. I. p. 413. *die Bisamente.*

Klein, av. p. 131. n. 2. Anas Indica.

Klein, Vorbereit. p. 242. n. 2. *türkische Ente. fremde Ente, indianischer Endrach.*

Klein, verb. Vögelhist. p. 138. n. 2. *türkische Ente.*

Gesner, Vögelb. p. 64. *indianischer Entrach*; mit 1 Figur.

Brisson, ornithol. II. p. 446. n. 3. Canard musqué.

Batsch, Thiere, I. p. 376. 378. *die Bisamente.*

Latham, Syst. ornitholog. II. p. 846. n. 37. Anas (Moschata) facie nuda papillosa.

Bock, Naturgesch. v. Preussen, IV. p. 330. n. 77. *Bisamente, moscowitische Ente.*

Cetti, Naturgesch. von Sardinien, II. p. 336. *die Ente aus der Barbarey.*

Georgi, Reise d. Russl. II. p. 482. *die Moschusente.*

Naturf. XII. p. 135. n. 76. *Bisam-Ente.*

Hübner, physikal. Tageb. II. p. 161. *Bisamänte.*

Schwed. Abh. XLI. p. 24. Anas Moschata.

Scopoli, Bemerk a. d. Naturgesch. I. p. 74. n. 85. *die türkische Ente.*

Linné, Syst. Natur. Edit. VI. p. 22. n. 11. Anas moschata.

Linné,

Linné, Syst. Natur. Edit. X. I. p. 124. n. 13. Anas (Moschata) facie nuda papillosa.

Charleton, onomast. zoic. p. 9. n. 2. Anas Indica. n. 3. A. Lybica. n. 4. A. Muscovitica. n. 5. A. Cairina.

Jonston, av. p. 143. Anas Cairina, Lybica, Indica.

Phil. Transact. lvii. p. 348.

Donndorff, Handb. d. Thiergesch. p. 259. n. 12. *die Bisamente*.

71. Rufa. *Die braunköpfige Ente.* (1)

Bechstein, Naturgesch. Deutschl. II. p. 659. n. 3. *der Rothhals*.

Latham, Syn. III. 2. p. 477. n. 32. Rufous - necked Duck.

Latham, Syst. ornithol. II. p. 863. n. 78. Anas (Rufa) cinerea, capite et collo rufis, rostro, pectore pedibusque nigris.

Scopoli, Bemerk. a. d. Naturgesch. I. p. 72. n. 81. *der Rothhalß*.

72. Leucocephala. *Die weißköpfige Ente.* (2)

Bechstein, Naturgesch. Deutschl. II. p. 680. n. 1. *die weißköpfige Ente*.

Latham, Syst. ornitholog. II. p. 858. n. 64. Anas (Leucocephala) cinereo lutescens, nebulosa, fusco pulverato, corpore antice fusco, luteo-nigro undulato, capite colloque albis, macula verticis collarique nigris.

(1) Nach *Latham* und *Bechstein* eine Spielart von *Anas Ferina*, p. 530. n. 31.

(2) Nach *Bechstein* eine Spielart von *Anas Glaucion* p. 525. n. 26. Nach *Latham* gehört auch *Anas Marsa* p. 520. n. 84. mit hieher.

Scopoli, Bemerk. a. d. Naturgesch. I. p. 70. n. 79. *die weißköpfichte Ente.*

73. MONACHA. *Die Mönchente.* (3)

Bechstein, Naturgesch. Deutschl. II. p. 680. n. 2. *die Mönchente.*

Latham, Syst. ornithol. II. p. 847. n. 40. Anas (Monacha) albo nigroque varia, rostro flavescente, apice nigro, speculo alarum viridi violaceo.

Scopoli, Bemerk. a. d. Naturgesch. I. p. 71. n. 80. *die Mönchente.*

74. MELANURA. *Die schwarzschwänzige Ente.* (4)

Bechstein, Naturgesch. Deutschl. II. p. 681. n. 3. *die schwarzschwänzige Ente.*

Latham, Syst. ornitholog. II. p. 861. n. 72. Anas (Melanura) cinerea, rostro pedibusque testaceis, vertice dorsoque rufis, remigibus rectricibusque nigris.

Scopoli, Bemerk. a. d. Naturgesch. I. p. 72. n. 82. *die schwarzschwänzige Ente.*

75. TORRIDA. *Die schwarznackige Ente.*

Bechstein, Naturgesch. Deutschl. II. p. 681. n. 4. *die schwarznackige Ente.*

Latham, Syst. ornitholog. II. p. 845. n. 33. Anas (Torrida) capite albo, collo supra nigro, subtus castaneo.

Scopoli, Bemerk. a. d. Naturgesch. I. p. 75. n. 86.

76. AL-

(3) Nach *Bechstein* eine Spielart von der *gemeinen Ente*.

(4) Nach *Bechstein*, nebst den beyden folgenden Gattungen, blosse Spielarten der *gemeinen* oder Bastarde von der *gemeinen* und *Bisamente*.

76. ALBICANS. *Die weißstirnige Ente.*

Bechstein, Naturgesch. Deutschl. III. p. 681. n. 5. *die Weißstirn.*

Latham, Syst. ornitholog. II. p. 845. n. 34. Anas (Albicans) supra fusca, fronte subtusque alba, capite colloque fusco-rufis.

Scopoli, Bemerk. a. d. Naturgesch. I. p. 75. n. 87. *die Weißstirn.*

77. GEORGICA. *Die georgische Ente.*

Latham, Syst. ornithol. II. p. 847. n. 41. Anas (Georgica) cinereo-nebulosa, rectricibus alarum cinerascentibus, speculo alarum viridi albo maculato, remigibus rectricibusque nigricantibus.

17. BAHAMENSIS. *Die bahamische Ente.*

Müller, Natursystem, II. p. 289. n. 17. *bahamische Ente.*

Pennant, arct. Zool. II. p. 524. n. 413. *die bahamische Ente.*

Halle, Vögel, p. 561. n. 675. *die Bahamerente, mit vergoldetem Dreyecke auf der Nase.*

Klein, av. p. 134. n. 18. Anas Bahamensis.

Klein, Vorbereit. p. 247. n. 18. *Bahamer.*

Klein, verbess. Vögelhist. p. 141. n. 18. *bahamische Ente.*

Brisson, ornitholog. II. p. 456. n. 12. Canard de Bahama.

Latham, Syst. ornitholog. II. p. 855. n. 58. Anas (Bahamensis) grisea, rostro plumbeo, macula laterali fulva, macula alarum viridi luteaque.

Seligmann, Vögel, IV. Tab. 86. *die bahamische Ente mit bleyfarbenem Schnabel.*

Linné, Syst. Natur. Edit. X. I. p. 124. n. 14. Anas (Bahamensis) grisea, rostro plumbeo, macula laterali fulva, alarum viridi luteoque.

Hermann, tab. affinit. animal. p. 158. Anas Bahamensis.

Jonston, av. p. 208. Mareca, anatis sylvestris species, sed parva.

78. BRASILIENSIS. *Die brasilianische Ente.*

Halle, Vögel, p. 566. n. 689. *die braune Ente.*

Brisson, ornitholog. II. p. 557. n. 13. Canard du Brésil.

Latham, Syst. ornitholog. II. p. 856. n. 59. Anas (Brasiliensis) fusca, subtus griseo-aurea, inter rostrum et oculum albo-flavescens, speculo alarum viridi-caeruleo nigro, subtus marginato.

Jonston, av. p. 208. Mareca, alia species.

79. ERYTHRORHYNCHA. *Die rothschnäblige Ente.*

Latham, Syst. ornitholog. II. p. 855. n. 57. Anas (Erythrorhyncha) fusca, subtus alba, pectore lateribus maculis fuscis, fascia alarum alba, alteraque subtus lutescente, cauda nigra.

18. ALBEOLA. *Die Gespensterente.* (5)

Müller, Natursyst. II. p. 290. n. 18. *Weißling.*

Pennant, arct. Zool. II. p. 519. n. 495. *die Gespensterente.*

Klein, av. p. 136. n. 33. Anas parva ex nigro et albo variegata.

Klein, Vorbereit. p. 251. n. 33. *kleine schwarz- und weißbunte Ente.*

Klein,

(5) *Latham* rechnet hieher auch die *Anas Bucephala Linn.* p. 521. n. 21 und nimmt die *Anas Rustica Linn.* p. 524. n. 24. für das Weibchen an.

Klein, verb. Vögelhist. p. 143. n. 33. *schwarz- und weißbunte Ente.*

Brisson, ornitholog. II. p. 481. n. 38. Sarcelle de la Louisiane.

Latham, Syst. ornithol. II. p. 866. n. 86. Anas (Albeola) alba, dorso remigibusque nigris, capite colloque caerulescente, sericeo nitente, occipite albo.

Seligmann, Vögel, IV. Tab. 95. *die kleine schwarz- und weiße Ente.*

Linné, Syst. Nat. Edit. X. I. p. 124. n. 15. Anas (Albeola) alba, dorso remigibusque nigris, capite caerulescente, occipite albo.

Philos. Transact. lxii. p. 416. n. 18.

80. Stelleri. *Stellers Ente.* (6)

Müller, Natursystem, Suppl. p. 102. n. 39. c. *die Stellersente.*

Pennant, arct. Zoolog. II. p. 525. n. 415. *Stellers Ente.* Tab. 23. obere Figur.

Hermann, tab. aff. anim. p. 158. 1. Anas Stelleri.

19. Clypeata. *Die Löffelente.* (7)

Müller, Natursyst. II. p. 290. n. 19. *Löffelente.*

Leske, Naturgesch. p. 287. n. 5. *die Löffelente.*

Borowsky, Thierreich, III. p. 12. n. 5. *die Löffelente, Schildente, Spadelente.*

Blumenbach, Handb. d. Naturgesch. p. 227. n. 7. Anas (Clypeata) rostri extremo dilatato rotundato, ungue incurvo; *die Löffelente.*

Bechstein, Naturgesch. I. p. 388. n. 14. *die Löffelente.*

Bechstein, Naturgesch. Deutschl. II. p. 675. n. 21. *die Löffelente.* p. 677. *Schildente*, (*Spatelente.*)

(6) *Latham* rechnet sie zu *Anas Dispar* p. 535. n. 167.

(7) Flügelweite 2 Fuss 7 1/2 Zoll. Gewicht 22 Unzen.

te,) Leppelschnute, Breitschnabel, deutscher Pelikan, Stefasan; bey den Jägern *Taschenmaul.*

Bechstein, Naturgesch. Deutschl. III. p. 691. n. 161.

Pennant, arct. Zool. II. p. 517. n. 403. *die Löffelente.*

Ebert, Naturl. II. p. 70. *die Löffelente.*

Halle, Vögel, p. 558. n. 668. *die Löffelente.*

Neuer. Schaupl. der Nat. V. p. 182. *Löffelente.*

Onomat. hist. nat. I. p. 418. *die Schildente.*

Handb. d. Naturgesch. II. p. 371. *die Löffelente.*

Klein, av. p. 132. n. 10. Anas latirostra.

Klein, Vorber. p. 245. n. 10. *Löffelente, Breitschnabel, Schallente, Lepelgans.*

Klein, verb. Vögelhist. p. 140. n. 10. *Löffelente.*

Klein, stemm. av. p. 31. Tab. 35. fig. 1. a-c.

Klein, av. p. 134. n. 20. Anas latirostra americana.

Klein, Vorbereit. p. 248. n. 20. *aufgeworfener Breitschnabel aus Amerika.*

Klein, verb. Vögelhist. p. 141. n. 20. *aufgeworfener Breitschnäbler.*

Gesner, Vögelb. p. 84. *ein großer Breitschnabel, (Räsgenkopff).* p. 85. *eine andere Gattung, (Breitschnabelkopff.)*

Brisson, ornithol. II. p. 450. n. 6. Souchet.

Batsch, Thiere, I. p. 378. *die Löffelente.*

Latham, Syst. ornitholog. II. p. 856. n. 60. Anas (Clypeata) rostri extremo dilatato, rotundato, ungue incurvo.

Bock, Naturgesch. von Preussen, IV. p. 330. n. 78. *Löffelente, Stockente.*

Fischer, Naturgesch. von Livland, p. 80. n. 84. *Schildente, Löffelente.*

Pennant, Reis. n. Schottl. I. p. 18. *Löffelenten.*

Linné, Reis. d. Oel. und Gothl. p. 185.

Pallas,

Pallas, nord. Beytr. IV, p. 10. *die breitschnäblichte Ente.*

Naturf. XII. p. 135. n. 77. *Löffel-Ente.*

Seligmann, Vögel, IV. Tab. 92 *die americanische Ente mit breitem Schnabel.*

Lepechin, Tagebuch der russ. Reis. I, p. 189. III. p. 14. *Schildenten.*

Pontoppidan, Naturg. von Dännemark, p. 168, n. 7. *Leffel, Kropand eller Stockand, Krofente oder Stockente.*

Beseke, Vögel Kurl. p. 45. n. 76. *die Löffelente.*

Scopoli, Bemerk. a. d. Naturgesch. I, p. 63. n. 70. *die Löffel-Ente.*

Sander, Grösse und Schönheit in der Natur, I. p. 261. *die Löffelente.*

Schneider, zool. Abh. p. 139. Anas Clypeata.

Linné, Syst. Natur. Edit. VI, p. 22. n. 12. Anas Clypeata.

Linné, Syst. Natur. Edit. X. I. p. 124. n. 16. Anas (Clypeata) rostri extremo dilatato rotundato, ungue incurvo.

Müller, zoolog. dan. prodr. p. 14. n. 117. Anas (Clypeata) rostri extremo dilatato-rotunda o, ungue incurvo.

Schwenkfeld, av. Siles. p. 204. Anas latirostra; *ein Löffel-Endtle, breitschnäblichte Wild-Endtle.*

Charleton, onomast. zoic. p. 9. n. 7. Anas Platyrynchos Gesneri.

Mus. Worm. p. 301. Anas platyrynchos; c. fig.

Jonston, av. p. 145. Platyrynchi; *Schellenten, Taschenmaul.*

Hermann, tab. affinit. animal. p. 159. t. x. Anas Clangula.

Donn-

Donndorff, Handb. der Thiergesch. p. 259. n. 13. *die Löffelente.*

β. *Die Morente.*

Halle, Vögel, p. 557. n. 667. *die Morente, Fliegenente.*

Klein, av. p. 132. n. 9. Anas Muscaria.

Klein, Vorbereit. p. 245. n. 9. *Morente, Muck-, Fliegen-, Murentel, Muggente.*

Klein, verb. Vögelhist. p. 139. n. 9. *Morente.*

Brisson, ornitholog. II. p. 451. n. 6. A. Souchet à ventre blanc.

Gesner, Vögelb. p. 81. *Muckent*; mit 1 Fig.

Schwenkfeld, av. Siles. p. 205. Anas fera 17. seu minor 5. *ein Mück-Endtle, Mos-Endtle, Mur-Endtle.*

Latham, Syst. ornithol. II. p. 857. n. 60. β. A. macula alari purpurea utrinque nigra albaque, pectore rufescente.

Jonston, av. p. 145. Anas muscaria.

γ. *Die Tempatlahoac.*

Latham, Syn. III. 2. p. 511.

Latham, Syst. ornithol. II. p. 857. n. 60. γ. Anas fera boschas mexicana *Briss.*

Brisson, ornithol. II. p. 449. n. 5. Canard sauvage du Mexique.

81. Mexicana. *Die mexikanische Löffelente.* (Yacapatlahoac.)

Latham, Syst. ornitholog. II. p. 857. n. 61. Anas (Mexicana) supra nigro-fulvo alboque varia, subtus fulva, tectricibus alarum minoribus albis, macula alarum viridi aurea.

Brisson, ornitholog. II. p. 452. n. 7. Souchet du Mexique.

82. Ru-

82. RUBENS. *Die rothbrüstige Löffelente.*
Latham, Syst. ornitholog. II. p. 857. n. 62. Anas (Rubens) fusca, iugulo et pectore rubro-fuscis, speculo alarum purpureo-albo-maculato, cauda brevi alba.

83. JAMAICENSIS. *Die jamaicaische Löffelente.*
Latham, Syst. ornitholog. II. p. 857. n. 63. Anas (Jamaicensis) fusco croceo ferrugineoque varia, dorso, alis caudaque fuscis, capite superiore nigro, subtus cum gula albo maculis nigris.

84. MERSA. *Die Ruderente.* (8)
Müller, Natursyst. Suppl. p. 102. n. 47. *die Ruderente.*
Pallas, Reis. Ausz. II. Anh. p. 15. n. 29. Anas mersa. Tab. H.

85. SCANDIACA. *Die lappmärkische Ente.*
Pennant, arct. Zoolog. II. p. 536. M. *die lappmärkische Ente.*
Latham, Syst. ornitholog. II. p. 859 n. 68. Anas (Scandiaca) spadiceo-fusca, rostro ampliato, corpore supra nigro, linea alari, pectore et abdomine albis.
Müller, zoolog. dan. prodr. p. 16. n. 13. Anas (Skorra) supra fusca, punctis confertis; taenia alarum obliqua, maculaque utrinque ad basin rostri albis; hypochondriis ferrugineis.
Leem, Nachr. von den Lappen in Finnmarken, p. 140. *Skoarra.*

20. STREPERA. *Die Schnatterente.*
Müller, Natursystem, II. p. 291. n. 20. *Schnatter-Ente.*

Borowsky,

(8) Ist, nach *Latham*, mit *Anas Leucocephala*, p. 516. n. 72. einerley.

Borowsky, Thierreich, III. p. 12. n. 6. *die Schnarr-ente.*

Bechstein, Naturgesch. I. p. 386. n. 7. *die Schnatterente.*

Bechstein, Naturgesch. Deutschl. II. p. 642. n. 9. *die Schnatterente.* p. 644. *Schnarrente, graue und braune Ente.*

Halle, Vögel, p. 555. n. 663. *die Schnarrente.*

Gatterer, vom Nutzen u. Schaden der Thiere, II. p. 107. n 106. *die Schnatterente.*

Onomat. hist. nat. I. p. 415. *die graue oder braune Ente.*

Pennant, arct. Zoolog. II. p. 536. L. *die Schnatterente.*

Klein, av. p. 132. n. 6. Anas fera 10. seu strepera.

Klein, Vorbereit. p. 244. n. 6. *Schnarrente, Mittelente.*

Klein, verbess. Vögelhist. p. 139. n. 6. *Schnarrente.*

Brisson, ornithol. II. p. 452. n. 8. Chipeau.

Batsch, Thiere, I. p. 378. *die Schnatterente.*

Gesner, Vögelb. p. 86. *ein Leiner.*

Latham, Syst. ornithol. I. p. 859. n. 69. Anas (Strepera) speculo alarum rufo nigro albo.

Bock, Naturgesch. v. Preussen, IV. p. 331. n. 79. *Schnarr-, Schnatterente.*

Fischer, Naturgesch. von Livland, p. 80. n. 77. *Schnatterente.*

Cetti, Naturgeschichte von Sardinien, II. p. 338. n. 90. *die Schnatterente, Lärmente.*

Pontoppidan, Naturgesch. v. Dännemark, p. 168. n. 8. *Knarand.*

Naturforsch. XII. p. 136. n. 78. *Schnatterente.*

Schwed. Abhandl. XLI. p. 23. Anas strepera.

Linné, Syst. Nat. Ed. VI. p. 22. n. 20. Strepera.

Linné,

Linné, Syst. Nat. Edit. X. I. p. 125. n. 15. Anas (Strepera) macula alarum rufa, nigra alba.

Müller, zoolog. dan. prodr. p. 14. n. 118. Anas (Strepera) speculo alarum rufo, nigro albo.

Schwenkfeld, aviar. Siles. p. 202. Anas fera 10. seu strepera; *Scherr-Endtlin.*

Jonston, av. p. 145. Anas platyrynchos rostro nigro et plano.

Donndorf, Handb. der Thiergesch. p. 260. n. 14. *die Schnatterente.*

86. FALCARIA. *Die Sichelente.*

Pennant, arct. Zool. II. p. 534. I. *die Sichelente.* Tab. 23. untere Figur.

Latham, Syst. ornithol. II. p. 860. n. 70. Anas (Falcaria) cristata, corpore cano fuscoque variegato, pectore squamato - undulato, fronte, gula, torque colli fasciaque alarum albis.

Pallas, Reise, Ausz. III. Anh. p. 12. n. 34. Anas *falcaria*; Mongolis *Boro-Nogossum*, et *Chartologoi-Nogossum.*

21. BUCEPHALA. *Die dickköpfige Ente.* (9)

Müller, Naturs. II. p. 291. n. 21. *Dickkopf.*

Halle, Vögel, p. 567. n. 694. *die dickköpfige Cardinalente.*

Klein, av. p. 134. n. 19. Anas minor, capite purpureo.

Klein, Vorbereit. p. 247. n. 19. *Purpurköpfchen mit weißen Backen.*

Klein, verbess. Vögelhist. p. 141. n. 19. *Büffelskopf.*

Seligmann, Vögel, IV. Tab. 96. *die kleine Ente mit purpurfarbenem Kopf.*

Brisson,

(9) Nach *Latham* mit *Anas Albeola*, p. 517. n. 18. einerley.

Brisson, ornitholog. II. p. 454. n. 10. Canard d' hyver.

Beseke, Vögel Kurl. p. 46. n. 77. *der Dickkopf.*

Schriften der berlin. Gesellschaft naturf. Freunde, VII. p. 455. n. 27. *der Dickkopf.*

Linné, auserl. Abh. II. p. 279. n. 6. *die Büffelkopf-Ente.*

Linné, Syst. Natur. Edit. X. I. p. 125. n. 19. Anas (Bucephala) albida, dorso remigibusque nigris, capite supra infraque tumido sericeo nitente.

Hermann, tab. affin. animal. p. 152. Anas Bucephala.

22. Dominica. *Die Ente von St. Domingo.*

Müller, Natursystem, II. p. 292. n. 22. *domingische Ente.*

Brisson, ornithol. II. p. 484. n. 42. Sarcelle de St. Domingue.

Latham, Syst. ornithol. II. p. 874. n. 102. Anas (Dominica) rufa, capite anteriore fuliginoso, speculo alarum candido, rectricum scapis aterrimis.

87. Spinosa. *Der Stachelschwanz.*

Latham, Syst. ornith. II. p. 874. n. 103. Anas (Spinosa) fusco-nebulosa, genis gulaque albis, vertice fascia per oculos alteraque maxillari utrinque nigris, rectricibus mucronatis.

88. Africana. *Die afrikanische Ente.*

Latham, Syst. ornithol. II. p. 875. n. 105. Anas (Africana) dorso, alis caudaque nigris, capite, collo pectore supremo abdomineque fuscorufis, macula pectoris inferioris fasciaque alarum albis.

89. Madagascariensis. *Die madagascarische Ente.*

Latham, Syst. ornithol. II. p. 875. n. 105. Anas (Madagascariensis) obscure viridis, facie ultra oculos, gula abdomineque albis, iugulo, imo pectore et lateribus ferrugineis fusco-undulatis, infra aures macula ovata viridi.

90. Coromandeliana. *Die Ente von Coromandel.*

Latham, Syst. ornithol. II. p. 875. n. 106. Anas (Coromandeliana) alba, vertice, dorso, alis caudaque aeneo-fuscis, collo maculis striisque nigricantibus, macula alarum alba.

91. Manillensis. *Die manillische Ente.*

Latham, Syst. ornitholog. II. p. 875. n. 107. Anas (Manillensis) fusca, capite anteriore, gula iugulique parte suprema albis, abdomine albo lunulis nigris, remigibus rectricibusque schisti colore.

92. Formosa. *Die schöne Ente.*

Latham, Syst. ornitholog. II. p. 876. n. 108. Anas (Formosa) fusca, vertice nigro albo marginato, gula rufescente nigro maculata, alarum speculo nigro testaceo-marginato, anterius macula obliqua viridi nitente insignito.

β. A. fusca, vertice nigro, capite lateribus fuscoflavescentibus, pone oculos viridi macula incurvata nigra. *

Latham, Syst. ornithol. II. p. 876. n. 108. β.

93. Hina. *Die chinesische Ente.*

Latham, Syst. ornithol. II. p. 876. n. 109. Anas (Hina) regióne oculorum viridi,

23. CLANGULA. *Die Quackente.* (10)

Müller, Naturſyſtem, II. p. 292. n. 23. *Quacker-Ente.*

Leske, Naturgeſch. p. 288. n. 6. *die Quackerente.*

Bechſtein, Naturgeſch. I. p. 386. n. 8. *die Quackente.*

Bechſtein, Naturgeſch. Deutſchl. II. p. 645. n. 10. *die Quackente.* p. 647. *Kobelente, Quackerente, Klangente, Hohlente, Dickkopf;* das Männchen; *Köllje;* das Weibchen: *Köllje-Quene* (Straufsente) *Vieräuglein.*

Halle, Vögel, p. 559. n. 671. *die Baumente, goldäugige Ente.*

Gatterer, vom Nutzen u. Schaden der Thiere, II. p. 107. n. 101. *die Kobelente, Straußente.*

Pennant, arct. Zoolog II. p. 518. n. 507. *die Kobelente.*

Neuer Schauplatz der Natur, II. p. 602. n. 12. *Schreyer, Goldäuglein.*

Onomat. hiſt. nat. I. p. 417. *die Klangente, Hohlente.*

Klein, av. p. 133. n. 13. Anas Clangula.

Klein, Vorbereit. p. 246. n. 13. *Golden Aeuglein.*

Klein, verbeſſerte Vögelhiſt. p. 140. n. 13. *Golden Aeuglein.*

Klein, av. p. 135. n. 27. Anas Platyrynchos.

Klein, Vorbereit. p. 250. n. 27. *Vieräuglein.*

Klein, verbeſſ. Vögelhiſt. p. 142. n. 27. *Vieräuglein.*

Briſſon, ornith. II. p. 470. n. 27. Garrot.

Gesner, Vögelb. p. 82. *Clangula oder Klinger.*

Latham, Syſt. ornithol. II. p 867. n. 87. Anas (Clangula) nigro alboque varia, capite tumido violaceo, ſinu oris macula alba.

Beſeke,

(10) Flügelweite 31 Zoll. Gewicht 2 Pfund. *Penn.*

Beseke, Naturgesch. der Vögel Kurl. p. 46. n. 78. *die Quackerente.*

Fischer, Naturgesch. von Livland, p. 80. n. 83. *Quackente.*

Bock, Naturgesch. von Preussen, IV. p. 332. n. 80. *Quakerente.*

Lepechin, Tageb. d. russ. Reis. III. p. 14. *Klapperenten.*

Linné, Reis. d. Oel. u. Gothl. p. 56.

Pallas, nord. Beytr. IV. p. 14 *die Brillenente.*

Pontoppidan, Naturgesch. von Dännem. p. 168. n. 10. *Hvinand, Blankekniv.*

Pontoppidan, Naturhist. v. Norwegen, II. p. 126. *Hvin- oder Quiin - Ander.*

Scopoli, Bemerk. a. d. Naturgesch. I. p. 64. n. 71. *das Goldäuglein.*

Naturf. XII. p. 136. n. 79. *Qwackerente.*

Schwed. Abh. XLI. p 23. Anas Clangula.

Sander, Grösse u. Schönheit in der Nat. I. p. 261. *die Quackerente.*

Linné, Syst. Nat. Ed. II. p. 54. Clangula.

Linné, Syst. Natur. Edit. VI. p. 22. n. 19. Clangula.

Linné, Syst. Natur. Edit. X. I. p. 125. n. 20. Anas (Clangula) nigro alboque varia, capite tumido nigro-viridi, sinu oris macula alba.

Müller, zoolog. dan. prodr. p. 14. n. 119. Anas (Clangula) nigro alboque varia, capite tumido violaceo, sinu oris macula alba.

Kramer, Austr. p. 341. n. 13. Anas nigro alboque variegata, capite nigro viridi, sinu oris alba macula; *Eiss-Ente.*

Schwenkfeld, av. Siles. p. 200. Anas fera 6. seu cristata; *ein Strauss-Endte, Kobel-Endte.*

Phil. Transact. lxii. p. 417. n. 48.

Herrmann, tab. affinit. animal. p. 158. 159. Anas Clangula.

Donndorff, Handb. d. Thiergesch. p. 260. n. 15. *die Quackente.*

24. RUSTICA. *Die graue Halbente.*(1)

Müller, Natursyst. II. p. 293. n. 24. *graue Halbente.*

Klein, av. p. 134. n. 22. Anas minor ex albo et fusco varia.

Klein, Vorbereit. p. 249. n. 22. *Graukopf mit weissen Backen.*

Klein, verbess. Vögelhist. p. 142. n. 22. *Graukopf.*

Brisson, ornitholog. II. p. 284. n. 39. Sarcelle de la Caroline.

Latham, Syst. ornitholog. II. p. 867. n. 86. β. A. fusco-cinerea, macula aurium alarumque alba.

Seligmann, Vögel, IV. Tab. 96. *die kleine weiße und braune Ente.*

Fischer, Naturgesch. von Livl. p. 80. n. 78. *Graukopf.*

Linné, Syst. Natur. Edit. X. I. p. 135. n. 21. Anas (Rustica) fusco-cinerea, macula aurium alarumque alba.

25. PERSPICILLATA. *Die Brillenente.*(2)

Müller, Natursyst. II. p. 293. n. 25. *Brillente.*

Pennant, arct. Zoolog. II. p. 516. n. 402. *die schwarze Ente.*

Bechstein, Naturgesch. Deutschl. II. p. 475. n. 5. *die Brillenente.*

Klein, verbess. Vögelhist. p. 143. n. 36. *schwarze Ente mit weißer Platte.*

Brisson,

(1) Nach *Latham* das Weibchen von *Anas Albeola*, p. 517. n. 18.

(2) Flügelweite 35 Zoll. Gewicht 2 Pfund, 2 Unzen. *Penn.*

Brisson, ornithol. II. p. 472. n. 30. grande Macreuse de la Baye de Hudson.

Latham, Syst. ornitholog. II. p. 847. n. 42. Anas (Perspicillata) nigra, vertice nuchaque albis, macula nigra rostri pone nares.

Linné, Syst. Nat. Edit. X. I. p. 125. n. 22. Anas (Perspicillata) nigra, vertice nuchaque albis, macula nigra rostri pone nares.

Philos. Transact. lxii. p. 417.

Donndorff, Handb. der Thiergesch. p. 260. n. 16. *die Brillenente*.

26. Glaucion. *Die Spatelente.*

Müller, Natursystem, II. p. 293. n. 26. *Breitschnabel.*

Bechstein, Naturgesch. Deutschl. II. p. 677. n. 22. *die Spatelente*. p. 679. *Breitschnäbel, breitschnäblige Enten, Löffelenten, Leppelschnuten. (Lepelgänse) Schallenten, Schellenten, Blauaugen.*

Halle, Vögel, p. 565. n. 686. *die Ringente.*

Gatterer, vom Nutzen u. Schaden der Thiere, II. p. 106. n. 102. *die Löffelente.*

Pennant, arct. Zool. II. p. 533. F. *die Spatelente.*

Gesner, Vögelb. p. 72. *Glaucion.*

Latham, Syst. ornitholog. II. p. 868. n. 88. Anas (Glaucion) corpore nigricante, pectore nebuloso, speculo alarum albo lineari.

Brisson, ornithol. II. p. 468. n. 25. Morillon.

Beseke, Vögel Kurlands, p. 25. n. 80. *der Breitschnabel.*

Pontoppidan, Dännemark, p. 168. n. 10. *Krukkop, Dyker.*

Scopoli, Bemerk. a. d. Naturgesch. I. p. 65. n. 72. *die eisengraue Ente.*

Schwed. Abhandl. XLI. p. 23. Anas Glaucion.

Linné, Syst. Natur. Edit. II. p. 54. Glaucium.

Linné, Syst. Nat. Edit. VI. p. 22. n. 21. Glaucion.

Linné, Syst. Natur. Edit. X. I. p. 126. n. 23. Anas (Glaucion) iridibus flavis, capite griseo, collari albo.

Müller, zoolog. dan. prodr. p. 15. n. 120. Anas (Glaucion) corpore nigricante, pectore nebuloso, speculo alarum albo lineari.

Fabric. fn. groenl. p. 70. n. 44. Anas (Glaucion) corpore nigricante, pectore nebuloso, speculo alarum albo lineari.

Brünich, ornithol. bor. p. 20. n. 89. Glaucion?

Charleton, onomast. zoic. p. 100. n. 4. Glaucius.

Jonston, av. p. 145. Glaucius.

94. Novae hispaniae. *Die surinamische Ente.*

Brisson, ornitholog. II. p. 480. Sarcelle du Mexique.

Latham, Syst. ornitholog. II. p. 868. n. 89. Anas (Novae Hispaniae) alba nigro-maculata, capite fulvo-nigricante, et viridi-caeruleo vario, tectricibus alarum et crisso caeruleis, macula inter rostrum et oculum fasciaque alarum alba.

Donndorff, Handb. d. Thiergesch. p. 261. n. 17. *die surinamische Ente.*

95. Malacorhynchos. *Die weichschnäblige Ente.*

Latham, Syst. ornithol. II. p. 862. n. 76. Anas (Malacorhynchos) caeruleo-cinerea, rostri apice flexili membranaceo, vertice viridi-cinereo, alarum macula transversa alba.

96. Glo-

96. GLOCITANS. *Die gluckende Ente.*

Pennant, arct. Zoolog. II. p. 535. ad K. *gluckende Ente.*

Latham, Syst. ornitholog. II. p. 862. n. 75. Anas (Glocitans) subcristata fusca, nigro undulata, capite viridi, macula ante poneque oculos ferruginea, pectore maculis nigris, speculo alarum viridi, albo marginato.

Schwed. Abh. XLI. p. 22. *die gluckfende Ente.*

Gmelin, Catal. mus. Petropol. I. p. 408. n. 670. Querquedula glocitans torquata.

97. AMERICANA. *Die amerikanische Pfeifente.*

Pennant, arct. Zool. II. p. 528. n. 420. *die amerikanische Pfeifente.*

Latham, Syst. ornitholog. II. p. 861. n. 74. Anas (Americana) ferrugineo nigroque undulata, abdomine albido, capite albo nigroque maculato, pone oculos striga utrinque ad nucham nigro-virescente, tectricibus alarum medio albis.

98. CAPENSIS. *Die capsche Pfeifente.*

Latham, Syst. ornithol. II. p. 861. n. 73. Anas (Capensis) cinerascens, dorso ex rubescente fusco, pennis margine flavescentibus, speculo alarum caeruleo-virescente, albo marginato.

27. PENELOPE. *Die* (gemeine) *Pfeifente.* (3)

Müller, Natursystem, II. p. 294. n. 27. *Pfeifente.* Tab. 22. fig. 6.

Borowsky, Thierreich, III. p. 13. n. 7. *die Pfeiffente.*

Bechstein, Naturgesch. I. p. 387. n. 9. *die Pfeifente.*

(3) Flügelweite 2 Fuss 3 Zoll. Gewicht 23 Unzen. *Penn.*

Bechstein, Naturgesch. Deutschl. II. p. 648. n. 11. *die Pfeifente.* p. 651. *Speckenten, Penelope-enten, Schmünten.*

Bechstein, Naturgesch. Deutschl. III. p. 692. *die Pfeifente.*

Halle, Vögel, p. 555. n. 664. *die Pfeifente.*

Onomat. histor. nat. V. p. 245. *Penelope.*

Klein, av. p. 132. n. 7. Anas Fistularis.

Klein, Vorbereit. p. 244. n. 7. *Pfeifente.*

Klein, verb. Vögelhist. p. 139. n. 7. *Pfeifente.*

Klein, Vögeleyer, p. 35. Tab. 21. fig. 3.

Gesner, Vögelb. p. 72. *Penelope.*

Gesner, Vögelb. p. 85. *ein Pfeiffent.*

Pennant, arct. Zool. II. p. 535. K. *die Pfeifente.*

Brisson, ornithol. II. p. 464. n. 21. Canard siffleur.

Batsch, Thiere, I. p. 378. *die Pfeifente.*

Latham, Syst. ornitholog. II. p. 860. n. 71. Anas (Penelope) cauda acutiuscula, crisso nigro, capite brunneo, fronte alba, dorso cinereo undulato.

Beseke, Vögel Kurl. p. 47. n. 81. 82. *die Pfeifente.*

Fischer, Naturgesch. von Livland, p. 80. n. 80. *Brandente, Rothhals.* (welche Synonymen ihr eigentlich nicht zukommen.)

Lepechin, Tageb. d. russ. Reis. I. p. 89. III. p. 14. *Penelopen oder Pfeifenten.*

Cetti, Naturgesch. von Sardinien, II. p. 339. *die Penelope.*

White, Naturgesch. von England, p. 62. n. 13. *Pfeifente.*

Pallas, nord. Beytr. IV. p. 14. Anas Fistularis *Briss.* p. 22. A. Penelope.

Döbel, Jägerprakt. I. p. 72. *Speck- oder Pfeiff-Ente.*

Linné,

Linné, auserl. Abh. II. p. 285. n. 48. *die Pfeifente.*

Pontoppidan, Naturg. von Dännemark, p. 168. n, 11. *Brunnacke.*

Naturf. XII. p. 136. n. 80. *Pfeifente?*

Schwed. Abhandl. XLI. p. 23. Anas Penelope.

Krünitz, Encykl. XI. p. 41. *Pfeif- oder Speckänten.*

Linné, Syst. Nat. Ed. II. p. 126. n. 24. Penelope.

Linné, Syst. Natur. Edit. VI. p. 22. n. 22. Penelope.

Linné, Syst. Natur. Edit. X. I. p. 126. n. 24. Anas (Penelope) cauda acutiuscula, subtus nigra, capite brunneo, fronte alba.

Müller, zool. dan. prodr. p. 15. n. 121. Anas (Penelope) cauda acutiuscula, crisso nigro, capite brunneo, fronte alba, dorso cinereo-undulato.

Kramer, Austr. p. 342. n. 16. Anas capite brunneo, fronte alba, cauda subtus nigra; *Eißente mit weißer Platte.*

Schwenkfeld, av. Siles. p. 202. Anas fera 11 seu canora; *ein Pfeiff-Endtlin.*

Charleton, onomast. zoic. p. 100. n. 2. Boschas, aliis Anas Fistularis.

Jonston, av. p. 146. Penelope.

β. Kagolka. *Latham*, Syst. ornith. II. p. 861. n. 71. β.

28. Acuta. *Der Pfeilschwanz.* (4)

Müller, Natursystem, II. p. 295. n. 28. *Pfeilschwanz.*

Bechstein, Naturgesch. Deutschl. II. p. 651. n. 12. *der Pfeilschwanz.* p. 653. *Langhals, Nadelschwanz,*

(4) Flügelweite 3 Fuss, 2 Zoll. Gewicht 24 Unzen. *Penn.*

schwanz, Spitzschwanz, Spießente, Pfeifente, Pylsteert.

Bechstein, Naturgesch. Deutschl. III. p. 691. *Fasanenente*, p. 695. *graue Mittelente.*

Halle, Vögel, p. 560. n. 672. *die Spiesente.*

Gatterer, vom Nutzen u. Schaden der Thiere, II. p. 108. n. 104. *der Pfeilschwanz.*

Pennant, arct. Zool. II. p. 527. n. 418. *der Nadelschwanz.*

Klein, av. p. 133. n. 15. Anas Caudacuta.

Klein, Vorbereit. p. 246. n. 15. *Spiesente, Spitzschwanz.*

Klein, verb. Vögelhist. p. 141. n. 15. *Spießente.*

Klein, av p. 136. n. 32. Anas fera, ventre candido?

Klein, Vorber. p. 251. n. 22. *wilde Ente mit einem weißen Bauche?*

Klein, verb Vögelhist. p. 143. n. 32. *Weißbauch?*

Gesner, Vögelb. p 86. *ein Spitzschwanz.*

Brisson, ornitholog. II. p. 459. n. 16. Canard à longue queue.

Latham, Syst. ornithol. II. p. 864 n. 21. Anas (Acuta) cauda acuminata elongata, subtus nigra, occipite utrinque linea alba, dorso cinereo undulato.

Beseke, Vögel Kurlands, p. 48. n. 82. *der Pfeilschwanz.*

Lepechin, Tagebuch der russ. Reis. I. p. 189 *Pfriemenente.* III. p. 14. *spitzschwänzige Enten.*

Scopoli, Bemerk. a. d. Naturgesch. I. p. 65. n. 73. *die Spießente.*

Schwed. Abhandl. XLI. p. 23. Anas Acuta.

Neue schwed. Abhandl. I. p. 299. *die isländische Ente.*

Linné, auserles. Abhandl. II. p. 291. n. 74. *die Spies-Ente.*

Linné, Syst. Nat. Ed. VI. p. 22. n. 10. Anas cauda acuta.

Linné, Syst. Nat. Edit. X. I. p. 126. n. 25. Anas (Acuta) cauda acuminata elongata subtus nigra, occipite utrinque linea alba.

Müller, zoolog. dan. prodr. p. 15. n. 122. Anas (Acuta) cauda acuminata elongata subtus nigra, occipite utrinque linea alba, dorso cinereo undulato.

Brünich, ornithol. bor. app. p. 77. Anas Acuta.

Schwenkfeld, aviar. Siles. p. 202. Anas fera 12. seu Caudacuta; *ein Spi[illegible]s - Endte.*

Charleton, onomast. zoic. p. 9. n. 10. Anas Caudacuta.

Jonston, av. p. 146. Anas Caudacuta.

Hermann, tab. affin. anim. p. 159. Anas Acuta.

99. Ferruginea. *Die rothbraune Ente.* (5)

Pennant, arct. Zoolog. II. p. 536. N. *die rothe Ente.*

Latham, Syst. ornitholog. II. p. 866. n. 84. Anas (Ferruginea) fusco-rufa, abdomine albo, rostro dilatato pedibusque pallide caeruleis.

Linné, Syst. Natur. Edit. VI. p. 22. n. 16. Anas fluviatilis.

Linné, fn. Suec. I. n. 112. II. n. 134. Anas *rufa*, rostro pedibusque cinereis.

29. Hye-

(5) Gewicht, nach *Pennant*, 10 Unzen. Weder in der X. noch XII. Edition des Syst. Nat. hat *Linné* diese Gattung aufgeführt. In den Faun. Suec. I. und II. Ed. steht nicht Anas *rutila*, sondern *rufa*. Die Charaktere stimmen auch mit *Pennants* Beschreibung gar nicht überein. *Linné* hat das Thier, nach seinem eignen Geständniss, nicht gesehen. Fn. II. l. c. *Latham* ist geneigt es für das Weibchen von *Anas Dispar*, p. 535. n. 107. zu halten.

29. HYEMALIS. *Die Winterente.* (6)

Müller, Natursyst. II. p. 295. n. 29. *Winterente.*

Halle, Vögel, p. 560. n. 673. *die Isländerente.*

Halle, Vögel, p. 564. n. 685. *die nordliche Schwanzente.*

Onomat. hist. nat. I. p. 409. *der Spitzschwanz.* p. 410. *die Winterendte.*

Klein, av. p. 133. n. 16. Anas Islandica, cauda protensa.

Klein, Vorbereit. p. 247. n. 16. *isländische Spießente mit langem Schwanze.*

Klein, verbess. Vögelhist. p. 141. n. 16. *isländische Spießente, Gadelbusch.*

Klein, verb. Vögelhist. p. 143. n. 37. *Weißback mit langen Schwanzfedern.*

Brisson,

(6) Unter den Synonymen *dieser* und der *folgenden* Gattung herrscht grosse Verwechselung und die Meynungen der Ornithologen sind sehr getheilt, ob beyde als wirklich von einander verschiedene Gattungen, oder nur als Spielarten zu betrachten sind. So nimmt z. E. *Latham* die *Anas Glacialis* für das *erwachsene Männchen*; die *Anas Hyemalis* mit den Synonymen aus *Raj Will Edw* Tab 156 *Briss.* n. 17. und Fn. Suec n. 125. für ein *junges Männchen*; *Pennants long-tailed Duck*, für das *Weibchen*; und *Brissons Querquedula Feroensis* als eine *Spielart* an. Aus den Synonymen des *Pennant* erhellet, dass er ebenfalls die *Anas Hyemalis* und *Glacialis* für einerley hält; hält aber *Briss. Querquedula Feroensis* für das Weibchen. Bey *Müller* und *Brünich* finde ich der *Anas Glacialis* gar nicht gedacht. *Fabricius* (fn. groenl. p. 71.) nimmt die *Anas Hyemalis Linn.*, zur Hauptgattung, sieht *Brünichs* n. 75. als das Männchen, n. 76. als ein junges Männchen, n. 77 78. als das Weibchen, und n. 79. als ein junges Weibchen an. *Brünich* selbst aber ist ungewiss, wie alle diese dem Alter, Geschlecht (Sexus) oder Gattung nach verschieden seyn mögen. Ich habe die Synonymen überhaupt nach Anleitung unsers Systems geordnet; bin aber sehr geneigt, mit *Bechstein* die *Anas Hyemalis* und *Glacialis* für einerley Gattung anzunehmen.

Briſſon, ornithol. II. p. 460. n. 17. Canard à longue queue d'Islande.

Latham, Syſt. ornithol. II. p. 865. n. 82. β. Anas cauda cuneata, rectricibus intermediis longis, corpore albo, temporibus, pectore, dorſo alisque nigris.

Leem, Nachr. von den Lappen in Finnmarken, p. 145. *die Hav-Aelder.*

Olaſſen, Reiſe durch Island, I. p. 292. c. *Haavella?*

Pontoppidan, Naturgeſch. v. Dännemark, p. 168. n. 13. *Gadiſſe, Klashan, Ungle, Dykere, Angeltaſke.*

Linné, auserleſ. Abhandl. II. p. 291. n. 73. *die Schwanz-Ente.*

Schwediſche Abhandlung, XLI. p. 24. Anas Hyemalis.

Seligmann, Vögel, V. Tab. 51. *die langgeſchwänzte Ente aus der Hudſons-Bay.*

Martini, Naturlex. II. p. 581. *Angeltaſche.*

Sander, Gröſse und Schönheit in der Natur, I. p. 262. *Angeltaſche.*

Linné, Syſt. Nat. Ed. VI. p. 22. n. 9. Anas cauda forcipata.

Linné, Syſt. Nat. Edit. X. I. p. 126. n. 26. Anas (Hyemalis) cauda cuneata, rectricibus intermediis longis, corpore griſeo, temporibus albis.

Müller, zoolog. dan. prodr. p. 15. n. 123. Anas (Hyemalis) cauda cuneata, rectricibus intermediis longis, corpore albo, temporibus, pectore, dorſo alisque nigris.

Charleton, onomaſt. zoic. p. 99. n. 8. Anas Islandica, Havellaea ipſis dicta.

Hermann, tab. aff. anim. p. 159. Anas Hyemalis.

Donndorff.

Donndorff, Handb. der Thiergesch. p. 261. n. 18. *die Winterente.*

β. Querquedula ferroensis Briss. *Die Feroe Kriechente.*

Pennant, arct. Zool. II. p. 528. ad n. 420. *die Feroe-Kriechente des Brisson.*

Latham, Syst. ornithol. II. p. 865. n. 82. δ. A. fusco-nigricans subtus alba, capite lateribus dilute griseo, orbitis candidis, occipite, gula, collo maculis fuscis, macula alarum fusco-rufescente.

30. Glacialis. *Die Eisente.*

Müller, Naturs. II. p. 296. n. 30. *die Eißente.*

Bechstein, Naturgesch. Deutschl. II. p. 654. n. 13. *die Winterente. (Eisente.)* p. 656. *Weißbacken mit langen Schwanzfedern. Spitzschwänze, Langschwänze von Neuland, Langschwänze von Island, Hanik, Klarhanik.*

Pennant, arct. Zoolog. II. p. 527. n. 419. *die Eisente, Kirre.*

Brisson, ornitholog. II. p. 461. n. 18. Canard à longue queue de Terre-neuve.

Latham, Syst. ornitholog. II. p 864. n. 82. Anas (Glacialis) cauda acuminata elongata, corpore nigro, subtus albo. *(Mas adultus.)*

Latham, Syst. ornitholog. II. p. 865. n. 82. γ. A. cauda cuneata, corpore nigricante, rufo et griseo vario, dorso nigro, collari abdomineque imo albis. *(Femina.) (Pennants Long-tailed Duck.)*

Scopoli, Bemerk. a. d. Naturgesch. I. p. 66. n. 74. *die Winterente.*

100. Ful-

100. FULVA. *Die goldgelbe Ente.*
Latham, Syst. ornithol. II. p. 863. n. 79. Anas (Fulva) fulva, corpore superiore et alis fulvo fuscoque striatis, cauda albo nigroque varia.
Brisson, ornitholog. II. p. 464. n. 20. Millouin du Mexique.

31. FERINA. *Die Tafelente.* (7)
Müller, Natursyst. II. p. 296. n. 31. *Rothhals.*
Bechstein, Naturgesch. I. p. 387. n. 10. *die Tafelente.*
Bechstein, Naturgesch. Deutschl. II. p. 656. n. 14. *die Tafelente.* p. 659. *der (eigentliche) Rothhals, die braune Ente, der Rothkopf, die braunköpfige, die rothe Mittelente, Wildente, Quellje.*
Bechstein, Naturgesch. Deutschl. III. p. 693. *die Tafelente.*
Halle, Vögel, p. 554. n. 660. *die Ente mit rothem Halse.*
Onomat. histor. nat. I. p. 407. *die braune wilde Ente.*
Klein, av. p. 132. n. 5. Anas fera fusca vel media.
Klein, Vorbereit. p. 243. n. 5. *wilde braune Ente.*
Klein, verb. Vögelhist. p. 139. n. 5. *braune Ente.*
Gesner, Vögelb. p. 79. *wilde graue oder Mittelente.* Fig. p. 80.
Brisson, ornitholog. II. p. 462. n. 19. Millouin.
Latham, Syst. ornitholog. II. p. 862. n. 77. Anas (Ferina) cinereo-undulata, capite brunneo, fascia pectorali, crisso uropygioque nigro.

Pennant,

(7) Flügelweite 2 1/2 Fuss, Gewicht 1 Pfund 12 Unzen. *Penn.* — Nach *Beseke* ist dies *Frischens Steelster* Tab. 164; und nach *Bechstein*: *Frischens afrikanische Ente*, Tab. 165. — *Bock* hält sie gar mit *Anas Fusca* p. 507. n. 6. für einerley.

Pennant, arct. Zool. II. p. 521. n. 409. *die Tafelente.*

Beseke, Vögel Kurl. p. 48. n. 83. 84. *der Rothhals.*

Bock, Naturgesch. v. Preussen, IV. p. 332. n. 81. *Rothhals, Brandente, Rothkopf.*

Fischer, Naturgesch. von Livland, p. 80. n. 81. *graue wilde Ente.*

Pontoppidan, Naturg. v. Dännemark, p. 168. n. 14. *Brunnakke.*

Pontoppidan, Naturhistorie von Norwegen, II. p. 127. *Röd-Nakker.*

Pennant, Reis. n. Schottl. I. p. 18. *Rothhälse.*

Zorn, Petinotheol. II. p. 410. *die Mittel-Ente.*

Naturforsch. XII. p. 136. n. 81. *Rothhals.*

Schwed. Abh. XLI. p. 23. Anas Ferina.

Linné, Syst. Nat. Edit. VI. p. 22. n. 15. Anas fera fusca.

Linné, Syst. Nat. Edit. X. I. p. 126. n. 27. Anas (Ferina) alis cinereis immaculatis, uropygio nigro.

Müller, zoolog. dan. prodr. p. 15. n. 124. Anas (Ferina) cinereo-undulata, capite brunneo, fascia pectorali, crisso uropygioque nigro.

Schwenkfeld, av. Siles. p. 201. Anas fera 8 seu Erythrocephalos 2. *ein braun Endte, braunköpfigte Endte, rote Endte, Mittel-Endte, wilde graw Endte.*

Charleton, onomast. zoic. p. 99. n. 9. Anas *Fusca*, quibusdam *Media*, p. 100. n. 3 Penelope.

Jonston, av. p. 145. Anas fusca. p. 146. Penelope. Canne à la tête rousse.

Forskål, fn. orient. p. VI. n. 13. h. Descript. animal. p. 4. n. 13. Anas ferina? Arabisch *Batt?*

β. *Bech-*

β. *Bechstein*, Naturgesch. Deutschl. II. p. 659. n. 2. *die Sumpfente.*

Brisson, ornithol. II. p. 463. n. 19. A. Millouin noir.

Latham, Syn. III. 2. p. 524. n. 68. Var. A.

Latham, Syst. ornitholog. II. p. 863. n. 77. β. Anas nigricans, capite colloque castaneis, pectore et abdomine fusco cinereoque variis, alis albo griseoque variis.

γ. *Bechstein*, Naturgesch. Deutschl. II. p. 659. n. 4. *die rothköpfige Ente.*

Brisson, ornitholog. II. p. 463. n. 19. B. Milouin à tête brune.

101. LURIDA. *Die bleyfarbene Ente.*

Latham, Syst. ornithol. II. p. 876. n. 111. Anas (Gmelini) nigra, capite spadiceo, pectore lineis rubris transversis.

102. KEKUSCHKA. *Die Kekuschka.*

Latham, Syst. ornithol. II. p. 877. n. 112. Anas (Kekuschka) ochracea, subtus nivea, dorso cinereo, uropygio caudaque nigerrimis.

Pallas, nord. Beytr. IV. p. 8. *die Ente Kekuschka genannt.*

32. QUERQUEDULA. *Die Knäckente.* (8)

Müller, Naturs. II. p. 296. n. 32. *Winter-Halbente.*

Bechstein,

(8) Flügelweite 28 Zoll. — Bleibt das ganze Jahr, und zieht nur vom November bis im März von einem Teiche und Flusse zum andern, um immer offenes Wasser zu haben. Nährt sich von Fischen, Wasserinsekten, Schnecken u. s. w. Legt 12 bis 15 gelblich weisse Eyer an das Ufer ins Gras auf ein schlecht zusammengelegtes Nest von Binsen und Grashalmen.

Bechstein, Naturgesch. I. p. 387. n. 11. *die Knäckente.*

Bechstein, Naturgesch. Deutschl. II. p. 662. n. 16. *die Knäckente.* p. 665. *Bergente, Winterhalbente, Rothhälslein.*

Halle, Vögel, p. 556. n. 665. *die Kriechente.*

Onomat. hist. nat. I. p. 417 *die Kriechente, Krickente.* (Mit n. 33. verwechselt.)

[*Klein*, av. p. 132. n. 8. Anas fera 15. *Schwenkf.* seu minor 2.

Klein, Vorbereit. p. 244. n. 8. *gemeine Krück- Kriech- Kriegente, grau Endelein, Biekilchen, scheckigt Entlein, sprenklicht Entlein, Kernel.*

Klein, verbess. Vögelhist. p. 139. *Kriechente, Kernel* u. s. w.]

Mit *Anas Crecca* und *Circia* verwechselt.

Brisson, ornithol. II. p. 573. n. 31. Sarcelle.

Pennant, arct. Zoolog. II. p. 537. O. *die Knäckente.*

Latham, Syst. ornitholog. II. p. 872. n. 99. Anas (Querquedula) macula alarum viridi, linea alba supra oculos.

Bock, Naturgesch. von Preussen, IV. p. 332. n. 82. *Winterhalbente.*

Fischer, Livland, p. 80. n. 82. *Winter-Halbente.*

Cetti, Naturgeschichte von Sardinien, II. p. 335. *Cabizoni?*

White, Naturgesch. von Engl. p. 62. n. 14. *Winterhalbente.*

Lepechin, Tagebuch der russ. Reise, III. p. 14. *Kriekenten.*

Pennant, Reis. d. Schottl. I. p. 18. *Kriechenten.*

Olaffen,

Brütet 28 bis 30 Tage Beyde Eltern führen die Jungen. Das Fleisch hat der Nahrung halber einen thranigen Geschmack.

Olaffen, Isl. I. p. 292. e. *Oert.*
Ponttoppidan, Dännem. p. 168. n. 15. *Krikand.*
Linné, auserles. Abh. II. p. 292. n. 78. *die Franz-Ente.*
Scopoli, Bemerk. a. d. Naturgesch. I. p. 67. n. 75. *die Krickente, Kriechente.*
Schwed. Abh. XLI. p. 33. Anas Querquedula.
Schneider, zool. Abhandl. p. 139. Querquedula. p. 153. *Kriekente.*
Naturf. XII. p. 136. n. 82. *Winterhalbente.*
Linné, Syst. Nat. Ed. II. p. 54. Querquedula.
Linné, Syst. Natur. Edit. VI. p. 22. n. 23. Querquedula.
Linné, Syst. Nat. Edit. X. I. p. 126. n. 28. Anas (Querquedula) macula alarum viridi, linea alba supra oculos.
Müller, zoolog. dan. prodr. p. 15. n. 125. Anas (Querquedula) macula alarum viridi, linea alba supra oculos.
Schwenkfeld, av. Siles. p. 204. Anas fera 15. seu minor 3; *ein scheckicht Endtlin, sprenglicht Endte Kernel.*
Charleton, onomast. zoic. p. 101. n. 3. *Kernell.*
Jonston, av. p. 144. Anas Circia, *Kernell* circa Argentoratum dicta.

33. Crecca. *Die Kriekente.* (9)
Müller, Natursyst. II. p. 297. n. 33. *Kriechente.*
Bechstein, Naturgesch. I. p. 388. n. 12. *die Kriekente.*
Bechstein, Naturgesch. Deutschl. II. p. 666. n. 17. *die Kriekente.* p. 668. *Kriechente, Spiegelente,*

(9) Wird von manchen für eine Varietät von *Anas Querquedula* gehalten, (*Fischer*, *Bock* u. a. m.) *Latham* rechnet auch die *Anas Balbal* p. 543. n. 124. so wie die folgende *A. Circia* als Spielarten hieher.

Krikente, Krugente, Kriechen, Krikke, Biekelchen, Karnellen, Karnel, Wäbke, scheckig Entlein; das Weibchen: *das Grauentchen.*

Halle, Vögel, p. 557. n. 666. *die kleine Kriechente.*

Gatterer, vom Nutzen u. Schaden der Thiere, II. p. 109. n. 107. *die Kriechente.*

Pennant, arct. Zool. II. p. 537. P. *die Kriechente.*

Onomat. hist. nat. I. p. 416. *Drossel, Krickente.*

Klein, av. p. 133. n. 14. Anas Querquedula Francica.

Klein, Vorber. p. 246. n. 14. *fränkische Kriechente.*

Klein, verb. Vögelhist. p. 141. n. 14. *Franzente.*

Klein, av. p. 136. n. 31. Anas Querquedula.

Klein, Vorbereit. p. 251. n. 31. *Rothhälslein.*

Klein, verb. Vögelhist. p. 143. n. 31. *Rothhälslein.*

Klein, stemm. av. p. 31. Tab. 35. fig. 2 a. b.

Gesner, Vögelb. p. 70. *Kruckentlein, Kleineent, Grawentlein, Murentlein, Sorentlein, Tröfel, Socke, Kriechentlein, Krigentlein.*

Gesner, Vögelb. p. 69. *Phascades.*

Brisson, ornithol. II. p. 476. n. 32. petite Sarcelle.

Batsch, Thiere, I. p. 378. *die Kriechente.*

Latham, Syn. Supplem. p. 276. Common Teal.

Latham, Syst. ornitholog. II. p. 872. n. 100. Anas (Crecca) speculo alarum viridi, linea alba supra infraque oculos.

Beseke, Vögel Kurl. p. 48. n. 85. *die Kriechente.*

Bock, Naturgesch. v. Preussen, IV. p. 332. *Kriechente, Sommerhalbente.*

Fischer, Naturgesch. von Livland, p. 81. n. 86. *Schapsente.*

Carver, Reis. d. Nordamer. p. 388. *die Kriechente.*

Pallas,

Pallas, nord. Beytr. I. p. 8. *die Krickente.*

Cetti, Naturgesch. von Sardinien, II. p. 340. *die Kriechente.*

Döbel, Jägerprakt. I. p. 72. *Kriechente.*

Pontoppidan, Naturg. von Dännemark, p. 168. n. 16. *Krikand*, *Ättelingand.*

Naturf. XII. p. 137. n. 83. *Kriechente.*

Schriften der berlin. Gesellschaft naturf. Freunde, VII. p. 456. *die Kriechente.*

Schwed. Abhandl. XLI. p. 23. Anas Crecca.

Linné, Syst. Nat. Ed. VI. p. 22. n. 24. Phascas.

Linné, Syst. Natur. Edit. X. I. p. 126. n. 29. Anas (Crecca) macula alarum viridi, linea alba supra infraque oculos.

Müller, zoolog. dan. prodr. p. 15. n. 126. Anas (Crecca) speculo alarum viridi, linea alba supra infraque oculos.

Schwenkfeld, av. Siles. p. 203. Anas fera 13. seu minor 1. *Krück-Endtlin*, *graw Endtlin.*

Charleton, onomast. zoic. p. 100. Boschas minor.

Jonston, av. p. 144. Querquedula minor.

Schäfer, element. ornith. Tab. 19.

Philos. Transact. lxii. p. 419. n. 51.

Donndorff, Handb. der Thiergesch. p. 261. n. 19. *die Kriechente.*

β. *Die Kriekente, welche einen goldgrünen sichelförmigen Streif von den Augen an bis zum Nacken hat.*

Bechstein, Naturg. Deutschl. II. p. 668. Var. 1.

γ. *Die Kriekente mit einem weißen Streifen unter den Augen und braunen Backen.* *

Bechstein, Naturgeschichte Deutschl. II. p. 669. Var. 2.

δ. Anas *dorsi* marginibus pennarum rufis, *genis, gula* et *corpore* subtus rufo-albis; *speculo* absque nigredine. *

Latham; Syst. ornitholog. II. p. 873. n. 100. γ.

34. CIRCIA. *Die Sommerhalbente.* (10)

Müller, Natursyst. II. p. 297. n. 34. *die Sommer Halbente.*

Bechstein, Naturgesch. I. p. 388. n. 13. *die Sommerhalbente.*

Bechstein, Naturgesch. Deutschl. II. p. 669. n. 18. *die Sommerhalbente.* p. 671. *die kleine Kricke, das Schäckchen, Biekilchen, Birkelchen, Zirzente.*

Klein, av. p. 132. n. 8. Anas Circia. (Mit *A. Querquedula* verwechselt.)

Brisson, ornitholog. II. p. 477. n. 33. Sarcelle d'Eté.

Gesner, Vögelb. p. 71. *ein Birckilgen.*

Latham, Syst. ornithol. II. p. 873. n. 100. β. Anas speculo alarum varii coloris, linea alba superciliari, rostro pedibusque cinereis.

Beseke, Vögel Kurlands, p. 48. n. 87. *die Sommerhalbente.*

Fischer, Naturgesch. von Livl. p. 81. n. 85. *Kriechente.*

Pallas, nord. Beytr. IV. p. 14. Anas Circia.

Scopoli, Bemerk. a. d. Naturgesch. I. p. 68. n. 76. Anas Circia.

Schriften der berlin. Gesellsch. naturf. Fr. VII. p. 457. n. 30. *Sommerhalbente.*

Schneider, zool. Abh. p. 139. 154. Anas Circia.

Linné, Syst. Nat. Ed. VI. p. 22. n. 25. Circia.

Linné,

(10) Nach *Latham* eine Varietät von *Anas Crecca*, p. 532. n. 33.

Linné, Syst. Nat. Edit. X. I. p. 127. n. 32. Anas (Circia) macula alarum varia, linea alba supra oculos, rostro pedibusque cinereis.

Linné, fn. Suec. II. p. 46. n. 130. Anas (Circia) macula alari varia, linea alba supra oculos, rostro pedibusque cinereis.

Schwenkfeld, av. Silef. p. 204. Anas fera 14 seu minor 2; *ein graw Endtlin*, *Birckilgen*.

Charleton, onomast. zoic. p. 101. n. 1. Anas Circia.

103. CAROLINENSIS. *Die amerikanische Kriechente.*

Pennant, arct. Zool. II. p. 570. n. 422. *die amerikanische Kriechente.*

Latham, Syst. ornitholog. II. p. 874. n. 101. Anas (Carolinensis) nigro alboque undulata, capite colloque supremo castaneis, fascia pone oculos speculoque alari viridibus, humeris lunula alba, infra oculos linea obsoleta alba.

Philos. Transact. lxii. p. 519. n. 51. (Anas Crec. var.)

35. HISTRIONICA. *Die Kragenente.*

Müller, Natursyst. II. p. 297. n. 35. *die Kragenente.*

Bechstein, Naturgesch. Deutschl. II. p. 672. n. 9. *die Kragenente.* p. 673. *der Harlekin*, *die schäckige Ente*; das Männchen: *Plümente.*

Brisson, ornithol. II. p. 457. n. 14. Canard à collier de Terre-neuve.

Latham, Syst. ornitholog. II. p. 849. n. 45. Anas (Histrionica) fusca albo caeruleoque varia, auribus, temporibus linea gemina, collari fasciaque pectorali albis.

Seligmann, Vögel, IV. Tab. 93. *die dunkle und gefleckte Ente.*

Egede, Beſchr. von Grönl. p. 122. *Tornoviarſuk.*
Stralſund. Magaz. I p. 149. *die buntköpfige Ente.*
Linné, Syſt. Nat. Edit. X. I. p. 127. n. 30. Anas (Hiſtrionica) fuſca, albo caeruleoque varia, auribus, temporibus linea gemina, collari faſciaque pectorali albis.
Müller, zoolog. dan. prodr. p. 15. n. 127. Anas (Hiſtrionica) fuſca, alba.
Philoſ. Transact. lxii. p. 417.
Donndorff, Handb. der Thiergeſch. p. 262. n. 20. *der Harlekin.*

36. Minuta. *Die Zwergente.*(1)
Müller, Naturſyſt. II. p. 298. n. 36. *Zwergente.*
Bechſtein, Naturgeſch. Deutſchl. II. p. 673. n. 20. *die Zwergente.*
Klein, verbeſſerte Vögelhiſt. p. 143. n. 38. *braune Kriechente mit weißen Hauptflecken.*
Briſſon, ornitholog. II. p. 483. n. 41. Sarcelle de la Baye de Hudſon.
Latham, Syſt. ornithol. II. p. 849. n. 45. β. Anas griſea, auribus albis, remigibus primoribus nigricantibus.
Seligmann, Vögel, V. Tab. 52. *die kleine braun und weiße Ente.*
Linné, Syſt. Natur. Edit. X. I. p. 127. n. 31. Anas (Minuta) griſea, auribus albis, remigibus primoribus nigricantibus.

104. Fuscescens. *Die braune Ente.*
Pennant, arct. Zoolog. II. p. 526. n. 417. *die braune Ente.*
Latham, Syſt. ornithol. II. p. 849. n. 46. Anas (Fuſceſcens) fuſceſcens, capite colloque dilutiore,

(1) Nach *Fabricius* und *Latham* das Weibchen von *Anas Hiſtrionica.*

tiore, alis cinereis, speculo caeruleo, margine albo, cauda obscura.

105. POEKILORHYNCHA. *Die buntschnäblige Ente.*

Latham, Syst. ornithol. II. p. 850. n. 47. Anas (Poecilorhyncha) nigra, genis cum parte iuguli cinereis, alarum speculo viridi, supra albo, subtus albo nigroque cincto, remigibus secundariis candidis.

Berlin. Samml. IX. p. 195. *die buntschnäblichte zeylonische Ente.*

Neueste Mannichfalt. I. p. 191. *die buntschnäblichte zeylonische Ente.*

106. DAMIATICA. *Die damiatische Ente.*

Latham, Syst. ornitholog. II. p. 850. n. 48. Anas (Damiatica) alba, capite, collo superiore, humeris caudaeque apice albis, nuchae lunula ferruginea, remigibus virescenti-atris.

Hasselquist, Reise n. Paläst. (Ed. germ.) p. 318. n. 35. Anas Damiatica.

107. DISPAR. *Die ostrogothische Ente.* (2)

Latham, Syst. ornitholog. II. p. 866. n. 83. Anas (Dispar) alba, subtus ferruginea, occipitis macula fronteque virescentibus, orbitis, gula, iugulo collari dorsoque nigris.

37. DISCORS. *Die Blässenente.*

Müller, Natursyst. II. p. 298. n. 37. *bunte Ente.*

Pennant, arct. Zoolog. II. p. 529. n. 421. *die Blässenente.*

Halle, Vögel, p. 562. n. 678. *die bunte amerikanische Kriechente.*

Ccc 5 *Halle.*

(1) Nach *Latham* mit *Anas. Stelleri* p. 518. n. 80. einerley.

Halle, Vögel, p. 567. n. 695 *die Schuppenente.*
Klein, av. p. 134. n. 24. Anas Querquedula americana variegata.
Klein, Vorbereit. p. 249. n. 24. *Blaukopf, weiß gezeichnet, aus Amerika.*
Klein, verbeſſ. Vögelhiſt. p. 142. n. 24. *Blaukopf, weiß gezeichnet.*
Briſſon, ornitholog. II. p. 479. n. 35. Sarcelle d'Amerique.
Latham, Syſt. ornitholog. II. p. 854. n. 55. Anas (Diſcors) tectricibus alarum caeruleis, remigibus ſecundariis extus viridibus, faſcia frontali alba. *(mas.)*
Seligmann, Vögel, IV. Tab. 100. *ſcheckiges amerikaniſches Kriechentlein.*
Donndorff, Handb. d. Thiergeſch. p. 262. n. 21. *die Bläſſenente.*

β. *Klein*, av. p. 134. n. 23. Anas Quacula. (3)
Klein, Vorbereit. p. 249. n. 23. *grau Krieck mit blauen Schultern.*
Klein, verb. Vögelhiſt. p. 142. n. 23. *graue Kriechente mit blauen Schultern.*
Briſſon, ornithol. II. p. 479. n. 36. Sarcelle de Virginie.
Latham, Syſt. ornithol. II. p. 854. n. 55. Anas tectricibus alarum caeruleis, corpore griſeo-fuſco, ſubtus griſeo, ſpeculo alarum viridi, faſcia ſuperius alba. *(femina.)*
Seligmann, Vögel, II. Tab. 98. *blaues amerikaniſches Kriechentlein.*

γ. *Latham*, Syn. III. 2. p. 504. n. 50. Var. A.
Latham, Syſt. ornitholog. II. p. 854. n. 55. β. A. pileo caudaque nigris, tectricibus alarum caeruleis,

(3) Nach *Briſſon*, *Klein* u. a. eine eigne Gattung.

ruleis, maioribus macula alba, remigibus secundariis extus gula abdomineque albis.

38. VIDUATA. *Die spanische Ente.*
Müller, Natursyst. II. p. 298. n. 38. *die Wittwe.*
Latham, Syst. ornitholog. II. p. 858. n. 65. Anas (Viduata) fusca, capite antico albo, postico nigro, pedibus caeruleis.

β. A. rufescente nigricanteque undatim varia, capite colloque antice dimidia parte albis, pectore rufo, cervice collari sub gula alis caudaque nigris. *
Latham, Syst. ornithol. II. p. 858. n. 65. β.
Büffon, IX. p. 255. pl. enl. 808. Canard à face blanche de Maragnon.

108. JACQUINI. *Jacquins-Ente.*
Latham, Syst. ornitholog. II. p. 863. n. 80. Anas (Jacquini) spadicea, dorso nigricante, rostro pedibusque nigris.

109. DOMINICANA. *Die Dominikaner-Ente.*
Latham, Syst. ornithol. II. p. 859. n. 60. Anas (Dominicana) griseo-cinerea, facie gulaque albis, fascia oculari, occipite, collo pectoreque nigris.

39. AUTUMNALIS. *Die Herbstente.*
Müller, Natursf. II. p. 298. n. 39. *die Herbstente.*
Halle, Vögel, p. 563. n. 679. *das Entenrothkehlchen?*
Klein, av. p. 135. n. 25. Anas fera, griseo colore, mente cinnabrino, undulante pectore?
Klein, Vorbereit. p. 249. n. 25. *Rothbart mit wellenförmiger Brust?*
Klein, verb. Vögelhist. p. 142. n. 25. *Rothbart?*

Klein,

Klein, verb. Vögelhist. p. 138. n. 17. *rothschwänzige Gans.*

Brisson, ornitholog. II. p. 466. n. 23. Canard siffleur d'Amerique.

Latham, Syst. ornithol. II. p. 852. n. 52. Anas (Autumnalis) grisea, remigibus, cauda ventreque nigris, speculo alarum fulvo alboque.

Seligmann, Vögel, VI. Tab. 89. *die pfeifende Ente mit rothem Schnabel.*

Linné, Syst. Nat. Edit. X. I. p. 127. n. 33. Anas (Autumnalis) grisea, remigibus, cauda ventreque nigris, area alarum fulva albaque.

Marsi. Dan. p. 108. Tab. 52. Anas fera mente cinnabrino?

110. Labradoria. *Die labradorische Ente.*

Pennant, arct. Zoolog. II. p. 519. n. 406. *die scheckige Ente.*

Latham, Syst. ornithol. II. p. 859. n. 67. Anas (Labradora) dorso, alis et abdomine fuscis, capite, collo, scapularibus remigibusque secundariis albis; torque fasciaque pectoris nigris.

111. Superciliosa. *Die Ente mit weißen Augenbraunen.*

Latham, Syst. ornitholog. II. p. 852. n. 51. Anas (Superciliosa) cinereo-fusca, fascia supra et infra oculos, gula iuguloque albis, speculo alarum viridi-caerulescente, nigro marginata.

112. Curvirostra. *Die krummschnäblige wilde Ente.* (4)

Latham, Syst. ornithol. II. p. 852. n. 50. Anas (Curvirostra) atra, rectricibus intermediis (maris)

(4) Sollte nicht diese Gattung mit der *folgenden* einerley, und sollten nicht beyde, Spielarten der *gemeinen* Ente seyn? *Pallas* sagt:

ris) recurvatis, gula macula ovali alba, rostro incurvo.

Pallas, Naturgesch. merkwürd. Th. VI. p. 39. *die Krummschnabel-Ente.*

41. Adunca. *Die krummschnäblige zahme Ente.* (Krummschnäblige Hausente.) (5)

Müller, Naturs. II. p. 300. n. 41. *krummschnäblichte Ente.*

Borowsky, Thierreich, III. p. 19. n. 14. *die krummschnablichte Ente.*

Bechstein, sagt: es sey ihm diese Gattung nur ein einziges mal wild vorgekommen; und glaubt, dass die unter unsern Enten nicht ungewöhnliche Krummschnabelenten von dieser wilden Gattung entstanden seyn mögen. Aus der besondern Farbe, Zeichnung, und dem ganzen Ansehen des einzigen Exemplars, welches in Holland gefangen war, und sich 1764. in einer Vogelsammlung im Haag befand, schliesst er, dass sie nicht von der gemeinen wilden Ente oder Hausente entstanden seyn könne, sondern eine eigne Art ausmache, die nur wegen ihrer Seltenheit den rechten Ursprung der krummschnäbligen Enten bisher zweifelhaft gelassen habe. Zur Bestätigung dieser Behauptung führt er den Umstand an, dass die Zucht der Krummschnabelenten hauptsächlich im mittlern Europa, sonderlich Niederdeutschland und Holland, wo sich auch die wilde Gattung allein aufzuhalten scheint, ihren Ursprung genommen, und in Russland noch vor wenig (nun etwa vor 30) Jahren, ehe sie aus Holland dahin gebracht worden, so wie in ganz Sibirien weder wild noch zahm anzutreffen gewesen Auch sollen die dunkelfarbigen unter den zahmen Krummschnabelenten, die man in Holland erzielt, fast immer die Farbe der von ihm beschriebenen wilden haben, und diese Farbe unter den gemeinen Hausenten, so mannichfaltig man sie auch abgeändert siehet, doch noch nie bemerkt worden seyn.

(5) Nach *Latham* u. a. eine Varietät von *Anas Boschas*. S. die vorhergehende Anmerkung.

Bechstein, Naturgesch. I. p. 391. n. 6. *die krumm-schnablige Ente.*

Bechstein, Naturgesch. Deutschl. II. p. 719. n. 2. *die krummschnablige Ente.*

Gatterer, vom Nutzen u. Schaden der Thiere, II. p. 28. n. 111. *die krummschnablichte Ente.*

Beckmann, Landwirthschaft, p. 475.

Klein, av. p. 133. n. 17. Anas rostro adunco.

Klein, Vorbereit. p. 247. n. 17. *krummer Breit-schnabel.*

Klein, verbess. Vögelhist. p. 141. n. 17. *krummer Breitschnabel.*

Brisson, ornitholog. II. p. 445. n. 2. Canard à bec courbé.

Latham, Syst. ornithol. II. p. 851. n. 49. ζ. Anas rectricibus intermediis (maris) recurvatis, rostro incurvato.

Linné, Syst. Nat. Edit. X. I. p. 128. n. 35. Anas (Adunca) rectricibus intermediis (maris) recurvatis, rostro incurvato.

Frisch, Vögel, Tab. 179?

113. DOMESTICA. *Die gemeine Hausente.* (6)

Borowsky, Thierreich, III. p. 17. n. 13. *die gemeine Ente.*

Bechstein,

(6) *Klein*, *Brisson* u. a. m. betrachten zwar die Hausente als eine eigne Gattung; die mehresten Naturhistoriker aber sehen sie doch nur als eine Spielart von der wilden an. Farbe und Zeichnung ist, wie bey allen Hausvögeln, gar sehr verschieden. Die Paarungszeit fängt schon im März an. Auf einen Erpel rechnet man 10 bis 12 Enten. Beyde aber taugen nur etwa 4 bis 6 Jahre zur Fortpflanzung. Bey gutem Futter legt eine Ente, ehe sie brüten will, 20 bis 30 grünlich blauweisse Eyer, glätter und grösser als Hühnereyer. Brütet 28 bis 30 Tage. Ueberhaupt aber legt eine in

Bechstein, Naturgesch. I. p. 389. n. 15. b. *die zahme Ente.*

Bechstein, Naturgesch. Deutschl. II. p. 705. n. 1. b. *die zahme Ente. — Entrich, Aentrich, Antrach, Anter, Enter, Erpel, Entvogel, Drake, Wyt, Warte.* (das Männchen.) p. 719. *Hausenten, Schnatterer, Rätschen, Hatschen.*

Gatterer, vom Nutzen und Schaden der Thiere, II. p. 125. n. 110. *die Hausente, Ente, Aente.*

Neuer Schaupl. der Nat. I. p. 598. n. 1. *die zahme Ente.*

Handbuch der deutschen Thiergeschichte, p. 106. *die zahme Ente.*

Klein, Vorbereit. p. 242. n. 1. *Haus-, zahme Ente.*

Klein, verb. Vögelhist. p. 138. n. 1. *zahme Ente.*

Klein, Vögeleyer, p. 34. Tab. 20. fig. 1.

Gesner, Vögelb. p. 59. *zahme Ente;* mit 1 zieml. guten Figur.

Scopoli, Bemerk. a. d. Naturgesch. I. p. 68. n. 77. *die zahme oder Hausente.*

Brisson, ornitholog. II. p. 443. n. 1. Canard domestique.

Sander, ökonom. Naturgesch. II. p. 18. n. 2. *die Ente.*

Walther, ökon. Naturgesch. p. 124. *Ente.*

Latham, Syst. ornithol. II. p. 851. n. 49. β. Anas domestica.

Bock, Preussen, IV. p. 332. n. 84. *Hausente.*

Knox,

in einem Jahre 80 und mehrere Eyer. *Bechstein* führt ein Beyspiel von einer Ente an, die 105 Eyer gelegt hat. Die zahmen Enten scheinen die grösste Neigung zu unnatürlicher Paarung zu haben, so dass z. E. die Erpel auf Hühner erpicht sind, und wieder umgekehrt, Enten auch den welschen Hähnen nachlaufen, und sie zu reitzen suchen.

Knox, Reis. n. Ceylon, p. 57. *Enten.*

Pallas, Naturg. merkw. Thiere, XI. p. 37. *** (vom Haushahn getreten, und ganz weiss ge- staltete zweydeutige Junge aus eignen Eyern selbst ausgebrütet.)

Kämpfer, Beschreib. von Japan, p. 141. *Enten.*

Naturf. XII. p. 137. n. 84. *gemeine Ente.*

Goeze, nützl. Allerl. II. p. 194. n. 19. *die zahme Hausente.*

Krünitz, ökon. Encyklop. XI. p. 33. *Hausänten.*

Phys. ökon. Patriot. IV. p. 189 ff.

Taube, Beytr. zur Naturk. des Herzogth. Zelle, p. 257.

Fränk. Samml. V. p. 354 ff.

Linné, Syst. Natur. Edit. X. I. p. 127. n. 34. β. Anas domestica.

Linné, Syst. Natur. Edit. XII. I. p. 206. n. 40. β. Anas domestica.

Brünich, ornitholog. bor. p. 20. n. 88. Anas domestica.

Kramer, Austr. p. 341. n. 11. β. Anas domestica.

Schwenkfeld, aviar. Siles. p. 195. Anas domestica; *ein Rätsche*, *Hatsche.* Siles.

Charleton, onomast. zoic. p. 9. n. 1. Anas domestica.

Moehring, av. gen. p. 60. n. 61. Anas.

Jonston, av. p. 143. Anas domestica.

Varro, de re rust. L. 3. c. 11. Anates.

Columella, de re rust. L. 8. c. 15. L. 6. c. 7. Anates.

Plin. hist. nat. L. 10. c. 55. L. 20. c. 5. Anates.

Turner. av. Plin. voc. *Anas.*

* * *

Mylii phys. Belust. V. p. 392. Nachricht von einer monströsen Ente.

Böhm,

Böhm, von vierfüss. Enten und Gänsen. Bresl. Naturgesch. 1726. p. 713.

Schulze, de intestinis in anate monstrosis. Eph. Nat. Cur. Dec. I. an. 4. et 5. obs. 71. p. 56.

Hannaeus, de cornu anatino. ib. Dec. II. an. 9. obs. 169. p. 316.

Bemerk. über Enten, deren Oberkiefer am Schnabel kürzer als der untere ist. Wittenberg. Wochenbl. XIII. p. 380.

Allgem. Haushalt. und Landwissensch. I. p. 852. *von den Enten.*

40. Boschas. *Die gemeine wilde Ente.* (7)

Müller, Natursystem, II. p. 299. n. 40. *gemeine Ente.* *

Leske, Naturgeschichte, p. 288. n. 7. *die gemeine Ente.* *

Borowsky, Thierreich, III. p. 17. n. 13. *die gemeine Ente.* *

Blumen-

(7) Flügelweite 35 Zoll. Gewicht 2 1/2 Pfund. *Pennant.* Wird wahrscheinlich sehr alt, da man in sichern Gegenden ein Paar viele Jahre hinter einander antrift. Im Sommer leben sie paarweise. Im October aber schlagen sich mehrere Familien zusammen, und im November bilden sie grosse Schaaren, die besonders des Nachts von einem Teich, Fluss, oder See zum andern fliegen, denn es sind blosse *Strichvögel.* Die Begattungszeit fällt in den März, früher oder später, nachdem die Witterung günstig ist. Ohngefähr in der Mitte des Aprils legt das Weibchen 10 bis 16 blassgrüne längliche Eyer, brütet drey Wochen, und bedeckt die Eyer, wenn es der Nahrung halber vom Neste aufsteigt. Das Männchen lösst es beym Brüten einige Stunden im Mittage ab, und führt die Jungen mit. Das Fleisch ist zarter, aber nicht so rein vom Geschmack, als das von der zahmen Ente. — Die mit einem * bezeichneten Synonymen gehen auf die wilde und zahme Ente zugleich.

Blumenbach, Handb. d. Naturgesch. p. 227. n. 6. Anas (Boschas) rectricibus intermediis (maris) recurvatis, rostro recto; *die Ente.* *

Bechstein, Naturgesch. I. p. 389. n. 15. a. *die wilde Ente.*

Bechstein, Naturgesch. Deutschl. II. p. 682. n. 1. a. *die wilde Ente.* p. 705. *gemeine wilde Ente, Märzente, Blumente, Spiegelente, grobe wilde Maschente.*

Bechstein, Naturgesch. Deutschl. III. p. 690. *die wilde Ente.*

Meyer, Thiere, I. Tab. 12.

Funke, Naturgesch. I. p. 210. *die Ente.* *

Halle, Vögel, p. 551. n. 657. *die Hausente.* *

Gatterer, vom Nutzen u. Schaden der Thiere, II. p. 110. n. 109 *die wilde Ente.*

Pennant, arct. Zoolog II. p. 524. n. 412. *die wilde Ente.*

Beckmann, Naturhist. p. 44. d. *die Ente.* *

Klein, av. p. 131. n. 3. Anas sylvestris vera.

Klein, Vorbereit. p. 343. n. 3. *gemeine wilde Ente, Blauente, Groß-, Blaß-Ente.*

Klein, verbesserte Vögelhist. p. 138. n. 3. *gemeine wilde Ente.*

Gesner, Vögelb. p. 77. *kleinere wilde blaue Ente, Blaßent, Spiegelent, Großent, Merzent, Hagent;* mit 1 Fig.

Brisson, ornitholog. II. p. 447. n. 4. Canard sauvage.

Batsch, Thiere, I. p. 379. *die gemeine Ente* *

Latham, Syst. ornithol. II. p. 850. n. 49 Anas (Boschas) cinerea, rectricibus intermediis (maris) recurvatis, rostro recto, torque albo.

Beseke, Naturgesch. der Vögel Kurl. p. 49. n. 88. *die gemeine Ente.*

Bock,

Böck, Naturgeſch. von Preuſſen, IV. p. 322. *die Märzente.*

Fiſcher, Naturgeſch. von Livland, p. 81. n. 87. *gemeine wilde Ente, Blauente.*

Cetti, Sardin. II. p. 334. *die wilde Ente.*

Rytſchkow, orenb. Topogr. p. 245. *wilde Enten.*

Strahlenberg, Europa u. Aſien, p. 352. *Enten.*

Fermin, Beſchreib. von Surinam, II. p. 136. *wilde Enten.*

Olaſſen, Reiſe durch Island, I. p. 292. *Blaakolls-Oend.*

White, Naturgeſch. von England, p. 62. n. 11. *die wilde Ente.*

Pallas, Reiſ. III. p 91-93. Ausz. II. p. 7. *Enten.*

Pallas, nord. Beyträge, III. p. 10. IV. p. 8. *die Märzente.*

Lepechin, Tageb. d. ruſſ. Reiſ. III. p. 14. *gemeine Enten.*

Pennant, Reiſ. d. Schottl. I. p. 18. *gemeine wilde Enten.*

Schlözer, Erdbeſchreib. von Amerika, p. 150. *Enten.*

Steller, Beſchr. von Kamtſchatka, p. 190 *Enten.*

Pontoppidan, Naturg. v. Dännemark, p. 168. n. 18. *Vildand.*

Döbel, Jägerprakt. I. p. 70. *wilde Enten.*

Loniceri, Kräuterb. p. 645 *Endte, Antvogel.* *

Linné, auserleſ. Abh. II. p. 285. n. 48. p. 292. n. 75. *die gemeine Ente.*

Lichtenberg, Magaz. f. d. Neueſte u. ſ. w. II. 1. p. 103. *die Märzente.*

Schwed. Abh. XLI. p. 23. Anas Boſchas.

Geoffroy, mat. med. VII. p. 300. *die gemeine wilde Ente.*

Stralsund. Magazin, I. p. 147. Anas Boschas.
Naturf. XII. p. 132. n. 70. *gemeine wilde Ente.*
Bechstein, Musterung schädl. Thiere, p. 132. n. 3. *die wilde Ente.*
Zorn, Petinotheol. II. p. 409. *die gemeine wilde Ente.*
Anweisung Vögel zu fangen, u. s. w. p. 184. *die Ente.*
Oekonom. Zool. p. 72. n. 12. *die gemeine Ente.* *
Krünitz, Encyklop. XI. p. 42. *die gemeine wilde Ente.*
Jablonsky, allgemein. Lex. p. 298. *Ente.* *
Merklein, Thierreich, p. 255. *Ente.* *
Kraft, Ausrott. grauf. Thiere, p. 235. 236. 584. *wilde Enten.*
Helwing: Bresl. Samml. Mart. 1721. Cl. 5. Art. 1. (wilde Enten zahm zu machen.) Cf. Schwed. Abhandl. XIII. p. 326.
Hannöv. nützl. Samml. 1758. St. 89. Col. 1423 f.
Schönfeld, Landwirthschaft, p. 705.
Zückert, Speis. a. d. Thierr. p. 100.
Schreber, Sammlung verschiedener Schriften, II. p. 281.
Allgem. Haushaltungslex. I. p. 419. *Ente.*
Linné, Syst. Nat. Ed. II. p. 54. *Boschas.* *
Linné, Syst. Nat. Ed. VI. p. 22. n. 17. *Boschas.* *
Linné, Syst. Natur. Edit. X. I. p. 127. n. 34. Anas (Boschas) rectricibus intermediis (maris) recurvatis, rostro recto. *
Müller, zoolog. dan. prodr. p. 16. n. 12. Anas (Boschas) rectricibus intermediis (maris) recurvatis, rostro recto. *
Charleton, onomast. zoic. p. 99. n. 6. Anas fera.
Schwenkfeld, av. Siles. p. 197. Anas fera 1. seu torquata minor; *ein wilde blaw Endte, Mertz-Endte.*

Endte, Gros-Endte, Rätsch-Endte, Blas-Endte, Spiegel-Endte.

Jonston, av. p. 144. Boscades maiores.

Hermann, tab. aff. anim. p. 159. Anas Boschas.

Phil. Transact. LXII. p. 419.

Forskål, fn. orient. p. 6. n. 9. d. Descript. animal. p. 3. n. 9. Anas Boschas.

Donndorff, Handb. der Thiergesch. p. 262. n. 22. *die gemeine Ente.* *

β. Cirrhāta. *Die gehäubte wilde Ente.*

Brisson, ornitholog. II. p. 444. n. 1. A. Anas domestica cirrata; *Canard domestique hupé.*

Frisch, Vögel, Tab. 178. *die hollige Hausente.*

Bechstein, Naturgesch. Deutschl. III. p. 699.

γ. Persica. *Die persische Ente.*

Brisson, ornitholog. II. p. 445. n. 1. B. Anas persica; *Canard de Perse.*

Frisch, Vögel, Tab. 167. *die persische Ente.*

Bechstein, Naturgesch. Deutschl. III. p. 694.

δ. Maior. *Die Störente.*

Brisson, ornitholog. II. p. 448. n. 4. A. Boschas maior; *grand Canard sauvage.*

Bechstein, Naturgesch. Deutschl. II. p. 704. n. 1. *die Störente, Storente, Sterzente.*

Klein, av. p. 131. n. 3. Anas fera 2. seu torquata maior. *Schwenkf.*

Klein, Vorbereit. p. 243. n. 3. *Stor- oder Sterzente.*

Klein, verbess. Vögelhist. p. 139. n. 3. *die zweyte wilde Ente.*

Gesner, Vögelb. p. 78. *größere wilde blawe Ente, Stortzent genannt.* Fig. p. 79.

Latham, Syst. ornithol. II. p. 851. n. 49. γ. Boschas maior.

Schwenkfeld, av. Siles. p. 198. Anas fera 2. seu torquata maior; *ein Stor-Endte, Stertz-Ente, große Wild Endte.*

Döbel, Jägerpraktik, p. 71. *die sonst allgemeine große Ente.*

ε. GRISEA. *Die Schmalente.*

Brisson, ornitholog. II. p. 448. n. 4. B. Boschas maior grisea; *Grand canard sauvage gris.*

Bechstein, Naturgesch. Deutschl. II. p. 704. n. 2. *die Schmalente.*

Bechstein, Naturgesch. Deutschl. III. p. 696. *die Schmielente.*

Frisch, Vögel. 173. Anas iuncea.

Gesner, Vögelb. p. 78. Anas iuncea vel graminea; *ein Schmilent.*

Latham, Syst. ornitholog. II. p. 851. n. 49. δ. Boschas maior grisea.

Schwenkfeld, av. Siles. p. 199. Anas fera 4. seu iuncea; *ein Schmäl-Endte, Schmil-Endte, Schmelichen.*

ζ. NAEVIA. *Die Roßente.*

Müller, Natursyst. II. p. 300. *Spiegelenten.*

Brisson, ornitholog. II. p. 449. n. 4. C. Boschas maior naevia; *grand Canard sauvage tacheté.*

Bechstein, Naturgesch. Deutschl. II. p. 705. n. 3. *die Roßente.*

Latham, Syst. ornitholog. II. p. 851. n. 49. ε. Boschas maior naevia.

Schwenkfeld, av. Siles. p. 199. Anas fera 3. seu maior; *ein Roß-Ente, Mertz-Endte, große wilde Endte.*

η. NIGRA. *Die Schildente.*

Brisson, ornithol. II. p. 449. n. 4. D. Anas fera nigra; *Canard sauvage noir.*

Bechstein,

Bechstein, Naturgesch. Deutschl. II. p. 705. n. 4. *die Schildente.*

42. Galericulata. *Die chinesische Haubenente.*

Müller, Natursyst. II. p. 300. n. 42. *Federkappe.*

Halle, Vögel, p. 564. n. 684. *die Chineserente, mit grünem Federbusche.*

Klein, av. p. 136. n. 34. Anas Sinensis.

Klein, Vorbereit. p. 251. n. 34. *sinesische Ente.*

Klein, verbess. Vögelhist. p. 143. n. 34. *sinesische Ente.*

Brisson, ornitholog. II. p. 478. n. 34. Sarcelle de la Chine.

Seligmann, Vögel, IV. Tab. 99. *sinesisches Kriechentlein.*

Latham, Syst. ornitholog. II. p. 871. n. 98. Anas (Galericulata) crista dependente, dorsoque postico utrinque penna recurvata compressa elevata.

Linné, Syst. Natur. Edit. X. I. p. 128. n. 36. Anas (Galericulata) crista dependente dorsoque poco utrinque penna recurvata compressa elevata.

43. Sponsa. *Die Sommerente.* (8)

Müller, Naturf. II. p. 301. n. 43. *die Braut.*

Borowsky, Thierreich, III. p. 20. n. 16. *die Braut.*

Halle, Vögel, p. 562. n. 677. *die amerikanische Sommerente, Plümagenente.*

Klein, av. p. 134. n. 21. Anas cristata americana.

Klein, Vorbereit. p. 248. n. 21. *Plümente aus Amerika.*

Klein, verb. Vögelhist. p. 141. n. 21. *Plümente.*

Brisson, ornithol. II. p. 455. n. 11. Canard d'été.

Seligmann, Vögel, IV. Tab. 90. 94. *die Sommerente.*

 Latham,

(8) Flügelweite 30 Zoll. *Penn.*

Latham, Syst. ornithol. II. p. 871. n. 97. Anas (Sponsa) crista dependente duplici viridi caeruleo alboque varia.

Linné, Syst. Nat. Edit. X. I. p. 128. n. 37. Anas (Sponsa) crista dependente duplici viridi caeruleo alboque varia.

Donndorff, Handb. der Thiergesch. p. 263. n. 23. *die Sommerente.*

44. Arborea. *Die Baumente.*

Müller, Natursyst. II. p. 301. n. 44. *Baumente.*

Pennant, arct. Zoolog. II. p. 522. n. 410. *die Baumente.*

Klein, verbess. Vögelhist. p. 138. n. 17. *schwarzschwänzige Gans.*

Brisson, ornitholog. II. p. 467. n. 24. Canard siffleur de la Jamaique.

Latham, Syst. ornithol. II. p. 852. n. 53. Anas (Arborea) grisea, capite subcristato, abdomine albo nigroque undulato.

Seligmann, Vögel, VI. Tab. 88. *die pfeifende Ente mit schwarzem Schnabel.*

Bankroft, Naturgeschichte von Guiana, p. 102. *Schopfente mit breitem u. schwarzem Schnabel.*

Naturf. XII. p. 137. n. 85. *Baumente?*

Linné, Syst. Nat. Edit. X. I. p. 128. n. 38. Anas (Arborea) grisea, capite subcristato, abdomine albo nigroque maculato.

Linné, Syst. Nat. Edit. XII. I. p. 207. n. 44. Anas (Arborea) grisea, capite subcristato, abdomine albo nigroque maculato.

Hermann, tab. affin. anim. p. 159. Anas arborea.

114. Cristata. *Die Haubenente von Statenland.*

Latham, Syst. ornithol. II. p. 870. n. 93. Anas (Cristata) cristata cinerea, fronte, genis colloque

que postico cinerascentibus, gula iuguloque flavescentibus, maculis ferrugineis, speculo alarum caeruleo subtus albo.

115. Obscura. *Die dunkelbraune Ente von Neuyork.*

Pennant, arct. Zoolog. II. p. 525. n. 414. *die dunkelbraune Ente.*

Latham, Syst. ornitholog. II. p. 871. n. 96. Anas (Obscura) fusca, collo striis longitudinalibus obscuris; speculo alarum caeruleo nigro marginato, rectricibus albo marginatis.

116. Islandica. *Die gelbfüßige isländische Ente.*

Pennant, arct. Zool. II. p. 534. H. *die isländische Ente.*

Latham, Syst. ornithol. II. p. 871. n. 95. Anas (Islandica) cristata nigra, iugulo, pectore abdomineque albis, pedibus croceis.

Olaffen, Island, 1. p. 292. *Hrafn-Oend.*

117. Novae seelandiae. *Die schwarze neuseeländische Ente.*

Latham, Syst. ornitholog. II. p. 870. n. 92. Anas (N. Seelandiae) nigra viridi-nitens, subtus cinerascens, capite colloque postice caeruleo et purpureo nitente, fascia alarum alba.

118. Rufina. *Die Kolbenente.*

Müller, Natursyst. Suppl. p. 102. n. 46. *die einsame Ente.*

Halle, Vögel, p. 567. n. 692. *die Karminente.*

Klein, av. p. 135. n. 26. Anas cristata flavescens.

Klein, Vorbereit. p. 249. n. 26. *Gelbschups mit einem Federbusche.*

Klein, verbesserte Vögelhist. p. 142. n. 26. *Gelbschopf.*

Brisson, ornithol. II. p. 465. n. 22. Canard siffleur hupé.

Latham, Syst. ornithol. II. p. 870. n. 94. Anas (Rufina) nigra, dorso et alis fuscis, capite colloque testaceo-rubris, vertice rufescente, speculo albo nigro-marginato.

Pallas, Reise. Ausz. II. p. 240. *eine Art großer Seeenten mit rothem gehäubten Kopfe.*

Pallas, Reise, Ausz. II. Anh. p. 15. n. 28. Anas *rufina.*

Pallas, nord. Beytr. III. p. 12. *die Kolbente.*

Pallas, nord. Beytr. IV. p. 14. Anas fistularis cristata *Briss.*

Pallas, Naturgesch. merkwürd. Thiere, VI. p. 40. Tab 5. *die Rothkopfente.*

Lichtenberg, Magaz. f. d. Neueste u. s. w. II. 1. p. 108. *die Kolbenente.*

Schwenkfeld, av. Siles. p. 201. Anas fera 9. seu Erythrocephalos 2; *ein Brandt-Endte, Rott-Hals, Rott-Kopf.*

Kramer, Austr. p. 339. n. 8. Anas rostro coccineo, capite rufo cristato, macula alarum pallide carnea; *türkische Ente.*

Rzaczynsk. histor. natur. Polon. p. 357. Anas Erythrocephalos; *Brandente.*

119. Nyraca. *Die Nyraca.*

Latham, Syst. ornitholog. II. p. 869. n. 91. Anas (Nyraca) atro-olivacea, capite, collo pectoreque castaneis, uropygio nigro, abdomine, crisso maculaque alarum albis.

120. Arabica. *Die arabische Ente.*

Latham, Syst. ornithol. II. p. 877. n. 113. Anas (Arabica) griseo-maculata, subtus et uropygio

gio albida maculis cinereis, alarum speculo nigricante, anterius et posterius albo.

121. Alexandrina. *Die alexandrinische Ente.*
Latham, Syst. ornithol. II. p. 877. n. 114. Anas (Alexandrina) rostro crissoque nigris, collo cinereo semicirculis nigris, (beym *Forskål* steht *albis*) abdomine albo, pedibus cinereo flavis.

122. Gattair. *Die Gattair.*
Latham, Syst. ornithol. II. p. 877. n. 115. Anas (Gattair) fusca, alis nigris subtus albis, margine fuscis, remigibus 4-20 medio albis.

123. Sirsaeir. *Die Sirsaeir.*
Latham, Syst. ornithol. II. p. 877. n. 116. Anas (Sirsaeir) rostro subtus flavo, speculo alarum oblique dimidiato, supra sericeo-viridi subtus nigro, antice et postice albo.

124. Balbul. *Die Balbul.*(9)
Latham, Syst. ornitholog. II. p. 874. n. 100. δ. Anas rostro nigro, speculo alarum supra oblique viridi, infra oblique nigro.

45. Fuligula. *Die europäische Haubenente.*
Müller, Natursyst. II. p. 302. n. 45. *europäische Haubenente.*
Borowsky, Thierreich, II. p. 19. n. 15. *europäische Haubenente.*
Bechstein, Naturgesch. Deutschl. II. p. 721. n. 1. *die europäische Haubenente.* p. 723. *Straußente*, *Freseke*, *kleine Tauchente*, *Pfeifente*, *kleine Haubenente*, *rußfarbige Ente.*

Bechstein,

(8) Nach *Latham* eine Varietät von *Anas Crecca.*

Bechstein, Naturgesch. Deutschl. III. p. 695. 696. *Reiger- oder Straußente.*

Halle, Vögel, p. 558. n. 669. *die schwarze Seeente, mit dem Federbusche und weißem Flügelstriche.*

Onomat. hist. nat. I. p. 413. *die buschige oder kammige kriechende Straußente.*

Klein, av. p. 133. n. 11. Anas fuligula.

Klein, Vorbereit. p. 245. n. 11. *Schups-, schwarze Ente, Moorente.*

Klein, verbess. Vögelhist. p. 140. n. 11. *schwarze Schopfente, Moorente.*

Pennant, arct. Zool. II. p. 534. G. *die Haubenente.*

Brisson, ornithol. II. p. 469. n. 26. petit Morillon.

Batsch, Thiere, I. p. 380. *die Haubenente.*

Gesner, Vögelb. p. 84. Anas Fuligula; *mit Abbildung des Kopfs.* (Rüsgenkopf.)

Gesner, Vögelb. p. 85. Anas cirrhata.

Latham, Syst. ornitholog. II. p. 869. n. 90. Anas (Fuligula) crista dependente, corpore nigro, abdomine speculoque alarum albis.

Beseke, Vögel Kurl. p. 49. n. 90. *die europäische Haubenente.*

Fischer, Naturgesch. von Livland, p. 81. n. 88. *Schopfente.*

Cetti, Naturgesch. von Sardinien, II. p. 341. *der Schwarzkopf.*

Bock, Naturgesch. v. Preussen, IV. p. 334. n. 86. *Moor-, Schopf-, Haubenente.*

Lepechin, Tageb. d. russ. Reis. I. p. 189. III. p. 14. *rußigte Enten.*

Pallas, nord. Beytr. IV. p. 10. *die Moorente.*

Stralsund. Magaz. I. p. 147. Anas Fuligula.

Schwed. Abhandl. XLI. p. 23. Anas Fuligula.

Naturf.

Naturf. XII. p. 138. n. 86. *europäische Haubenente.*

Scopoli, Bemerk. a. d. Naturgesch. I. p. 69. n. 78. *die schwarze Ente, Schopfente.*

Linné, Syst. Nat. Ed. II. p. 54. Fuligula.

Linné, Syst. Nat. Ed. VI. p. 22. n. 18. Fuligula.

Linné, Syst. Natur. Edit. X. I. p. 128. n. 39. Anas (Fuligula) crista dependente, corpore nigro, ventre maculaque alarum albis.

Müller, zoolog. dan. prodr. p. 16. n. 129. Anas (Fuligula) crista dependente, corpore nigro, abdomine speculoque alarum albis.

Brünich, ornitholog. bor. p. 21. n. 90. Anas Fuligula.

Kramer, Austr. p. 341. n. 12. Anas crista dependente, corpore nigro, ventre maculaque alarum albis.

Charleton, onomast. zoic. p. 101. n. 2. Querquedula cristata s. Colymbus.

Jonston, av. p. 144. Querquedula cristata.

β. *Die braune Haubenente, mit schwarzem Kopf, Schnabel und Füßen.*

Scopoli, Bemerk. a. d. Naturgesch. I. p. 69. n. 78. erste Abänderung.

Latham, Syst. ornitholog. II. p. 869. n. 90. β. Anas cristata fusca, capite violaceo-nigro, uropygio fuliginoso albo vario, rostro pedibusque nigris.

γ. *Die schwarze Haubenente, mit braunem Rücken, mit rothbraunem Kopf, und dergleichen Anfang des Halses.*

Scopoli, Bemerk. a. d. Naturgesch. I. p. 69. n. 78. zweyte Abänderung.

Latham, Syst. ornithol. II. p. 869. n. 90. γ. Anas subcristata nigra, dorso fusco, capite ac initio colli

colli rufis, remigibus albis, ad basin alarum fascia alba.

δ. *Die Haubenente, mit weißem Unterleibe, rothbraunem Kopf und Halse.*

Scopoli, Bemerk a. d. Naturgesch. I. p. 70. dritte Abänderung.

Latham, Syst. ornithol. II. p. 869. n. 70. δ. Anas cristata, subtus alba, capite rufo, temporibus viridi-nitidis, alis fascia rufa, postea viridi-nitente, denique nigra, remigibus fuscis.

A. *Veränderungen gegen die XII. Edition, und Vermehrung der Gattungen dieses Geschlechts.*

Edit. XII.	*Edit. XIII.*
p. 194. β. Cygnus Mansuetus.	p. 501. n. 47. Anas Olor.
p. 206. β. Anas domestica.	p. 538. n. 113. Anas Domestica.
p. 197. n. 9. γ. Anser canadensis fuscus maculatus.	p. 509. n. 64. Anas Albifrons.

Das Geschlecht ist übrigens mit 79 Gattungen vermehrt. Bey der 11ten Gattung sind die zu dieser und *Anas Albifrons* n. 64, so wie bey der 13ten die zu dieser, und *Anas Erythropus* n. 11. gehörige Synonymen getrennt. Bey der 10ten Gattung sind *zwey*, bey der 15ten *zwey*, bey der 27ten *zwey*, bey der 28ten *zwey*, bey der 29ten *zwey*, bey der 31ten *drey*, bey der 33ten *zwey*, bey der 40ten *sieben*, bey der 45ten *vier* Varietäten aus einander gesetzt. Bey der 19ten ist die Var. γ, und bey der 37ten die Var. γ hinzugekommen.

B. *Un-*

B. *Unbestimmtere Thiere.*

1. *Die livländische Haubenente.*
Fischer, Naturgesch. von Livland, p. 81. n. 90.
Bock, Naturgeschichte von Preussen, IV. p. 334. n. 85.

2. *Die rothköpfige Ente.*
Bock, Preussen, IV. p. 335. n. 87.
Naturf. XII. p. 136. n. 87.

3. *Zwey Enten mit schieferfarbenem an der Spitze schwarzem Schnabel* u. s. w.
Schneider, zool. Abh. p. 154.

4. *Eine Ente mit an den Seiten rothgelbem, vorn und in der Mitte schwarzem Schnabel, und lichtgelben Füßen.*
Schneider, zool. Abh. p. 155.

5. *Die kurzschnäblige Ente* (Anas Brachyrhynchos.)
Beseke, Vögel Kurl. p. 49. n. 1. Tab. 5.

6. *Die weiße Ente mit zinnoberrothen Augenringen.* (Anas Erythrophthalmos.)
Beseke, Vögel Kurlands, p. 50. n. 2.

7. *Die rußschwarze Ente.* (Anas Orphanos.)
Beseke, Vögel Kurlands, p. 51. n. 3.

8. *Eine, der europäischen Haubenente ähnliche Ente, aber ohne Federbusch.*
Beseke, Vögel Kurl. p. 51. n. 4.

9. Anas (Denudata) alba, occipite, dorso, remigibus secundariis rectricibusque, quatuor intermediis exceptis, aeneis, facie ultra oculos nuda, cera rostri medio depressa, antice in lobulum explanata.
Hermann, tab. affin. anim. p. 158.

10. Anas

10. Anas (Melanocephala) albicans, dorso nigricante, abdomine speculoque alarum albis, capite tumido fusco.

Hermann, tab. affin. anim. p. 161.

11. Anas (Leucotis) fusca, ventre pallidiore, macula ante et post oculos, speculoque alarum albis.

Hermann, tab. affinit. animal. p. 161.

B. *N e u e r e G a t t u n g e n.*

1. *Die ganz schwarze Ente, mit weißen Flügelrändern und rothem Schnabel, aus Neuholland.*

Latham, Syst. ornitholog. II. p. 834. n. 4. Anas (Atrata) tota atra, margine alarum albo, rostro rubescente.

Phillips voy. Bot. Bay, p. 98. Black Swan.

2. *Die nelkenfarbige indianische Ente, mit blauen Füßen.*

Latham, Syn. Supplement p. 276. Pink-headed Duck.

Latham, Syst. ornitholog. II. p. 866. n. 85. Anas (Caryophyllacea) fusco-badia, rostro, capite colloque supremo caryophyllaceis, speculo ferrugineo, pedibus caeruleis.

3. *Die Ente von der Insel Aland.*

Latham, Syst. ornithol. II. p. 876. n. 110. Anas (Sparrmanni) subtus sordide alba, supra nigro ferrugineo alboque varia, scapularibus nigris, margine lineisque disci albo-ferrugineis, antice in angulum coalescentibus variegata.

Mus. Carls. fascic. III. Tab. 60. Anas alandica.

68. GESCHLECHT. Mergus. *Der Sägetaucher.* (*Taucher, Tauchente, Wasserhuhn, Tauchgans, Säger, Sägeschnäbler.*)

Müller, Naturfyst. II. p. 303. Gen. LXVIII.
Leske, Naturgesch. p. 268. Gen. LXXII.
Borowsky, Thierreich, III. p. 20. Gen. XXXIII.
Blumenbach, Handbuch der Naturgesch. p. 227. Gen. LXXVII.
Bechstein, Naturgesch. I. p. 392. Gen. XXII.
Halle, Vögel, p. 578. Gen. III.
Pennant, arct. Zool. II. p. 498.
Neuer Schaupl. der Natur, VII. p. 411.
Onomat. hist. nat V. p. 164.
Klein, av. p. 140. Gen. II. Plotus Serrator.
Brisson, ornith. II. p. 423 Gen. CV. Merganser.
Batsch, Thiere, I. p. 367. Gen. XC.
Latham, Syst. ornithol. II. p. 828. Gen. XCVI.
Hermann, tab. affinit. animal. p. 156.
Donndorff, Handbuch der Thiergesch. p. 263. Gen. XXIX.

1. Cucullatus. *Der Kappentaucher.*

Müller, Naturfystem, II. p. 303. n. 1. *Kappentaucher.*
Halle, Vögel, p. 581. n. 724. *der Mohrenvogel mit weißem Bunde.*
Gatterer, vom Nutzen und Schaden der Thiere, II. p 134. n. 120. *der Kappentaucher, virginische Taucher.*
Onomat. histor. nat. V. p. 166. *der Mohrenvogel, Mohrenmütze.*
Klein, av. p. 140. n. 3. Serrator Cucullatus.
Klein, Vorbereit. p. 259. n. 3. *Mohrenmütze.*
Klein, verbess. Vögelhist. p. 148. n. 3. *Säger mit der Mohrenmütze.*

Pennant, arct. Zool. II. p. 500. n. 385. *der Kappentaucher*.

Brisson, ornitholog. II. p. 429. n. 8. Harle hupé de Virginie.

Latham, Syst. ornitholog. II. p. 830. n. 5. Mergus (Cucullatus) crista globosa, utrinque alba, corpore supra fusco, subtus albo.

Seligmann, Vögel, IV. Tab. 88. *die gehaubte Ente*.

Linné, Syst. Nat. Edit. X. I. p. 129. n. 1. Mergus (Cucullatus) crista globosa, utrinque alba, corpore supra fusco, subtus albo.

Jonston, av. p. 184. *Heatototl*.

Nieremberg, Hist. East. L. 10. c. 47. Heatototl.

Hermann, tab. affinit. animal. p. 152. Mergus Cucullatus.

Donndorff, Handb. d. Thiergesch. p. 263. n. 1. *der Kappentaucher*.

2. MERGANSER. *Die Tauchergans*.

Müller, Natursyst. II. p. 304. n. 2. *Tauchergans*.

Leske, Naturgeschichte, p. 289. n. 1. *die Tauchergans*.

Borowsky, Thierreich, III. p. 21. n. 1. *der Seerache, die Tauchergans*.

Blumenbach, Handb. d. Naturgesch. p. 227. n. 1. Mergus (Merganser) crista longitudinali-erectiuscula, pectore albido immaculato, rectricibus cinereis, scapo nigricante; *der Kneifer*.

Bechstein, Naturgesch. I. p. 392. n. 1. *die Tauchergans*.

Bechstein, Naturgesch. Deutschl. II. p. 724. n. 1. *die Tauchergans*. p. 732 *Seerachen, Seeraben, Täucherkiebitze, Gänsesägetaucher, Kneifer*,

fer, Schöbbeje, Straben, Mohren, Schnarrgänse, Bottervögel, Straußtäucher, Merch, Ganner, große Kolbentaucher, Winternörks.

Halle, Vögel, p. 579. n. 722. *der gezackte Taucher.*

Halle, Vögel, p. 578. n. 723. *der Täucherkiwiz.*

Gatterer, vom Nutzen u. Schaden der Thiere, II. p. 134. n. 121. *die Tauchergans.*

Onomat. histor. nat. V. p. 107. *der gezackte Taucher, Taucherſäge.*

Pennant, arct. Zool. II. p. 498. n. 383. *die Tauchergans.*

Klein, av. p. 140. n. 1. Serrator.

Klein, Vorbereit. p. 258. n. 1. *Kneifer.*

Klein, verb. Vögelhiſt. p. 148. n. 1. *gemeiner Säger.*

Gesner, Vögelb. p 95. Anas raucedula.

Gesner, Vögelb. p. 97. Merganſer.

Briſſon, ornitholog. II. p. 423. n. 1. Harle.

Batſch, Thiere, I. p. 380. *der Seerachen.*

Latham, Syſt. ornitholog. II. p. 828. n. 1. Mergus (Merganſer) ſubcriſtatus albus, capite, collo ſupremo, dorſo remigibusque nigro-nitentibus, cauda cinerea.

Beſeke, Vögel Kurl. p. 52. n. 98. *die Tauchergans.*

Fiſcher, Naturgeſch. v. Livl. p. 82. n. 91. *gezopfter Kneifer, Tauchergans.*

Bock, Naturgeſch. von Preuſſen, IV. p. 335. n. 88. *großer Taucher.*

Lepechin, Tagebuch der ruſſ. Reiſe, III. p. 14. *große Tauchenten.*

Scopoli, Bemerk. a. d. Naturgeſch. I. p. 78. n. 90. *der Mohr.*

Lichtenberg, Magazin f. d. Neueſte u. ſ. w. IV. 2. p. 148. *Tauchergans.*

Naturf. XII. p. 138. n. 88. *Tauchergans.*

Pontoppidan, Naturg. von Dännemark, p. 168. n. 1. *Skiörand.*

Pontoppidan, Naturhist. v. Norwegen, II. p. 126. *Mort-Aender, Fisk-Aender.*

Pallas, Reis. III. p. 475. *Serrabe.*

Debes, Hist. der Insel Feroe, I. p. 130.

Götz, Naturgesch. einiger Vögel, p. 73. *die Tauchergans.*

Zorn, Petinotheol. II. p. 406. *die Schnarr-Ganß.*

Neue schwed. Abh. IV. p. 46. VI. p. 287. *Tauchergans.*

Sander, über die Grösse u. Schönheit in der Nat. I. p. 246. *die Tauchergans.*

Linné, Syst. Natur. Edit. II. p. 54. Merganser.

Linné, Syst. Nat. Ed. VI. p. 23. n. 1. Merganser.

Linné, Syst. Nat. Ed. X. I. p. 129. n. 2. Mergus (Merganser) crista dependente, capite nigro-caeruleſcente, collari albo.

Müller, zoolog. dan. prodr. p. 16. n. 133. Mergus (Merganser) crista longitudinali erectiuscula, pectore albido immaculato, rectricibus cinereis, scapo nigricante.

Charleton, onomast. zoic. p. 95. n. 1. Merganser.

Mus. Worm. p. 300. Merganser.

Moehring, av. gen. p. 61. n. 62. Mergus.

Jonston, av. p. 134. Merganser.

Schäfer, element. ornith. Tab. 47.

Donndorff, Handb. der Thiergesch. p. 264. n. 2. *die Tauchergans.*

β. CASTOR. *Der* (so genannte) *Bibertaucher.* (9)

Müller, Natursystem, II. p. 306. n. 4. *der Bibertaucher.*

Leske, Naturg. p. 289. ad n. 1. Mergus. Castor.

Bech-

(9) Nach *Brisson* u. *Latham* eine eigne Gattung.

Bechstein, Naturgesch. Deutschl. II. p. 731. Var. 1. *der Bibertaucher.*

Onomat. histor. nat. V. p. 166. *die Biber-Ente.*

Brisson, ornitholog. II. p. 428. n. 7. Harle cendré ou le Biévre.

Latham, Syst. ornitholog. II. p. 829. n. 2. Mergus (Castor) cristatus cinereus, capite colloque supremo spadiceis, gula, remigibus intermediis abdomineque albis.

Pennant, arct. Zool. II. p. 409. ad n. 383. *das Weibchen oder der kastanienbraune Taucher.*

Scopoli, Bemerk. a. d. Naturgesch. I. p. 76. n. 88. *der Vielfraß.*

Kramer, Austr. p. 343. n. 2. Mergus crista dependente cinereo albus, capite castaneo, pedibus luteis; *braunköpfiger Tilger, Taucher.*

Charleton, onomast. zoic. p. 95. n. 4. Mergus ruber.

Jonston, av. p. 134. Mergus ruber.

γ. Rubricapillus. *Die rothköpfige Tauchergans.*

Bechstein, Naturgesch. Deutschl. II. p. 732. Var. 2. *die rothköpfige Tauchergans.*

Pontoppidan, Naturgesch. von Dännem. p. 168. n. 5. *Skallesluger.*

Neue Mannichfaltigk. III. p. 307. *der Muschelkönig.*

3. Serrator. *Der Meerrachen.* (10)

Müller, Natursyst. II. p. 305. n. 3. *der Langschnabel.* Tab. 9. fig. 1.

Leske, Naturgesch. p. 282. n. 2. *der Meerrachen.*

 Borowsky,

(10) Flügelweite 2 Fuſs 7 Z. Gewicht des Männchens 2 Pfund. *Pennant.*

Borowsky, Thierreich, III. p. 22. n. 2. *der lang-schnäblige Meerrachen.*

Bechstein, Naturgesch. I. p. 393. n. 2. *der Meer-rachen.*

Bechstein, Naturgesch. Deutschl. II. p. 732. *der Meerrachen.* p. 337. *Langschnabel, lang-schnäbliger Säger, Schreckvogel, wahrer Säge-taucher, Sägeschnäbler, gezopfter Säger, Tauchente, Scharbege, Nörks, Fischtreiber.* Tab. 24.

Gatterer, vom Nutzen u. Schaden der Thiere, II. p. 136. n. 122. *der Meerrache.*

Onomat. histor. nat. V. p. 168. *die Täuchergans, der Täucher-Kiwitz.*

Klein, av. p. 140. n. 2. Serrator Cirratus.

Klein, Vorbereit. p. 258. n. 2. *gezopfter Kneifer.*

Klein, verbess. Vögelhist. p. 148. n. 2. *gezopfter Kneifer.*

Klein, stemmat. av. p. 33. Tab. 37. fig. 1. a-c.

Gesner, Vögelb. p. 95. *ein Langschnabel oder Schluchtent;* mit Abbild. des Kopfs.

Brisson, ornithol. II, p. 424. n. 2. Harle hupé.

Batsch, Thiere, I. p. 380. *der langschnäblige Seerachen.*

Latham, Syst. ornithol. II. p. 829. n. 4. Mergus (Serrator) crista dependente, pectore rufescente variegato, collari albo, rectricibus fuscis cinereo variegatis.

Seligmann, Vögel, IV. Tab. 85. *der größere rothbrüstige Taucher.*

Pennant, arct. Zoolog. II. p. 499. n. 384. *der Meerrachen.*

Bock, Naturgesch. v. Preussen, IV. p. 337. n. 89. *der Langschnabel, gemeiner Säger.*

Lepechin, Tageb. d. russ. R. III. p. 14. *Sägetaucher.*

Pontop-

Pontoppidan, Dännemark, p. 168. n. 2. *Topand, Skräkke.*

Naturforscher, XII. p. 139. n. 89. *der Lang-schnabel.*

Scopoli, Bemerk. a. d. Naturgesch. I. p. 77. n. 89. *der weißlichte Taucher.*

Döbel, Jägerprakt. I. p. 71. *der See-Rachen.*

Sander, Gröſse und Schönheit in der Natur, III. p. 174. *Meerrachen.*

Beckmann, physikal. ökonom. Bibl. VI. p. 223. *Meerrachen.*

Linné, Syst. Natur. Edit. II. p. 54. Mergus.

Linné, Syst. Nat. Edit. VI. p. 23. n. 2. Mergus fuscus.

Linné, Syst. Nat. Edit. X. I. p. 129. n. 3. Mergus (Serrator) crista dependente, capite nigro maculis ferrugineis.

Müller, zoolog. dan. prodr. p. 16. n. 134. Mergus (Serrator) crista dependente, pectore rufescente variegato, collari albo, rectricibus cinereis, scapo nigricante.

Schwenkfeld, aviar. Siles. p. 205. Anas longirostra 1; *ein Langschnabel, Schlicht-Endte, Teucher, Wieselchen, weiße Tuch-Endte.*

Charleton, onomast. zoic. p. 95. n. 3. Mergus Longirostrus.

Jonston, av. p. 134. Mergus quem Bellonius gallice *Herle* vocat. p. 133. Mergus Longirostrus.

Fabric. fn. groenl. p. 75. n. 48. Mergus (Serrator) crista dependente, pectore rufescente variegato, collari albo, rectricibus fuscis, cinereo-variegatis.

Donndorf, Handb. der Thiergesch p. 264. n. 3. *der Meerrachen.*

β. SERRATUS. *Der Sägeschnäbler.* (1)
Bechstein, Naturgesch. Deutschl. II. p. 736. Var. 1.

γ. NIGER. *Der schwarze Meerrachen.* (2)
Bechstein, Naturgesch. Deutschl. II. p. 737. Var. 2.
Gesner, Vögelb. p. 95. Mergus niger; *ein schwarzer Täucher.*
Brisson, ornithol. II. p. 427. n. 5. Harle noir.
Latham, Syst. ornitholog. II. p. 830. n. 4. γ. Mergus supra niger, subtus albus, collo spadiceo, taenia transversa in alis candida, remigibus maioribus rectricibusque nigris.
Schwenkfeld, av. Siles. p. 207. Anas longirostra 3; *ein großer Taucher, Rache, Tauch-Endte, schwarzer Taucher.*
Jonston, av. p. 134. Mergus niger.

δ. LEUCOMELAS. *Der bunte Meerrachen.* (3)
Bechstein, Naturgesch. Deutschl. II. p. 337. Var. 4.
Brisson, ornith. II. p. 427. n. 4. Harle blanc et noir.
Latham, Syn. III. 2. p. 425. n. 3. Var. A.
Latham, Syst. ornitholog. II. p. 830. β. M. supra niger subtus albus, remigibus maioribus nigris, rectricibus fuscis.
Schwenkfeld, av. Siles. p. 208. Anas longirostra 6; *eine große gescheckte Ente.*

4. IMPERIALIS. *Der sardinische Sägetaucher* (4)
Latham, Syst. ornitholog. II. p. 829. n. 3. Mergus (Imperialis) ex nigro fusco et griseo varius,

(1) Das Synonym aus Brün. n. 96. rechnet *Latham* zu seinem *Mergus Castor*.

(2) Nach *Brisson* u. a. eine eigne Gattung. Nach *Latham* eine Spielart vom Weibchen des *M. Serrator*.

(3) Nach *Brisson* eine eigne Gattung.

(4) *Oedmann* hält ihn für das Weibchen einer unbekannten Art, die

rius, capite laevi, remigibus primoribus nigris, speculo nullo, rostro pedibusque ex rufescente albis.

Oedmann: neue schwed. Abhandl. VI. p. 289. n. 2. Anitra imperiale *Cetti*.

5. Albellus. *Der weiße Sägetaucher.* (5)

Müller, Natursystem, II. p. 306. n. 5. *die weiße Nonne*. Tab. 9. fig. 2.

Leske, Naturgesch. p. 289. n. 3. *der weiße Sägetaucher*.

Borowsky, Thierreich, III. p. 22. n. 3. *der weiße Sägetaucher*.

Bechstein, Naturgesch. I. p. 393. n. 5. *die weiße Tauchente*.

Bechstein, Naturgesch. Deutschl. II. p. 738. n. 3. *die weiße Tauchente*. p. 742. *weiße Nonne, Merchente, Eisente, Eistaucher, Nonnenentchen, Elsterentchen, niederländisches Entchen, Winterente, Rheintaucher, Straßburger-Taucher, Scheckente, Kreutzente, weißer Sägetaucher, Weißzopf, Meventaucher, Mevendücker*.

Halle, Vögel, p. 564. n. 683. *die Winterente mit herabhängendem Federbusch*.

Pennant, arct. Zool. II. p. 501. n. 386. *die Merchente, Eisente*.

Onomat. histor. natur. V. p. 165. *der weißliche Taucher*.

Klein, av. p. 140. n. 4. Serrator minimus.

Klein, Vorbereit. p. 259. n. 4. *kleiner weißköpfiger Säger*.

die nicht eher zu bestimmen sey, bis man das Männchen entdeckt habe.

(5) Länge 18 Zoll, Flügelweite 26 Zoll. Gewicht 34 Unzen. *Pennant*.

Klein, verb. Vögelhist. p. 149. n. 4. *kleiner weißköpfiger Säger.*

Gesner, Vögelb. p. 92. *Rheinente.*

Brisson, ornitholog. II. p. 425. n. 3. petit Harle hupé, ou la Piette.

Batsch, Thiere, I. p. 380. *der weiße Sägetaucher.*

Latham, Syst. ornitholog. II. p. 831. n. 6. Mergus (Albellus) crista dependente, occipite nigro, corpore albo, dorso temporibusque nigris, alis variegatis.

Beseke, Vögel Kurl. p. 53. n. 9. *die weiße Nonne.*

Bock, Naturgeschichte von Preussen, IV. p. 337. n. 90. *die weiße Nonne, Weißzopf.*

Pontoppidan, Naturgesch. v. Dännemark, p. 168. n. 3. *Hvidsiden.*

Scopoli, Bemerk. a. d. Naturgesch. I. p. 78. n. 91. *die Scheckente.*

Zorn, Petinotheol. II. p. 413. *die Scheck Ente.*

Schriften der berlin. Gesellsch. naturf. Freunde, VII. p. 457. *die weiße Nonne.*

Naturf. XII. p. 139. n. 90. *die weiße Nonne.*

Neue schwed. Abh. I. p. 224. Mergus Albellus.

Cetti, Naturgesch. von Sardinien, II. p. 325. *die weiße Tauchente.*

Linné, Syst. Nat. Edit. X. I. p. 129. n. 4. Mergus (Albellus) crista dependente, subtus nigra, corpore albo, dorso nigro, alis variegatis.

Müller, zoolog. dan. prodr. p. 16. n. 135. Mergus (Albellus) crista dependente, occipite nigro, corpore albo, dorso temporibusque nigris, alis variegatis.

Kramer, Austr. p. 344. n. 3. Mergus cristatus niger alboque varius, utrinque ad dorsi alarumque principium duabus semicirculis nigris.

Charleton,

Charleton, onomast. zoic. p. 95. n. 1. Mergus Rhenanus, quibusdam Monialis alba.

Schwenkfeld, av. Siles. p. 208. Anas longirostra 5. *Eys-Endte, Nonn-Endte.*

Schwenkfeld, av. Siles. p. 209. Anas longirostra 7. *geschecktes Endtlin, Elster-Endtlin, Nonn-Endtlin, Eyß-Endtlin, niederlendisch Endtlin.*

Jonston, av. p. 133. Mergus Rhenanus.

a. Mas. *Das Männchen.*

Klein, av. p. 135. n. 30. Anas Albella.

Klein, Vorbereit. p. 250. n. 30. *Weißzopf.*

Klein, verb. Vögelhist. p. 142. n. 30. *Weißzopf.*

Naturf. XXV. p. 11. n. 5. Mergus Albellus.

b. Femina. *Das Weibchen.* (6)

Bechstein, Naturgesch. Deutschl. II. p. 741. *die Sternente.*

Halle.

(6) Männchen und Weibchen sind bey dieser Gattung in Grösse und Farbe so sehr von einander verschieden, dass *Brisson* und mehrere Ornithologen sie für zwey verschiedene Gattungen gehalten haben. Uebrigens bemerke ich *hier* und bey der *folgenden* Gattung eine solche Verwechselung der Synonymen, dass man gar nicht weiss, wie man durch das Labyrinth sich durcharbeiten soll. In unserm System ist z. E. bey *Mergus Minutus* p. 548. n. 6. *Linnés* fn. Suec. II. n. 138. angeführt, der ganze Charakter aber wie in der XIIten Edition p. 209. n. 6. bestimmt. Hier finde ich aber die *fn. Suec.* nicht nur von *Linné* selbst gar nicht angeführt, sondern man kann auch bey Vergleichung der ältern Linnéischen Synonymen nicht wohl annehmen, dass diese Stelle hieher gehöre. Denn 1) in der Edit. X. I. p. 129. n. 5. ist auf fn. suec. I. n. 115. hingewiesen, und *Albin. wezel-coot* als das einzige Synonym angeführt, diess ist aber offenbar das Weibchen von *Mergus Albellus.* 2) In der *fn. Suec.* II. p. 49. n. 138. wird *fn. Suec.* I. n. 115. wieder als Synonym angeführt. Ich sehe also nicht ab, wie diese Stelle auf *Mergus Minutus* Ed. XIII. (wenn dies eine

Halle, Vögel, p. 563. n. 682. *die Sternente.*
Klein, av. p. 135. n. 29. Anas stellata.
Klein, Vorbereit. p. 250. n. 29. *Sternente.*
Klein, verb. Vögelhist. p. 142. n. 29. *Sternente.*
Brisson, ornithol. II. p. 428. n. 6. Harle étoilé.
Linné, Syst. Natur. Edit. VI. p. 23. n. 3. *Mergus melanoleucus?*
Linné, Syst. Nat. Edit. X. I. p. 128. n. 5. Mergus (Minutus) capite griseo laevi?
Linné, fn. Suec. I. n. 115. II. n. 138. Mergus (Minutus) capite griseo laevi?
Naturf. XXV. p. 11. n. 5. Mergus Albellus.

6. Minutus. *Der kleine Sägetaucher.* (7)
Müller, Natursyst. II. p. 306. n. 6. *Pfeilschwanz.*
Bechstein, Naturgesch. Deutschl. II. p. 742. Var. 1. *die kleine Tauchente.* p. 743. Var. 3. *die ungarische Tauchente.*
Onomat. histor. nat. V. p. 167. *die Sternente.*
Pennant, arct. Zoolog. II. p. 502. A. *die kleine Tauchente.*
Gesner, Vögelb. p. 93. *eine weiße Tauchente.*
Brisson, ornitholog. II. p. 426. n. 3. (Femina.)
Latham, Syst. ornitholog. II. p. 832. n. 7. Mergus (Minutus) cinereo-fuscus, subtus gulaque candida, capite et collo superiore ferrugineo, macula alarum ante et pone alba.
Bock, Naturgesch. von Preussen, IV. p. 337. n. 91. *Pfeilschwanz, Taucherlein.*

Scopoli,

eine eigne Gattung seyn soll) gehen könne. Noch auffallender ist es, dass *Latham* den *Mergus Minutus Linn.* Ed. XII. p. 209. n. 6. als das Weibchen von *Mergus Albellus* und die *fn. Suec.* II. n. 138. als Synonym von *Mergus Minutus* anführt.

(7) Nach *Leske*, *Bechstein*, *Latham* u. a. das Weibchen oder ein Junges von *Mergus Albellus*. S. die vorige Anmerk.

Scopoli, Bemerk. a. d. Naturgesch. I. p. 79. n. 92. *die ungarische Tauchente.*

Pontoppidan, Dännemark, p. 168. n. 3. *Tinus.* n. 6. *Soestierne.*

Naturf. XII. p. 139. n. 91. *Pfeilschwanz.*

Hasselquist, Reise n. Paläst. (Ed. germ.) p. 322. n. 37. Mergus Tinus.

Kramer, Austr. p. 344. n. 4. Mergus vertice et fronte castaneo-ferrugineis, capite subcristato; pedibus nigris, nigro-cinereo alboque varius; *kleines Taucherl, kleines Eißantl, Tuckantl.*

Charleton, onomast. zoic. p. 95. n. 2. Mergus Glacialis.

Jonston, av. p. 133. Mergus Glacialis. p. 134. Mergus Albus.

β. Asiaticus. *Der asiatische Sägetaucher.* (8)

Latham, Syst. ornithol. II. p. 832. n. 7. β. Mergus capite laevi, dorso nigro abdomine albo, rostro pedibusque sanguineis, remigibus primoribus nigris, cauda cinerea.

Oedmann: neue schwed. Abhandl. VI. p. 289. n. 2. Mergus asiaticus.

7. Furcifer. *Der gabelschwänzige Sägetaucher.*

Latham, Syst. ornithol. II. p. 832. n. 8. Mergus (Furcifer) niger, capite laevi, collo, ano, abdomine et rectricibus lateralibus albis, fronte genisque dilute fuscis, cauda furcata.

A. *Ver-*

(8) Soll, nach *Oedmann*, zu *Scopolis Mergus Aethiops* n. 90. — folglich zu *Mergus Merganser* unsers Systems gehören. *Scopoli* unterscheidet aber selbst seinen *Mergus Aethiops* vom *Mergus Merganser*. Diess wäre also eine neue Schwierigkeit.

A. *Veränderungen gegen die XII. Edition, und Vermehrung der Gattungen dieses Geschlechts.*

Edit. XII.	*Edit. XIII.*
p. 209. n. 4. Mergus Castor.	p. 545. n. 2. β. Castor.

Ausserdem ist das Geschlecht mit *zwey* Gattungen, der 4ten und 7ten, vermehrt. Bey der 1sten ist die Var. γ, bey der 6ten die Var. β. hinzugefügt. Bey der 3ten sind *vier* Varietäten aus einander gesetzt, und bey dieser sowohl als bey der 5ten die Geschlechts- (Sexus) Synonymen besonders geordnet.

B. *Unbestimmtere Thiere.*

1. *Ein dem Mergus Castor Linn. ähnlicher Vogel, aber ohne Federbusch.*
   Sander: Naturf. XIII. p. 190.

C. *Neuere Gattungen.*

1. *Der braune Taucher von der Hudsonsbay.*
   Latham, Syst. ornithol. II. p. 832. n. 9. Mergus (Fuscus) cristatus fuscus, subtus albus, gula pectoreque nigro maculatis, alis nigris fascia alba.

69. GESCHLECHT. Alca. *Der Papageytaucher. (Alk.)*

Müller, Natursyst. II. p. 308. Gen. LXIX.
Leske, Naturgesch. p. 292. Gen. LXXVII.
Borowsky, Thierreich, III. p. 29. Gen. XXXVIII.
Blumenbach, Handbuch der Naturgesch. p. 228. Gen. LXXVIII.
Bechstein, Naturgesch. I. p. 397. Gen. XXVIII.
Bechstein, Naturgeschichte Deutschl. II. p. 743. Gen. XVIII.
Pennant, arct. Zoolog. II. p. 471.

Onomat.

Onomat. hist. nat. I. p. 254.
Brisson, ornithol. II. p. 380. Gen. XCIII. *Fratercula.* p. 382. Gen. XCIV. *Alca.*
Batsch, Thiere, I. p. 366. Gen. LXXXVI.
Latham, Syst. ornith. II. p. 791. Gen. LXXXIX.
Pallas, Naturg. merkw. Thiere, VI. p. 9.
Hermann, tab. affin. anim. p. 149.
Donndorff, Handbuch der Thiergesch. p. 264. Gen. XXX.

4. Arctica. *Der Puffin.* (9)

Müller, Natursyst. II. p. 311. n. 4. *der Seepapagey.* Tab. 9 fig 3.
Leske, Naturgeschichte, p. 293. n. 3. *der Puffin.*
Borowsky, Thierreich, III. p. 31. n. 2. *der Seepapagey, Lunde.*
Blumenbach, Handb. d. Naturgesch. p. 228. n. 1. Alca (Arctica) rostro compresso-ancipiti sulcato, sulcis 4, oculorum orbita temporibusque albis, palpebra superiore mucronata; *der Papageyentaucher.*
Bechstein, Naturgesch. Deutschl. III. p. 705. *Seepapagoy.*
Halle, Vögel, p. 594. n. 742. *die Polarente.*
Gatterer, vom Nutzen und Schaden der Thiere, II. p. 144. n. 128. *die Seeelster.*
Pennant, arct. Zoolog. II. p. 473. n. 344. *der Puffin.*
Klein, av. p. 146. n. 3. Plautus arcticus.
Klein, Vorbereit. p. 269. n. 3. *Weißback, Buttelnase.*
Klein, verbess. Vögelhist. p. 155. n. 3. *Weißback, Seepapagey.*

Handb.

(9) Flügelweite 21 Zoll. Gewicht 12 Unzen. *Penn.* — Man findet diesen Vogel bald mit weissen bald mit grauen Backen.

Handb. d. Naturgesch. II. p. 351. *der Seepapagei.*

Brisson, ornitholog. II. p. 380. n. 1. Macareux.

Batsch, Thiere, I. p. 373. *der Seepapagay.*

Latham, Syst. ornitholog. II. p. 792. n. 3. Alca (Arctica) rostro compresso-ancipiti sulcato, sulcis quatuor, oculorum orbita temporibusque albis, palpebra superiore mucronata.

Phipps, Reis. nach d. Nordpol, p. 97. *der Seepapagay.*

Olafsen, Island, I. p. 119. *Lunda oder Seepapagay.* p. 297. *der Lund.*

Pennant, Reis. d. Schottl. I. p. 25. *Seetaucher.* p. 293. *der große nordische Taucher.*

Leem, Lappl. p. 146. *Lunder.*

Pontoppidan, Naturhistorie von Norwegen, II. p. 163. *Lund oder Lund-Talle.*

Steller, Kamtschatka, p. 182. *Ipatka.*

Pallas, Naturgesch. merkw. Th. V. p. 10. *Lunde, See-Papagoy.*

Frisch, Vögel, Tab. 192. *der Seepapagey.*

Eberhard, Thiergesch. p. 126. *der Seepapagoi.*

Linné, Syst. Natur. Edit. VI. p. 23. Arctica.

Linné, Syst. Natur. Edit. X. I. p. 130. n. 3. Alca (Arctica) rostro compresso-ancipiti sulcato, sulcis quatuor, oculorum orbita, temporibusque albis.

Müller, zoolog. dan. prodr. p. 17. n. 140. Alca (Arctica) rostro compresso-ancipiti sulcato, sulcis quatuor, oculorum orbita temporibusque albis, palpebra superiore mucronata.

Charleton, onomast. zoic. p. 101. n. 15. Puffinus.

Moehring, av. gen. I. p. 62. n. 64. Spheniscus.

Herrmann, tab. aff. animal. p. 150. Alca arctica.

Donndorff, Handb. der Thiergesch. p. 265. n. 1. *der Puffin.*

β. La-

β. *Latham*, Syn. III. 1. p. 318. n. 3. A.
Latham, Syst. ornithol. II. p. 792. n. 3. β. A. nigra, vertice cinereo, genis, pectore abdomineque albis.

6. LABRADORICA. *Der labradorische Papageytaucher.*
Pennant, arct. Zool. II. p. 474. n. 346. *der Papageytaucher von Labrador.*
Latham, Syst. ornitholog. II. p. 793. n. 4. Alca (Labradora) rostro carinato, mandibula inferiore gibba, ad apicem macula nigra, oculorum orbita temporibusque albidis, abdomine albo.

3. IMPENNIS. *Der große nordische Papageytaucher.*
Müller, Natursyst. II. p. 310. n. 3. *der nordische Penguin.*
Leske, Naturgesch. p. 292. n. 2. *der ungeflügelte Penguin.*
Borowsky, Thierreich, III. p. 32. n. 3. *der nordische Penguin, Fettgans.*
Gatterer, vom Nutzen u. Schaden der Thiere, II. p. 143. n. 127. *der nordische Penguin.*
Pennant, arct. Zool. II. p. 471. n. 341. *der große Papageytaucher.*
Brisson, ornithol. II. p. 382. n. 1. grand Pingoin.
Batsch, Thiere, I. p. 372. *der nordische Penguin.*
Latham, Syst. ornithol. II. p. 791. n. 1. Alca (Impennis) rostro compresso-ancipiti sulcato, macula ovata utrinque ante oculos.
Pallas, Naturgesch. merkw. Thiere, V. p. 2. *der nordliche Penguin.*
Seligmann, Vögel, V. Tab. 42. *der nordliche Penguin.*

Sander, Grösse u. Schönheit in der Nat. I. p. 243. Alca impennis.

Eberhard, Thiergeschichte, p. 127. *die nordische Fettgans.*

Linné, Syst. Nat. Edit. VI. p. 23. n. 2. Anser magellanicus.

Linné, Syst. Natur. Edit. X. I. p. 130. n. 2. Alca (Impennis) rostro compresso-ancipiti sulcato, macula ovata utrinque ante oculos.

Müller, zoolog. dan. prodr. p. 17. n. 139. Alca (Impennis) rostro compresso-ancipiti sulcato, macula ovata utrinque ante oculos.

Charleton, onomast. zoic. p. 96. n. 10. Mergus Americanus.

Nieremb. exot. Lib. 10. c. 27. Mergus Americanus.

Hermann, tab. affinit. animal. p. 156. Alca Impennis.

Donndorff, Handb. der Thiergesch. p. 265. *der große Papageytaucher.*

2. Pica. *Der Schwarzschnabel.* (10)

Müller, Natursf. II. p. 310. n. 2. *der Elster-Alk.*

Bechstein, Naturgesch. I. p. 398. n. 2. *der Elsteralk.*

Bechstein, Naturgesch. Deutschl. II. p. 747. n. 2. *der Elsteralk.*

Pennant, arct. Zoolog. II. p. 472. n. 343. *der Schwarzschnabel.*

Brisson, ornithol. II. p. 383. n. 3. *petit Pingoin.*

Latham, Syst. ornitholog. II. p. 793. n. 5. β. A. rostro laevi compresso unisulcato, corpore toto subtus apicibusque remigum posticarum albis,

Müller,

(10) Flügelweite nach *Pennant* 25 Zoll. Gewicht 18 Unzen. — Nach *Latham* eine Varietat, oder vielmehr ein Junges von *Alca Torda.*

Müller, zoolog. dan. prodr. p. 17. n. 138. Alca (Pica) rostro laevi compresso, corpore toto subtus apicibusque remigum posticarum albis, pedibus rubris.

Neue schwed. Abhandl. III. p. 104. Alca pica.

Naturf. XIII. p. 180. Alca Pica?

Pallas, Naturgesch. merkw. Th. V. p. 12. Alca pica?

Jonston, av. p. 225 Mergus Bellonii.

Hermann, tab. affin. anim. p. 150. Alca pica.

Donndorff, Handb. der Thiergesch. p. 266. n. 3. *der Schwarzschnabel.*

β. Baltica. *Der baltische Papageytaucher.*

Bechstein, Naturgesch. Deutschl. II. p. 749. *der baltische Alk?*

Pennant, arct. Zoolog II. p. 473. ad n. 343. Alca baltica.

1. Torda. *Der Klub-Alk* (1)

Müller, Natursyst. II. p. 308. n. 1. *Alk.*

Leske, Naturgesch. p. 292. n. 1. *der Alk.*

Borowsky, Thierreich, III. p. 33. n. 4. *der Klub-Alk, Scheerschnabel.*

Bechstein, Naturgesch. I. p. 397. n. 1. *der Alk.*

Bechstein, Naturgesch. Deutschl. II. p. 744. n. 1. *der Alk.* p. 747. *Scheerschnabel, Wasserschnavel, Alcke, Scheermesserschnäbler, Klubalk, Tordalk.*

Halle, Vögel, p. 596. n. 744. *der krummschnäblige Taucher.*

Pennant, arct. Zool. II. p. 472. n. 342. *der Wasserschnabel, Alk.*

Gatterer, vom Nutzen u. Schaden der Thiere, II. p. 142. n. 126. *der Alk.*

(1) Flügelweite 27 Zoll. Gewicht an 23 Unzen. *Penn.*

Klein, Vorber. p. 271. n. 5. *Scheermesserschnäbler.*
Klein, verbesserte Vögelhist. p. 156. n. 5. *Scheerschnäbler.*
Brisson, ornitholog. II. p. 383. n. 2. Pingoin.
Batsch, Thiere, I. p. 773. *der Klub-Alk.*
Latham, Syn. Supplement. p. 264. Razor-bill.
Latham, Syst. ornitholog. II. p. 793. n. 5. Alca (Torda) rostro sulcis quatuor, linea utrinque alba a rostro ad oculos.
Pennant, Reis. n. Schottl. I. p. 25. *Alken.* p. 285. *Papagaytaucher.*
Debes, Hist. der Insel Feröe, I. p. 128.
Leem, Nachricht von den Lappl. p. 146. *die Klubb-Alker.*
Pontoppidan, Norwegen, II. p. 124. *Alk.*
Pallas, Naturgesch. merkwürd. Thiere, V. p. 12. *Scheerschnabel, oder Klubalk.*
Linné, auserles. Abh. II. p. 293. n. 81. *die krummschnäblige Polarente.*
Scopoli, Bemerk. a. d. Naturgesch. I. p. 81. n. 94. Alca Torda.
Eberhard, Thiergesch. p. 127. *die kleine Fettgans.*
Linné, Syst. Nat. Ed. VI. p. 23. n. 3. Alca.
Linné, Syst. Natur. Edit. X. I. p. 130. n. 1. Alca (Torda) rostri sulcis quatuor, linea utrinque alba a rostro ad oculos.
Müller, zoolog. dan. prodr. p. 16. n. 136. Alca (Torda) rostri sulcis quatuor, linea utrinque alba a rostro ad oculos.
Hermann, tab. affin. anim. p. 150. Alca Torda.
Donndorff, Handb. d. Thiergesch. p. 266. n. 4. *der Klub-Alk.*

β. *Pallas*, Naturgesch. merkwürd. Th. V. p. 12. *eine Nebenart des Scheerschnabels, mit weniger als*

als halb so großem Schnabel, ohne Querfurchen und anstatt der weißen Halfterlinie am Vorkopf nur auf jeder Seite der Anfang eines schrägen weißen Strichs.

Latham, Syst. ornitholog. II. p. 794. n. 5. γ. A. subtus tota a rostro ad caudam candida, linea a rostro ad oculos nulla.

Müller, zool. dan. prodr. p. 17. n. 137. Alca (Baltica) subtus tota a rostro ad caudam candida?

Brünich, ornitholog. bor. p. 25. n. 1. Alca (Baltica) subtus tota a rostro ad caudam candida, linea a rostro ad oculos nulla?

7. Cristatella. *Der Haubenpapageytaucher.*

Borowsky, Thierreich, III. p. 34. n. 6. *der gehäubelte Alk.*

Pennant, arct. Zool. II. p. 477. n. 351. *der Haubenpapageytaucher.*

Latham, Syst. ornitholog. II. p. 794. n. 6. Alca (Cristatella) rostro compresso subsulcato, corpore nigricante, dorso maculis ferrugineis, crista frontali antrorsum inclinante.

Batsch, Thiere, I. p. 372. *der Haubenalk.*

Pallas, Naturgesch. merkw. Th. V. p. 26. *die gehäubelte Alke.* Tab. 3. u. 5. fig. 7-9.

Catal. mus. Petrop. p. 419. n. 60. Lunda minor cristata.

Steller, Beschr. von Kamtschatka, p. 181. *Starik.*

Hermann, tab. affinit. animal. p. 149. 196. Alca cristatella.

8. Tetracula. *Der Hühner-Alk.*

Müller, Natursystem, Suppl. p. 105. n. 9. *der vierfärbige Papageyentaucher.*

Pennant, arct. Zool. II. p. 477. n. 352. *der dunkelbraune Papageytaucher.*

Gatterer, vom Nutzen u. Schaden der Thiere, II p. 148. n. 131 *der Hühneralk.*

Latham. Syst. ornitholog. II. p. 794. n. 7. Alca (Tetracula) rostro laevi compresso, corpore nigro subtus cinerascente, nucha maculis rectricibusque lateralibus apice ferrugineis, fronte subcristata.

Pallas, Naturgesch. merkw. Th. V. p. 31. *die Hüner-Alke.*

Sander, Gröſse und Schönheit in der Natur, I. p. 245. Alca tetracula.

Hermann, tab. aff. anim. p. 141. Alca tetracula.

Donndorff, Handb. der Thiergesch. p. 266. n. 5. *der Hühner-Alk.*

9. PSITTACULA. *Der Meerpapagey.*

Müller, Natursyst. Suppl. p. 104. n. 7. *der Seeparkit.*

Pennant, arct. Zool. II. p. 476. n. 350. *der Meerpapagey*

Gatterer, vom Nutzen u. Schaden der Thiere, II. p. 147. n. 130. *die Alke mit dem Sichelschnabel.*

Latham, Syst. ornitholog. II. p. 794. n. 8. Alca (Psittacula) rostro compresso subsulcato, corpore nigricante, abdomine albo, facie producta, ad basin rostri coarctata.

Pallas, Naturgesch. merkw. Th. V. p. 32. *die Alke mit dem Sichelschnabel.*

Steller, nov. Comment. Petropolit. IV. p. 426. Tab. 13. fig. 25. 26.

Hermann, tab. aff. anim. p. 149. Alca Psittacula.

10. CIRRHATA. *Der gehörnte Papageytaucher.*

Müller, Natursyst. Suppl. p. 104. n. 6. *Mänenpapagay.*

Borowsky,

Borowsky, Thierreich, III. p. 30. n. 1. *der Alk mit weißen Augenbraunfedern.* Tab. 38.

Gatterer, vom Nutzen und Schaden der Thiere, II. p. 146. n. 129. *der kamtschatkische Alk.*

Pennant, arct. Zoolog. II. p. 475. n. 349. *der gehörnte Papageytaucher.*

Latham, Syst. ornitholog. II, p. 791. n. 2. Alca (Cirrhata) rostro compresso-ancipiti sulcato, sulcis tribus, superciliis albis, postice flavis elongatis cirrhatis.

Pallas, Naturgesch. merkw. Th. V. p. 15. *die Alke mit hängenden weißen Augenbraunfedern.* Tab. 1. u. 5. fig. 1-3.

Steller, nov. Comment. Petropolit. IV. p. 421. tab. 12. fig. 16.

Catal. mus. Petropol. p. 419. n. 56. Lunda maior cirrhata.

Steller, Kamtschatka, p. 182. *Mitschagatka oder Igylma.*

Kraschenninnikow, Kamtschatka, p. 189. *Meuschagatka, Igilma.* Alca monochroa, sulcis tribus, cirrho duplici utrinque dependente. Anas arctica cirrhata *Stell.*

Sander, Größe u. Schönheit in der Nat. I. p. 244. Alca cirrhata.

Herrmann, tab. affinit. animal. p. 150. Alca cirrhata.

Donndorff, Handb. der Thiergesch. p. 267. n. 6. *der gehörnte Papageytaucher.*

5. Alle. *Der kleine Papageytaucher.*

Müller, Natursyst. II. p. 312. n. 5. *grönländische Taube.* Tab. 9. fig. 4.

Pennant, arct. Zool. II. p. 474. n. 346. *der kleine Papageytaucher.*

Klein, av. p. 146. n. 1. Plautus Columbarius. (Mit *Colymbus Grylle* verwechselt.)
Klein, Vorber. p. 268. n. 1. *Taube aus Grönland.*
Klein, verbess. Vögelhist. p. 154. n. 1. *Seetaube.*
Brisson, ornithol. II. p. 378. n. 2. petit Guillemot.
Latham, Syst. ornithol. II. p. 795. n. 10. Alca (Alle) rostro laevi conico, abdomine toto subtus remigumque posticarum apicibus albis, pedibus nigris.
Pennant, Reis. n. Schottl. I. p. 288. *Seetauben.*
Phipps, Reis. nach d. Nordpol, p. 97. *grönländische Seetaube.*
Forster, Reis. Ed. in 8. I. p. 114. *Murre.*
Seligmann, Vögel, IV. Tab. 77. *der kleine schwarz und weiße Taucher.*
Linné, Syst. Natur. Edit. X. I. p. 131. n. 6. Alca (Alle) rostro laevi conico, abdomine fasciaque alarum alba, pedibus nigris.
Müller, zoolog. dan. prodr. p. 17. n. 142. Alca (Alle) rostro laevi conico, abdomine toto subtus, remigumque posticarum apicibus albis, pedibus nigris.
Hermann, tab. affin. animal. p. 149. Alca Alle.
Donndorff, Handbuch der Thiergesch. p. 267. n. 7. *der kleine Papageytaucher.*

β. *Der weiße Papageytaucher.*
Pennant, arct. Zool. II. p. 475. ad n. 346.
Latham, Syst. ornithol. II. p. 795. n. 10. β. Alca candida.

γ. *Der Papageytaucher mit röthlicher Brust.*
Pennant, arct. Zool. II. p. 475. ad n. 346.

11. Antiqua. *Der Greis.*
Pennant, arct. Zool. II. p. 475. n. 347. *der Greis.*

Latham,

Latham, Syst. ornitholog. II. p. 795. n. 9. Alca (Antiqua) rostro nigro basi albido, corpore nigricante, abdomine albo, pennis cervicalibus linearibus elongatis albis.

12. PYGMAEA. *Der Zwergpapageytaucher.*

Pennant, arct. Zoolog. II. p. 475. n. 348. *der Zwergpapageytaucher.*

Latham, Syst. ornitholog. II. p. 796. n. 11. Alca (Pygmaea) rostro carinato basi depresso, corpore atro subtus cinereo.

A. *Veränderungen gegen die XII. Edition, und Vermehrung der Gattungen dieses Geschlechts.*

Das Geschlecht ist mit *sieben* Gattungen vermehrt. Bey der 1sten Gattung sind *zwey*, bey der 2ten *zwey*, bey der 4ten *zwey*, und bey der 5ten *drey* Varietäten aus einander gesetzt.

* EINGESCHOBENES GESCHLECHT.

APTENODYTES. *Der Penguin. (Fettgans.)*

Blumenbach, Handbuch der Naturgesch. p. 228. Gen. LXXIX.

Bechstein, Naturgesch. I. p. 395. Gen. XXVI.

Bechstein, Naturgeschichte Deutschl. II. p. 176. Gen. XXXIV.

Latham, Syst. ornithol. II. p. 878. Gen. XCVIII.

Forster, hist. aptenodyt. — in Comment. Soc. Sc. Gott. 1780. Vol. III. p. 121 sqq.

Brisson, ornithol. II. p. 385. Gen. XCV. Spheniscus.

Donndorff, Handbuch der Thiergesch. p. 268. Gen. XXXI.

 1. CHRY-

1. Chrysocome. *Der gehäubte Penguin.*

Latham, Syst. ornitholog. II. p. 878. n. 1. Aptenodytes (Chrysocome) rostro rufo-fusco, pedibus flavescentibus, crista frontali erecta, auriculari deflexa sulphurea.

Phil. Transact. lxvi. p. 103.

2. Patagonica. *Die Fettgans von Patagonien.*

Blumenbach, Handb. d. Naturgesch. p. 229. n. 1. Aptenodytes (Patagonica) rostro pedibusque nigris, macula parotica aurea.

Latham, Syst. ornithol. II. p. 878. n. 2. Aptenodytes (Patagonica) rostro pedibusque nigris, macula ad aures utrinque flavo-aurea, collum ambiente.

Sonnerat, Reis. n. Neuguinea, p. 64. *die neuguineische Meergans*; mit 1 Figur.

Naturf. I. p. 258. *der patagonische Pinguin.*

Donndorff, Handb. d. Thiergesch. p. 268. n. 1. *die Fettgans von Patagonien.*

3. Papua. *Der Papuspenguin.*

Latham, Syst. ornitholog. II. p. 879. n. 3. Aptenodytes (Papua) rostro pedibusque rubicundis, macula occipitali alba.

Sonnerat, Reis. nach Neuguinea, p. 64. *die Papusmeergans.*

4. Antarctica. *Der antarctische Penguin.*

Latham, Syst. ornithol. II. p. 879. n. 4. Aptenodytes (Antarctica) rostro atro, pedibus rubicundis, linea gulari nigra.

5. Magellanica. *Der magellanische Penguin.*

Blumenbach, Handb. d. Naturgesch. p. 229. n. 2. Aptenodytes (Magellanica) rostro nigro, pedibus

dibus rubicundis, fasciis duabus albis, una includente oculos, altera pectorali.

Latham, Syst. ornithol. II. p. 380. n. 6. Aptenodytes (Magellanica) rostro nigro, fascia purpurascente, superciliis albis, fascia pectorali et torque medio colli nigris.

6. Demersa. *Der schwimmende Penguin.*

Müller, Natursystem, II. p. 321. n. 2. *schwimmende Penguin.*

Leske, Naturgesch. p. 293. n. 2. *der schwimmende Penguin.*

Borowsky, Thierreich, III. p. 28. n. 2. *der schwimmende Penguin.*

Bechstein, Naturgesch. I. p. 395. *der schwimmende Penguin.*

Bechstein, Naturgesch. Deutschl. II. p. 176. *der schwimmende Penguin.*

Halle, Vögel, p. 595. n. 743. *die Fettgans mit ledrigen Flügeln, die entfedert scheinen.*

Gatterer, vom Nutzen u. Schaden der Thiere II. p. 152. n. 137. *der Penguin, Pinguin, die Meerpigmäe, magellanische Gans.*

Onomat. histor. nat. III. p. 621. *die Fettgans.*

Klein, av. p. 147. n. 4. Plautus pinguis.

Klein, Vorbereit. p. 270. n. 4. *Fettgans mit der vierten unächten Zehe.*

Klein, verbesserte Vögelhist. p. 155. n. 4. *Fettgans.*

Brisson, ornitholog. II. p. 385. n. 1. Manchot.

Batsch, Thiere, I. p. 375. *der südliche Penguin, magellanische Gans.*

Latham, Syst. ornitholog. II. p. 879. n. 5. Aptenodytes (Demersa) rostro pedibusque nigris, superciliis albis, fascia pectorali nigra.

Selig.

Seligmann, Vögel, IV. Tab. 83. *Penguins mit schwarzen Füßen.*

Eberhard, Thiergesch. p. 115. *die magellanische Gans.*

Meidinger, Vorlesung. I. p. 126. n. 2. *der schwimmende Penguin.*

Linné, Syst. Natur. Edit. X. I. p. 131. n. 2. Diomedea (Demersa) alis impennibus, pedibus tetradactylis.

Charleton, onomast. zoic. p. 98. n. 5. Anser magellanicus.

Jonston, av. p. 181. Anser magellanicus.

Hermann, tab. affinit. animal. p. 147. Diomedea demersa.

β. *Brisson*, ornitholog. II. p. 386. n. 2. Manchot tacheté.

Latham, Syst. ornitholog. II. p. 880. n. 5. β. Apt. rostro nigro, fascia alba, superciliis albis, fascia pectorali nigra.

Latham, Syn. III. 2. p. 567. n. 5. A.

Seligmann, Vögel, IV. Tab. 83. *Penguin mit schwarzen Füßen.*

γ. *Latham*, Syst. ornithol. II. p. 880. n. 5. γ. Aptenodytes rostro nigro fascia alba, mento orbitisque nigris.

Pernett. voy. II. p. 17. tab. 7. fig. 3. Pinguin à lunettes?

7. CATARRACTES. *Der rothfüßige Penguin.*

Müller, Natursystem, II. p. 337. n. 2. *der schwimmende Phaëton.*

Leske, Naturgeschichte, p. 291. n. 2. *der schwimmende Tropikvogel.*

Borowsky, Thierreich, III. p. 24. n. 2. *der schwimmende Phaëton.*

Onomat.

Onomat. histor. nat. VI. p. 310. *der schwimmende Phaëton.*

Brisson, ornith. II. p. 387. n. 1. Gorfou.

Latham, Syst. ornithol. II. p. 881. n. 8. Aptenodytes (Catarractes) rostro pedibusque rubris, capite fusco.

Seligmann, Vögel, II. Tab. 97. *die Fettgans.*

Linné, Syst. Nat. Edit. X. I. p. 135. n. 2. Phaëton (Demersus) alis impennibus, rostro mandibulis edentulis, digito postico distincto.

Hermann, tab. affinit. animal. p. 147. Phaëton demersus.

8. TORQUATA. *Der Penguin mit dem Halsbande.*

Latham, Syst. ornitholog. II. p. 880. n. 7. Aptenodytes (Torquata) rostro pedibusque nigris, areis oculorum nudis sanguineis, semitorque albo.

Sonnerat, R. n. Neuguinea, p. 64. *die neuguineische Meergans mit dem Halsbande;* m. 1 Fig.

9. MINOR. *Der kleine Penguin.*

Latham, Syst. ornithol. II. p. 881. n. 9. Aptenodytes (Minor) rostro nigro, pedibus albidis.

10. CHILOENSIS. *Der Quethu.*

Latham, Syst. ornithol. II. p. 881. n. 10. Aptenodytes (Chiloensis) corpore lanuginoso cinereo.

11. CHILENSIS. *Der chilesische Penguin.*

Latham, Syst. ornitholog. II. p. 881. n. 11. Aptenodytes (Molinae) cinereo caeruleoque varia, subtus alba, pedibus tridactylis.

Donndorff, Handb. der Thiergesch. p. 268. n. 2. *der chilesische Penguin.*

A. *Ver-*

A. *Veränderungen gegen die XII. Edition, und Vermehrung der Gattungen dieses Geschlechts.*

Das ganze Geschlecht ist hier neu. Die *sechste* und *siebente* Gattung sind aus andern Geschlechtern hieher versetzt; die übrigen ganz neu hinzugekommen.

70. GESCHLECHT. PROCELLARIA. *Der Sturmvogel.*

Müller, Natursyst. II. p. 340. Gen. LXX.
Leske, Naturgesch. p. 291. Gen. LXXV.
Borowsky, Thierreich, III. p. 35. Gen. XXXIX.
Blumenbach, Handbuch der Naturgesch. p. 222. Gen. LXXIII.
Bechstein, Naturgesch. I. p. 398 Gen. XXIX.
Bechstein, Naturgeschichte Deutschl. II. p. 176. Gen. XXXVI.
Neuer Schauplatz der Natur, VIII. p. 714.
Onomat. hist. nat. VI. p. 640.
Pennant, arct. Zoolog. II. p. 495.
Brisson, ornithol. II. p. 395. Gen. XCIX. Puffinus. p. 398. Gen. C. Procellaria.
Batsch, Thiere, I. p. 366. Gen. LXXXVII.
Latham, Syst. ornith. II. p. 820. Gen. XCV.
Hermann, tab. affin. anim. p. 154.
Donndorff, Handbuch der Thiergesch. p. 269. Gen. XXXII.

7. OBSCURA. *Der dunkelbraune Sturmvogel.*

Latham, Syst. ornithol. II. p. 828. n. 24. Procellaria (Obscura) nigricans, subtus alba, collo lateribus fusco nebuloso, tectricibus alarum medio albido variegatis.

8. PACI-

8. PACIFICA. *Der Sturmvogel vom stillen Ocean.*

Latham, Syst. ornithol. II. p. 827. n. 23. Procellaria (Pacifica) atra, subtus obscura, rostro plumbeo, pedibus pallidis.

9. CAERULEA. *Der blaue Sturmvogel.*

Latham, Syst. ornitholog. II. p. 827. n. 22. Procellaria (Caerulea) cano-caerulescens, corpore subtus et rectricibus apice albis, fascia pectoris alarumque expansarum obscuris.

Forster, Reis. Ed. in 8. I. p. 93. 107. *die blauen Sturmvögel.*

10. VITTATA. *Der blaulichgraue Sturmvogel.*

Latham, Syst. ornitholog. II. p. 827. n. 21. Procellaria (Forsteri) caerulescens, subtus alba, remigibus, rectricibus apice fasciaque alarum expansarum fusco-nigris, rostro basi dilatato.

11. URINATRIX. *Der Sturmtaucher.*

Latham, Syst. ornithol. II. p. 827. n. 20. Procellaria (Urinatrix) fusco-nigricans subtus alba, gula plicata nigra, calcare obsoleto.

Forster, Reis. Ed. in 8. I. p. 120. 199. *die kleinen Sturmtaucher.*

1. PELAGICA. *Die Sturmschwalbe.*

Müller, Natursyst. II. p. 315. n. 1. *der Ungewittervogel.* Tab. 9. fig. 5.

Leske, Naturgeschichte, p. 291. n. 1. *der Ungewittervogel.*

Borowsky, Thierreich, III. p. 35. n. 1. *der Ungewittervogel.* Tab. 39.

Blumenbach, Handb. d. Naturgesch. p. 222. n. 1. Procellaria (Pelagica) nigra, uropygio albo; *der Sturmvogel.*

Bechstein,

Bechstein, Naturgesch. I. p. 399. *der Ungewittervogel.*

Bechstein, Naturgesch. Deutschl. II. p. 177. *der Ungewittervogel.*

Funke, Naturgesch. I. p. 323. *der Sturmvogel.*

Halle, Vögel, p. 599. n. 751. *der Sturmvogel.* Fig. 54.

Gatterer, vom Nutzen u. Schaden der Thiere, II. p. 148. n. 132. *die Sturmschwalbe, der Sturmvogel, Sturmverkündiger, St. Petersvogel, Petrell, das Orkanmöwchen.*

Beckmann, Naturhist. p. 44. n. 2. *der Sturmvogel.*

Pennant, arct. Zool. II. p. 497. n. 381. *die Sturmschwalbe.*

Onomat. hist. nat. VI. p. 647. *der Ungewittervogel.*

Handb. d. Naturgesch. II. p. 662. *der Sturmvogel.*

Klein, av. p. 148. n. 12. Plautus minimus, Procellarius.

Klein, Vorbereit. p. 272. n. 12. *Sturmmeve, kleiner schwarzer Sturmvogel.*

Klein, verbess. Vögelhist. p. 158. n. 12. *Sturmvogel, Sturmmeve, Sturmfink.*

Brisson, ornitholog. II. p. 398. n. 1. Petrel.

Batsch, Thiere, I. p. 374. *der Ungewittervogel.*

Latham, Syn. Supplem. p. 269. Stormy Petrel.

Latham, Syst. ornithol. II. p. 826. n. 19. Procellaria (Pelagica) nigra, uropygio albo.

Seligmann, Vögel, IV. Tab. 111. *die kleinste Meve, mit röhrenförmigen Nasenlöchern.*

Scopoli, Bemerk. a. d. Naturgesch. I. p. 82. n. 95. *der kleine schwarze Sturmvogel.*

Linné, auserles. Abhandl. II. p. 293. n. 84. *der See-Sturmvogel.*

Schwed. Abhandl. VII. p. 93. *Ungewittervogel.* Tab. 6.

Forster,

Forster, Reis. Ed. in 8. I. p. 53. *die gewöhnlichen kleinen Sturmvögel.*
Berlin. Samml. V. p. 484. *Sturmvogel.*
Schriften der dronth. Gesellschaft, I p. 161. *der Ungewitter-oder St. Peters-Vogel.*
Eberhard, Thiergesch. p. 117 *der Sturmvogel.*
Meidinger, Vorles. I. p. 125. n. 1. *der Ungewitter-vogel.*
Goeze, nützl. Allerl. II. p. 196 n. 20. *der Sturm-vogel.*
Linné, Syst. Nat. Ed. VI. p. 32. n. 1. Avis Petri.
Linné, Syst. Nat. Edit. X. I. p. 131. n. 1. Procellaria (Pelagica) nigra, uropygio albo.
Müller, zoolog. dan. prodr. p. 17. n. 143. Procellaria (Pelagica) nigra, uropygio albo.
Moehring, av. gen. p. 67. n. 72. Procellaria.
Donndorff, Handb. d. Thiergesch. p. 269. n. 1. *die Sturmschwalbe.*

β. *Latham*, Syn. III. 2. p. 413. n. 18. Var. A.
Latham, Syst. ornithol. II. p. 826. n. 19. β. Pr. nigra, purpureo caerulescenteque varia, tectricibus alarum uropygioque albo maculatis.
Salern. ornithol. p. 383.

2. Fregatta. *Der Segler.*
Müller, Natursyst. II. p. 315. n. 2. *der Segler.*
Onomat. histor. nat. VI. p. 645. *der Segler.*
Latham, Syst. ornithol. II. p. 826. n. 17. Procellaria (Fregatta) nigra, subtus alba, pedibus nigris.

12. Furcata. *Der Gabelschwanz.*
Pennant, arct. Zool. II. p. 497. n. 380. *der Gabelschwanz.*
Latham, Syst. ornitholog. II. p. 825. n. 16. Procellaria (Furcata) argenteo-grisea, gula palli-

da, crisso albo, remigibus caudaque forficata nigricantibus, rectrice extima extus alba.

13. FULIGINOSA. *Der tahitische Sturmvogel.*

Latham, Syst. ornitholog. I. p. 825. n. 15 Procellaria (Fuliginosa) fuliginoso-fusca, capite, collo, remigibus rectricibusque nigris, cauda emarginata.

14. DESOLATA. *Der graugrüne Sturmvogel.*

Latham, Syst. ornitholog. II. p. 825. n. 14. Procellaria (Desolata) cinereo-caerulescens, subtus alba, rectricibus apice fasciaque alarum expansarum nigricantibus.

15. NIVEA. *Der weiße Sturmvogel.*

Latham, Syst. ornitholog. II. p. 825. n. 13. Procellaria (Nivea) alba, rachibus pennarum nigris, rostro pedibusque caeruleis.

16. MELANOPUS. *Der nordamerikanische Sturmvogel.*

Latham, Syst. ornith. II. p. 824. n. 12. Procellaria (Melanopus) cinereo-nigricans, capistro gulaque griseis, maculis minutis nigricantibus, rostro toto digitisque dimidiato-nigris.

3. GLACIALIS. *Der Fulmar.*

Müller, Naturs. II. p. 316. n. 3. *das Seepferd.*

Leske, Naturgesch. p. 292. n. 2. *der große Sturmvogel.*

Borowsky, Thierreich, III. p. 36. n. 2. *der große Sturmvogel.*

Halle, Vögel, p. 570. n. 699 *die große Nordmöve, Eismöve, Mallemugge.*

Gatterer, vom Nutzen und Schaden der Thiere, II. p. 149. n. 133. *die Eismöve, der Mallemucke.*

Onomat.

Onomat. hist. nat. VI. p. 645. *das Seepferd.*
Klein, verb. Vögelhist. p. 144. n. 2. *Mallemugge.*
Brisson, ornithol. II. p. 399. n. 2. Petrel cendré.
Batsch, Thiere, I. p. 375. *der große Sturmvogel.*
Latham, Syst. ornithol. II. p. 823. n. 9. Procellaria (Glacialis) albicans, dorso canescente, rostro pedibusque flavescentibus.
Pennant, arct. Zoolog. II. p. 495. n. 378. *der Fulmar, Mallemucke.*
Phipps, Reis. n. d. Nordpol, p. 97. *Eissturmvogel, oder Mallemucke.*
Forster, Reis. Ed. in 8. p. 55. *der Malmuck.*
Pontoppidan, Naturhistorie von Norwegen, II. p. 143. *Hav-Hest.*
Leem, Lappl. p. 143. *das Seepferd.*
Schriften der dronth. Gesellsch. I. p. 155. *das Seepferd.*
Schwed. Abh. XXI. p. 94. *eine Procellaria, die sich um den Nordpol findet.*
Meidinger, Vorles. I. p. 125. n. 2. *der große Sturmvogel.*
Müller, zoolog. dan. prodr. p. 17. n. 144. Procellaria (Glacialis) albicans, dorso canescente.
Donndorff, Handb. der Thiergesch. p. 270. n. 2. *der Fulmar.*

β. *Latham*, Syn. III. 2. p. 405. Var. A.
Latham, Syst. ornithol. II. p. 823. n. 9. β. Pr. alba, dorso medio canescente, alis nigricantibus.

17. Cinerea. *Der aschgraue Sturmvogel.*
Latham, Syst. ornith. II. p. 824. n. 10. Pr. (Cinerea) supra cinerea subtus alba, cauda nigricante, rostro flavo, pedibus cinerascentibus.

18. GIGANTEA. *Der größte Sturmvogel.*

Pennant, arct. Zoolog. II. p. 498. n. 382. *der große Sturmvogel?*

Latham, Syst. ornithol. II. p. 820. n. 1. Procellaria (Gigantea) fusco-nebulosa, subtus albida, remigibus rectricibusque nigricantibus, rostro pedibusque flavis.

Donndorff, Handbuch der Thiergesch. p. 270. n. 3. *der größte Sturmvogel, Riesenvogel.*

19. BRASILIENSIS. *Der brasilianische Sturmvogel.*

Brisson, ornith. II. p. 397. n. 4. Puffin du Bresil.

Latham, Syst. ornithol. I. p. 822. n. 2. Procellaria (Brasiliana) fusco-nigricans, collo inferiore flavo, rectricibus fusco-nigricantibus.

4. AEQUINOCTIALIS. *Der große schwarze Sturmvogel.*

Müller, Natursystem, II. p. 316. n. 4. *der Wetterrabe.*

Onomat. hist. nat. VI. p. 643. *der Wetterrabe.*

Klein, av. p. 148. n. 14. Plautus Albatros spurius maior.

Klein, Vorbereit. p. 273. n. 14. *der größere unächte Albatroß.*

Klein, verb. Vögelhist. p. 158. n. 14. *unächter Albatroß, der größte.*

Brisson, ornithol. II. p. 397. n. 3. Puffin du Cap de bonne esperance.

Latham, Syst. ornithol. II. p. 821. n. 3. Procellaria (Aequinoctialis) fusca immaculata, rostro flavo, pedibus fuscis.

Seligmann, Vögel, IV. Tab. 73. *der große schwarze Peter, ganz schwarz mit gelbem Schnabel.*

Forster,

Forster, Reis. Ed. in 8. I. p. 56. *eine große schwarze Art von Sturmvögeln.*

Linné, Syst. Nat. Ed. X. I. p. 132. n. 2. Procellaria (Aequinoctialis) fusca immaculata, rostro flavo.

Brown, Jamaika, p. 482. Shearwater?

β. *Pennant*, arct. Zoolog. II. p. 498. n. 382. *der große Sturmvogel?*

Latham, Syn. III. 2. p. 399. n. 3. Var. A.

Latham, Syst. ornithol. II. p. 821. n. 3. β.

20. Grisea. *Der graue Sturmvogel.*

Latham, Syst. ornitholog. II. p. 821. n. 4. Procellaria (Grisea) fuliginoso-atra, tectricibus alarum inferioribus albis, rostro fusco, pedibus antice caerulescentibus.

21. Gelida. *Der Eissturmvogel.*

Latham, Syst. ornith. II. p. 822. n. 5. Pr. (Gelida) cinereo-caerulescens, dorso nigricante, gula, iugulo pectoreque albis, rostro flavo, pedibus caeruleis.

22. Alba. *Der weißbrüstige Sturmvogel.*

Latham, Syst. ornithol. II. p. 822. n. 6. Procellaria (Alba) fusco-nigricans, pectore, abdomine crissoque albis.

β. Pr. fuliginosa subtus cinerea, facie albo fuscoque varia, pedibus flavescentibus, digitis dimidiato nigris. *

Latham, Syst. ornitholog. II. p. 822. n. 6. β.

23. Antarctica. *Der antarctische Sturmvogel.*

Latham, Syst. ornithol. II. p. 822. n. 7. Procellaria (Antarctica) fusca, subtus albo-caerulescens,

lescens, remigibus secundariis, uropygio caudaque albis, rectricibus apice nigris.

Forster, Reis. Edit. in 8. p. 112. *die antarctischen Sturmvögel.*

5. Capensis. *Der capsche Sturmvogel.*

Müller, Natursystem, II. p. 465. n. 5. *der Landzeiger.*

Borowsky, Thierreich, III. p. 37. n. 3. *der Landzeiger, die capische Taube.*

Gatterer, vom Nutzen u. Schaden der Thiere, II. p. 149. n. 134 *die capsche Taube.*

Onomat. hist. nat. VI. p. 644. *der Landzeiger, oder Damier.*

Klein, av. p. 148. n. 14. Plautus Albatros spurius minor.

Klein, Vorbereit. p. 273. n. 14. *der kleine schwarz und weiße unächte Albatroß.*

Klein, verb. Vögelhist. p. 158. n. 14. *der schwarz und weißbunte.*

Brisson, ornithol. II. p, 400. n. 3. Petrel tacheté appellé vulgairement Damier.

Batsch, Thiere, I. p. 374. *der Landzeiger.*

Latham, Syst. ornitholog. II. p. 822. n. 8. Procellaria (Capensis) albo fuscoque varia.

Seligmann, Vögel, IV. Tab. 75. *der weiß und schwarz gefleckte Peter.*

Forster, Reis. Edit. in 8. I. p. 53. *die Pintaden.* p. 93. *der Cap- Sturmvogel.*

Linné, Syst. Nat. Edit. X. I. p. 133. n. 3. Procellaria (Capensis) albo fuscoque varia.

β. *Latham*, Syn. III. 2. p. 402. var.

Latham, Syst. ornitholog. II. p. 823. n. 8. β. Pr. lutescente fuscoque varia.

6. Puffi-

6. PUFFINUS. *Der Wasserscheerer.* (2)

Müller, Natursyst. II. p. 317. n. 6. *der Sturmverkündiger.*

Borowsky, Thierreich, III. p. 37. n. 4. *der Puffin.*

Halle, Vögel, p. 576. n. 715. *die Erdmöwe.*

Gatterer, vom Nutzen u. Schaden der Thiere, II. p. 150. n. 135. *die Puffinmöwe.*

Onomat. histor. natur. VI. p. 648. *der Puffinvogel.*

Pennant, arct. Zool. II. p. 496. n. 379. *der Wasserscheerer, Puffinmeve.*

Klein, av. p. 139. n. 18. Larus piger cunicularis, Puffinus seu Pupinus.

Klein, Vorbereit. p. 257. n. 18. *Pupin.*

Klein, verbess. Vögelhist. p. 146. n. 19. *Pupin.*

Brisson, ornithol. II. p. 395. n. 1. Puffin.

Latham, Syst. ornith. II. p. 824. n. 11. Procellaria (Puffinus) corpore supra nigro, subtus albo, pedibus rufis.

Latham, Syn. Supplem. p. 269. Shearwater.

Pontoppidan, Naturgesch. von Dännemark, II. p. 181. *Skrabe.*

Forster, Reis. Ed. in 8. I. p. 52. *der gewöhnliche große Sturmvogel.* p. 118. *schwarze Sturmvögel.*

Müller, zoolog. dan. prodr. p. 18. n. 144. Procellaria (Puffinus) corpore supra nigro, subtus albo, pedibus rufis.

Charleton, onomast. zoic. p. 94. n. 2. Diomedea avis.

Jonston, av. p. 146. Puffinus. p. 128. Avis Diomedea.

Donndorff, Handb. der Thiergesch. p. 271. n. 4. *der Wasserscheerer.*

(2) Flügelweite 31 Zoll. Gewicht 17 Unzen. *Pennant.*

β. *Brisson*, ornith. II. p. 396. n. 2. Puffin cendré. (3)
Latham, Syn. III. 2. p. 407. n. 11. Var. A.
Latham, Syst. ornithol. II. p. 824. n. 11. β. Pr. supra cinerea, subtus alba, rectricibus candidis.

A. *Veränderungen gegen die XIIte Edition, und Vermehrung der Gattungen dieses Geschlechts.*

Das Geschlecht ist mit 17 Gattungen vermehrt. Bey der 1sten Gattung sind *zwey*, bey de 3ten *zwey*, bey der 4ten *zwey*, bey der 5ten *zwey*, und bey der 6ten *zwey* Varietäten aus einander gesetzt.

B. *Neuere Gattungen.*

1. Procellaria (Marina) dorso, tectricibus alarum fuscis, vertice et cervice caerulescenti - cinereis, uropygio caerulescente, genis corporeque toto subtus albis. *Latham*, Syst. ornith. II. p. 826. n. 18.
Latham, Syn. III. 2. p. 410. n. 17. Frigate Petrel.

71. GESCHLECHT. DIOMEDEA. *Der Albatross* (Penguin, Schiffsvogel, Rinnenschnabel.)
Müller, Natursyst. II. p. 320. Gen. LXXI.
Leske, Naturgesch. p. 293. Gen. LXXVIII.
Borowsky, Thierreich, III. p. 27. Gen. XXXVII.
Blumenbach, Handbuch der Naturgesch. p. 222. Gen. LXXIV.
Bechstein, Naturgesch. I. p. 396. Gen. XXVII.
Bechstein, Naturgeschichte Deutschl. II. p. 175. Gen. XXXIII.
Onomat. hist. nat. III. p. 621.
Brisson, ornitholog. II. p. 393. Gen. XCVIII. Albatrus.

Batsch,

(3) Nach *Brisson* eine eigne Gattung.

Batsch, Thiere, I. p. 367. Gen. LXXXVIII.
Latham, Syst. ornith. II. p. 789. Gen. LXXXVIII.
Hermann, tab. affinit. animal. p. 153.
Donndorff, Handbuch der Thiergesch. p. 271. Gen. XXXIII.

1. EXULANS. *Der wandernde Albatroß.* (4)

Müller, Natursystem, II. p. 71. n. 1. *der fliegende Penguin.*
Leske, Naturg. p. 293. n. 1. *der fliegende Penguin.*
Borowsky, Thierreich, III. p. 27. n. 1. *der Kriegsschiffs-Vogel, Albatros.* Tab. 37.
Blumenbach, Handb. d. Naturgesch. p. 222. n. 1. Diomedea (Exulans) alis pennatis longissimis, pedibus aequilibribus tridactylis.
Bechstein, Naturgesch. I. p. 396. n. 1. *der Kriegsschiffsvogel.*
Bechstein, Naturgesch. Deutschl. II. p. 176. *der Kriegsschiffsvogel.*
Gatterer, vom Nutzen u. Schaden der Thiere, II. p. 150. n. 136. *der Albatros.*
Pennant, arct. Zool. II. p. 468. n. 340. *der wandernde Albatroß.*
Onomat. hist. nat. III. p. 622. *der Albatros, der Fremdling.*
Klein, av. p. 148. n. 13. Plautus Albatrus.
Klein, Vorbereit. p. 273. n. 13. *Albatroß.*
Klein, verbess. Vögelhist. p. 158. n. 13. *Albatros.*
Brisson, ornitholog. II. p. 394. n. 1. Albatros.
Batsch, Thiere, I. p. 375. *der Albatros oder Fregattvogel.*
Latham, Syst. ornithol. II. p. 789. n. 1. Diomedea (Exulans) supra fusco-rufescens, nigricante

(4) Flügelweite von 7 Fuss 7 Zoll bis zu 10 Fuss 7 Zoll. Gewicht von 12 bis zu 28 Pfund.

striata et maculata, subtus alba, collo supra et lateribus fusco transversim striatis, remigibus maioribus nigris, minoribus rectricibusque plumbeo-nigricantibus.

Seligmann, Vögel, IV. Tab. 71. *der Albatroß.*

Forster, Reis. Edit. in 8. I. p. 53. 89. *Albatrosse.* p. 124. *ein großer weißer Albatros.*

Pallas, Naturg. merkw. Thiere, V. p. 36. *Albatroß.*

Eberhard, Thiergesch. p. 128. *das Kriegsschiff.*

Hawkesworth, Gesch. der engl. Seereis. II. p. 48. *Albatroß.*

Sander, Größe u. Schönheit in der Nat. I. p. 230. *Penguins.*

Linné, Syst. Natur. Edit. X. I. p. 132. n. 1. Diomedea (Exulans) alis pennatis, pedibus tridactylis.

Hermann, tab. affinit. animal. p. 152. 154. 169. Diomedea Exulans.

Donndorff, Handbuch der Thiergesch. p. 271. n. 1. *der wandernde Albatroß.*

β. *Pennant*, arct. Zool. II. p. 469. *der braune Albatroß.*

Pallas, Naturgesch. merkw. Th. V. p. 41. *eine Spielart des Albatroß, über den ganzen Körper fahlschwärzlich, obenher am dunkelsten.*

Latham, Syst. ornithol. II. p. 790. n. 1. β.

γ. *Pennant*, arct. Zoolog. II. p. 469. *der weiße Albatroß.*

Pallas, Naturgesch. merkw. Thiere, V. p. 41. *eine weiße Spielart, am Rücken zwischen den Flügeln schwärzlich, auch mit fahlschwarzen Schwung- und Schwanzfedern.*

Latham, Syst. ornithol. II. p. 790. n. 1. γ.

2. Spa-

2. Spadicea. *Der kastanienbraune Albatroß.*
Latham, Syst. ornitholog. II. p. 790. n. 2. Diomedea (Spadicea) rostro albido, corpore saturate castaneo-fusco, abdomine pallido, facie alisque subtus albis.

3. Chlororhynchos. *Der gelbschnäblige Albatroß.*
Latham, Syst. ornitholog. II. p. 790. n. 3. Diomedea (Chlororhynchos) rostro nigro, supra basique flavo, corpore supra atro-caeruleo, subtus uropygioque albo.

4. Fuliginosa. *Der dunkelbraune Albatroß.*
Latham, Syst. orníthol. II. p. 791. n. 4. Diomedea (Fuliginosa) rostro nigro, corpore fuliginoso-fusco, pone oculos lunula alba.

A. *Veränderungen gegen die XII. Edition, und Vermehrung der Gattungen dieses Geschlechts.*

Edit. XII.	*Edit. XIII.*
p. 214. n. 2. Diomedea Demersa.	p. 557. n. 6. Aptenodytes demersa.

Das Geschlecht ist zwar überhaupt nur um *zwey* Gattungen vermehrt, aber es sind doch der *neuen* Gattungen *drey* hinzugekommen; die *zweyte* der XIIten Edition ist in ein anderes *neues* Geschlecht versetzt.

72. GESCHLECHT. Pelecanus. *Der Pelikan.*
Müller, Natursyst. II. p. 323. Gen. LXXII.
Leske, Naturgesch. p. 285. Gen. LXX.
Borowsky, Thierreich, III. p. 38. Gen. XL.
Blumenbach, Handbuch der Naturgesch. p. 223. Gen. LXXV.

Bechstein,

Bechstein, Naturgesch. I. p. 399. Gen. XXX.
Bechstein, Naturgeschichte Deutschl. II. p. 749. Gen. XIX.
Halle, Vögel, p. 586. b.
Pennant, arct. Zoolog. II. p. 538.
Onomat. hist. nat. VI. p. 238.
Klein, av. p. 142. Fam. VI.
Brisson, ornitholog. II. p. 489. Gen. CX. Sula. p. 494. Gen. CXI. Phalacorax. p. 497. Gen. CXII. Onocrotalus.
Batsch, Thiere, I. p. 367. Gen. CXII.
Latham, Syst. ornith. II. p. 882. Gen. XCIX.
Hermann, tab. affin. anim. p. 154 sqq.
Donndorff, Handbuch der Thiergesch. p. 272. Gen. XXXIV.

* *Mit ungezähneltem Schnabel.*

1. ONOCROTALUS. *Die Kropfgans.* (5)
Müller, Natursyst. II. p. 323. n. 1. *die Kropfgans.* Tab. 9. fig. 1.
Leske, Naturgesch. p. 285. n. 1. *die Kropfgans.*
Borowsky, Thierreich, III. p. 40. n. 2. *die Kropfgans, Pelikan.*

Blumen-

(5) Flügelweite 11 bis 15 Fuſs. Gewicht 18 bis 25 Pfund. *Penn* — Wird über 50 Jahr alt. Der beutelförmige Kropf am Unterschnabel läſst sich so ausdehnen, daſs er wohl 30 Pfund Waſſer faſſen kann. Das Fleiſch iſt thranig, wird aber gegeſſen. Die Haut wird ſamt den Federn gegerbt, und als Pelzwerk getragen. Aus den Säcken werden Beutel, Säcke, Mützen u. dgl. gemacht. — Wenn im Frühjahr die Paarungszeit eintritt, ſo ſchwillt den Kropfgänſen an der Wurzel des Schnabels ein runder, wie ein Borſtorferapfel groſser Höker empor, der ſchwammig, weich, und fleiſchfarbig iſt, und ſich im Sommer wieder verliert. — *Forskål* hat die Kropfgans in Arabien brüten geſehen, und gefunden, daſs ſie vier Eyer legt, die nicht gröſser ſind als Gänſeeyer. (a. a. O.)

Blumenbach, Handb. d. Naturgesch. p. 223. n. 1. Pelecanus (Onocrotalus) gula saccata; *die Kropfgans.*

Bechstein, Naturgesch. I. p. 399. n. 1. *die Kropfgans.*

Bechstein, Naturgesch. Deutschl. II. p. 750. n. 1. *die Kropfgans.* p. 156. *Pelikan, Beutelgans, Sackgans, Schneegans, Kropfpelikan, Riesenpelikan, Schwanentaucher, Vielfraß, Nimmersatt, Wasservielfraß, Ohrvogel, Eselschreyer.*

Funke, Naturgesch. I. p. 324. *der Pelikan.*

Ebert, Naturl. II. p. 75. *der Pelikan.*

Halle, Vögel, p. 586. n. 732. *die Kropfgans.* Fig. 53.

Gatterer, vom Nutzen u. Schaden der Thiere, II. p. 153. n. 138. *der Eselschreier* u. s. w.

Pennant, arct. Zool. II. p. 538. n. 423. *der Riesenpelikan, Kropfgans.*

Beckmann, Naturhist. p. 44. *die Kropfgans.*

Neuer Schaupl. d. Natur, IV. p. 809. *Kropfgans.*

Onomat. histor. nat. V. p. 697. *die Kropfgans.*

Handb. d. Naturgesch. II. p. 393. *die Kropfgans.* Tab. 8.

Klein, av. p. 142. n. 1. Plancus Gulo.

Klein, Vorb. p. 263. n. 1. *Kropfgans, Schneegans.*

Klein, verbess. Vögelhist. p. 151. n. 1. *Kropfgans.*

Gesner, Vögelb. p. 387. *Onvogel, Schneegansß, Meergansß, Vogelheine. Eselschreyer, Kropffvogel, Sackgans.* Fig. p. 388.

Brisson, ornitholog. II. p. 497. n. 1. Pelican.

Batsch, Thiere, I. p. 383. *die Beutelgans.*

Latham, Syst. ornitholog. II. p. 882. n. 1. Pelecanus (Onocrotalus) albus, gula saccata.

Bock, Naturgesch. von Preussen, IV. p. 338. n. 92. *die Kropfgans.*

Wolf.

Wolf, Reis. n. Zeilan, p. 135. *Kropfgans.*

Cetti, Naturgeschichte von Sardinien, II. p. 343. *die Löffelgans.* Tab. 6.

Lepechin, Tagebuch der russ. Reise, I. p. 307. *Kropfgänse.*

Adanson, Senegall, p. 202. *Pelekanen.*

Rytschkow, orenb. Topogr. p 242. *Baba.*

Pallas, Reis. Ausz. I p. 98. *Kropfgänse.* p. 314. *Baba.* II. p. 7. *Kropfgänse.*

Pallas, nord. Beyträge, I. p. 7. *die Kropfgans.*

Le Brun, Reis. n. Mosk. u. Pers. II p. 161.

S. G. Gmelin, Reis. I. p. 123. *Kropfgans.*

Seligmann, Vögel, IV. Tab. 79. *der Pelican.*

Perrault, Charras, u. *Dodart*, Abhandl. aus der Naturgesch. II. p. 341. anatom. Beschreibung zweyer Pelikane. Tab. 85. *der Pelican.* Tab. 86. die Zergliederung.

Naturf. XII. p. 140. n. 92. *die Kropfgans.*

Berlin. Samml. V. p. 277. *der Pelikan.*

Frisch, Vögel, Tab. 186. *die Kropfgans oder Schwanentaucher.*

Linné, auserles. Abhandl. II. p. 285. n. 51. *die Kropfgänse.*

Scopoli, Bemerk. a. d. Naturgesch. I. p. 83. n. 97. *der Nimmersatt, Kropfgans.*

Mannichfaltigk. IV. p. 211. *der Pelikan;* m. 1 F.

Neue Mannichfalt. III. p. 316. *der Pelikan.*

Neueste Mannichfaltigk. I. p. 171. II. p. 124. *der Pelikan.*

Hamb. Magazin, VI. p. 594. *der Pelikan.*

Neu Hamb. Magazin, St. 84. p. 463.

Lichtenberg, Magazin f. d. Neueste u. s. w. III. 2. p. 154. *Pelikane.*

Goeze, nützl. Allerley, I. p. 146. II. p. 216. n. 1. *der Pelikan.*

Beckmann,

Beckmann, physikal. ökonom. Bibl. VII. p. 132. *die Kropfgans.*

Meidinger, Vorles. I. p. 126 n. 1. *die Kropfgans.*

Oekonom. Zool. p. 74. n. 15. *die Kropfgans.*

Eberhard, Thiergesch. p. 114. *die Kropfgans, Meergans.*

Jablonsky, allgem. Lex. p. 561. *Pelikan.*

Loniceri, Kräuterb. p. 669. *Schneeganß, Meerganß.*

Franke, diss. de Pelecano. Lips. 1640. 4.

Funccii comment. de Pelecano. Gorlic. 1692. 4.

Deusing, de Pelecano; in differtt. Fasc. diss. 14.

Ol. Borich. de Pelecano; in *Bartholin.* Epist. Cent. III. ep. 93. p. 399.

Volkamer, de Pelecano; in Eph. Natur. Cur. Dec. III. an. 4. obs. 119. p. 247.

Fischer, de Pelecano. Nov. Act. Nat. Cur. I. p. 284.

Neue gesellsch. Erzähl. II. p. 367. (über die Haut des Pelikans.)

Urlsperger, Nachricht. von Georg. u. Carolin. I. p. 849.

Cardan. de rer. variet. L. 7. c. 36. p. 214. Onocrotali.

P. Martyr, de nov. orb. Lib. 6. decad. 3.

Linné, Syst. Nat. Ed. II. p. 54. Onocrotalus.

Linné, Syst. Nat. Ed. VI. p. 23. n. 1. Onocrotalus, gula saccata.

Linné, Syst. Nat. Edit. X. I. p. 132. n. 1. Pelecanus (Onocrotalus) gula saccata.

Forskål, faun. orient. p. 7. n. 6. Onocrotalus *Ahdjirbu.*

Charleton, onomast. zoic. p. 94. n. 1. Onocrotalus.

Moehring, av. gen. p. 63. n. 65. Onocrotalus.

Schwenk-

Schwenkfeld, av. Siles. p. 311. Onocrotalus, Truo; *ein Kropffgans, Ohnvogel.*

Jonston, av. p. 126. Onocrotalus.

Hermann, tab. affin. anim. p. 155. Onocrotalus.

Plin. hist. nat. L. 10. c. 47. Onocrotali.

Aristot. hist. anim. L. 9 c. 10. n. 149. Πελεκανος.

Donndorff, Handb. d. Thiergesch. p. 273. n. 1. *die Kropfgans.*

β. *Die Kropfgans mit gezähneltem Schnabel?*

Brisson, ornitholog. II. p. 499. n. 1. A. Pelican à bec dentelé. (6)

9. Roseus. *Die rosenfarbene Kropfgans.* (7)

Latham, Syst. ornitholog. II. p. 883. n. 2. Pelecanus (Roseus) roseus, gula saccata.

Sonnerat, Reis. n. Neuguin. p. 34. *der Pelikan mit lebhaft rosenfarbenem Gefieder.*

10. Fuscus. *Die dunkelbraune amerikanische Kropfgans.* (8)

Müller, Natursyst. II. p. 725. ad n. 1. *der amerikanische Pelikan.*

Pennant, arct. Zool. II. p. 539. n. 424. *der dunkelbraune Pelekan.*

Klein, av. p. 143. ad n. 1. Onocrotalus fuscus.

Klein, Vorbereit. p. 263. ad n. 1. *der braune Eselschreyer.*

Klein, verb. Vögelhist. p. 151. ad n. 1. *die braune Kropfgans.*

Brisson,

(6) *Latham* rechnet dies Synonym zu *P. Thagus* p. 577 n. 30.

(7) *Sonnerat* glaubt, diese Gattung möge wohl mit *Pelecanus Manillensis*, n. 11. einerley seyn, und der Vogel verandere vielleicht seine Farben nur mit dem Alter.

(8) Nach *Klein*, *Sloane*, *Linné*, u. a. nur eine Varietät von *Pelecanus Onocrotalus.*

Brisson, ornithol. II. p. 499. n. 2. Pelican brun.
Latham, Syst. ornitholog. II. p. 883. n. 3. Pelecanus (Fuscus) cinereo-fuscus, gula saccata.
Seligmann, Vögel, IV. Tab. 81. *der amerikanische Pelican.*
Ellis, Hudsonsb. p. 37. *der Pelican.*
Cetti, Naturgesch. von Sardinien, II. p. 346. *der amerikanische Pelikan.*
Schlözer, Erdbeschreib. von Amerika, p. 110. *der Pelican.*
Mannichfaltigk. IV. p. 214. *der amerikanische Pelikan.*
Linné, Syst. Nat. Edit. X. I. p. 133. n. 1. β. Onocrotalus s. Pelecanus fuscus.
Linné, Syst. Nat. Ed. XII. I. p. 215. n. 1. β. Onocrotalus occidentalis.
Hist. Californ. I. p. 40. Great Gull.
Gentl. Magaz. XX. tab. p. 210. Brown Pelican.

11. Manillensis. *Die manillische Kropfgans.* (9)
Latham, Syst. ornitholog. II. p. 833. n. 4. Pelecanus (Manillensis) fuscus, gula saccata.
Sonnerat, Reis. n. Neuguin. p. 34. *der braune Pelikan der Insel Luçon.*

12. Philippensis. *Die philippinische Kropfgans.* (10)
Latham, Syst. ornithol. II. p. 883. n. 5. Onocrotalus (Philippensis) subcristatus albus, corpore supra griseo-cinereo, gula saccata.

13. Rufescens. *Die röthliche Kropfgans.*
Latham, Syst. ornithol. II. p. 884. n. 6. Pelecanus (Rufescens) cristatus rufescens, capite collo-

(9) S. vorher die siebente Anmerkung.

(10) *Latham* rechnet hieher auch den *Alcatras*. Phil. Transact. XXIII. p. 1394. n. 40.

colloque fuſceſcente-albis, cauda ſaturate-cinerea, gula ſaccata.

14. CAROLINENSIS. *Die caroliniſche Kropfgans.*
Pennant, arct. Zoolog. II. p. 540. n. 425. *der caroliniſche Pelecan.*
Latham, Syſt. ornithol. II. p. 884. n. 7. Pelecanus (Carolinenſis) ſupra obſcurus, ſubtus albus, gula ſaccata.
β. *Latham*, Syſt. ornitholog. II. p. 884. n. 7. β.
γ. *Latham*, Syſt. ornitholog. II. p. 884. n. 7. γ.

15. ERYTHRORHYNCHOS. *Die rothſchnablige nordamerikaniſche Kropfgans.*
Latham, Syſt. ornitholog. II. p. 884. n. 8. Pelecanus (Trachyrhynchos) criſtatus albus, gula ſaccata nigro ſtriata.
Philoſ. Tranſact. LXII. p. 419. n. 54.

2. AQUILUS. *Die Fregatte.*
Müller, Naturſ. II. p. 327. n. 2. *Fregatvogel.*
Borowſky, Thierreich, III. p. 42. n. 3. *der Fregatvogel.*
Blumenbach, Handb. d. Naturgeſch. p. 223. n. 2. Pelecanus (Aquilus) alis ampliſſimis, cauda forficata, corpore nigro, roſtro rubro, orbitis nigris; *die Fregatte.*
Halle, Vögel, p. 162. n. 100. *die Fregatte.*
Gatterer, vom Nutzen u. Schaden der Thiere, II. p. 154. n. 139 *die Fregatte*
Onomat. hiſtor. nat. III. p. 967. V. p. 239. *die Fregatte, der Meeradler.*
Briſſon, ornitholog. II. p. 493. n. 6. Fregate.
Handb. d. Naturgeſch. II. p. 387. *die Fregatte.*
Latham, Syſt. ornitholog. II. p. 885. n. 10 Pelecanus (Aquilus) cauda forficata, corpore nigro, roſtro rubro, orbitis nigris.

Batſch,

Batsch, Thiere, I. p. 383. *der Fregattvogel.*
Seligmann, Vögel, VIII. Tab 99. *die Fregatte.*
Forster, Reis. Edit in 8. I. p. 49. 257. *Fregattenvögel.*
Berlin. Samml. V. p. 520. *die Fregotte.*
Eberhard, Thiergeschichte, p. 113. *die Fregatte.*
Neueste Mannichfalt. I. p. 549. *der Fregatvogel.*
Linné, Syst. Natur. Edit. X. I. p. 133. n. 2. Pelecanus (Aquilus) cauda forficata, corpore nigro, capite abdomineque albis.
Moehring, av. gen. p. 82. n. 108. Attagen.
Jonston, av. p. 213. Caripira.
Hermann, tab. affinit. animal. p. 154. Pelecanus Aquilus.
Donndorff, Handb. der Thiergesch. p. 273. n. 2. *die Fregatte.*

16. MINOR. *Die kleine Fregatte.* (1)
Brisson, ornith. II. p. 494. n. 7. petite Frégate.
Latham, Syst. ornitholog. II. p. 885. n. 11. Pelecanus (Minor) cauda forficata, corpore ferrugineo, rostro orbitisque rubris.
Pallas, nord. Beytr. IV. p. 7. *der kleine Seerabe?*

17. LEUCOCEPHALOS. *Der weißköpfige Pelikan.*
Latham, Syst. ornitholog. II. p. 886. n. 12. Pelecanus (Leucocephalus) cauda forficata, corpore fusco, capite, collo, pectore et abdomine albis, rostro obscuro.

18. PALMERSTONI. *Der Pelikan von der Insel Palmerston.*
Latham, Syst. ornithol. II. p. 886. n. 13. Pelecanus (Palmerstoni) cauda forficata, corpore fusco,

(1) Länge, nach *Brisson,* 2 3/4 Fuss 9 Zoll. *Brisson* ist geneigt, ihn für das Weibchen vom vorigen zu halten.

fuſco, viridi nitente, ſubtus albo, iugulo albo nigroque vario, abdomine albo, criſſo nigro.

3. CARBO. *Der Kormoran.*(2)

Müller, Naturſyſt. II. p. 328. n. 3. *der Kormoran.* Tab. II. fig. 3.

Leske, Naturgeſch. p. 285. n. 2. *der Kormoran.*

Borowſky, Thierreich, III. p. 38. n. 1. *der Kormoran.* Tab. 40.

Blumenbach, Handb. d. Naturgeſch. p. 284. n. 3. Pelecanus (Carbo) cauda rotundata, corpore nigro, roſtro edentulo, capite ſubcriſtato; *die Scharbe.*

Bechſtein, Naturgeſch. I. p. 401. n. 2. *der Kormoran.*

Bechſtein, Naturgeſch. Deutſchl. II. p. 756. n. 2. *der Kormoran.* p. 761. *Waſſerrabe, Seerabe, Feuchtarſch, Schaluchorn od. Schlucker, Scharb, ſchwarzer und kohlſchwarzer Pelikan.*

Funke, Naturgeſch. I. p. 324. *der Kormoran.*

Ebert, Naturl. II. p. 77. *Cormoran, Waſſerrabe.*

Halle, Vögel, p. 589. n. 736. *der Seerabe.*

Gatterer, vom Nutzen und Schaden der Thiere, II. p. 155. n. 140. *der Waſſerrabe.*

Neuer Schauplatz der Natur, IX. p. 574. *Waſſerrabe.*

Onomat. hiſtor. nat. II. p. 634. V. p. 241. *der groſse ſchwarze Seeraab.*

Handb.

(2) Länge, nach *Briſſon*, 2 7/12 Fuſs 6 Linien. Flügelweite 4 1/2 Fuſs 6 Linien — Länge nach *Pennant* 3 Fuſs 4 Zoll. Flügelweite 4 Fuſs 2 Zoll. Gewicht 7 Pfund. Wird oft mit der folgenden Gattung verwechſelt — *Brünnich* hat *Linnés Pel. Carbo*, und *Briſſons Phalacorax*, als zwey verſchiedene Gattungen getrennt. *Müller* nimmt letztern als eine Varietat von *Pelecanus Graculus* L. an.

Handb. d. Naturgesch. II. p. 390. *der Wasserrab.* Corvus aquaticus.

Klein, av. p. 144. n. 5. Plancus Corvus, lacustris, aquaticus.

Klein, Vorbereit. p. 266. n. 5. *Seewasser-Rabe, Feuchtars, Schlucker.*

Klein, verbesserte Vögelhist. p. 153. n. 5. *Wasserrabe.*

Pennant, arct. Zoolog. II. p. 540. n. 427. *der Cormoran.*

Gesner, Vögelb. p. 97. 99. *Morfex, Stolucherez, Scholucher, Scharbe, Scaluer, Schuluer, Scalucher;* Carbo aquaticus.

Brisson, ornithol. II. p. 495. n. 1. Cormoran.

Batsch, Thiere, I. p. 383. *der Kormoran.*

Latham, Syst. ornitholog. II. p. 886. n. 14. Pelecanus (Carbo) cauda rotundata, corpore nigro, capite subcristato.

Fischer, Naturgesch. von Livland, p. 82. n. 92. *Seerabe.*

Cetti, Naturg. v. Sardin. II. p. 342. *der Cormoran.*

Olafsen, Reise d. Island, I. p. 34. *der Pelikan.* p. 257. *Skarfen.* III. p. 200. *Dilaskarfs, Hvidlaaring?*

Lepechin, Tageb. d. russ. R. I. p. 307. *Wasserraben.*

Pennant, Reise n. Schottl. I. p. 24. *Kormoran.*

Pallas, Reise, Ausz. II. p. 7. *Seeraben.*

Pallas, nord. Beytr. III. p. 13. *die Seeraben.* IV. p. 7. *der große Seerabe.* IV. p. 20. *der schwarze Wasserrabe.*

Leem, Nachr. von den Lappen in Finnmarken, p. 143. *Seeraben.*

Neuhoff, Gesandschaft nach China, I. p. 134. *Louwa.*

Dapper, Sina, p. 140. *Louwa.*

Pontoppidan, Naturgesch. von Dännem. p. 169. n. 1 *Aalekrage.*

Pontoppidan, Naturhist. v. Norwegen, II. p. 181. *Skarbe.*

Allgem. Reis. V. p. 260. *Lou-wa*

Linné, a serl. Abh. II. p. 292. n. 8. *der Seerabe.*

Schneider, zool. Abh. p. 144. *der Seerabe.*

Scopoli, Bemerk a. d. Naturgesch. I. p. 84. n. 98. *der schwarze Pelekan.*

Goeze, nützl. All. I. p. 210. *der Kormoran.*

Lichtenberg, Magazin f. d. Neueste u. f. w. I. 2. p. 11. *Wasserrabe.*

Schriften der berlin. Gesellsch. naturf. Fr. VII. p. 430.

Neues berlin. Intelligenzbl. 1788. p. 1141.

Mannichfaltigk. I. p. 808. fig. 812. II. p. 615. fig. 618.

Linné, Syst. Nat. Ed. II. p. 54. Carbo aquaticus.

Linné, Syst. Natur. Edit. VI. p. 23. n. 2. Carbo aquaticus.

Linné, Syst. Natur. Edit. X. I. p. 133. n. 3. Pelecanus (Carbo) cauda aequali, corpore cinereo, rostro edentulo.

Linné, fn. Suec. I. n. 116. Pelecanus corpore atro, subtus albicante, rectricibus quatuordecim.

Linné, fn. Suec. II. p. 51. n. 145. Pelecanus (Carbo) cauda rotundata, corpore nigro, rostro edentulo.

Müller, zoolog. dan. prodr. p. 18. n. 146. Pelecanus (Carbo) cauda rotundata, corpore nigro, rostro edentulo, capite subcristato.

Müller, zoolog. dan. prodr. p. 18. n. 148. Pelecanus Phalacorax.

Brünniche, ornith. bor. p. 30. n. 120. Pelecanus (Carbo) capite laevi, rectricibus 14.

Brün-

Brünniche, ornith. bor. p. 31. n. 122. Phalacorax *Briss.*

Fabric. fn. groenl. p. 88. n. 57. Pelecanus (Carbo) cauda rotundata, corpore nigro, rostro edentulo, capite laevi.

Charleton, onomast. zoic. p. 95. n. 5. Phalacorax.

Schwenkfeld, av. Siles. p. 246. Corvus lacustris; *Seerabe*, *Wasserrabe*, *Feuchtars*.

Jonston, av. p. 131. Phalacorax. Corvus aquaticus. p. 134. Morfex.

Albert, hist. anim. Lib. 5. c. 3.

Hermann, tab. aff. anim. p. 146. Pelecanus Carbo.

Donndorff, Handb. d. Thiergesch. p. 274. n. 3. *der Kormoran.*

4. Graculus. *Der kleine Kormoran.* (3)

Müller, Natursystem, II. p. 330. n. 4. *der Wasserrabe.*

Bechstein, Naturgesch. Deutschl. III. p. 761. n. 3. *der Wasserrabe.* p. 763. *Seekrähe*, *Seeheher*, *Krähenpelikan.*

Halle, Vögel, p. 591. n. 737. *die Schwimmkrähe.*

Pennant, arct. Zool. II. p. 540. n. 426. *der Wasserrabe.*

Onomat. histor. nat. VI. p. 242. *der kleine Cormoran.*

Klein, av. p. 145. n. 6. Plancus Corvus minor, aquaticus.

Klein, Vorbereit. p. 267. n. 6. *Seekrähe, Seeheher.*

Klein, verb. Vögelhist. p. 153. n. 6. *Seekrähe.*

Brisson, ornith. II. p. 496. n. 2. petit Cormoran.

Latham, Syst. ornithol. II. p. 887. n. 15. Pelecanus (Graculus) cauda rotundata, corpore

 nigro

(3) Flügelweite 3 Fuss 8 Zoll. Gewicht 4 Pfund. *Pennant.* Wird von einigen für eine Varietät, von andern für das Weibchen von *Pel. Carbo* gehalten.

nigro, subtus fusco, rectricibus duodecim, rostro edentulo.

Bock, Naturgeschichte von Preussen, IV. p. 338. n. 93. *der See-Wasserrabe.*

Pennant, Reis. d. Schottl. I. p. 24. *Wasserraben.*

Naturf. XII. p. 140. n. 93. *der Wasserrabe.* 19.

Perrault, *Charras* u. *Dodart*, Abhandl. aus der Naturgesch. I. p. 247. anatomische Beschreib. eines Cormorans. Tab. 32. *der Cormoran.* Tab. 33. die Zergliederung.

Neue schwed. Abh. III. p. 104. Pelecanus Graculus.

Pontoppidan, Dännemark, p. 169. n. 2. *Fiskeren*, n. 3. *Hvidlaaring.*

Linné, Syst. Nat. Edit. VI. p. 23. n. 3. Graculus palmipes.

Müller, zoolog. dan. prodr. p. 18. n. 147. Pelecanus (Graculus) cauda rotundata, corpore nigro, subtus fusco, rectricibus duodecim, rostro edentulo.

Charleton, onomast. zoic. p. 95. n. 6. Graculus palmipes, Corvus marinus, Mergus magnus niger.

Jonston, av. p. 132. Graculus palmipes, seu Corvus aquaticus minor.

Donndorff, Handb. der Thiergesch. p. 274. n. 4. *der kleine Kormoran.*

β. P. rostro edentulo, corpore ex nigro-viridescente nigroque caerulescente varie fusco, gula lutea, cauda cuneata. *

Latham, Syst. ornitholog. II. p. 827. n. 15. β.

Mus. Carlson. fasc. III. Tab. 61.

γ. P. cauda rotundata, corpore nigricante, subtus fusco, supra pennis margine nigris. *

Latham, Syst. ornithol. II. p. 828. n. 15. γ.

[*Büffon*,

[*Büffon*, hiſt. nat. des oiſ. VIII. p. 374. le petit fou brun.

Büffon, pl. enl. 974. Fou brun de Cayenne.]

Vid. Gmel. Syſt. p. 579. ad n. 8.

19. PYGMAEUS. *Der Zwergpelikan.*

Müller, Naturſyſtem, Suppl. p. 106. n. 4. a. *der Zwergpelikan.*

Latham, Syſt. ornithol. II. p. 890. n. 25. Pelecanus (Pygmaeus) ater, pectore vireſcente, orbitis atomis albis ſparſis, tectricibus alarum medio fuſcis, collo, pectore lateribusque punctis ſparſis niveis.

Pallas, Reiſe, Ausz. II. Anh. p. 14. n. 26. Pelecanus Pygmaeus. Tab. G.

Pallas, Reiſ. Ausz. II. p 7. Pelecanus pygmaeus. p. 240. *eine ganz kleine Art von Seeraben.*

β. P. gula murina, roſtro edentulo, pedibus nigris. *

Latham, Syſt. ornithol. II. p. 890. n. 25. β.

20. PUNCTATUS. *Der punktirte Pelikan.*

Latham, Syſt. ornitholog. II. p. 889. n. 19. Pelecanus (Punctatus) criſtatus niger, cauda rotundata, orbitis nudis, alis fuſco-cinereis, nigro punctatis, lateribus colli linea utrinque alba.

21. CRISTATUS. *Der Haubenkormoran.*(4)

Pennant, arct. Zool. II. p. 542. A. *der Haubencormoran.*

Latham, Syſt. ornithol. II. p. 888. n. 16. Pelecanus (Criſtatus) corpore viridi-nitente, ſubtus obſcuro, roſtro pedibusque obſcuris, capite criſtato.

Olaſſen, Reiſ. durch Island, II. p. 295. *Topſkarfr. Hraukur.*

(4) Flügelweite 3 Fuſs 6 Zoll. Gewicht 3 3/4 Pfund. *Penn.*

Müller, zool. dan. prodr. p. 18. n. 150. Pelecanus (Cristatus) crista suberecta, corpore atro immaculato, rectricibus duodecim.

22. Violaceus. *Der violette Kormoran.*

Pennant, arct. Zool. II. p. 543. B. *der violette Cormoran.*

Latham, Syst. ornithol. II. p. 888. n. 17. Pelecanus (Violaceus) crista erecta, corpore toto nigro violaceo-nitente.

23. Urile. *Der Schnarrkormoran.*

Pennant, arct. Zool. II. p. 543. C. *der Schnarrkormoran.*

Latham, Syst. ornitholog. II. p. 888. n. 18. Pelecanus (Urile) viridi-nitens, gutture et orbitis albis, facie nuda ex caerulescente rubra, alis caudaque obscuris, pedibus nigris.

Steller, Kamtschatka, p. 179. *Urill der Kamtschadalen.*

Donndorff, Handb. der Thiergesch. p. 275. n. 5. *der Schnarrkormoran.*

24. Naevius. *Der bunte Kormoran.*

Ist nach *Latham* mit *Pelecanus Punctatus*, n. 20. einerley.

25. Carunculatus. *Der wärzige Kormoran.*

Latham, Syst. ornitholog. II. p. 889. n. 20. Pelecanus (Carunculatus) niger, subtus albus, facie nuda carunculata rubra, orbitis elevatis caeruleis, fascia alarum alba.

26. Magellanicus. *Der magellanische Pelikan.*

Latham, Syst. ornithol. II. p. 889. n. 21. Pelecanus (Magellanicus) niger, macula pone oculos abdomineque albis, temporibus mentoque

toque nudis rubescentibus, hypochondriis albo striatis.

27. Varius. *Der braun und weiße Pelikan.*
Latham, Syst. ornitholog. II. p. 890. n. 22. Pelecanus (Varius) fuscus, subtus albus, superciliis pallidis, dorso postico, uropygio, femoribus, remigibus caudaque nigris.

28. Cirrhatus. *Der neuseeländische gehäubte Pelikan.*
Latham, Syst. ornithol. II. p. 22. n. 23. Pelecanus (Cirrhatus) niger, subtus albus, vertice cristato, litura alarum alba, rostro, orbitis pedibusque flavis.

29. Africanus. *Der afrikanische Pelikan.*
Latham, Syst. ornitholog. II. p. 890. n. 24. Pelecanus (Africanus) fusco-niger, subtus albo nigricanteque varius, gula alba, tectricibus alarum caeruleo-griseis, margine et apice nigris.

** *Mit gezähneltem Schnabel.*

30. Thagus. *Der Thage.*(5)
Latham, Syst. ornith. II. p. 884. n. 9. Pelecanus (Thagus) cauda rotunda, rostro serrato, gula saccata.

Vidaure,

(5) Ich habe schon in der not. 6. bey *Pel. Onocrotalus* n. 1. bemerkt, dass *Latham* die im Syst. p. 579. aufgeführte Varietät *β*, und das daselbst befindliche *Brissonsche* Synonym, hieher rechnet. Ist diess richtig, so muss auch der *Alcatraz* des *Hernand.* und die übrigen von mir angeführten Synonymen hieher gezogen werden. *Molina*, ausser welchem ich in unsrem System kein Synonym bemerkt finde, sagt: dass sein *Pelecanus Thagus*, der Spanier *Alcatraz* sey. Diese Benennung finde ich auch bey *Vidaure*, aber die Grösse wird von

Vidaure, Gesch. v. Chile, p. 72. *der Alcatraz.*

Hernand. Mex. tab. p. 672. Atototl Alcatraz, Onocrotalus mexicanus dentatus. Avis aquatica?

Hermann, tab. affinit. animal. p. 155. *Alcatraz.* Journ. de l'Hys. 1779. Decembr. p. 475.

5. Bassanus. *Die schottische Gans.*

Müller, Natursyst. II. p. 330. n. 5. *die schottische Gans.* Tab. 11. fig. 2.

Borowsky, Thierreich, III. p. 42. n. 4. *die schottische Gans.*

Blumenbach, Handb. d. Naturgesch. p. 224. n. 4. Pelecanus (Bassanus) cauda cuneiformi, corpore albo, rostro serrato, remigibus primoribus nigris, facie caerulea.

Halle, Vögel, p. 588. n. 733. *die schottische Gans.*

Onomat. hist. nat. VI. p. 239. *die schottische Gans.*

Pennant, arct. Zool. II. p. 541. n. 428. *der Bassaner, der Gannet.*

Gatterer, vom Nutzen u. Schaden der Thiere, II. p. 156. n. 141. *der Bassaner, Bassanergans.*

Klein, av. p. 143. n. 2. Plancus, Anser Bassanus.

Klein, Vorbereit. p. 265. n. 2. *Bassaner, schottische Gans.*

Klein,

von beyden ganz verschieden angegeben. *Molina* bestimmt den Körper des Thiers nicht grösser als den einer Schnepfe; *Vidaure* hingegen kleiner als eines *Kalekutischen Hühns.* *Molina* sagt: die Eingebornen des Landes gebrauchten seinen zusammengenaheten Beutel, um Taback darin aufzubewahren, auch verfertigten sie Laternen daraus, weil er, getrocknet, so durchsichtig wie Horn würde; er habe Lampen gesehen, die anderthalb Fuss hoch gewesen, und aus einem einzigen solchen Sack gemacht wären — Wie ein Vogel von der *Größe einer Schnepfe* einen solchen Sack haben könne, ist wohl kaum zu begreifen.

Klein, verbesserte Vögelhist. p. 152. n. 2. *schottische Gans.*

Gesner, Vögelb. p. 135. *Solend od. Schottenganß.*

Brisson, ornith. II. p. 492. n. 5. Fou de Bassan.

Batsch, Thiere, I. p. 384. *die schottische Gans.*

Latham, Syst. ornitholog. II. p. 891. n. 26. Pelecanus (Bassanus) cauda cuneiformi, corpore albo, rostro serrato, remigibus primoribus nigris, facie caerulea.

Pennant, Reis. d. Schottl. I. p. 51. *Gannets od. Solandgänse.*

Pennant, R. d. Schottl. II. p. 272. *schottische Gänse.*

Pallas, nord. Beytr. II. p. 299 *der weiße Seerabe.*

Olaffen, Isl. I. p. 120. *Haf sula.* III. p. 201. *Sula.*

Pontoppidan, Norwegen, II. p. 145. *Hav-Sule, Gentelmann.*

Sander, Gröfse u. Schönheit in der Nat. I. p. 239. *Bassaner-Pelecan.*

Linné, Syst. Nat. Edit. X. I. p. 133. n. 4. Pelecanus (Bassanus) cauda cuneiformi, rostro serrato, remigibus primoribus nigris.

Müller, zoolog. dan. prodr. p. 18. n. 149. Pelecanus (Bassanus) cauda cuneiformi, corpore albo, rostro serrato, remigibusque primoribus nigris, facie caerulea.

Moehring, av. gen. p. 64. n. 66. Graculus.

Jonston, av. p. 131. Anser Bassanus seu Scoticus.

Donndorff, Handb. der Thiergesch. p. 275. *die schottische Gans.*

β. Sula maior. *Die Charniergans.*(6)

Halle, Vögel, p. 588. n. 734. *die Charniergans mit dem Schnabelgelenke.*

Klein,

(6) Nach *Brisson*, *Klein*, *Halle*, u. a. eine eigene Gattung.

Klein, av. p. 144. n. 3. Plancus congener Anseri Bassano.

Klein, Vorbereit. p. 265. n. 3. *großer Dölpel.*

Klein, verb. Vögelhist. p. 152. n. 3. *großer Dölpel.*

Brisson, ornithol. II. p. 490. n. 2. grand Fou.

Latham, Syn. III. 2. p. 620. n. 25. Var. A.

Latham, Syst. ornitholog. II. p. 891. n 26. β. P. fuscus albo-maculatus, capite, collo et pectore concoloribus, subtus albus, area oculorum nuda nigricante.

Pennant, arct. Zoolog. II. p. 541. ad n. 428.

Seligmann, Vögel, IV. Tab. 72. *der große Dölpel.* (der Kopf.)

Neue Mannichfaltigk. I. p. 401. *die große Charniergans.*

6. PISCATOR. *Der Fischer.*

Müller, Natursyst. II. p. 331. n. 6. *der Fischer.*

Borowsky, Thierreich, III. p. 43 n. 5. *der Einfaltspinsel, weiße Pelikan, Fischer.*

Gatterer, vom Nutzen u. Schaden der Thiere, II. p. 157. n. 142. *der Fischer.*

Onomat. hist. nat. VI. p. 243. *der Fischer.* (Mit dem vorigen β verwechselt.)

Brisson, ornith. II. p. 491. n. 4. Fou blanc.

Latham, Syst. ornitholog. II. p. 892. n. 27 Pelecanus (Piscator) cauda cuneiformi, rostro serrato, corpore albo, remigibus omnibus nigris, facie rubra.

7. SULA. *Der weiße Fischer.*

Müller, Natursf II. p. 332. n. 7. *der weiße Fischer.*

Borowsky, Thierreich, III. p. 44. n. 6. *der weiße Fischer.*

Halle, Vögel, p. 589. n. 735. *der Wassertölpel mit dem Schnabelgelenke.*

Onomat. hist. nat. VI. p. 244. *der kleine Fischer, kleiner Tölpel.*
Klein, av. p. 144. n. 4. Plancus Morus.
Klein, Vorbereit. p. 266. *Dölpel.*
Klein, verb. Vögelhist. p. 153. n. 4. *Dölpel.*
Brisson, ornitholog. II. p. 489 n. 1 Fou.
Latham, Syst. ornitholog. II. p. 892. n. 28. Pelecanus (Sula) cauda cuneiformi, corpore albido, rostro dentato, remigibus primoribus apice nigricantibus, facie rubra.
Seligmann, Vögel, IV. Tab. 74. *der Dölpel.*
Linné, Syst. Nat. Ed. X. I. p. 134. n. 5. Pelecanus (Piscator) cauda cuneiformi, rostro serrato, remigibus omnibus nigris.

8. Fiber. *Der braune Fischer.*
Müller, Natursyst. II. p. 332. n. 8. *der braune Fischer.*
Onomat. hist. nat. VI. p. 241. *der braune Fischer.*
Brisson, ornitholog. II. p. 491. n. 3. Fou brun.
Latham, Syst. ornith. II. p. 893. n. 29. Pelecanus (Fiber) cauda cuneiformi, rostro serrato, corpore fuscescente, remigibus omnibus nigricantibus, facie rubra.

31. Parvus. *Der kleine cayennische Pelikan.*
Latham, Syst. ornitholog. II. p. 893. n. 30. Pelecanus (Parvus) niger, subtus albus, facie plumosa.

32. Maculatus. *Der gefleckte Pelikan.* (7)
Latham, Syst. ornith. II. p. 892. n 26. γ. P. fuscus, maculis albis triquetris, subtus albidus fusco-maculatus, rostro, remigibus, cauda pedibusque fuscis.

A. *Ver-*

(7) Nach *Latham* eine Varietät von *Pelecanus Bassanus.*

A. *Veränderungen gegen die XII. Edition, und Vermehrung der Gattungen dieses Geschlechts.*

Edit. XII.	*Edit. XIII.*
p. 215. n. 1. β. Pel. onocr. Occidentalis.	p. 570. n. 10. Pelecanus Fuscus.

Das Geschlecht ist mit 24 Gattungen vermehrt. Bey der 1sten Gattung sind *zwey*, und bey der 5ten ebenfalls *zwey* Varietäten aus einander gesetzt.

73. GESCHLECHT. PLOTUS. *Der Schlangenvogel.* (Langhals, Breitfuss.)

Müller, Natursyst. II. p. 233. Gen. LXXIII.
Leske, Naturgesch. p. 288. Gen. LXXI.
Borowsky, Thierreich, III. p. 24. Gen. XXXV.
Blumenbach, Handbuch der Naturgesch. p. 221. Gen. LXXI.
Bechstein, Naturgesch. I. p. 394. Gen. XXIV.
Onomat. hist. nat. VI. p. 586.
Brisson, ornithol. II. p. 485. Gen. CVIII. Anhinga.
Latham, Syst. ornith. II. p. 895. Gen. CI.
Donndorff, Handbuch der Thiergesch. p. 276. Gen. XXXV.

1. ANHINGA. *Der Anhinga.*

Müller, Natursyst. II. p. 233. *Schlangenkopf.*
Borowsky, Thierreich, III. p. 25. *der Schlangenvogel.* Tab. 35.
Blumenbach, Handb. d. Naturgesch. p. 221. n. 1. Plotus (Anhinga) ventre albo.
Bechstein, Naturgesch. I. p. 394. *der Schlangenvogel.*
Bechstein, Naturgesch. Deutschl. II. p. 175. *der Schlangenvogel.*
Halle, Vögel, p. 592. n. 739. *der Schlangenvogel.*

Ebert,

Ebert, Naturl. II. p. 78. *der Anhinga.*
Gatterer, vom Nutzen u. Schaden der Thiere, II. p. 158. n. 143. *der Anhinga, Schlangenhals.*
Onomat. hist. nat. VI. p. 587. *der Schlangenvogel.*
Klein, av. p. 145. n. 8. Plancus Brasiliensis.
Klein, Vorber. p. 268. n. 8. *brasilianischer Patschfuß, Anhinga genannt.*
Klein, verbess. Vögelhist. p. 154. n. 8. *Anhinga.*
Brisson, ornithol. II. p. 485. n. 1. Anhinga.
Latham, Syst. ornitholog. II. p. 895. n. 1. Plotus (Anhinga) capite laevi, abdomine albo.
Moehring, av. gen. p. 61. n. 63. Ptynx.
Jonston, av. p. 211. Anhinga.
Donndorff, Handb. der Thiergesch. p. 276. n. 1. *der Anhinga.*

2. Melanogaster. *Der schwarzbäuchige Schlangenvogel.*

Latham, Syst. ornith. II. p. 895. n. 2. Plotus (Melanogaster) capite laevi, abdomine albo.
Naturf. I. p. 275. n. 12. *Anhinga mit schwarzem Bauche.*
Berlin. Samml. IX. p. 194. n. 12. *der schwarzbäuchige Anhinga von Zeylon und Java.*
Neueste Mannichfaltigk. I. p. 190. n. 12.

β. *Latham*, Syst. ornithol. II. p. 896. n. 2. β. Pl. corpore supra fusco, subtus nigro, scapularibus striis tectricibusque alarum albo flavicantibus, cauda apice rufa.

γ. *Latham*, Syn. III. 2. p. 625. n. 2. Var. B.
Latham, Syst. ornithol. II. p. 896. n. 2. γ. Pl. niger, dorso et scapularibus albo maculatis, tectricibus alarum albo-flavicantibus, cauda apice rufa.

δ. *Latham*, Syn. III. 2. p. 626. n. 2. Var. C.
Latham, Syst. ornithol. II. p. 896. n. 2. γ. Pl. niger, capite, collo et tectricibus alarum rufo fuscoque striatis.

3. SURINAMENSIS. *Der surinamische Schlangenvogel.*
Latham, Syst. ornithol. II. p. 896. n. 3. Plotus (Surinamensis) corpore supra fusco, subtus albo, vertice et collo posteriore nigris, gula, jugulo et fascia oculari albis, lateribus colli albo nigroque lineatis.
Donndorff, Handb. der Thiergesch. p. 276. n. 2. *der surinamische Schlangenvogel.*

A. *Veränderungen gegen die XIIte Edition, und Vermehrung der Gattungen dieses Geschlechts.*

Das Geschlecht ist mit *zwey* Gattungen vermehrt.

74. GESCHLECHT. PHAETON. *Der Phaëton.* (Tropiker, Tropikvogel.)
Müller, Natursyst. II. p. 335. Gen. LXXIV.
Leske, Naturgesch. p. 290. Gen. LXXIV.
Borowsky, Thierreich, III. p. 23. Gen. XXXIV.
Blumenbach, Handbuch der Naturgesch. p. 221. Gen. LXXII.
Bechstein, Naturgesch. I. p. 393. Gen. XXIII.
Onomat. hist. nat. VI. p. 310.
Brisson, ornith. II. p. 486. Gen. CIX. Lepturus.
Batsch, Thiere, I. p. 366. Gen. LXXXII.
Latham, Syst. ornith. II. p. 893. Gen. C.
Hermann, tab. affinit. animal. p. 153.
Donndorff, Handbuch der Thiergesch. p. 277. Gen. XXXVI.

1. Aethereus. *Der Tropikvogel.*

Müller, Naturſyſtem, II. p. 335. n. 1. *der fliegende Phaëton.* Tab. II. fig. 3.

Leske, Naturgeſch. p. 291. n. 1. *der fliegende Tropiker.*

Borowſky, Thierreich, III. p. 23. n. 1. *der fliegende Phaeton.*

Blumenbach, Handb. d. Naturgeſch. p. 221. n. 1. Phaëton (Aethereus) rectricibus duabus longiſſimis, roſtro ſerrato, pedibus aequilibribus, digito poſtico connexo; *Tropikvogel.*

Bechſtein, Naturgeſch. I. p. 394. *der fliegende Tropikvogel.*

Bechſtein, Naturgeſch. Deutſchl. II. p. 174. *der fliegende Tropikvogel.*

Ebert, Naturl. II. p. 78. *der Tropikvogel.*

Halle, Vögel, p. 592. n. 738. *der Seefächer.*

Gatterer, vom Nutzen und Schaden der Thiere, II. p. 158. n. 144. *die Tropikente.*

Neuer Schauplatz der Natur, IX. p. 152. *Tropikvogel.*

Onomat. hiſtor. natur. IV. p. 790. *der fliegende Phaëton.*

Klein, av. p. 145. n. 7. Plancus Tropicus, Avis tropicorum.

Klein, Vorbereit. p. 267. n. 7. *Tropikvogel.*

Klein, verb. Vögelhiſt. p. 154. n. 7. *Tropikvogel.*

Briſſon, ornithol. II. p. 486. n. 1. Paille en cul, ou oiſeau des Tropiques.

Batſch, Thiere, I. p. 368. *der Tropikvogel.*

Latham, Syſt. ornithol. II. p. 893. n. 1. Phaëton (Aethereus) albus, dorſo, uropygio tectricibusque alarum minoribus nigro ſtriatis, rectricum ſcapis baſi faſciaque ſupraoculari nigris, roſtro rubro.

Sander, Grösse u. Schönheit in der Nat. I. p. 237. *Phaëton.*

Neueste Mannichfalt. I. p. 549. *der Tropiker.*

Linné, Syst. Nat. Edit. X. I. p. 134. n. 1. Phaeton (Aethereus) rectricibus duabus longissimis, rostro serrato, digito postico adnato.

Moehring, av. gen. p. 64. n. 67. Lepturus.

Hermann, tab. affinit. animal. p. 153. Phaëton aethereus.

Donndorff, Handbuch der Thiergesch. p. 277. n. 1. *der Tropikvogel.*

β. Lepturus candidus. *Der weiße Tropikvogel.* (8)

Halle, Vögel, p. 577. n. 718. *die Erdgürtelmöwe.*

Klein, verbess. Vögelhist. p. 147. n. 22. *Tropikmeve.*

Brisson, ornitholog. II. p. 487. n. 2. Paille-en-cul blanc.

Latham, Syn. III. 2. p. 618. n. 1. Var. A.

Latham, Syst. ornith. II. p. 894. n. 1. β. Phaëton albus, taenia supra oculos, scapularibus versus extremitatem fascia supra alas rectricumque scapis in exortu nigris.

Seligmann, Vögel, IV. Tab. 111. *der Tropikvogel.* (in fliegender Figur, nebst besonderer Abbild. des Kopfs und Fusses, in natürlicher Grösse.)

γ. Lepturus fulvus. *Der gelbe Tropikvogel.* (9)

Brisson, ornith. II. p. 488. n. 3. Paille-en-cul fauve.

Latham,

(8) Nach *Brisson* eine eigne Gattung. Länge 2 5/12 Fuss. Flügelweite 3 Fuss.

(9) Nach *Brisson* eine eigne Gattung. Länge 1 5/6 Fuss 8 Linien. Flügelweite 2 3/4 Fuss 6 Linien.

Latham, Syn. III. 2. p. 619. n. 1. Var. B.
Latham, Syst. ornithol. II. p. 894. n. 1. γ.

2. Melanorhynchos. *Der schwarzschnäblige Phaeton.*

Latham, Syst. ornithol. II. p. 894. n. 2. Phaeton (Melanorhynchos) albo-nigroque striatus, subtus fronteque albus, taenia ante poneque oculos, rostro pedibusque cinereis.

3. Phoenicurus. *Der rosenfarbige Phaeton.*

Latham, Syst. ornithol. II. p. 894. n. 3. Phaëton (Phoenicurus) roseo-incarnatus, rostro rectricibusque 2 intermediis rubris, taenia superciliari pedibusque nigris.

Donndorff, Handbuch der Thiergesch. p. 277. n. 2. *der rosenfarbige Phaëton.*

A. *Veränderungen gegen die XII. Edition, und Vermehrung der Gattungen dieses Geschlechts.*

Edit. XII.	*Edit. XIII.*
p. 219. n. 2. Phaëton demersus.	p. 558. n. 7. Aptenodytes Cataractes.

Die Anzahl der Gattungen dieses Geschlechts ist nur um *eine* vermehrt; aber die *zweyte* und *dritte* sind neu, denn die zweyte der XIIten Edition ist in ein anderes Geschlecht versetzt. Uebrigens sind bey der isten drey Varietäten aus einander gesetzt.

75. GESCHLECHT. Colymbus. *Der Taucher.* (Halbente, Steissfuss.)

Müller, Natursyst. II. p. 338. Gen. LXXV.
Leske, Naturgesch. p. 289. Gen. LXXIII.
Borowsky, Thierreich, III. p. 55. Gen. XLIII.

Blumenbach, Handb. der Naturgeschichte, p. 220. Gen. LXIX.

Bechstein, Naturgesch. I. p. 402. Gen. XXXI.

Bechstein, Naturgeschichte Deutschl. II. p. 763. Gen. XX.

Neuer Schauplatz der Natur, VIII. p. 811.

Onomat. hist. nat. III. p. 194. VII. p. 651.

Pennant, arct. Zoolog. II. p. 462. 478. 480.

Klein, av. p. 149.

Brisson, ornithol. II. p. 367. Gen. XCI. Colymbus. p. 377. Gen. XCII. Uria. p. 388. Gen. XCVII. Mergus.

Batsch, Thiere, I. p. 366. Gen. LXXXV.

Latham, Syst. ornith. II. p. 780. Gen. LXXXIV. Podiceps. p. 796. Gen. XC. Uria. p. 799. Gen. XCI. Colymbus.

Schriften der dronth. Gesellschaft, I. p. 201 ff.

Hermann, tab. affin. anim. p. 147.

Donndorff, Handbuch der Thiergesch. p. 277. Gen. XXXVII.

* *Mit dreyzehigen Füßen. Taucherhühner.*

12. Marmoratus. *Der marmorirte Taucher.*

Pennant, arct. Zoolog. II. p. 479. n. 355. *das marmorirte Taucherhuhn.*

Latham, Syst. ornitholog. II. p. 799. n. 4. Uria (Marmorata) supra castaneo fuscoque undulata, subtus fusco alboque nebulosa, rostro nigro, pedibus fulvis.

13. Lacteolus. *Der milchweiße Taucher.*

Pallas, Naturgesch. merkw. Th. V. p. 42. *der milchweiße Seetaucher.*

Latham, Syst. ornith. II. p. 798. n. 3. Uria (Lacteola) nivea, dorso, alis basique caudae pallide

lide griseis, remigibus secundariis medio fus- cescentibus.

β. *Latham*, Syst. ornithol. II. p. 798. n. 3. β. Uria macula nigra utrinque pone oculos, interscapuliis et areis alarum nigris, mandibula superiore nigra, inferiore flavescente.

1. Grylle. *Die grönländische Taube.*

Müller, Natursystem, II. p. 388. n. 1. *grönländische Taube.*

Borowsky, Thierreich, III. p. 57. n. 2. *die grönländische Taube.*

Blumenbach, Handb. d. Naturgesch. p. 220. n. 1. Colymbus (Grylle) pedibus palmatis tridactylis, corpore atro, tectricibus alarum albis; *die grönländische Taube.*

Bechstein, Naturgesch. Deutschl. II. p. 772. n. 2. *das schwarze Taucherhuhn.* p. 775. *Seetaube, Täuchertaube, Grylltaucher.* III. p. 702.

Halle, Vögel, p. 593. n. 740. *die Täuchertaube.*

Gatterer, vom Nutzen u. Schaden der Thiere, II. p. 158. n. 145. *die grönländische Taube.*

Onomat. histor. natur. VII. p. 653. *die schwarze grönländische Taube.*

Pennant, arct. Zool. II. p. 478. n. 354. *das schwarze Täucherhuhn.*

Klein, av. p. 168. n. 2. Columbus groenlandicus.

Klein, Vorbereit. p. 311. n. 2. *die grönländische Taube.*

Klein, verb. Vögelhist. p. 137. *grönländische Gans.*

Brisson, ornitholog. II. p. 379. n. 3. petit Guillemot noir, appellé vulgairement Colombe de Groenland.

Batsch, Thiere, I. p. 771. *die grönländische Taube.*

Latham, Syst. ornitholog. II. p. 797. n. 2. Uria (Grylle) corpore atro, tectricibus alarum albis.
Phipps, Reis. nach d. Nordpol, p. 98. *Tauchertaube.*
Olaffen, Isl. I. p. 257. 297. *Teista.*
Pontoppidan, Naturhistorie von Norwegen, II. p. 189. *Teist.*
Steller, Beschr. von Kamtschatka, p. 183. *Cajover oder Kahjuhr-Vogel.*
Leem, Lappl. p. 146. *Teiste.*
Schwed. Abh. II. p. 224. Uria Grylle.
Schriften der dronth. Gesellsch. I. p. 220.
Linné, Syst. Nat. Edit. VI. p. 23. n. 4. Columba groenlandica.
Linné, Syst. Natur. Edit. X. I. p. 130. n. 5. Alca (Grylle) rostro laevi subulato, abdomine maculaque alarum alba, pedibus rubris.
Müller, zoolog. dan. prodr. p. 18. n. 151. Colymbus (Gryllus) pedibus palmatis tridactylis, corpore atro, tectricibus alarum albis.
Moehring, av. gen. p. 67. n. 73. Uria.
Hermann, tab. affinit. animal. p. 148. Colymbus Grylle.
Donndorff, Handb. d. Thiergesch. p. 278. n. 1. *die grönländische Taube.*

β. *Latham*, Syn. III. 2. p. 333. n. 3. Var. A.
Latham, Syst. ornithol. II. p. 797. n. 2. β. Uria fuliginosa, fascia alarum gemina alba.
Pennant, arct. Zool. II. p. 479. ad n. 354.

γ. *Klein*, av. p. 146. n. 1. Plautus Columbarius? (Mit *Alca Alle* verwechselt. Siehe diese.)
Latham, Syn. III. 2. p. 333. n. 9. Var. B.
Latham, Syst. ornithol. II. p. 798. n. 2. γ. Uria nigricans, striis transversis saturatioribus, subtus

tus alba, taeniis cinereis varia, tectricibus alarum superioribus mediis candidis, nigro-variegatis.

Brisson, ornitholog. II. p. 379. n. 4. petit Guillemot rayé. (10)

Seligmann, Vögel, II. Tab. 99. *die gefleckte grönländische Taube.*

δ. *Latham*, Syst. ornithol. II. p. 798. δ. Uria dorso caudaque nigris, capite, collo, corpore subtus maculaque alarum albis.

Brünnich, ornith. bor. p. 28. n. 115. Uria baltica?

ε. *Latham*, Syst. ornitholog. II. p. 798. n. 2. ε. Uria nigra, vertice albo-nebuloso, tectricibus alarum maioribus corporeque subtus albo nigroque variis, gula tota alba.

ζ. *Latham*, Syn. III. 2. p. 334. n. 3. Var. E.

Latham, Syst. ornitholog. II. p. 798. n. 2. ζ. Uria supra albo nigroque maculatim varia, subtus alba.

Pontoppidan, Naturgesch. v. Dännemark, p. 169. n. 4. *Sildeperris?*

Schriften der dronth. Gesellsch. I. p. 228. n. 1.

14. Minor. *Das kleine Taucherhuhn.* (1)

Pennant, arct. Zoolog. II. p. 479. A. *das kleine Täucherhuhn.*

 Scopoli,

(10) Nach *Brisson* eine eigene Gattung. *Latham* rechnet *Brünnichs* *Uria baltica* n. 116. zu *Brissons* *Uria minor striata* n. 4.

(1) Flügelweite 26 Zoll. Gewicht 19 Unzen. *Penn.* — Nach *Latham* eine Varietät von *Colymbus Troyle*, n. 2. — Ueberhaupt bemerke ich hier eine Verwechselung der Synonymen. *Scopoli*, dessen *Uria Lomvia* n. 103. in unserm System hieher gezogen ist, führt *Brünnichs* *Uria Lomvia* n. 108. an, die in

Scopoli, Bemerk. a. d. Naturgesch. I. p. 88. n. 103. *die Lumme.*

Latham, Syst. ornithol. II. p. 797. n. 1. β. Uria supra nigra, subtus, genis fasciaque alarum alba.

Brünniche, ornitholog. bor. p. 27. n. 110. Uria Svarbag, Islandis *Svartbakur?*

Brünniche, ornith. bor. p. 28. n. 111. Uria Ringvia, Islandis *Ringvia.*

2. Troile. *Die Lumer.*

Müller, Natursyst. II. p. 239. n. 2. *das Taucherhuhn.*

Blumenbach, Handb. d. Naturgesch. p. 220. n. 2. Colymbus (Troile) pedibus palmatis tridactylis, corpore fusco, pectore abdomineque niveo, remigibus secundariis extremo apice albis; *die Lumer.*

Bechstein, Naturgesch. I. p. 402. n. 1. *das dumme Taucherhuhn.*

Bechstein, Naturgesch. Deutschl. II. p. 764. n. 1. *das dumme Taucherhuhn.* p. 772. *die Lumer, Lumme, Loom, Tauchermöwe, Taucherhuhn, Mevenschnabel, Troiltaucher.*

Halle, Vögel, p. 593. n. 741. *das Taucherhuhn.*

Gatterer, vom Nutzen u. Schaden der Thiere, II. p. 164. n. 153. *die Tauchermöwe.*

Onomat. hist. nat. IV. p. 100. *der Mewenschnabel.*

Pennant, arct. Zool. II. p. 478. n. 353. *das dumme Taucherhuhn.*

Klein, av. p. 148. n. 8. Lomben.

Klein, Vorbereit. p. 272. n. 8. *Lomben.*

Klein, verbesserte Vögelhist. p. 157. n. 7. *Lomme.*

Klein,

in unserm System zu *Colymbus Troile* gezählt wird. *Latham* rechnet auch das Synonym aus *Scopoli* zu *Colymbus Troile* — Die Trivialbenennung *Colymbus Minor* findet sich in unserm System p. 591. n. 20. nochmals.

Klein, av. p. 168. n. 3. Lomben.
Klein, Vorber. p. 269. n. 2. *Mewenschnabel.*
Klein, verbeff. Vögelhist. p. 155. n. 2. *Mevenschnäbler.*
Brisson, ornithol. II. p. 377. n. 1. Guillemot.
Latham, Syn. Suppl. p. 265. Foolish Guillemot.
Latham, Syst. ornitholog. II. p. 796. n. 1. Uria (Troile) corpore nigro, pectore abdomineque niveo; remigibus secundariis apice albis.
Pennant, Reis. d. Schottl. I. p. 24. *Seetauben.*
Egede, Beschr. v. Grönl. p. 123. *Lomme.*
Trampler, Wallfischfang, p. 68. *der Lum.*
Phipps, Reis. n. d. Nordpol, p. 98. *der kleine schwarz und weiße Taucher, oder das Taucherhuhn.*
Pontoppidan, Norwegen, II. p. 156. *Langivie, Lomgivie, oder Lomvifvie, Storfuglen.*
Linné, Syst. Nat. Edit. X. I. p. 130. n. 4. Alca (Lomvia) rostro laevi oblongo, mandibula superiore margine flavescente.
Müller, zoolog. dan. prodr. p. 19. n. 152. Colymbus (Troile) pedibus palmatis tridactylis, corpore nigro, pectore abdomineque niveo, remigibus secundariis apice albis.
Moehring, av. gen. p. 68. n. 75. Cataractes.
Jonston, av. p. 135. Uria.
Hermann, tab. aff. anim. p. 148. Col. Troile.
Donndorff, Handb. der Thiergesch. p. 278. n. 2. *die Lumer.*

β. Col. rectricibus totis nigris. *
Brünniche, ornith. bor. p. 28. n. 112. Uria Alga; Danis *Aalge.*
Latham, Syst. ornitholog. II. p. 797. n. 1. γ. Uria Alga.

γ. Col.

γ. Colymbus annulo oculorum et linea pone oculos albis. *?
Müller, zoolog. dan. prodr. p. 19. n. 152. a.
Olaffen, Reis. d. Isl. I. p. 190. n. 6. *Langevige?*

δ. Col. oculis et capite immaculatis. *?
Müller, zoolog. dan. prodr. p. 19. n. 152. b.
Olaffen, Reise d. Isl. I. p. 190. n. 7. *Stuttnesia?*

** *Mit vierzehigen Schwimmfüßen. Eigentliche Taucher.*

15. Sinensis. *Der chinesische Taucher.*
Latham, Syst. ornithol. II. p. 802. n. 8. Colymbus (Sinensis) fusco-virescens, maculis saturatioribus, pectore et abdomine rufo-albis, maculis rufis.

16. Striatus. *Der gestreifte Taucher.*
Pennant, arct. Zoolog. II. p. 481. n. 359. *der gestreifte Taucher.*
Latham, Syst. ornitholog. II. p. 802. n. 7. Colymbus (Striatus) nigricans, subtus albus, capite colloque griseis nigro lineatis.

3. Septentrionalis. *Der rothkehliche Taucher.* (3)
Müller, Natursyst. II. p. 339. n. 3. *rothhälsiger Taucher.*
Borowsky, Thierreich, III. p. 58. n. 3. *der rothhalsige Taucher.*
Halle, Vögel, p. 584. n. 729. *das Seerothkehlchen.*
Gatterer, vom Nutzen u. Schaden der Thiere, II. p. 159. n. 146. *der rothhälsige Taucher.*
Pennant, arct. Zool. II. p. 482. n. 360. *der rothkehlige Taucher.*

Klein,

(2) Flügelweite 3 Fuss 5 Zoll. Gewicht 3 Pfund. *Pennant.*

Klein, av. p. 142. n. 3. Mergus rostro nigro, capite et lateribus colli plumbeis, cervice et lateribus thoracis nigris lineolis variegatis, gula cum inferiori collo rubris, internis digitis lobus angustus additus.

Klein, Vorbereit. p. 261. n. 3. *Halbente mit einem schwarzen Schnabel.*

Klein, verbess. Vögelhist. p. 150. n. 3. *dritte Halbente.*

Brisson, ornith. II. p. 390. n. 3. Plongeon à gorge rouge.

Batsch, Thiere, I. p. 371. *der Lunne oder rothhälsige Taucher.*

Latham, Syst. ornitholog. II. p. 801. n. 5. Colymbus (Septentrionalis) corpore supra nigricante, subtus albo, collo antice macula scutiformi ferruginea.

Seligmann, Vögel, IV. Tab. 69. *der Taucher mit rother Kehle.*

Beseke, Naturgesch. der Vögel Kurl. p. 53. n. 100. *der rothhalsige Taucher.*

Schriften der berlin. Gesellsch. naturf. Fr. VII. p. 459. n. 35. *rothhalsiger Taucher.*

Voyage en Sibirie, par Mr. l'Abbé Chappe d'Auteroche, p. 199. Tab. 9. Plongeon.

Schriften d. dronth. Gesellsch. I. p. 203. *der Lom.* Tab. 2. fig. 1.

Pontoppidan, Naturhist. v. Norwegen, II. p. 158. *Lom, Liom, Lum;* mit 1 Figur.

Scheffer, Lappl. p. 334. *Loom.*

Leem, Nachricht von den Lappl. p. 142. *Loom.*

Müller, zool. dan. prodr. p. 19. n. 153. Colymbus (Septentrionalis) pedibus palmatis, tetradactylis, collo subtus macula scutiformi ferruginea.

Hermann,

Hermann, tab. affinit. animal. p. 147. Colymbus septentrionalis.

Donndorff, Handb. der Thiergesch. p. 278. n. 3. *der rothkehliche Taucher.*

4. Arcticus. *Die Polar-Ente.* (3)

Müller, Natursyst. II. p. 339. n. 4. *die Polar-Ente.* Tab. 12. fig. 1.

Borowsky, Thierreich, III. p. 59. n. 4. *die Polar-Ente.*

Bechstein, Naturgesch. I. p. 403. n. 2. *der schwarzkehlige Taucher.*

Bechstein, Naturgesch. Deutschl. II. p. 775. *der schwarzkehlige Taucher.* p. 778. *Polarente, Polartaucher, Lumb, Lumbe, Lomme, Lumme.*

Halle, Vögel, p. 583. n. 727. *die gestreifte Halbente.*

Halle, Vögel, p. 583. n. 728. *der Seehahn.*

Gatterer, vom Nutzen und Schaden der Thiere, II. p. 159. n. 147. *die Polarente.*

Pennant, arct. Zoolog. II. p. 482. n. 361. *der schwarzkehlige Taucher.*

Klein, av. p. 141. n. 2. Mergus arcticus.

Klein, Vorber. p. 261. n. 2. *die Polar-Halbente.*

Klein, verbesserte Vögelhist. p. 149. n. 2. *zweyte Halbente.*

Klein, verb. Vögelh. p. 150. n. 4. *vierte Halbente.*

Klein, Vögeleyer, p. 35. Tab. 21. fig. 1.

Brisson, ornith. II. p. 391. n. 4. Plongeon à gorge noire.

Batsch, Thiere, I. p. 370. *die Polarente.*

Latham,

(3) Nistet am Ufer ins Schilf und die Sumpfgräser. Das Weibchen legt zwey braune, ziemlich grosse Eyer, welche von beyden Gatten wechselsweise in 4 Wochen ausgebrütet werden. Fleisch und Eyer werden genutzt, und die zähen Häute gahr gemacht, und zu Pulverbehältnissen, Mützenverbrämungen, Brustlätzen u. dgl. verarbeitet.

Latham, Syst. ornitholog. II. p. 800. n. 4. Colymbus (Arcticus) capite cano, collo subtus atro-violaceo, fascia alba interrupta.

Seligmann, Vögel, V. Tab. 41. *die bunte Tauchente.*

Beseke, Vögel Kurlands, p. 54. n. 101. *die Polarente.*

Fischer, Naturgesch. von Livl. Zus. p. 46. n. 495. *Seehahntaucher.*

Bock, Naturgeschichte von Preussen, IV. p. 339. *Polarente.*

Lepechin, Tageb. d. russ. R. III. p. 14. *der große nordliche Taucher.*

Leem, Nachr. von den Lappen in Finnmarken, p. 142. *der Seehahn.*

Pallas, nord. Beytr. IV. p. 22. *der große Seetaucher.*

Linné, auserles. Abhandl. II. p. 282. n. 26. *der nordische Seehahn.*

Linné, auserl. Abh. II. p. 293. n. 82. *der Seehahn, Taucherente.*

Naturf. XII. p. 140. n. 94. *Polarente.*

Schriften der drontheim. Gesellsch. I. p. 205. *der schwarz und weiß gesprenkelte Lom mit dem Halsbande, Hymber, Himbrine.* Tab. 2. fig. 2.

Pontoppidan, Naturgesch. v. Dännemark, p. 169. n. 1. *Lomme, Seehahn.*

Linné, Syst. Nat. Ed. VI. p. 23. n. 1. Colymbus arcticus.

Linné, Syst. Nat. Edit. X. I. p. 135. n. 1. Colymbus (Arcticus) pedibus palmatis indivisis, gutture nigro-purpurascente.

Müller, zoolog. dan. prodr. p. 19. n. 154. Colymbus (Arcticus) pedibus palmatis tetradactylis, capite cano, collo subtus atro-violaceo, fascia alba interrupta.

Jonston

Jonston, av. p. 226. Hirundo exotica aquatica.
Hermann, tab. affinit. animal. p. 147. Colymbus arcticus.
Donndorff, Handb. der Thiergesch. p. 279. n. 4. *die Polar-Ente.*

17. STELLATUS. *Der gesprenkelte Taucher.* (4)
Pennant, arct. Zoolog. II. p. 481. n. 358. *der gesprenkelte Taucher.*
Halle, Vögel, p. 582. n. 726. *die gröſste gefleckte Täucherente.*
Bechstein, Naturgesch. Deutschl. II. p. 779. n. 2. *der gesprenkelte Taucher.*
Klein, av. p. 141. n. 1. Mergus maximus.
Klein, Vorbereit. p. 260. n. 1. *gröſste Halbente.*
Klein, verbeſſ. Vögelhiſt. p. 149. n. 1. *erste Halbente.*
Klein, ſtemm. av. Tab. 37. fig. 2. a. b.
Gesner, Vögelb. p. 90. *Aethyia?*
Pontoppidan, Naturg. v. Dännemark, p. 169. n. 2. *Havgasse, Soëhane.*
Brisson, ornith. II. p. 389. n. 2. Petit Plongeon.
Latham, Syſt. ornithol. II. p. 800. n. 3. Colymbus (Stellatus) cinereo-fuſcus, lineolis albidis varius, ſubtus albus, capite et collo ſuperioribus cinereis, pennis ad latera cinereo-albo fimbricatis.
Nau: Naturf. XXV. p. 9. n. 2. *Spieſsgans.*
Otto: neue Mannichfalt. IV. p. 450. n. 2. *Aalscholwer.*
Scopoli, Bemerk. a. d. Naturgeſch. I. p. 80. n. 93. *die hinkende Halbente.* Plotus claudicans.
Müller, zoolog. dan. prodr. p. 20. n. 159. Colymbus (Stellatus) corpore ſupra nigricante,

(4) Flügelweite 3 Fuſs 9 Zoll. Gewicht 2 1/2 Pfund. *Penn.*

te, maculis stellatis albis innumeris, subtus albo.

Moehring, av. gen. p. 69. n. 76. Cepphus.

5. GLACIALIS. *Der Eistaucher.*(5)

Müller, Natursyst. II. p. 340. n. 5. *Eißtaucher.*

Pennant, arct. Zoolog. II. p. 480. n. 356. *der Eistaucher.*

Klein, av. p. 141. n. 1. (Mit dem vorigen verwechselt.)

Brisson, ornitholog. II. p. 392. n. 6. grand Plongeon tacheté.

Latham, Syst. ornitholog. II. p. 799. n. 1. Colymbus (Glacialis) capite colloque nigro-violaceo, fascia gulae cervicisque alba interrupta.

Phipps Reis. n. d. Nordpol, p. 98. *der große nordische Taucher.*

Müller, zool. dan. prodr. p. 19. n. 155. Colymbus (Glacialis) pedibus palmatis tetradactylis, capite colloque nigro-violaceo, fascia gulae cervicisque alba interrupta.

Fabric. fn. groenl. p. 97. n. 62. Colymbus (Glacialis) pedibus palmatis, capite colloque nigro-virescentibus, fascia gulae cervicisque interrupta ex albo nigroque lineata.

Charleton, onomast. zoic. p. 96. n. 11. Mergus Arcticus seu Farrensis.

Jonston, av. p. 225. Mergus maximus Farrensis.

Hermann, tab. affinit. animal. p. 147. Colymbus Glacialis.

Donndorff, Handb. der Thiergesch. p. 279. n. 5. *der Eistaucher.*

β. *Brisson*,

(5) Flügelweite 4 Fuss 8 Zoll. *Penn.*

β. Brisson, ornitholog. II. p. 391. n. 5. Plongeon tacheté. (6)

6. IMMER. *Der Imber.*

Müller, Naturſyſt. II. p. 340. n. 6. *Adventsvogel.*

Borowſky, Thierreich, III. p. 60. n. 5. *der Adventsvogel, Immer.*

Bechſtein, Naturgeſch. Deutſchl. II. p. 780. n. 3. *der Imber.* p. 781. *Immer, Immertaucher, großer Seeflunder.*

Gatterer, vom Nutzen u. Schaden der Thiere, II. p. 162. n. 149. *der Imber.*

Pennant, arct. Zool. II. p. 480. n. 357. *der Imber, Adventsvogel.*

Klein, av. p. 130. n. 12. Anſer, Embergooſe dictus.

Klein, Vorbereit. p. 241. n. 12. *Embergans.*

Klein, verb. Vögelhiſt. p. 137. n. 13. *Embergans.*

Klein, av. p. 150. n. 6. Colymbus maximus?

Klein, Vorbereit. p. 277. n. 6. *Buntflügel?*

Klein, verb. Vögelhiſt. p. 161. n. 5. *Buntflügel?*

Briſſon, ornith. II. p. 389. n. 1. grand Plongeon.

Batſch, Thiere, I. p. 371. *der Immer.*

Latham, Syſt. ornitholog. II. p. 800. n. 2. Colymbus (Immer) corpore ſupra nigricante albo undulato, ſubtus toto albo.

Pontoppidan, Norwegen, II. p. 152. *Imber, Imbrim, Ember.*

Martini, Naturlexicon, I. p. 399. *Adventsvogel.* Tab. 20.

Sander, Gröſse u. Schönheit in der Nat. I. p. 236. *der Immer.*

Schriften der dronth. Geſellſch. I. p. 210. *Immer, Imber.* Tab. 3. fig. 1. 2. (Kopf und Fuſs.)

Müller,

(6) Nach *Briſſon* eine eigne Gattung. Länge 2 1/12 Fuſs. Flügelweite 3 1/4 Fuſs.

Müller, zool. dan. prodr. p. 19. n. 156. Colymbus (Immer) pedibus palmatis tetradactylis, corpore supra nigricante albo undulato, subtus toto albo.

Jonston, av. p. 135. Colymbus maximus.

Hermann, tab. affinit. animal. p. 148. Colymbus Immer.

*** *Mit vierzehigen gelappten Füßen. Steißfüße.*

7. Cristatus. *Der Haubentaucher.* (7)

Müller, Naturs. II. p. 341. n. 7. *Haubentaucher.*

Leske, Naturgesch. p. 290. n. 2. *der Haubentaucher, Schlaghan.*

Borowsky, Thierreich, III. p. 56. n. 1. *der gehörnte Seehahn, Haubentaucher, Seeteufel, Lorch.* Tab. 43.

Bechstein, Naturgesch. I. p. 403. n. 3. *der große Haubentaucher.*

Bechstein, Naturgesch. Deutschl. II. p. 783. n. 1. *der große Haubentaucher.* p. 790. *der große gehaubte Taucher, der große Kobeltaucher, Steißfuß, große Arschfuß, große Haubensteißfuß, Schlaghan, Greue, Merch, Straußtaucher, Meerrachen, Zorch.*

 Halle,

(7) Gewicht 2 1/2 Pfund. *Penn.* Länge, nach *Brisson*, 18 Zoll. Flügelweite 2 1/6 Fuss 9 Linien. Wer die von mir angeführten Stellen aus *Klein*, *Halle*, *Brisson* und *Latham* vergleicht, der wird finden, was für eine grosse Unbestimmtheit und Verwechslung der Synonymen bey dieser Gattung statt findet. Es ist fast unmöglich, sie aus einander zu finden, und überall richtig zu ordnen, da die Beschreibungen zum Theil so schwankend und zweydeutig sind. *Latham* rechnet auch den *Colymbus Urinator Linn.* als Spielart, oder vielmehr als einen einjährigen jungen Vogel hieher.

Halle, Vögel, p. 601. n. 753. *der große Taucher mit braungelbem Kiwizschopfe.*

Gatterer, vom Nutzen u. Schaden der Thiere, II. p. 162. n. 150. *der Haubentaucher.*

Pennant, arct. Zoolog. II. p. 463. A. *der große Haubensteißfuß.*

Onomat. histor. natur. III. p. 197. *der große gehaubte Taucher.*

[*Klein*, av. p. 149. n. 1. Colymbus albus maior cristatus.

Klein, Vorbereit. p. 274. n. 1. *bekappter und gehörnter Taucher.*

Klein, verb. Vögelhist. p. 159. n. 1. *bekappter und gehörnter Taucher.*]

Mit *Colymbus Auritus* und *Obscurus* verwechselt.

Brisson, ornith. II. p. 370. n. 4. Grebe cornue.

Batsch, Thiere, I. p. 370. *der Haubentaucher.*

Latham, Syst. ornitholog. II. p. 780. n. 1. Podiceps (Cristatus) fuscus subtus albus, capite rufo tumido, collari nigro, remigibus secundariis albis. (*Adulta avis.*)

Beseke, Vögel Kurl. p. 54. n. 102. *der Haubentaucher.*

Fischer, Zus. z. Naturgesch. v. Livl. p. 45. n. 494. *gezopfter Taucher.*

Pennant, Reise d. Schottl. I. p. 18. *großkappichte Seehähne, (Gnauts.)*

Lepechin, Tageb. d. russ. Reis. III. p. 14. *Taucher mit dem Schopf.*

Pontoppidan, Naturgesch. von Dännem. p. 169. n. 2. *Topped Havskiärn, halskraved Dykker.*

Olaffen, Isl. II. p. 203. K. *Sef-Oend.*

Scopoli, Bemerk. a. d. Naturgesch. I. p. 85. n. 99. *der bekappte und gehörnte Taucher.*

Frisch,

Frisch, Vögel, Tab. 183. *der gehörnte Seehahn, oder Norike.*

Schneider, zool. Abh. p. 145. *gehaubte Taucher, Work, Lorch, Works.*

Schriften der berlin. Gesellschaft naturf. Fr. VII. p. 460. n. 36. *Haubentaucher.*

Stralsund. Magazin, I. p. 167. *die gehaubte Tauchente?*

Linné, Syst. Nat. Edit. VI. p. 23. n. 2. Colymbus cornutus.

Linné, Syst. Nat. Ed. X. I. p. 135. n. 2. Colymbus (Cristatus) pedibus lobato-fissis, capite rufo, collari nigro, remigibus secundariis albis.

Müller, zool. dan. prodr. p. 19. n. 157. Colymbus (Cristatus) pedibus lobatis, capite rufo, collari nigro, remigibus secundariis albis.

Brünniche, ornith. bor. p. 41. n. 135. Colymbus Cristatus.

Schwenkfeld, aviar. Siles. p. 298. Mergus maior; *Teucher, großer Kobel-Teucher, Strauß-Teucher, Merch.*

Charleton, onomast. zoic. p. 95. n. 5. Mergus cirrhatus seu cristatus.

Nieremb. hist. exot. L. 10. c. 35. Lepus aqueus?

Jonston, av. p. 224. *Acitli*, seu aquatilis lepus?

Jonston, av. p. 135. Colymbus maior alter.

Hermann, tab. affinit. animal. p. 152. Colymbus Cristatus.

Donndorff, Handb. der Thiergesch. p. 280. n. 6. *der Haubentaucher.*

β. *Halle*, Vögel, p. 604. n. 758. *der Meerhaase, Acitli.*

Brisson, ornith. p. 369. n. 2. Grebe hupée. (8)

(8) Länge, nach *Brisson*, 1 7/12 Fuss 6 Lin. Flügelweite 2 1/2 F. 6 Lin. — eigne Gattung. Ich wiederhole hier die vorige Anmerkung.

Klein, av. p. 151. n. 3. Gargoas?
Klein, Vorbereit. p. 278. n. 3. *Gargoas?*
Klein, verb. Vögelhist. p. 161. n. 7. *Gargoas?*
Latham, Syst. ornithol. II. p. 780. n. 1. Podiceps subtus albus, gutture fasciculo plumoso utrinque longiore, remigibus secundariis albis. (*Avis biennis?*)

γ. *Bechstein*, Naturgesch. Deutschl. II. p. 789. *Haubentaucher mit schwärzlichem Halskragen.*

δ. *Bechstein*, Naturgesch. Deutschl. II. p. 789. *Haubentaucher mit gelber Kehle und schwärzlichen Flügeln.*

18. Subcristatus. *Der graukehlige Haubentaucher.* (9)

Bechstein, Naturgesch. I. p. 404. n. 2. *der graukehlige Haubentaucher.*
Bechstein, Naturgesch. Deutschl. II. p. 790. n. 2. *der graukehlige Haubentaucher.* Tab. 25.
Beseke, Vögel Kurl. p. 54. n. 104. Colymbus subcristatus; *der kurzschopfige Taucher.*

8. Auritus. *Der Ohrentaucher.*

Müller, Natursyst. II. p. 341. n. 8. *Ohrentaucher.*
Borowsky, Thierreich, III. p. 61. n. 6. *der Ohrentaucher.*
Bechstein, Naturgesch. I. p. 404. n. 5. *der Ohrentaucher.*
Bechstein, Naturgesch. Deutschl. II. p. 796. n. 5. *der Ohrentaucher.*

Halle,

(9) Nistet auf stehenden schilfigen Wassern, macht sich von dem über dem Wasser hervorstehenden Schilfe, durch niederbeugen und flechten und auftragen einen Damm, an welchem er sein aus Schilf geflochtenes Nest befestigt, und legt 5 bis 6 Eyer. Brütet auch in Kurland.

Halle, Vögel, p. 602. n. 755. *der Meerdrehhals.*

Gatterer, vom Nutzen u. Schaden der Thiere, II. p. 163. n. 151. *der Meerdrehhals.*

Onomat. hiſt. nat. III. p. 196. *der geöhrte Taucher.*

Pennant, arct. Zoolog. II. p. 464. B. *der geöhrte Steißfuß.*

Klein, av. p. 150. n. 4. Colymbus minor. (Mit *Colymbus Obſcurus* u. *C. Minor* verwechſelt.)

Klein, Vorber. p. 276. n. 4. *Dachentlein, Schwarz-täucherlein, Käferente.*

Klein, verbeſſ. Vögelhiſt. p. 160. n. 4. *ſchwarz Täucherlein.*

Gesner, Vögelb. p. 104. *ein ander Geſchlecht Düchelein, oder Duchentlein.*

Briſſon, ornith. II. p. 372. n. 6. Grebe à oreilles.

Batſch, Thiere, I. p. 370. *der Ohrentaucher.*

Latham, Syſt. ornith. II. p. 781. n. 3. Colymbus (Auritus) fuſco-nigricans, ſubtus albus, capite nigro, auribus criſtato-ferrugineis.

Seligmann, Vögel, IV. Tab. 87. *der geöhrte Taucher.*

Beſeke, Vögel Kurlands, p. 54. n. 103. *der Ohrentaucher.*

Lepechin, Tagebuch der ruſſ. Reiſe, III. p. 14. *geöhrte Taucher.*

Pallas, nord. Beytr. IV. p. 10. *der geöhrte Taucher.*

Neue ſchwed. Abhandl. III. p. 104. Colymbus Auritus.

Linné, auserl. Abhandl. II. p. 293. n. 83. *die groß-öhrige Taucherente.*

Scopoli, Bemerk. a. d. Naturgeſch. I. p. 86. n. 100. *der geöhrte Taucher.*

Linné, Syſt. Natur. Edit. VI. p. 23. n. 3. Trapazorola.

Linné, Syst. Nat. Edit. X. I. p. 135. n. 3. Colymbus (Auritus) pedibus lobatis, capite nigro, auribus cristato-ferrugineis.

Müller, zool. dan. prodr. p. 20. n. 158. Colymbus (Auritus) pedibus lobatis, capite nigro, auribus cristato-ferrugineis.

Schwenkfeld, av. Siles. p. 299. Mergulus; *ein klein schwärz Täucherlein, Duch-Endtlin, Käfer-Endtle.*

Charleton, onomast. zoic. p. 96. n. 7. 2. Colymbus Minor.

Jonston, av. p. 135. Colymbus minor.

Donndorff, Handb. d. Thiergesch. p. 280. n. 7. *der geöhrte Taucher.*

β. *Der kleine Ohrentaucher.* (10)

Gesner, Vögelb. p. 103. Mergulus?

Brisson, ornitholog. II. p. 371. n. 5. petite Grebe cornue.

Latham, Syn. III. 1. p. 286. n. 4. Var. A.

Latham, Syst. ornitholog. II. p. 782. n. 3. β.

Scopoli Bemerk. a. d. Naturgesch. I. p. 87. n. 101. *der schwärzlichte Taucher?*

19. Cor-

(10) Auch hier findet sich, so wie bey der ganzen Gattung, eine grosse Verwechselung der Synonymen, und ganz verschiedene Eintheilung derselben bey den Ornithologen. *Latham* nimmt *Brissons Colymbus cornutus minor* als Spielart von *Colymbus Cornutus* (p. 591. n. 19) an, und zieht *Brissons Colymbus cristatus minor* (Ornith. II. p. 369. n. 3) den *Brisson* selbst sehr ungewiss bestimmt, und dessen ich in unserm System gar nicht gedacht finde, als Varietät von unserm *Colymbus Auritus* hieher. *Brisson* sieht seinen *Colymbus cornutus minor* als eine eigne Gattung an, und rechnet auch *Edw. Eared or horned Dobchiek* Tab. 49. (*Col. cornutus Linn.* p. 591. n. 19.) so wie *Fernand.* und *Raj. Yacapitzahoac*, den *Latham* zum *Colymbus minor* (Linn. p. 591. n. 20.) zählt, mit dahin.

19. Cornutus. *Der gehörnte Taucher.*

Pennant, arct. Zool. II. p. 462. n. 334. *der gehörnte Steißfuß.*

Latham, Syst. ornithol. II. p. 782. n. 5. Colymbus (Cornutus) cristatus, collo subtus pectoreque fulvis, capite nigro tumido, per oculos fascia cirrhata flava.

Seligmann, Vögel, V. Tab. 40. *das gehörnte Wasserhuhn.*

β. Col. Cristatus, collo subtus castaneo, capite colloque supremo nigro-virescentibus, fasciculo pone oculos aurantio-rufescente. *

Latham, Syn. III. 1. p. 228. n. 6. Var. A.

Latham, Syst. ornitholog. II. p. 783. n. 5. *β.*

Büffon, oif. VIII. p. 237. le petit Grebe cornu.

Büffon, pl. enl. 404. f. 2. Grebe d'Esclavonie.

Raj, Syn. p. 190. 14. Colymbus sive Podiceps minor.

20. Minor. *Der kleine Taucher.* (1)

Bechstein, Naturgesch. I. p. 405. n. 7. *der kleine Taucher.*

Bechstein, Naturgesch. Deutschl. II. p. 798. n. 6. *der kleine Taucher.* p. 803. *Duckchen, schwärzlicher Taucher, gemeines Taucherchen, Tauchentchen, Käferentchen.*

Klein, av. p. 150. n. 4. Colymbus minor. (Mit *Colymbus Auritus* verwechselt.)

Gesner, Vögelb. p. 90. Urinatrix. p. 91. *Lounam, Doucker, Ducher.*

 Brisson,

(1) Die Trivialbenennung, *Colymbus Minor*, ist p. 585. schon einmal da gewesen. Um beyde zu unterscheiden, könnte man jenen *Colymbus Ringuia*, oder diesen mit Brisson *Colymbus fluviatilis* nennen.

Brisson, ornitholog. II. p. 374. n. 9. Grebe de riviere ou Castagneux.

Latham, Syst. ornith. II. p. 784. n. 9. Colymbus (Minor) fulvo-fuscus, corpore subtus macula remigum uropygioque infimo albo-argenteis, collo subtus griseo-fulvo.

Neue schwed. Abh. III. p. 105.

Linné, Syst. Nat. Edit. XII. p. 223. n. 8. γ.

Raj, Syn. p. 177. *Tacapitzahoac?*

Jonston, av. p. 135. Colymbus minor Bellonii.

Donndorff, Handb. der Thiergesch. p. 208. n. 8. *der kleine Taucher.*

β. *Gesner*, Vögelb. p. 105. *Castagneux?*

Latham, Syn. III. 1. p. 290. n. 10. Var. A.

Latham, Syst. ornitholog. II. p. 784. n. 9. β.

21. PAROTIS. *Der schwarz und weiße Taucher.*(2)

Latham, Syst. ornithol. II. p. 783. n. 6. β. Podiceps capite laevi nigro, gulae, aurium et subocularibus regionibus albidis nigro lineatis.

22. LUDOVICIANUS. *Der louisianische Taucher.*

Pennant, arct. Zool. II. p. 463. n. 336. *der louisianische Steißfuß.*

Latham, Syst. ornith. II. p. 785. n. 13. Colymbus (Ludovicianus) fuscus, lateribus colli et corporis ferrugineis, corpore subtus albo, maculis transversis nigricantibus.

23. THOMENSIS. *Der Taucher von der Insel St. Thomae.*

Müller, Naturs. II. p. 107. n. 13. *der St. Thomastaucher.*

Brisson, ornithol. II. p. 374. n. 8. Grebe de l' isle de S. Thomas.

Latham,

(2) Nach *Latham* eine Varietät von *Colymbus Rubricollis* n, 24.

Latham, Syst. ornitholog. II. p. 784. n. 11. Colymbus (Thomensis) fuscus, subtus albus maculis griseis, remigibus pallide rufis; macula pectoris nigra.

24. RUBRICOLLIS. *Der rothhälsige Taucher.* (3)

Bechstein, Naturgesch. Deutschl. II. p. 795. *der rothhälsige Taucher.*

Pennant, arct. Zool. II. p. 464. C. *der Rothhals.*

Latham, Syst. ornitholog. II. p. 783. n. 6. Colymbus (Rubricollis) subcristatus fuscus, gula, genis, regione aurium cinerascentibus, collo subtus pectoreque ferrugineo-rubris, abdomine remigibusque secundariis albis.

Latham, Syn. Suppl. p. 260. tab. 118. Red-necked Grebe.

Linné, fn. Suec. II. p. 54. n. 152. *(Alia.)*

Brünniche, ornith. bor. p. 42. n. 138. Colymbus Auritus.

25. OBSCURUS. *Der dunkelbraune Taucher.*

Bechstein, Naturgesch. Deutschl. II. p. 794. n. 4. *der dunkelbraune Taucher.*

Pennant, arct. Zool. II. p. 463. n. 337. *der dunkelbraune Steißfuß.*

Brisson, ornith. II. p. 373. n. 7. petite Grebe.

Latham, Syst. ornith. II. p. 782. n. 4. Colymbus (Obscurus) fusco-nigricans, subtus albus, macula utrinque inter rostrum et oculum, marginibus alarum remigibusque intermediis candidis.

Seligmann, Vögel, IV. Tab. 87. *der schwarz und weiße Taucher.*

26. CAYEN-

(3) Nach *Bechstein* das Männchen von *Colymbus Obscurus* n. 25.

26. CAYENNENSIS. *Der cayennische Taucher.*
Latham, Syst. ornithol. II. p. 781. n. 2. Colymbus (Cayanus) fusco-nigricans, subtus albus, collo subtus rufo.

9. URINATOR. *Der Erztaucher.* (4)
Müller, Natursystem, II. p. 342. n. 9. *der Erztaucher.*
Borowsky, Thierreich, III. p. 61. n. 7. *der Erztaucher.*
Blumenbach, Handb. d. Naturgesch. p. 220. n. 3. Colymbus (Urinator) capite laevi, palpebra inferiore lutea, macula alarum alba.
Bechstein, Naturgesch. I. p. 405. n. 6. *der Erztaucher.*
Bechstein, Naturgesch. Deutschl. II. p. 792. n. 3. *der Erztaucher.*
Halle, Vögel, p. 602. n. 754. *der große Taucher ohne herabhängenden Schopf.*
Klein, av. p. 150. n. 3. Colymbus maior.
Klein, Vorber. p. 276. n. 3. *schlichtköpfiger grosser Taucher.*
Klein, verbesserte Vögelhist. p. 160. n. 2. *schlichtköpfiger großer Taucher.*
Brisson ornithol. II. p. 368. n. 1. Grebe.
Batsch, Thiere, II. p. 371. *der Erztaucher.*
Latham, Syst. ornithol. II. p. 781. n. 1. β. Podiceps fuscus, subtus albus, capite laevi, macula alarum alba.
Scopoli, Bemerk. a. d. Naturgesch. I. p. 87. n. 102. Colymbus vulgaris; *das Täuchentlein, gemeine Täucherlein.*
Charleton, onomast. zoic. p. 96. n. 7. 1. Colymbus maior.

Möhring,

(4) Soll, nach *Latham*; ein einjähriger junger Vogel von *Colymbus Cristatus* seyn.

Moehring, av. gen. p. 69. n. 77. Colymbus.

Jonston, av. p. 134. Colymbus maior primus.

27. Caspius. *Der caspische Täucher.* (5)

Latham, Syst. ornithol. II. p. 784. n. 7. Podiceps (Caspicus) capite laevi, corpore supra ex fusco nigricante, infra ex argenteo albo, rostro plumbeo, gula genisque albis, tectricibus alarum fuscis.

10. Dominicus. *Der domingische Taucher.*

Müller, Natursyst. II. p. 343. n. 10. *domingischer.*

Brisson, ornitholog. II. p. 376. n. 1. Grebe de riviere de S. Domingue.

Latham, Syst. ornitholog. II. p. 785. n. 10. Podiceps (Dominicus) capite laevi, corpore subtus confertim maculato.

28. Hebridicus. *Der hebridische Taucher.*

Latham, Syst. ornitholog. II. p. 785. n. 11. Podiceps (Hebridicus) nigricans, gula nigra, iugulo ferrugineo, abdomine cinereo argenteo vario.

11. Podiceps. *Der buntschnäblige Taucher.* (6)

Müller, Natursf. II. p. 343. n. 11. *der Arschfuß.*

Halle, Vögel, p. 603. n. 756. *der kleine braune Täucher, mit schwarzem Nasenpflaster.*

Pennant,

(5) Größe einer Haustaube. Soll, nach *Latham*, zu *Colymbus Rubricollis* gehören.

(6) Alle Taucher und Tauchenten (*Podicipes*) können auf der glatten Spiegelfläche des Wassers mit Hülfe der ausgespannten Flügel nicht nur gehen, sondern auch sehr schnell laufen, wobey sie sich in perpendiculairer Richtung erhalten. Sie verrichten auch den Coitus auf dem Wasser perpendiculair stehend, denn das Männchen kann bey der Begattung das

Pennant, arct. Zool. II. p. 462. n. 335. *der Buntschnabel.* Tab. 22. unt. Fig.

Klein, av. p. 150. n. 5. Colymbus fuscus.

Klein, Vorbereit. p. 276. n. 5. *braun Täucherlein mit einem bunten Schnabel.*

Klein, verbesserte Vögelhist. p. 160. n. 4. *braun Täucherlein.*

Brisson, ornith. II. p. 375. n. 10. Grebe de riviere de la Caroline.

Latham, Syst. ornithol. II. p. 785. n. 12. Podiceps (Carolinensis) corpore fusco, rostro fascia sesquialtera, gula nigra.

Seligmann, Vögel, IV. Tab. 82. *braun Täucherlein.*

Linné, Syst. Natur. Edit. X. I. p. 136. n. 4. Colymbus (Podiceps) pedibus lobatis, corpore fusco, rostro fascia sesquialtera.

A. *Veränderungen gegen die XII. Edition, und Vermehrung der Gattungen dieses Geschlechts.*

Edit. XII.	*Edit. XIII.*
p. 223. n. 8. γ. Colymb. Fluviatilis.	p. 591. n. 20. Colymbus. Minor.

Das Geschlecht ist mit *siebzehn* Gattungen vermehrt. Bey der 1sten Gattung sind *sechs*, bey der 5ten *zwey*, bey der 7ten *vier* Varietäten aus einander gesetzt.

B. *Un-*

das Weibchen nicht besteigen, sich auch nicht ohne Füsse darauf erhalten. Dass *Linné* den Namen *Podiceps* für einen Gattungsnamen seiner Spec. 11. gebraucht hat, ist wohl nicht recht, weil diess eine Eigenschaft aller Colymben und vieler Enten (Tauchenten, *Podicipes*) ist; und zu einem Irrthum verleiten kann, als ob diese Eigenschaft nur dieser einzigen Gattung zukäme. Uebrigens ist die Colymbologie überhaupt noch mit sehr vielen Schwierigkeiten verbunden. S. *Beseke* Vogel Kurl. p. 55.

B. *Unbestimmtere Thiere.*

1. Colymbus (Pyrenaicus) pedibus tridactylis lobatis, gutture castaneo, macula rostri nivea, alis brevissimis.
Thunberg, neue schwed. Abh. III. p. 105.

2. Colymbus (Longirostris) pedibus lobatis, tetradactylis, gula alba, maxilla triplici fascia fusca, rostro compresso, longissimo.
Thunberg, neue schwed. Abh. III. p. 105.

3. *Der unbekannte Taucher.*
Colymbus (Ignotus) corpore supra cinereo, subtus albo, lateribus colli cinerei maculis albis angulatis.
Bechstein, Naturgesch. Deutschl. II. p. 782. n. 4.

4. *Ein dem Colymbus Troile ähnlicher Vogel.*
Sander, Naturf. XIII. p. 192.

5. Colymbus (Borealis) corpore supra nigricante, maculis stellatis albis innumeris, subtus albo, collo antice rufo vix maculato.
Latham, Syst. ornithol. II. p. 801. n. 6.
Brünniche, ornith. bor. p. 39. n. 131. *Hav-Gasse.*

76. GESCHLECHT. LARUS. *Die Meve.* (Möwe. [7])

Müller, Natursyst. II. p. 344. Gen. LXXVI.
Leske, Naturgesch. p. 284. Gen. LXIX.

Borowsky,

(7) Die Larologie ist noch mit sehr vielen Schwierigkeiten verbunden. Es giebt sicherlich noch viele Ungewissheiten und Lücken; die Ursache von beyden liegt in der grossen Schwierigkeit ihrer habhaft zu werden, da nur selten ein Jäger auf die Höhe des Meers kommt, wo sie sich aufzuhalten pflegen, und wenn sie auch auf das angrenzende Land, bey stürmischem Wetter, längst den Flussen ziehen, so sind sie

scheu

Borowsky, Thierreich, III. p. 44. Gen. LXI.
Blumenbach, Handbuch der Naturgesch. p. 220. Gen. LXX.
Bechstein, Naturgesch. I. p. 406. Gen. XXXIII.
Bechstein, Naturgeschichte Deutschl. II. p. 803. Gen. XXI.
Halle, Vögel, p. 568. it. p. 596 sqq.
Pennant, arct. Zoolog. II. p. 488.
Oedmann: neue schwed. Abhandl. IV. p. 89.
Neuer Schaupl. der Natur, V. p. 645.
Onomat. hist. nat. IV. p. 746.
Klein, av. p. 136. Gen. II.
Brisson, ornith. II. p. 401. Gen. CI. Stercorarius. p. 403. Gen. CII. Larus.
Batsch, Thiere, I. p. 367. Gen. XCI.
Latham, Syst. ornith. II. p. 811. Gen. XCIV.
Hermann, tab. affinit. animal. p. 142 sqq.
Donndorff, Handbuch der Thiergesch. p. 281. Gen. XXXVIII.

1. RISSA. *Die isländische Meve.* (8)
Müller, Natursyst. II. p. 344. n. 1. *die isländische Mewe.*
Bechstein, Naturgesch. Deutschl. II. p. 804. n. 1. *die isländische Meve.*

Onomat.

schen und fliegen auch sehr hoch. So wie es ohnstreitig noch mehrere Gattungen giebt, so haben auch wahrscheinlich Alter und Geschlecht (Sexus) durch ihre Verschiedenheit unter den schon angenommenen Verwirrung veranlaßt. S. *Beseke* Vögel Kurl. p. 56. Ich will bey den folgenden Gattungen die Abweichungen der Ornithologen, bey Auseinandersetzung der Synonymen, bemerken.

(8) Nach *Oedmann* eine Varietät von *Larus Tridactylus* — *Latham* nimmt den *Larus Tridactylus Oedman* zur Hauptgattung, und den *Larus Tridactylus Linn.* als Spielart davon an.

Onomat. hist. nat. IV. p. 756. *die isländische Möwe.*

Pennant, arct. Zool. II. p. 490. n. 373. *die isländische Meve.*

Latham, Syst. ornitholog. II. p. 817. n. 11. Larus (Tridactylus) dorso canescente, rectricibus albis, digito postico mutico.

Phipps, Reis. n. d. Nordpol, p. 98. *isländische Meve.*

Pennant, Reis. n. Schottl. I. p. 51. *Kittivake.*

Olafsen, Reis. d. Isl. I. p. 190. n. 9. *Skegla-Ritur.* Tab. 23. Larus Rytsa.

Siemssen, meklenb. Vögel, p. 222. n. 4. *die dreyzehige Mewe.*

Pontoppidan, Naturgesch. v. Dännemark, p. 169. n. 8. *Lille Sölvet.*

Berlin. Samml. IX. p. 570. n. 1. *die schwedische Meve.*

Neue schwed. Abh. IV. p. 114. n. 15. Larus Rissa.

Müller, zoolog. dan. prodr. p. 20. n. 160. Larus (Rissa) albus, dorso cano, rectricibus totis albis, pedibus tridactylis.

Fabric. fn. groenl. p. 98. Larus (Tridactylus) albus dorso cano, extremitatibus remigum nigris, pedibus tridactylis.

2. Tridactylus. *Die Wintermeve.* (9)

Müller, Natursystem, II. p. 345. n. 2. *die Wintermewe.*

Borowsky,

(9) *Oedmann* ordnet die Synonymen nach dem verschiedenen Alter des Vogels folgendergestalt: *a)* Der junge *Tridactylus* ist das erste Jahr sehr dunkel, manchmal mehr oder weniger gefleckt. An jedem Ohre zeigt sich ein Fleck. Den Hintertheil des Halses umgiebt ein schwarzer Ring und Halsband. In diesem Alter findet man den Vogel unter folgenden Namen; 1) *Brissons* Gavia cinerea p. 185. f. 2. — 2) *Linné*

Borowsky, Thierreich, III. p. 47. n. 2. *die Wintermöwe.*

Blumenbach, Handb. d. Naturgesch. p. 221. n. 1. Larus (Tridactylus) albicans, dorso canescente, rectricum apicibus, excepto extremo, nigris, pedibus tridactylis.

Bechstein, Naturgesch. I. p. 407. n. 2. *die Wintermeve.*

Bechstein, Naturgesch. Deutschl. II. p. 805. *die Wintermeve.* p. 808. *Tarrok, weiße Meve, Hafmeve, dreyfingerige Meve.*

Halle, Vögel, p. 570. n. 698. *die graue Fischermöwe.*

Halle, Vögel, p. 598. n. 748. *der Seefächer.*

Pennant, arct. Zool. II. p. 495. D. *der Tarrok.*

Onomat. hist. nat. IV. p. 754. *die Wintermöwe.*

Klein, av. p. 137. n. 3. Larus cinereus piscator.

Klein, Vorbereit. p. 253. n. 3. *weiße Mewe, Seeschwalbe, Fischahrmewe.*

Klein,

2) *Linné* Larus cinereus, Syst. N. n. 5. — 3) *Olaffens* Rissa iunior. Tab. 25. — 4) *Pennants* Tarrock, n. 251. — 5) *Raji* Larus cinereus, *Bellonii* Tarrock, p. 128. n. 4. — 6) *Gunneri* Krina-krykje. Act. Nidros. Tom. 3. — 7) *Albin* To. 2. Tab. 87. — 8) *Linné* Larus Tridactylus, Syst. N. n. 2. Fn. Suec. n. 157. — *b*) Nach einiger Zeit verschwindet das Halsband, aber die Flecken der Ohren erhalten sich noch. In dieses Zeitalter gehört: 1) *Sibbalds* Kittivake. 2) *Pennants* Kittivake, n. 250. tab. 89. — 3) *Brissons* Gavia cinerea minor, p. 178. Tab. 17. fig. 1. — 4) *Linné* Larus Cinerarius, Syst. Nat. n. 4. — 5) Larus Dingla. *Forsk.* descr. anim. p. 8. — *c*) Endlich verschwinden die Ohrenflecke, und in diesem dritten Stadio bekommen wir 1) *Brünnichs* Larus Rissa, n. 140. — 2) *Linné* Larus Rissa, S. N. n. 1. — 3) *Pontoppidan* Larus Rissa. — 4) *Ströms* Kryckje, 1. 241-18. *Cranz* Grönl. I. 114. Tattaret. — 5) *Martens* Kurge-gef. Spitzb. p. 59. Tab. N. lit. A. — 6) *Phipps* Nordp. a. a. O.

Klein, verb. Vögelhist. p. 144. n. 4. *weiße Meve.*
Klein, av. p. 148. n. 9. *Larus Kuutge-Gef.*
Klein, Vorber. p. 272. n. 9. *Kuutge Gef.*
Klein, verb. Vögelh. p. 157. n. 8. *Kutgegeef.*
Klein, av. p. 169. n. 4. *Kautke-Gef.*
Klein, Vorber. p. 311. *Kautke-Gef.*
Brisson, ornithol. II. p. 410. n. 11. Mouette cendrée tachetée.
Batsch, Thiere, I. p. 382. *die Wintermöwe.*
Latham, Syn. Supplem. p. 268. *Tarrok.*
Latham, Syst. ornitholog. II. p. 817. n. 11. *β.* Larus albicans, dorso canescente, rectricum apicibus, excepto extimo, nigris, pedibus tridactylis.
Bock, Naturgesch. v. Preussen, IV. p. 340. n. 95. *Wintermeve, größte bunte Meve, Hafmeve.*
Fischer, Naturgesch. von Livl. p. 83. n. 93. *weisse Mewe.*
Leem, Nachr. von den Lappen in Finnmarken, p. 148. *Krokke?*
Pontoppidan, Naturhistorie von Norwegen, II. p. 156. *Krykkie.*
Siemssen, meklenb. Vögel, p. 223. Larus Tridactylus.
Naturf. XII. p. 142. n. 95. *Wintermewe.*
Neue schwed. Abh. IV. p. 111. Larus Tridactylus.
Linné, Syst. Nat. Edit. X. I. p. 136. n. 1. Larus (Tridactylus) albicans, dorso canescente, rectricibus excepto extimo nigris, pedibus tridactylis.
Müller, zoolog. dan. prodr. p. 20. n. 161. Larus (Tridactylus) albicans, dorso canescente, rectricum apicibus excepto extimo nigris, pedibus tridactylis.
Jonston, av. p. 129. Larus albus.

Donndorff, Handb. der Thiergeschi. p. 281. n. 1. *die Wintermeve.*

β. *Latham*, Syn. III. 2. p. 393. n. 18. Var. A.
Latham, Syst. ornithol. II. p. 818 n. 11. γ. L. albus, dorso canescente, rectricum apicibus excepto extimo nigris, fascia alarum obliqua nigra.

12. Minutus. *Die kleine Meve.* (10)
Latham, Syst. ornitholog. II. p. 813. n. 5. Larus (Minutus) niveus, capite nigro, alis leucophaeis, pedibus coccineis.
Pallas, Reise, Ausz. III. Anh. p. 12. n. 35. Larus minutus.
Neue schwed. Abh. IV. p. 120. Larus (Minutus) niveus, alis leucophaeis, pedibus coccineis.

13. Hybernus. *Die Ringelmeve.* (1)
Halle, Vögel, p. 572. n. 705. *die Ringmöve.*
Halle, Vögel, p. 572. n. 706. *die Wintermöve.*
Klein, av. p. 138. n. 9. Larus hybernus.
Klein, Vorbereit. p. 254. n. 9. *Ringelmewe.*
Klein, verb. Vögelhist. p. 145. n. 10. *Ringelmeve.*
Brisson, ornith. II. p. 411. n. 12. Mouette d'hyver.
Latham, Syst. ornithol. II. p. 816. n. 9. β. L. cinereus subtus niveus, capite albo, maculis fuscis vario, collo supra fusco, alis variis, rectricibus albis, fascia nigra.
Brünniche, ornitholog. bor. p. 44. n. 146. 147. Larus maculatus?
Jonston, av. p. 199. Guaca Guacu.

14. Eburneus. *Die weiße Meve.*
Halle, Vögel, p. 597. n. 745. *der Klippenvogel, Rathsherr.*

Pennant,

(10) Nach *Oedmann* zu *Larus Atricilla* gehörig.
(1) Nach *Latham* eine Varietät von *Larus canus.*

Pennant, arct. Zool. II. p. 491. n. 374. *die weiße Meve.*

Klein, av. p. 148. n. 6. Plautus Senator.

Klein, Vorbereit. p. 272. n. 6. *Rathsherr.* p. 310. *der Raedsherr.*

Klein, verbess. Vögelhist. p. 156. n. 6. *Rathsherr.*

Latham, Syst. ornitholog. II. p. 816. n. 10. Larus (Eburneus) corpore toto niveo, rostro pedibusque plumbeis.

Phipps, Reis. n. d. Nordpol, p. 98. Larus (Eburneus) niveus immaculatus, pedibus plumbeocinereis.

Trampler, Wallfischf. p. 70. *Rathsherren.*

Hermann, tab. aff. anim. p. 146. Larus eburneus.

Fabric. fn. groenl. p. 103. n. 67. Larus (Candidus) totus niveus, rostro pedibusque nigris.

3. CANUS. *Die graue Meve.*(2)

Müller, Natursystem, II. p. 345. n. 3. *die kleine graue Mewe.*

Leske, Naturgesch. p. 284. n. 1. *die graue Meve.*

Borowsky, Thierreich, III. p. 47. n. 3. *die kleine graue Mewe.*

Bechstein, Naturgesch. I. p. 408. n. 3. *die gemeine Meve.*

Bechstein, Naturgesch. Deutschl. II. p. 808. n. 3. *die gemeine Meve.* p. 812. *Fischmeve, graue Meve, kleine graue Möve, weißgraue Meve, Fischer, große Seekrähe, Seemeve.*

Halle, Vögel, p. 570. n. 700. *die kleine Graumöve.*

(2) Flügelweite, nach *Pennant*, 3 Fuss. Gewicht 12 1/2 Unze. *Oedmann* rechnet hieher: 1) *Raj.* Larus fuscus sive hibernus, p. 130. n. 14. — 2) *Pennants* Vintergull, n. 248. Tab. 86. — 3) *Brissons* Gavia Hyberna, n. 12., — 4) *Brünnichs* Larus Maculatus n. 146.

Halle, Vögel, p. 571. n. 701. *die gelbweiße Möve.*
Gatterer, vom Nutzen u. Schaden der Thiere, II. p. 173. n. 155. *die kleine graue Möwe.*
Pennant, arct. Zoolog. II. p. 491. n. 375. *die gemeine Meve.*
Onomat. histor. nat. IV. p. 748. *Meve mit einem schwarzen Schnabel.*
Klein, av. p. 137. n. 5. Larus rostro nigro.
Klein, Vorbereit. p. 253. n. 5. *Mewe mit einem schwarzen Schnabel.*
Klein, verbess. Vögelhist. p. 145. n. 6. *schwarzschnäblige Meve.*
Klein, av. p. 137 n. 4. Larus cinereus minor.
Klein, Vorber. p. 253. n. 4. *gemeine graue-Mewe.*
Klein, verbess. Vögelhist. p. 145. n. 5. *gemeine graue Meve.*
Brisson, ornith. II. p. 408. n. 8. Mouette cendrée.
Batsch, Thiere, I. p. 382. *die graue Möwe.*
Latham, Syst. ornitholog. II. p. 815. n. 9. Larus (Canus) albus, dorso cano, remigibus primoribus extremitate nigris, quarta et quinta macula apicis nigra, extima extus nigra.
Beseke, Vögel Kurlands, p. 55. n. 105. *die kleine graue Mewe.*
Bock, Naturgesch. v. Preussen, IV. p. 341. n. 96. *kleine graue Mewe.*
Fischer, Naturgesch. von Livland, p. 83. n. 95. *graue Mewe.*
Pennant, R. d. Schottl. I. p. 285. *graue Meven.*
Pallas, nord. Beytr. IV. p. 10. *die aschfarbene Fischmeve.*
Scopoli, Bemerk. a. d. Naturgesch. I. p. 89. n. 104. *die weißgraue Meve.*
Tengmalm: neue schwed. Abhandl. IV. p. 47. *die Fischmeve.*

Pontop-

Pontoppidan, Naturg. v. Dännemark, p. 169. n. 1. *Graanakke.*

Leem, Lappl. p. 148. * Larus canus.

Siemssen, meklenb. Vögel, p. 221. n. 3. *die gemeine Mewe.*

Naturf. XII. p. 143. n. 96. *kleine graue Mewe.*

Zorn, Petinotheol. II. p. 437. *die kleinere Meve.*

Linné, Syst. Natur. Edit. II. p. 54. Larus.

Linné, Syst. Nat. Ed. VI. p. 25. n. 1. Larus albus dorso cano.

Linné, Syst. Natur. Edit. X. I. p. 136. n. 2. Larus (Canus) albus dorso cano.

Müller, zoolog. dan. prodr. p. 20. n. 162. Larus (Canus) albus, dorso cano.

Jonston, av. p. 139. Larus cinereus alter.

Donndorff, Handb. d. Thiergesch. p. 281. n. 2. *die graue Meve.*

β. *Brisson*, ornitholog. II. p. 410. n. 10. *grande Mouette cendrée.* (3)

Charleton, onomast. zoic. p. 94. n. 3. Larus cinereus minor?

4. CINERARIUS. *Die große aschgraue Meve.* (4)

Müller, Natursystem, II. p. 346. n. 4. *die große aschgraue Mewe.*

Bechstein, Naturgesch. Deutschl. II. p. 812. n. 4. *die aschgraue Meve.* p. 814. *die größte graue Meve, kleine aschfarbene Meve.*

Onomat. hist. nat. IV. p. 749. *die kleine aschfarbene Möwe.*

(3) Nach *Brisson* eine eigene Gattung. Nach *Latham* gehört dies Synonym zu *Larus Argentatus*, n. 18. wohin es auch *Brünniche*, ornith. bor. p. 44. n. 149. rechnet.

(4) Nach *Oedmann* zu Larus Tridactylus gehörig. Nach *Latham* eine Varietät von *Larus Ridibundus* n. 9.

Gesner, Vögelb. p. 374. *weiße Meermeben.*

Brisson, ornithol. II. p. 409. n. 9. petite Mouette cendrée.

Latham, Syst. ornithol. II. p. 812. n. 2. β. L. albus, dorso cano, macula pone aures fusca.

Böck, Naturgesch. von Preussen, IV. p. 342. n. 97. *die große aschgraue Mewe.*

Pallas, Reis. Ausz. I. p. 370. Larus cinerarius.

Naturf. XII. p. 143. n. 97. *die große aschgraue Mewe.*

Neue schwed. Abh. IV. p. 113. n. 12.

Jonston, av. p. 129. Larus cinereus primus. — Larus albus maior.

β. *Brisson,* ornith. II. p. 408. n. 7. petite Mouette grise. (5)

γ. *Forskål,* descr. animal. p. 8. n. 17. Larus rostro rubro, apice nigro, macula nigra temporali. (Visa ad Dardanellas, vernalis Februario advolans, aestate non permanens.) (6)

Neue schwed. Abhandl. IV. p. 113. n. 13.

15. ERYTHROPUS. *Die rothfüßige Mewe.* (7)

Pennant, arct. Zool. II. p. 495. E *das Rothbein.*

Latham, Syst. ornithol. II. p. 812. n. 2. γ. Larus albidus, capite fusco, maculis albis, dorso cano, rectricibus decem intermediis fascia nigra.

5. NAE-

(5) Nach *Brisson* eine eigene Gattung. *Brisson* rechnet hieher auch *Larus maculatus Mars.* Dan. V. p. 54. tab. 45. und *Klein* av. p. 38. n. 14. — *Latham* nimmt *Brissons Gavia grisea minor,* und die eben genannten Synonymen als Varietät von *Larus crepidatus* n. 20. an.

(6) Nach *Oedmann* zu *Larus Tridactylus* gehörig; f. vorher not. 9.

(7) Nach *Latham* eine Varietät von *Larus Ridibundus.*

5. NAEVIUS. *Die gefleckte Meve.* (8)

Müller, Naturſyſt. II. p. 346. n. 5. *die gefleckte Mewe.*

Bechſtein, Naturgeſch. Deutſchl. II. p. 814. n. 5. *die gefleckte Meve.*

Halle, Vögel, p. 572. n. 704. *die große Falkmöve.*

Onomat. hiſt. nat. IV. p. 753. *die graue Fiſchermöve, weiße Möve, Seeſchwalbe.* (Lauter Namen, die ihr nicht zukommen.)

Pennant, arct. Zoolog. II. p. 489. n. 370. *die gefleckte Meve.*

Klein, av. p. 137. n. 6. Larus griſeus maximus.

Klein, Vorbereit, p. 254. n. 6. *graubraune große Mewe.*

Klein, verbeſſerte Vögelhiſt. p. 145. n. 7. *graubraune große Meve.*

Briſſon, ornitholog. II. p. 406. n. 5. Goiland varié ou le Griſard.

Latham, Syſt. ornithol. II. p. 814. n. 6. γ. L. albus, dorſo cinereo, rectricibus apice nigris.

Siemſſen, meklenb. Vögel, p. 223. Larus Naevius.

Pallas, Reiſ. Ausz. I. p. 370. Larus naevius.

Neue ſchwed. Abh. IV. p. 112. n. 2.

β. *Briſſon*, ornithol. II. p. 410. n. 11. Mouette cendrée tachetée. (9)

(8) Länge, nach *Pennant*, an 2 Fuſs; Flügelweite 4 F. 8 Z.; Gewicht 32 Unzen. Nach *Latham* eine Varietät von *Larus Marinus* n. 6. — Nach *Oedmann* zu *Larus Tridactylus* gehörig. — *Latham* rechnet hieher auch mit *Briſſon*, den *Wagellus Cornubienſium Raj. av.* p. 130. A. 13. (Gmel. Syſt. Linn. p. 562. n. 3. *Proc. Glacialis.*) *Briſſon* wirft hier alles unter einander.

(9) Dies Synonym aus *Briſſon* iſt im Syſtem p. 595. bey Spec. 2. ſchon einmal angeführt, wohin es auch *Latham* und *Oedmann*,

γ. *Pallas*, nord. Beyträge, IV. p. 10. *die befleckte Möve.*

6. MARINUS. *Die Mantelmeve.* (10)
Müller, Naturf. II. p. 346. n. 6. *die Seemewe.*
Borowsky, Thierreich, III. p. 48. n. 4. *die Seemewe.*
Bechstein, Naturgesch. I. p. 408. n. 4. *die Mantelmeve.*
Bechstein, Naturgesch. Deutschl. II. p. 815. *die Mantelmeve.* p. 817. *Seemeve, Fischmeve, größte bunte Meve.*
Halle, Vögel, p. 568. n. 696. *die große Seemöve.*
Gatterer, vom Nutzen u. Schaden der Thiere, II. p. 174. n. 156. *die Seemöwe.*
Pennant, arct. Zoolog. II. p. 488. n. 368. *die Seemeve, Mantelmeve.*
Onomat. hist. nat. IV. p. 752. *die große Seemöwe.*
Klein, av. p. 136. n. 1. Larus maximus ex albo et nigro vel subcaeruleo varius.
Klein, Vorber. p. 252. n. 1. *größte bunte Mewe.*
Klein, verb. Vögelhist. p. 144. n. 1. *größeste bunte Meve.*
Brisson, ornith. II. p. 403. n. 1. Goiland noir.
Batsch, Thiere, I. p. 381. *die Seemöwe.*
Latham, Syst. ornitholog. II. p. 813. n. 6. Larus (Marinus) albus, dorso cano.
Beseke, Vögel Kurl. p. 56. n. 106. *die Seemewe.*
Pennant, Reise d. Schottl. I. p. 285. *Seemeven.*
Pontoppidan, Naturgesch. von Dännem. p. 169. n. 2. *Svartbag, Blaamaage.*

Leem,

Oedmann zählen. Das Synonym aus *Brünniche* rechnet *Oedmann* zu *Larus canus.* S. neue schwed. Abh. IV. p. 109. 112.

(10) Flügelweite nach *Pennant* 5 Fuss 9 Zoll. Gewicht zuweilen 5 Pfund. — *Latham* rechnet auch den *Larus Argentatus*, und *Larus Naevius*, als Spielarten hieher.

Leem, Nachricht von den Lapp. p. 147. *Sortbag?*
Siemssen, meklenb. Vögel, p. 220. n. 1. *die Mantelmewe.*
Schriften der berlin. Gesellsch. naturf. Fr. VII. p. 461. n. 39. *die Seemeve.*
Neue schwed. Abhandl. IV. p. 100. n 3. Larus marinus.
Linné, Syst. Nat. Edit. VI. p. 24. n. 3. Larus albus dorso atro.
Linné, Syst. Nat. Edit. X. I. p. 136. n. 3. Larus (Marinus) albus dorso nigro.
Müller, zoolog. dan. prodr. p. 20. n. 163. Larus (Marinus) albus dorso nigro.
Fabric. fu. groenl. p. 102. n. 66. Larus (Marinus).
Moehring, av. gen. p. 66. n. 70. Gavia.
Donndorff, Handb. der Thiergesch. p. 282. n. 3. *die Seemeve.*

16. Ichthiaetus. *Die caspische Fischmeve.*
Müller, Natursystem, Suppl. p. 108. n. 12. *der Fischjäger.*
Latham, Syst. ornitholog. II. p. 811. n. 1. Larus (Ichthiaetus) capite colloque supremo nigris, dorso alisque grisescentibus, remigibus primoribus albis, exterioribus quinque apice nigris, palpebris caudaque albis.
Pallas, Reis. Ausz. II. Anh. p. 14. n. 27. Larus Ichthiaetus.
Pallas, Reis. Ausz. II. p. 240. *die größte schwarzköpfigte Seemöve.*
Gmelin, Reis. I. p. 152. tab. 30. 31. *die große Lachmöve.*
[*Forskål*, faun. orient. p. 7. n 7. Μαρτις.
Forskål, descr. anim. p. 11. *Adjum*, humano more ridendo clamat.] Nach *Oedmann.*

7. Fuscus.

7. Fuscus. *Die braune Meve.* (1)

Müller, Naturs. II. p. 347. n. 7. *die braune Mewe.*

Borowsky, Thierreich, III. p. 49. n. 5. *die Heringsmewe, die braune Mewe, große Hafmewe.*

Bechstein, Naturgesch. I. p. 408. n. 5. *die Heringsmeve.*

Bechstein, Naturgesch. Deutschl. II. p. 818. n. 7. *die Heringsmeve.* p. 819. *große Graumeve, Bürgermeister.*

Halle, Vögel, p. 569. n. 697. *die große Graumöve.*

Pennant, arct. Zoolog. II. p. 488. n. 369. *die Heringsmeve.*

Onomat. hist. nat. VI. p. 751. *die größte Graumöwe.*

Klein, av. p. 137. n. 2. Larus cinereus maximus.

Klein, Vorber. p. 252. n. 2. *größte graue Mewe.*

Klein, verbess. Vögelhist. p. 144. n. 3. *größeste graue Meve.*

Brisson, ornith. II. p. 405. n. 3. Goiland gris.

Batsch.

(1) Flügelweite, nach *Pennant*, 4 Fuss 4 Zoll. Gewicht an 30 Unzen. *Brisson* und (sonst) *Pennant* machen diesen zu *Martens Bürgermeister.* Die Gegengründe hat *Oedmann* in den neuen schwed. Abhandl. a. a. O. aus einander gesetzt. Aus den Jungen dieses Vogels haben mehrere Schriftsteller eine besondere Gattung gemacht. *Oedmann* bringt dahin folgende Synonymen, als Abänderungen des jüngern Alters. 1) *Pennants* Vogel n. 247. tab. 88. — 2) *Rait* Vogel p. 130. n. 13. den man für *Martens Mallemuck* und *Bürgermeister von Grönland* angesehen hat. — 3) *Brissons Larus varius sive Skua*, II. p. 406. n. 5. (In unserm System wird dies Synonym zu *Larus Naevius* p. 598. n. 5. gezogen.) — 4) *Brissons Gavia grisea* p. 407. n. 6. Hiermit stimmt auch *Latham* a. a. O. überein. Aber *Brisson* rechnet dazu: Goiland ou Larus chlamyde leucophaea alis brevioribus, *Feuillée* III. p. 14. *Klein*, p. 139. n. 17. — 5) *Brünnichs Larus varius* p. 45. n. 150. (*Gmelin* Syst. Linn. p. 598. ad n. 5.)

Batsch, Thiere, I. p. 382. *die Heringsmöwe.*
Latham, Syst. ornitholog. II. p. 815. n. 8. Larus (Fuscus) albus, dorso fusco, pedibus flavis.
Beseke, Vögel Kurlands, p. 56. n. 107. *die braune Mewe.*
Fischer, Naturgesch. von Livl. p. 83. n. 94. *große graue Mewe.*
Cetti, Naturg. v. Sardin. II. p. 300. *Mewe.*
Pennant, Reis. d. Schottl. I. p. 25. *braune Meeven.*
Leem., Finnm. p. 148. *Sobmer?*
Pontoppidan, Dännemark, p. 169. n. 3. *Sildemaage.*
Neue schwed. Abhandl. IV. p. 104. n. 4. Larus fuscus.
Siemssen, meklenb. Vögel, p. 220. n. 2. *die Häringsmewe.*
Scopoli, Bemerk. a. d. Naturgesch. I. p. 90. n. 107. *die graubraune Meeve.*
Linné, Syst. Natur. Edit. VI. p. 24. n. 2. Larus albus dorso fusco.
Linné, Syst. Nat. Edit. X. I. p. 136. n. 4. Larus (Fuscus) albus dorso fusco.
Müller, zoolog. dan. prodr. p. 20. n. 164. Larus (Fuscus) albus, dorso cano.
Donndorff, Handb. der Thiergesch. p. 282. n. 4. *die braune Meve.*

17. Glaucus. *Der Bürgermeister.* (2)
Halle, Vögel, p. 597. n. 746. *die Täuchermöwe.*
Pennant, arct. Zoolog. II. p. 494. *der Bürgermeister.*

Klein,

(2) Keine Mevenart hat den Schriftstellern mehr zu thun gemacht als diese. Sie führen ihn sparsam an, welches wohl daher zu rühren scheint, dass er in geringer Anzahl vorhanden ist, und abgelegene Oerter bewohnt. Die Eyer sind ganz bläulich, mit 5 bis 6 schwarzen Flecken bezeichnet. Manche

Klein, av. p. 148. n. 7. Plautus Praeconsul.
Klein, Vorbereit. p. 272. n. 9. *Bürgermeister.*
Klein, verbess. Vögelhist. p. 157. n. 9. *Burgermeister.*
Brisson, ornith. II. p. 404. n. 2. Goiland cendré.
Latham, Syst. ornithol. II. p. 814. n. 7. Larus (Glaucus) albus dorso alisque canis, remigibus apice albis, rostro flavo, angulo croceo.
Leem, Finnm. p. 148. ** Larus hyperboreus, dorso dilute cinereo, extremitatibus remigum albis; *Blaamager*, *Quitmaase.*
Trampler, Wallfischf. p. 75. *Burgemeisters.*
Neue schwed. Abhandl. IV. p. 96. n. 1. Larus glaucus.
Müller, zoolog. dan. prodr. p. 21. n. 169. Larus (Glaucus) totus albus, dorso et alis canis, remigibus apice albis.
Pontoppidan, Dännemark, p. 169. n. 4. *Perlemaage.*
Olaffen, Reise d. Isl. I. p. 190. *Maar*, *Maafur.*
Donndorff, Handb. d. Thiergesch. p. 282. n. 5. *der Burgermeister.*

18. Argentatus. *Die silberweiße Meve.* (3)
Pennant, arct. Zoolog. II. p. 494. C. *die silberweiße Meve.*

Latham,

Manche haben mehr und größsere Flecken. Durchmesser der Lange 3 Zoll 3 Lin der Breite 2 Zoll 4 Lin. Umkreis der Schale, wo sie am dicksten ist, 6 Zoll 10 Lin. Sie sind am kleinen Ende ungewöhnlich spitzig, also von allen andern Meveneyern merklich unterschieden. *Oedmann.*

(3) Nach *Latham* eine Varietät von *Larus Marinus* n. 6. Dieser und *Brünniche* rechnen *Brissons Gavia cinerea maior* p. 410. n. 10. hieher. (*Gmel. Syst. Linn.* p. 597. n. 3. β.) *Oedmann* will jedoch diese zu *Larus canus* ebenfalls rechnen; a. a. O. p. 120. n. 2.

Latham, Syst. ornitholog. II. p. 814. n. 6. β. L. albus, dorso alisque canis, remigibus primoribus versus apicem nigris.

Pontoppidan, Naturgesch. v. Dännemark, p. 169. n. 7. Larus Argentatus.

Müller, zool. dan. prodr. p. 21. ad n. 161. L. Argentatus.

8. Atricilla. *Die schwarzfüßige Lachmeve.* (4)

Muller, Natursyst. II. p. 348. n. 8. *der Spötter.*

Halle, Vögel, p. 575. n. 713. *die kleine weiße Möwe mit dem Mohrenkopf und rothem Schnabel.*

Pennant, arct. Zoolog. II. p. 489. n. 371. *die Lachmeve.*

Gatterer, vom Nutzen u. Schaden der Thiere, II. p. 175. *der Spötter.*

Onomat. histor. natur. IV. p. 748. *die kleine weiße Möwe.*

Klein, av. p. 139. n. 16. Larus minor, capite nigro, rostro rubro.

Klein, Vorbereit. p. 256. n. 16. *Rothschnabel mit einem schwarzen Kopfe.*

Klein, verb. Vögelhist. p. 146. n. 17. *Roth.*

Brisson, ornith. II. p. 412. n. 13. Mouette rieuse.

Latham, Syst. ornitholog. II. p. 813. n. 4. Larus (Atricilla) albus, capite nigricante, rostro rubro; pedibus nigris.

Seligmann, Vögel, IV. Tab. 78. *die kleine Mewe.*

Scopoli, Bemerk. a. d. Naturgesch. I. p. 90. n. 106. *die weiße Meeve.*

Nov. Comment. Petrop. XV. p. 478. tab. 22. fig. 2. (Pullus.)

Linné,

(4) *Oedmann* rechnet hieher: 1) *Gmelin*, R. d. Rußl. I. p. 72. II. p. 192. russ. *Tschaka.* 2) *Albin.* II. Tab. 86. Brown headed Gull. (Gmel. Syst. Linn p. 601. ad n. 9.)

Linne, Syst. Nat. Edit. X. I. p. 136. n. 5. Larus (Atricilla) albus, capite alarumque apicibus nigris, rostro rubro.

19. Atricilloides. *Die sibirische Meve.*

Latham, Syst. ornitholog. II. p. 813. n. 3. Larus (Atricilloides) ex rubicundo albus, capite, orbitis colloque nigris, dorso alisque cinereis, pedibus coccineis.

9. Ridibundus. *Die rothfüßige Lachmeve.* (5)

Müller, Natursyst. II. p. 348. n. 9. *die Lachmeve.*

Bechstein, Naturgesch. I. p. 408. n. 6. *die schwarzköpfige Lachmeve.*

Bechstein, Naturgesch. Deutschl. II. p. 819. n. 8. *die schwarzköpfige Lachmeve.*

Halle, Vögel, p. 571. n. 702. *die graue Möve mit dem Mohrenkopfe, Seekrähe.*

Pennant, arct. Zoolog. II. p. 490. n. 372. *die schwarzköpfige Lachmeve.*

Klein, av. p. 138. n. 8. Larus albus erythrocephalus.

Klein, Vorbereit. p. 254. n. 8. *Braunkopf, rothköpfiger Seeschwalm.*

Klein, verb. Vögelhist. p. 145. n. 9. *Braunkopf.*

Klein, stemm. av. p. 32. Tab. 36. fig. 2. a-c.

Brisson, ornithol. II. p. 413. n. 14. Mouette rieuse à pattes rouges.

Latham, Syn. Suppl. p. 268. Black-headed Gull.

Latham, Syst. ornitholog. II. p. 811. n. 2. Larus (Ridibundus) albidus, capite nigricante, rostro pedibusque rubris.

Beseke,

(5) Flügelweite, nach *Pennant*, 37 Zoll, Gewicht 10 Unzen. *Latham* rechnet den *Larus Cinerarius* p. 597. n 4. und den *Larus Erythropus*, p. ead. n. 15. als Spielarten hieher. Nach *Oedmann* ist auch *Charletons Larus niger*, Onomat. zoic. p 95. n. 4. hieher zu ziehen.

Beseke, Naturgesch. der Vögel Kurl. p. 56. n. 108. *die Lachmeve.*

Siemssen, meklenb. Vögel, p. 224. n. 5. *die Lachmewe.*

Fischer, Naturgesch. von Livland, p. 83. n. 96. *Lachmeve.*

Pallas, nord. Beytr. IV. p. 10. *die große Lachmeve.*

Scopoli Bemerk. a. d. Naturgesch. I. p. 89. n. 105. *die aschgraue Meve.*

Schwenkfeld, av. Siles. p. 292. Larus maior cinereus; *ein weiße Seeschwalbe, großer Seeschwalm, grawer Meerschwalm, Fischahr.*

Jonston, av. p. 130. Larus cinereus tertius.

Schäfer, element. ornith. tab. 44.

10. PARASITICUS. *Der Strundjäger.*

Müller, Natursf. II. p. 348. n. 10. *der Struntjäger.*

Borowsky, Thierreich, III. p. 45. n. 1. *der Strundjäger, Strandjäger.* Tab. 41.

Bechstein, Naturgesch. I. p. 407. n. 1. *der Strundjäger.*

Bechstein, Naturgesch. Deutschl. II. p. 821. n. 9. *der Strundjäger.* p. 824. *Mevenbüttel, Schmarotzermeve.*

Halle, Vögel, p. 577. n. 717. *die Polarmöwe.*

Halle, Vögel, p. 598. n. 749. *der Strandjäger.*

Gatterer, vom Nutzen u. Schaden der Thiere, II. p. 175. n. 158. *die Schmarotzermöve, Labbe.*

Pennant, arct. Zool. II. p. 492. n. 376. *die arctische Meve, Struntjäger.*

Onomat. histor. nat. IV. p. 755. *die Polarmöwe, Schreißfalke.*

Klein, verb. Vögelhist. p. 147. n. 21. *Polmeve.*

Klein, av. p. 148. n. 10. Plautus Stercorarius.

Klein, Vorbereit. p. 272. n. 10. *Scheißfalke.*

Klein, verbesserte Vögelhist. p. 157. n. 11. *Strontjäger.*

Brisson, ornith. II. p. 401. n. 1. Stercoraire.

Brisson, ornitholog. II. p. 402. n. 3. Stercoraire à longue queue.

Batsch, Thiere, I. p. 381. *der Strunt- od. Strandjäger.*

Latham, Syst. ornithol. II. p. 819. n. 15. Larus (Parasiticus) supra niger, collo, pectore et abdomine albis, rectricibus duabus intermediis longissimis.

Seligmann, Vögel, V. Tab. 43. *der Nordvogel den man für den Er hält.*

Seligmann, Vögel, V. Tab. 44. *der Nordvogel den man für die Sie hält.*

Leem, Nachr. von den Lappen in Finnmarken, p. 150. *Kive, Kive Joen.*

Olaffen, Isl. I. p. 121. 305. *Kioe, Kioven.*

Trampler, Wallfischf. p. 69. *die Struntjäger.*

Pontoppidan, Norwegen, II. p. 154. *Jo-Fugl, Jo-Tyv, Kirve.*

Linné, Syst. Nat. Ed. II. p. 54. Caprotherus.

Linné, Syst. Natur. Edit. VI. p. 24. n. 4. Larus rectricibus intermediis longissimis.

Linné, Syst. Natur. Edit. X. I. p. 136. n. 6. Larus (Parasiticus) rectricibus duabus intermediis longissimis.

Müller, zoolog. dan. prodr. p. 20. n. 166. Larus (Parasiticus) rectricibus duabus intermediis longissimis.

Philos. Transact. LXII. p. 421. n. 23.

Donndorff, Handb. der Thiergesch. p. 283. n. 6. *der Struntjäger, arctische Meve.*

20. Crepidatus. *Die schwarzzehige Meve.* (6)

Pennant, arct. Zool. II. p. 492. n. 377. *die Meve mit schwarzen Zehen.*

Brisson, ornith. II. p. 401. n. 2. Stercoraire rayé.

Latham, Syst. ornithol. II. p. 819. n. 14. Larus (Crepidatus) luteo fuscoque varius, subtus pallidior, macula alarum alba.

Müller, zool. dan. prodr. p. 21. n. 168. Larus Cepphus.

Philos. Transact. LII. p. 135.

Donndorff, Handb. der Thiergesch. p. 283. n. 7. *die schwarzzehige Meve.*

β. L. griseus ex albo varius, subtus albus, remigibus primoribus rectricibusque nigricantibus albo terminatis, harum lateribus intus maxima parte albis? * (7)

Latham, Syst. ornithol. II. p. 819. n. 14. β.

Latham, Syn. III. 2. p. 382. n. 10. Var. A.

11. Catarrhactes. *Die Skua.* (8)

Müller, Natursyst. II. p. 350. n. 11. *der gestreifte Struntjäger.*

Borowsky, Thierreich, III. p. 50. n. 6. *der gestreifte Strandjäger.*

Halle, Vögel, p. 571. n. 703. *die braune Stoßmöve.*

Gatterer, vom Nutzen u. Schaden der Thiere, II. p. 176. n. 159. *die braune Stosmöve, Skua.*

Pennant, arct. Zool. II. p. 493. A. *die Skua.*

Klein, av. p. 137. n. 7. Larus fuscus.

(6) Länge, nach *Brisson*, 1 1/2 Fuss 3 Lin. Flügelweite 3 1/2 F. 3 Lin. — Gewicht, nach *Pennant*, 11 Unzen.

(7) Siehe vorher die Anmerkung 5. bey *Larus Cinerarius* β.

(8) Flügelweite 4 1/2 Fuss, Gewicht 3 Pfund. *Penn.*

Klein, Vorber. p. 254. n. 7. *braun und geschuppte Mewe.*

Klein, verbess. Vögelhist. p. 145. n. 8. *braun geschuppte Meve.*

Brisson, ornithol. II. p. 405. n. 4. Goiland brun.

Gesner, Vögelb. p. 374. *Catarractes.*

Batsch, Thiere, I. p. 381. *der gestreifte Strandjäger.*

Latham, Syst. ornitholog. II. p. 818. n. 12. Larus (Catarrhactes) grisescens, remigibus rectricibusque basi albis, cauda subaequali.

Forster, Reis. Ed. in 8. I. p. 113. *die große nordliche Meve.*

Müller, zoolog. dan. prodr. p. 21. n. 167. Larus (Cataractes) grisescens, remigibus rectricibusque basi albis, cauda subaequali.

Pontoppidan, Norwegen, II. p. 182. *Skue.*

Charleton, onomast. zoic. p. 95. n. 6. Larus Catarracta.

Jonston, av. p. 130. Catharracta.

Hermann, tab. affinit. animal. p. 154. Larus Catarractes.

Aristot. histor. animal. L. 9. c. 10. n. 161. Καταῤῥακτης?

Donndorff, Handb. der Thiergesch. p. 283. n. 8. *die Skua.*

A. *Veränderungen gegen die XII. Edition, und Vermehrung der Gattungen dieses Geschlechts.*

Das Geschlecht ist mit *neun* Gattungen vermehrt. Bey der 2ten Gattung sind *zwey*, bey der 3ten *zwey*, bey der 4ten *drey*, bey der 5ten *vier*, bey der 9ten *drey* Varietäten aus einander gesetzt.

B. *Unbestimmtere Thiere.*

1. Larus (Maximus) tetradactylus, albus, dorso alisque superne canis, palpebris sanguineis, remigum sex primorum apicibus nigris, albo terminatis.

Hermann, tab. affinit. animal. p. 146.

2. Larus (Keeask) fuscus, tectricibus alarum albo variegatis, cauda nigra, albo maculata, apice albo.

Latham, Syst. ornithol. II. p. 818. n. 13.

77. GESCHLECHT. STERNA. *Die Meerschwalbe.*

Müller, Natursyst. II. p. 351. Gen. LXXVII.
Leske, Naturgesch. p. 283. Gen. LXVIII.
Borowsky, Thierreich, III. p. 51. Gen. XLII.
Blumenbach, Handbuch der Naturgesch. p. 219. Gen. LXVIII.
Bechstein, Naturgesch. I. p. 409. Gen. XXXIII.
Bechstein, Naturgeschichte Deutschl. II. p. 825. Gen. XXV.
Pennant, arct. Zoolog. II. p. 484.
Onomat. hist. nat. VII. p. 299.
Brisson, ornith. II. p. 415. Gen. CIII.
Batsch, Thiere, I. p. 366. Gen. LXXXIV.
Latham, Syst. ornith. II. p. 803. Gen. XCIII.
Hermann, tab. affinit. animal. p. 143.
Donndorff, Handbuch der Thiergesch. p. 284. Gen. XXXIX.

8. CASPIA. *Die caspische Meerschwalbe.*

Bechstein, Naturgesch. Deutschl. II. p. 825. n. 1. *die kaspische Meerschwalbe.*
Pennant, arct. Zool. II. p. 487. B. *die kaspische Meerschwalbe.*

Latham, Syst. ornitholog. II. p. 803. n. 1. Sterna (Caspia) corpore supra plumbeo-cinereo, subtus colloque albo, rostro coccineo, capillitio pedibusque nigris.

Pallas, Reise, I. p. 429. II. p. 471.

Pallas, Reise, Ausz. I. p. 370. *Tschagrawi*.

Neue schwed. Abhandl. III. p. 221. Sterna: cauda forficata alba breviori, rostro coccineo, capillitio aterrimo, pedibus nigris. Maxima; *die Wimmermeve*.

Mus. Carlson. fasc. III. Tab. 62.

Donndorff, Handb. der Thiergesch. p. 284. n. 1. *die caspische Meerschwalbe*.

β. *Latham*, Syn. III. 2. p. 351. n. 1. Var. A.

Latham, Syst. ornithol. II. p. 804. n. 1. β. St. cinereo-cana, corpore subtus colloque albis, vertice nigro albo maculato, rectricibus ad apicem fasciis fuscis.

γ. *Latham*, Syn. III. 2. p. 351. n. 1. Var. B.

Latham, Syst. ornithol. II. p. 804. n. 1. γ. St. cinereo-cana, corpore subtus colloque albis, vertice nigro, occipite subcristato, rectrice extima a medio ad apicem alba.

δ. St. rostro albo, capillitio nigro alboque vario, aurium regionibus nigris, dorso et alis cinereis, plumarum remigum primariarum apicibus nigris. *

Latham, Syst. ornithol. II. p. 804. n. 1. δ.

9. Cayennensis. *Die große cayennische Meerschwalbe.*

Latham, Syst. ornithol. II. p. 804. n. 2. Sterna (Cayana) grisea, pennis rufo-marginatis, occipite nigro, corpore subtus albo.

10. Su-

10. Surinamensis. *Die surinam. Meerschwalbe.*
Latham, Syst. ornitholog. II. p. 804. n. 3. Sterna (Surinamensis) cinerea, subtus alba, rostro, capite, collo pectoreque nigris, pedibus rubris.

11. Fuliginosa. *Der Eyvogel.*
Pennant, arct. Zool. II. p. 485. n. 364. *die rußschwarze Meerschwalbe.*
Latham, Syst. ornitholog. II. p. 804. n. 4. Sterna (Fuliginosa) fuliginoso-atra, fronte corporeque subtus albis, striga per oculos nigra.
Forster, Reis. Ed. in 8. I. p. 119. *der Eyvogel.*

12. Africana. *Die afrikanische Meerschwalbe.*
Latham, Syst. ornitholog. II. p. 805. n. 5. Sterna (Africana) alba, corpore supra caerulescente, vertice nigro, alis fusco-maculatis.

1. Stolida. *Die Noddy.* (9)
Müller, Natursyst. II. p. 351. n. 1. *der Pinsel.*
Leske, Naturgesch. p. 283. n. 1. *die kirre Meerschwalbe.*
Borowsky, Thierreich, III. p. 51. n. 1. *die kirre Meerschwalbe.* Tab. 42.
Blumenbach, Handb. d. Naturgesch. p. 219. n. 1. Sterna (Stolida) corpore nigro, fronte albicante, superciliis atris.
Halle, Vögel, p. 575. n. 712. *die kleine, weißköpfige Seeschwalbe.*
Pennant, arct. Zool. II. p. 484. n. 363. *die dumme Meerschwalbe.*
Onomat. histor. nat. VII. p. 306. *die dumme Meerschwalbe.*
Klein, av. p. 139. n. 15. Larus, hirundo marina minor, capite albo.

(9) Gewicht 4 Unzen. *Penn.*

Klein, Vorbereit. p. 256. n. 15. *Weißkopf.*

Klein, verb. Vögelhist. p. 146. n. 16. *Weißkopf.*

Brisson, ornith. II. p. 414. n. 15. Mouette brune.

Batsch, Thiere, I. p. 369. *die kirre Meerschwalbe.*

Latham, Syst. ornithol. II. p. 805. n. 6. Sterna (Stolida) corpore nigro, fronte albicante, superciliis atris.

Seligmann, Vögel, IV. Tab. 76. *die Meerschwalbe mit dem weißen Kopfe.*

Samml. zur Phys. und Naturgesch. I. p. 227. *die Meerschwalbe.*

Neueste Mannichfalt. I. p. 568. *Meerschwalben.*

Linné, Syst. Nat. Edit. X. I. p. 137. n. 1. Sterna (Stolida) cauda cuneiformi, corpore nigro, fronte albicante.

Charleton, onomast. zoic. p. 115. n. 22. Passer stultus.

Hermann, tab. affinit. anim. p. 143. Sterna Stolida.

Donndorff, Handb. der Thiergesch. p. 284. n. 2. *die Noddy.*

13. Simplex. *Die kleine cayennische Meerschwalbe.*

Latham, Syst. ornitholog. II. p. 805. n. 8. Sterna (Simplex) plumbescens; subtus alba, vertice albido, tectricibus alarum mediis et maioribus albis.

β. *Latham*, Syst. ornitholog. II. p. 806. n. 8. 1. St. cinereo-nigricans, fronte, collo, corpore subtus rectricibusque alarum inferioribus albis.

14. Nilotica. *Die ägyptische Meerschwalbe.*

Latham, Syst. ornitholog. II. p. 806. n. 9. Sterna (Nilotica) cinerea; subtus alba, vertice colloque superiore maculis nigricantibus; orbitis nigris albo maculatis.

Hassel-

Hasselquist, Reise n. Paläst. (Ed. germ.) p. 325. n. 41. Sterna nilotica.

15. CANTIACA. *Die kentische Seeschwalbe.*(10)
Latham, Syn. Suppl. p. 266. Boy's Sandwich.
Latham, Syst. ornitholog. II. p. 806. n. 10. Sterna (Boysii) alba, dorso alisque canis, pileo nigro, fronte maculis albis, remigibus nigricantibus scapo albo.

β. St. supra nigro albo cinerascenteque varie fusca, subtus alba, cauda forficata, rostro pedibusque nigris. *
Latham, Syst. ornithol. II. p. 806. n. 10. *γ*.
Mus. Carls. fasc. III. Tab. 63. Sterna nubilosa. (Pullus.)

2. HIRUNDO. *Die Seeschwalbe.*(1)
Müller, Natursyst. II. p. 352. n. 2. *die europäische Meerschwalbe.* Tab. 13. fig. 3.
Leske, Naturgesch. p. 284. n. 2. *die größere Meerschwalbe.*
Borowsky, Thierreich, III. p. 52. n. 3. *die europäische Meerschwalbe.*
Blumenbach, Handb. d. Naturgesch. p. 219. n. 2. Sterna (Hirundo) cauda forficata, rectricibus duabus extimis albo nigroque dimidiatis; *die Seeschwalbe.*
Bechstein, Naturgesch. I. p. 409. n. 2. *die gemeine Meerschwalbe.*
Bechstein, Naturgesch. Deutschl. II. p. 828. n. 3. *die gemeine Meerschwalbe.* p. 831. *europäische Meerschwalbe, Schwarzkopf, kleinere Meve,*

 Rohr-

(10) Nach *Latham* gehört auch *Sterna Naevia*, p. 609. n. 5. als Spielart hieher.

(1) Flügelweite 30 Zoll; Gewicht 4 1/4 Unze. *Penn.*

Rohrmeve, Rohrschwalm, Seeschwalbe, Meerschwalbe.

Halle, Vögel, p. 573. n. 708. *die große Seeschwalbe mit gespaltenem Schwanze.*

Gatterer, vom Nutzen u. Schaden der Thiere, II. p. 177. n. 161. *die Seeschwalbe.*

Pennant, arct. Zoolog. II. p. 485. n. 365. *die große Meerschwalbe.*

Onomat. histor. nat. VII. p. 302. *die europäische Seeschwalbe.*

Klein, av. p. 138. n. 10. Larus albicans.

Klein, Vorbereit. p. 255. n. 10. *Schwarzkopf.*

Klein, verb. Vögelhist. p. 145. n. 11. *Schwarzkopf.*

Klein, av. p. 138. n. 11. Larus minor cinereus?

Klein, Vorbereit. p. 255. n. 11. *Rohrschwalm, Fischerlein?*

Klein, verb. Vögelhist. p. 145. n. 12. *Rohrmeve, Rohrschwalm?*

Klein, stemmat. av. p. 32. Tab. 36. fig. 3. a-c.

Gesner, Vögelb. p. 372. *Stirn;* mit 1 Fig. p. 373. *Spirer, Schnirring.*

Brisson, ornith. II. p. 415. n. 1. grande Hirondelle-de-mer.

Batsch, Thiere, I. p. 369. *die europäische Meerschwalbe.*

Latham, Syst. ornitholog. II. p. 807. n. 15. Sterna (Hirundo) cauda forficata, rectricibus duabus extimis albo nigroque dimidiatis.

Frisch, Vögel, Tab. 219. *die schwarzplättige Schwalbenmöve.*

Bock, Naturgesch. v. Preussen, IV. p. 342. n. 98. *die europäische Meerschwalbe.*

Beseke, Vögel Kurl. p. 57. n. 109. *die europäische Meerschwalbe.*

Siemssen,

Siemssen, meklenb. Vögel, p. 216. n. 1. *die gemeine Meerschwalbe.*

Phipps Reis. n. d. Nordpol, p. 99. *die europäische Seeschwalbe.*

Lepechin, Tagebuch der russ. Reise, I. p. 245. *Seeschwalben.*

Pallas, Reis. Ausz. I. p. 370. Sterna Hirundo.

Pallas, nord. Beytr. IV. p. 24. Sterna Hirundo.

Linné, auserles. Abhandl. II. p. 282. n. 28. *die Seeschwalbe.*

Fabricius, Reisen n. Norwegen, p. 290. Sterna hirundo.

Pontoppidan, Dännemark, p. 170. n. 1. *Tärne, Kropkirne.*

Pontoppidan, Naturhist. v. Norwegen, II. p. 176. *Sandtärne, Sandtal, Tendelöh, Ten.*

Olaffen, Isl. I. p. 122. *Therna, Kriia.*

Naturf. XII. p. 143. n. 38. *europäische Meerschwalbe.*

Schneider, zool. Abh. p. 145. 151. Larus hirundo; *kleine Fischmeve, oder Fischmeise.*

Scopoli, Bemerk. a. d. Naturgesch. I. p. 91. n. 111. *die Schwalbenmeeve.*

Leem, Finnm. p. 150. *die Seeschwalben, Tänner.*

Berlin. Samml. IX. p. 571. *die Meerschwalbe.*

Linné, Syst. Nat. Edit. VI. p. 24. n. 1. Hirundo marina.

Linné, Syst. Nat. Edit. X. I. p. 137. n. 2. Sterna (Hirundo) cauda forficata, rectricibus duabus extimis albo nigroque dimidiatis.

Müller, zool. dan. prodr. p. 21. n. 1. Sterna (Hirundo) cauda forficata, rectricibus duabus extimis albo nigroque dimidiatis.

Kramer, Austr. p. 345. n. 1. Larus rostro pedibusque miniaceis, vertice et nucha atris, dorso cano, abdomine albo; *grauer Fischer.*

Schwenkfeld, av. Silef. p. 293. Larus minor cinereus; *ein klein Seeſchwalbe, Rohrſchwalm, Fiſcherlein?*

Charleton, onomaſt. zoic. p. 94. n. 3. Larus Piſcator?

Moehring, av. gen. p. 68. n. 74. Larus.

Jonſton, av. p. 129. Larus albus minor?

Donndorff, Handb. der Thiergeſch. p. 285. n. 3. *die Seeſchwalbe.*

β. *Latham*, Syſt. ornith. II. p. 808. n. 15. β. Sterna pedibus nigris, rectricibus extimis toto albis.

16. PANAYENSIS. *Die Meerſchwalbe von Panay.*

Latham, Syſt. ornitholog. II. p. 808. n. 16. Sterna (Panaya) ſubtus alba, vertice nigro maculato, cervice griſeo-nigricante, alis caudaque fuſcis.

Buffon, oiſ. VIII. p. 344. L'Hirondelle de mer de l'Isle de Panay.

Sonnerat, Reiſ. n. Neuguin. p. 44. *die Meerſchwalbe von der Inſel Panay.*

17. CINEREA. *Die aſchgraue Meerſchwalbe.*

Briſſon, ornitholog. II. p. 417. n. 3. Hirondelle-de-mer cendrée.

Latham, Syſt. ornithol. II. p. 808. n. 17. Sterna (Cinerea) cinerea, capite nigro, marginibus alarum, et tectricibus caudae inferioribus nigris.

Jonſton, av. p. 130. Larus fidipes alius, aliſ brevioribus.

18. ALBA. }
19. CANDIDA. } *Die weiße Meerſchwalbe.* (2)

Latham, Syn. Suppl. p. 266. White Tern.

Latham,

(2) Ich nehme dieſe beyden Gattungen hier zuſammen, weil *Latham* ſeine *White Tern* ſelbſt für *Sparrmanns ſterna alba* ausgiebt, und im Syſtem ſich weiter kein Synonym findet.

Latham, Syst. ornithol. II. p. 808. n. 18. Sterna (Alba) corpore toto albo, rostro pedibusque nigris.

20. Obscura. *Die unbestimmte Meerschwalbe.*
Latham, Syst. ornithol. II. p. 810. n. 25. Sterna (Obscura) supra fusca, subtus alba, alis fusco cinereoque variis, capite nigro.

3. Nigra. *Die schwarze Meerschwalbe.* (3)
Müller, Natursyst. II. p. 253. n. 3. *die schwarze Meerschwalbe.* Tab. 13. fig. 4.
Borowsky, Thierreich, III. p. 52 n. 2. *der Brandvogel, Meyvogel, die schwarze Meerschwalbe.*
Bechstein, Naturgesch. Deutschl. II. p. 836. n. 6. *die graue Meerschwalbe.*
Halle, Vögel, p. 574. n. 709. *die kleine schwarze Seeschwalbe?*
Gatterer, vom Nutzen u. Schaden der Thiere, II. p. 177. n. 162. *der Mayvogel?*
Onomat. histor. natur. VII. p. 305. *die graue Seeschwalbe.*
Brisson, ornithol. II. p. 418. n. 5. Hirondelle-de-mer à tête noire ou Gachet.
Batsch, Thiere, I. p. 369. *die schwarze Meerschwalbe.*
Latham, Syn. III. 2. p. 367. n. 22. Var. A.
Latham, Syst. ornitholog. II. p. 810. n. 24. Sterna (Nigra) cauda forficata, corpore cano, capite rostroque nigris, pedibus rubris.
Bock, Naturgesch. von Preussen, IV. p. 343. n. 99. *die schwarze Meerschwalbe.*
Cetti, Naturg. v. Sardin. II. p. 299. *Meerschwalbe.*

Pallas.

(3) Wird oft mit *Sterna Fissipes* n. 7. verwechselt. *Latham* hält sie auch fast nur für eine Spielart.

Pallas, Reis. Ausz. I. p. 370. Sterna nigra.
Leem, Finnm. p. 150. *Glitter*,
Pontoppidan, Naturgesch. v. Dännemark, p. 170. n. 2. *Söesvale*, *Sortkirre*, *Glitter*.
Naturf. XII. p. 144. n. 99. *die schwarze Meerschwalbe.*
Linné, Syst. Nat. Ed. VI. p. 24. n. 2. Sterna nigra.
Linné, Syst. Nat. Edit. X. I. p. 137. n. 3. Sterna (Nigra) cauda subforficata, corpore cano, capite rostroque nigro, pedibus rubris.
Müller, zoolog. dan. prodr. p. 21. n. 171. Sterna (Nigra) cauda subforficata, corpore cano, capite rostroque nigro, pedibus rubris.

21. AUSTRALIS. *Die Südmeerschwalbe.*
Latham, Syst. ornitholog. II. p. 809. n. 21. Sterna (Australis) cinerea subtus grisea, fronte albo-flavescente, remigibus albis.

22. SINENSIS. *Die chinesische Meerschwalbe.*
Latham, Syst. ornithol. II. p. 809. n. 20. Sterna (Sinensis) alba, dorso cinereo, alis caudaque subforficata, griseo-canis, fascia verticali nigra.

23. METOPOLEUCOS. *Die sibirische Meerschwalbe.*
Latham, Syn. III. 2. p. 365. n. 21. Hooded Tern.
Latham, Syst. ornithol. II. p. 809. n. 22. Sterna (Metopoleucos) capite colloque nigris, dorso cano-nigricante, remigibus cinereis, fronte, corpore subtus caudaque forficata albis.

4. MINUTA. *Die kleine Meerschwalbe.* (4)
Müller, Natursystem, II. p. 353. n. 4. *der kleine Fischer.* Tab. 13. fig. 1.

Borowsky,

(4) Flügelweite 19 1/2 Zoll. Gewicht 2 Unzen 8 Gran. *Penn.*

Borowsky, Thierreich, III. p. 55. n. 5. *der kleine Fischer.*

Bechstein, Naturgesch. Deutschl. II. p. 837. n. 7. *die kleine Meerschwalbe.* p. 838. *das Fischerlein, die kleine Seeschwalbe, die zweyfarbige Meve, die kleinste Fischmeve.*

Halle, Vögel, p. 574. n. 710. *die kleinste Fischmöve.*

Pennant, arct. Zool. II. p. 486. n. 366. *die kleinere Meerschwalbe.*

Onomat. hist. nat. VII. p. 503. *das Fischerlein.*

Klein, av. p. 138. n. 11. Larus minor cinereus?

Klein, Vorbereit. p. 255. n. 11. *Rohrschwalm?*

Klein, verb. Vögelhist. p. 145. n. 12. *Rohrmeve?*

Klein, av. p. 138. n. 13. Larus Piscator.

Klein, Vorbereit. p. 255. n. 13. *Fischerlein, kleinste Meve.*

Klein, verb. Vögelhist. p. 146. n. 14. *Fischerlein.*

Siemssen, meklenb. Vögel, p. 217. n. 2. *die kleine Meerschwalbe.*

Gesner, Vögelb. p. 373. *Mebe, Fischerlein genannt.*

Brisson, ornith. II. p. 416. n. 2. Petite Hirondelle-de-mer.

Batsch, Thiere, I. p. 369. *die kleine Möwe.*

Latham, Syst. ornitholog. II. p. 809. n. 19. Sterna (Minuta) cauda forficata, corpore albo, dorso cano, fronte superciliisque albis.

Bock, Naturgesch. v. Preussen, IV. p. 343. n. 100. *der kleine Fischer.*

Scopoli, Bemerk. a. d. Naturgesch. I. p. 91. n. 110. Larus bicolor; *die zweyfarbigte Meeve.*

Schwenkfeld, av. Siles. p. 293. Larus minor cinereus?

Jonston, av. p. 129. Larus albus minor?

Charleton, onom. zoic. p. 94. n. 3. Larus piscator.

5. Nae-

5. NAEVIA. *Die gefleckte Meerschwalbe.* (5)

Müller, Natursystem, II. p. 353. n. 5. *die Kirrmeve.*

Borowsky, Thierreich, III. p. 54. n. 4. *die Kirrmeve.*

Bechstein, Naturgesch. Deutschl. II. p. 831. n. 4. *die gefleckte Meerschwalbe.* p. 833. *Kirrmeve, Girrmöve, Scheerke.*

Halle, Vögel, p. 575. n. 711. *die grünbunte Möwe?*

Onomat. hist. nat. VII. p. 304. *die bunte Meerschwalbe, Kirrmöwe.*

Pennant, arct. Zoolog. II. p. 487. A. *die kamtschatkische Meerschwalbe.*

Klein, av. p. 103. n. 3. Rallus cinereus, facie Lari.

Klein, Vorbereit. p. 192. n. 3. *graue Rall, Aftermeve.*

Klein, verb. Vögelhist. p. 105. n. 3. *graue Ralle.*

Brisson, ornithol. II. p. 419. n. 6. Hirondelle-de-mer tachetée.

Batsch, Thiere, I. p. 369. *die Kirrmöwe.*

Latham, Syst. ornithol. II. p. 806. n. 10. β. St. cauda emarginata, corpore variegato, macula aurium nigra.

Pallas, Reis.-Ausz. I. p. 370. Sterna naevia.

Linné, auserles. Abh. II. p. 296. n. 92. *die Halbmeve, Ralle.*

Scopoli, Bemerk. a. d. Naturgesch. I. p. 125. n. 156. *der meevenförmige Rall.*

Linné, Syst. Nat. Edit. X. I. p. 153. n. 3. Rallus (Lariformis) subtus albido-flavescens, cervice caerulescenti-maculato, digitis marginatis.

(5) Nach *Latham* eine Varietät von *Sterna Cantiaca*, n. 15.

24. STRIATA. *Die gestreifte Meerschwalbe.*
Latham, Syst. ornitholog. II. p. 807. n. 11. Sterna (Striata) alba, occipite nuchaque nigris, corpore supra alisque striis transversis nigris.

25. VITTATA. *Die Meerschwalbe mit weißer Kopfbinde.*
Latham, Syn. III. 2. p. 359. n. 11. Wreathed Tern.
Latham, Syst. ornitholog. II. p. 807. n. 12. Sterna (Vittata) cinerascens, capite superiore nigro vitta alba circumdato, uropygio, crisso caudaque albis.
β. *Latham*, Syst. ornitholog. II. p. 801. ad n. 12.

26. SPADICEA. *Die braunrothe Meerschwalbe.*
Latham, Syst. ornith. II. p. 807. n. 13. Sterna (Spadicea) fusco-rubescens, crisso albo, dorsi pennis rectricibusque alarum margine albidis, scapularibus remigibusque secundariis apice albis.

6. FUSCATA. *Die braune Meerschwalbe.*
Müller, Natursyst. II. p. 354. n. 6. *die St. Domingische Kirrmeve.*
Onomat. hist. nat. VII. p. 301. *die braune Meerschwalbe.*
Brisson, ornith. II. p. 420. n. 7. Hirondelle-de-mer brune.
Latham, Syn. III. 2. p. 360. n. 13. Dusky Tern.
Latham, Syst. ornithol. II. p. 807. n. 14. Sterna (Fuscata) cauda emarginata, corpore nigricante immaculato, pedibus rubris, rostro fusco.

7. FISSIPES. *Der Brandvogel.* (6)
Müller, Natursyst. II. p. 354. n. 7. *der Spaltfuß.*
Bechstein,

(6) Wird in den Synonymen und Beschreibungen häufig mit *Sterna Nigra* n. 3. verwechselt.

Bechstein, Naturgesch. I. p. 410. n. 3. *die schwarze Meerschwalbe.*

Bechstein, Naturgesch. Deutschl. II. p. 833. n. 5. *die schwarze Meerschwalbe.* p. 835. *Brandvogel, Maivogel, schwarze Meve, kleine schwarze Seeschwalbe, Kleinmevchen, spaltfüßige Meerschwalbe, Amselmeve.*

Halle, Vögel, p. 574. n. 709. *die kleine schwarze Seeschwalbe?*

Pennant, arct. Zool. II. p. 486. n. 367. *die schwarze Meerschwalbe.*

Onomat. hist. nat. VII. p. 300. *die schwarze Mewe, Brandvogel.*

Gesner, Vögelb. p. 373. *Meyvögelein.*

Brisson, ornithol. II. p. 417. n. 4. Hirondelle-de-mer noire ou Epouvantail.

Klein, av. p. 138. n. 12. Larus minor niger.

Klein, Vorbereit. p. 255. n. 12. *schwarze Mewe, Meyvogel, Brandvogel.*

Klein, verb. Vögelh. p. 145. n. 13. *schwarze Meve.*

Latham, Syn. Suppl. p. 267. Black Tern.

Latham, Syst. ornitholog. II. p. 810. n. 23. Sterna (Fissipes) cauda emarginata, corpore nigro, dorso cinereo.

Frisch, Vögel, Tab. 715. *die kleinste Möve.*

Siemssen, meklenb. Vögel, p. 218. n. 3. *die schwarze Meerschwalbe.*

Scopoli, Bemerk. a. d. Naturgesch. I. p. 90. n. 108. *die Amselmeeve.*

Charleton, onomast. zoic. p. 95. n. 4. Larus Niger.

Schwenkfeld, av. Siles. p. 294 Larus minor niger; *ein klein schwarze Seeschwalbe, schwarzer Mewe, Meyvogel, klein Mübeßlin.*

Jonston, av. p. 130. Larus niger. Larus fidipes primus.

Hermann,

Hermann, tab. affinit. anim. p. 143. Larus fissipes.
Donndorff, Handb. der Thiergesch. p. 185. n. 4. *der Brandvogel.*

A. *Veränderungen gegen die XIIte Edition, und Vermehrung der Gattungen dieses Geschlechts.*

Das Geschlecht ist mit 19 Gattungen vermehrt. Bey der 2ten Gattung sind *zwey* Varietäten aus einander gesetzt.

B. *Unbestimmtere Thiere.*

1. *Die Tiegermeve.* Larus Tigrinus.
Klein, verb. Vögelhist. p. 147. n. 23.
Halle, Vögel, p 577. n. 719.

2. *Die Helische Schneemeve.*
Klein verbess. Vögelhist. p. 147. n. 24.
Halle, Vögel, p. 577. n. 720.

3. *Die Meve mit gelbem Schnabel und Füßen.*
Klein, verbess. Vögelhist. p. 147. n. 25.

4. *Helisches Fischerlein.*
Klein, verbess. Vögelhist. p. 148. n. 26.
Halle, Vögel, p. 578. n. 721. *das Möwchen.*

C. *Neuere Gattungen.*

1. *Die Stübbersche Meerschwalbe. Kleine Stübbersche Kirke.*
Bechstein, Naturgesch. Deutschl. II. p. 828. n. 2.

2. *Die philippinische Meerschwalbe.*
Latham, Syst. ornithol. II. p. 805. n. 7. Sterna (Philippina) vinaceo-grisea, pileo albo, vitta per oculos, remigibus, cauda, rostro pedibusque nigris.
Latham, Syn. Suppl. p. 267. Philippine Tern.

78. GESCHLECHT. RYNCHOPS. *Der Verkehrtschnabel.*

Müller, Natursyst. II. p. 355. Gen. LXXVIII.
Leske, Naturgesch. p. 283. Gen. LXVII.
Borowsky, Thierreich, III. p. 25. Gen. XXXVI.
Blumenbach, Handbuch der Naturgesch. p. 219. Gen. LXVII.
Bechstein, Naturgesch. I. p. 395. Gen. XXV.
Onomat. hist. nat. VI. p. 863.
Brisson, ornithol. II. p. 420. Gen. CIV. Rygchopsalia.
Batsch, Thiere, I. p. 366. Gen. LXXXIII.
Latham, Syst. ornith. II. p. 802. Gen. XCII.
Hermann, tab. affinit. animal. p. 144.
Donndorff, Handb. d. Thiergesch. p. 285. Gen. XL.

1. NIGRA. *Der Wasserschneider.*
Müller, Natursyst. II. p. 355. n. 1. *der schwarze Verkehrtschnabel.*
Leske, Naturgesch. p. 283. *der schwarze Verkehrtschnabel.*
Borowsky, Thierreich, III. p. 26. n. 1. *der schwarze Wasserscherer.*
Blumenbach, Handb. d. Naturgesch. p. 219. n. 1. Rhinchops (Nigra) nigricans, subtus alba, rostro basi rubro.
Bechstein, Naturgesch. I. p. 395. *der schwarze Verkehrtschnabel.*
Bechstein, Naturgesch. Deutschl. II. p. 175. *der schwarze Verkehrtschnabel.*
Funke, Naturgesch. I. p. 325. *der Verkehrtschnabel.*
Ebert, Naturl. II. p. 80. *der Wasserbeißer oder Wasserscherer.*
Halle, Vögel, p. 586. n. 731. *der Wasserbeißer, die Seescheere.*

Gatterer,

Gatterer, vom Nutzen u. Schaden der Thiere, II. p. 179. n. 166. *der Wasserbeißer.*

Pennant, arct. Zool. II. p. 483. n. 362. *der Wasserschneider.*

Onomat. hist. nat. VI. p. 863. *der schwarze Wasserbeißer.*

Klein, Vorber. p. 262. n. 2. *verkehrter Schnäbler.*

Klein, verbess. Vögelhist. p. 150. n. 2. *verkehrter, ungleicher Schnäbler.*

Brisson, ornith. II. p. 421. n. 1. Bec-en-ciseau.

Latham, Syst. ornithol. II. p. 802. n. 1. Rhynchops (Nigra) nigricans, subtus alba, rostro basi rubro.

Seligmann, Vögel, IV. Tab. 80. *die große Meve mit ungleichem Schnabel.*

Linné, Syst. Nat. Ed. X. I. p. 138. n. 1. Rhynchops (Nigra) nigra, subtus alba, rostro basi rubro.

Moehring, av. gen. p. 83. n. 109. Phalacorax.

Hermann, tab. affinit. animal. p. 144.

Donndorff, Handb. der Thiergesch. p. 285. *der Wasserschneider.*

2. Fulva. *Der gelbe Verkehrtschnabel.*

Müller, Naturs. II. p. 356. n. 2. *der Fahle.*

Borowsky, Thierreich, II. p. 26. n. 2. *der fahle Wasserscherer.*

Brisson, ornith. II. p. 422. n. 1. Var. A. Bec-en-ciseau fauve.

Onomat. histor. nat. VI. p. 863. *der gelbe Wasserbeißer.*

Latham, Syn. III. 2. p. 348.

Latham, Syst. ornithol. II. p. 803. n. 1. β. Rh. fulva, rostro nigro.

Linné, Syst. Nat. Edit. X. I. p. 138. n. 2. Rhynchops (Fulva) fulva, rostro nigro.

VIERTE ORDNUNG.

GRALLAE. (*Sumpfvögel. Stelzenläufer.*)

79. GESCHLECHT. PHOENICOPTERUS.
Der Flamingo.

Müller, Naturſyſt. II. p. 358. Gen. LXXIX.
Leske, Naturgeſch. p. 281. Gen. LXVI.
Borowsky, Thierreich, III. p. 66. Gen. XLIV.
Blumenbach, Handb. der Naturgeſchichte, p. 210. Gen. LI.
Bechſtein, Naturgeſch. I. p. 412. Gen. XXXIV.
Briſſon, ornithol. II. p. 501. Gen. CXIII.
Batſch, Thiere, I. p. 385. Gen. XCIII.
Latham, Syſt. ornith. II. p. 788. Gen. LXXXVII.
Donndorff, Handbuch der Thiergeſch. p. 286. Gen. XLI.

1. Ruber. *Der* (rothe) *Flamingo.*

Müller, Naturſyſtem, II. p. 358. n. 1. *der Flaminger.* Tab. 14. fig. 2.
Leske, Naturgeſch. p. 281 *der Flamant.*
Borowsky, Thierreich, III. p. 66. n. 1. *der Flaminger, Flammenvogel, Flammenreiher.* T. 44.
Blumenbach, Handb. d. Naturgeſch. I. p. 210. n. 1. Phoenicopterus (Ruber) ruber, remigibus nigris; *Flamingo, Flamant, Schartenſchnäbler, Korkorre.*
Bechſtein, Naturgeſch. Deutſchl. II. p. 179. *der rothe Flamant.*
Bechſtein, Naturgeſch. I. p. 412. *der rothe Flamant.*
Funke, Naturgeſch. I. p. 325. *der Flamingo.*
Ebert, Naturl. II. p. 81. *der Flaminger.* Tab. 36.

Halle,

Halle, Vögel, p. 536. n. 637. *der Flammenreiher, Pflugschnabel.*

Halle, Vögel, p. 538. n. 638. *der Flammenreiher mit rosenfarbenem Flügel.*

Halle, Vögel, p. 539. n. 639. *der weiße Flammenreiher.*

Gatterer, vom Nutzen u. Schaden der Thiere, II. p. 179. n. 167. *der Flamant, Karminpelikan.*

Neuer Schaupl. d. Nat. VI. p. 581. *Phoenikopter.*

Onomat. histor. nat. VI. p. 461. *Flaminger.*

Pennant, arct. Zoolog. II. p. 467. n. 339. *der rothe Flamant.*

Handb. d. Naturgesch. II. p. 379. *der Flamant.*

Klein, av. p. 126. B. Phoenicopterus.

Klein, Vorbereit. p. 234. B. *Schartenschnäbler.*

Klein, verbesserte Vögelhist. p. 133. n. 1. *rother Flamant.*

Klein, verbess. Vögelhist. p. 134. n. 2. *rothflügelichter Flamant.*

Klein, verb. Vögelh. p. 134. n. 3. *weißer Flamant.*

Gesner, Vögelb. p. 402. *Flambant, Flamman.*

Brisson, ornith. II. p. 502. Flamant.

Batsch, Thiere, I. p. 387. *der Flamingo.*

Latham, Syn. Suppl. p. 263. Red Flamingo.

Latham, Syst. ornith. II. p. 788. n. 1. Phoenicopterus (Ruber) remigibus nigris.

Seligmann, Vögel, III. Tab. 46. *Flamingo, Phoenicopter.*

Seligmann, Vögel, III. Tab. 47. *der Schnabel des Phoenicopters in natürlicher Größe.*

Adanson, Senegall, p. 243. *Flammenreiger.*

Pallas, Reis. Ausz. I. p. 371. *rothe Gänse.* p. 357. *der Flamingo.*

Lepechin, Tageb. d. russ. Reis. I. p. 321. *Flamingo oder rothe Gänse.*

Cetti, Naturgesch. von Sardinien, II. p. 303. *der Flamant.* Tab. 5.

Fermin, Beschreib. von Surinam, II. p. 125. *der Phoenikopter.*

Molina, Naturgesch. von Chili, p. 215. *Becharu.*

Kolbe, Vorgeb. d. g. Hoffnung, Edit. in 4. p. 387. *der Flamand.*

Allgem. Reis. II. p. 168. 445. *Flamingos.* V. p. 201. Tab. 16. *der Flamingo.* XIII. p. 241. *die Fläminger.* XVII. p. 671. *Fläminge.* (genaue Beschreib. des Nests.)

Dampier, Reis. I. p. 134. *Flamingos.*

Perrault, *Charras* u. *Dodart*, Abhandl. aus der Naturgesch. II. p. 217. anatomische Beschreib. eines Becharu oder Flamingos. Tab. 69. *der Becharu.* Tab. 70. die Zergliederung.

Frisch, Vögel, II. Tab. 152. *der weiße Scherten-schnäbler.* (Ein einjähriger Vogel.)

Scopoli, Bemerk a. d. Naturgesch. I. p. 93. n. 114. *der rothe Flamand.*

Samml. z. Phys. u. Naturgesch. I. p. 227. *der Flamingo.*

Goeze, nützl. All. II. p. 217. n. 22. *der Flamingo.*

Eberhard, Thiergesch. p. 120. *der Flamant.*

Jablonsky, allgem. Lex. p. 338. *Flamingos.*

Linné, Syst. Nat. Edit. X. I. p. 139. n. 1. Phoenicopterus (Ruber) ruber, remigibus primoribus nigris.

Charleton, onomast. zoic. p. 102. n. 3. Phoenicopterus.

Jonston, av. p. 150. Phoenicopterus.

Moehring, av. gen. p. 59. n. 59. Phoenicopterus Auctorum.

Hermann, tab. aff. anim. p. 142. Phoenicopterus.

Scaliger, exercit. 232. p. 730.

Heliodor.

Heliodor. hist. aethiop. Lib. 6.
Gassend. vit. Peiresc. Lib. 2. in fin.
Plin. hist. nat. L. 10. c. 48. Phoenicopterus.
Sueton. Vitell. c. 13. Caligul. c. 22. Phoenicopterus.
Martial. epigr. L. 3. ep. 71. Phoenicopterus.
Aristophan. av. v. 553. Φοινικοπτεϱος.
Donndorff, Handb. d. Thiergesch. p. 286. n. 1. *der Flamingo.*

2. Chilensis. *Der chilesische Flamingo.*
Vidaure, Chile, p. 71. *Flamingo.*
Latham, Syst. ornithol. II. p. 789. n. 2. Phoenicopterus (Chilensis) ruber, remigibus albis.
Goeze, nützl. Allerley, III. p. 124. n. 9. *der Flamingo.*

Veränderungen gegen die XIIte Edition, und Vermehrung der Gattungen dieses Geschlechts.

Das Geschlecht ist mit *einer* Gattung vermehrt.

80. GESCHLECHT. Platalea. *Der Löffelreiher.*

Müller, Natursystem, II. p. 361. Gen. LXXX.
Leske, Naturgesch. p. 280. Gen. LXIV.
Borowsky, Thierreich, III. p. 68. Gen. XLV.
Blumenbach, Handbuch der Naturgesch. p. 211. Gen. LII.
Bechstein, Naturgesch. I. p. 413. Gen. XXXV.
Bechstein, Naturgeschichte Deutschl. III. p. 1. Gen. XXIII.
Pennant, arct. Zoolog. II. p. 409.
Klein, av. p. 126. Trib. III. A.
Brisson, ornith. II. p. 300. Gen. LXXIX. Platea.
Batsch, Thiere, I. p. 385. Gen. XCIV.

Latham, Syst. ornithol. II. p. 667. Gen. LXIV.
Onomat. hist. nat. VI. p. 561.
Neuer Schauplatz der Natur, V. p. 185.
Hermann, tab. affin. anim. p. 135.
Donndorff, Handbuch der Thiergesch. p. 287. Gen. XLII.

1. LEUCORDIA. *Die Löffelgans.*

Müller, Natursystem, II. p. 361. n. 1. *der weiße Löffler.* Tab. 23. fig. 2.
Leske, Naturgesch. p. 281. n. 1. *der weiße Löffelreiher.*
Borowsky, Thierreich, III. p. 68. n. 1. *der weiße Löffelreiher.* Tab. 45.
Blumenbach, Handb. d. Naturgesch. p. 211. n. 1. Platalea (Leucordia) corpore albo, gula nigra, occipite subcristato; *die Löffelgans.*
Bechstein, Naturgesch. I. p. 413. *der weiße Löffelreiher.*
Bechstein, Naturgesch. Deutschl. III. p. 2. *der weiße Löffelreiher.* p. 4. *Löffelgans, Spatelgans, Löffler, Pelikan.*
Funke, Naturgesch. I. p. 326. *die Löffelgans.*
Ebert, Naturl. II. p. 82. *die Löffelgans.*
Halle, Vögel, p. 535. n. 635. *der weiße Löffelreiher, Pelikan.*
Gatterer, vom Nutzen u. Schaden der Thiere, II. p. 180. n. 168. *die Löffelgans.*
Pennant, arct. Zoolog. II. p. 410. A. *der weiße Löffelreiher.*
Onomat. histor. nat. IV. p. 798. *der weiße Löffelreiher.*
Klein, av. p. 126. n. 1. Platea, Leucordia.
Klein, Vorbereit. p. 233. n. 1. *Löffelgans.*
Klein, verb. Vögelhist. p. 132. n. 1. *weißer Löffler.*

Klein,

Klein, Vögeleyer, p. 34. Tab. 18. fig. 4.

Gesner, Vögelb. p. 364. *Löffler*, *Löffelgans*, *Leffler*, *Lepler*, *Schufler*. Fig. p. 365.

Brisson, ornitholog. II. p. 300. n. 1. Spatule.

Batsch, Thiere, I. p. 388. *der weiße Löffelreiher.*

Latham, Syst. ornitholog. II. p. 667. n. 1. Platalea (Leucordia) corpore albo, gula nigra occipite subcristato.

Bock, Naturgesch. v. Preussen, IV. p. 344. n. 101. *der weiße Löffler.*

Fischer, Naturgesch. von Livl. p. 84. n. 97. *Löffelgans.*

Pallas, Reise, Ausz. I. p. 370. 315. *Löffelreiger.*

Pallas, nord. Beytr. III. p. 13. *Löffelreiger.*

Kolbe, Vorgeb. d. g. H. Edit. in 4. p. 402. *der Pelican.* Tab. 41. *Löffelgans.*

Frisch, Vögel, Tab. 200. *der Löffelreiger mit hubbrigem Schnabel.* (das Männchen.)

Frisch, Vögel, Tab. 201. *der Löffelreiher mit glattem Schnabel.* (das Weibchen.)

Scopoli Bemerk. a. d. Naturgesch. I. p. 95. n. 115. *die weiß rosenfarbene Löffelgans.*

Naturforscher, XIII. p. 201. n. 101. *der weiße Löffler.*

Perrault, *Charras* u. *Dodart*, Abhandl. aus der Naturgesch. II. p. 193. anatom. Beschreibung von vier Palletten, Löffel- oder Spatelgänsen. Tab. 65. *die Spatelgans.* Tab. 66. die Zergliederung.

Bechstein, Musterung schädl. Thiere, p. 126. n. 1. *der Löffelreiher.*

Linné, Syst. Natur. Edit. II. p. 48. Platea.

Linné, Syst. Nat. Ed. VI. p. 22. n. 1. Platea.

Linné, Syst. Nat. Edit. X. I. p. 139. n. 1. Platalea (Leucordia) corpore albo.

Müller,

Müller, zoolog. dan. prodr. p. 22. n. 172. Platalea (Leucordia) corpore albo, gula nigra, capite subcristato.

Schwenkfeld, av. Siles. p. 341. Platea; *Löffel-Ganß, Löffler, Pelecan.*

Charleton, onomast. zoic. p. 103. n. 2. Ardea alba; Cochlearia, Plateola.

Hermann, tab. affinit. anim. p. 135. Pl. Leucordia.

Albert. Magn. de anim. L. 23. c. de Aedra.

Cicero, de nat. Deor. L. 2. Sect. 49. Platalea.

Plin. hist. nat. L. 10. c. 40. Platalea.

Aristot. de nat. anim. L. 9. c. 10. Πελεκανες.

Aelian. hist. anim. L. 2. c. 20. Πελεκανες.

Donndorff, Handb. der Thiergesch. p. 287. n. 1. *die Löffelgans.*

β. *Latham*, Syst. ornith. II. p. 668. n. 1. β.

Sonnerat, Reis. n. Neuguin. p. 33. *der fast ganz weiße Löffler, mit gelben ins rothe fallenden Füßen.*

γ. *Latham*, Syst. ornithol. II. p. 668. n. 1. γ.

Sonnerat, a. a. O. *der ganz weiße Löffler, mit einer Haube auf dem Kopfe, und hellrothen und blassen Füßen.*

2. AJAJA. *Der rothe Löffelreiher.*

Müller, Natursyst. II. p. 362. n. 2. *der rothe brasilianische Löffler.* Tab. 14. fig. 2.

Leske, Naturgesch. II. p. 281. n. 2. *der rothe Löffelreiher.*

Borowsky, Thierreich, III. p. 69. n. 3. *der rothe brasilianische Löffler, der Karminpelekan.*

Onomat. histor. nat. VI. p. 562. *der rothe brasilianische Löffler.*

Pennant, arct. Zool. II. p. 409. *der rothe Löffelreiher.*

Klein,

Klein, av. p. 126. n. 2. Platea Brasiliensis, Ajaja dicta, *Colherado* Lusit.

Klein, Vorber. p. 233. n. 2. *rosenfarbener Löffler.*

Klein, verb. Vögelhist. p. 132. n. 2. *rosenfarbener Löffler.*

Brisson, ornith. II. p. 302. n. 2. Spatule couleur de Rose.

Batsch, Thiere, I. p. 388. *der rothe brasilianische Löffler.*

Latham, Syst. ornitholog. II. p. 668. n. 2. Platalea (Ajaja) corpore roseo, tectricibus caudae coccineis, rectricibus roseis.

Bankroft, Naturgeschichte von Guiana, p. 102. *die gujanische Löffelgans.*

Fermin, Surinam, II. p. 132. *der Löffler.*

Linné, Syst. Nat. Edit. X. I. p. 140. n. 2. Platalea (Ajaja) corpore sanguineo.

Barrere, av. p. 135. Ardea rosea Spatula dicta.

Jonston, av. p. 198. Ajaja. p. 213. Ayaya.

β. *Halle*, Vögel, p. 536. n. 636. *der Karminpelekan mit schwarzem Halsringe.*

Klein, av. p. 126. n. 3. Platea sanguinea tota. Tlauquechul.

Klein, Vorbereit. p. 233. n. 3. *ganz blutrothe Löffler.*

Klein, verbess. Vögelhist. p. 133. n. 3. *hochrother Löffler.*

Brisson, ornitholog. II. p. 303. n. 3. Spatule rouge. (7)

Latham, Syst. ornithol. II. p. 668. n. 2. β. Pl. corpore sanguineo, collo candido, torque nigro, rectricibus coccineis.

Linné, Syst. Nat. Ed. X. I. p. 140. n. 2. β. Tlauhquechul, s. Platea mexicana.

Charle-

(7) Nach *Brisson* eine eigene Gattung.

Charleton, onomaft. zoic. p. 116. n. 2. Tlauquechul.

Jonfton, av. p. 182. Tlauhquechul.

3. Pygmaea. *Der Zwerglöffelreiher.*

Müller, Naturf. II. p. 363. n. 3. *der Zwerglöffler.*

Latham, Syft. ornithol. II. p. 669. n. 3. Platalea (Pygmaea) corpore fupra fufco, fubtus albo.

Onomat. hift. natur. VI. p. 563. *der Zwerglöffler.*

Bankroft, Naturgefch. von Guiana, p. 103. *die oben braune und unten weiße Platalea.*

Linné, Syft. Nat. Edit X. I. p. 140. n. 3. Platalea (Pygmaea) corpore fupra fufco, fubtus albo.

Hermann, tab. affinit. animal. p. 135. Platalea Pygmea.

81. GESCHLECHT. Palamedea. *Der Anhima.*

Müller, Naturfyft. II. p. 364. Gen. LXXXI.

Lefke, Naturgefch. p. 278. Gen. LIX.

Borowsky, Thierreich, III. p. 69. Gen. XLVI.

Blumenbach, Handbuch der Naturgefch. p. 211. Gen LIII.

Bechftein, Naturgefch. I. p. 414. Gen. XXXVI.

Onomat. hift. nat VI. p. 1.

Briffon, ornith. II. p. 348. Gen. LXXXV. Cariama. p. 349. Gen. LXXXVI. Anhima.

Latham, Syft. ornith. II. p. 669. Gen. LXV.

Hermann, tab. affinit. animal. p. 136. 169.

Donndorff, Handbuch der Thiergefch. p. 288. Gen. XLIII.

1. Cornuta. *Der Anhima.*

Müller, Naturf. II. p. 364. n. 1. *der Hornträger.*

Borowfky, Thierreich, III. p. 69. *der Hornträger, Anhima.*

Blumenbach, Handb. d. Naturgesch. p. 211. n. 1. Palamedea (Cornuta) alulis bispinosis, fronteque cornuta.

Bechstein, Naturgesch. I. p 414 *der Hornträger.*

Bechstein, Naturgesch. Deutschl. II. p. 180. *der Hornträger.*

Halle, Vögel, p. 523. n. 610. *der graue braun gewässerte Kranich, über dem Schnabel und an den Flügeln gehörnt.*

Onomat. hist. nat. I. p. 446. *der Anhimavogel.*

Handb. d. Naturgesch. II. p. 346. *der Kamichy.*

Brisson, ornithol. II. p. 349. n. 1. *Kamichy.*

Batsch, Thiere, I. p. 396. *der brasilian. Kranich.*

Latham, Syst. ornitholog. II. p. 669. n. 1. Palamedea (Cornuta) alulis bispinosis, fronteque cornuta.

Fermin, Beschreib. von Surinam, II. p. 122. *der gehörnte Wasserträger.*

Samml. zur Phys. und Naturgesch. II. p. 614. *Camoucle, Kamichi.*

Eberhard, Thiergeschichte, p. 102. *der gehörnte amerikanische Adler.*

Goeze, Natur, Menschenl. und Vors. V. p. 346. *der Camoucle.*

Moehring, av. gen. p. 84. n. 111. Palamedaea.

Jonston, av. p. 209. Anhima Brasiliensibus.

Hermann, tab. affinit. animal. p. 136. Palamedea cornuta.

Donndorff, Handb. der Thiergesch. p. 281. *der Hornträger.*

2. Cristata. *Der Cariama.* (8)

Müller, Natursystem, II. p. 365. n. 2. *der Bastard-Kranich.*

Halle,

(8) Aus diesem hat *Brisson* ein eignes Geschlecht gemacht, weil ihm die Flügelstacheln und das Horn an der Stirne fehlen.

Halle, Vögel, p. 523. n. 609. *der graue braun gewässerte Kranich, mit dem Federbusche über dem Schnabel.*

Brisson, ornithol. II. p. 348. n. 1. Cariama.

Latham, Syst. ornith. II. p. 669. n. 1. Palamedea (Cristata) inermis, fronte cristata.

Onomat. histor. nat. II. p. 646. *der brasilianische Kranich.*

Jonston, av. p. 197. Cariama.

82. GESCHLECHT. MYCTERIA. *Der Jabiru.* (Kahlkopf.)

Müller, Natursyst. II. p. 366. Gen. LXXXII.

Leske, Naturgesch. p. 278. Gen. LX.

Blumenbach, Handbuch der Naturgesch. p. 211. Gen. LIV.

Bechstein, Naturgeschichte Deutschl. II. p. 180. Gen. XLIV.

Latham, Syst. ornithol. II. p. 670. Gen. LXVI.

Donndorff, Handb. der Thiergeschichte, p. 288. Gen. XIV.

1. AMERICANA. *Der amerikanische Jabiru.*

Müller, Natursystem, II. p. 366. *der brasilianische Reiher.*

Borowsky, Thierreich, II. p. 80. n. 3. *der brasilianische Storch.*

Blumenbach, Handb. d. Naturgesch. p. 211. n. 1. Mycteria Americana.

Bechstein, Naturgesch. Deutschl. II. p. 180. *der Jabiru.*

Halle, Vögel, p. 522. n. 607. *der weiße nackte Kranich.*

Halle, Vögel, p. 522. n. 608. *der weiße Helmkranich.*

Onomat.

Onomat. hist. nat. V. p. 401. *der Kahlkopf, brasilianische Reiher, Nhanduapoa.*

Latham, Syst. ornitholog. II. p. 670. n. 1. Mycteria (Americana) alba, remigibus rectricibusque nigro-purpurascentibus.

Brisson, ornith. II. p. 306. n. 4. Cigogne du Brésil.

Batsch, Thiere, p. 392. *der brasilianische Storch.*

Samml. z. Phys. u. Naturg. II. p. 613. Touioucou.

Neueste Mannichfalt. II. p. 124. *Jabiru.*

Linné, Syst. Nat. Edit. X. I. p. 140. n. 1. Mycteria americana.

Hermann, tab. affinit. animal. p. 133. Mycteria.

Jonston, av. p. 195. *Jabiru guacu* Petiguaribus; *Nhanduapoa* Tupinambis; Belgis *Deurvogel.*

Donndorff, Handb. der Thiergesch. p. 288. *der Kahlkopf.*

β. *Müller*, Natursystem, II. p. 367. *Auarou?*

Onomat. hist. nat. VII. p. 402. *Avarou?*

Brisson, ornithol. II. p. 307. n. 5. Cigogne de la Guiane.

Jonston, av. p. 195. *Jabiru* Brasiliensibus; Belgis vulgo *Negro.*

A. *Veränderungen gegen die XII. Edition, und Vermehrung der Gattungen dieses Geschlechts.*

Brissons Ciconia Guianensis, den dieser als eine eigne Gattung ansieht, ist als Varietät von seinem *Ciconia Brasiliensis* angenommen.

B. *Neuere Gattungen.*

1. *Der asiatische Jabiru.*

Latham, Syn. Suppl. p. 231. Indian Jabiru.

Latham, Syst. ornith. II. p. 670. n. 2. Mycteria (Asiatica) alba, fascia per oculos, dorso infimo, remigibus rectricibusque nigris.

83. GESCHLECHT. CANCROMA. *Der Hohlschnabel.*

Müller, Naturfyft. II. p. 361. Gen. LXXXIII.

Borowsky, Thierreich, III. p. 105. Gen. LVI.

Blumenbach, Handbuch der Naturgefch. p. 212. Gen. LV.

Briffon, ornitholog. II. p. 344. Gen. LXXXIII. Cochlearius.

Batfch, Thiere, I. p. 401.

Latham, Syft. ornithol. II. p. 671. Gen. LXVII.

Hermann, tab. affinit. animal. p. 134.

Donndorff, Handbuch der Thiergefch. p. 289. Gen. XLV.

1. COCHLEARIA. *Der Löffelfchnabel.*

Müller, Naturf. II. p. 368. n. 1. *der Löffelfchnabel.*

Borowsky, Thierreich, III. p. 106. n. 2. *der Löffelfchnabel.*

Blumenbach, Handb. d. Naturgefch. p. 212. n. 1. Cancroma (Cochlearia) ventre rufefcente.

Briffon, ornitholog. II. p. 344. n. 1. Cuilliere.

Latham, Syft. ornithol. II. p. 671. n. 1. Cancroma (Cochlearia) criftata cinerafcens, ventre rufo, vertice lunulaque cervicis nigra.

Donndorff, Handb. der Thiergefch. p. 298. n. 1. *der Löffelfchnabel.*

β. *Müller*, Naturfyft. II. p. 368. *Arapapa.*

Briffon, ornith. II. p. 345. A. Cuilliere tachetée.

Latham, Syn. III. 1. p. 27. Spotted Boat-bill.

Latham, Syft. ornithol. II. p. 671. n. 1. β.

2. CANCROPHAGA. *Die Tamatia.* (9)

Müller, Naturfyft. II. p. 368. n. 2. *Krebsfreffer.* Tab. 23. fig. 4.

Borowsky,

(9) Nach *Latham* eine Varietät oder das Weibchen von *Cancroma Cochlearia.*

Borowsky, Thierreich, II. p. 105. n. 1. *der Krebsfresser*. Tab 56.

Bechstein, Naturgesch. Deutschl. II. p. 183. *der Krebsfresser*.

Onomat. histor. nat. VII. p. 424. Tamatia.

Brisson, ornith. II. p. 345. n. 2. Cuilliere brune.

Latham, Syn. III. 1. p. 28. Brown Boat-bill.

Latham, Syst. ornith. II. p. 671. n. 1. γ. C. cristata rufo-fusca, abdomine albido, vertice nigro.

Jonston, av. p. 203. Tamatia.

Veränderungen gegen die XIIte Edition, und Vermehrung der Gattungen dieses Geschlechts.

Bey der 1sten Gattung ist die Var. β aus *Brisson* hinzugekommen.

* EINGESCHOBENES GESCHLECHT.

SCOPUS. *Der Schattenvogel.*

Bechstein, Naturgeschichte Deutschl. II. p. 183. Gen. LIX.

Brisson, ornith. II. p. 343. Gen. LXXXII.

Latham, Syst. ornith. II. p. 672. Gen. LXVIII.

Donndorff, Handbuch der Thiergesch. p. 289. Gen. XLVI.

1. UMBRETTA. *Die Umbrette.*

Bechstein, Naturgesch. Deutschl. II. p. 184. *die Umbrette*.

Brisson, ornith. II. p. 343. n. 1. Ombrette.

Latham, Syst. ornithol. II. p. 672. n. 1. Scopus Umbretta.

Eberhard, Thiergesch. p. 101. *der senegalische Scopus*.

Donndorff, Handbuch der Thiergesch. p. 289. *Ombrette*.

84. GESCHLECHT. ARDEA. *Der Reiher.* (10)

Müller, Naturſyſt. II. p. 369. Gen. LXXXIV.
Leske, Naturgeſch. p. 279. Gen. LXIII.
Borowsky, Thierreich, III. p. 73. Gen. XLVIII.
Blumenbach, Handbuch der Naturgeſch. p. 212. Gen. LVI.
Bechſtein, Naturgeſch. I. p. 416. Gen. XXXVIII. p. 419. Gen. XXXIX. p. 420. Gen. XL.
Bechſtein, Naturg. Deutſchl. III. p. 5. Gen. XXIV. p. 46. Gen. XXV. p. 59. Gen. XXVI.
Ebert, Naturl. II. p. 83 ff.
Halle, Vögel, p. 517. 524. 533.
Pennant, arct. Zoolog. II. p. 410.
Neuer Schaupl. d. Natur, IV. p. 740. VII. p. 81. VIII. p. 623.
Onomat. hiſtor. nat. I. p. 684. IV. p. 48.
Klein, av. p. 121. Gen. XVIII. p. 122. 125. Gen. XIX. Trib. 1. 2.
Briſſon, ornitholog. II. p. 304. Gen. LXXX. Ciconia. p. 312. Gen. LXXXI. Ardea. p. 346. Gen. LXXXIV. Balearica.
Batſch, Thiere, I. p. 386. Gen. XCVII.
Latham, Syſt. ornithol. II. p. 672. Gen. LXIX.
Hermann, tab. affinit. anim. p. 132 ſqq.
Donndorff, Handbuch der Thiergeſch. p. 289. Gen. XLVII.

* *Mit Federbüſchen auf dem Kopfe: Der Schnabel iſt nicht länger als der Kopf.*

1. PAVONIA. *Der Pfauenreiher.*

Müller, Naturſyſt. II. p. 370. n. 1. *der Pfauenreiher.* Tab. 14. fig. 3.

Leske,

(10) *Briſſon* und einige neuere machen aus dem *Reiher*, *Kranich* und *Storch* drey verſchiedene Geſchlechter.

Leske, Naturgesch. p. 279. n. 1. *der Pfauenreiher.*
Borowsky, Thierreich, III. p. 73. n. 1. *der Pfauenreiher.* Tab. 48.
Ebert, Naturl. II. p. 85. *der gekrönte kapsche Kranich, Akkaviak.* Tab. 28. fig. 1.
Halle, Vögel, p. 518. n. 601. *der weiße kurzschnäblige Kranich, mit trichterförmigem Federbusche, Wasserpfau, Diademkranich.*
Gatterer, vom Nutzen u. Schaden der Thiere, II. p. 187. n. 175. *der balearische Kranich, Pfauenreiher, Seepfau, Königsvogel.*
Klein, av. p. 121. n. 3. Grus Balearica.
Klein, Vorbereit. p. 224. n. 3. *Kranich von den balearischen Inseln.*
Klein, verb. Vögelhist. p. 126. n. 1. *Akkaviak.*
Brisson, ornith. II. p. 346. n. 1. Oiseau royal.
Batsch, Thiere, I. p. 391. *der Pfauenreiher.*
Latham, Syst. ornithol. II. p. 672. n. 1. Ardea (Pavonia) caerulescens, crista setosa erecta, temporibus palearibusque binis nudis.
Seligmann, Vögel, VI. Tab. 87. *der gekrönte afrikanische Kranich.*
Frisch, Vögel, Tab. 195. *der afrikanische oder barbarische gekrönte Kranich.*
Perrault, Charras u. Dodart, Abhandl. aus der Naturgesch. II. p. 355. anatomische Beschreib. zweyer Königsvögel. Tab. 87. *der Königsvogel.* Tab. 88. die Zergliederung.
Linné, Syst. Natur. Edit. X. I. p. 141. n. 1. Ardea (Pavonia) crista setosa erecta, temporibus palearibusque binis nudis.
Charleton, onomast. zoic. p. 110. n. 1. Grus Balearica.
Charleton, onom. zoic. p. 72. n. 3. Pavo Chinensis sine cauda.

Moehring, av. gen. p. 72. n. 83. Ciconia.
Jonston, av. p. 168. Tab. 54. Grus Balearica.
Hermann, tab. aff. anim. p. 133. Ardea pavonica.
Gentl. Magaz. XX. Tab. p. 264. Crowned Heron.
Plin. hist. nat. L. 2. c. 37. Grus balearica.
Donndorff, Handb. d. Thiergesch. p. 290. n. 1. *der Pfauenreiher.*

2. VIRGO. *Die numidische Jungfer.*

Müller, Natursyst. II. p. 371. n. 2. *die numidische Jungfer.*
Borowsky, Thierreich, III. p. 84. *die numidische Jungfer, der Gaukler.*
Ebert, Naturl. II. p. 86. *das Fräulein von Numidien.*
Halle, Vögel, p. 521. n. 605. *der Opernkranich, Operette.* Fig. 43.
Halle, Vögel, p. 521. n. 606. *der Opernkranich, Gaukler.*
Onomatol. hist. nat. IV. p. 54. *das Fräulein aus Numidien.*
Klein, av. p. 121. n. 6. Grus Numidiae.
Klein, Vorbereit. p. 225. n. 6. *Fräulein von Numidien.*
Klein, verbesserte Vögelhist. p. 127. n. 7. *Fräulein aus Numidien.*
Brisson, ornith. II. p. 311. n. 12. Grue de Numidie, appellée vulgairement Demoiselle de Numidie.
Batsch, Thiere, I. p. 393. *die numidische Jungfer.*
Latham, Syst. ornitholog. II. p. 673. n. 2. Ardea (Virgo) superciliis albis, postice retrorsumque longe cristatis.
Seligmann, Vögel, V. Tab. 29. *die Jungfer von Numidien.*

Pallas,

Pallas, nord. Beytr. III. p. 14. *die numidische Jungfer.*

Schneider, zool. Abhandl. p. 141. *die numidische Jungfer.*

Allg. Reis. III. p. 332. Tab. 13. fig. 3. *der afrikanische oder guineische Pfau, Kaiservogel, numidische Jungfer.*

Linné, Syst. Natur. Edit. X. I. p. 141. n. 2. Ardea (Virgo) superciliis albis, retrorsum longe cristatis.

Moehring, av. gen. p. 73. n. 84. Scops.

Forskål, descr. anim. p. 9. n. 4. *Kurki?*

Philos. Transact. LVI. p. 210. Tab. II. p. 215.

** *Kraniche, mit kahlem Kopfe.*

3. Canadensis. *Der canadische Kranich.* (1)

Müller, Natursyst. II. p. 371. n. 3. *der canadische Kranich.*

Halle, Vögel, p. 520. n. 604. *der große aschfarbene Kranich.*

Pennant, arct. Zool. II. p. 411. n. 257. *der braune Reiher.*

Klein, verb. Vögelhist. p. 127. n. 5. *braunbunter Kranich.*

Brisson, ornith. II. p. 310. n. 11. Grue de la Baye de Hudson.

Latham, Syst. ornithol. II. p. 675. n. 7. Ardea (Canadensis) sincipite nudo papilloso, corpore cinereo, alis extus testaceis.

Seligmann, Vögel, V. Tab. 28. *der braune und aschfarbene Kranich.*

Donndorff, Handb. d. Thiergesch. p. 290. n. 2. *der braune Reiher.*

(1) Flügelweite 3 Fuss 5 Zoll. Gewicht 7 1/2 Pfund. *Penn.*

4. GRUS. Der gemeine Kranich. (2).

Müller, Naturfyft. II. p. 372. n. 4. *der gemeine Kranich.*

Leske, Naturgefch. VI. p. 279. n. 2. *der Kranich.*

Borowsky, Thierreich, III. p. 82. n. 2. *der gemeine Kranich.*

Blumenbach, Handb. d. Naturgefch. p. 212. n. 1. Ardea (Grus) occipite nudo papillofo, corpore cinereo, alis extus teftaceis; *der Kranich.*

Bechftein, Naturgefch. I. p. 421. n. 1. *der gemeine Kranich.*

Bechftein, Naturgefch. Deutfchl. II. p. 60. n. 1. *der gemeine Kranich.* p. 70. *Kranig, Kranch, Scherian.*

Funke, Naturgefch. I. p. 240. *der Kranich.*

Ebert, Naturl. II. p. 83. *der gemeine Kranich.*

Halle, Vögel, p. 517. n. 599. *der fchwarzgraue gemeine Kranich.*

Meyer, Thiere, I. Tab. 64.

Gatterer, vom Nutzen u. Schaden der Thiere, II. p. 188. n. 175. *der Kranich.*

Onomat. hiftor. nat. IV. p. 48. *der fchwarzgraue gemeine Kranich.*

Handb. der Naturgefch. II. p. 341. *der Kranich.*

Handbuch der deutfchen Thiergefch. p. 109. *der Kranich.*

Klein, av. p. 121. n. 1. Grus noftras. Avis Palamedis.

Klein, Vorbereit. p. 224. n. 1. *grauer Kranich.*

Klein,

(2) Die Länge dieses Vogels wird von den Ornithologen gar verfchieden angegeben. *Pennant* beftimmt fie auf 6 Fufs. *Gmelin* nimmt 5 Fufs an. *Briffon* 3 1/2 Fufs, Flügelweite 5 2/3 Fufs. *Borowsky* und *Bechftein* 3 1/2 Fufs u. f. w. Das Gewicht ift, nach *Pennant*, 10 Pfund. Die Eyer find von der Gröfse der Schwaneneyer.

Klein, verb. Vögelhist. p. 126. n. 1. *grauer Kranich.*

Klein, Vögeleyer, p. 23. Tab. 17. fig. 1.

Pennant, arct. Zoolog. II. p. 422. A. *der gemeine Kranich.*

Siemssen, meklenb. Vögel. p. 157. n. 1. *der Kranich, Kroon.*

Gesner, Vögelb. p. 349. *Kranich, Kran, Kranch, Krye.* Fig. p. 350.

Brisson, ornith. II. p. 307. n. 6. Grue.

Batsch, Thiere, I. p. 392. *der gemeine Kranich.*

Latham, Syst. ornitholog. II. p. 674. n. 5. Ardea (Grus) occipite nudo papilloso, pileo remigibusque nigris, corpore cinereo, tectricibus intimis laceris.

Beseke, Naturgesch. der Vögel Kurl. p. 57. n. 110. *der gemeine Kranich.*

Bock, Naturgesch. v. Preussen, IV. p. 345. n. 102. *der gemeine Kranich.*

Cetti, Naturgeschichte von Sardinien, II. p. 270. *der Kranich.*

Fischer, Naturg. v. Livl. p. 84. n. 98. *Kranich.*

Taube, Slavon. u. Syrmien, I. p. 23. *Kraniche.*

Lepechin, Tagebuch der russ. Reise, II. p. 5. *Kraniche.*

Pallas, Reis. Ausz. I. p. 357. *der Kranich.*

Pallas, nord. Beyträge, III. p. 15. IV. p. 22. *Kraniche.*

Kolbe, Vorgeb. d. g. Hoffn. p. 401. *die Kraniche.*

Pontoppidan, Naturgesch. von Dännem. p. 170. n. 1. *Trane.*

Scopoli, Bemerk. a. d. Naturgesch. I. p. 101. n. 122. *der Kranich.*

Rytschkow, orenb. Topogr. p. 243. *Kraniche.*

Linné, auserles. Abh. II. p. 282. n. 39. p. 285. n. 50. *der Kranich.*

Zorn, Petinoth. I. p. 432. II. p. 512. *der Kranich.*
Döbel, Jägerprakt. I. p. 45. *der Kranich.*
Naumann, Vogelsteller, p. 175. *der Kranich.*
Geoffroy, mat. med. VII. p. 371. *Kranich.*
Bechstein, Musterung schädl. Thiere, p. 131. n. 9. *der Kranich.*
Goeze, nützl. All. II. p. 217. n. 23. *der Kranich.*
Oekon. Zool. p. 76. n. 17. *der gemeine Kranich.*
Schneider, zool. Abh. p. 137. 143. *der Kranich.*
Frideric. II. Imp. de art. venand. c. avib. p. 88. Grues.
Naturf. XIII. p. 202. n. 102. *der gemeine Kranich.*
Helwing, Lithograph. Angerb. I. p. 6.
Meidinger, Vorlef. I. p. 135. n. 1. *der Kranich.*
Eberhard, Thiergesch. p. 100. *der Kranich.*
Stralsund. Magazin, I. p. 157. *Kranich.*
Jablonsky, allgemein. Lex. p. 550. *Kranich.*
Krünitz, Encyklop. Art. *Kranich.*
Loniceri, Kräuterb. p. 665. *Kranich.*
Zückert, Speis. a. d. Thierreich, p. 98.
Ludovici, Kaufmannslex. II. p. 1505.
Hübner, Handlungslex. p. 1018.
Lemmery, Materiallex. p. 504.
Hamburg. Magaz. VI. p. 594.
Wittenb. Wochenbl. XIII. p. 305. (Beschaffenheit der Luftröhre.)
Beckmann, Naturhist. p. 46. d. *der Kranich.*
Merklein, Thierreich, p. 300. *Kranich.*
Kraft, Ausrott. grauf. Thiere, I. p. 233. 251. 533. *Kranich.*
Bartholin. Gruis anatome; in *hist. anat.* Cent. IV. hist. 12. p. 231.
Hartmann, anatome Gruis pinguedine suffocatae. Eph. Nat. Curios. Dec. II. an. 7. obs. 33. p. 71. cum fig.

Linné,

Linné, Syst. Nat. Ed. II. p. 53. Grus.
Linné, Syst. Nat. Edit. VI. p. 25. n. 1. Grus.
Linné, Syst. Natur. Edit. X. I. p. 141. n. 4. Ardea (Grus) vertice nudo papilloso, fronte, remigibus occipiteque nigris, corpore cinereo.
Linné, fn. Suec. I. n. 131. Ardea vertice papilloso.
Müller, zoolog. dan. prodr. p. 22. n. 137. Ardea (Grus) occipite nudo papilloso, pileo remigibusque nigris, corpore cinereo, tectricibus intimis laceris.
Schwenkfeld, av. Sil. p. 284. Grus; *Kranich, Kran.*
Charleton, onomast. zoic. p. 110. n. 1. Grus.
Moehring, av. gen. p. 71. n. 79. Grus.
Jonston, av. p. 166. Grus.
Hermann, tab. affinit. anim. p. 134. Ardea Grus.
Plin. hist. nat. L. 10. c. 23. L. 31. c. 16. Grues.
Hesiod. oper. et d. v. 446. Γερανος.
Aristot. histor. anim. L. 9. c. 14. n. 148. c. 18. n. 165. Γερανοι.
Aelian. hist. anim. L. 3. c. 13. Γερανος.
Donndorff, Handb. d. Thiergesch. p. 290. n. 3. *der Kranich.*

β. Grus japonensis. *Der japanische Kranich.* (3)

Müller, Natursyst. Suppl. p. 110. n. 6. c. *der japanische Kranich.*
Klein, av. p. 121. n. 4. Grus Japponensis. (Mit *Ardea Americana* verwechselt.)
Klein, Vorbereit. p. 225. n. 4. *weißer Krahn aus Japon.*
Klein, verbess. Vögelhist. p. 127. n. 4. *weißer Kranich.*
Brisson, ornith. II. p. 309. n. 9. Grue du Japon.
Latham, Syn. III. 1. p. 42. Japan Crane.

Latham,

(3) Nach *Brisson* eine eigene Gattung.

Latham, Syst. ornithol. II. p. 675. n. 5. β. Ardea occipite nudo papilloso rubro, corpore albo, collo inferiore remigibusque nigris.
Allgem. Reis. XIII. p. 692. *der Tsuri.*
Berlin. Samml. X. p. 152. *der Tsuri.*
Kämpfer, Japan; in *du Halde* Chin. IV. p. 140. *der Tsuri oder Kranich.*
Charleton, onomast. zoic. p. 110. n. 2. Grus Japponensis.
Jonston, av. p. 168. Grus Japponensis.

5. Americana. *Der Keichreiher.*
Müller, Natursyst. II. p. 373. n. 5. *der americanische Kranich.*
[*Halle*, Vögel, p. 520. n. 603. *der weiße Kranich.*
Klein, verb. Vögelhist. p. 127. n. 4.]
Mit der vorhergehenden Var. β verwechselt.
Pennant, arct. Zoolog. II. p. 410. n. 256. *der Keichreiher.*
Brisson, ornith. II. p. 309. n. 10. Grue d'Amerique.
Latham, Syst. ornitholog. II. p. 675. n. 6. Ardea (Americana) vertice, nucha temporibusque nudis papillosis; fronte, nucha remigibusque primariis nigris, corpore albo.
Seligmann, Vögel, III. Tab. 50. *der weiße amerikanische Kranich.*
Linné, Syst. Nat. Edit. X. I. p. 142. n. 5. Ardea (Americana) vertice temporibusque nudis papillosis, fronte, nucha remigibusque primariis nigris, corpore albo.
Donndorff, Handb. der Thiergesch. p. 291. n. 4. *der Keichreiher.*

6. Antigone. *Der ostindische Kranich.*
Müller, Natursf. II. p. 374. n. 6. *der ostind. Kranich.*
Klein,

Klein, av. p. 121. n. 5. Grus indica maior.

Klein, Vorbereit. p. 225. n. 5. *graue Indianer.*

Klein, verbeff. Vögelhift. p. 127. n. 6. *grauer Indianer.*

Briffon, ornith. II. p. 308. n. 7. Grue des Indes orientales.

Latham, Syft. ornithol. II. p. 674. n. 4. Ardea (Antigone) capite nudo collarique papillofo rubris, corpore cinereo, remigibus primoribus nigris.

Seligmann, Vögel, II. Tab. 89. *der große indianifche Kranich.*

Linné, Syft. Nat. Edit. X. I. p. 142. n. 6. Ardea (Antigone) capite nudo collarique papillofo, corpore cinereo, remigibus nigris.

11. Gigantea. *Der fibirifche Kranich.*

Müller, Naturfyft. Supplem. p. 109. n. 6. a. *der weiße Kranich.*

Pennant, arct. Zool. II. p. 424. B. *der fibirifche Kranich.*

Latham, Syft. ornithol. II. p. 674. n. 3. Ardea (Gigantea) nivea, orbitis nudis, remigibus decem primoribus nigris, roftro pedibusque rubris.

Pallas, Reif. Ausz. II. Anh. p. 16. n. 30. *Grus Leucogeranos.* Tab. I.

Pallas, Reif. Ausz. II. p. 309. III. p. 474. *der weiße Kranich.*

Pallas, nord. Beytr. III. p. 10. IV. p. 10. *der große weiße Storch.*

Lichtenberg u. *Voigt*, Magaz. f. d. Neuefte u. f. w. II. 1. p. 105. *die großen weißen Störche.*

Hermann, tab. aff. anim. p. 132. Grus Leucogeranos.

Donndorff, Handb. der Thiergefch. p. 291. n. 5. *der fibirifche Kranich.*

*** *Störche mit nackten Augenkreisen.*

7. Ciconia. *Der gemeine Storch.*

Müller, Natursystem, II. p. 374. n. 7. *der weiße Storch.* Tab. 23. fig. 5.

Leske, Naturgesch. p. 280. n. 3. *der Storch.*

Borowsky, Thierreich, III. p. 78. n. 1. *der weiße Storch.*

Blumenbach, Handb. d. Naturgesch. p. 212. n. 2. Ardea (Ciconia) alba, orbitis nudis remigibusque nigris, rostro, pedibus cuteque sanguineis; *der Storch, Hennotter, Aehbähr.*

Bechstein, Naturgesch. I. p. 419. n. 1. *der weiße Storch.*

Bechstein, Naturgesch. Deutschl. III. p. 48. n. 1. *der weiße Storch.* p. 56. *gemeiner Storch, Stork, Adebar, Ebeher, Ebiger, Odoboer, Hennotter, Aehbähr.*

Funke, Naturgesch. I. p. 241. *der Storch.*

Ebert, Naturl. II. p. 87. *der Storch.*

Halle, Vögel, p. 533. n. 632. *der weiße Storch.* Fig. 47.

Gatterer, vom Nutzen u. Schaden der Thiere, II. p. 190. n. 177. *der Storch.*

Pennant, arct. Zool. II. p. 424. C. *der weiße Storch.*

Beckmann, Naturhist. p. 46. c. *der Storch.*

Neuer Schaupl. der Natur, VIII. p. 625. *der gemeine Storch.*

Onomat. hist. nat. I. p. 688. *der Storch.*

Handb. d. Naturgesch. II. p. 336. *der Storch.*

Handb. d. deutsch. Thiergesch. p. 109. *der Storch.*

Klein, av. p. 125. n. 1. Ciconia alba.

Klein, Vorber. p. 232. n. 1. *bunte, weiße, gemeine Storch.*

Klein, verb. Vögelhist. p. 131. n. 1. *weißer Storch.*

Klein,

Klein, Vögeleyer, p. 34. Tab. 17. fig. 2.
Gesner, Vögelb. p. 487. *Storck*. Fig. p. 488. gut.
Brisson, ornith. II. p. 305. n. 2. Cigogne blanche.
Batsch, Thiere, I. p. 391. *der weiße Storch*.
Latham, Syn. Suppl. p. 234. White Stork.
Latham, Syst. ornitholog. II. p. 676. n. 9. Ardea (Ciconia) alba, orbitis nudis remigibusque nigris, rostro, pedibus cuteque sanguineis.
Frisch, Vögel, Tab. 196. *der Storch*.
Beseke, Vögel Kurlands, p. 57. n. 111. *der weiße Storch*.
Bock, Naturgesch. v. Preussen, IV. p. 346. n. 103. *der bunte oder weiße Storch*.
Fischer, Naturgesch. v. Livl. p. 84. n. 99. *Storch*.
Cetti, Naturgesch. von Sardinien, II. p. 274. *die Störche*.
Siemssen, meklenb. Vögel, p. 158, n. 2. *der Storch, Adebaar, Langbeen*.
Taube, Slavon. und Syrm. I. p. 23. *Störche*.
Lepechin, Tageb. d. russ. Reis. I. p. 309. *Störche*.
Pallas, Reise, Ausz. I. p. 98. *Störche*.
Rytschkow, orenburg. Topogr. p. 241. *Aist oder Sterch?*
Kämpfer, Japan, p. 141. *die Störche*.
De la Porte, Reis. I. p. 166. *Storch*.
Shaw, Reis. p. 353. *der Storch*.
Wolf, Reis. n. Zeil. p. 135. *der Storch*.
Pontoppidan, Dännemark, p. 170. n. 2. *Stork*.
Pontoppidan, Norwegen, II. p. 186. *Stork*.
Allgem. Reis. VII. p. 79. XI. p. 692. *Störche*.
Döbel, Jägerpraktik, I. p. 70. *der Storch*.
Perrault, *Charras* u. *Dodart*, Abhandl. aus der Naturgesch. II. p. 237. anatomische Beschreib. zweyer Störche. Tab. 73. *der Storch*. Tab. 74. die Zergliederung.

Naumann,

Naumann, Vogelfteller, p. 200. *der Storch.*
Linné, auserl. Abh. II. p. 295. n. 87. *der Storch. Reiger.*
Scopoli Bemerk. a. d. Naturgefch. I. p. 102. n. 123. *der Storch.*
Naturf. VII. p. 138. *der weiße Storch.*
Naturf. XIII. p. 203. n. 103. *der weiße Storch.*
Lichtenberg, Magazin f. d. Neuefte u. f. w. II. 1. p. 106. *der gemeine Storch.*
Zorn, Petinotheol. II. p. 14. 67. 416. 488. 550. 686. 711. *der Storch.*
Stralfund. Magazin, I. p. 157. *der Storch.*
Loniceri, Kräuterb. p. 666. *Stork, Ebiger.*
Anweifung Vögel zu fangen, u. f. w. p. 554. *der Storch.*
Oekon. Zoöl. p. 77. n. 18. *der Storch.*
Jablonſky, allgem. Lex. p. 1146. *Storch.*
Zückert, Speif. a. d. Thierreich, p. 101.
Geoffroy, mat. med. VII. p. 358. *der Storch.*
Goeze, nützl. Allerl. II. p. 218. n. 24. *der Storch.*
Lemmery, Materiallex. p. 308.
Meidinger, Vorlefung. I. p. 155. n. 2. *der Storch.*
Merklein, Thierreich, p. 369. *Storch.*
Kraft, Ausrott. grauf. Th. I. p. 285. 530. *Storch.*
Eberhard, Thiergefch. p. 99. *der gemeine Storch.*
Aldrov. encom. Cicon. in *Donav.* Amphith. I. p. 448.
Schollii orat. de laude Ciconiae; in Ej. prax. Rhetor. Frcf. 1607. 8. p. 144.
Schwalbach, diff. de Ciconiis, gruibus et hirundinibus, eorumque hybernaculis. Spir. 1630. 4.
Heinſii diff. de pia ave, Ciconia. Witt. 1637. 4.
Schoockii tract. de Ciconiis. Gröning. 1620. 12. Amft. 1661. 12. (Edit. emend.)
Morhof, Carmen in Ciconiam. 1667. 4.

Lettaw,

Lettow, diff. de Ciconiis, earumque proprietatibus. Freib. 1679. 4.

Straussii diff. de Ciconia. Giess. 1679. 4.

Camerar. Ciconiarum admiranda natura, bonitas et praestantia; in Syst. memorab. Cent. VII. P. 64. p. 475.

Naturgesch. des Storchs. Frankf. Beytr. 1780. St. 19.

Müller, Bemerk. vom Storche. *Mylii* phys. Belust. St. 18. p. 538.

Paullini de grata Ciconiae pietate. Eph. Natur. Cur. Dec. II. an. 4. p. 213.

Schulze, de Ciconiae vindicta. ib. Dec. I. an. 6. et 7. obs. 166. p. 230.

Jacobaei anatome Ciconiae. Act. Hafniens. V. p. 247. *Mangeti* Bibl. Tom. II. P. I. p. 8.

Schellhammer, Ciconiae anatome. Eph. Nat. Cur. Dec. II. an. 6. obs. 109. p. 206.

Limprecht, Ciconiae anatome. ibid. Cent. VI. obs. 18. p. 209.

Fog, diff. de Ciconiarum hybernaculis. Hafn. 1692. 4.

Von der Wiederkunft der *Störche* und Schwalben. Bressl. Nat. u. Kunstgesch. 7. Vers. p. 321. 8. Vers. p. 457. 19. Vers. p. 283. 28. Vers. p. 409.

Neu Hamburg. Magaz. St. 81. p. 195.

Mannichfaltigk. I. p. 621.

Beckmann, physik. ökon. Bibl. I. p. 339.

Böhmer, syst. litter. Handb. II. 1. p. 521.

Sturm, disput. de agricolarum regulis, p. 8.

Linné, Syst. Natur. Edit. II. p. 53. Ciconia.

Linné, Syst. N. Ed. VI. p. 25. n. 6. Ciconia alba.

Linné, Syst. Nat. Ed. X. I. p. 142. n. 7. Ardea (Ciconia) alba, remigibus nigris, cute sanguinea.

Müller, zool. dan. prodr. p. 22. n. 174. Ardea (Ciconia) alba, orbitis nudis remigibusque nigris, roſtro, pedibus cuteque ſanguineis.
Kramer, Auſtr. p. 348. n. 12. Ardea alba remigibus nigris.
Schwenkfeld, av. Sileſ. p. 234. Ciconia; *Storch, Stork, Ebinger.*
Charleton, onomaſt. zoic. p. 102. n. 1. Ciconia.
Moehring, av. gen. p. 71. n. 81. Ardea.
Schäfer, element. ornith. Tab. 26.
Jonſton, av. p. 147. Ciconia.
Plin. hiſt. nat. L. 10. c. 23. Ciconia.
Ariſtot. hiſt. anim. L. 9. c. 20. n. 167. Πελαργος.
Donndorff, Handb. der Thiergeſch. p. 292. n. 6. *der Storch.*

22. Maguari. *Der amerikaniſche Storch.*
Müller, Naturſyſt. II. p. 377. ad n. 8. *Maguari.*
Halle, Vögel, p. 534. n. 634. *der weiſſe Storch mit rother Haut um den Augen.*
Onomat. hiſt. nat. II. p. 858. *der amerikan. Storch.*
Klein, av. p. 125. n. 3. Ciconia Americana.
Klein, Vorber. p. 232. n. 3. *amerikaniſcher Storch.*
Klein, verbeſſ. Vögelhiſt. p. 132. n. 3. *amerikaniſcher Storch.*
Briſſon, ornitholog. II. p. 305. n. 3. Cigogne d'Amerique.
Latham, Syſt. ornithol. II. p. 677. n. 10. Ardea (Maguari) alba, orbitis nudis coccineis, remigibus nigro-vireſcentibus, tectricibus caudae ſuperioribus nigris.
Jonſton, av. p. 198. Maguari.

8. Nigra. *Der ſchwarze Storch.*
Müller, Naturſyſt. II. p. 376. n. 8. *der ſchwarze Storch.*

Müller, Naturſyſt. Suppl. p. 111. n. 8. *der braune Storch.*

Borowsky, Thierreich, III. p. 79. n. 2. *der ſchwarze Storch.*

Bechſtein, Naturgeſch. I. p. 420. n. 2. *der ſchwarze Storch.*

Bechſtein, Naturgeſch. Deutſchl. III. p. 56. n. 2. *der ſchwarze Storch.*

Halle, Vögel, p. 534. n. 633. *der ſchwarze Storch.*

Gatterer, vom Nutzen u. Schaden der Thiere, II. p. 191. n. 178. *der ſchwarze Storch.*

Pennant, arct. Zool. II. p. 426. D. *der ſchwarze Storch.*

Klein, av. p. 125. n. 2. Ciconia nigra.

Klein, Vorber. p. 232. n. 2. *ſchwarze Storch.*

Klein, verbeſſ. Vögelhiſt. p. 132. n. 2. *ſchwarzer Storch.*

Klein, Vögeleyer, p. 34. Tab. 18. fig. 1.

Geſner, Vögelb. p. 494. *ſchwarze Storck.* Fig. p. 495.

Briſſon, ornith. II. p. 304. n. 1. Cigogne brune.

Batſch, Thiere, I. p. 392. *der ſchwarze Storch.*

Latham, Syſt. ornitholog. II. p. 677. n. 11. Ardea (Nigra) nigra, orbitis nudis, pectore abdomineque albo.

Friſch, Vögel, Tab. 197. *der ſchwarze Storch.*

Beſeke, Vögel Kurl. p. 57. n. 112. *der ſchwarze Storch.*

Siemſſen, meklenb. Vögel, p. 159. n. 3. *der ſchwarze Storch.*

Fiſcher, Naturgeſch. von Livland, p. 85. n. 100. *ſchwarzer Reiher.*

Bock, Preuſſen, IV. p. 350. *der ſchwarze Storch.*

Cetti, Naturg. v. Sardin. II. p. 283. *der ſchwarze Reiher?* Aghiron nero? Perdezornadas?

Rytschkow, orenb. Topogr. p. 241. *Aist?*
Strahlenberg, Asien, p. 421. *Störche.*
Pallas, nord. Beyträge, III. p. 11. *der schwarze Storch, Aist.*
Lichtenberg, Magazin f. d. Neueste u. s. w. II. 1. p. 106. *der schwarze Storch.*
Scopoli, Bemerk. a. d. Naturgesch. I. p. 103. n. 124. *der schwarze Reyher.*
Linné, auserles. Abh. II. p. 295. n. 88. *die schwarzen Reiger.*
Pontoppidan, Naturgesch. v. Dännemark, p. 170. n. 3. *der schwarze Storch.*
Naturf. VII. p. 40. *schwarzer Storch.*
Naturf. XIII. p. 205. n. 104. *der schwarze Storch.*
Stralsund. Magazin, I. p. 157.
Linné, Syst. Nat. Ed. VI. p. 25. n. 5. Ciconia nigra.
Müller, zool. dan. prodr. p. 22. n. 175. Ardea (Nigra) orbitis nudis, pectore abdomineque albo.
Kramer, Austr. p. 348. n. 11. Ardea nigra pectore abdomineque albo.
Schwenkfeld, av. Siles. p. 236. Ciconia nigra.
Rzaczynsk. histor. natur. Polon. p. 274. Ciconia nigra.
Mus. Worm. p. 306. Ciconia nigra.
Jonston, av. p. 147. Ciconia nigra.
Decouv. Russ. II. p. 77.
Blumenbach, Handbuch der Naturgesch. p. 292. n. 7. *der schwarze Storch.*

**** *Reiher. Der mittlere Vorderzehe am innern Rande gezähnelt.*

27. Dubia. *Der unbestimmte Reiher.*
Latham, Syn. Suppl. p. 232. Tab. 115.
Latham, Syst. ornitholog. II. p. 676. n. 8. Ardea (Argala) cinerea, capite, collo sacculoque

que iugulari nudis, abdomine humerisque candidis.

28. TORQUATA. *Der braunrückige Reiher.*
Latham, Syst. ornithol. II. p. 688. n. 42. Ardea (Torquata) occipite nigro cristato, dorso fusco, collo et abdomine sordide albis, pectore nigro, lunulis flavescentibus.

9. NYCTICORAX. *Der Nachtreiher.*
Müller, Natursyst. II. p. 371. n. 9. *der Quackreiher.* Tab. 15. fig. 1.
Borowsky, Thierreich, III. p. 74. n. 2. *der Schildreiher.*
Bechstein, Naturgesch. I. p. 417. n. 2. *der Nachtreiher.*
Bechstein, Naturgesch. Deutschl. III. p. 37. n. 14. *der Nachtreiher.* p. 41. *Nachtrabe, Schildreiher, Quackreiher, bunter Reiher, Focke.* Tab. 3.
Bechstein, Naturgesch. Deutschl. III. p. 708.
Ebert, Naturl. II. p. 89. *Quackreiher.*
Halle, Vögel, p. 528. n. 617. *der Nachtreiher.*
Gatterer, vom Nutzen u. Schaden der Thiere, II. p. 191. n. 179. *der bunte Reiher.*
Pennant, arct. Zoolog. II. p. 420. n. 273. *der Nachtreiher.*
Neuer Schauplatz der Natur, VI. p. 15. *Nachtrabe.*
Onomat. hist. nat. V. p. 650. *der Nacht-Reiher.*
Handb. d. Naturgesch. II. p. 328. *der Nachtrab.*
Klein, av. p. 123. n. 5. Ardea varia.
Klein, Vorbereit. p. 228. n. 5. *bunter Reyger, Nachtram* u. s. w.
Klein, verb. Vögelhist. p. 129. n. 7. *bunter Reyger, Focken.*
Klein, stemmat. av. p. 29. Tab. 31. fig. 1-4.

Klein, Vögeleyer, p. 34. Tab. 18. fig. 2.

Gesner, Vögelb. p. 384. *Nachtram oder Nachtrabe.* Abbild. mittelm.

Brisson, ornithol. II. p. 341. n. 45. Bihoreau.

Batsch, Thiere, I. p. 391. *der Schildreiher.*

Latham, Syn. Suppl. p. 234. Night-Heron.

Latham, Syst. ornith. II. p. 678. n. 13. Ardea (Nycticorax) crista occipitis tripenni alba horizontali, dorso nigro, abdomine flavescente. *(Mas.)*

Frisch, Vögel, Tab. 203. *der aschgraue Reiher mit drey Nackenfedern.*

Siemssen, meklenb. Vögel, p. 160. n. 4. *der Quackreiher.*

Götz, Naturgeschichte einiger Vögel, p. 86. *der Quackreiher.*

Bock, Naturgesch. v. Preussen, IV. p. 351. n. 105. *der Nachtrabe.*

Cetti, Sardinien, II. p. 281. *der Schildreiher.*

Fischer, Livland, p. 85. n. 101. *Nachtrabe.*

Lepechin, Tageb. d. russ. Reis. I. p. 309. *schwarze Reyher.*

Pallas, nord. Beytr. IV. p. 10. *der türkische Reiger.*

S. G. Gmelin, Reis. I. p. 124.

Lapeirouse: neue schwed. Abh. III. p. 105. Ardea nycticorax.

Naturf. XIII. p. 206. n. 105. *der Quackreiher.*

Naturf. XV. p. 261. *der Quackreiher.*

Scopoli, Bemerk. a. d. Naturgesch. I. p. 96. n. 116. *der Nachtreyher, Focke.*

Bechstein, Musterung schädl. Thiere, p. 129. n. 5. *der Nachtreiher.*

Linné, Syst. Nat. Edit. X. I. p. 142. n. 9. Ardea (Nycticorax) crista occipitis tripenni dependente, dorso nigro, abdomine flavescente.

Schwenk-

Schwenkfeld, av. Silef. p. 226. Ardea varia; *ein bundter Reger, Schild-Reger, Focker, Focke, Nachtram.*

Charleton, onomaft. zoic. p. 71. n. 9. Nycticorax.

Jonfton, av. p. 132. Nycticorax.

Hermann, tab. affin. anim. p. 135. A. Nycticorax.

Dec. Ruff. II. p. 77.

Donndorff, Handb. der Thiergefch. p. 293. n. 8. *der Nachtreiher.*

b. Grisea. *Der graue Reiher.* (4)

Müller, Naturfyftem, II. p. 386. n. 22. *der oftindifche Reiher.*

Bechftein, Naturgefch. Deutfchl. III. p. 38. *der graue Reiher.*

Briffon, ornith. II. p. 317. n. 9. Heron gris.

Latham, Syft. ornitholog. II. p. 678. n. 13. β. A. capite laevi fufco, corpore fufcefcente fubtus albo, remigibus primoribus apice macula alba. (*Femina.*)

Dec. Ruff. II. p. 146.

29. Jamaicensis. *Der jamaicaifche Reiher.* (5)

Latham, Syft. ornith. II. p. 679. n. 14. Ardea (Jamaicenfis) fubcriftata fufca, collo abdomineque

(4) In der XIIten Edition nahm Linné diefen Reiher mit *Briffon* als eine eigne Gattung an. *Briffon* befchreibt ihn umftändlich, ohne irgend ein Synonym anzuführen. *Gmelin* und *Latham* betrachten ihn als das Weibchen von *A. Nycticorax.* Wenn man aber erwägt was *Bechftein* a. a. O. p. 38, *S. G. Gmelin*, Reif. I. p. 114, und *Lapeirouſe*, neue fchwed. Abh. III. p. 105. darüber fagen; fo fcheint die Sache noch nicht fo ganz ausgemacht zu feyn.

(5) Nach *Latham* ift es noch ungewifs, ob diefe Gattung vom Weibchen der *A. Nycticorax* wirklich verfchieden fey.

que fusco alboque striatis, tectricibus alarum apice macula triangulari alba.

30. CALEDONICA. *Der neucaledonische Reiher.* (6)
Latham, Syst. ornithol. II. p. 679. n. 15. Ardea (Caledonica) fusco-ferruginea, subtus superciliisque albis, vertice nigra, crista occipitis tripenni alba.

31. CAYENNENSIS. *Der cayennische Reiher.*
Latham, Syst. ornitholog. II. p. 680. n. 17. Ardea (Cayanensis) crista sexpenni, corpore caeruleo-cinereo, dorso striis nigris, capite nigro, pileo fasciaque suboculari albis.

10. PURPUREA. *Der Purpurreiher.*
Müller, Natursyst. II. p. 378. n. 10. *der Purpur-Reiher.* Tab. 15. fig. 2.
Borowsky, Thierreich, III. p. 74. n. 3. *der Purpurreiher.*
Bechstein, Naturgesch. Deutschl. III. p. 18. n. 3. *der Purpurreiher.* Tab. 2. p. 21. *Bergreiher.*
Brisson, ornithol. II. p. 321. n. 14. Héron pourpré hupé.
Batsch, Thiere, I. p. 391. *der Purpurreiher.*
Latham, Syst. ornithol. II. p. 697. n. 72. Ardea (Purpurea) occipite nigro, crista dependente, pennis duabus elongatis, corpore olivaceo, subtus purpurascente.
Lepechin, Tageb. d. russ. R. I. p. 324. *purpurfarbener Reyher.*

b. ARDEA CASPIA. *Der caspische Reiher.* (7)
Latham, Syn. Suppl. p. 237. African Heron.
Latham, Syst. ornithol. II. p. 698. n. 73. Ardea (Caspica) cristata, corpore cinereo, collo, pectore

(6) Nach *Latham* vielleicht eine Spielart von *A. Nycticorax.*
(7) Nach *Latham* eine eigene Gattung.

ctore abdomineque ferrugineis, gula alba, collo lineis tribus nigris.

12. MAIOR. *Der große Reiher.* (8)
Müller, Naturf. II. p. 380. n. 12. *der blaue Reiher.*
Bechstein, Naturgesch. Deutschl. III. p. 15. n. 2. *der große Reiher.* Tab. I. ib. p. 707.
Halle, Vögel, p. 524. n. 611. *der graue Reiher mit dem Federbusche.* Fig. 44.
Pennant, arct. Zoolog. II. p. 413. n. 260. *der gemeine Reiher.*
Gesner, Vögelb. p. 443. *ein anderes Reigelgeschlecht.*
Siemssen, meklenb. Vögel, p. 161. n. 5. *der Reiher; Schittreiher.*
Brisson, ornithol. II. p. 313. n. 2. Heron hupé.
Latham, Syst. ornithol. II. p. 691. n. 54. Ardea (Cinerea) occipite crista nigra dependente, corpore cinereo, collo subtus linea fasciaque pectorali nigris. (*Mas.*)
Frisch, Vögel, Tab. 199. *der Reiger mit weisser Platte.*
Molina, Naturgesch. von Chili, p. 207. *der graue europäische Reiher.*
Scopoli, Bemerk. a. d. Naturgesch. I. p. 98. n. 117. *der aschgraue Reyher.*
Zinnan. Uov. p. 113. Tab. 21. fig. 101. Garza cinerizia grossa.

b. CINEREA. *Der gemeine Reiher.* (9)
Müller, Natursyst. II. p. 378. n. 11. *der graue Reiher.* Tab. 23. fig. 6.

(8) S. die folgende Anmerkung.

(9) *Brisson*, *Linné* u. a. m. haben diesen Reiher als eine eigne Gattung aufgeführt. Neuere Ornithologen geben ihn für das Weibchen

Leske, Naturgeschichte, p. 280. n. 4. *der graue Reiher.*

Borowsky, Thierreich, III. p. 75. n. 4. *der graue Reiher.*

Blumenbach, Handb. d. Naturgesch. p. 212. n. 3. Ardea (Cinerea) occipite nigro laevi, dorso caerulescente, subtus albido, pectore maculis oblongis nigris; *der graue Reiher; Fischreiher.*

Bechstein, Naturgesch. I. p. 416. n. 1. *der gemeine Reiher.*

Bechstein, Naturgesch. Deutschl. III. p. 5. n. 1. *der gemeine Reiher.* p. 13. *der Reiher, Reyer, Reiger, graue Reiher, große Kammreiher, Fischreiher.* it. p. 706.

Gatterer, vom Nutzen u. Schaden der Thiere, II. p. 192. n. 180. *der Reiher* u. s. w.

Onomat. histor. nat. I. p. 689. *der aschgraue Reiger, große Kammreiger.*

Handbuch der deutschen Thiergesch. p. 109. *der Reiher, Fischreiher.*

Klein, av. p. 122. n. 1. Ardea Pella, pulla, cinerea.

Klein, Vorbereit. p. 226. n. 1. *grauer, blauer, aschfarbener Reyger, Reihel, Heergans.*

Klein, verb. Vögelhist. p. 128. n. 1. *grauer Reyger.*

Gesner, Vögelb. p. 436. *aschfarbener oder grawer Reigel;* mit 1 Fig.

Beckmann, Naturhist. p. 46. a. *der Reiher.*

Brisson, ornith. II. p. 312. n. 1. Héron.

Batsch, Thiere, I. p. 390. *der graue oder gemeine Reiher.*

Latham,

Weibchen von *Ardea Maior* aus. Die Sache scheint aber so ganz ausgemacht noch nicht zu seyn; *Bechstein* hat a. a. O. p. 13 ff. die Gegengründe sehr überzeugend aus einander gesetzt. Im Magen eines Weibchens vom *gemeinen Reiher* fand dieser eine *gemeine Spitzmaus.*

Latham, Syſt. ornitholog. II. p. 691. n. 54. Ardea occipite nigro laevi, dorſo caeruleſcente, ſubtus albida, pectore maculis oblongis nigris. (*Femina.*)

Friſch, Vögel, Tab. 198. *der gemeine Reiher.*

Siemſſen, meklenb. Vögel, p. 161. β. *der ungehäubte Reiher.*

Beſeke, Naturgeſch. der Vögel Kurl. p. 58. n. 113. *der graue Reiher.*

Bock, Naturgeſch. v. Preuſſen, IV. p. 351. n. 106. *der graue aſchfarbige Reiher.*

Cetti, Naturgeſchichte von Sardinien, II. p. 284. Airon nero.

Fiſcher, Livl. p. 85. n. 102. *grauer Reiher.*

Leem, Finnm. p. 130. *Guorga.*

Olaſſen, Isl. I. p. 190. Hegre.

Lepechin, Tagebuch der ruſſ. Reiſe, I. p. 309. *graue Reyher.*

Pontoppidan, Naturgeſch. von Dännem. p. 170. n. 4. *Fiſchreiher oder Fiſchhäher.*

Pontoppidan, Naturhiſtorie von Norwegen, II. p. 146. *Heire.*

Fermin, Beſchreib. von Surinam, II. p. 131. *der aſchfarbene Reiger.*

Naturf. XIII. p. 207. n. 106. *der graue Reyger.*

Döbel, Jägerprakt. I. p. 69. *Fiſch-Reiher oder Reiger.*

Loniceri, Kräuterb. p. 674. *Reyger.*

Naumann, Vogelſteller, p. 189. *Reiger.*

Sander, Nat. u. Rel. p. 228. *Reiher.*

Bechſtein, Muſterung ſchädl. Thiere, p. 127. n. 2. *der gemeine Reiher.*

Goeze, nützl. Allerl. II. p. 219. n. 25. *der Fiſchreiher.*

Zorn, Petinoth. II. p. 417. *der Reiger, Fiſchreiger.*

Oekon.

Oekon. Zool. p. 77. n. 28. *der gemeine Reiher.*
Geoffroy, mat. med. VII. p. 348. *der graue Reiher.*
Merklein, Thierreich, p. 342. *Reyer.*
Kraft, Ausrott. grauf. Thiere, I. p. 284. *Fisch-Reyher.*
Zückert, Speisl. a. d. Thierreich, p. 101.
Hannöv. Magaz. 1780. p. 422.
Ludovici, Kaufmannslex. II. p. 1500. IV. p. 1016.
Lemmery, Materiallex. p. 94.
Meidinger, Vorlesung. I. p. 136. n. 3. *der graue Reiher.*
Jablonsky, allgem. Lex. p. 904. *Reiger.*
Linné, Syst. Nat. Ed. II. p. 53. Ardea cinerea.
Linné, Syst. Nat. Edit. VI. p. 25. n. 3. Ardea cinerea cristata.
Linné, Syst. Natur. Edit. X. I. p. 143. n. 10. Ardea (Cinerea) occipite crista pendula, dorso caerulescente, subtus albida, pectore maculis oblongis nigris.
Müller, zoolog. dan. prodr. p. 22. n. 176. Ardea (Cinerea) occipite nigro laevi dorso caerulescente; subtus albida, pectore maculis oblongis nigris.
Mus. Worm. p. 307. Ardea.
Schwenkfeld, av. Siles. p. 223. Ardea subcaerulea; *aschenfarbener Reger, blawer Reger, grauer Reigel.*
Jonston, av. p. 151. Ardea cinerea maior.
Schäfer, element. ornith. tab. 21.
Donndorff, Handb. d. Thiergesch. p. 293. n. 9. *der Fischreiher.*

c. ARDEA RHENANA. *Der Rheinreiher.*
Bechstein, Naturgesch. Deutschl. III. p. 12. c.
Latham, Syst. ornitholog. II. p. 692. ad n. 54.

13. GAR-

13. Garzetta. *Der kleine Silberreiher.*

Müller, Naturſyſtem, II. p. 381. n. 13. *der weiße Reiher.*

Blumenbach, Handb. d. Naturgeſch. p. 213. n. 4. Ardea (Garzetta) occipite criſtato, corpore albo, roſtro nigro, loris pedibusque vireſcentibus.

Bechſtein, Naturgeſch. Deutſchl. III. p. 43. n. 16. *der kleine Silberreiher.*

Halle, Vögel, p. 526. n. 614. *der kleine weiße Reiher?*

Gatterer, vom Nutzen u. Schaden der Thiere, II. p. 194. n. 181. *der kleine weiße Reiher.*

Pennant, arct. Zool. II. p. 415. n. 264. *der kleine Silberreiher.*

Briſſon, ornith. II. p. 322. n. 16. Aigrette.

Latham, Syſt. ornithol. II. p. 694. n. 64. Ardea (Garzetta) occipite criſtato, corpore albo, roſtro nigro, loris pedibusque vireſcentibus.

Bock, Naturgeſch. v. Preuſſen, IV. p. 353. *der kleine weiße Reiher.*

Naturf. XIII. p. 208. *der weiße Reyger?*

Lapeirouſe: neue ſchwed. Abh. III. p. 106. Ardea Garzetta.

Bechſtein, Muſterung ſchädl. Thiere, p. 129. n. 6. *der kleine Silberreiher.*

Kramer, Auſtr. p. 346. n. 3. Ardea tota alba, criſta dependente, roſtro ſuperius nigro, inferius albido, pedibus nigris; *kleiner weißer Rager.*

Charleton, onom. zoic. p. 103. Garzetta.

Jonſton, av. p. 153. Garzetta.

32. Leucogaster. *Der weißbäuchige Reiher.*

Latham, Syſt. ornitholog. II. p. 694. n. 62. Ardea (Leucogaſter) criſtata, caeruleo-nigricans, alis ſubtus, abdomine femoribusque albis.

33. Rufescens. *Der röthliche Silberreiher.*
Pennant, arct. Zoolog. II. p. 416. n. 265. *der röthliche Silberreiher.*
Latham, Syſt. ornithol. II. p. 694. n. 61. Ardea (Rufeſcens) cinereo - nigricans, capite, collo dorſoque poſtico fulvo - rufis.

34. Egretta. *Der groſse Silberreiher.*
Bechſtein, Naturgeſch. Deutſchl. III. p. 41. n. 15. *der groſse Silberreiher.* p. 43. *der türkiſche, indiſche Reiher.* Tab. 4.
Pennant, arct. Zool. II. p. 415. n. 263. *der groſse Silberreiher.*
Latham, Syſt. ornitholog. II. p. 694. n. 63. Ardea (Egretta) occipite criſtato, corpore albo, pennis ſcapularibus longiſſimis laceris, roſtro pedibusque nigris.
Pallas, nord. Beytr. IV. p. 24. Ardea Egretta.
Jonſton, av. p. 204. *Guiratinga?*
Donndorff, Handb. der Thiergeſch. p. 294. n. 10. *der Silberreiher.*

35. Agami. *Der Agami.*
Latham, Syſt. ornithol. II. p. 699. n. 79. Ardea (Agami) criſtata caerulea, orbitis gulaque albis, collo ſupremo, corpore ſubtus femoribusque rufis.

14. Cocoi. *Der Cocoi.*
Müller, Naturſyſt. II. p. 381. n. 14. *der aſchgraue Reiher.*
Briſſon, ornith. II. p. 314. n. 3. Heron hupé de Cayenne.
Latham, Syſt. ornitholog. II. p. 699. n. 80. Ardea (Cocoi) occipite criſta dependente, dorſoque cine-

cinereis, collo subtus nigro maculato, capitis lateribus nigris.

Jonston, av. p. 203. Cocoi Brasiliensibus.

36. JOHANNAE. *Der Reiher von der Insel Johanna.*

Latham, Syst. ornithol. II. p. 700. n. 82. Ardea (Johannae) crista occipitis nigra, corpore supra griseo, subtus albo, collo antice maculis remigibusque nigris.

37. HOACTLI. *Der Hoactli.*

Brisson, ornith. II. p. 319. n. 11. Heron hupé du Mexique.

Latham, Syst. ornithol. II. p. 700. n. 84. Ardea (Hoactli) crista capitis nigra, corpore nigrovirescente, subtus albo, alis caudaque cinereis.

Jonston, av. p. 183. Hoactli sive Tobactli.

38. HOHU. *Der Hohu.*

Brisson, ornithol. II. p. 315. n. 5. Heron cendré du Mexique.

Latham, Syst. ornithol. II. p. 701. n. 85. Ardea (Hohou) cristata cinerea, fronte albo nigroque varia, alis albo cinereo et cyaneo variis, pedibus variegatis.

15. HERODIAS. *Der Riesenreiher.*

Müller, Natursyst. II. p. 381. n. 15. *der Riese.*

Gatterer, vom Nutzen u. Schaden der Thiere, II. p. 195. n. 183. *der Riese.*

Pennant, arct. Zoolog. II. p. 412. n. 258. *der große Reiher.*

Klein, av. p. 125. n. 14. Ardea cristata maxima americana.

Klein, Vorbereit. p. 231. n. 14. *höchster amerikanischer Reyger.*

Klein,

Klein, verb. Vögelhist. p. 131. n. 17. *höchster amerikanischer Reyger.*

Brisson, ornith. II. p. 318. n. 10. Heron huppé de Virginie.

Latham, Syst. ornithol. II. p. 692. n. 56. Ardea (Herodias) occipite cristato, dorso fusco, femoribus rufis, pectore maculis oblongis nigris.

Seligmann, Vögel, IV. Tab. 108. *der größte amerikanische Reyger mit dem Federbusche.*

Scopoli, Bemerk. a. d. Naturgesch. I. p. 98. n. 118. Ardea Herodias.

Linné, Syst. Nat. Edit. X. I. p. 143. n. 11. Ardea (Herodias) occipite cristato, dorso cinereo, femoribus rufis, pectore maculis oblongis nigris.

39. LUDOVICIANA. *Der louisianische Reiher.*

Pennant, arct. Zool. II. p. 417. n. 267. *der louisianische Reiher.*

Latham, Syst. ornithol. II. p. 690. n. 51. Ardea (Ludoviciana) cristata cinerea, collo abdomineque rufis, vertice, alis caudaque viridi-nigricantibus.

16. VIOLACEA. *Der gelbköpfige Reiher.* (10)

Müller, Natursystem, II. p. 382. n. 16. *Violet-Reiher.*

Halle, Vögel, p. 529. n. 623. *der blaue Reiher mit gelbem Federbusche.*

Gatterer, vom Nutzen und Schaden der Thiere, II. p. 196. n. 184. *der Violetreiher.*

Pennant,

(10) Gewicht 1 1/2 Pfund. Brütet auf den Bahamainseln unter den Büschen auf den Felsen, und ist daselbst in so ungeheurer Menge, dass zwey Personen, die auf das Ausnehmen der Jungen ausgehen, in wenig Stunden ein kleines Boot damit anfüllen können. Sie werden auf den Büschen und Felsen sitzend gefangen, und suchen auch nicht zu entfliehen, ob sie gleich ihre völlige Grösse erreicht haben.

Pennant, arct. Zoolog. II. p. 417. n. 269. *der Gelbkopf.*

Klein, av. p. 124. n. 9. Ardea stellaris cristata americana.

Klein, Vorbereit. p. 229. n. 9. *blauer Reiher mit einer gelben Mütze.*

Klein, verbesserte Vögelhist. p. 130. n. 11. *blauer Reyger mit gelber Mütze.*

Brisson, ornitholog. II. p. 337. n. 41. Crabier de Bahama.

Latham, Syst. ornithol. II. p. 690. n. 50. Ardea (Violacea) occipite luteo, crista alba, corpore albo nigroque striato, subtus caerulescente, pedibus luteis.

Seligmann, Vögel, IV. Tab. 58. *amerikanische Rohrdommel mit dem Federbusch.*

Bock, Naturgesch. v. Preussen, IV. p. 353. n. 108. *der violette Reyher??*

Naturf. XIII. p. 208. n. 108. *der Violett-Reyger??*

Linné, Syst. Nat. Edit. X. I. p. 143. n. 12. Ardea (Violacea) crista flava, corpore nigro-caerulescente, fascia temporali alba.

17. Caerulea. *Der blaue Reiher.* (1)

Müller, Natursyst. II. p. 383. n. 17. *der Krabbenfresser.*

Pennant, arct. Zool. II. p. 417. n. 268. *der blaue Reiher.*

Klein, av. p. 124. n. 7. Ardea cyanea.

Klein, Vorbereit. p. 229. n. 7. *hochblauer karolinischer Reyger.*

Klein, verbess. Vögelhist. p. 130. n. 9. *hochblauer Caroliner.*

Halle,

(1) Gewicht 15 Unzen. Scheint in Jamaica zu überwintern.

Halle, Vögel, p. 529. n. 621. *der blaue Reiher mit dem Federbusche.*

Brisson, ornith. II. p. 338. n 42. Crabier bleu.

Latham, Syst. ornithol. II. p. 689. n. 48. Ardea (Caerulea) occipite cristato, corpore caeruleo, crista colloque violaceis.

Seligmann, Vögel, IV. Tab. 51. *der blaue Reiger.*

Linné, auserl. Abhandl. II. p. 279. n. 7. *der blaue Reiger.*

Linné, Syst. Nat. Edit. X. I. p. 143. n. 13. Ardea (Caerulea) occipite cristato, corpore caeruleo.

β. *Der blaue Reiher mit braunrothen Kopf und Hals.* (2)

Latham, Syn. III. 1. p. 79. n. 45. A. Blue Heron.

Latham, Syst. ornitholog. II. p. 690. n. 49. Ardea (Caerulescens) cristata, corpore obscure caeruleo, capite colloque fusco-rufis, occipite pennis duabus elongatis.

γ. *Der grün-blaue Reiher mit weißen Kinn u. Kehle.*

Latham, Syn. III. 1. p. 79. n. 45. B Blue Heron.

Latham, Syst. ornithol. II. p. 689. n. 48. β. Ardea subcristata viridi-caerulea, gula iuguloque albis.

δ. *Der stahlfarbene Reiher.* (3)

Brisson, ornitholog. II. p. 337. n. 40. *Crabier du Brésil.*

Latham, Syn. III. 1. p. 80. n. 45. C. Blue Heron.

Latham, Syst. ornithol. II. p. 689. n. 48. γ. A. fusco flavo cinereoque varia, supra nigro-chalybea subtus alba, remigibus rectricibusque virescentibus.

Jonston, av. p. 204. Ardeola.

40. Ru-

(2) Nach *Latham* eine eigene Gattung.

(3) Nach *Brisson* eine eigene Gattung.

40. RUBIGINOSA. *Der Reiher mit roſtfarbigem Schnabel.*

Pennant, arct. Zool. II. p. 421. n. 275. *der Reiher mit dem roſtfarbigen Schnabel.*

Latham, Syſt. ornithol. II. p. 693. n. 58. Ardea (Rubiginoſa) ſubcriſtata ferruginea, gula alba, abdomine albo nigro ſtriato, collo ſubtus lineis quatuor nigris.

18. HUDSONIAS. *Der hudſoniſche Reiher.*

Müller, Naturſ. II. p. 384. n. 18. *der hudſon. Reiher.*

Halle, Vögel, p. 520. n. 602. *der braunbunte Kranich.*

Pennant, arct. Zool. II. p. 413. n. 259. *der Reiher mit rothen Schultern.*

Briſſon, ornitholog. II. p. 316. n. 7. Heron de la Baye de Hudſon.

Latham, Syſt. ornithol. II. p. 693. n. 57. Ardea (Hudſonias) vertice criſtato nigro, corpore fuſceſcente, ſubtus albido, collo ſubtus nigro-ruſeſcente maculato.

Seligmann, Vögel, V. Tab. 27. *der große Kranich von der Hudſonsbay.*

41. COMATA. *Deo Squakko-Reiher.* (4)

Bechſtein, Naturgeſchichte Deutſchl. III. p. 46. *der Sqvakko-Reiher.*

Briſſon, ornith. II. p. 335. n. 37. Crabier jaune.

Latham, Syſt. ornithol. II. p. 687. n. 39. Ardea (Comata) criſtata luteo-ruſeſcens, uropygio, corpore ſubtus, alis caudaque albis.

Pallas, Reiſ. Ausz. II. p. 240. *ein vortrefflich ſchönes gelbbraunes Reigerchen mit langen Haupt- und Nackenfedern.*

(4) *Bechſtein* hält ihn für das Männchen von *Ardea Caſtanea* p. 633. n. 46.

Pallas, Reiſ. Ausz. II. Anh. p. 17. n. 31. Ardea comata.

β. *Latham*, Syn. III. 1. p. 75. n. 39. Var. A.
Latham, Syſt. ornithol. II. p. 687. n. 39. β. A. alba, capite ſuperiore, cervice, pectore dorſoque rufeſcentibus, capite laevi.

γ. A. fronte colloque albido teſtaceo nigroque ſtriatis, alis teſtaceis, uropygio abdomine femoribusque albis. *
Latham, Syſt. ornithol. II. p. 687. n. 39. γ.

42. Erythrocephala. *Der rothköpfige Reiher.*
Latham, Syſt. ornithol. II. p. 688. n. 43. Ardea (Erythrocephala.) occipitis criſta dependente rubra, corpore albo.

43. Thula. *Der Thula.*
Latham, Syſt. ornitholog. II. p. 688. n. 44. Ardea (Thula) occipitis criſta, et toto corpore albis.

44. Cyanocephala. *Der blauköpfige Reiher.*
Latham, Syſt. ornithol. II. p. 688. n. 45. Ardea (Cyanocephala) vertice criſtato dorſoque caeruleis, alis nigris, margine albis.

45. Candidissima. *Der ſchneeweiße gehäubte? Reiher.*
Iſt nach *Latham* mit *Ardea Nivea*, p. 640. n. 59. einerley.

46. Castanea. *Der Rallenreiher.*
Bechſtein, Naturgeſch. Deutſchl. III. p. 45. n. 17. *der Rallenreiher.*
Latham, Syſt. ornith. II. p. 687. n. 40. Ardea (Caſtanea) criſtata alba, lateribus capitis colloque caſtaneo-flavis, dorſo caſtaneo, remigibus intus rectricibus apice albo maculatis.

Scopoli,

der kleine Reyher.
Decouv. Ruff. I. p. 164.

47. SQUAIOTTA. *Der schwarz und weiß gehäubte italienische Reiher.*
Brisson, ornith. II. p. 333. n. 33. Crabier.
Latham, Syst. ornithol. II. p. 686. n. 36. Ardea (Squaiotta) cristata castanea, pennis scapularibus basi albis, crista medio alba, lateribus nigra.
Charleton, onomast. zoic. p. 103. n. 6. Squaiotta Italorum.
Jonston, av. p. 153. Squaiotta Italorum.

48. GALATEA. *Der milchweiße, karmoisinrothfüßige Reiher.*
Latham, Syst. ornitholog. II. p. 696. n. 68. Ardea (Galatea) occipite subcristato, corpore lacteolo, rostro luteo, pedibus coccineis.

49. FERRUGINEA. *Der rostfarbene Reiher.* (5)
Latham, Syst. ornith. II. p. 688. n. 41. Ardea (Ferruginea) subcristata, nigricans rufo-maculata, subtus rufo albido cinereo fuscoque variegata.

88. ERYTHROPUS. *Der rothfüßige Reiher.*
Brisson, ornith. II. p. 334. n. 35. Crabier roux.
Latham, Syst. ornith. II. p. 686. n. 38. A. (Erythropus) cristata croceo-castanea, subtus saturatior, rostro caeruleo, pedibus rubris.
Lapeirouse: neue schwed. Abhandl. III. p. 106.

19. STRIATA. *Der guianische gestreifte Reiher.*
Müller, Natursyst. II. p. 384. n. 19. *der gestreifte Reiher.*

 Latham,

(5) Nach *Bechstein* a. a. O. III. p. 39. ein altes Weibchen von *Ardea Nycticorax*.

Latham, Syst. ornitholog. II. p. 691. n. 52. Ardea (Striata) occipite subcristato, dorso cano striato, collo subtus ferrugineo, remigibus secundariis apice albis.

Bankroft, Naturgesch. von Guiana, p. 103. *der guianische Reiger.*

Decouv. Ruff. II. p. 146.

20. Virescens. *Der grüne Reiher.*

Müller, Naturf. II. p. 385. n. 20. *der grüne Reiher.*

Halle, Vögel, p. 528. n. 618. *der grüne Nachtreiher.*

Pennant, arct. Zool. II. p. 416. n. 266. *der grüne Reiher.*

Klein, av. p. 123. n. 6. Ardea stellaris minima.

Klein, Vorbereit. p. 228. n. 6. *grüne Nachtrabe.*

Klein, verb. Vögelh. p. 130. n. 8. *grüne Nachtrabe.*

Brisson, ornith. II. p. 339. n. 43. Crabier verd.

Latham, Syst. ornitholog. II. p. 684. n. 31. Ardea (Virescens) occipite subcristato, dorso viridinitente, pectore rufescente, loris luteis, rectricibus viridi-aureis. *(Mas.)*

Seligmann, Vögel, IV. Tab. 60. *die kleinste Rohrdommel.*

Linné, auserl. Abh. II. p. 279. n. 9. *der grünliche Reiger.*

Neueste Mannichf. I. p. 569. *der Krabbenfresser.*

Linné, Syst. Nat. Edit. X. I. p. 144. n. 15. Ardea (Virescens) occipite subcristato, dorso viridi, pectore rufescente.

b. *Brisson,* ornithol. II. p. 340. n. 44. Crabier verd tacheté. (6)

Latham, Syst. ornith. II. p. 684. n. 31. A. fusca viridi-aurea, corpore subtus albido, collo rufescente

(6) Nach *Brisson* eine eigene Gattung.

fescente albo striato, tectricibus alarum remigibusque albo maculatis. *(Femina.)*

β. *Latham*, Syn. III. 1. p. 63. n. 30. Var. A.
Latham, Syst. ornithol. II. p. 684. n. 31. β. A. cristata cinerea, collo antice albo striis rufis, tectricibus alarum virescentibus, ruso marginatis, vertice caudaque nigris.

γ. *Klein*, av. p. 124. n. 8. Ardea fusca. (7)
Klein, Vorber. p. 229. n. 8. *brauner Reyger.*
Klein, verbess. Vögelhist. p. 130. n. 10. *brauner Reyger.*
Halle, Vögel, p. 529. n. 622. *der braune Reiher.*
Brisson, ornithol. II. p. 332. n. 32. Butor tacheté d'Amerique.
Latham, Syn. III. 1. p. 70.
Latham, Syst. ornith. II. p. 685. n. 31. γ. A. fusca, subtus dilutior, alis albo punctulatis, remigibus rectricibusque caerulescenti-cinereis.
Seligmann, Vögel, IV. Tab. 56. *amerikanische Rohrdommel.*

21. Stellaris. *Die Rohrdommel.*
Müller, Natursystem, II. p. 385. n. 21. *die Rohrdommel.* Tab. 15. fig. 5.
Leske, Naturgesch. II. p. 280. n. 5. *die Rordommel.*
Borowsky, Thierreich, III. p. 76. n. 5. *der Rohrdommel.*
Blumenbach, Handb. d. Naturgesch. p. 213. n. 5. Ardea (Stellaris) capite laeviusculo, supra testacea, maculis transversis, subtus pallidior, maculis oblongis fuscis; *die Rohrdommel, der Iprump.*
Bechstein, Naturgesch. I. p. 418. n. 4. *der Rohrdommel.*

(7) Nach *Brisson*, *Klein* u. a. eine eigene Gattung.

Bechstein, Naturgesch. Deutschl. III. p. 24 n. 8. *der Rohrdommel.* p. 30 *Rohrtrummel, Wassterochs.; Moosochse, Mooskrähe, Moosreiher, Rohrbrüller, Ursind, Meerrind, Rohrpompe, Moosriegel, Erdbull, Hortyhel.*

Funke, Naturgesch. I. p. 245. *die Rohrdommel.*

Ebert, Naturl. II. p. 89. *die Rohrdommel.*

Halle, Vögel, p. 527. n. 616. *der Rohrdommel.* Fig. 45.

Gatterer, vom Nutzen u. Schaden der Thiere, II. p. 196. n. 186. *die Rohrdommel.*

Beckmann, Naturhist. p. 46. b. *der Rohrdommel.*

Neuer Schaupl. der Natur, VII. p. 225. *Rohrdommel.*

Onomat. hist. nat. I. p. 690. *Rohrdommel.*

Handb. d. Naturgesch. II. p. 325. *der Rohrdommel.*

Handb. d. deutsch. Thierg. p. 110. *Rohrdommel.*

Klein, av. p. 123. n. 4. Ardea stellaris.

Klein, Vorber. p. 227. n. 4. *Moosreigel, Rohrdrummel, Rohrtrumm.*

Klein, verbess. Vögelhist. p. 129. n. 4. *Rohrdommel* u. s. w.

Klein, stemm. av. p. 29. Tab. 32. a. b.

Klein, Vögeleyer, p. 34. Tab. 18. fig. 3.

Gesner, Vögelb. p. 439. *Moßreigel oder Urrind;* mit 1 Fig. p. 440. *Ocnus, Meerrind, Moßkuh, Rortrumm, Rordrumb, Rorreigel, Lorrind.*

Brisson, ornith. II. p. 327. n. 24. Butor.

Batsch, Thiere, I. p. 390. *der Rohrdommel.*

Latham, Syn. Suppl. p. 234. Bittern.

Latham, Syst. ornitholog. II. p. 680. n. 18. Ardea (Stellaris) capite laeviusculo, supra testacea, maculis transversis, subtus pallidior, maculis oblongis fuscis.

Beseke,

Beſcke, Vögel Kurlands, p. 58. n. 114. *die Rohrdommel.*

Siemſſen, meklenb. Vögel, p. 163. n. 6. *die Rohrdommel, Ruhrdump.*

Bock, Naturgeſch. v. Preuſſen, IV. p. 353. n. 109. *die Rohrdommel.*

Cetti, Sardinien, II. p. 282. *die Rohrdommel.*

Fiſcher, Naturgeſch. v. Livl. p. 85. n. 103. *Rohrdommel.*

Taube, Slavon. u. Syrm. I. p. 23. *Rohrdommel.*

Pallas, nord. Beytr. IV. p. 8. *der Reiger.* (Buik.)

Pontoppidan, Dännemark, p. 170. n. 5. *Rohrdommel.*

Döbel, Jägerpraktik, I. p. 70. *Rohrdommel.*

Naumann, Vogelſteller, p. 190. *Rohrdommel.*

Scopoli Bemerk. a. d. Naturgeſch. I. p. 103. n. 125. *die Rohrdommel, Mooſsochſe.*

Naturf. XIII. p. 208. n. 109. *die Rohrdommel.*

Lichtenberg, Magazin f. d. Neueſte u. ſ. w. II. 4. p. 151. *Reiger.*

Bechſtein, Muſterung ſchädl. Thiere, p. 128. n. 3. *die Rohrdommel.*

Jablonsky, allgemein. Lex. p. 934. *Rohrdommel.*

Eberhard, Thiergeſch. p. 101. *die Rohrdommel.*

Meidinger, Vorleſ. I. p. 136. n. 4. *die Rohrdommel.*

Hannöv. Magaz. 1780. p. 423. 424.

Valentins anat. Ardeae Stellaris. Eph. Nat. Cur. Vol. I. obſ. 131. p. 283.

Breſsl. Nat. u. Kunſtgeſch. 34 Verſ. p. 650. (Anat.)

Muralto, de Ardea Stellari. Eph. Nat. Curioſ. Dec. II. an. 2. obſ. 31. p. 60. c. f.

Linné, Syſt. Nat. Edit. VI. p. 25. n. 4. Ardea Stellaris.

Linné, Syſt. Nat. Edit. X. I. p. 144. n. 16. Ardea (Stellaris), capite laeviuſculo, ſupra teſtacea, maculis transversis, subtus pallidior, maculis oblongis fuscis.

Müller, zool. dan. prodr. p. 22. n. 177. Ardea (Stellaris) capite laeviusculo, supra testacea, maculis transversis, subtus pallidior maculis oblongis fuscis.

Kramer, Austr. p. 347. n. 9. Ardea vertice nigro, collo pallido, maculis longitudinalibus ferrugineo nigris, pedibus viridibus; *Moosskuh, Rohrtrummel.*

Schwenkfeld, av. Siles. p. 225. Ardea stellaris; *Moos-Reigel, Rohr-Drummel.*

Mus. Worm. p. 307. Ardea Stellaris.

Charleton, onomast. zoic. p. 103. n. 5. Ardea stellaris; Asterias.

Jonston, av. p. 153. Ardea stellaris minor.

Zinnan. Uov. p. 112. tab. 20. fig. 100. Garza bionda o di color d'oro.

Hermann, tab. affinit. animal. p. 135. Ardea Stellaris.

Donndorff, Handb. der Thiergesch. p. 294. n. 11. *die Rohrdommel.*

β. *Die Rohrdommel aus der Hudsonsbay.* (8)

Pennant, arct. Zoolog. II. p. 420. n. 274. *der Rohrdommel.*

Klein, verbesserte Vögelhist. p. 129. n. 5. *Rohrdommel aus der Hudsonsbay.*

Brisson, ornithol. p. 328. n. 25. Butor de la Baye de Hudson.

Latham, Syn. Suppl. p. 67.

Latham, Syst. ornith. II. p. 680. n. 18. β.

Seligmann, Vögel, V. Tab. 31. *der Reiger aus der Hudsonsbay.*

50. Bo-

(8) Nach *Brisson* eine eigene Gattung.

50. BOTAURUS. *Der schwarz gescheitelte italienische Reiher.*

Brisson, ornith. II. p. 330. n. 28. grand Butor.

Latham, Syst. ornithol. II. p. 698. n. 74. Ardea (Botaurus) cristata, cinereo-fusca, subtus rufa, vertice nigro, gula iuguloque albo striis nigris.

Gesner, Vögelb. p. 441. Ardea stellaris maior; *grosse Rorreigel.* Fig. p. 441.

Jonston, av. p. 154. Ardea stellaris maior.

51. SOLONIENSIS. *Der braunrothe italienische Reiher.*

Brisson, ornith. II. p. 330. n. 21. Butor roux.

Latham, Syst. ornithol. II. p. 681. n. 19. Ardea (Soloniensis) nigricans, subtus rufescens, capite colloque ferrugineis, uropygio albo, tectricibus alarum albo ferrugineoque variegatis.

52. MARSIGLI. *Der schwäbische Reiher.*

Bechstein, Naturgesch. Deutschl. II. p. 33. n. 10. *der schwäbische Reiher.*

Halle, Vögel, p. 531. n. 628. *der grüngelbe Reiher?*

Klein, av. p. 124. n. 13. Ardea viridi-flavescens?

Klein, Vorber. p. 230. n. 13. *grüngelber Reyger?*

Klein, verb. Vögelhist. p. 131. n. 15. *graugelblichter Reyger?*

Brisson, ornithol. II. p. 329. n. 26. petit Butor.

Latham, Syst. ornithol. II. p. 681. n. 20. Ardea (Marsigli) rufescens, fusco-striata, rectricibus albicantibus, collo subtus albo.

Marsil. Danub. p. 22. Tab. 9. Ardea viridi-flavescens, nova species?

53. DANUBIALIS. *Der gestrichelte Reiher.*

Bechstein, Naturgesch. Deutschl. II. p. 34. n. 11. *der gestrichelte Reiher.*

Brisson,

Briſſon, ornithol. II. p. 329. n. 27. Butor rayé.
Latham, Syſt. ornitholog. II. p. 681. n. 21. Ardea (Danubialis) lineolis fuſcis nigris et rufeſcentibus ſtriata, collo ſubtus pectoreque albicantibus, roſtro fuſco, ſubtus flavo.

54. Undulata. *Der gewäſſerte Reiher.*
Latham, Syſt. ornitholog. II. p. 681. n. 22. Ardea (Undulata) rufo-griſea, pileo nigro, corpore ſupra ſtrigis undulatis, ſubtus angulatis nigris.

23. Brasiliensis. *Der braſilianiſche Reiher.*
Müller, Naturſyſt. II. p. 387. n. 23. *der weſtindiſche Reiher.*
Halle, Vögel, p. 532. n. 630. *der Perlreiher.*
Briſſon, ornith. II. p. 326. n. 23. Héron du Breſil.
Latham, Syſt. ornithol. II. p. 681. n. 23. Ardea (Braſilienſis) capite laevi, corpore nigricante flavo punctato, remigibus, rectricibus, roſtro pedibusque nigricantibus.
Jonſton, av. p. 195. Soco Braſilienſibus.

55. Tigrina. *Der getiegerte Reiher.*
Latham, Syſt. ornithol. II. p. 682. n. 24. Ardea (Tigrina) maculis nigris difformibus notata, ſupra rufa, ſubtus albida, vertice caudaque nigris, rectricibus faſciis quatuor albis.
Fermin, Beſchreib. von Surinam, II. p. 131. *der getiegerte Reiger.*

56. Lineata. *Der geſtreifte cayenniſche Reiher.*
Latham, Syſt. ornithol. II. p. 682. n. 25. Ardea (Lineata) flavo fuſco rufoque transverſim lineata, ſubtus albida, capite colloque rufis, faſciolis fuſcis, anterius linea longitudinali alba.

57. Flava. *Der gelbe Reiher.*

Brisson, ornithol. II. p. 321. n. 3. Butor du Bresil.

Latham, Syst. ornithol. II. p. 682. n. 26. Ardea (Flava) striata, supra fusca subtus alba, capite colloque rufescentibus, rectricibus striis transversis albis.

58. Bononiensis. *Der bononische Reiher.*

Brisson, ornitholog. II. p. 325. n. 22. Heron noir à collier.

Latham, Syst. ornitholog. II. p. 678. n. 12. Ardea (Bononiensis) nigricans, collo torque albo, rostro flavo, medio et apice macula nigra.

Charleton, onomast. zoic. p. 104. n. 8. Ardea nigra.

24. Alba. *Der große weiße Reiher.*

Müller, Natursystem, II. p. 387. n. 24. *der weiße Gelbschnabel.*

Bechstein, Naturgesch. Deutschl. II. p. 23. n. 6. *der große weiße Reiher.*

Pennant, arct. Zool. II. p. 414. n. 261. *der große weiße Reiher.*

Onomatol. hist. nat. I. p. 687. *der große weiße Reiger.*

Klein, av. p. 122. n. 2. Ardea alba maior.

Klein, Vorber. p. 227. n. 2. *weißer Reigel.*

Klein, verbesserte Vögelhist. p. 129. n. 2. *weißer Reyger.*

Halle, Vögel, p. 525. n. 612. *der große weiße Reiher ohne Federbusch.*

Brisson, ornith. II. p. 322. n. 15. Heron blanc.

Gesner, Vögelb. p. 437. *weißer Reigel.* Fig. p. 438.

Latham, Syst. ornithol. II. p. 695. n. 65. Ardea (Alba) capite laevi, corpore albo, rostro fulvo, pedibus nigris.

Cetti,

Cetti, Naturgeschichte von Sardinien, II. p. 284. *der weiße Reiher.*

Forster, Reis. Ed. in 8. I. p. 185. *der weiße Reiher.*

Lepechin, Tageb. d. russ. R. I. p. 309. *weiße Reyher.*

Pallas, nord. Beytr. IV. p. 24. Ardea alba.

Linné, auserl. Abhandl. II. p. 279. n. 8. *der weiße Reiger.*

Scopoli, Bemerk. a. d. Naturgesch. I. p. 104. n. 127. *der weiße Reyher mit rothem Schnabel.*

Bechstein, Musterung schädl. Thiere, p. 130. n. 8. *der große weiße Reiher.*

Linné, Syst. N. Ed. VI. p. 25. n. 2. Ardea alba.

Linné, Syst. Nat. Ed. X. I. p. 144. n. 17. Ardea (Alba) capite laevi, corpore albo, rostro rubro.

Linné, fn. Suec. I. n. 132. Ardea tota alba, capite laevi.

Kramer, Austr. p. 346. n. 2. Ardea tota alba, capite laevi, rostro luteo; *großer weißer Rager.*

Schwenkfeld, av. Siles. p. 224. Ardea candida; *weißer Reger.*

β. *Der gehaubte weiße brasilianische Reiher.* (9)

Brisson, ornith. II. p. 323. n. 17. Ardea Brasiliensis candida; *Heron blanc du Bresil.*

Latham, Syn. III. 1. p. 92. Black-crested white Heron.

Latham, Syst. ornitholog. II. p. 695. n. 66. Ardea (Pileata) occipite cristato, corpore albo, ventre nigro.

59. Nivea. *Der schneeweiße, ungehaubte? Reiher.* (10)

Latham, Syn. Suppl. p. 236. Snowy Heron.

Latham,

(9) Nach *Latham* eine eigne Gattung.

(10) Ist, nach *Latham*, mit *Ardea candidissima* p. 633. n. 45. einerley. *Bechstein* ist (a. a. O. III. p. 44.) geneigt, ihn bloss für

Latham, Syst. ornith. II. p. 696. n. 67. Ardea (Nivea) cristata nivea, pennis occipitis, colli dorsique longioribus setosis, digitis croceis.

Decouv. Russ. I. p. 164.

60. Helias. *Der surinamische Sonnenreiher.*

Latham, Syst. ornithol. II. p. 725. n. 38. Scolopax (Helias) corpore nigro fulvo alboque fasciato, abdomine strigisque capitis albis, collo rufo, lineis transversis nigris, cauda nebulosa, fascia nigra.

Donndorff, Handb. der Thiergesch. p. 295. n. 12. *der surinamische Sonnenreiger.*

61. Sacra. *Der heilige Reiher.*

Latham, Syst. ornithol. II. p. 696. n. 69. Ardea (Sacra) alba capite laevi, tectricibus interioribus alarum, rectricibusque nigro lineatis, pennis dorsalibus laceris albis.

β. *Latham*, Syn. III. 1. p. 93. n. 62. Var. A.

Latham, Syst. ornith. II. p. 696. n. 69. β. Ardea capite laevi, corpore albo, nigro variegato, pennis dorsalibus laceris nigris.

62. Atra. *Der schwarze Reiher.* (1)

Bechstein, Naturgesch. Deutschl. III. p. 24. n. 7. *der schwarze Reiher.*

Halle, Vögel, p. 526. n. 615. *der schwarze Reiher?*

Klein, av. p. 123. n. 3. Ardea nigra.

Klein, Vorbereit. p 227. n. 3. *schwarzer Reyger.*

Klein, verbess. Vögelhist. p. 129. n. 3. *schwarzer Reyger.*

Brisson,

für einen *alten* Vogel von *Ardea Garzetta*, p. 628. n. 13. zu halten, und die *Ardea Xanthedactylos* (System. Linn. p. 640. n. 59. β.) als einen *jungen* anzusehen.

(1) *Bechstein* meynt, dies könne wohl gar *der schwarze Storch* (*Ardea nigra*) seyn.

Brisson, ornithol. II. p. 325. n. 21. Heron noir.

Latham, Syst. ornithol. II. p. 697 n. 71. Ardea (Atra) nigricans, tectricibus alarum cinereo-caerulescentibus, rectricibus nigricantibus, rostro pedibusque nigris.

Schwenkfeld, av. Siles. p. 224. Ardea nigra; *ein schwarzer Reger.*

63. PURPURATA. *Der glattköpfige Purpurreiher.* (2)

Bechstein, Naturgesch. Deutschl. III. p. 21. n. 4. *der glattköpfige Purpurreiher.*

Halle, Vögel, p. 531. n. 637. *der graugelbe Reiher?*

Klein, av. p. 124. n. 12. Ardea cinerea flavescens?

Klein, Vorbereit. p. 230. n. 12. *graugelblicher Reyger?*

Klein, verbess. Vögelhist. p. 131. n. 15. *graugelblichter Reyger?*

Brisson, ornitholog. II. p. 320. n. 12. Heron pourpré.

Latham, Syst. ornitholog. II. p. 698. n. 75. Ardea (Purpurata) capite laevi colloque cinereo-nigricantibus, corpore supra castaneo-purpureo, subtus cinereo.

Marsil. Danub. p. 20. Tab. 8. Ardea cinerea flavescens, nova species?

64. SPADICEA. *Der mexikanische Purpurreiher.*

Brisson, ornith. II. p. 320. n. 13. Heron pourpré du Mexique.

Latham, Syst. ornithol. II. p. 699. n. 76. Ardea (Spadicea) castaneo-purpurea, capite remigibusque spadiceis, vertice nigro.

Moehring, av. gen. p. 72. n. 82. Crex.

25. AEQUI-

(2) *Buffon* hält ihn für das Weibchen von *Ardea, Purpurea,* p. 626. n. 10. *Bechstein* aber für ein Junges von demselben.

25. AEQUINOCTIALIS. *Der kleine weiße Reiher.*
Müller, Naturs. II. p. 388. n. 25. *der weiße Grünschnabel.*
Klein, av. p. 124. n. 10. Ardea alba minor Carolinensis.
Klein, Vorber. p. 229. n. 10. *weißer kleiner Karoliner, mit rothem Schnabel.*
Klein, verb. Vögelhist. p. 130. n. 12. *weißer kleiner Caroliner.*
Pennant, arct. Zoolog. II. p. 414. n. 262. *der kleine weiße Reiher.*
Brisson, ornith. II. p. 324. n. 18. Héron blanc de la Caroline.
Latham, Syst. ornitholog. II. p. 696. n. 70. Ardea (Aequinoctialis) capite laevi, corpore albo, remigibus duabus primis, margine exteriore fuscis.
Seligmann, Vögel, IV. Tab. 54. *der kleinere weiße carolinische Reiger.*

β. *Brisson*, ornithol. II. p. 325. n. 20. petit Heron blanc. (3)
Latham, Syn. III. 1. p. 94. n. 63. Var. A.
Latham, Syst. ornitholog. II. p. 697. n. 70. β. A. capite laevi, corpore albo, vertice et pectore croceis, loris pedibusque flavo-croceis.

γ. *Brisson*, ornith. II. p. 324. n. 19. Heron blanc du Mexique. (4)
Latham, Syn. III. 1. p. 94. n. 63. Var. B.
Latham, Syst. ornitholog. II. p. 697. n. 70. γ. Ardea capite laevi, corpore albo, loris luteis, rostro purpureo, pedibus pallide purpurascentibus.

65. CRA-

(3) Nach *Brisson* eine eigene Gattung.
(4) Nach *Brisson* eine eigene Gattung.

65. CRACRA. *Der Cracra.*
Brisson, ornith. II. p. 336. n. 39. Crabier d'Amerique.
Latham, Syst. ornithol. II. p. 699. n. 77. Ardea (Cracra) rufescente-variegata, supra cinereo-caerulescens, subtus cinerea, collo subtus pectoreque albis.

66. LEUCOCEPHALA. *Der violetfarbige Reiher.*
Latham, Syn. Suppl. p. 236. Violet Heron.
Latham, Syst. ornitholog. II. p. 699. n. 78. Ardea (Leucocephala) nigro-violacea, vertice nigro, capite, collo superiore, crisso tectricibusque subcaudalibus albis, rostro pedibusque fusco-rubris.

67. RUFA. *Der braungraue Reiher.* (5)
Bechstein, Naturgesch. Deutschl. III. p. 22. n. 5. *der braunrothe Reiher.*
Latham, Syst. ornith. II. p. 692. n. 55. Ardea (Rufa) cinereo-fusca, subtus castaneo-ferruginea, crista dependente.
Scopoli, Bemerk. a. d. Naturgesch. I. p. 99. n. 119. *der braunrothe Reiher.*
Kramer, Austr. p. 347. n. 6. Ardea cinereo-fusca, subtus castaneo-ferruginea, crista dependente; *brauner Rager.*

68. SINENSIS. *Der chinesische Reiher.*
Latham, Syst. ornithol. II. p. 700. n. 81. Ardea (Sinensis) fusca striis pallidioribus, subtus dilutior, remigibus rectricibusque nigris.

69. VIRGATA. *Der gestreifte nordamerikan. Reiher.*
Pennant, arct. Zoolog. II. p. 418. n. 271. *der gestreifte Reiher.*

Latham,

(5) Nach *Bechstein* ein junges Männchen von *Ardea Purpurea.*

Latham, Syst. ornithol. II. p. 693. n. 60. Ardea (Virgata) fusco-nigricans, collo subtus albo, iugulo nigro striato, tectricibus alarum flavescente striatis.

70. Cana. *Der aschgraue Reiher.*
Pennant, arct. Zoolog. II. p. 418. n. 270. *der aschgraue Reiher.*
Latham, Syst. ornithol. II. p. 693. n. 59 Ardea (Cana) cinerea, collo fusco-cinerascente, abdomine, genis gulaque albis.

71. Caruncul ata. *Der geloppte Reiher.*
Latham, Syst. ornithol. II. p. 691. n. 53. Ardea (Carunculata) vertice, dorso tectricibusque alarum caeruleo-cinereis, abdomine nigro, capite, collo carunculisque sub gula geminis pennaceis albis.

72. Malaccensis. *Der malackische Reiher.*
Latham, Syst. ornithol. II. p. 689. n. 47. Ardea (Malaccensis) alba, dorso fusco, collo fusco alboque striato, rostro pedibusque flavis.

73. Cinnamomea. *Der zimmetfarbene Reiher.*
Latham, Syst. ornithol. II. p. 689. n. 46. Ardea (Cinnamomea) castaneo-cinnamomea, collo antice fusco striato, gula, macula maxillari, crissoque albis.

74. Pumila. *Der kastanienbraune caspische Reiher.*
Latham, Syst. ornithol. II. p. 683. n. 28. Ardea (Pumila) castanea, tectricibus alarum mediis albo flavoque variis, collo antice stria longitudinali, abdomine caudaque albis.

75. Badia. *Der kastanienbraune schlesische Reiher.*
Bechstein, Naturgesch. Deutschl. III. p. 34. n. 12. *der kastanienbraune Reiher.*

Brisson, ornitholog. II. p. 334. n. 34. Crabier marron.

Latham, Syst. ornithol. II p. 687. n. 40. Ardea (Castanea) cristata alba, lateribus capitis colloque castaneo-flavis, dorso castaneo, remigibus intus, rectricibus apice albo maculatis.

Schwenkfeld, av. Siles. p. 225. Ardea rubra; *ein rodter Reger, Sand-Reger.*

77. PHILIPPENSIS. *Der philippinische Reiher.*

Brisson, ornith. II. p. 336. n. 38. Crabier des Philippines.

Latham, Syst. ornithol. II. p. 686 n. 35. Ardea (Philippensis) castanea subtus albida, dorso striis transversis nigris, tectricibus alarum nigricantibus albo marginatis, remigibus caudaque nigris.

78. NOVAE GUINEAE. *Der neuguineische Reiher.*

Latham, Syst. ornitholog. II. p. 685. n. 34. Ardea (Novae Guineae) corpore toto nigro, iridibus flavis, rostro pedibusque fuscis.

79. CYANOPUS. *Der blaufüßige Reiher.*

Brisson, ornithol. II. p. 316. n. 6 Heron cendré d'Amerique.

Latham, Syst ornitholog. II. p. 685. n. 33. Falco (Cyanopus) cinerea, subtus alba, remigibus partim nigris partim candidis, rostro, loris pedibusque caeruleis.

80. MACULATA. *Der gefleckte Reiher.*(6)

Bechstein, Naturgesch Deutschl. III. p. 35. n. 13. it. p. 59. u. 708. *der gefleckte Reiher.*

Bech-

(6) Ist, nach *Latham*, mit dem folgenden einerley *Bechstein* hält ihn für ein Junges von *Ardea Nycticorax*, oder vielmehr von *Ardea Grisea*, p. 625. *b.*

Bechstein, Musterung schädl. Thiere, p. 130. n. 4. *der gefleckte Reiher.*

Brisson, ornithol. II. p. 332. n. 31. Butor tacheté ou le Pouacre.

81. GARDENI. *Der gardensche Reiher.* (7)

Pennant, arct. Zool. II. p. 419. n. 272. *der gardensche Reiher.*

Latham, Syst. ornithol. II. p. 685. n. 32. Ardea (Gardeni) nigricans albo maculata, subtus albida fusco striata, remigibus margine apiceque albis, cauda fusca.

82. SENEGALENSIS. *Der senegalische Reiher.*

Latham, Syst. ornithol. II. p. 684. n. 30. Ardea (Senegalensis) fusca, abdomine, alis caudaque albis, capite colloque nigro striatis, alarum medio fascia longitudinali pallide rufa.

83. EXILIS. *Der kleinste Reiher.*

Latham, Syst. ornithol. II. p. 683. n. 29. Ardea (Exilis) rufo castanea, collo rufo, antice abdomineque albo, lunula pectorali rectricibusque nigris.

26. MINUTA. *Die kleine Rohrdommel.*

Müller, Natursyst. II. p. 388. n. 26. *die kleine Rohrdommel.* Tab. 15. fig. 4.

Borowsky, Thierreich, III. p. 77. n. 6. *die kleine Rohrdommel.*

Bechstein, Naturgesch. Deutschl. III. p. 30. n. 9. *die kleine Rohrdommel.*

Ebert, Naturl. II. p. 90. *der kleine gestirnte Reiher aus der Barbarey.*

(7) *Pennant* hält *Catesb.* brown Bittern I. Tab. 78. (Syst. Linn. p. 335. n. 20. γ.) wegen der weissen Linienstreifen auf den Flügeln mit diesem für einerley.

Halle, Vögel, p. 528. n. 619. *der kleine Rohrdommel.*

Pennant, arct. Zool. II. p. 422. n. 276. *der kleine Rohrdommel.*

Klein, verb. Vögelhist. p. 129. n. 6. *kleine Rohrdommel aus der Barbarey.*

Brisson, ornith. II. p. 341. n. 46. Blongios.

Latham, Syn. Suppl. p. 235. Little Bittern.

Latham, Syst. ornitholog. II p. 683. n. 27. Ardea (Minuta) capite laevi, vertice, dorso, remigibus rectricibusque nigro-virescentibus, collo, tectricibus alarum abdomineque pallide fulvis. *(Mas.)*

Shaw, Reise, p. 161. *der Bu-onk.*

Bechstein, Musterung schädl. Thiere, p. 128. n. 4. *die kleine Rohrdommel.*

Kramer, Austr. p. 348. n. 10. Ardea vertice dorsoque nigris, collo antice et alarum tectricibus lutescentibus; *Stauden-Ragerl, kleine Mooskuh.*

Gentl. Magaz. XIX. Tab. p. 497.

β. *Brisson*, ornithol. II. p. 342. n. 47. *Blongios tacheté.* (8)

Latham, Syst. ornith. II. p. 683. n. 27. A. capite laevi, corpore fusco, marginibus pennarum rufescentibus, subtus rufescente, vertice, dorso, remigibus caudaque nigris. *(Femina.)*

Seligmann, Vögel, VII. Tab. 65. *die kleine braune Rohrdommel.*

***** *Mit in der Mitte klaffendem Schnabel.*

84. Pondiceriana. *Der Reiher von Pondichery.*

Latham, Syst. ornithol. II. p. 702. n. 90. Ardea (Pondiceriana) cinereo-grisea, remigibus nigris, rostro lateribus glabro, apice mucronato.

86. Co-

(8) Nach *Brisson* eine eigene Gattung.

86. Coromandeliana. *Der Reiher von Coromandel.*

Latham, Syſt. ornithol. II. p. 702. n. 91. Ardea (Coromandeliana) alba, facie, dorſo ſupremo, remigibus caudaque nigris, roſtro lateribus ſerrato, apice dentato.

87. Scolopacea. *Der Schnepfenreiher.*

Latham, Syſt. ornithol. II. p. 701. n. 89. Ardea (Scolopacea) cupreo-fuſca, collo pectoreque ſtriis albis, gula nigra.

A. *Veränderungen gegen die XIIte Edition, und Vermehrung der Gattungen dieſes Geſchlechts.*

Edit. XII.	*Edit. XIII.*
p. 239. n. 22. Ardea Griſea.	p. 625. n. 9. *b.* Ardea Nycticorax. *(Femina.)*
p. 236. n. 11. Ardea Cinerea.	pag. 627. n. 12. Ardea maior *b.*

Die Anzahl der Gattungen in der XIIIten Edit. beläuft ſich, der höchſten Nummer nach, auf 88. Es fehlen aber die Nummern 22, 76, und 85; mithin bleiben ihrer, nach Abgang dieſer drey, nur 85; alſo 59 mehr als in der XIIten Edition. Ueberdem ſind bey der 4ten Gattung *zwey*, bey der 6ten *zwey*, bey der 10ten *zwey*, bey der 12ten *zwey*, bey der 17ten *vier*, bey der 20ten *drey*, bey der 21ten *zwey*, bey der 24ten *zwey*, bey der 25ten *drey* Varietäten aus einander geſetzt. — Bey der 26ten iſt *Briſſons Ardeola naevia* n. 47. als Varietät von deſſen *Ardeola* n. 46. angenommen, da es in der XII. Ed. umgekehrt war.

B. *Unbestimmtere Thiere.*

1. *Der Kranich mit abgestumpftem einer Ruderschaufel ähnlichen Schnabel.*
Carver, Reis. d. Nordamer. p. 387.

2. *Ein Reiher der nicht ganz Ardea maior, und nicht ganz Ardea cinerea ist.*
Sander; Naturf. XIII. p. 195. n. 6.

3. *Der bunte Reiher.*
Scopoli, Bemerk. a. d. Naturgesch. I. p. 106. n. 120.
Latham, Syst. ornithol. II. p. 692. n. 56. Ardea (Variegata) ferruginea, fusco-maculata, subtus pallidior, fronte nigra, gula alba.

C. *Neuere Gattungen.*

1. *Der slavonische Reiher.*
Latham, Syst. ornithol. II. p. 679. n. 16. Ardea (Obscura) occipite cristato, penna solitaria, corpore castaneo supra virescente-aureo, subtus castaneo albo ferrugineoque longitudinaliter liturato, remigibus apice macula alba.

2. *Der braune cayennische Reiher.*
Latham, Syst. ornitholog. II. p. 700. n. 83. Ardea (Fusca) crista capitis nigricante, corpore fusco-nigricante, subtus albo, pectore maculis fuscis elongatis.
Buffon, ois. VII. p. 381. pl. enl. 858. Heron brun.

3. *Der indianische Reiher.*
Latham, Syn. Suppl. p. 238. Lohaujung Heron.
Latham, Syst. ornithol. II. p. 701. n. 86. Ardea (Indica) fusca viridi-varia, remigibus secundariis viridibus, cauda nigra, tectricibus alarum, remigibus primoribus corporeque subtus albis.

4. *Der gelbhälsige Reiher.*
Latham, Syn. Suppl. p. 239. Yellow-necked Heron.

Latham,

Latham, Syst. ornithol. II. p. 701. n. 87. Ardea (Flavicollis) crista occipitis corporeque nigris, collo lateribus flavescente, anterius castaneo, pennis albo nigroque marginatis.

5. *Der neuholländische Reiher.*
Latham, Syst. ornithol. II. p. 701. n. 88. Ardea (Novae Hollandiae) subcristata plumbeo-cinerea, subtus rufo-ferruginea, facie ultra oculos gula iuguloque albis.

85. GESCHLECHT. TANTALUS. *Der Brachvogel.* (Sichelreiher.)
Müller, Natursyst. II. p. 389. Gen. LXXXV.
Leske, Naturgesch. p. 275. Gen. LV.
Borowsky, Thierreich, III. p. 71. Gen. XLVII.
Blumenbach, Handbuch der Naturgesch. p. 213. Gen. LVII.
Bechstein, Naturgesch. I. p. 415. Gen. XXXVII.
Bechstein, Naturg. Deutschl. II. p. 70. Gen. XXVII.
Halle, Vögel, p. 509. Gen. II.
Onomat. hist. nat. VII. p. 435.
Pennant, arct. Zoolog. II. p. 426.
Klein, av. p. 109. Trib. II. A. Numenius.
Brisson, ornitholog. II. p. 289. Gen. LXXVIII. Numenius.
Batsch, Thiere, I. p. 385. Gen. XCVI.
Latham, Syst. ornitholog. II. p. 702. Gen. LXX.
Hermann, tab. affinit. anim. p. 133. 141.
Donndorff, Handbuch der Thiergesch. p. 295. Gen. XLVIII.

1. LOCULATOR. *Der Waldpelikan.*
Müller, Natursystem, II. p. 389. n. 1. *der Nimmersatt.*
Leske, Naturgesch. p. 276. n. 1. *der Nimmersatt.*

Borowſky, Thierreich, II. p. 71. n. 1. *der Nimmerſatt, Harpunreiher.*

Funke, Naturgeſch. I. p. 314. *Nimmerſatt.*

Ebert, Naturl. II. p. 90. *Nimmerſatt, amerikaniſcher Pelikan.*

Halle, Vögel, p. 511. n. 588. *der ſchwarze große Brachvogel*

Gatterer, vom Nutzen u. Schaden der Thiere, II. p. 197. n. 187. *der Waldpelikan.*

Pennant, arct. Zoolog. II. p. 426. n. 277. *der Waldpelekan.*

Onomat. hiſt. nat. VII. p. 438. *der große ſchwarze Brachvogel.*

Klein, av. p. 109. n. 6. Numenius niger, Curiaca.

Klein, Vorber. p. 203. n. 6. *ſchwarzer Braacher.*

Klein, verbeſſ. Vögelhiſt. p. 112. n. 6. *ſchwarzer Braacher.*

Klein, av. p. 127. C. Tantalus, Loculator.

Klein, Vorbereit. p. 235. C. *hochbeiniger Mauchler, Baumpelikan.*

Klein, verbeſſerte Vögelhiſt. p. 133. n. 3. *der Nimmerſatt, Sackträger.*

Briſſon, ornithol. II. p. 295. n. 8. grand Courly d'Amerique.

Batſch, Thiere, I. p. 389. *der Nimmerſatt, Harpunreiher.*

Latham, Syſt. ornitholog. II. p. 702. n. 1. Tantalus (Loculator) facie caeruleſcente, roſtro rubeſcente, pedibus, remigibus rectricibusque nigris, corpore albo.

Seligmann, Vögel, IV. Tab. 62. *der amerikaniſche Pelikan.*

Taube, Slavon. u. Syrm. I. p. 23. *Nimmerſatt.*

Linné, auserleſ. Abh. II. p. 279. n. 2. *der Kropf-Pelekan.*

Meidinger,

Meidinger, Vorleſ. I. p. 138. n. 1. *der Nimmerſatt.*
Linné, Syſt. Nat. Edit. X. I. p. 140. n. 1. Tantalus Loculator.
Jonſton, av. p. 187. Curicaca.
Hermann, tab. affinit. animal. p. 133. Tantalus Loculator.
Donndorff, Handb. der Thiergeſch. p. 296. n. 1. *der Waldpelikan.*

β. T. capite et collo albis flavo variegatis, corpore nigro, dorſo, capite ventreque cinereis. *
Latham, Syſt. ornithol. II. p. 703. n. 1. β.
Will. ornithol. p. 295. Tab. 54. — Raj. Syn. p. 103. n. 4. Curicaca.

γ. T. albus, alis fere totis caudaque nigris. *
Latham, Syſt. ornithol. II. p. 703. n. 1. γ.

2. Falcinellus. *Der Sichelſchnabel.*
Müller, Naturſyſtem, II. p. 390. n. 2. *der Sichelſchnabel.*
Borowſky, Thierreich, III. p. 72. n. 2. *der Sichelſchnabel.*
Bechſtein, Naturgeſch. I. p. 415. n. 1. *der Sichelſchnabel.*
Bechſtein, Naturgeſch. Deutſchl. III. p. 70. n. 1. *der Sichelſchnäbler.*
Halle, Vögel, p. 510. n. 586. *der dunkelbraune Brachvogel.*
Pennant, arct. Zoolog. II. p. 429. A. *der Sichelſchnabel.*
Onomat. hiſtor. nat. VII. p. 436. *der braungrüne Brachvogel.*
Klein, av. p. 110. n. 8. Numenius ſubaquilus.
Klein, Vorbereit. p. 203. n. 8. *braunrother Bracher.*

Klein,

Klein, verb. Vögelhift. p. 112. n. 8. *braunrother Bracher.*

Gesner, Vögelb. p. 444. *ein welscher Vogel, Sichler oder Sägyser genannt;* mit 1 Fig.

Brisson, ornithol. II. p. 293. n. 4. Courly verd.

Batsch, Thiere, I. p. 389. *der Sichelschnabel.*

Latham, Syn. Suppl. p. 67. Bay Ibis.

Latham, Syst. ornithol. II. p. 707. n. 14. Tantalus (Falcinellus) facie nigra, pedibus caeruleis, alis caudaque violaceis, corpore castaneo.

Bock, Naturgesch. v. Preussen, IV. p. 355. *der Sichelschnabel, kleiner Brachvogel.*

Pontoppidan, Dännemark, p. 170. n. 8. Scolopax Falcinellus; *Ryle, Domschnepfe.* Tab. 13.

Scopoli, Bemerk. a. d. Naturgesch. I. p. 106. n. 131. *der rothbraune Brachvogel mit grünen Flügeln.*

Meidinger, Vorlesung. I. p. 134. n. 3. *der braungrüne Brachvogel.*

Naturf. XIII. p. 210. n. 111. *der Sichelschnabel.*

Neue schwed. Abhandl. III. p. 106. Tantalus Falcinellus.

Charleton, onom. zoic. p. 103. n. 7. Falcinellus.

Müller, zool. dan. prodr. p. 22. n. 178. Tantalus (Falcinellus) facie nigra, pedibus caeruleis, alis caudaque violaceis, corpore castaneo.

Kramer, Austr. p. 350. n. 2. Numenius rostro arcuato, corpore castaneo; alis et cauda caeruleo viridi violaceoque splendentibus, pedibus obscure virentibus; *türkischer Goisser, türkischer Schnepf.*

Brünniche, ornith. bor. p. 49. n. 167. Scolopax (Falcinellus) rostro depresso, apicibus decurvatis, corpore fusco lituris luteis, rectricibus cinereis apice albis, intermediis nigris immaculatis.

Jonston, av. p. 154. Falcinellus seu Falcata.

β. Bech-

β. Bechstein, Naturgesch. Deutschl. II. p. 72. *der kastanienbraune Sichelschnäbler.*

Halle, Vögel, p. 511. n. 589 *der rothe kleine Brachvogel mit grünen Flecken.*

Brisson, ornith. II. p. 294. n. 5. Courly marron.

Latham, Syn. III. 1. p. 114. n. 12. Var. A. (9)

Latham, Syst. ornitholog. II. p. 707. n. 14. β. T. splendide castaneus, pectore viridi.

Marsil. Dan. V. p. 40. Tab. 18. Arcuata minor, puniceo colore, pectore virescente.

8. Viridis. *Der grüne Brachvogel.*

Latham, Syst. ornithol. II. p. 707. n. 15. Tantalus (Viridis) viridis aureo splendens, capite, collo corporeque subtus nigricantibus, facie nuda colloque anterius fasciis tribus nigris.

Lepechin, Tageb. d. russ. Reis. I. p. 309. *der grüne Tantalus.*

9. Igneus. *Der feuerglänzende Brachvogel.*

Latham, Syst. ornitholog. II. p. 708. n. 16. Tantalus (Igneus) corpore nigricante caeruleo-viridi- et vinaceo-variegato-nitente, capite colloque nigris, pennis albido fimbricatis.

19. Leucocephalus. *Der weißköpfige Brachvogel* (10)

Latham, Syst. ornithol. II. p. 706. n. 10. Tantalus (Leucocephalus) facie rostroque flavis, corpore albo, tectricibus alarum remigibusque nigris, uropygii pennis longissimis pedibusque roseis.

Latham, Syn. Suppl. p. 240. White-headed Ibis.

Naturf.

(9) Nach *Brisson* eine eigene Gattung.

(10) Im Naturf. a. a. O heisst es: während der Regenzeit verloren seine schönen rosenrothen Federn *ihre Farbe.*

Naturforsch. I. p. 274. n. 10. *der weißköpfige Ibis oder Nilreiher.*

Berlin. Samml. IX. p. 193. *der weißköpfige zeylonische Ibis.*

Neueste Mannichfalt. I. p. 189. p. 627. mit 1 Fig.

11. Calvus. *Der kahlköpfige Brachvogel.*

Latham, Syst. ornithol. II. p. 708. n. 17. Tantalus (Calvus) capite colloque supremo nudis, corpore nigro viridi splendente, pileo, rostro pedibusque rubris.

12. Manillensis. *Der lüçonische Brachvogel.*

Latham, Syst. ornitholog. II. p. 708. n. 18. Tantalus (Manillensis) rufo-fuscus, rostro lateribusque capitis nudis virescentibus, pedibus rubris.

Sonnerat, Reis. n. Neuguinea, p. 32. *der braunrothe Krummschnabel.*

3. Minutus. *Der kleine Brachvogel.*

Müller, Natursystem, II. p. 391. n. 3. *der kleine Kropfvogel.*

Onomat. hist. nat. VII. p. 439. *der kleinere Brachvogel.*

Ebert, Naturl. II. p. 91. *Courly, Matuicui.*

Latham, Syst. ornithol. II. p. 708. n. 19. Tantalus (Minutus) facie, rostro pedibusque virescentibus, corpore ferrugineo subtus albo.

13. Cristatus. *Der gehäubte Brachvogel.*

Latham, Syst. ornithol. II. p. 709. n. 20. Tantalus (Cristatus) cristatus ferrugineus, capite, crisso caudaque nigris, alis albis.

14. Ni-

14. NIGER. *Der schwarze Ibis.* (1)
Blumenbach, Handb. der Naturgesch. p. 214. ad n. 1. *der schwarze etwas kleinere Ibis.*
Halle, Vögel, p. 512. n. 590. *der schwarze Brachvogel.*
Klein, av. p. 110 n. 9. Numenius holosericus?
Klein, Vorbereit. p. 203. n. 9 *Seidenbracher?*
Klein, verbess. Vögelhist. p. 112. n. 9. *Sammeter Braacher.*
Gesner, Vögelb. p. 340. *der schwarze Ibis.*
Brisson, ornithol. II. p. 299. n. 13. Ibis.
Latham, Syst. ornithol. II. p. 707. n. 13. Tantalus (Niger) niger, capite anteriore nudo rubro, rectricibus nigris, rostro pedibusque rubris.
Pallas, Reise, Ausz. I. p. 316. *schwarze Sichelschnepfen??* Tantalus niger??
Mannichf. II. p. 620. *der schwarze ägypt. Storch.*
Linné, Syst. Natur. Edit. X. I. p. 144. n. 18. β. Ibis nigra.
Linné, Syst. Nat. Edit. XII. I. p. 241. n. 4. *Obs.* Ibis nigra.
Charleton, onomast. zoic. p. 102. n. 2. Ibis nigra.
Jonston, av. p. 149. Ibis nigra.
Plin. hist. nat. L. 10. c. 30. Ibis nigra.

4. IBIS. *Der Ibis.* (2)
Müller, Natursyst. II. p. 391. n. 4. *der egyptische.*
Leske,

(1) Vorerst bleibt es allerdings noch völlig unentschieden, ob diess wirklich eine eigne Gattung sey oder nicht. Diess bey Seite gesetzt, aber begreife ich nicht, wie *Latham* a. a. O. sagen kann: *Habitat copiose in Volgae paludosis.* Vielleicht gründet sich diese Behauptung auf eine Relation von *Pallas*, ob er ihn gleich nicht anführt. Aber sollte des *Pallas Tantalus niger* wirklich diese Gattung seyn?

(2) Das berühmte, ehedem in Aegypten auf den dasigen alten Denkmählern verewigte, göttlich verehrte, und so, wie die dama-

Leſke, Naturgeſch. p. 276. n. 2. *der Ibis.*

Borowsky, Thierreich, III. p. 72. n. 3. *der Ibis, ägyptiſche Brachvogel, Nilreiher.*

Blumenbach, Handb. d. Naturgeſch. p. 213. n. 1. Tantalus (Ibis) facie rubra, roſtro luteo, pedibus griſeis, remigibus nigris, corpore ruſeſcente-albido.

Bechſtein, Naturgeſch. I. p. 415. n. 2. *der Ibis.*

Funke, Naturgeſch. I. p. 314. *der Ibis.*

Ebert, Naturl. II. p. 91. *der Ibis.*

Halle, Vögel, p. 530. n. 626. *der Nilreiher.* Fig. 46.

Gatterer, vom Nutzen u. Schaden der Thiere, p. 198. n. 188. *der Nilreiher.*

Neuer Schaupl. d. Natur, IV. p. 289. *Ibis.*

Onomat. hiſtor. nat. IV. p. 490. *der Nilreiher.*

Handb. d. Naturgeſch. II. p. 333. *der Ibis.*

Klein, verbeſſerte Vögelhiſt. p. 131. n. 14. *ägyptiſcher Ibis.*

Gesner, Vögelb. p. 340. *der Ibis.*

Briſſon, ornith. II. p. 299. n. 14. Ibis blanc.

Batſch, Thiere, I. p. 389. *der Ibis oder ägyptiſche Brachvogel.*

Latham, Syſt. ornithol. II. p. 706. n. 11. Tantalus (Ibis) facie rubra, roſtro luteo, pedibus griſeis, remigibus nigris, corpore ruſeſcente-albido.

Latham, Syſt. ornith. II. p. 706. n. 12. Tantalus (Aethiopicus) albus, capite colloque ſuperiore fuſcis, dorſo poſtico remigibusque nigris. [1)]

Bruce,

damaligen menſchlichen Leichen zu Mumien koſtbar einbalſamirte, und in beſondern Gewölben in gröſster Menge beygeſetzte, allen Familien bekannte Thier, iſt jetzt, wie *Shaw* a. a. O. p. 352. ſagt, daſelbſt ſo auſserordentlich ſelten geworden, daſs er nicht einmal erfahren können, daſs man es angetroffen habe.

Bruce, Reis. n. d. Quellen des Nils, V. p. 175. Tab. 35. *Abou Hannes.*

Seligmann, Vögel, IV. Tab. 103. *der Schnabel vom ägyptischen Reyger, Ibis genannt.*

Shaw, Reis. p. 305. 352. 369. *der Ibis.*

Scopoli, Bemerk. a. d. Naturgesch. I. p. 105. n. 128. Ardea Ibis.

Eberhard, Thiergesch. p. 98. *der Ibis.*

Perrault, *Charras* u. *Dodart*, Abhandl. aus der Naturgesch. II. p. 237. anatomische Beschreib. des weissen Ibis. Tab. 73. *der Ibis.* Tab. 74. die Zergliederung.

Berlin. Samml. VI. p. 269. *der Ibis.*

Gazet. lit. de Berlin. 1773. p. 355. *Ibis?*

Charleton, onomast. zoic. p. 102. n. 2. Ibis candida.

Jonston, av. p. 149. Ibis candida.

Cicero, de nat. Deor. L. I. c. 36. Ibes.

Plin. hist. nat. L. 8. c. 27. L. 10. c. 12. 28. 30. Ibis.

Aelian. de nat. anim. L. 2. c. 38. Ἶβις.

Aristot. histor. anim. L. 9. c. 37. Ἴβιες.

Strabo, geogr. L. 17. p. 823. Ἶβις.

Plutarch, de solert. anim. p. 972. et de Isid. p. 381.

Gaudent. Merul. memorab. L. 3. c. 50.

Middleton's miscellan. works. Vol. IV. Tab. 10. p. 90 sqq.

Caylus, Recueil d'Antiquités Vol. VI. Tab. XI. fig. 1.

Hermann, tab. aff. anim. p. 133. Tantalus Ibis.

Donndorff, Handb. der Thiergesch. p. 296. n. 2. *der Ibis.*

5. RUBER. *Der scharlachrothe Brachvogel.*

Müller, Natursyst. II. p. 392. n. 5. *der rothe Brachvogel.*

Halle, Vögel, p. 510. n. 587. *der karminrothe Brachvogel.*

Halle, Vögel, p. 530. n. 625. *der Purpurreiher.*

Gatterer, vom Nutzen u. Schaden der Thiere, II. p. 198. *der rothe Brachvogel.*

Onomat. hist. nat. VII. p. 440. *der rothe Brachvogel.*

Klein, av. p. 124. n. 11. Ardea porphyrio.

Klein, Vorbereit. p. 230. n. 11. *rother Reyger.*

Klein, av. p. 109. n. 5. Numenius ruber.

Klein, Vorbereit. p. 202. n. 5. *rother Braacher.*

Klein, verb. Vögelh. p. 112. n. 5. *rother Braacher.*

Pennant, arct. Zool. II. p. 427. n. 278. *der scharlachrothe Ibis.*

Brisson, ornithol. II. p. 298. n. 12. Courly rouge du Brésil.

Latham, Syst. ornitholog. II. p. 703. n. 2. Tantalus (Ruber) facie, rostro pedibusque rubris, corpore sanguineo, alarum apicibus nigris.

Seligmann, Vögel, IV. Tab. 68. *der rothe Brachvogel.*

Bankroft, Naturgesch. von Guiana, p. 103. *der guianische Keilhaken, oder der indianische rothe Keilhaken.*

Linné, Syst. Nat. Edit. X. I. p. 145. n. 1. Scolopax (Rubra) rostro arcuato, pedibus rubris, corpore sanguineo, alarum apicibus nigris.

Moehring, av. gen. p. 71. n. 80. Ibis.

Bellon. av. L. 4. c. 3. Ibis.

Charleton, onomast. zoic. p. 116. n. 3. Guara.

Jonston, av. p. 198. Guara.

Hermann, tab. affinit. animal. p. 141. Tantalus Ruber.

Donndorff, Handb. der Thiergesch. p. 297. n. 3. *der scharlachrothe Ibis.*

6. Albus. *Der weiße Brachvogel.*

Müller, Naturs. II. p. 392. n. 6. *der weiße Brachvogel.*

Halle, Vögel, p. 510. n. 585. *der weiße Brachvogel mit rothem Schnabel.*

Onomat. hist. nat. VII. p. 535. *der weiße Brachvogel.*

Pennant, arct. Zoolog. II. p. 428. n. 280. *der weiße Ibis.*

Klein, av. p. 109. n. 3. Numenius albus.

Klein, Vorber. p. 202. n 3. *weißer Braacher.*

Klein, verbesserte Vögelhist. p. 112. n. 3. *weißer Braacher.*

Brisson, ornithol. II. p. 296. n. 10. Courly blanc du Brésil.

Latham, Syst. ornitholog. II. p. 705. n. 9. Tantalus (Albus) facie, rostro pedibusque rubris, corpore albo, alarum apicibus viridibus.

Seligmann, Vögel, IV. Tab. 64. *der weiße Brachvogel.*

Linné, auserl. Abh. II. p. 279. n. 11. *die weiße Schnepfe.*

Linné, Syst. Nat. Edit. X. I. p. 145. n. 2. Scolopax (Alba) rostro arcuato, pedibus rubris, corpore albo, alarum apicibus viridibus.

Hermann, tab. affinit. animal. p. 141. Tantalus Albus.

7. Fuscus. *Der braune Brachvogel.*

Müller, Natursystem, II. p. 392. n. 7. *der braune Brachvogel.*

Onomat. histor. nat. VII. p. 438. *der braune amerikanische Brachvogel.*

Pennant, arct. Zool. II. p. 428. n. 279. *der braune Ibis.*

Klein, av. p. 109. n. 4. Numenius fuſcus.

Klein, Vorber. p. 202. n. 4. *brauner Braacher.*

Klein, verbeſſerte Vögelhiſt. p. 112. n. 7. *dunkel-brauner Braacher.*

Briſſon, ornithol. II. p. 297. n. 11. Courly brun du Breſil.

Latham, Syſt. ornith. II. p. 705. n. 8. Tantalus (Fuſcus) roſtro apice inflexo, corpore nigro albo nebuloſo, uropygio aliſque ſubtus albis.

Seligmann, Vögel, IV. Tab. 66. *der braune Brachvogel.*

Linné, Syſt. Nat. Edit. X. I. p. 145. n. 3. Scolopax (Fuſca) roſtro arcuato, pedibus rubris, corpore fuſco, cauda baſi alba.

15. Coco. *Der Koko.* (3)

Latham, Syn. Suppl. p. 241. Coco Ibis.

Latham, Syſt. ornithol. II. p. 705. n. 9. β. T. facie roſtroque flavo-carneis, pedibus ex carneo pallentibus, corpore albo, remigibus 3. extimis apice nigris.

16. Pillus. *Der Pillu.*

Latham, Syſt. ornithol. II. p. 709. n. 22. Tantalus (Pillus) facie, roſtro pedibusque fuſcis, corpore albo, remigibus rectricibusque nigris.

17. Cayennensis. *Der cayenniſche Brachvogel.*

Latham, Syſt. ornithol. II. p. 704. n. 3. Tantalus (Cayanenſis) viridi-nigricans, remigibus rectricibusque ſaturatioribus, roſtro nigricante, pedibus flaveſcentibus.

18. Mexicanus. *Der mexicaniſche Brachvogel.*

Briſſon, ornitholog. II. p. 295. n. 7. Courly varié du Mexique.

Latham,

(3) Nach *Latham* eine Varietät von *Tantalus Albus* n. 6.

Latham, Syst. ornitholog. II. p. 704. n. 4. Tantalus (Mexicanus) purpureo viridi et nigricante varius, subtus fuscus rubro variegatus, tectricibus alarum viridibus, rostro caerulescente.

19. MELANOPIS. *Der Brachvogel mit schwarzem Gesicht.*

Latham, Syst. ornith. II. p. 704. n. 5. Tantalus (Melanopis) dorso, alis fasciaque pectorali cineris, capite colloque fulvis, remigibus, rectricibus, femoribus crissoque nigris.

20. ALBICOLLIS. *Der weißhälsige Brachvogel.*

Latham, Syst. ornithol. II. p. 704. n. 6. Tantalus (Albicollis) fuscus griseo undulatus, capite colloque rufo-albis, tectricibus alarum maioribus albis.

21. GRISEUS. *Der graue Brachvogel.*

Brisson, ornitholog. II. p. 296. n. 9. petit Courly d'Amerique.

Latham, Syst. ornithol. II. p. 705. n. 7. Tantalus (Griseus) albidus, capite posteriore colloque griseis, uropygio, remigibus rectricibusque nigro-virescentibus.

Jonston, av. p. 211. Matuitui.

A. *Veränderungen gegen die XII. Edition, und Vermehrung der Gattungen dieses Geschlechts.*

Das Geschlecht ist mit 14 Gattungen vermehrt. Bey der 2ten Gattung ist die Varietät β hinzugekommen. Bey der 4ten ist *Tantalus Niger* als eine besondere Gattung von *T. Ibis* getrennt.

B. *Neuere Gattungen.*

1. *Der schwarzköpfige indianische Brachvogel.*
Latham, Syn Suppl. p 240. Black-headed Ibis.
Latham, Syst. ornithol. II. p 709. n. 21. Tantalus (Melanocephalus) albus, rostro, capite pedibusque nigris.

2. *Der Hagedash vom Vorgeb. der g. Hoffn.*
Latham, Syst. ornith. II. p 709. n. 23. Tantalus (Hagedash) cinereus, dorso viridi flavoque vario, alis caeruleo-nigris, tectricibus minoribus violaceis.

* EINGESCHOBENES GESCHLECHT.

CORRIRA. *Der Laufvogel.*

Bechstein, Naturgeschichte Deutschl. II. p. 181. Gen. XLIX.
Brisson, ornitholog. II. p. 505. Gen. CXV.
Latham, Syst. ornith. II. p. 787. Gen. LXXXVI.
Donndorff, Handbuch der Thiergesch. p. 297. Gen. XLIX.

1. ITALICA. *Der italienische Laufvogel.* (*)
Bechstein, Naturgesch. Deutschl. II. p. 181. III. p. 223. *der italienische Kurrier.*
Onomat. histor. nat. VII. p. 582. *der Laufer.*
Handb. d. Naturgesch. II. p. 383. *der Carier.*
Eberhard, Thiergesch. p. 121. *der Courier.*
Brisson, ornith. II. p. 505. n. 1. Coureur.
Latham, Syst. ornithol. II. p. 787. n. 1. Corrira (Italica) supra ferruginea, subtus alba, rectricibus binis intermediis candidis, apice nigris.
Charleton, onomast. zoic. p. 97. n. 9. Trochilus, Corrira, seu Tabellaria Aldrovandi.
Jonston, av. p. 196. Trochilus, Corrira.

86. GE-

(*) Soll, nach *Bechstein*, der *Charadrius Oedicnemus* seyn, dem man Füsse von der *Avocette* angesetzt hatte.

86. GESCHLECHT. SCOLOPAX. *Die Schnepfe.*

Müller, Naturſyſt. II, p. 393. Gen. LXXXVI.
Leske, Naturgeſch. p. 274. Gen. LIV.
Borowsky, Thierreich, III. p. 86. Gen. LI.
Blumenbach, Handbuch der Naturgeſch. p. 214. Gen. LVIII.
Bechſtein, Naturgeſch. I. p. 423. Gen. XLI.
Bechſtein, Naturgeſchichte Deutſchl. III. p. 72. Gen. XXVIII.
Halle, Vögel, p. 479. Gen. I.
Neuer Schauplatz der Natur, VII. p. 740.
Onomat. hiſt. nat. VII, p. 25.
Pennant, arct. Zoolog. II. p. 429. 430.
Klein, av. p. 99. Gen. XI. p. 109. Trib. II. A.
Briſſon, ornith. II. p. 277. Gen. LXXVI. Limoſa. p. 284. Gen. LXXVII. Scolopax. p. 289. Gen. LXXVIII. Numenius.
Batſch, Thiere, I. p. 386. Gen. CI.
Latham, Syſt. ornithol. II. p. 710. Gen. LXXI. Numenius (*Curlew*). p. 713. Gen. LXXII. Scolopax (*Snipe.*)
Hermann, tab. affinit. animal. p. 140.
Donndorff, Handb. d. Thiergeſch. p. 297. Gen. L.

1. GUARAUNA. *Die braſilianiſche Schnepfe.*

Müller, Naturſyſt. II. p. 394. n. 1. *der braſilianiſche Schnepf.*
Onomat. hiſt. natur. IV. p. 98. *der dunkelbraune Brachvogel.*
Klein, verbeſſ. Vögelhiſt. p. 102. Guarauna.
Briſſon, ornithol. II. p. 294. n. 6. Courly brun d'Amerique.
Latham, Syſt. ornith. II. p. 712. n. 8. Numenius (Guarauna) roſtro flavicante, corpore fuſco albo ſtriato, pedibus fuſcis.

Jonston, av. p. 199. Guarauna Brasiliensibus; Rusticola aquatica.

17. Borealis. *Die Esquimauxschnepfe.*

Pennant, arct. Zool. II. p. 429. n. 281. *der Esquimauxbrachvogel.* Tab. 19. unt. Fig.

Latham, Syst. ornithol. II. p. 712. n. 9. Numenius (Borealis) rostro pedibusque nigris, corpore fusco griseo maculato, subtus ochroleuco.

19. Africana. *Die afrikanische Schnepfe.*

Latham, Syst. ornithol. II. p. 712. n. 10. Numenius (Africanus) cinereus, facie, collo subtus, abdomine, uropygio, tectricibus alarum mediis apice albis, pectore cinerascente ferrugineo maculato.

20. Pygmea. *Die Lerchenschnepfe.*

Bechstein, Naturgesch. Deutschl. III. p. 87. n. 4. *die Lerchenschnepfe.*

Latham, Syn. Suppl. p. 291. not. o.

Latham, Syst. ornithol. II. p. 713. n. 11. Numenius (Pygmeus) fusco ferrugineo alboque variegatus, corpore subtus uropygioque albo, remigibus rectricibusque exterioribus albo marginatis.

2. Madagascariensis. *Die madagascarische Schnepfe.*

Müller, Natursystem, II. p. 394. n. 2. *der madagascarische Schnepf.* Tab. 16. fig. 1.

Onomat. histor. nat. VII. p. 41. *die Schnepfe aus Madagascar.*

Brisson, ornitholog. II. p. 292. n. 3. Courly de Madagascar.

Latham, Syst. ornitholog. II. p. 710. n. 11. Numenius (Madagascariensis) rostro pedibusque

que rufescentibus, maculis dorsi rhomboidalibus.

3. Arquata. *Die Doppelschnepfe.* (4)

Müller, Natursyst. II. p. 394. n. 3. *der Krummschnabel.*

Borowsky, Thierreich, III. p. 86. n. 1. *der Wettervogel, Doppelschnepfe.* Tab. 51.

Bechstein, Naturgesch. I. p. 424. n. 1. *die Doppelschnepfe.*

Bechstein, Naturgesch. Deutschl. III. p. 73. n. 1. *die Doppelschnepfe, der große Brachvogel, Keilhaken.* p. 79. *der Wettervogel, Brachvogel, Brachhuhn, Giloch, Windvogel, Gewittervogel, (Güthvogel, Geisvogel, Himmelgeis, Goisar, Bruchschnepfe, Kronschnepfe, Regenworp, Regenwulp,) braunschnäblige Schnepfe, Krummschnabel, Fastenschlier.* Tab. 5.

 Halle,

(4) Flügelweite 3 1/3 Fuſs nach *Briſſon.* Gewicht 22 bis 37 Unzen, nach *Pennant.* Ersterer vergleicht die Stärke (Crassities) mit den Kapaunen, welches aber übertrieben ist. Diese Vögel fliegen nicht so schnell wie andere Schnepfen, sind auch, ob sie gleich scheu sind, doch in Vergleichung mit andern dieses Geschlechts noch am leichtesten zu berücken. In Deutschland sieht man sie mehrentheils als Zugvögel am Ende des Septembers oder Anfang des Octobers in grosen und kleinen Heerden auf Sümpfen und Rieden, oder Brach- und Saatfeldern schnell herumlaufen. Im Frühjahr und Herbst ziehen sie sich immer nach den Ufern des Meers, der Landseen, Teiche, Flüsse, und nach den Sümpfen. Sie brüten im April, und die Brützeit über lebt jedes Paar für sich allein. Das Nest besteht nur aus einigen Grashalmen, und ist in Sümpfen auf einem trocknen Rasenhügel angebracht. Die Eyer werden drey Wochen bebrütet. Man kann diese Thiere mehrere Jahre lebendig unterhalten, wenn man ihnen grüne Kräuter unter Gerstenschrot und Brodt mengt. Die Jungen erhalten erst im zweyten Jahre ihre eigentlichen Farben.

Halle, Vögel, p. 509. n. 583. *der Gewittervogel.* Fig. 40.

Gatterer, vom Nutzen und Schaden der Thiere, II. p. 210. n. 191. *die Doppelschnepfe.*

Onomat. hiſtor. nat. I. p. 776. *der Brachvogel, Wettervogel.*

Pennant, arct. Zoolog. II. p. 430. A. *der Wettervogel, die Doppelſchnepfe.*

Handbuch der deutſchen Thiergeſch. p. 110. *der große Brachvogel.*

Klein, av. p. 109. n. 1. Numenius, Arquata Gesn.

Klein, Vorbereit. p. 201. n. 1. *deutſcher Braacher, Brachvogel, Regen-, Wind-, Wettervogel.*

Klein, verbeſſ. Vögelhiſt. p. 112. n. 1. *teutſcher Bracher, großer Feldmäher.*

Klein, ſtemm. av. p. 24. Tab. 24. fig. 3.

Klein, Vögeleyer, p. 31. Tab. 11. fig. 5.

Gesner, Vögelb. p. 47. *Brachvogel;* m. 1 Fig.

Briſſon, ornith. II. p. 289. n. 1. Courly.

Batſch, Thiere, I. p. 200. *der Wettervogel.*

Latham, Syn. Suppl. p. 242. Common Curlew.

Latham, Syſt. ornithol. II. p. 710. n. 1. Numenius (Arquata) cineraſcente nigroque varius, pedibus caeruleſcentibus, alis nigris, maculis niveis.

Beſeke, Naturgeſch. der Vögel Kurl. p. 59. n. 115. *der Krummſchnabel, die Kronſchnepfe.*

Siemſſen, meklenburg. Vögel, p. 171. n. 7. *die krummſchnablichte Schnepfe, Regenwölp.*

Graumann, diätet. Wochenbl. II. p. 104. *Keilhaken.*

Bock, Naturgeſch. v. Preuſſen, IV. p. 355. *der Krummſchnabel, Bracher, Jütvogel.*

Fiſcher, Naturgeſch. v. Livl. p. 86. n. 104. *Bracher, Wettervogel.*

Leem,

Leem, Nachr. von den Lappen in Finnmarken, p. 133. *Gusgaſtak.*

Pontoppidan, Dännemark, p. 107. n. 2. *Heel-ſpove.*

Pennant, Reiſ. d. Schottl. I. p. 271. *Krumm-ſchnabel.*

Olaſſen, Reiſ. d. Isl. I. p. 308. a. *Spoe*, *Spov.*

Pallas, nord. Beytr. IV. p. 14. *Brach- oder Korn-ſchnepfe.*

Naturf. XIII. p. 210. n. 112. *der Krummſchnabel.*

Linné, auserl. Abhandl. II. p. 283. n. 34. *der Ge-wittervogel.*

Linné, Syſt. Nat. Ed. VI. p. 26. n. 1. Arquata.

Linné, Syſt. Nat. Edit. X. I. p. 145. n. 5. Scolopax (Arquata) roſtro arcuato, pedibus caeruleſcentibus, alis nigris, maculis niveis.

Müller, zoolog. dan. prodr. p. 22. n. 179. Scolopax (Arquata) roſtro arcuato, pedibus caeruleſcentibus, alis nigris, maculis niveis.

Kramer, Auſtr. p. 350. n. 1. Numenius roſtro arcuato, alis nigris, maculis niveis, pedibus caeruleſcentibus; *Goiſſer*, *Brachſchnepf.*

Moehring, av. gen. p. 74. n. 87. Numenius.

Schwenkfeld, av. Sileſ. p. 315. Pardalus primus; *ein Geißvogel*, *Brachhun*, *Giloch*, *Himmel-Geiß*, *großer Brachvogel.*

Charleton, onomaſt. zoic. p. 106. n. 2. Arquata, Arcuata, Numenius veterum, Curlinus.

Muſ. Worm. p. 307. Arquata ſeu Numenius.

Jonſton, av. p. 158. Arquata.

Hermann, tab. affinit. animal. p. 141. Scolopax Arquata.

Schäfer, element. ornith. tab. 50.

Sepp, Voy. tab. p. 109. — *Collin.* anat. II. tab. 21.

Donn-

Donndorff, Handbuch der Thiergesch. p. 298. *die Doppelschnepfe.*

β. *Latham*, Syst. ornitholog. II. p. 710. n. 1. β. Numenius rufo-nigroque varius, corpore subtus pallide-rufescente, pedibus nigris, alis nigris maculis rufescentibus.

γ. *Die rosenrothpunktirte Doppelschnepfe.* * *Bechstein*, Naturgesch. Deutschl. III. p. 79. n. 1.

δ. *Die weiße Doppelschnepfe, mit grauem Schnabel und gelblichweißen Füßen.* * *Bechstein*, Naturgesch. Deutschl. III. p. 79. n. 2.

21. Luzoniensis. *Die gefleckte luçonische Schnepfe.*

Latham, Syst. ornitholog. II. p. 711. n. 3. Numenius (Luzoniensis) albus, capite colloque striis, abdomine caudaque fasciis nigris, dorso fusco maculis albis, vertice nigro.

Sonnerat, Reis. n. Neuguin. p. 32. *der gefleckte Krummschnabel.*

22. Tahitiensis. *Die tahitische Schnepfe.*

Latham, Syst. ornitholog. II. p. 711. n. 4. Numenius (Tahitiensis) albo-rubescens, collo striis nigris, dorso tectricibusque alarum nigricante et albido undulatis, cauda basi maculis, ad apicem fasciis nigris.

23. Leucocephala. *Die weißköpfige Schnepfe.*

Latham, Syn. Supplem. p. 242. White-headed Curlew.

Latham, Syst. ornithol. II. p. 711. n. 5. Numenius (Leucocephalus) cyaneus, capite et collo supremo griseo-albis, remigibus nigris, rostro rubro.

4. Phaeo-

4. PHAEOPUS. *Der Regenvogel.* (5)

Müller, Naturf. II. p. 395. n. 4. *der Regenvogel.*

Borowsky, Thierreich, III. p. 87. n. 2. *der Regenvogel.*

Bechstein, Naturgesch. I. p. 424. n. 2. *der Regenvogel.*

Bechstein, Naturgesch. Deutschl. III. p. 80. n. 2. *der Regenvogel.* p. 83. *Saatvogel, mittlerer Brachvogel, Güsvogel, Regenworp, Regenwulp, Güthvogel, Weid- u. Wettervogel, türkischer Goiser, türkische Schnepf, Blaubeerschnepfe, Blaufuß.*

Halle, Vögel, p. 509. n. 584. *der kleinere Gewittervogel.*

Pennant, arct. Zoolog. II. p. 430. B. *der Regenvogel.*

Onomat. hist. nat. I. p. 777. *der kleine Brachvogel.*

Klein, av. p. 109. n. 2. Numenius minor.

Klein, Vorbereit. p. 202. n. 2. *kleinere Braacher.*

Klein, verbesserte Vögelhist. p. 112. n. 2. *kleiner Braacher.*

Klein, stemmat. av. p. 24. Tab. 24. fig. 4.

Brisson, ornith. II. p. 291. n. 2. petit Courly ou le Corlieu.

Batsch, Thiere, I. p. 398. *der Regenvogel.*

Latham, Syst. ornithol. II. p. 711. n. 6. Numenius (Phaeopus) rostro nigro, pedibus caerulescentibus, maculis dorsalibus fuscis rhomboidalibus, uropygio albo.

Frisch,

(5) Flügelweite 2 3/12 Fuss. *Brisson.* Gewicht 12 Unzen. *Penn.* Im Syst. ist *Kramer* El. p. 350. angeführt, aber *ohne Nummer;* so auch beym *Latham* n. 2. kann es nicht seyn; denn diese ist schon bey *Tantalus Falcinellus* p. 648. n. 2. umständlicher citirt; gleichwohl führt *Bechstein* beym *Regenvogel* die Synonymen *türkischer Goiser*, *türkische Schnepf* mit an, und dies wäre dann *Kram.* n. 2. — Wer hat Recht?

Frisch, Vögel, Tab. 225. *die krummschnäblige Schnepfe oder Keilhake, der Brach- oder Regenvogel, die kleinere Art.*

Seligmann, Vögel, VIII. Tab. 97. *der Wimbrell oder kleine Bracher.*

Beseke, Vögel Kurl. p. 59. n. 116. *der Regenvogel, Blaubeerschnepfe.*

Siemssen, mekleub. Vögel, p. 171. n. 8. *die Moosschnepfe.*

Fischer, Naturgesch. von Livland, p. 86. n. 110. *Blaubeerschnepfe.*

Bock, Naturgesch. v. Preussen, IV. p. 356. *der Regenvogel.*

Pennant, Reis. n. Schottl. I. p. 19. *Regenvögel.*

Scopoli, Bemerk. a. d. Naturgesch. I. p. 107. n. 132. *der Brachvogel mit blaugrauen Füßen.*

Naturforsch. XIII. p. 210. n. 113. *der Regenvogel.*

Pontoppidan, Dännemark, p. 170. n. 3. *Mellemspove.*

Pontoppidan, Naturhist. v. Norwegen, II. p. 184. *Spove.*

Linné, Syst. Nat. Edit. VI. p. 26. n. 2. Numenius minor.

Linné, Syst. Nat. Edit. X. I. p. 146. n. 6. Scolopax (Phaeopus) rostro arcuato, pedibus caerulescentibus, maculis dorsalibus fuscis rhomboidalibus.

Müller, zoolog. dan. prodr. p. 22. n. 180. Scolopax (Phaeopus) rostro arcuato, pedibus caerulescentibus, maculis dorsalibus fuscis rhomboidalibus.

Hermann, tab. affinit. animal. p. 141. Scolopax Phaeopus.

5. Fusca.

5. Fusca. *Die dunkelbraune Schnepfe.*
Müller, Naturſyſtem, II. p. 395. n. 5. *der gewölkte Schnepf.*
Pennant, arct. Zool. II. p. 438. n. C. *die dunkelbraune Schnepfe.*
Onomat. hiſt. nat. VII. p. 32. *die braune Schnepfe.*
Briſſon, ornithol. II. p. 280. n. 4. Barge brune.
Latham, Syſt. ornithol. II. p. 724. n. 35. Scolopax (Fuſca) roſtro apice inflexo, corpore nigro albo nebuloſo, uropygio alisque ſubtus albis.
Fiſcher, Livland, p. 86. n. 105. *gewölkter Schnepf.*
Tengmalm: neue ſchwed. Abhandl. IV. p. 47. Scolopax Fuſca.

24. Cinerea. *Der Terek.*
Pennant, arct. Zool. II. p. 466. A. *die aſchgraue Avoſette, der Terek.*
Latham, Syſt. ornith. II. p. 724. n. 36. Scolopax (Terek) cinereo fuſco maculata ſubtus alba, collo ſubtus pectoreque cinereo nebuloſis, faſcia alarum remigibusque ſecundariis apice albis.
Hermann, tab. affinit. animal. p. 141. Scolopax cinerea.

25. Subarquata. *Die rothbäuchige Schnepfe.* (6)
Bechſtein, Naturgeſch. I. p. 425. n. 3. *die rothbäuchige Schnepfe.*

Bechſtein,

(6) Hält ſich an groſsen Mooren, ſumpfigen Wieſen, und ſolchen Orten auf, wo Teiche und Flüſſe oft austreten. Kömmt in Thüringen in der Mitte des Märzes in kleinen Heerden an, und zieht in der letzten Hälfte des Octobers weg. Nährt ſich von Inſekten, Würmern, Grasſpitzen, Graswurzeln, auch grüner Saat. Legt im April auf einen Maulwurfs- oder Grashügel, in eine kleine Aushöhlung, ohne alle Zubereitung vier bis fünf gelbliche mit dunkelbraunen Flecken gezeichnete Eyer. Brütet 16 Tage. Die Jungen laufen

Bechstein, Naturgesch. Deutschl. III. p. 84. n. 3. *die rothbäuchige Schnepfe.* Tab. 6.

Hermann, tab. affin. anim. p. 141. Scolopax Subarquata.

Latham, Syst. ornithol. II. p. 737. n. 39. (Mit *Tringa Islandica* einerley.)

26. INCANA. *Die graue Schnepfe.*

Latham, Syst. ornithol. II. p. 724. n. 34. Scolopax (Incana) cinerea, iugulo, abdomine medio maculaque ante oculos albis.

27. GRISEA. *Die braune Schnepfe.*

Pennant, arct. Zool. II. p. 432. n. 286. *die braune Schnepfe.*

Latham, Syst. ornithol. II. p. 724. n. 34. Scolopax (Grisea) cinereo-fusca, nigro nebulosa, alis fuscis, dorso abdomine caudaque albis, uropygio rectricibusque nigro fasciatis.

28. NOVEBORACENSIS. *Die Schnepfe v. Neuyork.*

Pennant, arct. Zoolog. II. p. 432. n. 285. *die Rothbrust.*

Latham, Syst. ornithol. II. p. 723. n. 32. Scolopax (Noveboracensis) nigro cinereo rubroque varia, dorso, abdomineque albis, alis cinereis, cauda albo nigroque fasciata.

29. NIGRA. *Die schwarze Schnepfe.*

Pennant, arct. Zoolog. II. p. 437. n. 298. *die schwarze Schnepfe.*

Latham, Syst. ornithol. II. p. 723. n. 31. Scolopax (Nigra) corpore toto aterrimo, rostro pedibusque rubris.

30. Nu-

laufen sogleich ins Gras, und nehmen ihre von der Mutter vorgezeigte Nahrungsmittel auf. *Bechstein.*

30. NUTANS. *Die Nickschnepfe.*

Pennant, arct. Zoolog. II. p. 433. n. 287. *die Nickschnepfe.*

Latham, Syst. ornithol. II. p. 723. n. 30. Scolopax (Nutans) cinerea ferrugineo varia, abdomine, uropygio caudaque albis, collo subtus, pectore, femoribus uropygioque maculis, cauda fasciis nigris.

31. FLAVIPES. *Die gelbbeinige Schnepfe.*

Pennant, arct. Zoolog. II. p. 436. n. 295. *das Gelbbein.*

Latham, Syst. ornithol. II. p. 723. n. 29. Scolopax (Flavipes) albida nigro maculata, alis fuscis, collo subtus pectoreque albo nigroque maculatis, abdomine tectricibusque caudae albis, rectricibus albis fasciis fuscis.

32. MELANOLEUCA. *Die Steinschnepfe.*

Pennant, arct. Zool. II. p. 435. n. 293. *die Steinschnepfe.*

Latham, Syst. ornithol. II. p. 723. n. 38. Scolopax (Melanoleuca) corpore maculis, uropygio caudaque fasciis albis nigrisque, remigibus primoribus nigricantibus, pedibus flavis.

33. SEMIPALMATA. *Die Schwimmschnepfe.*

Pennant, arct. Zoolog. II. p. 437. n. 297. *die Schwimmschnepfe.* Tab. 20. *Größ. Fig.*

Latham, Syst. ornithol. II. p. 722. n. 27. Scolopax (Semipalmata) nigro maculata, supra cinerea, subtus alba, remigibus primoribus fascia, secundariis, rectricibusque extimis toto albis.

6. Rusticola. *Die Waldschnepfe.* (7)

Müller, Natursystem, II. p. 396. n. 6. *die Waldschnepfe.*

Leske, Naturgesch. p. 275. n. 1. *die Waldschnepfe.*

Borowsky, Thierreich, III. p. 88. n. 3. *die Waldschnepfe.*

Blumenbach, Handb. der Naturgesch. p. 214. n. 1. Scolopax (Rusticola) rostro basi rufescente, pedibus cinereis, femoribus tectis, fascia capitis nigra.

Bechstein, Naturgesch. I. p. 425. n. 4. *die Waldschnepfe.*

Bechstein, Naturgesch. Deutschl. III. p. 90. n. 6. *die Waldschnepfe.* p. 107. *gemeine Schnepfe, Schneppe, Holzschnepfe, Buschschnepfe, Wasserrebhuhn, Bergschneppe, Schnepphuhn.* it. p. 718. 719.

Funke, Naturgesch. I. p. 249. *die Waldschnepfe.*

Ebert, Naturl. II. p. 92. *die gewöhnliche Waldschnepfe.*

Halle, Vögel, p. 479. n. 519. *die Waldschnepfe.* Fig. 35.

Meyer, Thiere, II. Tab. 90.

Gatterer, vom Nutzen u. Schaden der Thiere II. p. 211. n. 193. *die Waldschnepfe.*

Onomat. hist. nat. VII. p. 43. *die gemeine Schnepfe, Waldschnepfe.*

Pennant, arct. Zoolog. II. p. 437. A. *die europäische Waldschnepfe.*

Handb. d. Naturgesch. II. p. 315. *die Schnepfe.*

Handb. d. deutsch. Thiergesch. p. 110. *die Waldschnepfe.*

Klein,

(7) Länge etwas über 13 Zoll; nach *Brisson*. Flügelweite 1 1/2 Fuss, nach *Bechstein*. Gewicht 12 Unzen, nach *Pennant* und *Gesner*.

Klein, av. p. 99. n. 1. Scolopax.
Klein, Vorber. p. 184. n. 1. *Waldschnepfe*, *Busch-*, *Holz-*, *Bergschnepfe*.
Klein, verb. Vögelhist. p. 100. n. 1. *Waldschnepfe*.
Klein, stemmat. av. p. 20. Tab. 20. fig. 1. a-c.
Klein, Vögeleyer, p. 30. Tab. 11. fig. 1. 2.
Gesner, Vögelb. p. 235. *Ruthschnepffe, oder grösserer Schnepff*.
Gesner, Vögelb. p. 417. Scolopax.
Siemssen, mecklenb. Vögel, p. 164. n. 1. *die Waldschnepfe*.
Brisson, ornitholog. II. p. 284. n. 1. Becasse.
Batsch, Thiere, I. p. 398. *die Waldschnepfe*.
Latham, Syst. ornithol. II. p. 713. n. 1. Scolopax (Rusticola) castaneo nigro griseoque varia, subtus rufescens fasciolis nigris, fascia capitis nigra, femoribus tectis.
Beseke, Vögel Kurlands, p. 59. n. 117. *die Waldschnepfe*.
Bock, Naturgesch. von Preussen, IV. p. 356. *die Waldschnepfe*.
Fischer, Naturgesch. v. Livl. p. 186. n. 106. *Busch- oder Bergschnepfe*.
Cetti, Sardinien, II. p. 250. *die Schnepfe*.
White, Naturgesch. von England, p. 61. n. 5. *die Schnepfe*.
Boswell, Corsica, p. 45. *Schnepfen*.
Wolf, Ceyl. p. 136. *Waldschnepfen*.
Pallas, Reis. Ausz. III. p. 474. *Waldschnepfe*.
Taube, Slavon. u. Syrmien, I. p. 22. *Schnepfen?*
Pontoppidan, Naturgesch. v. Dännemark, p. 170. n. 4. *Blomrokke*.
Döbel, Jägerpraktik, I. p. 49. *Waldschnepffen*.
Naumann, Vogelsteller, p. 159. *Waldschnepfe oder Becasse*.

Naturf. XIII. p. 211. n. 114. *der Waldschnepf.*

Linné, auserles. Abhandl. II. p. 297. n. 102. *die Waldschnepfe.*

Oekon. Zool. p. 78. n. 20. *die Waldschnepfe.*

Meidinger, Vorles. I. p. 133. n. 1. *die Waldschnepfe.*

Jablonsky, allgemein. Lex. p. 1014. *Holz- oder Waldschnepfen.*

Zorn, Petinoth. II. p. 287. *die Waldschnepfe.*

Zückert, Speis. a. d. Thierreich, p. 96.

Scopoli Bemerk. a. d. Naturgesch. I. p. 108. n. 134. *die Waldschnepfe.*

Linné, Syst. Nat. Edit. VI. p. 26. n. 4. Rusticola.

Linné, Syst. Nat. Edit. X. I. p. 146. n. 7. Scolopax (Rusticola) rostro recto laevi, pedibus cinereis, femoribus tectis, fascia frontis nigra.

Müller, zoolog. dan. prodr. p. 23. n. 181. Scolopax (Rusticola) rostro recto basi rufescente, pedibus cinereis, femoribus tectis, fascia capitis niger.

Kramer, Austr. p. 351. n. 5. Numenius rostri apice laevi, capite linea utrinque nigra, rectricibus nigris, apice albis; *Wald-Schnepff.*

Moehring, av. gen. p. 77. n. 97. Rusticola.

Schwenkfeld, av. Siles. p. 329. Perdix rustica maior; *Schnepffe, Schnep-Hun.*

Charleton, onomast. zoic. p. 108. n. 7. Scolopax, Rusticola maior.

Schäfer, element. ornith. Tab. 61.

Jonston, av. p. 160. Scolopax seu Perdix rustica.

Donndorff, Handb. der Thiergesch. p. 298. n. 2. *die Waldschnepfe.*

β. *Die weiße Waldschnepfe.*

Brisson, ornithol. II. p. 285. A. Becasse blanche.

Klein, av. p. 100. n. 6. Scolopax alba. (Mit *Scol. Guarauna* verwechselt.)

Klein,

Klein, Vorbereit. p. 186. n. 6. *weiße Waldschnepfe.*
Klein, verbesserte Vögelhist. p. 102. *weiße Waldschnepfe.*
Latham, Syn. III. 1. p. 131.
Latham, Syst. ornithol. II. p. 714. n. 1. β.
Frisch, Vögel, Tab. 230. *der weiße Schnepf.*
Albin. av. III. 85. white Wood-Cock.

γ. *Die strohgelbe Schnepfe.*
Latham, Syst. ornithol. II. p. 714. n. 1. δ.
Siemssen, meklenb. Vögel, p. 165. β. *die Wacholderschnepfe, Machollerschnepp.*

δ. *Die Schnepfe mit röthlichem Kopfe, weißem Leibe und braunen Flügeln.*
Latham, Syst. ornithol. II. p. 714. n. 1. δ.

ε. *Die geschäckte Schnepfe.* *
Bechstein, Naturgesch. Deutschl. III. p. 107. Var. 4.

ζ. *Die weißflügelige Schnepfe.* *
Bechstein, Naturgesch. Deutschl. III. p. 107.
Latham, Syst. ornithol. II. p. 714. n. 1. ε. Scolopax corpore usitato, alis totis niveis.

34. MINOR. *Die kleine Waldschnepfe.*
Pennant, arct. Zool. II. p. 430. n. 282. *die kleine Waldschnepfe.* Tab. 19. obere Fig.
Latham, Syst. ornithol. II. p. 714. n. 2. Scolopax (Minor) castaneo nigro rufoque varia, subtus flavescens, occipite nigro, fasciis quatuor transversis flavescentibus, cauda nigra.

35. PALUDOSA. *Die Sumpfschnepfe.*
Latham, Syst. ornitholog. II. p. 714. n. 3. Scolopax (Paludosa) rufo nigroque varia, subtus albida nigro undulata, loris superciliisque nigris.

36. MAIOR. *Die große sibirische Schnepfe.* (8)
Bechstein, Naturgesch. Deutschl. III. p. 108. 719. *die Mittelschnepfe.*
Pennant, arct. Zoolog. II. p. 438. B. *die große Schnepfe.*
Latham, Syst. ornitholog. II. p. 714. n. 4. Scolopax (Maior) nigro maculata, supra testacea, subtus albida, linea verticis testacea, altera utrinque nigra.
Frisch, Vögel, Tab. 228. *die Doppelschnepfe?*

37. CAYENNENSIS. *Die cayennische Schnepfe.*
Latham, Syst. ornitholog. II. p. 715. n. 5. Scolopax (Cayanensis) cinereo-fusca testaceo varia, corpore subtus uropygioque albo, tectricibus alarum maioribus remigibusque primoribus basi albidis.

7. GALLINAGO. *Die Heerschnepfe.* (9)
Müller, Natursystem, II. p. 397. n. 7. *der Heerschnepf.*
Leske, Naturgesch. p. 275. n. 2. *die Heerschnepfe.*
Borowsky, Thierreich, II. p. 89. n. 4. *die Heerschnepfe.*
Blumenbach, Handb. d. Naturgesch. p. 214. n. 2. Scolopax (Gallinago) rostro recto tuberculato, pedibus fuscis, frontis lineis fuscis quaternis; *Heerschnepfe*, *Himmelsziege*, *Haberbock.*
Bechstein,

(8) Gewicht 8 Unzen. *Penn.* — *Frischens* Doppelschnepfe scheint der Gestalt nach eine noch ungemauserte junge *Waldschnepfe*, der Beschreibung nach aber eine *Heerschnepfe* zu seyn.

(9) Frisst auch Getraide, zumal Hafer, und weiche Sumpfgraswurzeln. Das Weibchen brütet seine Eyer allein in drey Wochen aus. Die Streifen am Kopfe sind vor dem ersten Mausern noch nicht deutlich, auch oft in der Anzahl verschieden.

Bechstein, Naturgesch. I. p. 426. n. 5. *die Heerschnepfe.*

Bechstein, Naturg. Deutschl. III. p. 110. n. 8. p. 720. *die Heerschnepfe.* p. 115. *die Becassine, Heerdschnepfe, Wasserschnepfe, Sumpfschnepfe, Riedschnepfe, Dobbelschnepfe, Grasschnepfe, Moosschnepfe, Wasserhühnchen, Bruchschnepfe, Himmelgeis, Schnibbe, Haarekenblatt, Haberbock, Haberlämmchen, Schnepfchen, kleine Pfulschnepfe.*

Funke, Naturgesch. I. p. 249. *die Heerschnepfe, Becassine.*

Ebert, Naturl. II. p. 93. *die Wasserschnepfe.*

Halle, Vögel, p. 482. n. 521. *die Himmelsziege.*

Meyer, Thiere, II. Tab. 11.

Gatterer, vom Nutzen u. Schaden der Thiere, II. p. 211. n. 194. *die Heerschnepfe.*

Pennant, arct. Zoolog. II. p. 431. n. 283. *die gemeine Schnepfe.*

Onomat. hist. nat. VII. p. 34. *die Sumpfschnepfe, Moosschnepfe, Heerschnepfe.*

Handb. d. deut. Thiergesch. p. 111. *die Becassine.*

Klein, av. p. 99. n. 2. Scolopax media.

Klein, Vorber. p. 185. n. 2. *Duppelschnepfe.*

Klein, verbess. Vögelhist. p. 101. n. 2. *Duppelschnepfe.*

Klein, av. p. 100. n. 3. Scolopax quae *Capella coelestis* autorum.

Klein, Vorber. p. 185. n. 3. *Himmelsziege, Schnepfe, Herren- und Fürstenschnepfe, Becasse.*

Klein, verb. Vögelhist. p. 101. n. 3. *Heerschnepfe.*

Klein, stemmat. av. p. 20. Tab. 20. fig. 2. a-c.

Gesner, Vögelb. p. 239. Gallinago, rusticola minor; *Herrschnepff, Harschnepff, Grasschnepff, Schnepfflein.*

Brisson, ornith. II. p. 285. n. 2. Becassine.

Batsch, Thiere, I. p. 397. *die Heer-oder Sumpfschnepfe.*

Latham, Syst. ornithol. II. p. 715. n. 6. Scolopax (Gallinago) rostro tuberculato, corpore nigricante et fulvo vario, subtus albo, frontis lineis fuscis quaternis.

Beseke, Vögel Kurl. p. 59. n. 118. *die Heerschnepfe.*

Siemssen, meklenb. Vögel, p. 166. n. 2. *die Heerschnepfe, Haberzöge, Bekkassine.*

Bock, Naturgesch. v. Preussen, IV. p. 357. n. 115. *die Doppelschnepfe.* p. 358. n. 116. *die Heerschnepfe.*

Fischer, Livland, p. 86. n. 107. *Doppelschnepfe, Heer-, Moosschnepfe.*

Cetti, Naturgeschichte von Sardinien, II. p. 252. *die Heerschnepfe.*

White, Naturgesch. von Engl. p. 61. n. 6. *Moosschnepfe.*

Nau, Entdeck. aus der Naturgesch. I. p. 248. Scolopax Gallinago.

Leem, Finnm. p. 133. *Myrebuk.*

Olaffen, Reise d. Isl. I. p. 308. b) *Hrossa Gökr, Myre-Skitr.*

Ström, Lappl. p. 247. *Myre-Snipe.*

Pontoppidan, Naturgesch. v. Dännemark, p. 170. n. 5. *Myrsneppe, Horsegiög.*

Pontoppidan, Naturhist. von Norwegen, p. 183. *Myr-Sneppe.*

Naturforsch. XII. p. 211. n. 115. *Doppelschnepfe.* p. 212. n. 116. *Heerschnepfe.*

Naturf. XVIII. p. 68. *Moosschneppe.*

Wigand, Abh. vom Guckguck u. s. w. p. 19-21. *Heerschnepfe.*

Zorn, Petinoth. II. p. 422. *Wasser-od. Moosschnepf.*

Naumann,

Naumann, Vogelsteller, p. 195. *Wasserschnepfe.*
Döbel, Jägerprakt. I. p. 73. *Himmelsziege.*
Anweisung Vögel zu fangen, u. s. w. p. 394. *der Moosschnepf.*
Scopoli, Bemerk. a. d. Naturgesch. p. 111. n. 138. *die Moosschnepfe.*
Goeze, nützl. Allerl. II. p. 219. n. 26. *die Becassine.*
Meidinger, Vorlesung. I. p. 133. n. 2. *die Moosschnepfe.*
Hannöv. Magaz. 1780. p. 415.
Zückert, Speis. a. d. Thierreich, p. 96.
Linné, Syst. Nat. Edit. VI. p. 26. n. 6. Gallinago.
Linné, Syst. Natur. Edit. X. I. p. 147. n. 1. Scolopax (Gallinago) rostro recto, apice tuberculato, pedibus fuscis, lineis frontis fuscis quaternis.
Müller, zool. dan. prodr. p. 23. n. 182. Scolopax (Gallinago) rostro recto tuberculato, pedibus fuscis, frontis lineis fuscis quaternis.
Kramer, Austr. p. 352. n. 6. Numenius capite lineis quatuor fuscis longitudinalibus, rostri apice tuberculoso, femoribus seminudis; *Moosschnepf.*
Brünniche, ornith. bor. p. 48. n. 161. Scolopax (Gallinago) lineis frontis fuscis ternis, rectricibus lateralibus albis.
Schwenkfeld, av. Siles. p. 330. Perdix rustica minor; *Wasserschnepf.*
Charleton, onomast. zoic. p. 108. n. 8. Gallinago, Scolopax minor, Molliceps Aristotelis.
Fabric. fn. groenl. p. 106. n. 71. Scolopax (Gallinago) rostro recto tuberculato, pedibus fuscis, frontis lineis fuscis quaternis.
Jonston, av. p. 161. Scolopax, seu Gallinago minor.

Donndorff, Handb. der Thiergeſch. p. 299. n. 3. *die Heerſchnepfe.*

β. Sc. remige prima a latere anteriori non alba, ſed nigra. *

Brünniche, ornith. bor. p. 49. n. 162.

38. Gallinaria. *Die finnmarkiſche Schnepfe.*

Pennant, arct. Zoolog. II. p. 438. D. *die finnmarkiſche Schnepfe.*

Latham, Syſt. ornithol. II. p. 715. n. 7. Scolopax (Gallinaria) roſtro tuberculato, corpore variegato, capite griſeo, pedibus flavis.

8. Gallinula. *Die Haarſchnepfe.* (10) *

Müller, Naturſyſtem, II. p. 398. n. 8. *das Waſſerhühnchen.*

Borowſky, Thierreich, III. p. 90. n. 5. *das Waſſerhühnchen, Rohrſchnepfe.*

Bechſtein, Naturgeſch. I. p. 427. n. 6. *die Haarſchnepfe.*

Bechſtein, Naturgeſch. Deutſchl. III. p. 120. n. 10. *die Haarſchnepfe.* p. 123 *Waſſerhühnchen, Rohrſchnepfe, Waſſerſchnepfe, Halbſchnepfe.*

Halle, Vögel, p. 482. n. 522. *die Haarſchnepfe.*

Gatterer, vom Nutzen u. Schaden der Thiere, II. p. 212. n. 195. *die Haarſchnepfe.*

Pennant, arct. Zool. II. p. 432. n. 284. *das Waſſerhühnchen.*

Onomat. hiſt. nat. VII. p. 36. *Haarſchnepfe, kleinſte Schnepfe, Halbſchnepfe.*

Klein, av. p. 100. n. 4. Scolopax minima.

Klein, Vorbereit. p. 185. n. 4. *kleinſte Schnepfe.*

Klein,

(10) Gewicht, nach *Pennant*, unter 2 Unzen. Legt 4 bis 5 grüngelbe dunkelbraun gefleckte Eyer. Von den feinen, gleichſam haarigen Federn hat ſie den Namen erhalten.

Klein, verb. Vögelhist. p. 101. n. 4. *Haarschnepfe*, *Pudelschnepfe*.

Klein, stemm. av. p. 20. Tab. 20. fig. 4. a. b.

Brisson, ornith. II. p. 287. n. 3. petite Becassine.

Batsch, Thiere, I. p. 397. *das Wasserhühnchen*.

Latham, Syst. ornithol. II. p. 715. n. 8. Scolopax (Gallinula) rostro tuberculato, corpore variegato, uropygio violaceo vario, pedibus virescentibus, loris fuscis.

Beseke, Naturgesch. der Vögel Kurl. p. 59. n. 119. *das Wasserhühnchen*, *Haarschnepfe*.

Siemssen, meklenburg. Vögel, p. 167. n. 3. *die Haarschnepfe*, *Haarbull*.

Bock, Naturgesch. v. Preussen, IV. p. 358. *das Wasserhühnchen*.

Fischer, Naturgesch. v. Livl. p. 86. n. 109. *kleinster Schnepfe*.

White, Naturg. v. Engl. p. 61. n. 7. *Halbschnepfe*.

Naturf. XIII. p. 213. n. 117. *das Wasserhühnchen*.

Scopoli, Bemerk. a. d. Naturgesch. I. p. 112. n. 139. *die kleinste Schnepfe*.

Döbel, Jägerprakt. I. p. 73. *Mittel - oder Haarschnepfe*.

Graumann, diätet. Wochenbl. II. p. 704.

Müller, zoolog. dan. prodr. p. 23. n. 184. Scolopax (Gallinula) rostro recto tuberculato, pedibus virescentibus, loris fuscis, uropygio violaceo vario.

Charleton, onomast. zoic. p. 108. n. 11. Cinclus.

Jonston, av. p. 163. Cinclus quartus, Gallinago minima Bellonii.

39. Belgica. *Die niederländische Schnepfe*.

Latham, Syst. ornithol. II. p. 716. n. 9. Scolopax (Belgica) rostro rectissimo apice nigro, capite

pite, collo et pectore ferrugineis, abdomine albo, dorso, alis, cauda pedibusque nigris.

40. Pusilla. *Der Dunlin.* (1)
Pennant, arct. Zool. II. p. 443. n. 308. *der Dunlin.*
Klein, verb. Vögelhist. p. 22. ad n. 8. *der Dunlin.*
Brisson, ornitholog. II. p. 288. n. 5. Becassine d'Angleterre.

41. Obscura. *Die purpurschnäblige Schnepfe.*
Pallas, nord. Beyträge, IV. p. 10. Scolopax obscura *Gmelin*.

9. Fedoa. *Die große Pfulschnepfe.*
Müller, Natursyst. II. p. 398. n. 9. *der rothe Pfulschnepf.*
Pennant, arct. Zoolog. II. p. 433. n. 288. *die große Pfulschnepfe.*
Onomat. histor. nat. III. p. 883. *das rothe amerikanische Berghuhn.*
Klein, verbess. Vögelhist. p. 104. n. 13. *langschnäblicht Wasserhuhn.*
Brisson, ornitholog. II. p. 283. n. 7. Barge rouge d'Amerique.
Latham, Syst. ornithol. II. p. 718. n. 14. Scolopax (Fedoa) rostro flavicante, corpore rufo nigroque, subtus albido, pedibus fuscis, remigibus secundariis rufis nigro punctatis.
Seligmann, Vögel, V. Tab. 32. *das größere amerikanische Haselhuhn.*
Schriften der berlin. Gesellsch. naturf. Fr. VII. p. 461. n. 8. *die rothe Pfulschnepfe.*
Linné, Syst. Natur. Edit. X. I. p. 146. n. 8. Scolopax (Fedoa) rostro recto longo, pedibus fuscis,

(1) Ist, nach *Latham*, mit *Tringa Alpina* p. 676. n. 11. einerley; daher auch beyder Synonymen von ihm zusammen gezogen werden.

fuſcis, remigibus ſecundariis rufis nigro punctatis.

16. Glottis. *Die Regenſchnepfe.* (2)

Müller, Naturſyſt. II. p. 399. n. 10. *der Regenſchnepf.*

Borowsky, Thierreich, III. p. 90. n. 6. *die Regenſchnepfe.*

Bechſtein, Naturgeſch. Deutſchl. III. p. 130. n. 13. *die Regenſchnepfe.* p. 132. *große Pfulſchnepfe, Grünbein, Meerhuhn.*

Pennant, arct. Zoolog. II. p. 436. n. 296. *das Grünbein.*

Onomat. hiſtor. nat. VII. p. 37. *die große graue Pfulſchnepfe, Meerhuhn.*

Gesner, Vögelb. p. 240. *Glutt;* m. 1 Fig.

Gesner, Vögelb. p. 252. *Limoſa.*

Briſſon, ornithol. II. p. 279. n. 3. grande Barge griſe.

Latham, Syn. Suppl. p. 249. Greenſhank.

Latham, Syſt. ornithol. II. p. 720. n. 21. Scolopax (Glottis) griſeo-fuſca, maculis nigricantibus varia, ſuperciliis, dorſo infimo corporeque ſubtus albis, rectricibus albis, faſciis fuſcis.

Bock, Naturgeſch. v. Preuſſen, IV. p. 359. *die Regenſchnepfe.*

Siemſſen, meklenb. Vögel, p. 168. n. 4. *die Regenſchnepfe.*

Graumann, diätet. Wochenbl. II. p. 164.

Scopoli, Bemerk. a. d. Naturgeſch. I. p. 110. n. 137. Scolopax Glottis.

Natur-

(2) Gewicht, nach *Pennant*, 5 Unzen. Legt 6 ſchmutzig ſtrohgelbe, mit leberfarbenen und purpurblauen, einzelnen groſſen und kleinen Flecken beſprengte Eyer, von der Gröſse der Rebhühnereyer. Wird oft mit der folgenden Gattung verwechſelt.

Naturforsch. XIII. p. 213. n. 118. *Regenschnepfe.*

Linné, Syst. Nat. Ed. VI. p. 26. n. 5. Glottis.

Linné, Syst. Nat. Edit. X. I. p. 146. n. 9. Scolopax (Glottis) rostro recto, basi inferiori rubro, pedibus virescentibus.

Müller, zoolog. dan. prodr. p. 23. n. 185. Scolopax (Glottis) rostro recto, basi inferiore rubro, corpore subtus niveo, pedibus virescentibus.

Charleton, onomast. zoic. p. 104. n. 9. Limosa.

Charleton, onomast. zoic. p. 109. n. 3. Pluvialis maior.

Jonston, av. p. 156. Limosa. p. 165. Pluvialis maior Aldrov.

Donndorff, Handbuch der Thiergesch. p. 299. n. 4. *die Regenschnepfe.*

11. CALIDRIS. *Die rothfüßige Schnepfe.*

Müller, Naturs. II. p. 400. n. 11. *der Rothfuß.*

Bechstein, Naturgesch. Deutschl. III. p. 127. n. 12. *die rothfüßige Schnepfe.* p. 130. *Rothfuß, Rothbein, der kleine Rothschenkel.*

Pennant, arct. Zoolog. II. p. 436. n. 294. *das Rothbein, Strandschnepfe.*

Onomat. hist. nat. VII. p. 29. *das Rothbein.*

Halle, Vögel, p. 484. n. 525. *das Wasserhuhn mit rothen Füßen und Schnabel.*

Klein, av. p. 101. n. 1. Glareola I.

Klein, Vorber. p. 187. n. 1. *Rothbeinlein, Rothfüßel, Wasserhünlein mit rothen Beinen.*

Klein, verbesserte Vögelhist. p. 102. n. 1. *Rothbeinlein*

Klein, stemmat. av. p. 21. Tab. 21. fig. 11. a. b.

Brisson, ornitholog. II. p. 261. n. 3. Chevalier.

Gesner, Vögelb. p. 239. *Rothbein.*

Latham,

Latham, Syn. Suppl. p. 225. Redſhank.

Latham, Syſt. ornith. II. p. 722. n. 25. Scolopax (Calidris) roſtro rubro, pedibus coccineis, corpore cinereo, remigibus ſecundariis albis.

Beſeke, Vögel Kurlands, p. 62. n. 2. (das zweyte Exemplar.)?

Leem, Nachr. von den Lappen in Finnmarken, p. 138. *Laxe-Titing.*

Bock, Naturgeſch. v. Preuſſen, IV. p. 359. *der Rothfuſs.*

Pennant, Reiſ. d. Schottl. I. p. 19. *Rothſchenkel.*

Naturf. XIII. p. 213. n. 119. *der Rothfuſs.*

Müller, zoolog. dan. prodr. p. 23. n. 186. Scolopax (Calidris) roſtro recto rubro, pedibus coccineis, remigibus ſecundariis albis.

Kramer, Auſtr. p. 353. n. 5. Tringa roſtro nigro, baſi rubra, pedibus coccineis; *Rothfüſsler.*

Charleton, onomaſt. zoic. p. 107. n. 2. Gallinula Erythropus.

Charleton, onomaſt. zoic. p. 106. n. 5. Calidris Bellonii, Fedoa.

Charleton, onomaſt. zoic. p. 106. n. 4. Totanus.

Schwenkfeld, av. Sileſ. p. 281. Glareola I. *Rottbein, Rotfüſsel.*

Jonſton, av. p. 159. Calidris Bellonii.

β. *Latham*, Syn. III. 1. p. 151. n. 1. Var. A. Chineſe Redſhank.

Latham, Syſt. ornith. II. p. 722. n. 25. β. Sc. corpore ſupra griſeo, ſubtus candido, collo ſubtus et pectore lateribus nigricante maculatis, uropygio et cauda albo nigroque faſciatis.

12. TOTANUS. *Die Strandſchnepfe.*

Müller, Naturſyſt. II. p. 400. n. 12. *der Strandſchnepf.*

Borowsky,

Borowsky, Thierreich, III. p. 91. n. 7. *die Strandschnepfe.*

Bechstein, Naturgesch. Deutschl. III. p. 123. n. 11. *die Strandschnepfe.* p. 125. *der große Rothschenkel, die gefleckte Pfulschnepfe, das Meerhuhn.*

Onomat. histor. natur. VII. p. 45. *das Meerhuhn, Strandschnepfe.*

Klein, av. p. 102. n. 12. Glareola, Barker Albini.

Klein, Vorbereit. p. 189. n. 12. *der Barker.*

Klein, verbess. Vögelhist. p. 104. n. 12. *Barker.*

Brisson, ornith. II. p. 279. n. 2. Barge grise.

Gesner, Vögelb. p. 251. *Totanus.*

Batsch, Thiere, I. p. 397. *die Strandschnepfe.*

Latham, Syst. ornith. II. p. 721. n. 24. Scolopax (Totanus) nigricans maculis albis, subtus alba, pectore lineolis, rectricibus lateralibus fasciis nigricantibus, pedibus rubris.

Siemssen, meklenburg. Vögel, p. 169. n. 5. *die Strandschnepfe.*

Fischer, Naturgesch. von Livland, p. 86. n. 108. *Pfulschnepfe.*

Leem, Nachr. von den Lappen in Finnmarken, p. 134. *Skriig-Kjeld.*

Pallas, nord. Beytr. III. p. 13. *die Strandschnepfe.* IV. p. 10. Scol. Totanus.

Pontoppidan, Dännemark, p. 170. n. 1. *Rödbeener.*

Müller, zoolog. dan. prodr. p. 23. n. 187. Scolopax (Totanus) rostro subrecto, pedibus fuscis, superciliis, pectore, abdomine uropygioque albis.

Charleton, onomast. zoic. p. 106. n. 3. Crex?

β. *Pennant*, arct. Zool. II. p. 434. n. 291. *die gefleckte Pfulschnepfe.*

Latham,

Latham, Syn. III. 1. p. 149. n. 19. Var. A.
Latham, Syst. ornithol. II. p. 721. n. 24. β.
Bechstein, Naturgesch. Deutschl. III. p. 125. *die gefleckte Strandschnepfe.*

13. Limosa. *Die gemeine Pfulschnepfe.* (3)
Müller, Natursystem, II. p. 401. n. 13. *die gemeine Pfulschnepfe.*
Bechstein, Naturgesch. I. p. 428. n. 8. *die kleine Pfulschnepfe.*
Bechstein, Naturgesch. Deutschl. III. p. 116. n. 9. *die Pfulschnepfe.* p. 120. *die gemeine kleine Pfulschnepfe, Becassine, Stickup.*
Halle, Vögel, p. 483. n. 523. *die Uferschnepfe?*
Gatterer, vom Nutzen u. Schaden der Thiere, II. p. 213. n. 197. *die Pfulschnepfe.*
Pennant, arct. Zoolog. II. p. 435. n. 292. *die kleine Pfulschnepfe, Jadreka.*
Onomat. hist. nat. VII. p. 40. *die gemeine Pfulschnepfe.*
Handbuch der deutschen Thiergesch. p. 111. *Pfulschnepfe, Wasserschnepfe.*

Klein,

(3) Gewicht, nach *Pennant,* 9 Unzen. Ist der Becassine sehr ähnlich, nur dass bey jener der Schnabel etwas länger, die Farben des Oberkörpers dunkler, und der Unterleib weisser ist. Ob *Olaffens, Fabrizens,* und *Müllers Jadreka* ebenderselbe Vogel sey, scheint noch nicht ganz ausgemacht zu seyn. In unserm System ist sie mit hieher gerechnet, und *Pennant* zieht gleichfalls die Synonymen zusammen. *Olaffen* sagt von seiner *Jadreka,* dass sie zwar in vielen Stücken mit der Pfulschnepfe übereinkomme, aber es fehlten dieser doch wichtige Merkmale, die jene habe. Sie lege 4 Eyer. *Fabric.* sagt: er habe nur ein einziges Exemplar von diesem Vogel gesehen, er gehöre unter die seltensten Vögel Grönlands, und seine Oekonomie sey gar nicht bekannt. *Müller* will ihn fast zur *Waldschnepfe* (Sc. Rusticola) rechnen.

Klein, av. p. 100. n. 5. Scolopax, Rusticola Aldr.?
Klein, Vorbereit. p. 186. n. 5. *Riedschnepfe?*
Klein, verbesserte Vögelhist. p. 102. ad n. 5.
Brisson, ornithol. II. p. 277. n. 1. Barge.
Latham, Syst. ornithol. II. p. 719. n. 18. Scolopax (Limosa) rostro subrecurvato basi rubro, corpore griseo-fusco rufo variegato subtus albo, remigibus basi albis, quatuor primis immaculatis, cauda basi alba.
Beseke, Vögel Kurlands, p. 60. n. 120. *die Pfulschnepfe, Doppelschnepfe.*
Bock, Naturgesch. v. Preussen, IV. p. 359. *die kleine Pfulschnepfe, Pudelschnepfe, Moorschnepfe.* (Mit der Haarschnepfe verwechselt.)
Pennant, Reise d. Schottl. I. p. 19. *Pfulschnepfen mit rother Brust.*
Lepechin, Tageb. d. russ. Reis. I. p. 194. *langbeinigte Schnepfen.*
Olafsen, Reis. d. Isl. II. p. 201. G. *Jadreka.*
Siemssen, meklenb. Vögel, p. 172. n. 2. *die Pfulschnepfe.*
Pallas, nord. Beyträge, III. p. 113. *die große Schnepfe.*
Döbel, Jägerprakt. I. p. 73. *Ried-Pfuhl-oder Puhlschnepfe.*
Naumann, Vogelsteller, p. 196. *Pfulschnepfe.*
Schriften der berlin. Gesellschaft naturf. Fr. VII. p. 461. n. 41. *gemeine Pfulschnepfe.*
Naturf. XIII. p. 214. n. 120. *die gemeine Pfulschnepfe.*
Linné, Syst. Nat. Ed. II. p. 55. Limosa.
Linné, Syst. Nat. Edit. VI. p. 26. n. 3. Numenius medius.
Linné, Syst. Nat. Edit. X. I. p. 147. n. 10. Scolopax (Limosa) rostro recto laevi, pedibus fuscis,

cis, remigibus macula alba, quatuor primis immaculatis.

Müller, zool. dan. prodr. p. 23. n. 190. Scolopax (Jadreka) roſtro recto laevi, pedibus plumbeis, remigibus linea obliqua uropygioque albo, rectricibus macula nigra.

Fabric. fn groenl. p. 107. n. 72 Scolopax (Jardreka) roſtro recto laevi, remigibus linea obliqua, uropygio albo, rectricibus macula nigra.

Moehring, av. gen. p. 74. n. 88. Totanus.

Charleton, onomaſt. zoic. p. 104. n. 10. Barge Gallorum.

Jonſton, av. p. 156. Barge Gallorum.

Donndorff, Handb. der Thiergeſch. p. 300. n. 5. *die gemeine Pfulſchnepfe.*

14. Capensis. *Die capſche Schnepfe.*

Müller, Naturſyſt. II. p. 402. n. 14. *der capſche Schnepf.*

Onomat. hiſt. nat. VII. p. 51. *die Schnepfe vom Vorgeb. d. g. Hoffnung.*

Latham, Syn. Suppl. p. 244. Cape Snipe.

Latham, Syſt. ornithol. II. p. 716. n. 10. Scolopax (Capenſis) roſtro lineaque verticis rufeſcentibus, faſcia pectorali nigra, linea utrinque dorſali alba.

Briſſon, ornitholog. II. p. 288. n. 6. Becaſſine du Cap de bonne Eſperance.

Sparrmann, Reiſe n. d. Vorgeb. der g. Hoffn. p. 148. Kieviten. *(Kiebitze.)*

β. *Latham*, Syſt. ornitholog. II. p. 716 n. 10. β. Sc. olivaceo-viridis, collo nigro, vertice juguloque ferrugineis, orbitis, ſcapularibus abdomineque albis, remigibus caudaque maculis fulvis.

γ. *Latham*, Syn. III. 1. p. 139. n. 9. Var. B.
Latham, Syst. ornithol. II. p. 717. n. 11. Scolopax (Sinensis) caerulescente fusco rufo nigroque variegata, superciliis, linea verticis, gula abdomineque albis. (4)

δ. *Latham*, Syn. III. 1. p. 139. n. 9. Var. C.
Latham, Syst. ornith. II. p. 717. n. 10. γ. Scolopax cinereo griseo nigroque undulata, capite colloque rufis, orbitis, gula, scapularibus abdomineque albis, fascia pectoris superciliisque nigris, remigibus caudaque maculis ovatis nigris.

42. MADERASPATANA. *Die Rebhuhnschnepfe.*
Brisson, ornithol. II. p. 287. n. 4. Becassine de Madras.
Latham, Syst. ornitholog. II. p. 717. n. 12. Scolopax (Maderaspatana) nigricante fulvoque varia, subtus alba, capite fasciis tribus dorso duabus fusco-nigricantibus, pectoris unica nigra.

43. INDICA. *Die indianische Schnepfe.*
Latham, Syst. ornithol. II. p. 718. n. 13. Scolopax (Indica) grisea fusco-undulata, subtus alba, capite albido, collo subtus striis, vitta per oculos alteraque subtus griseis, rostro pedibusque nigris.

15. LAPPONICA. *Die lappländische Schnepfe.* (5)
Müller, Natursyst. II. p. 402. n. 15. *der lapländische Schnepf.* Tab. 16. fig. 1.
Onomat. hist. nat. VII. p. 39. *die lappländische Schnepfe.*
Pennant, arct. Zool. II. p. 433. n. 289. *die rothe Pfuhlschnepfe.*

Klein,

(4) Nach *Latham* eine eigne Gattung.

(5) Flügelweite 2 Fuss 4 Zoll. Gewicht 12 Unzen. *Penn.*

Klein, verbeff. Vögelhift. p. 104. n. 14. *rothbrüftiges Wafferhuhn.*

Briffon, ornithol. II. p. 281. n. 5. Barge rouge.

Latham, Syft. ornithol. II. p. 718. n. 15. Scolopax (Lapponica) roftro flavefcente, pedibus nigris, fubtus tota rufo-ferruginea.

Seligmann, Vögel, V. Tab. 33. *das rothgebrüftete Hafel-Huhn.*

Pallas, Reif. Ausz. II. p. 240. Scolopax lapponica.

Linné, Syft. Natur.: Edit. X. I. p. 147. n. 12. Scolopax (Lapponica) roftro fubrecurvato, pedibusque nigris, pectore ferrugineo.

Linné, Syft. Nat. Ed. X. I. p. 147. n. 14. Scolopax (Haemaftica) roftro recto flavefcente, pedibus fufcis, corpore fubtus fulvo fufco-undulato.

Müller, zoolog. dan. prodr. p. 23. n. 188. Scolopax (Lapponica) roftro fubrecurvato flavefcente, pedibusque nigris, fubtus tota rufo-ferruginea.

β. *Latham*, Syn. III. 1. p. 143. n. 13. Var. A.

Latham, Syft. ornithol. II. p. 719. n. 15. β. Sc. fufca, capite colloque cinereis, gula, fuperciliis abdomineque albis, pectore ferrugineo nebulofo.

16. Aegocephala. *Die Geiskopffchnepfe.* (6)

Müller, Naturfyft. II. p. 402. n. 16. *der Geißkopf.*

Bechftein, Naturgefch. I. p. 427. n. 7. *der Geiskopf.*

(6) Hier findet fich in Anfehung der Synonymen bey den Ornithologen eine ganz verfchiedene Ordnung, die ich nicht unbemerkt laffen kann. In unferm Syftem ift *Pennanti* Common Godwit *Britt. zool.* II. n. 179. *Arct. zool.* n 373. hieher gerechnet. *Latham* trennt diefe ganz von der *Scol. Aegocephala,*

Bechstein, Naturgesch. Deutschl. III. p. 132. n. 14. *die Geiskopfschnepfe.*

Halle, Vögel, p. 483 n. 523. *die Uferschnepfe.*

Pennant, arct. Zool. II. p. 434. n. 290. *gemeine Pfulschnepfe, Geiskopf.*

Onomat. hist. nat. VII. p. 27. *die Uferschnepfe.*

Klein, av. p. 102. n. 11. Glareola, Aegocephalus.

Klein, Vorber. p. 189. n. 11. *Gelbnase, Rothhals.*

Klein, verbess. Vogelhist. p. 104. n. 11. *Gelbnase.*

Latham, Syst. ornith. II. p. 719. n. 16. Scolopax (Aegocephala) rostro flavo-rubente, pedibus virescentibus, capite colloque rufescentibus, remigibus tribus nigris basi albis.

Linné, Syst. Nat. Edit. X. I. p. 147. n. 13. Scolopax (Aegocephala) rostro recto, pedibus virescentibus, capite colloque rufescentibus, remigibus tribus nigris, basi albis.

β. *Bechstein*, Naturgesch. Deutschl. III. p. 134. *der rothe Geiskopf.*

Brisson, ornith. II. p. 282. n. 6. grande Barge rousse.

Shaw, Reis. p. 163. *das Rebhuhn in der Barbarey.*

44. Canescens. *Die grau- und weißbunte Schnepfe.*

Latham, Syst. ornitholog. II. p. 721. n. 22. Scolopax (Canescens) cinereo alboque varia, gula pectore-

cephala, nimmt *Brissons Limosa grisea maior* (Gmel. System. p. 664. n. 10. Scol. Glottis) dazu, und macht daraus p. 719. n. 17. eine eigne Gattung: *Scolopax (Leucophaea) fusca, albido marginata, collo albido, maculis parvis fuscis, gula abdomineque albis, rectricibus albis, nigro fasciatis.* Dagegen zieht er zu *Scolopax Glottis*, *Brissons Limosa Grisea* n. 2. (Gmel. p. 665. n. 12. Scol. Totanus) und bey *Scol. Totanus* findet sich bey ihm gar kein Brissonsches Synonym. — In *Penn. arct. zoolog.* hingegen ist *Briss. grande Barge grise* mit unter den Synonymen von *Common Godwit* aufgeführt.

pectoreque albis, cauda fasciis pectoreque maculis cinereis.

45. Cantabrigiensis. *Die engländische Schnepfe.*
Latham, Syst. ornithol. II. p. 721. n. 23. Scolopax (Cantabrigiensis) cinereo-fusca, subtus alba, tectricibus alarum rectricibusque nigrofasciatis, rostro rubro.

18. Candida. *Die weiße Schnepfe.*
Müller, Natursyst. II. p. 403. n. 18. *der hudsonische Schnepf.*
Onomat. hist. nat. VII. p. 30. *die weiße Schnepfe mit gelben Füßen.*
Klein, verbess. Vögelhist. p. 194. n. 16. *weißes Wasserhuhn.*
Brisson, ornith. II. p. 266. n. 8. Chevalier blanc.
Latham, Syst. ornithol. II. p. 722. n. 26. Scolopax (Candida) rostro recto pedibusque aurantiis, corpore albicante, rectricibus candidis, griseo fasciatis.
Seligmann, Vögel, V. Tab. 34. *der weiße Wasserschnepf.*

46. Curonica. *Die kurländische Schnepfe.*
Latham, Syst. ornithol. II. p. 724. n. 37. Scolopax (Curonica) griseo-maculata, alis nigricantibus, rostro nigricante, mandibula inferiore subtus a basi ad medium coccinea, pedibus lateritiis.

A. *Veränderungen gegen die XIIte Edition, und Vermehrung der Gattungen dieses Geschlechts.*

Edit. XII.	*Edit. XIII.*
p. 247. n. 17. Scolopax alba.	p. 694. n. 3. Recurvirostra alba.

Das Geschlecht ist mit 28 Gattungen der Zahl nach, sonst aber mit 29 neuen Schnepfenarten vermehrt, denn die 17te Gattung der XIIten Edition ist in ein anderes Geschlecht versetzt, und deren Stelle mit einer neuen besetzt. Bey der 3ten Gattung ist die Var. β, bey der 6ten die Var. β, γ, δ; bey der 11ten die Var. β, bey der 12ten die Var. β, bey der 14ten die Var. β, γ, δ, bey der 15ten die Var. β hinzugekommen, und bey der 16. ist *Briss.* n. 6. als Spielart von der Hauptgattung angenommen.

B. *Unbestimmtere Thiere.*

1. *Eine dem Scol. Lapponica und Scol. Alba Linn.* (Recurvirostr. alba Gmel.) *ähnliche Schnepfe.*

Beseke, Vögel Kurland, p. 63. n. 3.

2. *Die punktirte Schnepfe.*

Nau: Naturf. XXV. p. 27. Scolopax (Punctata) rostro arcuato, gula rufescente, dorso fusco, punctis albis, pedibus nigris.

Bechstein, Naturgesch. Deutschl. III. p. 88. n. 5. *die punktirte Schnepfe.*

3. *Die rothfüßige Schnepfe auf den Pyrenäen und im südlichen Frankreich.*

Thunberg: neue schwed. Abhandl. III. p. 107. Scolopax (Rufipes) rostro subrecurvato, basi cinnabarino, pedibus cinnabarinis, tectricibus caudae crissisque albo fuscoque striatis.

4. *Die kleine Strandschnepfe.*

Siemssen, meklenb. Vögel, p. 169. n: 6. Scolopax (Dethardingii) rostro subrecto, dorso pedibusque fuscis, collo pectoreque griseis, cauda cinerea, gula, abdomine, crisso et uropygio candidis.

C. *Neue-*

B. *Neuere Gattungen.*

1. *Die marmorirte Schnepfe.*

Latham, Syn. Suppl. p. 245. Marbled Godwit.

Latham, Syst. ornithol. II. p. 730. n. 19. Scolopax (Marmorata) nigricante pallideque rufo, maculatim varia, abdomine medio, superciliis gulaque albidis, pectore fusco-undulato, remigibus rufescentibus, quatuor primis extus apiceque nigris.

2. *Die hudsonische Schnepfe.*

Latham, Syn. Suppl. p. 246. Hudsonian Godwit.

Latham, Syst. ornithol. II. p. 720. n. 20. Scolopax (Hudsonica) fusca maculis albis, subtus castaneo-ferruginea, fasciis fuscis, superciliis, gula, uropygio rectricibusque basi albis.

87. GESCHLECHT. TRINGA. *Der Strandläufer.*

Müller, Natursyst. II. p. 404. Gen. LXXXVII.

Leske, Naturgesch. p. 273. Gen. LIII.

Borowsky, Thierreich, III. p. 91. Gen. LII.

Blumenbach, Handbuch der Naturgesch. p. 215. Gen. LIX.

Bechstein, Naturgesch. I. p. 428. Gen. XLII.

Bechstein, Naturgeschichte Deutschl. III. p. 135. Gen. XXIX.

Halle, Vögel, p. 99. Gen. IV.

Onomat. hist. nat. VII. p. 556.

Pennant, arct. Zoolog. II. p. 439.

Brisson, ornith. II. p. 259. Gen. LXXV. p. 361. Gen. LXXXIX. Phalaropus.

Batsch, Thiere, I. p. 386. Gen. CII.

Latham, Syst. ornithol. II. p. 725. Gen. LXXIII. p. 775. Gen. LXXXII. Phalaropus.

Hermann, tab. affinit. animal. p. 141.
Donndorff, Handb. d. Thiergesch. p. 300. Gen. LI.

1. Pugnax. *Der Kampfhahn.* (7)

Müller, Natursyst. II. p. 404. n. 1. *der Kampfhahn.* Tab. 23. fig. 7.

Leske, Naturgesch. p. 273. n. 1. *der kämpfende Strandläufer.*

Borowsky, Thierreich, III. p. 92. n. 1. *der Kampfhahn.*

Blumenbach, Handb. d. Naturgesch. p. 215. n. 1. Tringa (Pugnax) rostro pedibusque rubris, rectricibus tribus lateralibus immaculatis, facie papillis granulatis carneis; *der Kampfhahn.*

Bechstein, Naturg. I. p. 431. n. 1. *der Kampfhahn.*

Bechstein, Naturgesch. Deutschl. III. p. 155. n. 7. *der Kampfhahn.* p. 161. *Streithuhn*, *Heidehuhn*, *Housteufel*, *Renomist*, *Brausehahn*, *Mönnik*, *Streitvogel*, *Struußhahn*, *Seepfau.* (*Beginen*, die Weibchen.)

Funke, Naturgesch. I. p. 250. *der Kampfhahn.*

Ebert, Naturl. II. p. 95. *der Kampfhahn.*

Halle, Vögel, p. 488. n. 532. *das Hausteufelchen.* Fig. 36.

Gatterer, vom Nutzen u. Schaden der Thiere, II. p. 215. n. 189. *das Streithuhn.*

Neuer

(7) Ist fast der einzige wilde Vogel, der in Rücksicht der Farbe so sehr wie das Hausgeflügel abändert. Verläſst Deutschland im September, und kömmt im April oder May zurück. Hält sich besonders an den Seeküste oder in groſsen Sümpfen und Morästen auf. Nährt sich von Insekten und Gewürmen, vorzüglich Regenwürmern, auch einigen Wasserkräutern und deren Wurzeln. Läſst jung gefangen sich zähmen, und an den in der Stube aufeizogenen bemerkt man gar nichts von der ihnen sonst eignen Streitsucht. Im ersten Jahre sind Männchen u. Weibchen nicht von einander zu unterscheiden.

Neuer Schaupl. der Natur, I. p. 959. *Braushahn.*

Onomat. hist. nat. VII. p. 574. *der Hausteufel.*

Pennant, arct. Zoolog. II. p. 446. A. *der Kampfhahn.*

Handb. der Naturgesch. II. p. 312. *das Kampfhähnchen.*

Klein, av. p. 102. n. 10. Glareola Pugnax.

Klein, Vorber. p. 188. n. 10. *Hausteufel.*

Klein, verbess. Vögelhist. p. 103. n. 10. *Kampfhähnchen, Braushahn.*

Klein, stemmat. av. p. 21. Tab. 21. fig. 1. a. b.

Brisson, ornith. II. p. 273. Combattant, ou Paonde-mer.

Batsch, Thiere, I. p. 399. *die Kampfhähne.*

Latham, Syst. ornithol. II. p. 725. n. 1. Tringa (Pugnax) rostro pedibusque rufis, rectricibus tribus lateralibus immaculatis, facie papillis granulatis carneis.

Beseke, Vögel Kurl. p. 64. n. 124. *der Kampfhahn.*

Siemssen, meklenburg. Vögel, p. 173. n. 1. *der Kampfhahn, Bruhshahn.*

Bock, Naturgesch. v. Preussen, IV. p. 360. n. 121. *der Kampfhahn.*

Fischer, Livland, p. 87. n. 111. *Streit-od. Brausehahn.*

Leem, Finnm. p. 132. *Bruuns-Kopper.*

Lepechin, Tagebuch der russ. Reise, III. p. 14. *Kampfhähne.*

Pennant, Reis. d. Schottl. I. p. 16. *Kampfhähne.*

Naturf. XIII. p. 214. n. 121. *der Kampfhahn.*

Pontoppidan, Naturgesch. v. Dännemark, p. 170. n. 1. *Brushane. (Brauskopfschnepfe.)*

Pontoppidan, Naturhist. v. Norwegen, II. p. 130. *Bruushane.*

Meidinger, Vorles. I. p. 132. n. 1. *der Kämpfer.*

Scopoli,

Scopoli, Bemerk. a. d. Naturgesch. I. p. 113. n. 140. *der Streitvogel.*

Goeze, nützl. Allerl. I. p. 158. *der Kampfhahn.*

Mannichf. II. p. 602. *der Streithahn;* mit 1 F.

Hannöv. Magaz. 1780. p. 418 ff.

Frisch, Tabb. citt. *die Streitschnepfe.*

Linné, Syst. Nat. Ed. II. p. 55. Pugnax.

Linné, Syst. Natur. Edit. VI. p. 26. n. 1. Avis Pugnax.

Linné, Syst. Nat. Edit. X. I. p. 148. n. 1. Tringa (Pugnax) pedibus rubris, rectricibus tribus lateralibus immaculatis, facie papillis granulatis carneis.

Müller zoolog. dan. prodr. p. 24. n. 191. Tringa (Pugnax) rostro pedibusque rubris, rectricibus lateralibus immaculatis, facie papillis granulatis carneis.

Kramer, Austr. p. 352. n. 1. Tringa capite rufo, collo antice pennis longissimis atris obsito, pedibus luteis; *Krößler.*

Kramer, Austr. p. 352. n. 2. Tringa vertice et collo postice nigro, antice collo pennis longis testaceis lituris, maculisque nigris obsito, pedibus fuscis; *Krößler.*

Moehring, av. gen. p. 76. n. 93. Philomachus.

Charleton, onomast. zoic. p. 104. n. 5. Avis pugnax.

Jonston, av. p. 154. Avis pugnax.

Donndorff, Handb. der Thiergesch. p. 300. n. 1. *der Kampfhahn.*

2. Vanellus. *Der Kybitz.* (8)

Müller, Natursystem, II. p. 406. n. 2. *der Kiebitz.* Tab. 24. fig. 1.

Leske,

(8) Flügelweite 2 1/2 Fuss. Gewicht 8 Unzen. Das Weibchen legt jährlich zwey auch wohl drey bis viermal Eyer, wenn sie

Leske, Naturgesch. p. 274. n. 2. *der Kibiz.*
Borowsky, Thierreich, III. p. 93. n. 2. *der Kiebiz.*
Blumenbach, Handb. d. Naturgesch. p. 215. n. 2. Tringa (Vanellus) pedibus rubris, crista dependente, pectore nigro; *der Kybitz.*
Bechstein, Naturgesch. I. p. 429. n. 1. *der gemeine Kiebitz.*
Bechstein, Naturgesch. Deutschl. III. p. 136. *der gemeine Kiebitz.* p. 143. *Kibiz, Kievitz, Kybitz, Kübitz, Kifiz, Gibitz, Gyfitz, Zifitz, die Zifitzen, Kiebith, Geisvogel, Feldpfau.*
Funke, Naturgesch. I. p. 251. *der Kiebitz.*
Ebert, Naturl. II. p. 96. *der Kiebitz.*
Halle, Vögel, p. 99. n. 8. *der gemeine Kiwiz.*
Gatterer, vom Nutzen und Schaden der Thiere, II. p. 216. n. 200. *der Kiebiz.*
Pennant, arct. Zool. II. p. 447. D. *der Kiebitz.*
Neuer Schaupl. der Natur, IV. p. 871. *Kybitz.*
Onomat. hist. nat. II. p. 583. *der Kübitz, Gyfitz.*
Handb. d. Naturg. II. p. 302. *der Kybiz, Pardel.*
Handb. d. deutsch. Thiergesch. p. 111. *der Kibitz.*
Klein, av. p. 19. n. 1. Gavia vulgaris.
Klein, Vorbereit. p. 39. n. 1. *Kybiz, Feldpfau.*
Klein, verb. Vögelhist. p. 20. n. 1. *gemeiner Kybitz.*
Klein, stemmat. av. p. 3. Tab. 3. fig. 5. a. b.
Klein, Vögeleyer, p. 16. Tab. 6. fig. 2. 3.
Gesner, , Vögelb. p. 150. *Gyfitz.* Fig. p. 151. mittelmäfsig.
Brisson, ornithol. II. p. 236. n. 1. Vanneau.
Batsch, Thiere, I. p. 399. *der gemeine Kibitz.*
Latham, Syst. ornithol. II. p. 726. n. 2. Tringa (Vanellus) pedibus rubris, crista dependente, pectore nigro.

Beseke,

sie ihm öfters entwendet werden. Zuweilen, aber sehr selten findet man auch weisse Kybitze.

Beſeke, Vögel Kurl. p 64. n. 125. *der Kiebitz.*
Siemſſen, meklenburg. Vögel, p. 174. n. 2. *der Kybitz.*
Bock, Naturg. v. Preuſſen, IV. p. 361. n. 122. *der gemeine Kiebitz.*
Cetti, Sardin. II. p. 259. *der Kiebiz.*
Fiſcher, Livland, p. 87. n. 112. *Kyfiz.*
Taube, Slavon. u. Syrm. I. p. 23. *Kiwitze.*
Pennant, R. d. Schottl. I. p. 19. *Kiebize.*
Pallas, Reiſe, Ausz. III. p. 475. *Kywit.*
Pallas, nord. Beyträge, III. p. 13. *der Kybitz.*
Pontoppidan, Naturgeſch. v. Dännemark, p. 170. n. 2. *Vibe.*
Linné, auserl. Abhandl. II. p. 283. n. 33. p. 284. n. 41. 43. p. 285. n. 47. p. 296. n. 94. *der gemeine Kiwitz.*
Naturf. XIII. p. 215. n. 122. *der Kiebitz.*
Naumann, Vogelſteller, p. 181. *Kiebitz.*
Döbel, Jägerprakt. I. p. 53. *Kibitz.*
Zorn, Petinotheol. II. p. 94. 423. 145. *Kybitz.*
Scopoli, Bemerk. a. d. Naturgeſch. I. p. 113. n. 141. *der Kybitz.*
Anweiſung Vögel zu fangen u. ſ. w. p. 235. *der Gibitz.*
Jablonſky, allgem. Lex. p. 527. *Kibitz.*
Eberhard, Thiergeſch. p. 95. *der Kiwitz.*
Meidinger, Vorleſ. I. p. 132. n. 2. *der Kibiz.*
Geoffroy, mat. med. VII. p. 749 *Kiwitz.*
Kraft, Ausrott. grauſ. Thiere, I. p. 281. *Kybitz.*
Beckmann, Naturhiſt. p. 47. *der gemeine Kybitz.*
Goeze, nützl. All. I. p. 158. *der Kiebitz.*
Zückert, Speiſ. a. d. Thierreich, p. 98.
Hannöv. Magazin, 1780. p. 420.
Linné, Syſt. Nat. Ed. II. p. 55. Vanellus.
Linné, Syſt. Nat. Edit. VI. p. 26. n. 4. Vanellus.

Linné,

Linné, Syst. Nat. Edit. X. I. p. 148. n. 2. Tringa (Vanellus) pedibus rubris, crista dependente, pectore nigro.

Müller, zoolog. dan. prodr. p. 24. n. 192. Tringa (Vanellus) pedibus rubris, crista dependente, pectore nigro.

Kramer, Austr. p. 353. n. 4. Tringa crista dependente, pectore nigro; *Kiwitz.*

Schwenkfeld, av. Siles. p. 361. Vanellus; *Gybitz, Gysitz, Gywitt.*

Charleton, onomast. zoic. p. 108. n. 13. Vanellus.

Moehring, av. gen. p. 76. n. 92. Vanellus.

Jonston, av. p. 164. Vanellus.

Schäfer, element. ornith. Tab. 69.

Hermann, tab. affinit. animal. p. 139. Tringa Vanellus.

Donndorff, Handb. d. Thiergesch. p. 301. n. 2. *der Kybitz.*

6. Bononiensis. *Der bononische Kybitz.*

Brisson, ornithol. II. p. 239. n. 5. grand Vanneau de Bologne.

Latham, Syst. ornithol. II. p. 726. n. 3. Tringa (Bononiensis) nigra subtus albida, capite et collo superiore castaneis, iugulo et pectore maculis ferrugineis vario, rectricibus nigris.

10. Erythropus. *Der rothbeinige Kybitz.*

Bechstein, Naturgesch. Deutschl. III. p. 154. n. 6. *der rothbeinige Kiebitz.*

Latham, Syst. ornithol. II. p. 727. n. 4. Tringa (Erythropus) fusco-cinerea, abdomine fuliginoso, fronte rufa, rectricibus albo-rufescentibus, fascia ad apicem nigra.

Scopoli, Bemerk. a. d. Naturgesch. I. p. 118. n. 146. *das Rothbeinlein.*

3. Gambetta. *Die Gambette.*

Müller, Naturſyſtem, II. p. 407. n. 3. *der rothe Reuter.*

Bechſtein, Naturgeſch. I. p. 430. n. 2. *die Gambette.*

Bechſtein, Naturgeſch. Deutſchl. III. p. 143. n. 2. *die Gambette.* p. 145. *Stelkr.* p. 146 *Dütchen, kleine Brachvögel, Gambettſtrandvögel.*

Halle, Vögel, p. 485. n. 526. *das graue Waſſerhuhn, mit ſchwarzem Schnabel, gelben Füßen.*

Pennant, arct. Zool. II. p. 444. n. 311. *die Gambette.*

Onomat. hiſt. nat. VII. *der rothe Reuter.*

Klein, av. p. 101. ad n. 1. Gambetta.

Klein, Vorber. p. 187. ad n. 1. Gambetta.

Klein, verb. Vögelhiſt. p. 102. ad n. 1. Gambetta.

Briſſon, ornitholog. II. p. 262. n. 4. Chevalier rouge.

Latham, Syſt. ornitholog. II. p. 728. n. 9. Tringa (Gambetta) roſtro pedibusque rubris, corpore luteo cinereoque variegato, ſubtus albo.

Scopoli, Bemerk. a. d. Naturgeſch. I. p. 115. n. 142. Tringa Gambetta.

Linné, Syſt. Nat. Edit. VI. p. 26. n. 9. Gallinula pedibus nigris.

Linné, Syſt. Nat. Edit. X. I. p. 148. n. 3. Tringa (Gambetta) roſtro pedibusque rubris, corpore luteo cinereoque variegato, ſubtus albo.

Müller, zool. dan. prodr. p. 25. n. 204. Tringa (Variegata) ſupra fuſca, luteo maculata, ſubtus cineraſcens, abdomine albo, rectricibus nigricantibus, apice lituraque luteis.

Jonſton, av. p. 159. Gambetta Italis dicta.

4. In-

4. INTERPRES. *Der Steindreher.* (9)

Müller, Natursyst. II. p. 407. *der Dolmetscher.*

Bechstein, Naturgesch. I. p. 430. n. 3. *der Steindreher.*

Bechstein, Naturgesch. Deutschl. III. p. 146. n. 3. *die Steindreher.* p. 149. *Mornelsstrandläufer, dollmetschende Strandvögel, Schwarzschnäbel.*

Pennant, arct. Zoolog. II. p. 439. n. 299. *der hebridische Strandläufer.*

Onomat. hist. nat. VII. p. 568. *der Dollmetscher.*

Klein, av. p. 21. n. 9. Gavia, quae Pluvialis Arenaria nostra.

Klein, Vorbereit. p. 40. n. 9. } Mit mehrern
Klein, verb. Vögelhist. p. 22. ad n. 8. } verwechselt.

Brisson, ornith. II. p. 246. n. 1. Coulon chaud.

Latham, Syn. Suppl. p. 249. Turnstone or Sea Dotterel.

Latham, Syst. ornithol. II. p. 738. n. 45. Tringa (Interpres) pedibus rubris, corpore nigro albo ferrugineoque vario, pectore abdomineque albo.

Seligmann, Vögel, V. Tab. 36. *der Steindreher aus der Hudsonsbay.*

Beseke, Naturgesch. der Vögel Kurl. p. 64. n. 126. *der Dolmetscher.*

Lepechin, Tageb. d. russ. R. I. p. 324. *eine roth gefiederte Schnepfe.*

Linné, auserles. Abh. II. p. 296. n. 95. *der graue Kiwitz.*

Pontoppidan, Dännemark, p. 170. n. 3. *Veydetite.*

Schriften der berlin. Gesellsch. naturf. Fr. VII. p. 462. n. 43. *der Dolmetscher.*

Linné,

(9) Flügelweite, nach *Brisson,* 15 1/2 Zoll. Gewicht, nach *Pennant,* 3 1/2 Unzen.

Linné, Syst. Nat. Edit. VI. p. 26. n. 16. Tringa maritima.

Linné, Syst. Nat. Edit. X. I. p. 148. n. 4. Tringa (Interpres) pedibus rubris, corpore nigro albo ferrugineoque vario, pectore abdomineque albo.

Müller, zoolog. dan. prodr. p. 24. n. 193. Tringa (Interpres) pedibus rubris, corpore nigro albo ferrugineoque vario, pectore abdomineque albo.

Moehring, av. gen. p. 77. n. 95. Cinclus?

Donndorff, Handb. der Thiergesch. p. 301. n. 3. *der Steindreher.*

β. MORINELLA. *Die Morinelle.* (10)

Müller, Natursyst. II. p. 408. n. 6. *der Schwarzschnabel.*

Bechstein, Naturgesch. Deutschl. III. p. 149. *die Morinelle.*

Onomat. hist. nat. VII. p. 572. *der Seemornel.*

Brisson, ornitholog. II. p. 247. n. 2. Coulonchaud cendré.

Latham, Syst. ornith. II. p. 739. n. 45. β. Tr. pedibus rubris, rectricibus nigricantibus basi albis, corpore griseo, pectore nigro.

Seligmann, Vögel, III. Tab. 44. *die Seelerche.*

γ. *Latham*, Syst. ornithol. II. p. 739. n. 45. γ. Tr. fusco alboque varia, gula, iugulo, abdomine fasciaque alarum gemina albis, remigibus caudaque obscuris.

δ. *Latham*, Syst. ornithol. II. p. 739. n. 45. δ. Tr. fusco alboque varia, subtus alba, pectore maculis fuscis, remigibus caudaque fuscis, rectricibus exterioribus margine, omnibus apice albis.

5. STRIA-

(10) Nach *Brisson*, u. a. eine eigene Gattung.

5. STRIATA. *Der gestreifte Strandläufer.* (1)

Müller, Natursystem, II. p. 407. n. 5. *der gestreifte Kibitz.*

Borowsky, Thierreich, III. p. 94. n. 3. *der gestreifte Kiebitz.*

Onomat. histor. natur. VII. p. 578. *der gestreifte Reuter.*

Pennant, arct. Zool. II. p. 439. n. 300. *der gestreifte Strandläufer.*

Brisson, ornith. II. p. 263. n. 5. Chevalier rayé.

Batsch, Thiere, I. p. 399. *der gestreifte Kibitz.*

 Latham,

(1) Bey dieser und der 36ten Gattung p. 678. (Tringa Maritima) bemerke ich auffallende Verwechselungen der Synonymen. *Fabrizens Tringa Striata* ist ohne Zweifel der unsrige, wie auch *Latham* bemerkt hat. Aber *Fabric.* rechnet auch die Synonymen aus *Brünniche* und *Leem* (Gmel. Syst. p. 678. n. 36.) dazu, und sagt, p. 108. dass bey *ersterm*, und in *Act. nidros.* (Gmel. Syst p. 672. n. 5.) der Vogel ganz genau beschrieben wäre. Er nimmt also ganz deutlich beyde Synonymen für ein und eben dasselbe Thier an. *Fabric.* verweist ferner auf *Müll.* zool. dan. prodr. n. 194. aber auch *Müller* vereinigt eben dieselben Citata, und ausländischen Synonymen. In *Penn.* arct. Zool. II. p. 447. ist zwar bey *Tringa Maritima Müller* n. 206. angeführt. Aber *Müller* zieht *Olaffsens Selningus* mit dahin, und auch diesen rechnet *Fabric.* zu *Tringa Striata.* — Nimmt man nun zu diesen offenbaren Zweydeutigkeiten noch folgende Umstände, worin die *Tringa Striata*, mit der *Tringa Maritima* übereinkommt: 1) Das Vaterland; denn beyde finden sich in Norwegen und Island. — 2) Den Aufenthalt; an den Seeküsten. — 3) Die Grösse; die *Pennant* bey beyden mit der eines Staars vergleicht. — 4) Die gelben Füsse. — 5) Die Aehnlichkeit der Stimme; wozu noch 6) kommt, dass *Fabric.* von der Tringa Striata ausdrücklich sagt: dass das äussere Ansehen nach der Jahreszeit und dem Alter sehr verschieden sey — so möchte, vielleicht nicht ungegründet, die Frage entstehen: ob nicht die *Tringa Striata* mit der *Tringa Maritima* ein und eben derselbe Vogel sey?

Latham, Syst. ornitholog. II. p. 733. n. 24. Tringa (Striata) rostri basi pedibusque flavis, rectricibus albis fusco fasciatis, remigibus plurimis albis.

Müller, zoolog. dan. prodr. p. 24. n. 194. Tringa (Striata) rostri basi pedibusque flavis, rectricibus albis fusco fasciatis, remigibus plurimis albis.

Fabric. fn. groenl. p. 107. n. 73. Tringa (Striata) rostri basi pedibusque flavis, rectricibus albis, fusco fasciatis, remigibus plurimis albis.

Donndorff, Handb. d. Thiergesch. p. 301. n. 4. *der gestreifte Strandläufer.*

β. *Brisson*, ornithol. II. p. 264. n. 6. Chevalier tacheté. (2)

Latham, Syst. ornithol. II. p. 733. n. 24. β. Tr. nigricans, rufo-griseo marginata, pectore, abdomine uropygioque albis, rectricibus albo nigroque fasciatis.

Latham, Syn. III. 1. p. 127. n. 21. Var. A.

7. MACULARIA. *Der gefleckte Strandläufer.*

Müller, Natursyst. II. p. 408. n. 7. *der geflekte Kiebitz.*

Bechstein, Naturgesch. Deutschl. III. p. 150. n. 4. *der gefleckte Kiebitz.*

Pennant, arct. Zoolog. II. p. 440. n. 302. *der gefleckte Strandläufer.*

Onomat. histor. natur. VII. p. 571. *der gefleckte Strandläufer.*

Brisson, ornitholog. II. p. 275. n. 20. Grive d'eau.

Latham, Syst. ornithol. II. p. 734. n. 29. Tringa (Macularia) rostro basi pedibusque incarnatis, corpore

(2) Nach *Brisson* eine eigene Gattung.

corpore undique maculato, superciliis fasciaque gemina alarum albis.

Seligmann, Vögel, VIII. Tab. 67. *die gefleckte Wasserdrossel.*

42. Keptuschka. *Der Keptuschka.* (3)

Latham, Syst. ornithol. II. p. 738. n. 42. Tringa (Keptuschka) corpore cinereo, vertice nigro, abdomine nigricante, ad exitum rufescente.

Lepechin l. c. I. p. 229. *der Vogel Keptuschka.*

25. Cinerea. *Der aschgraue Strandläufer.* (4)

Bechstein, Naturgesch. Deutschl. III. p. 186. n. 14. *der aschgraue Strandläufer.*

Pennant, arct. Zool. II. p. 441. n. 303. *der aschgraue Strandläufer.*

Latham, Syst. ornithol. II. p. 733. n. 25. Tringa (Cinerea) nigro cinereo alboque lunato-varia, pectore et abdomine albis, tectricibus caudae albo nigroque fasciatis, rectricibus margine albo.

Müller, zoolog. dan. prodr. p. 85. n. 202. Tringa (Cinerea) dorso alisque cinereis, lituris nigris albisque undulatis, rectricibus cinereis, marginibus albis.

26. Atra. *Der schwarze Strandläufer.*

Bechstein, Naturgesch. Deutschl. III. p. 188. n. 15. *der schwarze Strandläufer.*

Latham, Syst. ornith. II. p. 738. n. 43. Tringa (Atra) capite colloque nigris, dorso alisque fuscescentibus nigro mixtis, pectore et abdo-

 mine

(3) Grösse des gemeinen Kybitz. Hält sich um die niedrigen Wiesengründe auf; fliegt heerdenweise, und prophezeyhet mit seinem Geschrey Regenwetter. *Lepechin.*

(4) Gewicht 5 Unzen nach *Pennant*. Wegen *Frisch* Tab. 237. S. *Bechstein* a. a. O. p. 187. u. 723.

mine, cinereis, uropygio cinereo albo nigroque undulato.

27. Noveboracensis. *Der Strandläufer von Neuyork.*

Pennant, arct. Zoolog. II. p. 441. n. 304. *der Strandläufer von Neuyork.*

Latham, Syst. ornithol. II. p. 735. n. 30. Tringa (Noveboracensis) nigricans, pennis margine albidis, subtus alba, tectricibus caudae albo nigroque fasciatis, cauda cinerea.

28. Virgata. *Der gestrichelte Strandläufer.*

Latham, Syst. ornitholog. II. p. 735 n. 31. Tringa (Virgata) fusca albo marginata, subtus alba, scapularibus maculis ferrugineis, capite colloque albis fusco longitudinaliter striatis.

29. Borealis. *Der nördliche Strandläufer.*

Latham, Syst. ornitholog. II. p. 735. n. 32. Tringa (Borealis) cinerea, collo lateribus, pectoreque pallidiore undulatis, superciliis, gula, tectricibus caudae corporeque subtus albis.

30. Novae terrae. *Der neufundländische Strandläufer.*

Latham, Syst. ornithol. II. p. 735. n. 33. Tringa (Novae terrae) nigricans fusco marginata, subtus cinereo-alba, rostro, pedibus, alula, remigibus caudaque nigris.

31. Variegata. *Der bunte Strandläufer.*

Latham, Syst. ornith. II. p. 735. n. 34. Tringa (Variegata) rostro pedibusque nigris, corpore supra fusco nigro et rufo variegato subtus albo, pectore nigro maculato, cauda fusca.

8. Lo.

8. LOBATA. *Der Sturmsegler.* (5)

Müller, Natursyst. II. p. 408. n. 8. *der Sturmsegler.*

Borowsky, Thierreich, III. p. 94. n. 4. *der Sturmsegler.*

Leske, Naturgesch. p. 274. n. 3. *der Sturmsegler.*

Pennant, arct. Zoolog. II. p. 459. n. 329. *das graue Bastardwasserhuhn.*

Brisson, ornithol. II. p. 361. n. 1. Phalarope.

Batsch, Thiere, I. p. 399. *der Sturmsegler.*

Onomat. histor. natur. VI. p. 428. *das englische Wasserhuhn.* VII. p. 570. Tringa lobata.

Latham, Syst. ornitholog. II. p. 776. n. 2. Phalaropus (Lobatus) cinereo - caerulescens subtus albus, tectricibus alarum, remigibus rectricibusque nigricantibus, margine cinerascente-albis.

Klein, verbess. Vögelhist. p. 162. n. 4. *buntes Wasserhuhn.*

Seligmann, Vögel, VIII. Tab. 98. *die eisengraue Wasserdrossel mit Wasserhühnerpfoten, eine Art von Becassinen.*

Leem, Nachr. von den Lappen in Finnmarken, p. 151. *Smälle-Bot, Nordwestvogel.*

Pontoppidan, Dännemark, p. 170. n. 4. Tringa Lobata.

Pallas, Reis. Ausz. II. p. 240. Tringa lobata.

Linné, auserles. Abh. II. p. 297. n. 96. *Wasserhuhn-Kiwitz.*

Eberhard, Thiergesch. p. 122. *das englische Wasserhuhn.*

(5) Nach *Fabric.* (fn. groenl. p. 109.) soll die *Tringa Hyperborea* L. n. 9. und *Müller* prodr. n. 196. *das Männchen*; — *Tringa Lobata* L. n. 8. und *Müll.* prodr. n. 195. *das Weibchen*; — und *Brünnichs Tr. Lobata* n. 171. *ein junger Vogel* seyn.

Müller, zool. dan. prodr. p. 24. n. 195. Tringa (Lobata) rostro subulato apice inflexo, pedibus pinnatis, pectore albo undulato.

Donndorff, Handb. der Thiergesch. p. 302. n. 5. *der Sturmsegler*.

32. GLACIALIS. *Der Eisstrandläufer*.

Pennant, arct. Zool. II. p. 461. n. 332. *das einfarbige Bastardwasserhuhn*.

Latham, Syst. ornithol. II. p. 776. n. 3. Phalaropus (Glacialis) supra nigricans, pennis margine flavescentibus, subtus albus, genis colloque subtus flavicantibus, alis caudaque cinereis.

33. FUSCA. *Der braune Strandläufer*.

Pennant, arct. Zool. II. p. 460. n. 331. *das braune Bastardwasserhuhn*.

Klein, av. p. 151. n. 3. Fulica fusca, rostro tenui.

Klein, Vorber. p. 278. n. 3. *braunes dünnschnäblichtes Wasserhuhn*.

Klein, verbesserte Vögelhist. p. 161. n. 3. *braun dünnschnäblicht Wasserhuhn*.

Brisson, ornith. II. p. 363 n. 3. Phalarope brun.

Latham, Syst. ornithol. II. p. 776. n. 4. Phalaropus (Fuscus) fuscus marginibus pennarum dilutioribus, subtus albus, capite supra nigro, collo cinereo, fascia alarum alba.

Seligmann, Vögel, II. Tab. 91. *die Wasserdrossel*.

Linné, Syst. Nat. Edit. X. I. p. 148 n. 5. Tringa (Lobata) rostro subulato, apice inflexo, pedibus virescentibus lobatis, abdomine albido.

34. CANCELLATA. *Der gegitterte Strandläufer*.

Latham, Syst. ornithol. II. p. 777. n. 5. Phalaropus (Cancellatus) fuscus, marginibus pennarum

narum albis, subtus albus, fasciolis obscuris, rectricibus utrinque maculis albis.

9. Hyperborea. *Der Eiskybitz.* (6)

Müller, Natursystem, II. p. 409. n. 9. *der Eiskiebitz.*

Halle, Vögel, p. 606. n. 761. *das braune Rohrhuhn.*

Pennant, arct. Zool. II. p. 460. n. 330. *das rothe Bastardwasserhuhn.*

Onomat. histor. nat. VII. p. 566. *der nordische Strandläufer.*

Brisson, ornitholog. II. p. 362. n. 2. Phalarope cendré.

Latham, Syst. ornithol. II. p. 775. n. 1. Phalaropus (Hyperboreus) cinereus, subtus uropygio fasciaque alarum albis, pectore cinereo, colli lateribus ferrugineis. (*Mas.*)

Seligmann, Vögel, V. Tab. 38. *die Wasserdrossel, der Er.*

Müller, zoolog. dan. prodr. p. 24. n. 196. Tringa (Hyperborea) rostro subulato, apice inflexo, pedibus pennatis, pectore cinereo, colli lateribus ferrugineis.

Brünniche, ornitholog. bor. p. 51. n. 172. Tringa Fulicaria.

(6) *Fabric.* fn. groenl. n. 75. ist im System hier und bey der 8ten Gattung p. 674. angeführt. Was in unserm System von der Naturgesch. des Vogels bemerkt wird, sagt *Fabric.* von der *Tringa Lobata*, und fügt noch hinzu: dass der Vogel eine Schwalbenstimme habe, die er auch beym schnellen Flug hören lasse; dass er sehr unvorsichtig sey; dass sein Fleisch gegessen, und sein Fell in Grönland, wegen der Weichheit von alten Weibern zur Abwischung der Augen gebraucht werde. Die Eyer hat *Fabric.* nicht gesehen, sagt auch nichts von ihrer Anzahl.

β. *Tringa Fulicaria.* (7)

Müller, Naturſyſt. II. p. 408. n. 10. *der graue Kiewitz.*

Briſſon, ornitholog. II. p. 363. n. 4. Phalarope rouſſâtre.

Latham, Syſt. ornithol. II. p. 775. n. 1. β. Ph. corpore griſeo, ſubtus ruſo, uropygio faſciaque alarum alba, ſuperciliis rectricibusque baſi ruſeſcentibus. (*Femina.*)

Seligmann, Vögel, V. Tab. 37. *die rothe Waſſerdroſſel.*

Onomat. hiſtor. nat. VII. p. 562. *der Waſſerhuhnähnliche Strandläufer.*

Linné, Syſt. Nat. Edit. X. I. p. 148. n. 6. Tringa (Fulicaria) roſtro recto, pedibus lobatis ſubfuſcis, abdomine ferrugineo.

γ. *Latham*, Syſt. ornithol. II. p. 776. n. 1. β. Ph. fuſco-nebuloſus, gula, abdomine faſciaque alarum albis, lateribus colli macula difformi rufa.

11. Alpina. *Der Alpenſtrandläufer.* (8)

Müller, Naturſyſt. II. p. 410. n. 11. *der lappländiſche Kiebitz.*

Bechſtein, Naturgeſch. Deutſchl. III. p. 190. n. 16. *der Alpenſtrandläufer.*

Briſſon,

(7) Das Weibchen von *Tringa Hyperborea.* Bis dahin hatte man es als eine eigene Gattung betrachtet, welches wahrſcheinlich zu der groſsen Verwechſelung der Synonymen Gelegenheit gegeben hat, die man in den angeführten Stellen findet. *Fabric.* ſagt, a. a. O. er habe den Vogel nicht geſehen, und bezieht ſich bloſs auf *Brünniche* n. 172. p. 51. tadelt aher den *Müller*, daſs er *Brünn.* n. 172. bey der *Tringa Hyperborea* anführt, weil *Er* dieſe mit zu der *Lobata* gezogen hat.

(8) Soll, nach *Latham*, mit *Scolopax Puſilla*, p. 663. n. 40. einerley ſeyn.

Brisson, ornith. II. p. 268. n. 11. Alouette-de-mer à collier.

Onomat. hist. nat. VII. p. 555. *der lappländische Strandläufer.*

Latham, Syst. ornithol. II. p. 736. n. 37. Tringa (Alpina) testaceo-fusca, pectore nigricante, rectricibus cinereo-albidis, pedibus fuscescentibus.

Linné, Syst. Nat. Ed. X. I. p. 149. n. 7. Tringa (Alpina) testaceo-fusca, pectore nigricante, rectricibus cinereo-albidis, pedibus fuscescentibus.

Brünniche, ornitholog. bor. n. 167. Tringa Falcinellus?

Müller zoolog. dan. prodr. p. 25. n. 197. Tringa (Alpina) testaceo-fusca, pectore nigricante, rectricibus cinereo-albidis, pedibus fuscescentibus.

Frisch, Vögel, Tab. 241. *der kleinste Schnepfensandläufer.*

12. Helvetica. *Der schweitzerische Strandläufer.*

Müller, Natursyst. II. p. 410. n. 12. *der schweitzerische Kiebitz.*

Onomat. histor. nat. VII. p. 565. *der Schweizer-Kiwiz.*

Pennant, arct. Zoolog. II. p. 445. n. 313. *der Schweitzerkiebitz.*

Brisson, ornitholog. II. p. 239. n. 4. Vanneau de Suisse.

Latham, Syn. Suppl. p. 248. Suisse Sandpiper.

Latham, Syst. ornithol. II. p. 728. n. 10. Tringa (Helvetica) rostro pedibusque nigris, subtus nigra abdomine albo, rectricibus albis nigro fasciatis.

Pallas, Reis. Ausz. III. p. 10. n. 28. Charadrius hypomelas.

13. Ocro-

13. Ocrophus. *Der grüne Strandläufer.* (9)

Müller, Naturſyſtem, II. p. 410. n. 13. *der punktirte Strandläufer.*

Borowſky, Thierreich, III. p. 95. n. 5. *der punktirte Strandläufer.*

Bechſtein, Naturgeſch. I. p. 432. n. 5. *der punktirte Strandläufer.*

Bechſtein, Naturgeſch. Deutſchl. III. p. 162. *der punktirte Strandläufer.* p. 166. *der grüne Strandläufer, Weiſsarſch, Steingällel, der gröſste Sandläufer.*

Halle, Vögel, p. 486. n. 528. *das braune Waſſerhuhn, mit ſchwarzem Schnabel und grünen Füſsen.*

Gatterer, vom Nutzen und Schaden der Thiere, II. p. 217. *das rothe Waſſerhuhn.*

Onomat. hiſt. nat. VII. p. 573. *der Steingallel.*

Pennant, arct. Zool. II. p. 442. n. 306. *der grüne Strandläufer.*

Klein, av. p. 101. n. 4. Glareola quarta.

Klein, Vorber. p. 188. n. 4. *Grünbeinlein, Grünfüſsel, Mattkuillis.*

Klein, verb. Vögelhiſt. p. 103. n. 3. *Grünbeinlein, Matkuillis.*

Klein, av. p. 101. n. 7. Glareola octava.

Klein, Vorbereit. p. 188. n. 7. *bunt Motthünlein, geſcheckt Mothünlein.*

Klein, verb. Vögelhiſt. p. 103. n. 7. *buntes Motthühnlein.*

Gesner, Vögelb. p. 243. *Steingällyl;* mit 1 F.

Gesner,

(9) Flügelweite 18 Zoll. Gewicht 6 Unzen. *Bechſtein.* Niſtet da, wo es viel Schilfgras giebt. Legt 5 bis 6 grünlich weiſse, braungefleckte Eyer, auf das bloſse Gras, oder in den Sand, und brütet 3 Wochen. — Wird oft mit *Scolopax Totanus* verwechſelt.

Gesner, Vögelb. p. 246. *Mattknillis;* mit 1 Fig.

Brisson, ornithol. II. p. 259. n. 1. Becasseau, appellé vulgairement Cul-blanc.

Batsch, Thiere, I. p. 399. *der punktirte Strandläufer.*

Latham, Syst. ornithol. II. p. 729. n. 12. Tringa (Ochropus) rostri apice punctato, pedibus virescentibus, dorso fusco-viridi, abdomine rectricibusque extimis albis.

Beseke, Vögel Kurlands, p. 64. n. 27. *der punktirte Strandläufer.*

Bock, Naturgesch. v. Preussen, IV. p. 362. *der punktirte Strandläufer.*

Cetti, Naturgeschichte von Sardinien, II. p. 258. *der Sandpfeiffer.*

Schriften der berlin. Gesellschaft naturf. Fr. VII. p. 463. n. 44. *der punctirte Strandläufer.*

Pontoppidan, Dännemark, p. 170. n. 5. *Horsegiög.*

Naturforsch. XIII. p. 216. n. 123. *der punctirte Strandläufer.*

Frisch, Vögel, Tab. 239. *der kastanienbraune, weißpunktirte Strandläufer.*

Linné, Syst. Nat. Ed. II. p. 53. Ocrophus.

Linné, Syst. Nat. Edit. VI. p. 26. n. 2. Cinclus.

Linné, Syst. Nat. Edit. X. I. p. 149. n. 8. Tringa (Ocrophus) rostri apice punctato, pedibus virescentibus, dorso fusco-viridi nitido.

Müller, zoolog. dan. prodr. p. 25. n. 198. Tringa (Ocrophus) rostri apice punctato, pedibus virescentibus, dorso fusco-viridi, abdomine rectricibusque externis albis.

Schwenkfeld, av. Siles. p. 282. Glareola IV. *Grünfüßel, Mattknillis.*

Schwenkfeld, av. Siles. p. 283. Glareola VIII. *bundt Wasser-Hünlin.*

Charleton,

Charleton, onomaſt. zoic. p. 107. n. 3. Ochra.

Jonſton, av. p. 163. Tringa tertia. p. 164. Cincli congener altera. p. 160. Gallinula Rhodopus.

Schäfer, element. ornith. Tab. 67.

Donndorff, Handb. der Thiergeſch. p. 302. n. 6. *der grüne Strandläufer.*

β. Littorea. *Der Küſtenjäger.* (10)

Müller, Naturſyſtem, II. p. 413. n. 17. *der braune Reuter.*

Bechſtein, Naturgeſch. Deutſchl. III. p. 167. n. 2. *der Uferſtrandläufer.*

Pennant, arct. Zoolog. II. p. 448. F. *der Küſtenjäger.*

Onomat. hiſt. nat. VII. p. 569. *der braune Reuter.*

Briſſon, ornith. II. p. 265. n. 7. Chevalier cendré.

Latham, Syſt. ornithol. II. p. 731. n. 15. Tringa (Littorea) roſtro laevi pedibusque cinereis, remigibus fuſcis, rachi primae nivea.

Cetti, Sardinien, II. p. 255. *die kleinſte Schnepfe?*

Fiſcher, Naturgeſch. v. Livl. p. 88. n. 114. *Strandhühnlein.*

Pontoppidan, Dännemark, p. 171. n. 10. *Strandbekkaſſin.*

Linné, auserleſ. Abhandl. II. p 297. n. 97. *der Uferlaufer-Kiwitz.*

Linné, Syſt. Nat. Edit. VI. p. 26. n. 7. Gallinula pedibus nigricantibus.

Linné, Syſt. Nat. Edit. X. I. p. 149. n. 12. Tringa (Littorea) roſtro laevi, pedibus fuſcis, remigibus fuſcis, rachi primae nivea.

Müller, zool. dan. prodr. p. 25. n. 200. Tringa (Littorea) roſtro laevi pedibusque cinereis, remigibusque fuſcis, rachi primae nivea.

Charle-

(10) Nach *Briſſon, Latham, Pennant* eine eigene Gattung.

Charleton, onomast. zoic. p. 107. n. 2. Calidris nigra.

Jonston, av. p. 159. Calidris Bellonii nigra.

γ. *Bechstein*, Naturgesch. Deutschl. III. p. 167. n. 3. *einzeln gefleckte Strandläufer.*

Latham, Syn. III. 1. p. 171. Var. B.

Latham, Syst. ornithol. II. p. 730. n. 12. β. Tr. cinerea, supra maculis albidis varia, subtus albida, fronte superciliisque albis, pectore nebuloso, rectricibus lateralibus extus nigrofasciatis.

21. GLAREOLA. *Der Waldjäger.*

Müller, Natursyst. II. p. 411. Var. B. Tab. XVI. fig. 4.

Pennant, arct. Zool. II. p. 488. G. *der Waldjäger.*

Latham, Syst. ornithol. II. p. 730. n. 13. Tringa (Glareola) rostro laevi, pedibus virescentibus, corpore fusco albo punctato, pectore albido.

Linné, Syst. Nat. Edit. VI. p. 26. n. 8. Gallinula pedibus viridibus.

Linné, Syst. Nat. Edit. X. I. p. 149. n. 11. Tringa (Glareola) rostro laevi, pedibus virescentibus, corpore albo punctato, pectore subalbido.

Linné, Syst. Nat. Edit. XII. I. p. 250. n. 13. β. Tringa *Glareola* rostro laevi, pedibus virescentibus, corpore fusco albo punctato, pectore albido.

Linné, fn. Suec. I. n. 152. Tringa nigra albo punctata, pectore maculato, abdomine subalbido, pedibus virescentibus.

35. LEUCOPTERA. *Der weissflüglige Strandläufer.*

Latham, Syst. ornithol. II. p. 731. n. 17. Tringa (Leucoptera) fusca, corpore subtus superciliis

ciliis uropygioque rufis, cauda rufo maculata, humeris albis.

36. MARITIMA. *Der Pfeiffer.* (1)

Pennant, arct. Zool. II. p. 447. C. *der Pfeiffer.*

Leem, Nachr. von den Lappen in Finnmarken, p. 135. *Fjäreplit*, *Gaddevierrusch.*

Olaffen, Reise d. Isl. I. p. 309. *Selningur.*

Pontoppidan, Naturhist. v. Norwegen, II. p. 138. *Fierre Muus.*

Latham, Syst. ornithol. II. p. 731. n. 18. Tringa (Maritima) griseo nigroque varia, subtus alba, iugulo caudaque obscuris, rectricibus lateralibus quatuor albo-marginatis.

Müller, zoolog. dan. prodr. p. 25. n. 206. Tringa rostro laevi, subtus alba, supra cinereo- et nigro-variegata, tinctura in medio dorso violacea.

Brünniche, ornithol. bor. p. 54. n. 182. Tringa (Maritima) fusca cinereo undata, rectricibus lateralibus 4. utrinque brevioribus, basi rostri pedibusque flavis.

37. UNDATA. *Der wellenförmig gezeichnete Strandläufer.*

Pennant, arct. Zoolog. II. p. 448. E. *der brünnichsche Strandläufer.*

Latham, Syst. ornithol. II. p. 732. n. 19. Tringa (Undata) obscura, luteo alboque undulata, tectricibus alarum et remigibus secundariis apice uropygioque albis, cauda cinerea, apice nigro marginata.

Beseke, Vögel Kurlands, p. 65. n. 130.

38. UNIFORMIS. *Der einfarbige Strandläufer.*

Pennant, arct. Zool. II. p. 449. H. *der einfärbige Strandläufer.*

Latham,

(1) S. die Anmerk. bey *Tringa Striata.*

Latham, Syst. ornithol. II. p. 732. n. 20. Tringa (Uniformis) rostro brevi nigro, tota dilute cinerea.

14. Hypoleucos. *Der Sandpfeiffer.* (2)

Müller, Natursystem, II. p. 451. n. 14. *der Sandpfeiffer.*

Borowsky, Thierreich, III. p. 95. n. 6. *der Sandpfeiffer.*

Bechstein, Naturgesch. I. p. 432. n. 6. *der gemeine Strandläufer.*

Bechstein, Naturgesch. Deutschl. III. p. 168. *der gemeine Strandläufer.* p. 173. *Strandläuferlein, Pfisterlein, Haarschnepfe, gemeine Sandläufer.* Tab. 8.

Pennant, arct. Zool. II. p. 441. n. 305. *der gemeine Strandläufer.*

Onomat. hist. nat. VII. p. 567. *das Pfisterlein.*

Gesner, Vögelb. p. 244. *Fisterlein*; mit 1 Fig.

Halle, Vögel, p. 489. n. 534. *das graue Wasserhühn.*

Brisson, ornitholog. II. p. 260. Guignette.

Batsch, Thiere, I. p. 399. *der Sandpfeiffer.*

Latham, Syst. ornithol. II. p. 734. n. 28. Tringa (Hypoleucos) rostro laevi, pedibus cinereis, corpore cinereo, subtus albo.

Fischer, Naturgesch. v. Livl. p. 88. n. 113. *Wasserschnepf.*

White,

(2) Gewicht, nach *Pennant*, 2 Unzen. — Ein geselliger Vogel der in Herden zu zwanzig und mehrern auf seinen Reisen angetroffen wird. Verläst uns im September, und kommt im May wieder Zieht des Nachts Nährt sich besonders von kleinen Wasserschnecken, und ans Ufer geschwemmten Wasserinsekten. Brütet vierzehn Tage. Das Fleisch ist sehr schmackhaft.

White, Naturgesch. v. Engl. p. 37. *Sandpfeifer.*
Pallas, nord. Beytr. IV. p. 10. Tringa Hypoleucos.
Scopoli, Bemerk. a. d. Naturgesch. I. p. 116. n. 143. *das Strandläuferlein.*
Pontoppidan, Dännemark, p. 170. n. 6. *Bekkasin, Virlin, kleine Myrstikkel, Strandschnepfe.*
Döbel, Jägerprakt. I. p. 74. *Sandläuffer.*
Linné, Syst. Nat. Ed. VI. p. 26. n. 3. Hypoleucos.
Linné, Syst. Nat. Edit. X. I. p. 149. n. 9. Tringa (Hypoleucos) rostro laevi, pedibus lividis, corpore cinereo, lituris nigris, subtus albo.
Müller, zool. dan. prodr. p. 25. n. 199. Tringa (Hypoleucos) rostro laevi, pedibus lividis, corpore cinereo, lituris nigris, subtus albo.
Kramer, Austr. p. 353. n. 3. Tringa rostro laevi, corpore cinereo, lituris nigris, subtus albo; *Sandlaufferl.*
Donndorff, Handb. der Thiergesch. p. 303. n. 7. *der Sandpfeifer.*

15. Canutus. *Der Canutsvogel.* (3)

Müller, Natursyst. II. p. 412. n. 15. *der Canutsvogel.*
Bechstein, Naturgesch. Deutschl. III. p. 183. n. 13. *der Kanutsvogel.* p. 185. *graues Wasserhuhn, Kanutsstrandvogel.*
Halle, Vögel, p. 489. n. 533. *das graue Wasserhuhn mit acht Zähnen an der Zunge.*
Pennant, arct. Zool. II. p. 340. n. 301. *der Canutsvogel.*
Onomat. hist. nat. VII. p. 560. *der Kanutvogel.*
Brisson, ornitholog. II. p. 276. n. 21. Canut.

Latham,

(3) Flügelweite 19 Zoll. Gewicht 4 1/2 Unze. *Bechstein.* Der Name soll vom König *Kanut* kommen, der ihn für einen grossen Leckerbissen hielt. Wird zuweilen mit *Tringa Cinclus* verwechselt.

Latham, Syst. ornithol. II. p. 738. n. 44. Tringa (Canutus) rostro laevi, pedibus cinerascentibus, remigibus primoribus serratis, rectrice extima alba immaculata.

Seligmann, Vögel, VIII. Tab. 66. *der Canutvogel.*

Pennant, R. d. Schottl. I. p. 19. *Konutsvögel.*

Pontoppidan, Naturgesch. v. Dännemark, p. 171. n. 7. Tr. Canutus.

Linné, Syst. Nat. Ed. VI. p. 26. n. 6. Canuti avis.

Linné, Syst. Nat. Edit. X. I. p. 149. n. 10. Tringa (Canutus) rostro laevi, pedibus cinerascentibus, remigibus primoribus serratis.

Charleton, onomast. zoic. p. 107. n. 1. Calidris cinerea.

39. Australis. *Der cayennische Strandläufer.*

Latham, Syst. ornithol. II. p. 737. n. 40. Tringa (Australis) rostro pedibusque nigris, corpore cinereo fusco luteoque vario, subtus pallide rufo, abdomine uropygioque albo.

16. Arenaria. *Der Sandläufer.* (4)

Müller, Naturs. II. p. 412. n. 16. *der Sandläufer.*

Borowsky, Thierreich, III. p. 96. n. 7. *der Sandläufer.*

Bechstein, Naturg. I. p. 434. n. 9. *der Sandläufer.*

Bechstein, Naturgesch. Deutschl. III. p. 194. n. 17. *der Sandläufer.*

Onomat. hist. nat. VII. p. 557. *der Sandläufer.*

Brisson, ornithol. II. p. 272. n. 17. petite Maubéche grise.

Batsch, Thiere, I. p. 399. *der Strandläufer.*

Yyy 2 *Beseke,*

(4) Länge über 7 Zoll. Flügelweite 13 1/2 Z. Gewicht ohngefehr 2 Unzen. *Bechst.* — Man darf ihn nicht mit *Charadrius Hiaticula* verwechseln, dessen Jungen er ähnlich sieht. *Latham* hält ihn mit *Char. Calidris* für einerley.

Beseke, Vögel Kurlands, p. 64. n. 128. *der Strandläufer.*

Bock, Naturgesch. v. Preussen, IV. p. 362. n. 124. *der Sandläufer, Sandregerlein.*

Pallas, nord. Beytr. IV. p. 10. Tringa arenaria.

Naturf. XIII. p. 216. n. 124. *der Sandläufer.*

Donndorff, Handb. der Thiergesch. p. 303. n. 8. *der Sandläufer.*

18. Cinclus. *Die Meerlerche.* (5)

Müller, Naturf. II. p. 413. n. 18. *die Meerlerche.*

Borowsky, Thierreich, III. p. 96. n. 8. *die Meerlerche, der Steinpicker.*

Bechstein, Naturgesch. I. p. 433. *die Meerlerche.*

Bechstein, Naturgesch. Deutschl. III. p. 173. n. 10. *die Meerlerche.*

Pennant, arct. Zool. II. p. 442. n. 307. *die Meerlerche.*

Onomat. hist. nat. VII. p. 561. *die Meerlerche.*

Brisson, ornitholog. II. p. 267. n. 10. Alouette-de-mer.

Latham, Syst. ornithol. II. p. 735. n. 35. Tringa (Cinclus) rostro pedibusque nigris, loris albis, corpore uropygioque griseis fuscisque.

Gesner, Vögelb. p. 544. *Lyßklicker, Steinpicker.*

Moehring, av. gen. p. 77. n. 94. Schoeniclus?

Jonston, av. p. 163. Cinclus.

β. *Cinclus pedibus fuscis.*

Wird von *Latham* zu *Tringa Alpina,* p. 676. n. 11. gerechnet.

22. Ru-

(5) Flügelweite, nach *Brisson,* 13 1/3 Zoll. Gewicht, nach *Pennant,* 1 1/2 Unze. Legt 4 bis 5 gelblich weisse, blass und dunkelbraun gefleckte Eyer in die Löcher der Ufer auf die blosse Erde, und brütet 3 Wochen.

22. Ruficollis. *Der rothhälſige Strandläufer.*
Latham, Syſt. ornithol. II. p. 736. n. 36. Tringa (Ruficollis) cinerea, ſubtus ferruginea, capite colloque ferrugineo nigroque ſtriatis.
Pallas, Reiſ. Ausz. III. Anh. p. 11. n. 31. Tringa *ruficollis*.

19. Calidris. *Der olivenfarbene Strandläufer.*
Müller, Naturſyſtem, II. p. 413. n. 19. *der grüne Strandläufer.*
Bechſtein, Naturgeſch. Deutſchl. III. p. 181. n. 12. *der grüne Strandläufer.*
Onomat. hiſt. nat. VII. p. 559. *die Waldſchnepfe.*
Briſſon, ornith. II. p. 270. n. 14. Maubéche.
Gesner, Vögelb. p. 237. *Waldſchnepff, Höltzſchnepff*; mit 1 Fig.
Latham, Syſt. ornithol. II. p. 732. n. 21. Tringa (Calidris) roſtro pedibusque nigricantibus, corpore ſubtus olivaceo, uropygio variegato.
Jonſton, av. p. 161. Ruſticola ſylvatica.

40. Naevia. *Der getüpfelte Strandläufer.*
Pennant, arct. Zool. II. p. 446. B. *der getüpfelte Strandläufer.*
Briſſon, ornitholog. II. p. 271. n. 15. Maubéche tachetée.
Latham, Syſt. ornitholog. II. p. 732. n. 22. Tringa (Naevia) cinereo rufo violaceoque nigro varia, ſubtus caſtaneo-albida, rectricibus lateralibus fuſcis, extima latere exteriore linea longitudinali alba.
Klein, av. p. 101. n. 5. Glareola caſtanea?
Klein, Vorbereit. p. 188. n. 5. *Braunhünlein?*

41. Grisea. *Der graue ſchwarzfüßige Strandläufer.*
Briſſon, ornith. II. p. 272. n. 16. Maubéche griſe.

Latham, Syst. ornithol. II. p. 733. n. 23. Tringa (Grisea) grisea subtus alba, collo subtus uropygio et pectore fusco undatis, rectricibus margine albis.

20. PUSILLA. *Der kleine Strandläufer.*

Müller, Natursyst. II. p. 414. n. 20. *der Zwergreuter.*

Bechstein, Naturgesch. I. p. 433. n. 8. *der kleine Strandläufer.*

Bechstein, Naturgesch. Deutschl. III. p. 178. n. 11. *der kleine Strandläufer.* Tab. 10.

Pennant, arct. Zool. II. p. 446. n. 314. *der kleine Strandläufer.*

Brisson, ornithol. II. p. 269. n. 12. Alouette-de-mer de St. Domingue.

Onomat. histor. nat. VII. p. 576. *die kleine Meerlerche von St. Domingo.*

Latham, Syst. ornithol. II. p. 737. n. 38. Tringa (Pusilla) rostro pedibusque fuscis, corpore subtus rufescente, rectricibus extimis scapo albo, uropygio variegato.

23. SQUATAROLA. *Der graue grünfüßige Strandläufer.*

Müller, Natursyst. II. p. 414. n. 23. *der Parder.*

Bechstein, Naturgesch. Deutschl. III. p. 151. n. 5. *der graue Kiebitz.* p. 153. *Brachamsel, grauer Strandläufer, Parder, braungefleckter Strandvogel.*

Halle, Vögel, p. 102. n. 110. *der graue Regenpfeifer.*

Onomat. hist. nat. VII. p. 577. *der graue Regenpfeifer; graue Pulroß.*

Pennant, arct. Zoolog. II. p. 444. n. 310. *der graue Strandläufer.*

Klein,

Klein, av. p. 20. n. 3. Gavia s. Pluvialis cinerea.

Klein, Vorber. p. 38. n. 3. *grauer Gyfitz, Pardel.*

Klein, verb. Vögelhist. p. 21. n. 4. *grauer Kybitz, grauer Pardel.*

Klein, stemmat. av. p. 3. Tab. 3. fig. 2. a-c.

Brisson, ornith. II. p. 237. n. 2. Vanneau gris.

Latham, Syn. Suppl. p. 248. Grey Sandpiper.

Latham, Syst. ornithol. II. p. 729. n. 11. Tringa (Squatarola) rostro nigro, pedibus virescentibus, corpore griseo subtus albido.

Bock, Naturgesch. von Preussen, IV. p. 362. *der Parder.*

Pontoppidan, Dännemark, p. 171. n. 8. *Flöytetyten, Dolken.*

Naturf. XIII. p. 216. n. 125. *der Parder.*

Scopoli, Bemerk. a. d. Naturgesch. I. p. 117. n. 145. *grauer Pulroß.*

Linné, Syst. Nat. Edit. VI. p. 26. n. 11. Tringa Augusti mensis.

Linné, Syst. Nat. Edit. X. I. p. 149. n. 13. Tringa (Squatarola) rostro nigro, pedibus virescentibus, corpore griseo, subtus albido.

Müller, zoolog. dan. prodr. p. 25. n. 201. Tringa (Squatarola) rostro nigro, pedibus virescentibus, corpore griseo, subtus albido.

Schwenkfeld, av. Siles. p. 316. Pardalus II. *Brach-Amsel, größer Brachvogel, grawer Gyfitz.*

Charleton, onomast. zoic. p. 109. n. 14. Pluvialis cinerea.

Jonston, av. p. 165. Pluvialis cinerea.

β. VARIA. *Der braun und weiß gefleckte Strandläufer.* (6)

Müller, Natursyst. II. p. 414. n. 21. *der Scheck.*

 Bechstein,

(6) Nach *Brisson* eine eigene Gattung.

Bechstein, Naturgesch. Deutschl. II. p. 153. *der gefleckte Kiebitz.*

Onomat. hist. nat. VII. p. 580. *der bunte Kiwiz.*

Buffon, ornitholog. II. p. 238. n. 3. Vanneau varié.

Latham, Syst. ornithol. II. p. 729. n. 11. β. Tr. rostro pedibusque nigris, corpore fusco albo variegato, abdomine albo, rectricibus fusco-fasciatis.

Latham, Syn. III. 1. p. 169. n. 11. Var. A.

Fischer, Naturgesch. von Livland, p. 88. n. 115. *bunte Schnepfe.*

24. ISLANDICA. *Der rothe Strandläufer.* (7)

Müller, Natursyst. Supplem. p. 113. n. 24. *der Isländer.*

Pennant, arct. Zoolog. II. p. 443. n. 309. *der rothe Strandläufer.*

Latham, Syst. ornith. II. p. 737. n. 39. Tringa (Islandica) rostro pedibusque fuscis, corpore subtus ferrugineo, remigibus secundariis margine albis.

Müller, zoolog. dan. prodr. p. 25. n. 203. Tringa (Ferruginea) subtus tota ferruginea, dorso e nigro ferrugineo alboque vario, rectricibus intermediis apice subcaudato.

Olassen, Reise d. Isl. II. p. 202. *Raudbristingr.*

A. *Veränderungen gegen die XIIte Edition, und Vermehrung der Gattungen dieses Geschlechts.*

Edit. XII.	*Edit. XIII.*
p. 249. n. 6. Tringa Morinellus.	p. 671. n. 4. β *Var. von* Tr. Interpres.

Edit.

(7) *Pennant*, und mit ihm *Latham*, halten ihn mit *Scolopax Subarquata* p. 658. n. 25. für einerley.

Edit. XII.	*Edit. XIII.*
p. 249. n. 10. Tr. Fulicaria.	p. 676. n. 9. *b als das Weibchen von* Tr. Hyperborea.
p. 250. n. 13. β. Var. Tr. Ocroph.	p. 677. n. 21. Tr. Glareola.
p. 251. n. 17. Tr. Littorea.	p. 677. n. 13. β. *Var. von* Tr. Ochropus.
p. 252. n. 21. Tr. Varia.	p. 682. n. 23. β. *Var. von* Tr. Squatarola.
pag. 252. n. 22. Tringa Fuſca.	p. 696. n. 2. Glareola Senegalenſis.

Das Geſchlecht iſt um 18 Gattungen vermehrt. Bey der 4ten Gattung ſind *vier*, bey der 5ten *zwey*, bey der 8ten *zwey*, bey der 9ten *zwey*, bey der 13ten *drey*, bey der 18ten *zwey*, bey der 23ten *zwey* Spielarten aus einander geſetzt.

B. *Unbeſtimmtere Thiere.*

1. *Der caſſubiſche Mornell.*
   Klein, verbeſſ. Vögelhiſt. p. 23. n. 12.
   Bock, Naturgeſch. v. Preuſſen, IV. p. 363. n. 128.
   Naturf. XIII. p. 217. n. 128.

2. *Eine Tringa, die ſich mit keiner von den beſchriebenen Arten vereinigen läßt.*
   Sander: Naturf. XIII. p. 193.

3. *Eine Tringa, die man nicht zu einer der bekannten Arten rechnen kann.*
   Beſeke, Vögel Kurl. p. 65. n. 129.

4. *Der braun und gelbbunte Strandläufer mit gelben Füßen.*
   Friſch, Vögel, Tab. 238.
   Bechſtein, Naturgeſch. Deutſchl. III. p. 723.

5. *Der hochbeinige, grau und weiß marmorirte Sandläufer mit rothem Unterkiefer und braungelben Füßen.*
Frisch, Vögel, Tab. 236.
Beseke, Vögel Kurlands, p. 60. n. 1.
Bechstein, Naturgesch. Deutschl. III. p. 88. et 722.

6. Tringa nigro lutescens variegata, pectore macula nigra, rectricibus intermediis longioribus.
Müller, zoolog. dan. prodr. p. 26. n. 208.
Olaffen, Isl. II. Tab. 41. *Loar-Thraell.* p. 309. g.
Fabric. fn. groenl. p. 112. (oben.)

C. *Neuere Gattungen.*

1. Tringa (Equestris) pedibus virescentibus, dorso fusco vario, abdomine uropygioque albis.
Latham, Syst. ornitholog. II. p. 730. n. 14.
Buffon, ois. VII. p. 511. Pl. enl. 844. Chevalier commun.

2. Tringa (Grenovicensis) corpore supra vario, collo subtus cinereo, abdomine, crisso uropygiique lateribus albis.
Latham, Syst. ornitholog. II. p. 731. n. 16.
Latham, Syn. Suppl. p. 249. Greenwich Sandpiper.

3. Tringa (Fusca) pallide fusca nigro maculata, subtus alba, collo antice nigro striato, cauda cinerea, tectricibus alarum albido marginatis.
Latham, Syst. ornithol. II. p. 733. n. 26.
Br. Zool. II. n. 195. — *Latham,* Syn. Supplem. p. 250. Brown Sandpiper.

4. Tr. (Lincolniensis) alba, supra maculis griseis fuscisque varia, subtus maculis oblongis fuscis et nigris, rectricibus duabus intermediis toto nigris.
Latham, Syst. ornitholog. II. p. 734. n. 27.
Br. Zool. II. n. 197. — *Lath.* Syn. Suppl. p. 251.

88. GE-

88. GESCHLECHT. Charadrius. *Der Regenpfeifer.*

Müller, Naturſyſt. II. p. 415. Gen. LXXXVIII.

Leske, Naturgeſch. p. 272. Gen. LII.

Borowsky, Thierreich, III. p. 108. Gen. LVIII.

Blumenbach, Handbuch der Naturgeſch. p. 215. Gen. LX.

Bechſtein, Naturgeſch. I. p. 435. Gen. XLIV.

Bechſtein, Naturgeſchichte Deutſchl. III. p. 197. Gen. XXX.

Halle, Vögel, p. 99. Gen. IV.

Pennant, arct. Zoolog. II. p. 449.

Onomat. hiſt. nat. II. p. 817.

Briſſon, ornithol. II. p. 220. Gen. LXVII. Himantopus. p. 222. Gen. LXIX. Pluvialis.

Batſch, Thiere, I. p. 387. Gen. CIII.

Latham, Syſt. ornithol. II. p. 740. Gen. LXXIV. p. 751. Gen. LXXV. Curſorius.

Hermann, tab. affinit. animal. p. 138.

Donndorff, Handbuch der Thiergeſch. p. 303. Gen. LII.

1. Hiaticula. *Die Seelerche.* (8)

Müller, Naturſyſt. II. p. 415. n. 1. *der Strandpfeifer.*

Leske, Naturgeſch. p. 273. n. 1. *der Strandpfeifer.*

Borowſky, Thierreich, III. p. 109. n. 2. *der Strandpfeiffer*, *Uferlerche.*

Blumenbach, Handb. d. Naturgeſch. p. 215. n. 1. Charadrius (Hiaticula) pectore nigro, fronte nigricante, faſciola alba, vertice fuſco, pedibus luteis; *die Seelerche.*

Bechſtein, Naturgeſch. I. p. 437. n. 4. *der Strandpfeifer.*

Bechſtein,

(8) Gewicht an 2 Unzen. *Pennant.*

Bechstein, Naturgesch. Deutschl. III. p. 214. *der Strandpfeifer.* p. 219. *Uferlerche, Seelerche, sprenglichter Grillvogel, Koppenriegerlein, Kobelregerlein, Sandvogel, Sandregerlein, Tullfiß, Grießhennl.*

Ebert, Naturl. II. p. 97. *Seelerche.*

Halle, Vögel, p. 105. n. 13. *der Strandpfeifer.* Fig. 4.

Pennant, arct. Zoolog. II. p. 451. n. 318. *der Strandpfeifer.*

Neuer Schaupl. der Natur, VIII. p. 120. *Seelerche.*

Onomat. histor. nat. II. p. 817. *der gesprengte Grillvogel.*

Klein, av. p. 21. n. 6. Gavia littoralis.

Klein, Vorber. p. 39. n. 6. *Seemornel, Seelerche.*

Klein, verbess. Vögelhist. p. 22. n. 7. *Seelerche.*

Brisson, ornithol. II. p. 227. n. 8. Petit Pluvier à collier.

Batsch, Thiere, I. p. 400. *die Uferlerche.*

Latham, Syst. ornithol. II. p. 743. n. 8. Charadrius (Hiaticula) griseo-fuscus, subtus albus, pectore nigro, fronte nigricante, fasciola alba, ventre fusco, pedibus luteis.

Beseke, Vögel Kurl. p. 65. n. 131. *der Strandpfeifer.*

Siemssen, meklenb. Vögel, p. 183. n. 1. *die Seelerche, Oostvogel.*

Seligmann, Vögel, III. Tab. 44. *die Seelerche.*

Bock, Naturgesch. v. Preussen, IV. p. 362. n. 126. *Strandpfeifer.*

Cetti, Naturgeschichte von Sardinien, II. p. 266. *der Strandpfeifer.*

Leem, Nachr. von den Lappen in Finnmarken, p. 135. *Sandmuling.*

Pallas, Reis. I. p. 370. *Brachvogel.*

Pallas, nord. Beyträge, IV. p. 10. Charadrius Hiaticula. p. 14. *das Brachhuhn.* III. p. 13. *der kleine Strandläufer.*

Pontoppidan, Naturgesch. v. Dännemark, p. 171. *Präſtekraue, Sandvrifter.*

Scopoli, Bemerk. a. d. Naturgesch. I. p. 118. n. 147. *die Uferlerche.*

Naturf. XIII. p. 217. n. 126. *Strandpfeifer.*

Olaffen, Reis. d. Isl. I. p. 309. *Sandlo.*

Linné, auserl. Abhandl. II. p. 284. n. 41. p. 297. n. 100. *Seelerche.*

Linné, Syst. Nat. Ed. II. p. 55. Hiaticula.

Linné, Syst. Nat. Edit. VI. p. 26. n. 4. Hiaticula.

Linné, Syst. Nat. Edit. X. I. p. 150. n. 2. Charadrius (Hiaticula) pectore nigro, fronte nigricante fasciola alba, vertice fusco, pedibus luteis.

Müller, zoolog. dan. prodr. p. 26. n. 209. Charadrius (Hiaticula) pectore nigro, fronte nigricante fasciola alba, vertice fusco, pedibus luteis.

Kramer, Austr. p. 354. n. 2. Charadrius pectore nigro, fronte nigricante lineola alba; vertice fusco, *Grieſshennl.*

Charleton, onomast. zoic. p. 109. n. 15. Charadrius.

Jonston, av. p. 166. Charadrius. p. 211. Matuitui.

Donndorff, Handb. d. Thiergesch. p. 303. n. 1. *die Seelerche.*

β. Ch. griseus collari abdomineque albis. *

Latham, Syst. ornitholog. II. p. 744. n. 8. β.

γ. Ch. griseo-cinereus, fronte collarique albis, caudae ultima medietate nigra, apice ferrugineo. *

Latham, Syst. ornithol. II. p. 744. n. 8. γ.

2. ALEXANDRINUS. *Der alexandrinische Regenpfeifer.* (9)

Müller, Natursystem, II. p. 416. n. 2. *der Alexandrinsche.*

Pennant, arct. Zool. II. p. 254. B. *der alexandrinische Regenpfeiffer.*

Latham, Syn. III. 1. p. 203. n. 9. Alexandrine Plover.

Latham, Syst. ornithol. II. p. 744. n. 9. Charadrius (Alexandrinus) fuscus, fronte collarique dorsali abdomineque albis, rectricibus lateralibus utrinque candidis, pedibus nigris.

Hasselquist, Reise n. Paläst. (Ed. germ.). p. 310. n. 30. Charadrius Alexandrinus.

Linné, Syst. Nat. Edit. X. I. p. 150. n. 3. Charadrius (Alexandrinus) fuscus, fronte collarique dorsali, abdomineque albis, rectricibus lateralibus utrinque candidis, pedibus nigris.

Müller, zoolog. dan. prodr. p. 26. n. 210. Charadrius (Alexandrinus) fuscus fronte, collarique dorsali abdomineque albis, rectricibus lateralibus utrinque candidis, pedibus nigris.

β. AEGYPTIUS. *Der ägyptische Regenpfeifer.*

Müller, Natursyst. II. p. 416. n. 4. *der ägyptische.*

Latham, Syst. ornitholog. II. p. 744. n. 9. β. Ch. fascia pectorali nigra, superciliis albis, rectricibus apice albis fascia nigra, pedibus caeruleis.

Hasselquist, Paläst. (Ed. germ.) p. 311. n. 31. Charadrius Aegyptius.

γ. ERYTHROPUS. *Der rothfüßige Regenpfeifer.*

Latham, Syn. III. 1. p. 204. n. 9. Var. B.

Latham, Syst. ornithol. II. p. 745. n. 9. γ.

δ. *Der*

(9) Soll, nach *Bechstein*, a. a. O. III. p. 216. das Weibchen von *Tringa Hiaticula* seyn.

3. *Der philippinische Regenpfeifer* (10)
Latham, Syn. III. 1. p. 205. n. 9. Var. C.
Latham, Syst. ornithol. II. p. 745. n. 11. Charadrius (Philippinus) fuscus, regione oculorum torque colli caudaque nigris, fronte, corpore subtus rectricibusque apice albis.
Sonnerat, Reis. n. Neuguinea, p. 31. *der kleine Regenpfeiffer der Insel Luçon.*

4. Novae seelandiae. *Der neuseeländische Regenpfeifer.*
Latham, Syst. ornitholog. II. p. 745. n. 12. Charadrius (novae Zealandiae) cinereo-viridis, facie et torque colli nigris, vitta annulari capitis, fascia alarum corporeque subtus albis.

8. Gregarius. *Der gesellige Regenpfeifer.*
Müller, Natursyst. Suppl. p. 115. n. 13. *der Gesellige.*
Latham, Syst. ornithol. II. p. 745. n. 13. Charadrius (Gregarius) cinereus, subtus albus, pectore lunula nigra, postice rufa, rectricibus albis fascia nigra.
Pallas, Reis. Ausz. I. p. 186. *eine Art Brachvögel die an der Wolga der wilde Kybitz, Dikaja Pikaliza oder Pischik genannt werden.*

13. Asiaticus. *Der asiatische Regenpfeifer.*
Müller, Natursyst. Supplem. p. 115. n. 14. *der Asier.*
Latham, Syst. ornithol. II. p. 746. n. 14. Charadrius (Asiaticus) griseo fuscus, fronte, superciliis, gula abdomineque albis.
Pallas, Reise, Ausz. II. p. 240. Anhang p. 17. n. 32. Charadrius asiaticus.

14. Mon-

(10) Nach *Latham* eine eigne Gattung.

14. MONGOLUS. *Der mongolische Regenpfeifer.*

Latham, Syst. ornithol. II. p. 746. n. 16. Charadrius (Mongolus) cinereo fuscus, fronte subtusque albus, iugulo pectoreque ferrugineis, gula lunula nigra.

Pallas, Reis. Ausz. III. Anh. p. 10. n. 29. Charadrius Mongolus.

3. VOCIFERUS. *Der Kildir.*

Müller, Natursyst. II. p. 416. n. 3. *der Schreyer.*

Borowsky, Thierreich, III. p. 113. n. 8. *der Schreyer.*

Bechstein, Naturgesch. Deutschl. III. p. 220. n. 7. *der schreyende Regenpfeifer.*

Halle, Vögel, p. 107. n. 17. *der Schwanzkiwiz.*

Pennant, arct. Zoolog. II. p. 450. n. 317. *der Killdihr.*

Klein, av. p. 21. n. 8. Gavia brachyptera, vocifera.

Klein, Vorber. p. 40. n. 8. *langgeschwänzter Mornell, Gybitz.*

Klein, verbesserte Vögelhist. p. 23. n. 10. *langgeschwänzter Kybitz.*

Brisson, ornithol. II. p. 228. n. 9. Pluvier à collier de Virginie.

Batsch, Thiere, I. p. 400. *der Schreyer.*

Latham, Syst. ornitholog. II. p. 742. n. 6. Charadrius (Vociferus) fasciis pectoris, colli, frontis genarumque nigris, cauda lutea fascia nigra, pedibus flavis.

Seligmann, Vögel, III. Tab. 42. *der Schreykibiz.*

Nau, Entdeck. aus der Naturgesch. I. p. 247. Charadrius vociferus.

Linné, Syst. Nat. Edit. X. I. p. 150. n. 4. Charadrius (Vociferus) fasciis pectoris, colli, frontis genarumque nigris, cauda lutea fascia nigra, pedibus pallidis.

β. TOR-

β. Torquatus. *Der Regenpfeifer mit dem Halskragen.* (1)

Müller, Natursyst. II. p. 419. n. 8. *der Schwarzkragen.*

Bechstein, Naturgesch. Deutschl. III. p. 221. *Regenpfeifer mit dem Halskragen.*

Brisson, ornitholog. II. p. 229. n. 10. Pluvier à collier de St. Domingue.

Latham, Syst. ornithol. II. p. 743. n. 6. β. Charadrius pectore griseo-variegato, fronte alba, vertice collarique nigro, rostro pedibusque caerulescentibus.

Pontoppidan, Dännemark, p. 171. n. 5. Charadrius Torquatus.

15. Jamaicensis. *Der jamaicaische Regenpfeifer.*

Müller, Natursyst. Suppl. p. 117. n. 18. *der Jamaiker.*

Brisson, ornithol. II. p. 230. n. 11. Pluvier à collier de la Jamaique.

Latham, Syst. ornithol. II. p. 743. n. 7. Charadrius (Jamaicensis) obscure fuscus, subtus albus, pectore nigris maculis vario, torque albo, rectricibus albidis, rufo et nigricante variegatis.

Latham, Syn. III. 1. p. 201. n. 7. Collared Plover.

5. Morinellus. *Der Morinell.* (2)

Müller, Natursystem, II. p. 417. n. 5. *der Possenreisser.*

Borowsky, Thierreich, III. p. 110. n. 3. *das Morinellchen, der Morinell.*

Leske, Naturgesch. p. 273. n. 2. *der Morinel.*

Bechstein, Naturgesch. I. p. 436. n. 3. *der Mornell.*

Bechstein,

(1) Nach *Brisson* eine eigene Gattung.

(2) Gewicht 4 Unzen. *Pennant.*

Bechstein, Naturgesch. Deutschl. I. p. 211. n. 5. *der Mornell.*

Ebert, Naturl. II. p. 97. *der Mornell.*

Halle, Vögel, p. 104. n. 12. *das Mornellchen.*

Gatterer, vom Nutzen u. Schaden der Thiere, II. p. 223. n. 217. *das Mornellchen.*

Onomat. histor. nat. V. p. 249. *das Mornellchen, der lappländische Regenpfeifer.*

Pennant, arct. Zool. II. p. 453. A. *der Mornell.*

Klein, av. p. 21. n. 5. Gavia Morinellus simpliciter.

Klein, Vorbereit. p. 39. n. 5. *Mornelgybitz, Morinelle, Hauptdummer Gybitz.*

Klein, verbess. Vögelhist. p. 21. n. 6. *Mornell.*

Klein, stemmat. av. p. 3. Tab. 3. fig. 3. a. b.

Brisson, ornithol. II. p. 225. n. 5. petit Pluvier ou le Guignard.

Batsch, Thiere, I. p. 400. *der Morinell.*

Latham, Syst. ornithol. II. p. 746. n. 17. Charadrius (Morinellus) pectore ferrugineo, fascia superciliorum pectorisque lineari alba.

Beseke, Naturgesch. der Vögel Kurl. p. 66. n. 132. *der Possenreisser.*

Pontoppidan, Dännemark, p. 271. n. 2. *Pomeranzvogel, Citronvogel, Mornellchen.*

Pallas, Reis. Ausz. III. p. 474. *der Brachvogel.*

Linné, Syst. Nat. Edit. VI. p. 26. n. 3. Morinellus.

Linné, Syst. Nat. Edit. X. I. p. 150. n. 6. Charadrius (Morinellus) pectore ferrugineo, fascia superciliorum pectorisque lineari alba, pedibus nigris.

Müller, zool. dan. prodr. p. 26. n. 211. Charadrius (Morinellus) pectore ferrugineo, fascia superciliorum pectorisque lineari alba, pedibus nigris.

Charle-

genpfeifer.

β. *Bechstein*, Naturgesch. Deutschl. III. p. 214. *der englische Mornell.*

Klein, av. p. 21. n. 7. Gavia Morinella altera.

Klein, Vorbereit. p. 40. n. 7. *grauer Mornell.*

Klein, verbess. Vögelhist. p. 22. n. 9. *graue Mornell.*

Brisson, ornitholog. II. p. 226. n. 6. Guignard d'Angleterre.

Latham, Syn. III. 1. p. 209. n. 14. Var. A.

Latham, Syst. ornithol. II. p. 747. n. 17. β.

γ. *Müller*, Natursyst. Supplem. p. 116. n. 15. *der Tartar.* (3)

Latham, Syn. III. 1. p. 210. n. 14. Var. B.

Latham, Syst. ornithol. II. p. 746. n. 14. Charadrius (Tataricus) collo cinereo, pectore ferrugineo, fascia gulae pectorisque nigra, abdomine albo, alis caudaque fuscis.

Pallas, Reise, Ausz. II. Anh. p. 17. n. 32. Charadrius *tataricus.*

16. Atricapillus. *Der schwarzköpfige Regenpfeifer.*

Pennant, arct. Zoolog. II. p. 452. n. 319. *der Schwarzkopf.*

 Latham,

(3) Nach *Latham* eine eigene Gattung.

Latham, Syst. ornithol. II. p. 745. n. 10. Charadrius (Atricapillus) cinereo-fuscus, pileo nigro, superciliis, gula abdomineque albis, cauda alba, fascia ad basin nigra.

17. Obscurus. *Der schwärzliche Regenpfeifer.*
Latham, Syst. ornithol. II. p. 747. n. 20. Charadrius (Obscurus) nigricans, subtus ochraceus, fronte gulaque albidis, collo obscuriore striis pallidis.

18. Fulvus. *Der gelbe Regenpfeifer.*
Latham, Syst. ornitholog. II. p. 747. n. 21. Charadrius (Fulvus) niger, fulvo-marginatus, subtus albidus, pectore fulvo, maculis nigris, fascia alarum alba.

β. *Latham*, Syn. III. 1. p. 211. n. 17. Var. A.
Latham, Syst. ornith. II. p. 748. n. 21. β. Char. fuscus fulvo marginatus, subtus albus, pectore obscuro, cauda fusca, rectricibus utrinque maculis pallidis.

19. Leucogaster. *Der weißbäuchige Regenpfeifer.*
Latham, Syst. ornithol. II. p. 748. n. 22. Charadrius (Leucogaster) fuscus, corpore subtus, fronte vitta supra et infra oculos, remigibus primoribus basi rectricibusque tribus exterioribus albis.

20. Rubricollis. *Der rothhälsige Regenpfeifer.*
Latham, Syst. ornitholog. II. p. 748. n. 23. Charadrius (Rubricollis) cinereus, corpore subtus albo, capite colloque nigris, lateribus colli utrinque macula quadrata castaneo-rufa.

6. Apricarius. *Der Haidenpfeifer.*

Müller, Naturſyſt. II. p. 418. n. 6. *der goldgrüne Regenpfeifer.*

Borowsky, Thierreich, III. p. 109. n. 1. *der goldgrüne Regenpfeifer.* Tab. 58.

Bechſtein, Naturgeſch. Deutſchl. III. p. 203. n. 3. *der Haidenpfeifer.* p. 205. *Grillvogel*, *Feldläufer*, *ſchwarzgelber Ackervogel.*

Halle, Vögel, p. 106. n. 15. *der ſchwarzgelbe Ackervogel.*

Pennant, arct. Zool. II. p. 449. n. 315. *der Haidenpfeiffer*, *Grillvogel.*

Klein, verb. Vögelhiſt. p. 23. n. 11. *ABC Kybitz.*

Briſſon, ornitholog. II. p. 224. n. 4. Pluvier doré de la Baye de Hudſon.

Batſch, Thiere, I. p. 400. *der Ackervogel.*

Latham, Syſt. ornithol. II. p. 742. n. 5. Charadrius (Apricarius) pectore abdomineque nigro, corpore fuſco, albo luteoque punctato, pedibus cinereis.

Seligmann, Vögel, V. Tab. 35. *das fleckigte Waſſer-Huhn.*

Martini, Naturlex. I. p. 257. *Ackervogel.*

Beſeke, Vögel Kurlands, p. 66. n. 133. *der goldgrüne Regenpfeifer.*

Siemſſen, meklenburg. Vögel, p. 184. n. 2. *der Strandpfeifer*, *Braakvogel.*

Leem, Nachricht von den Lappl. in Finnmarken, p. 132. *die Amſeln.* p. 133. *Heiloner.*

Olaſſen, Isl. I. p. 309. f. *Heylo.*

Linné, Reiſ. d. Oel. u. Gothl. p. 83. *Alwargrim.*

Pontoppidan, Naturhiſt. v. Norwegen, II. p. 147. *Heiloe oder Myreloe.*

Schriften der berlin. Geſellſchaft naturf. Fr. VII. p. 463. n. 47. *der goldgrüne Regenpfeifer.*

Linné, auserlef. Abh. II. p. 297. n. 98. *der Regenpfeifer*.

Linné, Syft. Nat. Edit. VI. p. 26. n. 1. Pluvialis nigro flavus.

Linné, Syft. Nat. Edit. X. I. p. 150. n. 7. Charadrius (Apricarius) pectore nigro, roftro bafi gibbo, pedibus cinereis.

Müller, zoolog. dan. prodr. p. 26. n. 212. Charadrius (Apricarius) abdomine nigro, corpore fufco albo luteoque punctato, pedibus cinereis.

7. Pluvialis. *Der Goldregenpfeifer.*

Müller, Naturf. II. p. 419. n. 7. *der Grillvogel.*

Borowsky, Thierreich, III. p. 111. n. 4. *der Grillvogel.*

Bechftein, Naturgefch. I. p. 436. n. 2. *der Goldregenpfeifer.*

Bechftein, Naturgefch. Deutfchl. III. p. 206. n. 4. *der Goldregenpfeifer.* p. 211. *grüne Regenpfeifer, Pardel, Pardelvogel, Grillvogel, Faftenfchleyer, Dittchen, Düte, mittlere, große Brachvogel, Keylhaken, Brachhennl.*

Halle, Vögel, p. 101. n. 9. *der grüne Regenpfeifer.*

Gatterer, vom Nutzen u. Schaden der Thiere, p. 224. n. 209. *das Dittchen.*

Pennant, arct. Zoolog. II. p. 450. n. 316. *der Goldregenpfeifer.*

Handb. d. deutfchen Thiergefch. p. 112. *der kleine Brachvogel.*

Siemffen, meklenb. Vögel, p. 185. n. 3. *der gemeine Regenpfeifer, Thüitvogel.*

Klein, av. p. 19. n. 2. Gavia viridis.

Klein, Vorbereit. p. 37. n. 2. *grüner Gybitz, Pardel, Pulvier, Pulvos.*

Klein,

Klein, verb. Vögelhist. p. 20. n. 3. *grüner Kybitz.*
Klein, stemm. av. p. 3. Tab. 3. fig. 1. a-c.
Gesner, Vögelb. p. 405. *Pulvier*, *Pulros.* Fig. p. 406.
Brisson, ornithol. II. p. 222. n. 1. Pluvier doré.
Batsch, Thiere, I. p. 401. *der Grillvogel.*
Latham, Syst. ornithol. II. p. 740. n. 1. Charadrius (Pluvialis) corpore nigro viridique maculato, subtus albido, pedibus cinereis.
Latham, Syn. Suppl. p. 252. Golden Plover.
Fischer, Zus. z. Naturgesch. v. Livl. p. 46. n. 496. *gemeiner Regenpfeifer.*
Cetti, Naturgeschichte von Sardinien, II. p. 263. *der Brachvogel.*
Bock, Naturgesch. v. Preussen, IV. p. 363. *Grillvogel, großer Brachvogel.*
Pennant, Reise durch Schottland, I. p. 271. *grüne Taucher.*
Wirsing, Vögel, Tab. 34. *kleiner Brachvogel?*
Linné, auserles. Abhandl. II. p. 284. n. 41. 46. p. 297. n. 99. *gemeine Regenpfeifer.*
Döbel, Jägerprakt. I. p. 51. *Keylhaken.*
Naumann, Vogelsteller, p. 182. *Keulhaken.*
Naturf. XIII. p. 218. n. 129. *Grillvogel.* XXV. p. 23. *Keulhaken.*
Pontoppidan, Naturgesch. v. Dännemark, p. 171. n. 3. *Brokfugle*, *Hyeiler.*
Eberhard, Thiergesch. p. 110. *der Regenpfeiffer, Grillvogel.*
Linné, Syst. Nat. Ed. II. p. 55. Pluvialis.
Linné, Syst. Natur. Edit. VI. p. 26. n. 2. Pluvialis viridis.
Linné, Syst. Nat. Edit. X. I. p. 151. n. 8. Charadrius (Pluvialis) pedibus cinereis, corpore nigro viridique maculato, subtus albido.

Müller, zoolog. dan. prodr. p. 26. n. 213. Charadrius (Pluvialis) corpore nigro viridique maculato, subtus albido, pedibus cinereis.

Brünniche, ornithol. bor. p. 57. n. 187. Charadrius Pluvialis.

Kramer, Austr. p. 354. n. 1. Charadrius nigro lutescenteque variegatus, pectore concolore; *Brachhennl.*

Charleton, onomast. zoic. p. 109. n. 2. Pluvialis flavo-virescens.

Moehring, av. gen. p. 75. n. 90. Charadrius.

Schwenkfeld, av. Siles. p. 317. Pardalus III. *Brachvogel, Seetaube, Pulros.*

Jonston, av. p. 165. Pluvialis flavescens.

Donndorff, Handb. d. Thiergesch. p. 304. n. 3. *der Goldregenpfeifer.*

β. *Bechstein*, Naturgesch. Deutschl. III. p. 211. n. 2. *der kleine Goldregenpfeifer.*

Brisson, ornitholog. II. p. 223. n. 2. petit pluvier doré.

Schwenkfeld, av. Siles. p. 318. Pardalus IV. *kleiner Brachvogel.*

γ. *Brisson*, ornitholog. II. p. 224. n. 3. Pluvier doré de S. Domingue.

Latham, Syst. ornithol. II. p. 740. n. 1. β. Ch. corpore nigricante flavescenteque vario, subtus albo, collo inferiore et pectore dilute griseis.

21. RUBIDUS. *Der rothe Regenpfeifer.*

Pennant, arct. Zoolog. II. p. 452. n. 321. *der rothe Regenpfeifer.*

Latham, Syst. ornithol. II. p. 740. n. 2. Charadrius (Rubidus) rutilus pulveratim albo varius, maculis nigris, rectricibus duabus intermediis fuscis margine ferrugineis, lateralibus albis.

9. CALI-

9. Calidris. *Der graue Regenpfeifer.* (4)

Müller, Naturſyſtem, II. p. 419. n. 9. *der graue Regenpfeifer.*

Borowſky, Thierreich, III. p. 112. n. 5. *der graue Regenpfeifer.*

Pennant, arct. Zoolog. II. p. 452. n. 320. *der Sonderling.*

Briſſon, ornitholog. II. p. 272. n. 17. petite Maubéche griſe.

Batſch, Thiere, I. p. 401. *der graue Regenpfeifer.*

Latham, Syn. Suppl. p. 253. Curwillet.

Latham, Syſt. ornithol. II. p. 741. n. 4. Charadrius (Calidris) roſtro pedibusque nigris, loris uropygioque ſubgriſeis, corpore ſubtus albo immaculato.

β. *Latham*, Syn. III. 1. p. 197. n. 4. Var. A.

Latham, Syſt. ornithol. II. p. 742. n. 4. β. Ch. fronte et corpore ſubtus ex cinereo albis.

10. Oedicnemus. *Der große Regenpfeifer.*

Müller, Naturſyſt. II. p. 420. n. 10. *der Dickfuß.* Tab. 16. fig. 6.

Borowſky, Thierreich, III. p. 112. n. 6. *der Steinwälzer.*

Bechſtein, Naturgeſch. I. p. 435. n. 1. *der Steinwälzer.*

Bechſtein, Naturgeſch. Deutſchl. III. p. 197. *der Steinwälzer.* p. 201. *Steinpardel, Grünſchnäbler, Trick, Griel, großer Brachvogel, Gluth.*

Halle, Vögel, p. 103. n. 11. *der Steinwälzer.*

Onomat. hiſt. nat. V. p. 668. *der Steinwälzer.*

Klein, av. p. 20. n. 4. Gavia roſtro vireſcente, conico, acuto.

(4) Gewicht gegen 13/4 Unzen. *Pennant.*

Klein, Vorber. p. 38. n. 4. *grünſchnäblichter Pardel, Steinwälzer.*

Klein, verbeſſerte Vögelhiſt. p. 21. n. 5. *Steinpardel, Steinwälzer, Grünſchnäbler.*

Gesner, Vögelb. p 505. *Triel, Griel;* mit 1 F.

Friſch, Vögel, Tab. 215. *der große Brachvogel oder Gluth.* (ein Weibchen.)

Briſſon, ornithol. II p. 230. n. 12. grand Pluvier, appellé vulgairement Courly de terre.

Batſch, Thiere, I. p. 401. *der Steinwälzer.*

Latham, Syſt. ornitholog. II. p. 661. n. 11. Otis (Oedicnemus) griſea, remigibus primoribus duabus nigris, medio albis, roſtro acuto, pedibus cinereis.

Cetti, Naturgeſch. v. Sardinien, II. p. 267. *Steinpardel.*

White, Naturgeſch von England, p. 31. 59. n. 12. *der große Regenpfeifer.*

Lepechin, Tageb. d. ruſſ. Reiſ. I. p. 309. Oedicnemus.

Neue ſchwed. Abhandl. III. p. 107. Charadrius Oedicnemus.

Linné, Syſt. Nat. Edit. X. I. p. 151. n. 9. Charadrius (Oedicnemus) griſeus, remigibus primoribus duabus nigris, medio albis, roſtro acuto, pedibus cinereis.

Charleton, onomaſt. zoic. p. 74. n. 11. Oedicnemus *Bellonii.*

Jonſton, av. p. 65. Oedicnemus Bellonii.

Schäfer, element. ornith. Tab. 58.

Hermann, tab. affinit. animal. p. 138. Charadrius Oedicnemus.

Donndorff, Handb. der Thiergeſch. p. 304. n. 4. *der große Regenpfeifer.*

22. Si-

22. Sibiricus. *Der sibirische Regenpfeifer.*

Latham, Syst. ornithol. II. p. 747. n. 9. Charadrius (Sibiricus) fronte ex albo et nigro varia, vertice nigricante fasciato, pectore fusco, fascia alba terminato, abdomine ferrugineo.

Lepechin, Tagebuch der russ. Reise, II. p. 185. *ein sibirischer Hahn.* (russ. *Sibirskoi Petuschok.*)

11. Himantopus. *Der Strandreuter.*

Müller, Natursyst. II. p. 420. n. 11. *der Langfuß.* Tab. 16. fig. 1.

Borowsky, Thierreich, III. p. 123. n. 7. *das Riemenbein.*

Bechstein, Naturgesch. I. p. 438. n. 5. *der Strandreuter.*

Bechstein, Naturgesch. Deutschl. III. p. 201. *der Strandreuter.* p. 203. *Riemenfuß, Riemenbein, Stelzenläufer, Langfuß, Langbein, Dünnbein, fremder Vogel.*

Ebert, Naturl. II. p. 98. *das Riemenbein.*

Halle, Vögel, p. 109. n. 20. *der Strandreuter.*

Onomat. hist. nat. IV. p. 178. *der Strandreuter.*

Pennant, arct. Zoolog. II. p. 453. n. 322. *das Langbein.*

Klein, av. p. 22. Gen. V. Himantopus.

Klein, Vorber. p. 42. *Dünnbein, Riemenbein.*

Klein, verbess. Vögelhist. p. 23. *Riemenbein.*

Klein, stemmat. av. p. 3.

Brisson, ornitholog. II. p. 220. n. 1. *Echasse.*

Latham, Syn. Suppl. p. 252. *Long-legged Plover.*

Latham, Syst. ornitholog. II. p. 741. n. 3. Charadrius (Himantopus) albus dorso nigro, rostro nigro capite longiore, pedibus longissimis.

Lepechin, Tageb. d. russ. R. I. p. 309. *der Grillvogel Himantopus.*

Pallas,

Pallas, Reise, Ausz. I. p. 370. *die hochbeinige Schnepfe.*

Pallas, nord. Beyträge, IV. p. 22. Charadrius Himantopus.

Scopoli, Bemerk. a. d. Naturgesch. I. p. 120. n. 148. *das Dünnbein.*

Hasselquist, Reise n. Paläst. (Ed. germ.) p. 308. Charadrius autumnalis.

Eberhard, Thiergesch. p. 110. *der Strandreuter.*

Linné, Syst. Nat. Edit. X. I. p. 151 n. 10. Charadrius (Himantopus) supra niger, subtus albus, rostro nigro capite longiore, pedibus rubris longissimis.

Charleton, onomast. zoic. p. 107. n. 3. Himantopus.

Jonston, av. p. 159. Himantopus.

Plin. hist. nat. L. 10. c. 47. Himantopodi.

12. Spinosus. *Der Dornflügel.*

Müller, Natursyst. II. p. 421. n. 12. *der Dornflügel.* Tab. 16. fig. 7.

Borowsky, Thierreich, III. p. 114. n. 9. *der Dornflügel.*

Brisson, ornithol. II. p. 233. n. 15. Pluvier armé du Sénegal.

Batsch, Thiere, I. p. 401. *der Dornflügel.*

Latham, Syst. ornitholog. II. p. 748. n. 24. Charadrius (Spinosus) remigibus, pectore pedibusque atris, occipite cristato, rectricibus dimidiato-albis, alulis spinosis.

Hasselquist, Paläst. (Ed. germ.) p. 314. n. 33. Charadrius spinosus.

Russ. Alep. p. 72. Tab. 11.

Linné, Syst. Nat. Ed. X. I. p. 151. n. 11. Charadrius (Spinosus) remigibus, pectore, abdomine pedibus-

pedibusque atris, rectricibus dimidiato - albis, humeris spinosis.

Hermann, tab. affinit. animal. p. 136. Charadrius spinosus.

β. *Der gehäubte persische Regenpfeifer.* (5)

Halle, Vögel, p. 108. n. 19. *der persische Kiwiz.*

Klein, av. p. 22. n. 10. Gavia s. Vanellus Indicus.

Klein, Vorbereit. p. 42. n. 10. *schwarzbrüstiger Kybitz.*

Klein, verbess. Vögelhist. p. 20. n. 2. *schwarzbrüstiger Kybitz.*

Brisson, ornithol. II. p. 232. n. 14. Pluvier hupé de Perse.

Latham, Syn. III. 1. p. 214. Var. A.

Latham, Syst. ornithol. II. p. 748. n. 24. β. Ch. corpore supra castaneo, collo abdomineque imo albis, collo antice, pectore, capite supra remigibus caudaque apice nigris, alulis spinosis.

Seligmann, Vögel, II. Tab. 93. *der indianische Kybitz mit schwarzer Brust.* (das Männchen.)

Seligmann, Vögel, VIII. Tab. 69. *das Wasserhuhn mit gespornten Flügeln.* (das Weibch.)

Linné, Syst. Nat. Edit. X. I. p. 150. n. 1. Charadrius (Cristatus) gula, pileo pectoreque nigris, occipite cristato, dorso testaceo, pedibus nigris.

Hermann, tab. affinit. animal. p. 139. Charadrius Cristatus.

γ. *Der cayennische Dornflügel.* (6)

Latham, Syn. III. 1. p. 215. n. 20. Var. B.

Latham, Syst. ornithol. II. p. 749. n. 25. Charadrius (Cayanus) capite, collo postico, fasciaque pectoris nigris, fascia occipitis annulari

collo

collo antice, abdomine basique caudae albis, alulis spinosis.

23. PILEATUS. *Der senegalische Regenpfeifer.*
Latham, Syst. ornithol. II. p. 749. n. 26. Charadrius (Pileatus) cristatus fronte carunculata, corpore supra rufo-griseo, subtus albo, vertice, gula, remigibus caudaque apice nigris.

24. CORONATUS. *Der gekrönte Regenpfeifer.*
Latham, Syst. ornithol. II. p. 749. n. 27. Charadrius (Coronatus) fuscus, capite superiore nigro, occipitis annulo, abdomine, fascia alarum caudaque albis, remigibus fasciaque rectricum ad apicem nigris.

25. BILOBUS. *Der malabarische Regenpfeifer.*
Latham, Syst. ornithol. II. p. 750. n. 28. Charadrius (Bilobus) rufo griseus, superciliis, abdomine fasciaque alarum albis, pileo, remigibus fasciaque rectricum nigris, caruncula frontis dependente.

26. MELANOCEPHALUS. *Der schwarzköpfige Regenpfeifer.* (7)
Latham, Syst. ornithol. II. p. 750. n. 29. Charadrius (Melanocephalus) caeruleo-griseus, capite, collo postico et dorso nigris, superciliis, collo antice pectoreque pallide rufis.

27. GALLICUS. *Der französische Regenpfeiffer.* (8)
Latham, Syst. ornithol. II. p. 751. n. 1. Cursorius (Europaeus) fuscescens, striga per oculos pallida,

(7) Das Vaterland ist Senegal.

(8) Ist in Frankreich nur ein einziges Mal angetroffen, und soll überhaupt in Europa äusserst selten seyn. Wegen des spitzigen, nach der Spitze zu gekrümmten Schnabels, des weiten

pallida, remigibus macula pone oculos et ad apicem rectricum lateralium nigris.

Gerin. ornithol. Tab. 474. Pluvialis morinellus flavescens.

β. Ch. flavo-rufescens, lateribus capitis, gula abdomineque pallidioribus, pone oculos macula obscura, remigibus rectricibusque lateralibus ad apicem nigris. *

Latham, Syn. Suppl. p. 254. Tab. 116.

Latham, Syst. ornith. II. p. 751. n. 1. β.

28. Coromandelicus. *Der Regenpfeifer von Coromandel.*

Latham, Syst. ornithol. II. p. 751. n. 2. Cursorius (Asiaticus) fuscus subtus rufus, superciliis, gula, abdomine imo, uropygio caudaque apice albis, remigibus fasciaque oculari nigris.

29. Curonicus. *Der kurländische Regenpfeifer.*

Beseke, Vögel Kurlands, p. 66. n. 134.

Latham, Syst. ornith. II. p. 750. n. 31. Charadrius (Curonicus) albus, rostro nigricante, cervicis fascia et lunula frontis nigra, verticis pileo cinereo, fascia oculari nigricante undulata, dorso, alis caudaque cinereis, pedibus rubescentibus.

30. Naevius. *Der schwarz und weißbunte Regenpfeifer.*

Beseke, Vögel Kurl. p. 67. n. 135.

Latham, Syst. ornitholog. II. p. 750. n. 32. Charadrius (Naevius) supra ex cinereo nigro alboque varius, subtus albus, fascia infraoculari nigro punctata, rostro pedibusque nigricantibus.

A. *Ver-*

weiten Rachens, der eyförmigen Nasenlöcher und der spitzigen Zunge, hat Latham aus dieser und der folgenden Gattung ein eignes Geschlecht gemacht.

A. *Veränderungen gegen die XIIte Edition, und Vermehrung der Gattungen dieses Geschlechts.*

Edit. XII.	*Edit. XIII.*
p. 254. n. 4. Charadr. Aegyptius.	p. 684. n. 2. β. Ch. Alexandrinus. *Var.*
p. 255. n. 8. Charadr. Torquatus.	p. 685. n. 3. β. Ch. Vociferus. *Var.*

Das Geschlecht ist der Anzahl nach um *achtzehn*; da aber zwey der XIIten Edition jetzt als Varietäten von andern angenommen, und an deren Stelle andere eingeschaltet worden, mit *zwanzig* neuen Gattungen vermehrt. Bey der 1sten Gattung ist überdem die Var. β, bey der 2ten die Var. γ und δ, bey der 5ten die Var. β und γ, bey der 7ten die Var. β und γ, bey der 9ten die Var. β, bey der 10ten die Var. β und γ, und bey der 12ten die Var. γ hinzugekommen.

B. *Unbestimmtere Thiere.*

1. *Der Schreyer.*

Bock, Naturgesch. v. Preussen, IV. p. 363. n. 127.
Naturf. XIII. p. 217. n. 127. Kulycek. (poln.)

C. *Neuere Gattungen.*

1. *Der Regenpfeifer von den Falklandsinseln.*

Latham, Syst. ornith. II. p. 747. n. 18. Charadrius (Falklandicus) fusco-nebulosus, fronte, collo subtus abdomineque albis, vitta annulari capitis ferruginea, fascia verticis pectoreque nigris.

2. *Der kleine indianische Regenpfeifer.*

Brisson, ornith. II. p. 234. n. 16. petit Pluvier des Indes. (Pluvialis minima Indica.)
Latham, Syn. Suppl. p. 254. Indian Plover.
Latham, Syst. ornith. II. p. 750. n. 30. Ch. (Indicus) fuscus, subtus albus, pectore fasciis duabus fuscis, rectricibus basi albis.

89. GESCHLECHT. RECURVIROSTRA. *Der Säbelschnäbler.* (Wasserſäbler.)

Müller, Naturſyſt. II. p. 89. Gen. LXXXIX.
Leske, Naturgeſch. p. 281. Gen. LXV.
Borowsky, Thierreich, III. p. 85. Gen. L.
Blumenbach, Handbuch der Naturgeſch. p. 216. Gen. LXI.
Bechſtein, Naturgeſch. I. p. 434. Gen. XLIII.
Bechſtein, Naturgeſchichte Deutſchl. III. p. 222. Gen. XXXI.
Briſſon, ornithol. II. p. 504. Gen. CXIV.
Batſch, Thiere, I. p. 385. Gen. XCV.
Latham, Syſt. ornithol. II. p. 786. Gen. LXXXV.
Hermann, tab. affinit. animal. p. 141.
Donndorff, Handbuch der Thiergeſch. p. 305. Gen. LIII.

1. AVOCETTA. *Die Avocette.* (9)

Müller, Naturſyſt. II. p. 422. *der Säbelſchnäbler.* Tab. 17. fig. 1.
Leske, Naturgeſch. p. 281. *die Avocette.*
Borowſky, Thierreich, III. p. 85. *der Waſſerſäbler.* Tab. 50.
Blumenbach, Handb. d. Naturgeſch. p. 216. n. 1.
Recurviroſtra (Avocetta) albo nigroque varia.
Bechſtein,

(9) Länge 18 Zoll. Flügelweite 30 Zoll. Gewicht 13 Unzen. *Penn.* — *Cetti* ſagt: ſie ſey ziemlich ſo groſs als eine Taube — Der oberwärts gekrümmte Schnabel, der an dieſem Vogel das unterſcheidenſte iſt: iſt in einigen Abbildungen, ſelbſt beym *Aldrovand* und *Jonſton* ſo krumm gezeichnet, daſs er beynahe den Bogen eines Halbzirkels ausmacht. Nach *Cetti* beträgt der Bogen in ſeiner Krümmung 3 Zoll, und der Chorde von der Spitze bis an das Ende des Schnabels drey Zoll weniger eine Linie.

Bechstein, Naturgesch. I. p. 434. *der gemeine Wasserſäbler.*

Bechstein, Naturgesch. Deutschl. III. p. 223. n. 1. *der gemeine Wasserſäbler.* p. 226. *Wasserſäbel, Säbelſchnabel, Säbelſchnäbler, Avozette, Kremer.*

Ebert, Naturl. II. p. 99. *der Säbelſchnäbler.*

Halle, Vögel, p. 585. n. 730. *der Wasserſäbel.* Fig. 52.

Pennant, arct. Zoolog. II. p. 466. B. *der Säbelſchnabel.*

Neuer Schaupl. der Natur, VII. p. 401. *Säbelſchnäbler.*

Onomat. histor. nat. II. p. 74. *der weißſchwarze Krummſchnabel.*

Handbuch d. Naturgesch. II. p. 383. *der Schabbelſchnabel, Säbelſchnäbler.*

Klein, av. p. 142. n. 1. Plotus recurviroster.

Klein, Vorber. p. 262. n. 1. *Schabbelſchnabel.*

Klein, verb. Vögelhist. p. 150. n. 1. *Schabbelſchnabel, Säbelſchnäbler.*

Gesner, Vögelb. p. 40. *Vberſchnabel;* Fig. p. 41.

Brisson, ornith. II. p. 504. n. 1. Avocette.

Batsch, Thiere, I. p. 388. *Avoſette.*

Latham, Syn. Suppl. p. 263. Scooping Avosetta.

Latham, Syst. ornithol. II. p. 786. n. 1. Recurvirostra (Avocetta) albo nigroque varia.

Cetti, Sardin. II. p. 296. *die Avoſette oder der Verkehrtſchnabel.* Tab. 4.

Lepechin, Tageb. d. russ. Reis. I. p. 302. *die Stachelſchnäbel.*

Pallas, Reise, Ausz. I. p. 370. *die Avoſettſchnepfe.*

Pallas, nord. Beyträge, III. p. 14. IV. p. 22. *die Avoſettſchnepfe.*

Pontoppidan, Dännem. p. 171. n. 1. *Klyde, Laufugl.*

Linné,

Linné, auserl. Abhandl. II. p. 297. n. 101. *der gemeine Säbelschnäbler.*

Siemssen, meklenburg. Vögel, p. 182. n. 1. *das Avosettchen.*

Meidinger, Vorles. I. p. 136. *die Avozette.*

Eberhard, Thiergesch. p. 120. *der Wassersäbel.*

Jablonsky, allgem. Lex. p. 90. *Avosetta.*

Scopoli, Bemerk. a. d. Naturgesch. I. p. 105. n. 129. *die Schnepfe mit über sich krumm gebogenem Schnabel.*

Linné, Syst. Nat. Ed. II. p. 55. Recurvirostra.

Linné, Syst. Nat. Ed. VI. p. 25. n. 1. Avosetta.

Linné, Syst. Nat. Edit. X. I. p. 151. n. 1. Recurvirostra (Avosetta) albo nigroque varia.

Müller, zoolog. dan. prodr. p 27. n. 214. Recurvirostra (Avosetta) albo nigroque varia.

Charleton, onomast. zoic. p. 96. n. 8. Avosetta.

Moehring, av. gen. p. 74. n. 86. Trochilus.

Jonston, av. p. 135. Avosetta.

Salerne, ornithol. p. 359.

Hermann, tab. affinit. animal. p. 141. Recurvirostra Avocetta.

Donndorff, Handb. der Thiergesch. p. 305. *die Avocette.*

2. Americana. *Die amerikanische Avocette.*

Pennant, arct. Zool. II. p 465. n. 338. *die Pennants-Avosette.* Tab. 21.

Latham, Syst. ornithol. II. p. 787. n. 2. Recurvirostra (Americana) rostro nigro, corpore albo nigroque vario, capite, collo pectoreque rufescentibus.

3. Alba. *Die weiße Avocette.*

Müller, Natursyst. II. p. 403. n. 17. *der canadische Schnepf.*

Onomat. hist. nat. VII. p. 28. *die weiße Schnepfe aus Canada.*

Klein, verbess. Vögelhist. p. 104. n. 15. *weißer Strandläufer.*

Brisson, ornithol. II. p. 283. Barge blanche.

Latham, Syst. ornithol. II. p. 787. n. 3. Recurvirostra (Alba) rostro aurantio, corpore albo, remigibus rectricibusque flavicantibus, pedibus fuscis.

Seligmann, Vögel, V. Tab. 34. *das weiße Haselhuhn aus der Hudsonsbay.*

Veränderungen gegen die XII. Edition, und Vermehrung der Gattungen dieses Geschlechts.

Das Geschlecht ist mit *zwey* Gattungen vermehrt; wovon die 3te aus dem 86ten Geschlecht hieher versetzt worden.

90. GESCHLECHT. HAEMATOPUS. *Der Austernfischer.*

Müller, Natursyst. II. p. 224. Gen. XC.

Leske, Naturgesch. p. 276. Gen. LVI.

Borowsky, Thierreich, III. p. 106. Gen. LVII.

Blumenbach, Handbuch der Naturgesch. p. 216. Gen. LXII.

Bechstein, Naturgesch. I. p. 443. Gen. L.

Bechstein, Naturgeschichte Deutschl. III. p. 226. Gen. XXXII.

Brisson, ornitholog. II. p. 221. Gen. LXVIII. Ostralega.

Batsch, Thiere, I. p. 386. Gen. XCIX.

Latham, Syst. ornith. II. p. 752. Gen. LXXVI.

Donndorff, Handbuch der Thiergesch. p. 305. Gen. LIII.

1. OSTRALEGUS. *Der Austerndieb.* (10)
Müller, Naturfyst. II. p. 424. *der Austerfischer.* Tab. 17. fig. 2.
Leske, Naturgesch. p. 276. *der Austernfresser.*
Borowsky, Thierreich, III. p. 106. *die Meerelster.*
Blumenbach, Handb. d. Naturgesch. p. 216. n. 1. Haemat. (Ostralegus) rostro pedibusque rubris.
Bechstein, Naturgesch. I. p. 443. *der Austernfischer.*
Bechstein, Naturgesch. Deutschl. III. p. 226. n. 1. *die Meerelster.* p. 230. *Austerfischer, Austersammler, Austermann, Austerfresser, schwarz und weiße Schnepfe.* Tab. 12.
Ebert, Naturl. II. p. 99. *der Austerndieb.*
Halle, Vögel, p. 109. n. 21. *der Austernsammler.*
Gatterer, vom Nutzen und Schaden der Thiere, II. p. 218. n. 204. *die Meerelster.*
Pennant, arct. Zool. II. p. 454. n. 323. *die Meerelster.*
Neuer Schaupl. der Nat. I. p. 460. *Austermann.*
Onomat. hist. nat. IV. p. 123. *der Austernsammler, Augstermann.*
Handb. der Naturgesch. II. p. 379. *der Austermann.*
Klein, av. p. 23. Ostralega.
Klein, Vorber. p. 44. *Augstermann.*
Klein, verbess. Vögelhist. p. 24. *Austermann.*
Brisson, ornitholog. II. p. 321. n. 1. Huitrier, appellé vulgairement Pie de Mer.
Batsch, Thiere, I. p. 394. *Austernfresser.*
Latham, Syst. ornithol. II. p. 752. n. 1. Haematopus (Ostralegus) niger, corpore subtus fascia gulari et alarum, uropygio caudaque basi albis.

(10) Flügelweite 2 7/12 Fuss 6 Lin. *Brisson.* — Gewicht 16 Unzen. *Pennant.*

Bock, Naturgesch. von Preussen, IV. p. 365. *der Austernfischer*, *Strandelster.*

Fischer, Zus. z. Naturgesch. v. Livl. p. 46. n. 497. *Seeelster.*

Lepechin, Tageb. d. russ. R. I. p. 194. *Wasserelstern.*

Pennant, R. d. Schottl. I. p. 285. 293. *Austerfischer.*

Olaffen, Reis. d. Isl. I. p. 257. *Tiälderen.*

Leem, Nachr. von den Lappen in Finnmarken, p. 134. *die Meerelster.* (*Kield* od. *Rone Kalv.*)

Pallas, Reis. Ausz. I. p. 7. *Heisterschnepfen.*

Pallas, Naturgesch. merkw. Th. VI. p. 15. *Austerschnepfe.*

Pallas, nord. Beytr. IV. p. 22. *der Austerndieb.*

Pontoppidan, Naturgesch. v. Dännemark, p. 171. n. 1. *Strandskade.*

Pontoppidan, Naturhist. v. Norwegen, II. p. 179. *die Strandelster.*

Seligmann, Vögel, IV. Tab. 70. *der Austerndieb.*

Siemssen, meklenb. Vögel, p. 186. n. 1. *der gemeine Strandheister*, *Strandhäster.*

Linné, auserles. Abh. II. p. 298. n. 103. *der Austerndieb.*

Naturf. XIII. p. 219. n. 133. *der Austerfischer.*

Scopoli, Bemerk. a. d. Naturgesch. I. p. 109. n. 135. *die schwarz und weiße Schnepfe.*

Wirsing, Vögel, Tab. 36. *Austermann.*

Eberhard, Thiergesch. p. 110. *der Austernsammler.*

Meidinger, Vorles. I. p. 134. *der Austernfresser.*

Linné, Syst. Nat. Ed. II. p. 55. Pica marina.

Linné, Syst. Natur. Edit. VI. p. 25. n. 1. Pica marina.

Linné, Syst. Nat. Edit. X. I. p. 152. n. 1. Haematopus Ostralegus.

Müller,

Müller, zool. dan. prodr. p. 27. n. 215. Haematopus Ostralegus.

Charleton, onomast. zoic. p. 105. n. 11. Haematopus. p. 68. n. 4. Pica marina.

Moehring, av. gen. p. 75. n. 89. Haematopus.

Jonston, av. p. 156. Haematopus Bellonii.

Nov. comment. Petropol. IV. p. 425. Pica marina.

Donndorff, Handb. der Thiergesch. p. 305. *der Austerdieb.*

β. H. corpore toto nigro. *

Latham, Syst. ornithol. II. p. 753. n. 1. β.

γ. H. gula alba. *

Bechstein, Naturgesch. Deutschl. III. p. 230. n. 2.

* EINGESCHOBENES GESCHLECHT.

GLAREOLA. *Das Seerebhuhn.* (Sandhuhn, Sandstrandläufer.)

Bechstein, Naturgesch. I. p. 446. Gen. LII.

Bechstein, Naturgeschichte Deutschl. III. p. 231. Gen. XXXIII.

Klein, av. p. 100. Gen. XII.

Brisson, ornithol. II. p. 248. Gen. LXXIII.

Latham, Syst. ornith. II. p. 753. Gen. LXXV.

Kramer, Austr. p. 381. Pratincola.

Scopoli, Bemerk. a. d. Naturgesch. I. p. 129. Trachelia.

Donndorff, Handb. der Thiergeschichte, p. 306. Gen. LV.

1. AUSTRIACA. *Die Wiesenschwalbe.* (1)

Müller, Natursyst. II. p. 635. n. 12. *die Wiesenschwalbe.*

(1) Grösse, nach *Kramer*, eines Ziemers (Turd. Viscivorus) nach *Schwenkfeld*, einer Wachtel; nach *Scopoli* und *Brisson* einer Amsel. (Turd. Merula.)

Borowsky, Thierreich, III. p. 158. n. 6. *die Wiesenschwalbe.*

Bechstein, Naturgesch. I. p. 446. *das österreichische Sandhuhn.*

Bechstein, Naturgesch. Deutschl. III. p. 231. n. 1. *das österreichische Sandhuhn.* p. 233. *Koppenriegerle, Kobelregerlein, Wiesenschwalbe.* Tabula 13.

Ebert, Naturl. II. p. 151. *die Wiesenschwalbe.*

Onomat. histor. nat. IV. p. 242. *das Kobel-Regerlein.*

Brisson, ornith. II. p. 248. n. 1. Perdrix-de-mer.

Batsch, Thiere, I. p. 364. *die Wiesenschwalbe.*

Gesner, Vögelb. p. 249. *Koppriegerlein;* mit 1 F.

Latham, Syst. ornithol. II. p. 753. n. 1. Glareola (Austriaca) griseo-fusca, subtus rufo-alba linea gulari incurvata nigra, rectricibus quatuor exterioribus basi albis.

Pallas, Reis. Ausz. II. p. 318. *die schwalbenschwänzige Steppenralle.*

Pallas, nord. Beytr. IV. p. 24. *die Pratincola.*

S. G. Gmelin, Reis. d. Rußl. I. p. 77. Tab. 16.

Scopoli Bemerk. a. d. Naturgesch. I. p. 129. n. 161. *die Wiesen-Trachelia.*

Eberhard, Thiergesch. p. 96. *die Seeschwalbe.*

Kramer, Austr. l. c. *Brachvogl.*

Schwenkfeld, av. Siles. p. 281. Glareola II. *Kopp-Riegerle, Sandvogel.*

Charleton, onomast. zoic. p. 90. n. 5. Hirundo marina.

Jonston, av. p. 160 Gallinula erythropus minor.

Hermann, tab. affinit. animal. p. 137. Hirundo Pratincola.

Donndorff, Handb. d. Thiergesch. p. 306. *die Wiesenschwalbe.*

β. Die

β. *Die Wiesenschwalbe mit dem Halsbande.* (2)
Klein, av. p. 101. n. 6. Glareola V. *Schwenkf.*
Klein, Vorber. p. 188. n. 6. *Sandregerlein, Riegerlein.*
Klein, verb. Vögelhist. p. 105. n. 5. *Sandregerlein.*
Brisson, ornitholog. II. p. 249. n. 2. Perdrix de mer à collier.
Gesner, Vögelb. p. 250. *Riegerlein*; mit 1 Fig.
Bechstein, Naturgesch. Deutschl. II. p. 233. n. 2. *das Sandhuhn mit dem Halsbande.*
Latham, Syst. ornithol. II. p. 753. n. 1. β. Gl. griseo-fusca, subtus albida, fronte nigra, utrinque macula alba, linea gulari incurvata fusca.
Latham, Syn. III. 1. p. 223. Collared Pratincole.
Schwenkfeld, av. Siles. p. 282. Glareola V. *Riegerlein, Sand-Regerlin, Tullfiss.*

γ. *Das Seerebhuhn von den maldivischen Inseln.*
Latham, Syn. III. 1. p. 224. Maldivian Pratincole.
Latham, Syst. ornitholog. II. p. 754. n. 1. γ. Gl. griseo-fusca, subtus uropygioque albo, gula striis nigris lineaque incurvata nigro cincta.
Sonnerat, Reis. nach Ostindien, (ed. germ.) III. p. 169. *das Seerebhuhn.*

δ. *Das Seerebhuhn von Coromandel.*
Latham, Syn. III. 1. p. 224. Coromandel Pratincole.
Latham, Syst. ornithol. II. p. 754. n. 1. δ. Gl. fusca, corpore subtus, uropygio basique caudae albis, linea gulari incurvata nigra.
Sonnerat, Reis. n. Ostind. p. 169.

(2) Nach *Brisson*, u. a. eine eigene Gattung. *Bechstein* ist geneigt, diesen Vogel für ein Junges, oder für das Weibchen von *Charadrius Hiaticula* zu halten, wenn ich anders die Stelle p. 234. a. a. O. recht verstehe.

ε. *Latham*, Syn. III. 1. p. 224. Madras Pratincole.
Latham, Syst. ornitholog. II. p. 754. n. 1. ε. Gl. rufo-grisea, femoribus, crisso, uropygio, cauda basi, rectricibus lateralibus ad apicem lunula albis.
Sonnerat, Reis. nach Ostind. p. 170.

2. Senegalensis. *Das senegallische Seerebhuhn.*
Müller, Natursystem, II. p. 414. n. 22. *der senegalische Strandläufer.*
Onomat. hist. nat. VII. p. 563. *der braune Strandläufer.*
Brisson, ornithol. II. p. 250. n. 4. Perdrix de mer du Senegal.
Latham, Syst. ornithol. II. p. 754. n. 2. Glareola (Senegalensis) rostro pedibusque fuscis, corpore fusco immaculato.
Linné, auserl. Abh. II. p. 280. n. 12. *der braune Kiwitz.*

3. Naevia. *Das gefleckte Seerebhuhn.*
Bechstein, Naturgesch. Deutschl. III. p. 235. n. 3. *das gefleckte Sandhuhn, Rothknussel, Rothknillis.*
Halle, Vögel, p. 487. n. 530. *das rothe Wasserhuhn mit schwarzen Füßen.*
Klein, av. p. 101. n. 9. Glareola, Gallinula Melampus.
Klein, Vorbereit. p. 188. n. 9. *Rothknussel.*
Klein, verb. Vögelhist. p. 105. n. 9. *Rothknussel.*
Gesner, Vögelb. p. 245. Melampus; *Rotknillis*; mit 1 Fig.
Brisson, ornith. II. p. 250. n. 3. Perdrix de Mer tachetée.
Latham, Syst. ornitholog. II. p. 754. n. 3. Glareola (Naevia) maculis fuscis et albicantibus varia, supra fusca subtus rufa, abdomine imo basique caudae candicantibus.

Verän-

Veränderungen gegen die XIIte Edition, und Vermehrung der Gattungen dieses Geschlechts.

Das ganze Geschlecht ist hier neu. Die erste und zweyte Gattung sind aus andern Geschlechtern hieher versetzt, die dritte ist neu hinzugekommen. Bey der 1sten Gattung sind fünf Varietäten aus einander gesetzt.

91. GESCHLECHT. FULICA. *Das Wasserhuhn.*

Müller, Natursystem, II. p. 426. Gen. XCI.
Leske, Naturgesch. p. 277. Gen. LVII.
Borowsky, Thierreich, III. p. 96. Gen. XXIII.
Blumenbach, Handbuch der Naturgesch. p. 216. Gen. LXIII.
Bechstein, Naturgesch. I. p. 438. Gen. XLV.
Bechstein, Naturgeschichte Deutschl. III. p. 236. Gen. XXXIV.
Pennant, arct. Zoolog. II. p. 461.
Neuer Schaupl. d. Natur, IX. p. 563. II. p. 794.
Onomat. hist. nat. III. p. 990.
Brisson, ornitholog. II. p. 350. Gen. LXXXVII. Porphyrio. p. 364. Gen. XC. Fulica.
Batsch, Thiere, I. p. 386. Gen. C.
Latham, Syst. ornitholog. II. p. 766. Gen. LXXX. Gallinula. p. 777. Gen. LXXXIII. Fulica.
Hermann, tab. affin. anim. p. 163.
Donndorff, Handb. d. Thierg. p. 306. Gen. LVI.

* *Mit gespaltenen Füßen: Meerhühner.*

1. FUSCA. *Das braune Meerhuhn.* (3)
Müller, Natursyst. II. p. 426. n. 1. *das braune Wasserhuhn.*
Bechstein,

(3) Soll, nach *Bechstein*, das Weibchen von *Fulica Chloropus*, und das Weibchen desselben ein Junges davon seyn. *Schranks*

Bechstein, Naturgesch. I. p. 440. n. 2. *das braune Meerhuhn.*

Bechstein, Naturgesch. Deutschl. III. p. 245. n. 2. *das braune Meerhuhn.* p. 247. *welsches Wasserhuhn.*

Onomat. histor. natur. IV. p. 8. *das dunkelbraune Wasser-Huhn.*

Brisson, ornitholog. II. p. 359. n. 2. petite Poule d'eau.

Latham, Syst. ornithol. II. p. 771. n. 15. Gallinula (Fusca) fronte flavescente, armillis concoloribus, corpore fuscescente.

Beseke, Vögel Kurlands, p. 67. n. 136. *das braune Wasserhuhn.*

Siemssen, meklenburg. Vögel, p. 178. n. 1. *das braune Wasserhuhn.*

Frisch, Vögel, Tab. 210. *das Oliven-Wasserhuhn.*

Schriften der berlin. Gesellschaft naturf. Fr. VII. p. 464. n. 5. *das braune Wasserhuhn.*

Scopoli, Bemerk. a. d. Naturgesch. I. p. 122. *das weißbauchigte Wasserhuhn.*

Charleton, onomast. zoic. p. 101. n. 2. Rallus Italorum.

Jonston, av. p. 147. Rallus Italorum.

Donndorff, Handb. d. Thiergesch. p. 307. n. 1. *das braune Wasserhuhn.*

β. *Das große braune Meerhuhn.* (4)

Bechstein, Naturgesch. Deutschl. III. p. 248.

Brisson,

Schranks Wasserhühnchen (Naturf. XVIII. p. 70.) nimmt *Bechstein* für eine *Fulica Chloropus* kurz vor dem ersten Mausern, oder kurz nach demselben an, und rechnet auch *Frisch's Oliven Wasserhuhn* dahin.

(4) Nach *Brisson* eine eigene Gattung. Nach *Bechstein* vielleicht ein junges Männchen von *Fulica Chloropus*; wenn nicht die Größe im Wege stünde.

Briſſon, ornitholog. II. p. 360. n. 3. grande Poule d'eau.

Latham, Syn. III. 1. p. 261. n. 14. Var. A.

Latham, Syſt. ornith. II. p. 771. n. 15. β Gallinula fronte flavicante, corpore ſupra caſtaneo ſubtus cinereo, marginibus pennarum albis, capite et collo nigricantibus, imo ventre albo.

4. Chloropus. *Das grünfüßige Meerhuhn.* (⁵)

Müller, Naturſyſtem, II. p. 428. n. 4. *der Grünfuß.* Tab. 17. fig. 3.

Bechſtein, Naturgeſch. I. p. 439. n. 1. *das grünfüßige Meerhuhn.*

Bechſtein, Naturgeſch. Deutſchl. III. p. 237. n. 1. *das grünfüßige Meerhuhn.* p. 244. *gemeines Meerhuhn, Waſſerhenne, Rothbläßchen, Grünfuß, rothes Bläßhuhn, Rohrhühnlein.*

Halle, Vögel, p. 490. n. 535. *das dunkelbraune große Waſſerhuhn, mit nackter rother Stirn und Knie.*

Gatterer, vom Nutzen u. Schaden der Thiere, II. p. 221. n. 208. *die Waſſerhenne.*

Onomat. hiſt. nat. III. p. 993. *das ſchwarze Waſſerhuhn mit grünen Beinen.*

Klein, av. p. 103. n. 2. Rallus aquaticus?

Klein, Vorbereit. p. 191. n. 2. *ſchwarzer Waſſertreter, Waſſerläufer.*

Klein, verb. Vögelhiſt. p. 105. n. 2. *ſchwarze Ralle, Thauſchnarre.*

Briſſon, ornithol. II. p. 358. n. 1. Poule d'eau.

Latham, Syſt. ornithol. II. p. 770. n. 13. Fulica (Chloropus) fronte fulva, armillis rubris, corpore nigricante, criſſo albo.

Beſeke,

(5) Gewicht des Männchens 14 Unzen. Ein zänkiſcher und ſcheuer Vogel, der aber doch ſehr zahm und kirre gemacht werden kann.

Befeke, Vögel Kurl. p. 68. n. 139. *der Grünfuß.*

Siemssen, mekleub. Vögel, p. 179. n. 3. *das Wasserhuhn mit den grünen Füßen.*

Bock, Naturgesch. von Preussen, IV. p. 364. *der Grünfuß.*

Cetti, Naturgeschichte von Sardinien, II. p. 289. *grünfüßiges Wasserhuhn.*

Pontoppidan, Naturgesch. v. Dännemark, p. 171. n. 2. *Vandhöne.*

Pallas, nord. Beyträge, IV. p. 10. *das kleine Wasserhuhn.*

Scopoli, Bemerk. a. d. Naturgesch. I. p. 123. n. 153. *das grünfüßige Wasserhuhn.*

Naturf. XIII. p. 218. n. 131. *der Grünfuß.* XV. p. 159. *der Grünfuß.* XVIII. p. 234. (Anat.)

Linné, Syst. Nat. Edit. X. I. p. 152. n. 2. Fulica (Chloropus) fronte alba, corpore nigro, digitis simplicibus.

Müller, zoolog. dan. prodr. p. 27. n. 217. Fulica (Chloropus) fronte fulva, armillis rubris, pedibus simplicibus, corpore nigricante.

Charleton, onomast. zoic. p. 107. n. 1. Gallinula, Chloropus.

Kramer, Austr. l. c. *Rohrhennl mit rothem Blaßl, kleines Rohrhennl, Wasserhennl.*

Jonston, av. p. 161. Gallinula Chloropus.

Zinnan. Uov. p. 109. Tab. 29. fig. 98. Gallinella aquatica, Porzanone.

Schäfer, element. ornith. Tab. 36.

Donndorff, Handb. der Thiergesch. p. 307. n. 2. *das Rothbläschen.*

8. Viridis. *Das grüne Meerhuhn.*

Onomat. hist. nat. VI. p. 638. *das grüne Sultanshuhn.*

Briſſon, ornitholog. II. p. 352. n. 3. Poule-Sultane verte.

Latham, Syſt. ornitholog. II. p. 769. n. 12. Gallinula (Viridis) corpore ſupra obſcure viridi ſubtus albo, fronte, roſtro pedibusque viridi-flaveſcentibus.

9. MELANOCEPHALA. *Das ſchwarzköpfige Meerhuhn.* (6)

Briſſon, ornitholog. II. p. 352. n. 1. Var. A. Poule-Sultane à tête noire.

Latham, Syn. III. 1. p. 257. n. 10. Black-headed Gallinule.

Latham, Syſt. ornithol. II. p. 768. n. 7. Gallinula (Melanocephala) fronte fulva, corpore caeruleo, capite colloque nigris.

Feuillée journ. p. 288. (edit. 1725.) Gallinula paluſtris.

11. PURPUREA. *Das purpurfarbene Meerhuhn.*

Latham, Syſt. ornithol. II. p. 769. n. 11. Gallinula (Purpurea) fronte roſtroque rubente, corpore ſaturate purpureo albo vario.

Jonſton, av. p. 182. *Quachilton, Jacacinthli.*

12. FLAVIROSTRIS. *Das gelbſchnäblige Meerhuhn.*

Latham, Syſt. ornithol. II. p. 769. n. 10. Gallinula (Flaviroſtris) fronte rubra, corpore ſupra caeruleo, ſubtus uropygioque albo, remigibus caudaque fuſcis.

5. PORPHYRIO. *Das Sultanshuhn.*

Müller, Naturſyſt. II. p. 428. n. 5. *der Sultan.*

Halle, Vögel, p. 427. n. 448. *das Sultanshuhn, Purpurhuhn.*

Gatte-

(6) Nach *Briſſon* eine Varietät von *Fulica Porphyrio* n. 5.

Gatterer, vom Nutzen u. Schaden der Thiere, II. p. 221. n. 209. *der Sultan.*

Borowſky, Thierreich, III. p. 97. n. 1. *das purpurfarbene Waſſerhuhn.* Tab. 53.

Onomat. hiſt. nat. VI. p. 634. *das Sultanshuhn, der Purpurvogel.*

Klein, av. p. 104. n. 6. Rallus aquaticus, roſtro, fronte pedibusque rubris, reliquo corpore cyaneo, ſub cauda plumis albis.

Klein, Vorbereit. p. 192. n. 6. *der purpurne Rall.*

Klein, verb. Vögelhiſt. p. 106. n. 7. *Purpurralle.*

Briſſon, ornithol. II. p. 351. n. 1. Poule-Sultane.

Gesner, Vögelb. p. 403. *Purpurvogel.* Fig. p. 404.

Batſch, Thiere, I. p. 395. *das purpurfarbne Waſſerhuhn.*

Latham, Syſt. ornitholog. II. p. 768. n. 6. Gallinula (Porphyrio) fronte rubra, armillis rubris, corpore viridi, ſubtus violaceo.

Pallas, nord. Beytr. I. p. 8. *das perſiſche blaue Huhn.*

Seligmann, Vögel, IV. Tab. 9. *das purpurfarbene Waſſerhuhn.*

Scopoli, Bemerk. a. d. Naturgeſch. I. p. 122. n. 152. *das violette Waſſerhuhn.*

Eberhard, Thiergeſch. p. 102. *der Purpurvogel.*

Perrault, Charras u. *Dodart*, Abhandl. aus der Naturgeſch. I. p. 227. anatomiſche Beſchreib. einer Sultanshenne. Tab. 71. *die Sultanshenne.* Tab. 72. die Zergliederung.

Linné, Syſt. Nat. Edit. X. I. p. 152. n. 3. Fulica (Porphyrio) fronte calva, corpore violaceo, digitis ſimplicibus.

Philoſ. Tranſact. XXIII. p. 1395. 19. Chloropus, Acbac.

Charleton, onom. zoic. p. 104. n. 6. Porphyrion.

Jonſton,

Jonston, av. p. 155. Porphyrion.
Aelian. hiſtor. animal. L. 3. c. 41. L. 5. c. 28. Πορφυριων.
Athen. Deipnoſ. L. 9. c. 10. Πορφυριων.
Ariſtot. hiſtor. anim. L. 7. c. 6. Πορφυριων.
Martial. Epigr. L. 13. Ep. 78. Porphyrio.
Plin. hiſt. nat. L. 10. c. 40. 46. 47. Porphyrio.
Donndorff, Handb. der Thiergeſch. p. 307. *das Sultanshuhn.*

β. F. nigro-violacea, collo ſubtus cyaneo, fronte pedibusque rubris. *
Latham, Syſt. ornithol. II. p. 768. n. 1. β.
Aldrov. III. p. 438. Tab. 440. Porphyrio alter.

6. CARTHAGENA. *Das carthageniſche Meerhuhn.*
Müller, Naturſyſt. II. p. 429. n. 6. *das carthageniſche Waſſerhuhn.*
Latham, Syſt. ornith. II. p. 767. n. 2. Gallinula (Carthagena) fronte caerulea, corpore ruſo.

12. CAYENNENSIS. *Das cayenniſche Meerhuhn.*
Müller, Naturſyſt. Supplem. p. 119. n. 1. *das cajenniſche Waſſerhuhn.*
Latham, Syſt. ornith. II. p. 767. n. 3. Gallinula (Cayanenſis) griſeo-fuſca, pectore abdomineque ſuperiore rufis, dorſo aliſque olivaceis, gula albida.

13. RUFICOLLIS. *Das rothhälſige Meerhuhn.*
Latham, Syſt. ornithol. II. p. 767. n. 4. Gallinula (Ruficollis) corpore ſubtus nigro, dorſo fuſco-viridi, collo ſubtus pectoreque rufis.

14. MADERASPATANA. *Das malabariſche Meerhuhn.*
Briſſon, ornithol. II. p. 357. n. 10. Poule-Sultane de Madras.

Latham, Syst. ornitholog. II. p. 767. n. 5. Gallinula (Maderaspatana) cinerea, subtus alba, collo subtus et pectore maculis lunatis nigris.

7. MARTINICENSIS. *Das martinikische Meerhuhn.*

Müller, Natursyst. II. p. 409. n. 7. *die Langzähe.*

Brisson, ornitholog. II. p. 352. n. 2. petite Poule-Sultane.

Latham, Syst. ornith. II. p. 769. n. 9. Gallinula (Martinica) fronte caerulea, armillis concoloribus, corpore fusco-caerulescente.

Latham, Syn. Suppl. p. 258. Martinico Gallinule.

15. NOVEBORACENSIS. *Das gelbbrüstige Meerhuhn.*

Pennant, arct. Zoolog. II. p. 457. n. 327. *die Gelbbrust.*

Latham, Syst. ornithol. II. p. 771. n. 16. Gallinula (Noveboracensis) fusca, scapularibus margine flavescentibus, pectore flavo, abdomine albo.

16. NAEVIA. *Das bunte Meerhuhn.*

Klein, verbess. Vögelhist. p. 22. ad n. 8. *Albins Poliopus.*

Gesner, Vögelbuch, p. 341. Poliopus; *Deffyt*; mit 1 Fig.

Onomat. histor. nat. VI. p. 636. *das kleine Wasserhuhn.*

Brisson, ornithol. II. p. 355. n. 8. Poule-Sultane tachetée.

Latham, Syst. ornithol. II. p. 772. n. 18. Gallinula (Naevia) fronte crocea, corpore rufescente, nigro-maculato, collo subtus cinereo-caerulescente, maculis nigris, superciliis albidis.

17. MA-

17. MACULATA. *Das gefleckte Meerhuhn.*

Bechstein, Naturgesch. Deutschl. III. p. 248. n. 3. *das gefleckte Meerhuhn.* p. 249. *Rheinvogel, Matkneltzel, Matkern.*

Halle, Vögel, p. 487. n. 53. *das rothe Wasserhuhn.*

Klein, av. p. 101. n. 8. Glareola IX. Schwenkf. Cenchramus; *Matkneltzell* Bellon.

Klein, Vorbereit. p. 188. n. 8. *Mattkern, klein Brachvogel.*

Klein, verb. Vögelhist. p. 103. n. 8. *kleiner Brachvogel, Mattkern.*

Onomat. hist. nat. VI. p. 637. *der Rhein-Vogel.*

Brisson, ornitholog. II. p. 354. n. 7. Poule-Sultane mouchetée.

Gesner, Vögelb. p. 247. Erythra; *Mattkern;* mit 1 Fig.

Latham, Syst. ornithol. II. p. 772. n. 20. Gallinula (Maculata) fronte flava, corpore fusco-rufescente supra maculis nigris candidisque adsperso, genis, gula colloque subtus albis.

Schwenkfeld, av. Sil. p. 284. Glareola IX. *Mattkern.*

Jonston, av. p. 160. Gallinula Erythra.

18. FLAVIPES. *Das gelbfüßige Meerhuhn.* (7)

Bechstein, Naturgesch. Deutschl. III. p. 249. n. 4. *das gelbfüßige Meerhuhn.* p. 250. *Schmirrling, Gelbbeinlein.*

Halle, Vögel, p. 485. n. 527. *das rothe Wasserhuhn, mit schwefelgelben Beinen und Augenliedern.*

Klein, av. p. 101. n. 2. Glareola III. Schwenkf.

Klein, Vorbereit. p. 187. n. 2. *Geel; Gelbbeinlein, Schmiering, Geelfüßel.*

Klein, verbess. Vögelhist. p. 103. n. 2. *Gelbbeinlein, Schmirring.*

 Brisson,

(7) Nach *Bechstein* ein Junges von *Fulica Chloropus.*

Brisson, ornith. II. p. 354. n. 6. Poule-Sultane rousse.

Gesner, Vögelbuch, p. 242. Ochropus magnus; *Schmirring*; mit 1 F.

Latham, Syst. ornitholog. II. p. 773. n. 21. Gallinula (Flavipes) fronte calva, corpore supra rufo, maculis nigricantibus vario, subtus albo, capistro genisque candidis.

Schwenkfeld, av. Siles. p. 281. Glareola III. *Schmirring*, *Geelfüßel.*

19. Fistulans. *Das Glutthuhn.* (8)

Bechstein, Naturgesch. Deutschl. III. p. 250. n. 5. *das Glutthuhn.*

Brisson, ornith. II. p. 353. n. 4. Poule-Sultane brune.

Gesner, Vögelb. p. 240. Glottis; *Glutt*; m. 1 F.

Latham, Syst. ornithol. II. p. 773. n. 22. Gallinula (Fistulans) fronte viridi-flavicante, corpore fusco, subtus albo, genis candidis.

Jonston, av. p. 160. Chloropus tertia; *Glutt.*

20. Cinerea. *Das aschgraue Meerhuhn.*

Latham, Syst. ornith. II. p. 773. n. 23. Gallinula (Cristata) fronte cristata rubra, corpore supra cinereo-virescente, subtus apice colloque cinereis, abdomine medio albo.

** *Mit gefiederten, d. i. in kleine auswärts gebogene Lappen, getheilten Füßen. Eigentliche Wasserhühner.*

2. Atra. *Das gemeine schwarze Wasserhuhn.* (9)

Müller, Natursyst. II. p. 427. n. 2. *das rußfarbige Wasserhuhn.*

Leske,

(8) Nach *Bechstein* ein Junges, oder das Weibchen von *Fulica Chloropus.*

(9) Gewicht 24 bis 28 Unzen. *Penn.* Der Beyname *rußfarbig* kommt ihm wohl nicht zu, da es in der That rabenschwarz ist.

Leske, Naturgesch. p. 277. n. 1. *das schwarze Wasserhuhn.* Tab. 5. fig. 11. (der Fuss.)

Borowsky, Thierreich, III. p. 97. n. 2. *das schwarze Wasserhuhn.*

Blumenbach, Handb. der Naturgesch. p. 216. n. 1. Fulica (Atra) fronte incarnata, armillis luteis, corpore nigricante; *das schwarze Blaßhuhn.*

Bechstein, Naturgesch. I. p. 440. n. 3. *das gemeine Wasserhuhn.*

Bechstein, Naturgesch. Deutschl. III. p. 251. n. 1. *das gemeine Wasserhuhn.* p. 258. *Bläßhuhn, Blaßhuhn, Bläßchen, Bläßling, Blaßgieker, Pfaffe, Horbel, Bläßente, Rohrhenne, Weißbläße, rußfarbiges Wasserhuhn, glänzender Rabe.*

Funke, Naturgesch. I. p. 253. *das schwarze Wasserhuhn.*

Halle, Vögel, p. 604. n. 759. *das schwarze Rohrhuhn.*

Gatterer, vom Nutzen u. Schaden der Thiere, II. p. 220. n. 206. *das gemeine Wasserhuhn.*

Pennant, arct. Zoolog. II. p. 461. n. 333. *das gemeine Wasserhuhn.*

Onomat. hist. nat. IV. p. 991. *das schwarze Wasserhuhn mit breiten Zehenlappen.*

Handbuch d. deutschen Thiergesch. p. 112. *das Bläßlein.*

Klein, av. p. 150. n. 1. Fulica recentiorum.

Klein, Vorber. p. 277. n. 1. *Rohrhahn, Wasserhun, Pfaffe.*

ist. Bloss die untern Deckfedern des Schwanzes sind wie bey der *Ful. Fusca.* Die Indianer um Niagara bereiten die Häute dieser Thiere und gebrauchen sie als Beutel. Nach *Latham* gehört auch *Scopolis Fulica albiventris* (*Gmelin.* System p. 697. n. 1.) als Spielart hieher.

Klein, verbeſſ. Vögelhiſt. p. 161. n. 1. *ſchwarz Blashuhn*, *Rohrhahn*.

Klein, ſtemm. av. p. 40. Tab. 40. fig. 1. a. b.

Klein, Vögeleyer, p. 36. Tab. 12.

Gesner, Vögelb. p. 44. *Bölchinen*, *Belchinen*, *Belch*, *Florn*, *Pfaff*, *Bleß*, *Bleſſing*, *Hagelganſs*, *Schwarztaucher*, *Zapp*. Fig. p. 45.

Briſſon, ornitholog. II. p. 365. n. 1. *Foulque ou Morelle*.

Batſch, Thiere, I. p. 395. *das ſchwarze Waſſerhuhn*.

Latham, Syn. Suppl. p. 259. Common Coot.

Latham, Syſt. ornitholog. II. p. 777. n. 1. Fulica (Atra) fronte incarnata, armillis luteis, corpore nigricante.

Beſeke, Naturgeſch. der Vögel Kurl. p. 67. n. 137. *das rußfarbige Waſſerhuhn*.

Siemſſen, meklenb. Vögel, p. 180. n. 3. *das gemeine Waſſerhuhn*, *Zapp*.

Bock, Naturgeſch. von Preuſſen, IV. p. 364. *das rußfarbige Waſſerhuhn*.

Cetti, Naturgeſch. von Sardinien, II. p. 291. *das rußfarbige Waſſerhuhn*, *oder der Bläßling mit der rothen Bläſſe*.

Pontoppidan, Dännemark, p. 171. n. 1. *Blishöne*.

Haſſelquiſt, Paläſt. p. 316. n. 34. Fulica atra.

Pallas, nord. Beytr. I. p. 8. *das gemeine Waſſerhuhn*.

Linné, auserleſ. Abhandl. II. p. 298. n. 104. *das ſchwarze Waſſerhuhn*.

Scopoli, Bemerk. a. d. Naturgeſch. I. p. 121. n. 149. *das Blaßhuhn*, *Weißbläſſe*.

Naturf. XIII. p. 218. n. 130. *das rußfarbige Waſſerhuhn*.

Döbel,

Döbel, Jägerprakt. I. p. 72. *Horbel, Bläß-Ente oder Bläßgen.*

Naumann, Vogelsteller, p. 193. *Hurbel.*

Zorn, Petinotheol. II. p. 418. *der Bläßling.*

Schneider, zoolog. Abhandl. p. 139. 141. *das schwarze Wasserhuhn.* p. 149. *Kritschäne, Kritschele.*

Meidinger, Vorlesf. I. p. 135. n. 1. *das schwarze Wasserhuhn.*

Eberhard, Thiergesch. p. 123. *das schwarze Rohrhuhn.*

Linné, Syst. Nat. Edit. VI. p. 28. n. 1. Fulica nigricans.

Linné, Syst. Nat. Edit. X. I. p. 152. n. 1. Fulica (Atra) fronte calva, corpore nigro, digitis lobatis.

Linné, fn. Suec. I. n. 130. Fulica fronte calva aequali.

Müller, zoolog. dan. prodr. p. 27. n. 216. Fulica (Atra) fronte incarnata, armillis luteis, pedibus pinnatis, corpore nigricante.

Kramer, Austr. p. 357. n. 1. Fulica nigricans, fronte et rostro incarnatis; *Rohrhennl, Blaßl.*

Schwenkfeld, av. Siles. p. 263. Fulica; *Wasserhun, Rohr-Henne.*

Charleton, onomast. zoic. p. 101. n. 16. Fulica.

Moehring, av. gen. p. 70. n. 78. Fulica.

Jonston, av. p. 146. Fulica. p. 135. Phalaris.

Zinnan. Uov. p. 108. Tab. 19. fig. 96. Falaga o Polon.

Schäfer, element. ornith. Tab. 34.

Plin. hist. nat. L. 18. c. 35. Fulicae.

Varro, de re rust. L. 3. c. 11. Phalarides.

Donndorff, Handb. der Thiergesch. p. 308. n. 4. *das schwarze Wasserhuhn.*

3. Aterrima. *Das große schwärzlich aschgraue Wasserhuhn* (10)

Müller, Natursyst. II. p. 427. n. 3. *das schwarze Wasserhuhn.*

Borowsky, Thierreich, III. p. 98. n. 3. *der Meerteufel, das schwärzeste Wasserhuhn.*

Halle, Vögel, p. 605. n. 760. *das schwarze Flußteufelchen.* Fig. 55.

Gatterer, vom Nutzen und Schaden der Thiere. II. p. 220. n. 207. *das Blaßhuhn.*

Bechstein, Naturgesch. I. p. 440. n. 4. *das schwärzeste Wasserhuhn.*

Bechstein, Naturgesch. Deutschl. III. p. 259. n. 2. *das schwarze Wasserhuhn.* p. 260. *das rußfarbige Blaßhuhn; große Blaßhuhn, Meerteufel, Timphahn.*

Klein, av. p. 151. n. 2. Fulica maior.

Klein, Vorbereit. p. 277. n. 2. *Meer-, Wasserteufel.*

Klein, verbeff. Vögelhist. p. 161. n. 2. *Meerteufel.*

Klein, Vögeleyer, p. 36. Tab. 12. fig 3?

Brisson, ornithol. II. p. 366. n. 2. grande Foulque, ou Macroule.

Batsch, Thiere, I. p. 395. *der Meerteufel.*

Latham, Syst. ornithol. II. p. 778. n. 2. Fulica (Aterrima) fronte alba, armillis rubris, corpore nigricante.

Beseke, Vögel Kurl. p. 68. n. 138. *das schwarze Wasserhuhn.*

Siemssen, meklenburg. Vögel, p. 181. n. 4. *der Wasserteufel, Blasenörk.*

Scopoli,

(10) Diese Benennung kommt ihm wirklich zu, denn es ist durchaus schwärzlich aschgrau. Nach *Beseke* soll es fast noch einmal so groß als das vorige, nach andern nur um 1/2 Zoll größer seyn. *Bechstein* hält es mit demselben für einerley.

Scopoli Bemerk. a. d. Naturgeſch. I. p. 121. n. 150. Fulica fuliginoſa; *das rußfarbene Blaßhuhn.*

Eberhard, Thiergeſch. p. 123. *das Flußteufelgen.*

Meidinger, Vorleſ. I. p. 135. n. 2. *das kohlſchwarze Waſſerhuhn.*

Linné, Syſt. Nat. Edit. VI. p. 28. n. 2. Fulica aterrima.

Charleton, onom. zoic. p. 101. n. 1. Cotta maior.

Barrere, ornitholog. 23. Fulica craſſo corpore aterrima.

Jonſton, av. p. 147. Fulica, quam Pariſienſes *Diabolum marinum* vocant.

21. LEUCORYX. *Das weißflüglige Waſſerhuhn.* (1)

Latham, Syn. Suppl. p. 259.

Latham, Syſt. ornithol. II. p. 778. n. 1. β. Fulica nigra alis albis.

Bechſtein, Naturgeſch. Deutſchl. III. p. 258. n. 2.

22. AETHIOPS. *Das Mohrenwaſſerhuhn.* (2)

Latham, Syn. Suppl. p. 259.

Latham, Syſt. ornithol. II. p. 778. n. 1. γ. Fulica tota nigra.

Bechſtein, Naturgeſch. Deutſchl. III. p. 258. n. 3.

23. AMERICANA. *Das amerikaniſche Waſſerhuhn.*

Latham, Syſt. ornithol. II. p. 779. n. 5. Fulica (Americana) fronte albida, corpore cinereo, gula abdomineque medio albis.

24. MEXICANA. *Das mexikaniſche Waſſerhuhn.*

Briſſon, ornitholog. II. p. 367. n. 3. Foulque du Mexique.

Latham, Syſt. ornithol. II. p. 779. n. 4. Fulica (Mexicana) fronte coccinea, corpore pallide

 vireſcente

virefcente cyaneo et fulvo variegato, ſubtus, capite et collo coccineis.

Eberhard, Thiergeſch. p. 123. Yohoalcoochillin.

35. CRISTATA. *Das madagaſcariſche Waſſerhuhn.*

Latham, Syſt. ornitholog. II. p. 779. n. 3. Fulica (Criſtata) caruncula rubra bifida erecta, armillis tricoloribus, corpore caeruleo-nigricante.

A. *Veränderungen gegen die XIIte Edition, und Vermehrung der Gattungen dieſes Geſchlechts.*

Das Geſchlecht iſt mit 18 Gattungen vermehrt. Bey der 1ſten Gattung ſind *zwey* Varietäten aus einander geſetzt. Uebrigens ſind die ſogenannten Meerhühner von den eigentlichen Waſſerhühnern getrennt, und beyde in beſondere Unterabtheilungen gebracht.

B. *Unbeſtimmtere Thiere.*

1. *Das kleine geſprenkelte Waſſerhuhn des Friſch.* Tab. 211.

Beſeke, Vögel Kurlands, p. 68. n. 140.

Bechſtein, Naturgeſch. Deutſchl. III. p. 711. 735. (An Rallus Porzana Linn. S. N. p. 712. n. 3?)

Es iſt wohl ein Schreib-oder Druckfehler, wenn *Friſch*, Tab. 211. in unſerm Syſtem p. 711. bey *Rallus Crex* citirt worden. Offenbar muſs es 212 heiſsen.

2. *Das grünſchnäblige Waſſerhuhn.*

Beſeke, Vögel Kurl. p. 68. n. 141.

3. Fulica fronte, roſtri baſi coccinea, armillis nullis, pedibus pinnatis, corpore nigro.

Sander: Naturforſch. XIII. p. 191.

C. *Neue-*

B. *Neuere Gattungen.*

1. *Das weiße Wasserhuhn von der Insel Norfolk.*
Latham, Syst. ornithol. II. p. 768. n. 8. Gallinula (Alba) fronte, rostro pedibusque rubris, corpore toto albo.
White, Reis. n. Neusüdwales; — in dem Magazin merkw. Reisebeschreib. V. p. 120. Fulica candida; *das weiße Bläßhuhn.*

* EINGESCHOBENES GESCHLECHT. VAGINALIS. *Der Scheidenvogel.*
Bechstein, Naturgesch. I. p. 441. Gen. XLVII.
Bechstein, Naturgeschichte Deutschl. II. p. 182. Gen. LVI.
Latham, Syst. ornithol. II. p. 774. Gen. LXXXI.
Donndorff, Handbuch der Thiergesch. p. 308. Gen. LVII.

1. ALBA. *Der weiße Hornschnabel.*
Bechstein, Naturgesch. I. p. 442. *der weiße Scheidenschnabel.*
Bechstein, Naturgesch. Deutschl. II. p. 182. *der weiße Hornschnabel.*
Latham, Syst. ornith. II. p. 774. n. 1. Vaginalis Chionis.
Donndorff, Handb. der Thiergeschichte, p. 308. *der weiße Hornschnabel.*

92. GESCHLECHT. PARRA. *Der Spornflügel.*
Müller, Natursyst. II. p. 430. Gen. XCII.
Leske, Naturgesch. p. 277. Gen. LVIII.
Borowsky, Thierreich, III. p. 98. Gen. LIV.
Blumenbach, Handbuch der Naturgesch. p. 217. Gen. LXIV.
Bechstein, Naturgesch. I. p. 440. Gen. XLVI.

Onomat.

Onomat. hist. nat. VI. p. 171.
Brisson, ornithol. II. p. 242. Gen. LXXI. Jacana.
Batsch, Thiere, I. p. 396. n. 2.
Latham, Syst. ornith. II. p. 762. Gen. LXXIX.
Hermann, tab. affinit. animal. p. 134. 142.
Donndorff, Handbuch der Thiergesch. p. 309. Gen. LVIII.

1. D o m i n i c a. *Der Spornflügel von St. Domingo.* (3)
Müller, Natursyst. II. p. 431. n. 1. *der domingische Kiebitz.*
Ebert, Naturl. II. p. 101. *der domingische Spornflügel.*
Onomat. hist. nat. VI. p. 174. Parra dominica.
Brisson, ornitholog. II. p. 241. n. 8. Vanneau armé de St. Domingue.
Latham, Syn. III. 1. p. 165. n. 6. Var. A. Louisiane Sandpiper.
Latham, Syst. ornithol. II. p. 727. n. 6. β. Tringa carunculata alis armatis, corpore fulvo, subtus rosea, rectricibus fulvis, rostro pedibusque flavis.

6. L u d o v i c i a n a. *Der louisianische Spornflügel.*
Brisson, ornithol. II. p. 241. n. 7. Vanneau armé de la Louisiane.
Pennant, arct. Zool. II. p. 445. n. 312. *der Waffenträger.*
Latham, Syst. ornith. II. p. 727. n. 6. Tringa (Ludoviciana) carunculata, alis armatis, corpore griseo-fusco, subtus basique caudae albo-rufescente, pileo, remigibus fasciaque rectricum nigris.

7. Cayen-

(3) Nach *Latham* eine Spielart von der folgenden Gattung.

8. Goensis. *Der Spornflügel von Goa.*

Latham, Syſt. ornithol. II. p. 727. n. 7. Tringa (Goenſis) carunculata armata fuſca, apice collo remigibus faſciaque caudae nigris, linea longitudinali colli, pectore, abdomine, faſcia alarum baſique caudae albis.

2. Senegalla. *Der ſenegalliſche Spornflügel.*

Müller, Naturſyſtem, II. p. 431. n. 2. *der ſenegalliſche Kiebitz.*

Ebert, Naturl. II. p. 101. *der ſenegaliſche bewaffnete Kiebitz.*

Onomat. hiſtor. nat. VI. p. 175. Parra Senegalla.

Briſſon, ornithol. II. p. 240. n. 6. Vanneau armé du Senegal.

Latham, Syſt. ornithol. II. p. 728. n. 8. Tringa (Senegalla) carunculata armata fuſca, gula, remigibus faſciaque caudae nigris, faſcia alarum longitudinali, abdomine, baſi apiceque caudae albis.

Adanſon, R. n. Senegal, p. 64. *Uet-uet.*

9. Chilensis. *Der Theghel.*

Latham, Syſt. ornitholog. II. p. 765. n. 5. Parra (Chilenſis) unguibus modicis, pedibus fuſcis, occipite ſubcriſtato.

Vidaure, Chile, p. 73. *der Threguel oder Keltreu.*

Goeze, nützl. All. III. p. 124. n. 10. *der Lanzettenvogel.*

Donndorff, Handb. d. Thiergesch. p. 309. n. 1. *der Theghel.*

2. JACANA. *Die Jacane.*

Müller, Natursyst. II. p. 431. n. 3. *der Nachtkopf.*

Borowsky, Thierreich, III. p. 99. n. 2. *der braune Spornflügel.*

Blumenbach, Handb. d. Naturgesch. p. 217. n. 1. Parra (Jacana) unguibus posticis longissimis, pedibus viridescentibus.

Onomat. hist. nat. VI. p. 174. Parra Jacana.

Ebert, Naturl. II. p. 101. *die sogenannte amerikanische Gans mit dem Dornflügel.*

Brisson, ornitholog. II. p. 244. n. 4. Chirurgien brun.

Latham, Syst. ornitholog. II. p. 762. n. 1. Parra (Jacana) castaneo-purpurea, capite, collo subtusque ex nigro violacea, remigibus olivaceo-viridibus, apice fusco marginatis, rectricibus apice nigro-violaceis.

Fermin, Beschr. v. Surinam, II. p. 174. *Reuter.*

Eberhard, Thiergesch. p. 95. *der Jacan.*

Charleton, onomast. zoic. p. 115. n. 1. Anser chilensis, seu caput nocturnum.

Jonston, av. p. 187. Jacanae quarta species.

Jonston, av. p. 181. Jochualcuachili. (Yohualcuachili.)

Donndorff, Handb. d. Thiergesch. p. 309. n. 2. *die Jacane.*

10. NIGRA. *Der schwarze Spornflügel.*

Halle, Vögel, p. 491. n. 537. *das schwarze Wasserhuhn.*

Brisson, ornith. II. p. 243. n. 3. Chirurgien noir.

Latham,

Latham, Syſt. ornitholog. II. p. 762. n. 2. Parra (Nigra) nigra, ſubtus fuſca, remigibus viridibus, apice fuſcis, rectricibus nigris.

Jonſton, av. p. 181. Jacanae tertia ſpecies.

11. Brasiliensis. *Der braſilianiſche Spornflügel.*

Halle, Vögel, p. 490. n. 536. *das braſiliſche Waſſerhuhn.*

Briſſon, ornitholog. II. p. 243. n. 2. Jacane armé, ou le Chirurgien.

Latham, Syſt. ornitholog. II. p. 763. n. 3. Parra (Braſilienſis) nigro-viridans, alis ad fuſcum vergentibus, rectricibus nigro-viridantibus.

Jonſton, av. p. 181. Jacanae alia ſpecies, Braſilienſibus *Aquapecaca* dicta.

12. Viridis. *Der grüne Spornflügel.*

Briſſon, ornith. II. p. 242. n. 1. Jacana.

Latham, Syſt. ornitholog. II. p. 763. n. 4. Parra (Viridis) nigro-viridans, capite collo pectoreque violaceo-variantibus, rectricibus nigro-viridantibus, tectricibus ſubtus albis.

Jonſton, av. p. 180. Jacana Braſilienſibus.

4. Variabilis. *Der bunte Spornflügel.*

Müller, Naturſyſtem, II. p. 332. n. 4. *der mexicaniſche Kiebitz.*

Borowſky, Thierreich, II. p. 98. n. 1. *der mexicaniſche Spornflügel.* Tab. 54.

Bechſtein, Naturgeſch. I. p. 441. *der mexikaniſche Spornflügel.*

Neuer Schaupl. der Nat. VII. p. 11. n. 7. *Karthaginenſer.*

Halle, Vögel, p. 496. n. 547. *der gehörnte Sporenvogel.*

Onomat. hiſt. nat. VI. p. 175. Parra variabilis.

Klein,

Klein, av. p. 104. n. 7. Rallus digitis triuncialibus, calcaneo biunciali, aculeiformi, anomalo. Follata excelsa.

Klein, Vorber. p. 193. n. 7. *Karthaginenser.*

Klein, verbeff. Vögelhift. p. 106. n. 7. *Carthaginenser Ralle, mit sonderlicher Hinterzähe.*

Briffon, ornith. II. p. 245. n. 5. Chirurgien varié.

Latham, Syft. ornitholog. II. p. 763. n. 5. Parra (Variabilis) caftaneo-purpurea, fubtus fuperciliisque albis, remigibus viridibus, fafcia per oculos nigra.

Seligmann, Vögel, II. Tab. 95. *das Wafferhuhn mit Flügelfpornen.*

Bankroft, Naturgefch. von Guiana, p. 104. *das Wafferhuhn mit Spornen an den Flügeln.*

Mannichf. IV. p. 216. *das bunte Wafferhuhn mit Flügelfporn.*

Linné, Syft. Nat. Edit. X. I. p. 152. n. 4. Fulica (Spinofa) fronte carunculata, corpore variegato, humeris fpinofis.

13. LUZONIENSIS. *Der Spornflügel von der Infel Luçon.*

Latham, Syn. Suppl. p. 256. Luzonian Jacana.

Latham, Syft. ornitholog. II. p. 764. n. 6. Parra (Luzonienfis) fufca, fubtus, fuperciliis, tectricibus alarum minoribus remigibusque fecundariis albis, lateribus colli fafcia cinerea, remigibus primoribus tribus elongatis denudatis, apice rhombeis.

Sonnerat, Reif. n. Neuguin. p. 31. *der Wundarzt von der Infel Luçon;* mit 1 Fig.

14. AFRICANA. *Der afrikanifche Spornflügel.*

Latham, Syft. ornitholog. II. p. 764. n. 8. Parra (Africana) cinnamomea, collo fubtus albo,

pectore

pectore flavescente nigro vario, vitta per oculos, collo postice remigibusque nigris.

15. Sinensis. *Der chinesische Spornflügel.*

Latham, Syst. ornithol. II. p. 764. n. 7. Parra (Sinensis) castaneo vinacea, capite, collo anteriore tectricibusque alarum albidis, collo postico lutescente, remigibus, duabus rectricibusque intermediis elongatis.

5. Chavaria. *Der neuspanische Spornflügel.*

Müller, Natursyst. II. p. 333. n. 5. *der Krüppel.*

Borowsky, Thierreich, III. p. 99. n. 3. *der neuspanische Spornflügel.*

Ebert, Naturl. II. p. 102. *der bewaffnete Kiebitz aus Neuspanien.*

Batsch, Thiere, I. p. 396. *der neuspanische Spornflügel.*

Onomat. hist. nat. VI. p. 171. Parra Chavaria.

Latham, Syst. ornitholog. II. p. 764. n. 9. Parra (Chavaria) crista occipitis dependente, corpore supra fusco, collo abdomineque nigris, temporibus gula albis, alulis spinosis.

Hermann, tab. affinit. animal. p. 134. 142. Parra Chavaria.

Donndorff, Handb. der Thiergesch. p. 310. n. 3. *der neuspanische Spornflügel.*

A. *Veränderungen gegen die XII. Edition, und Vermehrung der Gattungen dieses Geschlechts.*

Das Geschlecht ist mit *zehn* Gattungen vermehrt.

B. *Neuere Gattungen.*

1. *Der indianische Spornflügel.*

Latham, Syn. Suppl. p. 257. Indian Jacana.

Latham, Syst. ornithol. II. p. 765. n. 10. Parra (Indica) caeruleo-nigricans, dorso alisque fuscis, superciliis albis, ad rictum oris macula rubra.

93. GESCHLECHT. Rallus. *Die Ralle.*

Müller, Natursystem, II. p. 435. Gen. XCIII.
Leske, Naturgesch. p. 271. Gen. LI.
Borowsky, Thierreich, III. p. 100. Gen. LV.
Blumenbach, Handbuch der Naturgesch. p. 217. Gen. LXV.
Bechstein, Naturgesch. I. p. 444. Gen. LI.
Bechstein, Naturgeschichte Deutschl. III. p. 261. Gen. XXXV.
Halle, Vögel, p. 491. Gen. III.
Neuer Schaupl. d. Natur, VII. p. 10.
Onomat. hist. nat. VI. p. 765.
Pennant, arct. Zoolog. II. p. 455.
Klein, av. p. 102. Gen. XIII.
Brisson, ornitholog. II. p. 251. Gen. LXXIV.
Batsch, Thiere, I. p. 386. Gen. XCVIII.
Latham, Syst. ornith. II. p. 755. Gen. LXXVIII.
Hermann, tab. affin. anim. p. 142.
Donndorff, Handb. d. Thierg. p. 310. Gen. LIX.

1. Crex. *Der Wachtelkönig* (4)

Müller, Natursyst. II. p. 435. n. 1. *der Wachtelkönig.*
Leske, Naturgesch. p. 272. n. 1. *der Wachtelkönig.*
Borowsky, Thierreich, III. p. 100. n. 1. *der Wachtelkönig.* Tab. 55.

Blumen-

(4) Flügelweite 16 Zoll. *Bechstein.* — Gewicht 6 bis 8 Unzen, nachdem er mager oder fett ist. *Pennant.* Schon beym *Plinius* finde ich die Sage, dass dieser Vogel der Wachteln Heerführer im Strich sey, und davon ist vielleicht die deutsche Benennung entstanden. Brütet drey Wochen.

Blumenbach, Handb. d. Naturgesch. p. 217. n. 1. Rallus (Crex) alis rufo-ferrugineis; *Wachtelkönig, Schnerz.*

Bechstein, Naturgesch. I. p. 444. n. 1. *der Wachtelkönig.*

Bechstein, Naturgesch. Deutschl. III. p. 262. n. 1. *der Wachtelkönig.* p. 267. *Ralle, Schnarrwachtel, Wiesenknarrer, Wiesenschnarcher, Arpschnarp, Feldwächter, Gras- und Wiesenläufer, Schnarrichen, Schnarker, Schars, Schrecke, der alte Knecht, Eggenschär, Grasrätscher, Schnarf, Kreßler, Heckschnärr, Grösel, Schnärz.*

Ebert, Naturl. II. p. 103. *der Wachtelkönig.*

Halle, Vögel, p. 492. n. 539. *der Wiesenknarrer.* Fig. 37.

Gatterer, vom Nutzen und Schaden der Thiere, II. p. 222. n. 211. *die Ralle.*

Neuer Schaupl. der Natur, IX. p. 408. *Wachtelkönig.*

Onomat. hist. nat. V. p. 768. *der gemeine Wachtelkönig.*

Pennant, arct. Zool. II. p. 458. A. *der Wachtelkönig.*

Handb. d. Naturgesch. II. p. 308. n. 3. *der Wachtelkönig.*

Handbuch der deutschen Thiergesch. p. 112. *der Wachtelkönig.*

Klein, av. p. 102. n. 1. Rallus terrestris, vulgo Rex Coturnicum.

Klein, Vorber. p. 190. n. 1. *Gras-, Wiesenläufer.*

Gesner, Vögelb. p. 52. *Crex.* p. 542. *Wachtelkönig*; mit 1 Fig.

Brisson, ornithol. II. p. 253. n. 3. Rale de genet ou Roi de Cailles.

Batsch, Thiere, I. p. 394. *der Wachtelkönig.*

Latham, Syst. ornithol. II. p. 766. n. 1. Gallinula (Crex) grisea, pennis medio nigricantibus, alis rufo-ferrugineis, corpore subtus albo rufescente.

Beseke, Vögel Kurl. p. 68. n. 142. *der Wachtelkönig.*

Siemssen, meklenb. Vögel, p. 176. n. 1. *der Wachtelkönig*, *Wachtelkönning.*

Fischer, Naturgesch. von Livland, p. 88. n. 116. *Wachtelkönig*, *der schwarze Casper.*

Cetti, Naturgeschichte von Sardinien, II. p. 286. *der Wachtelkönig.*

White, Naturgesch von England, p. 34. n. 15. p. 59. n. 17. *Wachtelkönig.*

Bock, Naturgesch. von Preussen, IV. p. 366. *der Wachtelkönig.*

Linné, auserl. Abh. II. p. 282. n. 31. p. 297. n. 90. *der Wachtelkönig.*

Pontoppidan, Dännem. p. 171. n. 1. *Skovsnarre*, *Akerrixe.*

Pontoppidan, Norwegen, II. p. 123. *Aker-Rixe*, *Ager-Hön.*

Döbel, Jägerprakt. I. p. 58. *Schnertz.*

Naumann, Vogelsteller, p. 177. *Wachtelkönig.*

Hervieux, Canarienvögel, p. 181. *Wachtelkönig.*

Scopoli, Bemerk. a. d. Naturgesch. I. p. 124. n. 154. *die Schnarre.*

Schwed. Abh. XXXVIII. p. 294. *Wiesenknarrer.*

Naturf. XIII. p. 220. n. 134. *der Wachtelkönig.*

Meidinger, Vorles. I. p. 131. n. 1. *der Wachtelkönig.*

Zorn,

Zorn, Petinoth. I. p. 549. II. p. 284. *Schnarre.* Schriften der dronth. Gesellschaft, II. p. 308. 311. *Ager-Rixe.*

Eberhard, Thiergesch. p. 97. *der Wachtelkönig.*

Jablonsky, allgem. Lex. p. 1350. *Wachtelkönig.* Hannöv. Magazin, 1780. p. 416.

Zückert, Speis. a. d. Thierreich, p. 105.

Linné, Syst. Nat. Edit. VI. p. 25. n. 1. Crex.

Linné, Syst. Natur. Edit. X. I. p. 153. n. 1. Rallus (Crex) alis rufo-ferrugineis.

Müller, zoolog. dan. prodr. p. 27. n. 218. Rallus (Crex) alis rufo-ferrugineis.

Charleton, onomast. zoic. p. 106. n. 3. Crex. p. 75. n. 14. Ortygometra.

Schwenkfeld, av. Sil. p. 313. Ortygometra; *Schnerker; Wachtel-König.*

Moehring, av. gen. p. 73. n. 85. Ortygometra.

Hermann, tab. affinit. animal. p. 142. Rallus Crex.

Schäfer, element. ornith. Tab. 60.

Zinnan. Uov. p. 36. Tab. 5. fig. 18. Re delle Quaglia.

Decouv. Russ. I. p. 470.

Plin. hist. nat. L. p. c. 23. Ortygometra.

Donndorff, Handb. der Thiergesch. p. 310. n. 1. *der Wachtelkönig.*

β. *Brisson*, ornitholog. II. p. 253. n. 5. Poule-Sultane roussâtre. (5)

γ. *Latham*, Syn. III. 1. p. 251. n. 1. Var. A.

Latham, Syst. ornithol. II. p. 767. n. 1. β. Gallinula corpore rufo-fusco, subtus pallidiore, remigibus caudaque saturatioribus, gula crissoque albidis.

(5) Nach *Brisson* eine eigene Gattung.

δ. *Latham*, Syn. III. 1. p. 252. n. 1. Var. B.
Latham, Syst. ornithol. II. p. 767. n. 1. γ. Gallinula corpore supra rufo griseo, subtus tectricibusque alarum ferrugineo-fuscis, pedibus obscuris.

2. Aquaticus. *Die große Wasserralle.* (6)
Müller, Natursyst. II. p. 436. n. 2. *die große Wasserralle.*
Leske, Naturgesch. p. 272. n. 2. *die große Wasserralle.*
Borowsky, Thierreich, III. p. 102. n. 2. *der große Wasserralle.*
Bechstein, Naturgesch. I. p. 445. n. 2. *der große Wasserralle.*
Bechstein, Naturgesch. Deutschl. III. p. 267. *die große Wasserralle.* p. 271. *die schwarze Wasserstelze, das Sammthuhn, Miethuhn, schwarze Wassertreter, kleine Wasserhühnchen, Thauschnarre, schwarze Caspar.* Tab. 14.
Ebert, Naturl. II. p 103. *die größere Wasserralle.*
Halle, Vögel, p. 493. n. 540. *der graue Wiesenknarrer.*
Halle, Vögel, p. 493 n. 541. *die schwarze Wasserstelze.*
Gatterer, vom Nutzen u. Schaden der Thiere, II. p. 222. *die große Wasserralle.*
Onomat. histor. nat. VI. p. 766. *die große Wasserralle.*
Klein, av. p. 103. n. 2. Rallus aquaticus.

Klein,

(6) Kömmt als Zugvogel in der Mitte des Aprils zu uns, und verläßt uns zu Ende des Septembers wieder. Nistet auf trocknen Hügeln in Sümpfen und an feuchten Teich- und Seeufern. Legt 8 bis 12 Eyer. Das Fleisch ist sehr schmackhaft.

Klein, Vorbereit. p. 191. n. 2. *schwarzer Wassertreter*, *Wasserläufer*.

Klein, verb. Vögelhist. p. 105. n. 2. *schwarze Ralle*, *Thauschnarre*.

Klein, stemmat. av. p. 22. Tab. 23. fig. 1. a. b.

Gesner, Vögelb. p. 251. *Sammethünlein*; m. 1 F.

Brisson, ornitholog. II. p. 251. n. 1. Râle d'eau.

Batsch, Thiere, I. p. 394. *die große Wasserralle*, *das Sammthuhn*.

Latham, Syst. ornithol. II. p. 755. n. 1. Rallus (Aquaticus) alis griseis, fusco-maculatis, hypochondriis albo maculatis, rostro subtus fulvo.

Siemssen, meklenb. Vögel, p. 176. n. 2. *die Wasserralle*.

Bock, Naturgesch. von Preussen, IV. p. 367. *die große schwarze Wasserralle*.

Cetti, Sardin. II. p. 287. Rallus aquaticus.

Pennant, R. d. Schottl. I. p. 18. *Aschhühner*.

Linné, auserles. Abh. II. p. 296. n. 91. *die Wasserralle*.

Pontoppidan, Naturgesch. v. Dännemark, p. 171. n. 2. *Vagtelkonge*, *Vandrixe*.

Scopoli, Bemerk. a. d. Naturgesch. I. p. 125. n. 155. *der Wasserrall*.

Naturf. XIII. p. 221. n. 135. *die große Wasserralle*.

Zorn, Petinotheol. II. p. 421. *das Sammet-Hünlein*.

Meidinger, Vorles. I. p. 131. n. 2. *die große Wasserralle*.

Eberhard, Thiergesch. p. 97. *der Wiesenknarrer*, *Sammthuhn*.

Schriften der dronth. Gesellsch. II. p. 308. *Vandhöne* oder *Wasserhuhn*. Tab. 12.

Linné, Syst. Natur. Edit. VI. p. 25. n. 1. Ortygometra alis fuscis.

Linné, Syst. Natur. Edit. X. I. p. 153. n. 2. Rallus (Aquaticus) alis griseis, fusco maculatis, hypochondriis albo maculatis, rostro luteo.

Müller, zoolog. dan. prodr. p. 27. n. 219. Rallus (Aquaticus) alis griseis fusco-maculatis, hypochondriis albo maculatis, rostro subtus fulvo.

Charleton, onomast. zoic. p. 107. n. 4. Gallinula serica.

Schwenkfeld, av. Siles. p. 283. Glareola VII. *Aesch-Hünlein?*

Jonston, av. p. 160. Gallinula serica.

Hermann, tab. affinit. animal. p. 142. Rallus aquaticus.

Schaefer, element. ornithol. Tab. 60. (caput.)

Donndorff, Handb. der Thiergesch. p. 311. n. 2. *die große Wasserralle.*

3. PORZANA. *Die kleine Wasserralle.*

Müller, Natursystem, II. p. 437. n. 3. *die kleine Wasserralle.*

Borowsky, Thierreich, III. p. 102. n. 3. *die kleine Wasserralle.*

Bechstein, Naturgesch. I. p. 445. n. 3. *der mittlere Wasserralle.*

Bechstein, Naturgesch. Deutschl. III. p. 271. *der mittlere Wasserralle.* p. 273. *kleine europäische Wasserralle, Winkernell, Graßhühn, Makosch.* Tab. 15.

Gatterer, vom Nutzen u. Schaden der Thiere, II. p. 222. n. 213. *die kleine Wasserralle.*

Onomat. hist. nat. VI. p. 771. *die kleine europäische Wasserralle, Winkernell.*

Klein, Vögeleyer, p. 31. Tab. 12. fig. 2. (Rallus alter, Casparus.)?

Gesner, Vögelb. p. 248. Ochra; *Wynkernnel.*

Brisson,

Brisson, ornitholog. II. p. 252. n. 2. petite Râle d'eau ou la Marouette.

Batsch, Thiere, I. p. 394. *die kleine Wasserralle.*

Latham, Syst. ornithol. II. p. 772. n. 19. Gallinula (Porzana) fusco-olivacea, nigro albidoque variegata et maculata, subtus cinerea, albido varia, rectricibus duabus intermediis albo-marginatis.

Siemssen, meklenburg. Vögel, p. 177. n. 3. *die Wiesenschnarre.*

Frisch, Vögel, Tab. cit. *das kleine gesprenkelte Wasserhuhn.*

Scopoli, Bemerk. a. d. Naturgesch. I. p. 117. n. 144. Tringa Porzana.

Meidinger, Vorles. I. p. 131. n. 3. *die kleine Wasserralle.*

Charleton, onomast. zoic. p. 108. n. 5. *Porzana* Italorum.

Jonston, av. p. 160. Gallinula Ochra.

Donndorff, Handbuch der Thiergesch. p. 311. *die kleine Wasserralle.*

12. Crepitans. *Die Klapperralle.*

Pennant, arct. Zool II. p. 455. n. 324. *die Klapperralle.* Tab. 20. kleinere Fig.

Latham, Syst. ornitholog. II. p. 756. n. 2. Rallus (Crepitans) olivaceo-fuscus, gula alba, collo subtus pectoreque fusco-flavescentibus, hypochondriis cinereo alboque transversim lineatis.

13. Troglodytes. *Die neuseeländische Ralle.*

Ist, nach *Latham*, mit *R. Australis* p. 717. n. 18. einerley.

4. Fuscus. *Die braune Ralle.*

Müller, Natursyst. II. p. 437. n. 4. *die braune Ralle.*

Onomat. hift. nat. VI. p. 769. *die braune Ralle.*

Briſſon, ornithol. II. p. 256. n. 7. Râle brun des Philippines.

Latham, Syſt. ornithol. II. p. 757. n. 6. Rallus (Fuſcus) fuſcus, criſſo albo undulato, pedibus flavis.

Naturf. XIII. p. 221. n. 13. *die braune Ralle.*

Buck, Naturgeſch. v. Preuſſen, IV. p. 367. *die braune Ralle.*

5. STRIATUS. *Die geſtreifte Ralle.* (7)

Müller, Naturſyſt. II. p. 537. n. 5. *die geſtreifte Ralle.* Tab. 17. fig. 5.

Onomat. hiſt. nat. VI. p. 772. *der geſtreifte Ralle.*

Briſſon, ornithol. II. p. 255. n. 5. Râle rayé des Philippines.

Latham, Syn. III. 1. p. 232. n. 4. Var. C.

Latham, Syſt. ornithol. II. p. 756. n. 4. γ. R. nigricans, albo-undulatus, pedibus flavis.

6. TORQUATUS. *Die Ringelralle.*

Müller, Naturſyſtem, II. p. 438. n. 6. *die Ringelralle.*

Borowsky, Thierreich, III. p. 102. n. 4. *die Ringelralle.*

Onomat. hiſt. nat. VI. p. 772. *die Ringelralle.*

Briſſon, ornith. II. p. 255. n. 6. Râle à collier des Philippines.

Batſch, Thiere, I. p. 394. *die Ringelralle.*

Latham, Syſt. ornithol. II. p. 757. n. 5. Rallus (Torquatus) fuſcus, ſubtus albo-undulatus, linea infra oculos alba.

7. PHILIPPENSIS. *Die philippiniſche Ralle.*

Müller, Naturſ. II. p. 438. n. 7. *die bandirte Ralle.*

Onomat.

(7) Nach *Latham* eine Varietät von *Rallus Philippenſis* n. 7.

Onomat. hiſtor. nat. VI. p. 770. *die gröſsere philippiniſche Ralle.*

Briſſon, ornithol. II. p. 254. n. 4. Râle des Philippines.

Latham, Syſt. ornithol. II. p. 756. n. 4. Rallus (Philippenſis) fuſcus ſubtus griſeo-faſciatus, ſuperciliis albis, collo ſubtus rufeſcente.

β. *Latham,* Syſt. ornithol. II. p. 756. n. 4. β. R. rubro-fuſcus, nigro alboque maculatus et ſtriatus, capite caſtaneo, corpore ſubtus ſuperciliisque cinereis.

γ. *Latham,* Syn. III. 1. p. 332. n. 4. Var. B.
Latham, Syſt. ornith. II. p. 757. n. 4. δ. R. fuſcus albo-maculatus et ſtriatus, ſubtus albus, ſuperciliis griſeis, cauda fuſco alboque faſciata.

δ. R. ſupra fuſcus, ſubtus cineraſcens, dorſo alisque albo maculatim lineatis, abdomine imo albo faſciis nigricantibus. *
Latham, Syn. Suppl. p. 225. n. 4. Var. D.
Latham, Syſt. ornithol. II. p. 757. n. 4. ε.

8. Bengalensis. *Die bengaliſche Ralle.* (8)

Müller, Naturſyſt. II. p. 438. n. 8. *die bengaliſche Ralle.*

Halle, Vögel, p. 494. n. 542. *die braungrüne Waſſerſtelze.*

Onomat. hiſtor. natur. VI. p. 768. *die Ralle aus Bengala.*

Klein, av. p. 104. n. 5. Rallus aquaticus bengalenſis.

Klein, Vorbereit. p. 192. n. 5. *bengaliſche Ralle.*

Klein, verbeſſ. Vögelhiſt. p. 106. n. 5. *bengaliſche Waſſerralle.*

Briſſon,

(8) Nach *Latham* eine Varietät von *Scolopax Capenſis.*

Brisson, ornitholog. II. p. 266. n. 9. Chevalier de Bengale.

Latham, Syn. III. 1. p. 140. Var. D. Bengal Water-Rail.

Latham, Syst. ornitholog. II. p. 717. n. 10. δ. Scolopax albus capite colloque nigro, alis dorsoque viridibus, remigibus primariis rubro maculatis.

9. CAROLINUS. *Das Lerchenhuhn.*

Müller, Natursyst. II. p. 439. n. 9. *die carolinische Ralle.*

Pennant arct. Zool. II. p. 456. n. 326. *das Lerchenhuhn.*

Onomat. histor. nat. VI. p. 768. *die carolinische Wasserralle.*

Klein, av. p. 103. n. 4. Rallus terrestris americanus.

Klein, Vorbereit. p. 192. n. 4. *braune Ralle aus Amerika.*

Klein, verb. Vögelhist. p. 106. n. 4. *braune Erdralle.* n. 8. *Ralle aus der Hudsonsbay.*

Brisson, ornitholog. II. p. 356. n. 9. Poule-Sultane de la Baye de Hudson.

Latham, Syst. ornith. II. p. 771. n. 17. Gallinula (Carolina) grisea, capistro nigro, pectore plumbeo, rostro flavo, pedibus virescentibus.

Seligmann, Vögel, III. Tab. 40. *braune Ralle.*

Seligmann, Vögel, V. Tab. 39. *das kleine amerikanische Wasserhuhn.*

Donndorff, Handb. der Thiergesch. p. 311. n. 4. *das Lerchenhuhn.*

14. PHOENICURUS. *Die rothgeschwänzte Ralle.*

Latham, Syst. ornithol. II. p. 770. n. 14. Gallinula (Phoenicura) fronte incarnata, corpore nigro

nigro, vertice subtus genisque albis, crisso caudaque ferrugineo-rubris.

Naturforsch. I. p. 273. n. 9. *das rothgeschwänzte Wasserhuhn.*

β. *Latham*, Syst. ornithol. II. p. 770. n. 14. β. Gallinula fronte rubra, corpore cinereo-nigricante subtus albo, abdomine imo crissoque rufis.

γ. *Latham*, Syn. III. 1. p. 260. n. 13. Var. B.

Latham, Syst. ornithol. II. p. 771. n. 14. γ. Gallinula fronte alba, corpore supra nigro-nitente, subtus albo, crisso rubro.

10. Virginianus. *Die virginische Ralle.* (9)

Müller, Natursystem, II. p. 439. n. 10. *die virginische Ralle.*

Onomat. hist. nat. VI. p. 773. *die amerikanische Landralle.*

Pennant, arct. Zool. II. p. 455. n. 325. *die virginische Ralle.*

Brisson, ornithol. II. p. 257. n. 8. Rallus Virginianus; *Râle de Virginie.*

Brisson, ornithol. II. p. 257. n. 9. Rale de Pensylvanie.

Latham, Syst. ornithol. II. p. 755. n. 1. β. R. superne fuscus, infra fusco-rufescens, rectricibus fuscis, superciliis gulaque albis.

Latham, Syn. III. 1. p. 228. Virginian Rail.

Seligmann, Vögel, VIII. Tab 69. *der amerikanische Wasserschnepf oder Wachtelkönig.*

15. Ferrugineus. *Die rothbrüstige Ralle.*

Latham, Syst. ornithol. II. p. 758. n. 7. Rallus (Ferrugineus) nigricans, subtus cinereus, collo pectore-

(9) Nach *Pennant* und *Latham* eine Varietät von *Rallus Aquaticus* n. 2.

pectoreque ferrugineis, hypochondriis albo transversim lineatis, superciliis pallidis.

15. Capensis. *Die capsche Ralle.*
Müller, Natursyst. Supplem. p. 120. n. 11. *die caapsche Ralle.*
Latham, Syst. ornithol. II. p. 758. n. 8. Rallus (Capensis) ferrugineus subtus albo nigroque fasciatus.

16. Caerulescens. *Die bläuliche Ralle.*
Latham, Syst. ornithol. II. p. 758. n. 9. Rallus (Caerulescens) fusco-ruber, corpore subtus albo, collo antice pectoreque pallide caeruleis, hypochondriis albo nigroque transversim lineatis.

17. Zeylanicus. *Die zeylanische Ralle.*
Latham, Syst. ornithol. II. p. 758. n. 10. Rallus (Zeylanicus) ferrugineus, subtus pallide ruber fusco-nebulosus, capite nigricante, rostro pedibusque rubris.

18. Australis. *Die neuseeländische Ralle.* (10)
Latham, Syst. ornitholog. II. p. 756. n. 3. Rallus (Australis) cinereo-ferrugineus, alis caudaque saturate brunneis, pennis nigro-fasciatis.

19. Pacificus. *Die Ralle von den Inseln des stillen Oceans.*
Latham, Syst. ornithol. II. p. 758. n. 11. Rallus (Pacificus) niger, albo punctatus, alis fasciatis, corpore subtus albido, capite fusco, pectore cinereo-caerulescente.

20. Ta-

(10) Ich behalte die deutsche Benennung von n. 13. p. 713. hier bey, weil *Latham* selbst seinen *Troglodyte Rail* mit *Rallus Australis Sparrm.* für einerley ausgiebt.

Latham, Syſt. ornithol. II. p. 759. n. 12. Rallus (Tabuenſis) corpore toto nigro, ſubtus pallidiore, palpebris iridibusque rubris.

β. *Latham*, Syſt. ornithol. II. p. 759. n. 12. β. R. fuſco-nigricans, criſſo albo nigroque, faſciis nigris, pedibusque rubris.

21. Niger. *Die ſchwarze Ralle.*
Latham, Syſt. ornithol. II. p. 759. n. 13. Rallus (Niger) corpore toto fuſco-nigricante, roſtro flavo, pedibus rubris.

22. Sandwichensis. *Die Ralle von den Sandwichinſeln.*
Latham, Syſt. ornithol. II. p. 759. n. 14. Rallus (Sandvicenſis) pallide ferrugineus, ſupra maculis obſcuris, roſtro pedibusque cinereis.

23. Tahitiensis. *Die otaheitiſche Ralle.*
Latham, Syſt. ornithol. II. p. 759. n. 15. Rallus (Taitienſis) cinereus, corpore ſupra rubrofuſco, gula remigibusque latere exteriore albis, cauda nigra.

24. Obscurus. *Die dunkelbraune Ralle.*
Latham, Syſt. ornitholog. II. p. 759. n. 16. Rallus (Obſcurus) fuſco-ferrugineus, ſtriis nigris, ſubtus ferrugineo-fuſceſcens, pedibus rubrofuſcis.

25. Longirostris. *Die langſchnäblige Ralle.*
Latham, Syſt. ornitholog. II. p. 759. n. 17. Rallus (Longiroſtris) corpore ſupra cinereo fuſco maculato, ſubtus ferrugineo-albo, hypochondriis albo transverſim undatis, roſtro elongato ferrugineo.

26. VARIEGATUS. *Die schwarz und weißbunte Ralle.*

Latham, Syst. ornithol. II. p. 760. n. 20. Rallus (Variegatus) nigro alboque maculatim variegatus, remigibus caudae fuscis, tectricibus alarum fuscis albo striatis.

27. CAYENNENSIS. *Der Kiolo.*

Latham, Syst. ornithol. II. p. 760. n. 21. Rallus (Cayanensis) olivaceo-fuscus, vertice subtusque rufus, genis nigricantibus, remigibus nigris.

Donndorff, Handb. d. Thiergesch. p. 312. n. 5. *der Kiolo.*

β. *Latham*, Syn. III. 1. p. 238.

Latham, Syst. ornitholog. II. p. 761. n. 1. β. R. fuscus, corpore subtus et vertice castaneo, genis cinereis, gula crissoque albidis.

28. JAMAICENSIS. *Die jamaicaische Ralle.*

Brisson, ornitholog. II. p. 258. n. 10. Râle de la Jamaique.

Latham, Syst. ornitholog. II. p. 761. n. 22. Rallus (Jamaicensis) fusco-rufescens, taeniis nigricantibus, collo subtus pectoreque caerulescente, capite nigro, abdomine, femoribus hypochondriisque fusco alboque undatis.

Seligmann, Vögel, VIII. Tab. 68. *das kleine Wasserhuhn.*

29. MINUTUS. *Die kleine cayennische Ralle.*

Latham, Syst. ornitholog. II. p. 761. n. 23. Rallus (Minutus) fuscus, subtus flavescens, dorso alisque maculis striisque pallidis, superciliis fasciisque hypochondriorum et caudae albis.

β. *Latham*,

β. *Latham*, Syn. III. 1. p. 240. n. 21. Var. A.
Latham, Syst. ornithol. II. p. 761. n. 23. β. Rallus fuscus dorso fasciolis albis, corpore subtus albido, abdomine et hypochondriis albo nigroque undulatis.

30. Pusillus. *Die taurische Ralle.*
Bechstein, Naturgesch. I. p. 446. n. 4. *die kleine Wasserralle.*
Bechstein, Naturgesch. Deutschl. III. p. 274. n. 4. *die kleine Wasserralle.* p. 276. *das kleine Wasserhühnchen, Sumpfschnerze.* Tab. 16.
Latham, Syst. ornith. II. p. 761. n. 24. Rallus (Pusillus) ferrugineo nigroque lituratus, corpore subtus nigro fasciolis albis, iugulo pectoreque caerulescentibus.
Pallas, Reise, Ausz. III. Anh. p. 11. n. 30. Rallus pusillus.

31. Barbaricus. *Die Ralle aus der Barbarey.*
Latham, Syst. ornithol. II. p. 760. n. 18. Rallus (Barbaricus) fuscus, alis albo-maculatis, uropygio albo nigroque vario, crisso albo.

A. *Veränderungen gegen die XIIte Edition, und Vermehrung der Gattungen dieses Geschlechts.*

Das Geschlecht ist mit 21 Gattungen vermehrt. Bey der 1sten Gattung sind *vier*, bey der 7ten *drey* Varietäten aus einander gesetzt.

B. *Unbestimmtere Thiere.*

1. *Die unbestimmte Ralle.*
Latham, Syst. ornitholog. II. p. 760. n. 19. Rallus (Dubius) fusco ferrugineoque lituratus,

abdomine albo, hypochondriis fuscis ferrugineo-cinerascente fasciatis, remige prima extus longitudinaliter alba.

94. GESCHLECHT. PSOPHIA. *Der Trompetenvogel.* (Knarrhuhn.)

Müller, Natursyst. II. p. 440. Gen. XCIV.

Leske, Naturgesch. p. 278. Gen. LXII.

Blumenbach, Handbuch der Naturgesch. p. 217. Gen. LXVI.

Bechstein, Naturgesch. I. p. 442. Gen. XLVIII.

Latham, Syst. ornith. II. p. 657. Gen. LVIII.

Donndorff, Handbuch der Thiergesch. p. 312. Gen. LX.

1. CREPITANS. *Der Agami.* (1)

Müller, Natursyst. II. p. 440. *der Farzer.*

Borowsky, Thierreich, III. p. 81. n. 1. Grus Psophia, *der Trompetenvogel, das Knarrhuhn.*

Blumenbach, Handb. d. Naturgesch. p. 218. n. 1. Psophia (Crepitans) nigra, pectore columbino; *der Agami, Mackukawa.*

Bechstein, Naturgesch. I. p. 442. *der Trompetenvogel.*

Bechstein,

(1) Hier findet sich in mancher Rücksicht eine grosse Verwechselung der Synonymen bey den Ornithologen; besonders zwischen dieser Gattung und *Tetrao Maior* Gmel. p. 767. n. 63. In der XIIten Edition rechnete *Linné* die *Macucagua* des *Raj. Marcgr. Pis.* und *Will.* mit hieher, die auch *Brisson* bey seinem *Perdix maior Brasiliensis* anführt. In der XIII. Edition sind diese Synonymen zu *Perdix Maior* gezählet — Von dem *Caracara* sagt *Buffon* selbst, dass es der *Agami* nicht sey, und auch *Latham* hat den *Caracara* des *Buffon* und *du Tertre* bey dem *Agami* nur zweifelhaft aufgeführt.

Bechstein, Naturgesch. Deutschl. II. p. 183. *der Trompetenvogel.*

Neuer Schauplatz der Natur, IX. p. 149. *Trompetenvogel.*

Onomat. histor. nat. VI. p. 697. *das Knarrhuhn*, p. 699. *Blähungshuhn.*

Klein, verbess. Vögelhist. p. 104. n. 17. *blähender Strandläufer.*

Brisson, ornithol. I. p. 64. n. 5. *große Perdrix du Bresil.*

Brisson, ornitholog. I. p. 75. n. 2. Faisan des Antilles.

Batsch, Thiere, I. p. 393. *das Knarrhuhn.*

Büffon, Vögel, V. p. 309. *der Karakara.*

Büffon, Vögel, XIII. p. 203. *der Agami*; mit 1 Figur.

Latham, Syst. ornitholog. II. p. 657. n. 1. Psophia (Crepitans) nigra, dorso griseo, pectore caeruleo-viridi splendente, orbitis nudis rubris.

Pallas, Naturgesch. merkwürd. Th. IV. p. 5. Grus Psophia. p. 8. *der Trompetenvogel oder der Trompeter*, *Mucutaqua*, *die knarrende Psophia.* Tab. 1.

Fermin, Beschreib. von Surinam, II. p. 141. *der Trompetenvogel.*

Reis. der Missionar. (von Murr) p. 232. *Trompetero.*

Samml. zur Phys. und Naturgesch. III. p. 104. *der Agami.*

Condamine Reis. p. 261. *der Trompeter.*

Linné, Syst. Nat. Edit. X. I. p. 154. n. 1. Psophia (Crepitans).

Vosmaer, monogr. Amst. 1768. Trompette Americain; mit Abbild.

Hermann,

Hermann, tab. affinit. animal. p. 133. Psophia Crepitans.

Donndorff, Handbuch der Thiergesch. p. 312. *der Agami.*

2. UNDULATA. *Der afrikanische Trompetenvogel.*

Latham, Syn. Suppl. p. 225. Undulated Trumpeter.

Latham, Syst. ornitholog. II. p. 657. n. 2. Psophia (Undulata) cristata undulata, subtus alba, pennis pectoralibus dependentibus.

Veränderungen gegen die XIIte Edition, und Vermehrung der Gattungen dieses Geschlechts.

Das Geschlecht ist mit *einer* Gattung vermehrt.

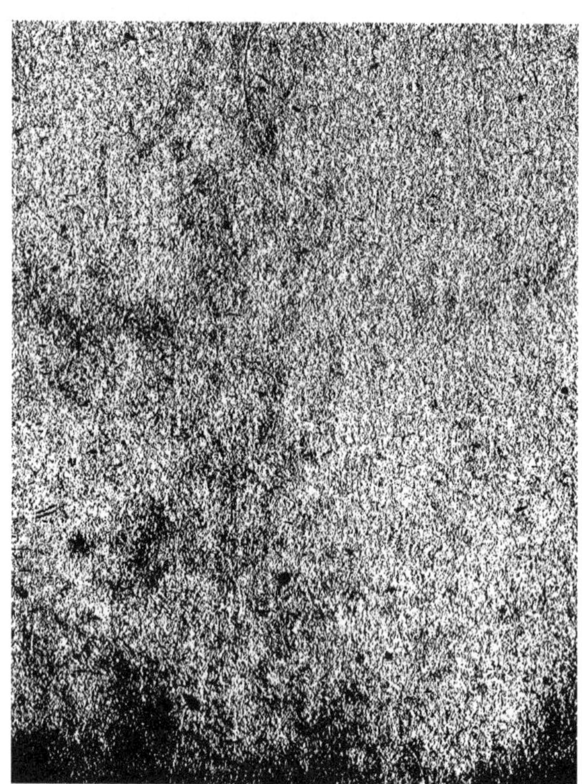

Lightning Source UK Ltd.
Milton Keynes UK
UKHW011326220119
335966UK00006B/29/P